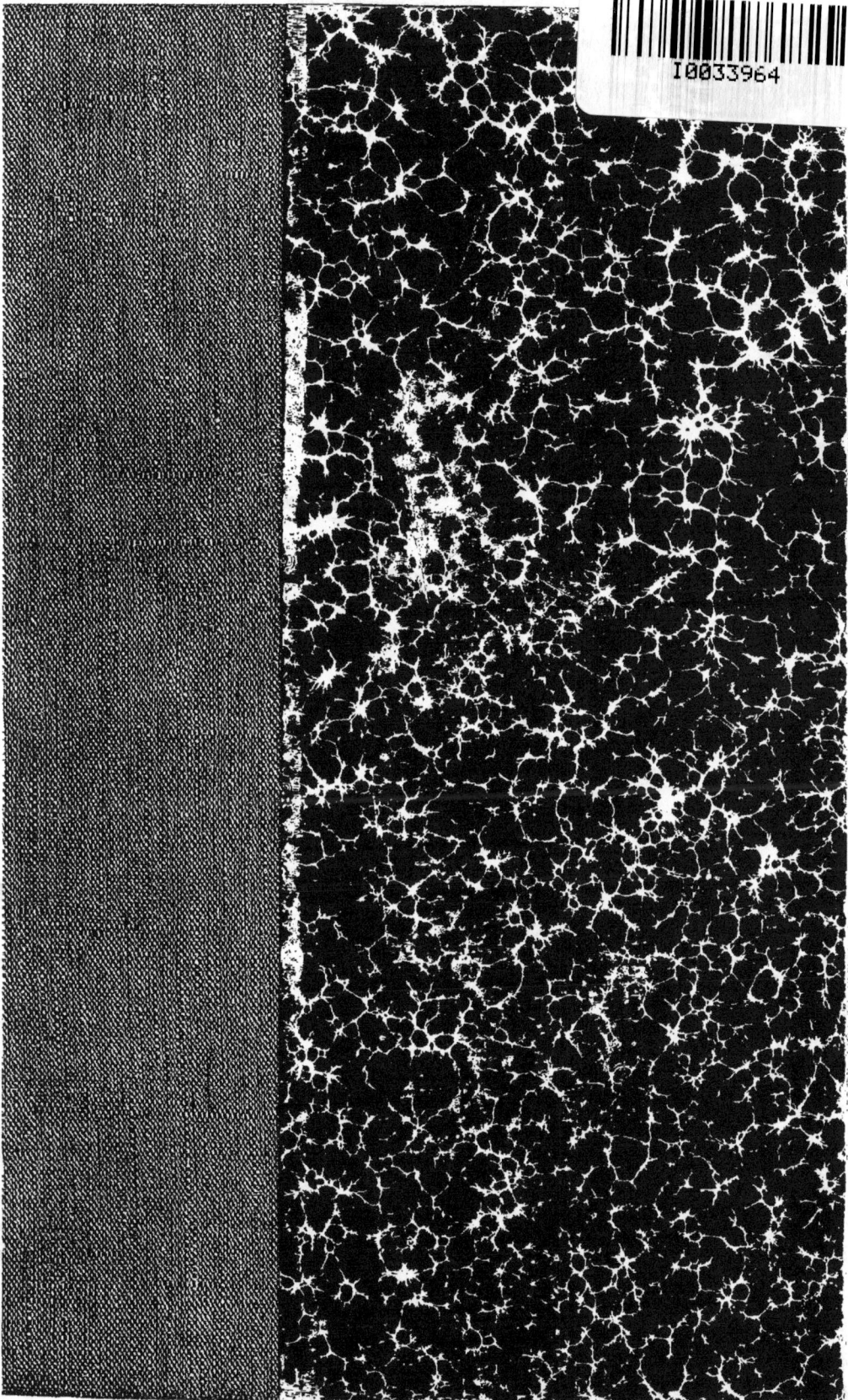

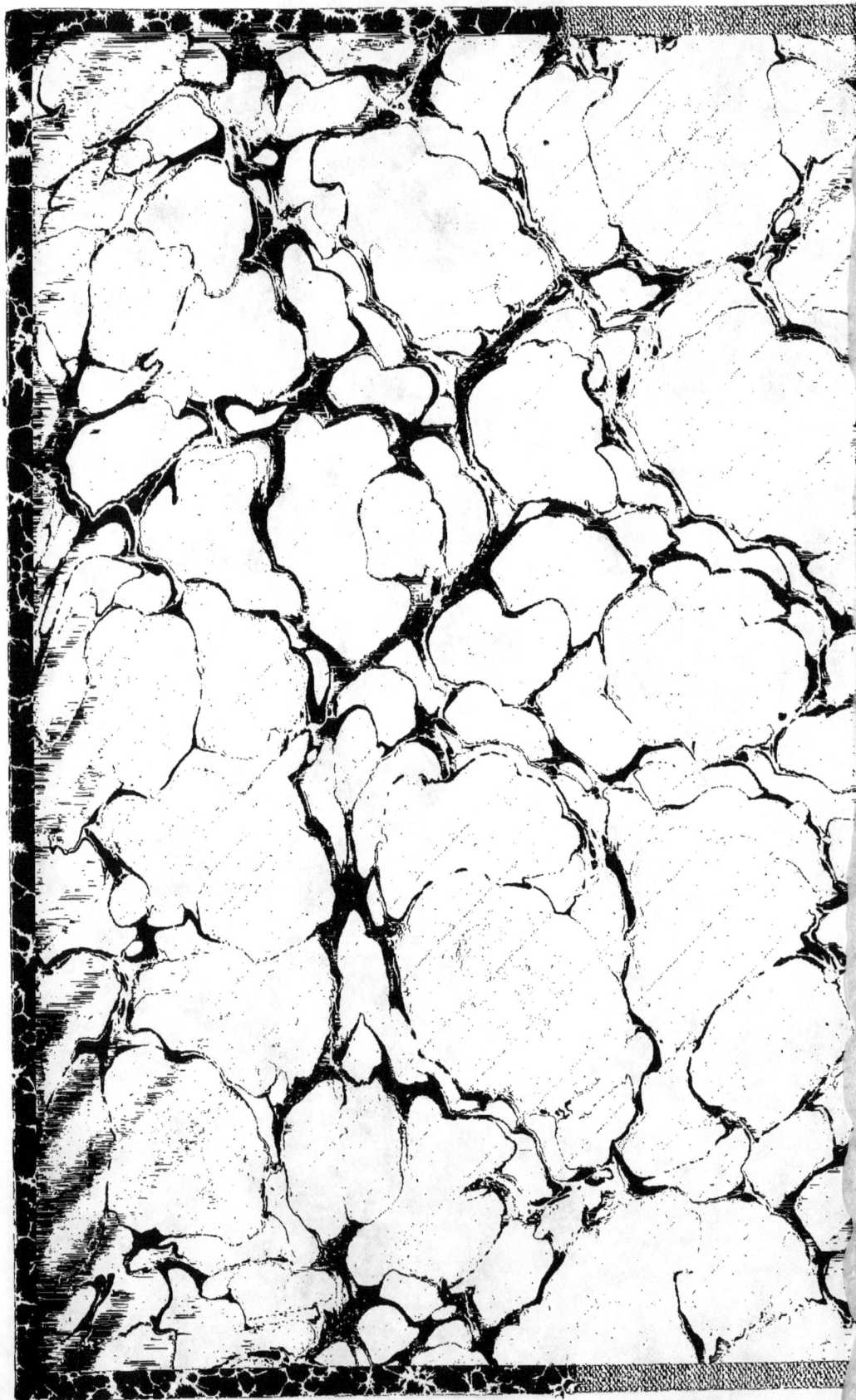

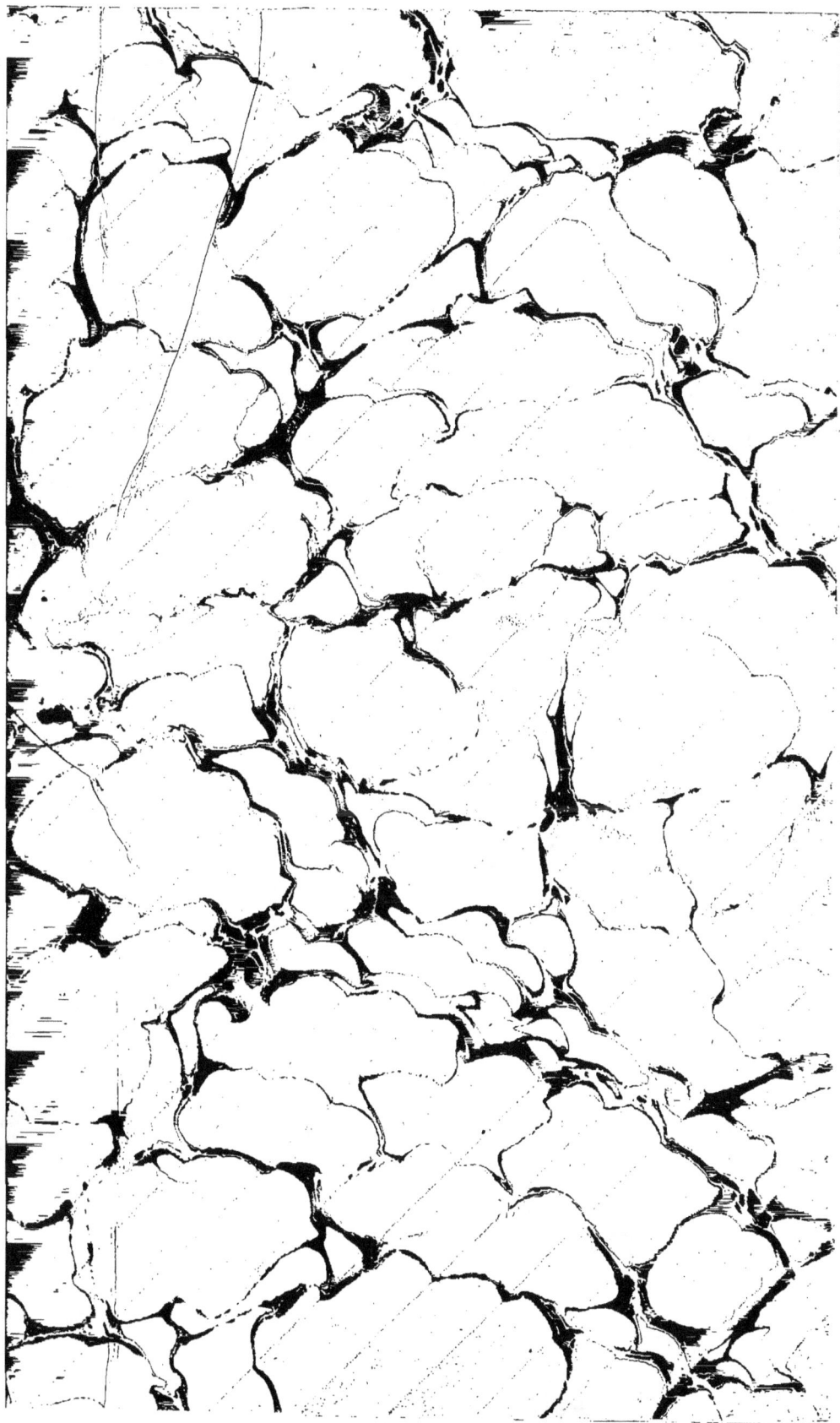

LA

SCIENCE GÉOLOGIQUE

SES MÉTHODES
SES RÉSULTATS — SES PROBLÈMES
SON HISTOIRE

PAR

(L. DE LAUNAY)

Membre de l'Institut,
Professeur à l'École Supérieure des Mines et à l'École des Ponts et Chaussées.

— Deuxième Édition —
revue
et augmentée d'un index alphabétique

Librairie Armand Colin
Rue de Mézières, 5, PARIS

LA

SCIENCE GÉOLOGIQUE

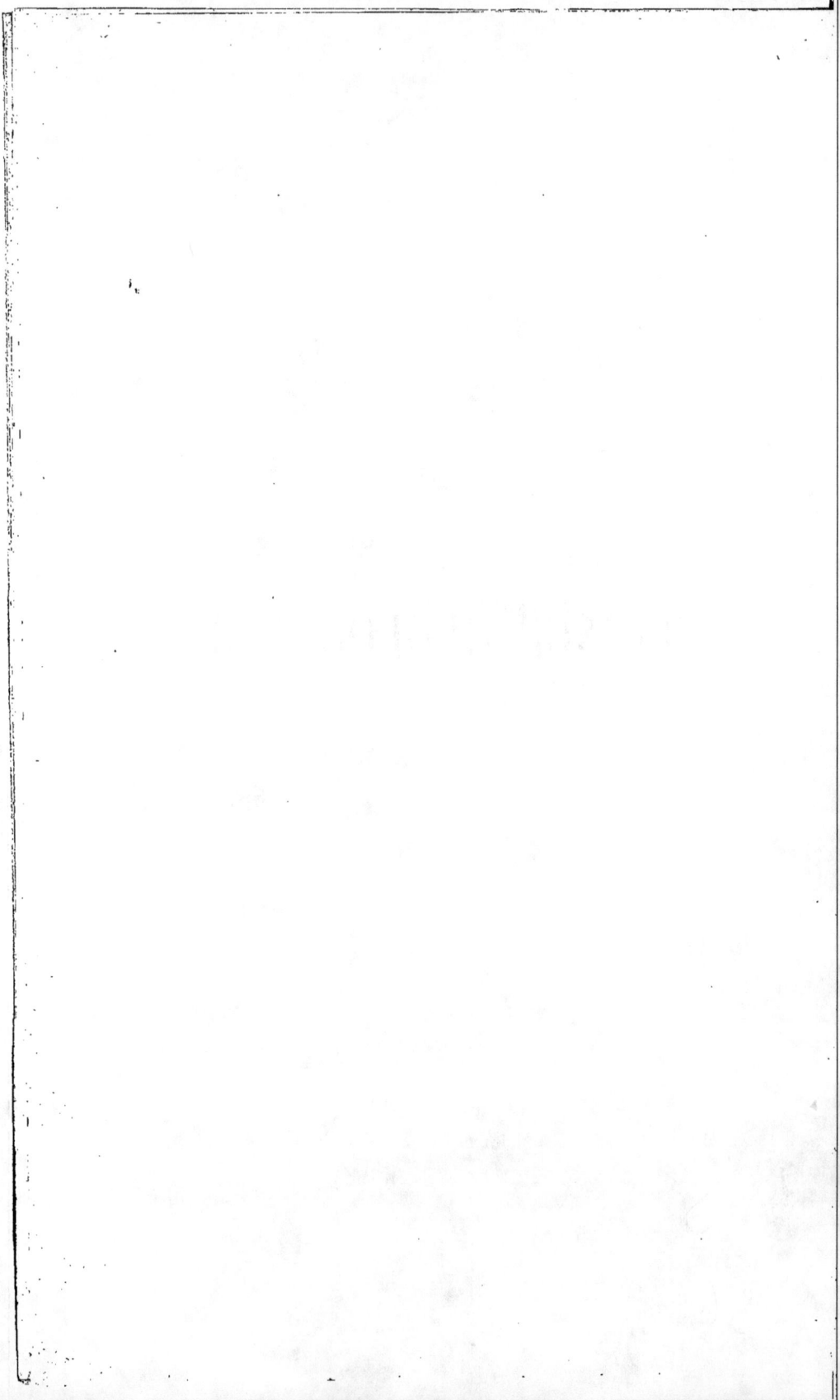

PRÉFACE DE LA SECONDE ÉDITION

La première édition de ce livre en 1905 a, il faut le reconnaître, causé un certain étonnement parmi les partisans convaincus de la géologie traditionnelle, et m'a attiré de leur part quelques reproches. Cette *Science géologique* se présentait, en effet, dans une toilette inusitée, avec une liberté de jugement et un esprit de critique qui leur semblaient devoir troubler le silencieux recueillement du Temple. La Science est volontiers affirmative. Tout l'y invite : la nécessité de classer ses résultats en formules, l'exagération enthousiaste des inventeurs, la hiérarchie sacerdotale des grades et des dignités, plus encore le besoin de foi des disciples, qui devient l'impérieuse exigence de dogmes à révérer pour le public friand de savoir. N'était-il pas imprudent de combattre, au moins dans la forme, une tendance aussi générale !

L'homme n'aime pas à douter. Il n'en a pas le temps. Même les lecteurs un peu curieux demandent, pour la plupart, des catéchismes scientifiques, simples, courts, précis, définitifs, qui leur fournissent une solution immédiate à toutes les questions suggérées par le monde extérieur, afin de retourner vite à leurs plaisirs ou à leurs affaires. Beaucoup d'autres se contentent plus aisément encore de répondre aux interrogations mieux prévues d'un examen. Le monopole universitaire, comme jadis le monopole ecclésiastique, paraît à quelques esprits qui se qualifient eux-mêmes de libres, un moyen très pratique de satisfaire à ce besoin. Les mêmes affirmations pourraient ainsi être prêchées à la même heure dans tous les lycées de France sans que personne osât se lever pour contester et répondre. La Science serait définitivement fixée ; oui, sans doute, elle serait emmaillotée comme une momie, capable de survivre cinq ou six mille ans sous le sable envahissant du désert et de figurer encore plus tard dans les musées de l'avenir. La momification est une forme de culte à laquelle il est permis de préférer un peu moins de respect et plus de vie. Il faut croire que cette irrévérence proche de l'hérésie ne déplaît pas en effet à tout le monde, puisque ce livre, où j'ai osé (chemin faisant) discuter la méthode et les résultats de la géologie, mais les discuter avec amour, sans avoir été professé d'abord en Sorbonne, sans correspondre à aucun programme de licence, a néanmoins trouvé 1.500 acheteurs en aussi peu de temps, et puisque les principes nouveaux dont je m'inspirais semblent avoir trouvé, depuis, quelque écho dans l'enseignement.

A vrai dire, on m'a fait encore d'autres reproches, et de plus justifiés peut-être que celui de prêcher le scepticisme ou de discuter les savants. C'est ainsi que l'on a trouvé une disproportion choquante dans les parts respectives attribuées, en cette histoire de la Terre, à la matière et à la vie. Dans les traités de géologie classiques, les listes de fossiles classés par étages, par régions ou par facies occupent d'ordinaire une place tout à fait prépondérante. On s'est étonné que la paléontologie, pour laquelle j'avais commencé par me déclarer incompétent, fût aussi sommairement traitée dans mon livre. Il n'y avait à cela ni parti pris ni dédain. Entre les deux divisions du sujet, la proportion, je le reconnais, aurait pu être renversée ; on aurait pu s'attacher spécialement à cette histoire de la vie, qui nous intéresse plus que toute autre puisqu'elle est notre propre histoire, celle de nos possibles hérédités, celle tout au moins des êtres que nous voyons comme nous soustraits en apparence aux liens rigides de la fatalité cristallographique. Le sujet aurait été splendide ; je dirai simplement, pour me justifier de ne l'avoir pas traité, que j'en avais choisi un autre.

En dépit d'une solidarité qui associe dans l'opinion courante la géologie à la paléontologie par la nature des instruments employés, comme elle pourrait la rattacher aussi à la physique, à la chimie ou à l'astronomie, la science où l'on traite des animaux disparus est, logiquement, nécessairement dépendante de celle où l'on étudie les

animaux vivants beaucoup plus que de celle où il doit être question
de la Terre. Ces êtres vivants ont pris, il est vrai, dans la composition de nos sédiments, une part capitale que le géologue doit
connaître, mais comme il doit connaître aussi les réactions chimiques
par lesquelles les éléments clastiques ont été dissous, remaniés ou
recristallisés. S'il nous était mieux permis d'apprendre la géologie
réelle, celle qui, sous une pellicule infime de sédiments, nous découvrirait toute la masse profonde de la Terre, ce rôle des organismes
vivants, recherchés, comme des médailles, dans les couches plus
élevées, s'éliminerait presque entièrement, ainsi que s'efface et
disparaît l'éphémère végétation de la vie, devant laquelle notre raison
s'étonne, quand on la regarde à quelque distance dans l'espace ou
dans le temps.

Ajouterai-je encore, après m'être défendu contre ces querelles de
principe, que je m'incline, au contraire, très humblement devant les
observations de fait ? J'ai essayé, dans cette seconde édition, de corriger diverses erreurs ; je n'ai pu manquer d'en laisser beaucoup
d'autres. S'il est écrit que le juste pèche sept fois par jour, quelle ne
doit pas être la terreur de celui qui, sans être juste, se hasarde à
faire imprimer près de huit cents pages sur une matière aussi variée,
aujourd'hui subdivisée en tant de spécialités, avec cette témérité de
les aborder toutes par leur côté le plus subtil, le plus délicat, le plus
contestable, par cette pointe de la pyramide où le faisceau des observations éparses vient, au milieu du vide vertigineux, converger en
un seul point ?

Matériellement, l'ensemble du volume est resté ce qu'il était. On
ne pouvait faire autrement, et peut-être cela valait-il mieux ainsi. Dès
qu'un peu de temps a passé sur une œuvre, on ne la relit pas sans
être tenté de la remanier de fond en comble. Mais la vie, qui continue et qui suggère sans cesse des sujets d'études nouveaux, ne
permet pas ces perpétuels recommencements. La mère qui a mis un
fils au monde doit se résigner à le regarder tel qu'il est sans prétendre lui retoucher chaque jour les traits du visage.

Je me suis donc borné, un peu partout, à des changements de

détail, devenus vite plus nombreux que je ne le pensais d'abord ;
mais je n'ai pu résister au désir de récrire quelques chapitres, pour
lesquels le besoin s'en faisait particulièrement sentir : ceux qui concernent les méthodes de la physique et de l'astronomie, la tectonique,
la distribution des éléments chimiques et l'histoire des êtres organisés. Les cartes paléo-géographiques, rapidement vieillies, ont été
refaites, ainsi que le planisphère représentant les zones de plissement terrestres. Surtout j'ai augmenté l'ouvrage d'un index alphabétique qui ne pourra manquer d'y faciliter les recherches. J'espère
donc qu'on voudra bien faire à cette seconde édition, « revue et cor-
rigée », suivant la formule, un aussi bon accueil qu'à la première.

Décembre 1912.

LA

SCIENCE GÉOLOGIQUE

INTRODUCTION

OBJET ET PLAN DE L'OUVRAGE. — LE BUT DE LA SCIENCE
GÉOLOGIQUE. — LES OUVRIERS

Dans un ouvrage antérieur, dont celui-ci, malgré son caractère différent, forme, jusqu'à un certain point, le complément[1], j'ai essayé de
montrer le côté pratique de la géologie; il ne sera question, au contraire, ici que de son côté purement théorique, scientifique et philosophique. Les deux livres partent toutefois d'un même principe et cherchent à réaliser une même idée : faire sortir la géologie du domaine
étroit, où les spécialistes la confinent, pour mettre en valeur sa portée
générale, aussi bien théorique que pratique; ne plus la considérer
comme ayant son but et sa fin en elle-même, mais comme rentrant
dans le cadre plus vaste de la philosophie naturelle, et, par conséquent,
ne donner qu'une place restreinte aux recettes professionnelles, aux
classifications mnémoniques, aux fiches de catalogue, aux carnets
d'observations, qui l'encombrent nécessairement dans les traités, où l'on
se propose surtout de former des apprentis géologues, pour mettre
seulement en évidence les méthodes employées, les résultats obtenus,
les problèmes encore à résoudre.

Je voudrais qu'après avoir lu ce livre un homme d'esprit éclairé et
un peu au courant de la science moderne pût savoir exactement ce que
cherchent et ce qu'ont découvert, jusqu'ici, les géologues ; mon but
serait de lui faire comprendre en quoi les résultats atteints dans cette
science spéciale intéressent la Science tout entière et touchent aux
problèmes les plus importants que se pose notre esprit et je souhaite-
rais enfin qu'il eût ainsi acquis, des méthodes géologiques, une connaissance suffisante, sinon pour les appliquer aussitôt lui-même, du

1. *Géologie pratique*. Paris, Armand Colin, 1901.

moins pour en apprécier la valeur et, le cas échéant, se trouver en mesure de les approfondir.

C'est, je crois, répondre à une tendance qui me paraît dominer dans l'état actuel de la science. Le champ des recherches humaines est devenu peu à peu si étendu, les petits progrès accomplis s'entassent chaque jour en un si formidable monceau de publications dans toutes les langues, il faut passer tant de temps à apprendre ce qui a déjà été fait, ce qui se fait sans cesse dans la moindre direction d'explorations, la spécialisation est devenue si nécessaire à qui veut accomplir un pas en avant, et cette spécialisation s'accentue si vite que chaque chercheur est presque forcé de porter des œillères pour concentrer tous ses regards sur le mince sentier ouvert devant lui. Dans le musée de la nature, chaque conservateur se limite plus ou moins à un rayon d'une vitrine. Pour la science même, dont nous nous occupons ici, la géologie, le pétrographe qui s'attache aux roches éruptives, ou le minéralogiste qui se concentre dans l'étude des cristaux, ne connaissent guère que de seconde main les travaux de paléontologie ; le paléontologue se hasarde peu à parler systèmes cristallins ; tel autre se borne à la tectonique ; tel encore aux gîtes métallifères. Bien plus, si l'on veut une étude absolument approfondie, on ne devra pas s'adresser au même homme pour examiner un foraminifère que pour un échinoderme, pour un rudiste que pour un vertébré, pour un poisson que pour un mammifère, pour une plante carbonifère que pour une plante tertiaire. Le langage même, en dépit de tous les congrès, a du mal à s'unifier ; les tendances générales sont parfois divergentes ; nous sommes tous les ouvriers d'une véritable Tour de Babel.

Et cependant, malgré cet émiettement croissant des efforts, toutes les branches et les sous-branches de la Science restent solidaires ; toutes doivent profiter de ce qu'une seule a conquis, non seulement comme résultats, mais encore comme méthode.

Aussi, de temps en temps, l'humanité éprouve-t-elle le besoin de s'arrêter dans sa course pour souffler un instant, retirer les bandelettes qui l'étouffent et regarder, derrière elle, le chemin parcouru. Il est ainsi des époques à tendance plus synthétique, où un inventaire des progrès réalisés sert souvent de point de départ à un mouvement des esprits dans une direction nouvelle. L'œuvre d'un Aristote chez les Grecs, celle d'un Léonard de Vinci ou de ses émules au xvie siècle, le grand effort encyclopédiste, qui a marqué la fin du xviiie siècle, peuvent être considérés comme des étapes de ce genre. Notre commencement du xxe siècle me semble accuser une disposition d'esprit analogue. Les doctrines scientifiques se sont profondément modifiées depuis trente ans et chacun éprouve le besoin d'apprendre, sous une forme concise, sans interrompre trop longtemps ses recherches personnelles, où en sont ses voisins, de préciser plus exactement, en formulant ses idées dispersées, où il en est lui-même.

Peut-être me suis-je trompé ; mais j'ai cru satisfaire à un désir de ce genre en commençant, depuis longtemps, cet ouvrage, où je me suis proposé, en deux mots, d'exposer, dans une langue qui soit autant que possible accessible aux non-initiés, le but que se proposent les géologues, les moyens qu'ils emploient, le point qu'ils ont atteint sur la route et ce qu'il en reste à parcourir. A côté des traités de géologie proprement dits, j'ai pensé qu'il restait une place pour un ouvrage, où la *Science géologique* serait envisagée, indépendamment de ses applications pratiques, en dehors de tous ses petits résultats locaux et sans mention de cette multitude de menus faits, qu'il faut connaître pour l'appliquer sur le terrain, comme une *Science* d'un intérêt général et philosophique, importante pour tous par ses méthodes, par ses principes et par la contribution qu'apportent ses lois à la connaissance de l'Univers.

Au cours de ce travail, j'ai moi-même éprouvé l'avantage d'approfondir certaines parties de la géologie, restées jusque-là plus en dehors de mes recherches personnelles et reconnu, sur plus d'un point, ce que celles-ci pouvaient en tirer de clarté imprévue et d'aperçus nouveaux. L'on ne s'étonnera pas, je pense, de me voir faire à ces « nouveautés » une part relativement importante et développer de préférence les considérations, qu'a pu me suggérer une étude synthétique des phénomènes géologiques, en ce qui concerne, plus spécialement, les questions de métallogénie, de géologie chimique et mécanique, ou de pétrographie, auxquelles je me suis consacré. On écrit toujours un peu pour soi-même, c'est-à-dire pour avoir une occasion de fixer et de coordonner ce qu'on pensait plus ou moins vaguement, de le relier aux travaux étrangers et de trouver, dans cet aperçu, un point de départ pour des découvertes ultérieures ; on écrit aussi pour le plaisir de répandre sa pensée et c'est surtout dans ce sens que je voudrais faire ici œuvre de vulgarisation. Le groupement originel des métaux, la répartition de la matière terrestre, les associations naturelles des corps chimiques, les rapports de la paléo-géographie ou de la tectonique avec la pétrographie ou la science des gîtes métallifères (que j'appellerai la métallogénie), l'explication et la coordination de ces gisements par la géologie chimique et, à titre accessoire, par les changements de la surface topographique, depuis le moment où ils se sont constitués, la notion de profondeur appliquée aux familles de gîtes et de roches, le rôle des érosions qui ont modifié mécaniquement la superficie terrestre et celui des altérations qui l'ont transformée chimiquement, les rapports de certaines accumulations minérales avec les phases successives des soulèvements ou des démantèlements montagneux, des émersions ou des transgressions marines, seront ainsi l'objet d'une attention particulière, et j'indiquerai, à ce propos, quelques résultats d'ensemble, auxquels m'ont conduit des recherches personnelles.

En revanche, la remarque, que j'ai faite dès le début sur la spécialisation moderne, me servira, je l'espère, d'excuse, si, quittant des sujets plus familiers, je touche, incidemment, d'une main inexpérimentée, aux problèmes qui concernent l'histoire et l'évolution des organismes vivants dans les temps anciens [1].

*
**

Étant donné le but que je viens d'indiquer, j'essayerai d'abord de montrer ce que c'est que la Science géologique, la place qu'elle occupe dans l'ensemble des sciences, les liens qui la rattachent à d'autres sciences, les services qu'elle en attend et ceux qu'elle peut leur rendre à son tour [2]. Cela m'amènera, tout naturellement, à mieux définir et à préciser le plan de cet ouvrage. Qu'on veuille bien ne pas s'étonner de me voir remonter un peu loin ; j'arriverai vite « au déluge ».

L'homme peut être considéré comme un *animal scientifique*, c'est-à-dire un animal singulier, chez lequel l'activité cérébrale, nécessaire à la conservation de la vie, dépassant son objet, a engendré la curiosité désintéressée. L'homme est un animal, qui prétend *comprendre* ce qui l'entoure et ce qui se passe en lui-même, savoir et expliquer ce qui fut, ce qui est et ce qui sera. Toutes les sciences sont nées de là.

1. C'est avec une très vive gratitude que je remercie ici les amis, dont le précieux concours m'a permis de rendre cet ouvrage un peu moins imparfait : tout d'abord, M. Emm. de Margerie, qui a pris la peine de lire le livre entier en épreuves, et qui m'a fait participer aux trésors de son admirable érudition ; puis MM. Douvillé, Lacroix, Walckenaer et Zeiller, qui m'ont communiqué les observations les plus utiles pour les questions dans lesquelles ils sont unanimement reconnus comme des maîtres ; enfin M. P. Lemoine, qui m'a apporté des indications nouvelles pour la seconde édition.

2. C'était assez l'usage autrefois de commencer les traités de géologie par des réflexions de ce genre sur la place de la géologie dans l'ensemble des siences. Voir, notamment : 1834. Ampère, *Essai sur la philosophie des sciences*, 2 vol. — 1845-1849. Élie de Beaumont, *Leçons de géologie pratique*, 2 vol. — 1878. Sainte-Claire-Deville, *Coup d'œil historique sur la géologie et les travaux d'Élie de Beaumont*. Cet usage est fort démodé et d'autant plus que l'exposition de ces principes était faite d'une manière singulièrement scolastique, avec un abus de noms grecs, plus obscurs et presque plus longs que la périphrase à laquelle ils devaient suppléer. Pour Ampère et Sainte-Claire Deville notamment, une science peut : 1° envisager

Ces sciences, que nous avons tant multipliées, ne sont que les innombrables rameaux d'un même arbre, dont les maîtresses branches, ayant éparpillé leurs rejetons au loin, semblent parfois toutes nues. Ce sont pourtant ces maîtresses branches qu'il importe de considérer.

Laissant de côté ici les phénomènes, qui se passent au-dedans de notre pensée, tous les autres phénomènes, qui nous semblent extérieurs et objectifs, quelle que soit en réalité leur essence, constituent, au sens propre du mot, la physique, ou science de la nature, dont la mécanique n'est que la traduction mathématique. Dans cette science de la nature on pourrait établir une première grande coupure, fondée sur l'existence ou la non-existence de ce que nous appelons la vie et l'on aurait ainsi : d'une part, la biologie (zoologie ou botanique) ; d'autre part, la science de la matière et celle de la force, qui, sans doute, ne font qu'un en définitive (cosmogonie et énergétique).

La géologie, comprise dans son acception la plus vaste, et en traduisant seulement les mots grecs qui forment son nom, devrait être la *Science de la Terre ;* elle devrait donc se proposer d'étudier, à tous égards, notre globe, en lui-même, en tant que partie de l'Univers et en tant que support des êtres organisés. Ainsi entendue, elle embrasserait une partie de la physique ou de l'énergétique, la chimie, la géographie et la biologie.

On restreint nécessairement un programme aussi démesuré et la géologie théorique se contente de chercher à fournir : 1° la description de la constitution terrestre actuelle ; 2° l'histoire de la Terre et de ses variations structurales dans le passé ; 3° l'interprétation physique, chimique et astronomique de cette constitution et de cette histoire. En même temps, elle poursuit divers buts pratiques, dont les principaux sont la découverte des richesses minérales et celle des eaux souterraines, la prévision générale de la nature profonde du sol d'après son apparence superficielle.

C'est, par suite, en quelque sorte, un chapitre de l'astronomie, où il ne serait question que de notre globe à l'exclusion de tous les autres, mais où l'on se poserait, à son propos, les mêmes problèmes, que soulèvent et permettent, en général, moins bien de résoudre tous les éléments de matière groupés en noyaux plus ou moins volumineux dans l'ensemble de l'Univers.

les objets tels qu'ils se présentent à un instant déterminé (point de vue *auloptique*) ; 2° en ce qu'ils ont de caché au même instant (point de vue *cryptoristique*) ; 3° dans leurs variations visibles (point de vue *troponomique*) ; 4° dans l'enchaînement caché de ces variations (point de vue *cryptologique*). Ce sera pour nous : 1° l'observation ; 3° l'observation et l'expérimentation ; 2° et 4° l'interprétation (voir plus loin, p. 15).

Même limitée à ces bornes, la géologie a encore un but assez beau,
puisqu'en nous faisant connaître, dans sa structure intime et dans sa
genèse, la seule parcelle de cet Univers, sur laquelle nos observations
puissent porter directement, elle nous permet de raisonner, par comparaison et par induction, sur cet espace infini, dont la seule pensée
trouble si profondément nos prétentions à tout comprendre et dont
l'immensité sans bornes nous sera toujours aussi inintelligible que le
seraient ses limites.

Dans la définition, qui vient d'être donnée de la géologie, on aura
remarqué trois parties bien distinctes : 1° la description des phénomènes, 2° leur histoire, et 3° leur interprétation ; parties, dont l'intérêt
philosophique va évidemment en croissant dans l'ordre où nous venons
de les énumérer, c'est-à-dire que, pour un esprit un peu enclin à
étendre la physique jusqu'à ces frontières indécises où elle confine à
la métaphysique, la géologie sera, avant tout, l'étude des lois, qui ont
amené le groupement spécial de la matière cosmique sous la forme
que présente la Terre et développé la vie sur cette matière. C'est là,
en somme, un problème de physique, ou, si l'on veut, de physico-
chimie ; mais la géologie se différencie aussitôt des autres sciences
physiques, qui admettent, avec quelque présomption, la constance
immuable des manifestations phénoménales déterminées par les mêmes
causes et, par conséquent, l'inutilité d'en observer l'évolution, en
ce qu'elle est également, dans son principe, une science naturelle et,
dans son application, une science historique. Il est, en effet, impossible
d'interpréter, d'expliquer des phénomènes géologiques, dont la durée
embrasse des milliers et des millions d'années, sans commencer
d'abord par en reconstituer l'ordre chronologique et par les raconter
à la manière des historiens : ce qui, pour n'être pas moins nécessaire
dans l'énonciation des autres phénomènes physico-chimiques, occupe
néanmoins peu l'attention de ceux qui les observent, parce que ces
phénomènes plus brefs se passent sous les yeux même du savant et
que les phases s'en inscrivent tout naturellement sur son carnet de
notes, ou même, automatiquement, sur ses graphiques enregistreurs.

Quand nous examinerons tout à l'heure la méthode géologique, nous
verrons comment, de proche en proche, on a d'abord reconstitué des
séries chronologiques, des sortes de listes de Manéthon, dans lesquelles
on s'efforce aujourd'hui d'intercaler à leur place les phases principales
de l'histoire de la Terre, révélées, au milieu de ces séries, par des perturbations analogues à celles qui interrompent les listes de rois en des périodes de désordres violents ou de révolutions, et ne nous les transmettent alors que mutilées, bouleversées, en désordre. C'est seulement

quand ces phénomènes auront été enregistrés et groupés à leur tour, quand on en aura établi le synchronisme par des explorations attentives portant sur toute la surface de la Terre, quand, en résumé, l'histoire antéhumaine de notre planète aura été déchiffrée, qu'on sera réellement fondé à en donner l'explication décisive et qu'on apportera à l'astronomie, à la physique, à la chimie, les révélations capitales, qu'elles attendent de la géologie. Jusque-là, nous travaillons dans le provisoire et dans l'hypothèse, satisfaits seulement d'ajouter au répertoire déjà vaste des faits enregistrés quelques petits faits nouveaux, avec leur interprétation de détail et avec une hypothèse plus au moins plausible, destinée à les relier aux faits antérieurs.

La géologie étant ainsi conçue et divisée dans son ensemble, on n'aperçoit pas, tout d'abord, pourquoi l'on y confond deux histoires, qui, jusqu'à preuve du contraire, nous apparaissent bien distinctes : celle de la matière et celle de la vie, qui se trouve exister sur une portion de cette matière; la seconde appartenant, suivant notre classification actuelle, à un tout autre ordre de sciences que la première. Mais, outre que, dans les deux cas, il s'agit de raconter l'histoire de la Terre en des temps lointains, où l'on doit se garder d'en rompre l'unité, cela tient surtout à ce que l'histoire de la vie est, pour le géologue, un moyen d'investigations presque autant qu'un but de recherches. C'est, en grande partie, grâce aux transformations de la vie, qu'il a pu reconnaître et dater les phases, sans cela méconnaissables, de l'histoire matérielle. La géologie historique s'est ainsi trouvée englober tout naturellement la paléo-biologie et pourrait même comprendre, si l'on imaginait le moyen d'en retrouver les traces dans les dépouilles du passé, la paléo-psychique, c'est-à-dire l'histoire de l'évolution ancienne, qu'a pu subir notre faculté pensante : domaine obscur, auquel s'attaquent, en effet, déjà certains anthropologistes hardis, envahissant ce canton spécial de la géologie, que l'on appelle la préhistoire.

On voit quel intérêt philosophique s'attache aussitôt à ces conclusions historiques, vers lesquelles aspire le géologue. L'histoire de la matière, de la vie et de la pensée sur notre globe, c'est, en effet, l'un des problèmes fondamentaux, qui s'imposent à notre esprit; et l'on se rend compte alors pourquoi les philosophes naturalistes, gens volontiers impatients, toujours pressés d'affirmer et de relier entre elles des solutions que la prudence scientifique porte à différer, assaillent le géologue de questions, qui font, sans doute, partie de son programme futur, mais dont il ne peut espérer atteindre la solution avant de très longues années et sans avoir franchi d'abord toutes les étapes antérieures. Il sera fait bientôt une place ici à ce champ nébuleux et attirant des hypothèses ; mais il importait de dire, avant tout, que là n'est pas encore, à beaucoup près, la zone d'activité présente.

Revenons maintenant sur les trois divisions, que nous venons d'établir dans le programme des géologues : description, histoire, interprétation. C'est la première, qui occupe de beaucoup et qui ne peut manquer d'occuper la plus large place dans les traités de géologie proprement dits. Il faut, avant tout, que l'apprenti géologue sache reconnaître et nommer les roches ou terrains, qu'il rencontre ; il est donc indispensable qu'il possède un répertoire méthodique de toutes les roches et terrains antérieurement étudiés et définis par d'autres ; qu'il ait une description rationnelle et minutieusement complète des types de roches éruptives et des diverses séries de terrains sédimentaires existant à la surface du globe. Aucun effort de synthèse n'est possible pour lui sans cette détermination préliminaire des terrains, fondée sur des rapprochements précis, et celle-ci elle-même exige une classification, également ordonnée, des minéraux qui composent les roches, des organismes fossiles qui servent à définir l'âge des sédiments : c'est-à-dire qu'un traité de géologie professionnelle suppose des traités antérieurs de minéralogie et de paléontologie [1].

Si l'on ajoute que l'interprétation des phénomènes géologiques ne peut se faire sans une comparaison avec les formations, destructions ou remaniements de terrains et roches actuellement effectués à la surface du globe et exige, par conséquent, une description attentive de ceux-ci, on aura les divisions nécessaires de ce que l'on peut appeler un traité de géologie professionnelle, un traité destiné uniquement à former des géologues de métier : description des phénomènes actuels ; description des roches éruptives ; description des terrains sédimentaires classés par ordre chronologique ; description des relations que présentent entre eux ces terrains, de leurs plissements, de leurs dislocations, etc. (tectonique ou orogénie) ; description des gîtes métallifères (métallogénie). Cela fait, une place, forcément restreinte, bien que de plus en plus étendue dans les meilleurs ouvrages récents, est réservée à l'histoire ou à l'interprétation. Le traité de géologie conforme aux programmes officiels est parfaitement conçu pour former des géologues ; mais, si l'on considère que la géologie sur le terrain est, en réalité, pratiquée par un nombre très infime de personnes dans notre pays, on s'expliquera peut-être comment, pour tous les autres qui ne la connaîtront jamais que par la préparation à des examens en Sorbonne, notre

1. Voir, page 68, ou encore pages 12 et 38, l'explication des noms techniques employés ici.

science paraît des plus arides. On a employé tout le temps dont on disposait à leur apprendre une technique fastidieuse, et des suites de noms bizarres, qui ne sont, en réalité, qu'un outil; il n'est, pour ainsi dire, plus resté de place pour l'énonciation des résultats d'ensemble, capables cependant d'intéresser vivement tous les esprits doués d'une certaine culture générale.

Mon but, comme je l'ai déjà dit, est tout autre. Je ne veux point refaire un traité de géologie proprement dit ; il existe, dans cet ordre d'idées, des ouvrages classiques et connus de tous, auxquels je me reporterai pour toute la technique géologique, que j'aurais pu difficilement, sans eux, me dispenser de résumer[1]. Je ne retiendrai donc, de la description aride, que les faits présentant quelque caractère de généralité théorique et pouvant nous servir pour nos interprétations. On les trouvera de préférence dans la première partie de cet ouvrage, consacrée à définir et à expliquer la *Méthode* employée par le géologue pour observer ces faits, les classer et interpréter, en montrant comment, de proche en proche, on a été amené à asseoir sur un terrain solide des considérations de plus en plus élevées et touchant à des problèmes de plus en plus abstrus.

Cette méthode, qui fera donc l'objet de toute notre première partie, j'en exposerai, d'abord, dans le chapitre ı, les principes tout à fait généraux, applicables à l'ensemble de la géologie; puis nous en étudierons les procédés particuliers, employés par les diverses sciences plus spéciales, dont le but uniforme est la connaissance de la Terre, mais dont le champ d'action est distinct, telles que la minéralogie, la pétrographie, la stratigraphie, la tectonique, la paléo-géographie, la métallogénie, etc. (chap. ıv à ıx). Nous ne pourrons le faire rationnellement sans montrer, au préalable, comment, par une lente évolution historique, cette méthode même s'est constituée, comment les découvertes et les problèmes de la géologie se sont successivement enchaînés les uns aux autres, comment un échelon franchi en a fait apercevoir par derrière d'autres à franchir encore et a, en même temps, montré le moyen de les aborder. L'histoire de la géologie, celle de la méthode géologique, se trouvera ainsi occuper les chapitres ıı et ııı. Ce serait, je crois, se faire une idée très inexacte d'une science que de la supposer sortant tout armée, comme Pallas, du cerveau de

---

1. Voir surtout le *Traité de Géologie* de A. DE LAPPARENT, 4ᵉ édition, 1900, auquel j'ai emprunté un grand nombre de faits mentionnés dans cet ouvrage. J'ai donné moi-même, dans ma *Géologie pratique*, quelques notions fondamentales, qu'il me paraît inutile de reproduire, avec un dictionnaire technique des termes géologiques et minéralogiques les plus usuels, où l'on pourra trouver le sens des mots scientifiques que je serai forcé d'employer ici.

Zeus. Elle est, au contraire, assimilable à un être vivant, dont le plan existe peut-être à l'état de *devenir* dans la cellule embryonnaire, mais qui ne manifeste et ne réalise que peu à peu ce plan primitif par le développement de ses diverses parties [1].

En expliquant, dès lors, étape par étape, comment cette méthode s'est constituée, je serai heureux de faire une place aux ouvriers laborieux, dont les efforts couronnés de succès constituent notre patrimoine. La Science retombe très vite, trop vite, dans l'anonymat et le savant ne peut défendre sa mémoire par ses œuvres, comme le font l'écrivain ou l'artiste ; car l'œuvre scientifique se perd aussitôt dans le progrès même, qu'elle a aidé à réaliser. Elle est comme ces aérolithes, qui vont se jeter sur le Soleil et, contribuant à sa lumière, disparaissent, s'évanouissent dans son rayonnement. Le savant devrait donc, plus que tout autre, pouvoir compter sur le souvenir pieux de ceux qui, plus ou moins consciemment, sont ses élèves et suivent sa trace ; l'histoire d'une science est un hommage, lui-même bien éphémère, à ceux qui l'ont constituée ce qu'elle est.

Après ces deux chapitres historiques, lorsque nous aurons vu se constituer progressivement les diverses méthodes géologiques, nous pourrons en analyser les procédés, applicables aux diverses sciences spéciales, que j'ai déjà mentionnées plus haut.

Enfin, un dernier chapitre de la première partie, le chapitre x, sera relatif à ce que j'appellerai la *géologie en action*. J'y développerai quelques questions, dont l'importance me paraît de tout premier ordre en géologie et qu'à mon sens on ne met pas, d'habitude, suffisamment en valeur : notamment, le rôle du métamorphisme profond et du métamorphisme superficiel, et celui des érosions, qui entraîne, pour toutes les manifestations géologiques, la notion capitale de profondeur originelle. Les lois, que j'exposerai sur ces deux sujets, représentent déjà, si l'on veut, des résultats de la Science géologique ; je les ai, néanmoins, rattachées aux méthodes ; car, si essentielles qu'elles soient à mon avis, elles ne le sont, en somme, que pour le technicien, comme des flambeaux destinés à lui éclairer l'obscurité des phénomènes ; mais, pour la Science générale, il faut encore aller plus loin et, à cette lumière nouvelle, trouver d'autres lois, plus générales encore.

Ce chapitre de la géologie en action pourrait être très étendu. Car

---

1. Il a été fait, à plusieurs reprises, pour les diverses branches de la géologie, telles que la paléontologie, la stratigraphie, la pétrographie, des exposés, où l'histoire et la méthode de cette branche spéciale ont été envisagées. Traiter à la fois de toutes ces branches présente quelques difficultés nouvelles, en considération desquelles on voudra bien peut-être excuser les défectuosités de cet ouvrage.

nous vivons, sans y prendre garde, dans une véritable période géologique, et toutes les observations que peuvent faire les sciences naturelles,
physiques ou chimiques sur les phénomènes actuels de la nature, sont
susceptibles d'apporter leur concours à l'interprétation historique des
phénomènes anciens. Il m'a paru, néanmoins, inutile d'insister ici sur les
plus habituellement étudiés de ces phénomènes, qui tiennent une
place importante dans tous les traités de géologie classique, et dont la
connaissance se trouve donc suffisamment vulgarisée.

Quand j'aurai ainsi exposé et commenté la méthode géologique, quand
nous aurons vu le géologue aux prises avec la nature et s'efforçant de
lui arracher peu à peu ses secrets, nous pourrons, dans une seconde
partie de l'ouvrage, aborder l'énonciation plus codifiée des *Résultats*
déjà obtenus, en la complétant au fur et à mesure par celle des innombrables problèmes encore posés, que l'avenir devra se charger de
résoudre. J'essayerai alors de distinguer soigneusement ceux-ci de
ceux-là, au risque de paraître ignorer bien des choses. Une science
aussi jeune que la géologie et depuis si peu de temps sortie
de l'empirisme, est faite pour rendre très modeste et très prudent.
Il est toujours facile d'affirmer ce qu'on croit savoir et de nier ce
qu'on ne comprend pas ou ce qu'on ignore ; de là, en toute matière,
tant de théories ambitieuses, construites comme des châteaux de cartes
et détruites, comme eux, par un souffle de vent. On verra bientôt que je
ne crains pas les hypothèses ; mais, tout en les reconnaissant sédui-
santes pour l'imagination et nécessaires pour imprimer une direction
aux recherches futures, il ne faut pas leur attribuer plus de valeur absolue qu'elles n'en ont, et la vérification attentive du moindre petit fait
admis, classé, enregistré, incontesté, montre, chaque jour, dans les
sciences naturelles plus encore que dans les autres, combien nous nous
faisons tous d'illusions sur notre connaissance réelle, pendant ce triage
incessant que le chercheur s'efforce d'opérer entre le connu et l'inconnu.

Les résultats vraiment rigoureux des sciences naturelles sont ceux
qui consistent à analyser, définir, classer et identifier. Là se limite
volontairement et résolument l'effort des savants circonspects, qui
tiennent, avant tout, à ne pas introduire d'erreurs dans l'œuvre, sur
laquelle les jugera la postérité. Mais cette science prudente et habile,
dont le seul but est de dire *comment* les choses sont faites, est, il
faut l'avouer, bien peu satisfaisante pour l'esprit, et pour un esprit
français surtout, qui difficilement se restreindra au *comment* sans
chercher aussi le *pourquoi*. Il faut avoir le courage — car c'en est un,
si l'on ne considère que le souci de sa réputation — d'aborder ce que,

dédaigneusement, on appelle les hypothèses. C'est un devoir, en même temps qu'on le fait, d'avertir le lecteur qu'on l'entraîne à une aventure.

Dans le public, ceux qui croient à la Science y croient généralement avec une sorte de fétichisme. Un résultat scientifique est, pour eux, incontestable et immuable ; un savant ne peut se tromper. Pour ceux, qui ont essayé de travailler eux-mêmes, surtout dans l'ordre des sciences naturelles, la proposition se retournerait presque et, en présence des obscurités de tous genres, que nous oppose encore la nature, une certaine part d'erreur, dès qu'on s'élève au-dessus du menu fait précis vers les généralisations, paraît inévitable. Ce n'est que par des approximations successives que l'on peut espérer s'élever vers la Vérité.

L'ordre adopté dans cette seconde partie de l'ouvrage, consacrée à l'examen des résultats géologiques, sera le suivant.

J'étudierai, d'abord, dans le détail des phénomènes, ce que la géologie enseigne au sujet des forces internes, qui modifient peu à peu la structure de la Terre, — c'est-à-dire la *Géologie mécanique ou Tectonique* (chap. XI) et, passant alors à des résultats plus généraux, je considérerai, dans l'histoire géologique, l'évolution de la structure terrestre, des montagnes et des mers, c'est-à-dire la *Paléo-géographie* (chap. XII). Puis nous envisagerons la matière même, sur laquelle agissent les forces diverses, en traitant de la *Géologie chimique (Cristallographie, Pétrographie, Métallogénie*[1], chap. XIII et XIV) et nous essayerons de remonter, par la *Métallogénie*, à la *distribution primitive des éléments chimiques* (chap. XV).

Ayant ainsi fait le tour du monde inorganique, j'aborderai, dans le chapitre XVI, l'*histoire des organismes* : manifestation, qui nous apparaît d'abord si capitale, mais sans laquelle l'histoire de la Terre elle-même eût été à peine modifiée.

Enfin, dans un dernier chapitre résumé, je chercherai à préciser ce que la Science géologique nous apprend en définitive, ou nous laisse soupçonner, sur *le passé, le présent et l'avenir de la Terre*.

Il semblera, peut-être, que cette seconde partie, consacrée aux résultats de la géologie, n'est pas bien longue par rapport à la première, où nous examinerons ses méthodes. Elle serait plus courte encore, si la science était plus avancée. Le but de la science étant précisément de tirer le simple du complexe, ses résultats

---

1. Je propose, comme il a été dit plus haut, ce nom de *Métallogénie* pour remplacer les périphrases telles que *Formation des gîtes métallifères*, auxquelles on est forcé d'avoir recours.

pourraient être représentés par une pyramide. A chaque degré, que l'on gravit dans l'ordre de la connaissance, les résultats de détail rentrent les uns dans les autres et leur nombre se restreint. Si jamais on devait arriver au sommet, et atteindre la connaissance complète, nous supposons que tout se résumerait dans l'énoncé d'une loi unique, synthétisant, à elle seule, toute la Science. En attendant, comme nous sommes bien loin encore de ce sommet, il eût été facile de grossir les chapitres des résultats en y incorporant tous ces résultats provisoires, que nous sommes si fiers d'atteindre et qui ne sont, en réalité, que des marchepieds pour monter plus haut. Toutes les fois que le degré supérieur est déjà visible, c'est-à-dire que l'on peut dire exactement où doit mener l'étape déjà franchie, j'ai fait rentrer l'énoncé de ces résultats momentanés dans la partie de l'ouvrage qui traitera des méthodes.

PREMIÈRE PARTIE

LA MÉTHODE GÉOLOGIQUE ET LES ÉTAPES DE LA SCIENCE

CHAPITRE PREMIER

PRINCIPES GÉNÉRAUX. — OBSERVATION. — EXPÉRIMENTATION. — INTERPRÉTATION

Dans ce premier chapitre, nous nous bornerons aux principes très généraux de la science géologique : la plupart des méthodes, qui seront indiquées ici pour montrer leur place logique dans l'ensemble des moyens d'investigation, devant être étudiées ultérieurement plus en détail. Pour la même raison et au risque de paraître d'abord rester dans le vague, je n'y donnerai d'exemples que ceux absolument nécessaires à faire comprendre les méthodes et leur enchaînement logique. Les deux chapitres historiques suivants seront consacrés à reconstituer, dans son évolution rationnelle, l'histoire de notre science et de ses progrès, c'est-à-dire à montrer comment on s'est élevé peu à peu, par étapes successives, de notions très simples et pourtant déjà difficiles à conquérir, vers la complexité des études actuelles, partant de la croyance instinctive et spontanée à l'immutabilité des phénomènes et à l'éternité des apparences terrestres pour imaginer les lois de moins en moins mystérieuses de leur transformation. Nous aurons alors le terrain préparé pour énoncer, dans toute leur ingéniosité, parfois dans leur subtilité, les méthodes de la géologie moderne.

Toute recherche scientifique conduit à observer, expérimenter et interpréter tour à tour. On part de l'observation des faits, que l'on décompose en phénomènes plus simples par l'analyse, pour en conclure, par généralisation, par induction, par synthèse, une loi hypothétique, que l'expérimentation vérifie ensuite, ou contredit. Sans l'observation, on resterait dans les nuages ; sans l'hypothèse conduisant à l'expérimentation, on piétinerait sur place, ou l'on marcherait au hasard ; sans l'interprétation, on n'obtiendrait que des catalogues stériles. Il ne peut donc y avoir de différence entre les sciences à cet égard que sur le rôle plus ou moins important, attribué à chacun de ces trois procédés d'investigation. C'est ainsi, par exemple, que, dans la géométrie, l'observation est réduite à son minimum; elle reste également subordonnée en mécanique; la physique et la chimie expérimentent plus qu'elles n'observent; les sciences naturelles font l'inverse. En géologie, l'observation, comme nous allons le voir, a dominé jusqu'ici; l'expérimentation, du moins au sens où on l'entend en physique, c'est-à-dire la production de phénomènes prévus, réglés et provoqués par la volonté du physicien, y tient une place beaucoup plus restreinte, bien que le géologue expérimente lui aussi à sa façon spéciale, c'est-à-dire cherche, dans l'observation expérimentale d'un fait naturel prévu d'avance, la confirmation d'une idée générale, qu'il aura déduite de faits plus anciennement constatés. Quant à l'interprétation, on la voit alternativement, ou méprisée à l'excès — et alors le géologue, confiné dans l'étroitesse des phénomènes actuels, perd de vue les grandes lignes des phénomènes anciens — ou employée avec abus — et alors la géologie s'égare dans le vague des théories —. Le juste milieu semble, ici comme partout, difficile à atteindre..

Tandis que le physicien et le chimiste peuvent travailler leur vie entière sans sortir de leur laboratoire, le géologue, comme tous les naturalistes, ne peut se passer d'explorations antérieures sur le terrain, qui constituent, dans la pratique, la partie la plus importante et la plus longue de sa tâche. Cette nécessité d'avoir fait porter ces courses préliminaires des explorateurs sur l'étendue totale de la superficie terrestre avant de pouvoir énoncer des lois définitives, qui, autrement, risquent chaque jour d'être bouleversées ou modifiées par quelque anomalie constatée au fond de l'Afrique ou de l'Asie, est, on le conçoit, une des causes principales, qui ont retenu si longtemps la géologie dans l'empirisme et qui ont amené son retard marqué par rapport aux sciences purement physiques.

Le travail du géologue se compose donc de deux fractions distinctes, que nous allons examiner successivement : 1° sur le terrain; 2° dans le laboratoire.

Sur le terrain, le géologue est presque exclusivement naturaliste; rarement physicien ou chimiste; dans le laboratoire, au contraire, la physique, la chimie, la minéralogie, la géographie physique, l'analyse mathématique elle-même ou l'astronomie lui sont d'un secours égal à celui de la zoologie ou de la botanique.

L'étude sur le terrain comprend : d'une part, des observations locales, des collectes rationnelles d'échantillons typiques, de minéraux ou de fossiles, avec la notation attentive de leurs gisements ou de leurs associations, quelquefois des mesures de température, des prélèvements de gaz, etc...; d'autre part, la coordination première des résultats obtenus, sous la forme de plans, de cartes et de coupes verticales. Le travail du laboratoire, qui succède à ce premier effort, en est d'abord la suite directe, quand il se borne à la préparation, à la détermination et au classement des échantillons recueillis ; on ne fait alors, à vrai dire, que ce que le manque de temps ou le défaut d'instruments et de moyens de comparaison avaient empêché de réaliser sur le terrain. Puis vient une place assez restreinte consacrée à l'expérimentation proprement dite : par exemple, à la reproduction artificielle des minéraux, des roches ou de certains phénomènes naturels ; et surtout c'est le moment, où on se livre à l'effort de synthèse, qui a pour but de découvrir les lois de plus en plus générales, objet essentiel de la recherche.

Je vais me borner à un énoncé très bref pour les procédés employés sur le terrain et la pratique de la géologie, dont il ne sera plus guère question ensuite : non que ce côté du sujet soit sans importance, loin de là, mais parce que les principes sont ici, pour la plupart, communs à toutes les sciences et très simples à exposer; quant à la pratique ou technique particulière, elle n'intéresse guère que les spécialistes et fait donc partie de ces échafaudages préliminaires, que je voudrais voir disparaître d'une science constituée. Ceux, qui s'intéressent à ces questions, en trouveront quelques notions dans ma *Géologie pratique*, ou, encore plus, dans divers ouvrages français et étrangers, qui ont précisément pour but de renseigner l'étudiant sur la manipulation des fossiles, leur moulage, leur conservation, la préparation des échantillons pour l'examen microscopique, leur analyse chimique, etc. [1].

J'insisterai, au contraire, bientôt sur les méthodes générales, qui permettent de coordonner les observations après l'étude dans le laboratoire et sur la direction générale, qu'il convient d'imprimer aux recherches, pour aboutir à un résultat déterminé et j'ajouterai quelques détails sur les divers procédés d'étude ou d'expérimentation.

I. — **Travaux sur le terrain**.

A) Observations locales et collectes d'échantillons. — Sur le terrain,

---

1. Konrad Keilhack. *Lehrbuch der praktischen Geologie. Arbeits-und Untersuchungs-Methoden auf dem Gebiete der Geologie, Mineralogie und Paläontologie.* Stuttgart. Enke. 1896, 638 p. — Ar. Geikie. *Géologie sur le terrain.* (trad. franç. par O. Chemin, 1903) — Élie de Beaumont : *Leçons de géologie pratique,* 2 vol. in-8°, Paris, 1845-1849 (1869). — Ouvrages divers sur la prospection. — Ou, à titre historique, quelques livres anciens, tels que l'*Agenda geognostica* de Leonhard. — A. Boué. *Guide du géologue voyageur.* 1835. — De la Beche. *How to observe in geology.* 1838. — Burat. *Géologie appliquée.* 1843.

le géologue doit observer, et même, si on le veut, tout observer, mais
successivement et méthodiquement, non pêle-mêle et au hasard. Savoir
observer suppose un instinct d'abord, puis une éducation. Ainsi que je
l'expliquerai mieux tout à l'heure, on ne voit bien que quand on prévoit; on ne distingue nettement un phénomène fugitif que lorsqu'on le
cherche et, surtout, lorsqu'on sait d'avance où le chercher. Toute observation suppose donc un choix plus ou moins conscient, une direction
donnée à l'effort. Mais c'est ici que se présente un point critique :
cette prévision, presque nécessaire, ne doit pas tourner à l'idée préconçue, exclusive d'une initiative nouvelle; cette expérience à la rou-
tine. Il ne faut pas que la vérification attendue, désirée même, d'une
loi générale, empêche de distinguer l'anomalie; la poursuite des échinodermes dans un terrain ne doit pas rendre aveugle pour le trilobite,
qu'y amènerait une circonstance extraordinaire. Le propre du naturaliste est de ne jamais laisser échapper ce petit fait singulier, imprévu,
rare, qui peut conduire à une idée nouvelle; le propre du savant, quel
qu'il soit, est de ne pas glisser légèrement sur ce qui le gêne, sur ce
qui l'étonne, sur ce qui dérange ses calculs ou ses prévisions, mais,
au contraire, de s'y entêter jusqu'à ce qu'il en ait trouvé la solution.
Il est toujours facile, ayant, sur un « graphique », un certain nombre de
points représentatifs d'un phénomène, de faire passer au milieu d'eux
une courbe élégante, qui permette un énoncé simple de la loi; mais le
pourquoi des points excentriques, voilà la source possible des découvertes futures.

En même temps que le géologue observe — ce qui, nous venons de
le voir, implique un choix — il doit aussi, bien souvent, deviner; car
l'observation ne va guère ici sans une divination; et, dans cette divination, qui a nécessairement pour point de départ conscient ou instinctif une interprétation théorique, une hypothèse, intervient, avec ce
qu'on pourrait appeler le flair ou le coup d'œil du naturaliste, sa faculté
de raisonner.

Pourquoi, dès ce premier pas dans la méthode géologique, faut-il
donc deviner et non pas seulement observer, ou, à la rigueur, choisir,
ainsi que l'exigerait une logique rigoureuse? c'est ce qu'on va comprendre aisément.

Le premier but du géologue est la détermination de la constitution
terrestre en chaque point, et la coordination élémentaire des points
les plus voisins entre eux. Mais, cette constitution terrestre, il est
rare qu'elle apparaisse à la surface; aussi bien dans les régions
cultivées que dans les zones vierges,le sol est caché le plus souvent :
dans un cas, par les prés, les cultures, les habitations ; dans l'autre,

par les tourbières, les marais, les steppes, les landes, les forêts. Et, ce sol superficiel, fut-il visible, que ce n'est pas là encore ce qui intéresse surtout le géologue; bien qu'il ait à porter aussi son attention sur les altérations extérieures, dont résulte en particulier la terre arable, il a besoin principalement de connaître le sous-sol, masqué en général par une épaisseur plus ou moins forte de cette terre arable; c'est ce sous-sol, dont il inscrit la nature sur ses cartes géologiques; c'est sur lui qu'il raisonne dans ses théories. D'où l'étonnement constant de ceux qui voient partir en course le géologue, armé seulement de son marteau, de sa boussole, de sa loupe et de son baromètre, sans ouvrier auxiliaire, sans outils de sondage et de terrassement, et cette question, qui lui est posée sans cesse : « Comment pouvez-vous reconnaître le sous-sol sans fouille, alors qu'il n'apparaît pas ? » A cette question il serait facile de répondre que c'est précisément le résultat de l'expérience ou du talent géologiques de voir ce qui paraît invisible aux yeux des incompétents : mais il n'y a là aucun mystère ni aucun coup de baguette magique.

La vérité est qu'en y mettant le temps et en y regardant de près, on arrive, presque partout, à découvrir quelque coin, où la nature du sous-sol se décèle à l'observateur, dans une tranchée de route, un fossé, un puits, une rigole d'irrigation; à la rigueur même, dans les fragments ramenés du fond par la charrue, qu'il faut seulement distinguer de matériaux apportés, éboulés ou erratiques. La coordination de ces menus faits épars, aidée par quelques idées générales, montre à l'observateur les zones, où tout apparaît conforme aux prévisions, celles, au contraire, où se décèle quelque chose d'inattendu, un accident sur lequel il faut s'acharner, dont, au besoin, il faut chercher la solution dans une fouille unique, judicieusement placée! C'est ainsi que, dans la confection d'une carte géologique, qui constitue la base nécessaire de toute recherche, on pourra parfois se contenter, sur de grandes régions parfaitement homogènes, de quelques courses rapides et sommaires, tandis qu'un espace de quelques kilomètres carrés exigera des semaines d'efforts.

Il est à peine besoin d'ajouter que l'existence de tranchées, ou de coupes naturelles, montrant la superposition des terrains profonds les uns aux autres sur plusieurs mètres, comme celles que l'on rencontre le long des chemins de fer, dans les falaises des côtes, dans les parties montagneuses, dans les carrières ou les mines, dans les puits et sondages divers, sera un événement béni par le géologue. C'est pourquoi le développement des voies ferrées dans le dernier demi-siècle a servi l'extension générale des travaux géologiques, qui trouveront certainement moins d'aliments nouveaux dans nos pays, maintenant que la construction des chemins de fer se ralentit et que la facilité des moyens de transport diminue le nombre des petites industries extractives locales.

Toute observation locale comporte une collecte d'échantillons caractéristiques et, là encore, il y a un choix à faire, un flair à exercer.

Les échantillons à recueillir doivent, en effet, répondre à un double désir ; pour le géologue proprement dit, ce seront, avant tout, ceux qui représenteront, de la manière la plus typique, l'aspect du terrain, qui en constitueront le facies normal et habituel, qui, s'il s'agit de fossiles, en offriront les formes susceptibles de faire connaître le plus exactement l'âge et le mode de dépôt du sédiment, ou, s'il s'agit de minéraux, seront capables d'éclairer sur le genre de cristallisation de la roche, à laquelle ils appartiennent ; pour le minéralogiste et le paléontologue, au contraire, qui donnent au géologue leur concours incessant et nécessaire, les exceptions, les raretés seront particulièrement et presque uniquement recherchées. Or, dans l'un et l'autre ordre d'idées, cela a l'air d'un paradoxe et c'est pourtant presqu'un truisme, de dire que, pour découvrir, il faut savoir d'avance ce qu'on cherche. Il suffit d'avoir examiné quelques collections rapportées des pays lointains par des amateurs de bonne volonté pour savoir que, presque toujours, les bizarreries, les « ludus naturæ », les silex rubanés ou ressemblant à quelque bête, les moules imparfaits, de gros bivalves y dominent ; même si l'on a affaire à des apprentis un peu plus expérimentés, ils recueilleront encore, par exemple, dans un massif de granite[1] ou de schiste décomposé, les veines de quartz ou de pegmatite plus dures, qui ont mieux résisté à l'altération, et l'échantillon de granite ou de schiste fondamental fera défaut ; de même que, placés devant la même tranchée pour y chercher des fossiles, le naturaliste expert en trouvera dix, là où le néophyte n'en rencontrera qu'un[2].

Ce n'est pas seulement parce que, faute d'expérience, ce dernier ne distingue pas ce qui est réellement intéressant et utile à recueillir de ce qui ne l'est pas ; c'est aussi parce que, physiquement, matériellement, il ne voit pas les pièces, qui attirent aussitôt le regard de l'autre. Le paléontologue, auquel toutes les formes des fossiles sont familières,

---

1. L'usage constant de tous les géologues est d'écrire *granite,* et non *granit,* comme le veulent les grammairiens.

2. J'ai donné, dans ma *Géologie pratique,* page 76, quelques indications pratiques sur la recherche des fossiles, ainsi que sur le tracé des cartes géologiques, sur la confection et la lecture des coupes géologiques, etc. Ici nous n'avons à considérer que les principes généraux, sur lesquels est fondée cette recherche.

n'a besoin que de la moindre saillie sur la glaise ou le calcaire pour reconnaître le gastropode, l'ammonite ou l'oursin, qui peuvent lui déterminer l'âge de son terrain et ne reculera pas, dès lors, devant l'effort, les coups de burin ou de ciseau, le temps perdu, nécessaires pour les dégager de leur gangue; il sait aussi qu'un organisme très petit, parfois microscopique, peut lui être plus utile qu'un animal beaucoup plus volumineux; de même, le minéralogiste pour les faces d'un cristal. Le spécialiste reconnaît également, du premier coup d'œil, les places, où il faut chercher de préférence, les zones susceptibles de contenir fossiles ou minéraux; il n'ignore pas que les fossiles apparaissent mieux dans les roches altérées, et les caractères pétrographiques dans les roches bien fraîches; les premiers échantillons recueillis lui indiquent aussitôt dans quelle direction doit se trouver la suite du gisement. Son œil toujours en éveil ne laisse rien échapper d'anormal, de nouveau et, par suite, d'intéressant. Alors même qu'il ne serait pas en état de déterminer exactement les échantillons sur le terrain, il a pourtant présentes à l'esprit les particularités (charnières de bivalves, embouchures de gastropodes, sinuosités des cloisons d'ammonites, place de la bouche dans les oursins, dents des mammifères, etc.), sur lesquelles sera fondée cette détermination et il ne ramasse que les pièces où elles se rencontrent. Le reste, les « cailloux » vulgaires, dont s'encombre l'inexpérimenté, il les rejette aussitôt. Tout cela, on le conçoit, ne peut s'apprendre par la lecture d'aucun livre et ne se réalise pas sans l'étude approfondie dans les collections et sans l'expérience acquise à la longue sur le terrain : il y entre aussi un certain don inné, qui tient du sens artistique. Inutile d'insister, je crois, sur ce point; chacun sait assez que le naturaliste, comme le mathématicien, comme le peintre ou le musicien, doivent avoir une tournure d'esprit spéciale, encore accentuée par l'habitude et certains sens physiques plus développés.

Mais, ce que l'enseignement peut apprendre, c'est qu'un échantillon quelconque n'est rien par lui-même, si l'on ne connaît, avec une précision absolue, sa provenance; toute sa valeur lui vient de son origine, de la possibilité qu'il offre de caractériser un terrain. Les débutants en géologie commettent tous la même erreur naturelle que les fouilleurs inexpérimentés en archéologie; ils cherchent l'objet d'art pour l'objet d'art et, en l'isolant de son milieu, lui enlèvent tout son intérêt. Le minéral, malgré ses jolies faces géométriques, le fossile, malgré ses apparences curieuses de coquillage, ne sont plus guère alors qu'un jouet. L'important, pour le géologue, il ne faut pas l'oublier, c'est le terrain, c'est le système de terrains moins attrayant au premier abord, c'est l'association complexe des minéraux. Il faut faire, en géologie, non de la minéralogie ou de la paléontologie proprement dites, mais de la minéralogie et de la paléontologie de gisements.

B) Coordination des observations locales. Cartes et coupes géologiques. — Toutes ces observations locales, qui prennent beaucoup de temps et exigent beaucoup d'efforts, ne sont rien, à leur tour, pour le géologue, si elles ne sont complétées par la reconnaissance des superpositions ou des juxtapositions, des relations plus ou moins compliquées entre les divers points observés. C'est la base des sciences fondamentales que nous étudierons plus tard sous le nom de stratigraphie, de tectonique, etc.

Quand il en est là, le géologue peut difficilement faire de bonne besogne sans le secours constant d'une carte géographique aussi détaillée que possible et sans l'aide d'un baromètre altimétrique, lui permettant de reconnaître simplement et rapidement des différences de niveau, de manière à tracer des profils topographiques suivant ses itinéraires. On peut dire que le géologue sur le terrain ne quitte guère des yeux sa carte topographique et, plus celle-ci est précise, plus ses propres observations pourront présenter de rigueur. Ce n'est pas une des moindres difficultés des explorations géologiques en des pays mal connus que la nécessité de dresser soi-même, avant tout, une carte approximative et l'obligation de s'en contenter. Le lien, qui apparaît ainsi, dès le premier instant, entre la géologie et la géographie physique, est, de toutes façons, si intime que cette dernière science pourrait être envisagée comme une branche latérale de la première.

Toute la géologie théorique faite ensuite dans le laboratoire, tout le travail de synthèse, qui tend à coordonner les observations, reposent, en effet, nécessairement sur la lecture des cartes et coupes géologiques, dressées au moyen d'observations sur le terrain. J'ai dit ailleurs [1], avec quelques détails, comment on exécutait et comment on utilisait ces cartes et ces coupes; il me suffira de rappeler, en deux mots, la méthode à suivre, qui nous intéresse seule ici.

On a déjà vu que le premier résultat pratique de la science géologique avait été d'obtenir des listes chronologiques des terrains sédimentaires, portant des numéros d'ordre, depuis les premiers déposés au début des temps primordiaux jusqu'aux plus récemment formés sous les yeux de l'homme [2]. D'autre part, les roches éruptives ont reçu

1. *Géologie pratique*, pages 72 à 95.
2. Le tableau de la page 222 *bis* résume cette liste chronologique des terrains *sédimentaires*, c'est-à-dire des terrains formés par dépôt dans les eaux.

des noms fondés sur leur détermination minéralogique et sur leur structure : noms pouvant être également représentés par un semblable numéro. Le géologue doit, dès lors, chaque fois que ses observations sur un point du terrain le lui permettent, inscrire, sur ce point de la carte, le numéro correspondant et, pour rendre la lecture plus claire, ajouter une couleur conventionnelle correspondante à ce chiffre. La réunion

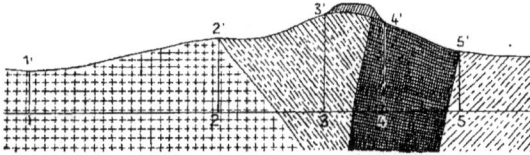

Fig. 1. — Exemple d'une coupe relevée suivant un itinéraire 1′ 2′ 3′ 4′ 5′ — 1′ 2′, granite ; 2′ 3′, terrain primaire incliné vers la droite ; 3′ 4′, terrain secondaire en stratification discordante sur le terrain primaire et sur le dyke de roche éruptive, 4′ 5′ ; au delà, terrain primaire incliné vers la gauche.

de tous ces points colorés en des teintes d'ensemble, qui couvrent la carte topographique de leurs nuances bariolées, forme une *carte géologique*. Par suite d'interpolations, admissibles seulement quand elles se font à petite distance et conformément aux lois théoriques générales,

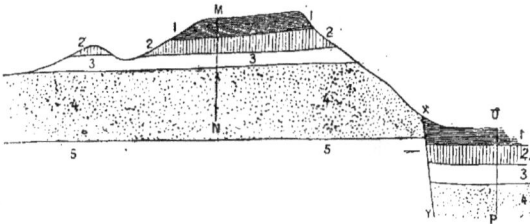

Fig. 2. — Exemple d'une coupe verticale dans une région formée de strates horizontales normalement superposées et seulement recoupées par une faille XY.

ces couleurs ne sont pas restreintes aux points directement observés, mais couvrent toute la carte. Mise ensuite entre les mains d'un autre géologue, cette carte lui permet, sans quitter son laboratoire, de connaître exactement l'âge du sédiment, la nature de la roche éruptive, qui se trouvent en un point quelconque de la Terre et, si la carte a été suffisamment étudiée, le mode de dépôt de ce sédiment, le mode de cristallisation de cette roche, les relations de l'une ou l'autre avec les terrains voisins en plan horizontal.

La *coupe géologique* répond à un besoin semblable, non plus en plan, mais en section verticale ; elle ne saurait guère être obtenue sans la confection antérieure de la carte ; mais elle rend , aussi bien dans la pratique que dans la théorie, des services encore plus grands ; car, en vertu d'hypothèses très simples, fondées sur les lois les plus générales, elle réalise ce desideratum d'appliquer une dénomination, non seulement aux terrains qui apparaissent à la surface, qui y *affleurent* suivant l'expression consacrée, mais aussi à ceux qui existent en profondeur et que, sans la théorie géologique, on serait impuissant à connaître. L'emploi des coupes étend donc singulièrement, pour la science, un champ d'observations qui, autrement, serait restreint à la seule superficie et, pour la recherche pratique des gisements miniers ou des eaux, pour les prévisions de tranchées et de tunnels, il fournit le seul secours, sur lequel on puisse compter, avant d'avoir entrepris coûteusement des coupes ou sondages directs.

Les figures 1 et 2 suffisent à faire comprendre comment, ayant relevé, sur des itinéraires, les terrains de deux profils avec leurs pentes, puis ayant tracé ces profils avec l'aide de la carte et du baromètre, on y reporte, d'abord, les notations des divers terrains et l'on prolonge ensuite les contacts dans la profondeur, d'après ce que l'on sait théoriquement sur leur disposition relative. La figure 2 montre, en XY, ce que l'on appelle une *faille*, c'est-à-dire un déplacement vertical du terrain 1, qui, à gauche, est en M et, à droite, en O[1]. Le fait d'un tel dénivellement étant constaté par l'observation, l'hypothèse élémentaire consiste à supposer, au-dessous de O, la même succession de terrains 2, 3, 4, que l'on a constatée au-dessous de M, sur les pentes de la colline, avec les mêmes épaisseurs, et les deux lignes MN, OP représentent les prévisions, que l'on doit en déduire pour un sondage en M ou en O.

Les coupes des théoriciens sont généralement plus compliquées que celles-là ; elles ont souvent pour but de déterminer la structure, ou la *tectonique*, des chaînes de montagnes plissées, dans lesquelles les terrains ont subi des bouleversements de tous genres ; on en verra des exemples dans la suite de ce livre ; mais, avec plus ou moins de simplicité dans l'application, le principe est toujours le même, et consiste toujours à multiplier les observations directes sur les relations géométriques des terrains, puis à les retracer sur des profils topographiques, en les complétant, raccordant et prolongeant par des hypothèses.

Ces hypothèses n'ont pas seulement, comme j'ai paru le supposer jusqu'ici, à deviner ce qui existe en profondeur, mais aussi ce qui a pu se présenter au-dessus de la surface actuelle, avant que le modelé de cette

---

1. Je reviendrai sur les notions de faille, de plissement, etc., pages 238 et suiv quand nous nous occuperons de la tectonique.

superficie par des érosions souvent très récentes, ou le phénomène analogue réalisé à des époques antérieures sur ce qui était alors la superficie, n'eussent fait disparaître à jamais ces proéminences. Tandis que l'hypothèse relative à la profondeur peut, à la rigueur, être vérifiée par un sondage direct, que la dépense à engager interdit seule d'habitude quand il ne se présente pas une question de recherche pratique, celle relative aux parties disparues est invérifiable. Aussi ne doit-on pas s'étonner si les profils d'une même région, tracés par divers géologues, présentent parfois des incompatibilités absolues et une différence d'aspect, qui, pour un lecteur un peu sceptique, pourraient les faire considérer d'abord comme de pures fantaisies. C'est, nous le verrons, en multipliant et comparant de semblables coupes, dont les parties bien connues se complètent l'une l'autre et permettent peu à peu d'éliminer des hypothèses trop nombreuses au début, que l'on arrive à constituer cette partie spéciale de la géologie, qui étudie la structure des chaînes montagneuses, ou l'*orogénie*, et qui se propose ainsi de découvrir les causes plus profondes ayant présidé à leur plissement.

L'établissement de ces coupes savantes peut être commencé sur le terrain ; mais il se rattache plutôt aux travaux de laboratoire, qui demandent une installation commode et des loisirs plus grands que n'en laisse d'ordinaire une course géologique.

Des travaux d'un autre genre sont, au contraire, restreints à cette première partie des études géologiques, qui doit être faite en présence de la nature et des phénomènes naturels à étudier.

Ce sont, par exemple, les mesures relatives au magnétisme, à la densité terrestre, à la température profonde, sur lesquelles nous reviendrons dans le chapitre iv ; ce sont encore les observations, concernant des phénomènes naturels à caractère essentiellement géologique et susceptibles par suite d'expliquer des phénomènes géologiques anciens, qui feront l'objet du chapitre x : tout d'abord, les éruptions volcaniques avec leurs corollaires de tous genres, leurs fumerolles dont il faut recueillir les gaz et mesurer la température, leurs solfatares, leurs coulées de laves, leurs projections de cendres volcaniques ; puis les circulations d'eaux souterraines ; les formations, par des actions diverses, de cavités analogues à celles qui ont donné lieu à des remplissages filoniens (effondrements, dislocations, grottes, etc.) ; les évaporations spontanées de bassins salins ; les sédimentations et les alluvionnements sur nos côtes, dans les lacs ou le long des rivages ; les constructions de récifs par des organismes coralliens ; les dépôts de grande profondeur dans les mers ; les érosions par des agents mécaniques et les altérations par des agents chimiques, etc., etc.

II. — Travaux dans le laboratoire.

En abordant les travaux de laboratoire, nous retrouvons, mieux caractérisées, les trois divisions, que nous avons indiquées dès le début : observation, expérimentation, interprétation. Ici, nous entrons un peu plus dans le vif des méthodes réellement propres à la géologie ; il y a donc lieu de donner quelques détails plus circonstanciés, au risque d'aborder, par instants, la technique professionnelle, dont les principes, tout au moins, peuvent intéresser les non-spécialistes, ou d'empiéter sur l'objet propre des chapitres suivants.

A) Observation. Préparation et détermination des échantillons. — L'observation dans le laboratoire des échantillons recueillis, ou des prises d'essai effectuées continue et achève le premier travail commencé sur le terrain en vue de la reconnaissance précise de ces échantillons et de leurs relations entre eux ou avec la roche encaissante. On se propose de faire rentrer chacun d'eux dans une catégorie connue, dont il peut même servir à éclaircir et préciser la nature, ou, si la détermination prouve qu'il s'agit d'une espèce, d'un groupement nouveaux, de caractériser ceux-ci, afin qu'ils puissent, à leur tour, servir de termes de comparaison pour d'autres études.

Cette détermination se fait, suivant les cas, par l'histoire naturelle c'est-à-dire l'histologie, par la physique (optique, etc.), ou par la chimie.

Le premier point est d'isoler les individus dans un groupement et de reconnaître leur position dans le milieu, le second de caractériser les individus.

L'isolement des individus, très simple quand ceux-ci sont volumineux comme des fossiles ou des minéraux visibles à l'œil et ne demandant alors que des préparations de pure technique (par exemple, pour dissoudre la gangue calcaire d'un fossile dans de l'acide chlorhydrique dilué, pour prendre un moulage au moyen de plâtre non calcaire, qu'on isole ensuite par traitement acide, pour conserver des pièces pyriteuses ou des tissus fragiles, etc.), peut, au contraire, exiger des procédés délicats et subtils, quand il s'agit d'éléments très petits ou microscopiques.

On utilise alors[1] : soit les procédés optiques (examen à la loupe, au microscope, etc.) ; soit d'autres modes de séparation physique, fondés sur les propriétés magnétiques, la densité, etc. ; soit enfin les réactions

1. Voir chapitre v, pages 131 et suiv.

chimiques, qui, en attaquant inégalement les éléments divers d'un même groupe, mettent l'un ou l'autre d'entre eux en évidence. Ces trois types de procédés opératoires peuvent naturellement être combinés entre eux : c'est-à-dire qu'on fera souvent précéder l'examen à la loupe · ou au microscope d'une préparation mécanique ou magnétique, ou encore d'une attaque à l'acide hydrofluosilicique.

Je reviendrai, sur ces divers points, dans le chapitre spécial, où nous aurons à envisager la méthode de recherche employée en minéralogie ou en pétrographie et j'indiquerai, à ce propos, la façon dont on peut utiliser les procédés optiques pour reconnaître, non seulement la nature des minéraux constituants d'une roche cristalline, mais l'ordre dans lequel ils se sont consolidés, le milieu où ils étaient dissous, la température même à laquelle s'est faite leur cristallisation, etc., etc.

B) EXPÉRIMENTATION. — Malgré les efforts de maîtres éminents, tels que Daubrée, si on laisse de côté les synthèses de minéraux et de roches, où les résultats obtenus ont été considérables, l'expérimentation proprement dite, c'est-à-dire l'évocation artificielle et voulue d'un phénomène naturel dans des conditions prévues, ne joue et ne peut jouer en géologie qu'un rôle restreint, surtout si on le compare avec la place prépondérante qu'occupe un semblable mode de recherches en physique ou en chimie. Il n'y a même pas bien longtemps que la plupart des savants niaient absolument l'utilité de la méthode expérimentale en géologie.

Pour expérimenter, le physicien et le chimiste ont, en effet, un moyen bien simple ; avec quelque ingéniosité, ils peuvent arriver à faire naître, dans leur laboratoire, si extraordinaires que paraissent d'abord ses dimensions ou son intensité, le phénomène lui-même, qu'ils veulent étudier ; ce phénomène, diminué seulement d'intensité, réduit à une de ses fractions même la plus minime, ne change pas. C'est ainsi que l'on a pu mesurer dans une chambre la vitesse de propagation des ondes lumineuses et électriques, qui est de 300.000 kilomètres par seconde ; mais, pendant l'instant où elle a traversé cette chambre, la lumière était exactement la même que pendant les 32.000 ans qu'elle met à parcourir la longueur de la voie lactée.

Il est très rare que le géologue puisse opérer ainsi ; cela se produit, il est vrai, approximativement dans quelques cas, sur lesquels j'insisterai plus tard et dont les principaux, les plus instructifs, auxquels je viens déjà de faire allusion, sont les synthèses de minéraux et de roches, puis, à l'état de réduction ou d'image, les déformations et les fractures de corps solides, les dépôts par alluvionnement ou par précipitation chimique, etc. Mais, le plus souvent, les dimensions et les durées, sur lesquelles ont porté les phénomènes réels de la géologie, sont telles que nos reproductions en petit, si ingénieuses qu'elles puissent être, ressemblent à des joucts d'enfants. Quand on a étudié les déformations du globe terrestre sur un ballon gonflé enduit de cire fondue, qu'on laissait se plisser dans le dégonflement, ou les plissements des chaînes de montagnes sur un empilement de lames flexibles tordues, ou la formation d'un filon métallifère sur un bloc fissuré, où s'insinuait une dissolution quelconque, comme lorsqu'on a reproduit le système du monde en faisant tourner dans un bassin des gouttes d'huile de lin, on n'a pu donner qu'une représentation grossière, parfois presque caricaturale, des phénomènes et non prouver réellement les hypothèses faites, comme cela a lieu dans une bonne expérience de physique.

On se rend même compte aisément que de légères modifications, sans importance théorique appréciable, dans les conditions de l'expérience peuvent amener à des conclusions opposées, et qu'il est souvent facile de reproduire le même fait par deux procédés contradictoires : ce qui conduit à envisager avec quelque scepticisme les démonstrations par la géologie expérimentale et à ne les utiliser qu'avec une extrême circonspection. Tout au moins est-il indispensable qu'elles s'appuient sur de très fortes, très sérieuses observations dans la nature et leur servent seulement de confirmation.

La véritable méthode expérimentale en géologie est un peu du même genre que celle dont on use dans la science mère, dont la géologie n'est qu'une branche, en astronomie. L'astronome ne fait pas venir Jupiter ou Saturne en un point du ciel à l'instant qui lui convient; mais, de ses observations, il conclut qu'ils arriveront à tel instant en tel point, et l'expérience consiste à vérifier cette prévision.

De même, le géologue n'essayera pas de reproduire la chaîne des Alpes ou le filon argentifère du Comstock ; mais, en multipliant ses observations sur des chaînes de montagne ou des filons connus, il vise à prévoir ce qui existe en d'autres chaînes ou d'autres filons, qui lui sont inconnus. Si, abordant ensuite ces points nouveaux, il trouve son résultat confirmé, il peut inscrire une expérience favorable à l'appui de sa théorie.

1° *Expérimentation par la prévision et la vérification d'un fait naturel inconnu.* — Je citerai seulement quelques exemples simples de cette méthode propre aux sciences naturelles, avant de passer à l'expérimentation proprement dite.

Rappelons d'abord le principe élémentaire de continuité, qui permet, ayant reconnu en sept ou huit points, sur un même cercle de 3 ou 4 kilomètres de diamètre, la présence d'un même massif granitique sans accidents ni filons, d'en conclure la présence probable du granite également à son centre. Si on ne l'y rencontre pas, on aura la preuve d'un phénomène anormal intéressant à étudier.

De même, si, ayant relevé les coupes de plusieurs vallées, qui traversent un plateau, on les a trouvées toutes concordantes, la coupe d'une vallée intermédiaire devra être semblable et l'expérience consistera à aller vérifier cette présomption.

De même, si, ayant déterminé les épaisseurs et l'ordre de superposition des divers terrains dans une région, on en conclut, comme cela se passe journellement dans les recherches de mines ou les forages artésiens, que telle couche doit se trouver à telle profondeur et si un forage ultérieur la recoupe au niveau prévu.

De même, si, d'après les lois relatives aux modifications superficielles des gîtes métallifères, on annonce et l'on vérifie qu'à tant de mètres un amas de calamine se transformera en mouches de blende, ou un filon à or natif en une pyrite aurifère, etc., etc.

Il serait facile de multiplier ces exemples. Toutes les applications pratiques de la géologie, dont j'ai parlé ailleurs, ne sont, à vrai dire, qu'une expérimentation courante des lois hypothétiques, formulées provisoirement par la science géologique : expérimentation, à la suite de laquelle telle est confirmée, telle autre disparaît.

Un autre mode d'expérimentation, qui rentre, jusqu'à un certain point, dans le précédent, consiste à examiner des minéraux fournis par des phénomènes accidentels connus et, en les comparant à des minéraux cristallisés, dont l'âge doit remonter à des époques primitives du globe, à en conclure le mode de formation de ces derniers : mode de formation d'autant plus probable qu'un plus grand nombre d'observations concordantes viennent se superposer. On a fait, dans cet ordre d'idées, des remarques intéressantes sur des monnaies de bronze romaines ou des tuyaux de plomb, restés pendant quinze ou vingt siècles en contact avec des eaux thermales à très faible minéralisation et transformés néanmoins, par celles-ci, en minerais cristallisés analogues à ceux des filons, ou encore sur des minéraux de roches éruptives, développés dans les parois et les creusets de hauts fourneaux après une action prolongée à haute température, dans des conditions de pression qu'il serait difficile de réaliser au laboratoire.

Enfin, l'expérimentation physique en géologie se rattache souvent, elle aussi, à ce premier système. Je citerai, comme exemples, les mesures de la densité de la Terre par les méthodes de Cavendish et de

Cornu, celles de la composante magnétique ou de l'attraction en divers points de la Terre, les observations thermométriques ou barométriques à des hauteurs et profondeurs inégales, la détermination de la température d'une roche volcanique ou d'une fumerolle, la mesure des éléments du sphéroïde terrestre (arc de méridien sous des latitudes variables, etc.).

Dans tous ces cas, où le physicien apporte son concours actif au géologue, une série de premières mesures, relatives à certains caractères de notre globe, ont commencé par être coordonnées en des lois hypothétiques, que vérifient les expériences ultérieures, sans qu'il y ait, à proprement parler, création par l'opérateur du phénomène à observer. Cependant, lorsqu'on prend, dans les expériences de Cornu et Baille sur la densité de la Terre, des sphères de cuivre portées par un bras de levier suspendu en son centre et que l'on constate la déviation de ce bras de levier par d'autres sphères métalliques[1], il y a bien expérimentation au sens ordinaire du mot.

2° *Expérimentation proprement dite*. — L'expérimentation proprement dite, que John Herschel qualifiait d'observation *active* par opposition à l'observation *passive*, donne surtout des résultats concluants en géologie, quand le géologue fait acte de chimiste, ou que le chimiste vient en aide à la géologie. Il y a lieu d'attacher, dans cet ordre d'idées, une importance prépondérante aux synthèses de minéraux et de roches, qui sont une des gloires et, on peut le dire aussi, une des spécialités de l'école française, représentée par la tradition continue des Gay-Lussac, Berthier, Ebelmen, Sénarmont, Durocher, Daubrée, Sainte-Claire Deville, Fouqué et Michel Lévy, Moissan, etc[2].

a) *Méthodes de synthèse des minéraux et des roches*. — Dans la première partie de ses *Études synthétiques de géologie expérimentale*[3], Daubrée proteste très justement contre ces théories préconçues, qui veulent introduire partout le mystère dans les phénomènes terrestres et pour lesquelles il y a incompatibilité entre les procédés de nos laboratoires et les procédés de la nature. Les synthèses de tant de minéraux, quartz, feldspaths, silicates divers, appartenant aux roches éruptives et aux filons, celles des roches éruptives elles-mêmes, basaltes, andésites, labradorites, ophites, etc., reproduites de toutes pièces par Fouqué et Michel Lévy, ont, depuis longtemps,

1. Voir plus loin, page 96.
2. Fouqué et Michel Lévy, *Synthèse des minéraux et des roches*, 1 vol. Paris, Masson, 1882.
3. 1 vol. Paris, Dunod, 1879.

fait justice de telles opinions, et les résultats de ces synthèses sont parmi les plus précieux que nous ayons pour nous éclairer sur la constitution profonde du globe. Je me propose, en raison de l'importance de la question, de revenir au chapitre v[1] sur les méthodes de synthèse et leurs résultats ; dès ce moment, nous pouvons remarquer que, pour considérer un minéral comme reproduit synthétiquement, il faut avoir vérifié les conditions suivantes : non seulement le cristal artificiel doit présenter la même composition chimique, le même système cristallin, les mêmes propriétés optiques que le cristal naturel ; il doit encore avoir été obtenu dans les conditions que font prévoir son gisement et ses associations minéralogiques ; l'observation précède donc nécessairement là encore l'expérimentation et la dirige.

Les synthèses des minéraux permettent de reconnaître ceux qui se sont produits dans la nature par fusion ignée et ceux, au contraire, qui ont dû cristalliser dans une circulation d'eau chaude. Elles font voir, en outre, les réactifs chimiques, qui sont probablement intervenus.

Les synthèses de roches ont également mis en évidence ce fait imprévu et bien curieux que la simple fusion, puis le refroidissement d'une masse homogène, pouvaient déterminer la cristallisation simultanée de plusieurs minéraux : minéraux parfois variables avec les conditions d'expérience.

b) *Reproduction des phénomènes mécaniques.* — Dès la fin du xviiie siècle, Hall en Ecosse, Buffon en France, tentaient de premiers essais de géologie expérimentale.

Plus tard, Daubrée s'est efforcé de reproduire par l'expérimentation un grand nombre de phénomènes mécaniques : striage des roches, cassures, failles et diaclases, systèmes de filons, laminages, schistosités et plissements, perforations par des explosions gazeuses, etc... Deux de ces expériences, devenues tout à fait classiques, feront comprendre la méthode suivie : c'est la production, soit par torsion, soit par pression, d'un réseau régulier de cassures.

Prenant une plaque de glace et fixant l'une de ses extrémités dans un étau, on a encastré l'autre dans un tourne-à-gauche, au moyen duquel on a provoqué la rupture (fig. 3). Il en résulte un système de cassures en dents de scie, avec bifurcation en éventail à partir de chaque sommet, qui rappelle, d'une façon frappante, les plans de certains systèmes de filons, ou les « décrochements » de quelques grands massifs anciens, comme notre Plateau Central[2].

1. Page 134.
2. Voir plus loin figure 37, page 286 et figures 46 et 47, pages 601 et 602.

Une autre fois, en soumettant un prisme de cire à mouler à l'action de la presse hydraulique suivant le sens vertical, Daubrée a mis en évidence les multitudes de petites fissures orthogonales, qui accompagnent un grand plan de cassure.

Dans un autre ordre d'idées, des explosions de gaz à travers des plaques d'acier ont donné des perforations cylindriques, tout à fait analo-

Fig. 3. — Production par torsion d'un réseau régulier de cassures dans une plaque de glace (d'après Daubrée).

gues à celles qui forment les « cheminées diamantifères du Cap », ou qui caractérisent les cratères d'explosion des régions volcaniques, si souvent occupés par de curieux lacs circulaires.

c) *Expériences sur les alluvions et les terrains de transport.* — Diverses expériences, relatives à l'alluvionnement des cours d'eau, à la formation des galets, du sable et du limon, avaient été faites autrefois par Daubrée. On doit à M. Fayol une série d'expériences analogues, très ingénieusement conçues pour expliquer, par les phénomènes des deltas, les diverses particularités que présente le terrain houiller de Commentry, où l'existence de superbes tranchées à ciel ouvert les avait particulièrement bien mises en évidence : notamment, les glissements locaux de terrains, les bifurcations ou les arrêts de couches, les passages du grès au poudingue, l'allure des plantes encastrées dans les dépôts, etc., etc.

Ces expériences ont consisté surtout à faire arriver, dans de longues cuves, dont on enlevait ensuite une paroi latérale, des matériaux divers charriés par un courant, en modifiant par divers artifices (mouvements, interruptions…) les conditions du dépôt.

C) Interprétation. Grandes étapes historiques de la méthode géologique. — L'interprétation est, je n'ai pas besoin de le dire, la partie essentielle de la recherche scientifique, et il ne saurait y avoir science sans interprétation, sans simplicité, sans clarté. Le fait, en lui-même, nous intéresse médiocrement, tant que nous ne croyons pas le comprendre. Cette interprétation des phénomènes observés commence par une analyse, qui doit les ramener à des phénomènes plus élémentaires, d'étude plus aisée, et se continue par une synthèse, qui groupe ceux-ci pour mettre en évidence des lois générales. On part de la complexité des faits pour arriver à la simplicité des lois; mais celle-ci ne saurait être atteinte que par étapes successives et la première simplicité apparente des généralisations, qui constitue un progrès, est presque toujours suivie d'un progrès en sens inverse, ayant l'air d'un recul, où l'on reconnaît que cette simplification avait été poussée à l'excès et qu'il y a lieu d'envisager des complexités, des anomalies d'abord inaperçues [1]. Après quoi, l'on s'efforce d'englober ces anomalies, à leur tour, dans une formule nouvelle, serrant de plus près la réalité.

C'est ainsi, par exemple, qu'en géologie, on a reconnu un jour certains liens entre la structure des roches et l'âge de leur venue ; le granite est apparu alors comme d'âge uniformément silurien, la granulite comme dévonienne, la microgranulite comme carbonifère. Puis les faits contradictoires se sont révélés de tous côtés; on a trouvé, en réalité, des granites, des granulites, des microgranulites de tous les âges ; c'était le désordre reprenant la place d'un ordre illusoire. Mais, un peu plus tard, on s'est aperçu qu'il y avait eu récurrence de séries rocheuses analogues se reproduisant dans le même ordre à diverses époques, lors des grands plissements successifs de l'écorce terrestre et l'on en a conclu une loi nouvelle, encore provisoire sans doute, mais plus exacte que l'ancienne [2]. Certains esprits, dont la paresse d'imagination trouve moins de peine à accumuler des quantités de faits en désordre qu'à les ordonner, veulent en conclure que la première hypothèse a été inutile, puisqu'elle était inexacte sous la forme où on la présentait ; mais, sans la première, on n'aurait jamais formulé la seconde, qui elle-même nous conduira à une troisième. Il faut un fil quelconque pour relier les perles éparses du collier.

Interpréter, c'est ordonner, comparer, expliquer, généraliser. Toute la première partie de ce livre doit être consacrée à montrer comment la Science géologique s'est peu à peu constituée par l'interprétation des phénomènes et comment elle espère encore progresser de même dans l'avenir. Il suffira donc ici de retracer les grandes lignes

1. J'insisterai sur ce caractère d'approximations successives que présentent tous nos principes scientifiques, les plus stables, les plus assurés en apparence. N'arrive-t-on pas à suspecter le principe même de LAVOISIER sur la conservation de la matière : « Rien ne se perd, rien ne se crée? » Et cette suspicion est légitime ; car rien n'empêche, a priori, dans les théories d'énergétique moderne, que l'énergie, manifestée sous la forme pondérable, puisse être transformée en d'autres formes d'énergie. On peut même hasarder ce paradoxe que le contraire est logiquement beaucoup plus vraisemblable. Les alchimistes, pour lesquels ce principe n'existait pas et qui supposaient que le poids d'un composé chimique pouvait ne pas être la somme du poids des composants, étaient très loin de commettre une absurdité.

2. Voir, chapitre XIII, page 565.

de la méthode, en indiquant les principales étapes franchies pour la constituer : étapes historiques, qui vont former les divisions naturelles des deux chapitres suivants.

Il faut, d'abord, je viens de le dire, mettre de l'ordre dans les observations, qui nous arrivent pêle-mêle. Comme toute classification, ce premier travail ne peut avoir lieu sans une comparaison des faits, soit entre eux, soit avec d'autres faits plus simples, plus clairs, plus explicables, tels que ceux opérés encore sous nos yeux.

Les premiers observateurs, qui ont établi les rudiments d'une géologie, sont probablement des sauvages, qu'auront amusés certains aspects inattendus de pierres plus brillantes, plus colorées ou plus lourdes, qui auront eu l'idée de jeter ces « minerais » dans le feu de leur campement et, en quelque circonstance particulièrement favorable, les auront vus se fondre et s'écouler en métaux. De ce jour, l'idée d'essayer de semblables pierres métalliques était née ; l'art des mines était constitué, art aux résultats pratiques, lucratif, indispensable bientôt à la vie humaine, donc cultivé sans interruption et, comme cet art ne pouvait s'exercer sans des observations sur les terrains où se trouvent les filons, sans une théorie plus ou moins empirique sur l'allure de ces filons eux-mêmes, une science spéciale, celle des gites métallifères, en résultait bientôt. Cette science, qui, 1.500 ans ou 2.000 ans avant Jésus-Christ, atteignait déjà, sans doute, un degré de développement beaucoup plus grand qu'on ne le croit d'habitude, a, jusqu'au milieu du xviiie siècle, constitué à peu près toute la géologie.

Mais, si importante qu'elle puisse être pour la théorie comme pour la pratique, cette science des minerais n'était qu'une branche spéciale de l'histoire de la Terre ; elle-même avait besoin, pour prendre tout son essor, d'attendre le secours, que devait lui apporter, d'autre part, la géologie des terrains sédimentaires, en venant établir, au moyen des débris organisés, une chronologie rigoureuse pour la succession de tous les dépôts terrestres.

Là encore, les premiers pionniers ont été ceux, que des formes de bêtes ou des coquillages ont attirés parmi les cailloux, qui ont eu l'idée de rassembler ces curiosités bizarres, d'en faire collection, comme les enfants ramassent des galets bariolés au bord de la mer, sans savoir pourquoi, d'en démontrer par suite l'abondance et la variété. La géologie, dans toutes ses étapes, a eu besoin ainsi de ces âmes dévouées et patientes, qui collectionnent sans bien comprendre et mettent leurs échantillons à la file, dans des boîtes égales, avec des étiquettes calligraphiées. Mais, ces pierres aux formes de bêtes une fois recueillies, nous avons peine à concevoir aujourd'hui le nombre de siècles qu'il a fallu pour les assimiler sans restriction à des animaux encore vivants, surtout pour en tirer cette conclusion que la mer avait pu passer jadis où l'on voyait des montagnes, puis pour se dégager de l'idée théologique que cette incursion marine s'était bornée au seul déluge de la Genèse. Toujours la science a dû combattre ainsi la croyance innée, instinctive, enracinée, qui nous pousse à admettre l'immutabilité, l'éternité, la nécessité permanente de ce qui nous intéresse ou nous entoure, qui nous fait considérer l'homme comme le centre de tout, ce qu'il voit comme ayant toujours existé, ses dimensions comme la commune mesure de l'Univers. La géologie surtout a toujours eu à lutter contre un actualisme exagéré, tout en vivant de l'actualisme, qui lui a fourni, par comparaison, ses découvertes essentielles. Et nous ne devrions pas nous étonner de ces longues erreurs anciennes, qui nous apparaissent d'abord monstrueuses ; car nous en commettons chaque jour de semblables et d'aussi fortes, sinon dans les faits eux-mêmes, pour lesquels on se rapproche sans doute lentement des solutions, mais, du moins, dans les principes de la connaissance ; nous avons toujours peine à concevoir le caractère relatif, contingent, provisoire et muable des lois physiques, que nous érigeons l'une après l'autre en dogmes ; il nous semble impossible, par exemple, que l'attraction des corps entre eux ou la propagation de la lumière puissent se faire autrement que nous ne les concevons et demain autrement qu'aujourd'hui ; la vérité, que nous pensons connaître, nous rend aveugles pour celle que nous ignorons.

Alors donc que les restes d'animaux fossiles, recueillis un peu partout, étaient déjà nombreux, et que beaucoup en reconnaissaient la nature[1], d'autres préféraient encore y voir une tendance naturelle du monde inorganique à imiter les formes organiques sous l'influence variable des constellations (Aristote), des fermentations d'une matière grasse mystérieuse (Agricola), ou des jeux de la nature (Martin Lister, 1670), plutôt que de supposer des déplacements de la mer, ayant atteint jusqu'aux cimes les plus élevées de nos montagnes. Quand la nature réelle des fossiles marins, affirmée par quelques précurseurs au xvie siècle, parut décidément incontestable au xviie siècle, quand la conclusion s'imposa, dès lors, que certains terrains de nos montagnes avaient

---

1. Je rappellerai, tout à l'heure, que, quoi qu'on en ait dit, les Grecs ont bien reconnu des formes vivantes dans les coquilles fossiles et admis que des continents s'étaient formés par le comblement des mers. En outre, les ouvrages antérieurs au xviiie siècle contiennent de très nombreuses reproductions de fossiles, que l'on collectionnait de tous côtés à titre de pièces curieuses et dont on ne pouvait manquer de reconnaître, dans bien des cas, la ressemblance avec des formes vivantes, tout en lui donnant une explication quelconque.

dû se former dans la mer, les souvenirs du déluge biblique et l'explication toute naturelle, que celui-ci semblait apporter de telles étrangetés,
facilitèrent, dans une certaine mesure, la vulgarisation de cette notion,
qui constitua une première étape de la géologie ; mais, ce pas franchi,
la théologie étroite fut longtemps un obstacle presque insurmontable
pour aller plus loin et reconnaître que les « sédiments » s'étaient formés,
non pendant quarante jours seulement, mais pendant de très longues
périodes successives.

Cependant, l'idée de la *sédimentation*, c'est-à-dire de la formation
des terrains dans les eaux à une époque quelconque une fois admise,
le procédé applicable à l'étude des *organismes fossilisés* s'était logiquement imposé ; il consistait à chercher, dans la nature vivante,
des formes comparables à ces formes pétrifiées et, quand on n'en
trouvait pas d'identiques, à user de rapprochements, d'inductions
de plus en plus fondées à mesure que les matériaux mis à la disposition des naturalistes devenaient de plus en plus abondants. Au
début du xviiie siècle, les chercheurs de fossiles devinrent innombrables dans toutes les parties du monde ; le goût des voyages, qui
commençait à se répandre[1], facilitait les comparaisons ; on arriva
assez vite à identifier la plupart des formes fossiles avec des formes
vivantes, puis à distinguer les sédiments, qui renferment les fossiles,
des roches éruptives qui n'en contiennent pas, enfin à classer les sédiments par groupes d'après la nature de leurs fossiles. Ainsi, à la fin
du xviiie siècle, le terrain se trouva déblayé pour des travaux, tels que
ceux de Werner en Saxe, de Hutton en Écosse, de de Saussure dans
les Alpes, puis de Brongniart et Cuvier[2] dans le bassin de Paris : travaux, qui, avec les observations multipliées d'autre part sur le volcanisme par Guettard, Desmarets, etc., réalisèrent la constitution définitive de la Science géologique sous la forme d'une science d'observation
précise et documentée.

Nous verrons, plus tard, d'autres étapes de plus en plus nombreuses
s'ajouter à celles-là ; mais, avant de les aborder, il est nécessaire de
mentionner un mode différent d'investigation, que j'ai laissé, jusqu'ici,

1. Élie de Beaumont considérait comme une date mémorable et comme ayant
marqué le début du goût moderne pour les voyages, l'année 1741, où deux Anglais
« découvrirent » les glaciers de Chamonix.

2. Ainsi que se plaisait à le remarquer Élie de Beaumont, l'année 1769 a vu naître
Cuvier, Humboldt et Léopold de Buch, en même temps que Napoléon et Chateau-
briand. Les autres hommes marquants en géologie étaient nés : Guettard en 1715,
Desmarets en 1725, Hutton en 1726. Deluc en 1727, de Saussure en 1740, Pallas en
1741, Haüy en 1743, Playfair en 1749, Dolomieu et Werner en 1750, Hall en 1760. De
1770 à 1800, il y eut une poussée remarquable de jeunes gens ayant pris le goût
des sciences naturelles dans les œuvres de Linné et de Buffon (nés tous deux en 1707).

de côté dans ce résumé rapide, bien qu'historiquement ses progrès se soient mêlés à ceux de la science expérimentale, parce que, jusqu'à la fin du xviiie siècle, on pouvait l'accuser de n'avoir fourni que des romans, mais qui, cependant, va devenir d'une nécessité absolue pour permettre à cette géologie expérimentale d'éviter l'actualisme étroit et même strictement local, où elle s'était confinée d'abord, dans ses meilleurs, dans ses plus durables travaux, et de s'élever avec hardiesse à des conceptions plus générales.

Je veux parler des interprétations, fondées, non plus sur l'étude des terrains ou de leurs fossiles, mais sur l'astronomie et sur la physique : en un mot, de ces théories cosmogoniques, qui firent longtemps partie de la philosophie et que beaucoup de géologues tiennent en une certaine suspicion, malgré leur incontestable valeur ; peut-être parce que la plupart d'entre eux sont plus familiers avec les méthodes de l'histoire naturelle qu'avec celles de la physique.

Il sera fait, tout à l'heure, une place aux œuvres remarquables des philosophes grecs, qui aboutirent, dans l'École Pythagoricienne, à un système du monde si bien conçu, et, par tant de points, analogue au nôtre ; après une longue nuit, le génie de Descartes, puis de Newton, reconstitua, à la fin du xviie siècle, une théorie plus solide, fondée sur les observations modernes et permit, un siècle plus tard, la synthèse fameuse de Laplace, dans laquelle tous les phénomènes géologiques sont conduits peu à peu à rentrer.

C'est sur cette base, désormais aussi stable que celle des observations d'organismes anciens ou de minéraux, notamment sur les relations de la Terre avec l'ensemble de l'Univers, et sur ce que la physique nous laisse entrevoir de sa constitution profonde, sur la notion de fluidité primordiale et sur la première condensation rationnelle des .éléments qui en résulte, que sont, et seront toujours nécessairement fondées les grandes synthèses géologiques.

L'œuvre du xixe siècle a donc contribué à utiliser de concert les trois méthodes essentielles, que j'ai définies en commençant : l'observation, l'expérimentation, l'interprétation, en recourant sans cesse à l'observation des phénomènes actuels comme à un moyen de contrôle, mais sans oublier que la Terre a passé anciennement par des formes toutes différentes de celles que nous observons et a été soumise à des forces ou à des réactions, dont nous n'avons souvent que l'image réduite, c'est-à-dire en remarquant que son histoire comporte une évolution.

Nous verrons ainsi la géologie — procédant, par la méthode, inévitable dans les sciences d'observations, que l'on appelle, en mathématiques, celle des approximations successives, — admettre d'abord comme strictement exactes un certain nombre de lois, sans lesquelles il lui était impossible de coordonner ses observations, puis, de cette coordination même et de la comparaison des règles ainsi déterminées avec les observations locales, déduire l'inexactitude réelle de ces premières lois trop ambitieuses, les reprendre alors, les remanier et, quelquefois, les fondre dans une nouvelle loi plus générale, — encore provisoire sans doute, comme toutes les images grossières, les procédés mnémotechniques, par lesquels nous essayons de représenter, en les simplifiant, les phénomènes complexes de la nature —. En même temps, la spécialisation, dont j'ai parlé dès le début, et dont nous suivrons bientôt les étapes, s'est accentuée peu à peu. Son premier effet a été d'établir, entre les produits dits *neptuniens* ou *sédimentaires* et les *plutoniens* ou *éruptifs*, une première grande coupure, qui a été vite suivie de beaucoup d'autres. La *stratigraphie*, d'une part, qui s'occupe surtout des premiers ; la *pétrographie*, de l'autre, qui se cantonne de préférence dans les seconds, sont devenues deux sciences distinctes, tout en se prêtant un mutuel concours et en empiétant, à l'occasion, l'une sur l'autre, quand le stratigraphe établit les rapports de position des roches éruptives avec les strates, ou quand le pétrographe fait la lithologie des sédiments. D'où, des champs d'études de plus en plus multipliés et distincts, dont nous devrons étudier séparément les méthodes et les progrès.

Si nous prenons tout d'abord les *sédiments*, on a dû s'élever, pour eux, comme nous l'avons vu, à l'idée de leur succession entraînant leur âge relatif, puis établir péniblement leur chronologie en notant des séries de coupes locales, reliées et raccordées entre elles au moyen de comparaisons, fondées surtout sur la présence des mêmes organismes. Une hypothèse s'est imposée alors, assez difficile à admettre au début, celle de la caducité des formes vivantes, de leurs modifications nombreuses dans le temps et de la simultanéité générale de ces créations successives, ou, comme nous dirions aujourd'hui, de cette évolution. Au début du xixᵉ siècle, on a admis, avec une facilité excessive, qu'un fossile caractérisait uniformément un terrain, ou un groupe de terrains, comme une médaille date un monument. C'était inexact, puisque l'évolution n'a pu se faire en même temps sur toute la surface de la Terre; cela supposait implicitement, entre les diverses périodes géologiques, une série de cataclysmes, suivis de créations nouvelles, auxquelles nous avons renoncé. Mais c'était un des nombreux exemples de ces approximations, qui ressemblent au mouvement d'un pendule, oscillant de part et d'autre de la vérité, sur laquelle finalement se trouvera sa position d'équilibre. La première hypothèse, bien que fausse sous la forme rigoureuse où on l'exposait, était indispensable pour établir une vague chronologie des couches, qui a servi, à son tour, par les difficultés rencontrées pour établir des concordances plus précises, à montrer son inexactitude. C'était quelque chose comme ce qui s'est passé en physique pour la loi de Mariotte.

En même temps qu'on établissait la chronologie des sédiments anciens, on s'efforçait également, par comparaison avec les phénomènes actuels, de déterminer leurs conditions de dépôt, de reconnaître, par exemple, les dépôts littoraux des dépôts de mer profonde, ou les dépôts lacustres et continentaux des dépôts marins : ce qui a conduit à tracer, sur des cartes géographiques, les lignes de rivage à une époque géologique quelconque, à y teinter les grandes masses des mers et des continents, à faire ce que l'on peut appeler de la *paléo-géographie*.

Cette paléo-géographie ayant aussitôt mis en évidence des déplacements constants des mers, promenées capricieusement à la surface du globe, il a fallu alors chercher la cause de ces déplacements et l'idée est venue de les rattacher, du moins en partie, aux mouvements de l'écorce, que mettait, d'autre part, en évidence l'*orogénie*, c'est-à-dire l'étude historique des chaînes de montagnes, fondée elle-même sur les plissements, les renversements, les bouleversements de toutes sortes, que l'on y observait dans les dépôts marins, originairement horizontaux.

Nous en sommes à peu près là ; nous voyons que l'histoire de la Terre a manifesté des mouvements colossaux de sa superficie, des surrections de chaînes montagneuses, qui n'ont eu qu'une vie momentanée, comme les individus, comme les familles, comme les races et qui disparurent après s'être élevées ; il nous apparaît qu'une bascule forcée a déterminé, en connexion avec ces mouvements, des déplacements corrélatifs des mers, peut-être soumis d'autre part à des oscillations périodiques ; nous cherchons maintenant à préciser les caractères de chacun de ces phénomènes pour les comparer entre eux et en déduire une loi, qui les embrassera tous. Cette loi, destinée à remplacer par une formule simple une immense quantité d'observations, ayant été obtenue, il nous restera alors à l'interpréter elle-même par quelque hypothèse résultant d'une comparaison nouvelle, sans doute avec des phénomènes astronomiques et c'est ainsi que, tour à tour observant, coordonnant, comparant, interprétant, puis vérifiant nos interprétations par des observations ou des expérimentations, les rectifiant, les groupant elles-mêmes en un faisceau plus général, nous espérons tendre progressivement vers la solution des innombrables problèmes, qui s'imposent à la curiosité instinctive de notre esprit.

Je n'ai parlé que des sédiments; l'étude des *roches ignées* s'est poursuivie parallèlement; là encore, le premier pas et le plus difficile a été franchi le jour où l'on a imaginé que des pierres avaient pu se former par le feu comme des verres, puis le jour où Guettard et Desmarets, au xviiie siècle, ont reconnu en Auvergne la présence de volcans éteints. On a alors créé des classifications dans les roches. La *minéralogie*, qui se constituait, a permis de déterminer la composition des plus simples. Puis des séries chronologiques de roches ont pu être établies pour une région restreinte; ces séries, on les a comparées entre elles; on les a reliées aux phénomènes tectoniques, aux mouvements des sédiments, observés d'autre part. On a fait rentrer les formations éruptives dans l'histoire de la Terre, qu'elles ont contribué, de leur côté, à établir; on a, par comparaison avec les fumerolles volcaniques, par expérimentation synthétique, relié à ces roches les *gîtes métallifères*, qui représentent une première tendance à l'isolement des éléments chimiques, réalisée par une métallurgie, une chimie naturelles. Et, alors, l'histoire des sédiments n'est plus apparue elle-même que comme une étape dans la recherche scientifique; un problème beaucoup plus important s'est posé à l'esprit, par l'étude des roches, par celle des gîtes métallifères, auxquelles l'histoire sédimentaire avait apporté des bases solides. Les sédiments ne sont qu'une manifestation tout à fait superficielle; leur étude reste, par conséquent, d'un intérêt secondaire, si on la considère comme formant son propre but; mais la cause profonde des grands phénomènes, que les sédimentations décèlent; mais la constitution intime de la Terre; mais ce problème général de la matière et de la force, vers lequel la physique, la chimie, la minéralogie, l'astronomie, la géologie constituent autant d'avenues d'accès; mais ces questions relatives aux éléments chimiques, à leurs relations réciproques et à leur substance, voilà ce que nous entrevoyons maintenant au bout de nos travaux; voilà ce que la géologie, mettant à profit toutes les autres sciences, peut espérer découvrir un jour, étant alors remontée jusqu'à l'essence même de ce monde matériel, sur lequel se développe, évolue et s'amplifie, par ondes de plus en plus vastes, par manifestations de plus en plus spécialisées, le phénomène singulier de la vie.

CHAPITRE II

LES PREMIÈRES ÉTAPES DE LA GÉOLOGIE

Double influence de la philosophie naturelle (théories mécaniques, astronomiques, etc.), et des observations précises sur le terrain ou dans les mines. — Théories cosmogoniques de Babylone, de la Grèce, etc. — Idées du Moyen âge (Albert le Grand, Agricola). — La Renaissance (Léonard de Vinci, Palissy). — La géologie du XVIIe siècle et de la première partie du XVIIIe siècle (Descartes, Sténon, Leibnitz, Buffon, etc.).
La Terre sortie du chaos et primitivement fluide. — Les sédiments. — Nature réelle des coquilles fossiles (le déluge). — Horizontalité normale des sédiments. — Formation des montagnes par leur déplacement. — Correspondance des strates normales à travers les vallées ou les mers. — Premières coupes géologiques. — Bifurcation de la géologie en sciences spéciales.

Dans le chapitre précédent, nous avons envisagé la méthode géologique d'une façon tout à fait générale, ce qui nous a amenés à en rechercher le développement historique ; nous allons maintenant reprendre l'histoire de notre science étape par étape, pour montrer comment cette méthode a été imaginée peu à peu, puis appliquée et comment, par la solution des premiers problèmes posés, elle a progressivement conduit à faire de ces résultats acquis des moyens d'investigation pour aller plus loin. C'est donc une sorte d'histoire philosophique de la géologie, que nous exposerons, et qui nous permettra, chemin faisant, d'énoncer ces résultats provisoires, auxquels on attache souvent une importance exagérée, parce qu'ils ont été quelque temps le but de tous les efforts, mais qui, malgré leur intérêt de détail, doivent se perdre successivement dans des généralisations plus avancées [1].

1. Parmi les ouvrages récents, où se trouve racontée l'histoire de la géologie, il convient de citer : Ar. GEIKIE. *The founders of geology*, 1 vol. in 8°, London, 1897 et K. A. v. ZITTEL : *Geschichte der Geologie und Paläontologie bis Ende des 19ten Jahrhunderts*, 1 vol. in 8°, München-Leipzig, 1899; plus anciennement, la *Paléontologie stratigraphique* de d'ARCHIAC (2 vol. 1864), qui résume, dans son tome I, les travaux faits pays par pays. Le même auteur a publié, en 1868, un Rapport sur la *Paléontologie de la France* et, antérieurement, entre 1847 et 1860, un grand ouvrage en 8 volumes sur l'*Histoire des Progrès de la Géologie depuis 1834*. Voir également : 1878. SAINTE-CLAIRE DEVILLE, *Coup d'œil historique sur la Géologie et sur les travaux d'Élie de Beaumont*. Paris, Masson.

Ce premier chapitre, consacré à la découverte de quelques principes qui nous apparaissent aujourd'hui très simples et qui n'en ont pas moins demandé beaucoup de temps pour être mis en lumière, va se trouver limité aux origines de la géologie et, par le fait même que je chercherai à y reconnaître les échelons gravis tour à tour, je serai forcé de préciser des dates, d'entrer dans le détail des textes et d'insister. plus que je ne l'aurais désiré, sur les erreurs commises à diverses époques. Ce n'est point pour le plaisir puéril de collectionner, à la « Bouvard et Pécuchet », les absurdités qui ont pu être imaginées un jour et la manière dont elles se sont perpétuées à travers les siècles en dépit de toute expérience, mais pour montrer le mérite des novateurs en les replaçant dans l'atmosphère réelle de leur époque. A mesure que nous avancerons dans le chapitre suivant, le côté historique tiendra de moins en moins de place et les conquêtes de la science occuperont. au contraire, toute notre attention.

La science géologique s'est constituée, presque jusqu'à notre temps. de deux manières et par deux voies bien distinctes, que je me suis déjà trouvé mentionner précédemment.

D'une part, cette curiosité de comprendre le monde, qui est le fondement de toute philosophie naturelle, a amené l'homme à réfléchir sur ce qui l'entourait : d'abord, d'une façon un peu vague et par une simple rêverie philosophique ; puis, en s'appuyant de plus en plus sur l'observation, par l'astronomie, la physique, la mécanique, etc. D'où les théories générales sur la formation de l'Univers, sur la place de la Terre dans le Ciel, sur sa fluidité primitive, son mouvement, sa structure, etc., théories souvent fructueuses, souvent aussi trop spéculatives et dangereuses par l'attrait que leur côté mystérieux ou surnaturel a toujours exercé sur l'esprit humain.

D'autre part, des observations plus modestes et plus localisées, amenées parfois par des nécessités pratiques, ont porté sur la présence des métaux dans les filons, sur le mode de distribution des minéraux utiles, sur les mouvements des eaux à la surface, leur force d'érosion, et leur action de transport, sur la place des sources, l'existence de coquilles marines dans l'intérieur des terres, les terrains rencontrés par les puits à eau, les carrières de pierre, enfin sur des phénomènes exceptionnels, mais remarquables par leur intensité, tels que les éruptions volcaniques, les tremblements de terre, les sources thermales.

C'est de toutes ces observations pratiques, accumulées d'abord par un long empirisme, puis peu à peu coordonnées, que la géologie, en temps que science précise, a fini par sortir. Les mines, surtout, ont été, certainement, la principale et la plus ancienne des écoles géologiques. Il y eut là un art primitif, dont les secrets furent jalousement cachés pendant des siècles, mais qu'on peut juger par ses œuvres, datant au moins de mille ou deux mille ans avant notre ère : soit, en Occident, dans la civilisation phénicienne : soit, en Extrême-Orient, dans la civilisation chinoise.

Il était assurément impossible de suivre un filon à 100 ou 150 mètres de profondeur comme on l'a fait dans tout le monde méditerranéen, d'aller recouper un gisement de sel par un sondage à plusieurs centaines de mètres, comme cela s'est pratiqué en Chine, sans avoir conçu une théorie, si grossière, si empirique qu'elle fût, des gisements miniers et minéraux et des superpositions sédimentaires. De semblables idées, perpétuées par la tradition orale et les manuels de recettes, traversèrent tout le Moyen âge pour émerger à la Renaissance et, pendant les trois siècles suivants, jusqu'au grand essor commencé au milieu du xviiie siècle, ce fut encore surtout dans les régions minières que se constitua un commencement de géologie plus rationnel. De nos jours même, c'est par les mines que l'on est arrivé à certaines hypothèses hardies, telles que le renversement d'un terrain entier sur un autre dans le bassin houiller du Nord et c'est probablement aussi de l'examen plus attentif, plus rationnel des gîtes métallifères, si malheureusement négligé en France, mais très développé en Allemagne, en Scandinavie, aux États-Unis, que sortiront les observations, destinées à nous éclairer sur cette chimie profonde du globe, où s'est opérée, en même temps que la géométrie moléculaire des cristaux, le groupement élémentaire et initial de la matière.

Voyons rapidement ce que la géologie doit à ces deux ordres de recherches, correspondant à deux modes distincts de la pensée et, d'abord, comment s'est formée peu à peu, en dehors de toute recherche géologique proprement dite, la conception théorique de l'Univers, où notre globe semble à l'ignorant occuper une si grande place.

Ainsi que je le rappelais tout à l'heure, l'homme a certainement dû commencer par s'imaginer que la figure de la Terre, telle qu'il la voyait, avait toujours été la même, que la place des mers, des continents, des montagnes était restée immuable et il a fallu un effort énorme pour s'arracher à cette conception primitive. Cependant, à des époques très anciennes, toutes les cosmogonies, dont le principe nous est parvenu, — cosmogonies, qui furent des formes de science, c'est-à-dire des tentatives pour expliquer le monde, — admettaient une création de la Terre, une création du Soleil et des astres, sortant d'un chaos analogue à celui que nous imaginons nous-mêmes, puis une création des animaux et de l'homme, c'est-à-dire supposaient, d'une façon générale, que l'état de choses actuel avait été précédé par un état de choses antérieur et différent. Le souvenir d'immenses inondations, de déluges succédant à des races gigantesques (dont les ossements fossiles durent donner l'idée), y était fixé en même temps et, par conséquent, ces deux notions importantes étaient acquises, que la Terre avait succédé à des nébulosités primitives, que les eaux avaient passé là où nous voyons des continents[1].

C'est surtout dans la tradition Babylonienne, perpétuée par la Genèse, que l'on trouve le plus clairement exprimée, environ deux mille ans avant notre ère, l'idée, presque moderne, presque darwiniste, d'un Monde à l'état de *devenir*, où la matière sort du chaos et la vie du limon fécondé par un souffle. Lu avec nos idées transformistes, ce bref résumé en quelques lignes du premier cours de géologie, qui ait dû être professé à l'humanité, prend une singulière intensité de prescience et d'évocation : au début, cette création de la Terre ; puis cette purification tardive d'une atmosphère imprégnée de vapeur d'eau, laissant seulement alors s'éclairer le firmament et, seulement alors, séparant les eaux éparses dans l'air des eaux précipitées à la surface ; l'apparition des végétaux, qui succède ; le Soleil, qui se condense dans le ciel, et la coupure établie entre le jour et la nuit ; enfin, l'apparition des êtres animés, commençant par les animaux aquatiques, les poissons, et par les oiseaux, se continuant par les mammifères, se terminant par l'homme ; jusqu'à cette séparation des deux sexes, présentée comme postérieure à la création de l'être organisé.

Dans le monde aryen, ou du moins dans le monde grec, les théories primitives étaient peut-être moins naturalistes, moins inspirées par l'observation physique de l'Univers ; la conception du monde était plus polythéiste, attribuait à chaque phénomène plus d'individualité ; mais, en fait d'interprétation mécanique, la réflexion toute subjective des philosophes ioniens avait déjà, six siècles avant notre ère, acquis une extraordinaire pénétration et l'on reconnaît, chez eux, les deux systèmes

---

1. On trouve, dans le *Coup d'œil historique sur la Géologie* de SAINTE-CLAIRE DEVILLE (1878), tout un chapitre sur ce que peuvent contenir de géologique les cosmogonies indoues, persanes ou même américaines. Il n'y a guère à en retenir que l'idée assez générale de déluges, succédant parfois à des feux du ciel. Sans doute, les grandes inondations, qui ont pu se produire dans les pays de plaines, ou les éruptions volcaniques dans les régions où il s'en manifestait, ont particulièrement frappé les imaginations primitives et l'on comptait les années à partir de celle de « l'inondation », comme nos paysans prennent pour point de départ « le grand hiver ». Tous ces déluges n'ont aucune raison pour avoir été simultanés. Les Grecs en comptaient au moins trois. Dans un autre ordre d'idées, les Indous étaient convaincus que la Terre avait souvent changé de forme et, par moments, présenté l'aspect d'un lac immense. Voir, sur les textes grecs relatifs au déluge : CUVIER, *Révolutions du globe*, éd. 1821, pages 174 à 180.

principaux, entre lesquels flotte encore toute philosophie de la nature :
le système atomistique de l'école d'Abdère et le système énergétique, ou
dynamiste, d'Héraclite ; dans cet ordre d'idées des grandes spéculations
théoriques, on a été plus de deux mille ans sans rien ajouter d'utile
à leurs hypothèses, reprises et développées par les pythagoriciens.

On a dit, à ce propos, qu'il y avait déjà, chez ces premiers savants
grecs, qui inventèrent la géométrie, la physique, l'astronomie, des *neptuniens* et des *plutoniens* comme à la fin du XVIIIᵉ siècle, c'est-à-dire
des géologues expliquant tous les phénomènes, les uns par l'eau, les
autres par le feu : il est peut-être utile de préciser.

Sans doute, et je le rappellerai tout à l'heure, très anciennement
déjà, les Égyptiens ou les Chaldéens avaient observé, dans les plaines
du Nil ou de la Mésopotamie, le travail des alluvions et aussi la
possibilité qu'une terre ait pu naître de sédiments déposés dans les
eaux de la mer ; on trouve, par exemple, cette notion très clairement
exprimée chez Hérodote, qui l'avait rapportée de ses voyages en Égypte[1] ;
Strabon dit nettement, lui aussi, que l'observation avait été faite et discutée par de nombreux philosophes[2]. La présence de coquilles marines
dans l'intérieur des terres est un fait, qui paraît avoir été reconnu
presque de tout temps et qui se retrouve notamment signalé dans
la plupart des auteurs grecs[3], entraînant d'abord une interprétation de
ce genre, c'est-à-dire un déplacement ancien des mers.

Sans doute aussi, l'existence des volcans méditerranéens, les convulsions du sol à leur voisinage, les apparitions et disparitions d'îles

1. Pour Hérodote (484-406), l'Égypte était un golfe marin, comblé par les alluvions
du Nil, ainsi qu'il l'explique dans le passage suivant (II, 10) :
« Au-dessus de Memphis, l'intervalle entre les deux chaînes de montagnes est
visiblement à mes yeux un ancien golfe de la mer, comme les terres qui entourent
Ilion et Ephèse, ou comme la plaine du Méandre ; aucun des fleuves qui ont
déposé ces dernières alluvions n'est comparable au Nil... Il y a encore des fleuves
beaucoup moins considérables que le Nil, dont le travail est apparent ; je ne citerai
que l'Acheloüs, qui, se jetant dans la mer des Echinades (golfe de Patras), a déjà
réuni au continent la moitié de ces îles... Je pense que, dans l'origine, l'Égypte a pu
être un golfe de ce genre, portant jusqu'en Ethiopie les eaux de la Méditerranée...
J'en ai pour preuves *les coquillages qui se trouvent dans les montagnes*, la saumure
partout efflorescente..., le sol de l'Égypte qui est noir et friable comme du limon,
comme une alluvion entraînée de l'Éthiopie par ce fleuve, tandis qu'à notre connaissance le sol de la Lybie est plus rouge, plus sablonneux, et celui de l'Arabie
ou de la Syrie plus argileux, plus caillouteux... »

2. Voir, plus loin, la note 4, page 50.

3. On peut citer Platon, Strabon, Plutarque et, chez les Romains, Sénèque, Ovide, etc.
— Voir à ce sujet, K.-E.-A. von Hoff, *Geschichte der durch Ueberlieferung nach-
gewiesenen natürlichen Veränderungen der Erdoberfläche.* 3 vol. in-8°, Gotha, 1822-
1834). — E. v. Lasaulx. *Die Geologien der Grieche und Römer* (Abh. der Münchener
Akad., philos. Cl., VI, 3, p. 550) — 1862. Julius Schvarcz. *On the failure of geological
attempts in Greece prior to the epoch of Alexander*, London. — 1864. d'Archiac. *Introduction à l'étude de la Paléontologie statigraphique*, t. II, p. 560 à 600. — Blümner.
Technologie der Gewerbe und Künste bei Griechen und Römern, t. IV, Leipzig, 1886.

dans le cercle de Santorin ou aux Lipari amenèrent vite d'autres observateurs à concevoir le rôle du feu comme essentiel[1]. Les pythagoriciens, qui avaient une idée si juste du système solaire (Soleil immobile, Terre animée d'un double mouvement de rotation autour de lui et autour d'elle-même, Lune éclairée par le reflet du Soleil), professaient l'idée d'un feu central.

Il en résulte que, dès l'Antiquité, la distinction, fondamentale en géologie, des sédiments et des roches éruptives s'est imposée à l'attention ; dès l'Antiquité aussi, on assiste à une discussion, qui dure encore, sur le sens du mouvement relatif opéré dans les parties contiguës de l'écorce terrestre, entre les uns attribuant l'émersion des sédiments marins à leur exhaussement (pour eux, par l'alluvionnement même), et les autres l'expliquant par des effondrements de la mer, dus à des commotions internes. Mais ce n'est pas tout à fait de cette manière qu'au vi° siècle avant notre ère les premiers philosophes naturalistes nous apparaissent : Thalès de Milet, neptunien ; Zenon ou Héraclite, plutonien ; il faudrait ajouter, pour être complet, qu'Anaximène (557) et Diogène d'Apollonie étaient éoliens, c'est-à-dire expliquaient tout par l'intervention de l'air, comme leurs adversaires par le feu ou par l'eau. Il y avait là une idée tout à fait théorique sur la prédominance de l'un ou l'autre élément dans l'Univers : idée, qui s'est perpétuée par la tradition à travers le Moyen âge et que j'ai eu autrefois l'occasion d'étudier dans les œuvres d'Albert le Grand[2].

J'ai essayé alors de montrer comment, ne pouvant attribuer leur caractère réel aux propriétés essentielles et à peu près immuables de la matière sous les formes où elle nous apparaît, telles que le poids atomique[3], les affinités chimiques, etc., les anciens philosophes s'étaient attachés à d'autres propriétés physiques, pour leur attribuer une fixité,

---

1. Il existe un passage d'EMPÉDOCLE (v° siècle av. J.-C.), où ce philosophe, qui vivait au pied de l'Etna et dont le prétendu suicide ne fut peut-être que l'effet d'une curiosité scientifique, attribue au feu interne les montagnes et les eaux thermales. De même, dans le Phédon de PLATON, le Pyriphlégéton devait être un feu central dans la Terre et c'est, en tout cas, ainsi que l'entendait le commentateur SIMPLICIUS au vi° siècle. STRABON, qui insiste beaucoup sur les phénomènes volcaniques, explique pourtant (VI, 10) les éruptions de l'Etna et des Lipari par la pression des vents, eux-mêmes dus selon lui à l'évaporation de la mer. Un peu plus tard, on sait que PLINE L'ANCIEN trouva la mort (79) en voulant observer de près l'éruption du Vésuve. SÉNÈQUE considère le feu et l'eau comme le commencement et la fin des choses.

2. *Un Alchimiste du XIII° siècle, Albert le Grand*, (Rev. scient. de 1889). — Cette théorie des quatre éléments a duré jusqu'à la naissance de la chimie proprement dite. Encore en 1644, *Le Parfait Joaillier* de BOÈCE DE BOOT donne (p. 21, éd. de 1664), comme un fait admis de tous les philosophes, que les corps sont composés de quatre éléments et que les pierres précieuses sont plus limpides parce qu'elles renferment plus d'eau.

3. Le poids atomique est peut-être lui-même variable dans des conditions déterminées (radium transformé en hélium, etc.).

qui ne nous semble absurde que parce qu'une longue éducation nous en a démontré l'inexactitude : par exemple, la densité, la sécheresse, la chaleur, la transparence, etc., auxquelles ils attribuaient une importance égale. L'idée des quatre éléments, venue très anciennement d'Égypte, adoptée plus tard par Pythagore, permettait de définir la terre comme froide, sèche et lourde ; l'eau comme froide, humide, et mobile ; l'air comme chaud et humide ; le feu comme chaud, sec et impondérable. Eau, par exemple, était synonyme de liquidité. Dès lors, suivant que tel ou tel corps manifestait un poids, une température, une mobilité, une humidité plus ou moins grandes, il apparaissait composé, en proportions plus ou moins fortes, de ces divers éléments.

C'est, je crois bien, dans ce sens que Thalès de Milet[1] (600 ans av. J.-C.) considérait l'eau comme le principe universel, la substance du monde, parce que l'humidité entretient la vie et, surtout, parce que tout est fluide, parce que tout se meut, parce que le mouvement c'est la vie même. De même, quand Héraclite (500), ce précurseur d'Hégel, encore plus frappé par l'idée de mobilité, d'écoulement universel, de « devenir »[2], cherche, pour symboliser le monde, un élément plus mobile que l'eau et choisit le feu ; ou quand Anaximène (500), trouvant l'eau trop grossière, adopte l'air, on ne saurait voir là une explication géologique, mais une conception métaphysique, qui devient d'ailleurs des plus intéressantes, quand on l'envisage de ce dernier point de vue.

Héraclite touchait à la thermodynamique, quand il résolvait tout mouvement et la pensée même en énergie calorifique, prenant les formes les plus variables ; Démocrite imaginait l'atomisme, quand il expliquait l'Univers par des mouvements tourbillonnaires d'atomes ; Zénon d'Élée se montrait un précurseur, quand il signalait l'antinomie entre l'atome physique ou chimique indivisible et l'idée mathématique d'une matière nécessairement divisible à l'infini ; Empédocle devançait les siècles, quand il interprétait tous les phénomènes par le jeu des actions et des réactions.

Mais c'est ailleurs, dans le second mode d'investigation distingué au début, c'est surtout, comme je le disais alors, dans les travaux des

---

1. Il faut remarquer que THALÈS DE MILET et tous ces anciens philosophes ne nous sont connus que par des citations et interprétations sommaires, peut-être erronées, dans des ouvrages plus récents.
Voir, sur les théories grecques, les ouvrages cités note 3, page 45.

2. La théorie pythagoricienne se résumait, elle aussi, en un éternel *devenir*. Naître ou mourir n'était que changer de forme. Et l'on citait en exemple les changements réitérés de la mer en montagnes, ou des montagnes en mer, qui formaient, nous l'avons vu, un des plus anciens principes des cosmogonies indoues. Le Timée de PLATON, puis ARISTOTE, enseignent l'idée égyptienne analogue des destructions périodiques du globe, suivies de régénérations.

mineurs ou les remarques de quelques observateurs sur les alluvions et sur les terrains fossilifères, qu'il faut chercher l'origine d'une géologie proprement dite.

Si nous envisageons, pour commencer, l'histoire des idées anciennes relatives aux minerais, on peut remarquer que la supposition à peu près exacte d'une chaleur interne faisant distiller les métaux dans les fentes du sol, comme dans les fissures d'une paroi de creuset, paraît avoir été très anciennement inspirée par l'aspect des filons métallifères[1]. Malheureusement aussi, la néfaste hypothèse astrologique d'une influence astrale sur la génération des métaux, déterminant la ressemblance de leur teinte avec celle des planètes correspondantes, est, elle également, une antique tradition babylonienne, qui, après avoir passé par les Égyptiens et les Grecs, puis les Arabes du viii⁰ siècle, a été admise comme article de foi jusqu'à la Renaissance[2].

Il est difficile de préciser quelles étaient, sur la géologie des filons, les connaissances ou les idées probables des anciens, sans doute assez analogues à celles que les mineurs de Saxe, placés dans une situation identique faute de chimie et de minéralogie, ont codifiées au xvi⁰ siècle; car les chercheurs de mines et les métallurgistes primitifs se donnaient volontiers des airs de sorciers, qu'ils n'ont pas perdus depuis bien longtemps. Les premiers secrets de l'extraction minière, arrivés au monde grec par les Phéniciens, qui paraissent les avoir empruntés eux-mêmes à ces mystérieux Telchines ou Cabyres, venus peut-être de l'Arménie, étaient jalousement gardés, entourés d'un respect sacerdotal; comme nos prestidigitateurs, les chercheurs ou fondeurs de

---

1. On trouve, au xiii⁰ siècle, dans Albert le Grand, ce passage curieux, qui est à lire en se rappelant l'observation faite plus haut sur le sens attribué aux principes humide et terrestre :

« Un vrai métal ne peut être engendré que par la *sublimation* d'un principe humide et d'un principe terrestre. Car, là où ces deux principes se trouvaient d'abord en profondeur, ils étaient mélangés d'impuretés, qui ne pouvaient servir à la production du métal. Mais, de ce vase où existait le métal, si la fumée s'élève, elle est plus pure et vient se concentrer, soit dans les pores de la pierre, soit dans des veines distinctes. » (Voir L. De Launay, *Albert le Grand géologue*. Revue Scientif. du Bourbonnais, juillet 1889).

De même, un auteur arabe du xiii⁰ siècle, Mohammed Kazwini, cité par Élie de Beaumont (Ann. des Sc. Nat. 1832. t. XXV, p. 378), parle des vapeurs internes, qui forment les mines et signale, en même temps, l'attraction céleste sur la Terre, les météorites, les déplacements de la mer, etc...

La même théorie traditionnelle était encore, comme nous allons le voir, enseignée au xvi⁰ siècle dans les mines de Saxe et tout nous autorise à penser qu'elle remontait à l'Antiquité.

Voir encore, sur ces questions historiques : Berthelot. *Origines de l'alchimie.* — Sainte-Claire Deville. *Coup d'œil historique sur la géologie.* Paris 1878.

2. Elle figure dans les écrits de Proclus au v⁰ siècle après J.-C. et d'Olympiodore au vi⁰ siècle (voir un travail allemand de M. Chwolsohn) et avait encore des défenseurs au xvii⁰ ou au xviii⁰ siècle.

métaux primitifs s'ingéniaient à dérouter les esprits curieux par des bizarreries, des incohérences, des absurdités, affectaient de livrer des talismans sans valeur, invoquaient, en y croyant plus ou moins, les conjonctions des astres, procédaient en public par le mouvement des baguettes magiques, etc... On ne peut donc juger la science minière des phéniciens que par leurs œuvres ; mais, quand on voit qu'ils ont exploité, jusqu'à de grandes profondeurs, à peu près toutes les mines d'Espagne, d'Italie, de Sardaigne, du Nord de l'Afrique, de Grèce, d'Asie Mineure[1], on ne peut douter qu'ils aient su très exactement ce que c'était qu'un filon, de même que leurs connaissances en minéralogie devaient être assez développées pour leur avoir permis de reconnaître et de trier des minerais, dont souvent la pauvreté nous étonne.

Cette minéralogie des anciens, nous pouvons la soupçonner un peu par quelques compilations de seconde ou troisième main, comme le chapitre sur les pierres de Pline l'Ancien, le poème attribué à Orphée περὶ τῶν λίθων ; nous en retrouvons également l'écho dans les écrits du Moyen âge, copiés eux-mêmes sur des formulaires antiques, tels que le *liber lapidum* de Marbodus (réimprimé jusqu'en 1799, quinze ans après le livre fondamental d'Haüy sur la structure des cristaux), l'ouvrage d'Albert le Grand, les écrits arabes du xiiie siècle, le *Bergbüchlein* de Calbus Fribergius (1505), le fameux livre d'Agricola *de re metallica*, etc. Un très grand nombre de notions y étaient accumulées sous une forme nécessairement confuse, puisqu'on n'avait aucun moyen précis pour reconnaître un même minéral sous deux aspects différents, ou deux minéraux sous une même apparence : ni l'analyse chimique, ni la cristallographie ; en même temps, on mêlait aux propriétés réelles une foule de superstitions médicales, exposées avec un sérieux imper-

1. Il faut cependant remarquer que la méthode des anciens a souvent consisté à suivre le filon métallifère en descendant sans jamais s'en écarter et en abandonnant la recherche dès qu'il se perdait. Mais ailleurs, comme au Laurium, en Attique, on est allé recouper le gisement par des puits. Je suis revenu, à diverses reprises, sur cette question des exploitations de mines antiques. Voir *l'Industrie du cuivre dans la région d'Huelva* (Annales des Mines, nov. 1889). — *Histoire de l'Industrie minière en Sardaigne* (Ibid., mai 1892). — *Les mines du Laurion dans l'antiquité* (Ibid. juill. 1899). — Article *Ferrum* du Dictionnaire des antiquités de DAREMBERG-SAGLIO, Paris, Hachette (juin 1893). — *Les Mines d'or de l'antique Égypte* (La Nature, 20 déc. 1903) et *Richesses minérales de l'Afrique* (Paris, 1903, p. 119), où se trouve reproduit un curieux passage de DIODORE DE SICILE sur les exploitations antiques. On sait qu'il est également question d'attribuer à des peuples antiques certains travaux primitifs de la Rhodésia (La Nature, 16 janv. 1897 ; fouilles de HALL en 1904) tels que les ruines du grand Zimbabye et d'assimiler, par suite, cette région avec l'Ophir biblique, qu'on a fait voyager de l'Afrique à l'Inde suivant les théories. Il est assez curieux de trouver, en 1784, dans BUFFON (*les Minéraux*, article *Or*), qui, naturellement, ignorait toutes ces assimilations modernes, la mention de grandes mines d'or au Monomotapa (Rhodésia), qu'il appelle de ce même nom d'Ophur. Voir encore, sur la géologie antique, un article de la Revue archéologique de 1895, où j'ai discuté les anciennes théories relatives aux volcans de Lemnos.

turbable et un luxe de recommandations sur le mode d'emploi. qui donnent une haute idée de l'éternelle crédulité humaine [1].

Quant aux phénomènes à caractère igné ou interne, tels que les éruptions volcaniques, les tremblements de terre, les sources thermales, on en connaissait bien, dès l'antiquité, les caractères et on en cherchait des explications fantaisistes [2].

En ce qui concerne l'étude des sédiments, un premier pas avait été franchi par l'examen des alluvions; on admit de très bonne heure, comme nous l'avons vu, que la terre pouvait naître de la mer, qu'elle pouvait être produite par le travail des fleuves. La vue des fossiles, si abondants en certains pays, frappa aussi les regards et, dans beaucoup de cas, leur apparence organique était trop manifeste pour qu'on n'y reconnût pas de véritables restes animaux apportés par la mer. Ainsi nous avons vu [3] Hérodote s'appuyer sur l'existence de coquillages dans les montagnes de l'Égypte pour démontrer que l'Égypte avait été un golfe marin, et Strabon expliquer le même phénomène par une émersion due à des convulsions internes [4].

1. En 1644, Boèce de Boot (le parfait joaillier) classe en beaux tableaux les pierres précieuses d'après leur action médicale bienfaisante ou nuisible. En 1669, Robert de Berquen décrivait encore l'émeraude, « comme conservant la chasteté et découvrant, l'adultère; car elle ne peut du tout souffrir l'impudicité, autrement qu'elle se rompt de soi-même en pièces, ainsi que le fait entendre Agricola. Elle rend les personnes agréables, éloquentes et discrètes ». Combien de personnes aujourd'hui même croient que l'opale porte malheur, qu'un collier d'ambre empêche les maux d'yeux, que le corail détourne le mauvais œil, exactement comme Boèce de Boot. Albert le Grand, Pline, ou les minéralogistes orientaux, qui imaginèrent ou notèrent les premiers ces vertus des pierres il y a quatre ou cinq mille ans. (Voir : les vertus médicales des pierres, La Nature, avril 1904).

2. J'ai cité tout à l'heure l'idée de Strabon, les opinions de Sénèque, Ovide, etc. Il y a lieu également de mentionner le chapitre de Pline sur les météorites, II, 59.

3. Page 45.

4. Le géographe Strabon (qui vivait sous Tibère) signale, comme un fait très connu, l'existence des coquilles marines à l'intérieur de l'Égypte et discute seulement sur la cause de cette anomalie contre Ératosthène (I, ch. III, §§ 3 à 20), qui y voyait le simple remplissage d'une mer. Il remarque justement que les atterrissements des fleuves sont limités à leur embouchure et qu'il faut donc faire intervenir un autre phénomène, qui lui paraît en rapport avec les nombreux mouvements de la mer, sorties ou disparitions d'îles, dont il cite des exemples à Santorin, Ischia, etc. Il va même jusqu'à étendre cette thèse à la plupart des îles, comme la Sicile. On a souvent cité le passage (XVII, ch. I, § 34), où il réfute l'opinion populaire que les nummulites d'Égypte étaient d'anciennes lentilles, comme une preuve que les Grecs n'avaient pas la moindre notion de paléontologie. Mais c'est un peu le pendant des coquilles de pèlerins, par lesquelles Voltaire, 18 siècles plus tard, expliquait encore tous les fossiles. On n'a peut-être pas assez remarqué cet autre passage (I, 3, § 4) : « Une question se présente, qui a. suivant Ératosthène, particulièrement exercé la sagacité des philosophes, c'est comment il peut se faire qu'à deux et trois mille stades de la mer, dans l'intérieur même des terres, on rencontre en maints endroits quantités de coquilles... Xanthos avait pu observer de ses yeux des gisements de pierres ayant la forme de coquillages, ou portant l'empreinte de pectones et de chéramides, ainsi que des lacs d'eau saumâtre, en pleine Arménie et dans la basse Phrygie et de

C'est donc faire trop d'honneur à quelques savants du xvi⁰ siècle que de leur attribuer, comme on le fait communément, cette découverte. Mais la vérité est que cette notion juste fut de plus en plus obscurcie par l'idée d'une influence astrale (empruntée à Babylone ou à la Chaldée), que nous venons déjà de rencontrer à l'occasion des minerais. Apparue dès le temps d'Aristote[1], l'astrologie occupa de plus en plus de place à l'époque Alexandrine, puis au Moyen âge. On croyait alors que, dans certains cas, la nature avait pu, en se jouant (*ludus naturæ*) imiter les formes des animaux et tel est l'empire de ce genre de superstitions que Léonard de Vinci était encore obligé de discuter une théorie semblable, reproduite plus tard, en plein xvii⁰ siècle (1670), par Martin Lister. On admettait bien la présence, dans les terrains, de quelques véritables coquilles marines, présence imposée par la logique des observations ; mais on y mêlait l'idée des imitations naturelles, fondée sur l'autorité d'un enseignement traditionnel.

Je me suis étendu un peu longtemps sur cette rudimentaire géologie des anciens ; mais il n'était peut être pas inutile de rappeler que, là comme en tout, les Grecs, malgré d'inévitables erreurs, avaient déjà conquis certains résultats, qu'on n'a obtenus de nouveau que beaucoup plus tard[2].

Après eux, il est arrivé, pour la géologie, ce qui s'est produit pour toutes les autres sciences ; il y eut un recul dans la nuit, produit par les invasions de ces barbares successifs, épris de la seule force des

---

ces différents faits concluait que la mer avait dû se trouver naguère à la place où sont aujourd'hui ces plaines, etc... »

PLINE dit aussi (XXXVI, 29) : « THÉOPHRASTE rapporte que la terre produit des os et qu'il est des pierres osseuses. Aux environs de Munda, en Espagne, on voit des pierres offrant, toutes les fois qu'on les brise, l'image de la paume de la main (peut-être des traces de chirotheriums triasiques). »

De même, ALBERT LE GRAND remarque que certaines pierres ont des formes d'ossements d'animaux et l'explique par une vertu pétrifiante exercée sur des os. Par contre, VOLTAIRE se croyait très spirituel et surtout très sensé en affirmant que les coquilles fossiles étaient de vieilles coquilles de pèlerin et traitait avec mépris ce pauvre PALISSY, qui avait pu croire le contraire.

1. Il existe également, dans ARISTOTE, certaines explications des poissons fossiles, qui lui font peu d'honneur. ARISTOTE supposait que ces poissons vivent sans mouvement dans la terre, ou qu'ils s'étaient égarés dans l'intérieur de la terre, ou encore qu'étant nés de frais de poisson, laissés là pendant l'accroissement de la terre, ils étaient devenus terre eux-mêmes. (Voir SAINTE-CLAIRE DEVILLE, *loc. cit.*, p. 91.)

2. On ne devrait pas oublier, quand on parle de la science antique (qui a été exclusivement la science grecque, les Romains n'ayant rien produit par eux-mêmes), que toutes les œuvres grecques originales, dans cet ordre d'idées, ont à peu près disparu et nous sont uniquement connues par de mauvais commentateurs, ou compilateurs de seconde ou troisième main. ARISTOTE, qui a constitué à lui seul toute la science du Moyen âge, n'était probablement qu'un de ces savants entre beaucoup d'autres, dont la gloire vient beaucoup du hasard, qui a fait surnager ses œuvres ; et c'était même un savant relativement moderne (iv⁰ siècle avant J.-C.).

armes ou des seuls résultats immédiatement pratiques, qui furent les
Romains d'abord, puis les peuples du Nord ou de l'Orient ; et, jusqu'à
la Renaissance, l'humanité vécut sur quelques vagues recettes pratiques, quelques tours de main industriels, quelques théories embryonnaires, auxquelles j'ai déjà fait suffisamment allusion en rappelant tout
à l'heure les écrits de Marbodus, d'Albert le Grand, de Calbus Fribergius ou d'Agricola.

Il suffira, pour compléter cet ordre d'idées, de résumer les théories
sur les filons métallifères, exprimées en 1505 par un médecin et action-
naire de mines de Freiberg en Saxe, dans le plus ancien traité d'exploitation minière qui ait été écrit, le Bergbüchlein de Calbus Fribergius.

Suivant lui, les minerais métalliques sont produits par des exhalaisons minérales, composées de soufre et de mercure, qui viennent des
profondeurs de la Terre et en émanent dans les filons et fentes, où elles
sont transformées en minerais sous l'influence génitrice des astres[1]. Certaines directions de filons se sont trouvées particulièrement favorables,
parce que « l'influence du ciel y était plus commodément reçue ». Les
divers minerais d'argent, d'or, d'étain, de cuivre, plomb, fer, mercure, etc., sont bien caractérisés par sa description ; mais les alluvions
d'or et d'étain sont considérées comme nées à la place même où on
les trouve, dans les rivières et « particulièrement purifiées par le flux
et le reflux des eaux ».

Après quoi, la Renaissance produisit un commencement de réveil,
sur lequel je vais dire quelques mots ; mais, pendant les trois siècles
qui l'ont suivie, jusqu'à la floraison moderne des sciences, il a fallu
d'abord retrouver, par un long effort, ce qui avait été déjà découvert
et perdu quelques siècles plus tôt[2] : effort utile néanmoins, parce qu'il
a produit l'entraînement, la culture de l'esprit, l'activité intellectuelle,
grâce auxquels, au début du XIXe siècle, la science est partie tout à coup
en avant d'un si magnifique essor.

C'est à Léonard de Vinci ou à Bernard Palissy[3] que l'on attribue

1. Voir DAUBRÉE. *La génération des minéraux métalliques, d'après le Bergbüchlein*
(Journal des Savants, juin 1890. Traduction littérale, avec résumé de divers autres
anciens ouvrages sur le même sujet). — De même, pour AGRICOLA (1544), « la matière
métallique est un mélange de terre et d'eau, qui se fait sous l'influence des eaux
souterraines par l'action de la chaleur et du froid ».

2. Je reviendrai tout à l'heure sur les théories encore admises au XVIIe et au
XVIIIe siècle ; on peut s'en faire une idée en lisant la *Restitution de Pluton* par la
dame et baronne de BEAU-SOLEIL et d'AUFFEMBACH (1640), que GOBET, l'éditeur des
Anciens minéralogistes en 1779, défend contre l'accusation de charlatanisme, tout en
déclarant ne pas croire lui-même aux baguettes magiques (voir *La Nature*, 23 janv.
1904), ou encore le *Parfait Joaillier* de 1644, etc.

3. Voir, sur le VINCI : CHARLES RAVAISSON-MOLLIEN. *Les manuscrits de Léonard de*

souvent la reconnaissance de la véritable nature des fossiles ; et il apparaît bien, en effet, que le magnifique et encyclopédique génie italien, le très attentif et très ingénieux potier saintongeois ont porté, dans l'observation des terrains géologiques, un souci nouveau d'exactitude et une rigueur particulière de raisonnement scientifique. Peut-être cependant est-on conduit à exagérer quelque peu leur rôle, parce que leurs œuvres sont l'objet d'une étude particulière. Il ne faut pas, en effet, s'imaginer que le monde en était resté jusqu'à eux aux divagations alexandrines sur les formes d'animaux produites dans la pierre par les conjonctions astrales et que, tout d'un coup, par un éclair de bon sens, Léonard de Vinci y a vu des organismes fossilisés. En réalité, j'ai déjà rappelé que, dès le temps d'Hérodote, on reconnaissait de véritables coquillages et un golfe marin comblé dans les terrains d'Égypte ; jamais cette idée n'avait, à vrai dire, disparu, et elle ne pouvait disparaître dans les pays si nombreux, où il existe, au milieu de la pierre, des bancs entiers de coquilles aux formes encore vivantes ; nous venons de la retrouver, au Ier siècle, dans Strabon et, au XIIIe siècle, dans Albert le Grand. Plus la Renaissance approchait, plus, le génie de l'observation se développant, cette opinion devait rencontrer de partisans et, dès le XIVe siècle, elle est exprimée avec netteté dans Boccace, qui n'avait fait évidemment que répéter un propos courant. Parmi les contemporains du Vinci, deux au moins l'ont énoncée formellement : *Fracastoro*, qui, vers 1517, étudia les coquilles fossiles de Vérone et *Alessandro degli Alessandri* (1460-1523). Il est même curieux de constater, chez ce dernier, l'hypothèse, très hardiment moderne, que la mer aurait pu occuper autrefois des régions, aujourd'hui émergées par suite d'un changement dans son axe de rotation. Si l'on disputait encore au temps du Vinci (1452-1519) en Italie, au temps de Palissy (1510-1590) en France, c'était bien moins contre ceux qui niaient l'origine animale de ces coquilles, que contre ceux qui y voyaient de simples traces du déluge biblique ; il suffit de lire les textes du Vinci, ou surtout de Palissy, pour s'en convaincre ; car leur argumentation serrée a pour but principal de

Vinci, manuscrit F. fol. 80. — VENTURI. *Essai sur les ouvrages physico-mathématiques de Léonard de Vinci*, 1797, p. 13. — MÜNTZ. *Léonard de Vinci*. Paris, Hachette, 1899, pages 353 à 355. — Sur PALISSY : BERNARD PALISSY. *Œuvres complètes, avec notice par* ANATOLE FRANCE. Paris, Charavay, 1880, pages XX, 151 et 334. La *Récepte véritable* fut imprimée en 1563 à la Rochelle ; les *Discours admirables de la nature, des eaux*, etc., en 1580, à Paris.

M. SUESS a rappelé qu'il fallait peut-être compter le nom de DANTE parmi les premiers géologues. Dans une dissertation intitulée : *De aqua et terra*, et datée de 1320 (qui, il est vrai, pourrait bien être apocryphe), le grand poète a cherché à montrer, contrairement à une idée très répandue alors, que la mer ne dominait pas la terre et ne lui était pas non plus excentrique, mais que la terre, au contraire, dominait la mer en vertu de son relief, dû lui-même à des influences sidérales.

démontrer que le déluge n'aurait pu laisser les coquilles à la hauteur et dans la position où on les observe [1].

Mais, cette restriction faite, il est intéressant de noter l'état d'esprit de ces deux chercheurs, qui, tous deux, indépendamment, essayaient de s'imaginer l'histoire ancienne de la Terre d'après sa structure actuelle et faisaient, par conséquent, de premiers essais de géologie. Leurs conclusions, assez analogues, sont essentiellement actualistes et, partis de l'observation des faits actuels pour renverser des chimères conçues *a priori*, il est très naturel, en effet, qu'ils n'aient pas osé ou pu s'élever au-dessus de ces causes actuelles et invoquer de grands mouvements de bascule ou de plissement, analogues à ceux que nous supposons.

Léonard de Vinci paraît avoir été surtout frappé par l'activité des eaux dans les régions alpestres, par leur puissance d'érosion et de transport ; c'est cette force qu'il invoque pour expliquer la démolition des montagnes et le remplissage d'anciens lacs. D'où sa conclusion que la Méditerranée sera un jour comblée par les apports fluviaux et réduite à une immense vallée du Nil, allant déboucher à Gibraltar, dont tous les autres fleuves deviendront les affluents. C'est simplement la théorie du golfe marin, indiquée par Hérodote pour l'Égypte.

Palissy, un peu plus tard, était particulièrement bien placé pour aller plus loin et l'on aurait quelques raisons de le considérer comme le plus ancien en date de nos paléontologues ; car il a reconnu l'identité précise de toute une série de formes fossiles avec des formes actuelles (oursins, pectoncles, huîtres, moules, couteaux, écrevisses, etc. [2]), et il a même poussé la rigueur jusqu'à distinguer les formes

---

1. LÉONARD DE VINCI argumente, cependant, aussi contre l'influence astrale. Les idées fausses de ce genre ont la vie tenace et, en 1753, LEHMANN, membre de l'Académie de Berlin, conseiller des mines de Prusse, écrivant un traité de la *formation des métaux*, se croyait encore forcé de réfuter la même théorie astrologique.

C'est surtout lorsque la géologie a commencé à s'appuyer de plus en plus sur l'observation que la théorie du déluge, origine de tous les sédiments, a été invoquée contre les théories plus exactes et plus complexes. Sur cette intervention de la théologie dans la science, on peut lire, par exemple, le curieux passage des *Principes de Philosophie* de DESCARTES, où, avant d'exposer sa conception purement dynamiste de l'Univers, le philosophe croit prudent de remarquer que cette théorie est fausse, puisque Dieu a créé le monde, mais qu'elle permet de concevoir comment les choses *auraient pu* se passer ; ou encore, après la *Théorie de la Terre* de BUFFON, les objections faites par la faculté de théologie de Paris, ainsi que les très nombreux essais tentés au XVIIIe et au XIXe siècle pour expliquer la Genèse par la Géologie et la Géologie par la Genèse, parmi lesquels je citerai seulement : A. SORIGNET. *La cosmogonie de la Bible devant les sciences perfectionnées*, in-8°, Paris. Gaume. 1854.

Sur l'histoire de la Géologie biblique, on peut consulter : A. D. WHITE, *A history of the Warfare of Science with Theology in Christendom*, 2 vol. in-8, London-New-York, 1898 ; — A. HOUTIN, *La question biblique chez les catholiques de France au* XIXe *siècle*, in-8°. Paris 1902.

2. *Loc. cit.*, pages 53 et 341.

lacustres ou fluviatiles des formes marines[1]; il vivait, en effet, en Saintonge, où des bancs entiers de coquillages apparaissent dans des terrains crétacés ou tertiaires; ses courses, ses arpentages l'amenaient, sans cesse, à parcourir le littoral et là, par un souci d'artiste, il recueillait toutes les coquilles afin d'en orner ses « rustiques figulines »[2]. Comment, revenant d'une excursion à Oléron, où il avait été précisément pêcher des oursins, n'aurait-il pas reconnu des oursins semblables dans les soi-disant pierres taillées, que lui présentait un ami[3]? En outre, l'attention toujours en éveil, habitué à regarder les terrains pour les utiliser comme verrier ou comme médailleur, il avait parcouru presque toute la France, les Pyrénées, le pays de Nîmes, l'Auvergne, la Bourgogne, le Poitou, la Bretagne, le bassin de Paris, le Valois, le Soissonnais, les Ardennes, etc., et partout il avait retrouvé des coquillages dans la pierre, à toutes hauteurs, dans toutes les positions. Son esprit travaillait constamment à s'expliquer ces problèmes et voici, en résumé, ce qu'il avait supposé. Quand les formes marines existaient au voisinage des côtes, rien de plus simple : un retrait de la mer, analogue à celui qu'il avait pu observer dans les marais salants du Brouage[4]. S'ils se trouvaient dans l'intérieur des terres, c'était donc que les terres avaient contenu autrefois des bassins d'eau salée[5]. Mais, pour échapper le plus possible à cette hypothèse gratuite, il s'attachait à montrer que les coquilles abondaient presque autant dans les eaux des lacs et des fleuves que dans celles de la mer : par exemple, les escargots ou les moules[6]; dès lors, il avait dû exister à Paris

1. On attribue communément cette distinction à l'italien Colonna.

2. Il ne faudrait pas croire que l'on ait attendu le xixe siècle, ou même le xviiie, pour récolter des fossiles. Les descriptions, ou même les représentations de fossiles, ne sont pas rares dans des ouvrages anciens, montrant qu'on les recueillait comme curiosités, qu'on les classait dans les cabinets d'histoire naturelle, bien avant d'en reconnaître la réelle nature et en les mélangeant, de la plus extraordinaire façon, avec des cristaux, ou avec des haches de silex, qualifiées de « pierres de foudre ». Je citerai seulement, parmi les ouvrages antérieurs au xviie siècle : 1530. Georgius Agricola, De natura fossilium (réimprimé à la suite du De re metallica par le même auteur dans l'édition latine de 1657). — 1561. Valerius Cordus, De fossilibus Germaniæ. — 1565. Conrad Gessner, De omni rerum fossilium genere, gemmis, lapidibus, metallis, où figurent, entre autres, des entroques, bélemnites, ammonites, oursins, pectens, lymnées, reproduits ensuite dans divers ouvrages, avec des empreintes de poissons sur des schistes. ou des serpules, mentionnés sous le titre : « de lapidibus qui aquatilium animantium effigiem et serpentes referunt ». — 1565. Kentmannus. Nomenclatura rerum fossilium, quæ in Misnia inveniuntur. — Tous les anciens minéralogistes attribuaient aux cornes d'ammon ou aux bélemnites des vertus médicales et les bélemnites étaient, au moins depuis l'époque romaine, recueillies comme « dards de foudre », ainsi que les entroques comme « pierres stellaires ».

3. Loc. cit., page 53.

4. Loc. cit., page 336.

5. Loc. cit., page 339.

6. Loc. cit., page 333.

quelques grands lacs ; dans les montagnes des Ardennes, des « réceptacles d'eau », où vivaient des poissons [1].

En même temps, Palissy exprimait des idées très justes sur l'origine des sources et les nappes artésiennes, sur la cristallisation du salpêtre, etc.

On ne peut pas dire que l'ouvrage de Palissy ait eu, du moins en ce qu'il contenait d'exact, une influence notable sur ses contemporains, ni qu'il ait donné une impulsion à la science géologique, bien que Palissy ait fait à Paris, de 1575 à 1584, un véritable cours payant de géologie. Mort de misère à la Bastille, où il avait été emprisonné comme huguenot, il fut à peu près oublié pendant plus d'un siècle [2] et c'est seulement Fontenelle, Buffon, Cuvier, qui ressuscitèrent sa réputation, alors que ses idées s'étaient trouvées confirmées de tous côtés, sans être connues. Mais les explications, auxquelles il avait été conduit par l'observation, comme Léonard de Vinci avant lui, étaient trop naturelles pour ne pas être retrouvées encore par d'autres. Elles entrèrent bientôt dans le domaine courant et constituèrent un premier fait géologique admis à peu près par tous [3].

Nos terrains sédimentaires s'étant donc formés par un dépôt dans les eaux de la mer ou des lacs, il y avait une conséquence logique à en tirer, d'où devaient découler deux des principales méthodes géologiques ; c'était l'horizontalité primitive de ces dépôts, horizontalité entraînant : d'une part, la succession chronologique des terrains dans l'ordre de superposition où nous les rencontrons, c'est-à-dire la *stratigraphie* et, d'autre part, leur plissement ultérieur par un mouvement du sol, là où on les voyait inclinées, c'est-à-dire la *tectonique* ou l'*orogénie*.

Cette conséquence essentielle paraît avoir été formulée, pour la première fois, en 1669, par un anatomiste danois, professeur d'abord à Padoue, puis à Florence, *Nicolas Stenon* [4], auquel revient l'honneur

1. PALISSY croyait pourtant, comme la plupart de ses devanciers, à la génération actuelle des pierres, qui est encore si couramment admise par la plupart de nos paysans.

2. On voit PALISSY cité à diverses reprises dans les *Anciens minéralogistes de France*, par GARRAULT en 1579, par JEAN DE MALUS en 1600, par RÉAUMUR en 1718, mais uniquement pour son opinion sur la formation des métaux, où il prétendait qu'il entrait plus « d'eau que d'argent vif et de soufre », contrairement à la théorie ordinaire des alchimistes.

3. BUFFON, par exemple, en 1748, parle de la présence de coquilles, laissées par la mer dans l'intérieur des terres, comme d'un fait incontesté. Néanmoins, pour les formes disparues, que l'on commençait à récolter de tous côtés comme des curiosités, l'assimilation, qui devait s'imposer à la longue, était moins évidente. Aussi trouve-t-on, dans de nombreux ouvrages du XVIIe et du XVIIIe siècle, des ammonites, bélemnites, entroques, etc., décrits et figurés comme de curieux minéraux (Voir *Le parfait Joaillier*, 1644).

4. *De Solido intra solidum contento. Dissertationis prodromus* (1669), publié en

d'avoir fait franchir à la géologie la seconde de ses grandes étapes.

Nicolas Stenon, étudiant les terrains de Toscane, arriva, en effet, à établir un certain nombre de principes, très nettement formulés point par point, très clairement expliqués et d'une importance historique considérable. Les principaux (dont je change seulement l'ordre et la forme, sans en modifier le sens) sont les suivants :

1° Les couches de la Terre sont les produits d'une sédimentation dans l'eau [1] ;

2° Une couche, qui renferme des fragments d'une autre couche, lui est postérieure [2] ;

3° Toute couche s'est déposée postérieurement à celle qui est au-dessous, antérieurement à celle qui la recouvre ;

4° Une couche, qui renferme des coquillages marins ou du sel marin [3], s'est formée dans la mer ; si elle contient des végétaux, elle a été produite par le débordement d'un fleuve, ou l'incursion d'un torrent.

5° Une couche doit présenter une continuité indéfinie, qu'on peut suivre à travers une vallée.

6° Une couche a commencé par se déposer horizontalement [4]. Si elle est inclinée, c'est qu'il y a eu un bouleversement [5]. Si une autre couche s'est déposée horizontalement sur une couche inclinée, c'est que le bouleversement avait eu lieu avant son dépôt.

extraits par Élie de Beaumont dans les Annales des Sciences naturelles, t. XXV, page 337 (1832). C'est une étude très courte, très condensée, qui, dans la réimpression de 1679, occupe seulement 120 pages in-18. Elle vient d'être reproduite en *fac-simile* par W. Junk. in-4°, 69 pages, Berlin, 1904. De Humboldt le premier en a signalé la valeur dans son *Essai géognostique sur le gisement des roches dans les deux hémisphères.*

1. Des notions, qui nous paraissent aussi absolument évidentes, ont eu besoin, qu'on ne l'oublie pas, d'être appuyées sur de nombreux arguments et de soutenir une lutte prolongée contre des opinions antérieures ; il a fallu s'appuyer sur la classification approximative des éléments lithologiques par bancs parallèles, sur la disposition horizontale des galets plats, etc.

2. Au xviii° siècle encore, il y avait des géologues, comme Woodward, pour soutenir la sédimentation simultanée et subite de toutes les couches terrestres.

3. Sténon ajoute : « ou des planches de navires », ce qui montre à quel point il était actualiste.

4. Comme il arrive toujours en science, ces principes, une fois découverts, ont été poussés à l'exagération et nous verrons que quelques-uns des progrès réalisés au xixe siècle ont consisté à en montrer l'inexactitude. Par exemple (3) il peut y avoir des renversements, c'est-à-dire une couche postérieure à celle qui la recouvre. De même (5), il n'est pas exact qu'au moment de sa formation une couche ait dû « être circonscrite latéralement ou recouvrir le globe entier » ; tout dépôt cesse en s'éloignant du rivage et se modifie, en changeant complètement de nature, le long de celui-ci. Ainsi encore, l'horizontalité primitive (6) n'a pas été parfaite dans la mer ; et, dans les lacs ou même les deltas, elle n'a pas existé du tout. (Voir plus loin page 219.)

5. Pour Sténon, ce mouvement peut avoir été produit par deux causes : 1° « par une conflagration subite de vapeurs souterraines, ou un très fort dégagement d'air, produit par de grandes ruines arrivées dans le voisinage » ; 2° par manque d'un point d'appui (effondrement).

Ayant ainsi établi les principes essentiels de la géologie, Stenon en concluait que les montagnes (où il existe des couches plissées) n'ont pas toujours existé, mais résultent d'effondrements, dus surtout à l'action des feux souterrains [1] et, faisant une application à la Toscane, il en déduisait un premier essai d'histoire géologique, où il distinguait six époques, qu'il essayait de faire concorder avec la Genèse.

En ce qui concerne les théories générales, Stenon avait été visiblement influencé par son ami Descartes, qu'il cite en passant à propos de la sédimentation et dont il adopte une des hypothèses les moins heureuses, celle d'une couche d'eau située au-dessous de la croûte superficielle, pour expliquer le déluge par une sortie de ces masses d'eau internes après une dislocation.

La théorie de *Descartes,* que celui-ci a seulement indiquée dans son *Discours de la méthode* en 1637 et dont le développement se trouve dans les *Principes de philosophie* écrits en 1644 [2] (vingt-cinq ans avant l'ouvrage de Stenon), est un ouvrage d'un tout autre genre, ne présentant plus le caractère d'une observation précise sur le terrain (et c'est pourquoi je n'en ai pas parlé plus tôt, pour mieux rattacher Stenon à Palissy), mais offrant, au contraire, un de ces grands efforts d'interprétation et de synthèse, auxquels s'est toujours plu l'esprit français ; elle a exercé une influence durable et, par des inductions véritablement géniales, elle a énoncé intuitivement un certain nombre d'hypothèses, que les faits ont confirmées de plus en plus dans la suite [3] : la Terre, astre éteint conservant son feu central ; l'écorce terrestre, les mers et l'atmosphère résultant d'une inégale condensation de la matière dans cet astre fluide en rotation ; le soulèvement des chaînes montagneuses et les incrustations métallifères, rattachés à des mouvements de fluides internes, etc., etc...

Néanmoins, sans diminuer le mérite de notre grand philosophe, on doit rappeler que les théories de ce genre se rattachent directement à la tradition des alchimistes (et, avant eux, à la philosophie des antiques ioniens), en même temps que les raisonnements, sur lesquels elles pré-

---

1. STÉNON, suivant une tradition déjà ancienne alors à Freiberg, regarde les filons métallifères comme des fissures en relation avec ce bouleversement, remplies par une substance, dont la matière première est une vapeur expulsée des roches elles-mêmes.

2. Voir DAUBRÉE, *Descartes, l'un des créateurs de la cosmologie et de la géologie* (Journal des savants, avril 1880). L'édition citée ici est celle de 1688.

3. Est-il besoin de rappeler que, par d'autres inductions non moins remarquables, DESCARTES a formulé également le premier la loi de la théorie mécanique de la chaleur et celle de la sélection naturelle : « C'est le mouvement seul, qui, selon les différents effets qu'il produit, s'appelle tantôt chaleur et tantôt lumière. » ... « Les animaux, qui ne peuvent engendrer, à leur tour, ne sont plus engendrés et, dès lors, ils ne se retrouvent plus dans le monde. »

tendent s'appuyer, procèdent un peu trop de la scolastique du Moyen âge[1]. La voie, où Descartes s'est avancé avec une hardiesse heureuse, est, en somme, la même que celle où, pendant tout le XVIIIe siècle, tant de prétendus géologues ont rencontré surtout des prétextes à extraordinaires et chimériques inventions. L'aventure qu'il tentait était dangereuse. Son système n'a plus rien de commun avec la méthode géologique d'observation proprement dite, représentée jusqu'ici par de Vinci, Palissy et Stenon. Il a pour principe une méthode d'interprétation, ou plutôt d'induction mécanique, souvent trop hypothétique encore chez lui, mais gouvernée par un esprit singulièrement puissant et que nous devons suivre également dans son progrès, parce que, un siècle et demi ou deux siècles plus tard, elle est venue apporter son concours à la géologie pour l'aider à sortir des menus faits locaux et à édifier, avec l'aide de ces faits, des hypothèses plus générales sur l'histoire et la structure de la Terre.

C'est, il ne faut pas l'oublier, dans un traité de philosophie que Descartes, envisageant les problèmes naturels dans toute leur complexité, passe de la philosophie à la mécanique, à la physique, à la cosmographie, à la géologie et à la chimie. A l'ensemble des choses, il applique une même théorie dynamiste ou cinétique, qui réduit le monde à des mouvements et la matière, une dans son essence première, à de l'étendue et, l'ayant développée à propos des astres, par une conception digne de Laplace, il arrive à la Terre, dont il cherche à se représenter la constitution.

Il suppose alors[2] que la Terre a été autrefois un astre fluide comme le Soleil, à la superficie duquel s'est produit (par un effet des tourbillonnements, qui ressemble à nos liquations) une condensation des diverses couches M, C, D, E, F (fig. 4), tandis que le centre seul I restait composé de matière solaire.

En F, à la périphérie, il y aurait donc eu une enveloppe d'air; puis, en E, une croûte de matière peu condensée (argiles, limons, etc.); en D, au-dessous, une couche d'eau (qui va jouer un grand rôle) ; en C, une croûte plus massive, d'où viennent les métaux ; enfin, en M, une matière « très opaque, solide et serrée ».

---

1. Ainsi DESCARTES démontre (?) que la terre et les cieux sont faits d'une même matière (p. 34); que toutes les variétés, qui sont en la matière, dépendent du mouvement de ses parties (p. 72); qu'il se conserve toujours une égale quantité de mouvement en l'univers (p. 84); que les parties des corps fluides ont des mouvements qui tendent également de tous côtés (p. 101) : le tout par des raisonnements, qui nous paraîtraient bien bizarres, si les conclusions ne s'en trouvaient pas justifiées par ailleurs.

2. *Loc. cit.*, page 286.

C'est alors que Descartes explique la formation des montagnes par les dislocations de la couche E, non pas en invoquant, comme nous le faisons aujourd'hui, la contraction du noyau interne en raison de son refroidissement, mais en utilisant la présence profonde de la couche aqueuse D, qu'il a gratuitement supposée, et lui attribuant assez bizarrement des mouvements, dus à l'inégale chaleur solaire.

Suivant lui [1], l'eau D, dilatée par cette chaleur en été, a eu tendance à s'élever, à travers les pores de la matière E, pour aller for-

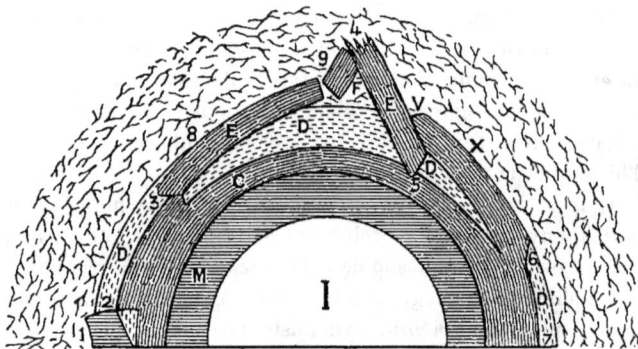

Fig. 4. — Conception théorique de la Terre d'après Descartes.

mer les eaux superficielles ou les mers, tandis qu'elle ne redescendait que partiellement en hiver ; de sorte que, peu à peu, il s'est fait un vide en D et que la croûte E, se rompant au-dessus de ce vide, a fini par se disloquer. Cette dislocation, que la figure représente bien et qui, si on changeait le sens des lettres, pour mettre en D une lentille de matière éruptive en fusion, pourrait presque encore traduire nos hypothèses actuelles, a eu pour effet de donner : en 4 et 9, une chaîne montagneuse plus ou moins accidentée ; puis, en 8, une plaine ; en 3, des écueils sous-marins ; en 2, des rochers émergeant de la mer.

Enfin, l'inégale agitation des parties de la matière C a produit tous les métaux « constitués par les trois principes, que reconnaissent les chimistes : le sel, le soufre et le mercure [2] », et l'élévation de ces métaux dans les fissures de E a déterminé les filons.

Il y avait, dans ce genre de conceptions théoriques à haute envergure, une ampleur et une symétrie, qui convenaient merveilleusement à l'esprit noblement littéraire du xvii° siècle ou du début du xviii°.

1. *Loc. cit.*, page 318.
2. *Loc. cit.*, page 339.

Ainsi retrouve-t-on, dans tous les ouvrages à caractère un peu géolologique de cette période, quelque écho des théories de Descartes. Un seul fait précis était, en réalité, sorti des observations antérieures sur le terrain, l'existence de coquilles marines dans les terres ou dans les montagnes et ce fait, pour l'immense majorité des esprits, s'expliquait aisément et avec orthodoxie par un déluge. Ceux-là mêmes, auxquels les quarante jours paraissaient un peu brefs pour avoir transporté les animaux marins d'un pôle à l'autre, ou qui voyaient quelque contradiction dans la présence des coquilles à toutes hauteurs, des plaines aux montagnes, avaient besoin d'expliquer le déluge universel pour lui donner une place dans leur théorie et la couche d'eau profonde, inventée par Descartes, leur fut longtemps à tous d'un grand secours. Pendant plus d'un siècle, on la voit, tantôt sortir des abîmes souterrains par des crevasses (Woodward, Deluc, etc.) pour inonder la Terre et y rentrer sur un signe de Dieu[1] : ou, inversement (Leibnitz)[2] passer de l'Océan dans les gouffres, de D' en D (fig. 4), en laissant les montagnes surgir et les anciens fonds de mer s'assécher.

Newton (qui, lui non plus, n'est pas exempt à l'occasion de quelque reste d'alchimie), avait apporté son appui à la théorie de Descartes et en avait confirmé un point essentiel, la fluidité primitive du globe[3], en calculant l'aplatissement théorique du sphéroïde terrestre, vérifié par les mesures.

On délaissa donc, pendant longtemps, les observations précises à la

---

1. En 1708. un astronome anglais fameux, Will. Whiston, donnait, le plus sérieusement du monde et avec le plus grand succès, un roman de la création, destiné à expliquer la Genèse, qui fera connaître l'état des esprits à cette époque (*A New theory of the Earth*, 1708). Suivant lui, la Terre, après le premier jour, était une comète inhabitable ; mais Dieu la créa le second jour en rendant son orbite elliptique, ce qui y introduisit aussitôt de l'ordre. Il se fit alors une série de zones de densité inégale (analogues à celles de Descartes et généralement admises par tous les auteurs du temps), dont une plus légère flottant sur une couche d'eau. Puis la vie apparut; mais la chaleur du Soleil trop forte porta à la tête des hommes et des animaux (sauf les poissons, qui habitent un élément froid), et Dieu dut les châtier en faisant rencontrer par la Terre (pendant deux heures seulement) la queue d'une comète ; d'où le déluge, survenu un mercredi 28 novembre.

La même année. 1708, une communication de Scheuchzer à l'Académie des Sciences expliquait les montagnes par un déplacement de couches, qu'aurait opéré Dieu après le déluge pour faire rentrer les eaux dans leurs réservoirs souterrains.

Voir encore, vers la même époque, les théories de deux autres Anglais, citées par Buffon : Thomas Burnet. *Telluris theoria sacra* (1681) et J. Woodward, *An essay towards the natural history of the Earth* (1695).

2. *Protogæa*, paru en partie en 1693, complètement en 1749 et traduit aussitôt en français. Les paragraphes 2 et 3 y sont consacrés aux idées de Descartes. Pour Leibnitz, la Terre était un astre éteint faute d'aliment. sur lequel s'était faite une condensation des vapeurs d'eau éparses dans l'atmosphère, ayant produit des mers, qui montèrent d'abord jusqu'au sommet des montagnes, puis disparurent dans des abîmes.

3. *Principia mathematica philosophiæ naturalis*, 1687.

Sténon pour se borner à des considérations théoriques ambitieuses et prématurées, qui ne devaient pourtant pas être complètement perdues, puisque, de proche en proche, elles conduisirent à la théorie de Laplace et que les vastes synthèses, dont l'ouvrage de M. Suess a été récemment le plus bel exemple, en procèdent indirectement.

Cependant, à mesure qu'on avance dans le xviiie siècle, il est visible, malgré la prolongation des vieilles erreurs résultant surtout d'une méthode fausse, que la science entre dans une période nouvelle ; quelque chose s'est modifié dans les esprits, avec le goût de l'observation plus répandu, avec les voyages plus faciles, et cette impression est très nette, quand on lit, par exemple, les ouvrages géologiques de Buffon : la *Théorie de la Terre* (1769), les *Époques de la Nature* (1778) ou les *Principes des Minéraux* (1780), qui pourront nous servir à caractériser cette période.

Pour les théories, *Buffon* emboîte le pas derrière Descartes, Leibnitz et même derrière tous ces rêveurs pseudo-géologues du xviiie siècle, qu'il plaisante agréablement, sans être, dans cet ordre d'idées, beaucoup plus sérieux qu'eux. Il se montre, par là, le dernier des géologues célèbres aux inductions fantaisistes. Ainsi, tout en n'admettant plus que les dépôts marins puissent être dus au déluge, il rentre d'abord dans l'idée de Leibnitz en admettant que les montagnes se sont formées au fond d'une mer, qui s'est ensuite vidée dans des cavernes souterraines (1749) ; l'inclinaison des couches viendrait alors de ce que leur dépôt a eu lieu sur un fond inégal ; la sédimentation serait le résultat des marées, combinées avec la rotation, etc. Et, plus tard (1778), il fait pire et rattache les montagnes aux actions volcaniques et électriques, produites par la combustion profonde des pyrites ou de la houille. En même temps, on voit admis désormais, comme dogmes, un certain nombre de principes plus exacts, empruntés à Descartes, Newton ou Leibnitz : fluidité première de la Terre, qui s'est refroidie ensuite et condensée par couches concentriques ; chaleur interne, diminuant progressivement avec le temps [1] ; précipitation de la vapeur d'eau, éparse d'abord dans l'atmosphère, produisant les mers, etc. [2].

Mais, à côté de ces généralisations, Buffon tire parti des observations

[1]. L'une des idées originales de BUFFON a été d'appuyer cette idée du refroidissement terrestre sur l'existence ancienne, dans le Nord, d'animaux et de plantes des pays chauds.

[2]. Les deux principales propositions, relevées par la faculté de théologie de Paris dans l'œuvre de BUFFON comme condamnables, étaient les suivantes (ce qui en accuse, jusqu'à un certain point, la nouveauté) : « Ce sont les eaux de la mer, qui ont produit les montagnes ; ce sont les eaux du ciel qui les détruisent. — Le Soleil s'éteindra faute d'aliments ; la Terre, au sortir du Soleil, était liquide et brûlante. »

précises, qui s'accumulent partout, en tous genres, de tous côtés et que d'innombrables correspondants lui transmettent, de celles que lui-même peut faire dans ses courses à travers la campagne ; il donne même un premier exemple de géologie expérimentale en étudiant le refroidissement de boulets formés de diverses substances, ou la fusion des minerais de fer.

En parcourant son œuvre, on peut se rendre compte des points essentiels, qui étaient acquis à la science géologique au milieu du xviiie siècle[1], avant le grand essor des Hutton, des de Saussure, des Werner, des Humboldt, des Léopold de Buch, des Brongniart et des Cuvier, et l'on assiste à cette division de la science géologique en spécialités multiples, en rameaux feuillus, qui montre que l'arbre a décidément pris racine et qu'il est plein de vie.

Tout d'abord, c'est la science des organismes disparus, c'est la paléontologie qui naît ; l'origine organique des coquillages fossiles, soit marins, soit lacustres, n'est plus mise en doute par personne[2] et l'idée même de les rapporter au déluge ne trouve plus que de rares défenseurs attardés. L'esprit d'observation est donc libre de s'y attacher, de les observer, de les classer, de les identifier : ce qui devient relativement facile. Ces coquilles, on en fait, de tous les côtés, des collections, où elles s'entassent par milliers ; on les compare aux collections, également nombreuses, de formes vivantes ; on les décrit avec figures à l'appui (sans en faire encore, il est vrai, une nomenclature) ;

1. Plus tard, il est vrai, sous l'influence inconsciente de WERNER, qui inspirera à ses disciples un culte de l'observation exclusif de toute théorie, on verra Cuvier lui-même recommencer à nier des principes aussi simples que la fluidité initiale, le plissement des montagnes ou la chaleur interne, et railler DESCARTES ou LEIBNITZ pour « s'être amusés à faire de la Terre un Soleil éteint, un globe vitrifié, sur lequel les vapeurs, étant retombées lors de son refroidissement, formèrent des mers, qui déposèrent ensuite les terrains calcaires ». (*Discours sur les révolutions du globe*, 1840.) De temps à autre, on assiste ainsi, dans toutes les sciences, à quelque tentative des révolutionnaires pour revenir au fondement solide de la connaissance, c'est-à-dire à l'observation, et démolir tout ce qui, dans les principes admis, leur semble procéder par hypothèse ; après quoi, comme l'esprit ne saurait rester longtemps dans le vide et qu'un catalogue de faits sans explication n'est pas une science, eux ou leurs successeurs reprennent une hypothèse plus ou moins analogue, où les mots surtout sont changés et qui fait, à son tour, fortune pour quelque temps. C'est ainsi que l'on voit découvrir tous les jours, avec fracas, de grandes nouveautés, qui remontent à ZÉNON ou à HÉRACLITE. CUVIER, arrivant, par mépris pour les théories géogéniques de DESCARTES ou de HUTTON, à inventer sa théorie des cataclysmes et, pour ne pas sortir des observations positives, prétendant que les causes actuelles sont sans rapport avec les phénomènes géologiques du passé, en est un bien mémorable exemple.

2. En 1746, BARRÈRE (*Sur l'origine et la formation des pierres figurées*), au milieu d'observations qui sont visiblement celles d'un amateur, dit : « Il n'est plus question des semences de pierres figurées, des formes plastiques, des jeux de hasard, anciennes hypothèses qu'une physique stérile avait autrefois adoptées. »

des mémoires s'accumulent sur les points litigieux, comme la nature discutée des bélemnites[1] ; on en est même aux monographies de faunes locales[2], aux listes de gisements fossilifères ; la paléontologie s'est donc séparée de la géologie et nous devons désormais lui faire une place distincte, envisager séparément ses progrès. Buffon même commence à parler couramment d'espèces disparues[3].

La minéralogie, de son côté, est en train de venir au jour, toute prête à former elle aussi une science de premier ordre, d'abord toute géométrique, puis bientôt appuyée sur les progrès de l'optique et sur ceux de la chimie[4]. On n'en est pas encore tout à fait à Haüy, dont l'*Essai sur la théorie de la structure des cristaux* est de 1789 ; mais le traité de Buffon sur les minéraux est séparé par un abîme de tous ces ouvrages du xve ou du xvie siècle, qui réservaient la meilleure place aux vertus médicales des minéraux. Cette minéralogie de Buffon donne même le premier

1. Le *Dictionnaire universel des fossiles* par BERTRAND (Avignon 1763) discute les diverses opinions très nombreuses : simple minéral (WOODWARD), épine du dos d'un animal (VOLKMANN), remplissage d'un trou de ver, etc., et donne finalement, avec WALLÉRIUS, la vraie nature de cet organisme mystérieux.

2. On peut citer, par exemple (en résumant les titres allemands ou latins) : 1606, SCHWENKFELD, *fossiles de Silésie;* 1626, BERINGER, *fossiles de Wurtzbourg;* 1675, BRUNNER, *fossiles du Mansfeld;* 1687, REISKE, *glossoptères de Lunebourg* et GEYER. *fossiles d'Alzey;* 1702, SCHEUCHZER, *fossiles de Suisse;* 1707. LANG *id.* et WOLFART, *fossiles de Hanovre;* 1708, BAYER. *fossiles de Nuremberg;* 1709, MYLIUS, *fossiles de Saxe;* 1720, HELLWING, *fossiles d'Angerbourg;* SCHÜTTIE, *fossiles d'Iéna;* VOLKMANN, *fossiles de Silésie;* 1727, ERHART, *bélemnites de Souabe;* 1730, BAYER, *fossiles de Norique,* etc.; 1757, GUETTARD *sur les fossiles des ardoises d'Angers.* — Un ouvrage de 1742, le *Traité des pétrifications* (avec planches de figures) par Bourguet, donne déjà une liste de publications paléontologiques, occupant plus de 20 pages et des catalogues de gisements fossilifères situés dans toutes les parties du monde, même aux Philippines, en Chine et aux Indes. L'un des plus importants, parmi tous ces livres, était celui de SCHEUCHZER 1708 (*Piscium querelæ et vindiciæ*), où se trouve figuré ce fameux *Homo diluvii testis,* qui, pendant longtemps, « démontra d'une manière indubitable, que les hommes furent enveloppés dans la ruine de l'ancien monde, dont nous habitons aujourd'hui les débris » et qui n'était, en réalité, comme le reconnut CUVIER, qu'une salamandre. C'est à propos de SCHEUCHZER que FONTENELLE, en 1712, compara le premier les fossiles à des médailles. Il faut également ment attribuer une place à part aux trois volumes in-folio avec planches de WALCH sur la collection Knorr (Nuremberg, 1773), *Die Naturgeschichte der Versteinerungen.*

D'ARCHIAC, parmi les promoteurs de la paléontologie entre 1660 et 1750, tous étrangers, cite particulièrement LISTER, LLHWYD, WOODWARD, COLONNA, STÉNON, SCILLA, ALDROVANDE, GESSNER, LANGIUS, LEIBNITZ, LACHMUND, REISKE. Au xviiie siècle, GUETTARD s'est fait une place à part par ses travaux publiés de 1751 à 1786.

Voir aussi DESALLIERS D'ARGENVILLE. *Catalogue des fossiles de toutes les provinces de France* et *L'histoire naturelle éclaircie dans deux de ses parties principales : la lithologie et la cunchyologie* (in-4°, 1742).

3. La même idée se trouve déjà chez un Anglais un peu antérieur à BUFFON, ROBERT HOOKE, dont l'ouvrage sur les tremblements de terre parut en 1705. HOOKE constate la variation des climats et l'attribue à un déplacement de l'axe terrestre.

4. BUFFON s'appuie fréquemment sur les éléments de chimie de MORVEAU. D'innombrables expériences, qui tiennent encore de l'alchimie, préparent néanmoins LAVOISIER.

exemple d'une autre science, qui formera, elle aussi, bientôt un domaine distinct ; car elle renferme un premier traité des gîtes minéraux et métallifères, donnant la nomenclature et la description des principaux gisements connus pour les substances minérales dans le monde entier.

En même temps, c'est la stratigraphie, ou science des terrains stratifiés qui se constitue, toute prête à se développer avec W. Smith et Brongniart, maintenant qu'on lui a donné des principes bien établis.

Ces principes de stratigraphie, que Buffon résume, appartenaient déjà à Sténon cent ans plutôt ; on n'a même pas retrouvé, au temps de Buffon, tout ce qu'avait vu du premier coup Sténon, et l'orogénie ou la tectonique, qui étudient les mouvements des terrains anciens, ne sont pas encore mûres, puisqu'on ne reconnaît pas l'horizontalité nécessaire des sédiments au moment de leur dépôt[1] ; mais les notions déjà acquises se sont répandues et Buffon lui-même, par l'enthousiasme qu'exciteront ses conceptions hypothétiques, exposées en un style pompeux, va devenir leur vulgarisateur le plus actif.

Les couches stratifiées, dit-il, résultent d'une sédimentation dans les eaux[2], qui s'est prolongée des milliers d'années et non pas seulement pendant les quarante jours d'un déluge[3] ; leur horizontalité fréquente vient de cette sédimentation ; elles se sont déposées parallèlement les unes sur les autres ; elles gardent les mêmes épaisseurs et se re-

1. BUFFON ne se doute pas que les couches sédimentaires ont commencé par être nécessairement horizontales ; il admet, au contraire, comme un point essentiel de ses théories, que les couches inclinées se sont déposées ainsi dans un fond de mer irrégulier. Encore en 1838, ce principe de l'horizontalité primitive, qui nous paraît si simple, était très vivement discuté et ÉLIE DE BEAUMONT, en publiant les extraits de STÉNON, s'attache à le prouver pour réfuter ceux qui s'attaquaient à son mémoire sur les systèmes de montagnes. Deux contemporains anglais de BUFFON, RAY et HOOKE, attribuaient les montagnes à des tremblements de terre, comme auraient pu le faire PLINE ou STRABON. Un Italien, LAZZARO MORO (*Dei crostacei...* Venise, 1740) soutenait une théorie analogue dans un ouvrage, qui renferme quelques-unes des plus anciennes coupes de terrains avec plissements et failles. Il faudrait encore citer, si l'on visait à être à peu près complet, LAMARCK, l'un des fondateurs de la paléontologie, qui, encore en 1803, dans son *Hydrogéologie*, expliquait toutes les inclinaisons de couches et les montagnes (sauf les volcans) par l'influence unique des eaux pluviales et leur mouvement à la surface du globe. Les actions internes étaient, disait-il, « trop commodes pour ceux des naturalistes, qui veulent expliquer les faits sans observer » : critique faite de tous temps par les actualistes à outrance, mais qui, ici, l'amenait à de bien singulières conséquences.

2. BUFFON, partant de l'idée d'un astre, d'abord fluide, puis condensé à la surface en une scorie vitrifiée, considère les sables, les grès et les argiles comme le résultat d'une destruction de cette scorie par les eaux.

3. BUFFON est, je crois, le premier qui, dans ses *Époques de la Nature*, ait fait une tentative, d'ailleurs malheureuse, pour préciser en années les périodes successives de l'histoire du globe. Ces périodes, qui ne peuvent chez lui correspondre à rien, puisqu'il n'a aucun moyen d'en établir les limites, — ni les changements des êtres (faute de paléontologie), ni ceux de la structure terrestre (faute de tectonique) —, il les suppose au nombre de 7, dont la seconde par exemple, où la Terre s'est consolidée jusqu'au centre, a occupé exactement 2.936 ans.

DE LAUNAY. — *Science géologique.*   5

trouvent au même niveau sur les deux flancs d'une vallée : les détroits sont donc récents, quand les couches se correspondent des deux côtés (Manche, Gibraltar, etc.).

Ces points fondamentaux étant admis, on peut se mettre à faire des coupes, à inscrire les superpositions de couches en tous les points où elles sont visibles ; les bonnes volontés ont là un admirable champ de travail pour au moins deux siècles : et Buffon peut publier, des premiers, les coupes géologiques relevées à Marly ou à Amsterdam, en Auvergne ou dans le terrain houiller de Liége. De ces coupes multipliées renaîtra nécessairement bien vite l'idée de discordance, entrevue par Sténon, entre des couches horizontales et des couches inclinées, sur lesquelles elles reposent ; ce sera l'œuvre des de Saussure, des Hutton, etc. ; alors, la tectonique aura son outil essentiel et l'on pourra commencer à écrire l'histoire de la structure de la Terre.

L'étude des phénomènes volcaniques, elle aussi, s'est constituée : Guettard et Desmarets [1] ont reconnu le caractère volcanique des montagnes d'Auvergne, et Desmarets, malgré les railleries de Werner, a établi sa distinction capitale des volcans de différents âge, qui peut être considérée comme la base même de toutes les études sur les roches éruptives ; d'autres ont retrouvé des volcans éteints dans le Vivarais, l'Eiffel, etc... ; la minéralogie aidant, on va pouvoir se mettre à étudier les roches ignées et constituer une autre science distincte, la pétrographie, qui végétera, il est vrai, jusqu'au moment où on lui appliquera le microscope, mais qui n'en a pas moins, dès à présent, son domaine particulier.

Enfin, l'on multiplie ces observations de toute nature sur la physique du globe, qui, de leur côté, à force de prendre de l'importance, vont essaimer en des sciences spéciales. On mesure la forme de la Terre par des arcs de méridien à diverses latitudes ; on observe partout l'aiguille aimantée et ses variations ; on cherche à constater l'influence des montagnes sur les mouvements pendulaires ; on note les augmentations de température dans la profondeur des travaux de mines ; on essaye de calculer la densité terrestre et d'en tirer des conclusions ; on observe les dépôts des fonds de mer.

Nous sommes, en résumé, dans un carrefour, où arrive, par une voie unique, une foule de chercheurs, d'abord clairsemée et à l'aise, puis à la fin si compacte que, maintenant, elle va être amenée à se diviser en de nombreuses avenues. La science encyclopédique d'un seul homme

---

1. DESMARETS (1725-1815). Voir son *Éloge historique* par CUVIER (16 mars 1818), où se trouve rappelée l'opposition faite par WERNER aux remarques si justes de DESMARETS sur le caractère volcanique des montagnes d'Auvergne.

est probablement morte à jamais et c'est pourquoi le xviii° siècle finissant va éprouver le besoin d'une première encyclopédie, produite par de nombreuses collaborations ; la science moderne, avec ses spécialisations, est prête à naître. Buffon me paraît bien placé pour marquer le carrefour, précisément parce qu'avec toute son intelligence si éveillée et si active il n'a pas été, ce me semble, un savant vraiment génial et qu'il n'a pas apporté, dans la science, de grandes idées nouvelles, ni réalisé de découvertes mémorables, mais parce que son histoire naturelle, fruit d'un admirable travail de coordination, marque l'aboutissement de toute la période antérieure, le point de départ de toute la période future.

CHAPITRE III

L'AGE HEROIQUE DE LA GÉOLOGIE ET LA GÉOLOGIE MODERNE. LE BRANCHEMENT DE LA SCIENCE GÉNÉRALE EN SPÉCIALITÉS

La fixation des principes généraux; les controverses théoriques; l'évolution des systèmes. — Les grands géologues : Hutton, Werner, W. Smith, de Saussure, Brongniart, Cuvier, de Humboldt, Léopold de Buch, Élie de Beaumont, Ed. Suess, etc. — Principales dates de la science géologique depuis la fin du XVIIIᵉ siècle.

Ainsi que je l'ai fait remarquer en terminant le chapitre précédent, au point où nous en sommes arrivés dans l'histoire de la méthode géologique, c'est-à-dire à la fin du xviiiᵉ siècle, la géologie se divise en spécialités et nous allons donc être amenés à étudier bientôt, dans une série de chapitres distincts, les méthodes employées pour découvrir : la chronologie des sédiments et leur mode de dépôt (stratigraphie) [1]; le déplacement des zones de sédimentation avec le temps (paléo-géographie); les modifications postérieurement subies par ces strates (tectonique et science du métamorphisme); puis les lois analogues concernant les minéraux, les roches éruptives et les gîtes métallifères (minéralogie, pétrographie, métallogénie). Je rappellerai alors, en étudiant tour à tour ces diverses branches de la géologie, l'œuvre des savants, qui ont particulièrement contribué à les développer; on trouvera, en outre, à la fin de ce chapitre, un petit tableau, où j'ai résumé, par ordre chronologique, les faits principaux, qui me paraissent avoir marqué, depuis la fin du xviiiᵉ siècle, dans l'histoire de la science géologique, afin de mettre mieux en évidence leur ordre de succession. Cela me permettra de me borner ici aux grandes étapes de cette science et au rôle de quelques esprits créateurs, qui ont imprimé aux idées générales une impulsion particulièrement durable, tels que Hutton, Werner, Cuvier, Brongniart, Léopold de Buch, de Humboldt, Élie de Beaumont, ou, parmi les vivants, M. Suess.

---

1. *Stratigraphie*. Stratum, couche; γράφειν, décrire. — *Paléontologie*. πάλαι ὄντων λόγος; Étude des êtres qui ont vécu autrefois (nom créé par DE BLAINVILLE). — *Tectonique*. τεκτονική, architecture. — *Orogénie*. ὄρος, montagne; γενεά, origine. — *Métallogénie*. μέταλλον, minerai, métal; γενεά, origine.

On a l'habitude, quand on écrit l'histoire de la géologie, d'attribuer une grande place à la querelle des *Neptuniens* et des *Plutoniens*, c'est-à-dire de *Werner*, le célèbre professeur de Freiberg (en Saxe) et de *Hutton*, le fameux savant écossais: querelle, qui apparaît ainsi comparable, pour la géologie, à ce qu'ont été celle des anciens et des modernes, ou des romantiques et des classiques en littérature, des gluckistes ou des piccinistes en musique, des admirateurs d'Ingres ou de Delacroix en peinture. En réalité, quand on relit aujourd'hui impartialement les travaux de Werner et de Hutton[1], on s'aperçoit qu'ils furent tous deux, avec une valeur très différente, de bons et utiles observateurs, procédant à peu près de même, par l'examen attentif des terrains et la comparaison avec les phénomènes actuels, un peu trop portés seulement, par un penchant bien naturel chez tous ceux qui observent avec grand soin, à généraliser ce qu'ils avaient pu voir dans une région restreinte, et, par suite, amenés à quelque exclusivisme, sans y porter (Hutton du moins) à beaucoup près autant d'exagération qu'on l'a dit. Nous verrons, en outre, que ces deux savants, auxquels, pour être juste, il conviendra d'adjoindre leurs contemporains, de Saussure et Dolomieu, ont rendu des services essentiels à la science : Hutton, en retrouvant et précisant les principes de Sténon, en caractérisant la distinction capitale des roches éruptives et des sédiments et commençant à étudier leurs relations réciproques ; Werner, en fournissant à la géologie une classification méthodique qui lui manquait, en entamant l'étude exacte des filons métallifères et, surtout, en formant des générations d'élèves enthousiastes, de Humboldt, de Buch, etc., qui, suivant le mot de d'Aubuisson de Voisins[2], d'un bout du monde à l'autre, interrogèrent la nature en son nom.

Si l'on pousse plus loin l'analyse, Hutton apparaît singulièrement supérieur à Werner, qui s'est confiné, en définitive, dans l'observation locale la plus étroite[3], et qui, lorsqu'il a voulu s'élever à des idées géné-

---

1. Tous deux sont mieux connus par les commentaires de leurs disciples que par leurs œuvres propres : Hutton par Playfair (1802), Werner par le *Traité de géognosie* de d'Aubuisson de Voisins, publié en 1819, et dont on trouvera l'analyse dans l'ouvrage déjà cité de Sainte-Claire Deville. Werner surtout n'a jamais développé aucune théorie dans ses œuvres écrites, où il se bornait à la constatation des faits purs et simples, tandis que, dans son cours, la théorie tenait une grande place.
Parmi les adversaires de Hutton, on cite Kirwan, Deluc, Murray, Jameson, qui ne doivent guère qu'à cette circonstance d'échapper à l'oubli.

2. *Traité de géognosie* 2 vol. 1819, I, XIV. Cet ouvrage est un véritable panégyrique de Werner, dont l'auteur, ingénieur en chef des mines, avait été l'élève en 1800 et 1801, et un exposé de ses théories.

3. Beaucoup des disciples de Werner portèrent, comme nous le verrons, jusqu'à l'extrême limite, la crainte des théories et des hypothèses, au point de réduire leur science à la plus aride nomenclature de faits. C'est un excès qu'a toujours provoqué, chez certains esprits circonspects, l'abus inverse des généralisations hypothétiques ;

rales, n'a pas trouvé d'autre explication pour tous les terrains et les roches (y compris granites et basaltes) que l'évaporation progressive d'un fond de mer, dont l'eau était pompée par quelque comète ou, pour les filons métallifères, qu'une pénétration par en haut de cette même dissolution générale dans les fissures de dessiccation des sédiments. Quand on constate que les disciples fidèles de Werner ridiculisaient encore, en 1819, un siècle et demi après Sténon, l'idée d'attribuer les montagnes à un déplacement des couches et à un mouvement interne de l'écorce, on ne peut s'empêcher de penser, tout en rendant hommage aux services rendus, que « le père de la géologie descriptive », ainsi qu'on nomma longtemps Werner, était, à bien des égards. un esprit fort arriéré[1], et que le triomphe de ses idées sur celles d'Hutton a été un des exemples fâcheux de ces modes et de ces engouements, qui emportent les sciences, tour à tour, avec le même excès, dans un sens ou dans un autre.

Bien qu'Hutton fût de vingt-quatre ans l'aîné de Werner, sa *Théorie de la Terre* (Theory of the Earth), où il a exposé ses idées, ne parut qu'en 1795, deux ans avant sa mort[2], alors que Werner avait déjà publié : en 1775, un Traité des caractères des minéraux ; en 1787, une Classification et description des terrains ; en 1791, une nouvelle Théorie de la formation des filons. Les deux auteurs, n'ayant pas eu d'influence bien sensible l'un sur l'autre, peuvent donc être considérés comme ayant travaillé séparément à la même époque et nous n'avons qu'à envisager leurs œuvres l'une après l'autre.

Hutton, que l'on s'imagine parfois plutonien absolu, reconnaissait, au contraire, avec une netteté parfaite, l'existence des couches sédimentaires et stratifiées, formées, soit dans la mer, soit dans le lit des rivières et des lacs. Par une vue hardie, singulièrement juste à mon avis, il considérait même comme d'origine sédimentaire tous ces terrains cristallophylliens, gneiss, schistes micacés et talqueux, etc., qu'une importante école géologique continuait récemment à regarder comme la croûte primitive du globe : « Je ne crois pas, écrit Hutton en 1795, que cette

mais, s'il est trop commode de généraliser sans observer, il faut bien avouer aussi qu'observer sans généraliser, c'est-à-dire sans comprendre, économise, d'autre part, quelque fatigue d'esprit. Néanmoins, il ne faut pas oublier que Cuvier écrivait, à propos de Werner : « C'est de lui, et de lui seulement que datera la géologie positive, en ce qui concerne la nature minérale des couches. »

1. Ar. Geikie résume son opinion sur lui par ces mots : « Much of his influence was disastrous to the higher interests of geology » (*The founders of geology*, p. 103).

2. L'œuvre de Hutton. très peu connue. a été résumée par son disciple Playfair. dont l'*Explication de la théorie de Hutton* (1802), traduite par Basset, a paru à Paris en 1815. Voir, sur Hutton (1726-1797) et sur Werner (1750-1817). deux chapitres importants de Sainte-Claire Deville (*loc. cit.*; p. 145 à 205). Les travaux de Hutton portent sur la période 1777-1797.

dernière opinion puisse encore être soutenue par un géologue. » Dans
les sédiments, il retrouvait, à la fois, les preuves de la vie (déclarant,
par exemple, avant les études microscopiques, que les calcaires étaient
constitués par des débris d'organismes) et les indices d'un remaniement, ayant porté sur les matériaux d'anciens continents[1]. Ainsi, il était
amené à l'idée d'une « paléo-géographie » différente de la géographie
actuelle, c'est-à-dire d'une Terre, où les continents et les mers avaient
affecté une autre disposition que celle à laquelle nous sommes habitués.
En tout cela, il était très résolument et très heureusement en avance
sur son temps et cela frappe surtout, quand on relit, en même temps,
la théorie de Werner. Pour celui-ci, en effet, la précipitation s'est faite
par strates parallèles sur un fond présentant, comme celui de Buffon,
« une alternative de convexités, de plans et de concavités ». Quand la
dissolution changeait de nature, le sédiment se modifiait. Au début,
ces dépôts enveloppaient tout le globe ; mais, peu à peu, la mer s'éva-
porant, des saillies ont surgi et les dépôts sont devenus locaux ; en
même temps, des arrêts dans la précipitation pouvaient déterminer
une dégradation intermédiaire, par laquelle Werner expliquait les discordances.

On voit, par ce bref exposé, lequel de Werner et de Hutton a réellement compris les phénomènes sédimentaires. Ce qui a fait pourtant
qualifier Hutton de plutonien, c'est-à-dire de volcaniste à outrance, par
les partisans enthousiastes et exagérés de Werner, c'est qu'au rebours
de ce dernier il avait su reconnaître, à côté des sédiments, l'existence
des roches éruptives et l'influence de ce que nous appelons le métamorphisme[2] sur les sédiments eux-mêmes. Et ces deux observations,
très justes, très remarquablement profondes chez un contemporain de
Buffon, furent suffisantes pour que, dans le camp adverse, avec un peu
de cette mauvaise foi, qui se manifeste parfois dans les discussions ailleurs même qu'en politique, on ait voulu lui attribuer l'idée absurde
des sédiments constitués par le feu. Il faut, du reste, reconnaître que
Hutton avait prêté le flanc à la critique en outrant de son côté ce rôle
du métamorphisme igné, qui, suivant lui, avait (notamment par le dégagement d'acide carbonique sous pression emprunté aux bancs calcaires, mais aussi par d'autres actions plus directes et moins admis-

---

1. *Trad.* de Playfair, p. 77 à 80 ; in Deville, *loc. cit.*, page 157.

2. La notion de *métamorphisme*, c'est-à-dire de transformation ultérieure des terrains ou roches après leur constitution primitive, n'a été précisée que plus tard par
Lyell. On discute encore aujourd'hui, comme nous le verrons (p. 307), sur la part
relative attribuable au métamorphisme chimique et au métamorphisme dynamique.
Le métamorphisme simplement igné, tel que le concevait Hutton, ne joue plus
qu'un rôle très restreint dans nos théories.

sibles) déterminé seul la consolidation, le durcissement des sédiments[1]. Mais, si on laisse de côté cette erreur, on peut du moins attribuer à Hutton la reconnaissance, — il est vrai, déjà pressentie par d'autres, mais nettement formulée par lui — d'une coupure fondamentale à établir, entre les terrains sédimentaires d'une part, les roches éruptives de l'autre : ces dernières n'étant pas seulement, ainsi qu'on l'avait admis dans les rares cas où l'on comprenait leur nature réelle, une formation primitive du globe, base de tous les sédiments, mais pouvant appartenir à des âges très divers. Il constituait ainsi deux champs d'observation différents, réservés de plus en plus, à mesure que nous avancerons, à deux catégories distinctes d'explorateurs : les sédiments confiés aux stratigraphes et les roches éruptives livrées aux pétrographes.

Les théories d'Hutton sur les roches éruptives se ressentent nécessairement de la pauvreté de ses moyens d'études ; car, pour lui, il n'y en a que deux catégories : les *granites* d'une part, c'est-à-dire toutes les roches, qui, pour nous, présentent la structure granitique et dont il reconnaît la fluidité primitive ; de l'autre, les *whinstones*, qui sont devenus un peu plus tard les *greenstones* d'Angleterre, les *grünstein* de Saxe et qui, en définitive, paraissent avoir compris de très nombreux types de roches, caractérisées par leur disposition en dykes ou en couches d'épanchement à la manière des laves. Néanmoins, s'il est un peu faible en pétrographie, il a eu du moins le grand mérite d'observer le premier les relations de ces roches éruptives avec les terrains sédimentaires, de constater qu'elles les traversaient, déplaçaient parfois et, dans certains cas, métamorphisaient au contact (charbon transformé en coke) ; il a su également constater que le granite même pouvait recouper des schistes et leur être postérieur, au lieu d'avoir servi de support à tous les sédiments, suivant l'opinion alors générale[2].

Enfin, en tectonique, Hutton retrouvait, en même temps que de Saussure, les principes de Sténon, qui, désormais, allaient être admis couramment par la science : horizontalité primitive des strates sédimentaires[3], même avec un fond de mer inégal ou incliné, tel que

1. Cette question de la consolidation des sédiments meubles, soit par la silice, soit par le carbonate de chaux, qui, pour nous, ne présente aucune difficulté, préoccupait beaucoup les anciens géologues. Cuvier, dans son *Discours sur les révolutions du globe*, 1828, page 37, en fait un argument contre les causes actuelles, qu'il déclare absolument insuffisantes à expliquer les anciens phénomènes géologiques.

2. L'existence de granites intrusifs dans des couches d'âges parfois très récents a été longtemps un sujet de discussions passionnées pour les géologues.

3. A diverses reprises, on a vu remettre en discussion ce principe, qui, en effet, n'est pas toujours et n'est jamais complètement exact. On a pu, notamment, lui opposer les curieuses expériences de M. Fayol sur la formation du terrain houiller, dont il a été question plus haut (p. 32).

celui supposé par Buffon ; donc, mouvement du sol postérieur à leur
dépôt, là où elles apparaissent inclinées ; notion de « discordance », c'est-
à-dire intercalation d'un mouvement entre les formations de deux séries
de couches, superposées l'une à l'autre, qui font un certain angle entre
elles (au lieu d'être parallèles, comme elles le devraient, s'il ne s'était
rien passé entre leurs dépôts) ; temps écoulé dans l'intervalle, là où
la partie supérieure des terrains les plus anciens apparaît usée et polie
sous le manteau discordant des terrains plus modernes.

La géogénie de Hutton nous paraît elle-même fort rationnelle. Suivant lui, notre Terre était un astre éteint, conservant une chaleur
interne[1], qu'il ne songeait pas, comme Buffon et d'autres, à expliquer
absurdement par des combustions de houille et de pyrite, ou autres phénomènes superficiels. Sur cette Terre éteinte, scorifiée, s'était exercée
une sédimentation très prolongée ; les strates produites avaient subi
un métamorphisme général (qu'il s'imaginait à tort purement igné) ;
elles avaient été aussi bouleversées par des actions internes et soulevées, dans leurs parties hautes, en montagnes, tandis que leurs parties
inférieures étaient refondues, injectées à l'état de roches éruptives et
recristallisées ; puis les érosions mécaniques, dont il avait bien compris l'énorme importance, les altérations chimiques superficielles, dont
il avait pressenti le rôle sans être en mesure de le préciser[2], avaient
exercé une action destructive et corrodante, en partie seulement con-
trebalancée, comme dans un organisme, par les reconstructions de calcaires, coraux, etc., qu'il comparait, ainsi que pourraient le faire les
plus modernes, aux forces vitales luttant vainement contre les forces
de mort[3].

En même temps que Hutton, en Écosse, arrivait à ce bel ensemble de
conceptions géologiques[4], Werner, en Saxe, produisait le bizarre sys-

1. Cette chaleur, il la prouvait avec raison par les sources chaudes et le volcanisme, omettant seulement la meilleure preuve, qui avait déjà été relevée par
BUFFON : à savoir les accroissements de température en profondeur, mesurés dès
1644 par KIRCHER et, en 1749, par GENSANNE à Giromagny.

2. L'influence capitale de l'acide carbonique comme agent dissolvant ou altérant
dans les eaux de surface lui avait échappé.

3. « Les forces vitales luttent contre les forces de mort ; mais la loi de destruction est une de celles qui ne souffrent pas d'exception ; les éléments ont été libres
et sans liaison, ils doivent le redevenir. »

4. C'est là le magnifique travail, que jugeait le grand CUVIER en quelques lignes
de raillerie dédaigneuse dans ce fameux *Discours sur les révolutions du globe* (1822),
où semblent réunies autant d'erreurs que peut en dire un homme de génie parlant
de ce qui échappe à la tournure de son esprit :
« Chez l'autre, les matériaux des montagnes sont sans cesse dégradés et entraînés
par les rivières, pour aller au fond des mers se faire échauffer sous une énorme
pression et former des couches, que la chaleur qui les durcit relèvera un jour avec
violence ! »

tème, que j'ai déjà indiqué et sur lequel il est inutile d'insister, puisque je fais ici, non pas une histoire de la géologie, mais une histoire de ses méthodes et qu'il m'importe, par suite, avant tout, de montrer la part de progrès due à chacun, sans accentuer ce qu'il a pu y mêler d'erreur.

Le grand mérite de Werner (plus encore que ses études de filons, dont il resterait à tirer des lois réelles, qui font toujours défaut[1]) me paraît avoir été analogue en géologie (bien qu'à un degré moindre) à celui de Linné en botanique ; c'est dans l'ordre de la classification qu'il a aidé à franchir une étape importante et c'est là ce qu'il nous faut bien mettre en lumière.

Avant tout, pour parler des choses avec fruit et discuter à leur propos, on doit savoir exactement de quoi on parle et s'entendre sur les dénominations. Un point absolument essentiel dans les sciences naturelles est donc de posséder une classification méthodique et une terminologie, qui embrassent toutes les formes connues, en permettant d'y insérer les formes nouvelles au fur et à mesure de leur découverte. Cette classification, cette terminologie doivent être telles qu'elles distinguent ce qui, en réalité, diffère et rapprochent ce qui, malgré des aspects variables, est au fond analogue. C'est par là qu'un tel travail devient réellement scientifique et nécessite, pour approcher de la perfection, le concours des méthodes les plus savantes, les plus délicates. Il est évident, par exemple, pour me borner à la minéralogie, qu'avant l'invention de la cristallographie et de la chimie analytique, on confondait, sous le nom de diamant, sous celui d'émeraude ou d'hématite, des minéraux tout à fait dissemblables. De même, pour les roches, en pétrographie, avant l'usage des méthodes microscopiques. Tout progrès dans la connaissance intime des êtres a pour conséquence un progrès dans la façon dont on les range et les échelonne, dans le nom qu'on leur attribue. Et, bien qu'une telle classification soit nécessairement toujours conventionnelle dans son principe, ou même dans beaucoup de

---

1. Je reviendrai, dans un chapitre spécial, page 263, sur cette question des filons, qui demande à être traitée à part. Indiquons seulement ici que, pour l'origine des métaux filoniens, WERNER a été le grand champion de la théorie *per descensum*, opposée à la théorie *per ascensum* de HUTTON, qu'il croyait l'abondance des filons en rapport avec la pente des terrains et que, pour la pratique, ses observations sur les rapports de la direction avec le remplissage, auxquelles l'École d'ELIE DE BEAUMONT a adhéré un moment avec ferveur, paraissent aujourd'hui demander à être reprises et probablement interprétées dans un tout autre esprit. Il lui reste d'avoir classé les filons d'un même champ de fractures d'après leur âge relatif et distingué les divers remplissages, en montrant (ce qui était une observation importante et très neuve) qu'un minéral est postérieur à celui qu'il enveloppe.

De toutes manières, il a attiré l'attention de ses élèves sur la nécessité d'analyser, de classer et de coordonner les faits.

ses applications, bien qu'elle prête par suite à des discussions et à des remaniements incessants, elle est l'instrument essentiel et fondamental de tout travail plus philosophique en apparence et à prétentions plus hautes. Fixer, pour quelque temps, le numéro d'ordre, par lequel les savants du monde entier désigneront tel minéral, telle roche, tel terrain, déterminer par suite la fiche de catalogue, sur laquelle viendront s'inscrire désormais toutes les observations relatives à ce minéral, à cette roche, à ce terrain, c'est rendre un service, que ne peuvent manquer d'apprécier ceux qui ont souffert du désordre et de la confusion antérieurs.

C'est pourquoi, si extraordinaire que cela puisse paraître d'abord à des esprits superficiels, les hommes, qui se sont livrés à cette tâche ingrate et aride, avec la patience attentive, le soin minutieux, l'ingéniosité en éveil, l'érudition qu'elle suppose, ont parfois soulevé, chez leurs disciples, autant d'enthousiasme et un enthousiasme plus fructueux que les rêveurs à grandes imaginations.

Il est vrai que, dans la complexité infinie des phénomènes naturels, toute classification est précaire et disparaît avec l'étape de la science qu'elle a permis de franchir; quand ces étapes sont rapidement parcourues, comme c'est le cas aujourd'hui même pour une science en évolution aussi active que la géologie, il en résulte une confusion d'un autre genre entre la terminologie d'hier et celles que, de tous côtés, on propose de lui substituer. Il y a là, pour les professionnels, un mal nécessaire, qu'il convient seulement, ainsi que je l'ai dit à diverses reprises, d'épargner à ceux qui ne prétendent pas construire la maison, mais seulement y habiter.

Ces réflexions sur un point important de la méthode géologique avaient leur place naturelle ici; car, jusqu'à Werner, on a pu le remarquer, la nomenclature géologique était tout à fait rudimentaire ; pour les minéraux, pour les fossiles mêmes, on s'en tenait à peu près aux appellations léguées par l'Antiquité et le Moyen âge; pour les roches, à quelques noms vagues d'usage courant ; pour les terrains, à une seule distinction mal établie entre les terrains primaires, comprenant ce que nous appellerions le cristallophyllien ou le précambrien et les terrains secondaires. Avec l'essor pris de tous côtés par les observations, plus de précision était indispensable. C'est là le service capital qu'a rendu Werner, celui qui a fait oublier son exclusivisme et ses erreurs pour en faire le chef durable d'une brillante école géologique, le maître admiré et aimé de nombreux et illustres élèves, que fascinaient son charme et son éloquence.

Il ne faudrait pas croire pourtant que la classification de Werner soit bien savante et le moindre candidat au baccalauréat en sourirait aujourd'hui ; car, pour les roches et les terrains, qu'il confondait ensemble, comme nous l'avons vu, elle se bornait à trois termes : terrains primaires, terrains de transition (correspondant à peu près à notre paléozoïque) et terrains secondaires. Il ne pouvait en être autrement, puisqu'en dehors de l'imperfection des connaissances, Werner, en niant les mouvements du sol, se retirait un instrument essentiel de chronologie. Mais il avait, du moins, reconnu et étudié, avec le soin qui le caractérisait, les superpositions des terrains dans la Saxe ; sans comprendre l'origine réelle des discordances, il les avait constatées et les rattachait à un arrêt de la sédimentation : ce qui en faisait, pour lui comme pour nous, des dates caractéristiques, des points de repère dans le temps.

Un autre grand mérite de Werner, que j'ai déjà indiqué en passant, a été de constituer une école : ce qui, en tout ordre de connaissance, est la supériorité des praticiens habiles, des techniciens consciencieux et méthodiques, sur les artistes véritablement originaux et inspirés. Le métier s'enseigne et s'apprend, tandis que le génie ne se communique pas et, quand on essaye d'imiter les grands initiateurs, les Dante, les Shakespeare, les Michel-Ange, les Pascal ou les Wagner, ce n'est, le plus souvent, que par leurs défauts qu'on arrive à leur ressembler. La méthode d'observation et de coordination précise, développée par Werner, a formé, au contraire, des disciples habiles et consciencieux, dont quelques-uns, se trouvant, d'autre part, être doués d'invention, ont fait fructifier cet esprit d'invention par la méthode et contribué à fonder la tectonique. Je dirai tout à l'heure ce qu'ont apporté de nouveau dans la méthode ces disciples de Werner, Humboldt, Léopold de Buch, dont procéda, plus tard, directement Élie de Beaumont. Mais il faut auparavant revenir sur la constitution de la stratigraphie proprement dite, qui se fondait, au même moment, un peu par l'influence de Hutton et de Werner, mais surtout par celle des paléontologues, William Smith, Brongniart et Cuvier.

C'est à l'ingénieur *William Smith* que l'on fait ordinairement remonter l'honneur d'avoir, le premier, appliqué la paléontologie à la stratigraphie et fondé la chronologie géologique[1]. Il avait été, en réalité, comme cela se produit pour la plupart des inventions, devancé par quelques précurseurs, dont les noms ont été déjà rappelés et, quand il

---

1. L'histoire de la paléontologie avant Cuvier a été racontée à diverses reprises ; voir : Brocchi, *Conchiologia fossile sub-apennina*, 2 vol., 1814. — D'Archiac, *Introduction à l'étude de la Paléont. stratigraphique*, 1862-1864. — Lyell, *Principes de géologie* ; et le préambule de la plupart des ouvrages modernes. : Gaudry, *Enchaînements du monde animal*. — Bernard, *Traité de paléontologie*, etc.

se mit à l'œuvre, la découverte était mûre, de telle sorte qu'elle fut réalisée, à peu près en même temps, par plusieurs ; sans remonter à Stenon, les travaux de Giraud Soulavie, de Brocchi, de Hutton et de Werner avaient précédé W. Smith ; ceux de de Saussure et Pallas sont contemporains ; peu après le moment, où W. Smith commençait ses études géologiques (1794), Cuvier faisait, à l'Institut de France (1796), sa lecture fameuse sur la différence entre l'éléphant fossile et l'éléphant actuel, étendant ainsi aux mammifères l'idée de faunes successives, jusqu'alors seulement appliquée aux coquillages et le grand mémoire de Cuvier et Alex. Brongniart, qui a fondé la stratigraphie du Bassin parisien en 1808, est antérieur aux deux ouvrages de Smith sur l'identification des couches par leurs fossiles (1815-1816)[1].

Une fois le principe de la stratigraphie paléontologique mis ainsi en circulation, il fut immédiatement appliqué, de tous les côtés, avec ardeur : d'abord en Angleterre, en France et en Allemagne ; puis dans tous les pays du monde. Réimprimant, en 1822, leur « Description géologique des environs de Paris », Cuvier et Alex. Brongniart pouvaient y ajouter une description des terrains étrangers comparés aux terrains parisiens, c'est-à-dire un premier essai de stratigraphie générale, que devait suivre, vingt ans après, celui de d'Orbigny.

En même temps, de tous côtés, d'innombrables ouvriers s'appliquaient à la confection de ces cartes géologiques d'ensemble, qui sont la seule base précise, sur laquelle on puisse réellement appuyer des considérations théoriques. W. Smith en avait déjà esquissé, avant le XIXᵉ siècle, pour divers comtés d'Angleterre ; sous la direction de Léopold de Buch, on en fit pour l'Allemagne ; Greenough en publia une en 1819 pour l'Angleterre, où, vers la même époque, De la Beche, Sedgwick, Murchison se mirent à l'œuvre ; enfin, en 1822, Dufrénoy et Élie de Beaumont commencèrent leur grande carte géologique de France au 1/500 000 : ouvrage monumental, qui devait paraître en 1841 [2]. Désormais, l'impulsion était donnée et l'investigation géologique du sol devait bientôt, dans les pays neufs, être menée de front avec l'exploration topographique ou géographique.

Ces explorations géologiques détaillées ne pouvaient manquer de ramener aussitôt l'attention sur les dislocations subies par les couches après leur dépôt, c'est-à-dire sur la tectonique, ou géologie méca-

1. Voir, sur W. Smith : Ar. Geikie, loc. cit. pages 224-237.

2. En même temps, à partir de 1828, on commençait, en France, à publier des cartes départementales et 44 étaient publiées, quand, en 1868, fut organisé, sous la direction d'Élie de Beaumont, le Service de la carte géologique française en s'inspirant des résultats obtenus en Angleterre et en Autriche.

nique, dont les premiers jalons avaient été jetés autrefois par Sténon, plus récemment par Hutton et qui, bientôt, avec de Saussure, Dolomieu, de Humboldt, de Buch, puis avec Élie de Beaumont et ses successeurs, devait devenir une des branches fondamentales de la géologie, une de celles, pour lesquelles les controverses les plus ardentes ont mené aux résultats les plus grandioses et les plus inattendus.

L'œuvre de *de Saussure* est une œuvre locale[1]. Il est venu à une époque, où l'on était las des grandes théories en l'air à la Buffon et où les observations n'avaient pas encore été assez multipliées pour qu'on pût songer à édifier plus sérieusement sur les faits une théorie nouvelle. Aussi, comme les meilleurs de ses contemporains, n'a-t-il songé d'abord qu'à observer avec conscience, en s'abstenant, le plus souvent, d'expliquer. Mais les principes de la tectonique se sont imposés à son observation, tandis qu'il courait à travers les Alpes, et il a su les voir et les exposer. Quelques-unes de ses remarques sont demeurées classiques, notamment celle sur les poudingues fameux de Vallorcine. Il a, le premier peut-être, en face des plissements de la vallée de l'Arve, affirmé qu'une révolution du globe avait amené, dans cette situation anormale, des couches déposées horizontalement et l'on trouve même, dans ses écrits, la mention de véritables renversements[2].

Presque en même temps, l'allemand *Pallas* faisait, dans un voyage célèbre en Russie[3] de 1768 à 1774, des observations curieuses sur la structure des montagnes de Sibérie, et *Dolomieu*[4] allait au loin étudier les atterrissements des plaines de l'Égypte, ou les volcans, dont il fit une étude particulière.

Mais c'est surtout les deux grands disciples de Werner, Alexandre de Humboldt et Léopold de Buch, qui, tout en protestant par principe,

---

1. DE SAUSSURE (1740-1799) est d'âge intermédiaire entre HUTTON né en 1726 et WERNER né en 1750; il est presque exactement contemporain de l'allemand PALLAS (1741-1811), observateur également circonspect, et du fondateur de la cristallographie, HAÜY (1743-1822). Parmi les œuvres de DE SAUSSURE, l'*Agenda* ou *Tableau général des observations et des recherches dont les résultats doivent servir de base à la théorie de la terre*, a paru dans le Journal des mines en 1796, un an après la théorie de la Terre de HUTTON, alors que WERNER, devenu professeur à vingt-quatre ans, était en pleine activité de son enseignement. On sait que DE SAUSSURE fit le premier, le 21 juillet 1788, l'ascension du mont Blanc.

2. §§ 1212 et 1218 dans le 5ᵉ volume.

3. PALLAS (1741-1811). *Reisen durch verschiedene Provinzen des Russichen Reichs*, 1776. — CUVIER, *Éloges historiques*, t. I, p. 377 et SAINTE-CLAIRE DEVILLE, *loc. cit.* page 333. C'est PALLAS qui a trouvé le premier des animaux appartenant à des époques géologiques antérieures et conservés avec leur chair et leur peau.

4. DOLOMIEU (1750-1801), professeur de géologie à l'École des mines, était exactement le contemporain de WERNER. Il est mort, n'ayant publié que des observations de détail sans avoir pu fixer, dans un ouvrage d'ensemble, le résultat de ses recherches, mais transmettant à de nombreux disciples l'amour de la géologie.

comme les meilleurs de leurs contemporains, contre toute théorie aventureuse, ont fait assez avancer l'étude des chaînes montagneuses et
celle des volcans pour que quelques-unes des théories célèbres du
XIXe siècle aient été lancées par eux ou à leur suite.

De Humboldt, qui a brillamment associé la géologie à la géographie
physique en portant une attention particulière sur l'étude des causes
actuelles, était surtout un voyageur, soucieux de voir, de bien voir et
de tout voir et dédaignant les hypothèses en l'air. Il est néanmoins
curieux de remarquer que, de son propre aveu, une hypothèse l'a mis
en route à travers le monde, et la plus bizarre, la plus inadmissible
des hypothèses. Entre toutes les idées fausses de Werner, celle de
chercher dans les accidents de l'écorce terrestre une géométrie de
précision avait eu un succès particulier chez ses disciples et c'est pour
retrouver, dans les deux Amériques, les directions de cassure « Heure 3 »[1]
(N.E-S.W), dont il avait cru observer la fréquence en Allemagne, que
de Humboldt partit pour ce voyage célèbre (1799-1804)[2]. Ainsi, un
demi-siècle après, les élèves d'Élie de Beaumont devaient courir le
Plateau Central, la boussole à la main, à la poursuite des filons
« Heure 5 », qui, par définition, étaient présumés argentifères.

De l'Amérique, de Humboldt a rapporté des observations pour toutes
les sciences naturelles et, tout particulièrement, pour l'étude des volcans, de leurs roches, de leurs gaz, etc...

C'est dans le même ordre d'idées qu'a également travaillé *Léopold
de Buch*. De bonne heure, celui-ci était venu en Auvergne reconnaître
la justesse des vues de Desmarets ; puis, en 1815, il avait étudié les
volcans des Canaries ; plus tard, en 1834, il visitait encore l'Etna avec
Élie de Beaumont. De ces observations naquit une notion juste,
l'alignement des volcans sur des fissures cachées et une théorie erronée, qui, développée par Élie de Beaumont, devait, de 1834 à 1860, jouer
un grand rôle dans la science : celle des « cratères de soulèvement ».

C'est lui également, qui, le premier, fit, dans le Tyrol, des observations sur le métamorphisme des roches.

Mais sa grande découverte a été d'étendre à toutes les dislocations
du globe, et, notamment, aux chaînes montagneuses, la méthode inaugurée par Werner pour les filons et, en même temps qu'il reliait les traînées volcaniques aux alignements montagneux, de leur rattacher aussi

---

1. L'usage des mineurs allemands était autrefois de diviser le cercle de la boussole en douze heures comme celui d'un cadran.

2. *Essai géognostique sur le gisement des roches dans les deux hémisphères*. Paris,
1823, page 54. L'autre grand ouvrage de A. DE HUMBOLDT est le *Cosmos*, 4 vol., 1845-
1848. (Trad. franç. par H. FAYE et CH. GALUSKY, Paris, 1847-1859.)

les roches éruptives anciennes, enfin de diviser ces montagnes en trois
systèmes de directions différentes. Il s'est montré par là le précurseur
d'Élie de Beaumont, qui a été un moment son élève et, dans un avenir
plus lointain, celui d'Ed. Suess, en faisant comprendre le premier qu'il y
avait quelque chose à chercher dans cette voie des systématisations tectoniques, que la structure de la Terre obéissait à un plan, que les manifestations éruptives et les mouvements orogéniques avaient une origine
commune. Il est vrai que, cette relation du volcanisme avec les plissements, il l'a énoncée avec une rigueur inexacte et dans un ordre inverse
de celui que la science a aujourd'hui consacré ; pour lui, la montée des
roches éruptives avait été la cause des plissements du sol, au lieu d'en
être la conséquence comme pour nous. La différence entre les deux
énoncés, qui paraît très grande et que des discussions passionnées ont
encore contribué à exagérer, l'est peut-être moins au fond qu'elle ne le
semble et il en est de cette controverse, comme de celle, à laquelle nous
avons assisté plus récemment, sur le mouvement relatif des voussoirs
solides du globe et de leurs compartiments affaissés : les uns soutenant
que ces voussoirs étaient immobiles, les autres que tout avait remué.
Ainsi l'on discutait au Moyen âge pour savoir si la poule sort de l'œuf
ou l'œuf de la poule ; c'est déjà beaucoup en science, et c'est souvent le
plus sûr, de reconnaître seulement que l'œuf et la poule sont solidaires.

Après de Humboldt et Léopold de Buch, on peut encore citer, parmi
les maîtres de la tectonique, l'anglais *Henri De la Beche,* dont la description du pays de Galles en 1846 est restée classique[1]. Mais, lorsqu'on
cherche les noms des grands géologues au xixᵉ siècle, il en est deux, ce
me semble, qui s'imposent aussitôt à l'esprit ; ce sont les noms des deux
savants, qui ont mis en mouvement le plus d'idées générales et donné,
par de vastes synthèses, l'impulsion la plus féconde à la science, en même
temps que, par un privilège réservé au génie, leur passage renouvelait
de fond en comble les conceptions et ouvrait de plus larges horizons.

Les mémoires d'Élie de Beaumont *sur quelques-unes des révolutions de la surface du globe* (c'est-à-dire sur les systèmes de montagnes)
(1829)[2] et *sur les émanations volcaniques et métallifères* (1847), celui
de M. Ed. Suess sur la *formation des Alpes* et surtout l'ouvrage
de ce dernier sur la *Face de la Terre* (das Antlitz der Erde ; 1883 et
suiv.)[3], représentent des étapes essentielles, des dates capitales dans

---

1. *On the formation of the rocks of South Wales and South western England* (Mem.
geol. Surv. of Gr. Britain, I, 1846).

2. Le premier mémoire, présenté à l'Académie le 22 juin 1829, a été développé dans
un second mémoire de 1847, puis dans la notice *sur les systèmes de montagnes*
(1852), où sa théorie a pris la forme du « Réseau Pentagonal ».

3. Je citerai toujours cet ouvrage d'après la très remarquable traduction fran-

l'histoire de la science géologique. Renvoyant, pour les détails de cette histoire, aux chapitres suivants, il me suffira d'indiquer ici le rôle de ces deux grands savants.

On a été quelquefois injuste pour l'œuvre d'*Élie de Beaumont* et il faut bien dire que la faute en remonte à la façon dont lui-même ou ses premiers élèves ont concentré l'effort d'une ardente polémique sur la partie faible de ses travaux. On a tant abusé un moment des cratères de soulèvement et de ce réseau pentagonal, qui a si malheureusement et si vainement occupé les dernières années de sa vie; on a porté alors une si inutile rigueur géométrique dans les assimilations de directions montagneuses ou de filons que, le jour où ces deux théories, particulièrement mises en lumière par les controverses mêmes, se sont définitivement effondrées, le triomphe de leurs adversaires a passé toute mesure et qu'à en croire certains iconoclastes, le nom même d'Élie de Beaumont aurait sombré avec elles[1].

C'est méconnaître absolument la très haute portée, la portée véritablement géniale de ses autres travaux. En laissant même de côté sa carte géologique de la France dressée de 1822 à 1840, et publiée en 1841, carte qui, pour l'époque, était une merveille, Élie de Beaumont a, le premier, en 1829, assigné un âge aux montagnes, en se fondant sur les discordances introduites, entre des couches diverses, par les mouvements intercalés entre leurs dépôts. Il ne faut pas, familiarisés comme nous le sommes maintenant avec cette notion, oublier ce qu'elle présentait alors de révolutionnaire, exposée à des hommes, qui avaient toujours considéré les montagnes comme les parties les plus anciennes, comme l'ossature solide du globe. Le défaut de ces grandes découvertes est qu'au bout de quelque temps, à force d'être entrées dans le domaine public, elles étonneraient presque par leur banalité.

Il lui est, d'ailleurs, arrivé, dans ce cas, ce qui se produit à peu près toujours, quand on lance dans la circulation une idée nouvelle : il en a exagéré la rigueur et la généralité. Pour lui, une chaîne montagneuse avait un âge déterminé et un seul, tandis que nous la considérons aujourd'hui comme s'étant produite, peut-être avec des phases d'inter-

---

çaise, que M. de Margerie en a donnée en l'enrichissant de figures nouvelles et de notes bibliographiques avec une admirable érudition. Ed. Suess, *La Face de la Terre*, trad. Emm. de Margerie, t. I, II, III. Paris, 1897-1904, librairie Armand Colin.

1. L'idée, que je crois fâcheuse, d'appliquer en géologie le fameux dicton de Leibnitz « Ἀεί ὁ θεός γεωμετρεῖ », remonte certainement aux observations de Werner sur les filons métallifères. Elle s'est transmise, par lui, à Léopold de Buch et à de Humboldt, et l'on peut dire qu'Élie de Beaumont en a seulement hérité. J'ai déjà rappelé la superstition de de Humboldt pour les filons Heure 3. Léopold de Buch obéissait à une pensée analogue en commençant à aligner les soulèvements de montagnes, par une théorie qui a très directement donné naissance au Réseau Pentagonal.

ruption et des crises d'activité, pendant une série de périodes successives. Il n'en a pas moins été le premier à chercher une loi théorique
au phénomène du plissement montagneux et l'on peut même ajouter
qu'il est arrivé du premier coup à une notion très analogue à la nôtre ;
car sa théorie du *rempli*, c'est-à-dire du fuseau plissé, déterminé dans
l'écorce superficielle devenue trop ample par la contraction du noyau
interne terrestre, était présentée par lui, dans son enseignement, sous
la forme d'un véritable pli couché avec renversement, et c'est ainsi
que son disciple le plus immédiat, de Chancourtois, avait, en effet,
reproduit ces remplis dans une expérience synthétique.

Il avait parfaitement compris que les plissements montagneux représentaient, avec toutes leurs complications de mouvements horizontaux
et tangentiels, l'effet d'une cause verticale profonde, qu'ils résultaient
d'une contraction interne, qu'ils étaient des fuseaux d'écrasement ; et
son seul tort a été d'exagérer la rectilignité, la simplicité, la précision
géométrique de ces fuseaux. Il a encore fait voir le rapport de ces soulèvements avec les modifications des zones sédimentaires et constitué
ainsi la base de nos études paléo-géographiques. Enfin, pour ce qui concerne les gîtes métallifères, il a énoncé toute une série de principes,
à peine modifiés par les études ultérieures et dont la nouveauté paraît
bien remarquable, quand on songe aux idées quelque peu enfantines de Werner sur le remplissage *per descensum*, ou même à des
théories plus modernes, fondées sur quelques menus faits étudiés
avec myopie dans un coin étroit du monde. C'est lui qui a montré nettement le rôle des roches éruptives et de leurs fumerolles, celui des eaux
chaudes souterraines, dans la cristallisation des métaux. Il est également à citer parmi ceux qui ont donné les premiers principes de la pétrographie, devenue seulement une science réelle, quand, avec MM. Fouqué et Michel Lévy en France, Zirkel, von Lasaulx et Rosenbuch en
Allemagne, Brögger en Suède, Iddings, Lœwinson Lessing, etc... on a
commencé à lui appliquer les investigations précises du microscope.

A partir du jour où Élie de Beaumont a adopté la théorie des cratères de soulèvement, c'est-à-dire des volcans soulevés par un mouvement souterrain (1833), surtout à partir de celui où il a commencé à
développer son réseau pentagonal (1852), ses œuvres sont devenues un
champ de bataille ; à l'enthousiasme fanatique des uns s'opposaient les
attaques passionnées des autres. C'est ainsi que, comme beaucoup
d'autres erreurs, celles-là ont, par le soin même qu'il a fallu apporter
aux observations pour les défendre ou les réfuter, déterminé un progrès.
L'étude détaillée du volcanisme, telle que nous la devons à Sainte-Claire
Deville, à Fouqué et à M. Lacroix, continue la tradition des de Humboldt,

de Buch et de Beaumont. Mais la réaction contre des théories prématurées a, pour plus de trente ans, cantonné les chercheurs dans les observations de détail à l'exclusion de toute théorie. En France surtout, on sait comment la guerre de 1870 a eu cette conséquence indirecte de couper les ailes à toute envolée, de même qu'à toute hardiesse scientifique, et il faut arriver à la période 1880-1890 pour trouver un nouvel essor d'idées générales, qui, après les observations tectoniques de M. Heim en Suisse[1], de MM. Lapworth et Geikie sur les renversements de l'Écosse, celles de M. Gosselet sur l'Ardenne, celles de M. Törnebohm en Suède, s'est symbolisée dans l'admirable synthèse de M. *Suess*, suivie par les études sur les charriages de M. Marcel Bertrand et de ses émules[2].

On n'a pas l'habitude de donner aux vivants, dans l'histoire d'une science, la même place qu'aux morts ; il semble, en effet, que le recul manque pour les apprécier et parfois la liberté pour les juger. Néanmoins, quand il s'agit d'un étranger, cette objection se trouve un peu atténuée et, de toutes façons, le rôle de M. Suess me paraît tellement capital dans l'histoire de la géologie qu'il serait impossible de le passer sous silence.

1. Voir, notamment, le *Text book of geology* de SIR ARCH. GEIKIE, les études sur l'Ardenne et la coupe classique du bassin du Nord par M. GOSSELET, les travaux divers qui ont amené plus récemment M. Törnebohm à sa théorie des chevauchements scandinaves, l'ouvrage de M. HEIM sur les dislocations de l'écorce, *Untersuchungen über den Mechanismus der Gebirgsbildung*. Parmi les précurseurs de la tectonique, on ne saurait oublier ESCHER DE LA LINTH qui publia, en 1840, une coupe classique de la région de Glaris, ni les deux frères ROGERS (Études sur les Appalaches, 1843) et J. THURMANN (Études sur le Jura, 1832-1853). Une place doit également être faite au paléontologiste *James Hall*, qui, le premier, en 1859, introduisit dans la science la notion du « géosynclinal », précisée en 1875 par DANA et montra la coïncidence des régions de plissement avec les zones d'épaisseur maxima des sédiments, caractéristiques de ces géosynclinaux, en insistant d'autre part sur la formation des plis en profondeur. (JAMES HALL. *Natural History of New York. Paleontology*, t. III, Albany, 1859. — DANA. *Manual of geology*, 2ᵉ édit., p. 748, 1875.)

2. Depuis vingt ans enfin, il semble bien, sans puéril chauvinisme, que la France ait repris le premier rang dans les études de tectonique. Le mérite en est dû surtout à l'impulsion donnée par M. MARCEL BERTRAND, qui, lui-même disciple de Suess, a plus ou moins inspiré de nombreux disciples, trop voisins de nous pour qu'il convienne ici de citer leurs noms.

Vers 1880, quand M. MARCEL BERTRAND a commencé ses principaux travaux, il n'était guère question en France que de failles et, en dehors de toute idée théorique, cela se comprend aisément puisque, sauf les travaux de CH. LORY, les études géologiques avaient surtout, jusqu'alors, porté sur les plaines ou sur les bords des massifs anciens, où les failles semblent bien, même dans les idées actuelles, jouer un rôle essentiel. En s'attaquant d'abord au Jura, puis à la Provence et enfin aux Alpes, en se familiarisant avec les travaux des Suisses, qui, eux au contraire, avaient été amenés, par le caractère de leur pays, à tout expliquer au moyen de plis, M. BERTRAND est arrivé progressivement à démêler les phénomènes les plus compliqués de la tectonique alpine et à introduire, dans la science, sinon le principe même des renversements et des charriages, du moins leur utilisation à la fois grandiose et précise.

Son œuvre représente, en effet, une admirable synthèse de tous les travaux géologiques exécutés dans le dernier demi-siècle : travaux, que personne, entre Élie de Beaumont et lui, n'avait osé résumer, condenser en un tout, ramener à des principes généraux. La place, que son livre tient dans la science moderne, ne saurait mieux être exprimée que par ce qu'en a dit M. Marcel Bertrand : « Il a exercé une telle influence sur nos recherches et sur notre enseignement; tant de progrès en sont sortis, que tous les progrès nouveaux, par un enchaînement naturel, semblent encore s'y rattacher. Celui-là nous paraît presque être le plus avancé dans notre science, qui l'a le mieux compris. »

C'est là que, pour la première fois, on a vu, par des hypothèses appuyées sur tant de faits qu'elles étonnaient à peine, la Face de la Terre s'éclairer et vivre à travers les siècles de l'histoire géologique, les mers se déplacer, avancer et reculer tour à tour suivant un rythme déterminé, les montagnes se dresser, surgir et disparaître, leurs chaînons discontinus se rattacher les uns aux autres en un vaste ensemble, l'activité éruptive s'associer à ces dislocations, tous les phénomènes géologiques en un mot, s'expliquer et souvent se relier les uns aux autres par des relations de continuité, de cause à effet, qui n'avaient pas encore été aussi clairement aperçues.

M. Suess a le premier condensé les innombrables travaux épars de tous les géologues pour en tirer une histoire générale des mers et des montagnes et raconté cette histoire, comme aurait pu le faire un observateur idéal placé dans l'espace, en joignant la précision rigoureuse, dont la science moderne ne saurait se passer, à la richesse d'imagination, qui fait vivre cette science.

Cet admirable ouvrage d'observation est aussi un ouvrage d'interprétation. M. Suess, que je viens de représenter comme le continuateur d'Élie de Beaumont, en est, quand il s'agit de théorie, le contradicteur et l'adversaire. Cherchant, comme lui, une relation entre les mouvements des mers et ceux de l'écorce, il est arrivé à un résultat tout différent. Tandis que, pour Élie de Beaumont, les déplacements des mers étaient liés aux plissements montagneux, qu'il considérait comme des mouvements presque instantanés et qui sont devenus pour nous des mouvements lents et progressifs, continués pendant de longues périodes, M. Suess s'est attaché à montrer que les plissements montagneux ont, par eux-mêmes, un rôle tout à fait insignifiant dans les déplacements du niveau des océans, puisque le soulèvement des Alpes par « la compression d'un sillon marin » a été sans influence directe appréciable sur le niveau de la Méditerranée et puisque des continents entiers, comme l'Afrique, sont restés à l'abri des plissements depuis des époques très reculées[1]. Les causes des grands mouvements positifs et négatifs reconnus dans les eaux marines, des « transgressions » et des « régressions », sont alors, suivant lui, à chercher ailleurs, dans des déplacements *eustatiques*, c'est-à-dire généraux, de l'enveloppe aqueuse, de l'hydrosphère; elles lui semblent en relation avec deux phénomènes distincts : l'un encore mal déterminé, qui, probablement sous l'influence d'une cause astronomique, ramène périodiquement, comme une sorte d'immense marée, les mers de l'équateur au pôle, du pôle à l'équateur, mais sans déterminer en somme de changement appréciable dans la forme des continents; l'autre, qui consiste en de brusques effondrements, des cataclysmes soudains, des écroulements de l'écorce terrestre, par suite desquels la mer est rapidement appelée vers ces cavités nouvelles et baisse partout de niveau : après quoi, le comblement progressif des mers par les sédiments fait lentement remonter le niveau général des océans; chaque grain de sable, apporté par un torrent à la mer, contribue, pour sa faible part, à déterminer un mouvement positif universel des eaux.

Cette théorie, qui, sans être exprimée dans la « Face de la Terre » aussi catégoriquement, forme cependant la base du grand ouvrage de M. Suess, n'en est pas peut-être, dans sa totalité, la partie la plus durable; elle en est, en tout cas, la partie la plus contestée. Malgré tous les arguments accumulés par M. Suess, il semble bien que la Terre n'a pas, actuellement, entre deux cataclysmes, la stabilité qu'il lui attribue et qu'il s'est toujours produit, comme je le redirai au chapitre de la « Géologie en action », des mouvements locaux de l'écorce dans un sens et dans l'autre, déterminant des déplacements, également locaux, des rivages, ici des affaissements, là des relèvements, sans qu'il faille nécessairement leur chercher une cause générale. L'idée, que nous nous faisons de cet édifice construit de matériaux hétérogènes, permet, d'ailleurs, d'y supposer de prime abord, avec quelque vraisemblance, des tassements, des contractions, des déplacements relatifs entre des zones voisines et dont les mouvements conservent une certaine indépendance.

Néanmoins, M. Suess paraît avoir bien démontré l'existence de ces grands mouvements eustatiques, auxquels il nous semble seulement attribuer trop de généralité et une importance trop exclusive, de même qu'il a fait voir avec netteté le peu d'influence directe des plissements montagneux sur les transgressions marines[2], contrairement à la théo-

1. Voir, notamment *loc. cit.*, I, 21 et 823, II, 839.
2. Il serait bien extraordinaire cependant que la chaîne alpine ait surgi, à la place d'anciennes mers, sans déterminer un reflux général des eaux sur d'autres

rie plus ancienne, d'après laquelle les soulèvements des montagnes, réputés alors des faits instantanés, auraient été l'origine de tous les mouvements des eaux.

Il a mis également en évidence la façon, dont « les Méditerranées et les plus vastes océans se forment et s'agrandissent par tronçons, par l'écroulement du globe terrestre ». Suivant lui, « l'écorce terrestre s'effondre, la mer suit ».

C'est bien, en effet, de cette façon que nous nous représentons aujourd'hui les côtes des océans à facies Atlantique[1] brusquement tranchées par des cataclysmes successifs, qui en entaillent, l'un après l'autre, les divers segments : par exemple, le bord oriental du Groënland longtemps avant le bord occidental ; l'Ouest de la Méditerranée longtemps avant l'Est.

Ainsi l'on s'explique ce fait si étrange et cependant si bien mis en évidence par l'ensemble des travaux géologiques qu'une même série stratigraphique peut, si l'on ne cherche pas une précision rigoureuse, s'appliquer à toute la Terre, que partout le facies et la faune crétacés succèdent au facies et à la faune jurassiques. Des limites de terrain, établies d'après des lacunes constatées en Europe et, notamment, en Angleterre, se trouvent étendues approximativement à tous les autres pays ; partout on voit, en même temps, à certaines *dates caractéristiques*, la mer changer de place et la faune se transformer. C'est ce qu'on appelait, en 1850, « les créations successives » ; c'est ce que Heer a nommé plus tard « la refonte successive des organismes ». Quelques tempéraments que le progrès des explorations amène peu à peu dans ces affirmations absolues, quelques transitions, quelques contradictions même que l'on observe, il n'en paraît pas moins établi qu'il y a eu des « dates caractéristiques » dans l'histoire de la Terre : des dates, correspondant surtout à des effondrements.

Et, à l'appui de cette idée, M. Suess a fait remarquer avec quelle lenteur, quelle tranquillité, quelle uniformité, quelle progression d'une région à la suivante semblent s'être produites les transgressions, les mouvements positifs de la mer, en abrasant les continents antérieurs, sur lesquels leurs dépôts se sédimentaient uniformément, tandis

---

continents. Il peut être utile de remarquer, à ce propos, que nous ne connaissons probablement pas l'âge *réel* des chaînes montagneuses, puisqu'on est porté à considérer aujourd'hui une grande partie de leurs plissements (au moyen desquels nous les datons), comme s'étant produits en profondeur et n'ayant été mis à jour que dans la suite par l'érosion, en sorte que la discordance peut ne pas apparaître entre les terrains qui encadrent directement l'époque où le mouvement a eu lieu et se manifester seulement au-dessus d'étages plus anciens.

1. Voir page 253, la différence entre le facies Atlantique et le facies Pacifique.

que les mouvements négatifs, les régressions, les reculs des eaux paraissent presque soudains : ce qui a tout naturellement conduit à envisager ces derniers comme fixant des dates mieux déterminées, susceptibles de fournir des limites à nos étages. C'est ainsi qu'un hasard favorable a permis à la stratigraphie de se constituer, avec des facilités toutes spéciales, en Angleterre et dans le Nord de la France, parce que, ces pays s'étant trouvés être le champ de débordement de la Méditerranée, on y saisissait, d'une façon particulièrement nette, les avancées et surtout les rebroussements des eaux, marqués par des lacunes dans la sédimentation.

Telle est la théorie générale, sur laquelle les discussions restent ouvertes. Il est possible que cette forme spéciale, sous laquelle la synthèse a été présentée, se démode comme les autres théories antérieures, que ses parties caduques attirent même de préférence l'attention de la génération prochaine, et qu'un jour on soit tenté de la traiter, comme on l'a fait pour celles de Léopold de Buch ou d'Élie de Beaumont, avec quelque injustice. La moitié au moins de la Terre nous est encore si mal connue, le soubassement géologique des grands océans est, en dépit des sondages, si complètement ignoré que, d'ici vingt ou trente ans, on aura peut-être bouleversé nos généralisations à la lumière des découvertes nouvelles. Il faut toujours, dans une science d'induction comme la géologie ou l'histoire, s'imaginer, après un merveilleux effort pour reconstituer les faits anciens, que l'on serait extrêmement surpris et humilié, si, par quelque prodige, on pouvait se trouver assister à ces faits eux-mêmes. Il n'en est pas moins vrai que cette étape future de la science sera, en très grande partie, franchie grâce au service que M. Suess aura rendu en façonnant les explorateurs à une discipline nouvelle, en leur apprenant à chercher dans la tectonique autre chose que ce qu'ils y voyaient auparavant, en leur donnant la pensée de coordonner des observations, qu'ils auraient peut-être, sans lui, laissées éparpillées. Si les lacunes de son livre apparaissent, c'est parce que lui-même aura donné l'idée de les chercher.

Ainsi que je le disais en commençant cette histoire de la méthode géologique, dont nous avons maintenant atteint le couronnement, le rôle de l'hypothèse est de fournir le lien, au moyen duquel on rattache momentanément les faits épars, qu'on recueille, dès lors, avec plus de zèle et qui risquent moins de se perdre en s'éparpillant. Plus tard, au lieu d'un lien, on en prend un autre : mais le premier n'en a pas moins été utile. Quand on repasse l'histoire d'une science quelconque, on est frappé de voir combien l'humanité se répète, dès qu'il s'agit de remonter aux causes premières, sans arrêter pourtant jamais sa marche en avant pour ce qui concerne leurs effets.

Il en est un peu des théories scientifiques comme de certaines formes paléontologiques. Quelques types principaux, apparus de bonne heure, évoluent parallèlement dans des zones de cultures diverses, tour à tour apportés, détruits ou rapportés par des courants sur le même point, en sorte qu'on les y voit reparaître périodiquement, après des transformations de pure forme, tout juste suffisantes pour masquer leur identité fondamentale.

Ainsi l'on a pu ramener toutes les théories géologiques, dont nous venons de retracer la succession, à trois types principaux, qui s'expliquent d'eux-mêmes par leurs noms : le Catastrophisme, l'Uniformitarisme (ou Actualisme) et l'Évolutionnisme. Pour les partisans du premier système, il se produit des changements brusques ; pour ceux du second, rien ne change ; pour ceux du troisième, les changements sont lents.

Avant toute observation pratique, le catastrophisme a été la doctrine des rêveurs imaginatifs et l'uniformitarisme, celle des méticuleux confinés dans un champ trop restreint ; après des observations très multipliées, l'évolutionnisme est devenu la transaction des éclectiques en présence de la complexité des faits ; mais les doctrines extrêmes retrouvent alternativement leurs phases d'engouement, sans parler des époques où l'on prend en horreur toute espèce de théorie et de système : ce qui aboutit inconsciemment à une forme de théorie encore.

A la fin du xviiie siècle, Buffon faisait, on l'a vu, profession d'actualisme, jusqu'à expliquer la formation des montagnes par la combustion profonde de la houille. Puis, de 1800 à 1850, la géologie française, malgré quelques exceptions comme celle de Lamarck, a été vouée au catastrophisme de Cuvier, de d'Orbigny, ou même d'Élie de Beaumont ; de 1850 à 1870, on est devenu peu à peu évolutionniste, en s'appuyant d'abord sur les observations de Barrande (anti-évolutionniste lui-même), puis sur les hypothèses de Darwin ; après 1870, l'uniformitarisme de Lyell et de Constant Prévost, qui, par une contradiction apparente, s'associait avec le transformisme de Darwin, a joui d'une grande vogue momentanée ; enfin, depuis 1880, l'influence prépondérante de M. Suess a redonné droit de cité scientifique au mot de cataclysme, que Lartet, en 1862, avait solennellement banni de la géologie ; mais nous touchons, sans doute, au moment où la roue va de nouveau tourner.

DATES PRINCIPALES DE LA SCIENCE GÉOLOGIQUE DEPUIS LA FIN
DU XVIII° SIÈCLE JUSQU'A 1900 [1]

1779-1796. De Saussure (1740-1799)[2]. *Voyages dans les Alpes*, 8 vol. (Neuf-châtel).

1781. Haüy (1743-1822). Premières communications à l'Institut *sur la structure des cristaux* (10 janvier et 22 août).

1783-1796. Romé de L'Isle (1736-1790). *Cristallographie*, 4 vol.
(2° édition d'un ouvrage paru en 1772).

1784. Haüy. *Essai sur la structure des cristaux*.

1787. Werner (1750-1817). *Kurze Klassifikation und Beschreibung der verschiedenen Gebirgsarten* (in-4°, 28 p. Dresden).

1790. W. Smith (1769-1839). Tableau (resté inédit) des couches du comté de Bath.

1791. Werner. *Neue Theorie von der Enstehung der Gänge* (Freiberg).

1795. Hutton (1726-1797). *Theory of the Earth*.

1796. Cuvier (1769-1832). Premier mémoire paléontologique sur l'éléphant fossile, lu le 20 janvier 1796 à l'Académie des Sciences.

1796. De Saussure). *Agenda, ou tableau général des observations et des recherches dont les résultats doivent servir de base à l'histoire de la terre* (Journal des Mines, t. IV, n° xx).

1797-1801. Premières expériences de géologie expérimentale et de synthèse de roches par James Hall. Reproduction synthétique du marbre.

1797-1801. Haüy. *Traité élémentaire de minéralogie* et *Traité* en 4 volumes.

1807-1808. Fondation de la Société geologique de Londres et de la Société wernérienne d'Edimbourg.

1808. Cuvier et Alex. Brongniart. *Essai sur la géographie minéralogique des environs de Paris.*

1815-1816. W. Smith. *Strata identified by organized fossils.*

1815-1822. Lamarck (1744-1829). *Histoire naturelle des animaux sans vertèbres.*

1815. Léopold de Buch (1769-1853). Voyage à Madère et aux îles Canaries.

1819. D'aubuisson de Voisins. *Traité de géognosie*, 2 vol.

1821. Alex. Brongniart. *Sur les caractères zoologiques des formations* (Ann. des mines).

1822. Conybeare and Phillips. *Outlines of the geology of England and Wales.*
(Première échelle stratigraphique complète).

1822. Cuvier. *Discours sur la théorie de la terre, servant d'introduction aux*

1. Les dates qui suivent le nom de l'auteur, à la mention de son premier ouvrage cité, sont celles de sa naissance et de sa mort.

2. Cette liste, donnée sans aucune prétention de rigueur bibliographique, a uniquement pour but de fixer la date d'apparition des principaux ouvrages et mémoires et celle des événements ayant marqué dans la science géologique. Comme bibliographie proprement dite, je me contenterai de renvoyer au *Catalogue des Bibliographies géologiques* par M. Emm. de Margerie (1896), qui renferme, notamment, une liste d'ouvrages relatifs à l'histoire de la géologie. On peut consulter, pour toutes les dates relatives à l'Histoire des Sciences, le dictionnaire de Poggendorff, continué par Feddersen et Œttingen : *Biographisch-literarisches Handwörterbuch zur Geschichte der exacten Wissenschaften, etc.*, (4 vol. gr. in-8°, Leipzig, 1858-1904.)

recherches sur les ossements fossiles (devenu, dans les éditions ultérieures, le *Discours sur les Révolutions du globe*, 1822).

1822-1840. ÉLIE DE BEAUMONT ET DUFRÈNOY. Levés de la carte géologique de la France publiés en 1890.

1823. DE HUMBOLDT (1769-1859). *Essai géognostique sur le gisement des roches dans les deux hémisphères* (in-4°, Paris).

1825. G. POULETT SCROPE. *Considerations on volcanoes.*

1827. G. POULETT SCROPE. *Geology and extinct volcanoes of Central France.*

1827. DE BUCH. *Physikalische Beschreibung der Canarischen Inseln* (in-4° et atlas, Berlin).

      (Théorie des Cratères de soulèvement).

1828. Commencement des cartes géologiques départementales en France.

1829. ÉLIE DE BEAUMONT (1798-1874). *Recherches sur quelques-unes des révolutions de la surface du globe*, p. 5 et 284 ; XIX, p. 5).

      (1er mémoire présenté à l'Académie sur les systèmes de montagnes et suivi d'un rapport par Brongniart). (Ann. Sc. Nat., XVIII).

1830. Fondation de la Société géologique de France par Constant Prévost, Boué, Deshayes, etc.

1830. Création d'un cours de géologie à la Sorbonne par Constant Prévost.

1830-1833. LYELL (1797-1875). *Principles of geology, being an Inquiry how far the former changes of the Earths Surface are referable to causes now in operation.*

1831-1836. Croisière du « Beagle » (DARWIN).

1833. DUFRÈNOY ET ÉLIE DE BEAUMONT. *Sur les groupes du mont Dore et du Cantal et sur les soulèvements auxquels ces montagnes doivent leur relief.* (Ann. des Mines, 3° sér., t. III ; Bull. Soc. géol., III, p. 205-274).

1833. Discussion des cratères de soulèvement à la Société géologique.

1834. DE LA BECHE. *Researches in theoretical geology* (London).

1834. STUDER. *Geologie der westlichen Schweizeralpen.*

      (Première étude d'une région de hautes montagnes plissées).

1834-1838. DUFRÈNOY ET ÉLIE DE BEAUMONT. *Mémoires pour servir à une description géologique de la France.*

1834-1847. A. D'ORBIGNY. *Voyage dans l'Amérique méridionale.*

1835. Organisation du *Geological Survey* d'Angleterre.

1836. ÉLIE DE BEAUMONT. *Origine et structure du mont Etna* (C. R. Ac. des Sc. et Ann. des M., 3° sér., t. IX, p. 175).

1838. DE LA BECHE (1796-1855). *How to observe in geology.*

1838-1841. GRESSLY. *Observations géologiques sur le Jura Soleurois* (Mém. Soc. Helvét. Sc. nat.).

      (Notion des facies contemporains).

1839. MURCHISON (1792- 1871). *The silurian system.*

      (Établissement de l'échelle des terrains primaires).

1839-1842. Croisière du « Porpoise » (DANA).

1840-1847. AGASSIZ. *Études sur les glaciers; Nouvelles Études sur les glaciers actuels.*

1840-1856. A. D'ORBIGNY (1802-1857). *Paléontologie française.*

1841. J. DE CHARPENTIER. *Essai sur les glaciers et le terrain erratique du bassin du Rhône.*

1841-1873. Élie de Beaumont et Dufrénoy. *Explication de la carte géologique de la France*, t. I, II, III (1re partie).

1842. Darwin (1809-1882). *Structure and distribution of Coral Reefs*.

1845. Darwin. *Geological observations on volcanic Islands*.

1845. Murchison, de Verneuil et Keyserling. *Geology of Russia and the Ural mountains*.

1845-1858. A. Boué. *Essai d'une carte géologique du globe terrestre*.

1845. Élie de Beaumont. *Leçons de géologie pratique*.

1845. De Humboldt. *Cosmos*.

1846. De la Beche. *On the formation of the rocks of South Wales* (Mem. geol. Survey of Great Britain).

1846. Ramsay. *On the denudation of South Wales* (Mem. geol. Survey).

1846-1847. Bischof. *Lehrbuch der chemischen und physikalischen Geologie*.

1847. de Verneuil (1805-1873). *Parallélisme des roches paléozoïques de l'Amérique du Nord avec celles de l'Europe*. (Bull. Soc. géol.).

1847. Élie de Beaumont. 2e mémoire sur *les chaines de montagnes* (Bull. Soc. géol.).

1847. Élie de Beaumont. *Note sur les émanations volcaniques et métallifères* (Bull. Soc. géol., 2e sér. t. IV, p. 1249).

1847. Cotta. *Gang Studien oder Beiträge zur Kenntniss der Erzgänge* (2 vol. Freiberg).

1849. Dana. *Report U. S. Exploring Expedition. Geology*

1849. Organisation de la *K. K. Geologische Reichsanstalt* (Vienne).

1849-1852. D'Orbigny. *Cours élémentaire de paléontologie et de géologie stratigraphiques* (2 vol.).

1851. De Senarmont. *Expériences sur la formation des minéraux par voie humide dans les gites métallifères concrétionnés* (Ann. de Phys. et de Chimie, 3e série, t. XXXII).

1852. Élie de Beaumont. *Notice sur les systèmes de montagnes*, 3 vol. (Mémoire définitif avec théorie du *Réseau pentagonal*).

1852 et suiv. Barrande (1799-1883). *Système silurien du centre de la Bohême*.

1856-58. Premières applications du microscope à l'étude des Roches, par Sorby.

1857. A. Dumont. *Carte géologique de l'Europe*.

1857-1860. Croisière de la « Novara » (F. von Hochstetter).

1858. Lyell. *On the structure of lavas consolidated on deep slopes*. (Phil. Trans.).

1858. Naumann. *Lehrbuch der Geognosie*.

1859. Darwin. *The Origin of Species by means of Natural Selection* (De l'origine des espèces) (1re édit. du 24 nov. 1859 ; 2e édit. du 7 janv. 1860).

1862. R. Mallet. *The great neapolitan Earthquake*. (Première monographie scientifique d'un tremblement de terre).

1863. Dana. *Manual of geology*.

1864. D'Archiac. *Introduction à l'étude de la paléontologie stratigraphique* (2 vol.).

1866. Zirkel. *Lehrbuch der Petrographie* (2 vol.).

1868. Organisation du Service de la carte géologique de France.

1869. Élie de Beaumont. *Rapport sur les progrès de la Stratigraphie*.

1871. Henwood. *On metalliferous deposits* (Mem. geol. Soc. Cornwall., t. VIII).

1871. Delesse. *Lithologie du fond des mers.*

1873. Zirkel. *Mikroskopische Beschaffenheit der Mineralien und Gesteine.*

1873. Rosenbusch. *Mikroskopische Physiographie der petrographisch wichtigen Mineralien* (2e éd. en 1885).

1873-1876. Croisière du « Challenger ».

1874. Michel Lévy. *Structure microscopique des roches acides anciennes* (Bull. Soc. géol., 3e sér., t. III, p. 199).

1875. Von Lasaulx. *Elemente der Petrographie.*

1875. Suess. *Die Entstehung der Alpen.*

1877. Gilbert. *Geology of the Henry Mountains* (Théorie des laccolithes).

1878. Heim. *Untersuchungen über den Mechanismus der Gebirgsbildung.*

1878-1881. Michel Lévy et Fouqué. Synthèse des basaltes, andésites, etc

1878. Fondation à Paris des Congrès géologiques internationaux.

1879. Mallard. *Traité de Cristallographie.*

1879. Fouqué et Michel Lévy. *Minéralogie micrographique.*

1879. Fouqué. *Santorin et ses éruptions.*

1879. Daubrée. *Études synthétiques de Géologie expérimentale.*

1879. Friedel et Sarasin. Reproduction synthétique de la pegmatite.

1879. Organisation de *l'United States Geological Survey* (Washington).

1881. Décision d'une carte géologique d'Europe au Congrès de Bologne.

1882. Fouqué et Michel Lévy. *Synthèse des minéraux et des roches.*

1882. Geikie. *Textbook of geology* (1re éd.; 4e éd. en 1903).

1883. De Lapparent. *Traité de géologie,* 1re édition.

1883-1911. Suess. *Das Antlitz der Erde* (traduit par E. de Margerie).

1884. Marcel Bertrand. *Rapports de structure des Alpes de Glaris et du Bassin houiller du Nord* (Bull. Soc. géol., 3e sér., t. XII, p. 318).

1885-1886. Vasseur et Carez. Carte géologique de la France au 1/500.000°.

1887. Daubrée. *Les eaux souterraines.*

1887. Marcel Bertrand. *La chaîne des Alpes et la formation du continent européen* (Bull. Soc. géol., 3e sér., t. XV., p. 425).

1887. Marcel Bertrand. Mémoires divers sur le Beausset (Var) et la théorie des charriages (C. R. Ac. Sc., 13 janv. 1887, 14 mai, 4 juin et 29 oct. 1888 ; Bull. Soc. géol., 3e sér., t. XV et XVI).

1888. Heim et de Margerie. *Les dislocations de l'écorce terrestre.*

1888. Gosselet. *L'Ardenne.*

1888. Michel Lévy et Lacroix. *Les minéraux des roches.*

1889. Carte géologique de la France au 1/1.000.000e (2e éd. en 1905).

1893-1912. Lacroix. *Minéralogie de la France.*

1894. E.-A. Martel. *Les Abîmes* (1re étude d'ensemble : grottes et eaux).

1895. Poszepny. *Ueber die Genesis der Erzlagerstätten.*

1898. Rosenbusch. *Elemente der Gesteinslehre.*

1900. de Lapparent. *Traité de géologie,* 4e édit. (cartes paléogéographiques).

1900. R. Beck. *Lehre von den Erzlagerstätten* (3e édition en 1909).

1900. Zeiller. *Éléments de paléobotanique.*

CHAPITRE IV

LES MÉTHODES DE LA PHYSIQUE ET DE L'ASTRONOMIE APPLIQUÉES A LA GÉOLOGIE

I. La forme de la terre. — II. Détermination de la densité terrestre. — III. Variations locales de la gravité. A) *Mesure par les observations pendulaires.* B) *Déviation de la verticale.* — IV. Accroissement de la température en profondeur. — V. Le magnétisme terrestre et ses variations. — VI. La spectroscopie. — VII. La température du soleil. — VIII. La structure des astres.

Avant de nous attaquer aux méthodes de la géologie proprement dite, qui, ainsi que nous le verrons, ne pourront nous instruire directement que sur l'écorce tout à fait superficielle, à laquelle doivent se borner nos investigations, il convient de résumer certains procédés d'investigation, empruntés à la physique ou à l'astronomie, qui, appliqués à la géologie, nous renseignent indirectement sur les parties profondes de la Terre, inaccessibles autrement à nos observations.

Les résultats ainsi obtenus présentent cet intérêt capital de nous faire restituer à la Terre sa véritable place dans l'ensemble des choses et de nous conduire à relier les phénomènes, qui la concernent spécialement, avec ceux qui embrassent l'Univers. Ils offrent donc un caractère de généralité, auquel ne sauraient prétendre nos observations géologiques locales, à moins de coordonner celles-ci par un de ces grands efforts de synthèse, qui, au bout de quelque temps, lorsque la science a marché, apparaissent toujours prématurés. Mais, précisément, cette ampleur et cette généralité des phénomènes, que l'on atteint ainsi par la physique ou l'astronomie, ont parfois contribué à mettre en défiance certains actualistes à outrance, qui, plus familiers avec d'autres modes d'investigations, ont volontiers traité ceux-ci de fantaisistes. Je vais, au contraire, essayer de montrer que plusieurs de ces conclusions physiques ou astronomiques présentent tout le degré de certitude, dont sont susceptibles des sciences précises, comme la physique et l'astronomie ; telles sont, notamment, les déterminations de la forme terrestre, de la densité moyenne de la Terre, de la température en pro-

fondeur. D'autres, exposées à plus d'erreurs systématiques ou accidentelles, n'en peuvent pas moins mettre sur la voie de phénomènes géologiques, que l'observation précise permet ensuite plus ou moins de
vérifier : telles, les observations relatives aux anomalies locales de la
gravité, au magnétisme terrestre, etc...

D'une façon générale, nous aurons, d'ailleurs, dans la seconde partie
de cet ouvrage, à coordonner ces observations physiques avec celles
de la pétrographie, de la métallogénie ou de la tectonique, afin de leur
donner leur interprétation réelle, et nous verrons alors tout le parti qu'il
est permis d'en tirer pour arriver à deviner ce qui se passe dans l'intérieur de notre globe et ce dont nous avons seulement le contre-coup
à la superficie.

I. — Détermination de la forme de la Terre.

La sphéricité approximative de la Terre était professée, dès le vi⁰ siècle avant Jésus-Christ, par l'école de Pythagore. Elle fut démontrée
par les voyages de circumnavigation réalisés au xvi⁰ siècle et l'on s'occupa, dès lors, de mesurer les grands cercles de cette sphère, que l'on
supposait alors parfaite. A la fin du xvii⁰ siècle, on arriva à la notion de
l'aplatissement polaire : Richer, expérimentalement, par le changement de la durée d'oscillation d'un pendule à secondes transporté vers
l'équateur ; Newton et Huygens par le calcul, en assimilant la Terre
à une masse fluide homogène animée d'un mouvement de rotation. Les
opérations de Maupertuis en Laponie et de la Condamine au Pérou (1735
à 1745) démontrèrent cet aplatissement et en donnèrent une première
mesure, prouvant du même coup la justesse du calcul fondé sur la
théorie newtonienne, qui, fondue dans la théorie plus générale de
Laplace, est encore professée aujourd'hui. L'aplatissement terrestre,
égal à $\frac{1}{294}$ d'après les dernières mesures [1], peut être considéré inversement comme un très sérieux argument en faveur de la fluidité
première [2]. Mais des travaux récents, dans lesquels on a joint aux opé-

[1]. Le rayon équatorial est de 6.337.400 mètres ; le rayon polaire de 6.356.000 mètres ;
l'arc moyen d'un degré est de 111.200 mètres. En raison de la remarque faite plus
loin sur la différence probable entre les divers méridiens terrestres, et de beaucoup
d'autres considérations théoriques. montrant que nos procédés d'étude supposent
trop souvent connu ce qu'il s'agit de déterminer, ces chiffres ne doivent être
considérés que comme des moyennes et il serait illusoire d'y chercher une précision rigoureuse, dont ils ne sont pas susceptibles.

[2]. M. DE LAPPARENT a fait remarquer que les océans doivent, par le fait de la
rotation, prendre la forme d'un ellipsoïde renflé à l'équateur. Si donc la Terre solide
n'avait pas elle-même une forme semblable, les mers, accumulées à l'équateur, y
constitueraient une vaste ceinture, tandis que les pôles seraient asséchés ; or il n'en
est pas ainsi pour le pôle arctique.

rations géodésiques des observations astronomiques, ont montré que l'ellipsoïde de révolution ainsi déterminé constitue seulement une première approximation[1] : le géoïde terrestre ayant été, en réalité, déformé par la complexité des mouvements géologiques et ne devant pas, en particulier, présenter les mêmes caractères dans l'hémisphère austral que dans l'hémisphère boréal. On peut supposer, dès lors, que des recherches, entreprises dans cette voie, c'est-à-dire ayant pour but la mesure d'arcs de méridien dans des parties très différentes de la Terre, accuseront peut-être un jour des divergences étudiables et mettront, par conséquent, en évidence ces déformations systématiques, que la géologie nous permet seulement de prévoir, sans en fournir la détermination[2].

II. — Détermination de la densité terrestre [3].

La meilleure méthode connue pour déterminer la densité moyenne de la Terre consiste à comparer l'attraction exercée sur une même sphère métallique : 1° par une autre grosse boule métallique de densité connue ; 2° par la Terre. On mesure la première, au moyen d'une balance de torsion, en plaçant la sphère métallique à l'extrémité d'un levier oscillant dans un plan horizontal et équilibrant l'attraction de la boule par la torsion du fil. L'attraction, à laquelle on fait ainsi équilibre, est, d'après la loi de Newton, de la forme $\frac{fmm'}{d^2}$ [où f est la constante de l'attraction, m et m' les masses en jeu et d la distance de leurs centres] ;

1. Les Américains ont été les premiers à déterminer, aux sommets de leurs triangulations primordiales, la latitude et un azimut astronomique. La comparaison des éléments géodésiques et astronomiques donne les déviations de la verticale vraie par rapport à la normale « à la surface de référence adoptée comme s'identifiant le mieux avec la forme extérieure de la Terre dans la région considérée. » Ces résultats ont été traduits graphiquement au *Coast and Geodetic Survey*, qui a pu ainsi publier une carte, portant les courbes d'altitude du géoïde réel par rapport à l'ellipsoïde de référence.

2. D'après les dernières recherches de Helmert, les irrégularités du géoïde seraient moindres qu'on ne l'a supposé un moment. En ces questions singulièrement délicates, il ne faut pas se hâter de conclure. Une grande difficulté de ces mesures est de connaître exactement la direction réelle de la verticale, qui leur sert de point de départ, sans être auparavant fixé sur les forces, dont celle-ci dépend : c'est-à-dire l'attraction terrestre (influencée par la disposition inconnue de la matière dans les régions voisines) et la force centrifuge (qui est fonction du rayon terrestre, ou, précisément, de l'élément à apprécier). Les observations pendulaires peuvent avertir des anomalies locales, que présente l'attraction, mais non servir à les mesurer. On a, d'ailleurs, constaté, en un même point (d'Abbadie, Bouquet de la Grye) des variations mal expliquées de la verticale. La mer elle-même, étant attirée par les continents, déplacée par les courants, influencée par ses divers degrés de salure, ne donne pas une surface de niveau, etc.

3. Voir, pour les détails sur ces procédés, un cours de physique, tel que celui de Jamin et Bouty (t. I, fasc. 3, p. 13).

si on mesure cette attraction par la déviation du levier, on en déduit donc, m, m' et d étant connus, la constante f de l'attraction. D'autre part, l'attraction de la Terre sur la même sphère se traduit par le poids de celle-ci ; en raison de la même formule, où maintenant on connaît f, ce poids donne la masse de la Terre et, par suite, sa densité. La méthode, appliquée pour la première fois en 1798 par Cavendish, a été reprise, de 1870 à 1890, dans des conditions de précision toutes spéciales, par MM. A. Cornu et Baille [1]. Les résultats obtenus depuis par de nombreux expérimentateurs n'ont jamais varié que de 5,48 à 5,7 et la moyenne, qui peut être considérée comme définitivement acquise, donne, pour la densité terrestre, 5,50, la densité de l'eau étant 1 [2].

La densité de la Terre étant donc déterminée, il en ressort aussitôt quelques conséquences géologiques très importantes.

Tout d'abord, cette densité moyenne de la Terre est de 5,50, tandis que l'écorce superficielle varie entre 2 à 3 pour les roches et 1 pour l'eau ; le contraste entre cette écorce et le noyau interne apparaît ainsi d'une netteté, qui ne peut laisser prise à aucun doute. Il semble donc de toute évidence que, dans la constitution de la Terre, cette écorce, à travers laquelle nous pouvons à peine pénétrer de quelques kilomètres et qui joue un rôle si important comme support de la vie, n'est, en réalité, qu'un phénomène tout à fait secondaire et local, une simple croûte de scorie oxydée et silicatée, sur un noyau, dont la nature métallique semble résulter déjà de sa densité même. C'est là un point fondamental, sur lequel nous aurons à revenir souvent [3].

1. C. R. 20 juin 1870, 14 avril 1873, 4 et 18 mars 1878. Dans ces expériences, le levier de la balance de torsion était un tube d'aluminium de 50 centimètres de long, portant à ses extrémités des boules de cuivre rouge de 109 grammes et muni d'un miroir. La masse attirante était formée par du mercure, contenu dans quatre sphères creuses de fonte de 12 centimètres et pouvant passer de l'une à l'autre par aspiration de manière à doubler l'attraction. Au lieu de chercher les positions d'équilibre, on enregistrait électriquement les oscillations.

2. Il y a un très grand intérêt général à connattre exactement la masse de la Terre ; car, d'après la troisième loi de KÉPLER, qui établit une relation entre la masse totale de deux corps réagissant l'un sur l'autre et les éléments de leur mouvement relatif (grand axe de l'orbite, temps d'une révolution), on peut alors obtenir, non plus en valeur relative, mais en valeur absolue, les masses des différents éléments du système solaire.

3. On a objecté que cette densité interne tenait peut-être simplement à la compression résultant du poids des corps superposés. Mais, avec les idées que nous pouvons nous faire sur l'unité de la matière et dans les conditions de température où peut se trouver ce noyau interne, il faudrait savoir s'il existe une différence de principe entre un élément naturellement dense et un élément amené au même état par condensation. En outre, il ne faut pas oublier que la pesanteur tend vers zéro, quand on se rapproche du centre ; et, enfin, toutes les conclusions pétrographiques viennent confirmer cette idée de magmas plus métalliques et plus denses en profondeur.

Diverses théories ont été faites pour préciser davantage cette répartition de la matière profonde. Ainsi M. Ed. ROCHE, en 1881, a cru pouvoir conclure de

D'autre part, connaissant la densité moyenne de la Terre, on peut, par diverses méthodes, calculer approximativement la masse d'une montagne, ou d'une portion limitée du sol, au voisinage de laquelle on se trouve. Ces méthodes, qui avaient été imaginées pour déduire inversement la densité terrestre d'une hypothèse sur les conditions spéciales d'une région déterminée, étaient alors tout à fait défectueuses. En les retournant, après détermination préalable de la densité terrestre, on peut en déduire des résultats fort curieux, relatifs aux variations locales de la gravité ou de l'attraction terrestre.

Nous verrons, dans le paragraphe suivant, en quoi consistent ces observations.

III. — **Variations locales de la gravité.**

A) Mesure par les observations pendulaires. — La méthode la plus habituelle pour déterminer la gravité consiste à observer, dans des conditions et à des altitudes diverses, les oscillations d'un pendule à secondes primitivement bien réglé, en opérant avec des précautions spéciales, auxquelles on n'est arrivé que récemment. Plus l'attraction exercée par la Terre sur le pendule est forte, plus le mouvement est rapide [1]. Par exemple, si l'on se rapproche du centre de la Terre, la pesanteur doit augmenter et les oscillations se précipiter; elles devraient, au contraire, se ralentir, si l'on s'élève verticalement. Par contre, si, comme cela a lieu presque nécessairement, c'est dans un puits de mine que l'on descend, il y a lieu de faire entrer en ligne de compte, comme correction, une couche terrestre, située maintenant au-dessus du pendule, qui n'agit plus sur lui pour l'attirer et diminue donc l'accélération attendue; ou, si c'est sur une montagne que l'on s'élève, il faut faire intervenir l'attraction propre de la montagne, qui tend à diminuer le ralentissement. On peut donc déduire des observations la

l'aplatissement terrestre que les $\frac{82}{100}$ du globe étaient formés par un noyau solide de densité 7,6, sur lequel reposait une couche externe de densité 3,06, fluide à sa base. Legendre avait trouvé 8,5 au milieu du rayon, 11,3 au centre. Ces calculs ne reposent encore sur aucun fondement sérieux.

1. La loi, que je résume ainsi sous cette forme simplifiée pour la faire comprendre, est, en réalité, beaucoup plus compliquée. En dehors de l'attraction terrestre, l'oscillation pendulaire est influencée par la composante verticale de la force centrifuge (fonction du rayon terrestre), qui agit en sens contraire. Une formule due à Clairaut, (*Théorie de la figure de la Terre*, 1743) exprime la relation entre les intensités de la pesanteur en deux points et leurs distances au centre de la Terre. C'est par rapport aux résultats de cette formule que l'on peut apprécier les anomalies, dont il sera question plus loin. Mais, comme l'a montré M. Defforges [C. R. 1868], les observations pendulaires sont entachées d'erreurs systématiques, qui ne permettent de leur attribuer, en général, qu'une confiance très médiocre.

De Launay. — Science géologique.   7

masse moyenne, soit de cette couche supérieure dans la mine, soit de cette montagne[1]. On peut surtout faire des observations pendulaires en divers points de la superficie terrestre et constater des anomalies, qui, par les variations de la gravité, mettent sur la trace de phénomènes géologiques invisibles : soit l'existence profonde d'une masse plus dense[2]; soit un vide; soit une dislocation.

Ainsi, diverses expériences de précision, concordantes entre elles, ont paru montrer que la pesanteur est souvent inférieure aux évaluations théoriques sur les continents et au voisinage des montagnes, supérieure au contraire sur les mers qui résultent de dislocations géologiques, ou à leur voisinage, comme si l'écorce terrestre présentait : sous les mers, un excès de matière et, sous les montagnes, un déficit[3]. Mais, lorsqu'on examine de près le phénomène, on observe de nombreuses anomalies, qui, d'après M. de Lapparent, tendent à faire attribuer un rôle prépondérant aux accidents tectoniques. C'est probablement comme zones de dislocation intermédiaires entre deux voussoirs inégalement déplacés que les rivages interviennent : par exemple, la côte Ouest de l'Italie au-dessus de la dépression tyrrhénienne; la côte Est de la Sicile au-dessus de la dépression ionienne. Sur une mer à allure régulière, comme l'Atlantique, entre le Portugal et le Brésil, la valeur de la gravité reste, au contraire, normale.

De même, les vides, que l'on avait pu d'abord supposer sous les montagnes[4], ne sont, eux aussi, nullement prouvés comme un fait général par l'ensemble des expériences. Le déficit est, il est vrai, très sensible pour l'Himalaya, le plus saillant de tous les bourrelets de dislocation de notre globe; il se manifeste également pour le Caucase; mais on constate, d'après M. Ricco, que l'anomalie de la pesanteur est nulle au sommet de l'Etna ou sur la chaîne des Apennins, au nord de Naples, et

1. Tout autre procédé, par lequel on mesure la gravité, permet de même d'en constater les anomalies locales. Ainsi une méthode usitée consiste à combiner les indications du baromètre avec celles de l'hypsomètre, ou appareil pour mesurer la température d'ébullition de l'eau, en comparant les deux valeurs de la pression atmosphérique ainsi obtenues. C'est de cette manière que M. le Dr HECKER a pu faire des séries de mesures en mer.

2. On a pu songer à utiliser un système de ce genre pour la découverte de masses métalliques cachées.

3. M. FAYE avait, en effet, supposé d'abord que la partie sous-marine de l'écorce avait réellement pris un excès de densité par le contact prolongé des eaux froides; M. DE LAPPARENT a combattu cette conclusion.

4. On avait attribué à des tassements produits par ces vides certaines dislocations marginales, telles que les fosses profondes des lacs de la haute Italie, qui descendent souvent au-dessous du niveau de la mer. Cette théorie, qui a eu son moment de vogue, tend aujourd'hui à être abandonnée et l'on rattache plus volontiers à une érosion glaciaire les dépressions du fond des lacs subalpins.

qu'elle n'apparaît dans ces régions que lorsqu'on se rapproche de la ligne de dislocation sillonnée par le rivage. Ce seraient donc les accidents orogéniques profonds qui se traduiraient de cette manière.

Même en dehors des zones à dislocations visibles, les anomalies de la gravité semblent, en effet, de plus en plus, se localiser sur des lignes de fractures profondes qui sont, en même temps, des régions sismiques et leur observation peut, par suite, aider à mettre ces fractures en évidence, alors qu'elles se trouvent masquées par des terrains superficiels[1].

B) DÉVIATION DE LA VERTICALE. — On peut mesurer, par l'observation des étoiles, la déviation que subit le fil à plomb dans le voisinage d'une montagne[2]. Cette déviation résulte de l'attraction propre à la montagne, combinée avec l'attraction terrestre. En opérant des deux côtés de la montagne, on double la déviation et la moyenne donne un chiffre plus précis. Le volume de la montagne étant, d'autre part, connu d'après sa forme extérieure, on peut en déduire sa densité moyenne et prévoir, jusqu'à un certain point, des variations dans sa composition, qui peuvent exister à son centre et que les observations pendulaires nous avaient déjà permis de soupçonner.

Il ne faut cependant avoir qu'une confiance médiocre dans les résultats ainsi obtenus ; car les déviations du fil à plomb sont très faibles et les chances d'erreur très nombreuses. En outre, pour des raisons qui ne nous sont pas connues, on rencontre des résultats étranges. Ainsi, l'Himalaya n'a, d'après les mesures anglaises, aucune action sur la verticale. Au contraire, dans la plaine de Moscou, il existe un point, à partir duquel le fil à plomb est repoussé en tous sens.

IV. — Accroissement de la température en profondeur.

Il est peu de phénomènes géologiques plus certains, prouvés par plus d'expériences et de plus concordantes, que l'accroissement général et progressif de la température terrestre à mesure que l'on s'enfonce. J'ajoute qu'il en est peu dont l'accord soit plus immédiat et plus évident avec les grandes conceptions cosmogoniques à la Laplace, auxquelles il est bien difficile à l'astronome et au géologue de ne pas se rallier. Les objections, qui ont pu être faites, ne sauraient

1. DE LAPPARENT. *Sur la signification géologique des anomalies de la gravité* (C. R. 23 novembre 1903).

2. Voir, page 97.

résister à l'accumulation des preuves expérimentales concordantes.

Les constatations multipliées dans les travaux de mines, les puits arté-siens, les sondages (Sperenberg, Schladebach, Riom, etc.), les tunnels (mont Cenis, Saint-Gothard)[1], les observations du même ordre, mais peut-être encore plus frappantes pour l'esprit, qui, en Sibérie, montrent l'eau liquide existant à 125 mètres sous une croûte de glace dont la température extérieure atteint 10° au-dessous de zéro, prouvent, en effet, d'une façon uniforme, que la Terre est chaude en profondeur et rayonne constamment de la chaleur dans l'atmosphère. On a pu discuter sur la loi d'accroisse-ment de cette température, qui, surtout dans les conditions, en réalité très superficielles, où nous pouvons l'observer, a des chances pour être extrêmement variable suivant les points[2]. Mais il n'en est pas moins incontestable que, partout, sans exception, la température augmente à mesure que l'on s'enfonce dans le sol, c'est-à-dire que, des couches profondes et chaudes aux couches superficielles plus froides, il y a, nécessairement, flux de chaleur continuel, aboutissant à une déperdi-tion dans l'espace. La Terre perd ainsi, dans chaque seconde, un certain nombre de calories, ou une certaine quantité de force vive équivalente[3], qu'on pourrait songer à calculer, et le réchauffement

1. Les tunnels alpins permettent de pénétrer, au-dessous de la surface, à des pro-fondeurs qu'il serait impossible d'atteindre par un travail vertical. Pour l'accroisse-ment de température, c'est alors la distance à la surface, et non la profondeur ver-ticale, qu'il faut considérer. Mais nous verrons (p. 103) que le refroidissement par la surface couverte de neige ou de glaciers peut alors exercer une influence prédo-minante jusqu'à une profondeur de plusieurs centaines de mètres.

2. Les circulations des eaux souterraines froides ou chaudes, qui se font par des fissures, produisent des effets locaux. La température s'accroît moins vite dans les couches verticales (Saint-Gothard) que dans les strates horizontales (Simplon), etc. Mais surtout la constitution tectonique de la région a une influence prédominante. A Sperenberg (41 kilomètres Sud de Berlin), un sondage de 1.260 mètres est resté constamment dans la même masse de sel : ce qui a permis de calculer, avec une précision spéciale, un *degré géothermique* moyen de 33 mètres, c'est-à-dire une élé-vation de 1° par 33 mètres. A Schladebach (Saxe Prussienne), on a, sur 1.748 mètres de haut, à travers des terrains variables, trouvé 35m,70. A Paruschowitz (Haute-Silésie), sur 2.000 mètres, on a trouvé 34 mètres. Enfin, en 1910, on a poussé à 2.240 mètres le sondage de Czuchow en Silésie, et l'on a constaté, d'une façon par-ticulièrement précise, les discontinuités locales d'un accroissement qui, dans l'en-semble, aboutit néanmoins à une moyenne de 31m,80 par degré (*La Nature*, 24 déc. 1910). Ce sont là des résultats concordants rencontrés dans une même zone où les plissements ont cessé depuis la phase hercynienne. Près du massif volcanique de l'Auvergne, le sondage de Macholles, près Riom, a, au contraire, donné 14m,16 ; de même, le puits artésien de Neuffen, en Wurtemberg, a donné 10m,50 près d'un épanchement volcanique et le puits de Monte-Massi, en Toscane, également dans une région volcanique, 13 mètres. Dans un cas inverse, sur une plateforme pré-cambrienne, au Lac Supérieur, le degré géothermique monte à 124 mètres et, dans le plateau silurien de Bohême, à Przibram, il est de 60 mètres.

3. Cette observation est presque indépendante de la nature et de la forme du foyer, qui peut être simple ou multiple, profond ou superficiel, influencé ou non par des transformations d'énergie radioactive. On a calculé que la teneur en radium des granites correspondait à un dégagement de chaleur 74 fois supérieur à celui observé.

contraire produit par le Soleil ne vient nullement contrebalancer ce résultat, comme le montre l'observation la plus courante sur la température des souterrains.

Puisqu'à aucun moment et en aucun point on n'a jamais constaté l'inverse, c'est-à-dire une diminution de température à mesure que l'on s'enfonce[1], il ne peut y avoir retour de cette chaleur rayonnée vers les parties profondes et chaudes, à quelque distance de la surface qu'on les suppose. Il est donc impossible d'échapper à cette première conséquence que la Terre abandonne constamment une partie de sa force vive interne par un rayonnement interplanétaire, qui prend la forme calorifique; il est dès lors, très probable qu'elle se refroidit et, comme cette fuite de calories ne fait que traverser continuellement l'écorce superficielle, dont les modifications de température paraissent, comme nous le verrons[2], avoir été insensibles dans la zone équatoriale depuis l'origine des temps géologiques, il en résulte, d'une façon également bien vraisemblable, que ce refroidissement s'opère dans ces parties internes, dont nous avons, d'autre part, reconnu la densité considérable par les procédés d'observation précédents. Les éruptions volcaniques et les sources thermales précipitent encore localement ce rayonnement de la chaleur interne[3]. Comme nous savons, en outre, soit par le volcanisme, soit par la pétrographie, qu'il existe et a toujours existé, tout au moins à une certaine profondeur, des roches ignées en fusion, c'est à peine une hypothèse d'admettre que ces magmas fondus ont pu, en se refroidissant peu à peu par le rayonnement terrestre, se solidifier localement et diminuer de volume : contraction, à laquelle on rattache tout naturellement, comme nous l'avons vu déjà, les plissements tectoniques de l'écorce[4].

1. Je ne parle pas, bien entendu, des anomalies locales et limitées à proximité de la surface, dont la cause est presque toujours facile à trouver (courants d'air, circulation d'eaux froides, etc...)

2. Voir page 463.

3. Dans mon *Traité des Sources thermo-minérales*, j'ai calculé (p. 167) que la quantité de chaleur, apportée à la surface par les sources thermales françaises, équivalait à une consommation d'environ 100.000 tonnes de houille par an.

4. Les mathématiciens, en assimilant la Terre, soit à une sphère homogène, soit au mur indéfini de Fourier, ont cherché à établir la loi de ce refroidissement et la relation entre le temps depuis lequel il a commencé et la température initiale. Mais leurs résultats sont contradictoires. On a également (H. POINCARÉ, *Hypothèses cosmogoniques*, p. 217), remarqué que la périphérie, ayant dû se contracter avant le centre, aurait dû être amenée à se fissurer et non à se plisser. C'est oublier l'hétérogénéité qui a dû bientôt exister sur le globe terrestre en raison même des premières fissures, comme sur un banquise aux glaçons d'abord flottants. Ces fissures primitives ont dû créer des sillons déprimés, appelés à devenir des géosynclinaux aptes aux plissements entre des blocs que les progrès de la solidification faisaient s'affaisser à eur base. L'écorce actuelle est composée de pièces et de morceaux empruntés successivement à diverses sphères concentriques et non à une sphère unique (Voir *La Nature*, 11 mai 1912).

Ce n'est pas la seule conséquence importante que l'on puisse tirer du même fait.

Tout d'abord, si nous prenons quelques évaluations de ce que l'on appelle le degré géothermique, c'est-à-dire le nombre de mètres dont il faut s'enfoncer pour que la température augmente d'un degré, on voit que ce degré géothermique reste habituellement compris entre 30 et 60 mètres, jusqu'à 2.000 mètres de profondeur, toutes les fois qu'on ne se place pas au voisinage d'un massif éruptif récent, ou sur un massif trop anciennement consolidé : dans les conditions normales, la température de 2.000 degrés nécessaire à la fusion des roches, ne peut donc être réalisée avant une profondeur d'au moins 71 kilomètres. Par contre, la proximité d'un massif éruptif fait immédiatement baisser ce degré géothermique dans des proportions considérables, souvent des deux tiers, non seulement près des volcans récemment éteints comme ceux de l'Auvergne, mais même auprès des masses plus anciennes, telles que les coulées de basalte remontant à l'époque pliocène. On est donc en droit d'en conclure que ces anciens massifs éruptifs conservent, en profondeur, une température anormale : ce qui prouve, à la fois, avec quelle lenteur ces roches éruptives perdent leur chaleur[1], et (cette première observation ne suffisant pas à elle seule pour expliquer le phénomène) combien aussi la période écoulée depuis leur éruption doit être courte par rapport aux périodes géologiqnes antérieures.

D'autre part, on a constaté, assez fréquemment pour l'établir en loi, que, dans un sondage traversant du haut en bas des couches parfaitement homogènes, le degré géothermique avait une tendance à augmenter peu à peu, autrement dit que la température s'accroissait d'autant moins vite que l'on approchait davantage de la source chaude[2]. Ce fait, qui a d'abord semblé tout à fait opposé à l'idée d'une chaleur centrale[3], peut, au contraire, parfaitement s'accorder avec la théorie de Fourier, exprimant le rayonnement calorifique d'une source chaude

1. Je montrerai, d'autre part, combien elles conservent d'acide carbonique emmagasiné. Un centre d'éruption pliocène exerce donc encore, de toutes façons, une influence considérable sur les terrains de la région où il se trouve : ce qui contribue à mettre en évidence le lien intime entre notre époque et l'époque tertiaire, dont elle n'est que la continuation immédiate et directe.

2. La loi, qui détermine la température en fonction de la profondeur dans le sondage de Sperenberg, a été considérée comme de la forme $a + bh - ch^2 + dh^3$. Mais il intervient, dans ce phénomène, bien des circonstances locales : par exemple, la conductibilité calorifique des roches. Ainsi, un filon métallifère est souvent de 1 à 2° plus chaud que la roche encaissante.

3. DUNKER, CARL VOGT, MOHR, etc.

limitée et non renouvelée vers une source froide indéfinie à travers un mur. La théorie (conforme, d'ailleurs, à la simple induction logique) veut que les variations de température se fassent très rapidement au voisinage de la surface libre (jouant le rôle de source froide), où l'on a, en quelque sorte, une chute dans un espace vide, tandis qu'en partant de la source chaude l'échange se fait plus lentement[1]. La superficie commence, naturellement, par se refroidir plus vite que le centre.

Dans un autre ordre d'idées, si l'on envisage des points de la surface situés à des altitudes différentes, par conséquent plus ou moins distants du centre de la Terre, on observe bien, à mesure que l'on s'élève à la superficie, un abaissement de température d'environ 1° par 200 mètres, mais dont la loi n'a aucun rapport avec la précédente ; car ce refroidissement vient seulement de ce que l'atmosphère, de plus en plus pure et sèche, transmet les radiations solaires sans les absorber[2]. Si l'on pénètre dans la profondeur de ces massifs montagneux, comme on a pu le faire dans certains grands tunnels, c'est également cette influence extérieure, qui paraît agir à peu près seule en refroidissant l'intérieur de la montagne dans la région des hautes cimes jusqu'à une distance notable de la surface. Il n'y a plus alors, à proprement parler, de degré géothermique et, vers 3.000 mètres d'altitude, on peut s'enfoncer de 700 mètres dans le sol sans constater une augmentation de température interne de plus de 2 degrés[3].

Enfin, A. de Lapparent a fait remarquer[4] que, si l'on considère, dans une chaîne de montagnes située au voisinage d'une profonde dépression océanique (comme c'est le cas pour les Andes), un point situé au même niveau que le fond de cette dépression, la température, pour une dénivellation de 8.000 mètres, peut y atteindre facilement 2 ou 300° alors que, dans l'abîme marin tout voisin, elle est, au même niveau, de 0°. Cette différence doit même, ce me semble, être beaucoup plus

---

1. Il est facile de le vérifier par l'expérience en faisant refroidir une sphère, dont on mesure la température à diverses profondeurs dans des cavités ménagées à cet effet.

2. Voir, sur ces questions de géographie physique : SUPAN. *Grundzüge der physischen Erdkunde* (3ᵉ éd. Leipzig. 1903, p. 61).

3. Nous avons déjà fait allusion (p. 100) aux constatations faites dans les tunnels alpins. On a trouvé au Simplon 10 à 12 degrés de moins qu'on ne le pensait d'après les résultats antérieurs du tunnel du Saint-Gothard, parce que les couches y sont presque horizontales. D'autre part, un calcul de LORD KELVIN (SIR WILLIAM THOMSON) montre qu'un sol, couvert de glace pendant plusieurs milliers d'années, puis mis en présence de l'air à 13 degrés, n'arriverait à reprendre sa température normale qu'au bout de 3.600 ans. Pendant les 900 premières années, la température devrait même décroître à partir de la surface, plus rapidement réchauffée que l'intérieur.

4. GÉOLOGIE. 4ᵉ éd., page 513.

forte encore, non seulement parce que les dénivellations peuvent atteindre près du double, mais surtout par suite du caractère volcanique que présentent la plupart de ces rides montagneuses, adossées à des lignes de dislocation suivies par des rivages. Le degré géothermique n'est plus alors de 30 mètres, mais de 10, ou même moins. Il peut donc y avoir, sous la chaîne montagneuse, au niveau du fond de la mer, une zone suffisamment ramollie pour que sa résistance aux pressions se trouve considérablement affaiblie et la dislocation, qui existe déjà suivant le rivage, a donc des chances pour s'accentuer, en intervenant peut-être même inversement dans les phénomènes du volcanisme, c'est-à-dire que les deux phénomènes connexes de la dislocation et du volcanisme peuvent se provoquer réciproquement tour à tour.

C'est là un exemple, relativement peu important, des causes diverses qui peuvent influer sur la forme des *isogéothermes*, ou surfaces d'égale température en profondeur. Il est probable que, dans toutes les régions, où des actions éruptives se sont manifestées à une époque relativement récente et, dans toutes celles, encore inconnues, où elles peuvent se réaliser dans un avenir relativement prochain, des actions semblables doivent intervenir pour augmenter la chaleur interne (à moins qu'il ne faille concevoir inversement l'éruptivité comme résultant d'un tel accroissement de température). Tous les grands phénomènes de dislocation géologique, quoique sans doute très simplifiés en profondeur, ont des chances pour avoir ainsi leur contre-coup sur la température profonde et c'est uniquement dans les zones tranquilles de l'écorce que les isogéothermes doivent former des surfaces régulières et parallèles les unes aux autres.

V. — Le magnétisme terrestre et ses variations.

L'observation la plus courante montre qu'une aiguille aimantée [1], libre autour de son centre de gravité, s'oriente partout sous l'influence terrestre et prend à peu près la direction du pôle. En chaque point de la Terre, il existe un champ magnétique exerçant sur l'aiguille aimantée un couple qui produit sa rotation. En assimilant par conven-

---

1. On sait que l'on distingue les minéraux à aimantation *permanente* ou *naturelle*, comme la magnétite et les corps à aimantation *temporaire* ou *artificielle*, comme le fer doux, le nickel ou le cobalt. Tous les corps de la nature obéissent à l'action des aimants (avec attraction ou répulsion), mais à un degré plus ou moins fort et avec une faculté plus ou moins grande de retenir la force magnétique. C'est quelque chose d'analogue à ce que l'on observe également pour la chaleur, la lumière, l'électricité, etc.

tion cette aiguille à un système de deux pôles chargés de quantités de magnétisme égales et contraires $+ m$ et $- m$, on peut considérer le champ comme étant la force exercée, au point considéré, sur la quantité $+ 1$ de magnétisme supposée placée en ce point. Et cette force conventionnelle peut alors se définir, comme toute force quelconque, par sa direction (déclinaison, inclinaison) et par son intensité. Si l'on représente l'un ou l'autre de ces trois éléments par des courbes d'égale valeur, on constate aussitôt que celles-ci ont un certain rapport avec des grands cercles méridiens et surtout qu'elles viennent converger vers deux points voisins des pôles, qui constituent les deux pôles magnétiques. C'est vers ces pôles magnétiques que l'aiguille aimantée se dirige. Tout se passe donc comme si la Terre était parcourue, de l'Est à l'Ouest, par un système de courants électriques, qui, suivant la loi ordinaire, tend à mettre l'aiguille aimantée en croix avec lui, ou encore, comme s'il existait au centre de la Terre, un barreau aimanté, formant son axe magnétique [1]. La coïncidence approximative de cet axe magnétique avec l'axe géométrique [2], qui lui-même coïncide avec l'axe de rotation, est un fait, que l'habitude nous a rendu familier, mais qui n'en est pas moins extrêmement remarquable et qui prouve aussitôt la connexion entre les trois phénomènes du magnétisme, de la forme prise par la Terre et de la rotation. Pour relier entre eux les deux derniers phénomènes, nous venons de voir qu'il suffit d'une hypothèse très simple, celle de la fluidité première : la Terre aurait alors pris, sous la double action de la force centrifuge et de la pesanteur, la forme d'un ellipsoïde de rotation, déformé par les mouvements géologiques. Pour établir le lien du magnétisme avec les deux autres phénomènes, on peut, si l'on veut, choisir, ou de le relier simplement à la rotation, en supposant que ce mouvement de rotation engendre à lui seul un cou-

---

1. C'est la théorie de Biot, ; mais dès qu'on entre dans le détail, le phénomène est beaucoup plus complexe et, comme l'a montré Gauss, plusieurs barreaux aimantés ne suffisent même pas pour en donner une représentation exacte. D'après M. Mascart (*Traité de magnétisme terrestre*, p. 64), on peut supposer : soit une couche magnétique superficielle de masse totale nulle, analogue à celle que produirait une aimantation uniforme dans le sens Nord-Sud ; soit un ensemble de courants superficiels, dont le sens général serait dirigé de l'Est à l'Ouest. Ces courants, qui suivent le sens des régions successivement éclairées par le Soleil, seraient de nature thermo-électrique. En dehors du phénomène permanent et des irrégularités que peut y introduire l'inhomogénéité de la constitution terrestre, nous allons voir, d'ailleurs, que tous les phénomènes solaires ont leur contre-coup direct sur le magnétisme terrestre et la Lune même exerce, sur la Terre, une action magnétique, il est vrai très faible.

2. Le pôle magnétique, qui est aujourd'hui par 70 degrés de latitude Nord et 97 degrés de longitude Ouest vers la terre du Roi William, au Nord du Canada, se déplace avec le temps et, depuis trois cents ans, il paraît s'être écarté au maximum à 34 degrés du pôle géographique, entre 96 et 116 degrés de longitude.

rant d'induction électrique, ou, peut-être, de le rattacher en outre à la disposition interne de la Terre, elle-même produite par le groupement de ses éléments sous l'influence de cette rotation, autrement dit imaginer qu'il existe, en fait, quelque chose d'analogue à ce noyau de fer doux aimanté, qu'une théorie grossière mène à concevoir et supposer, comme on le verra plus loin, que cette aimantation peut résulter d'une influence solaire. Nous examinerons tout à l'heure[1] dans quelle mesure une telle idée peut être confirmée et précisée par la géologie.

Lorsqu'on essaye de mesurer, par les procédés usités en physique[2], les effets de ce magnétisme, qui, dans une première approximation, a pu être assimilé à un courant tellurique permanent parcourant ainsi la Terre, on constate aussitôt une série de perturbations plus ou moins régulières, démontrant l'existence d'autres courants momentanés ou variables. La mesure de ces perturbations magnétiques et leur examen approfondi présentent un intérêt de premier ordre, non seulement dans les applications pratiques (boussole, transmissions télégraphiques, etc.), mais surtout dans les hypothèses théoriques, que l'on peut faire sur la constitution intime de notre planète et sur ses relations avec le Soleil. Aussi a-t-on étudié le phénomène avec grand soin, afin de déterminer : 1° la distribution exacte de la force magnétique sur la Terre à un instant donné; 2° ses variations en chaque point avec le temps. Les deux groupes d'observations se tiennent de près et, combinés ensemble, donnent l'espoir d'arriver à résoudre le problème général, qui se pose sur l'origine première de ce courant et sur la façon dont il est influencé : soit par la distribution intérieure des éléments dans la Terre; soit par les variations dans la position ou la constitution du Soleil, qui en sont peut-être la cause première. L'origine du courant est, si l'on veut, une question d'astronomie ou de physique; mais l'influence exercée sur lui par la distribution matérielle terrestre rentre directement dans la géologie et l'on peut considérer l'étude attentive et prolongée du magnétisme terrestre comme susceptible de

---

1. Page 111.

2. L'*intensité du champ magnétique* terrestre peut être déterminée : soit par la méthode de GAUSS, en mesurant la déviation produite sur une aiguille aimantée par un barreau, dont on connaît le temps d'oscillation sous l'influence de la Terre; soit par la méthode de WEBER et KOHLRAUSCH, en observant simultanément les déviations produites par un même courant sur l'aiguille d'une boussole de tangentes et sur un cadre circulaire suspendu dans le méridien magnétique. La *déclinaison* est l'angle que fait l'aiguille aimantée avec le méridien astronomique; l'*inclinaison*, l'angle de cette aiguille avec la verticale. Voir, sur cette question du magnétisme terrestre : MAXWELL. *Traité d'Électricité et de Magnétisme*. Trad. fr. par G. SÉLIGMANN-LUI, 1885. t. II, p. 138, et MASCART. *Traité de magnétisme terrestre* (Gauthier-Villars, 1900).

nous fournir un jour un enseignement essentiel sur la constitution de la Terre.

A) ÉTAT DU CHAMP MAGNÉTIQUE TERRESTRE A UN INSTANT DONNÉ. — J'ai déjà fait remarquer que l'on pouvait tracer des lignes d'égale valeur, dites isogones, isoclines et isodynamiques, pour les trois coordonnées caractéristiques du champ magnétique terrestre (déclinaison, inclinaison, intensité) et que ces lignes accusent, dans la distribution du magnétisme, une relation remarquable avec les éléments géométriques, visible surtout quand on les traduit de manière à obtenir des méridiens magnétiques (tangents, en chaque point, à la direction de l'aiguille de déclinaison) et des lignes équipotentielles orthogonales aux méridiens[1]. Les pôles magnétiques, c'est-à-dire les points, où, la force horizontale s'annulant, l'inclinaison est de 90°, ceux également où le potentiel magnétique présente un maximum ou un minimum, ne sont pas très éloignés des pôles géographiques et l'équateur magnétique, où l'inclinaison magnétique est nulle, forme une courbe sinueuse, qui s'écarte peu de l'équateur géographique. Il n'y a néanmoins pas coïncidence ; les pôles magnétiques ne sont pas diamétralement opposés ; la ligne, qui les joint, n'est pas parallèle à l'axe géométrique de la Terre ; l'équateur magnétique n'est pas un grand cercle de la sphère ; les méridiens magnétiques sont assez fortement inclinés sur les méridiens géographiques. Mais le rapprochement est suffisant pour impliquer, comme nous l'avons déjà dit, une relation entre la distribution magnétique et la rotation terrestre, ou tout au moins entre elle et un phénomène résultant de cette rotation. Nous verrons tout à l'heure qu'une relation du même genre existe avec les mouvements du Soleil et de la Lune.

Quand on examine ces lignes d'égale valeur, on y aperçoit, d'autre part, des anomalies locales, qui ne peuvent manquer d'être en rapport avec la géologie, puisque le moindre changement dans la composition terrestre doit influer sur le champ magnétique, comme le font, à un haut degré, dans nos expériences, les pièces de fer, que renferment nos laboratoires. Certaines de ces anomalies sont, en effet, directement liées au voisinage des gîtes de fer magnétique et, quoiqu'on ait prétendu qu'il n'existait pas de roches magnétiques en profondeur[2], on se sert couramment de ces déviations pour reconnaître la place de gisements ferrugineux souterrains.

1. Voir les cartes insérées dans l'ouvrage de M. MASCART ou dans l'Atlas physique de BERGHAUS.

2. NAUMANN, in de LAPPARENT, *loc. cit.*, page 103. — Voir, sur les observations au magnétomètre et leur utilisation en Suède les travaux de R. THALEN, dont j'ai donné une idée sommaire dans ma *Géologie pratique*, page 214. Cf. UHLICH. *Ueber magnetische Erzlagerstätten und deren Untersuchung mittels Magnetometers* (Freiberg, 1899 et 1902).

Le champ magnétique subit encore des anomalies plus imprévues suivant certaines lignes, qui, d'après les observations de E. Naumann [1], correspondent souvent avec des dislocations du sol visibles ou cachées, de même que les anomalies de la gravité terrestre signalées précédemment.

Quelques cas de ce genre, cités par A. de Lapparent, seraient, d'après lui, particulièrement caractéristiques; telle, en Amérique du Nord, près de Trenton, la déviation des isogones, qui, sur 50 kilomètres de long, suit une faille dont le rejet paraît être de près de 4.000 mètres; telle encore celle qui longe les Grampians; celle qui existe sur le bord Est de Madagascar, etc.

On s'explique, en effet, comment le contact par faille de roches absolument dissemblables (outre que son origine profonde peut être en rapport avec la distribution de la matière interne) est de nature à provoquer une perturbation dans le magnétisme terrestre; mais on est très loin, je crois, de constater inversement une semblable perturbation toutes les fois qu'il y a faille, ou contact anormal de deux terrains et il serait bien hasardeux de supposer une faille pour cette seule raison qu'on observe une perturbation magnétique. En tout cas, les observations, qui arriveront à prouver l'existence de ces points ou zones perturbées et à en multiplier le nombre, peuvent, dans l'avenir, présenter le plus haut intérêt; il sera également curieux de constater si leur place demeure absolument invariable [2].

B) VARIATIONS DU CHAMP MAGNÉTIQUE TERRESTRE EN UN POINT DÉTERMINÉ. — Le champ magnétique terrestre est essentiellement variable avec le temps en un point déterminé et ces variations sont particulièrement intéressantes à connaître, parce qu'en nous permettant de faire des hypothèses sur la cause lointaine, qui influe sur elles, elles sont susceptibles de nous éclairer sur l'origine même du phénomène.

Ainsi, quelques-unes de ces variations, d'origine incontestablement solaire, dépendent de l'heure du jour et de l'époque de l'année; d'autres,

1. A. DE LAPPARENT, *loc. cit.*, page 100, a donné une description détaillée de ces anomalies. La carte des isogones dans le bassin de Paris, tracée par M. MOUREAUX, lui a paru montrer de l'analogie avec les lignes de niveau qui mettent en relief les plissements du terrain crétacé : plissements eux-mêmes considérés comme la répétition réduite et « posthume » des plis, que présenteraient en profondeur les terrains anciens sous leur manteau secondaire et tertiaire. (Ann. du Bur. Central Météor., 1890.) Mais, comme l'a fait remarquer P. LEMOINE (Description du bassin de Paris, pl. II), l'anomalie principale (dirigée environ de Bourges au Havre), au lieu d'être parallèle aux axes tectoniques, ainsi que l'avait pensé G. F. DOLLFUS (1893), est très nettement oblique sur eux.

2. Certaines anomalies sont tout à fait singulières et restent encore inexpliquées, comme celle des environs de Koursk, étudiée par M. MOUREAUX (Ann. du Bur. Centr. Météor., t. I, 1899).

lunaires, dépendent de l'angle horaire et des autres éléments de position de la Lune. Plus récemment, on a découvert, dans les éléments magnétiques, un changement périodique, dont la période de 27,33 jours est presque exactement égale à celle de la révolution synodique du Soleil, telle qu'on a pu la déduire de l'observation des taches du Soleil au voisinage de son équateur. Une période de onze ans et un tiers coïncide avec la fréquence ordinaire de ces taches solaires[1]. Enfin d'autres variations ont une période de plusieurs siècles et ont pu être également supposées d'origine solaire[2].

En dehors de ces phénomènes périodiques, il se produit parfois des *orages magnétiques* plus ou moins intenses, dont la cause n'a pas encore été exactement déterminée, mais paraît également coïncider avec des époques où les taches solaires sont abondantes[3]. Vu l'étroite analogie (sinon l'identité) aujourd'hui constatée entre les phénomènes électriques et les phénomènes lumineux, on peut admettre que le Soleil nous envoie constamment des ondes électriques, en même temps qu'il nous transmet des ondes lumineuses. Ces ondes subissent des variations en rapport avec son mouvement et, de temps en temps, il se produit quelque chose de comparable à une bouffée de lumière, qui est un orage magnétique.

Cette explication serait d'accord avec les théories ordinairement admises pour les protubérances et pour les taches solaires.

Les vapeurs, qui forment l'enveloppe du Soleil et qui peuvent nous donner une idée de ce qu'était la Terre avant sa solidification, semblent en mouvement constant, par suite du refroidissement des couches externes et de la chaleur des couches internes[4]. Ces vapeurs étant ferru-

1. La concordance est frappante, comme le montre un tableau donné par M. MASCART, *loc cit.*, page 283.

2. En France, la déclinaison vers l'Est a atteint 9 degrés et demi vers 1580; elle s'est annulée en 1666 et a atteint 22°,34′ vers l'Ouest en 1814.

3. Le 31 octobre 1903, une perturbation magnétique d'une intensité anormale a été accompagnée d'aurores boréales en Amérique. Elle a suspendu, pendant plusieurs heures, toutes les communications télégraphiques et téléphoniques dans une région très étendue. Ce rapprochement des orages magnétiques avec les aurores boréales et les taches solaires paraît tout à fait constant, quand on examine les faits dans leur ensemble. Néanmoins, quand on entre dans le détail, on n'arrive pas à établir la coïncidence d'un orage magnétique déterminé avec une tache déterminée, sans doute parce que le phénomène solaire en cause (explosion, jet de particules électrisées, courant d'induction) est très bref et se passe principalement dans la chromosphère supérieure qu'on connaît mal (voir DESLANDRES., C. R., 23 novembre 1903).

4. Je rappelle, à ce propos, quelques données classiques, qui nous seront souvent utiles, sur *la Constitution du Soleil*. On y distingue : 1° une *masse intérieure* relativement sombre, qui apparaît dans le fond de trous en entonnoir perçant l'enveloppe lumineuse, (ou *photosphère*) et qui donne sur celle-ci l'apparence de taches; 2° la *photosphère* lumineuse, formée de métaux incandescents, avec ses

gineuses et magnétiques, il ne peut manquer d'en résulter des courants d'induction, développant, à leur tour, dans les gaz voisins, des points spéciaux d'incandescence. Les protubérances, qui apparaissent dans le voisinage des facules et des taches et dont le spectre est analogue à celui de l'hydrogène très raréfié, pourraient alors être comparées à des tubes de Geissler, traversés brusquement par des courants électriques, ou à des jets de gaz électrisés [1].

Quant aux taches solaires, elles appartiennent au Soleil, puisqu'elles tournent avec lui et mettent ainsi en évidence sa rotation autour de son axe ; elles ont néanmoins un mouvement propre. On suppose, avec beaucoup de possibilité, que ce sont des cavités momentanément ouvertes dans la photosphère lumineuse, cavités dont le fond paraît plus obscur et plus froid (ainsi que l'ont montré des mesures calorimétriques du père Secchi). Tout cet ensemble donne, par conséquent, l'impression très nette de vapeurs incandescentes et hétérogènes, brassées par des orages, traversées par des explosions, sillonnées par des éclairs.

Ajoutons que les variations dans l'intensité magnétique, dont nous venons de parler, paraissent avoir un contre-coup très direct sur les phénomènes météoriques [2]. Or cette influence météorologique, qui

---

taches qui permettent de constater la rotation du soleil ; 3° une mince *chromosphère* (épaisse d'environ 8.000 kilomètres), constituée par de l'hydrogène incandescent, avec des injections momentanées de vapeurs métalliques. Cette chromosphère se traduit, pendant les éclipses, par des panaches brillants et rosés, ou *protubérances*. que Fizeau assimilait à des aurores boréales et qui, pour d'autres savants, seraient des manifestations électriques ou des éruptions de gaz. Au delà, on aperçoit encore 4° une lueur plus étendue nommée *couronne* ou *atmosphère coronale*.

1. Cornu (C. R., 25 février 1878). Il y aurait, dès lors, mélangée avec les rayons lumineux du Soleil. une forte proportion de ces nouveaux rayons (Röntgen. etc...), dont l'action physiologique est si intense. On a proposé. comme je le signalais dans la note précédente, d'autres explications des protubérances : rayons cathodiques émis par la chromosphère supérieure (Deslandres) ; ions rejetés par une éruption et rayonnés ensuite par le Soleil, c'est-à-dire jets de particules électrisées normaux à la surface solaire (Arrhénius), etc.

2. On sait, aujourd'hui, qu'en dehors des radiations perceptibles à notre organe visuel et de celles qui donnent lieu aux phénomènes électriques, il en existe toute une série d'autres de vitesse différente, dont quelques-unes nous sont connues par des propriétés spéciales (souvent remarquablement actives en physiologie), telles que les rayons Röntgen, et dont beaucoup d'autres, qui échappent encore à nos procédés d'observation, doivent néanmoins agir d'une façon moins localisée sur notre sensibilité. Ces radiations, comme les radiations calorifiques, peuvent s'emmagasiner pour un temps plus ou moins long dans les corps, ainsi que le font d'ailleurs les radiations photographiques.

Dans l'ordre d'idées physiologique, il est inutile de remarquer que l'aptitude à percevoir, sous forme de lumière, telle ou telle vibration plus ou moins rapide est un fait absolument subjectif, variable, non seulement avec les animaux considérés, mais avec les individus. Du rouge au violet, telle personne voit plus ou moins loin et on obtiendrait, sans doute. des résultats intéressants en comparant l'aptitude à voir l'ultra-violet avec la sensibilité sous des influences météorologiques.

semble, au premier abord, sortir de notre sujet, n'est peut-être pas inutile à signaler. On a, en effet, le droit de se demander si certaines fréquences de périodes pluvieuses ne sont pas en relation avec ces phénomènes électro-magnétiques ; dès lors, il pourrait y avoir, dans la périodicité de ceux-ci, une des causes, qui ont influé sur les manifestations géologiques (glaciers, sédimentations intenses, etc.). Le volcanisme lui-même peut en subir le contre-coup.

Dans un ordre d'idées plus strictement géologique, la façon, dont la Terre subit ces actions magnétiques et dont les principales d'entre elles prennent, jusqu'à un certain point, l'apparence d'un barreau aimanté dirigé à peu près suivant l'axe terrestre, semble d'accord avec l'hypothèse d'un noyau ferrugineux profond, à laquelle on est conduit par beaucoup d'autres considérations.

On peut, en outre, essayer de chercher, dans la constitution du Soleil, l'explication du magnétisme. Quand on étudie au spectroscope la couche extérieure, qui enveloppe la photosphère du Soleil, on constate que la vapeur de fer y domine de beaucoup ; après quoi, viennent le nickel et le magnésium, puis le calcium, puis l'aluminium, le sodium, l'hydrogène, etc., en sorte qu'on a pu autrefois assimiler cette vapeur à celle qui résulterait d'une pluie d'aérolithes volatilisés.

Etant donnée la faculté toute spéciale que présente le fer pour se magnétiser, la présence de ces vapeurs de fer en mouvement dans la photosphère solaire s'accorde bien avec l'idée d'attribuer à l'action du Soleil le magnétisme terrestre[1], idée à laquelle nous avons été déjà conduits en remarquant que les variations principales de ce magnétisme sont en rapport avec la position du Soleil aux diverses heures du jour et aux différentes latitudes.

D'autre part, l'action de la Lune sur le magnétisme laisse supposer que le fer entre également dans la composition de notre satellite[2] ; la profusion des aérolithes ferrugineux dans notre système planétaire, la forte densité de la Terre, qui paraît impliquer une composition également métallique, rendent vraisemblable la généralité du phénomène.

parant l'aptitude à voir ces rayons ultra-violets avec la sensibilité nerveuse sous l'influence de phénomènes météorologiques.

1. On a objecté, il est vrai, que le fer porté à l'incandescence semble perdre son action attractive sur l'aiguille aimantée ; mais, avec l'énormité des masses en jeu, cette action peut devenir extrêmement faible et suffire néanmoins à l'explication des phénomènes. — Voir CORNU : *Sur les raies sombres du spectre solaire et la constitution du Soleil* (C. R., 4 et 25 février 1878). — D'après MAXWELL, ni le Soleil ni la Lune n'agissent directement comme des aimants ; mais leur action, pour être indirecte, n'en est pas moins incontestable.

2. Peut-être cependant pourrait-on invoquer une action magnétique de la lumière solaire, réflétée par la Lune comme par un miroir.

On est donc amené à concevoir les divers astres comme des boules métalliques, où le fer dominerait d'abord dans la périsphère : boules, qui, en se refroidissant, se couvriraient d'une couche de scorie pierreuse et, quand on envisage le cas de la Terre, on explique aisément ainsi, dans ses grandes lignes, le magnétisme développé sur elle par les radiations incessamment émanées du Soleil, dont nous percevons surtout, par nos sens, la forme lumineuse ou calorifique. Leurs différences d'action d'un point à l'autre de la Terre doivent déceler l'hétérogénéité fondamentale de notre globe, sur laquelle j'ai, à diverses reprises, insisté et peuvent donc servir à en découvrir les caractères essentiels ; leurs variations avec le temps dépendent, soit des positions relatives des divers astres en action réciproque, soit probablement des modifications opérées dans le Soleil.

S'il n'était dangereux d'accumuler hypothèses sur hypothèses, on pourrait même tenter d'aller plus loin et chercher à expliquer la convergence des lignes magnétiques vers leurs pôles par la structure de la Terre. Indépendamment de tout calcul et de toute expérience, deux idées se présentent à l'esprit. D'abord ne suffirait-il pas d'avoir une sphère interne (ou plutôt un ellipsoïde), sphère ferrugineuse dissymétrique par rapport à la sphère apparente et recouverte d'une croûte scoriacée et d'invoquer la rotation de cet ensemble complexe autour de son axe en présence du Soleil, source électrique, pour comprendre qu'il se développe des courants d'induction, influencés : d'un côté, par ce noyau de fer doux interne relativement homogène, mais allongé suivant un axe différent de l'axe géographique ; de l'autre, par la croûte scoriacée hétérogène et à aimantation résiduelle, ou permanente, qui l'enveloppe [1] ? Peut-être aussi pourrait-on supposer (mais bien difficilement) un mouvement relatif de ce noyau interne par rapport à son enveloppe de scories [2]. Une des grandes difficultés dans

---

1. Il ne faut pas oublier que, géologiquement, nous arrivons à supposer, à une certaine profondeur dans la Terre, une zone de *fer doux*, susceptible par conséquent d'être aimantée temporairement par les courants d'origine solaire et, à la surface, des *oxydes de fer*, irrégulièrement distribués dans une scorie, qui doivent présenter une aimantation permanente, caractéristique d'un état de choses antérieur.

2. M. H. WILDE a imaginé (*Proc. of. the Roy. Soc.* 19 juin 1900) que la Terre aurait d'abord tourné autour d'un axe normal au plan de l'écliptique et pris alors une aimantation parallèle à l'axe du monde ; puis, que, pour une raison quelconque, l'enveloppe extérieure consolidée aurait adopté son axe de rotation actuel incliné sur le premier, et se serait aimantée en conséquence, tandis que les parties internes auraient conservé leur axe de rotation primitif avec une vitesse plus faible. Cette hypothèse ingénieuse, mais bien difficile à concevoir géologiquement, a été l'objet d'une vérification expérimentale, au moyen de deux globes concentriques entourés de fils de manière à former deux bobines sphériques, dont les axes font un angle de 23°,30. On peut en retenir l'existence d'une sphère intérieure, uniformément aimantée suivant un axe, qui lui-même est en déplacement relatif par rapport à la sphère

toute hypothèse est l'existence de la variation séculaire, qui déplace périodiquement le pôle magnétique[1].

J'ajoute à ces considérations, dont on ne saurait se dissimuler le caractère extrêmement hypothétique, que, d'après les données géologiques acquises dans les régions européennes, les plissements successifs de l'écorce paraissent y être partis du pôle Nord pour se propager vers l'équateur[2] et que les zones polaires, plissées les premières, ont, depuis ce temps, été soumises à l'érosion, sans qu'aucun plissement nouveau vint en contrebalancer l'action. Il en résulte que c'est dans ces zones polaires que nous paraissons atteindre, par endroits, les couches les plus profondes de l'écorce, où les oxydes ferrugineux tendent de plus en plus à dominer, et il est certain que les terrains archéens, si particulièrement abondants dans ces zones polaires, y sont souvent d'une richesse exceptionnelle en minerais de fer magnétiques[3].

VI. — Spectroscopie.

Le spectroscope est un admirable instrument d'analyse, qui nous permet d'atteindre les astres les plus lointains, à la condition qu'ils soient incandescents et de leur demander, non seulement leur composition chimique, mais aussi leur vitesse et le sens de leur mouvement : ce qui constitue notre meilleur moyen de deviner, par comparaison, l'état ancien ou la structure interne de la Terre. C'est, en même temps, un

extérieure chargée d'une aimantation résiduelle. Les particularités observées dans la distribution magnétique, telles que l'ovale de Chine et celui du Pacifique, ont été reproduites en recouvrant par des feuilles de tôle découpées d'épaisseur convenable les parties du globe qui correspondent aux Océans.

1. Si les méridiens magnétiques étaient des grands cercles passant par deux pôles diamétralement opposés et si l'équateur magnétique était lui aussi un grand cercle, le potentiel V serait un harmonique de premier degré et la Terre devrait être considérée comme aimantée uniformément et dans la même direction dans toute sa masse. Le déplacement séculaire de cette aimantation si puissante et dont nous reproduisons à si grand'peine l'équivalent dans nos barreaux d'acier, implique, soit un changement de forme ou de disposition dans une masse interne, fluide et soumise dès lors à l'attraction solaire dans des conditions variables, soit un changement de sens dans le plan de l'action électro-magnétique exercée par le Soleil. Il y a là certainement un des phénomènes les plus extraordinaires, qui puissent nous faire supposer, dans notre planète, des conditions internes très différentes de ses conditions superficielles.

Je reviendrai, au chapitre XV, sur l'idée que l'on peut se faire de la constitution terrestre et sur la place que doit y occuper le fer sous la croûte scoriacée superficielle.

2. Voir plus loin, pages 394 et suiv.

3. On a fait, récemment, des expériences ingénieuses, mais qui me semblent bien discutables, pour montrer que, lorsque les laves volcaniques d'Auvergne se sont solidifiées, leurs éléments ferrugineux ont, en quelque sorte, fixé la direction de la force magnétique à l'époque correspondante, ainsi qu'on avait cru également l'observer dans des débris de poteries antiques (B. Brunhes et P. David. C. R. 1904.8)

appareil d'investigation merveilleusement subtil, qui, en décomposant la lumière émanée des corps, pénètre dans leur constitution moléculaire plus loin que la chimie et atteint jusqu'à l'individualité de certaines parties inconnues, qui composent nos éléments simples, en manifestant les doubles, triples ou quadruples raies de leur spectre, que l'électricité ou la pression influencent différemment. Il est probable que c'est un des instruments, dont la Science a encore le plus à attendre.

La géologie invoque le secours du spectroscope pour connaître l'ensemble de l'Univers et assimiler la composition chimique de la Terre à celle des astres divers, que le ciel nous présente à des degrés plus ou moins avancés de leur évolution. En observant ainsi un soleil incandescent, une étoile qui s'éteint, une autre déjà solidifiée, qui ne fait plus que refléter la lumière extérieure, nous voyons les phases successives, par lesquelles a passé notre Terre dans la phase cosmique de son passé. Le moment particulièrement intéressant, pendant lequel une étoile s'enflamme ou se meurt, moment qu'il a été donné quelquefois de surprendre, nous fait, en quelque sorte, toucher du doigt ces états primitifs de notre planète, à la suite desquels a pu y apparaître la vie. Et, lorsqu'on y réfléchit, il est bien étrange de penser que, lorsque nous voyons s'opérer devant nous, dans l'instant présent, cette extinction d'un astre lointain, elle a déjà eu lieu, en réalité, depuis plusieurs milliers d'années, tant la lumière qu'il nous envoie met de temps à nous parvenir; en sorte que, s'il existait aujourd'hui sur d'autres astres disséminés dans l'espace, des observateurs munis d'instruments assez perfectionnés, ils pourraient, au moment même où nous essayons de reconstituer la géologie de la Terre, en cette même seconde où nous sommes, assister à l'une ou l'autre de ses phases anciennes, voir se produire : l'un, la consolidation de sa croûte ; l'autre, les mouvements des temps primaires ; un troisième, le soulèvement des Pyrénées ou des Alpes.

En outre de son application astronomique, la spectroscopie permet encore au géologue de pénétrer le mystère de ces groupements minéralogiques, où apparaissent, à l'état de traces presque infinitésimales, certains métaux rares, certaines formes de la condensation matérielle, qui, pour être exceptionnelles sur la superficie terrestre, n'en jouent pas moins peut-être un rôle important dans sa constitution plus profonde. C'est la géologie, il ne faut pas l'oublier, qui a charge d'étudier et de scruter ces associations de minerais dans leurs gisements [1], où apparaît l'effet d'une métallurgie naturelle, ayant disposé de forces,

1. M. A. DE GRAMONT a montré (*Thèse devant la Faculté de Paris*, 1895) que l'on

de pressions et de durées, que nous sommes impuissants à reproduire dans nos laboratoires et, bien que le géologue abandonne ordinairement cette partie de sa tâche au chimiste, il doit, tout au moins, en connaître et, par les moyens qui lui sont propres, essayer d'en expliquer les résultats. Or c'est, on le sait, par le spectroscope qu'on a pu déceler, non seulement les métaux de ce qu'on appelle les terres rares (thorium, yttrium, erbium, etc.), ou les métaux alcalins secondaires (rubidium, cæsium, thallium, etc.), mais aussi les métaux radiants (polonium, radium, etc.).

Enfin la spectroscopie, en nous révélant l'état de la matière portée à l'incandescence dans des conditions que nous n'atteignons pas autrement par la chimie, peut nous éclairer sur ce qui s'est passé pendant la période cosmique de notre planète, au moment où s'est constituée la matière sous les formes que nous lui connaissons, ou même sur ce qui peut se réaliser aujourd'hui encore dans les profondeurs de la Terre.

Etant donnée cette importance géologique des résultats obtenus avec le spectroscope, il ne sera pas inutile de rappeler ici sommairement en quoi consiste la méthode spectroscopique et d'indiquer les résultats que l'on peut en attendre [1].

On sait, depuis les travaux d'Angström (1853), puis de Bunsen et Kirchhoff (1855), que chaque substance solide ou liquide, portée à l'incandescence, ou chaque gaz incandescent sans particules solides donnent, si l'on disperse leur lumière par un prisme ou par un réseau, un spectre caractéristique, continu dans le premier cas, discontinu et formé de rayons simples ou monochromatiques dans le second [2].

Ce spectre est caractéristique en ce qu'il présente, à une température déterminée, un certain nombre de bandes ou de raies brillantes plus ou moins larges, dont la position dans la gamme colorée [3], c'est-

pouvait faire directement l'analyse spectrale complète d'un grand nombre de minéraux à éclat métallique et conducteurs de l'électricité (galène, pyrite, etc.), en provoquant une étincelle électrique entre leurs fragments.

1. On peut consulter pour plus de détails, un traité de spectroscopie, tel que celui de M. G. Salet (Paris, Masson, 1888).

2. Le premier type de spectres est celui que donnent le Soleil, les astres et les nébuleuses résolubles.

3. En principe, un corps quelconque paraît d'une certaine couleur, c'est-à-dire émet, quand on lui envoie de l'énergie lumineuse sous forme de lumière blanche, une superposition de rayons colorés, où domine cette couleur, parce qu'il absorbe tous les autres éléments colorés de la lumière blanche pour ne refléter que celui-là ; autrement dit, toutes les radiations, dont la vitesse est autre que celle de la couleur en question, sont annulées et transformées en se rencontrant en une autre forme d'énergie, généralement en chaleur. A la température ordinaire, la plupart des corps n'émettent pas de lumière propre, parce qu'ils n'ont pas d'énergie extérieure à dépenser, parce que leurs vibrations moléculaires ne sont pas assez actives, ni les ondes émises assez rapides pour influencer notre œil (sauf des corps spéciaux,

à-dire la longueur d'onde et la distribution par raies isolées ou par groupes de 2, 3, etc. (doublets, triplets, etc.) permet de le reconnaître. Quand on modifie la température, le spectre se transforme et, notamment pour certains corps (azote, brome, soufre, iode, etc.), peut d'abord présenter des bandes et ensuite des lignes [1]. Que veulent dire ces raies brillantes? Pourquoi a-t-on, pour le cuivre, deux raies vertes très éclatantes et deux oranges assez vives; pour le zinc, trois raies bleues et une raie rouge? Pourquoi certains sels, tels que ceux de sodium, de lithium ou de strontium, donnent-ils une lumière à peu près monochromatique : par exemple, pour le lithium, une seule raie rouge formant l'image unique de la fente du collimateur? Il n'est peut-être pas inutile de l'examiner pour faire comprendre ce que la spectroscopie peut apporter d'enseignement à la connaissance de la matière.

Trois éléments principaux doivent influer : 1° les conditions d'excitation vibratoire (donnée physique); 2° la nature chimique de l'élément (donnée chimique); 3° la structure moléculaire de la vapeur (donnée géométrique ou cristallographique).

Le rôle de l'excitation vibratoire parait nettement mis en évidence par les relations numériques, qui, dans un spectre quelconque, apparaissent entre les inverses des longueurs d'ondes correspondantes aux raies spectrales [2]. Il y a là quelque chose comme un développement

comme le radium). Mais cet état se modifie dès que, sous une forme quelconque, on leur prête de l'énergie. Quand on les chauffe, on influe sur ces vibrations : ce qui, en dehors même de toute altération chimique, se traduit d'abord par un changement de couleur, c'est-à-dire par le fait que les radiations absorbées ne sont plus les mêmes. Puis il arrive, en général, un moment, où le corps, s'il n'est pas modifié chimiquement auparavant, devient incandescent, c'est-à-dire qu'une partie de l'énergie, reçue par lui sous la forme calorifique, se traduit en énergie lumineuse. Dans cette incandescence, qui produit à la fois une série d'ondes vibratoires de diverses vitesses, certaines couleurs dominent alors et constituent la caractéristique du spectre; c'est, sous une forme plus frappante et plus nette, le même phénomène encore, qui donnait, à une température plus basse, sa couleur au corps. Et, en effet, si, devant une lumière incandescente, on interpose une vapeur contenant l'un des éléments qui produisent le spectre incandescent, les particules de cette vapeur absorbent les radiations lumineuses, qu'elles sont susceptibles d'émettre, pour leur substituer leur intensité propre, qui est moindre; les raies caractéristiques de l'élément en question, qui auraient dû apparaître brillantes, se montrent sombres au contraire. C'est le phénomène du *renversement des raies*, grâce auquel on peut reconnaître la composition chimique du Soleil ou des astres.

1. Bunsen et Kirchhoff avaient d'abord annoncé que le spectre d'un métal était indépendant de sa température et de sa combinaison chimique avec tel ou tel métalloïde, c'est-à-dire qu'il apparaissait uniquement déterminé par l'atome métallique. En réalité, le spectre caractérise la molécule composée et le chlorure de baryum (d'après M. Diacon, 1864) produit un spectre tout différent de celui du baryum. Le chlorure et le bromure de cuivre se distinguent l'un de l'autre au spectroscope. Il faut seulement que la combinaison chimique puisse subsister à la température réalisée.

2. Chaque raie correspond à une onde lumineuse ayant sa vitesse vibratoire propre, qui détermine sa place dans le spectre.

en série mathématique, que l'on a d'abord été tenté d'assimiler trop simplement aux harmoniques accompagnant le son fondamental dans un tuyau sonore et qui doit correspondre au mouvement plus complexe de la molécule solide en vibration[1] : soit que ce mouvement ait un caractère tout à fait général (spectre de bandes à raies fines) ; soit qu'il se simplifie (spectre de lignes).

Mais il semble, en outre, que les parties constitutives de l'élément chimique interviennent isolément pour former les diverses raies, groupées en doublets, triplets, comme si ce groupement correspondait au nombre et à la disposition des atomes dans la molécule et, dans cette voie, on a pu se demander si, par le rayonnement cathodique, on n'arriverait pas à décomposer effectivement les gaz, actuellement réputés simples.

J'ai déjà rappelé, en principe, que l'analyse spectrale permettait de déterminer la constitution chimique des astres.

L'expérience montre, en effet, qu'en vaporisant un métal, tel que le magnésium, par un courant suffisamment intense, la vapeur produite, même sous une très faible épaisseur, absorbe la plupart des raies brillantes du magnésium incandescent pour les remplacer par des raies sombres[2]. Or, dans la lumière des astres, on observe des groupes de raies sombres correspondant avec évidence aux spectres de certains métaux ; il en résulte donc, qu'il existe, à la surface de ces astres, au-

---

1. M. Deslandres a récemment essayé d'analyser (C. R., 14 déc.1903) ce côté de la question, que nous touchons ici incidemment. Suivant lui, le courant électrique ou lumineux, formé dans la théorie de Lorenz par des électrons en mouvement, c'est-à-dire par des particules portant une charge électrique constante, peut produire sur le gaz diverses réactions vibratoires : 1° l'électron négatif provoque la vibration la plus générale de la molécule, assimilable au mouvement d'un corps sonore vibrant dans tous les sens et donnant le *spectre de bandes*, qui apparaît différent du véritable spectre de lignes en présence du champ magnétique de Zeeman (spectre de bandes, dont la formule demande une table à trois entrées) ; 2° la molécule se décompose en atomes (eux-mêmes formés par l'agglomération d'électrons positifs et négatifs), auxquels s'applique l'électron négatif du courant pour donner une vibration plus restreinte, comparable à celle d'une corde et exprimée par une formule à une seule entrée, qui est le *spectre de lignes*. Quand on augmente la température de l'excitation électrique, on fait disparaître le spectre de bandes (peut-être parce qu'on décompose la molécule) et l'on n'a plus que le spectre de lignes.

On peut rappeler, à ce propos, les expériences de Sir Norman Lockyer, arrivant, par l'emploi d'une source électrique intense, à simplifier le spectre du fer et, sous cette forme nouvelle, l'identifiant alors avec le spectre de certains astres. Suivant lui, le spectre d'une étoile est d'autant plus simple qu'elle est plus brillante, donc plus chaude. On ne trouve plus à la fin que de l'hydrogène, avec quelques raies très fines, représentant des traces métalliques.

2. Voir plus haut, la note 3 de la page 115. Kirchhoff, qui a le premier expliqué le phénomène, l'a reproduit pour le sodium. A. Cornu l'a étendu à un grand nombre de métaux et précisé. (*Sur le renversement des raies spectrales des vapeurs métalliques ;* C. R., 31 juillet 1871).

dessus de leur photosphère incandescente et à la base de leur chromosphère [1], une couche gazeuse, formée par les vapeurs des métaux en question et refroidie vers l'extérieur, qui doit absorber les radiations analogues du fond plus brillant. On peut même, comme l'a montré A. Cornu en 1878, pousser cette analyse qualitative jusqu'à une sorte d'analyse quantitative en remarquant qu'il y a proportionnalité entre le pouvoir émissif et le pouvoir absorbant des vapeurs métalliques incandescentes, en sorte que l'intensité des raies sombres est caractéristique de la quantité relative des vapeurs métalliques correspondantes.

C'est ainsi que l'on a reconnu [2], dans l'enveloppe gazeuse du Soleil, la très forte prédominance du fer; puis du nickel et du magnésium; puis du calcium; accessoirement, la présence de l'aluminium, du sodium, de l'hydrogène; enfin du manganèse, du cobalt, du titane, du chrome et de l'étain. M. Janssen a constaté de même que les protubérances solaires de la chromosphère étaient surtout formées d'hydrogène, avec du calcium, du sodium et du magnésium [3], et W. Ramsay a découvert, dans ces protubérances, l'hélium presque aussi abondant que l'hydrogène, avec peut-être de l'argon. La même méthode, appliquée en 1876 à une étoile temporaire de la constellation du Cygne, y a également démontré la prédominance de l'hydrogène incandescent, avec du magnésium, du sodium ou de l'hélium, c'est-à-dire qu'on a pu assimiler cet éclat momentané à une inflammation subite d'hydrogène, analogue à celles qui paraissent se produire autour du Soleil. Et, depuis lors, des observations de ce genre ont constamment retrouvé, dans les astres, des éléments analogues à ceux de la Terre, sans prouver cependant (comme on l'a parfois dit) qu'il n'y avait pas dans les astres autre chose que les éléments métalliques de la superficie terrestre.

L'analyse spectrale a même permis d'aller plus loin et de déterminer la vitesse de l'astre dans la direction du rayon visuel, par la méthode Doppler-Fizeau, en se fondant sur un déplacement des raies résultant du mouvement de la source lumineuse, qui se traduit par un défaut de coïncidence rigoureuse avec les spectres des métaux [4]. On a montré ainsi que certaines étoiles décrivaient une orbite, que d'autres

1. Voir plus haut, page 109, note 4.

2. CORNU. *Sur les raies sombres du spectre solaire et la constitution du Soleil* (C. R. 4 et 25 février 1878). — *Observation d'une étoile temporaire de la constellation du Cygne* (C. R. 11 décembre 1876), etc.

3. Je reviendrai, pages 656 et 719, sur la constitution du Soleil et sur ses rapports avec la géologie terrestre.

4. Suivant que la source lumineuse se rapproche ou s'éloigne, sa vitesse propre se combine différemment avec celle de la lumière et, dans le même temps, on perçoit ou plus ou moins de vibrations que la source n'en émet.

étaient doubles, etc. : ce qui est intéressant, non seulement pour l'astronomie, mais peut-être même, comme j'aurai l'occasion de le dire plus tard en passant [1], pour la constitution intime de la matière.

Enfin, dans un ordre d'idées qui nous intéresse plus spécialement, on peut imaginer une méthode, permettant de reconnaître les variations progressives et séculaires du Soleil en comparant à des raies telluriques bien déterminées, dans des conditions homologues, l'intensité des raies solaires après de longs intervalles.

J'ai dit en commençant que le spectroscope permettait de plus au géologue de pénétrer dans la connaissance des groupements minéraux singulièrement plus loin que l'analyse chimique et de reconnaître, à l'état de traces, certains métaux rares, dont l'intérêt théorique pour notre science dépasse souvent celui des métaux plus communs. Le principe de la méthode est trop connu pour qu'il soit nécessaire d'insister. Il consiste, en deux mots, à découvrir l'existence d'un métal nouveau par l'apparition dans le spectre d'une raie inconnue et à combiner la manipulation chimique du minéral considéré de manière à accroître peu à peu l'intensité de cette raie en faisant disparaître celles qui l'accompagnent, ce qui implique l'isolement progressif du métal nouveau. Dans le même ordre d'idées, les propriétés radiantes viennent de fournir récemment un nouveau moyen de reconnaître et d'isoler certains métaux, plus sensible encore que le spectroscope.

VII. — Température du Soleil.

Le Soleil est la source principale d'énergie, de chaleur, de force et l'un des plus puissants facteurs de la vie à la surface de la Terre [2].

Toutes les modifications, qui ont pu se produire dans l'astre central, ont eu nécessairement leur contre-coup dans notre planète, comme,

1. Voir, plus loin, page 705. On avait cru également pouvoir mesurer ainsi le mouvement des masses gazeuses dans l'enveloppe solaire et l'on était arrivé à leur attribuer des vitesses énormes ; mais on a reconnu récemment que la pression exerçait une action perturbatrice importante sur le déplacement des raies.

2. Dans la température superficielle du globe, on peut négliger l'apport interne, qui ne contribue pas pour plus de $\frac{1}{30}$ de degré et qui, dès le début des périodes géologiques, a dû être insignifiant, en raison de la très faible conductibilité des roches. Le rayonnement stellaire serait, au contraire, d'après POUILLET, capable d'élever la température à 131° au-dessus du zéro absolu (273° au-dessous de zéro) soit — 142°. L'effet thermique du Soleil est à peine plus considérable puisqu'en élevant la température en moyenne à 15°, il contribue pour (142° + 15°), ou 157° : ce qui s'explique par la très faible surface qu'il occupe dans la voûte céleste (à peine $\frac{1}{200.000}$) ; mais il est variable, tandis que le rayonnement stellaire est constant et c'est, par suite, son influence, qui nous intéresse spécialement ici.

aujourd'hui encore, la moindre tache, apparaissant sur la photo-sphère solaire, influe sur notre régime météorologique. Il y a donc lieu, pour le géologue, d'étudier avec soin les phénomènes relatifs à la tem-pérature et au mode de rayonnement solaires, qui sont peut-être les seuls capables de lui fournir, un jour, une base d'évaluation en années pour les périodes géologiques.

Parmi les questions que nous nous posons à ce sujet, les plus importantes concernent le rayonnement de la chaleur solaire, la température actuelle du Soleil et l'origine de cette énergie solaire, qui se dépense à chaque instant dans l'espace. Si nous pouvions répondre à ces questions, nous arriverions peut-être à calculer depuis combien d'années dure ce rayonnement et combien d'années il durera encore, permettant à la vie de subsister sur la Terre. Ces chiffres d'années, si grands qu'ils puissent être, sont presque néces-sairement finis; car, à moins d'être alimenté en énergie par l'espace sous une forme qui nous échappe, le Soleil, source d'énergie limitée, ne peut dépenser celle-ci que pendant un temps lui-même limité.

Nous avons deux manières principales d'apprécier la température solaire : la mesure de la chaleur rayonnée par le Soleil, supposée faite en dehors de l'atmosphère terrestre et la détermination de l'intensité lumineuse dans le spectre.

Ces deux méthodes ont un semblable défaut : celui d'admettre, entre la température et un autre phénomène, soit calorifique, soit lumineux, une relation, qui a pu être observée très empiriquement dans des con-ditions toutes différentes, mais qui n'est, en aucune façon, démontrée pour les températures très élevées qu'atteint, en tout cas, le Soleil. C'est pourquoi les chiffres obtenus sont tellement discordants, depuis plusieurs millions de degrés jusqu'à 2.000. Cependant tous les travaux récents, entrepris par des voies différentes, ont eu pour résultat commun de rapprocher la température solaire de celle de nos foyers industriels.

Prenons d'abord les mesures de la chaleur rayonnée par le Soleil, telles qu'elles ont été appliquées par Pouillet, de Saussure, L. Soret, Crova, Michelson, Angström, Fery, Violle, Dupaigne, etc....

Le procédé rudimentaire de Pouillet consistait à exposer normale-ment aux rayons solaires un vase cylindrique, rempli d'eau et recou-vert de noir de fumée sur sa base isolée. On appréciait la vitesse d'échauffement.

Dans la méthode de l'actinomètre, beaucoup plus précise et perfec-tionnée surtout par M. Violle, on expose à la radiation solaire une boule thermométrique enfermée dans une enceinte sphérique de Dewar ; on laisse le thermomètre atteindre son maximum de tempéra-

ture : puis, en arrêtant la radiation solaire, on observe la loi du refroidissement par l'enceinte. A la température maxima, le gain par la chaleur solaire est égal à la perte par l'enceinte, que fait connaître la dernière partie de l'expérience.

Ces déterminations de la chaleur rayonnée par le Soleil demandent,
avant d'être utilisées, à subir une correction notable, qui tient à l'absorption atmosphérique. Celle-ci, d'après M. Violle, est d'environ 70
p. 100 au niveau de la mer, et tombe peu à peu à 6 p. 100 au mont
Blanc (4.810 mètres). Par des mesures actinométriques à diverses altitudes, on peut en apprécier la loi théorique et déterminer le coefficient
à appliquer pour se supposer placé aux limites de l'atmosphère terrestre. On trouve ainsi la quantité de chaleur reçue pendant une minute
par chaque centimètre carré de surface normal aux rayons incidents :
quantité qu'on appelle la *constante solaire* [1]. D'après les dernières
mesures de Hansky, cette constante, évaluée par Pouillet à 1,76 calorie-
gramme, serait de 3,2 à 3,4, c'est-à-dire à peu près double. En multipliant par la surface totale sur laquelle s'opère le rayonnement,
c'est-à-dire une sphère ayant même rayon que l'orbite terrestre, on
obtient la quantité de chaleur dégagée par le Soleil, qui, d'après les
calculs de Herschel et de Pouillet, était supposée, dans une année, d'environ $2,7 \times 10^{30}$ grandes calories et qu'il faudrait, par conséquent, avec
les évaluations récentes, porter au double : quantité correspondant, pour
notre globe, au travail continu de plusieurs centaines de trillions de
chevaux-vapeur [2].

Bien que la relation entre la quantité de chaleur rayonnée par une
enceinte et sa température soit d'ordre tout à fait empirique, on en a
essayé diverses appréciations, dont les plus connues sont appelées la
loi de Newton et la loi de Dulong et Petit. S'il était permis d'appliquer
la loi de Dulong et Petit au Soleil, on pourrait, des observations précédentes, déduire la température de celui-ci. M. Violle a commencé par
chercher dans quelle mesure cette loi devait être rectifiée pour des
foyers industriels, dont on connaissait, d'autre part, la température : par

---

1. Ce chiffre ne représente qu'une fraction de l'énergie dépensée par le Soleil,
celle qui se traduit directement sous la forme thermique (sans parler des radiations chimiques et autres).

2. On a beaucoup perfectionné, dans ces derniers temps, les mesures de l'énergie
rayonnante, au point que M. NICHOLS a pu essayer de mesurer les radiations calorifiques des étoiles : il s'est servi d'un radiomètre de CROOKES, constitué par deux petits
disques de mica noirci, réunis par une tige de verre suspendue à un fil de quartz,
dans une cage où l'on avait fait le vide relatif et où le rayon pénétrait par une
fenêtre de fluorine (c'est-à-dire remarquablement transparente) pour venir frapper
l'un des disques. Le procédé, employé pour le Soleil par M. Langley, a été décrit
dans les Comptes Rendus de l'Ac. des Sc. en 1894. Voir : CH. GUILLAUME, *Sur les
lois du rayonnement* (Rev. gén. des Sc., 15 mai 1901). — Cf. *La Nature*, 6 avril 1912.

exemple, pour une coulée d'acier à 1.500°. En admettant, pour le pouvoir émissif du Soleil, une valeur inférieure à celle qu'il a pour l'acier fondu, il est arrivé à un chiffre de 2.500°, que d'autres physiciens ont considéré comme trop faible [1].

On peut, d'autre part, chercher à déterminer la loi du rayonnement lumineux en fonction de la température, comme l'a fait, dans ces dernières années, M. Le Chatelier [2].

On a, par exemple, comparé l'intensité des raies spectrales de la lumière solaire avec celle des spectres voltaïques. On sait, en effet, que, lorsqu'un solide s'échauffe, son spectre devient de plus en plus brillant et s'étend de plus en plus vers le violet à mesure que la température s'élève.

En cherchant, au moyen du photomètre, la température que devrait avoir un corps noir pour atteindre le rayonnement d'un foyer, on peut également, comme l'a montré M. Le Chatelier, arriver, jusqu'à 1.500 ou 2.000°, à un rapport précis entre la température et le rayonnement lumineux. Cette loi, étendue par une extrapolation hypothétique au rayonnement solaire, lui a fait admettre, pour la surface du Soleil, une température de 7.500°, qui paraît être une moyenne assez vraisemblable entre les 14.000° de Lord Kelvin et les 2.500° de M. Violle [3].

Cette température de la superficie solaire doit être inférieure à la température interne du même astre dans des proportions qui laissent le champ libre à toutes les hypothèses.

Ayant ainsi acquis quelques notions sur la température extérieure du Soleil, pour les appliquer en géologie, il faut essayer de se faire une idée sur les modifications que cet astre a pu subir au cours des périodes géologiques [4].

La conservation approximative de la température solaire malgré son

---

1. La superficie du Soleil étant de 6,1 × 10[18] mètres carrés, la chaleur rayonnée par le Soleil paraît, d'après les mesures précédentes, être du même ordre que celle de nos foyers, peut-être 50 à 100 fois plus forte que celle du charbon brûlant sur la grille d'un fourneau de locomotive ; il est donc probable que la température ne s'éloigne pas non plus beaucoup, sur la superficie solaire, de celles que nous réalisons dans nos usines.

2. M. Le Chatelier a montré (*Journal de physique*, 1892 et C. R., t. CXIV, p. 737), que la température des divers foyers industriels, le four électrique excepté, ne dépasse jamais 1.950° (température du coke brûlant devant l'œil de la tuyère dans les hauts fourneaux). La fusion du platine se fait à 1.775° ; l'arc électrique, qui suffit pour volatiliser tous nos éléments, est à 4.100°.

3. On admet communément 5 à 6.000° pour la photosphère, tandis qu'une théorie d'Arrhénius conduirait à supposer 6 millions de degrés comme température centrale du Soleil.

4. Lord Kelvin. *Conférences sur la Constitution de la matière* (Trad. Lugol et Brillouin, 1893). — Voir aussi Helmholtz. *Mémoire sur la conservation de la force.* — Poincaré. *Hypothèses cosmogoniques*, 1911.

énorme et constant rayonnement de chaleur, est, tout d'abord, un problème bien singulier.

Il n'est pas possible que l'activité du Soleil se borne à un simple rayonnement : car, en lui attribuant la chaleur spécifique de l'eau, sa température baisserait alors de 1°,4 par an. En moins de 6.000 ans, il aurait été congelé. Dans quelque proportion que l'on suppose cette chaleur spécifique accrue à la surface du Soleil, on n'en reste pas moins à des chiffres infimes et inacceptables.

Le Soleil ne peut non plus être assimilé à un foyer tirant sa chaleur de réactions chimiques. Un bloc de coton-poudre, du volume actuel du Soleil, brûlant par sa surface sans déflagrer, se serait entièrement consumé en 8.000 ans et, pour qu'il équivalût au rayonnement solaire pendant 8.000 ans, il faudrait lui supposer un diamètre initial double du diamètre actuel.

Restent alors les hypothèses mécaniques. Robert Mayer a supposé la chaleur du Soleil constamment entretenue par des chutes de météores. Un kilogramme de matière, tombant de l'infini sur le Soleil, y arriverait avec une vitesse de 624 km. par seconde et développerait 2.10^{10} kilogrammètres. Dans ces conditions, pour restituer au Soleil la chaleur perdue par rayonnement, il suffirait d'1 kg. tombant par mètre carré et par heure : ce qui ne produirait, dans le diamètre solaire, qu'une augmentation inappréciable pour nos instruments. Néanmoins, on a dû renoncer à cette hypothèse en remarquant qu'il en résulterait un accroissement progressif de la masse du Soleil. Comme cet accroissement n'a d'influence appréciable, ni sur la durée de l'année terrestre ni sur la durée de révolution de Mercure, il faudrait que l'essaim fût intérieur à l'orbite de Mercure. Cet essaim aurait alors une densité très forte, qui se manifesterait lors du passage des comètes au périhélie. L'analyse spectrale, d'après le principe Döppler-Fizeau, devrait également déceler les phénomènes résultant de ces volatilisations de météores aux énormes vitesses orbitales, etc.

Enfin, une dernière théorie due à Helmholtz a attribué le renouvellement constant de l'énergie solaire à la compression progressive d'une masse fluide. En supposant une sphère solide de densité uniforme, le calcul montre qu'une contraction de 1/1.000 en diamètre contrebalancerait la perte par rayonnement pendant 20.000 années. La provision de chaleur que le Soleil aurait emmagasinée pendant sa formation équivaudrait à 19 millions d'années de rayonnement. On trouve 50 millions en tenant compte de l'accroissement qui doit se produire dans la densité solaire depuis la périphérie jusqu'au centre ; peut-être 100 millions en faisant intervenir sa viscosité ; beaucoup plus encore en remarquant

que des courants de convection doivent amener sans cesse à la surface du Soleil des matières que la chaleur centrale avait dissociées et
qui, en se recombinant à une température moindre, dégagent de la
chaleur pour retomber alors au centre se volatiliser de nouveau : en
sorte qu'il y a transport constant d'énergie du centre à la périphérie.

L'incertitude, on le voit, était déjà énorme, lorsque la découverte du
radium est venue nous rappeler encore davantage le danger de raisonner sur des états de la matière qui nous sont totalement inconnus.
Dans l'état actuel de la Science, la géologie n'a rien à attendre ici de
théories où l'ordre même de grandeur reste incertain. Tout au plus, est-
il permis d'en retenir la possibilité que les chiffres relatifs à la vie du
Soleil soient très inférieurs aux milliards d'années, sur lesquels on spé-
cule parfois trop aisément. Il semble également vraisemblable que,
depuis le début des périodes géologiques, le diamètre du Soleil a dû
subir une condensation notable.

VIII. — La structure des Astres.

La spectroscopie nous a renseignés sur la composition chimique des
Astres, et nous a montré ceux-ci contenant, dans leur zone périphérique, des éléments chimiques semblables à ceux de la Terre, avec une
certaine tendance des atomes les plus légers, tels que l'hydrogène et
l'hélium, à dominer dans les parties hautes. Nous aurons à nous en
souvenir quand nous chercherons, au chapitre xv, à reconstituer, pour la
Terre, la distribution primitive des atomes. Mais on peut, d'autre part,
demander à l'astronomie des indications synthétiques sur la succession des structures qu'un astre semblable à la Terre est amené à adopter dans les diverses phases de son évolution. Il est, en effet, logique
de penser que, dans le nombre infini des astres partis d'une même origine et obéissant à une loi d'évolution analogue, toutes ces phases
doivent être représentées à la fois en quelque endroit de l'espace,
telles qu'elles se sont succédé sur un même point dans le temps.

Or, si nous envisageons d'abord l'état d'ignition, tel que nous le représente le *Soleil*, nous pouvons y remarquer deux faits importants : 1° les
jaillissements verticaux suivis de tourbillons extérieurs, les éruptions
de vapeurs par lesquelles s'établissent des communications locales
entre les parties internes et la photosphère ou la chromosphère ; 2° la
distribution des taches solaires suivant des bandes très limitées des
deux côtés de l'équateur. Le Soleil accuse déjà une disposition zonée
par bandes équatoriales, résultat logique de la rotation, que nous
retrouverons sur Saturne et qui paraît avoir été marquée, de bonne heure.

par les premiers plissements terrestres. Supposons que le Soleil se solidifie extérieurement ; sa croûte apparaîtra vraisemblablement zonée de dépressions parallèles à l'équateur. Cette écorce ferro-magnésienne et calcaire supportera des vapeurs plus ou moins condensées d'hydrogène, d'hélium et des combinaisons diverses entre les métaux alcalins, le calcium, le magnésium et les métalloïdes. Il s'y créera tôt ou tard des zones de sédimentations synclinales, et les métaux rares des zones centrales y seront groupés à la surface par taches correspondant aux primitives bouffées des protubérances, ou à la continuation des phénomènes analogues, devenus internes.

Au lieu du Soleil, envisageons la *Lune*. Dans l'examen de notre satellite, ce qui frappe aussitôt, c'est la grande quantité de cirques à arêtes plus ou moins vives et, d'une façon plus générale, c'est la forme circulaire de la plupart des contours, où, cependant, des accidents rectilignes sont à noter, comme le « mur droit » (Straight Wall)[1], qui constitue une dénivellation brusque, une sorte de faille de 100 km. de long sur 300 m. de haut. Il est impossible, en voyant cette surface criblée de pustules, de ne pas songer à la solidification d'une croûte de scorie traversée par des sortes d'immenses bulles gazeuses qui viennent éclater au dehors et, si cette idée n'a pas été plus généralement admise du premier coup, c'est qu'on est longtemps parti de l'idée préconçue qu'il n'avait jamais existé ni air ni eau à la Lune. On arrive, au contraire, à s'imaginer : une croûte mince se solidifiant par la juxtaposition de compartiments polygonaux, puis se plissant par l'effet de la contraction interne de manière à former des montagnes de 2.000 m. ; des intumescences volcaniques suivies d'affaissements ; des projections de cendres et des épanchements ; l'augmentation progressive d'épaisseur de la croûte amenant, comme nous le retrouverons sur la Terre, la localisation de plus en plus grande des dislocations ; enfin l'atténuation de la pesanteur permettant la disparition complète des principes légers dans l'espace[2]. Des cassures rectilignes, reliant entre elles des cratères, sont l'indice du phénomène profond, source des épanchements volcaniques superficiels, qui nous échappe sur la Terre. L'absence de condensation aqueuse abondante au-dessus de

---

1. J'ai reproduit, dans *La Nature* du 11 novembre 1911 (La géologie comparée des corps célestes), quelques photographies très typiques à cet égard. — Voir également : 1908 Puiseux. *La Terre et la Lune* (1 vol. chez Gauthier-Villars). — 1909 P. Lowell. *Mars et ses canaux* (Mercure de France). — 1909 Ch. André. *Les planètes et leur origine* (ibid.). — 1911 Siegmund Gunther. *Vergleichende Mond und Erdkunde.*

2. On a, pour reproduire l'aspect de la Lune, répété une vieille expérience de Chancourtois, qui laissait se dégonfler un ballon recouvert de cire et déterminait ainsi un premier réseau de rides dessinées grossièrement, des polygones à quatre, cinq, six côtés.

cette croûte, et celle de toute sédimentation résultante, ont laissé la structure ignée partout visible et supprimé le modelé extérieur, qui semble, au contraire, la caractéristique de la Terre et qui y masque trop la structure profonde.

Il est probable, par comparaison, que la proportion des silico-aluminates doit prédominer : la silice partant d'un minimum dans le Soleil pour arriver ici à un maximum en passant par la Terre. L'action de la Lune sur le magnétisme laisse supposer de plus que ces silicates, comme ceux des parties profondes de la Terre, doivent être fortement ferrugineux. On est même, par de curieuses expériences sur le spectre infra-rouge, arrivé à constater que la réflexion de la lumière se fait, sur la Lune, dans les mêmes conditions que sur nos laves terrestres.

Mars, sur lequel on discute tant, a des chances pour être beaucoup plus analogue à la Terre et à la Lune qu'on ne l'estime d'ordinaire. Il est bien probable que l'illusion de ses fins canaux mobiles est créée par des traînées de taches que l'œil fatigué et suggestionné de l'observateur groupe plus ou moins arbitrairement et que sa structure réelle se borne à quelques grandes dépressions volcaniques ou à des zones marines, comme pourraient en donner notre Méditerranée ou notre Atlantique : taches, dont la principale forme, en effet, une traînée équatoriale assimilable à notre Méditerranée. Vers le Sud, il est frappant, sur les derniers planisphères, de voir les compartiments antarctiques présenter la même torsion, tous dans le même sens (Arabia, Chryse), que ceux de la Terre, tandis qu'au Nord apparaissent, comme sur la Terre également, un certain nombre de taches continentales, placées à la suite les unes des autres et séparées par des sillons méridiens.

Les autres planètes sont trop peu connues physiquement pour pouvoir raisonner sur elles. En ce qui concerne *Vénus* et *Mercure*, Poynting est arrivé à calculer que, la température moyenne extérieure de la Terre étant de 16° et celle de Mars de 9°, celle de Vénus doit être de 66°, celle de Mercure de 193°. On a retrouvé, sur Vénus, les taches polaires brillantes, attribuables à des banquises, qui sont une des caractéristiques de Mars, et une atmosphère très chargée de vapeur d'eau. Sur Mercure, la lumière solaire se reflète dans des conditions qui rappellent la Lune.

De *Saturne*, nous n'avons à retenir qu'un fait, c'est l'existence des anneaux formés, suivant toute vraisemblance, de particules matérielles solides discontinues, séparées par des intervalles très grands relativement à leurs dimensions : autrement dit, d'innombrables satellites décrivant chacun leur orbite.

CHAPITRE V

DE LA MÉTHODE EN MINÉRALOGIE ET EN PÉTROGRAPHIE

I. MINÉRALOGIE. — BUT, HISTOIRE ET PROCÉDÉS. — A) *Reconnaissance des minéraux. Minéralogie descriptive. Emploi de la cristallographie et des méthodes optiques.* — B) *Minéralogie de gisements.* — C) *Synthèse des minéraux.* — D) *Méthodes de la cristallographie rationnelle. Recherches sur la constitution intime des cristaux.*

II. PÉTROGRAPHIE OU LITHOLOGIE. — BUT, HISTOIRE ET PROCÉDÉS. — A) *But de la pétrographie.* — B) *Historique de la pétrographie et du volcanisme. (Desmarets, de Buch, Cordier, Élie de Beaumont, Sorby, Zirkel, Fouqué et Michel Lévy.)* — C) *Méthodes de la pétrographie :* — 1° *Études sur le terrain : a)* Observations sur le volcanisme; *b)* Observations de gisement relatives aux roches éruptives anciennes; — 2° Examen des roches au laboratoire; *a)* Méthodes optiques, emploi du microscope; *b)* Séparation des minéraux d'une roche par le magnétisme, la densité, etc. ; *c)* Réactions chimiques; — 3° Reproduction synthétique des roches ignées.

Jusqu'ici, nous avons demandé aux sciences physiques et astronomiques de nous instruire sur la constitution générale de la Terre ; mais nous n'avons pas encore abordé les études sur le terrain, ou dans le laboratoire, qui constituent la tâche du géologue proprement dit.

Cependant nous avons vu, dans un chapitre précédent, la science géologique se diviser en une série de branchements, qui constituent maintenant autant de sciences spéciales, ayant chacune leur méthode propre et demandant à être étudiées séparément. C'est ainsi qu'il existe une science des minéraux (la *minéralogie*) et une science des roches éruptives formées par l'assemblage de ces minéraux (la *pétrographie*), une science des sédiments (la *stratigraphie*) et une science des êtres organisés compris dans ces sédiments (la *paléontologie*), une science des gîtes minéraux et métallifères (la *métallogénie*). En dehors de ces sciences, qui étudient, en quelque sorte, l'écorce terrestre à l'état statique et ses formations au repos, il en est d'autres, qui l'envisagent à l'état dynamique, non plus dans les conditions primitives de sa formation, mais dans les modifications ultérieures qu'elle a subies : que ces modifications aient été d'ordre mécanique (*tectonique*, à laquelle se rattache une partie de la pétrographie), ou qu'elles aient été d'ordre chimique (étude du *métamorphisme chimique*). Chacune de ces sciences, en se constituant, s'est posé un certain nombre de problèmes et a imaginé des méthodes pour les résoudre ; au cours des recherches nécessaires pour arriver à cette solution, d'autres problèmes se sont posés, dans la suite, à leur tour : problèmes, dont on ne concevait même pas l'existence au début et la méthode a subi, de son côté, pour s'adapter à ces conditions nouvelles, une évolution nécessaire, qu'il nous reste à examiner à l'occasion de chaque science spéciale en particulier.

Nous commencerons, dans ce chapitre, par apprendre à étudier, en eux-mêmes, les éléments matériels, que nous avons déjà distingués en deux grandes catégories (roches éruptives et sédiments), sans nous occuper de la disposition de ces éléments en couches, en massifs ou en filons, ni des relations réciproques, que peuvent présenter ces diverses parties du globe. Ces relations réciproques, qui forment l'objet de la stratigraphie et de la tectonique, nous occuperont ensuite pendant plusieurs chapitres, où il sera question également des restes organisés, des anciennes traces de vie parfois conservées au milieu d'eux.

Chacun des éléments matériels plus ou moins compliqués, minéraux, roches, terrains, qui constituent l'écorce terrestre, forme un sujet d'étude pour le géologue.

Minéraux, terrains ou roches peuvent, en effet, soit par leur constitution même, soit par leur association avec d'autres et par la structure de cette association, nous raconter leur histoire, nous dire comment ils se sont formés, quelles modifications ils ont subies, comment ils se sont groupés. et nous éclairer, par là, sur le milieu où on les rencontre, c'est-à-dire sur la formation des roches par action ignée, des terrains par sédimentation (suivie quelquefois de métamorphisme).

Cette étude des éléments matériels inorganisés est le but de deux sciences distinctes : la *minéralogie*, qui considère les éléments isolés ; la *pétrographie*, qui étudie leurs groupements, soit dans les roches éruptives, soit, plus accessoirement, dans les sédiments.

La minéralogie est, en outre, par suite de la symétrie cristalline que tendent toujours à prendre les molécules, un de nos meilleurs moyens pour pénétrer jusqu'à la constitution de la matière. Mais, si nous laissons un instant de côté (pour y revenir bientôt) ce point de vue, qui rattache la minéralogie aux sciences physiques plutôt qu'aux sciences naturelles, nous voyons que les deux sciences, groupées dans ce chapitre, se proposent également de déterminer les conditions chimiques et physiques, dans lesquelles se sont formés les minéraux, plus ou moins intimement associés, des roches éruptives, des filons, des sédiments, c'est-à-dire de reconnaître les principes chimiques mis en jeu dans leur constitution, les dissolvants intervenus, la température, la pression, etc., puis les altérations métamorphiques (dynamiques ou chimiques), par lesquelles ces groupes de minéraux ont pu être modifiés, et, quand il s'agit de sédiments, les remaniements, les déplacements qu'ils ont subis.

Une telle étude, qu'il s'agisse de roches, de filons ou de sédiments, demande à être complétée par la tectonique et la stratigraphie. L'usage, un peu illogique peut-être en apparence, mais cependant motivé par l'unité du sujet, est, lorsqu'il s'agit de roches éruptives, de faire rentrer la tectonique spéciale de leurs gisements dans la pétrographie. C'est donc dès ce chapitre que nous rechercherons sommairement les rapports des roches éruptives avec les terrains encaissants et avec les dislocations, que ceux-ci ont subies.

I. — Minéralogie. Histoire, But et Procédés.

La minéralogie est, sans doute, une des sciences les plus anciennes ; car, de très bonne heure, l'homme le plus sauvage a dû avoir les yeux attirés par certains cailloux brillants et colorés à faces nettes, semblant comme taillés et ciselés par la nature. Très vite aussi, on a appris à reconnaître empiriquement ceux de ces cristaux, qui pouvaient être de quelque utilité, ne fût-ce que pour la parure, et l'on a prêté des vertus merveilleuses, des propriétés médicinales à ceux, dont l'éclat et la beauté avaient particulièrement attiré l'attention[1]. Ces qualités plus ou moins réelles des pierres ont fait, jusqu'au XVIᵉ et au XVIIᵉ siècle, l'objet de toute une série de livres, tels que ceux de Pline, de Marbodus, d'Albert le Grand, de Robert de Boèce, etc., que l'on peut, si on le veut, considérer comme de premiers traités de minéralogie. L'ouvrage de Buffon, écrit en 1782, qui constitue un véritable traité de géologie appliquée, résume bien cette série de connaissances empiriques, acquises pendant une longue suite de siècles ; mais l'étude sérieuse des cristaux n'a réellement été fondée, vers ce moment, que par Romé de l'Isle[2], et,

1. Voir : *Les Vertus des pierres précieuses*. (La Nature, 16 avril 1904.)

2. *Essai de Cristallographie*, 1772. *Cristallographie*, 4 vol. 1783-1796. « ROMÉ DE L'ISLE, dit CUVIER, qui s'occupait depuis longtemps des cristaux sans avoir seulement soupçonné le principe de leur structure, eut la faiblesse de vouloir combattre HAÜY, quand celui-ci l'eut découvert. Il trouva plaisant d'appeler M. HAÜY un *cristalloclaste*, parce qu'il brisait les cristaux (pour observer leurs clivages). » On cite encore, comme précurseurs très incomplets d'HAÜY, HANSEN et GAHN, qui avaient remarqué

surtout, par l'admirable Haüy[1]. Avant Romé de l'Isle, un français Carangeot avait inventé le goniomètre d'application, au moyen duquel on peut mesurer les angles des cristaux. En employant cet instrument, Romé de l'Isle, qui a créé le nom de cristallographie, démontra, en 1783, la constance des angles dans une même espèce, puis le rôle des macles et celui des pseudomorphoses, mais sans savoir en déterminer, ni la loi générale, ni la cause, ni l'origine. Enfin, Haüy a expliqué toutes les innombrables apparences cristallines, extrêmement diverses, d'un même corps, véritable chaos jusque-là, par des propriétés géométriques simples, qui lui ont permis, indépendamment de toute analyse, de reconnaître l'identité d'une même espèce sous des formes différentes et la différence des espèces sous des formes analogues.

La découverte d'Haüy a surtout une importance de premier ordre pour la géométrie et l'optique des cristaux, c'est-à-dire pour leurs propriétés physiques, qui ont fait de la cristallographie un de nos moyens les plus parfaits pour pénétrer dans la constitution même de la matière. Il suffit ici de remarquer qu'il a mis en évidence une *loi de symétrie*, qui doit dominer tout le monde physique, en vertu de laquelle une modification de la forme cristalline doit nécessairement se répéter sur tous les éléments de même espèce (faces, angles ou arêtes), réellement identiques entre eux. De la sorte, un cristal très compliqué peut, en le dépouillant de ses *faces secondaires*, être réduit à une *forme primitive*, qui le détermine. On est ainsi amené peu à peu à reconnaître que toutes les formes cristallines procèdent de sept systèmes géométriques, définis par leur assimilation avec autant de polyèdres, dont ils présentent les éléments de symétrie, de plus en plus incomplets (cube, prisme hexagonal, prisme quadratique, rhomboèdre, prisme orthorhombique, prisme clinorhombique, prisme asymétrique[2]). En

---

déjà l'importance des clivages et surtout BERGMANN (*De la forme des cristaux et principalement de ceux qui viennent du spath*, 1773, Upsal ; traduit par G. DE MORVEAU), auquel on doit des observations utiles, avec cette erreur capitale d'avoir voulu attacher au rhomboèdre du spath même le quartz ou le grenat.

1. *Essai sur la structure des cristaux* (1784). — *Traité de cristallographie* (1822). (Voir son éloge historique par CUVIER.) — HAÜY (1743-1822) avait commencé par être l'élève de DAUBENTON. CUVIER a raconté comment, étonné de ne pas rencontrer dans les minéraux la constance des formes qui existe dans les plantes, il trouva la solution le jour où un prisme de calcite, en se cassant suivant ses clivages, lui montra les formes rhomboédriques du spath d'Islande. Son premier mémoire sur les grenats et spaths calcaires est du 10 janvier 1781 ; le second, du 22 août 1781. L'effet produit fut tel que, dès 1783, l'Institut nomma HAÜY à la première place vacante, comme adjoint dans la section de botanique, puis, en 1788, comme associé dans la section de minéralogie. Plus tard, HAÜY, quoique prêtre non assermenté, fut nommé par la Convention, conservateur et professeur à l'École des mines. Il devint, en outre (en 1802), professeur au Muséum et à la Faculté des Sciences.

2. La symétrie apparente d'un cristal est généralement beaucoup plus grande que sa symétrie réelle, ainsi qu'on le constate par les anomalies optiques.

même temps, la forme géométrique de la molécule cristallisée fondamentale étant une propriété intégrante et constitutive de celle-ci, on peut se proposer de rechercher les lois, qui lient cette forme à celle de l'atome chimique et celle d'un corps composé aux propriétés de ses composants.

Ce sont ces idées essentielles, directement émanées de Haüy, qui, développées en France par la tradition des Bravais[1] et des Mallard, ont constitué la véritable science de la *cristallographie*, telle que nous la connaissons depuis près d'un demi-siècle, c'est-à-dire arrivée à ce degré de précision mathématique, où une science naturelle semble se détacher de son groupe pour rentrer dans la catégorie des sciences mécaniques et physiques.

Cette partie de la minéralogie me paraît être celle qui lui prête sa valeur fondamentale et son intérêt philosophique. La minéralogie est, avant tout, l'étude des propriétés optiques et physiques, que révèlent les molécules matérielles, lorsqu'elles se sont trouvées libres d'obéir aux lois générales et primordiales de l'équilibre ou de la symétrie. Néanmoins, la cristallographie et la minéralogie optique semblent aujourd'hui si distinctes de la géologie que je ne saurais entrer ici, à leur sujet, dans de longs développements.

Mais la minéralogie peut être également envisagée sous d'autres aspects, qui la rattachent plus directement à la géologie. Elle est, d'abord, — et c'est le point de vue qu'on examine, avant tout, dans l'enseignement — la science qui permet de reconnaître, de nommer et de classer les minéraux, la *minéralogie descriptive*. Par ce travail un peu aride, elle constitue, comme toute science de détermination et de classification, la base nécessaire de nos études géologiques, puisque elle seule peut nous apprendre à préciser de quoi nous parlons et à savoir de quoi l'on nous parle. Ce côté descriptif de la minéralogie, en partie fondé sur la cristallographie, en est, comme je l'ai dit déjà[2], le plus ancien et le plus habituellement considéré ; depuis Buffon, Romé de l'Isle ou Bergmann, il a été développé dans de nombreux ouvrages, parmi lesquels il suffira de citer ceux de Leymerie, Delafosse, Dufrénoy, Dana, Naumann, Zirkel, Descloizeaux et, en dernier lieu, de Lapparent[3].

1. Les mémoires de Bravais, publiés de 1848 à 1851 dans le Journal de Mathématiques et le Journal de l'Ecole polytechnique, ont été, en 1866, après la mort de l'auteur, réunis en un volume d'*Études cristallographiques* par les soins d'Élie de Beaumont. Mallard les a fait revivre et remis en lumière. On peut également citer le nom de Miller, en Angleterre ; en Allemagne, ceux de Weiss, Naumann et Rose, dont l'œuvre est restée plus strictement confinée dans la géométrie.

2. Page 127.

3. *Cours de Minéralogie*, chez Savy, 1re édition en 1884.

La minéralogie est entrée dans une voie très féconde pour la géologie, quand, au lieu de se borner à reconnaître les cristaux, elle s'est proposé de les reproduire artificiellement dans les conditions mêmes où avait opéré la nature. Ces études de *synthèse*, qui ont pour base la *minéralogie de gisements*, dont je parlerai bientôt, sont dues, pour la plus grande partie, à une glorieuse école française, qui comprend, entre autres noms, ceux de Berthier, Ebelmen, Sénarmont, Durocher, Henri Sainte-Claire Deville, Daubrée, Becquerel, Friedel, Frémy, Hautefeuille, Fouqué, Michel Lévy, Moissan[1]. Tandis que l'École allemande prétendait étudier les minéraux uniquement « an sich und für sich » (en eux-mêmes et pour eux-mêmes) et dédaignait, aussi bien les recherches sur la constitution de la matière[2] que les procédés de laboratoire, incapables, d'après Zirkel, de reproduire les associations des minéraux réalisées par la nature, la science française a, dans cette double voie, obtenu des résultats fondamentaux et quelques-uns des plus importants, parmi ceux qui nous éclairent sur l'obscurité du monde matériel.

Je viens de faire allusion à la *minéralogie de gisements*, c'est-à-dire à l'étude des gisements minéralogiques. Ce genre d'observation n'a, sans doute, jamais été absolument négligé par les minéralogistes, qui ont toujours eu soin de citer l'origine de leurs minéraux ; mais on ne lui a que récemment attribué toute sa véritable importance. Précisément parce que les minéralogistes étaient surtout des physiciens ou des géomètres, le côté géologique de la minéralogie les touchait médiocrement et il a fallu longtemps pour se rendre compte qu'un minéral est surtout intéressant par son association naturelle avec d'autres minéraux, dans des conditions de gisement déterminées. C'est là seulement que nous trouvons une base solide pour expliquer son origine au moyen de la synthèse ; car il existe, dans bien des cas, dix manières de reproduire un minéral unique, tandis qu'il n'y a souvent qu'un seul procédé pour reproduire à la fois tout un groupe de minéraux, dans les conditions de gisement où ils se présentent rassemblés. Il faut donc, pour que la synthèse nous éclaire sur l'origine et le mode de formation d'un minéral, avoir reproduit simultanément tous les minéraux qui l'accompagnaient et, quand, ce qui arrive d'ordinaire, on trouve les divers minéraux cristallisés dans un certain ordre, et s'englobant les uns les autres, il est encore nécessaire que la méthode adoptée les ait reproduits dans cet

---

1 Fouqué et Michel Lévy. — *Synthèse des minéraux et des roches*, Paris, Masson, 1882.

2. « Un cristal, a dit Mallard, n'est pas un être géométrique ; la forme, qui le caractérise, n'est que l'expression figurée des propriétés les plus intimes de la matière qui le compose. »

ordre même, avec les mêmes propriétés, les mêmes inclusions liquides ou gazeuses, etc.

Ce besoin me paraît avoir été, tout d'abord, senti par les pétrographes, auxquels l'association complexe des minéraux, constituant une roche, s'imposait comme un ensemble indissoluble. Quand MM. Fouqué et Michel Lévy voulurent obtenir les premières reproductions synthétiques de roches, ils ont été guidés dans leurs efforts par la connaissance pétrographique des magmas éruptifs, obtenue antérieurement au moyen d'un examen microscopique. D'autre part, les explorateurs des filons métallifères ont, eux aussi, depuis Werner, attaché une importance toute spéciale à ces groupements de minéraux et de minerais et à leur ordre de formation. Mais il restait à étendre ces considérations à l'ensemble de la minéralogie, à envisager et grouper tous les minéraux d'après leur gisement, dont la connaissance nous est si essentielle pour les comprendre. C'est le grand progrès que me paraît avoir réalisé M. A. Lacroix dans « sa Minéralogie de la France et de ses Colonies [1] ».

En résumé, la minéralogie se propose : 1° de reconnaître, classer et décrire les minéraux (minéralogie descriptive) ; 2° d'observer leurs associations et d'en expliquer l'origine (minéralogie de gisements et synthèse minéralogique) ; 3° de pénétrer l'intimité de leur constitution cristalline (cristallographie rationnelle). Ce sont les procédés employés pour atteindre ce triple but que nous devons rapidement indiquer.

A) RECONNAISSANCE DES MINÉRAUX. MINÉRALOGIE DESCRIPTIVE. EMPLOI DE LA CRISTALLOGRAPHIE ET DES MÉTHODES OPTIQUES. — La minéralogie descriptive, dont les méthodes sont assez simples pour qu'il soit inutile d'insister, utilise, en dehors du premier examen superficiel, qui, d'après leur aspect seul, fait reconnaître empiriquement beaucoup de minéraux, ou des observations élémentaires sur la dureté, la densité, la fusibilité, les réactions chimiques au chalumeau, etc., plusieurs procédés de détermination plus précis, dont les principaux sont, avec l'analyse chimique proprement dite, l'étude des propriétés cristallines et celle des propriétés optiques.

Toutes les formes cristallines des minéraux pouvant se ramener, comme je l'ai dit, à sept systèmes, on se propose d'abord de déterminer dans quel système rentre le minéral à étudier : ce qui se réalise en cherchant ses éléments de symétrie géométrique, centre, plans et axes. Le choix étant alors limité entre un plus petit nombre de minéraux cristallisés suivant un même système, la mesure au goniomètre [2] des angles

---

1. 3 volumes. Paris, Baudry, 1893 et ann. suiv.
2. Le goniomètre à réflexion permet de mesurer l'angle de deux faces en observant un même rayon lumineux, réfléchi successivement sur ces deux faces et mesurant

que font entre elles certaines faces, la reconnaissance de certaines particularités géométriques caractéristiques, telles que le mode de mériédrie[1], les macles, le polychroïsme, etc., au besoin le calcul de la forme cristalline primitive, suffisent à déterminer le cristal.

On y joint, en outre, surtout s'il s'agit de reconnaître un minéral dans une lame mince de roche étudiée au microscope, l'examen des propriétés optiques, (mesure de la biréfringence, nombre et position des axes optiques) et, dans ce cas, on peut encore recourir aux réactions micro-chimiques. Je donnerai, tout à l'heure, quand il sera question de la pétrographie, quelques indications sur l'emploi, peu connu en dehors des spécialistes, de ces méthodes optiques, telles qu'on les applique aux roches[2].

B) Minéralogie de gisements. — La pratique scientifique ordinaire a toujours soigneusement distingué, jusqu'à ces derniers temps, les cristaux isolables et visibles à l'œil nu, ou macroscopiques, appartenant au minéralogiste, et les cristaux microscopiques, laissés au pétrographe. Si l'on considère les associations des minéraux, qui forment la base de la minéralogie de gisements, une telle distinction est d'autant moins fondée, que, dans les roches mêmes, les éléments sont, tantôt macroscopiques et tantôt microscopiques : la différence, purement empirique, entre ces deux catégories résultant simplement de notre puissance de visibilité.

Il ne serait pas plus rationnel d'établir une autre barrière entre les minéraux de filons ou de géodes, librement cristallisés par voie hydrothermale ou sublimation et les minéraux des roches, pour lesquels la fusion ignée est surtout intervenue ; car bien des cristallisations de roches paraissent avoir nécessité des réactions hydrothermales prédominantes et, d'autre part, même en milieu igné proprement dit, la cristallisation d'éléments

l'angle dont il faut faire tourner le cristal pour que ces deux rayons réfléchis coïncident.

1. Il arrive souvent qu'un cristal présente seulement la moitié ou le quart des faces exigées par la symétrie. C'est ce qu'on appelle *l'hémiédrie* ou la *tetratoédrie* (plus généralement la *mériédrie*), expliquée par Delafosse en admettant que les faces supprimées, identiques aux autres géométriquement, ne le sont pas physiquement (autrement dit, suivant Bravais, qu'il y a différence entre la symétrie du polyèdre et celle de son assemblage). Une substance donnée n'offre jamais qu'un seul genre de formes mériédriques. — Les *macles* sont l'assemblage de deux ou plusieurs cristaux accolés en un seul, et dont les orientations cristallographiques sont différentes, comme s'il y avait eu demi-rotation de l'un d'eux autour d'un axe (*hémitropie normale*), ou de 180° autour d'une ligne contenue dans le plan d'assemblage (*hémitropie parallèle*). — Le *polychroïsme* est la propriété que présentent les cristaux biréfringents d'offrir des colorations variables suivant la direction en lumière naturelle. Voir plus loin pages 735 et 739.

2. Page 167. Voir également l'appendice page 731.

dissous au milieu d'un bain de fusion, tels que les cristaux de première consolidation d'une roche, est tout à fait assimilable à celle d'éléments dissous dans un bain aqueux. Peu importe en théorie que le dissolvant prenne la forme liquide à 0° ou à 300°. La vérité est qu'il n'y a pas lieu de maintenir, entre la minéralogie de gisements et la pétrographie, entre l'étude des cristaux macroscopiques et celle des cristaux microscopiques, une distinction sans raison d'être et l'étude des associations minérales doit être envisagée, à la fois, dans les deux cas. Les procédés d'examen ordinaires introduisent seuls quelque différence.

Les gisements des minéraux peuvent se classer en plusieurs groupes, qui se différencient par leur complexité plus ou moins grande.

On trouve d'abord des minéraux cristallisés dans les roches éruptives et, sans doute, sous la prédominance des actions ignées. Tantôt ces minéraux font partie intégrante de la roche même, entrent dans toutes les parties de sa constitution et ne peuvent que difficilement en être extraits, quoiqu'à la simple vue ils apparaissent distincts les uns des autres ; tantôt même, ils arrivent à constituer les éléments microscopiques d'une pâte, qui, à l'œil nu, semble tout à fait compacte ; tantôt, au contraire, ils s'isolent, en certains points particuliers de la roche, en cristaux de grande dimension ; mais ce ne sont là que des différences de degré, tenant au mode de cristallisation, à l'influence variable des minéralisateurs, des dissolvants, du milieu encaissant, de la température ou de la pression.

Les filons métallifères, et, plus généralement, les remplissages de fissures, fractures ou vides quelconques dans les roches ou les terrains constituent une seconde catégorie de gisements, attribuable d'ordinaire à des circulations hydrothermales plus ou moins anciennes, plus ou moins profondes, où, souvent, les minéraux, cristallisés dans des géodes, prennent des dimensions et une netteté particulières.

Enfin les sédiments renferment, en dehors des matériaux remaniés qui les constituent et dont les éléments ont été d'abord empruntés aux roches éruptives, des minéraux résultant de cette tendance constante à la cristallisation, qui produit les diverses formes du métamorphisme. Le contact d'une roche ignée avec un terrain sédimentaire, la reprise d'une enclave sédimentaire dans une telle roche ont été particulièrement propices à la cristallisation de très nombreux minéraux.

Ce métamorphisme, qui, sous de telles réactions ignées, a pris parfois une intensité particulière, se traduit, d'une façon générale, par l'évolution constante de toute substance minérale jusqu'à ce qu'elle ait fini par atteindre, à un état chimique déterminé, sous une forme cristalline déterminée, son maximum de stabilité. Il y a là une série de « pseudomorphoses », que l'on a pu comparer à un phénomène vital et qui jouent un rôle important dans la formation des minéraux cristallisés [1].

La minéralogie de gisements, en analysant ainsi les conditions naturelles, où se présente telle ou telle forme minérale, permet d'expliquer et de reconstituer son origine ; les conclusions d'un tel travail doivent alors être vérifiées par une synthèse.

C. Synthèse des minéraux. — Un certain nombre de minéraux se forment naturellement sous nos yeux, ou se trouvent reproduits artificiellement par des réactions si simples qu'elles ne sauraient être considérées comme une synthèse. Mais un grand nombre d'autres exigent des procédés beaucoup plus compliqués, que la géologie a un intérêt essentiel à connaître, parce qu'ils lui expliquent ce qui a dû se passer dans les cas où un tel minéral se rencontre, ou, du moins, lui donnent le choix, pour expliquer sa formation, entre un petit nombre d'hypothèses. Je vais résumer ici ces méthodes de synthèse d'après Fouqué et Michel Lévy.

En principe, comme je l'ai dit déjà [2], pour qu'un minéral soit reproduit synthétiquement, il faut que le cristal artificiel ait la composition chimique, le système cristallin, les propriétés optiques du cristal naturel ; il faut, en outre, si l'on veut en tirer quelques conclusions géogéniques, que, dans le procédé adopté, tout concorde avec les conditions géologiques et minéralogiques observées d'abord sur ses divers gisements.

Cela posé, une synthèse d'un minéral, ayant pour but de réaliser sa cristallisation, doit mettre les molécules, qui le constituent, dans un état de mobilité, de liberté, où elles puissent échapper assez aux forces extérieures pour obéir simplement aux attractions réciproques, qui tendent à les grouper d'après leur système de symétrie. Suivant les corps, cette mobilité pourra être obtenue, à l'état solide, plus fréquemment à l'état liquide (fusion ou dissolution), souvent aussi par volatilisation. L'emploi de certains éléments auxiliaires, même inertes, tels qu'un courant d'azote, augmente cette mobilité ; le passage à travers un tissu mince dans l'endosmose, ou la présence de cellules très petites, toutes préparées pour recevoir les cristaux, comme en présentent les substances organisées, semblent également faciliter cette individualité moléculaire, qui paraît une des bases de la cristallisation. Mais on réussit surtout lorsqu'on peut saisir un corps, au moment où il se dégage d'une réaction chimique. Dans cette forme, que l'on qualifie parfois d'état naissant, il semble, comme nous le supposions tout

1. Voir, plus loin, pages 300 et 318.
2. Page 30.

à l'heure par métaphore, que le corps chimique soit réellement encore dépourvu de tous liens et on le voit alors cristalliser. La pression, sans avoir besoin d'atteindre les chiffres extraordinaires, que l'on supposait autrefois, semble, elle aussi, jouer un rôle pour rapprocher les molécules à un point tel que leurs affinités réciproques les soudent ensemble en un cristal. Une des méthodes les plus fructueuses et qui a dû jouer un rôle énorme dans les phénomènes naturels est celle qui fait intervenir l'action des carbonates alcalins sous pression. Les reproductions de minéraux par ces divers procédés ont fait nettement voir lesquels s'étaient produits dans la nature par fusion (minéraux des roches éruptives), lesquels, au contraire, par dissolution hydrothermale (minéraux des filons métallifères). C'est une distinction, sur laquelle nous aurons à appuyer diverses théories.

Nous distinguerons, par conséquent, quatre cas principaux, suivant que les modifications moléculaires nécessaires à la cristallisation sont obtenues : I, à l'état solide ; II, à l'état fondu ; III, par volatilisation, ou IV, en dissolution ; chaque cas pouvant, à son tour, se subdiviser, suivant qu'on opère : A avec réaction chimique, ou B sans réaction ; à basse ou haute pression ; avec ou sans dissolvant. Nous allons considérer successivement ces diverses hypothèses, en donnant quelques exemples.

I. A. — Les modifications moléculaires à l'état solide et sans réaction chimique interviennent dans la cristallisation du soufre, de l'acide arsénieux, du fer.

I. B. — Les mêmes modifications, avec réaction chimique, peuvent expliquer la reproduction du marbre par Hall.

II. A. — A l'état fondu, sans réaction chimique et sans dissolvant, c'est-à-dire simplement en laissant refroidir le mélange fondu, on fait cristalliser le soufre, le bismuth, la stibine, le péridot, l'augite, la néphéline, la leucite et le plagioclase ; l'intervention d'un dissolvant, comme le chlorure de sodium ou de calcium, permet parfois d'obtenir, à haute température, la mobilité nécessaire : c'est ainsi que l'apatite cristallise dans le chlorure de sodium, le graphite dans la fonte.

II. B. — A l'état fondu, mais avec réaction chimique, c'est-à-dire en déterminant par de faibles variations de température deux réactions successives et opposées, Hautefeuille a reproduit l'orthose, l'albite, le quartz, la tridymite, la leucite, au moyen des tungstates et vanadates alcalins.

III. A. — Par volatilisation proprement dite, quelquefois en faisant agir un gaz inerte comme l'azote pour faciliter le transport, on obtient le soufre, l'arsenic, l'acide arsénieux, la blende, le cinabre, le calomel, le réalgar.

III. B. — Par volatilisation encore, mais avec réaction chimique, on peut, en mettant en contact un gaz et une vapeur, obtenir : l'oligiste par la vapeur d'eau sur le chlorure de fer (Gay-Lussac) ; la cassitérite et le rutile par la vapeur d'eau sur un chlorure ou fluorure (Daubréc) ; les sulfures par l'hydrogène sulfuré sur un chlorure au rouge (Durocher). On peut également, par un gaz ou une vapeur jouant le rôle de minéralisateurs sur un corps solide, reproduire l'argent sulfuré (vapeur de soufre sur l'argent métallique), l'argent natif (hydrogène sur le sulfure d'argent), le zircon au moyen du fluorure de silicium, les carbonates métalliques par l'acide carbonique (Sénarmont).

IV. — Enfin, à l'état de dissolution, on agira, suivant les cas :

1° A la pression ordinaire, par évaporation (chlorures de sodium et de potassium, gypse, etc…).

2° Par semis dans une dissolution sursaturée (expériences de Gernez).

3° Par variation de température modifiant la solubilité (chlorure d'argent de Sainte-Claire Deville ; phosphates de Debray.)

4° Par réaction chimique (calcite et aragonite, au moyen de l'eau et du bicarbonate de chaux, etc…)

5° Par endosmose, dialyse (sulfate de baryte, spath fluor, anglésite, cérusite, etc…), ou par faibles courants électriques (Becquerel).

6° Par l'action de l'eau pure, ou faiblement chargée de carbonates alcalins sous haute pression : méthode employée par Sénarmont, Daubrée et Friedel pour le quartz, les carbonates et sulfures, le spath fluor, la tridymite, l'orthose, etc…

Nous aurons à revenir souvent sur ces procédés de synthèse, qui intéressent non seulement la minéralogie, mais aussi la pétrographie et la métallogénie.

Nous verrons, par exemple, en pétrographie, que l'on a fait cristalliser par une simple fusion ignée tous les minéraux des roches basiques : péridot, pyroxène, enstatite, plagioclase, labrador, leucite, néphéline, etc…

Nous rappellerons également, en métallogénie, que les minéraux des filons concrétionnés ont été reproduits surtout par voie hydro-thermale, en employant deux modes différents, suivant qu'il s'agissait du groupe stannifère, ou du groupe des minéraux sulfurés (plomb, zinc, fer, etc.).

Dans le premier cas, on est conduit à admettre l'intervention des minéralisateurs chlorurés ou fluorurés sur des dissolutions soumises à de hautes pressions (les sulfures et carbures ne jouant, quoique présents, qu'un rôle accessoire, comme ils le font dans les fumerolles les plus chaudes issues des laves) ; dans le second cas, les sulfures dominent, au contraire, et l'intervention de carbonates ou sulfures alcalins suffit pour réaliser la synthèse ; même la fluorine, qu'on rencontre parfois dans ces gisements sulfurés, peut, comme l'a montré Sénarmont, cristalliser par l'action du bicarbonate de soude sur le fluorure de calcium amorphe.

D. Méthodes de la cristallographie rationnelle. — Recherches sur la constitution intime des cristaux. — Un minéral cristallisé se distingue, dès l'examen le plus grossier et le plus superficiel, d'une substance amorphe par la netteté, la régularité, la symétrie. C'est en étudiant les lois de cette symétrie, qui est encore plus frappante pour les propriétés internes que pour les formes extérieures, en constatant que, dans un cristal, les diverses directions considérées[1] ne sont, en principe, aucunement identiques entre elles pour leurs propriétés physiques, mais que certaines directions à propriétés identiques se groupent, d'une façon prévue, par rapport à des « éléments de symétrie », que les cristallographes ont pu, de proche en proche, essayer de remonter, par des hypothèses ingénieuses et serrant de plus en plus près la complexité des observations, jusqu'à la distribution même de la matière. Il y a là tout un ordre de spéculations théoriques, qui, solidement appuyées sur l'observation et sans cesse vérifiées par elle dans leurs conséquences, arrivent à éliminer merveilleusement l'apparence extérieure des corps pour envisager seulement leur constitution la plus intime[2].

Les méthodes de la cristallographie rationnelle sont celles de la géométrie et de la physique : en particulier, de l'optique. Elles ont eu pour point de départ, les observations d'Haüy, qui, en sacrifiant sous le marteau sa collection de cristaux, a reconnu, dans tous les cristaux d'une même substance aux apparences extérieures les plus variées, depuis la pyramide la plus aiguë jusqu'au rhomboèdre presque cubique[3], l'existence des mêmes *clivages*, c'est-à-dire de plans de cassure naturelle semblables et en a déduit l'hypothèse de *molécules intégrantes*, ayant la forme de parallélipipèdes plus ou moins symétriques et tous semblablement disposés, qui, en s'empilant ou plutôt en se groupant en quinconce[4], produiraient les apparences extérieures

---

1. Il est facile de voir que, dans un cristal, la *direction* d'une ligne importe seule et non la position absolue : une face peut être déplacée parallèlement à elle-même sans rien changer à la structure de l'édifice. « Les propriétés physiques, variables en général avec les directions suivies autour d'un même point, sont absolument les mêmes pour toutes les directions parallèles » (De Lapparent, *Minéralogie*, p. 17).

2. Nous aurons à en résumer les conclusions page 297.

3. Il y avait, dans cette diversité des formes d'une même substance, un contraste avec les végétaux, qui surprenait, depuis longtemps, Haüy.

4. Haüy avait déjà remarqué (*Traité de cristallographie*, 822, t. I, p. 247) que, pour expliquer certaines propriétés physiques, il fallait admettre, entre les molécules, « des intervalles infiniment plus considérables que leurs diamètres ».

des cristaux. Ce quinconce, c'est le *réseau cristallin*, dont le rôle est essentiel dans toutes nos théories; les sommets du réseau, c'est ce que nous appelons les *nœuds*, sur lesquels viennent se centrer les molécules cristallines : autrement dit, les éléments matériels les plus petits qui puissent affecter la forme cristalline. Dès lors, les faces obliques au parallélipipède primitif de la molécule et à celui que constitue l'empilement des molécules semblables sont supposées résulter de l'enlèvement d'un nombre entier de molécules ainsi accumulées et couper les arêtes suivant des lois numériques simples. En outre, si une face s'est produite dans la cristallisation, toutes les faces symétriques ont dû avoir exactement la même tendance à se réaliser. Toutes les propriétés de l'édifice cristallin se trouvent voulues par la symétrie de l'invisible molécule primitive, qui est devenue, dans les théories plus modernes, ce que j'appellerai tout à l'heure l'élément cristallin.

Cette théorie d'Haüy, qui a inspiré toute la cristallographie moderne, a dû être peu à peu retouchée pour répondre aux progrès de l'observation.

C'est ainsi que la première idée un peu simple de molécules matérielles empilées et étroitement juxtaposées ne répondait pas, comme Haüy lui-même l'avait remarqué, à toutes les observations physiques, qui nécessitent des intervalles entre les molécules (dilatation, transparence, etc.).

Partant d'une notion qu'Haüy avait laissée dans le vague, Delafosse et Bravais ont alors précisé l'hypothèse sur la structure cristalline en supposant un assemblage parallélipipédique, dont les sommets, ou nœuds, seraient les centres de gravité d'*éléments cristallins* polyédriques quelconques, tous semblablement orientés[1]. Dans l'hypothèse de Bravais, reprise et développée par Mallard, les nœuds seuls et les

---

1. La notion d'élément cristallin, ou de molécule polyédrique, a été l'objet de nombreuses controverses, tenant surtout au nom défectueux de molécule qu'on lui a donné. On a tout embrouillé en voulant l'assimiler à une molécule chimique ; il ne faut y voir, ainsi que Mallard l'avait déjà remarqué, qu'un élément, ou noyau cristallin, *déjà complexe*, et ayant probablement une réalité observable : un élément, qui constitue déjà un cristal élémentaire et ne fait ensuite que se développer par répétition. C'est pourquoi je préfère encore ce nom d'*élément cristallin*, qui marque bien le passage de l'état amorphe à l'état cristallin, produit au moment où il se constitue, à ceux de « domaine complexe » ou « particule complexe » proposés par MM. Schœnflies et Wallerant pour faire contraste avec les particules fondamentales, dont ils ont supposé cet élément composé.

Quant à l'identité d'orientation des polyèdres élémentaires, elle paraissait autrefois contredite dans le cas spécial de la polarisation rotatoire, pour lequel on a été conduit à imaginer une sorte de disposition hélicoïdale, une répétition d'éléments semblablement orientés, seulement de trois en trois, ou de quatre en quatre et des files d'éléments droits coexistant avec des éléments gauches; mais c'est qu'on ne considérait pas, comme on va le voir, un élément cristallin suffisamment complexe.

éléments cristallins centrés sur ces nœuds ont une existence réelle ; l'assemblage de ces nœuds par un système quelconque de parallélipipèdes est une pure convention géométrique ; les éléments cristallins se trouvent séparés les uns des autres de manière à permettre la dilatation et la position des nœuds paraît d'abord indépendante de la symétrie de ces éléments, quoiqu'une analyse plus approfondie du phénomène la montre en dérivant directement, par suite de la tendance qu'ont, nécessairement, les éléments cristallins à prendre un assemblage de même symétrie que la leur propre, ou de symétrie supérieure, pour réaliser l'équilibre le plus parfait.

D'autre part, l'observation de certaines anomalies apparentes à la loi de symétrie, telles que l'absence constante de quelques faces exigées par la symétrie, qui constitue la *mériédrie*, a montré bientôt que l'identité entre les parties de la figure géométrique, considérées comme symétriques dans la théorie de Haüy, devait être absolue et se manifester, non seulement dans la forme extérieure, mais dans toutes les propriétés physiques. S'il arrive, par exemple, que la symétrie de l'élément cristallin moléculaire se soit trouvée modifiée dans la symétrie adoptée pour l'assemblage des éléments, par suite de l'impossibilité d'occuper l'espace entier par une semblable combinaison réticulaire [1] ; si, par exemple, il manque, dans l'élément moléculaire, un axe de symétrie, qui s'est produit par *symétrie-limite* dans l'assemblage, des faces d'un cristal géométriquement symétriques peuvent ne pas avoir des éléments semblablement orientés, par conséquent n'être pas, identiquement, physiquement semblables et, dès lors, ne pas avoir la même tendance à se produire, donc faire défaut (*mériédrie*).

Le fait que, dans un tel cas, les éléments moléculaires choisissent, pour s'assembler, parmi tous les systèmes possibles, le système de symétrie supérieure le mieux compatible avec leur propre symétrie [2], est un premier exemple de ces *à peu près*, qui tendent à introduire, dans le groupement des éléments moléculaires, une symétrie apparente d'un ordre plus élevé que leur symétrie réelle et qui ne semblent aboutir à un équilibre réellement stable que lorsque, de groupement en

---

1. Le polyèdre moléculaire, ou élément cristallin, peut être ou plus ou moins symétrique que son assemblage. Quand il l'est autant (cas exceptionnel), le cristal est holoédrique ; quand il l'est moins, mériédrique.

2. On a d'abord cru qu'il ne pouvait être ainsi franchi qu'un seul échelon ; en réalité, une molécule asymétrique peut se grouper suivant un assemblage cubique, si elle présente des éléments de symétrie approximative suffisants pour le permettre. Prenons, par exemple, un cube et déformons-le légèrement ; les axes et plans de symétrie, qui existaient d'une façon primitive dans le cube, deviendront, dans le rhomboèdre résultant de la déformation, des éléments de *symétrie limite*, qui pourront, dans les assemblages, jouer le même rôle qu'avant la déformation.

groupement, la symétrie la plus parfaite, c'est-à-dire la symétrie cubique, a pu être atteinte [1]. Mallard en a reconnu ultérieurement une foule de cas plus compliqués et a montré que cette approximation se retrouvait, non seulement dans le développement de telle ou telle face, mais dans une propriété, qui paraît encore bien plus caractéristique de l'élément cristallin moléculaire : à savoir le choix de ce qu'on appelle le système cristallin.

Sans entrer dans des détails, qui seraient ici hors de propos, ce point demande pourtant quelques mots d'explication.

J'ai dit comment l'hypothèse de Bravais consistait à imaginer un assemblage réticulaire, dont les nœuds sont occupés par les centres de gravité de polyèdres moléculaires, ou cristaux élémentaires, semblablement orientés. Si l'on considère d'abord le réseau plan formé par une juxtaposition de parallélogrammes, et si l'on cherche quels ordres de symétrie ce réseau peut présenter, on voit que les seuls polygones symétriques, capables de couvrir le plan par un réseau de parallélogrammes, sont la droite, l'hexagone, le carré et le triangle équilatéral, c'est-à-dire que les axes de symétrie sont nécessairement des ordres 2, 3, 4 ou 6 [2]. En passant, dans l'espace, aux polyèdres, c'est-à-dire en combinant ces axes avec les plans de symétrie, on en conclut aisément, par la seule géométrie, que les systèmes de symétrie cristalline se réduisent à six, déjà mentionnés plus haut, auxquels il faut ajouter le système asymétrique, ou dénué de toute symétrie, dont les nœuds forment un parallélipipède quelconque [3].

Cette notion du *système cristallin*, malgré son côté conventionnel sur lequel je vais insister, joue un rôle essentiel dans l'enseignement de la cristallographie et y est considérée comme déterminant les formes extérieures des cristaux. On s'imagine même souvent, d'après les apparences extérieures, que chaque substance chimique possède un système cristallin et un seul. Cependant, il existe beaucoup de substances *polymorphes* (pyrite de fer, oxyde de titane, etc.), c'est-à-dire présentant, sans changement de densité ni de propriétés chimiques, suivant la température à laquelle la cristallisation s'est faite, des formes cristallines incompatibles géométriquement, mais pouvant passer physique-

---

1. On ne doit pas, bien entendu, envisager ces *à peu près* comme une tolérance que la nature ne comporte pas, mais, au contraire, comme la réalisation d'un équilibre plus stable, par l'intervention d'éléments de symétrie approximatifs, ou *éléments limites*, qui jouent, dans la cristallisation, le même rôle que des éléments de symétrie réels et qui, dans le principe, n'en diffèrent probablement pas en effet.

2. Il est à remarquer que la symétrie pentagonale, si fréquemment réalisée dans le monde végétal ou animal, ne peut exister dans les cristaux, par suite de l'assemblage réticulaire.

3. Page 128.

ment de l'une à l'autre, par un changement de température, en tendant vers celle d'entre elles, qui est la forme limite.

Le système cristallin, c'est-à-dire le mode d'assemblage des « éléments cristallins, » apparaît, dans les idées modernes, comme beaucoup moins caractéristique d'une substance qu'on ne le croyait autrefois et pouvant être modifié par l'intervention de forces extérieures, telles que les forces calorifiques, qui viennent contre-balancer, dans une certaine mesure, l'action des forces internes, auxquelles doit être dû l'agencement intime. Peut-être même, si ces dernières intervenaient réellement seules, tous les éléments cristallins tendraient-ils à s'empiler comme les piles de boulets, c'est-à-dire suivant un réseau cubique ; Mallard a, en effet, montré que la plupart des corps devaient avoir un réseau à peu près semblable, un réseau cubique et que, par conséquent, les éléments cristallins eux-mêmes, dont la symétrie commande celle de l'assemblage, devaient avoir à peu près une symétrie cubique.

Il semble que cette symétrie cubique, approximativement réalisée dans l'élément cristallin, ait, pour un corps quelconque, une tendance à se manifester extérieurement, même pour les éléments cristallins qui s'en éloignent le plus par leur système apparent, mais, naturellement, avec d'autant plus de facilité que ces éléments moléculaires étaient déjà plus symétriques eux-mêmes. Toutes les apparentes anomalies de la cristallisation ne sont que la réalisation d'un « équilibre plus stable » par la juxtaposition ou l'enchevêtrement de matériaux, d'abord hétérogènes.

Ainsi, les *macles,* qui sont des cristaux accolés laissant entre eux un angle rentrant, accroissent la symétrie par cet accolement de deux individus cristallins, qui se correspondent l'un à l'autre[1] ; la tendance à la production de macles est tout particulièrement marquée dans les cristaux mériédiques, c'est-à-dire présentant une certaine dissymétrie, qui a été expliquée plus haut et quelques-uns d'entre eux ne sont connus que maclés[1].

De même, la sensibilité des méthodes optiques a permis de voir que certains cristaux, autrefois considérés comme appartenant au système cubique (grenat, boracite, etc.), résultaient de la juxtaposition de cristaux hétérogènes moins symétriques, assemblés par un agencement de véritables macles.

1. Les plans de macle sont, d'habitude, ceux où le réseau est le plus serré, les plans réticulaires importants, qui deviennent, dans les systèmes plus symétriques, des plans de symétrie.

On a pu, par une simple action mécanique sur un cristal (BAUMHAUER, MÜGGE, etc.) y déterminer la production de macles : ce qui met en évidence l'intervention des attractions intermoléculaires dans le mode de cristallisation. La pression exercée déplace le réseau des éléments cristallins et réalise, en même temps, une rotation de ces éléments.

La symétrie apparente du cristal visible a donc une tendance à accroître de plus en plus, par les assemblages, les groupements, les macles, etc., la symétrie, qui se trouvait déjà réalisée dans l'élément cristallin primordial, base de tout le système.

L'hypothèse de Bravais et de Mallard permet d'expliquer toutes les propriétés des cristaux [1], à la seule condition qu'on veuille bien considérer leurs molécules polyédriques comme des « éléments cristallins » déjà complexes et formés d'un système de particules, présentant elles-mêmes des orientations variables, ainsi que Mallard lui-même l'admettait pour la polarisation rotatoire, sans établir aucune identification entre cette molécule, — que j'ai appelée plus haut, pour éviter la confusion, l'élément cristallin — et la molécule chimique, ou l'atome, qui sont quelque chose de tout à fait différent.

L'élément cristallin est seulement, par définition, l'élément matériel, quel qu'il soit, qui se répète identique à lui-même et identiquement placé sur tous les nœuds du réseau.

Quand on a voulu serrer de près la complexité réelle des phénomènes (que nous avons toujours le tort, en science, de vouloir supposer beaucoup trop conforme à la première loi simple approximative rencontrée), on a été conduit à imaginer, pour cet élément cristallin lui-même (qui est déjà, jusqu'à nouvel ordre, une entité inobservable), des propriétés très compliquées et fondées sur une subdivision de l'élément, à laquelle on ne saurait appliquer qu'un caractère métaphysique [1]. C'est ainsi que MM. Schœnflies et Wallerant ont eu l'idée de décomposer cet élément, ou *particule complexe*, en une série de *particules fondamentales* [2], groupées entre elles au moyen de rotations autour d'axes de symétrie et de renversements par rapport à des plans de symétrie, de manière qu'elles présentent des orientations différentes. Ces particules fondamentales sont elles-mêmes un agrégat de molécules

---

1. Il est facile, notamment, d'expliquer les *clivages*, c'est-à-dire les cassures planes et à direction constante, qui sont une des particularités les plus typiques des cristaux. Plus, en effet, dans un plan déterminé d'un certain cristal, les molécules s'attirent fortement, plus elles ont dû tendre à se rapprocher les unes des autres, plus la maille du réseau est serrée ; le plan d'un cristal, où la cohésion est la plus forte, est alors celui dont la maille est la plus petite ; mais il est facile de voir que, dans un cristal déterminé, quel que soit le parallélipipède choisi pour relier entre eux les divers nœuds du système, le volume du noyau d'assemblage doit être constant et caractéristique de la substance ; au resserrement des mailles dans un plan correspond donc un écartement des plans parallèles, par suite une faible cohésion entre ces deux plans, qui représentent alors des plans de clivage.

2. Chaque catégorie d'observations nouvelles amène ainsi à subdiviser la particule complexe en particules fondamentales, celles-ci en molécules, celles-là en atomes, etc., en attribuant à chacun de ces degrés de l'échelle des propriétés invérifiables. Ce sont là des images, très intéressantes et très utiles pour synthétiser les observations, mais qu'il faut seulement considérer comme des images.

chimiques en plus ou moins grand nombre, mais sans aucun lien de symétrie réciproque.

On répond ainsi à une objection faite par MM. Schœnflies[1], von Fedorow, etc., à certaines interprétations défectueuses de la théorie de Bravais, où le réseau était supposé formé de polyèdres, ayant un atome chimique simple à chaque sommet et tous semblablement orientés. L'existence de la polarisation rotatoire, celle des cristaux dextrogyres et lévogyres, étudiés d'abord par Pasteur et quelquefois enchevêtrés dans le même individu cristallin (par exemple dans le quartz), exigent des molécules chimiques diversement orientées et non superposables par rotation. Pour expliquer ces phénomènes, les travaux récents ont montré qu'il ne suffisait pas des simples rotations autour d'un axe et des translations supposées par Bravais, mais qu'il fallait, en outre, des rotations hélicoïdales (c'est-à-dire des rotations accompagnées d'une translation suivant l'axe) et des plans de glissement, où la symétrie n'est obtenue qu'après un glissement du plan lui-même. En transportant tous ces phénomènes à l'intérieur de l'élément cristallin, qui n'est plus alors qu'une des parties réelles du cristal, toutes semblables entre elles et semblablement orientées comme l'observation le montre, la théorie de Bravais peut-être conservée[2]. Mais il ne faut pas se dissimuler que, lorsqu'on veut ainsi aborder, non plus par une simple conception géométrique, mais à titre de réalité physique et objective, un domaine, qui dépasse aussi complètement la portée de nos sens, on se heurte, et on se heurtera peut-être toujours, à de grandes obscurités.

En résumé, la cristallographie constitue un très remarquable effort pour pénétrer profondément, sous les aspects illusoires du monde

1. M. SCHŒNFLIES, qui a fait l'étude géométrique très complète et très habile de ces phénomènes, avait considéré un *domaine complexe* formé de *domaines fondamentaux*, à l'intérieur desquels il n'existe aucun élément de symétrie, c'est-à-dire où tout point réel du milieu est seul de sa nature. C'est ce domaine que M. WALLERANT a appelé une particule en complétant et précisant cette théorie. M. G. FRIEDEL a montré, par un exposé ingénieux de la Cristallographie, comment on pourrait peut-être se passer de ces considérations et grouper, sans elles, tous les faits d'observation en une théorie rationnelle, qui élimine, ou évite de préciser, la notion même d'élément cristallin, comme représentant mal « les portions du milieu essentiellement contiguës et sans limites physiques », par lesquelles sont remplies les mailles du réseau. (*Étude sur les groupements cristallins*, Saint-Étienne, 1904).

2. L'assemblage réel n'est plus alors que l'enchevêtrement de réseaux congruents correspondant à chacune des catégories distinctes d'unités, qui peuvent se rencontrer dans la particule complexe. L'assemblage considéré en est une moyenne. Le fait que des liquides peuvent présenter la polarisation rotatoire semble indiquer que cette propriété existe déjà dans l'élément cristallin, envisagé par nous comme pouvant être aussi bien solide que liquide. Il suffit que cet élément complexe englobe, ainsi que le suppose sa définition, tous les cas qui peuvent se rencontrer dans les particules fondamentales.

visible, jusqu'au mystérieux agencement des atomes et même jusqu'à ce quelque chose de plus intime encore que les atomes, vers
lequel toutes les sciences tendent à l'envi par les voies les plus
diverses. Mais les hypothèses des cristallographes, dont je n'avais ici
qu'à indiquer l'esprit et la méthode, sont, en en retranchant les déductions, par lesquelles on prétend décomposer l'élément cristallin lui-
même, la simple traduction géométrique des observations physiques et
surtout optiques, auxquelles donnent lieu les cristaux : tout en confi-
nant au domaine de l'inconnaissable, elles restent, par suite, continuellement appuyées sur l'expérimentation. Nous aurons, dans les conclusions de cet ouvrage[1], à rappeler comment ces idées des cristallographes peuvent rentrer dans la théorie généralement admise
aujourd'hui sur la constitution de la matière et aider à concevoir cet
enchaînement de cycles sans fin, dans lequel la matière pondérable et
le système solaire semblent, pour les hypothèses modernes, représenter deux étapes analogues, malgré leur extraordinaire disproportion
de grandeur.

II. — Pétrographie. But, Histoire et Procédés.

A) BUT DE LA PÉTROGRAPHIE. — La pétrographie étudie, en elles-mêmes,
les diverses roches et leur constitution. Pour ce qui concerne spécialement les roches éruptives, elle se propose, après avoir reconnu leur
nature et les avoir dénommées et classées, d'en déterminer les conditions de gisement, le mode de formation, l'origine et l'âge. Strictement, les conditions de gisement des roches éruptives devraient peut-
être, ainsi qu'il a été dit plus haut, être réservées à la tectonique : mais,
indispensables à considérer pour interpréter leur origine, elles forment
un tout homogène avec l'étude de ces roches en elles-mêmes et sont
envisagées d'habitude par les mêmes savants.

Il est facile de comprendre l'importance essentielle des études qui
portent sur les roches éruptives. Les autres matériaux de l'écorce terrestre, les sédiments, ne sont, en effet, que des produits de remaniement empruntés, soit par les actions mécaniques et chimiques, soit
par la vie des êtres organisés, à des produits ignés préexistants. Ils ne
peuvent, par eux-mêmes et sans le secours de la tectonique, nous renseigner que sur les phénomènes tout à fait superficiels de notre planète; les roches ignées, au contraire, avec les filons métallifères que
nous supposons en dériver, doivent nous éclairer sur ce qui se passe à
une profondeur plus grande dans la Terre, sur la métallurgie naturelle,

1. Page 705.

qui y est constamment appliquée à des mélanges complexes et hétérogènes de métaux ou de sels métalliques et peut-être sur le groupement initial de ces métaux. La pétrographie pousse donc plus loin que la stratigraphie ; mais elle serait très désarmée sans cette dernière ; car les roches ne portent pas, en elles-mêmes, comme les terrains, la marque caractéristique de leur âge et c'est uniquement par rapport à ces terrains, dont l'étude doit dès lors avoir précédé la leur, que cet âge peut être déterminé.

A côté des roches éruptives et par les mêmes méthodes microscopiques, la pétrographie, ou lithologie [1], étudie les terrains sédimentaires en eux-mêmes, afin de retrouver, dans les minéraux, ou débris organiques qui les constituent, l'indice de leur mode de formation.

B) Historique. — L'étude des roches éruptives ou ignées, qui sont, en même temps (mais non à l'exclusion des autres), des roches cristallines, comprend un chapitre important, pour lequel les observations ont été très anciennement commencées ; je veux parler du phénomène actuel, qui se présente à nous sous la forme superficielle et violente du *volcanisme*. C'est, on le verra bientôt, dans l'examen des phénomènes volcaniques que nous trouvons un de nos plus sûrs moyens pour interpréter les cristallisations de roches ignées et ce côté de la question mérite une attention toute particulière ; malheureusement, les volcans nous renseignent à peine sur les manifestations absolument superficielles, en quelque sorte épidermiques, d'une métallurgie interne, que la géologie nous présente ailleurs, par suite du décapage dû aux érosions, sous une forme plus profonde et dont les manifestations sont d'autant plus intéressantes qu'elles sont plus profondes. Aussi le volcanisme est-il insuffisant pour expliquer la formation des roches ignées anciennes, si l'on n'y ajoute l'étude tectonique de leurs gisements, la connaissance intime de leur structure, fondée sur leur examen microscopique et leur reproduction par la synthèse expérimentale. Encore faut-il remarquer que, jusqu'au jour, où l'on a eu, dans l'examen microscopique, un moyen précis de définir les roches, tout ce que l'on a pu observer sur leurs gisements, s'appliquant à des éléments disparates et hétérogènes, confondus ensemble ou distingués à peu près au hasard par impossibilité matérielle de les identifier, n'a eu à peu près aucune valeur. La pétrographie est donc, en dehors du volcanisme, une science très jeune, remontant à un petit

---

1. Hutton avait créé, pour l'étude des roches en elles-mêmes, la *lithologie* : ce nom est aujourd'hui plus particulièrement réservé au cas où cette étude porte sur des sédiments.

nombre d'années et qui, malgré d'admirables travaux, n'a pu encore, sur bien des points, arriver à ces conceptions générales, nécessairement fondées sur l'accumulation antérieure de tous les faits d'observation. Je n'aurai que peu de choses à dire sur cette histoire de la pétrographie, qui, en dehors des questions volcaniques, n'est, jusque vers 1860, que l'histoire d'une longue impuissance.

Le *volcanisme*, par lequel je vais commencer, est, assurément, celui des phénomènes actuels, qui attire le plus l'attention et étonne le plus l'esprit en contredisant l'idée de stabilité, instinctivement attachée par nous à la croûte terrestre. Surtout dans cette zone méditerranéenne, qui est le point de départ historique de notre civilisation européenne, mais qui est aussi, géologiquement, la zone la plus troublée et la plus instable de l'Europe, ses phénomènes violents se sont imposés aussitôt à l'attention et, dès l'antiquité la plus reculée, une curiosité naturelle, aussi bien qu'un intérêt pratique, ont amené à en scruter les manifestations.

Il suffit de rappeler, pour cette première période, les noms des deux grands naturalistes, morts en étudiant, l'un l'Etna, l'autre le Vésuve : *Empédocle* et *Pline l'Ancien*.

Ces observations des volcans actuels n'ont, à vrai dire, jamais été interrompues ; mais elles n'ont pris leur valeur scientifique que le jour où l'on a reconnu l'existence de volcans éteints analogues aux volcans en éruption : ce qui, de proche en proche, a amené à interpréter toute une catégorie de roches, où les actions volcaniques ne se manifestent plus en aucune façon, par une ancienne éruptivité.

On est surpris aujourd'hui de voir à quel point une idée aussi simple que celle des volcans éteints a choqué les opinions reçues et s'est difficilement imposée à une science officielle, dont le neptunisme, c'est-à-dire l'exclusive interprétation sédimentaire des phénomènes géologiques, faisait alors la base. C'est un souvenir un peu humiliant pour la science que celui de la longue opposition faite, pendant vingt ans, par Werner et ses disciples, à la découverte de Desmarets et que la pensée de l'obstination tenace, avec laquelle un savant demeuré célèbre et souvent même réputé le père de la géologie, a soutenu, contre un observateur consciencieux, l'impossibilité qu'il y eût eu des volcans en Auvergne, l'absurdité que des basaltes se fussent formés autrement que les boues, argiles ou sables de nos sédiments, c'est-à-dire par dépôt dans les eaux[1]. On a là un bel exemple des conséquences, auxquelles se trouvent entraînés, ceux qui, par crainte de donner place à

---

1. On peut lire, dans l'éloge de DESMARETS par CUVIER, lu à l'Institut le 16 mars 1818, le récit de cette querelle un moment fameuse.

l'imagination dans la science, refusent, avec parti pris, d'admettre d'autres causes que celles immédiatement perceptibles et appréciables dans un examen direct.

C'est en 1751, que *Guettard,* le premier, voyageant en Auvergne avec M. de Malesherbes, avait reconnu le caractère volcanique de la région de Volvic, du Puy-de-Dôme et du Mont-Dore. Mais il n'avait établi aucun rapprochement entre l'existence de ce volcanisme et cette sorte de roches noires et pesantes, que, dès le xvie siècle, Agricola avait décrites sous le nom de basaltes. En 1763, *Desmarets,* parcourant la France comme inspecteur général des manufactures, aperçut nettement la liaison intime des contrées basaltiques avec le volcanisme éteint de l'Auvergne et, aussitôt, Montet à Montpellier, Raspe dans la Hesse, Arduino à Vérone, Guettard dans le Vivarais, etc., etc., retrouvèrent des phénomènes identiques.

Mais une observation, d'ailleurs juste, du chimiste allemand Bergmann, qui avait découvert dans le basalte les mêmes parties constituantes que dans une autre roche éruptive appelée le trapp, vint tout troubler en jetant Werner dans une opposition acharnée à cette doctrine nouvelle. Le trapp « ne pouvait avoir aucun rapport avec le volcanisme » f cette affirmation sans preuve semblait tellement évidente que Cuvier, en 1818, la reproduit encore dans le propre éloge de Desmarets, où il combat vivement Werner ; dès lors, le basalte « ne pouvait être » érupti, non plus. On le trouve sur des plateaux élevés, sans scories ni coulées de laves ; donc plus de doute : le basalte « devait être » un sédiment comme les autres et l'opinion adverse était raillée avec dédain. Desmarets, poussé par cette opposition et développant ses observations en Italie, en France, etc., arriva alors, en 1775 [1], à émettre cette idée, remarquablement en avance sur son temps, qu'il avait existé, non seulement des volcans éteints, mais des volcans de différents âges, différenciés extérieurement par une érosion plus ou moins avancée : les plus anciens ne laissant plus voir ni cratère, ni scories, ni déjections quelconques, mais seulement des masses plus profondes ; ce qui est à vrai dire la base encore de toute notre pétrographie.

Vingt-sept ans après le mémoire de Desmarets, on continuait à discuter, quand, en 1802, le plus fameux disciple de Werner, *Léopold de Buch,* visitant l'Auvergne après le Vésuve, fut frappé par l'évidence même des faits et, converti aussitôt, passa au plutonisme, dont il devait devenir un des meilleurs soutiens, avec la fougue d'un néophyte. Mais, avant de dire ce que fut le rôle de Léopold de Buch, il faut rappeler

1. Journal de phys., t. XIII, p. 115. Mém. de l'Inst. Sc. mat. et phys., t. VI, page 219.

que le grand adversaire de Werner, *Hutton*, singulièrement plus pers-
picace que lui, avait, ainsi que je l'ai dit précédemment, reconnu, dès
la fin du xviiie siècle, l'importance des roches éruptives et, ce qui semblait
alors tout à fait extraordinaire, le caractère éruptif du granite lui-même,
considéré par la géologie commençante comme le soubassement fondamental de tous les terrains. On lui doit la première observation très
intéressante d'intrusions granitiques dans les schistes encaissants[1].

Avec la conversion de Léopold de Buch, un grand pas était franchi.
Les deux principaux disciples de Werner, de Humboldt et Léopold
de Buch, devinrent alors les explorateurs infatigables de tous les volcans du monde et c'est par eux que la tradition des études volcaniques
s'est transmise ensuite, en France, à Élie de Beaumont et à son école.

De Humboldt a surtout laissé un trésor d'observations sur les volcans de l'Amérique Centrale (1799-1804), faisant, par exemple, sur place,
l'analyse des gaz dégagés par des volcans de boue. *Léopold de Buch* a
étudié en détail les Canaries (1816), le Vésuve, l'Etna (1835), l'Auvergne, etc., et, comme je l'ai dit ailleurs, reconnu le rôle des alignements volcaniques, ainsi que leur rapport (il est vrai, renversé par lui
dans son interprétation) avec les plissements montagneux[2].

Puis est venu *Élie de Beaumont*, qui, tout jeune encore, en 1835,
accompagna de Buch à l'Etna et reçut son enseignement. Je n'ai pas à
rappeler ici le rôle déjà indiqué de ce grand savant : disons seulement
qu'à sa suite s'est signalé *Sainte-Claire Deville*, son disciple (Vésuve,
1855, Lipari 1861), auquel sont dues quelques-unes des premières
études chimiques précises sur les produits volcaniques, fumerolles, etc[3].
Après quoi, il faut citer *Fouqué*, dont les beaux travaux sur l'Etna
(1865) et Santorin (1879), en même temps qu'ils renversaient définitivement la théorie des cratères de soulèvement, établissaient l'ordre de

1. Cette observation, souvent attribuée à PLAYFAIR (*Explication de la théorie de
Hutton*, p. 254), est due à HUTTON lui-même, comme on le voit au tome III de la
Theory of the Earth, récemment publié par les soins de SIR ARCH. GEIKIE (London.
geol. Society, 1899).

2. Voir *Description physique des îles Canaries*. (Berlin, 1827. Trad. Boulanger.
Paris 1836.)
Les noms de HUMBOLDT et LÉOPOLD DE BUCH sont restés attachés à une théorie,
aujourd'hui abandonnée après avoir été longtemps l'objet de discussions violentes :
celle *du cratère de soulèvement*, formé, d'après eux, par les strates brusquement
redressées dans l'éruption et présentant à son centre le *cône d'éruption*, dernière
conséquence du phénomène interne (Somma enveloppant le Vésuve). Voir page 154.

3. On peut, dans le même ordre d'idée, signaler DANA, qui, en 1840, explora les volcans des îles Sandwich, et BUNSEN, qui, en 1846, étudia les fumerolles volcaniques en
Islande.
Voir encore : LYELL, *Principes*, trad. franç. de GINESTOU. — 1875. JUDD. *Contribution to the study of volcanoes* (Geol. mag., p. 355). — POULETT-SCROPE. *Sur le mode
de formation des cônes volcaniques* (trad. PIERAGGI).

succession des fumerolles, si important pour la genèse des gîtes métallifères et les relations de leur dégagement avec la température. Enfin, tout récemment, *M. A. Lacroix* a continué la même tradition par son exploration de la Martinique.

Ainsi, par cette chaîne ininterrompue de savants, un même but a été cherché, souvent dans les conditions d'exploration les plus périlleuses : l'étude de la cristallisation des roches d'épanchement à fusion purement ignée, avec les fumerolles gazeuses qui s'en dégagent ; l'examen des modifications subies par la roche et par les fumerolles avec les variations de température ; la recherche des cristallisations réalisées au contact de ces magmas éruptifs sur tous les objets et terrains refondus ; l'observation des enclaves absorbées et en partie assimilées par le magma, etc. Le volcanisme est devenu, par là, une des bases solides, sur lesquelles peuvent s'appuyer la pétrographie et la métallogénie.

Mais il a fallu, d'autre part, constituer l'*étude descriptive* et la *classification des roches*, puis réaliser leur *synthèse*. C'est ce côté de l'histoire pétrographique qu'il me reste à raconter.

J'ai déjà dit combien la science des roches éruptives était jeune et la querelle de Werner et Desmarets sur le basalte aura suffi à le prouver. Pendant longtemps, on a parlé des roches au hasard, en n'admettant, pour les distinguer, que la vue simple ou la loupe et, malgré d'excellents travaux sur le terrain, tels que les études d'Élie de Beaumont sur les Vosges, de Naumann et Cotta sur la Saxe, etc., il en est résulté une confusion inextricable, avec une accumulation de noms mal définis, tels que les trapps, les wakes, les greenstone, grünstein, ou pietre verdi, les propylites, etc., dont un trop grand nombre encore surnagent dans notre nomenclature comme un fâcheux héritage de ces temps anciens [1].

Il serait sans aucun intérêt de rappeler toutes les idées fausses que l'on a pu se faire sur les roches, du temps où des maîtres autorisés proclamaient doctoralement « qu'on ne regarde pas une montagne au microscope ». Quelques observations pourtant méritent de surnager, ne fût-ce que pour permettre de mesurer les progrès récemment accomplis.

Ainsi, en 1776, *Pallas*, excellent observateur d'ailleurs quand il s'agit de phénomènes directement accessibles, professait « qu'il vaut autant écrire un traité sur la formation des étoiles que sur celle du granite ».

A peu près à la même époque, où le naturaliste allemand énonçait cet aphorisme, pour lequel beaucoup de stratigraphes ont gardé

---

1. Voir le *Lexique pétrographique* de M. Lœwinson-Lessing (C. G. I., 1900).

longtemps une sympathie secrète, *Hutton*, comme je l'ai dit déjà, faisait les premières observations sérieuses sur les roches éruptives et reconnaissait la nature intrusive du granite.

Sa classification est encore très simple ; elle ne comprend que deux groupes :

D'un côté, nos roches de profondeur à structure granitique, formées de quartz, feldspath et mica, auxquelles il rattache les roches de même structure, où l'amphibole, le schorl[1], le grenat, etc., remplacent le mica et qu'il appelle, d'un seul nom, les granites ;

De l'autre, les roches de filons ou d'épanchement, dont il reconnaît les effets métamorphiques et les effets intrusifs et qu'il appelle les whinstones.

Il faut ajouter qu'à l'école d'Hutton se rattachent directement les premiers essais de géologie expérimentale et de synthèse, entrepris par son disciple James Hall[2], puis par Gregory Watt[3].

J. Hall, dès 1798, imagine de reproduire les plissements de l'écorce terrestre par une pression tangentielle sur des couches comprimées ; au même moment, il fait refondre des basaltes, des mélaphyres, des laves et, en variant les conditions de refroidissement, obtient, tantôt des produits vitreux, que Hutton croyait seul capables de se produire, mais tantôt aussi, des produits recristallisés[3] ; enfin, en 1801, il réussit son expérience fameuse sur la reproduction du marbre au moyen du calcaire chauffé en vase clos[4].

Pour compléter ce qui est relatif à ces débuts de la pétrographie, je citerai seulement encore *Wallerius* et *de Saussure*, qui, vers 1780, distinguaient cinq espèces de granites, composées de : quartz et feldspath ; quartz et schorl ; jade et schorl ; pierre ollaire et schorl ; quartz et spath calcaire ; et autant de porphyres. Cependant, en même temps qu'il admettait cette classification fantaisiste, de Saussure remarquait « que les parties du granite ont dû être formées toutes ensemble dans un même fluide par cristallisation » et qu'il n'y faut pas voir un grès, dans lequel le quartz se serait infiltré après coup.

Pendant tout le cours du XIXe siècle, les géologues ont développé l'étude des gisements pétrographiques, mais ils n'ont pu d'abord arriver à aucun résultat sur la genèse des roches, faute de moyens d'étude. On en était, en effet, réduit à des analyses chimiques, faites sur des

1. Le schorl comprenait une foule de minéraux fusibles au chalumeau et, particulièrement, la tourmaline.

2. *Experiments on whinstone and lava* (Edinb. R. Soc. Tr., t. V, 1805, p. 8 et 56).

3. *Observations on basalt*, etc., (Phil. Trans., 1804, p. 279).

4. Pour la discussion de cette expérience, voir : CAILLETET (C. R. 1888, p. 106) et MUNIER-CHALMAS (thèse de doctorat, p. 123).

roches en bloc, ou sur des minéraux impurs, à des examens à la loupe (grossissement maximum : 10 diamètres), à des triages difficiles après pulvérisation des éléments, à des examens de faces polies. Il était impossible de définir ainsi autre chose que quelque minéraux fondamentaux des roches les plus grossières ; toutes les roches un peu compactes, toutes les fines inclusions des roches à gros grains restaient ignorées ; les confusions étaient inextricables et les discussions sans issue possible.

Dans ces conditions, les anciens pétrographes avaient dû se contenter d'établir, d'après le mode de formation probable, quelques grandes coupures, aujourd'hui disparues ou modifiées et de distinguer ce qu'on appelait les roches volcaniques, produites par simple fusion ignée et réputées alors à tort très rares et les roches plutoniques, obtenues par l'action combinée de la chaleur et des émanations volatiles.

Un seul travail de toute cette période est à retenir, c'est celui de *Cordier*, qui, en 1816, grâce à une adresse manuelle très remarquable, était arrivé à isoler par un procédé mécanique et à reconnaître les éléments du basalte.

Mais le véritable fondateur de la pétrographie moderne, par l'application du microscope polarisant aux lames minces, que, dès 1827, Nicol avait imaginé de tailler, c'est l'Anglais *Sorby*, dont les travaux sur le marbre sont de 1856, sur le granite et ses inclusions de 1858.

De 1860 à 1870, les études de détail furent poursuivies par Von Rath (1860), Gerhardt (1861), F.-E. Reusch (1863), Vogelsang et Zirkel (1870). Elles ont abouti, depuis 1870, à la création de deux grandes écoles pétrographiques, qui peuvent être représentées : d'un côté, par les noms de MM. Zirkel, Rosenbusch, von Lasaulx, Lossen, Boricky, etc., en Allemagne ; de l'autre, par Fouqué et Michel Lévy, en France. Disciple de ces deux derniers maîtres, j'essayerai bientôt d'exposer leur doctrine ; je ne crois pas exagérer leur rôle en disant qu'ils ont les premiers introduit la clarté française et l'ordre, avec des procédés de détermination précis pour les éléments feldspathiques infiniment petits des roches cristallines, dans une science, qui reste encore, chez ses interprètes allemands, singulièrement compliquée et confuse.

En ces dernières années, toute une pléiade de savants se sont appliqués dans tous les pays du monde, aux études pétrographiques et une évolution assez sensible des méthodes a ramené les pétrographes vers l'emploi, un moment laissé de côté, des analyses chimiques, que l'on tend de plus en plus à combiner avec l'examen microscopique pour déterminer, non seulement la nature des minéraux constituants et la structure de leur agencement, mais aussi leur proportion relative. Enfin, récemment, l'étude microscopique des sédiments qui était restée très en arrière, a été reprise avec succès, après Sorby, Murray et Renard, par M. Cayeux.

J'arrive maintenant aux procédés de *synthèse* et, là aussi, après les essais historiques de James Hall ou Watt, il faut passer directement, aux expériences de Daubrée sur les météorites (1866) et surtout à celles de Fouqué et Michel Lévy (1878-1881)[1].

On a, en effet, pendant longtemps, regardé avec stupéfaction et comme le produit de réactions mystérieuses ces magmas homogènes, où plusieurs minéraux cristallisés avaient pris naissance en même temps ; il semblait que, pour réaliser un tel phénomène, la nature eût dû faire intervenir un temps indéfini, des masses énormes, des forces indéterminées. La reproduction d'un minéral, soit dans nos produits d'usine artificiels, soit dans nos laboratoires, était chose admise, mais non celle d'une véritable roche. Ceux qui auraient pu tenter des expériences synthétiques se seraient, d'ailleurs, trouvés dans l'impossibilité de savoir s'ils avaient réussi, faute de savoir discerner au microscope la véritable nature des substances obtenues. C'est pourquoi le développement des synthèses de roches a coïncidé avec celui de la pétrographie microscopique, qui, en reconnaissant la présence d'inclusions vitreuses, liquides, gazeuses dans les minéraux des roches et en montrant l'ordre de consolidation de ces minéraux, a, en outre, fourni des indications précieuses sur leur formation.

Parmi les synthèses les plus importantes de Fouqué et Michel Lévy, sur lesquelles nous aurons à revenir plus tard[2], je citerai, dès à présent, celles de diverses roches volcaniques (basaltes, andésites, leucotéphrites, etc.), obtenues par une fusion purement ignée et sans aucune intervention de minéralisateurs, alors que tous les géologues, Daubrée, Sorby, etc., croyaient ces éléments, ainsi que la présence de l'eau, tout à fait indispensables[3].

Je crois, en outre, devoir mentionner spécialement, pour leur valeur théorique qui me paraît essentielle, les expériences, par lesquelles Friedel et Sarasin, en 1879, ont reproduit simultanément le quartz et l'orthose, tels qu'ils se présentent dans les pegmatites, par l'inter-

---

1. 1874. Michel Lévy. *Structure microscopique des roches acides anciennes* ; — 1879. Fouqué et Michel Lévy, *Minéralogie micrographique.* — 1879. Fouqué, *Santorin.* — 1882. Fouqué et Michel Lévy. *La Synthèse des roches.*

2. Page 175.

3. Ce résultat a été, avec raison, enregistré par les savants étrangers comme un des plus beaux succès de la science française. (*Staunenswerth und für immer denkwürdig !* — Discours de Zirkel en 1881).

vention des carbonates alcalins. C'est le premier résultat important que l'on ait réalisé dans la synthèse des roches acides.

Actuellement, il reste encore beaucoup à trouver dans cette voie, bien qu'il semble s'être produit un nouveau temps d'arrêt dans les recherches. Signalons seulement la synthèse du granite, que, dans les hautes températures de nos fourneaux modernes, on devrait arriver peut-être à reproduire par une fusion combinée avec l'intervention d'éléments volatils, si on réalisait un récipient capable de résister : c'est là un des plus captivants problèmes à résoudre, qui puissent se poser à un expérimentateur.

C) Méthodes de la pétrographie. — Les méthodes de la pétrographie comprennent : 1° les études sur le terrain ; 2° l'examen des roches au laboratoire ; 3° l'expérimentation synthétique.

1° *Études sur le terrain.* — Je diviserai les études sur le terrain, à leur tour, en deux parties : *a*, observations relatives au volcanisme ; *b*, observations relatives aux roches anciennement consolidées.

a) *L'observation du volcanisme* a pour but d'étudier les diverses manifestations extérieures du phénomène : ouverture de la fissure, formation du cône de cendres et du cratère, coulées volcaniques, dégagement de fumerolles, etc., et d'en rechercher le mode d'action, les effets et les causes.

Chacune de ces manifestations présente un grand intérêt pour le géologue, puisque c'est la seule occasion, où il puisse surprendre le travail de la nature, opérant avec les intensités de force, les températures et les pressions dont elle dispose, dans des conditions qui ont dû être, de tout temps, à peu près les mêmes. Je rappelle cependant une observation déjà faite sur le caractère extrêmement superficiel du volcanisme, tel que nous pouvons l'atteindre et l'observer et, par conséquent, sur la différence à établir aussitôt entre lui et les phénomènes géologiques anciens, qui, par suite de l'érosion à laquelle leurs produits ont été tous plus ou moins soumis, ne sauraient manquer d'être, pour la plupart, les résultats d'actions beaucoup plus profondes. Ainsi, la forme extérieure et caractéristique des cratères avec leurs scories a presque toujours disparu pour les éruptions des anciens âges géologiques et l'on découvre, dans les zones éruptives des terrains anciens, des roches, dont le mode de cristallisation est incompatible avec l'épanchement superficiel, ainsi que des incrustations métallifères connexes, dont, en aucun cas connu, on ne voit la production se renouveler aujourd'hui sous nos yeux.

L'observation des cratères volcaniques est déjà, presque toujours, une simple observation géologique, puisqu'il s'agit d'un phénomène que, sauf dans des cas exceptionnels, nous ne voyons pas, en général, se produire sous nos yeux. C'est donc par les méthodes de la stratigraphie et de la tectonique qu'on peut trancher les questions relatives à ce sujet.

Une des plus délicates, et de celles qui ont donné lieu aux plus longues controverses géologiques, s'est posée sous le nom de *cratères de soulèvement*. Pour Humboldt, Léopold de Buch, puis pour Élie de Beaumont[1] et ses élèves, tels que Charles Sainte-Claire Deville, c'est-à-dire pour les principaux explorateurs du volcanisme dans la première moitié du xixe siècle, les cratères volcaniques étaient le résultat d'une intumescence produite par la pression profonde des roches fondues, qui soulevaient au-dessus d'elles le manteau de sédiments et de matières volcaniques, d'abord déposé horizontalement dans la mer et, qui après l'avoir porté à une hauteur plus ou moins grande, finissaient par le crever, avec production d'une série de fissures radiales, en donnant naissance à un grand cratère aussitôt refermé, le cratère de soulèvement (Somma au Vésuve), mais dans l'intérieur duquel pouvait s'ouvrir un cône plus petit, le cratère d'éruption, où se manifestait alors l'activité volcanique. Outre la forme extérieure du Vésuve, de Ténériffe, etc., on croyait apporter, à l'appui de cette théorie, des cas de sédiments anciens avec leurs fossiles, rencontrés à de grandes hauteurs dans les volcans ; on imaginait également, à tort, que des laves n'avaient pu se solidifier sous une inclinaison de 45° qu'elles présentent parfois, etc. La théorie, très vivement combattue dès 1831 par Constant Prévost et Cordier, puis par Virlet d'Aoust, Hoffmann, Poulett-Scrope, etc., a reçu le dernier coup par les explorations de Fouqué à Santorin, en un point que de Buch avait considéré d'abord comme un exemple remarquable à l'appui de son hypothèse ; elle est aujourd'hui tout à fait abandonnée. Pour la renverser, on a pu, en effet, remarquer que les lambeaux fossilifères rencontrés avaient été arrachés aux parois de la cheminée volcanique et que la solidification des laves s'effectue même sur de très fortes inclinaisons ; en outre, les produits meubles ont tous les caractères de débris à pentes discordantes ; les dykes éruptifs, qui les traversent, sont restés verticaux ; puis les soi-disant fissures d'étoilement, formant vallées, s'élargissent du centre à la circonférence et non,

---

1. Il est à noter que, contrairement à une opinion très accréditée, ÉLIE DE BEAUMONT, en 1836, était arrivé à considérer le Vésuve et Ténériffe comme des cônes d'éruption formés par une accumulation de matières volcaniques, autour de l'ouverture qui leur avait livré passage. En 1866, il encourageait FOUQUÉ à observer en conscience sans s'occuper de ce que lui-même avait pu dire autrefois.

comme elles le devraient, de la circonférence au centre, etc., etc. (Je me contente d'indiquer le genre d'arguments).

En résumé, on est arrivé maintenant à l'idée que le phénomène volcanique consiste, non en un *soulèvement* des terrains, mais en une *éruption* : c'est-à-dire en une déchirure violemment ouverte dans le sol[1], par laquelle s'élèvent des matières profondes, pouvant, soit manifester un gonflement plus ou moins rapide s'il s'agit de masses pâteuses, soit subir des projections violentes, qui accumulent autour de l'orifice des débris grossièrement stratifiés.

C'est dans ce sens qu'il faut interpréter les cas si nombreux, où l'on a vu, sur des zones volcaniques, apparaître des récifs ou des îles éphémères, sortir de la mer des volcans nouveaux[2], monter, au-dessus de la surface terrestre, des cônes rocheux, des pitons, susceptibles de surgir par saccades et quelquefois de redescendre ou d'osciller.

Il suffira de citer la fameuse île Julia, apparue pendant trois mois en 1831 entre la Sicile et l'Afrique et considérée d'abord comme un argument en faveur de la théorie des cratères de soulèvement[3]; ou encore le cas, si bien étudié par Fouqué, de Santorin.

Là, en 1866, on a vu sortir rapidement de la mer une série d'îlots, apportant parfois au jour des débris de fond de mer, des galets, des coquilles, des fragments de bois; le cône du Georgios, paru le 1er février 1866, atteignait 30 mètres de hauteur le 5, 108 mètres en mars 1867; on a pu voir son sommet sauter avec fracas et les coulées de laves s'échapper par ses fissures.

De même, en 1902-1903, M. A. Lacroix a suivi l'ascension d'un dôme d'andésite acide à la Martinique.

D'une façon générale, les analyses de roches volcaniques ont permis d'établir un certain lien entre l'acidité plus ou moins grande du magma et le caractère de l'éruption. Plus ce magma est acide et, par conséquent, moins il est fusible, plus il se montre visqueux et résiste longtemps à la pression interne en se gonflant, pour y céder enfin par un brusque déchirement.

Dans tous ces cas, il n'y a donc pas soulèvement et, malgré la grande pression interne, que l'on est conduit à admettre au moment des for-

---

1. On doit remarquer que les alignements volcaniques ne sont pas marqués par des failles, par des dénivellations de terrains, par des fractures antérieures; les évents volcaniques forment une série de perforations, dont la relation mutuelle, très probable, ne peut être que profonde. On dirait une ligne de rivets, qui auraient sauté seuls dans une explosion.

2. Je dirai bientôt le rôle que peuvent avoir les éruptions sous-marines.

3. Cette île a été étudiée par CONSTANT PRÉVOST et ESCHER DE LA LINTH. Elle était uniquement formée de débris volcaniques meubles, cendres et scories, sans coulées de laves.

mations de roches éruptives, on conçoit que cette poussée ait eu peu d'action, puisqu'en profondeur elle aurait eu à soulever une masse de terrains beaucoup trop considérable et qu'à la surface de très nombreuses fissures offraient une issue à ses gaz. Cependant, il serait exagéré d'affirmer que, dans aucun cas géologique, la pression n'ait pu, localement et d'une manière restreinte, intervenir[1].

Les observations sur le volcanisme actif comportent encore le prélèvement de laves à diverses distances de leur centre d'émission, dans diverses conditions de refroidissement, puis leur examen microscopique et leur analyse chimique, afin d'établir des points de comparaison avec les roches anciennes.

Parmi les résultats les plus intéressants obtenus récemment dans cette voie, on peut citer les observations de M. A. Lacroix, à Saint-Pierre de la Martinique, sur les produits absorbés par des andésites refondues, incorporés dans leur substance et recristallisés, par exemple sur des barreaux de fer, des briques, des ciments, avec lesquels ces andésites, utilisées comme pierres de taille, s'étaient trouvées en contact dans les maisons incendiées.

D'une façon générale, ces observations paraissent mettre en lumière, à la fois, l'intensité du phénomène et son caractère extrêmement localisé : des produits fusibles, tels que des feldspaths, ayant pu, par exemple, être emportés par une lave sans être refondus. Elles montrent aussi les faibles températures réalisées dans la plupart des cas, et concordent ainsi avec toute une série de travaux antérieurs, qui conduisent, de plus en plus, à rapprocher les conditions, où se produit le volcanisme et où cristallisent les roches d'épanchement qu'il comporte, de celles que nous réalisons couramment dans nos usines et nos laboratoires. J'ai déjà dit qu'il n'en était pas de même pour les roches grenues à faciès granitique, ni, plus généralement, pour toutes les roches, que la géologie nous conduit à envisager comme des magmas de profondeur et qui, je le répète une fois de plus, tout en étant des produits très profonds par rapport à ceux des volcans, ne sont encore que des produits très superficiels par rapport au diamètre de la Terre. Nous aurons bientôt à invoquer ces observations sur l'absorption et la recristallisation des enclaves, sur le métamorphisme chimique de contact, sur les conditions de refroidissement, etc., quand nous voudrons expliquer les différences de caractère que peuvent présenter les magmas pétrographiques anciens.

Enfin l'observation des *fumerolles volcaniques* est d'un très haut intérêt pour expliquer les cristallisations de minéraux dans les roches

---

1. Voir plus loin, page 571, les observations sur les laccolithes.

et dans les filons, comme pour interpréter le volcanisme et l'éruptivité eux-mêmes.

Ce genre de phénomènes a été particulièrement étudié par Charles Sainte-Claire Deville et, après lui, par Fouqué, qui en a nettement établi la loi.

En résumé, on peut dire que la lave volcanique monte vers la surface en apportant une grande quantité de vapeur d'eau et de gaz volatils, qui s'en dégagent peu à peu à mesure qu'elle se refroidit et dont la composition, d'abord très complexe, se simplifie ainsi progressivement à mesure que la température de la lave s'abaisse.

Dans la profondeur, il semble bien que ces gaz soient des gaz réducteurs dépouillés d'oxygène, ainsi que toutes les études de métallogénie conduisent également à l'admettre pour les fumerolles anciennes, auxquelles on peut attribuer l'incrustation des filons métallifères. Ce caractère réducteur s'explique d'ailleurs très aisément, si l'on remarque que l'eau même, dans les conditions profondes du volcanisme, doit nécessairement se dissocier et fixer son oxygène sur les magmas fondus en train de se scorifier. Mais, en montant dans la grande cheminée d'appel que constitue le cratère, ces gaz réducteurs, tels que l'hydrogène, l'hydrogène carboné, l'hydrogène sulfuré, etc... s'oxydent peu à peu et, à moins que l'éruption ne se fasse sous la mer, c'est-à-dire à l'abri du contact de l'air, les gaz arrivent, pour la plupart, au jour brûlés et oxydés.

L'ordre de dégagement des fumerolles volatiles, ramené à ses termes les plus simples, comprend :

1° Depuis les températures les plus hautes jusqu'à 100°, des chlorures dominants ; d'abord, des chlorures anhydres avec traces de fluor au-dessus de 500° (chlorures de sodium, de potassium, d'ammonium, etc.) ; puis, les chlorures alcalins disparaissant, du chlorhydrate d'ammoniaque avec une légère proportion relative d'acide sulfureux, qui apparaît vers 400° ;

2° Vers 100°, de l'hydrogène sulfuré prédominant, avec un peu de chlorhydrate d'ammoniaque ;

3° Quand la lave est presque refroidie, des mofettes d'acide carbonique, provenant d'hydrocarbures brûlés, qui se dégagent extrêmement longtemps.

On peut donc distinguer trois phases, très importantes pour la genèse des gîtes métallifères : 1° chloro-fluorée, 2° sulfurée, 3° carburée.

Cette étude des fumerolles a été le point de départ de toutes les théories proposées pour expliquer le volcanisme[1].

---

1. Voir plus loin, pages 548 et suiv.

Il est, en effet, facile de remarquer que les éléments chimiques caractéristiques des fumerolles sont ceux que nous retrouvons associés, ou que nous soupçonnons être intervenus dans toute la série des phénomènes géologiques : dans les cristallisations de roches éruptives, où l'on observe d'une façon constante des traces résiduelles de chlorures, sulfures et carbures; dans les filons métallifères, dont tous les minéraux résultent de cristallisations opérées par l'influence prépondérante de chlorures, sulfures ou carbonates; dans les eaux de la mer, où viennent s'accumuler, comme dans l'égout universel, tout les sels solubles, pouvant exister dans les terrains géologiques et où l'on rencontre, par suite, avant tout, des chlorures, sulfates et carbonates; enfin dans les gîtes salins, produits par l'évaporation des eaux marines, où les chlorures de sodium et de potassium sont encore associés avec les sulfates de chaux et de magnésie et les hydrocarbures.

Ce rapprochement manifeste démontre incontestablement une communauté d'origine, mais prouve aussi qu'on se trouve en présence d'un cycle sans cesse renouvelé. La différence des théories relatives au volcanisme consiste en ce que les divers savants ont supposé les fumerolles empruntées à l'une ou l'autre des phases du cycle.

Pour beaucoup et, par exemple, pour A. de Lapparent, les gaz dégagés par les volcans sont encore emprisonnés depuis l'origine sous la croûte terrestre; à toutes les époques, le volcanisme en a dégagé une partie.

Pour d'autres, tels que M. Armand Gautier, les fumerolles proviennent de la refusion des roches cristallines (granites et autres), qui laissent échapper les traces qu'elles en avaient conservées.

Enfin, pour Charles Sainte-Claire Deville, Fouqué et Daubrée, les fumerolles volcaniques ne font que restituer au jour, presque aussitôt, les sels apportés en profondeur par des introductions d'eaux superficielles, qui, infiltrées dans les fissures du sol, contribuent à la violence du phénomène en déterminant des explosions[1].

Nous verrons plus tard les raisons qui militent en faveur d'une réserve ancienne, persistante en profondeur; mais peut-être les trois explications sont-elles à la fois à retenir.

b) Les *observations de gisement relatives à des roches éruptives anciennes* présentent de grandes difficultés théoriques. En effet, mis en présence d'un gisement pétrographique, ce que nous demandons à ce gisement de nous dire, ce sont : 1° ses conditions de formation; 2° l'âge de sa formation.

Si nous cherchons d'abord à retrouver les *conditions de formation* d'une roche, l'étude du volcanisme actuel et les synthèses que l'on a

1. Pour A. Brun [*Rech. sur l'exhal. volc.*, 1891], le volcanisme profond est anhydre.

réalisées, ou, au contraire, celles que l'on n'a pu encore réussir, nous apprennent également l'importance de certains facteurs essentiels, indispensables à envisager, qui sont : l'existence ou l'absence de vapeur d'eau et de gaz dans le bain de fusion ; la nature de ces gaz, lorsqu'ils se présentent ; la tranquillité ou le mouvement du magma pendant sa solidification et les réactions ayant pu déterminer plusieurs stades distincts dans cette solidification ; le mode de refroidissement, la température et la pression. Le problème apparaît donc très complexe et c'est toute une série de questions qui se posent à nous.

A quelques-unes de ces questions, on peut essayer de répondre, par l'examen au laboratoire dont il sera question plus loin, en retrouvant, dans la roche même, des traces des produits volatils ayant contribué à la cristallisation des minéraux, en constatant au microscope les divers temps de solidification et l'ordre de formation des minéraux dans chaque temps, en appréciant leur forme d'enchevêtrement, qui constitue la structure de la roche. De même encore, l'examen des roches ou terrains au contact pourra, dans certains cas, nous indiquer un métamorphisme, soit chimique, soit simplement calorifique, comme, par exemple, lorsque nous trouvons des charbons transformés en coke au contact de porphyrites et de basaltes et nous instruire par conséquent sur les agents chimiques intervenus et sur la température réalisée pendant la cristallisation de la roche. Il est certain, cependant, que ce que nous aurions, avant tout, besoin de connaître et ce que le gisement seul peut nous enseigner, ce sont les conditions de milieu extérieures dans lesquelles s'est formée la roche et c'est la *profondeur*, à laquelle elle s'est constituée.

Or, dans cet ordre d'idées, il y a lieu de ne s'avancer qu'avec circonspection, en se méfiant des premières apparences. Les effets de l'érosion ont, en effet, presque toujours complètement transformé l'aspect originel des gisements pétrographiques et cela d'autant plus que ces roches, particulièrement dures, se sont, en présence de cette érosion, comportées tout autrement que les terrains encaissants.

C'est ainsi que toutes les roches connues de nous se présentent aujourd'hui à nous sur la superficie ou très près de celle-ci, dans quelques travaux de mine, tandis que leur formation originelle a pu s'opérer à des profondeurs atteignant, dépassant peut-être 3.000 et 4.000 mètres au-dessous de la superficie qui existait alors. Ce n'est donc que par induction qu'on peut reconstituer la profondeur originelle et cependant celle-ci a semblé d'une telle importance aux pétrographes allemands, qu'ils en ont fait l'entrée même de leur classification [1].

1. Voir page 535.

Sans aller jusqu'à cette exagération, qui a le défaut capital de faire reposer toutes les définitions et les groupements sur des hypothèses, les autres pétrographes sont cependant d'accord avec eux pour distinguer, d'après leur mode de gisement actuel et la profondeur de formation ancienne, qui paraît en résulter, trois groupes principaux de roches, reliés d'ailleurs par des transitions[1] :

1° Roches habituellement cristallisées à de grandes profondeurs (abyssales), dans des conditions de repos et d'homogénéité presque parfaites, dont les types sont le granite, le gabbro, etc. ;

2° Roches de filons et de dykes (hypo-abyssales), dont la consolidation marque souvent deux phases distinctes : l'une , sans doute profonde, où se sont formés de grands cristaux, ensuite emportés et souvent corrodés, refondus en partie dans le bain de fusion ; l'autre, où s'est consolidée la pâte à structure encore grenue (microgranites, etc...) ;

3° Roches d'épanchement (effusives), plus ou moins analogues aux laves actuelles, où s'accuse souvent la structure fluidale ou vitreuse.

Les roches du premier groupe sont, quand nous les observons aujourd'hui, caractérisées par ce fait qu'on les trouve, stratigraphiquement, au-dessous de terrains, qui ont dû les recouvrir autrefois, souvent à la place où devait se trouver la voûte anticlinale de ces terrains, dont on ne voit plus aujourd'hui que les retombées latérales. Elles affleurent alors en grands massifs très étendus, en dômes, etc...

Quand le contact d'une telle roche et des terrains encaissants est normal, — c'est-à-dire quand il ne s'est pas produit après coup, ainsi que cela arrive souvent, un mouvement mécanique, localisé précisément au contact de cette masse dure granitique et des schistes friables, qui la surmontent —, on peut très bien observer la façon dont la roche éruptive a agi sur son enveloppe sédimentaire, soit en y injectant des séries de filons, soit en déterminant à distance une recristallisation des éléments, produite sans doute par l'action commune de la température et des émanations volatiles.

Les filons ou dykes, qui forment le second groupe, constituent le mode de gisement le mieux caractérisé ; car, lorsqu'une roche se montre à l'état de filon, on est sûr de l'avoir encore dans sa position primitive et la seule question, qui se présente, est celle de savoir à quelle profondeur le point observé se trouvait au-dessous de la superficie ancienne.

Il arrive, cependant, que, rencontrant une roche éruptive sur un plateau et non dans une tranchée, on puisse hésiter entre la supposition d'un filon, d'un dyke, ou, au contraire, celle d'un lambeau de coulée.

---

1. Voir page 555, les restrictions qu'il faut apporter à cet énoncé sommaire.

Le problème se pose, par exemple, pour les porphyrites intercalées dans le stéphanien (13) du Plateau Central[1]. Beaucoup d'entre elles sont certainement filoniennes ou intrusives. Ailleurs, on trouve, sur la superficie actuelle, au-dessus du stéphanien, des pointements circulaires de la même roche et deux hypothèses sont alors à faire : ou bien on est en présence d'une « cheminée » éruptive, analogue à celles, que des roches de la même famille forment, avec tant d'abondance, dans toute l'Afrique du Sud et qui y sont le gisement des diamants ; ou bien, ce sont des lambeaux démantelés d'anciennes nappes, ou coulées, comme on le constate si fréquemment pour les lambeaux de basalte épars sur nos plateaux d'Auvergne.

C'est surtout pour les gisements à apparence de nappes d'épanchement (troisième groupe) que le problème devient délicat. Souvent on observe, sur tout un plateau actuel, une nappe rocheuse visiblement superposée à la périphérie sur les terrains sous-jacents et l'idée immédiate est d'assimiler cette nappe aux coulées de basalte, dont je viens de parler, ou aux coulées de laves actuelles. Cependant, quand il s'agit d'une coulée remontant à l'époque carbonifère, il est bien certain que cette coulée n'est pas restée là à cette place, exposée à l'air depuis l'époque carbonifère ; elle a été, d'abord, recouverte par des épaisseurs de terrains, peut-être considérables, qui ont disparu ; elle ne forme le sommet du plateau que parce que l'érosion s'est arrêtée plus longtemps à elle, comme à une roche plus dure. Et, alors, on peut se demander s'il est bien exact que cette nappe se soit épanchée au jour et n'ait été qu'ensuite recouverte par les terrains dont nous venons de remarquer la destruction, ou si elle ne se serait pas quelquefois introduite au-dessous de ces terrains après leur dépôt : si, par conséquent, elle ne correspondrait pas à un phénomène de caractère déjà filonien et relativement profond. La question me paraît se poser pour de nombreuses nappes de microgranulite, dont tous les pétrographes (et moi-même autrefois) ont admis le caractère épanché superficiellement, tandis que leur structure correspond mal à ce genre de coulées.

La *détermination de l'âge* des roches, surtout quand on fait intervenir cette notion de profondeur originelle et d'érosion consécutive, qui me paraît d'une importance si capitale, devient, elle aussi, très délicate.

Il suffit, en effet, pour le comprendre, de remarquer que nos deux moyens pour déterminer l'âge d'une roche sont :

1° D'en rencontrer des galets remaniés dans un terrain sédimentaire d'âge déterminé, ou de reconnaître qu'un terrain sédimentaire s'est

---

1. Le chiffre (13) qui accompagne un nom d'étage géologique, se rapporte au tableau de la page 222 *bis*.

déposé transgressivement sur un ensemble complexe de terrains où se présentent des filons de cette roche, arrêtés brusquement au contact des deux formations : ce qui donne une limite maxima ;

2° De constater que la roche en question recoupe un autre terrain sédimentaire : ce qui donne une limite minima.

De ces deux genres d'observations, les premières seules conduisent à des résultats de quelque précision : si un sédiment contient des galets d'une roche, il est impossible d'échapper à cette conséquence que la roche existait déjà quand le terrain s'est formé et l'on a là une limite précise. De même si, comme cela se présente dans de belles coupes d'Australie ou du Colorado, les filons s'interrompent tous soudain sous un terrain transgressif. Malheureusement, les observations de ce genre sont rarement possibles et l'on est, le plus souvent, obligé de recourir uniquement au second procédé, très imparfait.

Il peut, en effet, aujourd'hui même, s'ouvrir un volcan au milieu du carbonifère ou du silurien ; la roche produite sera pléistocène et la limite d'âge, obtenue pour elle, seulement carbonifère ou silurienne.

Pourtant, lorsque, dans une région, les manifestations éruptives sont nombreuses, lorsque les terrains représentés comprennent toute l'échelle géologique et lorsqu'on ne voit jamais les roches recouper des terrains plus récents que le carbonifère (13), en épargnant toujours le permien (14), l'âge carbonifère paraît très vraisemblable.

C'est là, toutefois, qu'il faut faire attention au caractère plus ou moins profond de la roche en question. Une conclusion, qui pourrait être exacte, s'il s'agit d'un épanchement lavique, ou d'une projection de cinérites, comme on en rencontre dans le carbonifère de la chaîne hercynienne, devient tout à fait erronée pour une roche de profondeur, tel qu'un granite. Pendant toute la durée du permien, il a pu cristalliser des granites à 3.000 mètres de profondeur, qui jamais n'ont atteint le permien, parce que le permien se déposait à la surface.

Et, surtout, ce qui vient compliquer le problème, c'est l'impossibilité, où l'on est, d'affirmer l'identité d'âge de deux roches semblables, même au voisinage l'une de l'autre et, à plus forte raison, à de grandes distances ; ce qui ne permet pas de déterminer, en toute rigueur : la limite supérieure par l'une ; la limite inférieure par sa voisine.

Il est très probable qu'à toutes les époques géologiques, et aujourd'hui encore, il cristallise des granites à une profondeur convenable [1]. Si nous ne constatons, en général, que des granites anciens, c'est parce que ceux-là seuls ont eu le temps d'être décapés et mis à jour par l'érosion

---

1. Voir page 568. A. LACROIX a observé, en 1911, à La Réunion, des roches à structure granitique de formation presque superficielle et contemporaine.

et si, lorsque nous trouvons par hasard des granites tertiaires, ils sont quelquefois un peu différents par leur type des granites primaires, c'est parce qu'ils ont toutes les chances d'avoir représenté des formations plus superficielles des mêmes magmas. En admettant même que cette conclusion générale paraisse encore hypothétique, elle est moins discutable si l'on se borne à une période de plissement déterminée ; pendant toute cette période de plissement, il me semble avoir dû se produire des granites et, lorsqu'on a dit qu'il s'était formé : d'abord des granites, puis des microgranites, puis des porphyrites, je crois qu'on a cédé, en partie, à une illusion, tenant à l'oubli de la profondeur originelle, ou des conditions qui peuvent remplacer celle-ci.

Que l'on suppose, au même instant de l'époque stéphanienne (13), du granite cristallisant à 3.000 mètres de profondeur, des microgranulites à quelques centaines de mètres de profondeur et des porphyrites à la surface même, ces dernières paraîtront post-stéphaniennes, tandis que les microgranulites peuvent ne pas atteindre le stéphanien (13) et les granites ne pas s'élever plus haut que le précambrien (1) ; on attribuera à une différence d'âge ce qui tiendra à une différence de profondeur[1].

Pour la même raison, je crois peu, sauf exceptions, à ces lentilles en fusion que l'on a parfois imaginées comme la source universelle et commune de toutes les roches d'un pays, à ces amandes ignées lançant l'une après l'autre des roches d'acidité décroissante [2].

En tout cas, quelle que soit la théorie admise, il est utile de penser aux hypothèses qui viennent d'être présentées et de se tenir en garde contre les erreurs, dans lesquelles on tomberait si elles s'étaient trouvées réalisées.

2° *Examen des roches au laboratoire.* — L'examen des roches au laboratoire a pour but, non seulement de compléter leur détermination précise, souvent difficile ou même impossible sur le terrain, mais aussi de reconnaître la structure intime de la roche, la nature, la proportion et l'agencement de ses minéraux, les inclusions qu'elle renferme, etc.

Cet examen comprend : avant tout, des méthodes optiques et des analyses chimiques ; accessoirement, quelques procédés de préparation

1. Il est à remarquer, par exemple, pour nos microgranulites du Plateau Central, que, lorsque nous les voyons recouper des couches dinantiennes (11), ce sont, généralement, des lambeaux de ce terrain, qui ont commencé par s'enfoncer dans des fosses d'effondrement lors du grand mouvement hercynien de l'époque westphalienne (12), ce qui leur a permis ensuite d'échapper à l'érosion et qui ont pu ensuite être remontés, avec toute la région, par la continuation du mouvement. Quand les microgranulites les ont recoupés, ils n'étaient donc probablement plus à la surface, quoiqu'aucun terrain nouveau ne se fût déposé au-dessus d'eux, mais déjà à une certaine profondeur.

2. Voir, plus loin, pages 549 et suiv., la discussion de cette question.

mécanique fondés sur la densité, la dureté ou l'attraction magnétique. Les méthodes, qui vont être décrites ici, s'appliquent aussi bien aux sédiments qu'aux roches éruptives.

a) *Méthodes optiques. Emploi du microscope* [1]. — La détermination des minéraux constituants d'une roche n'a acquis quelque précision que le jour où l'on a réussi à employer pour leur étude l'examen microscopique. Auparavant, on était réduit à un examen sommaire, fait à l'œil nu ou à la loupe, qui donnait des résultats tout à fait insuffisants, mais que l'on continue néanmoins à employer comme première approximation. Cet examen superficiel est devenu d'autant plus utile pour nous que l'étude préalable de nombreuses roches au microscope a déjà permis de reconnaître les facies extérieurs correspondants à diverses structures intimes et autorise dès lors souvent à déterminer la roche d'après son facies.

En pratique pétrographique, on peut admettre que l'examen à la loupe grossit 10 fois le diamètre des objets et l'examen au microscope 80 à 150 fois. Exceptionnellement, on travaille, au microscope pétrographique, à des grossissements de 800 diamètres ; mais on n'atteint pas les grossissements de 1.800 et 2.000 diamètres utilisés en histologie [2].

A ce propos, je ferai remarquer aussitôt l'erreur que nous commettons tous, et dont la science même a été longue à se dégager, en attribuant une importance réelle aux démarcations, tout accidentelles et subjectives, que semblent introduire, dans la nature, la puissance de nos organes, comme notre position dans l'espace, ou notre dimension propre. C'est ainsi qu'il a fallu en pétrographie de très longues discussions pour faire admettre l'identité d'une roche présentant des éléments distincts à l'œil nu ou à la loupe, c'est-à-dire quand on l'examine avec les instruments courants dont nous nous servons sur le terrain, et d'une roche dont les éléments ne sont visibles qu'au microscope, bien que la grandeur relative des uns et des autres varie à peine dans la proportion du simple au décuple et qu'une telle différence ne nous embarrasse nullement, dès qu'elle dépasse la limite de visibilité [3].

1. Il me paraît utile de résumer en appendice les notions principales d'optique mathématique, auxquelles je serai forcé de faire sans cesse allusion. On trouvera donc, page 731, l'explication des termes qui paraîtront obscurs dans le texte.

2. On sait que le grossissement de 4.000 diamètres représente actuellement une limite théorique ; bien avant d'y atteindre, les observations deviennent souvent très illusoires par la diminution de clarté et par les confusions de tous genres auxquelles on est exposé.

3. C'est une illusion du même genre, qui nous a fait envisager comme très distinctes les vibrations lumineuses ou électriques et les vibrations calorifiques, parce que les unes, un peu plus rapides que les autres, sont sensibles à la vue et les autres non, malgré toutes les transitions qui les relient. De même encore, quand

Je n'ai rien de particulier à dire sur l'examen à la loupe, qui comporte un simple grossissement des objets directement examinés ; il n'en est pas de même de l'étude microscopique, qui implique d'abord une préparation de ces objets et qui fait intervenir ensuite, indépendamment du seul grossissement, l'application des propriétés optiques.

Cet examen se fait un peu différemment, suivant qu'il s'agit de reconnaître la seule structure d'un sédiment et les fossiles microscopiques qu'il peut renfermer, ou de caractériser des minéraux ; entre les deux cas, la différence essentielle est que, dans le premier, on opère en lumière naturelle, comme on le fait pour l'examen de tous les tissus en botanique ou en zoologie et, dans le second, en lumière polarisée.

Il est assez singulier de remarquer que l'une et l'autre application du microscope en géologie sont très récentes. L'emploi de cet instrument, qui, depuis trois siècles, a bouleversé les sciences naturelles [1], a, partout et toujours, suscité les objections de ceux qui ne savaient pas s'en servir, ou qui ne voulaient pas en prendre la peine et pour lesquels un microbe a une existence moins réelle qu'un éléphant, un microlithe [2] qu'un grand cristal et une cellule qu'un arbre, parce qu'ils sont plus petits. En géologie, il a suscité d'abord des objections, qui nous semblent aujourd'hui particulièrement surprenantes.

Les premières tentatives faites pour appliquer le microscope en géologie ont eu pour but exclusif l'étude spéciale, soit d'un minéral, soit d'une section faite dans un organisme fossile, indépendamment du milieu qui les renfermait [3].

C'est la disposition naturelle, que j'ai critiquée plus haut, à envi-

---

nous attachons instinctivement, dans l'appréciation du relief, une importance spéciale aux contours géographiques des rivages, alors qu'ils dessinent seulement une courbe de niveau quelconque de la surface terrestre. En fait de phénomènes extérieurs, il est sans doute probable que nous sommes toujours, inconsciemment, dans le subjectif ; mais, quand il s'agit de séparations dont la relativité est accessible à notre esprit, si nous refusons d'admettre celle-ci, nous sommes, en quelque sorte, dans le subjectif à la seconde puissance.

1. L'invention du microscope par les JANSSEN est de 1590. Les découvertes de LEUWENHOECK sont de la fin du xviie siècle. C'est seulement en 1856 que SORBY a montré la possibilité d'obtenir des plaques minces de roches. L'ouvrage de FOUQUÉ et MICHEL LÉVY, qui a marqué en France l'introduction des méthodes pétrographiques modernes, est de 1879.

2. On nomme ainsi des cristaux microscopiques qui forment, dans certaines roches, une pâte d'apparence compacte et non résoluble à l'œil nu. (Voir plus loin la figure 7, page 169.)

3. L'examen microscopique est couramment employé en paléontologie et en paléobotanique. Pour les végétaux carbonisés à étudier par réflexion, il est bon de n'employer que de faibles grossissements. Quelquefois, on réalise des coupes minces au moyen de la scie et du tour à émeri ; ou encore, on traite une mince esquille par les réactifs oxydants (acide nitrique et chlorate de potasse), puis par l'alcool absolu, ce qui la rend transparente. Les échantillons minéralisés par la silice, le carbonate de chaux, etc., se prêtent particulièrement bien aux coupes minces.

sager l'objet d'art isolément, comme une simple pièce de musée : tendance aussi déplorable du reste en art qu'en science. Le difficile a été de se mettre à étudier cette matière d'apparence plus ingrate, qui constitue une roche cristalline, ou un terrain sédimentaire, pris dans leur ensemble. On y est cependant arrivé peu à peu, d'abord pour les roches, puis pour les sédiments, moins séduisants encore d'apparence par leur monotonie prévue et l'on en a rapporté une moisson de faits précieux, qui trouveront leur place bientôt.

Nous allons voir rapidement comment l'on opère.

L'examen microscopique des roches cristallines a longtemps présenté de réelles difficultés pratiques, qui, avec la tendance rappelée tout à l'heure, ont contribué autrefois à le faire abandonner momentanément après quelques vains essais ; on n'obtient, en effet, aucun résultat, si l'on se contente d'examiner l'objet éclairé par réflexion ; il faut en préparer une coupe mince destinée à être étudiée par transparence, comme on est du reste habitué à le faire en histologie : coupe suffisamment mince pour que les minéraux divers de la roche composée ne s'y superposent pas, et surtout il faut, pour examiner cette coupe mince, employer de préférence, non pas la lumière naturelle, mais la lumière polarisée.

C'est un fait déjà intéressant par lui-même pour les théories optiques et fort ignoré du public qu'une lame suffisamment mince d'une roche cristalline quelconque, d'un granite, d'un porphyre, d'un basalte, puisse devenir assez transparente pour permettre une lecture au travers.

L'épaisseur des préparations minces usitées en pétrographie est d'environ un centième à trois centièmes de millimètre.

Pour les obtenir, on ne peut pas opérer, comme pour les préparations de tissus organiques, qu'on sectionne directement, ou qu'on englobe dans le collodion ou la paraffine et coupe au microtome ; il faut procéder par usure, en préparant d'abord une face plane par polissage sur une meule horizontale à l'émeri, puis fixant cette face sur une lame de verre avec du baume de Canada et opérant de même de l'autre côté ; la méthode est, en somme, facile, et d'un emploi courant [1].

La préparation faite, il reste à l'étudier — soit en lumière naturelle ; soit en lumière polarisée (rarement en lumière convergente, le plus souvent en lumière parallèle) — : 1° pour reconnaître, dans la marqueterie des divers minéraux à sections polygonales qui la composent, la place de ces minéraux, distingués les uns des autres superficiellement par

---

1. Voir, sans parler des ouvrages étrangers : Fouqué et Michel Lévy, *Minéralogie micrographique*, 1879. — Michel Lévy et Lacroix. *Les Minéraux des roches*. Paris, Baudry, 1888.

leur aspect extérieur, leur couleur, leur relief, leurs traces de clivage, leurs inclusions ; 2° pour déterminer, d'une façon précise, la nature de chacun de ces minéraux, en se fondant sur ses constantes optiques et cristallographiques.

Ainsi que j'ai essayé de le faire comprendre, dans l'appendice placé à la fin de ce volume [1], sans faire intervenir le calcul ni les théories de haute physique, cette dernière détermination a pour point de départ certaines propriétés très subtiles de la lumière, dont nous avons eu également à tenir compte, quand nous avons voulu, par la spectroscopie, remonter à la constitution intime de la matière terrestre.

Chacun sait aujourd'hui que l'on croit pouvoir identifier la lumière et l'électricité avec un même mouvement vibratoire, dont la vitesse de propagation dans l'espace est d'environ 300.000 kilomètres par seconde. Malgré cette vitesse, qui étonne d'abord l'esprit, on a pu analyser, dans toutes ses particularités, le phénomène lumineux, ou, du moins, arriver à une interprétation symbolique, qui rend compte, jusqu'à nouvel ordre, de toutes les apparences observées. On le représente ainsi, à chaque instant de son parcours, par une surface de l'onde vibratoire, composée, dans un cas relativement simple, par la combinaison d'un ellipsoïde et d'une sphère : surface, suivant les plans tangents de laquelle se font les vibrations moléculaires, dont l'amplitude amène l'intensité lumineuse, en même temps que cette onde se déplace avec une vitesse variable, qui caractérise la couleur. Direction du rayon, intensité et couleur, ce sont là, pour nos sens, les éléments les plus manifestes d'un phénomène lumineux. La couleur surtout est susceptible d'une définition très nette par comparaison avec l'échelle des couleurs du spectre dressée par Newton. Il se trouve que les perceptions lumineuses sensibles pour notre œil sont comprises entre des limites telles que ces longueurs d'onde, caractéristiques des couleurs, peuvent varier à peu près dans le rapport de deux à trois.

Une substance transparente, rencontrée par un rayon lumineux, exerce, sur ce rayon, des actions diverses, tenant à la résistance du milieu, qui constituent la réfraction, la double réfraction, la polarisation, etc. En outre, tout minéral présente, en principe et sauf des exceptions rares, des propriétés différentes suivant les diverses directions que l'on y considère. Ces propriétés diverses peuvent être traduites, au moyen de la lumière polarisée, par des différences de teintes, que l'on constate, soit en faisant tourner un cristal par rapport à un système optique fixe, soit en comparant deux cristaux de nature ou d'orienta-

1. Page 731.

tion différentes dans une même préparation microscopique. Ces teintes
variables avec la substance considérée et, dans cette substance, les
variations constatées et mesurées suivant diverses directions désignées
par la théorie peuvent, avec quelques autres propriétés optiques des
minéraux, observées également au microscope, fournir le moyen de
reconnaître en plaque mince une roche quelconque, composée de minéraux quelconques.

Je donne, par exemple, ici trois figures, représentant, sans les cou-

Fig. 5. — *Granite* de l'Allier vu à un
grossissement de 30 diamètres. On
voit les cristaux enchevêtrés d'orthose (OR), d'oligoclase maclé (OL),
de quartz avec lignes d'inclusions (Q),
de biotite ou mica noir (B).

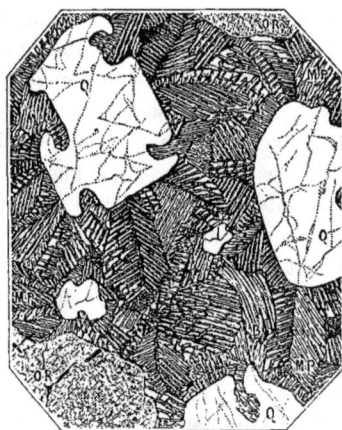

Fig. 6. — *Microgranulite* de l'Allier
vue à un grossissement de 150 diamètres. On voit les grands cristaux
de quartz rongés sur les bords (Q),
d'orthose (OR), et de biotite (B), dans
un milieu cristallisé à éléments plus
petits, où domine la micropegmatite
(MP).

leurs qui leur prêtent un aspect diapré, les aspects microscopiques d'un
granite, d'un porphyre quartzifère (microgranulite) et d'une labradorite
(fig. 5, 6 et 7). Il n'est besoin d'aucune connaissance minéralogique particulière pour constater à quel point ces trois aspects sont dissemblables,
et décèlent une structure différente chez les roches correspondantes. La
reconnaissance de beaucoup de minéraux individuels s'opère également dès le premier coup d'œil, même sur des minéraux qui ont à peine,
en réalité, un cinquantième de millimètre de large et l'on voit, par suite,
quelles facilités donne le microscope pour déterminer une série de
roches d'aspect amorphe ou compact, auxquelles on avait attribué jadis,
par impuissance, certains noms généraux et vagues englobant les

choses les plus dissemblables : (trapp, basanite, grünstein, propy-
lite, etc.)

Avec la pratique de la minéralogie microscopique, ces premières
divergences d'aspect se particularisent et s'expliquent; les minéraux
individuels sont reconnus un à un et, finalement, la roche, définie à la
fois par les minéraux constituants et par leur répartition, par leur mode
d'agencement, peut être rapportée à un type antérieurement classé,
désignée par un nom, qui en fait
connaître aussitôt la nature et les
propriétés. Je signale simplement,
comme un caractère très net au
microscope, la différence immédiatement visible entre les minéraux
ordinaires et les minéraux maclés,
c'est-à-dire formés de deux cristaux diversement orientés et accolés l'un à l'autre. Le contraste entre
les deux parties d'un tel cristal,
presque insaisissable à l'œil nu,
apparaît au microscope polarisant
avec une netteté incomparable ;
et encore mieux, quand on a ce
qu'on appelle des lamelles hémi-
tropes, comme dans les feldspaths
dits plagioclases, c'est-à-dire une
série de plages juxtaposées ayant
l'une après l'autre subi une rotation de 180° par rapport à la précédente : dès la plaque introduite

Fig. 7. — *Labradorite* de Métélin (Archipel) vue à un grossissement de
80 diamètres. Grands cristaux de labrador (7), mica noir (19) et (19'),
pyroxène augite (20), péridot (23)
dans une pâte de microlithes labradoriques.

dans l'appareil, on voit, dans un tel minéral, des apparences de bandes
parallèles, reproduites, par exemple, sur l'oligoclase ou le labrador des
figures 5 et 7, qui ne permettent plus de s'y tromper.

En même temps qu'il a permis la reconnaissance proprement dite des
roches et de leurs éléments, le microscope a mis en évidence plusieurs
caractères importants pour l'explication de leur genèse, parmi lesquels
je citerai l'ordre de cristallisation des minéraux dans une roche,
les phases successives de ce phénomène et les inclusions solides,
vitreuses, liquides ou gazeuses, que beaucoup de minéraux renferment :
faits éminemment révélateurs des conditions et du milieu où s'est opérée la solidification de cette roche.

Il semble, qu'on assiste, en quelque sorte à la formation des roches en les examinant au microscope et l'on acquiert ainsi les notions les plus précieuses pour essayer ensuite leur reproduction par synthèse dans les conditions de la nature. Si l'on étudie, par exemple, un granite (fig. 5), on verra que de petits cristaux de magnétite, d'apatite, de rutile, de zircon (non représentés sur la figure) y sont englobés dans des micas, qu'entourent eux-mêmes parfois des feldspaths, le tout étant enveloppé de quartz et que cette succession s'est opérée sans arrêt, sans que les conditions générales aient notablement changé, « en un seul temps de consolidation ». Les conditions de gisement accusent, d'autre part, cette cristallisation tranquille, homogène, faite d'un seul bloc, en profondeur.

Tout au contraire, si nous prenons la roche que l'on appelle une microgranulite (fig. 6), nous voyons quelques grands cristaux de quartz, de feldspath orthose et de mica biotite éparpillés dans une pâte, formée d'éléments tellement plus petits qu'on ne les distingue pas les uns des autres à l'œil nu et, néanmoins, les mêmes, et présentant les mêmes groupements que dans un granite ou une granulite. Les premiers grands cristaux sont là cassés, rongés, pénétrés par le magma, qui peut se souder à eux et, tout naturellement, l'idée vient qu'ils représentent un « premier temps de consolidation », opéré tranquillement en profondeur avec une stabilité permettant aux cristaux d'acquérir ces grandes dimensions ; après quoi, toute la masse encore fluide, entraînant ces premiers cristaux, s'est élevée dans des fissures de l'écorce terrestre, ainsi qu'on le reconnaît, d'autre part, en étudiant les conditions de gisement et le magma refroidi s'est pris en masse dans un « second temps de consolidation ».

D'autres catégories de roches, auxquelles on réserve aujourd'hui le nom de porphyre, présentent, au lieu de cette pâte granulitique en petit ou microgranulitique, une pâte amorphe, avec de simples commencements de cristallisation, d'orientation moléculaire, sous la forme de globules ou de sphérolithes.

De même encore, les coulées de roches éruptives, opérées à la surface (fig. 7), sont aussitôt décelées par deux temps de consolidation analogues : l'un, le plus ancien et le plus profond, avec de grands cristaux ; l'autre avec une pâte à cristaux plus fins, dits « microlithes », englobant ces premiers et, dans cette pâte, la fluidité de la masse, sa coulée pendant la solidification sont accusées par la disposition régulière de tous ces petits microlithes feldspathiques, qui apparaissent souvent comme des quantités de bâtonnets parallèles, comme les troncs de sapins flottés sur une rivière du Nord.

Les inclusions sont également révélatrices. Par exemple, en constatant l'abondance des bulles de chlorure de sodium ou d'acide carbonique liquide englobées dans des quartz, des topazes, etc., on est amené à penser que leur cristallisation s'est opérée dans des bains aqueux, où ces deux éléments, le chlorure de sodium et l'acide carbonique liquide sous pression, ont dû jouer un rôle essentiel[1]. Divers observateurs ont cherché à évaluer, par des expériences de dilatabilité,

la température, à laquelle avait dû se former le quartz à inclusions salines de certaines roches. On a trouvé 307° pour des diorites quartzifères de Bretagne. 356° pour un trachyte. L'altération des feldspaths peut, d'ailleurs, comme l'a montré M. Whitman Cross, développer aussi, dans ces minéraux, par une réaction secondaire, des files alignées d'inclusions liquides.

Ailleurs, on aura des inclusions de matière amorphe vitreuse, parfois avec indication de « cristallites ». Le microscope a, en effet, permis de reconnaître la fréquence, dans les pâtes de certaines roches ou dans leurs minéraux, tels que la silice et les silicates, de matières vitreuses non cristallisées, mais offrant, à de forts grossissements, des sortes de formes cristallines élémentai-

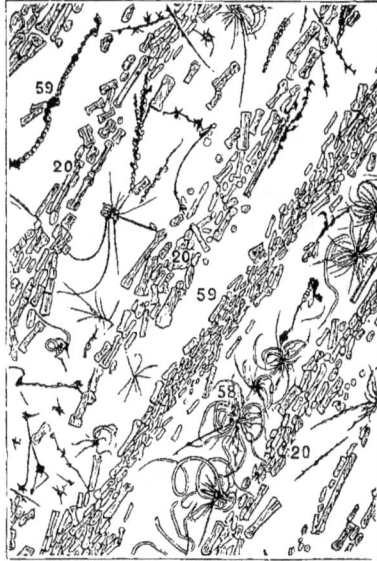

Fig. 8. — Cristallites et trichites d'une obsidienne de Milo (Grèce), vus à un grossissement de 500 diamètres. d'après MM. Fouqué et Michel Lévy. (*Minéralogie micrographique*, pl. XVI). On voit des bâtonnets de pyroxène (20) et des trichites (58) dans un magma vitreux (59).

res, ou cristallites, où l'on croit voir le passage, très intéressant pour les théories sur la matière, de l'état amorphe à l'état cristallin, particulièrement caractérisé dans les substances siliceuses, qui peuvent être, tantôt cristallisées, tantôt amorphes ou colloïdes.

Ces cristallites, dont je reproduis quelques figures (fig. 8), ont des

1. Les inclusions liquides présentent, en général, une bulle mobile, ou *libelle*. Quand le libelle a moins de $\frac{2}{1000}$ de millimètre, il paraît animé d'une bizarre trépidation propre et indépendante de toute circonstance extérieure, dite *mouvement brownien*. Ce mouvement, qui est à retenir dans les théories générales, a été attribué à un échange constant entre les molécules liquides et gazeuses sur le contact.

formes singulières et qui ne sont pas sans analogie avec des formes élémentaires de la matière organique, ou du monde des microbes. Il est surtout curieux d'y voir les individus se former en chapelets, suivant des alignements, qui, eux-mêmes, peuvent présenter une sorte de symétrie grossière autour d'un centre ou par rapport à un axe.

L'étude des terrains sédimentaires au microscope, seulement développée dans ces toutes dernières années et, notamment, par M. Cayeux[1], permet, elle aussi, de reconnaître les débris organiques, ou minéraux, qui ont constitué ces sédiments : calcaire, gaize, tuffeau, craie, et, jusqu'à un certain point, de retrouver leur origine, en un mot de déterminer le rôle qu'il convient d'attribuer aux agents mécaniques, chimiques et physiologiques dans leur formation.

Enfin, récemment, une tendance très générale s'est manifestée dans les études pétrographiques pour combiner l'analyse chimique, dont il va être question plus loin, avec l'examen microscopique. Tandis qu'auparavant on demandait seulement à celui-ci une analyse qualitative, une détermination des minéraux constituants, aujourd'hui l'on vise à une analyse quantitative, c'est-à-dire que l'on ne se tient pas satisfait si l'on n'a pas apprécié aussi, avec l'aide de la chimie, la proportion relative de ces minéraux. Il est évident que, le jour où l'on connaîtrait, pour chaque roche, tous les minéraux constituants, leur proportion, leur ordre de formation et leur mode de groupement, la roche serait aussi bien déterminée que possible et pourrait, dès lors, être représentée par une notation, correspondant à quelque chose de tout à fait précis, au lieu des définitions vagues, auxquelles on était réduit jadis.

b) Séparation des minéraux d'une roche par le magnétisme, la densité, etc. — Avant qu'on eût réussi à distinguer par l'examen microscopique les éléments constituants d'une roche, on s'attachait à les trier réellement les uns des autres, afin d'en obtenir une quantité suffisante pour pouvoir les analyser. Ces procédés sont encore en usage dans certains cas.

Ils consistent essentiellement à pulvériser la roche, puis à utiliser diverses propriétés physiques, spéciales à tel ou tel des minéraux, pour le mettre à part des autres. C'est, en petit et dans une opération scientifique, quelque chose de tout à fait analogue à ce qu'on cherche à obtenir, industriellement et en grand, dans tous les ateliers de préparation mécanique, où l'on sépare, soit de leur gangue, soit d'une autre substance métallique, les minerais de plomb, de zinc, de fer, de cuivre, etc.

1. *Contribution à l'étude micrographique des terrains sédimentaires.* 1897.

La *préparation magnétique* ne réussit bien que pour quelques minéraux ; elle consiste à utiliser l'attraction différente des éléments par un électro-aimant de puissance variable, ou, dans des cas plus simples, par un simple aimant. On sait, d'ailleurs, que, dans nos mines, le triage de la magnétite et de la chalcopyrite ou de la blende, des minerais de fer et du quartz, du feldspath ou de l'apatite se font couramment ainsi. Plus un minéral silicaté est riche en fer, plus, en moyenne, il est attirable ; en augmentant peu à peu l'intensité, on attire, d'abord, le fer oxydé, puis la hornblende, l'augite et le péridot, puis le mica.

La *préparation mécanique* utilise la densité différente des minéraux, en les mettant en suspension, soit dans de l'eau animée d'un courant plus ou moins rapide, soit dans une série de liqueurs titrées, combinées de manière que leur densité propre soit justement intermédiaire entre celles de deux minéraux à séparer. Ces liqueurs lourdes sont formées avec des corps, tels que le tétrabromure d'acétylène, dont la densité est de 3 ; le biodure de mercure et de potassium, qui atteint 3,19 ; le borotungstate de cadmium, qui arrive à 3,28 ; ou l'iodure de méthylène (3,33). Un mélange avec de l'eau donne toute l'échelle des densités que l'on désire. Pour des densités plus fortes, on peut opérer dans un bain fondu de chlorure de plomb, dont la densité est de 5, ou dans un mélange de ce chlorure avec le chlorure de zinc (3,2). Dans tous les cas, on y introduit la roche en poudre, dont une partie tombe au fond et l'autre reste flottante.

c) *Réactions chimiques.* — L'emploi des analyses et réactions chimiques prend une importance chaque jour plus grande en géologie, à mesure que ces analyses donnent des résultats plus précis et sur lesquels on peut compter plus sûrement.

Les réactions chimiques sont utilisées en pétrographie : 1° pour faire l'analyse totale d'une roche ; 2° pour analyser partiellement des éléments homogènes, extraits de cette roche au moyen des procédés précédents ; 3° pour isoler un minéral des autres ; 4° pour caractériser un minéral, soit dans un examen à l'œil nu, soit surtout dans une étude microscopique. On se sert, en outre, de la chimie pour analyser des eaux et des gaz (eaux courantes, eaux thermales, eaux des bassins d'évaporation, fumerolles volcaniques, gaz des émanations quelconques, air à diverses altitudes, etc.)

1° L'analyse totale des roches, après avoir été beaucoup pratiquée au début, avait été quelque peu délaissée pour l'examen microscopique ; ainsi que je l'ai dit plus haut, on y revient pour la combiner avec cet examen et en déduire la composition quantitative d'une roche complexe en minéraux définis. La proportion de certaines substances caractéristiques, comme la silice, l'alumine, la potasse ou la soude, le fer, la magnésie, la chaux, qui forment la majeure partie de toutes les roches cristallines, sert également de base à toutes les théories modernes sur la différenciation des magmas, sur les familles pétrographiques dans une région déterminée, etc., etc., qui seront rappelées plus loin [1].

Cette analyse, portant presque toujours sur des silicates, a seulement cela de particulier qu'on doit commencer par rendre ces silicates solubles, par exemple par la méthode Sainte-Claire Deville (attaque au carbonate de chaux et reprise à l'acide nitrique).

2° L'analyse de minéraux homogènes, triés au préalable par une préparation mécanique ou magnétique quelconque, peut servir de confirmation à l'étude optique des minéraux ; elle la complète aussi en faisant connaître plus précisément la composition des minéraux compris dans les roches : composition, qui pourrait différer de celle des minéraux isolés, souvent cristallisés d'une tout autre façon dans des géodes, des druses, des filons. etc.

3° L'isolement de certaines substances peut s'obtenir par une attaque de leur gangue au moyen de réactifs appropriés. On emploie couramment en paléontologie l'acide chlorhydrique très dilué pour réaliser le dégagement des fossiles, que la nature produit lentement, d'autre part, sur des tranchées exposées à l'air, par l'action progressive de l'eau superficielle chargée d'acide carbonique. On utilise de même en pétrographie l'acide fluorhydrique concentré, qui attaque, dans des phases successives : d'abord, les matières amorphes ; puis, les feldspaths ; puis, le quartz ; puis, les silicates ferrugineux.

4° La reconnaissance des minéraux après une attaque préalable forme toute une petite science, appelée la *micro-chimie*, dont le principe, différent de celui de la chimie ordinaire, consiste, non à obtenir les corps les plus insolubles à l'état de précipités comme dans les recherches analytiques, mais à produire des corps peu solubles cristallisant rapidement dans la solution et à les reconnaître par la détermination de leurs formes (chaux à l'état de gypse, alumine et alun de cœsium, etc.). Le procédé Boricky permet de reconnaître à la fois plusieurs corps au moyen d'une réaction unique. En faisant agir, sur une plaque mince de roche, l'acide hydrofluosilicique, on obtient, avec une douce chaleur, des hydrofluosilicates cristallisés, dont la forme est caractéristique. On distingue ainsi très vite les minéraux potassiques donnant des cubes, des minéraux sodiques donnant des prismes hexa-

1. Voir page 544 et suiv.

gonaux, ou des minéraux calciques, dont les hydrofluosilicates ont des formes dissymétriques.

3° *Reproduction synthétique des roches ignées.* — Ainsi que je l'ai dit précédemment, la reproduction synthétique de diverses roches ignées par Fouqué et Michel Lévy a constitué, pour la science géologique, une découverte capitale et définitivement tranché un certain nombre de questions, vainement discutées jusque-là.

Ces expériences, réalisées de 1878 à 1881, ont permis d'augmenter considérablement le rôle attribué dans les cristallisations de roches à la fusion purement ignée, qui paraissait, jusqu'alors, être rarement intervenue ; elles ont montré qu'un grand nombre de roches éruptives anciennes et modernes doivent leur origine à l'action exclusive d'une fusion, suivie d'un lent refroidissement. On a su de plus par elles combien les conditions de refroidissement ont une importance capitale sur la structure obtenue ; ainsi, un refroidissement brusque, succédant à une élaboration insuffisante du magma fondu, donne des formes cristallitiques, tandis que, si le magma a été maintenu un certain temps à une température légèrement inférieure à celle de la fusion du produit chargé, on voit se produire une pâte chargée de ces petits cristaux microscopiques, appelés des microlithes, qui jouent un rôle essentiel dans la constitution des roches volcaniques. La production d'un basalte a pu être réalisée sans aucune des ciconstances extraordinaires, que l'on supposait autrefois nécessaires, dans un simple creuset ; et, pour toute cette catégorie de roches épanchées au jour, dont les basaltes sont un type courant, il est apparu avec clarté que les fumerolles et les agents volatils n'interviennent pas dans la cristallisation ; leur rôle, purement secondaire, se borne à produire la décomposition ultérieure de certains minéraux primitifs.

Les méthodes de fusion purement ignée ont donc donné des basaltes et mélaphyres labradoriques, des ophites, des néphélinites et des leucitites, des leucotéphrites, des lherzolites et quelques météorites. Par contre, elles se sont montrées impuissantes à reproduire les roches à quartz cristallisé.

Voici, en quelques mots, le principe de la méthode opératoire.

Les expériences ont été faites dans des creusets de platine d'environ 20 centimètres cubes de capacité, à des températures variables, dépassant parfois la fusion de l'acier sans atteindre celle du platine. Les matières premières employées étaient : soit des éléments chimiques, tels que de la silice et de l'alumine obtenues par précipitation, des carbonates de potasse, soude et chaux, etc. ; soit des minéraux naturels pulvérisés.

La reproduction synthétique d'une roche implique : d'abord, celle de ses minéraux constituants et, ensuite, celle de leur combinaison, de leur agencement et de leurs diverses structures.

Les résultats obtenus pour les minéraux silicatés des roches basiques ont été très nets.

D'une façon générale, la température de fusion d'un silicate cristallin est supérieure à celle du verre qui en provient. Il faut donc, pour obtenir la cristallisation, dépasser, pendant un temps suffisant, la température, où le verre en question se ramollit, sans atteindre celle, où la substance cristallisée elle-même se liquéfie.

On a réalisé ainsi :

1° La cristallisation de la leucite, de l'anorthite, du péridot, du fer oxydulé et de la picotite, dans des conditions où le fer et l'acier fondent aisément ;

2° Celle du labrador, de l'oligoclase, du pyroxène, de l'enstatite et de l'apatite, dans des conditions où l'acier ne fait que se ramollir, mais où le cuivre fond très facilement ;

3° Enfin, celle des mêmes minéraux, et surtout du pyroxène, avec la néphéline et le grenat mélanite, au rouge vif, dans des conditions où le cuivre fond difficilement.

L'association de ces minéraux en une roche s'obtient en fondant à la fois les éléments nécessaires à chacun d'entre eux et laissant refroidir le magma.

En principe, et comme on peut aisément le prévoir, si ce refroidissement est lent, on provoque la cristallisation successive des minéraux de plus en plus fusibles, qui s'englobent réciproquement, à mesure qu'ils se forment, ainsi que dans les roches naturelles. Fait curieux à noter, suivant les conditions physiques, on peut quelquefois, avec le même mélange, obtenir deux ou plusieurs groupements de minéraux distincts, qui semblaient, au premier abord, caractériser des roches très différentes et qui nous apparaissent ainsi équivalents.

La synthèse montre encore la possibilité de faire assez aisément varier la structure d'une roche, par de faibles modifications dans la température ou dans la pression, ainsi que semblait déjà l'accuser l'étude des manifestations volcaniques et celle de quelques familles pétrographiques actuelles.

Ainsi, l'on obtient aisément deux « temps de consolidation », c'est-à-dire une roche composée de deux catégories de cristaux, ayant des dimensions très différentes et visiblement formés dans deux phases bien distinctes.

Ce genre de roches se reproduit en faisant d'abord cristalliser certains éléments à une température supérieure, puis le reste de la pâte à une température plus faible. On réalise ainsi, dans toutes ses particularités. la structure caractéristique des basaltes, andésites, et de la plupart des produits volcaniques d'épanchement, avec leurs « phéno-cristaux » englobés dans une pâte microlithique, où de petits cristaux, dits microlithes, affectent souvent, en plaque mince, un alignement bien marqué, et sont mélangés de matières vitreuses, (plus fusibles, comme nous l'avons vu, que les matières cristallisées). Une remarque importante de Fouqué avait fait prévoir cette synthèse en montrant les cristaux de la pâte (2e temps) généralement un peu plus fusibles, c'est-à-dire cristallisés à plus basse température que ceux du premier temps : par exemple, des microlithes d'oligoclase entourant des grands cristaux de labrador, des microlithes de labrador entourant de grands cristaux d'anorthite[1]. On est ainsi conduit à imaginer que les grands cristaux ont dû se constituer en profondeur dans un bain de fusion plus chaud et être ensuite entraînés à la superficie par une pâte fluide, qui finalement a cristallisé en masse par le refroidissement au jour. Ces grands cristaux pourraient donc être considérés comme représentant parfois une sorte d'apport étranger, une enclave et caractérisent mal la nature de la roche, qui doit, au contraire, être logiquement déterminée par la composition de sa pâte. Nous aurons à revenir plus loin[2] sur l'erreur de principe, que semblent avoir commise, dès lors, les pétrographes allemands en classant les roches d'après les grands cristaux de consolidation : ce qui tient sans doute, en partie, à d'anciennes habitudes, prises au temps, où ces grands cristaux, visibles à l'œil nu, semblaient seuls reconnaissables et où l'examen microscopique n'avait pas encore permis de déterminer les cristaux microlithiques, aussi facilement que les cristaux visibles à l'œil nu, ou phéno-cristaux.

Par l'emploi des synthèses artificielles, on peut obtenir, non seulement deux temps de consolidation, mais un plus grand nombre encore, ainsi que cela s'observe dans quelques roches naturelles[3].

On peut également reproduire un type très intéressant de roches, dont les ophites ont fourni le premier exemple connu : ce sont les roches, dites ophitiques, où l'élément feldspathique est moulé et souvent englobé par de grandes plages de pyroxène. Le feldspath se solidifiant à une température plus élevée que le pyroxène, il suffit de faire

---

1. Les différences de points de fusion entre les feldspaths sont cependant très faibles.

2. Page 540.

3. J'ai décrit, parmi les roches carbonifères de la Creuse, des types à trois temps de consolidation (Bull. Serv. Carte géol., n° 83, 1902).

passer le mélange des deux minéraux par des températures graduellement décroissantes pour obtenir la cristallisation, d'abord de l'un, puis de l'autre [1].

Toutes les observations synthétiques montrent bien, comme je l'ai indiqué plus haut, qu'en principe l'ordre de consolidation des minéraux d'une roche est surtout l'ordre inverse de leur fusibilité. Un refroidissement progressif, avec ou sans temps d'arrêt, a fait solidifier ordinairement : d'abord, les minéraux les plus réfractaires ; puis, l'un après l'autre, les minéraux, qui se maintiennent fondus à des températures de plus en plus faibles.

Il y a, cependant, des exceptions apparentes et l'on trouve parfois, dans une roche naturelle ou artificielle, à l'intérieur de cristaux peu fusibles, des cristaux d'une fusibilité plus forte ; le plus souvent, on reconnaît alors que cette anomalie tient à la différence signalée plus haut entre la température de fusion d'un cristal et celle du verre correspondant ; ainsi un verre à combinaison de pyroxène aura pu cristalliser avant de la leucite et y être englobé, puis, par un travail de groupement moléculaire, qui a été reproduit synthétiquement, y cristalliser après coup.

Ailleurs, il arrive que l'on ait affaire à de véritables enclaves, c'est-à-dire à des débris solides repris par la roche sur son passage et arrivés à se confondre avec elle. En des circonstances de ce genre, les observations récentes de M. Lacroix sur la refusion des murs en andésite à Saint-Pierre de la Martinique ont mis en évidence des cas où la chaleur de la roche refondue avait été insuffisante pour refondre le minéral englobé, qui apparaît ainsi, quand on n'y regarde pas d'assez près, dans des conditions anormales.

Enfin, un cas plus embarrassant, pour lequel ces explications ne suffisent pas, est celui, où l'on trouve, dans une roche, le même minéral, tel que la magnétite ou la picotite, cristallisé à des temps de consolidation divers et, par conséquent, à des températures variables ; par exemple, les phéno-cristaux de péridot d'un basalte renferment des inclusions des deux éléments que je viens de citer et l'on retrouve ceux-ci associés avec les microlithes péridotiques du second temps. Le fait, reproduit synthétiquement, a été expliqué par Ebelmen, comme résultant d'une réaction de bases, qui se déplacent mutuellement : c'est-à-dire qu'ici le moment de cristallisation du minéral se trouverait déterminé autrement que par sa température de fusion.

1. L'expérience réussit parfaitement, quand le feldspath est de l'anorthite ; elle est plus difficile avec le labrador et l'oligoclase, dont la température de fusion se rapproche trop de celle de l'augite.

Ailleurs, ce sera le pyroxène ou le labrador, que l'on retrouvera dans les deux temps de consolidation ; l'interprétation d'un tel fait peut tenir à de légères variations de composition et, par conséquent, de fusibilité, correspondantes à un refroidissement troublé après un refroidissement calme ; il est probable aussi que, dans ces deux cas, la solubilité du minéral dans le verre restant doit jouer un rôle prédominant ; quoi qu'il en soit, la synthèse a reproduit très simplement ces anomalies.

La méthode de fusion ignée, ainsi employée avec succès pour des roches basiques, s'est montrée, comme je l'ai dit dès le début, impuissante pour reproduire les roches à quartz, orthose, albite, mica blanc, mica noir et amphibole, pour lesquelles paraissent être intervenus des éléments volatils sous pression, notamment de l'eau et des carbonates alcalins, (utilisés par Sénarmont, Daubrée, Friedel, etc., pour obtenir la synthèse du quartz et celle simultanée du quartz et de l'orthose, c'est-à-dire de la pegmatite), sans doute aussi des chlorures, peut-être des borates, sulfures, etc. : en résumé, tous les métalloïdes qualifiés de minéralisateurs [1]. Les synthèses des minéraux, dont j'ai dit quelques mots précédemment [2], peuvent seules nous éclairer sur ce qui a dû se passer pour ce genre de roches.

Cependant, une observation récente de M. Lacroix, qui a vu se former, en quelque sorte sous ses yeux, une roche quartzifère à la Martinique, trouve naturellement sa place ici. Ce savant a, en effet, constaté que, presque à la superficie, la pression de la vapeur d'eau, sous une croûte de roche acide, suffisait pour amener la cristallisation, d'abord de tridymite, puis de quartz, dans une andésite à hypersthène [3]. Cette remarque est de nature à faire espérer que l'on atteindra enfin, un jour ou l'autre, la synthèse du granite, avec les moyens utilisables dans nos laboratoires.

1. Voir pages 555 et suiv., l'explication plus complète de ce qu'on entend par minéralisateurs.
2. Page 134.
3. Comptes Rendus, 28 mars 1904.

CHAPITRE VI

LA MÉTHODE STRATIGRAPHIQUE. LA CHRONOLOGIE DES SÉDIMENTS.

Comment on a découvert les principes essentiels de la stratigraphie. Deux méthodes pour établir la série chronologique : paléontologie et tectonique.

I. DE LA MÉTHODE EN PALÉONTOLOGIE STRATIGRAPHIQUE ET DE SON APPLICATION A LA CHRONOLOGIE DES SÉDIMENTS. — A) *Les principes de la paléontologie :* — 1° Identification ; 2° Classification ; — B) *L'application de la paléontologie à la stratigraphie.* Choix des fossiles à considérer (fossiles à variations rapides et générales).

II. DES APPLICATIONS DE LA TECTONIQUE A LA CHRONOLOGIE DES SÉDIMENTS : — A) *Stratigraphie locale;* — B) *Tectonique générale.*

III. DIFFICULTÉ DE CONCILIER LES DEUX MÉTHODES PALÉONTOLOGIQUE ET TECTONIQUE. CARACTÈRE APPROXIMATIF DES PREMIERS PRINCIPES ADMIS. BASES D'UNE STRATIGRAPHIE RATIONNELLE.

IV. CONCLUSIONS RELATIVES A LA CHRONOLOGIE DES SÉDIMENTS. TABLEAU CHRONOLOGIQUE PAR ÉTAGES.

V. APPLICATION DE L'ÉCHELLE CHRONOLOGIQUE A LA DÉTERMINATION DE L'AGE D'UN TERRAIN QUELCONQUE.

Dans le chapitre précédent, nous avons étudié les divers éléments matériels des terrains (roches et sédiments), indépendamment de leurs relations réciproques. Ce sont ces relations que nous allons maintenant envisager en étudiant successivement la stratigraphie et la tectonique. La stratigraphie se propose, en effet, de reconstituer l'ordre de succession primitif des terrains sédimentaires ; la tectonique, de découvrir les mouvements auxquels ceux-ci ont pu être soumis depuis leur dépôt.

Si nous prenons, d'abord, le premier problème fondamental, la chronologie des sédiments[1], objet de la stratigraphie, c'est-à-dire l'histoire

---

1. La première définition d'un terrain dans le sens actuel du mot paraît avoir été donnée, en 1762, par FÜCHSEL (*Historia Terræ et maris, ex historia Thuringiæ per montium descriptionem erecta*); « montes ab eadem massa, eodemque modo constructi » (formations de même masse, constituées de la même manière).

de leurs dépôts successifs, ou la détermination de l'âge relatif attribuable à chacun d'eux individuellement, il est facile de voir comment ce problème, insoupçonné au début, à peine entrevu encore au xviiie siècle, a commencé à se poser dans sa complexité.

Le premier point acquis, et acquis très anciennement, a été, nous l'avons vu, l'origine sédimentaire de certains terrains, leur formation dans l'eau, particulièrement dans l'eau marine, c'est-à-dire l'idée que la Terre n'a pas toujours été telle que nous la voyons, que des mers ont pu exister là où nous observons des montagnes et des plaines, et réciproquement.

Il a fallu, pour arriver à cette notion si simple en quelques points particulièrement favorables comme les plaines alluvionnaires de l'Égypte, de la Mésopotamie, de l'Inde, etc., un grand nombre d'observations, des comparaisons avec les alluvions actuelles de nos fleuves, surtout au cours de leurs débordements, une sorte d'expérimentation géologique rudimentaire, qui a consisté à vérifier comment se déposait un mélange confus de boues, sables, galets, etc., charriés par l'eau, enfin une induction hypothétique, conduisant à admettre que le phénomène ancien, dont les effets seuls apparaissaient, s'était produit comme le phénomène actuel comparable, dont les manifestations mêmes restaient visibles.

Il y a donc eu là une découverte et, si élémentaire qu'elle nous paraisse, si ancienne qu'elle soit, cette découverte n'a pas dû se réaliser sans de longs efforts, sans de vives contestations.

Ce premier point une fois acquis pour quelques régions tout à fait spéciales, une seconde étape a consisté à le généraliser, à montrer que es terrains de nos montagnes les plus hautes s'étaient constitués, en grande partie, par sédimentation, comme ceux des plaines alluviales les plus incontestables, ou ceux des régions littorales, pour lesquelles un apport des fleuves et un déplacement de la mer semblaient plus naturellement supposables. Cette seconde étape a demandé au moins deux ou trois mille ans et n'a été accomplie : par quelques précurseurs, qu'au xvie siècle ; par la masse des savants, qu'au xviiie. Il ne suffisait pas, en effet, pour entraîner une conséquence aussi invraisemblable au premier abord, de s'apercevoir que les terrains des montagnes contenaient des grès, schistes ou calcaires analogues à ceux des plaines ; une preuve plus directe était nécessaire ; cette preuve, on l'a eue, le jour où Léonard de Vinci, Fracastoro, Palissy et quelques contemporains ont reconnu l'analogie des coquillages pétrifiés, renfermés dans nos terrains montagneux, avec les coquillages vivants de nos côtes et ont su écarter l'idée superstitieuse, astrologique, qu'un jeu de la nature, une conjonction des astres, un caprice des esprits pervers avaient seuls causé ces similitudes.

Quand on a eu démontré cette identité, quand ce premier rudiment de paléontologie, (d'*oryctographie*, comme on disait alors [1]), est venu apporter son concours à la stratigraphie commençante, quand on a eu admis le dépôt de certains terrains, dits sédimentaires, dans l'eau, la superposition de ces terrains les uns sur les autres dans de fréquentes coupes naturelles, l'empilement successif de nombreuses strates, variables par leur nature physique et séparées par des plans ordinairement parallèles, entraînèrent peu à peu une notion d'âge relatif entre ces sédiments : notion, qui, en se précisant à la fin du xviiie siècle, est devenue la base de toute notre géologie, considérée comme l'histoire de la Terre.

On a vu, dès 1669, Sténon reconnaître qu'un terrain quelconque s'était déposé sous la forme d'une couche primitivement horizontale, entre le dépôt du terrain sous-jacent et celui du terrain superposé et que, lorsqu'un terrain inférieur apparaissait incliné sous le supérieur horizontal, c'est qu'il s'était produit, dans l'intervalle, un mouvement, un accident [2]. C'était introduire, en géologie, le principe de *discordance*, qui, permettant de fixer des dates caractéristiques, des points d'arrêt, des repères dans la chronologie, devait plus tard servir : d'une part, à établir de grandes coupures dans l'histoire de la Terre, fondement nécessaire de toute généralisations et assimilations dans cette histoire, c'est-à-dire base rationnelle de la *stratigraphie* ; de l'autre, à créer la science de ces accidents mécaniques, subis par les terrains de l'écorce terrestre après leur dépôt, c'est-à-dire la *tectonique* ou *orogénie*. Mais cette étape, franchie du premier coup par Sténon en 1669, ne l'a été qu'un siècle environ plus tard par l'ensemble des savants. L'actualisme outré, qui apparaît toujours au début de chaque progrès un peu notable dans les sciences naturelles, comme la seule base solide sur laquelle on puisse élever ses constructions nouvelles, faisait, en effet, écarter de prime abord, par la plupart des savants, l'idée de mouvements violents et multiples, celle d'invasions et de retraits successifs de la mer ; une seule invasion semblable, qui était fournie par les croyances religieuses, semblait suffisante et l'on commença par admettre que tous ces terrains sédimentaires s'étaient déposés les uns sur les autres en une seule fois, s'étaient précipités, en un coup, d'une seule dissolution, pendant les quarante jours du Déluge biblique.

---

1. ὀρυχτός, minéral ou fossile.
2. J'insisterai, plus tard, sur le caractère de *première approximation* que présentent ces principes (p. 219) ; mais, jusqu'à nouvel ordre, nous pouvons les considérer comme exacts.

Puis quelques-uns, qui se crurent très hardis, se contentèrent de reculer cette sédimentation dans le temps et de l'étaler sur de plus larges périodes, tout en continuant à la supposer à peu près continue, en l'interrompant à peine pour imaginer quelque érosion sous-marine, quelque éboulement des premiers dépôts. C'est, sous une forme ou sous une autre, la théorie encore généralement admise à la fin du xviiie siècle : celle de Buffon ; celle même de Werner, qui, poussant jusqu'à ses conséquences les plus absurdes, l'observation exacte d'une sédimentation dans l'eau, était arrivé à l'admettre pour les formations éruptives les plus évidentes, telles que les basaltes.

A cette époque, la généralité des géologues n'établissait qu'une seule grande coupure dans cette longue sédimentation : avant ou après la vie ; terrains primaires et terrains secondaires. C'était la distinction admise par Lazzaro Moro en 1740, par Lehmann en 1756, etc., qui s'imposait aussitôt à tous les esprits.

Quelques-uns seulement, allant plus loin, commençaient à entrevoir, dans les terrains à organismes fossilisés, des divisions supplémentaires, très empiriquement fondées sur l'aspect extérieur des terrains, sur ce qu'on a appelé, cinquante ou soixante ans après, la notion de *facies* : Arduino, en appelant tertiaires les terrains les plus supérieurs, caractérisés par leur faible durcissement, contrastant avec les terrains secondaires ou primaires plus compacts ; Werner, en distinguant, à la base du secondaire, une soi-disant zone de passage entre l'état inorganique et l'état organique, qu'il appela « de transition[1]. »

Cependant, deux sciences latérales, la paléontologie et la tectonique, qui commençaient à naître de leur côté, se préparaient à établir, dans ce bloc compact, des coupures de plus en plus multipliées : la paléontologie, en montrant, avec Brongniart et Cuvier, que, de terrain en terrain, les formes de la vie se modifiaient, et que, si on prenait ces terrains dans l'ordre de leur empilement, on assistait à des apparitions d'êtres nouveaux, à des disparitions d'êtres anciens, à quelque chose, en un mot, qui parut d'abord explicable par une série de cataclysmes, suivis de créations nouvelles[2] ; la tectonique, de son côté, en faisant

---

1. On a pu voir, longtemps avant l'apparition de la stratigraphie positive, des tentatives pour diviser l'histoire de la Terre en périodes. Celle de Sténon se distingue des autres, malgré son caractère exagérément local et son interprétation actualiste, par l'introduction de la notion de discordance. Nous avons vu également celle de Descartes (page 58) et celle de Buffon (*les Époques de la Nature*) (page 65), qui représente même un premier effort, singulièrement prématuré, pour évaluer les époques en années. Mais ce n'est qu'à la fin du xviiie siècle que ces essais de chronologie ont pu acquérir une base un peu précise lorsqu'on s'est réellement aperçu de la variation des espèces fossiles.

2. En 1712, Fontenelle, présentant à l'Académie des Sciences un des ouvrages de

reconnaître par Füchsel, Hutton, de Saussure, etc., ces discordances, oubliées depuis Sténon, qui, sur de vastes espaces, séparent partout les uns des autres les mêmes terrains, caractérisés d'autre part par les mêmes fossiles, et qui semblent donc, elles aussi, accuser, à l'instant intermédiaire, ce mouvement violent, ce cataclysme, imaginé par les premiers paléontologues.

Dans l'enthousiasme de la découverte, au début du xixe siècle, la simultanéité parfaite des deux phénomènes et leur généralité, leur extension à toute la surface du globe, ne furent pas mises en doute, non plus que le caractère absolu des principes plus élémentaires d'horizontalité, de continuité, etc., découverts déjà par Sténon. Des hommes, comme Cuvier, qui faisaient profession de n'envisager que des faits précis et qui raillaient impitoyablement ceux qui recouraient à des causes imaginaires ou mystérieuses, telles que la fluidité primitive du globe ou sa chaleur interne, n'hésitèrent pas un instant à supposer que, dix, vingt fois, la création avait été entièrement détruite et recommencée; que dix, vingt fois, des mers, venues on ne sait d'où, avaient envahi la surface du globe pour rentrer ensuite dans des abîmes, qui, pour n'être pas nommément précisés, n'en rappellent pas moins le souvenir fâcheux de ceux de Leibnitz et de Buffon. Grâce à cette heureuse témérité, la stratigraphie crut, entre 1820 et 1850, avoir en main un instrument simple et rigoureusement exact; on aperçut la possibilité d'établir, dans l'histoire de la Terre, avec un peu de soin et de patience, des dates précises, une chronologie certaine, de numéroter et de reconnaître, sur toute la surface du globe, les mêmes étages, caractérisés par la même faune, commencés et terminés par les mêmes bouleversements; l'idée de *périodes*, d'*époques,* de *terrains* géologiques était, non seulement acquise, mais précisée; la chronogie des sédiments put, — et c'est le point où nous en sommes, — commencer à se fonder.

En réalité, nous verrons bientôt que ces premières théories constituaient une approximation assez grossière et la géologie a lutté, pendant la seconde moitié du xixe siècle, pour substituer aux cataclysmes universels de Cuvier et de d'Orbigny des phénomènes à la fois plus continus, plus locaux et moins exactement symétriques; la paléontologie stratigraphique s'est trouvée, plus tard, en conflit avec la tectonique pour établir et fixer ces limites d'étages, ces démarcations universelles, destinées à faire connaître le synchronisme cherché entre

---

Scheuchzer sur les fossiles, exprimait, par une image frappante en son exagération même, cette idée nouvelle : « Voilà de nouvelles espèces de médailles, dont les dates sont plus importantes et plus sûres que celles de toutes les médailles grecques ou romaines. »

deux formations situées aux deux extrémités de la Terre. J'insisterai plus loin sur ces observations, relativement nouvelles, qui ont mis en évidence la part d'erreur, contenue dans ces premiers principes, universellement admis pendant un demi-siècle par les géologues. Il est donc nécessaire, si nous voulons continuer cet exposé, de séparer, à partir de maintenant, les deux méthodes principales, au moyen desquelles on a établi cette chronologie, qui fait l'objet de notre chapitre : d'un côté, la paléontologie stratigraphique ; de l'autre, la tectonique, et d'envisager successivement les résultats, auxquels chacune d'elles a conduit.

I. — De la méthode en paléontologie stratigraphique et de son application à la chronologie des sédiments.

La *paléontologie*[1] (ou science des êtres organisés anciens) est, à la fois, une science zoologique et une science stratigraphique ; dans le premier ordre d'idées, elle trouve en elle-même son propre but ; dans le second, elle n'est qu'un moyen pour arriver à établir une chronologie des sédiments. C'est comme fondement de la chronologie géologique que la paléontologie nous intéresse ici ; mais, pour faire comprendre la nature et la valeur des informations, qu'elle peut apporter au géologue, il est utile de rappeler d'abord comment elle s'est constituée et sur quels principes elle repose.

A) LES PRINCIPES DE LA PALÉONTOLOGIE : 1° IDENTIFICATION ; 2° CLASSIFICATION. Nous n'avons pas à revenir actuellement sur les origines de la paléontologie, qui ont été rappelées dans un autre chapitre[2], quand nous avons envisagé les premières étapes de la géologie, où toutes les sciences, destinées plus tard à former autant de rameaux distincts, se trouvaient encore confondues. Il a existé, si l'on veut, une paléontologie rudimentaire, dès le temps où les prédécesseurs d'Hérodote, de Xanthos et d'Ératosthène ont remarqué l'existence de coquilles marines au milieu des terres. Mais la science des êtres fossiles ne s'est vraiment constituée que lorsque les Fracastoro, les Vinci, les Palissy ont commencé à regarder de plus près les coquilles enfouies dans les terrains, à les assimiler avec des formes vivantes, les unes marines, les autres lacustres, et à constater que certaines d'entre elles n'avaient plus de représentants actuels. Il y avait là, ainsi que je l'ai remarqué précédemment, une première étape à franchir, d'autant plus difficile qu'elle exigeait, pour être fructueuse, une connaissance antérieure

1. Le nom a été proposé par DE BLAINVILLE.
2. Pages 45 et suiv.

déjà très approfondie de tous les organismes vivants sur la Terre [1]. Et c'est là, disons-le en passant, une des raisons, pour lesquelles aucune observation d'histoire naturelle, si insignifiante et aride qu'elle semble par elle-même, n'est inutile, dès lors qu'elle est exacte et précise : on ne peut jamais savoir d'avance la lacune qu'elle aidera à combler, le chaînon qu'elle établira dans la série des êtres vivants ou des êtres disparus.

Le travail d'assimilation entre les formes actuelles et les formes anciennes des organismes, qui est la base de toute paléontologie, a été commencé à la fin du xvie siècle : il dure encore et durera tant qu'on n'aura pas éclairci les innombrables problèmes posés par ces êtres fossiles, dont, en général, on ne connaît plus que le squelette ou la carapace, dont un hasard seul a parfois conservé quelque élément de la structure interne et dont il faut, dès lors, deviner, par assimilation, par un principe de coordination à la Cuvier, tout le reste de la constitution, l'habitat et la vie. D'innombrables ouvriers s'y sont attachés et s'y attacheront toujours : multitude, dont le nombre même équivaut malheureusement a un anonymat [2]. Mais il ne constitue pas, lui seul, toute la paléontologie ; il n'en est même, à vrai dire, — quelque intérêt qui puisse s'attacher à certaines identifications difficiles — que la partie la plus technique, la plus professionnelle, indispensable sans doute pour aller plus loin et classifier, impuissante par elle-même à fournir quelque conséquence d'un intérêt général. Il ne suffit pas, en effet, dans une science naturelle, de déterminer et de nommer ; il faut classer par ordre. C'est ce qu'ont fait comprendre les deux fondateurs de la botanique et de la zoologie, Linné et Cuvier. Un être, un phénomène quelconques de la nature ne prennent leur valeur que lorsqu'on leur attribue leur place réelle dans l'ensemble. L'introduction d'un principe directeur nouveau dans la classification, d'un fil destiné à relier les grains épars en un collier, a été le propre de quelques esprits supérieurs, auxquels il sera juste d'attribuer une place prééminente. Grâce à eux, les feuilles volantes se sont soudées en rameaux, les

---

1. Le xviiie siècle nous a laissé quelques belles publications relatives aux collections de coquilles vivantes, qui ont servi de point de départ aux assimilations de coquilles fossiles: par exemple : 1606. ULYSSES ALDROVANDUS. *De reliquiis animalibus exsanguibus* (Bologne, in-fol.). — 1742. *Index testarum conchyliorum, quæ adservantur in museo Nicolai Gualtieri* (Florence in-fol.). — 1759. JAC. THEOD. KLEIN. *Tentamen methodi ostracologicæ* (Lyon, in-4o), etc.

2. Dans le seul rapport sur la paléontologie en France, publié par d'ARCHIAC en 1868, figurent 547 noms de paléontologues français distingués, pour une courte période d'une trentaine d'années, où les études de ce genre étaient loin d'avoir pris le même développement qu'aujourd'hui. Actuellement, c'est par centaines, et peut-être par milliers, qu'il faudrait compter ceux qui étudient les organismes fossiles dans tous les pays du monde.

rameaux en branches, les branches en arbre; l'ordre, que notre esprit
s'évertue sans cesse à chercher autour de nous et en nous, est apparu
dans les relations réciproques des êtres, de même qu'entre les diverses
parties d'un individu; Cuvier avait déjà fait reconnaître une semblable
coordination. Sans empiéter sur la paléo-zoologie, dont les résultats
seront exposés au chapitre xvi, nous allons voir comment s'est fait ce
double travail : 1° d'identification; 2° de classification, faute duquel la
stratigraphie aurait été à peu près impossible.

1° *Identification*. — Dès que l'on a commencé à recueillir, observer
et décrire des fossiles au xvii° et au xviii° siècle, on a, naturellement,
aperçu aussitôt des rapprochements évidents entre certains fossiles et
les coquillages vivants connus de tous [1], comme les moules, les huîtres,
les oursins, les pectens, les patelles, les escargots, etc... : rapprochements, qui avaient frappé déjà Bernard Palissy et bien d'autres. On a
alors donné aux coquillages fossiles le nom vulgaire de l'espèce actuelle
correspondante. Puis des problèmes se sont posés, tels que ceux relatifs aux bélemnites, ou aux Cornes d'Ammon, et les mémoires ont été
accumulés pour en offrir et en discuter les solutions. En même temps,
on étudiait les conditions de vie, l'habitat, le milieu, les mœurs des
êtres vivants, pour en tirer, relativement aux êtres fossiles, des conclusions, qui intéressent particulièrement le géologue, puisqu'elles lui
permettent de reconstituer, en un point quelconque du globe, par la
découverte d'un seul fossile, le climat, la profondeur d'eau, la nature
du fond, etc., que présentait la mer au moment où se déposait le sédiment, dans lequel s'est trouvé englobé cet animal fossilisé. On poursuivait enfin, parallèlement, l'étude anatomique des êtres vivants et celle
des êtres fossiles, déduite de la première à l'aide des faibles indices, qui
avaient pu s'en trouver conservés dans certaines circonstances particulièrement favorables.

C'est là le travail colossal, toujours continué, qui n'aboutit peu à peu
à des solutions définitives que par l'heureuse rencontre de certains
échantillons exceptionnels, où la relation d'une partie énigmatique
avec une autre connue se trouve apparaître, comme se sont montrés,
sur la pierre de Rosette, les rapports de la langue hiéroglyphique avec
les langues antiques. Il faut donc, pour pouvoir progresser dans cette

---

1. On sait que les coquillages sont les fossiles de beaucoup les plus nombreux;
avec quelques dents de squales et quelques empreintes de poissons ou de feuilles,
ils constituaient le fond des cabinets de curiosités. Les ossements de vertébrés sont
beaucoup plus rares et Cuvier est le premier, qui, dans les conditions de gisement
tout particulièrement favorables offertes par les carrières à plâtre de Paris, a pu en
rassembler une série notable.

voie : d'abord, une accumulation de matériaux, qui ne peut être réalisée qu'à l'aide du temps, par les efforts d'innombrables collectionneurs; puis le rapprochement de ces pièces éparses dans des musées, où l'abondance des échantillons et leur beauté exceptionnelle facilitent les comparaisons; leur figuration exacte et précise grâce aux procédés photographiques, qui met les pièces des divers musées à la portée de tous les savants; enfin l'ingéniosité du naturaliste, qui aperçoit la relation jusqu'alors méconnue.

Ce travail de première identification paléontologique, qui n'est, en réalité, que de la zoologie, est, dès à présent, très avancé. Il faut, cependant, encore y introduire une simplicité plus grande, qui ne peut être obtenue que par le moyen d'une classification plus rationnelle, essayer de diminuer le nombre des noms d'espèces en rapprochant l'une de l'autre celles qui ne font qu'un, reconnaître, s'il se peut, les erreurs, qui ont dû être commises en considérant, comme des êtres distincts, le mâle et la femelle[1], le jeune et l'adulte, parfois un simple individu déformé, bossu, bancroche ou manchot... Quand ces perfectionnements auront été introduits, on pourra admettre que le premier résultat visé aura été obtenu, c'est-à-dire qu'un animal fossile quelconque nous dira son nom, nous apprendra l'espèce vivante à laquelle il se rattache, nous fera connaître son habitat et son genre de vie. Il restera — ce qui, comme nous allons le voir, est beaucoup plus difficile — à lui demander son âge géologique.

En botanique fossile, les identifications sont particulièrement compliqués. Le transport, qu'ont subi les végétaux avant d'arriver au point où on les recueille, a, en effet, à la fois dispersé les éléments d'une même plante et réuni des éléments hétérogènes. On est donc, à moins de rencontres heureuses et très rares, obligé d'étudier des organes isolés, qui ne sont, le plus souvent, que des feuilles. L'appareil fructificateur, sur lequel est fondée la classification des végétaux vivants, fait le plus souvent défaut et on doit se contenter d'observer l'appareil végétatif, toujours beaucoup moins caractéristique. Il en résulte qu'on a dû déployer une ingéniosité extraordinaire pour rapprocher, sous un même nom, les divers fragments d'une même plante, qui, souvent, avaient commencé par être classés dans plusieurs catégories (le tronc arborescent d'un côté, les feuilles de l'autre), pour reconnaître un même

---

1. Il y a très peu de temps, par exemple, qu'on a, dans les ammonites, reconnu, pour chaque espèce, l'existence d'une forme plate à tours déroulés et d'une forme renflée à ombilic étroit, s'associant par paires, comme si les formes renflées étaient, suivant une théorie déjà émise par d'ORBIGNY et reprise par M. DOUVILLÉ, les femelles et les formes plates les mâles. Pour MUNIER-CHALMAS, les femelles auraient été des *formes progressives* à évolution plus avancée, les mâles des *formes statives* à arrêt relatif.

tronc dans trois échantillons, présentant : l'un l'empreinte de l'écorce externe (*Caulopteris*); le second, celle du cylindre ligneux central (*Ptychopteris*) et le troisième, le tronc lui-même à structure conservée (*Psaronius*). Là aussi, il reste un travail de simplification considérable à accomplir [1].

2° *Classification.* — L'identification, à elle seule, n'est qu'un moyen de recherche et non un but; pour qu'un être fossile commence à nous intéresser, pour qu'il devienne un élément archéologique, pour qu'il aide à la reconnaissance de l'âge d'un terrain, il faut qu'on lui ait attribué sa place réelle dans la série des organismes vivants. qui, on n'a pas tardé à le reconnaître, s'est modifiée avec le temps; il faut que ce fossile, consulté par nous, réponde, non seulement son nom, mais surtout l'époque de sa venue, c'est-à-dire, suivant les idées actuelles, nous dise le niveau qu'il occupe sur l'arbre généalogique de sa famille [2].

Il est toujours facile de classer les êtres d'après un élément caractéristique quelconque et le choix de cet élément pourrait d'abord sembler livré à l'arbitraire, bien qu'on aperçoive aussitôt une différence entre une classification des êtres humains, fondée sur la longueur de leur nez et de leurs oreilles, ou une autre établie sur l'angle facial et les circonvolutions du cerveau. On a pu essayer, en paléontologie, bien des procédés de classification plus ou moins rationnels, qui tous tendaient à rapprocher les êtres les plus réellement analogues [3]; mais, pour établir cette analogie, il semble bien qu'on ne soit arrivé à un principe directeur réellement solide que le jour où on l'a envisagée comme résultant d'une communauté d'origine. A cet égard, la théorie du transformisme (qu'elle soit, d'ailleurs, exacte ou non dans la forme où elle a été présentée), a fourni aux classifications naturelles le fil d'Ariane, qui leur manquait et fait, en même temps, de la paléo-zoologie, de la paléo-phytologie, la base même de toute science des animaux ou des plantes actuels.

Ce n'est pas du premier coup que l'on a atteint cette étape et il a fallu auparavant traverser des périodes, où l'on se laissait guider par des principes entièrement différents. Rappeler ces anciennes idées ne sera pas seulement faire l'histoire de la science, c'est aussi recons-

1. Zeiller. *Éléments de paléobotanique* (1 vol. Paris, Carré et Naud, 1900 ; Introduction).

2. On désigne, sous le nom de *phylogénie*, la détermination de cet arbre généalogique, de ces liens de parenté entre les espèces.

3. La classification botanique de Linné n'a, d'abord, été elle-même qu'un procédé commode pour exposer les caractères et faciliter les recherches; ce n'est qu'à la fin de sa vie que Linné a cherché à la rendre moins artificielle, plus rationnelle. La première classification que l'on puisse considérer comme naturelle, a été établie par de Jussieu.

tituer la marche logique de l'esprit humain. Il ne faut pas, d'ailleurs, s'imaginer que, dans cet ordre d'idées, la science des êtres anciens ait atteint aujourd'hui le but, ni même en soit très voisine ; la solution définitive est encore singulièrement lointaine et nous ne devons pas nous en étonner ; car une bonne classification naturelle doit être conçue de telle sorte que, si elle était réalisée, la science, à laquelle elle s'appliquerait, serait achevée et s'y trouverait tout entière implicitement renfermée.

Les premiers, qui ont cherché des fossiles au XVIIe et au XVIIIe siècle, comme la plupart de ceux qui en recueillent encore, n'en demandaient pas si long. A ce début de la paléontologie, tout était nouveau ; les plus savants d'alors ont donc procédé, comme on voit chaque jour encore les ignorants le faire, en recueillant pêle-mêle, dans les carrières et les tranchées, puis décrivant au hasard ce qui leur semblait curieux, les silex à apparences de bêtes ou d'oiseaux et les dendrites à formes de végétaux, avec les haches de pierre ou de bronze qu'on appelait des pierres de foudre, les cristaux de quartz ou de pyrite, les agates et les bois silicifiés avec les fossiles proprement dits et, parmi ceux-ci, les plus communs, les plus gros, de préférence, sans aucun souci de particularités caractéristiques ou de la conservation du test, sans aucune indication sur le gisement. On a ainsi publié beaucoup de gros volumes à belles figures[1], où les formes les plus aisées à reconnaître se trouvaient pourtant dénommées, c'est-à-dire rattachées à la classification zoologique des êtres vivants, que l'on commençait à établir. Chaque identification problématique d'une espèce disparue conduisait également à une intercalation de cette espèce dans la même série vivante, encore tout à fait empirique et fondée sur l'examen le plus superficiel, mais qui, néanmoins, avec le progrès des moyens d'étude, tendait à se préciser chaque jour.

Les choses en sont restées là, jusqu'au moment, où tous ces collectionneurs de coquillages, parmi lesquels beaucoup devaient être, par leur amour même pour les collections, attentifs et méticuleux, ont remarqué une corrélation entre les types de fossiles et les bancs de terrain, où on les rencontrait. Cela s'est produit assez vite et, dès 1712, Fontenelle pouvait, à l'occasion des travaux de Scheuchzer, prononcer sa phrase classique sur les fossiles comparés à des médailles ; un peu plus tard,

---

1. Ces beaux livres anciens à images sont généralement consacrés à la description des *curiosités*, des *raretes* rassemblées dans quelques collections ; citons, entre bien d'autres : *d'Amboinsche Rariteit-Kamer*,... *beschreven door* GEORGIUS EVERHARDUS RUMPHIUS (Amsterdam, in-fol. 1705). — BAIER, *Oryctographia norica* (Nuremberg, in-folio 1730). — AUGUSTINO SCILLA. *De corporibus marinis lapidescentibus quæ defossa reperientur* (Rome, in-4°, 1759).

Buffon appelait également les fossiles « les seuls monuments des premiers âges du monde... Leur forme est, disait-il, une inscription authentique, qu'il est aisé de lire en la comparant avec la forme des êtres organisés du même genre ».

C'est, d'après d'Archiac, l'abbé *Giraud Soulavie*, qui, le premier, en 1777, dans ses études sur le midi de la France et le Vivarais, « précisa le rôle de la paléontologie, en démontrant, par l'observation directe, que les fossiles diffèrent suivant leur âge et la superposition des couches qui les renferment[1] ». Mais ce précurseur resta, comme tant d'autres, tout à fait inconnu et il fallut que le même principe fût formulé de nouveau et appliqué avec continuité en Angleterre par *W. Smith* (1795) pour acquérir droit de cité. W. Smith et ses successeurs commencèrent à ranger suivant un ordre historique les divers terrains, datés chacun par leur faune et limités à quelque lacune de la sédimentation et, par un phénomène singulier, dont on crut d'abord trouver l'explication toute simple dans l'idée des créations successives, il est arrivé que cette échelle stratigraphique, établie au début seulement pour l'Angleterre, le Nord de la France ou l'Allemagne, s'est montrée plus tard à peu près applicable au reste du monde.

A partir de ce moment, la paléontologie cessait d'être une amusette pour devenir une science importante; car, de cette observation fondamentale, on pouvait aussitôt tirer deux conclusions; grâce à elle, on pouvait établir deux principes. D'une part, il devenait permis d'entrevoir la transformation des êtres avec le temps, à travers la succession des époques révélées par la stratigraphie, c'est-à-dire que l'on allait fonder la zoologie historique; d'autre part, et inversement, on pouvait envisager les fossiles comme un moyen de reconnaître et de classifier chronologiquement les terrains, constituer la stratigraphie paléontologique. Ce fut, nous l'avons vu déjà, la gloire des Brongniart, des Cuvier, des Lamarck et de leurs contemporains d'avoir tiré les premiers de cette idée les conséquences immédiates, qu'elle comportait.

Nous n'en sommes encore qu'à la zoologie historique, à l'histoire des êtres considérée comme un élément de classification : l'application de la paléontologie à la stratigraphie devant être traitée un peu plus tard.

Dans cet ordre d'idées, on sait, et j'ai déjà rappelé, ce qu'a trouvé le

---

1. Les changements de faune, parfois si marqués, que l'on peut observer entre deux petits bancs superposés, s'expliquent, soit par une discontinuité de la sédimentation, soit par un changement dans le sens des courants ou dans la profondeur des eaux, amenant une modification de facies, soit encore exceptionnellement, suivant une théorie un peu abandonnée, par une lacune correspondant au plan de séparation des strates, pendant laquelle cette transformation aurait eu le temps de se produire.

génie de Cuvier. En montrant la coordination des diverses parties dans un animal et la relation de toutes ces parties avec le genre de vie, il n'a pas seulement donné un moyen d'identifier des pièces isolées et en quelque sorte dépareillées, de reconstituer, comme on l'a dit depuis longtemps, tout un animal et toutes ses conditions de vie par un seul élément de son squelette; il a, en outre, fourni un procédé admirable pour rattacher les animaux les uns aux autres en comparant, par exemple, entre elles, celles de leurs parties, telles que les dents des vertébrés, qui peuvent passer pour les plus caractéristiques. C'est, au fond, en partant des idées de Cuvier que l'on a établi peu à peu ces relations d'origine entre des faunes successives : ce transformisme en un mot, auquel Cuvier, par une inconséquence fâcheuse, s'est toujours montré si résolument opposé.

Mais l'application, dans cette voie, des idées de Cuvier s'est trouvée malheureusement retardée pour très longtemps par une idée fausse, à laquelle ce grand homme attachait une importance capitale et, puisque je retrace ici l'histoire de la méthode paléontologique, il faut bien faire une place à cette théorie des « cataclysmes », des « créations successives », qui, défendue encore vers 1850 par d'Orbigny, a, directement ou indirectement, entraîné tant d'erreurs géologiques.

On est surpris, quand on reprend avec nos idées actuelles l'histoire de la Science, que Cuvier, au lieu de railler dédaigneusement Lamarck et le transformisme naissant, n'ait pas vu, au contraire, dans ces hypothèses aventureuses (il est vrai, mélangées alors avec bien des conceptions fantaisistes) la suite logique des siennes propres.

Lui, qui avait si bien su mettre en évidence le principe d'ordre, celui de corrélation entre les organes, les fonctions à remplir et les besoins à satisfaire, dans l'animal d'abord, puis dans l'espèce, aurait dû, ce semble, être tenté de chercher une coordination analogue, dans tout l'ensemble des êtres et de leurs espèces à travers le temps. Puisqu'il reconnaissait si admirablement que l'organe est adapté à la fonction, (ce qui, à moins de supposer un plan préconçu, était déjà presque admettre que de la fonction naît l'organe), comment n'a-t-il pas été séduit par l'hypothèse d'une modification dans les besoins, entraînant une modification des organes, qui aurait pu aller progressivement jusqu'à une transformation de ce qu'on appelait l'espèce? Puisqu'il voyait si nettement les faunes successives apparaître, les unes à la suite des autres, historiquement, sur la surface de la Terre et présenter des analogies si évidentes dans les époques voisines, avec des dissemblances si manifestes aux époques éloignées, comment n'a-t-il pas cherché une autre explication d'un tel phénomène que cette théoric tout à fait rudimentaires de créations renouvelées après autant de cataclysmes? Cependant, cette coordination générale des êtres à travers l'histoire de la Terre, d'autres, parmi ses contemporains, en avaient l'intuition plus ou moins nette et il suffit de lire Cuvier lui-même, pour trouver, dans les théories qu'il ridiculise en amples périodes et qu'il écrase sous la magnificence de son style, des idées, qui, plus tard, ont fait pâlir les siennes :

« Pour Demaillet (1748), dit-il ironiquement, tous les animaux terrestres avaient d'abord été marins; l'homme lui-même avait commencé par être poisson; et l'auteur assure [vous voyez la finesse de la raillerie, que nous avons vue se reproduire avec le même esprit pour le singe de Darwin], qu'il n'est pas rare de rencontrer dans l'Océan des poissons, qui ne sont encore devenus hommes qu'à moitié, mais dont la race le deviendra tout à fait quelque jour[1]... »

« De nos jours, des esprits plus libres que jamais ont aussi voulu s'exercer sur ce grand sujet : quelques écrivains ont reproduit et prodigieusement étendu les idées de Demaillet : ils disent que tout fut liquide dans l'origine; que le liquide engendra des animaux d'abord très simples, tels que les monades ou autres espèces infusoires et microscopiques; que, par suite des temps, en prenant des habitudes diverses, les races animales se compliquèrent et se diversifièrent, au point où nous les voyons aujourd'hui... »

Et ailleurs : « Pourquoi les races actuelles, me dira-t-on, ne seraient-elles pas des modifications de ces races anciennes, que l'on trouve parmi les fossiles, modifications qui auraient été produites par les circonstances locales et le changement de climat, et portées à cette extrême différence par la longue succession des années?... Si les espèces avaient changé par degré, on trouverait des traces de ces modifications graduelles... Puisqu'on ne les trouve pas, c'est donc que les espèces d'autrefois étaient aussi constantes que les nôtres, ou du moins que la catastrophe qui les a détruites ne leur a pas laissé le temps de se livrer à leurs variations. »

Ces passages, signés d'un nom aussi illustre, étaient à reproduire; ainsi

---

1. *Révolutions du globe*, page 46; *ibid.* page 117. Il est facile de retrouver, chez les plus anciens philosophes grecs et, sans doute, avant eux, dans les traditions chaldéennes, l'origine de l'idée d'évolution, comme on y retrouve toutes nos théories relatives à l'énergie, à la force et à la matière, à la vie, etc. : théories, qui, depuis au moins trente ou quarante siècles, continuent à être discutées, affirmées ou niées, abandonnées ou adoptées avec la même assurance et la même conviction. Thalès de Milet, vers 640 avant Jésus-Christ, paraît avoir considéré tous les êtres vivants comme élaborés au fond des eaux marines. Pour Empédocle, vers 450, les premiers êtres auraient été formés de rencontres entre des éléments épars au sein des eaux; les formes capables de vivre avantageusement auraient seules subsisté.

que Cuvier lui-même nous l'apprend dans une note, ils visent directement Lamarck, le précurseur si longtemps méconnu de Darwin[1]. Laissant
donc de côté cette idée d'évolution et de transformisme, qui n'a fait, au
début du xixe siècle, qu'une première apparition timide, la classification
paléontologique, inaugurée par les Cuvier, les Brongniart, les d'Orbigny, etc., est partie d'un principe tout différent, a admis une autre
hypothèse ; celle d'une série de démarcations, de coupures générales
et profondes, correspondant, dans l'histoire de la Terre, à un nombre
égal de cataclysmes universels. Autant ces créateurs de la paléontologie stratigraphique apercevaient d'étages géologiques distincts, autant
de fois il leur semblait y avoir eu renouvellement complet de la faune[2].
C'étaient les marches d'un escalier, là où nous voyons une pente continue.

Une telle conception, chez d'aussi grands esprits, est d'autant plus
surprenante que ce n'est pas seulement chaque étage, c'est chaque
banc, chaque petit lit d'argile, de marne ou de calcaire, qui présente
une faune nouvelle, différente de celle qu'on rencontre dans le lit
du dessous, de celle qui apparaîtra dans le lit superposé ; et, alors,
c'est donc par milliers qu'il faudrait compter ces créations ! Néanmoins cette théorie a prévalu longtemps dans la science et, sans parler
de l'application stratigraphique, sur laquelle nous nous trouvons
empiéter un peu, elle a entraîné, en classification même, des conséquences, dont nous souffrons encore.

Il était, en effet, nécessaire et logique que, dans chacune des faunes
nouvelles, tous les êtres fussent des êtres nouveaux, prissent un nom
nouveau, puisque l'on supposait la création renouvelée chaque fois de
fond en comble. Et alors on était amené à créer, pour le même fossile
rencontré dans plusieurs étages successifs, autant de noms qu'il y avait
d'étages, en sorte que, dans la pratique, on ne pouvait souvent et on ne
peut encore parfois attribuer son nom au fossile que lorsqu'on en connaît l'étage : ce qui est le contraire du principe même, sur lequel est
fondée toute la paléontologie stratigraphique.

Sans doute, avec l'idée d'évolution, d'enchaînement, qui domine
aujourd'hui les conceptions des naturalistes, on peut être conduit à
quelque chose d'analogue ; théoriquement, il semble qu'il n'ait jamais
dû y avoir aucune espèce invariable et, par conséquent, que le fossile,
renfermé dans un étage doive être toujours plus ou moins différent du

---

1. LAMARCK. *Hydrogéologie et Philosophie géologique.*

2. CUVIER n'affirme pas ces créations qui, pour lui, peuvent être remplacées par
des immigrations de source inconnue ; mais, pour d'Orbigny (1849), il y a eu exactement — et le fait lui paraît « certain » — 27 créations successives.

fossile analogue contenu dans un étage antérieur ; mais, si cela est vrai en théorie, cela n'est pas toujours confirmé en pratique, puisqu'on voit (dans certains cas, sans doute exceptionnels), telle espèce, comme les lingules, demeurer immuable et stationnaire à travers toute l'échelle des terrains géologiques [1] (fig. 9 et 10). En tout cas, c'est partir d'une idée tout à fait fausse que de supposer par induction, entre deux êtres identiques recueillis seulement dans deux terrains successifs, une différence, qui n'apparaît en aucune façon et de fixer cette différence imaginaire par une distinction de nom, qui semble séparer ces deux

Fig. 9. — Type de lingule silurienne (étage 4), *Lingula Lesueuri* de Chateaubriant (Loire-Inférieure). Grandeur naturelle, d'après un échantillon de l'École des mines.

Fig. 10. — Type de lingule actuelle (étage 60), *Lingula Hirundo* (Reeve) du détroit de Torrès. Grandeur naturelle, d'après un échantillon de l'École des mines.

individus semblables, autant que deux autres, dont tous les caractères se sont réellement modifiés.

Cette première erreur (dont les applications paraîtront peut-être bien rares aux paléontologues), s'est trouvée aggravée par le caractère de généralité, que l'on voulait absolument attribuer à tous les changements locaux de faunes, supposés produits par une série de cataclysmes universels, et il en est résulté la longue méconnaissance de tous ces phénomènes, auxquels nous attribuons maintenant tant d'intérêt : migrations, colonies, apports par les courants, etc., etc.

1. De même les *Lagena* et *Rotalia* actuels remontent au silurien ; les *Cidaris* au permien. Les profondeurs des mers, sans renfermer la faune primaire que l'on attendait, contiennent quelques espèces jurassiques ou crétacées. De temps à autre, on retrouve vivant un animal tertiaire comme l'okapi. Il faut remarquer, quand on discute les théories transformistes, que les besoins de la stratigraphie nous font attribuer une importance exorbitante aux quelques fossiles rapidement évolués, en perdant de vue tous les autres, plus nombreux, dont les modifications ont été lentes.

Aujourd'hui cependant, par suite du mouvement imprimé aux idées par les hypothèses de Darwin, on est arrivé à concevoir que le rapport entre deux types animaux, leur rapprochement par la classification seraient particulièrement bien établis, si l'on arrivait à établir leur lien historique, à saisir le passage de l'un à l'autre. C'est en cherchant, dans l'histoire des êtres, leur filiation que nous prétendons établir leur classification : les recherches de ce genre étant elles-mêmes dirigées par les analogies de structures, que révèle une première classification empirique. En un mot, ce que l'on poursuit, dans la classification des êtres, c'est la reconstitution de leur arbre généalogique [1]. Ou, si l'on veut présenter la même idée sous une autre forme, c'est le tracé graphique des courbes (continues ou discontinues), qui expriment les variations des types en fonction du temps pour un point géographique déterminé et qui, par suite, classent ces types successifs dans un ordre logique, en montrant comment l'ordonnée de chacun d'eux peut se trouver déterminée, pour une région précise, quand on connaît l'abscisse, qui est le temps.

B) APPLICATION DE LA PALÉONTOLOGIE A LA STRATIGRAPHIE. — CHOIX DES FOSSILES A CONSIDÉRER (FOSSILES A VARIATIONS RAPIDES ET GÉNÉRALES). — Nous avons déjà, et c'était à peu près inévitable, empiété sur cette partie de notre sujet, quand nous avons parlé de la classification paléontologique. Les travaux de l'abbé Giraud Soulavie (1777), puis ceux de W. Smith (1795), sont les premiers essais tentés pour utiliser en chronologie géologique ces nouvelles « médailles », signalées dès 1712 par Fontenelle. Les variations de la faune avec le temps, combinées avec les premiers essais de stratigraphie locale, furent la base du grand travail de Brongniart et Cuvier sur le bassin de Paris ; bientôt, ces études se généralisèrent ; les coupes locales, établies par cette nouvelle méthode, comportant chacune une liste des fossiles recueillis dans les terrains numérotés, devinrent nombreuses et on songea à les rapprocher les unes des autres, pour établir une série chronologique universelle, où chaque étage serait, sinon partout identique dans toute son étendue, au moins caractérisé à sa base et à son sommet par l'apparition et la disparition des mêmes êtres. Dans la théorie des cataclysmes généraux, des faunes renouvelées de fond en

---

1. CUVIER définissait l'espèce : « la collection de tous les êtres organisés descendus l'un de l'autre ou de parents communs et de tous ceux qui leur ressemblent autant qu'ils se ressemblent entre eux ». A ce titre, dans les idées transformistes, l'ensemble des êtres tout entier ne forme qu'une seule espèce et les coupures, que nous établissons, correspondent seulement aux points où nous manquons de matériaux pour établir la transition supposée.

comble et simultanément sur toute la Terre, cette entreprise énorme apparaissait presque facile. C'est ainsi que fut obtenue, par exemple, en 1828, l'échelle géologique de de Humboldt, insérée par Cuvier dans ses « Révolutions du Globe » et dont je reparlerai tout à l'heure. C'est ainsi également que fut établie, en 1849, la série de d'Orbigny, demeurée la base de toutes nos études modernes. C'est encore de même, à des variantes près, qu'ont été déterminées les séries les plus récentes, aux subdivisions de plus en plus multipliées.

Cependant, dès que les études de stratigraphie paléontologique perdirent leur caractère tout à fait local du début et commencèrent à porter sur toute la surface de la Terre, en poursuivant partout une précision de plus en plus grande, on rencontra, dans la pratique, des difficultés inattendues, qui tenaient, à la fois, à la nature des choses mêmes et au principe inexact adopté comme point de départ; on s'aperçut alors que l'application de la paléontologie à la stratigraphie ne pouvait se faire, en quelque sorte mécaniquement, automatiquement, comme on l'avait espéré en commençant.

Ainsi, le premier procédé, employé par Deshayes et Ch. Lyell à l'occasion des terrains tertiaires, réduisait cette application à une simple opération d'arithmétique; il consistait « à déterminer le nombre des espèces de mollusques encore vivantes dans les mers actuelles, que renfermait la faune connue d'une couche donnée; on jugeait alors celle-ci d'autant plus ancienne que le chiffre de ces espèces était moins élevé[1] ».

Plus tard, une série d'autres procédés analogues furent également fondés sur la faune entière d'un terrain : tous les fossiles étant considérés comme à peu près d'égale valeur.

C'était partir implicitement de cette hypothèse première que tous les êtres avaient été renouvelés en même temps, ou, si l'on veut, s'étaient modifiés simultanément; c'était donc nier ce principe, aujourd'hui regardé comme fondamental, que la *qualité* des fossiles importe beaucoup plus que leur *nombre* ; c'était enfin méconnaître l'évidente nécessité, si l'on veut échapper à des confusions inexplicables, de ne pas adopter à la fois plusieurs étalons de mesure indépendants, que l'on suppose gratuitement reliés les uns aux autres.

Les progrès de la paléontologie stratigraphique ont consisté à montrer, au contraire, la rapidité d'évolution extrêmement différente des diverses espèces, qui fait, suivant une remarque de M. Douvillé, de certains fossiles très impressionnables, très rapidement transformés,

----

1. D'ARCHIAC. *Rapport*, page 11.

de *bons fossiles* et, de la plupart des autres, de mauvais fossiles [1]; ils ont, en même temps, mis en lumière le rôle des facies, l'influence de l'habitat, sur la nature des animaux renfermés dans un terrain : la faune pouvant se trouver beaucoup plus analogue entre deux niveaux d'âge différent formés dans les mêmes conditions qu'entre deux niveaux d'âge identique déposés dans des conditions différentes (l'un, par exemple, vaseux ; l'autre, sableux) ; enfin, ils ont montré le caractère local de ces transformations, ici retardées, là avancées brusquement, par des phénomènes généraux, que nous essayons aujourd'hui de démêler : ils ont eu ainsi pour résultat premier d'introduire, dans ce procédé qui semblait autrefois si simple, une complexité telle qu'elle l'eût peut-être fait abandonner, ou du moins reléguer au second plan, si on l'avait envisagée dès la première heure.

En résumé, on recherche aujourd'hui, comme caractéristiques d'un étage, les animaux, dont l'évolution paraît avoir été : 1° rapide (animaux impressionnables); 2° générale (animaux de haute mer, ou du moins marins).

Je reviendrai bientôt sur ces restrictions imposées aux principes généraux de la stratigraphie paléontologique, quand j'aurai montré les restrictions semblables, imposées également à la stratigraphie tectonique et j'essayerai alors de résumer cette question si importante sous la forme d'un tableau [2]; il me suffira ici d'indiquer quelques résultats principaux.

Tout d'abord, je viens de faire remarquer tout à l'heure à quel point la rapidité de variation différait suivant les espèces. L'un des perfectionnements principaux de la paléontologie a été de reconnaître peu à peu quelles étaient, dès lors, les espèces utiles à envisager, celles, au contraire, beaucoup plus nombreuses, que l'on devait considérer comme négligeables. Il est, d'ailleurs, probable que le nombre de celles-ci tendra à diminuer à mesure que les organismes fossiles seront mieux connus : les variations, quoique moins sensibles, devant néanmoins exister. Démontrer en paléontologie la variabilité d'une espèce, jusque-là considérée comme invariable, équivaut à trouver en chimie un nouveau moyen d'analyse.

Parmi les animaux, qui se sont modifiés le plus rapidement, dont l' « extension verticale » dans la série des étages géologiques super-

---

1. Les êtres semblent, en moyenne, d'autant plus variables qu'ils sont plus compliqués (c'est-à-dire qu'ils ont plus d'organes et de fonctions correspondantes susceptibles d'être modifiés), d'autant plus permanents qu'ils sont plus simples. On est ainsi conduit à penser que l'évolution a dû être d'abord extrêmement lente et se précipiter ensuite peu à peu en raison même de ses propres progrès.

2. Page 219.

posés est, par conséquent, restreinte, on peut citer les échinides [1], les goniatites, les ammonites (pour lesquels on manque cependant encore d'une bonne classification), les vertébrés, les rudistes, certains gastropodes, certains foraminifères, certains lamellibranches. Mais ces divers groupes jouent un rôle inégal suivant la période considérée ; les goniatites seront utiles pour les périodes primaires, les ammonites pour le jurassique et le crétacé, les nummulites et les vertébrés pour le tertiaire. Parfois, on est amené à recourir aux plantes, comme dans le carbonifère [2].

Il résulte de cette observation que la paléontologie stratigraphique, en même temps qu'elle recherche les fossiles à variations rapides, s'attache surtout à marquer ces variations ; d'où (ce qu'il faudra retenir dans les applications théoriques) l'importance exagérée et tenant à la pratique professionnelle, que l'on se trouve attacher à de très faibles modifications. Les ressemblances, au contraire, peuvent se trouver négligées par les praticiens. C'est la tendance opposée à celle que nous venons de signaler en classification.

Quand, dans la seconde partie de cet ouvrage, au chapitre XVI, nous essayerons de reconstituer l'histoire de la vie à la surface de la Terre, nous donnerons, du même coup, l'époque d'apparition des principaux êtres organisés [3]. Mais, à ce moment, nous envisagerons la question dans un tout autre ordre d'idées exclusivement zoologique, et notre but sera seulement de mettre en évidence l'évolution des formes vitales, avec les transitions qui les relient les unes aux autres. Il faut, au contraire, dès à présent, montrer, du moins par quelques exemples, comment on a profité de certains faits caractéristiques et envisagés

---

1. Contrairement à l'opinion générale, M. DE GROSSOUVRE, dans un mémoire important sur la craie supérieure (1901), arrive à cette conclusion que les échinides (et, à plus forte raison, les lamellibranches ou les gastropodes), ne peuvent être d'aucun secours pour l'établissement de parallélismes, surtout à grande distance, dans les terrains qu'il étudie. Il donne, par exemple (p. 21), un tableau, montrant combien, même dans une région tout à fait restreinte, la date d'apparition d'un échinide, l'*Echinocorys vulgaris*, peut être variable, avec des différences insignifiantes dans la forme, telles qu'en présente parfois le même terrain. Les ammonites sont seules susceptibles de fournir des limites précises. ainsi que l'avait montré A. OPPEL, parce qu'elles représentent une faune de fonds bathyaux et que, néanmoins, leurs coquilles, pouvant flotter après leur mort grâce aux cloisonnements, viennent s'intercaler dans des dépôts néritiques. Néanmoins, même pour elles, il est rare (voir E. HAUG, *Traité de Géologie*, p. 557) que, d'une province zoologique à l'autre, des groupes, supposés synchroniques, ne diffèrent pas.

2. Il est des groupes intermittents, comme les gryphées, qui disparaissent deux fois, du toarcien (24) au callovien (27), du kimeridgien (30) au supra-crétacé (36).

3. Ces dates d'apparition, que le progrès des recherches tend peu à peu à reculer dans le passé, varient, en outre, suivant les points. L'ouvrage de M. DE GROSSOUVRE, cité plus haut, renferme, par exemple, des tableaux figurant l'extension verticale de divers fossiles (céphalopodes, etc.) dans plusieurs régions.

comme présentant, jusqu'à nouvel ordre, une généralité apparente pour établir une stratigraphie des coupures fondées sur la paléontologie. Si l'on démontrait la coïncidence précise de ces coupures avec celles que l'on obtient, d'autre part, en se fondant sur la tectonique, les divisions du temps adoptées par les géologues sembleraient particulièrement satisfaisantes. Ces coïncidences apparaissent malheureusement de plus en plus rares à mesure que les études s'avancent. Il n'est guère de cas où l'apparition et la disparition de nouveaux types organisés se fassent exactement et universellement avec un changement d'étage. On peut seulement signaler, à titre approximatif, les faits suivants, pourvu qu'on se souvienne de ne pas leur attribuer un caractère absolu[1].

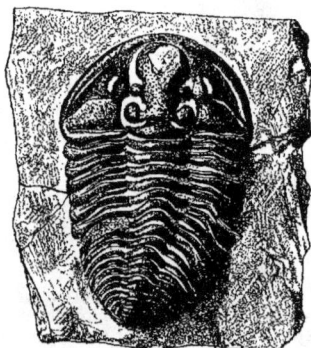

Fig. 11. — Type de trilobite du silurien supérieur (étage 4). *Calymene Blumenbachi* (Brongn.) de Dudley. Grandeur naturelle, d'après un échantillon de l'Ecole des mines.

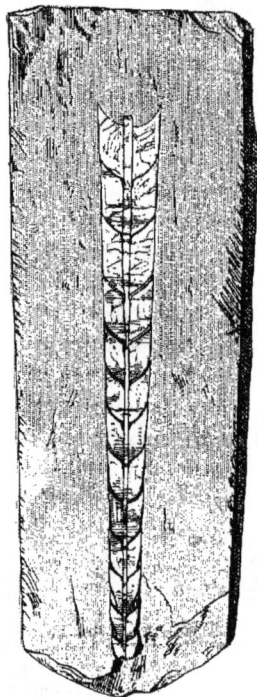

Fig. 12. — *Orthoceras* du silurien supérieur (4) de Saint-Sauveur-le-Vicomte (Manche). Grandeur naturelle, d'après un échantillon de l'Ecole des mines.

Ainsi, après le *précambrien* (1), dont la faune, autrefois supposée rudimentaire, s'est récemment enrichie de trilobites et d'autres crustacés dits *Beltina Danai*, de gigantostracés, d'encrines, de coquilles patelloïdes (*Chuaria*), d'hydroïdes voisins des stromapores, peut-être de ptéropodes pélagiques[1], le *silurien* (2, 3, 4) est marqué par le dévelop-

1. Voir les travaux de MM. Ch. WALCOTE, A. CAYEUX, etc.

pement des trilobites (fig. 11) et des brachiopodes, puis des céphalopodes (*Orthoceras*, fig. 12), apparus sous la forme d'un nautilidé à coquille droite avec le cambrien (2). Le silurien, c'est aussi le règne des graptolithes (fig. 13 et 14), qui commencent et finissent avec lui.

Au début du *dévonien* (5 à

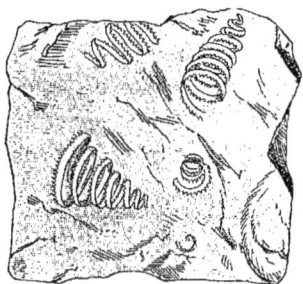

Fig. 13. — *Graptolithes* (*Monograptus*) *spiralis*, (Barr.) (Koniaprus) du silurien supérieur (étage 4). Grandeur naturelle, d'après un échantillon de l'Ecole des mines.

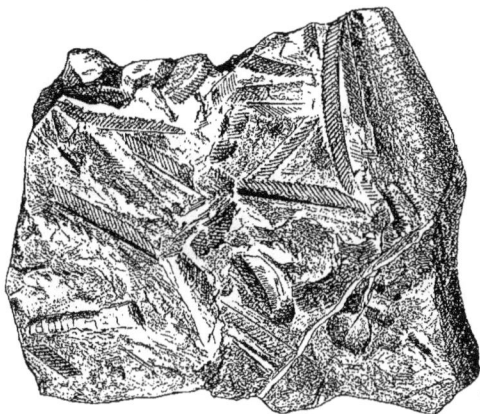

Fig. 14. — *Graptolithes* (*Monograptus*) *Riemeri*. (Barr.), du silurien supérieur (étage 4) de Butowitz. Grandeur naturelle, d'après un échantillon de l'Ecole des mines.

11), les poissons, peu représentés dans l'ordovicien (3), prennent tout à coup un développement extraordinaire ; les brachiopodes pullulent (fig. 15 et 16) (*Spirifer, Atripa, Athyris, Stryngocephalus, Ryncho-*

Fig. 15. — *Spirifer Verneuili* (Murch.). Dévonien (9) de Ferques (Pas-de-Calais). Grandeur naturelle, d'après un échantillon de l'Ecole des mines.

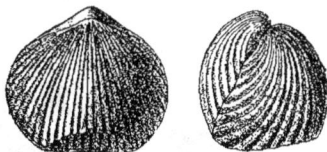

Fig. 16. — *Rhynchonella cuboïdes*. Dévonien de Grund. Grandeur naturelle, d'après un échantillon de l'Ecole des mines.

nella, etc.) ; les trilobites sont en décadence ; parmi les céphalopodes, les *Goniatites* peuvent être considérés comme caractéristiques du dévonien (fig. 17), bien qu'ils se continuent dans la période suivante. Le premier amphibien se montre dans le dévonien supérieur (10).

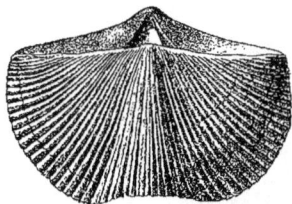

Le *carbonifèrien* (11 à 13) est marqué par un épanouissement remar-

quable de la végétation (fig. 18) ; en même temps, se multiplient les
amphibies ou batraciens, puis les reptiles (13). Parmi les brachiopodes,
les *Productus* sont caractéris-
tiques ; les crinoïdes atteignent leur maximum de dé-
veloppement.

Le *permien* (14 à 16) est
marqué par l'arrivée des premiers véritables ammonitidés,
qui se relient, il est vrai, aux
goniatites dévoniens et les
rattachent aux ammonites
triasiques, puis aux êtres analogues perpétués dans le jurassique et le crétacé (fig. 19
et 20).

Avec le *trias* (17 à 19), commencent les sauriens, les reptiles nageurs, les crocodiliens,
puis les tortues et les petits
marsupiaux, déjà différenciés
en deux groupes à la fin de la
période (*Dromatherium, Microlestes*) [1].

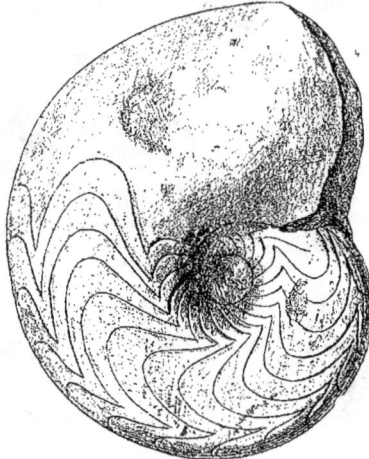

Fig. 17. — *Goniatites (Gephyroceras) intumescens* (Beyrich) Carbonifèrien de Couvin (Belgique) (étage 11). Aux 6/10 de grandeur naturelle, d'après un échantillon de l'École des Mines.

Au *lias* (30), les marsupiaux deviennent plus abondants, en même

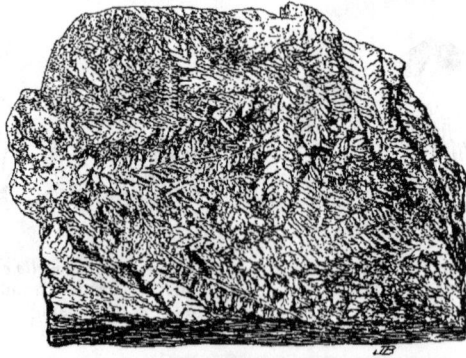

Fig. 18. — *Pecopteris* du stéphanien (13) de Petit-Cœur (Hautes-Alpes). 1/4 de grandeur naturelle.

temps que se développent les grands reptiles nageurs (*Plesiosaurus*) et

1. Les *Gyroporella*, ou algues calcaires, contribuent alors à la constitution de récifs. Leur extension va du permien au crétacé.

les grands sauriens ailés (*Dimorphodon*). Les bélemnites (fig 21) apparaissent dans le rhétien (20) ; les ostracées prennent leur expansion.

L'essor des échinides (fig. 22 et 23) commence dans le *médio-jurassique* (25).

Puis, les assises crétacées (32 à 40) sont caractérisées, dès leur base,

Fig. 19. — *Ammonites* (*Ludwigia*) *Murchisonæ* du bajocien (25) des environs de Niort (Deux-Sèvres). 1/3 de la grandeur naturelle.

Fig. 20. — *Ammonites* (*Cardioceras*) *cordatus* du divésien (27) de Dives (Calvados). 1/2 grandeur naturelle.

Fig. 21. — *Bélemnites brevis* du sinémurien (22) de Semur (Côte-d'Or). 1/2 grandeur naturelle.

par l'apparition de nombreux céphalopodes (*Acanthoceras*, *Crioceras* (fig. 24), *Hamites*, *Baculites*, etc.) et par toute une série de rudistes. Ceux du crétacé inférieur (*Requienia*, *Toucasia*), se relient aux *Diceras* du jurassique ; ceux du

Ananchytes gibba du sénonien (39) de Beauvais (Oise).

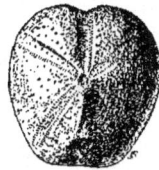

Toxaster complanatus du néocomien (32).

Fig. 22 et 23. — *Échinodermes* (2/3 grandeur naturelle).

crétacé supérieur se répartissent en deux familles (*Radiolites* et *Hippurites*, fig. 25).

Enfin, les terrains tertiaires (41 à 56) se distinguent aussitôt des couches crétacées par la disparition des *Ammonitidæ*, des *Belemnitidæ*, des *Rudistes*, et de certains échinides, comme les *Ananchytes*, les *Micraster*, auxquels se substituent d'autres formes (*Clypeaster*, *Scutella*, *Conoclypus*). Dans les « calcaires construits » par des organismes.

les foraminifères du groupe des *Nummulites* (fig. 26) succèdent aux rudistes, comme ceux-ci avaient pris le rôle attribué d'abord aux coraux.

Ces transformations de la faune sont, quand on se borne à de sem-

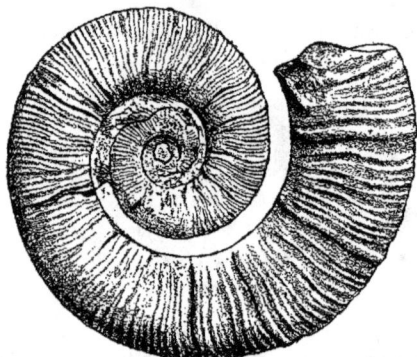

Fig. 24. — *Crioceras Duvali* du néocomien (32) de Castellane (Basses-Alpes). Echelle
aux 6/9 d'après un échantillon de l'Ecole des mines.

blables généralités, assez caractérisées, et, ce qui est très singulier,
assez générales d'une région de la Terre à l'autre, pour que la distinction entre les principaux étages s'accuse de suite, même à un regard peu exercé. Les difficultés n'apparaissent, et ne deviennent parfois insolubles, que lorsqu'on veut préciser des limites, qui, par elles-mêmes, ne correspondent à rien de précis. Néanmoins, dans l'ordre d'idées pratique auquel nous nous restreignons pour le moment, on

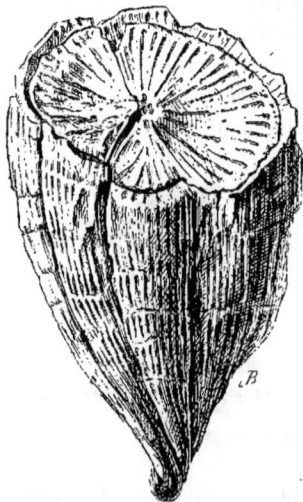

Fig. 25. — *Hippurites* (famille
des Rudistes).

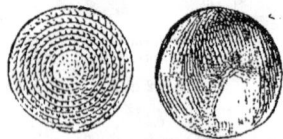

Fig. 26. — *Nummulites lævigatus* du
lutétien (44) (calcaire grossier) du
bassin de Paris. (Grandeur naturelle.)

peut admettre provisoirement que, d'après la forme d'une espèce à variations rapides, d'après son degré d'évolution, on puisse déterminer l'âge du terrain qui la renferme, c'est-à-dire assimiler ce terrain, même à grande distance, aux divers autres terrains du même âge et, par suite, en conclure la possibilité de relier toutes les diverses coupes locales en une seule grande coupe générale, donnant, dans l'ordre rigoureusement historique, la succession de toutes les strates sédimentaires représentées sur la Terre. L'évolution progressive de la faune devient donc, pour tous les événements quelconques ayant pu se produire autrefois à la surface de notre globe, quelque chose comme la représentation d'un mouvement chronométrique sur ces graphiques, où l'on enregistre la loi d'un phénomène physique ou météorologique.

Cependant, même en ne considérant ainsi que certaines espèces vite évoluées, il ne faut pas s'exagérer la précision, et surtout la généralité, de cette courbe chronométrique, qui n'a, en théorie, qu'une valeur strictement locale et qui ne peut même être utilisée avec confiance que si l'on garde présente à l'esprit cette localisation. Il est rare, sans doute, que l'apparition d'un être dans une région tienne à une évolution opérée sur ce point même. C'est une migration, provenant par exemple d'un changement de courant ou d'une transgression, qui a dû l'apporter ; et alors combien de temps après son origine ? Si l'on admet que ces migrations ont dû être brèves par rapport aux époques géologiques, il faut néanmoins songer aux oubliés, aux retardataires, qui peuvent remonter à plusieurs périodes antérieures. Le degré de probabilité pour l'assimilation devient, il est vrai, plus grand, si, au lieu d'un seul fossile identique, nous avons, dans une *zone paléontologique*, toute une faune identique, surtout si cette faune présente plusieurs termes à variations rapides[1] ; mais cela peut encore provenir de ce que les conditions de vie ont été les mêmes pendant le dépôt de ces deux terrains : ceux-ci, quoique non du même âge, étant cependant d'un âge assez voisin pour que les variations n'aient pas eu le temps de s'opérer dans l'intervalle ; ou encore ces variations étant de telle nature que nous ne savons pas bien les reconnaître.

Dans cet ordre d'idées, on peut citer les erreurs longtemps com-

---

1. En fait, les paléontologues admettent, pour les grandes divisions d'étage, un synchronisme général de la faune (voir p. 204). Selon eux, les fossiles caractéristiques d'une période apparaissent bien simultanément d'un bout à l'autre de la Terre, comme on le croyait au temps des créations successives. Mais comment être absolument affirmatif sur ce point quand on voit, par exemple, que la faune des crustacés précambriens est uniquement connue dans les Montagnes Rocheuses, que les affirmations relatives aux premiers amphibiens, aux premiers reptiles, etc., sont fondées sur les découvertes faites dans un ou deux gisements, etc. ; quand, dès le cambrien, on reconnaît, d'un gisement à l'autre, des différences attribuées à des *races locales;* quand, enfin, il arrive de trouver, dans quelque faune nouvellement explorée (par exemple aux Siwaliks), des mélanges de faunes appartenant ailleurs à plusieurs étages. Même avec des faunes d'ammonites, les plus générales de toutes, on admet qu'il faut, pour rétablir l'équilibre entre des chronologies disparates, utiliser des périodes de synchronisme momentané, dites de réajustement.

mises, soit pour les récifs coralliens ou jurassiques, soit pour les récifs hippuritiques du crétacé, qu'on assimilait les uns aux autres après une étude incomplète de leurs fossiles et dont on faisait : dans le premier cas, un soi-disant terrain *corallien;* dans l'autre, un *provencien.*

Quand il s'agit, en effet, d'un terrain construit, les études récentes sur les récifs de coraux montrent que de telles constructions peuvent se poursuivre sur le même point avec des caractères analogues depuis le pliocène ou même le miocène jusqu'à l'époque actuelle. C'est ainsi qu'un sondage fait sur l'atoll de Funafuti a traversé 350 m. de coraux. Les soulèvements ou les affaissements des îles du Pacifique viennent substituer des madrépores superficiels à des coraux de profondeur ou interrompre momentanément le travail. Ailleurs, un déplacement progressif du rivage a pu autrefois déplacer parallèlement la zone d'habitat des hippurites et un même massif à hippurites, envisagé perpendiculairement à sa ligne d'allongement primitive, peut ainsi se trouver d'âge variable suivant les points, sans que la distinction entre les espèces soit bien aisée à établir.

En dehors de ces difficultés relatives à la détermination des divers terrains, la question plus générale des *limites d'étage,* des divisions stratigraphiques à établir entre les périodes géologiques et de leurs rapports avec les variations paléontologiques reste toujours un sujet de controverses ardentes, qui se portent tantôt sur un point de la question, tantôt sur un autre. Il ne faut pas nous en étonner, puisque, comme nous le verrons mieux encore tout à l'heure, on cherche là, en réalité, à préciser ce qui est probablement l'imprécisable, à fixer, pour l'ensemble de la Terre, des divisions, qui, si on les veut exactes, ont toutes les chances possibles pour ne posséder qu'une valeur locale [1]. L'idée de divisions universelles pouvait se soutenir très logiquement alors que l'on admettait la théorie métaphysique des créations successives ; à moins de revenir à l'idée de cataclysmes, d'« événements généraux » dans l'histoire de la Terre, elle devient difficile à admettre, sinon à titre conventionnel, avec nos idées actuelles sur des évolutions parallèles et à peu près indépendantes.

Aussi, quand il s'est agi d'appliquer la paléontologie à la stratigraphie, toutes les théories, plus ou moins ingénieuses, se sont donné libre carrière. Les uns, comme Dumont, ont soutenu que les faunes, réputées successives, avaient vécu simultanément sous des latitudes

---

1. Il arrive forcément que la transformation des invertébrés marins ne soit pas synchronique de celle des vertébrés terrestres. Alors (E. HAUG, *op. cit.,* p. 553) « on donne la préférence à la première..., sauf à recourir à la seconde si les résultats fournis par les animaux marins manquent de précision ».

différentes (ce qui suppose que la différenciation des climats a toujours existé) et que ces faunes s'étaient avancées l'une après l'autre des pôles vers l'équateur : d'où l'ordre de succession stratigraphique en un même point, qu'il devenait impossible d'étendre d'un point à un autre. D'autres, comme Brocchi, ont admis, par une hypothèse encore très en faveur chez certains savants, que la vie des espèces a une durée limitée comme celle des individus, qu'une espèce se développe, se reproduit et meurt en laissant à sa place une descendance évoluée. En admettant que cette durée de la vie attribuable à chaque espèce eut un certain caractère de généralité, on retrouvait, comme avec les créations successives, un instrument chronologique assez précis.

Ailleurs, on a supposé la Terre soumise à de longs mouvements rythmiques, en corrélation possible avec une cause astronomique, qui, périodiquement et lentement, la soulèveraient, puis l'affaisseraient comme une poitrine qui respire, entraînant à fois la modification des sédiments et celle des organismes. Des géologues américains (Dawson en 1868, Newberry en 1874) ont cru reconnaître, dans les divers étages paléozoïques ou mézozoïques, des « cycles de déposition », ramenant, toujours dans le même ordre, sur la même place, une mer peu à peu approfondie, puis de moins en moins profonde, c'est-à-dire une alternance de dépôts sableux, argileux et calcaires, puis, de nouveau, sableux et argileux. Les variations de la faune seraient tout naturellement produites, avec simultanéité, par ce rythme universel.

En présence de ces difficultés, les controverses ont été nombreuses entre stratigraphes occupés à déterminer l'âge d'un terrain, ou surtout la limite d'un étage, d'après la faune : les uns tenant pour la valeur prépondérante de tel fossile, les autres de tel autre, les éclectiques pour la combinaison des deux et tous, ce semble, ayant à la fois raison et tort suivant les cas, puisque tous voulaient attribuer un caractère général à des faits, dont la valeur était seulement locale. Nous retrouverons tout à l'heure quelque chose d'analogue pour l'application de la tectonique à la stratigraphie. Dans les deux cas, la conclusion me paraît être la même.

Malgré l'existence possible de quelques grandes dates correspondant à des phénomènes universels, ou du moins très généraux, dans l'histoire du globe, il est, je crois, toujours dangereux de spéculer sur la rencontre d'une semblable étape universelle pour fixer la limite d'un terrain ou d'un étage.

Si paradoxal que cela puisse paraître et si contraire aux idées habituellement reçues, il me semble donc qu'une succession de phénomènes a d'autant plus de chances pour nous donner une série chronologique précise et indiscutable qu'elle est plus localisée. Plus on cherche à envisager des phénomènes généraux, comme c'est une tendance naturelle pour établir les divisions sur de grands événements de l'histoire, plus on se lance dans l'arbitraire et dans l'inconnu ; plus on en revient inconsciemment « aux créations successives » de Cuvier et de d'Orbigny, aux « refontes générales des organismes » de Heer ; plus on se met en contradiction avec l'idée de continuité, ou, tout au moins, de développement rythmique, qui paraît avoir dû présider aux transformations de la vie.

II. — Les applications de la tectonique à la chronologie des sédiments.

Ainsi que nous venons de le voir, la chronologie des sédiments est surtout fondée sur les variations de la faune ou de la flore et il eût été à peu près impossible de l'établir sans elles. C'est, en fait, par les organismes, dont on y rencontre la trace, qu'un terrain quelconque est défini dans cette échelle chronologique et l'on ne manque jamais, quand on veut préciser l'âge d'une couche sédimentaire, de donner une liste de ses fossiles caractéristiques. Cependant il arrive que les fossiles fassent défaut, soit dans tout l'ensemble d'un système sédimentaire, soit dans de vastes parties de ce système et que l'on soit alors forcé de laisser la paléontologie pour tenter des identifications, toujours plus hasardeuses, au moyen de la seule stratigraphie, c'est-à-dire en utilisant les relations du terrain inconnu avec d'autres terrains connus, ou celles d'une portion problématique avec d'autres portions fossilifères, qui semblent appartenir à la même couche.

En outre, par une inconséquence qu'il était sans doute difficile d'éviter et qui tient peut-être aux anciennes idées de Cuvier ou d'Orbigny, en même temps que l'établissement de notre série d'étages semble, dans le détail, strictement paléontologique, on a tenu à en fonder les divisions essentielles, les grandes coupures, sur certains mouvements importants du sol, ou plutôt des mers, auxquels on a cru pouvoir attribuer une généralité absolue : notamment, sur les transgressions marines. J'en donnerai tout à l'heure quelques exemples.

Quand on se borne à la région limitée de l'Europe, sur laquelle ont été faits la plupart des travaux classiques en géologie, ce manque de logique apparent n'a pas grand inconvénient, si ce n'est dans les détails : il se trouve, en effet, comme on pouvait aisément le prévoir, que chaque mouvement notable des mers, produit ou non par un mouvement antérieur du sol, a — soit en modifiant la profondeur et, par suite, la température des mers, soit en ouvrant et fermant la communication avec d'autres océans, soit en déplaçant des courants marins, — déterminé une transformation de la faune. Tant qu'on s'est contenté de distinguer grossièrement les terrains principaux, il s'est même trouvé, par un phénomène tout à fait surprenant, que l'ordre de succession paléontologique semblait à peu près universel, au moins quand il s'agit des terrains anciens, pour lesquels on est conduit à admettre une très grande uniformité de climat et de régime. Mais l'inconvénient est devenu de plus en plus manifeste à mesure qu'on a étendu et précisé les explorations géologiques, comme le progrès de notre science conduit de plus en plus, à le faire. Il arrive alors, nécessairement, que ce qui était, pour nous Français, un événement de premier ordre, comme la communication de la mer parisienne avec la Limagne et la Loire pendant l'oligocène (47), ou la submersion de la Suisse pendant l'helvétien (50), devient un détail insignifiant pour les habitants de Bornéo ou de la République Argentine, et que l'hypothèse d'une généralité toute illusoire dans nos divisions d'étages n'excuse plus le défaut de logique, auquel on a été conduit pour les obtenir. Notre système chronologique aurait pu être établi, au choix, soit sur la paléontologie, soit sur la tectonique; il en serait toujours résulté un certain nombre de dates connues, destinées à servir de repères; mais il ne pouvait l'être sur les deux ensemble ou tour à tour sans admettre, par une pétition de principe, entre les deux ordres de faits, une connexion, qui reste à démontrer.

Comme ce défaut de logique n'a pas manqué d'apparaître de bonne heure aux géologues, on a, pour l'excuser, admis souvent une corrélation directe des modifications paléontologiques, soit avec les mouvements du sol effectués sous la forme de plissements montagneux, soit avec ceux de la mer traduits par des transgressions et régressions, en supposant, dans l'un et l'autre cas, ce qui était une hypothèse nécessaire, que chacun de ces phénomènes représentait une date générale et précise.

C'est ainsi, par exemple, qu'Élie de Beaumont, puis Barrande (1854), ont soutenu la relation des changements de faune avec les dislocations orographiques, tandis que d'Archiac (1857) et Hébert (1857) considéraient celles-ci comme ayant été d'une innocuité absolue. Pour Beyrich (1855), comme plus récemment pour M. Suess, le changement est le résultat d'une transgression. Par contre, pour Brocchi (1814) et pour toute une école actuelle, les espèces vivent, se reproduisent et meurent comme les individus; les variations de faunes sont indépendantes des phénomènes tectoniques et paléo-géographiques, qui ne font que les mettre en évidence. Enfin, pour Forbes (1846) et pour Dumont (1852), puis pour de Blainville et Flourens vers 1858, les modifications des organismes, que Darwin a expliquées plus tard (1859) par l'évolution, ne sont pas représentatives d'un âge déterminé : il a pu exister, comme il existe encore, simultanément, des faunes correspondant à des stades divers de l'évolution et paraissant, par conséquent, dater de périodes différentes. Ces faunes, créées ensemble, se déplacent seulement ; c'est ce qu'on a appelé la théorie de la translation [1].

Le fait que, n'importe dans quelle partie du monde, un géologue, formé en France ou en Angleterre, reconnaît, par exemple, le crétacé du jurassique et prévoit leur ordre de superposition, est le meilleur argument que l'on puisse fournir à l'appui d'une correspondance approximative entre la paléontologie et la tectonique, dont la cause exacte nous échappe encore.

Quoi qu'il en soit, la tectonique générale et la paléo-géographie interviennent, comme la stratigraphie purement locale, dans la détermination des séries chronologiques et des limites entre les étages.

Renvoyant, pour les détails, aux deux chapitres spéciaux VII et VIII, où seront exposées plus loin les méthodes appliquées par ces deux sciences, je vais en préjuger les résultats essentiels, afin de compléter ici ce qui est relatif à la stratigraphie.

A) STRATIGRAPHIE LOCALE. CAUSES D'ERREUR. FACIES CONTEMPORAINS. FORMATIONS CONTINENTALES, etc. — Le fond de la mer est très loin d'être horizontal, puisqu'il présente des fosses de plus de 9.000 m., correspondant à des accidents récents comme ceux qui, sur les continents, ont produit les montagnes. Mais il tend constamment à s'aplanir et à s'égaliser sous une fine poudre de sédiments. Au delà d'une profondeur de 50 mètres, les rochers, les récifs disparaissent. Puis vient, jusqu'à 200 mètres de profondeur, le *plateau continental*, soumis au balancement des marées et aux apports terrigènes, en même temps qu'accessible aux végétaux. Après quoi, un relief plus accentué amène aux dépressions abyssales. Quand nous rencontrons un sédiment marin d'âge ancien, nous pouvons penser qu'il s'est déposé dans des conditions semblables, et c'est avec ces réserves que nous admettons approximativement l'horizontalité première des strates superposées. Il faut en tenir compte quand, par la stratigraphie locale, on apprécie l'âge relatif des terrains, avant de déterminer plus tard leur âge absolu par la faune d'un ou plusieurs étages représentés.

Devant une différence de niveau topographique entre les affleurements de deux couches, on ne doit pas penser seulement à une super-

---

1. On trouvera tout un résumé de cette discussion dans l'Introduction de l'ouvrage de SUESS (*op. cit.*, p. 12).

position normale, mais aussi à l'existence ancienne d'une île, d'un récif, etc. Dans un autre ordre d'idées, il y a lieu d'envisager le cas d'une dislocation, d'une faille, d'un plissement, ou même, dans certaines régions, où ce genre de phénomènes est fréquent, comme la zone alpine, celui d'un renversement complet, ayant empilé les terrains dans l'ordre inverse de leur formation [1].

Un géologue expérimenté trouve, dans la nature des couches et dans leur allure, la réponse à ces objections.

Je ne mentionne là, d'ailleurs, que d'une façon tout à fait générale quelques-unes des explications qui peuvent se présenter; pour apprécier plus exactement ce côté de la question, il suffirait de comparer la série de coupes hypothétiques, entièrement discordantes, auxquelles ont pu donner lieu, en des cas particulièrement difficiles, certaines régions alpines ou pyrénéennes.

En ce qui concerne également la stratigraphie locale, il est une hypothèse, que l'on est amené à faire à chaque pas, c'est celle qui consiste à identifier, d'abord comme formation, puis comme âge, deux couches de même facies, rencontrées, dans une position comparable, à peu de distance l'une de l'autre. Cette hypothèse peut être fausse pour beaucoup de raisons : d'abord, on risque d'être abusé par une ressemblance fortuite entre deux couches différentes; puis, en admettant que l'on ait affaire à la même couche, il n'est pas toujours vrai qu'une même couche soit partout du même âge.

J'ai déjà cité deux cas de ce paradoxe apparent en signalant les bandes coralliennes ou hippuritiques, et tous les terrains construits par des organismes imposent évidemment la même réserve; mais l'objection peut subsister pour des sédiments proprement dits; il peut très bien se faire, surtout dans des lacs, mais aussi sur des rivages marins, qu'un fond, appartenant à une formation ancienne, n'ait été recouvert, sur ses diverses parties, qu'à des époques successives par une formation de même facies sableux ou vaseux, qui se présente à nous avec l'apparence illusoire d'une formation synchronique [2]. De même encore, quand on peut examiner de près la coupe en long d'un terrain, on s'aperçoit fréquemment qu'il est composé, non de bancs continus, comme le voudrait une théorie élémentaire, mais de systèmes de lentilles terminées en biseaux, chevauchant les unes sur les autres, se substituant les unes aux autres; si on était réduit à deux sections locales

1. Voir plus loin page 244, les figures 36.

2. On trouvera une intéressante discussion de la méthode stratigraphique dans l'introduction du mémoire de M. DE GROSSOUVRE *sur la craie supérieure* (1901). Plusieurs des exemples cités plus loin lui sont empruntés.

sans savoir ce qui se passe entre elles, on serait probablement conduit à des assimilations tout à fait inexactes.

Inversement, il est tout aussi dangereux d'établir une différence d'âge entre deux terrains, comme on l'a fait trop souvent autrefois, parce qu'ils présentent un facies différent. C'est un des faits les plus évidents sur toutes nos côtes, un des plus faciles à constater chaque jour, que la précipitation simultanée, même à faible distance, de dépôts (argiles, sables, galets, calcaires, etc.), n'ayant aucun rapport physique apparent les uns avec les autres, contenant des animaux très divers et, cependant, rigoureusement contemporains.

Dans de pareils cas, on peut employer le principe suivant dû à Bayan[1] :
« Si, en deux points différents, une succession de trois couches comprend deux assises extrêmes identiques, il y a beaucoup de chances pour que l'assise intermédiaire soit elle-même identique, *quel que soit son facies* (calcaire dans un cas, grès dans l'autre). »

Un autre principe, énoncé par M. Rutot[2], quoique rentrant déjà dans la tectonique, peut être également retenu :
« L'ensemble des sédiments déposés pendant un affaissement lent et prolongé peut être considéré comme se composant d'une succession de tranches superposées plus ou moins obliques, dépendant de l'inclinaison du fond et de l'abondance des dépôts. Chacune de ces tranches comprend trois zones successives du rivage vers le large : d'abord graveleuse, puis sableuse, puis argileuse, qui sont pourtant contemporaines. »

Enfin il y a lieu d'envisager, en stratigraphie, le cas très particulier des terrains, qui, au lieu de s'être formés par dépôt dans un bassin de sédimentation marin ou lacustre, se sont produits par un entraînement alluvionnel ou glaciaire le long d'un cours d'eau ou d'une moraine, par une altération chimique superficielle, par une action éolienne, etc... : c'est-à-dire que leur allure est directement en rapport avec la topographie accidentée d'un continent émergé. Les problèmes compliqués qu'entraîne cette considération se posent rarement pour des étages anciens, parce que de telles formations continentales, qui sont les premières détruites par les érosions, n'y subsistent guère. Mais ils présentent un intérêt tout particulier quand il s'agit d'établir un ordre de succession stratigraphique dans la période de temps très voisine de nous, qui constitue le pléistocène (57 à 59) : période, pour laquelle nos autres instruments chronologiques, fondés sur la stratigra-

---

1. *Sur le jurassique supérieur* (1874; Bull. Soc. géol., 3ᵉ sér., t. II, p. 317).

2. RUTOT. *Le phénomène de la sédimentation marine* (1883; Bull. musée Royal d'histoire naturelle de Belgique, t. II).

phic des dépôts marins ou sur la variation des faunes marines, nous font à peu près défaut.

Or, quand on étudie, par exemple, des alluvions déposées par terrasses successives pendant le creusement d'une vallée, l'âge de ces terrasses apparaît, contrairement à la règle ordinaire des sédiments, d'autant plus ancien que leur surface supérieure se présente à un niveau plus élevé, parce que la rivière a peu à peu approfondi son lit tout en le resserrant.

On peut faire la même observation pour les séries de terrasses glaciaires, que l'on trouve, dans certaines régions des Alpes, à des niveaux de plus en plus bas à mesure qu'elles sont plus récentes et que l'on considère comme correspondant à une succession de périodes glaciaires, dans l'intervalle desquelles des périodes d'érosion interglaciaire ont amené un creusement de plus en plus accentué des vallées, et une altération des dépôts précédents. On a même, dans ce cas, prétendu mesurer la durée de chaque période interglaciaire par le degré d'érosion et d'altération qu'elle a provoqué : degré qui peut s'observer sur certains dépôts d'une première phase, recouverts et mis à l'abri dans la seconde. On a également essayé d'apprécier l'ancienneté d'une moraine par le modelé plus ou moins complet que lui ont fait subir les eaux courantes ; et les géologues, qui se sont particulièrement occupés de ces questions dans ces dernières années, n'ont pas craint, après avoir distingué ainsi plusieurs périodes de temps pour une région particulière, d'assimiler celles-ci avec les périodes en nombre à peu près égal qu'on avait pu observer ailleurs. Par cette méthode on a cru pouvoir établir, d'une façon absolue, l'ordre de variation des climats pléistocènes sur toute la Terre et celui de réapparition des faunes en rapport avec tel ou tel climat « de forêt, de toundra ou de steppe[1] », en démontrant leur relation avec les diverses races humaines, classées elles-mêmes d'après les caractères des squelettes, ou les particularités des instruments en pierre.

Mais, si intéressant que soit le problème — et sans même parler des difficultés d'observation sur le terrain, toujours inquiétantes avec ces dépôts remaniés, mouvants, avec ces restes humains plus ou moins profondément enfouis, etc... — il semble que le côté essentiellement relatif et contingent de telles manifestations, variables simultanément d'un point à l'autre[2] comme nous l'observons aujourd'hui même, en

1. Voir plus loin page 473.

2. Par exemple, on voit nettement des zones de végétation simultanées et pourtant bien distinctes décrire des courbes concentriques aux glaciers. Quant aux conclusions échafaudées sur quelque reste humain isolé, comme les crânes de Cannstadt et du Neanderthal, on en connaît assez aujourd'hui le peu de valeur. Les trouvailles dans les grottes sont toujours sujettes à caution, etc.

rende les solutions proposées bien aléatoires ; elles sont, en tout cas, bien changeantes avec les auteurs ou avec le moment.

B) Tectonique générale. — La tectonique générale est précieuse pour établir, sinon l'âge absolu d'un terrain non fossilifère, du moins son âge relatif par rapport à un ou plusieurs terrains mieux déterminés, plus anciens ou plus récents. En même temps, c'est sur elle que l'on se fonde, comme je l'ai dit, pour établir les grandes divisions de systèmes et d'étages. Néanmoins, les méthodes de la tectonique devant être l'objet d'un chapitre spécial, je ne les développerai pas ici ; je n'énumérerai même pas les séries des mouvements du sol, déterminés par la tectonique, qui ont servi de dates essentielles en chronologie géologique ; il me suffira, pour faire connaître la marche suivie, de citer quelques exemples.

J'ai déjà dit que les discordances observées par la tectonique avaient habituellement servi à établir des limites d'étage. Je signalerai comme type d'un semblable phénomène, la coupure entre le jurassique et le crétacé avant l'habituelle transgression du néocomien (32). Puis le tertiaire se sépare de même du crétacé par la transgression thanétienne (42) (éocène inférieur). Plus tard, entre l'éocène (41 à 46) et l'oligocène (47 et 48), une dislocation du Plateau Central a amené la formation de dépressions, qui semblent avoir permis à la mer oligocène du bassin de Paris de communiquer avec les vallées de la Loire et de la Limagne. Enfin, le néogène (49 à 53) (c'est-à-dire la partie récente du tertiaire) est également séparé de l'éogène (41 à 48), qui en forme la partie ancienne, par la transgression miocène, etc.

Le fait même, que les divisions essentielles de l'histoire ont été fondées sur un fait aussi local et sans doute aussi prolongé dans le temps qu'une transgression[1], a entraîné, pour chacune de ces limites, des discussions sans nombre, là où, le mouvement n'ayant pas existé, la coupure, sur laquelle on comptait pour se fixer, ne se présente pas, où encore là où cette coupure ne s'est pas produite au moment que l'on a le tort de considérer comme fatidique.

Ainsi, les couches crétacées du Nord sont, il est vrai, en discordance transgressive sur les terrains jurassiques supérieurs ; mais la discordance n'existe pas dans les régions méridionales de la France, ou il y a passage insensible entre les deux formations, par l'intermédiaire des couches de Berrias, qui ont constitué ce que l'on a appelé le *Ber-*

---

1. La mer, qui transgresse sur une aire continentale, abandonne une autre région. Il y a donc compensation entre les régressions dans les géosynclinaux à sédimentation bathyale continue et les trangressions sur les aires continentales à dépôts néritiques intermittents. Mais les limites sont plus précises dans le second cas par le fait de l'intermittence.

riasien. Dans le géosynclinal alpin, Oppel avait de même désigné, sous le nom de *Tithonique*, un facies pélagique à céphalopodes des diverses couches supra-jurassiques (27 à 31), passant par degrés insensibles au crétacé (oxfordien 28, au néocomien 32).

Là même où la transgression existe, où elle se traduit par une discordance, elle a toutes les chances pour varier d'âge suivant les divers points considérés.

Pour faire comprendre les difficultés que l'on rencontre alors, à chaque pas, dans les applications de la tectonique à la chronologie stratigraphique, le meilleur moyen est de choisir un ou deux cas particuliers et de montrer comment on est conduit à opérer.

Prenons, d'abord, le terrain, que l'on appelle l'*Albien*, ou Gault (35) (*Alba*, rivière de l'Aube) et qui s'intercale à la partie supérieure de la série infracrétacée, au-dessus de l'aptien (34), au-dessous du cénomanien (36).

Ce terrain marque, en Europe et surtout en France ou en Angleterre, une période tout à fait spéciale, pendant laquelle s'est préparé le grand phénomène, intermédiaire entre l'infracrétacé et le supracrétacé, que l'on qualifie ordinairement de transgression cénomanienne.

Auparavant (34) les continents occupaient, dans ces régions, une vaste extension; les eaux, là où elles existaient, avaient peu de profondeur; les dépôts n'étaient composés, le plus souvent, que de sables ou d'argiles à caractère littoral, parfois de formations lacustres. Au moment de l'albien (35), la mer envahit nos pays, de plus en plus profonde; des dépôts phosphatés se forment, de tous côtés, en Angleterre, en France, en Suisse, en Russie; puis, des précipitations crayeuses étendues commencent à se substituer, dans ces mers, aux dépôts restreints de la période antérieure. Voilà le phénomène, d'ailleurs localisé comme tous les phénomènes géologiques, mais pourtant particulièrement important en Europe, qu'il s'agit de traduire, en donnant des noms à ces périodes successives. Alors les difficultés commencent; parmi les diverses transgressions, que l'on peut suivre de la Belgique aux Pyrénées ou même en Afrique et que l'on est porté à considérer comme marquant, dans leur ensemble, une date remarquable, tout au moins pour notre histoire européenne, et séparant l'infracrétacé du supracrétacé, laquelle prendra-t-on comme repère? Ici, le mouvement de transgression commence avec l'étage dit néocomien (32); là avec le barrémien (33); plus loin avec l'aptien (34); ailleurs avec l'albien (35); en admettant même que chacun de ces étages soit bien déterminé comme âge par la nature de ses fossiles et, ce qui est une pure hypothèse, que tous les dépôts où l'on rencontre les mêmes fossiles, de la Belgique à l'Afrique, soient contemporains, comment établira-t-on la coupure et les accolades ? où placera-t-on la limite fondée sur la transgression ? l'albien, en un mot, sera-t-il encore de l'infracrétacé ou déjà du supracrétacé ?

Là-dessus, discussion insoluble. On se décide, en pratique, à prendre une sorte de moyenne, en remarquant que la transgression, intercalée entre l'albien (35) et le cénomanien (36), est la plus importante dans nos régions ; mais en serait-il de même ailleurs ? Certainement non ! On voit aussitôt à quel point le choix est conventionnel.

La difficulté identique se présente pour les divisions du miocène dans le tertiaire. De la base du burdigalien (49) au sommet de l'helvétien (50), la transgression s'étend peu à peu dans l'Europe Centrale : c'est-à-dire que le mouvement de l'écorce fait pénétrer de plus en plus la mer sur des régions jusque-là émergées ; à la fin de l'helvétien, ce mouvement paraît prendre une intensité spéciale ; il en résulte alors des inégalités de profondeur, amenant des zones plus profondes, donc plus froides et, par suite, le développement de faunes océaniques correspondantes à ces zones. Il y a là une succession de phénomènes, que l'on peut raconter, mais qu'il est difficile de traduire par une démarcation précise, sur laquelle tout le monde soit d'accord, puisque le récit même montre leur extension dans le temps[1].

Et il en est de même pour toutes les périodes, où s'est produit quelque grand mouvement, sur lequel nous désirerions fonder nos divisions d'étages, précisément parce que la plupart de ces mouvements n'ont pas dû se faire instantanément, mais se propager à la façon d'une onde et que nous prétendons, à cette division du temps mouvante dans l'espace, substituer une division indépendante de l'espace.

On n'échappe à ces discussions dans la pratique que lorsque les divisions d'étages, fondées sur un petit nombre de faits, restent suffisamment vagues et mal précisées pour s'adapter à tous avec souplesse : surtout, dès lors, pour les terrains les plus anciens. Cela se comprend sans peine ; nous avons, en effet, une fonction de deux coordonnées, l'espace et le temps et nous voulons arbitrairement éliminer l'un des deux variables pour définir ce qui nous importe, à savoir le mouvement des mers ou du sol, la variation des espèces, au moyen d'une seule, le temps. C'était l'hypothèse de Cuvier et de d'Orbigny ; avec nos idées actuelles, c'est une pure impossibilité, à laquelle il n'est peut-être qu'un remède, celui que j'indiquais plus haut, renoncer à concilier l'incompatible et prendre une échelle indépendante à la fois des deux variables, c'est-à-dire définie, par une convention avouée, au moyen des phénomènes relatifs

1. Dans le même ordre d'idées, je viens déjà de rappeler la question du Berriasien, et celle du Tithonique.

à telle ou telle région très locale, qu'on adoptera. C'est, du reste, à peu près ce que l'on arrive à faire, sans l'avouer assez, en s'efforçant de choisir, pour définir chacune des divisions chronologiques, les régions où cette division apparaît le mieux caractérisée ; il faudrait avoir le courage de reconnaître que l'on est ainsi dans la convention pure et, puisque l'on est dans la convention, il faudrait savoir en profiter pour fixer cette convention et la rendre enfin immuable.

Le mètre n'est plus la 40.000.000ᵉ partie du méridien terrestre ; il est défini par un mètre conservé aux Archives ; cela satisfait peut-être moins les logiciens, mais cela ne vaut-il pas mieux que si on bouleversait tout notre système de mesures après chaque détermination nouvelle d'un méridien [1] ?

III. — Difficulté de concilier les deux méthodes. Caractère approximatif des premiers principes admis. Bases d'une stratigraphie rationnelle.

Nous venons de voir les difficultés, auxquelles on se heurte, quand on prend, comme base de la chronologie géologique, soit la paléontologie, soit la tectonique, simplement par le fait qu'on prétend exprimer, en fonction d'une seule variable, le temps, une inconnue qui dépend, en réalité, de deux variables, le temps et l'espace. Cette difficulté s'accroît encore, si l'on veut, comme c'est l'usage général, par une tradition qui remonte aux créateurs de la stratigraphie et à leur théorie des cataclysmes, associer, dans la classification, deux phénomènes, dont la corrélation, bien que probable, n'est pas nécessaire et ne doit pas, en tout cas, s'exprimer par une simple fonction linéaire, par une proportionnalité : la paléontologie et la tectonique.

En admettant même, ce qui paraît assez logique, que les grandes modifications locales de la faune se soient produites à la suite des mouvements de l'écorce par les changements de courants, de profondeur, de température, etc., qui ont dû en résulter, c'est, en tout cas, compliquer le problème et en rendre la solution rigoureuse encore plus impossible que de vouloir, dans cette solution, concilier ces deux éléments indépendants. Cependant, le défaut réel est moins grand dans la pratique qu'il ne paraît d'abord ; car, en fait, toute la chronologie

---

1. C'est un peu le parti adopté par E. Haug (*Traité de Géologie*, p. 553) en prenant toutes ses limites sur les aires continentales et, pour les faunes, en tenant compte des arrivées brusques de types nouveaux qui, résultant d'une migration, correspondent, dans une certaine mesure, au maximum des transgressions (périodes de réajustement).

est strictement paléontologique et la tectonique intervient uniquement pour établir les coupures dans cette évolution progressive des êtres vivants.

Si nous résumons donc cette discussion relative à la méthode stratigraphique, on constate que cette méthode s'est établie en admettant, d'abord, l'exactitude absolue de certains principes fondamentaux, qui n'étaient vrais qu'approximativement. Mais cette approximation s'est montrée suffisante pour que leur application générale, quoique abusive, ait permis : 1° d'en tirer un résultat suffisamment exact ; 2° de les contrôler eux-mêmes par l'expérimentation (entendue comme il a été dit plus haut) et d'en conclure la mesure de vérité, la mesure d'erreur, qu'ils présentaient ; par conséquent, de ne les abandonner que pour des principes plus rapprochés de la vérité. Ils ont donc été, non seulement utiles, mais indispensables : ce qui n'empêche pas qu'après le premier progrès ayant consisté à les formuler comme des dogmes, ce soit aujourd'hui, pour nous, un progrès nouveau d'échapper à une foi trop sûre d'elle-même et trop catégorique dans ses affirmations, pour adopter des principes moins absolus, d'ailleurs dérivés des premiers et, comme eux, destinés à être discutés et rectifiés un jour.

Je vais essayer de faire ressortir ce caractère d'approximation, qui n'est pas propre seulement à la science géologique, mais qui se retrouverait dans toute autre science physique, en exposant, sous forme d'un tableau en deux colonnes : d'un côté, les principes fondamentaux de la stratigraphie ; de l'autre les restrictions qu'ils comportent. Sans vouloir exagérer le scepticisme ni compliquer à plaisir des notions simples et pratiques, il est temps, je crois, de substituer, dans l'enseignement, les idées nouvelles aux anciennes théories, dans la mesure où nous reconnaissons que celles-ci étaient demeurées conventionnelles.

Je commencerai, comme dans l'exposition précédente, par les principes élémentaires, qui permettent de définir une couche sédimentaire, ou un système restreint de couches sédimentaires ; je passerai ensuite aux caractères paléontologiques, sur lesquels est fondée la détermination de l'âge d'un terrain ; je continuerai par des principes de stratigraphie et de tectonique, qui permettent, soit de reconstituer les mouvements de l'écorce terrestre, soit d'établir les grandes divisions essentielles dans l'histoire de la Terre

PRINCIPES FONDAMENTAUX MAIS APPROXIMATIFS	RESTRICTIONS
1. Un sédiment marin s'est déposé à peu près horizontalement et présente une extension pratiquement indéfinie.	1. Les sédiments littoraux peuvent présenter des pentes atteignant 30° ou 40°, parfois même plus dans les deltas ; ils ont tous une forme lenticulaire, assez restreinte en étendue. Il n'est pas exact non plus que le sol ait été toujours nivelé par abrasion marine avant le dépôt d'un sédiment nouveau.
2. Une formation continue et de même nature dans toute son extension correspond à une période de dépôt déterminée ; elle est partout du même âge.	2. Les expériences de M. Fayol montrent que les diverses parties d'une même couche dans le sens horizontal ont pu se déposer pendant plusieurs périodes successives. Ce fait, depuis longtemps admis pour les dépôts lacustres, peut même exister pour des couches franchement marines. En tout cas, il faut absolument exclure les terrains construits par des organismes, comme les récifs coralliens ou hippuritiques. Voir les coupes (fig. 28 et 29) données plus loin (§ 9).
3. L'aspect extérieur d'un terrain peut, dans une certaine mesure, indiquer son âge pour une région déterminée. Par exemple, en France, une ardoise sera primaire, une couche de houille carbonifère, un sable meuble tertiaire.	3. Ce principe, extrèmement dangereux dans l'application, doit être constamment vérifié, même pour des régions très restreintes ; étendu un peu loin, il a conduit aux plus grosses erreurs de la géologie...
4. Inversement, les dépôts d'un même âge ont, tout au moins dans un certain rayon, un même facies.	4. Ce principe est parfois inexact même dans des limites étroites, puisque, sur une même côte, il peut se déposer, à la fois, des sables, des galets, des argiles et des calcaires.
5. L'ensemble de la Terre a présenté, dans les temps anciens, une uniformité générale de climats et de conditions physiques, disparue seulement dans les temps modernes, qui permet d'admettre, pour la faune et la flore d'une époque, des caractères d'universalité facilitant la détermination.	5. Ce principe, d'une application si commode, comporte des exceptions de plus en plus nombreuses et pourrait bien être fondé, en partie, sur la connaissance beaucoup plus sommaire que nous avons de ces faunes anciennes, qui, sans doute, étaient moins abondantes, moins variées et surtout dont la plus grande portion a disparu par un métamorphisme plus habituel.
6. L'âge d'une couche est déterminé par un fossile ou par une faune fossile.	6. Un fossile est, en principe, absolument insuffisant ; car il peut être d'une forme à évolution lente. Une faune même peut induire en erreur ; car elle peut caractériser surtout un facies ou une profondeur d'eau, plus

7. Le plan de séparation de deux couches concordantes, par exemple le toit d'une couche de houille, marque un phénomène, qui est partout de la même époque : il est homochrone.

7. Ce plan peut n'être pas du même âge sur toute son étendue, d'après les expériences de M. Fayol.

8. L'ordre de superposition d'une série de strates sédimentaires correspond à l'ordre de leur succession chronologique.

8. Il peut exister, pour une série entière et sur des longueurs de plusieurs dizaines de kilomètres, un renversement complet, qui présente aujourd'hui les terrains dans l'ordre inverse de leur sédimentation.

9. La succession d'une série de couches peut être représentée, sous sa forme primitive, par le schéma de la figure 27 ;

9. En réalité, on observe des facies, tels que ceux-ci (fig. 28 et 29), qui

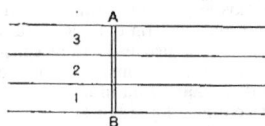

Fig. 27.

les couches 1, 2, 3, limitées par deux plans horizontaux parallèles, étant superposées dans l'ordre où elles se sont stratifiées ; en sorte qu'un sondage convenablement placé AB pourrait donner toute la série chronologique, en montrant l'ordre réel de superposition des terrains.

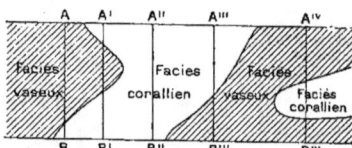

Fig. 28.

Diagramme montrant les modes de superposition possible de facies vaseux et corallien (d'après M. de Grossouvre, *Mémoire sur la craie*, p. 5).

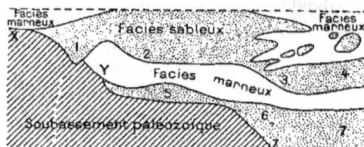

Fig. 29.

Assises inférieures du lias dans les Ardennes et le Luxembourg (d'après Terquem et Piette, 1862).

montrent à quel point le sondage supposé AB, A'B', A''B'', etc. pourrait induire en erreur.

10. Si l'on retrouve, en deux points, la même superposition de trois couches successives présentant chacune, dans les deux points, la même faune (cette faune différant, d'ailleurs, dans chaque point, d'une couche à l'autre), on peut assimiler les deux systèmes.

10. Les deux systèmes peuvent être, en réalité, au moins théoriquement, inverses, si les couches correspondent à des facies très distincts (argile, grès, calcaire) et si leur âge est suffisamment voisin pour que, de la plus ancienne à la plus récente, l'évolution n'ait pas eu le temps de se manifester. La faune serait alors caractéristique, non de l'âge, mais

encore qu'un âge ; elle pourrait même théoriquement, quoique le cas semble rare en pratique, correspondre à une colonie retardataire, ou avancée.

11. Quand deux couches déterminées en comprennent une troisième dans une région et que, dans une autre région voisine, la couche intermédiaire manque, cette lacune correspond à un phénomène, qui a, soit empêché cette couche de se produire, soit détruit ses bancs après leur dépôt.

du facies. En pratique, il faut retenir que la faune est fonction à la fois de l'âge et du facies.

11. La couche intermédiaire peut n'être qu'un représentant local, et synchronique du bas de la couche supérieure, ou du haut de la couche inférieure, ou même un facies latéral des deux à la fois. *La lacune lithologique n'implique pas la lacune sédimentaire.*

12. Quand une couche, ou un système de couches, est superposé obliquement sur une autre couche, ou un autre système de couches (discordance), il s'est produit, dans l'intervalle des deux dépôts, un phénomène, qui a déplacé le système inférieur de sa position primitivement horizontale.

12. La nécessité est loin d'être absolue : elle n'existe pas pour tous les dépôts littoraux un peu troublés à mélanges de sédiments vaseux et argileux, pour les dépôts de deltas, pour tous les sédiments où intervient un phénomène fluviatil, etc. En pratique, ces cas « de fausse stratification » sont du reste faciles à reconnaître.

13. Il y a eu, dans l'histoire de la Terre, un certain nombre de périodes distinctes, séparées par autant de cataclysmes, qui ont anéanti chaque fois toute la faune antérieurement existante, et débuté par une création nouvelle.

13. Ce principe, admis par Cuvier, puis par d'Orbigny (1852) nous paraît inexact ; il n'a jamais dû y avoir destruction, mais déplacement, ni création nouvelle, mais transformation par évolution. Les brusques changements de faune, que nous croyons toujours constater à certaines *dates* caractéristiques, sont attribuables à d'autres causes.

14. Les séparations entre les grandes périodes géologiques (telles que le jurassique et le crétacique, le crétacique et l'éogène, l'éogène et le néogène) sont marquées par des mouvements généraux de la mer, caractérisés par des transgressions de dépôts marins sur les continents antérieurement émergés.

14. Ces mouvements sont tous plus ou moins localisés ; il a dû y avoir, presque toujours, simplement bascule ; la mer s'est reportée d'un point à un autre ; la transgression d'une région paraît le plus souvent concomitante d'une régression ailleurs. En outre, ces mouvements sont très loin d'être instantanés et partant simultanés, mais se sont étendus sur de très longues périodes. Ils sont, à la fois, fonction de l'espace et du temps.

IV. — Conclusions relatives à la chronologie des sédiments.
Tableau chronologique par étages.

L'établissement de la chronologie sédimentaire pourrait, à la rigueur, être considéré comme un résultat définitif de la géologie et bien des géologues, en effet, l'envisagent comme tel ; dans la pratique, cette chronologie occupe la plus grande partie des traités de géologie et sa connaissance ou son application constituent, pour les étudiants, le principal travail. Si j'avais adopté cette opinion, j'aurais dû la rejeter, dans la seconde partie du volume, où seront traités les résultats géologiques et lui attribuer moi-même une place importante. Mais elle ne me paraît être qu'un instrument professionnel, une sorte de cylindre enregistreur à repères inégalement distants, destiné à inscrire à leur place des faits de tous genres et dont les détails de mécanisme importent peu, si l'on veut connaître la Science géologique plutôt que la pratique. Cependant il est impossible de comprendre une discussion géologique quelconque, il est même difficile d'exposer les résultats fondamentaux de la science, si on ne connaît pas au moins les noms, par lesquels on est convenu de désigner les grandes périodes de l'histoire terrestre et leur numéro d'ordre dans la série. C'est pourquoi j'ai cru devoir reproduire ici, sans commentaire (page 222 *bis*), un tableau, déjà publié ailleurs [1], qui résume la classification la plus récente des étages géologiques, proposée en 1892 par MM. Munier-Chalmas et de Lapparent, et rappelle (entre parenthèses) certaines dénominations anciennes (culm, keuper, etc.) encore très usitées.

Cette classification a été, on le conçoit aisément, précédée par beaucoup d'autres, qui, chacune à leur tour, ont représenté, sous une forme extrêmement condensée, l'état de la science stratigraphique et paléontologique au moment où on les a proposées.

L'un des premiers essais de ce genre est la classification de de Humboldt, insérée en 1828 par Cuvier dans son « Discours sur les révolutions du globe », qui comprenait environ 25 termes, depuis le granite, considéré comme le soubassement général, jusqu'aux dépôts d'alluvion [2].

---

1. *Géologie pratique*, pages 296 et 297.

2. De Humboldt, qui s'inspire visiblement de Werner, divise les formations primitives en granites, gneiss, micaschistes et schistes argileux ; puis viennent les terrains intermédiaires ou de transition (calcaires à orthocératites et trilobites, schistes avec lydiennes, grauwackes, diorites). L'étage équivalent à notre permien et le carbonifère forment un terme suivant ; à la place de notre trias, on trouve déjà ses deux divisions inférieures, grès bigarré et muschelkalk ; une seule assise

Groupe I.					**PR**	
Systèmes.	PRÉCAMBRIEN		SILURIEN			
Étages.	1 Précambrien ou Algonkien.	2 Cambrien (Faune primordiale).	3 Ordovicien (Faune seconde).	4 Gothlandien ou Bohémien (Faune troisième).	5 Gédinnien.	6 Coblentzien
					Éo-dévonien.	
Sous-étages.	Huronien. Keweenawien.	Géorgien. Acadien. Potsdamien.				

Groupe II.								**SEC**	
							JURASSIQU		
Systèmes.	TRIASIQUE			1° Série liasique ou infra-jurassique.				2° Série médio-jurassique.	
Étages.	17 Werfénien, ou Vosgien, ou Scythien, (grès bigarré).	18 Virglorien, ou Dinarien et Ladinien ou Tyrolien. (Muschelkalk).	19 Juvavien. (Keuper sup.) (Carnien et Norien).	20 Rhétien.	21 Hettangien.	22 Sinémurien.	23 Charmouthien, ou Liasien.	24 Toarcien.	25 Bajocien.	26 Bathonien.

Groupe III.						**T:**
Systèmes.	ÉOGÈNE (Nummulitique méditerranéen.)					
	1° Série éocène.					2° Série oligocèn
Étages.	41 Thanétien.	42 Sparnacien, ou Londinien.	43 Yprésien ou Cuisien.	44 Lutétien.	45 Bartonien.	46 Tongrien, Sannoisien, ou Lattorfien.
	Laudénien.		Parisien.			
Sous-étages.	Éo-nummulitique, Suessonien, ou Paléocène.		Méso-nummulitique.			Néo-nummulitique.

47 Stampien ou Rupélie

ALÉOZOIQUE

		CARBONIFÉRIEN			PERMIEN		
9 Frasnien.	10 Famennien.	11 Dinantien. (Culm ou Mountain Limestone)	12 Moscovien ou Westphalien.	13 Ouralien ou Stéphanien.	14 Artinskien ou Autunien.	15 Penjabien ou Saxonien (Rothlie-gende).	16 Thuringien (Zechstein).
Néo-dévonien.		Tournaisien. / Viséen.					

MÉSOZOIQUE

CRÉTACIQUE

		1º Série infra-crétacée.				2º Série supra-crétacée.				
30 ...nc-...ien.	31 Portlandien.	32 Néocomien.	33 Barrémien.	34 Aptien.	35 Albien (Gault).	36 Cénomanien.	37 Turonien.	38 Emschérien ou Sénonien infér.	39 Aturien, ou Sénonien supér.	40 Danien.
Virgulien. / Bononien.	Berriasien, ou Purbeckien, ou Aquilonien.	Valanginien.	Hauterivien.	Rhodanien.	Bedoulien. / Gargasien.		Ligérien. / Angoumien.	Coniacien. / Santonien.	Campanien. / Maestrichtien.	

ÉOZOIQUE

NÉOGÈNE

Série miocène.				2e Série pliocène.			3º Série pléistocène dans l'Europe occidentale.		
50 Helvétien.	51 Tortonien.	52 Sarmatien.	53 Pontien, ou Sahélien.	54 Plaisancien.	55 Astien.	56 Sicilien. Age de l'Elephas meridionalis.	57 Age de l'Elephas antiquus. (Climat chaud.) Chelléen.	58 Age de l'Elephas primigenius (Faune de toundras.) Moustiérien.	59 Age du Renne. (Faune de steppes) Solutrées et Magdalénien
Vindobonien. ou Méso-méditerranéen				Néo-méditerranéen.			Paléolithique.		

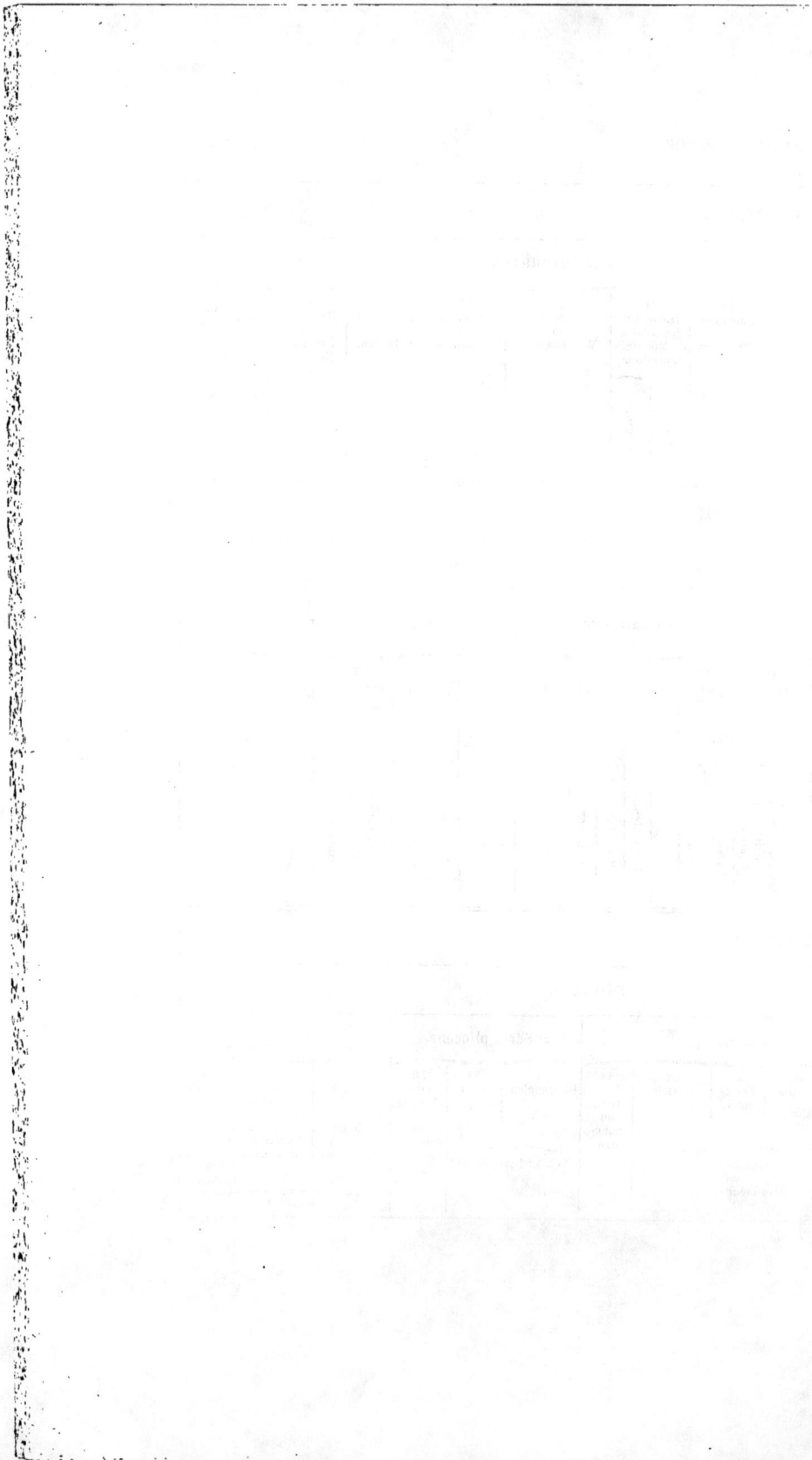

En 1849, un singulier progrès est réalisé dans le *Cours de paléontologie et de géologie* de d'Orbigny, qui représente déjà, dans ses grandes lignes, ce que seront les traités de géologie postérieurs, et qui peut être considéré comme ayant donné à la chronologie paléontologique sa base définitive. On y trouve, pour la première fois, nos grandes divisions classiques : paléozoïque, trias, jurassique, crétacé, tertiaire, avec leurs 28 subdivisions, qui, pour la plupart, subsistent encore.

A partir de ce moment, les progrès se sont poursuivis d'année en année : les géologues de tous les pays s'attachant à faire rentrer leur chronologie locale dans le cadre général fourni par d'Orbigny et se trouvant amenés, par suite des difficultés mentionnées plus haut, à introduire des coupures nouvelles, à modifier les limites d'étages ou même de systèmes [1].

Une question, à laquelle on attache beaucoup d'importance et dont la solution ne paraît pas encore mûre, a été celle de proportionner les coupures de la classification à celles des phénomènes eux-mêmes, de manière que le premier aspect du tableau chronologique mît aussitôt en évidence les grandes périodes historiques, caractérisées par des mouvements de l'écorce terrestre, ou des variations capitales de la faune. On a ainsi établi trois *groupes* principaux, auxquels on a laissé leurs anciens noms de primaire, secondaire ou tertiaire, choisis dès le premier jour, mais en ajoutant une seconde épithète, qui montre bien que la séparation est fondée sur la considération des organismes : paléozoïque, mésozoïque, néozoïque, c'est-à-dire à faune ancienne, moyenne ou récente.

Chacun de ces groupes a été, dans la classification actuelle, divisé en *systèmes*, dont le nombre total est de 11 : archéen, précambrien, silurien, dévonien, carboniférien, permien, triasique, jurassique, crétacique, éogène et néogène ; puis les systèmes ont été divisés en *séries*, les séries en *étages* et les étages en *sous-étages*. Dans la classification, que je reproduis, il y a environ 60 étages et 100 sous-étages [2] : chiffres, qui, si l'on ne modifie pas les principes actuellement en usage, doivent

---

représente notre jurassique ; le crétacé, qui ne porte pas encore ce nom, comprend : weald clay, sable vert, craie chloritée, craie tufeau et craie blanche.

1. Voir le *Chronographe géologique* de E. Renevier (Congr. géol., 1894) et le Dictionnaire de U. Botti, *Dei piani e sotto-piani in Geologia*. In-8°, Reggio-Calabria, 1899.

2. Un sous-étage, à son tour, se divise en un certain nombre de *zones paléontologiques*, ordinairement définies, pour abréger, par un nom de fossile ; par exemple, dans le callovien (27), les trois zones à *Amm. macrocephalus*, *Amm. anceps* et *Amm. athleta* ; ce qui ne veut pas dire que chacune de ces zones représente la zone d'extension verticale du fossile, qui sert, par une simple convention, à la nommer. Ce fossile peut, en réalité, très bien se retrouver également, soit au-dessus, soit au-dessous.

évidemment s'accroître avec le progrès et la généralisation des études géologiques ; car le nombre des épisodes locaux, qui peuvent sembler marquants dans l'histoire de la Terre, et dont la valeur est comparable à celle des divisions primitivement adoptées, ne saurait manquer d'avoir été très considérable.

Étant donné cet émiettement des périodes géologiques en fractions de plus en plus menues, le vœu naturel des géologues serait que les grandes lignes de la classification fussent établies une fois pour toutes et reconnues d'un commun accord, c'est-à-dire qu'il ne pût plus y avoir de discussion, ni sur les groupes, ni sur les systèmes, ni même sur les étages et qu'on se bornât désormais, par exemple, à introduire de nouveaux sous-étages, ou à subdiviser à leur tour ceux-ci.

Malgré le désir unanime des congrès géologiques, il est à craindre que ce progrès ne soit pas réalisé d'ici longtemps[1]. On ne veut pas, en effet, se décider à envisager cette série chronologique comme une échelle absolument conventionnelle, mais à divisions invariables, par rapport à laquelle on mesure et on apprécie des phénomènes inconnus ; on prétend que l'échelle corresponde à la réalité absolue des faits, que ses degrés soient rigoureusement concordants avec les événements de l'histoire terrestre, que l'épaisseur même du trait, ou le caractère employé pour noter la division, soient proportionnels à la coupure qu'elle représente dans cette histoire : ce qui suppose cette histoire entièrement connue, la science géologique à jamais fixée et nous recule, par suite, à une époque indéterminée.

Il semble, au fond, comme je l'ai déjà remarqué, que cette préoccupation trahisse la persistance inconsciente des anciennes idées à la Cuvier ou à la d'Orbigny sur les cataclysmes du globe. Car on conçoit que, s'il s'était réellement produit un certain nombre de créations nouvelles, un certain nombre de brusques mouvements, communs à toute l'étendue de la Terre, quel que fût d'ailleurs ce nombre, on eût pu trouver là des démarcations générales et invariables, fixées une fois pour toutes. Mais, avec l'idée d'évolution, avec l'idée (tout au moins possible théoriquement) de colonies retardataires subsistant en un

---

1. Il est un point, tout au moins, sur lequel il devrait être bien facile d'établir une entente : ce sont les noms variables, appliqués à une même division géologique, d'ailleurs bien définie. A cet égard, il est, je crois, déplorable de changer un nom pour lui en substituer un autre, qui, sur le moment, peut sembler meilleur, ou même simplement dont la désinence paraît plus naturelle, comme crétacique remplaçant crétacé. Un nom n'est qu'une convention ; son choix n'a à peu près aucune importance en lui-même et si, pour des noms nouveaux, on peut se régler sur des questions de convenance, de symétrie, ou d'euphémisme (préférer, par exemple, les noms de pays ou les types marins), un ancien nom, admis par tous pour désigner une chose bien déterminée, ne devrait être changé sous aucun prétexte.

point, tandis que le reste évolue, avec l'idée de courants apportant une faune boréale vers le Sud, une faune pélagique sur le littoral et modifiant localement les conditions de vie, que reste-t-il, comme démarcations, dans l'ordre d'idées stratigraphique? Au milieu d'un phénomène continu, pourquoi attribuer une importance spéciale à tel changement de faune, important pour le bassin parisien, mais qui n'est, en réalité, qu'une migration insignifiante pour l'histoire de la Terre. C'est un peu comme si, dans l'histoire générale, on établissait une coupure énorme à l'arrivée des Normands en Angleterre, à la conquête de la Bretagne par les Français, prétendant étendre cette division à l'histoire de l'Amérique, de la Chine ou de l'Australie. Et, sans doute, en histoire, un tel procédé peut, à la rigueur, se soutenir, parce que l'histoire intéressante pour nous est celle d'une très petite fraction de l'humanité, renfermée dans l'Europe ou les régions très voisines et que de tels événements ont pu exercer moralement un contre-coup à longue distance. Mais, en histoire géologique, il faudrait une démonstration préliminaire bien convaincante pour nous faire admettre que le sort des Trilobites canadiens a pu directement toucher ceux de Bretagne ou de Bohême[1]?

Restent alors les divisions fondées sur la tectonique, sur les grands mouvements du sol; et l'on dira à cela qu'il a dû, en somme, exister une certaine correspondance entre les mouvements tectoniques et les variations des mers, entraînant un changement dans la faune!... Pourtant, là aussi, n'est-on pas un peu dupe de cette illusion d'optique très habituelle, qui nous fait attribuer une importance démesurée aux événements survenus à côté de nous?

V. — Application de l'échelle chronologique à la détermination de l'âge d'un terrain quelconque.

L'établissement d'une échelle chronologique par les méthodes que nous venons d'envisager est une première étape géologique, après laquelle il reste, pour tout travail quelconque sur le terrain, à utiliser cette chronologie, qui fait désormais partie du patrimoine scientifique et à identifier un sédiment observé, dont on désire connaître l'âge, avec un numéro de la série.

Cette identification, qui se fait par la méthode même exposée plus haut pour l'établissement de la série, est relativement facile, quand le

---

1. Ainsi que je l'ai déjà remarqué, il y a cependant des observations singulières dans cet ordre d'idées. Il semble, par exemple, que les trilobites Paradoxides apparaissent partout au même niveau.

terrain renferme des fossiles ; il n'y a plus alors qu'une question pratique de paléontologie, une collecte d'échantillons à faire et à comparer avec les types figurés dans nos livres ou gardés dans nos musées. Les difficultés d'ordre théorique, qui peuvent se présenter, sont exactement les mêmes que celles rencontrées précédemment pour classer les terrains dans l'ordre chronologique, le problème étant au fond identique ; je renvoie donc, pour leur solution approximative, à ce qui vient d'être dit : choix des fossiles marins à variation rapide, étude d'ensemble de la faune, précautions relatives à l'influence des facies, etc.

Quand les fossiles font défaut, le géologue n'est pas encore désarmé, s'il constate l'intercalation de la couche non fossilifère étudiée, entre deux strates à fossiles connus, sauf les restrictions déjà indiquées. Il possède même encore un élément sérieux d'appréciation, s'il connaît seulement la position de cette couche par rapport à une seule autre, déterminée comme âge et située, soit en dessus, soit en dessous, à la condition toutefois qu'il ne puisse pas y avoir de renversement, d'interversion dans l'ordre des numéros. Mais, quand un terrain non fossilifère se présente en relations problématiques avec les autres terrains de la région, le géologue se trouve souvent dans un cruel embarras.

C'est alors que l'on est souvent tenté de faire intervenir ces assimilations de *facies*, qui, pendant une certaine période de la science, où l'on ne s'en méfiait pas autant qu'aujourd'hui, ont entraîné tant de lourdes erreurs. Tel calcaire, tel schiste *doivent* être les mêmes que tels autres, auxquels ils ressemblent. Voilà le raisonnement, qui n'est admissible que lorsqu'on a pu établir de proche en proche la continuité entre les deux calcaires ou les deux schistes. De même, *a priori*, un terrain de grès rouge et d'argiles bariolées avec du gypse *doit* être permo-triasique en Australie, parce qu'il aurait des chances pour l'être au centre de la France. Ou encore, une couche de houille importante en Chine ou au Tonkin *doit* être d'âge carbonifère, parce que c'est pendant le carbonifère que se sont faites en Europe les plus abondantes accumulations de matières végétales, transformées en houille. Le facies corallien, qui peut apparaître dans les étages les plus divers, a été longtemps considéré ainsi comme caractéristique d'un étage déterminé. Dans l'ordre d'idées inverse, il a fallu des discussions de plusieurs années pour faire admettre que la craie de Rouen, les grès du Perche et certains récifs coralliens à rudistes du midi de la France représentaient, avec des facies si divers, également le cénomanien (36). Nous sommes aujourd'hui plus familiarisés avec ces variations constantes de facies, que peut présenter un même terrain sur une étendue relativement restreinte ; mais, précisément parce que nous nous en méfions davantage, nous n'avons plus, de ce côté, la ressource, sur laquelle, il y a une trentaine d'années, on croyait encore souvent pouvoir compter.

Il ne reste alors, pour définir l'âge de ces terrains énigmatiques, que les considérations les plus délicates de la tectonique, les coupes plus ou moins hypothétiques, où une inconnue se dégage par sa mise en équation avec les autres termes connus, parfois aussi les comparaisons de coupes, dont il y aurait peut-être lieu de suspecter, plus qu'on ne le fait souvent, la belle symétrie, fondée sur des généralisations trop complètes et trop vastes pour avoir des chances de cadrer avec la complexité des phénomènes naturels.

C'est ainsi que, lorsqu'il s'agit de régions compliquées comme les Alpes, les non-professionnels sourient parfois de la comparaison entre des coupes dessinées par d'excellents géologues, partis seulement de principes contradictoires, ou en constatant que certains terrains voyageurs se promènent, suivant le moment et suivant l'auteur, d'un bou à l'autre de l'échelle géologique ; il semble, à ceux qui ne sont pas du métier, que la science géologique doive être bien mal assise, pour que les terrains métamorphiques de l'Attique soient classés : par les uns, dans le primitif, par les autres dans le crétacé, pour que les schistes lustrés des Alpes se soient promenés tant de fois du trias au précambrien et du précambrien au trias, avant de se fixer aux environs de ce dernier, avec tendance actuelle à rajeunir encore, pour que les terrains salifères du Saltrange indou aient remonté soudain toute l'échelle des terrains du silurien à l'éocène, pour que les gypses d'Algérie, classés autrefois comme des éruptions éocènes, se soient, au contraire, un beau jour, réveillés sédiments triasiques. Il est certain qu'il se pose ainsi quelques problèmes difficiles, où toute l'ingéniosité du géologue tectonicien trouve, et trouvera longtemps, matière à se déployer ; mais il serait absolument injuste d'en conclure que tous les résultats de la géologie stratigraphique sont également sujets à discussion. La vérité est, au contraire, que, dans la mesure où le problème est résoluble avec les moyens dont nous disposons, — c'est-à-dire en admettant qu'une même phase de l'évolution organique, non pas pour un individu isolé, mais pour l'ensemble d'une faune et surtout pour ses éléments les plus mobiles, qui sont les animaux marins, corresponde partout à peu près à une même période du temps, — la solution est bien près d'être atteinte ; et nous pouvons, dès à présent, dans l'immense majorité des cas, considérer qu'un terrain quelconque, interrogé par nous avec suffisamment de patience et d'adresse, doit finir par nous répondre son âge avec une remarquable précision.

CHAPITRE VII

LE BUT ET LA MÉTHODE DE LA TECTONIQUE, OU GÉOLOGIE MÉCANIQUE

I. — Définition et but de la tectonique.

Historique. — La tectonique, qui se propose d'étudier les déformations mécaniques du globe, est une des sciences géologiques les plus jeunes, ou du moins une de celles, qui ont le plus complètement transformé leur objet au cours de ces dernières années. C'est, d'ailleurs, comme nous le verrons bientôt, au sens où on l'entend aujourd'hui et sous ce nom qui est relativement nouveau, une de celles, où les géologues contemporains ont déployé le plus d'ardeur et le plus d'ingéniosité. Au début de la géologie, c'est par l'étude des fractures filoniennes métallisées qu'elle paraît avoir commencé, bien qu'en même temps on s'efforçât déjà de reconnaître, en stratigraphie, les mouvements relatifs des terrains et de les interpréter. C'est surtout dans les districts métallifères classiques, en Saxe, en Bohême, en Cornwall, que les mineurs ont eu leur attention tout naturellement attirée sur les dislocations de l'écorce terrestre, sur leur continuité en profondeur, sur leurs alignements, sur leurs intersections et que, invités à ces recherches par un intérêt pratique immédiat, ils ont tenté de déchiffrer les lois de ces accidents. L'étude des gîtes métallifères s'est même trouvée, par là, cantonnée pour longtemps, dans une géométrie un peu stérile, dont il a fallu quelque effort pour la tirer, en la ramenant à son principal champ d'observations, chimique et métallurgique. Plus tard, j'ai dit comment le principal disciple de Werner, Léopold de Buch, a fait remarquer l'alignement des chaînes montagneuses, ainsi que son maître avait

observé celui des filons et comment, de cette remarque à peu près
exacte à la condition de ne pas lui attribuer trop de rigueur, étaient
sorties, d'abord les idées d'Élie de Beaumont sur les systèmes montagneux et sur leur âge, puis celles de M. Suess sur la coordination des
accidents orogéniques. Aujourd'hui, grâce aux travaux de Marcel Bertrand, P. Termier, etc., la tectonique moderne, qui s'est reconstituée
sur une base toute nouvelle en partant de l'étude des saillies montagneuses actuelles pour en étendre les conclusions aux anciennes saillies érodées, est le fondement naturel de la stratigraphie, de la paléo-
géographie, de la pétrographie, de la métallogénie : en un mot, de
toutes les sciences géologiques, qui peuvent, à leur tour, lui apporter,
chacune de leur côté, un utile concours.

DÉFINITION ET BUT DE LA TECTONIQUE. — On désigne, comme je viens
de le dire, sous le nom de *tectonique,* la science qui étudie les dislocations de l'écorce terrestre. Ces dislocations ayant eu pour résultat
le plus apparent les soulèvements des chaînes montagneuses, on donne
souvent aussi à cette étude le nom d'*orogénie* (ou science de l'origine
des montagnes); mais ce nom implique trop de restrictions; car les
dislocations du globe, on le constate de plus en plus, ne se sont pas
produites seulement dans les montagnes, mais jusque dans les plaines
et elles se sont aussi bien traduites par un recul de la mer, ou par la
simple ouverture d'une fente destinée à être minéralisée, que par un
soulèvement montagneux. Il vaut mieux considérer, d'une façon générale, la tectonique comme envisageant tous les phénomènes d'ordre
mécanique, auxquels a été soumise la Terre et formant ainsi le pendant
de la géologie chimique, qui étudie les réactions chimiques, par lesquelles ont été constitués ou modifiés les matériaux de l'écorce, ou de
la paléontologie, qui n'est que la géologie organique. C'est peut-être
même en généralisant ainsi une science, qui, dans son application
aujourd'hui la plus habituelle, se consacre surtout à l'orogénie, qu'on
lui restitue le mieux son véritable intérêt scientifique. Car, dans les
dislocations du globe, celles qui témoignent directement d'une cause
profonde et qui persistent après une longue période d'érosions, ont
assurément une valeur théorique tout autre que les mouvements accidentels de la surface, dont les montagnes sont la forme la plus frappante, mais aussi la plus superficielle. Quand nous arriverons aux
résultats de la tectonique, j'essayerai de faire ressortir ces caractères
généraux, qui établissent une étroite solidarité entre deux champs
d'études, trop souvent séparés par leurs spécialistes réciproques, bien
que susceptibles de s'apporter un mutuel concours : les filons métal-

lifères et les chaînes montagneuses, la métallogénie et l'orogénie.

Il faut, auparavant, préciser l'objet exact que se proposent les tectoniciens, objet nécessaire à connaître avant d'exposer leur méthode.

Parmi les branches de la géologie, qui absorbent aujourd'hui l'attention des géologues, la tectonique est, peut-être, en effet, celle dont on a le plus besoin d'expliquer aux non-initiés l'intérêt général et le but théorique. Je ne parle pas ici du côté pratique, qui est évident, mais relativement secondaire en science. Il n'est pas besoin d'insister sur la nécessité de comprendre très exactement les lois qui président aux mouvements des terrains, lorsque l'on se trouve, dans un travail de mine, obligé de deviner la direction où il convient de chercher une substance utile, couche de houille ou filon d'argent. Cette nécessité de considérations tectoniques, même très élevées, apparaît alors d'autant plus nettement que, précisément dans le cas des terrains houillers, dont l'exploitation nous intéresse si spécialement, les mouvements les plus compliqués sont intervenus, en raison même des conditions dans lesquelles se sont déposés ordinairement ces sédiments spéciaux, sur le bord d'une chaîne en train de se bouleverser et de se renverser. On est obligé, pour aller chercher, comme on le fait aujourd'hui, à 1.500 mètres de profondeur, le prolongement d'un terrain houiller, non seulement sous un manteau crétacé dont la superposition est normale, mais encore sous le renversement et le charriage compliqué de terrains antérieurs au carbonifère, de recourir aux raisonnements et aux inductions les plus subtils et l'on peut dire que la tectonique entre ainsi dans la pratique courante des mines : les mines ayant, de leur côté, puissamment contribué, comme je l'ai déjà fait remarquer, à la constituer.

Mais son rôle scientifique apparaît moins immédiatement : on peut se demander, au premier abord, si, là où aucune substance utile n'intervient, il y a vraiment intérêt à dépenser tant de temps, d'intelligence et d'efforts pour numéroter pièce par pièce et reclasser, dans leur ordre primitif, les fragments épars d'un château de cartes détruit, les pièces d'un édifice à jamais écroulé.

C'est cependant, tout d'abord, le seul moyen de reconstituer la stratigraphie des régions plissées ou effondrées, qui, en même temps qu'elles sont les plus obscures, se trouvent aussi bien souvent être les plus intéressantes, parce que l'histoire géologique s'y est présentée plus ordinairement à l'état de crise, parce que les manifestations d'ordre interne s'y sont plus constamment renouvelées. Sans la tectonique, aucun moyen non plus de découvrir la paléo-géographie de ces régions montagneuses ni, par suite, d'en comprendre réellement la pétrographie et la métallogénie : les intrusions des magmas ignés et les émanations métallifères, qui les ont accompagnés, ayant eu une relation manifeste avec les mouvements de l'écorce, qui ont également influé dans la suite sur leurs altérations.

Mais ce n'est encore là qu'un avantage indirect et la tectonique vise plus directement un but général et de plus haute portée philosophique, que je vais essayer de mettre en évidence.

Son intérêt capital est de commencer par montrer la disposition générale des terrains dans une coupe transversale à une zone disloquée de l'écorce, telle qu'une chaîne montagneuse, puis, en rapprochant les unes des autres une série de semblables coupes, prises le long de la chaîne, d'en démontrer l'unité. Après quoi, les profils schématisés de diverses chaînes indépendantes peuvent être comparés les uns aux autres et des lois de plus en plus générales établies pour ces grands mouvements, amenant peu à peu à en concevoir l'origine profonde, avec une précision et une rigueur, qu'il semblait d'abord invraisemblable d'espérer.

Les vastes synthèses, où un Élie de Beaumont et un Édouard Suess expliquent la « Face de la Terre », ont ainsi leur base solide et nécessaire dans la tectonique ; et le profil stratigraphique exact de telle ou telle montagne, qui nous laisserait très indifférents par lui-même, prend alors toute sa valeur, lorsqu'on l'utilise, comme le résultat d'une expérience physique ou chimique, pour tirer, d'une série d'expériences rationnellement combinées, une loi théorique nouvelle.

C'est, d'ailleurs, dans cet ordre d'idées le plus intéressant, qu'il reste encore le plus à faire et que nos vues actuelles demeurent le plus hypothétiques ou provisoires ; il ne saurait en être autrement, puisqu'on n'est en droit de s'attaquer à ces problèmes généraux que lorsque tous les matériaux en ont été rassemblés d'abord avec une précision rigoureuse : résultat à peine atteint dans quelques régions privilégiées telles que les Alpes et seulement entrevu, à travers d'immenses difficultés matérielles, pour quelques autres massifs montagneux, comme ceux de l'Asie Centrale ou des Andes.

J'aurai bientôt à exposer, dans ces questions d'orogénie, des conceptions, qui étonnent d'abord l'imagination : des montagnes de 8.000 et 9.000 mètres prenant la place d'une mer, puis se transformant en une plaine ; des lambeaux de terrains, grands comme un département, se renversant de fond en comble et charriés sur des 50 ou 100 kilomètres de long. On n'est arrivé que par étapes timides et très progressivement à la considération de ces immenses mouvements montagneux et marins, dont les géologues usent aujourd'hui avec une aisance et une hardiesse toujours croissante, qui surprennent les profanes. On n'y serait peut-être jamais parvenu sans les travaux de mines, qui en ont fait littéralement toucher du doigt la réalité : d'abord, sous la forme de filons, continués sur des dizaines de kilomètres en longueur et plus de 1.000 mètres en profondeur ; puis, à l'état de failles, amenant des dénivellations de plusieurs centaines de mètres entre des compartiments du sol voisin ; enfin, sous la forme de renversements, mettant les couches stratigraphiques en ordre inverse de leur sens réel (bassin franco-belge, Rammelsberg, Idria, etc...). La première idée était, en effet, quand on observait des dislocations à la surface, de les regarder comme locales et dues à quelque éboulement, dont les montagnes, où ces accidents prennent une amplitude visible particulière, offrent plus d'un exemple récent. Il fallait, pour raisonner autrement, triompher de cet exclusivisme actualiste, qui est instinctif chez l'homme, de cette tendance innée à toujours expliquer le passé par le présent ; et l'effort d'imagination n'était pas mince pour admettre que des épaisseurs considérables de terrains solides, des Alpes et des Himalayas entiers, avaient pu être récemment comprimés, plissés comme une feuille de papier chiffonné, et leurs tronçons culbutés et charriés, traînés par paquets horizontalement à des kilomètres de leur position primitive. L'idée naturelle était bien plutôt de supposer que les hautes montagnes représentaient les « convulsions » les plus anciennes du globe, au lieu d'en être réellement les plus jeunes.

Les *renversements*, observés dans certains bassins houillers, où ils ont d'abord été envisagés par les praticiens railleurs comme une infirmation patente de toute la science géologique, de toute la stratigraphie, ont donné l'idée de chercher si d'autres apparences compliquées des pays montagneux ne seraient pas attribuables à un semblable phénomène. Certaines falaises alpestres, où les plis des couches apparaissent comme sur une coupe théorique, montraient les sinuosités de tous genres que celles-ci étaient susceptibles de prendre, la souplesse avec laquelle des terrains solides ont pu se prêter sans se rompre à toutes les déformations mécaniques ; on a d'abord expliqué ainsi certains points particuliers, pour lesquels la conception hypothétique, que l'on se formait sur la disposition des terrains plissés ou rompus, présentait un commencement de vérification possible ; puis on s'est enhardi peu à peu et l'on a multiplié les coupes semblables. La notion de chaîne montagneuse, le principe d'unité dans un système de montagnes, appliqué d'abord par Élie de Beaumont avec quelque exagération, mais du moins introduit par lui dans la science, est alors intervenu et l'on s'est demandé si, sur toute la longueur d'une telle chaîne, des manifestations semblables n'avaient pas dû se réaliser et si leur constatation renouvelée en plusieurs points ne prouvait pas précisément l'unité de celle-ci. C'est ainsi qu'on est arrivé peu à peu jusqu'à cette idée, qui eût semblé invraisemblable il y a vingt ans, d'un renversement complet, bordant sur toute la longueur et des deux parts la totalité d'une chaîne alpine.

On était parti de la notion de faille, si manifeste dans les travaux de mines et il pouvait sembler déjà qu'en supposant tant et de si grandes cassures dans l'écorce, on faisait une série d'hypothèses bien hardies; il y a une vingtaine d'années, les apprentis géologues arrivaient sur le terrain avec quelque scepticisme relativement à toutes ces failles, que leurs maîtres avaient dessinées sur les cartes. Le scepticisme était, en effet, de mise et les failles, passées de mode en Europe, ont souvent disparu des hypothèses tectoniques en régions montagneuses, mais pour être remplacées par des mouvements bien plus extraordinaires, qui relient, sur les coupes actuelles, les affleurements observés par de merveilleuses arabesques, dont les sinuosités et les ondulations, élancées à travers l'espace au-dessus de la surface actuelle, et reliées, dans ces zones imaginaires, par un trait ingénieusement continu, auraient fait autrefois l'admiration des calligraphes.

II. — La méthode de la tectonique.

A) Observations sur le terrain et erreurs possibles. — Expérimentation. — Le fondement de toute tectonique est, j'ai à peine besoin de le dire, comme celui de toute géologie quelconque, un système d'observations, aussi complètes, aussi minutieuses et aussi précises que possible. Ces observations sur le terrain doivent précéder le travail de coordination, sur lequel j'insisterai plus loin ; mais il faut aussi qu'elles le suivent et que l'hypothèse définitive, une fois admise et tracée graphiquement, soit remise en contact avec la réalité.

Ces observations de plongements et de directions stratigraphiques peuvent prêter à bien des illusions. C'est ainsi qu'il faut savoir distinguer la vraie et la fausse stratification des couches : beaucoup de terrains, soumis à des actions mécaniques, ayant pris une division par bancs ou par feuillets, qui ressemble à celle de la sédimentation ; mais on se trouve averti de cette erreur possible en essayant de suivre une couche d'une nature physique ou minéralogique déterminée.

Il y a également lieu de suspecter et de n'accepter qu'après contrôle tous les plongements, qui peuvent résulter d'un simple accident superficiel : ceux des blocs éboulés ou inclinés en pays montagneux; plus généralement, ceux des terrains quelconques situés sur un flanc de vallée, dont ils épousent à peu près l'inclinaison, ou même tous ceux qui peuvent tenir à un mouvement récent et local, à la dissolution d'un banc de sel ou de gypse, à un gonflement d'anhydrite passé à l'état de gypse, à un effondrement souterrain en pays calcaire miné par la circulation interne des eaux, etc. Certaines concordances de stratification peuvent tenir à l'application mécanique de sédiments plastiques, soumis à un laminage, au milieu d'un pli ; certaines discordances peuvent venir de ce qu'une masse de terrain a glissé sur un plan de marne ou d'argile.

Cet ensemble d'observations sur le terrain étant immédiatement accompagné d'une première synthèse, les recherches se trouvent dirigées dans une voie déterminée et visent, d'abord, à confirmer ou infirmer la conception résultant d'un premier examen des faits ; mais elles ne doivent pas se localiser et, plus le problème est compliqué, plus il faut l'aborder par toutes ses faces.

Le rôle de l'*expérimentation* en tectonique a déjà été rappelé plus haut[1] ; il ne doit, ce me semble, que rester très subordonné, étant donné l'énorme disproportion entre les déformations mécaniques, que réalisent nos expériences et celles que nous offre la nature ; l'étude attentive des phénomènes naturels dans toutes leurs particularités sera toujours plus instructive qu'un essai de laboratoire. Néanmoins, on ne saurait oublier, à cette place, les nombreux travaux classiques, par lesquels Daubrée a reproduit des systèmes de fractures naturelles en soumettant des prismes de cire à un écrasement, ou des plaques de verre à une torsion[2], celles sur le laminage et l'étirement des corps solides, celles sur la perforation de blocs d'acier par des gaz explosifs, celles de de Chancourtois sur la contraction d'une sphère, etc., etc.

Un peu dans le même ordre d'idées, l'étude en plaques minces d'échantillons soumis à des étirements géologiques a quelquefois apporté un utile enseignement, comme cela a lieu pour les métaux écrasés, laminés, martelés, etc. L'un des premiers travaux semblables a été fait par M. Heim dans la région de Glaris, vers 1878.

B) MÉTHODES D'INTERPRÉTATION GRAPHIQUE. ÉTUDE DES ACCIDENTS MÉCANIQUES INDIVIDUELS : FAILLES ET FLEXURES, DISCORDANCES, PLIS SIMPLES, PLIS RENVERSÉS, CHARRIAGES, PLIS A L'ENVERS, etc. — Pendant que les relevés sur le terrain se poursuivent et après leur achèvement, la méthode essentielle de la tectonique consiste, dans tous les cas possibles, à multiplier les coupes verticales en sens divers et à essayer de les interpréter, c'est-à-dire à en relier les traits connus par des courbes hypothétiques, jusqu'à ce qu'on soit arrivé à un système tel qu'il concilie, à la fois, toutes les

1. Page 31.
2. Voir, plus haut, page 32 et figure 3.

observations géologiques par une hypothèse mécaniquement admissible. Dans ce travail, qui consiste surtout à imaginer, d'après les affleurements visibles, les parties cachées sous la surface actuelle et les parties disparues par l'érosion au-dessus de cette surface, on se trouve guidé par la nécessité de satisfaire, à la fois, aux exigences de plusieurs profils et les hypothèses inexactes, que l'on peut être tenté d'adopter sur un de ces profils, se trouvent successivement éliminées par les autres. C'est comme le mouvement d'une statue, qui doit rester harmonieux, dans quelque sens qu'on le regarde. La tectonique devient ainsi, de plus en plus, une géométrie descriptive de précision. On emploie, outre les profils, qui sont particulièrement aptes à représenter les déformations des terrains, tous les autres systèmes de représentations, susceptibles de figurer un état de choses réel, ou une conception théorique, sous une forme plastique, où ses particularités, et quelquefois ses incohérences, sautent aux yeux ; on s'ingénie à tracer des plans, montrant par courbes de niveau la topographie souterraine d'une couche déterminée, supposée débarrassée de tout ce qui la recouvre ; on dessine également des réseaux de failles avec leur amplitude et leur sens, etc., etc.

C'est ainsi que l'on peut découvrir, en son relief topographique, la surface qui forme actuellement la base d'un terrain ancien existant dans la profondeur, comme M. de Lapparent l'a fait pour le pays de Bray, M. Marcel Bertrand pour le Boulonnais et comme je l'ai essayé moi-même pour le tertiaire de la vallée du Cher, ou la couche aurifère du Witwatersrand. Si l'on choisit un terrain, qui s'est déposé horizontalement sur un fond de mer nivelé après une transgression marine, les plissements qu'accuse aujourd'hui ce terrain mettent en évidence les mouvements subis par la région depuis son dépôt, à l'exclusion de tous les mouvements antérieurs.

Dans le même ordre d'idées, en utilisant point par point les intersections des contours géologiques avec les courbes de niveau topographiques, MM. de la Noë et de Margerie ont dressé, par courbes de niveau, l'allure du sommet de l'étage portlandien supposé continu, sur toute l'étendue du Jura Franco-Suisse ; ils ont également, dans tout le Nord-Est de la France, tracé les courbes structurales pour vingt-quatre horizons stratigraphiques différents et mis ainsi en évidence la discordance très marquée du crétacé sur le jurassique au Sud de l'Ardenne [1].

On a, par des procédés du même genre, reconstitué une véritable image des déformations que présentent les terrains profonds autour de

1. Bull. Serv. Carte géol., n° 90, p. 131, 1904.

certains noyaux cristallins des Montagnes Rocheuses et reconnu par là
que ces noyaux solides avaient soulevé et tordu des couches flexibles
dans un plissement[1].

Ces méthodes graphiques, sur lesquelles je n'aurai pas l'occasion de
revenir, peuvent encore servir, à la fois, à la paléo-géographie et à
la tectonique, qui, par bien des côtés, se tiennent de près.

Ainsi, l'on a pu établir une carte des plissements subis par les terrains secondaires et, en particulier, par la craie, avant l'arrivée de la
mer tertiaire dans le bassin de Paris[2].

Pour dresser une semblable carte, il suffit d'observer les points où le
tertiaire repose sur le crétacé et de noter là avec quel étage il se trouve
en contact. C'est, évidemment, cet étage-là du crétacé, qui existait, en
cet endroit, au fond de la mer tertiaire, avant qu'elle n'eût déposé ses
sédiments et, en affectant ce point de la couleur correspondante, on
peut, de proche en proche, établir une carte géologique du fond de la
mer tertiaire, à la fin du crétacé ; de même du fond de la mer crétacée, à la fin du jurassique. Ces cartes représentent l'état de choses
ancien, à la condition cependant qu'il n'y ait pas eu de déplacements horizontaux postérieurs, ayant inégalement déformé les diverses
parties des couches. Dans l'hypothèse de l'abrasion complète, que l'on
suppose avoir accompagné souvent les transgressions marines, c'est-
à-dire en admettant l'aplanissement du sol sur lequel cette mer s'est
étendue[3], de semblables cartes nous donnent des sections horizontales
approximatives de la Terre avant le tertiaire ou le crétacé.

Si l'on examine alors, sur une telle carte, la façon dont les terrains de
plus en plus récents 1, 2, 3, 4 apparaissent en contact les uns avec les
autres, la seule forme des courbes de contact montre le caractère des
plis qui affectaient alors ces terrains. Si l'on obtient, par exemple, la
carte ci-jointe (fig. 30), il est évident que l'on avait : en *ab*, un axe anticlinal (une voûte) et, au contraire, en *cd*, un axe synclinal (une cuvette).
Quand une carte du fond de la première mer crétacée accuse ainsi des
plissements du jurassique, on peut en conclure que ces plissements se
sont formés entre le jurassique et le crétacé.

Enfin, une méthode analogue permet, en prenant des coupes géologiques, où les terrains apparaissent plissés et faisant subir aux courbes une

---

1. Travaux de Holmes dans les Elk mountains du Colorado (*in* Suess. *loc. cit.*,
I. 213).

2. On trouvera les détails de la méthode dans Marcel Bertrand. *Sur la continuité
du phénomène de plissement dans le bassin de Paris* (Bul. Soc. géol. 3ᵉ sér., t. XX, 1892).

3. Voir, page 260, des exceptions à cette loi trop générale, contre laquelle
M. Gosselet s'est élevé avec raison (*Les assises crétaciques dans les sondages du Nord
de la France*, 1904, page v).

correction inverse de la déformation introduite par les derniers plissements, de retracer la coupe géologique, telle qu'elle devait être à une
époque quelconque. Toutes les fois que l'on a affaire à des terrains
déposés horizontalement, ce procédé est susceptible de quelque exactitude.

Mais ce ne sont là que des modes de représentation ou d'étude géométrique. En ce qui concerne le raisonnement à suivre, il faut, avant tout,
partir de cette idée que la tectonique nous amène à étudier les terrains
dans des conditions plus ou moins contraires aux règles normales de la
stratigraphie et que la stratigraphie paléontologique doit, néanmoins,

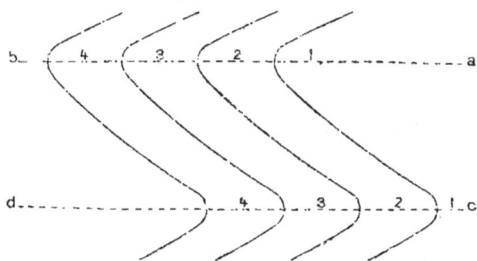

Fig. 30. — Schéma de carte géologique en terrain plissé.

rester satisfaite ; c'est-à-dire que, mis en présence d'un ensemble
disloqué, bouleversé, connu seulement par tronçons, on se propose de
retrouver la série de mouvements mécaniques, par lesquels cet
ensemble, d'abord normal, a pu être amené jusqu'à cet état complexe :
l'interprétation graphique des hypothèses permet d'y arriver avec une
certitude plus ou moins complète.

Ainsi, la loi la plus élémentaire de la stratigraphie consiste à admettre
que les terrains sédimentaires se sont superposés les uns aux autres
avec les progrès du temps, de telle sorte qu'en les numérotant aujour-
d'hui de la base au sommet dans leur ordre de superposition, on a des
étages 1, 2, 3, 4 de plus en plus récents. On part également de cette
idée que ces sédiments sont, en principe, horizontaux et se retrouvent,
par suite, au même niveau dans les diverses entailles résultant de la
topographie actuelle.

J'ai déjà indiqué, dans le chapitre relatif à la stratigraphie[1], combien ces
principes trop absolus étaient contredits par la stratigraphie elle-même,
c'est-à-dire par le mode de dépôt, de telle sorte qu'une même couche
peut être, en divers points de son étendue, de plusieurs âges distincts,

1. Page 219.

ou, au contraire, que plusieurs strates, semblant empilées les unes sur les autres, peuvent se trouver cependant contemporaines ; j'ai montré également qu'un sédiment avait dû être originairement incliné et limité dans son étendue et que le simple fait d'une inégalité du sol au moment d'un dépôt pouvait introduire des discordances apparentes sans aucune intervention de phénomène mécanique. Ici nous laisserons, au contraire, de côté, pour plus de simplicité, ces considérations stratigraphiques et, revenant à l'idée simple de couches horizontales continues, superposées primitivement dans leur ordre normal, nous verrons par quels mécanismes divers cette régularité, cette harmonie initiale ont pu être troublées ; nous reconstituerons ces accidents ultérieurs, qui, repris en sens inverse, doivent finalement nous ramener à l'état de choses primitif. Toutes les fois que la disposition des terrains ne correspond pas aux lois élémentaires d'horizontalité et de superposition normale que je viens de rappeler, il y a lieu de faire intervenir la tectonique.

Failles. — Parmi les cas élémentaires, dont il a déjà été question et qu'il suffira de rappeler, le plus simple est celui de la faille[1]. Brusquement, en pays plat et sur des bancs horizontaux, on passe, sans raison apparente, d'un terrain 1 à un terrain 4 ou 5, qui devrait se trouver beaucoup plus haut. On en conclut que ce terrain 4 ou 5 s'est trouvé abaissé, relativement à 1, par une cassure, qui a disloqué la superposition normale des couches 1, 2, 3, 4, 5.

La faille est, en principe, comme nous l'avons vu, une cassure plane et à peu près verticale de l'écorce, amenant une dénivellation relative des deux compartiments qu'elle sépare. L'érosion superficielle ayant opéré une section horizontale de ces deux compartiments, où la cassure n'est point du tout nécessairement marquée par une différence de relief[2], la présence d'une faille se traduit, en pratique, par le brusque changement de terrain, que nous venons de rencontrer.

Une telle apparence peut, nous le savons aujourd'hui, être produite par bien d'autres causes que par une faille ; mais l'hypothèse d'une faille reste toujours la plus vraisemblable, si, le long d'une certaine ligne représentant le tracé superficiel de cette fracture, on voit constamment des anomalies du même genre, des contacts inattendus de

---

1. Voir plus haut figure 2, page 23. Dans les exemples qui vont suivre, il ne s'agit pas, bien entendu, de décrire en détail les diverses dislocations qui peuvent se présenter : ce qui exigerait un ouvrage entier, tel que celui de MM. Heim et de Margerie, ou tel que le beau chapitre de M. Suess sur les dislocations (*loc. cit.*, I, 138), mais de faire comprendre la méthode.

2. Près de Marseille, une faille de 1.200 mètres, rencontrée dans le tunnel de Fuveau, n'avait pas été soupçonnée à la surface (Dieulafait, *in* Suess, I, page 9).

terrains divers, qui devraient être superposés et qui se présentent au même niveau.

En supposant des terrains horizontaux recoupés par une cassure plane et verticale, je me suis placé dans un cas tout à fait théorique. Il est rare que les terrains des régions disloquées soient restés horizontaux; leurs couches inclinées peuvent être, elles aussi, recoupées par des failles et, d'autre part, l'apparence, que nous venons d'interpréter par une faille, peut alors également s'expliquer par les étirements de plis, qui vont être étudiés plus loin. En outre, la ligne de plus grande pente d'un plan de faille est souvent très loin de la verticale, et peut même devenir horizontale en passant par toutes les courbes et les inflexions possibles[1]. Enfin, quand on peut suivre, pratiquement, matériellement, des failles, sur une certaine longueur en plan horizontal, on constate qu'elles sont, d'ordinaire, sinueuses, parfois bifurquées, relayées par d'autres, etc... et que la dénivellation entre les deux lèvres a pu changer de sens d'un point à l'autre de leur parcours : la même lèvre étant ici relevée et là déprimée, comme par une bascule ; on voit, en même temps, qu'une faille n'est pas, en général, isolée, mais fait partie d'un écheveau d'accidents compliqués, où il entre, d'ordinaire, avec d'autres failles, des plissements.

De semblables cassures ou failles, parfois tellement localisées qu'elles nous apparaissent comme les fentes de retrait d'un terrain pendant son dépôt, ou d'une roche pendant sa solidification, prennent, au contraire, ailleurs, des dimensions énormes, puisqu'il n'est pas rare de trouver des filons-failles, incrustés de quartz ou de minerais, se prolongeant sur plus de cent kilomètres et des failles amenant des dénivellations de 2.000 et 3.000 mètres (Montagnes Rocheuses, bassin houiller de Virginie, Asie Centrale). Dans un ordre d'idées voisin, les lignes d'évents volcaniques, qui semblent révéler, à la surface, des dislocations relativement profondes, sans dénivellation nécessaire, accusent l'extension du phénomène à des continents entiers, par exemple, sur les deux bords de l'Océan Pacifique. De toutes façons, on est conduit à admettre la possibilité de cassures très importantes et d'origine profonde dans l'écorce terrestre : cassures accusant parfois une sorte de permanence à travers l'histoire géologique.

Plissements. — Quand les strates sont inclinées, ce qui est le cas

---

1. Les *monoclinal flexures* des géologues américains (voir Suess, I, 169) sont des failles, donnant en coupe un S plus ou moins accentué, qui jouent un grand rôle dans le Colorado. Tout le bord Est des Montagnes Rocheuses, où les effondrements ont joué un rôle essentiel, présente ainsi des raccordements en coupe verticale de terrains dénivelés par une sorte de z arrondi, qui forme les *hogbacks* (*Ibid.*, I, 756).

normal, en se déplaçant sur une plaine, horizontalement et perpendiculairement à la direction de ces couches, on recoupe l'un après l'autre divers étages. Si, après avoir trouvé des terrains de plus en plus anciens 4, 3, 2, on voit le terrain 3 reparaître et, après lui, le terrain 4, (fig. 31, II) on dit qu'il y a passage d'un *anticlinal* et on relie les plongements constatés par les courbes hypothétiques tracées en pointillé

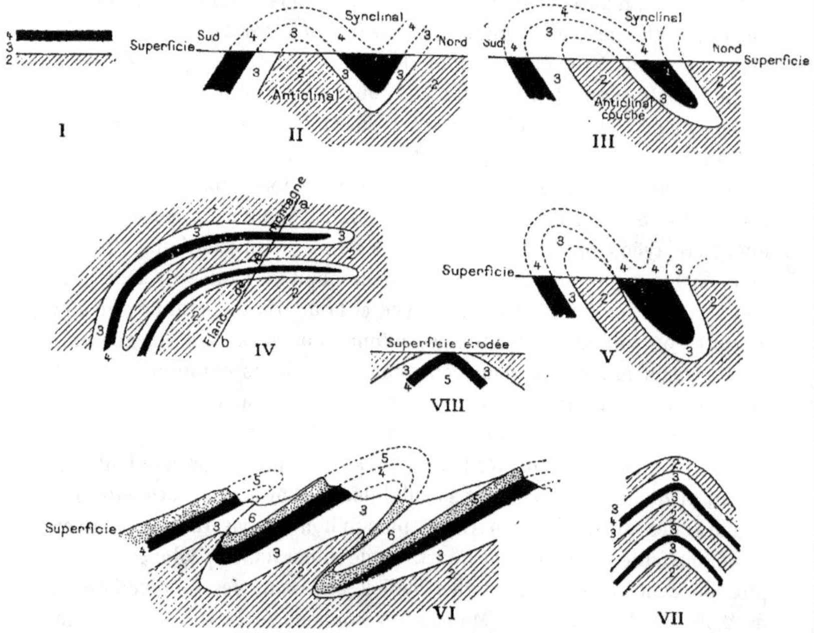

Fig. 31. — Types divers de plissements en coupe verticale.

au-dessus de la superficie (II). Si l'on a l'ordre de succession 2, 3, 4, 3, 2 (II), on dit qu'il y a *synclinal* et on trace une semblable courbe hypothétique en sens inverse, en profondeur. Dans les deux cas, on admet que les terrains, d'abord horizontaux, 4, 3, 2, ont été soumis à une compression latérale, qui les a pliés et fait passer de la forme I à la forme II ou III : la partie supérieure des voûtes anticlinales a été ensuite enlevée par l'érosion. Dans le cas II, où le passage d'un anticlinal ou d'un synclinal se traduit par un changement dans le sens des plongements, les plis sont *normaux*; ils sont *couchés* dans le cas III, où ce changement ne se produit pas et, comme cas extrême, on peut arriver à l'exemple IV, où les plis, au lieu d'être verticaux, finissent par devenir horizontaux après s'être inclinés, en sorte que les terrains, superposés horizontalement, dans la partie droite de la figure, comme en stratigraphie normale, présentent, de haut en bas, la série 2, 3, 4, 3, 2, 3, 4, 3, 2 qui semble d'abord, lorsqu'on la constate sur un flanc de montagne tel que *ab*, défier toute stratigraphie. Des plis couchés de ce genre, qui jouent un rôle considérable dans la tectonique des Alpes, prennent alors le nom de *nappes*, qui peut également s'appliquer à des *écailles arrachées* et emportées par un mouvement de translation[1].

Le cas V, où l'on passe brusquement de 2 à 4, s'interprète, par comparaison avec III, comme un pli couché *étiré*, où cet étirement a fait disparaître un moment le terrain 3. Dans toute la zone, où ce terrain 3 fait défaut, on peut dire qu'il y a *faille limite*, ou *faille d'étirement*.

On est ainsi amené à la structure dite *imbriquée*, ou en forme de tuiles, représentée par le type VI.

Enfin, si l'on admet que la partie droite de la figure IV, après avoir subi un premier renversement, ait été une seconde fois plissée, on peut arriver, comme cas tout à fait compliqués et bizarres, à celui de la figure VII, ou tout au moins à la figure VIII plus simple, qui montrent des anticlinaux renversés : dans le premier cas, avec superpositions multipliées de courbes placées à l'envers. Tandis qu'en principe, dans un anticlinal, le terrain le plus ancien apparaît suivant l'axe, dans la figure VIII c'est le plus récent ; nous en aurons des exemples en Provence.

Discordances. — La discordance entre deux étages superposés apparaît, lorsque, dans une coupe naturelle, on voit les bancs de l'un, horizontaux, reposer sur les bancs de l'autre verticaux, ou lorsque les bancs d'un étage supérieur font un angle avec ceux d'un étage inférieur, ou encore, lorsqu'un même étage repose, en divers points d'un profil, sur des étages divers, par une transgression, qui n'a pu s'opérer sans un mouvement de la superficie.

Mais on peut, dans de pareils cas, être amené à se demander si la discordance est d'ordre stratigraphique, c'est-à-dire résulte des conditions mêmes de dépôt des terrains et de mouvements intermédiaires entre eux, ou si elle est d'ordre tectonique, c'est-à-dire produite par la façon différente, dont ils se seraient prêtés à un même mouvement mécanique ultérieur, en raison de leur constitution physique et lithologique inégale. Les contacts de masses dures et de masses flexi-

---

1. La différence entre les deux hypothèses est que la *nappe*, provenant d'un pli couché, possède une racine plus ou moins lointaine sous la forme d'un pli vertical, dont elle peut d'ailleurs être séparée, sur 100 kilomètres de large, par un intervalle formant *fenêtre*, analogue à ceux dont il sera question page 363, tandis que l'*écaille* n'a pas de racine semblable.

bles, par exemple de noyaux granitiques ou d'amas salins avec des argiles, présentent ainsi fréquemment des discordances apparentes, qui correspondent, en réalité, à la présence d'un noyau solide dans une pâte feuilletée : noyau crevant la pâte, si on la comprime.

C) APPLICATION DE LA MÉTHODE TECTONIQUE A QUELQUES CAS PARTICULIERS. — Dans tous les cas précédents, j'ai donné, sans la discuter, l'explication des apparences observées. En pratique, le problème se pose différemment et l'on a souvent beaucoup de peine, en face d'une région aussi compliquée que les Alpes, à trouver la solution réelle, d'autant plus que des phénomènes, tout simples en apparence quand on

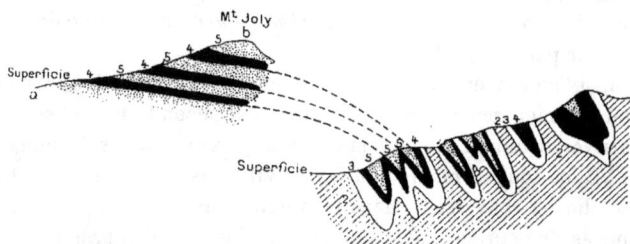

Fig. 32.   Fig. 33.

Fig. 32 et 33. — Coupe théorique du Mont Joly d'après MM. Marcel Bertrand et Ritter.

les examine sur un croquis, étonnent quand on se trouve en présence de leurs dimensions réelles et quand il faut supposer des montagnes entières emportées par les charriages, admettre que le niveau de la mer a changé de 9.000 mètres, ou que des compartiments, presque grands comme la France, se sont effondrés de plusieurs kilomètres. Dans tous les phénomènes géologiques, il faut ainsi quelque effort pour ne pas appliquer à la nature la mesure de notre petitesse. Je vais montrer, par deux exemples, comment se présente la discussion.

La figure 32 (qui correspond à peu près au cas IV de la figure 31), représente schématiquement la coupe du Mont Joly, près du Mont-Blanc, où s'empilent des assises 4 et 5 (trias et lias), alternant les unes avec les autres. MM. Marcel Bertrand et Ritter, qui ont étudié cette coupe, sont arrivés à la conviction qu'il y avait là l'extrémité de plis couchés, semblables à ceux que j'ai supposés plus haut, dont la racine, la charnière se trouvait à plusieurs kilomètres (fig. 33) et, dans ce cas favorable, ils ont pu démontrer leur hypothèse d'une façon à peu près indiscutable. Ils sont, en effet, arrivés à retrouver les charnières verticales des plis couchés et à suivre ceux-ci, en quelque sorte sans discontinuité, de leur partie droite à leur partie horizontale. De proche en proche, les géologues alpins ont été conduits alors à faire intervenir de plus en plus de semblables plis couchés.

Quand le raccord ne peut se faire aussi directement, il faut, du moins, pour avoir quelque certitude, constater l'existence de charnières semblables et montrer que les terrains y sont les mêmes, non seulement comme âge, mais aussi comme mode de dépôt.

Il faut également écarter les autres hypothèses, qui pourraient se présenter. Ainsi, sur un profil unique, pris en montant par *ab*, ces apparences observées auraient pu s'interpréter, comme on le voit sur

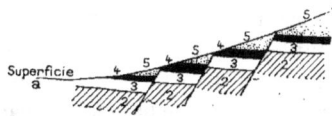

Fig. 34. — Apparences de superposition anormale en coupe verticale interprétées par des failles.

la figure 34, par une série de failles en échelons, beaucoup plus conforme aux idées de l'ancienne tectonique. Cette hypothèse de failles devient bien difficile à défendre, si l'on montre que le profil reste le même sur toute la périphérie de la montagne; il faudrait alors imaginer des failles cylindriques, découpant la montagne par échelons concentriques. Si l'on complète les observations en trouvant, dans la même région, toute une série de plis inclinés et couchés de plus faible amplitude, la probabilité de semblables failles cylindriques devient à peu près nulle.

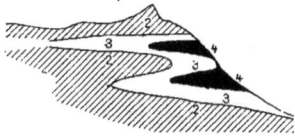

Fig. 35. — Coupe de la Jungfrau, d'après M. Baltzer.

La même explication convient pour le cas de la figure 35, qui représente, d'après M. Baltzer, des coins de calcaire jurassique et de grès tertiaire, introduits horizontalement dans les gneiss de la Jungfrau.

Les simples *renversements*, qui sont aujourd'hui devenus la monnaie courante de la tectonique, s'imposent comme une nécessité indiscutable, quand, dans un travail de mine, comme c'est le cas dans le bassin franco-belge, on trouve le terrain le plus ancien au-dessus du terrain le plus récent; et il ne reste alors qu'à raccorder les observations de fait, en coupe verticale, par l'hypothèse la plus vraisemblable; mais souvent les observations sont loin d'être aussi nettes et, ce que l'on constate en pratique, c'est simplement, sur une ou plusieurs lignes de plus grande pente, telles que *ab* (fig. 36), la présence du terrain 4, le plus ancien, à un niveau plus élevé. Une telle apparence peut, entre autres hypothèses, s'expliquer également, comme je le suppose en II, par une faille, ou, comme en III, par un récif du terrain 4 au milieu des eaux qui ont déposé le terrain 5.

Cette dernière hypothèse est facile à écarter par l'examen du terrain 5 : un terrain littoral offrant des caractères spéciaux, dont il est facile de constater l'absence [1].

L'hypothèse II est également peu vraisemblable, comme je l'ai remarqué tout à l'heure, si les mêmes conditions se reproduisent sur toute la périphérie d'un massif, et surtout si l'on voit nettement, tout autour, le terrain 4 déborder sur le terrain 5, si partout le contact de 4 sur 5 est anormal. Néanmoins, c'est pour un cas de ce genre que l'on a imaginé l'hypothèse de la poussée en *champignon* (IV) : une masse forcée à passer de bas en haut par un orifice étroit αβ et s'épanouissant

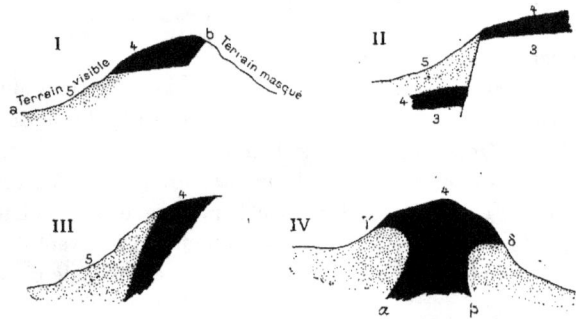

Fig. 36. — Interprétations diverses d'une même observation faite sur la pente *ab* d'une colline.

au-dessus en γδ. M. Marcel Bertrand a fait au champignon cette objection mécanique qu'un tel déversement ne pouvait se faire sans larges déchirures radiales et la possibilité même d'une telle poussée semble aujourd'hui abandonnée.

La discussion théorique, que je viens de ramener là à ses termes essentiels, s'est produite, en réalité, pour la bordure des Alpes, et elle y présentait une singulière importance théorique ; car ce même problème se posait pour toute la bande de ce que l'on appelle le *flysch* alpin, depuis l'Arve jusqu'au Rhin, dans les Préalpes romandes et allemandes et, spécialement, dans le Chablais, ou encore le long des Carpathes. Partout on trouve là, disséminés à la surface, des blocs, des rochers, des îlots, de petites montagnes, comprenant parfois plusieurs terrains assemblés et qui apparaissent sans aucune relation, ni pétrographique, ni stratigraphique, avec ce qui les entoure, à la façon de ces blocs *erratiques*, que les phénomènes glaciaires ont roulés, depuis la Norvège, sur la plus grande partie de l'Allemagne.

1. Voir, par exemple, dans le travail de M. Lugeon sur la *Brèche du Chablais* (Bull. Service carte géologique de la France, 1896, p. 84) une discussion de ce genre.

Les dimensions de ces blocs, de ces îlots, de ces *klippen*, comme on les a appelés souvent, sont telles ici qu'on ne peut vérifier pratiquement s'ils ne se continuent pas en profondeur, s'ils ne se rattachent pas à quelque soubassement masqué et la nature de leurs matériaux, qui n'ont pas d'équivalent dans la région, signale seule leur origine anormale. Quand on a commencé à les rencontrer, on s'est donc imaginé, d'abord, qu'il y avait là réellement des îlots de quelque ancienne chaîne, dite *vindélicienne*, enveloppés autrefois, comme dans l'hypothèse III, par les sédiments du flysch, au milieu duquel on les trouve aujourd'hui et mis ensuite à nu par l'érosion. Puis on a voulu, dans quelques-uns au moins d'entre eux, voir des champignons, poussés du fond par une pression interne, sortis par un orifice étroit et déversés à la superficie (hypothèse IV). Mais, plus tard, l'abondance des plis couchés constatés sur toutes les zones externes des Alpes, le rôle de plus en plus grand, que l'on a attribué au charriage de semblables fragments de plis, poussés horizontalement par un mouvement mécanique très loin de leur position primitive, a conduit à envisager, avec beaucoup plus de vraisemblance, ces klippen, ces brèches exotiques, ces fragments de couches anormaux, en stratification régulière ou renversée, comme des débris abandonnés par un semblable charriage, datant des premiers mouvements alpins à l'époque tertiaire, comme des matériaux démantelés, venant de la zone centrale et poussés autrefois du Sud vers le Nord avant les mouvements post-éocènes, qui les auraient à leur tour disloqués et auraient fourni une partie de leurs éléments à la *nagelfluh*.

On a alors imaginé, comme nous le verrons bientôt en expliquant le mécanisme de ces charriages, des *lames de charriage* (morceaux entraînés sans être renversés), des *lambeaux de poussée* (morceaux renversés) et l'on est même arrivé, dans le cas de la Provence, à l'hypothèse, que j'ai indiquée plus haut, de semblables lambeaux renversés et charriés et replissés à nouveau par un mouvement postérieur, en même temps que leur soubassement [1].

Pour se rendre compte de la hardiesse de semblables conceptions et de leur inévitable incertitude en un grand nombre de cas, il faut bien s'imaginer que les terrains, représentés sur nos coupes par un numéro d'ordre qui les caractérise d'une façon indiscutable, sont loin, dans la

---

[1]. M. Termier a montré (Bull. Soc. géol. 1903, p. 479), comment les Alpes Orientales présentent des exemples extraordinaires de plissements postérieurs à la mise en place des nappes par des plis couchés gigantesques, « jusqu'à perdre complètement l'aspect d'un pays de nappes. » Voir plus loin, sur cette question, page 362.

réalité, de porter aussi nettement ce numéro paléontologique, surtout en régions montagneuses, où le métamorphisme les a profondément altérés et où les fossiles y ont le plus souvent disparu [1]. En outre, les observations, faites au milieu d'une ascension alpestre dans des conditions matérielles difficiles, sont souvent décousues, malgré tout le soin qu'on y apporte, faute de possibilité d'accéder en certains points, ou d'en voir d'autres, couverts par des éboulis, des glaciers, etc. Néanmoins la concordance de très nombreuses observations indépendantes, parfois l'identité des conclusions résultant de plusieurs faits distincts, la coordination de tous les faits enregistrés, avec la précision que l'on apporte aujourd'hui dans de semblables recherches, peuvent amener à une quasi-certitude. Et, quelquefois, des travaux de mines, postérieurs à de semblables inductions géologiques, sont venus leur fournir une confirmation éclatante. Ainsi, la galerie de Valdonne en Provence, qui a passé au-dessous d'un terrain, justement considéré comme un lambeau de charriage, sans en rencontrer la racine. J'ajoute encore que la pétrographie apporte quelquefois son concours à la tectonique en lui révélant l'origine de certains matériaux, rencontrés au milieu d'un terrain et idendiques à d'autres qu'elle retrouve ailleurs en place ; on peut ainsi reconnaître le sens d'un mouvement mécanique, comme on reconnaît celui d'un courant.

1. C'est ainsi que, jusqu'aux dernières recherches de MM. Marcel Bertrand et Ritter en 1896, le Mont Joly, dont j'ai donné plus haut (fig. 32) la coupe compliquée, passait pour une sorte d'îlot privilégié, sur lequel les plissements n'avaient pas eu prise, parce qu'on y reconnaissait seulement des schistes du lias horizontaux et que les intercalations successives de trias dans ce lias avaient échappé aux observateurs. M. Termier a reconnu de même récemment une série d'écailles superposées avec intercalations triasiques dans la série, jugée auparavant homogène, de la *Schieferhülle* des Alpes Orientales (Bul. Soc. géol. 4ᵉ sér. t. III, p. 720, 1903.)

CHAPITRE VIII

LA MÉTHODE PALÉO-GÉOGRAPHIQUE

I. TRACÉ DES CARTES GÉOGRAPHIQUES ANCIENNES. — A) *Reconstitution de la place occupée par les continents et les mers. Détermination précise des rivages.* — B) *Prolongation de ces cartes à travers nos régions marines. Faciès Atlantique et faciès Pacifique.*

II. TRACÉ DES RELIEFS PALÉO-GÉOGRAPHIQUES. — *Évaluation des profondeurs marines par la nature des sédiments et de la faune, des reliefs continentaux par la flore, par les phénomènes glaciaires, etc.*

III. AUTRES ÉLÉMENTS D'UN ATLAS DE PALÉO-GÉOGRAPHIE PHYSIQUE. — *Reconstitution des climats, des courants, des lignes de volcans. Cartes géologiques d'une époque ancienne.*

L'un des résultats principaux, que poursuivent actuellement les géologues, est la reconstitution des cartes géographiques terrestres aux diverses époques successives ; ils étudient ainsi ce que l'on peut appeler la *paléo-géographie* [1], ou la géographie ancienne, variable à toutes les époques et, en général, tout à fait différente de la géographie actuelle.

1. ÉLIE DE BEAUMONT a peut-être donné, dans sa carte de l'Europe à l'époque du calcaire grossier (*Mém. pour servir à une descr. géol. de la France*, t. III, 1836, pl. V), le plus ancien essai paléo-géographique publié. Plus tard, il faut citer la carte de l'Europe miocène jointe par O. HEER à sa *Flora Tertiaria Helvetiæ* et, vers la même époque, la carte de MARCOU (1857-1860), puis les essais de DESLONGCHAMPS, GOSSELET, HÉBERT, DE SAPORTA en France, ceux de EDW. HULL et JUKES-BROWNE en Angleterre. On doit à ce dernier, dans son livre : *The Building of the British Isles, a Study in Geographical Evolution*, 2ᵉ éd., London 1892, une sorte de théorie des restaurations paléo-géographiques, exposée à propos d'un exemple concret. — Voir également un travail de BOUÉ en 1875 : *Einiges zur paläo-geologischen Geographie* (Acad. de Vienne). — MAIS le grand mouvement, dans l'ordre d'idées paléo-géographique, me paraît attribuable à M. SUESS. Tout son ouvrage sur la *Face de la Terre*, quoique ne formulant pas les résultats par des cartes, a, en effet, pour but essentiel de reconstituer l'histoire de la géographie terrestre.

NEUMAYR, d'après les travaux de M. SUESS, a donné autrefois une carte des zones de plissements tertiaires, qui est devenue classique (*Erdgeschichte*, II, 655), ainsi que son planisphère jurassique (1885). Puis sont venus, plus récemment, les travaux de M. FRITZ FRECH (*Lethaea Paleozoïca*, t. II, Stuttgart, 1897-1899) pour les terrains paléozoïques et enfin ceux de A. DE LAPPARENT, qui, dans la 4ᵉ édition de son *Traité de Géologie*, a donné, le premier, une série complète de cartes, représentant la Terre à toutes les époques. Enfin divers auteurs tels que DANA, MM. BARROIS, MARCEL BERTRAND, HAUG, KARPINSKY, KATZER, PENCK, WALCOTT, ont fait également des esquisses paléo-géographiques du même genre.

Il y a là un ordre d'idées tellement familier aux géologues professionnels qu'ils n'éprouvent plus aucun étonnement à voir, par la pensée, les mers et les montagnes se déplacer sans cesse d'un bout de la Terre à l'autre, en même temps que les climats se transforment, que les faunes et les flores évoluent. Ceux qui n'ont pas encore l'habitude de la géologie éprouvent, au contraire, quelque stupeur, et, souvent même, quelque scepticisme, en entendant parler de ces grands phénomènes ; ne se rendant pas compte de la méthode, absolument précise et indiscutable, par laquelle on est arrivé à ces conclusions, ils s'imaginent volontiers qu'on leur raconte des romans ou des rêveries. Le jour où l'on arrive à les convaincre, il leur semble tout à fait curieux d'apprendre que des mers ont existé à la place des Alpes et des plantes tropicales au Spitzberg ou en Groënland, que des lions et des rhinocéros ont erré sur l'emplacement futur de Paris, qu'il a nagé des poissons marins par-dessus l'Himalaya ou le Caucase.

La reconstitution de semblables cartes géographiques, relatives aux périodes anciennes, présente, en effet, déjà, par elle-même, un intérêt de curiosité réelle ; nous aimons à connaître cette histoire de la Terre avant l'homme, comme nous nous amusons à entendre le récit des événements historiques, qui se sont déroulés plus tard dans le coin de la Terre où nous habitons. Mais le secours de la paléo-géographie paraît, en outre, de plus en plus nécessaire : soit pour établir, en stratigraphie, les limites d'étage et les synchronismes précis ; soit, en tectonique, pour reconnaître ces modifications de la carte, qui accompagnent nécessairement un grand mouvement du sol ; soit enfin, comme nous le verrons, en métallogénie, pour comprendre dans quelles conditions s'est incrusté un filon, ou s'est déposé un sédiment métallifère.

On peut même ajouter que cette science est susceptible, par ses applications, de nous conduire plus loin encore et de nous mener à quelques-uns de ces résultats généraux, qui, en dernière analyse, sont les seuls véritablement importants. Ces déplacements successifs des mers, ces apparitions des montagnes n'ont pas eu lieu au hasard et l'on peut estimer que la cause d'aussi grands mouvements doit être parfois très profonde et très générale. La paléo-géographie est le moyen nécessaire pour découvrir cette cause. C'est grâce à elle seulement que nous pourrons apercevoir, dans l'écorce terrestre, certains caractères permanents, certaines zones fixes et en chercher la raison, voir ailleurs les déplacements se produire dans un certain sens et nous efforcer d'expliquer ce sens : suivre, en un mot, l'évolution progressive de la géographie, c'est-à-dire de la structure terrestre, des climats, des courants marins et, par contre-coup, des organismes.

C'est la paléo-géographie, également, qui nous montrera les relations des phénomènes entre eux, relations déterminant des récurrences analogues d'événements semblables à des périodes successives de l'histoire.

Dans un autre chapitre, nous envisagerons ces résultats divers de la paléo-géographie. Ici, nous nous proposons seulement d'expliquer comment on arrive à ces notions paléo-géographiques elles-mêmes, comment on reconstitue ces cartes géographiques anciennes de la Terre et dans quelle mesure on peut compter sur leur exactitude.

I. — Tracé des cartes géographiques anciennes.

Il s'agit, en résumé, — quoique, dans l'état actuel de la science, une telle prétention puisse sembler bien ambitieuse — de tracer, pour une époque quelconque, un véritable atlas de géographie physique, analogue à ceux que l'on dresse pour l'époque actuelle, comprenant, non seulement la distribution relative des continents et des mers, mais des cartes hypsométriques et bathométriques avec le relief du sol dessiné par lignes de niveau, des cartes des climats, des courants, des faunes et de la flore, voire même, puisqu'on leur fait aujourd'hui une place dans les atlas géographiques, des cartes géologiques de la surface à l'époque considérée. Cet atlas, pour offrir quelque utilité, exige une précision rigoureuse, surtout dans l'ordre d'idées chronologique. Il faut que les éléments d'une même carte soient, non pas à peu près, mais exactement du même âge : sans quoi les transformations constantes de la superficie peuvent les rendre contradictoires et leur enlèvent toute valeur. Voyons comment on peut obtenir, avec une précision de plus en plus grande, des résultats semblables et, d'abord, dans ce premier paragraphe, comment on peut tracer la carte géographique proprement dite, séparant les mers des continents [1].

A) Tracé des continents et des mers sur les cartes paléo-géographiques. — Le point de départ nécessaire d'un semblable travail, ce sont les cartes géologiques, qui commencent à être exécutées pour une grande partie de la Terre et les coupes géologiques, qui peuvent les accompagner.

Ces cartes géologiques donnent, en chaque point de la surface, la nature et l'âge de la formation, qui affleure à la superficie. Ces coupes font connaître, en outre, pour un point déterminé, les terrains, qui peuvent se trouver à une profondeur plus ou moins grande, au-dessous

1. Voir, pages 487 et 499, des exemples de ces cartes.

de la couche d'affleurement. Ce sont ces premiers résultats de l'observation, qu'il s'agit d'utiliser.

Imaginons, par exemple, que nous désirions tracer une carte de l'époque tongrienne (47), c'est-à-dire de l'époque, qui a vu se produire quelques-uns des plissements alpins ; nous commencerons par relever tous les points où les cartes géologiques indiquent des dépôts tongriens à facies marin : cela veut dire que tous ces points étaient, pendant le tongrien, recouverts par la mer ; nous pourrons donc, sur notre esquisse de carte, teinter tous ces points de la couleur bleue correspondante à la mer.

Nous devrons ensuite envisager toutes les zones, où affleurent des terrains plus récents que le tongrien et nous demander si, au-dessous de ces dépôts plus récents, des sédiments marins d'âge tongrien n'indiquent pas également la présence de la mer pendant cette période.

La réponse à une telle question nous sera fournie par les coupes géologiques, qui, elles-mêmes, comme nous l'avons vu dans un chapitre précédent [1], nous offrent, sous une apparence graphique, la synthèse de nombreux travaux : synthèse parfois très précise, quand on peut utiliser les données de sondages ou de tranchées naturelles ; ailleurs, au contraire, fondée sur des considérations plus délicates et plus problématiques. Si nous voyons, de cette manière, que le sédiment marin tongrien est représenté, la conclusion est facile ; la difficulté commence, lorsque, soit aux affleurements, soit en profondeur, nous constatons l'absence du tongrien (ainsi, quand vient affleurer directement au jour un terrain plus ancien). On peut, en effet, interpréter cette lacune de deux façons : ou bien supposer que la région considérée était émergée pendant le tongrien et la marquer alors en continent ; ou, au contraire, admettre que le tongrien a existé, mais a été enlevé par érosion à une époque plus ou moins ancienne (antérieure au premier terrain post-tongrien, qui apparaît dans notre coupe). C'est entre ces deux hypothèses qu'il s'agit de choisir.

Quelques cas simples peuvent se présenter.

Ainsi, bien que les formations de caractère continental (altérations à l'air, éboulis, dépôts glaciaires, etc.) soient malheureusement très rares, surtout pour les périodes un peu reculées et nous renseignent, par conséquent, mal sur la disposition ancienne des continents, on peut avoir, au voisinage de notre région, de telles formations, ou des sédiments lacustres d'eau douce, ou même des sédiments saumâtres, ces derniers marquant une zone littorale. Dans ces divers

1. Page 23.

cas, on devra considérer l'absence du tongrien marin comme réelle et teinter en continent.

En dehors des dépôts saumâtres, on peut encore, par bien des moyens, reconnaître la proximité d'un rivage, tracer la ligne côtière, notamment par la présence d'organismes continentaux mêlés à des restes marins, par l'abondance d'animaux marins vivant à de faibles profondeurs, par la nature lithologique des sédiments (poudingues à gros galets, grès grossiers, etc.), par la constatation d'organismes perforants, qui attaquent les roches découvertes à marée basse, par les accumulations de coquillages brisés, parfois même par l'abondance de certaines substances utiles, comme l'oxyde de fer, le phosphate de chaux, le gypse, le sel, les hydrocarbures, ou même les combustibles, ordinairement déposés dans les zones littorales, lacustres ou désertiques. Ainsi que j'essayerai de le mettre en évidence dans le chapitre où je raconterai, sous une forme historique, les conclusions tirées de la paléo-géographie, on possède alors souvent un moyen particulièrement précis pour tracer la ligne même du rivage et séparer, d'une façon nette, sur la carte, les zones continentales des zones marines : la direction de la mer étant, d'autre part, nettement indiquée par le sens où l'on retrouve des dépôts tongriens marins, et, spécialement, des dépôts tongriens de mer profonde.

Par exemple, en France, on reconnaît, fréquemment, sur le pourtour du Plateau Central, l'existence d'un rivage à diverses époques par la présence d'une brèche à fragments anguleux de micaschiste. De semblables fragments dans le trias de l'Indre ou à la limite du bajocien et du bathonien de l'Ardèche montrent que la mer a, dans ces deux cas, débordé directement sur le primitif et la nature de ces fragments, qui se détruisent avec une rapidité extrême dans une sédimentation, prouve que l'on est sur la côte même.

Dans le jurassique, où ont abondé les faibles déplacements de la mer, on retrouve très fréquemment (à May, à Bayeux, etc.), des surfaces littorales durcies ou corrodées par les lithophages, quelquefois avec nodules phosphatés, pouvant provenir de la transformation directe et de la concentration d'organismes accumulés sur la côte.

La preuve d'un rivage bathonien entre la Galicie et la Pologne est prouvée de même par une argile à plantes terrestres, qui représente cet étage et à laquelle se substitue, un peu plus loin, un grès rougi par des fragments du keuper sous-jacent, etc., etc.

Par contre, on a toutes les raisons pour supposer qu'un étage marin a existé et n'a disparu que par l'effet des érosions lorsqu'on en trouve, de place en place, de petits lambeaux démantelés, des

« témoins », constitués par des formations lithologiques, que l'on sait occuper, en général, une grande extension, ou encore, lorsque, sur un plateau où tout accuse une érosion intense, le tongrien s'est conservé dans une série de cuvettes synclinales au-dessous de la superficie actuelle, tandis que, dans toutes les voûtes anticlinales (manifestées sur les coupes géologiques), le même terrain fait défaut au sommet.

Ce dernier caractère est particulièrement net, quand, au lieu du seul tongrien, conservé dans les synclinaux, enlevé dans les anticlinaux, le même fait se présente pour quatre ou cinq terrains successifs, en sorte que la carte accuse une série de bandes parallèles, se répétant symétriquement par groupes.

De telles considérations permettent de teinter, sur notre carte, en continents ou en mers, toutes les parties de la Terre, pour lesquelles il existe une carte géologique suffisamment avancée. Avec quelle précision très variable, on le voit aussitôt d'après l'inspection de la carte paléo-géographique elle-même, en comparant la complication qu'y affecte d'ordinaire une région bien connue comme l'Europe Centrale, avec les grandes masses conventionnelles de l'Asie ou de l'Afrique Centrales.

Même en dehors de la perfection plus ou moins grande qu'ont pu atteindre nos observations géologiques, on doit remarquer que, plus la carte représente une période ancienne, plus nous sommes conduits, par la méthode même employée, à y exagérer la place des continents. En effet, là où nous n'avons pas la trace du passage de la mer sous la forme d'un sédiment, ou encore là où d'autres considérations ne nous amènent pas à supposer que ce sédiment a été détruit par l'érosion, dans l'ignorance nous ne pouvons que nous abstenir de marquer la teinte de la mer. Or, les sédiments très anciens ont été, pour une part considérable, entièrement érodés et supprimés, pour une autre bonne part rendus méconnaissables par le métamorphisme, qui en a éliminé les traces d'organismes. On ne saurait, ainsi que je le dirai plus loin, attacher trop d'importance à ces deux phénomènes de l'érosion et du métamorphisme. Mais, tout en étant certains que nous n'avons pas noté assez d'étendues marines sur nos cartes, comme nous ne saurions pas où ajouter les mers qui font défaut, nous ne sommes pas en mesure de rendre nos cartes plus précises.

Il est, dès lors, un critérium pour reconnaître dans quelle mesure une carte est inexacte, c'est d'examiner la superficie qu'y occupent les mers. Il y a bien des chances, comme nous le verrons, pour que le volume des mers soit resté à peu près le même aux diverses époques de l'histoire (sauf les restrictions dont je reparlerai) ; il doit en résulter, sauf le creusement possible d'abîmes marins par les effondrements ou leur aplanissement ultérieur, une certaine constance dans la proportion relative des surfaces occupées par les continents et les mers; quand cette loi est trop visiblement violée, quand la place de la mer est exagérément réduite, il est donc probable que la carte est fausse.

B) Prolongation des cartes a travers les régions marines actuelles. Faciès Atlantique et Faciès Pacifique. — Jusqu'ici, nous n'avons envisagé que les zones continentales actuelles de la Terre en négligeant les vastes étendues recouvertes par les eaux. Cependant ce serait une erreur grossière de supposer que, là où nous voyons la mer, elle a toujours existé. Le fait même que nos continents ont été parfois presque entièrement submergés dans une phase antérieure, prouve inversement que, là où nous voyons la mer, elle a pu succéder à un continent et, pour la plupart des mers, il est vraisemblable que cela s'est réalisé.

Comment alors prolonger nos cartes paléo-géographiques dans les régions aujourd'hui occupées par les mers et pour lesquelles on ne possède pas de sondages ayant ramené des terrains du substratum[1]?

Quelquefois la loi de continuité s'accuse si nettement pour les deux rives opposées d'une mer étroite et récente, telle que le détroit de Gibraltar ou la Manche, les formations des deux côtés se correspondent si bien qu'on peut, par un raccordement des courbes terrestres, tracer la carte géologique du fond de la mer. Et, dans le cas de la Manche par exemple, les recherches faites pour le projet de tunnel sous-marin ont montré que les hypothèses faites avaient été exactes.

Ailleurs, on est forcé de recourir à des théories beaucoup plus aventureuses et de procéder tout à fait par induction.

Par exemple, la présence, au voisinage d'une côte actuelle, dans le tongrien, de matériaux continentaux, de galets, de plantes, que l'on reconnaît être venus du côté du large, montre qu'il existait alors, dans cette direction, un continent. La communauté des faunes marines contemporaines entre deux régions aujourd'hui continentales et séparées par une mer laisse supposer qu'à l'époque considérée les deux mers, par lesquelles elles étaient recouvertes, communiquaient entre elles; la similitude des faunes ou flores terrestres, surtout quand ces organismes sont un peu particuliers, laisse supposer que les deux points où on les rencontre faisaient partie d'un même continent.

Le problème se pose, par exemple, avec un intérêt tout particulier, pour quelques-uns de nos grands océans : l'Océan Atlantique et l'Océan Indien d'une part ; l'Océan Pacifique de l'autre ; et il a reçu, dans ces

1, Le fond des Océans est nivelé par une fine poussière sédimentaire.

deux cas, des solutions contradictoires. On est arrivé à l'idée que les océans, caractérisés par ce qu'on a appelé le facies Atlantique, étaient certainement de formation très récente et l'on en a reconstitué l'histoire ; que ceux, au contraire, à facies Pacifique, étaient peut-être anciens. Il faut expliquer comment on a raisonné dans les deux cas pour montrer le degré d'approximation des solutions adoptées.

Le contraste remarquable, qui existe entre ces deux types d'Océans et que les cartes de nos atlas géologiques mettent aussitôt en évidence, peut s'énoncer en quelques mots. Autour du Pacifique, les chaînes montagneuses récentes forment des rides côtières, parallèles au rivage et très rapprochées de lui : chaînes jalonnées, sur presque toute leur longueur, par des volcans, indices de dislocations internes et auxquelles succèdent aussitôt des dépressions marines profondes, comme celle de 8.500 mètres qui longe à l'Est les Kouriles, celle des Carolines et celle des îles Tonga ; c'est le cas de toute la chaîne des Montagnes Rocheuses et des Andes, qui se prolonge par l'Alaska, les Aléoutiennes, les Kouriles, le Japon, les Philippines, les îles de la Sonde, la Nouvelle-Guinée, la Nouvelle-Zélande, l'île Ballery et l'Erebus. Il est donc probable que les bordures de l'Océan Pacifique représentent deux grandes dépressions parallèles aux plissements, deux zones d'affaiblissement encadrant un compartiment plus solide, autour duquel s'est fait, à l'époque tertiaire, un rempli montagneux. C'est, avec un aspect totalement différent, le type des mers synclinales anciennement dessinées, que caractérise surtout la Méditerranée.

Et ces accidents géologiques, qui se sont ainsi dessinés, accentués pendant le tertiaire, ont des chances pour s'être esquissés anciennement, du moins dans l'hémisphère boréal. On voit, en effet, dès le début du primaire, apparaître, à l'Ouest des États-Unis, une île parallèle à la côte actuelle, le long des Montagnes Rocheuses. En pendant, le continent Chinois-Sibérien, très ancien, marque vite des indications littorales dans le Kamtchatka et en Corée. La direction des îles de la Sonde est, elle aussi, suivie par un sillon marin depuis le carbonifère.

Tels sont les faits, qui, avec divers autres, dans le détail desquels il serait trop long d'entrer, ont conduit la plupart des géologues à considérer la forme générale du Pacifique comme ayant été anciennement dessinée par une ligne périphérique de rivages marins.

Là, malheureusement, s'arrête l'accord entre les paléo-géographes ; car, pour les uns, cette ligne de rivage a toujours formé, comme aujourd'hui, la circonférence d'une grande mer ; pour MM. Koken, Frech[1], de

---

1. KOKEN. *Die Vorwelt und ihre Entwicklungs Geschichte*, Leipzig, 1893. — FRECH. *Letæa Palæozoïca*, Stuttgart, 1899.

Lapparent, « la permanence de l'océan Pacifique depuis les temps les plus reculés est un fait absolu ». D'autres, au contraire, tels que Huxley, Baur, Neumayr et, plus récemment, M. Haug ont admis l'existence d'un continent Pacifique, effondré sous les eaux, soit avant le jurassique (Neumayr et Suess), soit même, d'après M. Haug, pendant le tertiaire. Suivant M. Haug[1], qui a le plus récemment développé cette thèse, ce continent Pacifique aurait joué le rôle d'Avant-Pays par rapport aux plissements, qui forment toute sa périphérie, et dont le relief le plus grand remonte à l'époque tertiaire. Le continent aurait été enveloppé par un sillon marin, (dont l'existence peu douteuse s'accorde avec les deux théories opposées), par un géosynclinal, sur l'emplacement duquel, suivant la loi générale exposée plus loin au chapitre de la tectonique, se serait dressée la chaîne de plissement principale[2].

C'est à peu près à cette dernière théorie que nous nous rangerons. Nous croyons que le Pacifique représente un exemple de grande transgression actuelle portant sur un ensemble très compliqué d'aires continentales et de géosynclinaux : les unes ayant subi des mouvements verticaux de sens contraire reconnus sur les îles volcaniques et coralliennes ; les autres ayant éprouvé des plissements et des charriages (Nouvelle-Calédonie, etc.). Là doit se trouver la clef et la contrepartie de certaines invasions ou régressions marines trop générales dans notre hémisphère.

Tout autre est le caractère de l'Atlantique, et les hésitations disparaissent à peu près quand on l'aborde. Ici, on voit les zones de plissement récentes, qui couvrent, d'un côté, toute la région Méditerranéenne, de l'autre la mer des Antilles et le golfe du Mexique, arriver, avec une direction Est-Ouest, perpendiculairement aux côtes Nord-Sud, qui les interrompent brusquement. Et il en est de même pour les chaînes plus anciennes, calédonienne[3], hercynienne, etc., qui, de tout temps, se sont présentées dans les mêmes conditions, un peu plus au Nord. L'axe de l'Atlantique marque un axe de symétrie primitif, des deux côtés duquel les masses continentales, que l'on a appelées les « boucliers » scandinave et canadien, se sont fait pendant. De même que ces deux « boucliers » sont homologues, l'Amérique du Sud et l'Afrique, de l'autre côté de l'Equateur, le sont aussi. Il y a continuité, à tous égards, à travers l'Atlantique, et la coupure primitive suivie par les mers, au lieu d'être

1. HAUG. *Les géosynclinaux et les aires continentales* (Bull. Soc. géol., 3ᵉ sér., XXVIII, 1900, p. 646). Voir plus loin, page 375.

2. Les récentes recherches de BURCKHARDT dans les Andes semblent bien montrer qu'il existait, à l'époque secondaire, un continent à l'Ouest du rivage actuel.

3. Voir plus loin, pages 411 et suiv., le sens de ces mots.

Nord-Sud, est évidemment Est-Ouest, sur le prolongement de la Médi
terranée, que continue si bien le golfe du Mexique. C'est de part et
d'autre de cette ligne médiane Est-Ouest que s'établissent les différences. C'est ce sillon méditerranéen, ou, si l'on veut, *mésogéen*, qui
sépare deux masses continentales, dont l'évolution a été sans cesse
différente et entre lesquelles on est, par suite, disposé à admettre une
très ancienne frontière établie par la mer. Cet état de choses a duré
très longtemps ; il faut aller jusqu'à l'albien (35) pour trouver, sur
les côtes du Brésil ou de l'Afrique Sud-Occidentale, quelques dépôts
marins, prouvant que la coupure Nord-Sud s'est faite alors entre ces
deux pays et, à ce moment même, il est très probable que le Canada
continue à se rattacher à l'Irlande ou à l'Espagne par un grand continent.

On a fait remarquer que ce continent septentrional avait dû se
perpétuer très tard. A l'époque du tortonien encore (51), on voit la
faune des mollusques méditerranéens se poursuivre, par les Açores
et Madère, jusqu'au golfe du Mexique et à Panama : ce qui laisse
supposer une ligne de rivage, ou tout au moins une chaîne d'îles.
Aucun dépôt marin du tertiaire supérieur n'étant connu dans les
pays septentrionaux riverains de l'Atlantique, on peut admettre
qu'il a persisté là une série de grandes terres, plus ou moins continues [1]. Cependant, à l'époque du tortonien, une faune froide arrive
dans la Méditerranée ; il se serait donc ouvert, à ce moment, quelque
bras de mer Nord-Sud, à débouché septentrional, qui paraît avoir passé
par la Bétique ; puis, à l'époque sicilienne (56), les coquilles arctiques
parviennent en pleine Méditerranée : ce qui ne peut s'expliquer que par
une coupure plus importante encore. On est amené ainsi, peu à peu, à
imaginer que l'Atlantique résulte d'effondrements, dont le dernier
daterait de la fin du pliocène (56), ou même du pléistocène (57), et l'on
avait même supposé autrefois, par une hypothèse aujourd'hui quelque
peu abandonnée, que le changement de régime météorologique, amené
par un tel événement, avait dû influer sur le développement de la
période glaciaire en Europe. Les volcans qui, par leurs évents discontinus, dessinent encore l'axe de l'Atlantique (et non pas son bord
comme pour le Pacifique), Jean-Mayen, l'Islande, les Açores, l'Ascension, Sainte-Hélène, Tristan-da-Cunha, sur un relèvement marqué des
fonds de mer, semblent bien la trace de cette récente fracture Nord-
Sud. D'autre part, il est peu probable que le prolongement de la chaîne
Alpine, avec sa direction Est-Ouest, ait jamais existé sous la forme
d'une ride montagneuse à travers l'Atlantique ; car, même enfoncé par

1. Il ne faut pas chercher de rapprochement entre cette hypothèse et la fameuse Atlantide de PLATON, qui ne représente en rien le souvenir d'un phénomène géologique.

les effondrements, il se décelerait, sans doute, par des relèvements des fonds, qu'on n'aperçoit pas.

Des considérations analogues montrent que l'effondrement du canal de Mozambique, entre Madagascar et l'Afrique du Sud, longuement reliées l'une à l'autre, date seulement du liasien (23); la même époque a vu commencer à se creuser, par le Sud, l'océan Indien, qui n'a atteint les côtes de l'Inde qu'à l'albien (35); l'effondrement de la mer Egée date de la fin du pliocène (56), etc., etc. Je ne saurais entrer ici dans le détail de toutes ces déterminations; mais ces exemples ont suffi à montrer toutes les ressources diverses que l'on pouvait utiliser pour le tracé des cartes paléo-géographiques : comment, par exemple, l'arrivée d'une faune boréale dans des mers chaudes faisait admettre l'établissement d'une communication nouvelle avec les mers septentrionales, ou comment, au contraire, la persistance d'une faune marine tropicale servait à nier la possibilité d'une telle communication ; par quels raisonnements la nature des terrains sur les rivages, leur caractère de dépôt côtier ou profond, ailleurs encore la direction des fractures, celles des plissements, etc., étaient tour à tour invoqués.

II. — Tracé des reliefs paléo-géographiques.

ÉVALUATION DES PROFONDEURS MARINES PAR LA NATURE DES SÉDIMENTS ET DE LA FAUNE, DES RELIEFS CONTINENTAUX PAR LA FLORE, PAR LES PHÉNOMÈNES GLACIAIRES, ETC.

Quand on a, par les procédés indiqués au paragraphe précédent, tracé sur une carte les contours des continents, on peut essayer d'aller plus loin et s'efforcer de reconstituer le relief du sol.

Pour la profondeur et l'allure des mers, on a quelques notions en examinant les facies des sédiments[1] et les animaux recueillis.

Les dépôts varient, en effet, quand on s'éloigne de la côte pour gagner le large.

Ainsi les conglomérats formés de gros galets soudés ensemble, les grès grossiers n'ont pu se former qu'à proximité de la côte. C'est encore dans la seule zone alternativement couverte et découverte par les marées qu'ont pu vivre les coquilles perforantes, dont on retrouve les innombrables trous dans certains terrains anciens. Un dépôt de delta présente également une coupe caractéristique et l'indice d'un phénomène littoral localisé à l'embouchure d'un grand fleuve. Plus loin du rivage, viennent encore, parfois sur 250 kilomètres de large, des

---

1. Deux dépôts synchroniques de même facies sont dits *isopiques*.

dépôts terrigènes, sables, vases bleues ou verdâtres, avec accumulations d'organismes calcaires. Au contraire, dans les grandes profondeurs des océans (zone abyssale), il se forme surtout, avec des boues planctogènes, une argile rouge ou grise à nodules manganésifères.

Mais, bien plus que les simples caractères lithologiques, les restes d'organismes nous renseignent sur les conditions de dépôt.

Les paléontologues reconnaissent aisément si un animal fossile a vécu sur la terre, dans les airs ou dans les eaux, si un coquillage fossile appartient à un être ayant séjourné en eau douce, en eau saumâtre ou en eau salée. Les accumulations de végétaux terrestres caractérisent également un lac, un estuaire, ou tout au plus un rivage.

On distingue ainsi plusieurs zones :

1° Zone *littorale*, agitée par les vagues, avec lamellibranches perforants, huîtres, moules, plicatules (animaux ayant vécu attachés au rocher), puis oursins, brachiopodes et restes d'animaux de mers plus profondes, tels que les ammonites et les bélemnites ;

2° Zone *néritique*, correspondant en moyenne au *plateau continental* jusqu'à 200 mètres de profondeur, avec température variable, agitation par les vagues, pénétration de la lumière permettant la vie des végétaux, etc. Là vivent les gastéropodes herbivores et les carnivores qui s'en nourrissent. C'est le domaine des coralliaires et des bryozoaires, dont le remaniement donne une boue calcaire ou craie ;

3° Zone profonde, où dominent les animaux pélagiques (ou plancton), avec quelques limnivores ou mangeurs de boue.

Dans cette zone plus profonde elle-même, on peut séparer encore celle qui s'étend de 200 à 1.000 mètres de profondeur, ou *bathyale*. Là, faute de lumière suffisante, l'action chlorophyllienne est nulle, de sorte que les algues et les herbivores font défaut. C'est le domaine des poissons, des céphalopodes, notamment des ammonites, considérés autrefois à tort comme des animaux bons nageurs, et ayant vécu, au contraire, près du fond. Cette zone bathyale offre encore des boues terrigènes, riches en matière organique et en sulfures.

Quand la profondeur dépasse 1.000 mètres, on atteint la zone dite *abyssale*, obscure, presque glacée, néanmoins peuplée par de nombreux animaux phosphorescents, présentant souvent une hypertrophie oculaire, ou, au contraire, rarement aveugles : carnivores et limnivores, alimentés, à l'origine de leur cycle vital, par le plancton supérieur et par les miettes cadavériques descendues sans se décomposer dans cette saumure glacée.

Parmi les sédiments formés de plancton, les boues calcaires à *globigérines* ou à *ptéropodes*, caractéristiques aujourd'hui des zones tropicales, peuvent s'enfoncer jusqu'à 4.000 et 5.000 mètres. Les boues siliceuses à *radiolaires* des eaux plus froides vont de 4.000 à 8.000 mètres. Les boues à *diatomées* se localisent dans les régions antarctiques.

On peut donc, en présence d'un terrain quelconque de nos champs contenant des restes fossilisés d'animaux, dire : « à telle époque de l'histoire géologique, il y avait, en ce point, un lac, un estuaire, un rivage marin, ou une profondeur de plusieurs dizaines de mètres d'eau.

On va même plus loin encore. Ainsi, la présence de moules indique, en général, des eaux vaseuses ; celle des coraux suppose une température moyenne élevée, une profondeur variant de 40 mètres à zéro, enfin une eau marine très pure ; telle plante ou tel mammifère, dont on connaît à peu près les conditions de vie, renseignera sur le climat, le caractère de la végétation, etc. On aura, par d'autres observations, des indices sur le sens des courants marins, sur les embouchures de fleuves dans la mer, sur les incursions possibles de la mer dans un lac d'eau douce, etc.

Le relief des continents est plus difficile à établir ; car la considération des plantes, à laquelle on doit songer d'abord, est encore un guide très aléatoire, faute de notions suffisamment précises sur le climat de la période considérée ; et l'uniformité de climats, qu'on a supposée dans les périodes anciennes, lui enlève beaucoup de sa valeur. Il est même possible que, dans certains cas, où une détermination d'âge est uniquement fondée sur la flore, nous distinguions mal ce qui tient à une différence d'âge de ce qui implique une différence d'altitude. Cependant, une fois le climat général d'une époque déterminé comme nous le verrons plus tard, les différences de deux flores contemporaines peuvent, d'une région à l'autre, manifester cette différence d'altitude, et ce caractère devient surtout précieux pour les étages tertiaires, où la différenciation est plus nette et où, de plus, les formes continentales sont mieux connues.

La détermination préalable du climat peut également nous renseigner sur la limite d'altitude à partir de laquelle pouvaient exister des neiges persistantes, de telle sorte que la présence de glaciers anciens implique cette altitude minima pour la chaîne correspondante.

On peut encore, par la tectonique, reconnaître les régions où se trouvaient alors les grands massifs montagneux plissés ; les dépôts lacustres indiquent la position des lacs ; les roches éruptives arrivées au voisinage de la surface, celle des manifestations volcaniques ; la transgression marine d'un terrain immédiatement postérieur peut faire connaître les zones de plaines abrasées, de pénéplaines, etc., etc.

A l'époque carbonifère (11 à 13), on constate, en Carinthie, des alternances de grès à végétaux terrestres avec des calcaires marins, et on
en conclut la proximité d'un rivage ; d'autre part, ces dépôts sont là
en concordance avec les dépôts primaires, sur lesquels ils reposent,
et la même concordance se poursuit vers le Piémont, puis le Brïançonnais. C'est donc que, dans ces régions, il ne s'est pas produit de
mouvement du sol avant l'époque carbonifère. On suppose, dès lors,
qu'une plaine basse, submergée ou non, devait prolonger la lagune
carinthienne, à travers la Haute Italie, vers la vallée du Rhône. La
montagne commence alors au Plateau Central, où les mouvements du
sol, antérieurs au carbonifère, se manifestent de tous côtés, et là, sans
même parler des glaciers possibles d'après certaines observations,
les conglomérats abondants du stéphanien (13) prouvent l'existence
d'une saillie considérable, dont l'érosion postérieure se trouve, en
outre, démontrée par l'apparition actuelle au jour de roches certainement cristallisées à de grandes profondeurs.

Il arrive même, dans certaines circonstances favorables, que l'on
puisse reconstituer, avec une précision absolue, le relief d'une période
déterminée, lorsque, pendant cette période, un dépôt sédimentaire
transgressif est venu s'accumuler par-dessus et nous le conserver en le
moulant, comme les laves et les cendres nous ont gardé les ruines
d'Herculanum et de Pompéi.

Tel est, par exemple, le cas, dans tout le Nord de la France, au moment
de la transgression crétacée, qui a pris son développement pendant le
sénonien (38). Cette transgression recouvre des terrains très divers
et ces terrains ont un relief très accidenté, que l'on peut tracer, par
lignes de niveau, au moyen des résultats de sondages. C'est ainsi que
M. Gosselet a pu reconnaître l'existence, à ce moment, de cavités topographiques circulaires avec débouché par une vallée et moraine à
l'extrémité, prouvant peut-être le passage d'un glacier après le carbonifère inférieur (11), érodé par ce phénomène.

La base de tous les terrains transgressifs, tels que le Karoo de
l'Afrique Australe, le Gondwana de l'Inde, le stéphanien de notre Plateau
Central, présente ainsi des dépressions comblées par les premiers
conglomérats, qui nous donnent une image, évidemment très atténuée,
de ce que pouvait être la superficie avant ce comblement.

Comme nous l'avons vu précédemment[1], on cherche, d'ailleurs, de
toute manière, en stratigraphie, à tracer ainsi, par courbes de niveau,
la superficie d'un terrain ancien, recouvert par son manteau plus ou

_____

1. Page 235.

moins épais de terrains récents, telle qu'elle se présente actuellement. En tenant compte des mouvements postérieurs subis par l'ensemble, dont on a l'indication dans ces terrains plus récents et dont on peut par suite faire abstraction, on détermine ainsi la superficie du terrain inférieur, au moment où le premier terrain supérieur s'est déposé par-dessus, etc., etc. Ce sont des points que je me suis déjà trouvé indiquer[1] et sur lesquels il est inutile de revenir.

III. — Autres éléments d'un atlas de paléo-géographie physique.

RECONSTITUTION DES CLIMATS, DES COURANTS, DES LIGNES DE VOLCANS. CARTES GÉOLOGIQUES D'UNE ÉPOQUE ANCIENNE

Les géologues ont, comme je l'ai dit, la prétention de reconstituer l'image complète de la Terre à une époque quelconque.

Nous avons déjà dit un mot des faciès. On peut, par le groupement des faciès semblables relatifs à une même période, obtenir des cartes isopiques, dont M. Haug a donné de nombreux exemples, en représentant, par exemple, autour des continents présumés, les zones néritiques et bathyales, délimitant les zones coralligènes, etc., et réalisant ainsi une image vraiment parlante, dont les diverses parties doivent se coordonner, se justifier l'une par l'autre.

On arrive, d'autre part, à connaître la température moyenne des mers par la nature des animaux qui y vivent, celle des continents par la faune et surtout par la flore. Je me borne à mentionner ici ces deux points qui seront traités en détail dans un chapitre ultérieur. J'insisterai alors, en particulier[2], sur les déplacements aux cours des âges, des mers coralliennes, qui impliquent au moins 20° de température et qu'on voit descendre progressivement du 82e degré de latitude pendant le carbonifère, jusqu'au 30e, aujourd'hui; nous rappellerons de même, à ce propos, comment l'on retrouve, à la fin du tertiaire, dans le Spitzberg, le Groënland, etc., des flores tropicales, comment la France a connu, tour à tour, dans un intervalle de temps très restreint, la température de Java, celle de Madère, celle de la Sibérie, celle de la Scandinavie, etc.

Les courants marins intéressent vivement la paléontologie, qui les met en évidence. On voit, par exemple, ainsi que je l'ai dit plus haut,

1. Page 236.
2. Page 463 et suiv.

pendant le tongrien (47) ou le sicilien (56), des faunes arctiques arriver dans la Méditerranée, jusqu'alors tropicale. C'est la preuve manifeste d'un courant froid passant par un détroit nouveau. De même, on a cru pouvoir déterminer l'âge du Gulf-Stream, qui a succédé à la fermeture de l'isthme de Panama pendant le lutétien (44) et qui aurait, croit-on, pris son allure actuelle après l'effondrement définitif de l'Atlantique à la fin du pliocène (56 à 58).

Les lignes volcaniques d'une époque quelconque sont immédiatement déterminées par les études pétrographiques, envisagées plus loin au chapitre XIII [1].

Enfin, la détermination, qui peut souvent se faire, des terrains divers, sur lesquels sont venus se déposer les sédiments d'une période transgressive, permet de reconstituer une véritable carte géologique au moment de cette trangression [2].

---

1. On a même proposé de reconstituer des cartes du magnétisme terrestre à une époque géologique ancienne en se fondant sur l'influence magnétique de certains terrains. Les expériences, sur lesquelles M. B. Brunhes et P. David se sont fondés pour établir ces conclusions curieuses, ont été rappelées plus haut. (Voir page 113, note 3.)

2. Voir plus haut, p. 236.

CHAPITRE IX

LA MÉTALLOGÉNIE, OU SCIENCE DES GITES MÉTALLIFÈRES[1]

I. — Historique.

La science des gîtes métallifères, pour laquelle j'ai proposé le nom plus simple de *métallogénie*, est assurément, comme je l'ai rappelé dans les premiers chapitres historiques de cet ouvrage, la première branche de la géologie qui ait été cultivée. Dès que l'on a eu reconnu l'usage des métaux, on a dû se former une idée sur leurs gisements et sur leurs minerais. Des extractions minières, aussi développées et poussées aussi profondément que celles des Phéniciens, des Grecs ou des Romains, n'ont pu avoir lieu sans une conception théorique plus ou moins exacte sur l'origine et le mode de formation des filons. Mais l'art des mines a pris, dès l'origine, comme la métallurgie, des airs mystérieux et cabalistiques, plus favorables à la préservation des secrets industriels qu'à l'édification d'une science rationnelle. Les rares compilateurs, qui nous ont transmis des notions sur la science antique, étaient probablement peu au courant de ces arcanes. Puis, au Moyen âge, le développement des mines métalliques en Allemagne a provoqué la publication de quelques traités, comme ceux d'Albert-le-Grand ou

---

1. Pour tout ce qui concerne la métallogénie, on me permettra de renvoyer à mon *Traité des gîtes minéraux et métallifères* (3 vol., Béranger, 1913).

d'Agricola, dans lesquels les idées alchimistes sur l'association des quatre éléments physiques et l'influence germinative des astres tiennent une trop grande place. Il faut arriver au xviiie siècle pour trouver, dans ce sens, un certain effort scientifique, dont l'honneur revient, presque tout entier, aux ingénieurs de la Saxe et du Harz. Les ouvrages sur les filons métallifères se multiplient à partir de ce moment et, comme il arrive souvent en science, où les théories tournent en se suivant à la façon des chevaux de bois dans un manège, nous voyons apparaître, dès le début, sous une apparence plus grossière, les trois principales hypothèses qui ont prévalu tour à tour : formation des filons par incrustation venant de la profondeur ; par incrustation venant d'en haut et sécrétion latérale empruntée aux roches adjacentes ; enfin par substitution.

C'est Rösler[1], qui, en 1700, reconnaît déjà nettement, dans les filons métalliques, des fissures remplies ; puis Zimmermann (1749), que gênent les difficultés pratiques de ce remplissage et qui imagine des filons, d'abord semblables à la roche encaissante, mais transformés par une dissolution saline. Lehmann (1753) revient à l'idée d'une origine profonde : pour lui, les filons sont les rameaux épars d'un grand arbre, que la sève nourrit d'en bas ; dans le même ordre d'idées, mais avec plus de sagacité, Delius (1770) émet l'idée presque moderne de solutions hydrothermales salines, chargées d'acide carbonique ou de tout autre réactif, auxquelles il attribue la formation des filons. Peu après, de Charpentier (1778), le prédécesseur de Werner à Freiberg, revient à une substitution : on ne saurait, selon lui, imaginer une fissure béante, qui n'aurait pas été vite encombrée de débris à sa base ; il faut donc qu'il y ait eu transformation de la roche en minerais, opérée par des solutions minérales le long de fissures. Enfin Werner émet sa théorie neptunienne des filons remplis par en haut, de la même façon que se sont produites les strates sédimentaires, ou, suivant lui, les roches éruptives. « Cette même précipitation a, dit-il, formé la masse des filons ; cela s'est fait dans le temps, où la dissolution, qui a donné les précipités, couvrait le terrain, où se trouvaient des fentes déjà existantes et qui étaient alors entièrement ou partiellement vides et ouvertes par leur partie supérieure. »

Si Werner n'avait laissé que ses théories, son nom occuperait une place très médiocre dans l'histoire géologique, à côté des rêveurs qui, au xviiie siècle, imaginèrent en science tant d'hypothèses préconçues. Il

---

1. On trouvera un résumé de ces ouvrages dans Emmons. *Theories of ore deposition historically considered* (Geol. Soc. of America, 1904, t. XV, p. 1 à 23).

faut cependant s'arrêter à lui, malgré ses idées bizarres, comme au véritable fondateur de la métallogénie. Nous sommes arrivés au début du xixe siècle et la science entre enfin dans l'ère des observations précises.

C'est, en même temps, l'époque où se développe l'industrie minière, et où se crée l'enseignement des mines dans les grandes écoles, fondées à la fin du xviiie siècle : à Freiberg en 1765, à Schemnitz en 1770, à Saint-Pétersbourg en 1783, à Paris en 1790. L'empirisme minier commence à éprouver le besoin d'être dirigé dans son aventureuse poursuite des métaux profonds, et l'on comprend, d'abord en Allemagne, puis en France, la nécessité d'étudier les lois des gisements avant de les exploiter. Werner a été le premier, qui, avec une minutie et une patience germaniques, ait essayé de classer les filons d'après leur remplissage et leur gangue, d'examiner leurs intersections, de déterminer leur âge relatif et, dans une série d'incrustations occupant une même fente, l'ordre de succession des divers remplissages. Ses observations relatives aux champs de filons ont fait école et l'on peut dire que, pendant trois quarts de siècle, la plupart des géologues sont restés cantonnés dans la même voie, jusqu'au moment où des investigations plus étendues, portant sur toutes les mines du monde, ont fait comprendre le caractère trop local de généralisations, qui portaient toutes sur les minerais des mêmes chaînes plissées et ont conduit à adopter, pour ceux-ci mêmes, nos idées plus modernes de profondeur originelle et d'altération secondaire [1].

La vulgarisation de l'enseignement de Werner a été surtout due à ses deux disciples fameux, Léopold de Buch et de Humboldt. Mais, tandis que Werner était resté strictement cantonné dans son petit coin de Saxe, ceux-ci, grands voyageurs, trouvèrent, dans l'observation du volcanisme actif et dans la comparaison de nombreux districts métallifères, les éléments d'étude, qui avaient manqué à leur maître et furent vite amenés à abandonner ses idées enfantines sur la formation des filons ou des roches éruptives par sédimentation. On doit notamment à de Humboldt les premières remarques sur la relation des dépôts métallifères avec les roches éruptives. Il faut cependant remarquer que la théorie première de Werner n'a peut-être pas été sans influence sur la doctrine, qui a généralement prévalu jusqu'à nos jours, d'après laquelle un gîte métallifère quelconque n'aurait jamais

---

1. HUTTON, dont j'ai eu à montrer plus haut le rôle de précurseur en bien des matières, ne s'est jamais occupé des gîtes métallifères que d'une manière très incidente. Cependant plusieurs passages de sa *Theory of the Earth* (I, p. 131 et suiv., 393, 439 et III, p. 146) le montrent parlant de l'origine ignée des filons (*veins*).

pu se former autrement que par une solution aqueuse, et en aucun cas, par voie ignée[1].

Le grand essor des théories métallogéniques au cours du XIXe siècle est dû à des géologues français et, les étrangers eux-mêmes le reconnaissent, presque exclusivement à l'École des Mines de Paris. C'est Élie de Beaumont, qui a véritablement constitué la première théorie complète des filons métallifères (1847) dans son mémoire célèbre *sur les émanations volcaniques et métallifères*, peut-être son plus beau et son plus solide titre de gloire; c'est Berthier, Ebelmen, Durocher, de Sénarmont, Daubrée, Michel Lévy, qui, par leurs expériences de synthèse, ont prouvé le mode de formation des minerais filoniens; c'est Daubrée, encore, qui, avec sa *Géologie expérimentale* (1879) et ses *Eaux souterraines* (1887), a, d'une part, démontré le mécanisme des fractures filoniennes et, de l'autre, mis en évidence les caractères des circulations hydrothermales profondes. Ce rôle scientifique de l'École française est d'autant plus à noter que notre pays, par sa pauvreté en mines métalliques, se trouve dans une infériorité manifeste pour de tels travaux. Un tel souvenir fait regretter l'abandon, où la mode changeante laisse aujourd'hui en France de telles recherches, qui ont pris, depuis vingt ans, ailleurs, un magnifique essor.

J'aurai bientôt à revenir sur les idées d'Élie de Beaumont, dont la plupart sont à conserver comme point de départ, à la condition d'y apporter les modifications, les restrictions et les compléments nécessités par le progrès des recherches.

Élie de Beaumont a mis en évidence la relation des filons métallifères avec les roches éruptives[2], et le rôle simultané, dans leur remplissage, des fumerolles métallisantes et des eaux thermales. Selon lui, la plupart des sources thermales — et, notamment, celles auxquelles il attribuait la métallisation, — étaient, au même titre que les fumerolles, un produit d'émanation éruptif. C'est à ces circulations hydrothermales dans des fissures qu'il attribuait les remplissages filoniens. Enfin, il avait déjà remarqué le rôle possible des éléments empruntés aux roches encaissantes dans la formation des gangues, qu'il distinguait, par suite, absolument des minerais. Mais il attribuait les variations actuelles des gisements en profondeur à une diminution de pression,

1. En France, il y a eu pourtant des plutoniens, tels que BURAT (1843) et FOURNET (1859), pour attribuer au moins une partie des gîtes métallifères à des injections ignées.

2. Sa théorie, dont on peut trouver le résumé fidèle dans la géologie de A. DE LAPPARENT, a pour point de départ la distinction entre les filons injectés à la manière des laves et les filons concrétionnés du groupe plombifère; mais il montre bien les relations qui unissent les deux phénomènes.

ou à un conflit des eaux thermales ascendantes et des eaux superficielles descendantes, qui paraît incompatible avec l'importance attribuable aux érosions.

Vers la même époque, en Allemagne, G. Bischof créait la géologie chimique (1846); puis von Beust, Breithaupt, von Cotta écrivaient, sur l'ensemble des gîtes métallifères, des traités classiques, dont le dernier surtout (1853-1859), faute d'ouvrage concurrent en France ou en Angleterre, a fait autorité, pendant trente ans, dans le monde entier.

Il faut encore citer les recherches chimiques de F. Sandberger (1871), qui, en prouvant la diffusion des métaux dans les roches éruptives, arriva à l'idée que les filons avaient été simplement produits par le lessivage de ces roches sous l'action des eaux souterraines, c'est-à-dire par la sécrétion latérale. Cette opinion, qui a joui un moment d'une certaine faveur, — comme il arrive pour toutes les hypothèses, au moyen desquelles on croit pouvoir éliminer les causes profondes, — a été cependant combattue vivement, en Allemagne même, par Stelzner, et à Przibram, par Poszepny.

Enfin, depuis une trentaine d'années, un développement remarquable a été donné aux études de métallogénie aux États-Unis, où un champ d'exploration immense et encore vierge, une industrie minière devenue en toute matière la première du monde, les appuis officiels les plus puissants et des ressources d'argent illimitées ont facilité l'œuvre de très remarquables géologues, armés scientifiquement par les méthodes nouvelles de la pétrographie et l'usage du microscope.

On peut citer, entre 1870 et 1885, les monographies de Pumpelly, Becker, Emmons, Curtis, Irving, où domina, d'abord, l'idée d'une sécrétion latérale, c'est-à-dire d'un emprunt aux roches éruptives encaissantes[1], puis celle d'une substitution ou « metasomatic replacment ».

Cette dernière théorie, très en vogue aux États-Unis, a été d'abord appliquée aux grands gisements de Leadville et d'Eureka, encaissés dans des calcaires, puis à des gisements intercalés dans des roches quelconques et même dans des roches cristallines acides. Ainsi, pour les gîtes de fer à allure sédimentaire du Lac Supérieur, Irving et Van Hise ont admis qu'il y avait eu circulation d'eaux superficielles arrêtées en profondeur et ayant précipité leur fer par substitution. C'est un peu la thèse de Poszepny, pour lequel il n'existait pas de gîte métallifère sédimentaire, mais seulement des produits de substitution ou de remplissage ultérieur.

1. Tandis que SANDBERGER étendait la sécrétion latérale à des roches quelconques de la région, les Américains l'ont restreinte aux roches éruptives en contact avec le gisement et ont admis que les eaux lessivantes avaient pu être, soit descendantes, soit ascendantes (quoique d'origine superficielle).

Plus tard, sont venus, depuis 1898, les travaux d'Emmons, Lindgren, etc., qui ont mis en évidence le rôle simultané ou successif des eaux ascendantes et des eaux descendantes.

Dans cet ordre d'idées, il me sera peut-être permis de rappeler que j'avais moi-même, antérieurement[1], attiré l'attention sur l'importance très générale des altérations superficielles dues à la circulation des eaux descendantes et montré comment bien des obscurités, bien des contradictions disparaissent, quand on tient compte des phases successives par lesquelles un gîte a passé depuis sa formation première, quand on envisage la profondeur à laquelle il a d'abord cristallisé, puis les remaniements qu'il a subis, soit à des époques géologiques anciennes, quand ni la surface topographique ni le niveau hydrostatique n'étaient les mêmes qu'aujourd'hui, soit même à l'époque actuelle. Je crois avoir été le premier à appeler vivement l'attention sur ces notions de profondeur originelle, de métasomatose ancienne et d'altération superficielle récente, avec leurs deux zones distinctes d'oxydation et de cémentation, qui expliquent tant de phénomènes, restés jusque-là incompréhensibles.

Pour une catégorie de gisements tout différents, les gîtes d'inclusions et de ségrégation directe, je dois également revendiquer la priorité, ayant, dès 1890[2], proposé d'établir, à côté des deux catégories de gîtes, auxquels, jusqu'alors, on se bornait exclusivement (filons concrétionnés et sédiments), une troisième catégorie de gîtes, où avaient dû prédominer les réactions de la métallurgie ignée (magnétite, fer chromé, nickel, etc., associés à des roches basiques). Cette idée, que je n'avais fait qu'indiquer, a été nettement définie, précisée et mise en valeur dans les beaux travaux de M. Vogt (1891), qui trouvait, en Norvège, un champ d'études tout particulièrement propice à l'observation de ce genre de gîtes par suite de son érosion profonde, et, plus tard, M. Kemp, aux États-Unis (1898), est venu lui apporter un nouvel appui.

II. — But de la métallogénie.

La métallogénie se propose de rechercher les lois, qui ont présidé à la répartition, à l'association ou à la séparation des éléments chimiques

---

1. *Contribution à l'étude des gîtes métallifères.* (Annales des Mines, 1897.)

2. *Cours à l'École des Mines* (inédit), 1890. — *Formation des gîtes métallifères* (1892). — *Contribution à l'étude des gîtes métallifères. Sur l'importance des gîtes d'inclusions et de ségrégation dans une classification des gîtes métallifères* (1897). — On trouve déjà, dans Élie de Beaumont, la mention des gîtes métallifères contenus dans des « filons injectés à la manière des laves ».

dans les parties abordables de l'écorce terrestre. Envisagée d'une façon absolue, elle pourrait donc embrasser toute la géologie, puisqu'il n'est pas une roche ou un terrain quelconque, dans lesquels n'interviennent divers éléments chimiques et même un ou plusieurs métaux utilisables. Aussi établit-on, dans un sujet trop vaste, une limite, purement conventionnelle, mais conforme à l'usage vulgaire, en restreignant le champ d'études aux concentrations, qui ont amené les substances utiles à un point où elles deviennent pratiquement exploitables. Il n'est pas besoin de remarquer combien cette définition empirique est vague et sujette à modifications avec l'époque, puisque l'utilisation et, par conséquent, l'exploitabilité d'un minerai sont directement subordonnées à la loi commerciale, qui régit l'offre et la demande et dépendent des besoins, des débouchés, de la concurrence, etc... Ce qui était hier une simple curiosité minéralogique devient le lendemain un minerai; le même minéral, qui est considéré ici comme une gangue stérile, prend, ailleurs, le rôle de minerai principal. Une teneur en or de 1 p. 1.000.000 peut constituer un gisement exploitable; 20 p. 100 ne suffisent pas pour le fer. Le moindre calcaire peut être utilisé comme un minerai de carbure de calcium et d'acétylène; la bauxite, qui est une simple terre alumineuse, devient une source d'aluminium; les monazites fournissent aujourd'hui des terres rares à incandescence.

En fait, nous n'avons, par définition même, à étudier en métallogénie que les cas, où une substance se trouve en quantité plus importante que d'habitude : ceux, par conséquent, où elle s'est *concentrée*, quelle que soit d'ailleurs la teneur finale qui en résulte et la métallogénie devient l'étude des phénomènes de métallurgie naturelle, ou de géologie chimique, qui ont amené la concentration anormale d'une substance chimique quelconque, à l'exclusion des cas où cette substance se présente en proportions habituelles : cas réservés à la géologie proprement dite et particulièrement à ses deux branches de la pétrographie et de la stratigraphie.

Nous verrons, d'ailleurs, que les gîtes métallifères ou minéraux peuvent être classés en trois groupes principaux, dont l'un, les *gîtes d'inclusions ou de ségrégation directe* présentent un lien intime avec la pétrographie, dont l'autre, les *minerais sédimentaires*, n'est qu'un cas particulier de la sédimentation et dont le troisième, les *filons*, constitue, à lui seul, malgré ses liens ordinaires avec les deux premiers, un sujet tout à fait distinct, auquel, par le fait seul qu'il n'a pu être considéré ailleurs, vont s'appliquer principalement les observations suivantes.

III. — Méthodes de la métallogénie.

Les études de métallogénie ont, cela se conçoit, pour base essentielle les observations sur le terrain. Elles recourent, en outre, à l'examen microscopique des minerais, à la détermination pétrographique et chimique des roches encaissantes ; enfin elles utilisent, comme terme de comparaison, l'observation d'un certain nombre de phénomènes actuels et des reproductions expérimentales, qui, dans ce cas, se sont montrées particulièrement fructueuses (soit pour imiter la disposition mécanique des fractures minéralisées, soit surtout pour en interpréter le remplissage), parce qu'il s'agit, en somme, de phénomènes relativement locaux et qui ne paraissent avoir exigé, ni des températures, ni des pressions extraordinaires.

A) Études sur le terrain. Examen stratigraphique, pétrographique et chimique des roches et terrains encaissants. Les fractures filoniennes et leur remplissage. Les associations de minerais. L'age des filons. — Aucun phénomène n'est isolé dans la nature et l'explication du plus obscur en apparence doit, le plus souvent, débuter par trouver ses liens avec d'autres, de manière que l'interprétation admise embrasse, à la fois, tous les faits connexes. En métallogénie, plus encore peut-être que partout ailleurs, c'est une erreur préjudiciable de s'arrêter à un examen local, si minutieux qu'il puisse être et l'on ne saurait trop étendre son champ d'investigations. La formation d'un gîte quelconque nous apparaît, aujourd'hui, comme le corollaire de tout un ensemble de dispositions stratigraphiques, tectoniques et pétrographiques, qui peuvent s'étendre très loin : il y a relation mécanique avec le dynamisme de toute la contrée ; il y a rapport d'origine ou de métamorphisme avec les roches éruptives et les terrains encaissants ; il y a surtout intervention essentielle de la profondeur originelle et des altérations consécutives, c'est-à-dire que nous ne pouvons être sûrs de comprendre un gisement, si nous ne savons à quelle époque il s'est formé, quelle était alors la coupe des terrains au-dessus de lui et quelles vicissitudes la région a subies dans la suite, c'est-à-dire dans quelle mesure l'ensemble de, terrains et de roches qui la composent a pu être altéré, puis effondré et encastré entre des terrains solides dans la profondeur.

Il est malheureusement rare qu'on puisse répondre à toutes ces questions, aussi précisément qu'on le voudrait, pour un gîte déterminé ; mais alors interviennent les comparaisons avec d'autres gîtes du même

type, qu'on peut supposer du même âge ou cristallisés dans des conditions analogues et les généralisations plus ou moins hypothétiques, par lesquelles on essaye d'expliquer à la fois tous les gisements
homologues, en les rattachant à une même phase de mouvement tectonique, à une même manifestation éruptive, à un même processus
d'altération.

Cette remarque était nécessaire dès le début ; car l'empirisme, qui a
trop longtemps prévalu dans ce genre d'études, s'est naturellement
appuyé sur les observations faites en un coin restreint du monde, ou
même dans un seul filon, pour échafauder d'ingénieuses explications,
dont la connaissance de régions un peu plus vastes aurait aussitôt montré
l'inanité.

Il faut cependant ensuite restreindre son champ d'études et je n'ai
pas besoin de dire que l'attention doit alors être particulièrement attirée
sur les roches, ou terrains, situés au contact du minerai, puis sur le
minerai même, sur ses gangues et sur les débris stériles qu'il peut
englober[1].

L'analyse chimique des roches encaissantes est un point sur lequel
les théories (d'ailleurs inexactes) de Fr. Sandberger ont beaucoup contribué à attirer l'attention ; il peut être, en effet, utile d'analyser les
roches éruptives, qui encaissent ou avoisinent un gisement, pour y
chercher des traces du métal, qui caractérise ce gîte ; il faut alors avoir
soin d'analyser chacune de ces roches à divers degrés d'altération,
passer en revue toutes les roches du voisinage et, surtout, prendre
comme points de comparaison des roches semblables de la même
région, auprès desquelles ne se trouve aucun gîte métallifère.

C'est seulement alors qu'on peut, surtout pour des métaux comme le
cuivre, le nickel, ou même le zinc, dont la présence est, en somme,
assez banale dans les roches, établir, avec quelque vraisemblance, une
relation d'origine. Alors que l'on imaginait une pure et simple sécrétion latérale empruntée aux roches encaissantes par leur altération, la
méthode à suivre s'imposait. Il suffisait de comparer la roche fraîche à
la roche altérée et de trouver, dans la première, une proportion du
métal considéré plus forte que dans la seconde pour en conclure que
l'altération seule avait produit par concentration le gisement voisin.
Cette théorie est aujourd'hui abandonnée et nous verrons comment la
formation du gîte, puis son altération, accompagnée par celle des roches
voisines, ont représenté deux phases successives tout à fait distinctes,

---

1. C'est pour répondre à ce besoin que la collection systématique des gîtes
métallifères à l'École des Mines présente toujours une série complète des roches
encaissantes.

ayant pu, chacune à son tour, contribuer à l'allure actuelle du gîte.
Mais l'altération superficielle n'en reste pas moins un des points, sur
lesquels l'analyse chimique peut le mieux nous renseigner et l'on peut,
en particulier, demander à la chimie des indications précieuses sur les
concentrations connexes de substances, comme le manganèse, la
magnésie, la baryte, etc... que nous sommes habitués à voir se développer dans les zones altérées.

L'examen microscopique rend plus de services encore pour reconnaître les relations des minerais entre eux, avec leurs gangues, ou surtout avec le terrain encaissant.

On a pu, par exemple, étudier de cette façon des processus de
substitution et les différencier de cas où il y avait un simple remplissage de fissures préalables ; quand il y a substitution, le microscope
permet, en général, d'en suivre les progrès. Cet examen, qui est parfois
difficile par suite de l'altération habituelle des roches au contact des
gisements et de l'opacité de la plupart des minerais, peut être aidé à
l'occasion par des réactions microchimiques.

J'ai à peine besoin toutefois de rappeler qu'une telle étude d'un
point de détail ne vaut que par la façon dont le point a été choisi et
dont l'étude est interprétée. Le microscope a cet avantage, sur l'analyse chimique, de ne pas faire connaître seulement la roche et le minerai
dans leur état actuel, mais de mettre aussi sur la voie de transformations, qu'on retrouve simultanément à leurs divers stades ; il ne faut
cependant pas exagérer son pouvoir et la tectonique doit fournir la base
solide de tous les essais.

Enfin, il importe d'étudier le gisement lui-même en comparant les
résultats obtenus à diverses profondeurs ou dans des conditions diverses
par rapport à la topographie, au niveau hydrostatique, aux accidents
stratigraphiques ou pétrographiques quelconques de la région, tels que
changements de terrains au contact d'un filon, ou rencontres de roches
éruptives. Toutes les fois qu'une telle comparaison peut être traduite
sous la forme graphique, on en déduit des conclusions plus frappantes.
Une grande réserve doit, là aussi, être apportée pour utiliser des résultats d'analyse ou de traitement, qui ont un caractère industriel : ceux-
ci, sans aucune idée de falsification, pouvant se trouver influencés par
des modifications dans la préparation mécanique ou le traitement métallurgique.

Ces observations sur le gisement lui-même comprennent, quand il
s'agit d'un gîte filonien, deux parties bien distinctes : 1° l'examen de
la cavité remplie, ou de la roche, à laquelle le minerai a pu se substituer et, 2° l'étude du remplissage, c'est-à-dire du minerai, dont il y a

lieu d'apprécier la forme primitive et les transformations par métamorphisme.

Le côté mécanique, ou, si l'on veut, géométrique du phénomène filonien a, presque exclusivement, occupé l'attention autrefois. On a été très occupé de savoir si l'on avit affaire à un vrai filon (a true fissure vein) ou à des cassures secondaires, qu'on jugeait toujours sans valeur; on a également exploré avec minutie les relations réciproques des fractures, qui peuvent se recouper les unes les autres et essayé d'énoncer des lois relatives aux enrichissements, correspondant, soit à certaines directions, soit à certaines inclinaisons, soit aux variations de l'inclinaison et de la direction avec la nature des terrains traversés par un filon, soit à la rencontre de deux filons. Ces observations, qui demeurent très intéressantes, doivent être utilisées avec quelque circonspection; il ne faut pas exagérer la rigueur, avec laquelle une direction déterminée paraît, dans un même champ de filons, impliquer un remplissage correspondant; il faut surtout ne pas perdre de vue que des vides de nature très diverse ont pu, les uns comme les autres, offrir un passage et un terrain de précipitation aux solutions métallisantes; enfin il est indispensable, quand on observe ces intersections de filons successifs, de distinguer ceux d'entre eux, qui ont pu garder leur structure originelle et ceux, au contraire, qui, procédant d'une altération, peuvent correspondre à une véritable sécrétion latérale, opérée sur des filons métallifères antérieurs.

Le côté chimique est aujourd'hui envisagé de préférence et ce qui nous intéresse, avant tout, dans la concentration métallifère, c'est le processus de métallurgie naturelle, qui l'a déterminée.

Les caractères d'un seul minéral en lui-même sont déjà un enseignement; car un minéral prend quelquefois des formes cristallines différentes suivant son mode de cristallisation (le quartz, par exemple) et l'examen microscopique des inclusions liquides ou gazeuses, qu'il renferme, nous apprend le milieu, dans lequel il s'est formé. Les associations de minéraux entre eux et l'ordre de leur cristallisation sont encore plus instructifs. Il est généralement facile, soit dans une roche, soit dans un filon d'incrustation, de reconnaître l'ordre, dans lequel les minéraux se sont formés; un minéral, qui en enveloppe un autre, lui est certainement postérieur; de même, quand on trouve, sur les deux épontes du filon, d'abord une même substance A, puis une substance B, puis une substance C, la cristallisation s'est opérée dans l'ordre A, B, C. L'apparition, dans un de ces rubanements parallèles, qui caractérisent un filon concrétionné, d'une zone dissymétrique, ait supposer une réouverture entre deux remplissages; il arrive alors souvent qu'une des zones métallifères renferme des débris d'un remplissage antérieur, comme elle englobe des fragments de la roche encaissante. On a, par exemple en Saxe, apporté un très grand soin à classer, dans les divers filons, les venues métallifères successives et à chercher, en rapprochant ces ordres de succession les uns des autres, des lois générales, qui n'apparaissent pas toujours bien clairement. L'étude des fragments stériles englobés et de leur pénétration possible par les minerais peut également, comme celle des enclaves dans les venues éruptives, nous renseigner sur l'action des solutions métallisantes, qui s'est exercée là sur la roche en contact dans des conditions particulièrement actives. Enfin, le fait seul que divers minéraux se trouvent associés est déjà très instructif, parce que deux minéraux, formés à peu près simultanément, impliquent une réaction, qui leur convienne à la fois à tous deux. La présence simultanée de cuivre et d'argent natifs est ainsi incompatible avec une fusion ignée, puisque les températures de fusion ou de cristallisation des deux métaux sont très différentes. C'est par l'examen de ces associations que l'on peut, en outre, espérer reconstituer les diverses phases de l'évolution subie par les minerais et remonter peut-être jusqu'à leur origine première.

Quand on étudie un gisement, on se propose de déterminer son *âge*, c'est-à-dire, plus exactement, l'âge de sa fracture et celui de son remplissage ; mais il ne saurait y avoir une grande différence entre les époques, où se sont réalisés ces deux phénomènes, que nous devons distinguer en principe. Je suis arrivé, en effet, par l'étude des sources thermales [1], à cette conclusion très nette (et d'ailleurs assez vraisemblable d'avance) qu'il ne saurait subsister longtemps des vides ouverts dans l'écorce terrestre. Les circulations profondes des eaux souterraines sont strictement localisées dans les régions récemment fracturées de la Terre et il a dû toujours en être ainsi ; le remplissage a dû suivre d'assez près l'ouverture de la fissure, et il est probable que, dans bien des cas, les deux phénomènes ont été solidaires, ont résulté tous deux d'un même mouvement tectonique, qui déterminait, à la fois, la dislocation de l'écorce terrestre et le déplacement des magmas fluides internes, avec leur intrusion ou la dissémination de leurs fumerolles dans ces dislocations. Il y a seulement lieu de remarquer que certaines régions fracturées paraissent avoir été soumises à des mouvements consécutifs pendant plusieurs périodes géologiques, en sorte que des fractures incrustées, qui formaient, en dépit de ces incrustations, des plans de moindre résistance, par exemple des plans de faille entre deux

---

1. Voir *Traité des Sciences thermo-minérales*, page 216 et *La distribution géographique des Sources thermales* (Rev. gén. des Sciences, 15 juillet 1898).

compartiments de l'écorce en déplacement relatif, ont pu rejouer et se rouvrir plusieurs fois. On suit, d'une façon manifeste, cette histoire pour quelques grandes failles de décrochement on d'effondrement dans nos massifs anciens de la chaîne hercynienne et il en résulte, pour les produits d'incrustation qu'elles peuvent contenir, une difficile complexité.

L'âge d'un filon métallifère se reconnaît, comme celui d'un filon éruptif[1], par la considération des terrains traversés et de ceux que le phénomène a pu épargner au-dessus, dans le prolongement des fractures ou à leur voisinage immédiat. On a, rarement, pour les filons, la limite d'âge supérieure, qui résulte, pour les roches, de ce que leurs débris se retrouvent remaniés dans quelque poudingue sédimentaire ; car les minerais, toujours très friables et bientôt détruits, se prêtent mal à une sédimentation mécanique ; cependant, le fait paraît bien se rencontrer quelquefois : notamment, comme je le montrerai plus tard, pour une traînée de sédiments plombeux et cuprifères, qui suit la chaîne hercynienne ; ailleurs, pour des alluvions d'étain et d'or.

Faute de déterminations précises, les relations avec la tectonique générale sont souvent d'un grand service pour obtenir l'âge approximatif d'un filon ; celui-ci n'est, en effet, au milieu de ces mouvements tectoniques, qu'une dislocation quelconque, dans laquelle une incrustation s'est trouvée réalisée ; on peut alors quelquefois obtenir, pour l'ensemble de ces mouvements, une notion d'âge, qui faisait défaut pour le filon particulier, suivre le prolongement d'un filon sous la forme de faille et le voir influencer des terrains bien déterminés, reconnaître qu'un sédiment ou une nappe éruptive d'âge connu recouvrent tout l'ensemble des fractures sans en subir le contre-coup, etc.

B) Phénomènes actuels utiles a considérer en métallogénie. — Les principaux phénomènes actuels, dont l'étude peut nous instruire sur les concentrations minérales ou métallifères, sont :

D'une part, ceux qui, réalisés à haute température et surtout sous pression par l'effet de réactions profondes, aident à interpréter les gîtes de ségrégation et les filons métallifères : 1° Éruptivité et 2° Sources thermales ;

D'autre part, ceux qui, produits à la température et à la pression ordinaire, peuvent expliquer la préparation mécanique et chimique des minerais, ou leur altération superficielle : 3° Sédimentation et 4° Métamorphisme continental.

1. Voir, plus haut, page 161.

1° *Éruptivité. Rareté des métaux dans le volcanisme superficiel. Fumerolles.* — Quelques restrictions qu'il puisse y avoir lieu d'apporter à certaines interprétations, où l'on fait venir les métaux tout droit du centre de la Terre, l'éruptivité n'en reste pas moins la clef de la métallogénie. Personne, je crois, ne conteste le lien étroit, qui unit les roches éruptives aux gîtes métallifères non remaniés ; ces gisements de minerais sont un cas particulier dans l'opération métallurgique, indéfiniment continuée, qui aboutit à la formation de toutes ces scories, plus ou moins acides, plus ou moins basiques, appelées par nous des roches cristallines. Il est évident que les métaux de nos ségrégations ou de nos filons représentent un stade plus avancé de concentrations, que nous voyons déjà commencer à se manifester parfois dans les roches elles-mêmes et les discussions ne peuvent exister que sur la façon dont s'est produit ce départ, sur les agents mis en jeu, sur le moment où il a été réalisé.

Mais, dans les phénomènes d'activité ignée, qui forment l'objet de la pétrographie et que nous étudierons à ce propos, les moins intéressants pour notre sujet spécial sont peut-être ceux qui se produisent à la superficie même et qui caractérisent le volcanisme, tel que nous pouvons l'aborder pendant sa période active, avant que l'érosion en ait mis à nu les effets les plus profonds. Les concentrations métallifères filoniennes, tout en pouvant, pour certains métaux, se continuer jusqu'à la surface, doivent, dans la grande majorité des cas, avoir été réalisées en profondeur et il en est de même, à plus forte raison, pour les ségrégations des roches basiques, qui ont isolé, au milieu ou au contact d'une masse profonde, certains amas de métaux oxydés ou sulfurés. Néanmoins, le volcanisme nous montre la possibilité de diverses cristallisations métalliques et surtout nous fait connaître, à l'état d'activité, les fumerolles, dont le rôle essentiel dans la métallisation a, depuis Élie de Beaumont, été professé par l'école géologique française. Je renvoie pour ses caractères, à ce qui en a été dit précédemment[1], et je rappelle seulement ce qui importe à notre sujet spécial.

Les cristallisations de métaux dans le volcanisme superficiel se bornent à fort peu de chose et la conclusion à tirer de cette étude est surtout négative. Nulle part, un véritable filon métallifère ne cristallise sous nos yeux ; il en résulte que la métallisation filonienne correspond à autre chose qu'à cette éruptivité de surface ; il manque, très probablement, à celle-ci, un élément, qui doit être essentiel dans toute la métallurgie interne et dont l'absence nous empêche d'en reproduire exactement les phénomènes : c'est la pression

1. Page 153.

En deux mots, on peut dire que le volcanisme apporte au jour de l'oligiste, cristallisé par une réaction probable du chlorure de fer sur la vapeur d'eau, dans des conditions qui ont bien rarement leur équivalent pour les gîtes métallifères anciens un peu importants[1] ; il se dépose, en même temps, du manganèse ; on a signalé, exceptionnellement, des traces de cuivre, de plomb et de cobalt[2] et, enfin, le seul métal, qui arrive peut-être jusqu'à la surface dans des sources chaudes en relation avec le volcanisme actuel de la même manière que dans les filons anciens, est le mercure. Quelques observations, faites en Californie, en Nouvelle-Zélande, etc., semblent indiquer que le mercure peut être un produit actuel et superficiel de l'activité volcanique : ce qui concorde assez bien avec la répartition de beaucoup de ses gisements sur les dislocations les plus récentes du globe et avec quelques-uns de leurs caractères[3].

Les métalloïdes sont, au contraire, très abondants dans le volcanisme : non seulement le soufre, le chlore et le carbone, que nous allons voir caractériser surtout les fumerolles, mais encore l'arsenic (réalgar, or piment), le bore[4], etc. Je ne parle pas des produits courants, qui, existant dans toutes les roches, se retrouvent dans toutes les eaux, et surtout dans les eaux échauffées : alcalis, etc.

En dehors du rôle de la pression, un autre caractère du volcanisme contribue, sans doute, à l'absence de cristallisations métallifères filoniennes dans ses produits. Les minerais, quand ils ne viennent pas d'une ségrégation ignée, semblent tous, comme nous le verrons bientôt, le résultat d'une cristallisation par voie hydrothermale et non d'une cristallisation par sublimation sèche : c'est ainsi qu'on opère leur synthèse. Or, dans le volcanisme, bien que la vapeur d'eau soit extrêmement abondante, il n'y a plus dissolution aqueuse, mais vapeurs ; les

---

1. On sait, cependant, qu'il s'est produit des cristallisations d'oligiste ou de magnétite dans les contacts de roches cristallines, mais en profondeur. ÉLIE DE BEAUMONT avait autrefois insisté sur les phénomènes de ce genre, que manifestent les gisements de Framont dans les Vosges (*Émanations volcaniques et métallifères*, p. 15) ; et y avait signalé la présence de la phénacite (silicate de glucine), qui établit un rapprochement avec les gîtes stannifères. M. LACROIX a étudié, avec beaucoup de précision, des filons de magnétite développés au contact du granite dans les Pyrénées (Bul. Serv. Carte géol., n° 71, p. 9, 1900).

2. D'après FOUQUÉ, le chlorure de plomb (cotunnite) serait relativement fréquent au Vésuve et la cuprite à l'Etna (Rev. gén. des Sc., 30 janvier 1901, p. 81, l'Etna). Quelques chimistes se sont demandé si ces métaux ne correspondraient pas simplement à ceux que l'analyse reconnaît souvent dans les minéraux ferro-magnésiens des roches et qui leur auraient été empruntés.

3. Encore y a-t-il lieu de penser aux remises en mouvement si faciles pour ce métal, dont le sulfure est très aisément soluble.

4. L'acide borique est particulièrement abondant à Vulcano, sans parler des soffioni de la Toscane.

conditions nécessaires au dépôt des métaux, qui peuvent exister en profondeur, ne se trouvent plus réalisées dans cette vaporisation superficielle.

L'étude des fumerolles a montré, comme on l'a vu plus haut[1], qu'il fallait distinguer, pendant le refroidissement d'une roche éruptive, trois phases successives à température décroissante, caractérisées : la première, par la prédominance du chlore ; la seconde, par le soufre ; la troisième, par le carbone. On croit reconnaître quelque chose d'analogue dans l'éloignement plus ou moins grand, qui sépare certains minerais de leur roche originelle. Les métaux, tels que l'étain, pour lesquels les chloro-fluorures ont dû intervenir, sont, d'ordinaire, très rapprochés des roches acides ; les métaux sulfurés en sont plus éloignés ; enfin, certains grands filons de quartz ou de pegmatite quartzeuse, qui n'ont plus qu'un rapport très lointain avec les roches éruptives, doivent peut-être leur cristallisation à l'intervention d'acide carbonique.

2° *Sources thermales. Leur origine. Leur relation avec les fractures profondes et récentes. Leur minéralisation. Analogies et différences avec les formations métallifères filoniennes.* — Le rôle des eaux souterraines, dans tous les phénomènes qui intéressent les gîtes métallifères, soit dans leur formation primitive, soit dans leur altération ultérieure, est essentiel. L'examen des minerais filoniens montre, en effet, comme je l'ai déjà dit et comme nous le reverrons en parlant de leur synthèse, qu'ils ont été généralement déposés par précipitation hydrothermale. Les eaux thermales constituent, d'ailleurs, en elles-mêmes, une forme active de concentration minérale, que la géologie pratique doit apprendre à utiliser. D'où l'intérêt, qui, de toutes façons, s'attache à leur étude[2].

Les sources thermales représentent, en principe, la réapparition au jour d'eaux, infiltrées à la superficie, descendues en profondeur, où elles se sont échauffées et minéralisées et remontées rapidement vers la surface à la faveur de quelque grande fracture.

Il est possible qu'il y ait, en outre, dans les régions volcaniques, des sources thermales d'une autre nature et dont l'eau aurait une origine interne ; rien ne prouve, je l'ai rappelé déjà[3], que les énormes dégagements de vapeur d'eau, par lesquels se caractérise le volcanisme exté-

1. Page 157.
2. J'ai essayé d'éclaircir toutes les questions qui concernent les *Sources thermominérales*, leur origine, leur minéralisation, leur débit, leurs relations avec la tectonique, leur répartition géographique et leur captage, dans un ouvrage spécial, auquel je demande la permission de renvoyer (Paris, Béranger. 1897).
3. Page 158.

rieur, proviennent d'infiltrations superficielles. M. A. Gautier a pu remarquer que la fusion du granite produisait, à elle seule, des quantités d'eau abondantes et nous ne savons pas non plus s'il n'existe pas en profondeur de l'eau emprisonnée sous pression, à laquelle l'ouverture d'une fente donnerait, pour la première fois, une issue violente [1]. En tout cas, cette explication interne ne peut convenir que pour certaines sources des régions volcaniques actives et non pour toutes les autres, auprès desquelles aucune éruptivité ne se manifeste [2]. Au voisinage même des volcans, il ne faut pas oublier que l'échauffement du sol et le grand nombre des fractures ouvertes de tous côtés sont des conditions essentiellement favorables à la production de simples circuits artésiens hydrothermaux voisins de la surface et néanmoins très échauffés, dans les conditions que nous venons de considérer comme les plus générales.

De toutes façons, le fait essentiel dans la source thermale est l'existence d'une large fracture très profonde. Cette fracture ouvre une issue rapide vers le jour à de l'eau, qui se trouvait emmagasinée sous pression à de grandes profondeurs et qui, en raison de cette pression, remonte à la surface, ou même jaillit, en refoulant les venues d'eau superficielles, qui pourraient tendre à se mélanger avec elle. Il se produit donc, sur ce point spécial, un phénomène, qui ne se réalise pas d'habitude dans les sources ordinaires, et qui caractérise, avant tout, la venue hydrothermale : c'est la capture d'une masse d'eau, située très profondément au-dessous du niveau hydrostatique [3].

Dans ce cas particulier, on voit, dès lors, contrairement à ce qui se produit pour les sources froides, de l'eau, dont l'origine première n'en est pas moins superficielle, pénétrer jusqu'à 1.000 ou 2.000 mètres à travers la nappe d'eau permanente, qui se trouve en dessous du niveau hydrostatique, ou plutôt se détacher de celle-ci à la rencontre d'une fracture, qui joue le rôle d'un tuyau aspirant et, après un très

---

1. M. Ed. Suess s'est élevé vivement contre la théorie de Daubrée, qui suppose que toutes les eaux remontées à la surface dans le volcanisme ou les formations de filons métallifères, ont une origine superficielle. Pour lui, ce sont, en principe, des « eaux nouvelles », « juvéniles », qui n'ont pas encore vu le jour (*Ueber heisse Quellen*. Verh. Ges. deutsch. Naturf., 1902).

2. Dans toutes les anciennes théories inspirées d'Élie de Beaumont, la proportion entre ces deux catégories de sources était renversée et les sources d'origine volcanique passaient pour former l'immense majorité. A peine admettait-on quelques cas exceptionnels de circulation artésienne.

3. Le *niveau hydrostatique* est la surface jusqu'à laquelle les eaux s'élèvent naturellement dans le sol par leur pression propre, lorsqu'un régime stable s'est établi dans les terrains. Au-dessous de ce niveau, un vide quelconque est, en principe, toujours rempli d'eau, tandis qu'au-dessus l'eau souterraine est en mouvement constant et rapide, s'accroît, s'enfle ou disparaît (voir, sur cette notion, *Géologie pratique*, p. 50; et plus loin, p. 309).

long circuit souterrain antérieur, remonter par ce tube ouvert avec rapidité. Dans les sources ordinaires, au contraire, il y a simple circulation au-dessus du niveau hydrostatique et, dans les sources dites vauclusiennes des terrains calcaires largement fissurés, il se produit, par un phénomène intermédiaire, une pénétration et une capture des eaux courantes au-dessous de ce niveau comme pour les sources thermales, mais à très peu de profondeur, faute de fractures tectoniques, avec remontée par une simple diaclase, élargie en grotte ou en rivière souterraine.

La grande fracture profonde, par laquelle s'élève ainsi la source thermale, ne constitue pas nécessairement son émergence, ou ce qu'on appelle son *griffon ;* il peut y avoir dissémination de l'eau thermale, qu'elle ramène de la profondeur, dans toutes les fissures de la superficie, avec production de sources latérales ; mais, sauf dans le cas des sources en rapport avec le volcanisme, elle n'en est pas moins la caractéristique essentielle du phénomène ; et c'est l'existence de cette grande fracture, dans laquelle circulent des eaux chaudes minéralisées, qui établit également le rapprochement avec les filons métallifères.

Le rôle de ces fractures profondes explique la loi générale, sur laquelle j'ai autrefois appelé l'attention, qui localise strictement les sources thermales dans les régions récemment disloquées du globe.

C'est également ce qui fait que toutes les sources thermales se trouvent sur un accident tectonique, ayant déterminé une semblable fracture verticale : sur une faille, sur le bord d'un effondrement, sur un filon métallifère, sur un filon de roche éruptive. Le gisement d'une source thermale est toujours exactement déterminé par l'intersection d'un tel accident, soit avec un autre accident semblable, soit, le plus souvent, avec une ligne déprimée de la superficie (vallée, rivage, bord de falaise, etc.), qui détermine un point de moindre pression.

Je répéterai, à propos des sources thermales, ce que je viens de dire pour le volcanisme ; malgré le lien intime, qui doit exister entre les manifestations hydrothermales actuelles et les anciennes circulations métallifères, il serait, à mon avis, très inexact de voir, dans l'émergence de nos sources thermales actuelles, à l'exception peut-être de quelques sources volcaniques, des filons métallifères en train de se former. On a, il est vrai, dressé des listes des métaux contenus dans les sources chaudes et retrouvé ainsi, dans celles-ci, à peu près tous les métaux des filons ; mais, pour beaucoup d'entre eux, les conditions d'analyse étaient un peu suspectes, soit que l'eau thermale eût touché à des métaux industriels (tuyaux, etc.), soit qu'elle eût été en contact plus profond avec les minerais d'un filon[1]. Là encore, comme dans le cas du volcanisme, s'il se produit quelque notable cristallisation métallifère, ce ne peut être qu'en profondeur et sous pression ; mais, surtout, il apparaît nettement que l'eau thermale est un simple agent de transport, un véhicule ; elle contient seulement et elle peut uniquement déposer les métaux, qui lui ont été fournis en profondeur ; or, malgré toutes les théories de sécrétion latérale, les roches refroidies en contact avec de l'eau chaude sont ordinairement incapables de lui prêter les éléments d'une métallisation filonienne ; des métaux ne peuvent être transportés par l'eau souterraine que d'une façon toute secondaire, après avoir été empruntés ailleurs à quelque gîte métallifère préexistant, qui s'est trouvé remanié ; ou, surtout, il faut, pour retrouver dans les eaux thermales un cas d'activité réellement filonien, que l'éruptivité interne leur ait d'abord apporté les métaux sous forme de fumerolles.

C'est en raison de ces conditions nécessaires (fumerolles et profondeur) et non parce qu'il y a, comme on l'a parfois supposé, évolution et diminution progressive des forces minéralisatrices, que nous ne voyons, nulle part, à la surface de la Terre, un véritable filon métallifère se former sous nos yeux. Dans tous les cas normaux, les sources thermales contiennent uniquement cette série de principes chimiques, que l'on retrouve partout banalement dans l'écorce terrestre, les alcalis, la chaux, la magnésie, le fer, le manganèse, plus rarement la baryte et la silice, combinées en chlorures, sulfates, sulfures ou carbonates. Mais, dans les régions volcaniques, nous voyons apparaître en outre, l'arsenic, le bore et, exceptionnellement, comme je l'ai déjà dit, quelques métaux, parmi lesquels on peut signaler le mercure.

Que l'on imagine de semblables circulations thermales, minéralisées en profondeur par une circonstance particulière et amenées à déposer leurs éléments entrés en dissolution sous pression, soit par sursaturation, soit par décompression, soit par refroidissement, soit par dégagement d'un principe dissolvant comme l'hydrogène sulfuré ou l'acide carbonique liquide, et il pourra alors se produire un filon métallifère.

Enfin, les circulations d'eau souterraines, quand leur circuit reste superficiel, interviennent dans une autre catégorie de phénomènes, sur lesquels je me réserve de revenir en détail quand nous étudierons au chapitre x la géologie en action : ce sont les altérations et les remaniements des minerais, localisés au-dessus du niveau hydrostatique. Quelques altérations, produites par une réaction très lente et très prolon-

---

1. Les cas de sources chaudes situées aujourd'hui encore sur une ancienne fracture filonienne réouverte et rencontrées, soit au jour, soit dans les travaux de mines, sont très nombreux. (Saxe, Toscane, Sierra Almagrera, Nevada, etc.).

gée des sources thermales à faible minéralisation sur des objets métalliques antiques assimilables à des minerais, ont été autrefois étudiées par Daubrée.

3° *Sédimentation mécanique et chimique. Évaporation de l'eau de mer. Production contemporaine d'oxyde et de sulfure de fer, de phosphates, nitrates, etc.* — La sédimentation peut déterminer des concentrations minérales ou métallifères par les deux procédés qu'emploie également l'industrie humaine : préparation mécanique et réactions chimiques ; ces dernières impliquant parfois ici l'intervention des organismes, ou du moins de la matière organisée. J'aurai peu de choses à dire ici sur ces phénomènes, qui rentrent, pour la plupart, dans le cas ordinaire des précipitations sédimentaires, étudiées un peu plus haut[1]. Quelques particularités sont cependant à noter.

Il est facile de prévoir, — et l'expérimentation montre sans peine — que la trituration de minéraux mélangés et leur transport dans un cours d'eau aboutissent à une classification, fondée à la fois sur la densité et sur la dureté. La dureté intervient d'abord pour déterminer un émiettement plus ou moins rapide des débris et, en ce qui concerne le transport par les eaux, il peut s'établir une sorte d'équivalence entre la grosseur et le poids : dans une première préparation grossière, on trouve donc, à la fois, des morceaux denses et des morceaux volumineux. Mais l'usure a bientôt fait de réduire en poussière tous les éléments lourds, friables, tels que les minerais, pour laisser seulement, à l'état de galets, quelques roches cristallines plus dures ; il se fait alors, à une distance du point de départ, qui se compte rarement par plusieurs kilomètres, un dépôt de minerais fins, formant des lits au milieu des sables. Enfin le cours d'eau n'entraîne plus que des débris durs et relativement légers, qu'il abandonne les uns après les autres par ordre de dureté décroissante et il ne reste, au bout du compte, quand on arrive assez loin, que les matériaux les plus durs, où domine généralement le quartz.

Si la préparation mécanique est réalisée par les vagues, sur une côte et non plus dans un cours d'eau, le résultat en est encore plus simple ; le travail étant prolongé sur place pendant un temps pour ainsi dire indéfini, on obtient un sable fin concentré, où se retrouvent tous les minéraux durs et denses des roches détruites.

Ce travail de préparation mécanique est nécessairement accompagné, pour tous les minerais facilement altérables, par les réactions chimiques oxydantes ou dissolvantes, que peut entraîner leur contact intermittent et mélangé de retours à l'air avec une eau, souvent déjà

1. Chapitre vi. Voir aussi chapitre xii, pages 474 à 485.

chargée de principes salins. Il en résulte que la préparation mécanique s'observe rarement pour des minerais sulfurés, d'ailleurs très friables, parce que ceux-ci se sont trouvés de suite éliminés, tandis qu'on la constate pour des métaux natifs, comme l'or ou le platine, pour des oxydes peu altérables comme la cassitérite, ou, rarement, la magnétite ; enfin, pour des pierres précieuses dures, comme le diamant, le rubis, le saphir, etc.

Cependant, nous aurons à signaler, le long de chaînes plissées anciennes, telles que la chaîne hercynienne, des sédiments métallifères sulfurés et, spécialement, des sables à grains ou galets de galène, qui ne semblent pas toujours le résultat d'un dépôt chimique contemporain, ni d'une imprégnation postérieure, mais qui viennent peut-être d'un transport mécanique. Il est intéressant de noter, dans cet ordre d'idées, l'existence, sur divers points (Luçon, Rép. Argentine), d'alluvions cupri-fères tout à fait récentes, sous forme de conglomérats avec noyaux de minerais de cuivre oxydés, dans lesquels a pu se développer, par une altération sur place, un peu de cuivre natif[1].

La sédimentation chimique, beaucoup plus importante, détermine, sous nos yeux, des concentrations diverses, qui peuvent expliquer bien des formations géologiques.

C'est, par exemple, l'accumulation constante des organismes cal-caires, qui ont commencé par fixer le carbonate de chaux dissous et qui, tantôt à l'état de récifs coralliens, tantôt à l'état de craies ou de sables calcaires, constituent, sous nos yeux mêmes, de véritables bancs calcaires. Par l'intermédiaire des mêmes organismes com-mence une fixation des éléments phosphatés, qui se continue ensuite dans toute la série des phénomènes subis par les terrains, jusque dans leur altération superficielle.

C'est, plus encore, la concentration des eaux marines dans cer-tains bassins, disposés de telle sorte que les apports aqueux y soient constamment inférieurs à l'évaporation. On constate aisément par expérience que l'eau de mer, amenée à un certain degré de concentra-tion, qui correspond à 12 ou 20 p. 100 de son épaisseur primitive, dépose du sulfate de chaux; puis il se produit un arrêt, tandis que l'eau baisse de 12 à 10 p. 100; après quoi, de 10 à 5 p. 100, il se préci-pite du sel marin, qui devient amer en se chargeant de sulfate de magnésie, puis de chlorures de potassium et de magnésium, quand on descend au-dessous de 3 p. 100. L'eau de mer, réduite à 2 p. 100, forme enfin une eau-mère, riche en chlorure de magnésium et contenant un

1. Beck. *Lehre von der Erzlagerstätten*, 2ᵉ éd., page 688.

peu d'acide borique, qui, dans les conditions ordinaires, ne se dessèche jamais.

On voit donc que, théoriquement, un dépôt géologique d'évaporation lagunaire devrait toujours commencer, à la base, par du gypse, recouvert par du sel marin et se terminer au sommet par de la carnallite (chlorure double de potassium et de magnésium), en admettant que l'évaporation ait été poussée assez loin. Il est à remarquer, cependant, que l'on trouve fréquemment du sel marin sous le sulfate de chaux, probablement parce qu'il y a eu deux ou plusieurs phases successives dans l'évaporation; et, de plus, le sulfate de chaux est beaucoup plus souvent en profondeur à l'état d'anhydrite qu'à l'état de gypse, alors que, dans nos laboratoires, la précipitation de l'anhydrite exige une élévation de température [1].

On peut encore rattacher à la sédimentation chimique, les si fréquentes réductions de sels de fer, qui déterminent la précipitation de pyrites de fer mêlées aux vases organisées des zones sub-littorales, ou, simplement, à celles de nos ports et qui peuvent expliquer les sulfures de fer ou de cuivre déposés sur des organismes végétaux ou animaux dans un si grand nombre de dépôts géologiques, par exemple dans les bassins cuprifères permiens, allongés sur le bord de la chaîne hercynienne [2].

Dans le même ordre d'idées rentrent aussi les vases manganésifères des grandes profondeurs marines et, au contraire, les dépôts d'oxyde de fer, connus sous le nom de fer des marais, qui se produisent sous une mince couche d'eau, dans certains bas-fonds tourbeux des continents aplanis.

Puis ce sont aussi les précipitations de silice ou de carbonate de chaux, réalisées, en tant de circonstances diverses, par les eaux, surtout quand celles-ci ont pu contenir d'abord un excès d'acide carbonique. C'est aussi la transformation des matières organiques en phosphates de chaux ou phosphates d'alumine sur le sol des grottes, dans les conditions découvertes par M. A. Gautier et, plus tard, la fluatisation de ces phosphates réalisée par M. Carnot; c'est la production des nitrates par l'intermédiaire des organismes nitrifiants [3], etc., etc.

Chacune de ces substances, ainsi déposées par sédimentation, peut être ensuite soumise aux altérations superficielles, que j'étudierai plus loin et qui ont pour effet, suivant sa solubilité, de l'éliminer ou de la

1. Voir *Traité des gîtes minéraux et métallifères*, 1913, t. 1, p. 226.

2. Dans ces dernières années, l'hypothèse d'une imprégnation postérieure pour ces gisements à type sédimentaire, tels que le Mansfeld, a rencontré beaucoup de partisans, dont le plus fameux est Poszepny. Voir mon mémoire sur les *Minerais stratiformes de la chaîne hercynienne* (Ann. d. Mines, 1911).

3. Voir *Gîtes minéraux et métallifères*, t. I, p. 297 à 302, la question de la nitrification.

concentrer. Le premier cas est celui de la chaux, des alcalis, et parfois du fer; le second est celui de la silice, du manganèse, du phosphore ou du fluor.

4° *Métasomatose continentale.* — Le rôle des phénomènes, qui agissent sans cesse sur les surfaces continentales pour les altérer jusqu'à la profondeur du niveau hydrostatique, est de premier ordre à considérer, aussi bien en géologie générale qu'en métallogénie. Il lui sera bientôt consacré une étude spéciale[1] et je ne le signale ici que pour mémoire.

C) Expérimentation. Reproduction mécanique des cassures filoniennes. Synthèses des minerais. — Les principales tentatives pour reproduire par l'expérimentation les phénomènes mécaniques des filons métallifères sont dues à Daubrée et quelques-unes d'entre elles sont devenues classiques[2]. Je rappellerai surtout l'expérience, qui a consisté à tordre une plaque de glace épaisse entre deux mâchoires (voir fig. 3, p. 32). Il s'est produit ainsi un réseau régulier de cassures, formant une série de faisceaux en dents de scie, à angle variable de 70 à 90 degrés, dont on retrouve constamment l'équivalent dans les phénomènes géologiques : soit qu'il s'agisse d'un simple bloc calcaire, où des veinules de calcite reproduisent les fissures de Daubrée; soit que l'on envisage les décrochements de tout un grand massif, comme le Plateau Central. La figure 37 (page 286), où j'ai essayé de synthétiser les principales fractures mises en évidence par mes explorations dans le Plateau Central, fait bien ressortir ce rapprochement.

Une autre expérience, dans laquelle un prisme de cire a été soumis à une pression, a déterminé un grand plan de faille incliné, avec production simultanée de fissures à peu près orthogonales.

Enfin la perforation de plaques d'acier par des explosions de gaz a laissé, le long des fissures principales, des sortes de cheminées cylindriques, formant évents, qu'il est permis de comparer, soit à certains cratères volcaniques, soit aux cheminées diamantifères du Cap[3].

Les *méthodes de synthèse*, employées pour reproduire les minéraux divers, ont déjà été indiquées précédemment[4] : il suffira d'en extraire ce qui concerne spécialement les minerais.

Quelques-uns de ceux-ci ont pu être reproduits par fusion ignée, parfois avec intervention de réactions chimiques; ce sont, générale-

1. Chapitre x, pages 309 à 331.
2. *Études synthétiques de Géologie expérimentale* (Paris, Dunod, 1879).
3. Voir L. de Launay. *Diamants du Cap* (Paris, Baudry, 1897).
4. Chapitre v, page 134.

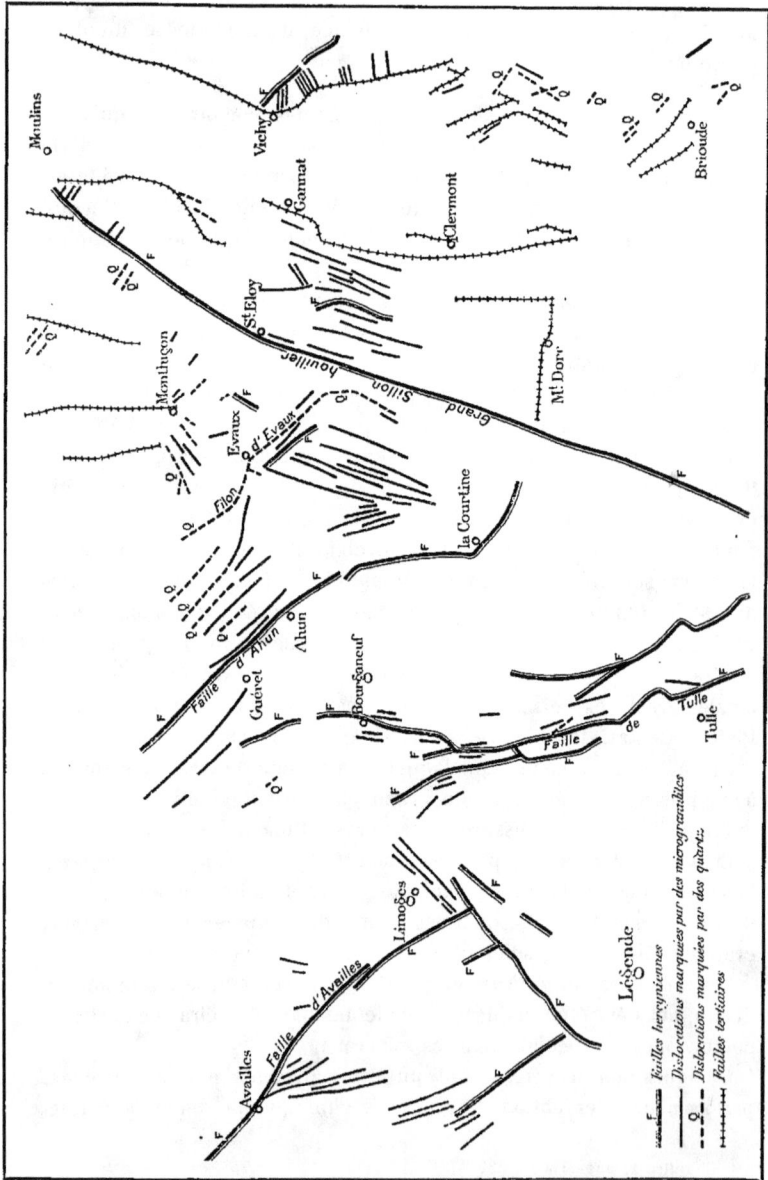

Fig. 37. — Carte générale des fractures du Plateau Central au 1 : 4.500.000°.

ment, ceux que l'on trouve dans les ségrégations basiques : la magnétite, le fer chromé (cristallisé en présence de l'acide borique), l'apatite (en présence de chlorure de sodium), etc.

D'autres ont pu être obtenus à l'état cristallin par volatilisation simple : le soufre, la blende, le cinabre, le réalgar, ou par l'action de la vapeur d'eau sur un corps volatil (oligiste, cassitérite, rutile), ou encore par une vapeur sur un corps solide (argent sulfuré).

Mais la très grande majorité a exigé une intervention hydrothermale, et c'est seulement par voie hydrothermale que l'on a pu reproduire ensemble les minéraux ordinairement associés dans les filons : ce qui montre la prédominance de ce genre de réactions dans la constitution des gîtes métallifères. Les diverses méthodes de synthèse hydrothermale distinguent aussitôt un certain nombre de familles minéralogiques, qui correspondent tout à fait aux associations des gîtes métallifères.

Ainsi l'on a reproduit, par des procédés analogues, la cassitérite (oxyde d'étain), le quartz et diverses substances, qu'on trouve associées à l'étain dans ses gisements : la cassitérite, en faisant agir la vapeur d'eau sur le bichlorure ou le fluorure d'étain ; le quartz, par l'eau sous pression attaquant le verre (Daubrée) ; l'émeraude en utilisant l'acide borique, etc. [1]

De même, les sulfures de plomb, zinc et fer, si constamment associés dans leurs gisements, ont été obtenus par diverses réactions, qui leur conviennent également à tous trois : action de l'hydrogène sulfuré au rouge sombre sur un sel de plomb (Carnot), ou sur un sulfure amorphe sous pression (Sénarmont) ; action lente des eaux thermales faiblement sulfatées en présence de substances réductrices (Daubrée) ; réduction des sulfates par des matières organiques ou des carbures, etc.

La réaction de l'hydrogène sulfuré sur un chlorure a donné à Durocher de très nombreux sulfures : galène, pyrite, stibine, cinabre, argyrose, etc. Ailleurs, dans les sources thermales californiennes, qui déposent du cinabre, il paraît y avoir réaction des substances bitumineuses sur un sulfure double de mercure et de sodium, et cette intervention des sulfures doubles a dû être fréquente pour d'autres métaux.

Enfin, le rôle des carbonates alcalins paraît être considérable pour tout ce groupe de minéraux filoniens, qui se rattachent, par une chaîne continue, aux roches éruptives proprement dites et qui, d'autre part, passent par transitions insensibles aux filons concrétionnés. Je rappelle la synthèse simultanée des deux éléments de la pegmatite, le quartz

---

1. Cette méthode n'a cependant pas réussi encore pour la tourmaline et la topaze, parfois associées avec l'étain.

et l'orthose; on a réussi de même, avec un carbonate alcalin et un sulfure, à avoir de la stibine cristallisée, de la bismuthine, du réalgar, de la chalcopyrite, de la proustite, etc. (Sénarmont). Le mispickel a été obtenu par la même méthode, si remarquablement féconde, en faisant agir, sur du sulfure de fer et du sulfoarsénite de soude, du bicarbonate de soude sous pression, et Sénarmont a même reproduit ainsi la fluorine, dont on connaît l'association fréquente avec les sulfures métallifères, par le bicarbonate de soude sur le fluorure de calcium amorphe.

Il semble bien probable, d'après ces expériences, que la réaction du bicarbonate alcalin sur un sulfure, ou celle de l'hydrogène sulfuré sur un chlorure, ont fréquemment déterminé la cristallisation des minerais métallifères sulfurés, de même que la production de minerais oxydés a dû souvent résulter du simple contact entre la vapeur d'eau et les chlorures ou fluorures. Nous sommes ainsi tout naturellement amenés à supposer l'intervention, comme éléments essentiels dans la minéra- lisation, du chlore, du soufre, de l'acide carbonique et de la vapeur d'eau, plus rarement de l'arsenic et de l'acide borique, par conséquent des éléments mêmes qui jouent un rôle prédominant dans toutes les fumerolles éruptives.

CHAPITRE X

LA GÉOLOGIE EN ACTION

La *Géologie en Action* pourrait, si l'on voulait étudier le sujet dans tous ses détails, comporter un ouvrage entier. C'est, en effet, à cette occasion, tout le problème des *Causes actuelles*, qui se pose à nous et j'ai déjà maintes fois insisté sur son importance. Il semble, néanmoins, qu'après Lyell, Constant Prévost et A. de Lapparent, ce champ d'études soit un peu épuisé pour le moment, et le besoin n'apparaît plus d'examiner à nouveau, d'une façon circonstanciée, les questions multiples, qui confinent à la géographie physique. Certains points particuliers, dont l'intérêt pour le géologue est plus immédiat, se sont déjà trouvés traités avec l'ensemble des phénomènes anciens, auxquels ils se rattachent directement : par exemple, les deux principaux, le volcanisme et la sédimentation [1], ou encore les phénomènes susceptibles d'observations physiques et astronomiques (densité, magnétisme

---

1. Chapitres v et vi. pages 153 et 219.

terrestre, température en profondeur, etc.)[1]. Pour les autres, je vais me
borner à des principes généraux sur les agents et les formes diverses
de cette géologie incessamment continuée et j'insisterai seulement sur
quelques côtés du sujet, auxquels on ne me paraît pas avoir attaché
d'habitude toute l'importance qu'ils méritent, tels que le métamorphisme ou l'érosion, en rappelant leur rôle essentiel dans le passé. Nous
aurons ainsi, comme conclusion de cette première partie consacrée à
la méthode géologique, un aperçu des résultats généraux, auxquels
peut conduire l'étude de l'activité géologique actuelle. En terminant,
j'essayerai de définir la phase contemporaine de l'histoire géologique,
en ce qui concerne le dynamisme profond, dont elle doit subir
encore l'influence.

I. — Les agents physiques, chimiques et organiques ; l'évolution des éléments chimiques vers l'homogénéité et l'équilibre dans la cristallisation.

L'histoire géologique n'est jamais finie ; elle se poursuit sans cesse
et, parce que nous vivons peut-être dans une période de calme relatif,
entre deux paroxysmes, ce serait une erreur de s'imaginer que la Terre
est arrivée au repos définitif : un repos, qui, dans la nature, ne peut
être réalisé que par la mort et qui, même alors, n'est qu'un recommencement. Incessamment, tout se transforme, et ces modifications, qui, en
théorie, se produisent toujours dans un sens déterminé, en vue de réaliser un équilibre des forces plus parfait, se trouvent, dans la pratique,
à chaque instant influencées par la mise en jeu de quelque nouvelle
force, venant détruire un équilibre provisoirement acquis.

Les anciens distinguaient quatre éléments, dont l'un, la terre, la
matière, subit les trois autres, qui représentent la force sous les trois
formes autrefois connues, l'eau, le feu et l'air. Nous pourrions presque
conserver leur division et, pour nous aussi, les atomes matériels restent en butte aux diverses activités de la force, aux multiples agents
physiques, qui essayent, entre ces molécules, de précaires groupements. Pour la commodité de l'exposition, nous séparerons ces éléments actifs, dont le principe est sans doute unique, d'après la forme
de leur activité, en agents physiques, chimiques, mécaniques et organiques.

A) AGENTS PHYSIQUES. L'EAU, SON RÔLE, SA DISPARITION FUTURE ; LA CHALEUR.
— Les forces de la physique interviennent, dans la géologie superfi-

1. Chapitre IV, pages 93 à 124.

cielle, sous deux formes essentielles, qui sont l'eau et la chaleur. L'eau est l'agent par excellence, soit comme véhicule permettant à la gravité de s'exercer librement, soit comme dissolvant donnant carrière aux réactions chimiques et comme réactif chimique lui-même, dont l'intensité s'accroît vite avec la pression. Le rôle de la chaleur, très subordonné à la surface, se manifeste avec une force croissante à mesure que l'on s'enfonce dans la profondeur, et se combine alors avec l'activité des principes volatils, qui, à l'air libre, sous la pression atmosphérique, n'ont qu'une influence très faible, tandis que leur importance s'accentue, jusqu'à devenir prépondérante, à mesure que la pression s'accroît. L'électricité peut prendre part également, soit aux phénomènes météoriques de la superficie, soit aux mouvements des fluides internes; mais son action est encore mal déterminée.

Si nous commençons par l'*eau*, ses deux modes d'action essentiels sont ceux, qui vont être étudiés bientôt en détail : 1° l'eau est l'agent d'érosion, grâce auquel la superficie terrestre tend à s'aplanir et à perdre les inégalités résultant des mouvements internes; c'est l'eau, qui entame, qui use les continents et c'est elle qui produit toutes les sédimentations, dont il a été question ailleurs ; 2° l'eau est un réactif chimique et un dissolvant, qui ajoute à son action propre celle de tous les sels ou gaz, auxquels elle sert de véhicule. A ce titre, la circulation des eaux superficielles, ou des eaux demeurant à faible distance de la superficie, est la cause prédominante des réactions, des altérations diverses, des métasomatoses, qui caractérisent les transformations continentales. Plus profondément, l'eau échauffée constitue les sources thermales, déjà étudiées précédemment, qui, ainsi que nous l'avons vu, dissolvent sur leur circuit et amènent à la superficie des substances minérales diverses ; elle est surtout l'agent essentiel de tous les phénomènes de fumerolles, qui accompagnent et déterminent les cristallisations des roches acides, les ségrégations de bases et de métaux, les incrustations de filons métallifères et, finalement, les formes superficielles du volcanisme.

Si l'eau manquait à la surface, l'action de la gravité, s'exerçant directement sur des roches et terrains solides, que ne fissureraient plus les gelées, que ne mineraient plus les eaux profondes, que ne désagrégeraient plus les altérations chimiques, se réduirait à fort peu de chose; quelques blocs pourraient tomber des montagnes, mais resteraient au point de leur chute; le vent même, ne trouvant pas de matériaux meubles, déjà préparés par la désagrégation, ne produirait que des déplacements insignifiants ; les sédimentations s'arrêteraient nécessairement ; la forme extérieure de la Terre serait fixée, ou, du

moins, ne subirait plus que l'action des forces internes. On peut
ajouter que, faute de vapeur d'eau, la Terre renverrait les radiations
solaires comme un miroir, sans s'échauffer, sans emmagasiner de
chaleur pour les nuits ou les hivers. En même temps, la vie, telle
que nous l'entendons, serait impossible. A l'intérieur même de notre
globe, faute d'eau, l'activité éruptive se restreindrait sans doute et
n'aurait probablement plus de contre-coup superficiel. Les actions
calorifiques ne produiraient plus que des fusions purement ignées, qui,
sans intervention de principes mobiles, de minéraliseurs, pourraient
se limiter aux ségrégations en vase clos, imaginées par quelques
pétrographes ; la forme violente du volcanisme serait exclue ; les
mouvements de la géodynamique n'auraient peut-être plus de cause.

Cette éventualité de la disparition, ou tout au moins de la diminution
de l'eau est une de celles que doit prévoir la géologie et l'une des causes nombreuses, qui assignent une durée limitée à la vie de l'espèce
humaine. La quantité d'eau existant sur la Terre ne saurait manquer de
se réduire progressivement par le seul fait que l'eau est l'agent d'oxydation principal et que les matériaux nouveaux, sortant des réserves
profondes de la nature, c'est-à-dire d'un milieu réducteur, absorbent
de l'oxygène en approchant de la superficie. En principe, les formes
oxydées sont des formes plus stables que les formes réduites ; il faut
leur fournir de la chaleur pour les réduire ; elles en dégagent en se
produisant ; l'ensemble des réactions chimiques superficielles se traduit
donc, en moyenne, par une oxydation, à laquelle l'eau contribue pour
une forte part ; une fraction de l'hydrogène mis en liberté s'échappe
vers l'espace. Comme phénomène inverse, nous n'avons que l'eau du volcanisme [1].

Il est, d'ailleurs, à peu près certain que cette diminution progressive de l'eau superficielle ne se fait sentir en aucune façon pour les
périodes de temps que peut envisager l'histoire. La provision d'eau
dont la Terre dispose est encore énorme, puisqu'elle représente une
épaisseur de 3 kilomètres, répartie sur toute sa surface ; et les influences,
momentanées ou périodiques, qui accélèrent ou ralentissent l'évaporation des surfaces marines, qui entraînent dans un sens ou dans l'autre
et précipitent ici ou là les nuages emportés par les vents, ont, pour
toutes les questions qui nous intéressent, une influence tout autrement
sensible que l'évolution continue dont il vient d'être question. En dehors
de l'intervention humaine, le seul phénomène d'ordre général, qui
puisse amener une modification permanente dans le régime de nos
sources, est la diminution progressive du relief, qui, en rapprochant le

1. Voir p. 728 sur les exhalaisons d'hydrogène.

niveau hydrostatique de la superficie, doit avoir pour effet de réduire la zone où s'alimentent les eaux souterraines.

La *chaleur*, d'autre part, a, sur la Terre, deux sources principales : l'une extérieure, le Soleil et les astres ; l'autre interne, les parties encore mal refroidies de la planète ; il faut ajouter les réserves d'énergie, sous la forme mécanique ou chimique, qui peuvent se transformer en chaleur quand elles s'annulent, mais qui, plus souvent, absorbent de la chaleur pour se constituer. J'ai déjà dit [1] à quel point la chaleur interne intervenait peu dans les phénomènes de la surface ; un flux de calories, partant de l'intérieur de la Terre, traverse sans cesse notre atmosphère pour aller se perdre dans l'espace ; un peu de chaleur nous arrive, en outre, plus localement de la profondeur par les sources thermales et le volcanisme ; mais ce n'est rien à côté de la chaleur astrale et solaire, qui seule entretient la vie, qui seule fournit, sous des formes diverses, l'énergie nécessaire à l'homme, soit qu'elle transporte au sommet des montagnes l'eau destinée à redescendre vers la mer, soit qu'elle fixe, dans les végétaux, le carbone emprunté à l'acide carbonique, qui reproduira de l'acide carbonique en brûlant.

Cette source d'énergie et de chaleur, représentée par le Soleil, est, si grande qu'on la suppose, limitée et c'est déjà un phénomène assez mystérieux que de la voir subsister aussi longtemps sans témoigner d'aucun affaiblissement sensible [2]. Elle aussi est appelée à disparaître et sa disparition entraînera, comme celle de l'eau, la suppression de la vie sous sa forme aujourd'hui connue.

Le feu interne, qui, en tant que source calorifique, a si peu d'influence, en a, au contraire, une très grande, indirectement, par les contractions de l'écorce, qu'entraîne sa déperdition d'énergie. Les mouvements, dont témoignent les parties superficielles de la Terre, semblent tous provoqués par cette cause profonde, par ce flux de chaleur, que ne saurait manquer de rayonner un astre, dont la température croît vers son centre et qu'entoure un éther glacé.

Ces mouvements de l'écorce se traduisent, comme nous le verrons dans un autre chapitre, par des soulèvements, tout au moins relatifs, de certaines zones, qui forment alors nos montagnes. Le feu travaille alors, à l'inverse de l'eau, pour créer des inégalités sur la superficie ; puis l'eau, dont l'action se trouve facilitée par ces inégalités mêmes, reprend son œuvre et ramène peu à peu les matériaux soulevés dans de nouveaux bassins sédimentaires, où ils s'accumulent.

1. Page 119, note 2. Voir également page 724.
2. Voir plus haut, p. 123, et plus loin, page 727.

B) AGENTS CHIMIQUES. — Le premier des agents chimiques, c'est encore l'eau, que nous retrouvons constamment à l'œuvre sous cette nouvelle forme, dans les cours d'eau, dans les lacs, dans les bassins fermés, dans les mers, dans les circulations souterraines (avec tous leurs corollaires, dont il a déjà été question plus haut). A la surface, l'eau, que l'habitude seule nous fait considérer comme un véhicule inerte, dissout les sels les plus solubles, c'est-à-dire entre en combinaison avec eux et ces sels dissous, à leur tour, amènent d'autres corps à se dissoudre. Dans la Terre, l'échauffement et la pression facilitent les réactions : l'eau devient par elle-même un acide énergique et le premier des minéralisateurs. Elle s'emprisonne dans la cristallisation des roches; puis, si on chauffe celles-ci, elle s'en dégage et réagit de nouveau sur elles.

Je dirai, tout à l'heure, en parlant du métamorphisme, c'est-à-dire de cette évolution, qui se produit constamment sur les minéraux, sur les roches et sur les terrains, comment, à la surface, l'agent essentiel, qui le produit, est l'eau, entraînant avec elle de l'oxygène et de l'acide carbonique, ou, en profondeur, l'eau encore, chargée de carbonates alcalins.

A cet agent primordial, s'ajoutent, à l'occasion, tous les autres sels que l'eau peut tenir en dissolution, les chlorures, sulfates, nitrates, etc., dont l'eau même de nos rivières renferme toujours des traces sensibles et qui, dans les bassins d'évaporation fermés ou dans la mer, atteignent des teneurs élevées.

Ainsi les dissolutions superficielles se trouvent facilitées et tous les éléments chimiques, empruntés de cette manière aux parties solides de la Terre et mis en mouvement, ne s'arrêtent plus jusqu'à ce qu'ils aient trouvé un bassin fermé, dans lequel ils se concentrent, ou jusqu'à ce qu'ils soient parvenus à la mer.

Les sels, qui arrivent dès lors à la mer, enrichissent sans cesse sa teneur en éléments chimiques de toutes sortes, puisqu'il descend vers elle, par tous les cours d'eau nécessairement impurs, des matières solubles, tandis que le Soleil lui reprend, aspire au-dessus d'elle, de l'eau distillée. Par suite, la mer, que j'ai appelée plus haut l'égout universel, arrive à contenir, en quantités plus ou moins fortes, non seulement les corps principaux que l'analyse y signale d'habitude, mais des traces mêmes de toutes sortes de métaux, jusqu'à du zinc ou à de l'or [1]. Ce sont des réserves, où viennent puiser, soit les simples réactions chimiques ou réductions accidentelles, qui se trouvent évaporer ou précipiter une zone marine localisée, soit surtout les organismes, grâce auxquels

1. Voir page 340.

arrivent à se fixer certaines substances extraordinairement diluées, carbonate et phosphate de chaux, silice, sulfure de fer, etc.

Dans les bassins d'évaporation fermés, la concentration suit une marche uniforme et produit le dépôt du sulfate de chaux, du chlorure de sodium, puis des chlorures plus rares de potassium, magnésium, etc.

C) Agents organiques. — L'activité organique ne fait qu'utiliser des agents physiques et chimiques, analogues à ceux que nous avons déjà envisagés. Mais la forme de cette activité est particulière et met souvent en jeu des réactions demeurées obscures. Il convient donc de l'examiner séparément.

Les organismes vivants ont, dans la constitution des terrains géologiques, un rôle beaucoup plus actif qu'on ne le croirait tout d'abord. Cette activité entraîne, pendant la vie, la fixation d'un certain nombre de principes, essentiels à son développement, qui s'accumulent, après la mort, dans les dépouilles ; puis, même indépendamment de la vie, les cellules organiques conservent la propriété de fixer, de concentrer quelques-uns des mêmes éléments chimiques.

Dans la vie continentale et aérienne, l'activité organique se traduit surtout par la fixation du carbone, de l'azote, du phosphore, puis de la chaux et des alcalis ; mais ce ne sont pas les seuls éléments, que contienne et, par conséquent, recueille et assimile un corps vivant. M. A. Gautier a montré le rôle qu'y jouait l'arsenic [1] ; on y retrouve également du soufre dans l'albumine, du chlore, du fer. Avec les êtres qui vivent dans les eaux, il faut ajouter la silice.

Les organismes inférieurs, qui pullulent au fond des mers, fixent : d'abord, le calcaire ; ensuite, la silice. Le phosphore apparaît surtout dans les animaux plus élevés à squelette osseux ; le fer dans le sang des vertébrés.

Indépendamment de la vie, les cellules organisées fixent, en outre, des sulfures métalliques, dont le sulfure de fer est le principal. Ces opérations chimiques s'accompagnent alors volontiers de réductions, sous l'influence des matières carburées.

Puis ces éléments divers s'accumulent, soit par l'activité même des organismes, soit par une simple précipitation chimique. Ce sont, d'abord, les carbonates de chaux, à l'état de récifs coralliens, craies, etc. D'après un calcul de sir John Murray, il arrive, chaque année, dans la mer,

---

1. Voir Rev. Gén. des Sc., 15 mars 1903, page 207 : *L'existence normale et le rôle de l'arsenic chez les animaux.* L'arsenic a d'abord été constaté dans la glande thyroïde, où l'on trouve aussi de l'iode. M. Gautier a montré que cette trace d'arsenic, qui atteint à peine une fraction de milligramme, était essentielle aux fonctions les plus importantes du corps humain.

900 millions de tonnes de calcium[1] ; si l'on ajoute la remise en dissolution des coquilles détruites, on a une provision considérable de chaux, que maintient en dissolution, soit l'acide carbonique, soit l'acide sulfurique, provenant peut-être lui-même des quantités de pyrites dissoutes par les érosions depuis la consolidation du globe. Carbonate et sulfate sont alors fixés par les organismes, avec intervention possible de l'ammoniaque ou des matières albumineuses. Surtout chez les êtres microscopiques de la classe des protozoaires ou des protophytes, l'aptitude à fixer et accumuler la chaux et la silice sont remarquables. La *boue à globigérines*, si abondante à toutes profondeurs entre 500 et 5.000 mètres, la *boue à ptéropodes* sont des vases calcaires ; la *boue à radiolaires* profonde, la *boue à diatomées*, de formation plus superficielle, sont siliceuses. Les *récifs coralliens* calcaires forment des îles entières[2].

Puis ce sont, sur les côtes marines, les lits de phosphate, où s'agglomèrent des dépouilles vivantes et les couches de sulfures métalliques, que contribuent à précipiter les matières organiques. Sur la terre ferme ou dans les eaux lacustres, ce sont encore les débris végétaux, rassemblés en couches de combustibles, arrivant à former les houilles.

Tout ce travail mécanique, chimique, organique, par lequel les manifestations diverses de l'énergie tendent vers un insaisissable équilibre, aboutit à un classement singulier des éléments, d'abord dispersés en désordre et prépare ainsi les voies de l'industrie humaine. Comme dans nos ateliers, où se trient et s'élaborent les minerais, la densité, la dureté inégale séparent les éléments insolubles ; les substances dissoutes sont reprécipitées par des actions indépendantes et se divisent. Au lieu des silicates complexes, qui formaient la composition moyenne de nos roches, on trouve bientôt la silice libre, l'alumine, le carbonate de chaux, l'oxyde de fer, le phosphate, le sulfate de chaux, les chlorures alcalins, déposés par bancs distincts ; les corps plus rares s'isolent, eux aussi, par des réactions plus complexes ; c'est, dans les fentes profondes de l'écorce, d'un côté l'or, de l'autre le cuivre, le plomb ou l'étain.

Et ce travail ne s'arrête jamais. Tant que deux éléments à propriétés différentes restent côte à côte, il se présente toujours quelque force nouvelle, qui les isole.

1. Nature, 12 juin 1890.
2. Les organismes à coquille calcaire sont extrêmement nombreux : foraminifères, gastropodes, ptéropodes, serpules, ostracodes, etc. Les organismes siliceux sont plus rares (spongiaires, diatomées, etc.). Les spongiaires sont ordinairement représentés dans les terrains par leurs spicules, qui, en se dissolvant, paraissent avoir contribué à la silicification du terrain. M. Cayeux a montré comment les spicules, fréquents dans les gaizes, y étaient souvent remplacés, soit par un vide, soit par une épigénie de pyrite et de glauconie.

Dans les filons, les associations de sulfures complexes, qui forment le remplissage primitif, sont reprises par les altérations superficielles, où d'autres réactions arrivent à séparer le fer, le zinc, le plomb, le cuivre, tout d'abord réunis ; une cémentation condense, sur des points d'élection, le cuivre ou l'argent, les amène parfois à l'état natif, puis réoxyde l'un et resulfure l'autre.

Dans les terrains sédimentaires, où le mécanisme de l'érosion avait fait disparaître les traces de cristallisation, cette cristallisation tend peu à peu à reparaître. Par un lent travail moléculaire, par un métamorphisme incessant, les éléments clastiques ou organiques se réagrègent en un ordre nouveau ; les galets mêmes s'assemblent en un poudingue ; les empreintes des organismes sont peu à peu éliminées, comme les marques du broyage et du roulement dans les eaux. Quand le temps a fait son œuvre, les sédiments sont redevenus des roches cristallines, plus homogènes que les premières ; la craie a passé à la calcite ou au marbre, le sable siliceux au quartzite, qui bientôt se distingue à peine d'un quartz filonien, l'argile au schiste ou à l'ardoise. Une stabilité provisoire n'est acquise que lorsque les atomes de même nature se sont rassemblés et, sous l'action de leurs attractions internes, ont pris la structure des cristaux, où la compensation de ces forces intimes permet désormais une résistance plus efficace aux agents de destruction extérieurs.

II. — Les principales formes de l'activité géologique.

L'activité géologique se traduit par une série de phénomènes successifs, formant des cycles, dont je viens d'indiquer la loi générale. Elle construit des groupements provisoires (cristallisation), puis les remanie ou les détruit (métamorphisme, érosion), les reprend sous une forme nouvelle (sédimentation) et les ramène encore à un équilibre cristallin [1].

A) CRISTALLISATION. — La cristallisation est donc le point de départ et l'aboutissement de tous les phénomènes. Un stade de l'évolution n'est terminé que lorsque, sous la forme cristalline, les molécules ont pu s'associer librement et opposer le maximum de résistance aux agents extérieurs. C'est dans l'homogénéité du cristal que paraissent le plus complètement réalisés cet ordre et cette symétrie, qui ne sont que la

[1]. Cette tendance à un équilibre réalisé par la symétrie se retrouve même dans le monde organisé. Les organismes vivants sont symétriques en principe. Ils ne deviennent relativement dissymétriques, chez les animaux supérieurs, que par une sélection, ayant pour but la satisfaction de certains besoins spéciaux par des organes appropriés. Nous venons de voir que le métamorphisme des sédiments tend ordinairement vers la cristallinité ; cela est manifeste pour la craie.

conséquence nécessaire de l'équilibre entre les forces. L'étude de ces cristaux et de leur structure intime, qui échappe déjà au géologue pour appartenir au géomètre et au physicien, est donc un des aboutissements de la géologie, un de ces « jours » qu'elle nous ouvre sur la constitution de la matière, sur celle de l'Univers.

Ce que nous apprend la cristallographie sur ce phénomène capital et constamment renouvelé du groupement moléculaire, qui domine ainsi tout le monde matériel, nous l'avons déjà vu, sous une forme technique, dans un chapitre antérieur [1]. En laissant de côté les raisonnements et les observations, sur lesquels les hypothèses des minéralogistes s'échafaudent, et tenant compte des synthèses réalisées, nous arrivons à peu près à l'interprétation suivante, qui résume des conclusions précédemment développées.

La cristallisation nous apparaît comme la forme de groupement, que prennent les particules d'une même substance, lorsque, soustraites à toute influence extérieure, elles obéissent uniquement à leurs forces d'attraction et de répulsion réciproques. C'est pourquoi nous réalisons pratiquement la cristallisation d'une substance, en la mettant dans des conditions telles que ces particules puissent acquérir le maximum d'indépendance et de mobilité : soit en disséminant celles-ci à l'état de dissolution ou de matière volatile dans un liquide, un bain de fusion ou un véhicule gazeux ; soit en les plaçant, par un phénomène d'endosmose ou par une réaction chimique qui les dégage d'une combinaison antérieure, dans un de ces états encore mal définis, où, n'étant captivées par aucune autre force physico-chimique, elles sont, plus directement, plus exclusivement, soumises à leurs actions propres.

En ce qui concerne les études géologiques, la cristallisation commence par s'opérer spontanément dans les réactions profondes de la métallurgie ignée, des fusions aqueuses, des sécrétions hydrothermales ; elle reprend, dans des conditions plus simples et sans intervention de la pression, par l'évaporation des eaux au fond des bassins de concentration, ou dans les fissures et les pores des terrains ; elle intervient dans tout le métamorphisme ; et, dans chaque cas, la nature et la forme des cristaux produits, comparés avec les résultats de nos synthèses, nous renseigne sur les processus divers, qui ont pu intervenir.

Mais, quel que soit le processus, l'acte même de la cristallisation, que nous pouvons essayer de nous figurer par des images, est toujours le même. Il a toujours pour point de départ les mêmes particules matérielles, qui pouvaient déjà exister à l'état amorphe : particules, elles-

1. Chapitre v, pages 137 à 114.

mêmes constituées au moyen d'une agrégation de molécules chimiques diversement orientées, reliées par un **mécanisme**, qui, jusqu'ici, nous est totalement inconnu, mais que nous savons cependant pouvoir donner, suivant les cas, des particules plus ou moins denses d'une même substance. Le passage de l'état amorphe à l'état cristallin ne doit commencer que lorsque ces particules, obéissant à leurs attractions réciproques et à la symétrie qui résulte de leur propre groupement interne, constituent ce que j'ai appelé l'*élément cristallin*. Puis ces éléments, qui sont, en quelque sorte, des cristaux embryonnaires, n'ont plus qu'à se grouper suivant les nœuds d'un réseau parallélipipédique pour constituer un cristal plus ou moins volumineux ; l'élément détermine le réseau et chaque particule, qui veut s'ajouter au cristal pour le grossir, a sa place marquée d'avance, par les attractions réciproques et par la symétrie des faces internes, sur un des nœuds de ce réseau [1] ; mais l'élément cristallin, quoiqu'on n'ait pas encore réussi à le voir jusqu'ici, était déjà un cristal : c'est quelque chose comme la cellule, dont la répétition formera le tissu.

Il semble que tous les groupements, de plus en plus complexes, qui se réalisent alors et ensuite, s'effectuent, sous l'action des forces internes, de manière à rapprocher les parties matérielles le plus possible les unes des autres, à les tasser dans le moindre espace, en satisfaisant le mieux à leurs attractions réciproques et, par conséquent, en réalisant l'équilibre le plus stable. Cette tendance se manifeste par toute la série des phénomènes, précédemment étudiés, où interviennent des symétries limites, plus complètes que celles dont l'édifice cristallin semblait d'abord susceptible.

En principe, nous venons de voir que l'état cristallin avait dû commencer [2] au moment où les particules fondamentales se sont groupées en un premier assemblage, dans lequel déjà tous les équilibres de forces, que la substance comportait, se trouvaient réalisés ; le reste n'est plus guère qu'une question de dimensions et d'agencement extérieur, où le milieu ambiant intervient autant que les propriétés internes.

Du moment que l'élément cristallin est constitué, peu importe qu'il

---

1. Cette place est tellement marquée d'avance que, lorsque le cristal a été détérioré, si on le met en état de se reconstituer, il commence par cicatriser ses plaies, recoudre ses tissus, par un phénomène que l'on a pu comparer à ceux qui caractérisent la vie.

2. Ce passage, d'après M. Tammann, se ferait avec discontinuité, tandis que les changements d'état physique (du liquide au gazeux) sont continus. Il est complètement indépendant du changement d'état, qui manifeste le cristal sous une forme solide, et l'on sait aujourd'hui que l'état de cristallisation peut se produire tout aussi bien dans un liquide que dans un solide. Il existe de véritables *liquides cristallisés* et des *cristaux mous* comme l'ozocérite.

s'accole un nombre *n* ou *p* d'éléments semblables. La loi, qui régit cet accolement, reste la même : distribution des éléments, tous semblablement orientés, par rangées rectilignes, où leurs distances sont équidistantes, tandis que ces distances varient, en principe, d'une rangée, d'une direction à l'autre. C'est pourquoi toutes les propriétés physiques d'un cristal varient avec la direction considérée dans ce cristal.

Je ne parle là que de l'élément cristallin et des particules fondamentales, qui le constituent, parce que c'est là, en effet, que s'arrête le domaine de la minéralogie. On sait que les chimistes, abordant le problème par une voie toute différente, essayent aujourd'hui d'expliquer l'atome lui-même par la combinaison des ions électriques positifs et négatifs, qui, à l'état d'équilibre, annulent leurs électricités de sens contraire. Je n'ai pas à examiner ici ce côté de la question. Il suffit de remarquer que la combinaison de deux corps, en modifiant pour chacun d'eux les forces en jeu, change nécessairement le groupement et la symétrie de l'élément cristallin : par conséquent, celle des formes apparentes du cristal, qui, pour un composé, n'a aucun rapport avec celles des composants.

B) Métamorphisme. — 1° *Métamorphisme profond, de contact, ou dynamique. Facies cristallophylliens (gneiss et micaschistes). Réactions calorifiques. Dynamo-métamorphisme.* 2° *Altérations au voisinage de la surface. Considération du niveau hydrostatique. Zones de cémentation et d'oxydation. Cas des roches cristallines, des sédiments, des gîtes métallifères. Exemples des principaux métaux.*

Le métamorphisme est une des opérations essentielles qui tendent à réaliser la cristallinité, ou à remplacer un premier équilibre cristallin par un autre plus homogène ou plus stable [1]. Subir un métamorphisme, se métamorphiser, c'est, à proprement parler, changer de forme et, quand une influence tout à fait accidentelle et anormale, dépendant par exemple de l'industrie humaine, n'intervient pas, ce métamorphisme ne peut jamais avoir pour conséquence qu'un agencement des molécules, où se réalise mieux l'équilibre de toutes les forces en jeu. Même lorsque l'homme a troublé un moment l'ordre et l'équilibre de la nature par son travail, par sa force vive, les résultats artificiels et éphémères de son labeur, de son effort, sont vite effacés et le fer extrait de ses oxydes, le carbure de calcium enlevé au carbonate sont bientôt retournés, l'un à l'état de rouille, l'autre à l'état de carbonate de

---

1. Les premières notions sur le métamorphisme ont été établies, en 1820, par Léopold de Buch à propos des dolomies du Tyrol, déjà signalées en 1789 par Dolomieu. On distingue, sous le nom de *métasomatose*, les modifications d'origine superficielle.

chaux, de même que la sente, ouverte à coups de hache dans les forêts
équatoriales, se referme derrière le passage des explorateurs et que la
déchirure des tissus vivants, la fracture des os se ressoudent d'elles-
mêmes, si on empêche l'accès des parasites destructeurs.

Tant que l'équilibre n'est pas réalisé, le métamorphisme de tous les
éléments géologiques est incessant; ni roche cristalline, ni sédiment,
qui y échappe et cet invisible travail des forces moléculaires, même
sans aucune de ces forces puissantes et profondes que la géodynamique interne peut mettre en jeu, atteint, par un progrès lent, insaisissable, des proportions, qui nous étonnent, qui semblent, à notre petitesse, incompatibles avec des réactions si simples et, à chaque instant,
si faibles. D'où la tentation de faire intervenir on ne sait quels agents
mystérieux et la méconnaissance des phénomènes élémentaires, qui ont
transformé les terrains, les roches, les filons sur des centaines de mètres
d'épaisseur. Le rôle du métamorphisme, et spécialement de la métasomatose, me paraît tellement important à considérer en géologie que je
crois nécessaire d'insister et de préciser un peu.

En même temps, je résumerai ici les notions relatives au métamorphisme profond, dont les effets se manifestent surtout dans les plus
anciens terrains géologiques, bien qu'à la rigueur on puisse imaginer
la continuation de certains d'entre eux, sur quelque point favorable, en
profondeur, aujourd'hui même.

Nous allons donc examiner : 1° le métamorphisme profond, qui
semble être, d'une façon presque constante, un effet chimique, mais où
il peut y avoir lieu de distinguer exceptionnellement un effet calorifique ou dynamique ; 2° la métasomatose de la zone superficielle.

1° *Métamorphisme de profondeur.* — *a, b, c. Métamorphisme chi-*
mique. Facies cristallophylliens (gneiss et micaschistes). — *d. Réactions*
calorifiques. — *e. Dynamo-métamorphisme.*

Tandis que la métasomatose superficielle, dont il sera question bientôt, se produit sans cesse, et sur toute l'étendue des continents, par
des réactions très lentement prolongées, le métamorphisme profond est
plus localisé dans l'espace comme dans le temps et nécessite l'intervention de phénomènes plus exceptionnels, manifestés en outre par
d'autres signes extérieurs, dislocations mécaniques, injections de
roches éruptives, etc. Il est en relation avec la dynamique de l'écorce
terrestre, bien que, suivant une remarque développée plus loin, il ne
faille pas y voir le résultat direct des forces mécaniques, mais, plus
ordinairement, le produit des réactions chimiques, mises en jeu par ce
mécanisme.

Nous aurons à revenir sur les catégories de métamorphismes en relation avec les roches éruptives au chapitre de la pétrographie [1] et j'essayerai alors d'expliquer, comment le déplacement profond des magmas ignés, destinés à former des roches éruptives, a dû être accompagné par des circulations connexes d'eau sous pression et de fumerolles diverses, chlorurées, sulfurées, carburées, auxquelles les minéralisations observées dans les zones d'éruptivité ancienne sont attribuables, infiniment plus qu'aux simples effets calorifiques, d'une extension toujours très limitée et aux effets dynamiques, traduits surtout par des laminages ou des étirements. Quand on peut observer le contact d'une série éruptive avec des sédiments divers et, surtout, quand on peut comparer les effets métamorphiques réalisés sur les mêmes sédiments par des roches à structure diverse et formées à des profondeurs inégales, sous des pressions croissantes, les phénomènes semblent obéir à des lois très nettes. L'intensité du métamorphisme, — qui dépend, d'ailleurs, essentiellement, comme nous allons le voir, de la nature des terrains influencés —, va en diminuant à mesure que le phénomène est attribuable à des types de roches de plus en plus superficielles, ou, en moyenne, de moins en moins chargées de principes volatils sous pression. Ce métamorphisme varie, nécessairement, avec la composition du magma igné qui opère, mais, plus encore peut-être, avec le genre de fusion attribuable à ce magma. Relativement faible avec les magmas basiques à simple fusion ignée, dans lesquels les fumerolles ont dû à peine intervenir, il apparaît très intense, au contraire, avec les roches acides, surtout quand celles-ci sont des roches profondes, c'est-à-dire qu'en somme, partant à peu près de zéro pour une coulée basaltique, il atteint son maximum autour d'un dôme granitique ou granulitique. Enfin son mode d'action diffère suivant la distance, qui sépare la zone considérée de la roche active.

Nous avons deux moyens principaux pour étudier les effets produits par les roches éruptives : l'un direct dans l'examen des zones de contact entre ces roches et les terrains, quand ces contacts sont accessibles ; l'autre indirect, dans l'étude minéralogique des enclaves, que peuvent renfermer ces roches, c'est-à-dire des lambeaux de terrains, qu'elles ont arrachés sur leur passage et transportés au jour en leur faisant subir des réactions analogues à celles qui pouvaient se produire sur leurs contacts profonds. En outre, certains essais de géologie expérimentale viennent nous apporter des indications utiles.

Le *métamorphisme chimique* attribuable aux roches ignées varie

1. Chapitre XIII, page 560.

donc, en résumé : *a*) suivant la nature du terrain influencé ; *b*) suivant la nature de la roche active, et l'abondance de ses principes volatils ; *c*) suivant le mode d'action (en profondeur ou à la surface, à distance ou au voisinage, etc.).

a) *La nature du terrain influencé* a une grande importance. Un grès, ou un sable quartzeux, qui ne fournissent par eux-mêmes aux réactions métamorphisantes que de la silice, seront, en moyenne, peu transformés ; il pourra seulement y avoir agglutination par de la silice nouvelle et recristallisation des grains primitifs avec le ciment, ou, si le grès était argileux, développement d'un peu de mica par apport alcalin, plus rarement injection feldspathique. Les phénomènes deviennent, au contraire, bien plus intenses dans une argile, ou surtout dans un calcaire, qui fournissent, avec la silice, de l'alumine, de la chaux, parfois de la magnésie ou de l'oxyde de fer, en même temps que l'apport du métamorphisme se traduit surtout par des alcalis et des métalloïdes. Dans l'argile transformée en schiste, on trouvera donc, outre le mica et le feldspath, des minéraux, tels que le grenat, la cordiérite, l'andalousite, la staurotide, le disthène, etc. Dans le calcaire passé à l'état de cornéenne calcaire ou de marbre à minéraux, on aura, outre des feldspaths, des grenats calcaires, des pyroxènes, des amphiboles, de la zoïzite, de la wollastonite, de l'idocrase, de la couséranite, de la chondrodite, du sphène, du spinelle, etc...

Les zones de contact métallifères des roches dioritiques du Banat avec des calcaires sont tout à fait classiques.

Quand on s'éloigne de la roche éruptive, on voit les réactions s'affaiblir, les apports se réduire. Au début, les alcalis en abondance produisent, surtout dans les schistes (silicates d'alumine) un tel développement de feldspaths que l'on passe à des gneiss ; avec les calcaires ou les dolomies, on obtient alors des diorites, amphibolites, pyroxénites, probablement des leptynites par silicification. Plus loin, le mica se développe encore, dans toutes les fissures et les plans de schistosité, par des apports plus subtils. Enfin, à distance, il n'y a souvent qu'une cristallisation des éléments mêmes du terrain : la roche éruptive donnant seulement alors la chaleur nécessaire aux dissociations ou aux volatilisations de l'eau souterraine et peut-être les fumerolles minéralisatrices ; on voit, dans ces conditions, le calcaire passer au marbre, et la matière organique au graphite, etc.

b) *La nature de la roche active*, c'est-à-dire la composition du magma en fusion, qui se trouve en contact plus ou moins direct avec le terrain à métamorphiser, intervient, elle aussi, dans l'allure du phénomène. Les magmas basiques, à simple fusion ignée, sont généralement moins actifs que les magmas acides, dont les granites représentent le type le plus normal en profondeur. C'est que, dans le métamorphisme, la plus grande part doit être attribuée aux départs hydrothermaux et aux fumerolles, qui sont rares avec les premiers, abondants avec les seconds. Quand nous reviendrons plus tard sur ces phénomènes[1], nous choisirons les granites comme donnant les plus beaux exemples de métamorphisme : 1° endomorphe, 2° exomorphe; c'est-à-dire : 1° de variation dans leur propre composition par l'absorption des terrains traversés; 2° d'influence sur les terrains en contact; mais nous verrons alors que, même des roches basiques, comme les lherzolithes, et, à un degré moindre, les ophites, donnent quelque chose d'analogue et l'observation est d'autant plus frappante, dans ce cas, que la lherzolite, dont émane ainsi un apport d'alcalis, n'en contient pas elle-même.

Naturellement, l'apport chimique du métamorphisme dépend de la composition du magma actif; cela se traduit surtout par la prédominance de l'un ou l'autre alcali, ces alcalis tenant une part essentielle dans cet apport.

c) Enfin, pour ce qui concerne le *mode d'action*, l'intensité du métamorphisme croît très rapidement et change d'allure, à mesure que l'on se rapproche de son point de départ et surtout à mesure que l'on atteint des zones plus profondes : cette notion de profondeur étant, ici comme partout en géologie, indispensable à considérer. Il est visible que la vapeur d'eau et les minéralisateurs, auxquels nous attribuons la plus grande part dans ces phénomènes, se sont dégagés et dissipés en montant vers la surface, tandis que, concentrés sous pression en profondeur, ils y ont exercé leur maximum d'action. Dans les régions profondément décapées, comme le Plateau Central, où commencent à apparaître, au jour, en grandes taches dispersées, les masses de granites, peut-être reliées entre elles en profondeur, le métamorphisme prend alors une telle extension que l'on risque d'en méconnaître la véritable nature. Tous les sédiments primaires disparus se montrent sous l'apparence de gneiss, micaschistes, amphibolites, etc., confondus avec les mêmes terrains d'âge archéen, qui peuvent coexister auprès d'eux. Une région moins profondément entamée, comme la Bretagne, présente les réactions métamorphiques sous une forme plus instructive, parce que le phénomène plus restreint a ici une limite, au delà de laquelle on retrouve les mêmes sédiments restés fossilifères : ce qui permet d'établir le passage. Quand on suit les mêmes plissements de la Bretagne au Plateau Central (en les voyant seulement émerger de plus

1. Page 560.

en plus vers l'Est, de sorte que la superficie en atteint des sections de plus en plus profondes), on croit surprendre la cause pour laquelle les facies métamorphiques dominent tant dans le centre de la France.

En Bretagne d'ailleurs, malgré cette remarque, le métamorphisme régional, qui a formé des gneiss aux dépens de terrains allant jusqu'au carbonifère, est déjà bien considérable ; il s'étend sur des kilomètres de large, avec atténuation progressive des apports chimiques, au début très abondants et, plus loin, réduits à quelques alcalis.

Il n'y a plus lieu aujourd'hui d'insister sur ces notions, qui après avoir été longtemps et vivement combattues [1], sont maintenant vulgarisées en France. Le temps n'est plus où A. de Lapparent représentait les gneiss comme la première croûte de consolidation du globe. Tout le monde est maintenant d'accord pour admettre que la série des gneiss et micaschistes est très « compréhensive » et peut englober, avec du précambrien, du tertiaire. Mais il faut néanmoins mettre encore en garde contre la tentation naturelle d'attribuer d'abord un âge ancien aux terrains fortement métamorphisés, alors que le métamorphisme peut avoir l'âge très récent des mouvements tectoniques qui l'ont provoqué. Cette idée fausse repose sur l'observation exacte que l'archéen, par lequel débute la série sédimentaire, s'est trouvé presque partout transformé en gneiss, micaschistes, etc. : en terrains « cristallophylliens » (à la fois cristallins et feuilletés [2]). Cela revient à dire qu'on ne connaît pas de région dans le globe, qui, plus ou moins anciennement (et surtout dans les phases primitives) n'ait été soumise à des mouvements, par suite desquels les sédiments archéens ont été plissés, ramenés en profondeur et métamorphisés ; puis l'érosion a enlevé, en général, la partie demeurée intacte de ces sédiments, à la fois parce qu'elle était moins profonde et parce qu'elle était moins résistante : en sorte

---

1. Il est, cependant, frappant de trouver déjà, dans le mémoire d'ÉLIE DE BEAUMONT sur les émanations volcaniques (1847), cette affirmation très juste (p. 53) : « Je suis très porté à croire que beaucoup de micaschistes et de gneiss sont des roches d'une origine métamorphique : ce sont des roches déposées à l'état sédimentaire qui ont éprouvé un changement d'état cristallin. Cependant certains gneiss sont des roches éruptives, qui, en s'étirant à la suite de leur éruption, ont pris une forme schisteuse ou plutôt fibreuse [dynamo-métamorphisme], et il est souvent difficile de distinguer les gneiss des deux origines. »

2. Comme on désigne sous le nom de gneiss tous les facies analogues de terrains divers, il en résulte nécessairement que tous les gneiss sont uniformes et, comme le métamorphisme a produit, en principe, à partir du granite qui occupe d'ordinaire des anticlinaux, d'abord des gneiss, puis des micaschistes, la coupe est généralement la même : ce qui a permis d'imaginer un âge archéen, doué de qualités imaginaires, où la Terre, encore déserte, aurait présenté une uniformité absolue de conditions physiques et chimiques.

qu'on trouve un gneiss à la base de toutes les séries géologiques. Mais la forme gneiss n'est pas celle que ces sédiments ont prise au début et il reste toujours possible de découvrir, dans les môles plus anciennement consolidés, dont nous parlerons plus tard, des témoins épargnés, encore fossilifères, d'un âge antérieur au précambrien. Surtout, cela n'implique en aucune façon que tous les terrains cristallophylliens appartiennent à cet étage archéen ; il peut exister, dans la même région, autant d'âges de gneiss, qu'il s'est produit de fois des plissements et des intrusions granitiques. Actuellement encore, il continue sans doute à se former des gneiss dans la profondeur des zones volcaniques [1].

Nous nous sommes déjà trouvé indiquer quels sont les effets constatés dans l'auréole des roches granitiques : gneiss au contact, puis, avec d'autres gneiss, diorites, amphibolites, pyroxénites, leptynites, hälleflints, etc. ; plus loin, micaschistes, etc. Mais on ne saurait attribuer à une action directe des granites visibles tout l'ensemble des terrains cristallophylliens, qui parfois renferment fort peu de roches massives. Il faut invoquer un autre mode d'action plus généralisé, que nous examinerons bientôt sous le nom de métamorphisme régional, dans lequel la mise en place du granite abordable à nos observations ne doit plus être considérée comme la cause des gneiss, mais comme un résultat connexe d'un même phénomène profond, qui a injecté les terrains de vapeurs alcalines et produit, avec endomorphose plus ou moins complète de ces terrains, à la fois les granites et les gneiss voisins [2].

d. *Métamorphisme par action calorifique.* — La simple action calorifique paraît jouer un rôle très restreint dans le métamorphisme de contact. Elle est intervenue cependant et l'on en voit les effets, non seulement dans les porcelanites au contact des laves d'épanchement, mais même le long de roches relativement profondes [3]. Ainsi, près des lherzolites, M. Lacroix a observé que, jusqu'à 500 mètres de distance, la matière organique, qui colore les calcaires, avait été détruite. Ailleurs,

---

1. On a, par exemple, montré, en Écosse, que le gneiss calédonien représentait un mélange de gneiss plus ancien, de terrains sédimentaires et de roches éruptives plus récentes, le tout modifié par les mouvements orogéniques (*in* Suess, III, 513). Dans le Plateau Central, l'âge réel de la plupart des gneiss n'est pas connu et peut atteindre parfois la base du carbonifère ; mais, pour quelques-uns d'entre eux, on voit bien le passage latéral à des sédiments plus anciens. En Bretagne, la transformation du carbonifère en gneiss a été également démontrée. Dans les Alpes, il existe certainement des gneiss d'âges très divers.

2. M. P. Termier a donné une théorie un peu différente (*Sur la genèse des terrains cristallophylliens* ; Rev. Scient., 11 mai 1912), où ces terrains sont attribués à des « colonnes filtrantes de vapeurs juvéniles », ayant apporté de la profondeur les éléments nécessaires à la gneissification et ayant déterminé une demi-fusion générale, avec des points de fusion complète qui correspondraient aux noyaux granitiques.

3. Voir plus loin page 561.

le long de basaltes ou de porphyrites recoupant de la houille, on trouve du coke sur quelques centimètres d'épaisseur. Enfin, il y a eu certainement des refusions totales de parties déjà consolidées ; mais alors cette refusion a généralement été suivie par une absorption plus ou moins complète dans la roche éruptive, qui a subi de ce chef une réaction chimique : ce que l'on appelle un métamorphisme endomorphe. D'une façon générale, l'influence de la chaleur seule, s'il ne s'y joint pas la pression de la vapeur d'eau ou des éléments volatils, peut être considérée comme sans grande portée dans ce genre de phénomènes. Mais il y a peut-être une place à lui faire dans les phénomènes d'un autre genre, que nous allons examiner.

e. *Dynamo-métamorphisme et métamorphisme régional.* — Il s'agit encore ici d'un phénomène, dont les effets se manifestent surtout dans les terrains anciens. On a, dans certaines écoles géologiques, attribué un rôle capital aux actions, simplement mécaniques, qui s'accompagnent nécessairement d'un développement de chaleur et l'on a voulu expliquer, non seulement les modifications d'état physique constatées dans les terrains, mais même les cristallisations de minéraux divers, par des groupements moléculaires nouveaux, consécutifs de ces échauffements et de ces fusions, sans aucune espèce d'intervention aqueuse, volatile ou ignée. La production des gneiss serait ainsi, non connexe du plissement, mais réalisée par ses seuls effets mécaniques.

Ainsi présentée, cette théorie ne paraît applicable qu'à des cas particuliers ; mais, si l'on veut dire que le métamorphisme chimique n'est pas nécessairement produit par le voisinage d'une roche éruptive et peut avoir pour cause les circulations d'eau chaude alcaline sous pression dans les terrains froissés dynamiquement, la thèse devient très admissible, et peut être appliquée, avec beaucoup de vraisemblance, à la transformation de grandes régions plissées, où les roches éruptives, contemporaines du plissement, si elles existent, sont, en tout cas, trop profondes pour que l'érosion ait pu les mettre à jour et où l'on observe une cristallinité, souvent en rapport avec le degré de plissement.

Commençons par les cas, où il a dû se produire, au sens strict du mot, un dynamo-métamorphisme, c'est-à-dire une action mécanique accompagnée de chaleur, sans intervention des eaux souterraines. Les exemples à citer sont assez rares. Il faut cependant leur rapporter toutes les altérations à caractère mécanique proprement dit, telles que les étirements de bancs de poudingues, ou de couches dures redevenues presque plastiques, de granites schisteux ou écrasés (mylonites), dans lesquels les cristaux fendillés ont été déplacés, laissant des vides qu'un métamorphisme chimique a pu remplir, etc. C'est à ce cas

surtout que se rattachent ces laminages, ces écrouissages de terrains argileux, réalisés dans des expériences synthétiques par Daubrée après James Hall, ces fausses stratifications de bancs ardoisiers
obliques sur la schistosité etc. On peut également faire rentrer dans
le même cas certaines transformations, que l'on reproduit par la
chaleur seule : par exemple, le charbon devenant du graphite dans des
bancs redressés des terrains alpins ; peut-être encore la transformation
de calcaires en marbres, (quoiqu'on ait discuté l'expérience de Hall,
où intervenait déjà l'eau sous pression), ou quelques cristallisations
de minéraux.

Mais c'est là à peu près tout et, plus généralement, le prétendu dyna-
mométamorphisme paraît avoir été en fait un métamorphisme chimique, ayant, comme agents essentiels, la vapeur d'eau sous pression et
les sels que l'eau pouvait contenir en dissolution. L'eau souterraine, elle
est partout, comme nous le verrons mieux tout à l'heure en étudiant
les altérations de la zone plus superficielle ; elle entre, de plus, dans la
constitution même des roches cristallines les plus profondes, qui, soumises à une refusion, la mettent aussitôt en liberté. Et cette eau souterraine, bientôt échauffée par son seul circuit, indépendamment même
du dynamisme qui n'a pu qu'exagérer tous ces phénomènes, acquiert les
propriétés d'un acide susceptible de décomposer les silicates des roches.
Elle se charge de sels, prend des alcalis aux feldspaths, de la chaux aux
calcaires, de la silice aux silicates divers. S'il y a mouvement de l'écorce
et déplacement des magmas ignés, des apports de fumerolles internes
peuvent s'y associer. Sous pression, en profondeur, son activité devient
alors intense. Des réactions que la simple fusion sèche n'aurait pu produire se réalisent en présence de ces vapeurs surchauffées. Dans ces
conditions, les terrains disloqués, émiettés, pénétrés d'alcalis, de chlorures, de borates, etc., etc., et ramenés à une demi-fluidité ont dû tendre
à recristalliser et le résultat final a été un métamorphisme chimique
très étendu, qui n'a de dynamique que son origine.

Quoi qu'il en soit, on constate, dans les régions plissées, comme les
Alpes, un « métamorphisme régional », qui donne à des terrains liasiques, tels que les schistes des Grisons, l'aspect des schistes primaires et
qui, d'après des observations de M. Termier, paraît avoir été accompagné
souvent par un apport notable d'alcalis [1]. M. Reusch a même étudié, en
Norvège, des cas, où la transformation en micaschistes argileux, micaschistes et schistes amphiboliques, avait eu lieu sur de vastes étendues
de terrains horizontaux (qui, il est vrai, ont pu être, au voisinage des

---

1. C. R. Ac. Sc., 14 mars 1904.

grandes flexures, plusieurs fois repliés sur eux-mêmes), et l'on a vu
là un effet possible de la pression, bien que, d'après Pettersen, dans le
district de Tromsö, les couches les plus profondes se trouvent les
moins métamorphisées [1].

2° *Métasomatoses superficielles. Considération du niveau hydrostatique. Altérations des anciennes époques géologiques. Oxydation,
cémentation et décalcification ; silicification ; production de minéraux. Altération des roches cristallines et de leurs minéraux divers,
des terrains sédimentaires et des minerais métallifères. Mouvements
de terrains produits par l'altération.*

Les altérations toujours continuées de ce que j'appelle ici la zone
superficielle demandent une étude d'autant plus attentive que cette
zone superficielle peut être, en réalité, très profonde par rapport à nos
travaux de mines ou à nos fouilles, et que c'est bien souvent la seule
observable pratiquement dans les excavations superficielles.

On la définit par la considération de ce que l'on appelle le *niveau
hydrostatique*, c'est-à-dire la surface — un peu conventionnelle dans
la complexité réelle des phénomènes, — qui sépare la zone, susceptible
d'être asséchée, où circulent les eaux de surface destinées à alimenter
nos sources habituelles, de la zone plus profonde, à imprégnation d'eau
permanente, où les mouvements des eaux souterraines sont très lents,
parfois même insensibles, et ne se traduisent au jour que par des
venues hydrothermales [2].

Il faut d'abord se pénétrer de cette idée qu'il n'existe pas de vide
un peu profond dans la Terre, qui ne tende à se remplir d'eau, dès
qu'une communication se trouve ouverte.

Si l'on a pu citer des exemples curieux et exceptionnels de mines
remarquablement sèches en profondeur, telles que la Calumet and Hecla
ou le puits Adalbert de Przibram, cela ne saurait infirmer la loi physique,
qui veut que, par son seul poids, l'eau superficielle tende à descendre,
tant que la pression, la capillarité ou la chaleur ne la font pas remonter [3].
On peut même dire que de semblables anomalies doivent plutôt se présenter à de grandes profondeurs, quand la compacité des roches superposées ne laisse pas d'accès aux eaux superficielles ; mais, immédiatement au-dessous des terrains, où se fait la circulation rapide destinée à
alimenter les sources, il n'en est pas de même et l'on est en droit

1. *In* SUESS, *loc. cit.*, II, 95.
2. Voir page 279.
3. Le manque d'eau dans certains travaux de mine tient à ce que l'eau souterraine se trouve drainée à côté ou plus profondément.

d'admettre qu'il existe là une zone profonde, entièrement imbibée d'eau, où cette eau se présente à l'état permanent.

Dans ces conditions, et à moins de subir un échauffement suffisant pour se dissocier, cette eau devient rapidement inerte et n'exerce plus aucune réaction chimique. Elle suffit, quand même les terrains seraient secs au-dessous, pour constituer un manteau isolant. Malgré des exceptions apparentes causées par des mouvements d'eau à aboutissement lointain, la métasomatose s'arrête, à peu près, en atteignant la zone profonde, située au-dessous du niveau hydrostatique, qu'influencent seulement, dans des circonstances plus rares, les métamorphismes généraux amenés par l'effet des réactions chimiques, ou par les mouvements dynamiques, et étudiés au paragraphe précédent.

Tout autres sont les phénomènes dans la zone, plus voisine de la superficie, où, par définition, nous avons supposé un mouvement facile des eaux souterraines, destinées à alimenter nos sources. Là, ces eaux de surface, constamment renouvelées, arrivent du jour, chargées au moins d'oxygène et d'acide carbonique, souvent aussi d'autres sels minéraux, et, par conséquent, susceptibles d'agir chimiquement. Leur effet est, par définition aussi, intermittent et momentané. Dans cette zone haute, le régime des eaux est variable ; il se produit des crues et des assèchements ; une même partie est tour à tour noyée ou exposée à l'air ; un flux d'eau active et corrosive passe ; puis l'air a le temps de réagir sur les surfaces mouillées et de déterminer les oxydations. Les réactions chimiques se produisent alors avec intensité et s'étendent, d'une façon continue, à la manière d'une tache d'huile, le long des fissures, ou suivant les porosités du terrain attaqué, qu'elles altèrent de plus en plus. Leur résultat le plus habituel étant d'emprunter aux roches tous leurs éléments solubles, alcalis et terres alcalines, pour laisser un résidu insoluble de silice et d'alumine, cette argile, qui se dépose ainsi à la fin de toutes les altérations, colmate, obstrue les premières fissures, par lesquelles l'eau passait et la force à chercher un nouveau chemin, le long duquel elle continue son métamorphisme. C'est ainsi que ces résultats lents, mais indéfiniment prolongés, arrivent à prendre des extensions, qu'on ne soupçonne pas d'abord et à modifier de fond en comble l'aspect de tout un massif.

Étant donnée l'importance ainsi attribuée à ce genre de réactions, il faut bien préciser la zone sur laquelle il s'exerce et son rapport avec la topographie : c'est-à-dire la position du *niveau hydrostatique*.

D'après la définition donnée plus haut, les eaux supérieures au niveau hydrostatique, qui sont destinées à alimenter les sources ordinaires, se dirigent, en général, vers ces sources en descendant, c'est-à-dire que la surface hydrostatique doit se raccorder avec les points les plus bas de la surface topographique, où peuvent se trouver ces sources, et aller rejoindre les fonds des vallées par des pentes continues.

Il en serait autrement si le facteur temps ne devait pas intervenir, ou si l'on était en droit de se placer dans le cas de l'hydrostatique et non plus de l'hydrodynamique : une surface d'équilibre générale, seulement

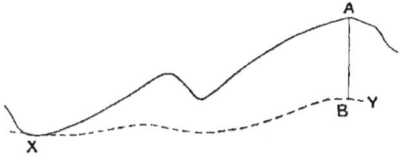

Fig. 38. — Coupe verticale théorique, montrant la disposition relative du niveau hydrostatique XY et de la superficie XA, dans le cas simple de terrains homogènes.

influencée par les attractions des masses terrestres, s'établirait sur toute la Terre et se raccorderait directement avec le niveau des océans. Mais l'eau doit, pour circuler, trouver des fissures et elle choisit les orifices, qui lui donnent le plus rapidement accès et l'évacuent le plus vite, en sorte qu'un drainage très voisin l'attire de préférence à une dépression beaucoup plus profonde, mais plus lointaine. Le rôle du temps est

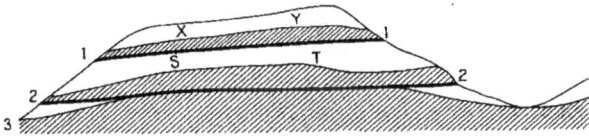

Fig. 39. — Coupe verticale théorique d'un terrain présentant des alternances de couches perméables et de strates argileuses imperméables 1, 2. Les parties couvertes de hachures sont celles qu'imprègnent toujours les eaux souterraines ; les parties blanches, celles ordinairement asséchées. XY, ST, niveau hydrostatique.

capital de toutes façons dans ces phénomènes, très lents et très prolongés.

Ainsi, finalement, la forme de la surface hydrostatique reproduit, en l'affaiblissant et l'atténuant, la forme générale du relief (fig. 38). Sous une vallée à cours d'eau permanent, on passe immédiatement au-dessous du niveau hydrostatique. Si le cours d'eau reste à la surface et ne s'infiltre pas dans le terrain sous-jacent, c'est que le sol au-dessous de lui est déjà imprégné d'eau, qui ne lui laisse pas libre accès. Au contraire, sous une montagne très accidentée, le niveau hydrostatique peut descendre très bas. Enfin il faut ajouter que, lorsqu'il existe, dans un terrain, des couches, bancs ou filons imperméables, comme le suppose la figure 39, chacun de ceux-ci, en arrêtant l'infiltration des eaux profondes, peut déterminer une complication de la surface hydrostatique ; l'eau, permanente au-dessus de lui, peut reprendre sa libre circulation au-dessous et il peut se produire ainsi, de haut en bas, des alternances de zones altérées et de zones intactes. La surface hydrostatique doit être entendue dans le sens d'une surface géométrique générale, pouvant présenter plusieurs nappes [1].

En résumé, l'on voit que la surface hydrostatique est en relation directe : 1° avec la topographie, 2° avec la nature des terrains. La topographie détermine sa forme théorique ; mais celle-ci est d'autant mieux réalisée que le terrain est plus pénétrable, plus poreux ou plus fissuré. Par exemple, le maximum de pénétrabilité se présente dans les grandes masses de calcaires, sillonnées d'innombrables diaclases, comme en présentent les plateaux des Causses. L'eau trouve, dans ces diaclases, des accès, qu'elle élargit peu à peu et qui arrivent à former des réseaux de grottes avec rivières souterraines ; elle descend ainsi peu à peu jusqu'au niveau des vallées voisines, elles-mêmes profondément encaissées, si aucune couche argileuse ne l'arrête ; elle peut même, par la pression des filets d'eau qui se superposent à elle sur une grande hauteur, descendre plus bas encore : ce qui se traduit par l'apparition de grosses sources vauclusiennes, sortant de bas en haut, comme des torrents tout formés, le long des rivières encaissées ; et toute la hauteur du plateau peut alors être considérée comme au-dessus du niveau hydrostatique.

Au contraire, des terrains, tels que ceux du Bassin Parisien, offrant de fréquentes alternances de couches sableuses (c'est-à-dire perméables) et argileuses (c'est-à-dire imperméables), arrêtent sans cesse la descente des eaux ; il en résulte autant de niveaux de sources et de plans hydrostatiques que de nappes d'argile (voir fig. 39) et le résultat final est des plus complexes [2].

Sauf cette restriction, le relief topographique joue un rôle prépondérant dans le phénomène. Si l'on est dans un pays plat, sur un plateau

---

1. On trouvera, dans ma *Géologie pratique*, pages 41 à 71, une étude de cette zone d'altération, que j'ai spécialement envisagée, en ce qui concerne les gîtes métallifères, dans la *Contribution à l'étude des gîtes métallifères* (Ann. des Mines, août 1897). Voir également *Gîtes minéraux et métallifères*, t. I, p. 179 à 202.

2. Il ne faut jamais oublier, dans l'application, que les altérations superficielles représentent un phénomène de pénétration aqueuse, qui ne se produit pas théoriquement et par grandes masses, mais suivant le chemin que l'eau rencontre. On a ainsi trouvé des cas où la calamine, c'est-à-dire le minerai de zinc carbonaté par altération, reparaissait sous la blende qui en est la forme initiale (Diegenbusch en Belgique) ; d'autres (Oualil en Algérie), où la pyrite avait été à peine altérée dans un calcaire au-dessus de la vallée.

parcouru par des rivières à fleur de sol, le niveau hydrostatique se confond presque avec la surface topographique et la zone altérée est insignifiante ; elle devient d'autant plus épaisse que le relief est plus marqué et elle atteint son maximum dans les chaînes montagneuses. Par là, ce phénomène, qui est essentiellement caractéristique des périodes d'émersion continentale et qui a dû se produire dans toutes les périodes d'émersion semblables pendant l'histoire géologique, se trouve relié avec le degré d'usure et d'érosion de la chaîne. Très actif au début d'un plissement, quand cette chaîne est très accidentée et contribuant alors à faciliter sa destruction, il s'atténue à mesure que la chaîne vieillit, s'use et se transforme en une pénéplaine. Par conséquent, ses effets d'altération se trouvent, au fur et à mesure, détruits par les progrès de l'érosion même et, dans la plupart des cas, la surface hydrostatique actuelle est la plus basse de toutes les surfaces hydrostatiques, qui ont existé depuis les derniers mouvements dynamiques ; elle peut donc être seule considérée en pratique, puisqu'elle limite, de toutes façons, les zones d'altération anciennes, comme la zone d'altération récente.

Mais — et c'est là une remarque très importante, si l'on veut bien comprendre toute une série de manifestations géologiques, sans cela inexplicables — cet abaissement progressif du niveau hydrostatique et, par conséquent, de la zone altérée, qui se produit nécessairement avec le temps lorsque l'érosion seule intervient, n'a plus lieu si un mouvement dynamique quelconque vient déplacer, les uns par rapport aux autres, divers compartiments de la superficie. Il suffit qu'un compartiment de la surface, ayant déjà subi une altération ancienne, s'effondre, s'enfonce en profondeur, pour que la loi normale des altérations actuelles se trouve, en apparence, troublée. Un tel compartiment effondré, se trouvant encaissé dans d'autres terrains, peut, en effet, résister à l'érosion, qui enlève les prolongements des mêmes bancs altérés, restés plus haut ; il est en mesure de survivre à la période géologique, qui l'a produit ; il nous présente alors, après de longs âges géologiques, un témoin rare des altérations continentales, remontant à une époque depuis longtemps disparue et, comme son effondrement peut atteindre, d'après les observations géologiques directes, plusieurs milliers de mètres, on peut, jusqu'à plusieurs milliers de mètres de profondeur, c'est-à-dire jusqu'à des profondeurs beaucoup plus grandes que celles de tous nos travaux de mine, trouver, par un paradoxe singulier, des caractères, qui sont, pour nous, ceux d'une altération superficielle.

Une telle remarque s'applique, notamment, à des synclinaux effondrés, qui, dans certains massifs très anciens comme la Scandinavie, le Nord de l'Amérique, la Sibérie, ont encastré et préservé de la destruction tout un quartier de terrains sédimentaires, avec ses roches d'intrusion superficielle ou même d'épanchement, avec ses filons métallifères, etc..., et l'on rencontre alors des applications très curieuses de notre théorie [1].

Cette considération, jointe à celle du relief extrêmement brusque et, par conséquent, du niveau hydrostatique très profond, que peuvent présenter quelques chaînes montagneuses récentes, comme les Andes, prête, ainsi que je le disais en commençant, au phénomène qualifié ici de superficiel, une zone d'action très considérable et explique comment on ne doit pas être surpris de le voir se manifester, sur la hauteur de montagnes entières, sur la profondeur totale d'une grande exploitation minière.

Entrons maintenant dans la description des phénomènes, dont nous venons de caractériser la zone d'extension et voyons à les définir.

Les altérations, dont nous nous occupons ici, portent sur toutes les catégories de roches et de terrains et peuvent affecter même des substances, qui semblent tout d'abord à peu près insolubles. Leur mécanisme est nécessairement de forme très multiple et peut comprendre un grand nombre de cas. Néanmoins, en moyenne, cette métallurgie naturelle a, pour agents essentiels, l'eau, l'acide carbonique et l'oxygène de l'air et tend à séparer les substances, qui se comportent différemment en présence de ces agents, pour rassembler celles, dont la manière d'être est la même.

Il y a, dès lors, avant tout, tendance à la suppression des éléments solubles et à l'enrichissement relatif de ceux qui se dissolvent moins aisément ; mais, parmi les éléments dissous, ceux que reprécipite une circonstance couramment réalisée (par exemple, le contact de l'oxygène en excès pour le fer ou le manganèse), ne vont pas loin et se redéposent à proximité. Même des corps solubles peuvent être amenés à se reprécipiter en certains cas.

Il en résulte aussitôt la nécessité de subdiviser, dans notre théorie, la zone d'altération, que nous considérons ici, en deux zones superposées de très inégale importance : l'une, au contact direct de l'air, où domine l'action de l'oxygène, tandis que l'acide carbonique en excès tend à s'évaporer ; l'autre, plus profonde, où l'oxygène est moins abondant et où l'action de l'acide carbonique et des sels métalliques domine.

Nous appellerons la première zone, généralement peu épaisse, *zone*

1. Les sondages et puits font reconnaître de même, dans le Nord de la France, sous le manteau du crétacé transgressif, un sol primaire irrégulièrement érodé et raviné, un témoin de l'ancienne érosion, dont M. Gosselet a reconstitué l'allure.

d'oxydation; c'est celle, où, par exemple, au-dessus d'un plateau calcaire qui s'attaque, le fer en excès se reprécipite à l'état de peroxyde : zone, par conséquent, caractérisée par sa rubéfaction. En même temps, se reprécipiteront aussi les éléments, qu'un excès d'acide carbonique maintenait seul plus bas en dissolution.

La zone plus profonde, qui occupe ensuite toute la hauteur jusqu'au niveau hydrostatique et qui semble même descendre un peu au-dessous, est celle des *cémentations*, des *décalcifications*, ou, plus généralement, des *réactions chimiques;* c'est la zone d'enrichissement des filons d'or, d'argent, de cuivre, de cobalt, de manganèse ; c'est la zone, où les terrains calcaires perdent peu à peu leur chaux et souvent se chargent de silice, où les roches magnésiennes s'appauvrissent en magnésie.

La circulation des eaux se fait, par définition même, d'ordinaire en descendant, dans toute cette partie de l'écorce terrestre, où les eaux souterraines sont drainées par les sources des vallées [1]. Pour celles, qui n'ont qu'un trajet très bref et s'éloignent peu de la superficie, cette remarque n'entraîne aucune conséquence particulière ; mais, pour celles dont le circuit est plus profond et suit, par exemple, le plan de drainage d'un filon, il peut en résulter le transport de haut en bas de certains éléments, qui viennent alors se reprécipiter sur des cristaux déjà formés d'une substance analogue et les grossir, les nourrir ou les modifier. C'est ce phénomène spécial, qui constitue, à proprement parler, la *cémentation* des minerais métallifères et qui peut, localement, accroître leur teneur en certains métaux.

Un tel enrichissement profond est parfois d'autant mieux caractérisé que les lentes altérations continentales, dont il s'agit ici, se produisent pendant des périodes d'érosion, où les parties supérieures du terrain et des filons que celui-ci peut contenir, sont, après altération, enlevées au fur et à mesure. Par suite, certains métaux, provenant de toute une épaisse zone, d'abord altérée, puis disparue, dont il ne reste plus trace, ont pu se trouver concentrés dans la même zone profonde et y produire une accumulation métallique, qui joue un très grand rôle dans la répartition des parties riches sur un filon métallifère.

Nous allons maintenant, pour préciser davantage, envisager tour à tour les trois cas principaux : *a)* des roches cristallines et des minéraux qu'elles peuvent renfermer, *b)* des terrains sédimentaires et *c)* des gîtes métallifères.

---

1. La descente des eaux, que j'imagine ici, apparaît souvent de la façon la plus nette. Ainsi le terrain houiller de la Machine (Nièvre), qui a été recouvert par le trias, contient souvent de véritables filons de gypse, empruntés à ce trias et redéposés plus bas dans ses fentes.

a) Les *roches cristallines*, par lesquelles nous commençons, sont habituellement des silicates d'alumine complexes, où la réaction ignée a produit la combinaison de la silice avec les bases en une scorie. Elles sont l'origine de tous les terrains sédimentaires, où l'on ne retrouve donc que les mêmes éléments, mais déjà classifiés, séparés et groupés par les préparations mécaniques et chimiques, qu'ils ont subies. Le cas des roches comprend, par suite, comme un cas particulier, celui des terrains et les notions générales, que nous allons établir pour les roches, seront applicables aux sédiments. Or, si nous supposons une roche quelconque soumise à une altération superficielle, le résultat obtenu sera presque toujours le même et peut, dans une première approximation, s'indiquer en deux mots [1].

Quand les réactions ont eu le temps d'être complètes, on observe la disparition complète des alcalis, qui ont été entraînés vers la mer, ou vers les bassins d'évaporation fermés ; la chaux et les bases analogues sont également dissoutes, dès que l'acide carbonique est en excès, mais avec plus de tendance à reformer des dépôts le long de tous les vides, où cet acide carbonique s'évapore ; le fer donne du sesquioxyde dans la zone la plus élevée, qu'il rubéfie. Par contre, les produits moins solubles, tels que la silice ou l'alumine, semblent s'enrichir et quelques-uns d'entre eux, par suite d'une dissolution partielle et momentanée, subissent, en effet, des concentrations locales. D'une roche cristalline il reste, à la fin, de la silice, maintenant mise en liberté, ou demeurée encore unie à l'alumine en argile et kaolin, avec tendance à prendre ultérieurement une indépendance plus complète à l'état de silex et de bauxite. Un gîte de kaolin, une argile, un sable quartzeux à restes de feldspath à moitié kaolinisés, avec quelques veines siliceuses, voilà le résidu d'un granite. Une roche éruptive calcaire ou magnésienne donne, en outre, des veines, des enduits de carbonate de chaux, de carbonate ou de silicate de magnésie. Si elle renfermait, à la fois, de la chaux et de la magnésie, la proportion relative de la magnésie semble d'abord s'accroître ; mais, finalement, la magnésie est elle aussi éliminée ; l'opération, que nous avons appelée une décalcification, est aussi un appauvrissement en magnésie et se manifeste très nettement sur les roches uniquement magnésiennes, comme les péridotites. Aux

---

1. L'un des beaux travaux d'EBELMEN était déjà consacré à l'étude des altérations superficielles qui peuvent se manifester dans les roches cristallines (*Recherches sur les produits de la décomposition des espèces minérales de la famille des silicates*. C. R., t. XX, p. 1445), et en avait mis en évidence les caractères principaux. Voir également l'ouvrage de J. ROTH, *Allgemeine und chemische Geologie* (in-8°, Berlin, W. Hertz), dont les tomes I (1879) et III (1893) sont consacrés, en grande partie, à l'étude de ces phénomènes d'altération (Verwitterung) dans les minéraux et dans les roches.

dépens de celles-ci se produisent : d'abord, des serpentines, qui ont perdu un cinquième de la magnésie ; puis des « argiles rouges », qui n'en renferment pour ainsi dire plus, et on retrouve cette magnésie au voisinage à l'état de giobertite [1]. Dans les mêmes conditions, une roche très ferrugineuse produit des concentrations de sesquioxyde de fer, ou d'argile rouge ferrugineuse avec nodules manganésifères.

Mais c'est là supposer les réactions achevées, ce qui est un cas exceptionnel. Généralement le temps écoulé depuis le commencement de l'altération n'a pas été suffisant pour que celle-ci soit arrivée à son terme ; ou, du moins, on ne voit l'altération complète que sur une épaisseur assez faible ; après quoi, on surprend, plus bas, le phénomène en train de s'opérer et l'on saisit l'action des eaux s'insinuant suivant toutes les cassures de la roche, suivant toutes les fissures, les clivages, les joints des minéraux. Une roche, qui s'attaque ainsi, tend à prendre une allure bréchiforme, avec des noyaux intacts enveloppés par les produits d'une altération plus ou moins avancée.

Dans ce cas, qui est de beaucoup le plus fréquent, les phénomènes deviennent très complexes ; car, d'un côté, le départ des éléments chimiques peut s'opérer dans l'ordre de leur solubilité, établissant une différence entre deux éléments, qui, d'une façon absolue, sont tous les deux solubles, et, d'autre part, il se produit, par des séries de réactions en sens contraire, de véritables cycles, des reprécipitations de substances d'abord dissoutes, des reconstitutions de minéraux d'abord attaqués, qui sont caractéristiques de la zone des cémentations.

Je vais, pour me faire comprendre, choisir deux exemples.

C'est, tout d'abord, une loi presque générale dans les terrains altérés, que l'enrichissement relatif de la potasse par rapport à la soude [2], de la magnésie, la baryte ou la strontiane par rapport à la chaux : les éléments les plus solubles, soude et chaux, tendent alors à dominer dans les eaux [3] et, spécialement, dans les eaux thermales, tandis qu'on voit les roches se charger peu à peu de potasse et de magnésie, leurs fissures s'incruster de baryte ou de strontiane. La concentration relative de la potasse est un fait très fréquent dans les roches acides ; celle de la magnésie peut se manifester dans les roches basiques et joue un rôle notable dans l'altération des calcaires ; ceux-ci tendent, en effet,

1. Voir plus loin, page 331, le passage relatif aux nickels de la Nouvelle-Calédonie.
2. Pour la même raison, le sodium domine dans les eaux.
3. Le carbonate de magnésie est plus soluble que le carbonate de chaux ; mais le carbonate double de soude et de chaux, la dolomie, l'est moins. C'est donc elle qui se forme (*Gîtes métallifères*, t. II, p. 217).

par cette seule réaction, à devenir dolomitiques dans nombre de zones très altérées, notamment autour de tous les gîtes métallifères produits eux-mêmes par une altération superficielle, tels que les calamines, qui résultent uniformément de la transformation des blendes.

Cependant, dans quelques cas exceptionnels, on a signalé des faits, en apparence contraires à la loi générale, qui peuvent rentrer dans ce que j'ai appelé les cémentations : par exemple, pour certaines roches altérées, des enrichissements en chaux de plagioclases, ou même des enrichissements en alcalis. Il ne s'agit évidemment là que de réactions incomplètes et qui, si elles se poursuivaient, rentreraient dans la loi générale ; mais on peut comprendre que, localement, des eaux calcaires ou alcalines aient exercé une cémentation de ce genre. On voit alors des plagioclases se transformer en saussurite par développement de zoïzite, ou, d'après M. Termier, être épigénisés par de l'albite et de l'anorthose [1] ; mais ces apports d'alcalis, qui caractérisent surtout le métamorphisme régional, peuvent, dans bien des cas, être rattachés à des phénomènes de cémentation plus généraux et plus profonds [2].

Je viens de dire que l'altération des minéraux pouvait leur faire accomplir un cycle complet. J'en citerai un seul exemple à propos des minéraux de titane.

Quand on envisage le groupe complet de ces minéraux [3], on voit les actions ignées développer de l'acide titanique associé aux éléments ferrugineux, sous la forme d'ilménite ou de magnétite titanifère et le combiner avec la chaux à l'état de sphène ; en même temps, les fumerolles isolent le même acide à l'état de rutile. Mais tous ces éléments, soumis aux altérations, se montrent instables. Le rutile, en présence de fer ou de chaux, est susceptible de se pseudomorphoser en fer titané ou en sphène (silicotitanate de chaux) ; le fer titané, à son tour, peut passer au sphène dans les altérations microscopiques, ou perdre son fer et donner de l'anatase, qui, à son tour, reviendra au rutile. Le sphène, de même, peut repasser au rutile, parfois par l'intermédiaire de l'ilménite et le rutile est, en définitive la forme la plus stable, malgré les pseudomorphoses précédentes, qui sont susceptibles de l'altérer.

C'est là un cas assez complexe, mais dont la complexité n'a cependant rien d'exceptionnel et l'on pourrait citer bien d'autres exemples de cycles accomplis après des réactions égales et en sens contraire.

1. C. R., janvier 1897.

2. *Ibid.*, 14 mars 1904.

3. Voir L. DE LAUNAY, *Notes sur la théorie des gîtes minéraux. Le rôle du titane en géologie* (Ann. des mines, janvier 1903).

Plus souvent cependant, les altérations, qui s'exercent sur un minéral, ont pour effet de lui substituer progressivement : soit une forme plus stable du même principe chimique ; soit une autre substance plus fixe, qui est souvent la silice. Cette transformation s'opère fréquemment en gardant la structure extérieure du cristal primitif et constitue alors ce qu'on appelle une pseudomorphose.

Nous avons déjà vu, par exemple, à diverses reprises, la silice libre former l'aboutissement dernier des silicates, quand la chaleur n'intervient pas pour la remettre en combinaison. De même, les divers sels de fer finissent tous par produire du sesquioxyde de fer, après avoir donné des sels divers de protoxyde, sulfate, carbonate, etc. Le manganèse aboutit au bioxyde. D'autre part, on trouve constamment la silice substituée à de la calcite, à de la barytine, à de la fluorine, etc.

Ces diverses altérations des roches éruptives, qui se produisent au-dessus de la zone hydrostatique, ne doivent pas être envisagées comme un cas particulier, comme une singularité minéralogique, mais comme la règle normale. Leur degré seul diffère ; mais tous les pétrographes savent à quel point il est difficile — et, pour certaines catégories de roches plus attaquables, impossible — d'obtenir un échantillon frais, intact, gardant ses minéraux primitifs et susceptible de fournir, soit un examen microscopique fructueux, soit une analyse chimique utilisable. C'est même, pour le dire en passant, une des raisons qui ne permettent pas de chercher, dans les analyses chimiques, comme principe de la détermination des roches, toute la précision que l'on a parfois voulu leur attribuer. Sans parler de ces transformations kaoliniques, qui, sur 30 ou 40 mètres d'épaisseur, ne laissent que du kaolin et du quartz à la place de pegmatites[1], ou même de ces réactions intenses, qui, le long de bien des gîtes métallifères et sous l'influence des eaux sulfatées, rendent parfois toutes les roches absolument méconnaissables sur des centaines de mètres de large, on suit, par l'examen microscopique d'une roche quelconque, jusque dans l'intimité des minéraux, le processus de l'altération, qui peu à peu transforme d'habitude les feldspaths en kaolin et en séricite, le pyroxène, l'amphibole ou le mica noir en calcite, chlorite, etc., l'olivine en goethite et serpentine, qui ailleurs produit des minéraux comme les zéolithes ou l'épidote, tout à fait caractéristiques des zones altérées et fréquemment accompagnés par des reprécipitations de calcite.

Enfin un phénomène, que nous allons avoir plus spécialement l'occa-

1. J'ai montré (*Notes sur la théorie des gîtes minéraux, kaolin de Saint-Yrieix*. Ann. des Mines. janvier 1903) comment ces observations s'appliquaient aux grands gîtes de kaolin du Limousin.

sion d'étudier pour les terrains, est celui de la silicification, qui ne nécessite nullement, comme on le croyait autrefois, des venues geysériennes ou des sources thermales, mais qui peut résulter de simples circulations superficielles au milieu de roches à silicates alcalins. C'est ainsi que le résultat final d'une période d'émersion continentale se traduit souvent par une silicification, un durcissement, — particulièrement caractérisés, quand, à la suite d'un plissement, tous ces phénomènes d'érosion et de circuits hydrauliques ont pris une intensité spéciale —. Il n'y a probablement pas d'autre cause à chercher pour la silicification, que j'ai depuis longtemps signalée aux abords et dans le fond de tous les bassins houillers stéphaniens du Plateau Central, remplissages de lacs creusés après les plissements westphaliens.

b) *L'altération des terrains sédimentaires* obéit aux mêmes lois que celle des roches cristallines, mais dans des conditions beaucoup plus simples et plus théoriques, parce que les substances en jeu ont déjà subi une première classification, un premier isolement dans les eaux et, en outre, parce que la circulation des eaux souterraines se fait, généralement, avec plus de facilité, sur de grandes épaisseurs, dans les sédiments que dans les roches cristallines. Tandis que, dans les roches, les fissures sont peu nombreuses et tendent vite à s'obstruer par des résidus argileux, les innombrables cassures des calcaires, les interstices entre les grains de sable, les plans de joint des schistes se prêtent à des infiltrations nombreuses et plus éparpillées, d'où peuvent résulter des apparences de niveaux d'eau profonds, des sources volumineuses, ayant même parfois, dans les terrains calcaires, parcouru de véritables rivières souterraines, avec accès presque constant de l'air libre.

Les sédiments, lorsqu'ils n'ont pas subi un métamorphisme de profondeur, qui les a ramenés au cas de roches cristallines, présentent généralement déjà, à l'état d'isolement : d'une part, les carbonates de chaux et de magnésie ; de l'autre, la silice ; ailleurs, l'alumine ou le silicate d'alumine ; les alcalis y sont rassemblés sur certains points très particuliers et les autres substances, telles que le phosphore, la baryte, la strontiane ont également été soumises déjà à une première concentration. L'action des eaux superficielles peut alors être beaucoup plus complète et aboutir à des termes plus définitifs par disparition de la chaux et par fixation de la silice. La décalcification et la silicification, accompagnées, dans une zone supérieure, par des oxydations ou rubéfactions, sont des phénomènes tout à fait généraux, auxquels vont s'ajouter la dissolution des substances plus solubles, telles que le sulfate de chaux ou le chlorure de sodium, qui peuvent exister encore et la concentration de certains autres principes, aboutissant à donner des nodules de phosphate de chaux, des sables phosphatés, des pyrolusites, des bauxites, des calcaires de plus en plus dolomitisés, etc. [1]

Il ne faut, d'ailleurs, pas oublier, malgré la remarque faite en commençant, qu'ici même les réactions s'opèrent très lentement et ne sont presque jamais finies. On en a un exemple frappant en voyant subsister à l'air et à la pluie, malgré leur solubilité, des rochers entiers de sel ou de gypse. Il suffit également, pour s'en rendre compte, de voir la mesure, dans laquelle s'est réalisée la décalcification des plateaux calcaires, que nous pouvons supposer soumis à l'altération depuis le pliocène, c'est-à-dire depuis un nombre de siècles, que nous sommes impuissants à évaluer.

Parmi les phénomènes divers, qui se produisent sur les sédiments, la *silicification* est un des plus fréquents et l'un de ceux, auxquels il est le plus indispensable de penser si l'on veut comprendre certaines apparences anormales. On voit cette silice se redéposer dans toutes les fissures, les interstices, les pores du terrain ; ce sont : ici, des veines de quartz lenticulaire ; là, un ciment qui agrège, en une roche dure, des sables ou des galets ; ailleurs, la silicification complète d'un banc calcaire, qui peu à peu arrive à se transformer en un silex, en une meulière, en une sorte de jaspe, etc.

Par suite de cette silicification, qui est déjà un phénomène relativement profond, on peut dire que les terrains tendent peu à peu à se durcir en profondeur, tandis qu'ils se désagrègent à la surface. Quel que soit le point de départ, calcaire, schiste ou grès, si les réactions ont eu le temps de se poursuivre, il reste une argile, un schiste ou un grès solidifiés.

En même temps, disparaissent tous les fossiles, dont le test est calcaire et qui sont lentement éliminés, comme tous les éléments calcaires du même terrain [2]. Lorsque le terrain est arrivé à devenir entièrement siliceux, il apparaît dépourvu d'organismes et ce n'est pas pour une autre raison que tant de strates primaires altérées sont absolument dénués de tous fossiles.

La silicification des terrains peut, dans certains cas, comme on l'a constaté dans le Bassin de Paris, être accompagnée par le dépôt de minéraux, tels que la fluorine, que l'on considérait autrefois comme exclusivement filoniens.

---

1. L'altération des sédiments aboutit souvent à des types tout à fait caractéristiques des zones d'affleurement, parmi lesquels il suffira de citer : la *rauchwacke* cendreuse au-dessus des schistes cuprifères du Mansfeld ; le *briscale*, qui signale la présence des bancs de soufre en Sicile, les *cargneules* des Alpes, etc.

2. Voir DE LAPPARENT *loc. cit.*, page 677, sur les conditions de fossilisation et sur la disparition des fossiles dans les grès et sables.

M. Cayeux a montré le rôle important, que les organismes siliceux avaient ainsi joué dans les transformations ultérieures des terrains [1]. Tandis que les organismes calcaires se contentent de disparaître progressivement, les restes de spongiaires, radiolaires, diatomées, etc., se dissolvent partiellement et fournissent de la silice, qui épigénise leur ciment, en même temps qu'ils attirent sur place la silice dissoute de toute origine et l'accumulent en un rognon, en un chert, où toute trace d'organisme finit par disparaître. La tendance à la cristallinité se manifeste, dans ce cas, par la production de quartz, de même que, pour la craie, elle aboutit à la cristallisation de la calcite, avec destruction des formes organisées.

En dehors de cette silice organique, il peut encore intervenir de la silice minérale, venant de terrains sableux disparus. On voit également de la glauconie se développer aux dépens des terrains, parfois remplacer des globules de silice, ailleurs épigéniser de la calcite, des phosphates, etc. D'après beaucoup d'auteurs, la matière organique serait nécessaire à la formation, soit des silex, soit de la glauconie.

Les cas de silicification applicables à des terrains entiers peuvent quelquefois amener des facies, qui semblent d'abord anormaux [2]. Ainsi, sur toute la bordure du Plateau Central (Bourbonnais, etc...) le permien et le trias renferment de grands bancs de silex fétide à organismes végétaux, qui ont bien des chances pour avoir été autrefois semblables aux calcaires, également fétides, subsistant à leur voisinage et ne s'être silicifiés qu'après coup. On peut faire les mêmes hypothèses pour les « agatisés » du Gard [3]. Dans la région Nord de la France, les phtanites carbonifères, ainsi que les « rabots » de Belgique ont été attribués à une silicification de calcaire. On a donné une interprétation semblable pour les silex (jaspilites), qui encaissent les hématites du Mesabi Range au Lac Supérieur et j'ai indiqué ailleurs [4] la possibilité que les leptynites du Plateau Central, toujours associées à des amphibolites et à des cipolins, fussent la transformation siliceuse ou feldspathique d'anciens calcaires, comme les bancs qui les accompagnent.

1. *Étude micrographique des terrains sédimentaires*, 1897, page 160. On observe, dans ce cas encore, des transformations inverses plus exceptionnelles. M. CAYEUX cite, par exemple, page 25, une gaize, d'abord en partie calcaire, puis silicifiée et finalement calcifiée. Les organismes siliceux sont beaucoup plus rares que les organismes calcaires.

2. Je rappelle ce cas singulier, cité par M. CAYEUX, des gaizes oxfordiennes calcarifiées des Ardennes, qui, d'après lui, seraient des calcaires devenus siliceux, puis retransformés en calcaires.

3. On désigne ainsi des minerais de fer siliceux (Eisen Kiesel) passant à des silicates de fer (*Gîtes métallifères* I, 785).

4. *Minerais de fer scandinaves* (Ann. des Mines, 1903, p. 152 du tirage à part).

c) *Altérations des gites métallifères.* — C'est surtout pour les gites métallifères que les altérations au-dessus du niveau hydrostatique prennent une importance pratique considérable. Le départ, plus ou moins lointain, qui en résulte parfois, est alors l'origine de véritables gites de « sécrétion latérale », souvent utilisables et pouvant accuser une formation « per descensum », sur l'observation desquels on a voulu se fonder pour édifier la théorie complète des gites métallifères. Un tel sujet, pour être traité complètement, exigerait des développements, qui seraient hors de propos ici et je demande la permission de renvoyer à mes travaux antérieurs[1] pour me borner à en exposer les principes les plus généraux.

Le cas habituel, qui se présente dans un gite métallifère, est celui d'un ensemble sulfuré complexe, soumis à une action oxydante et ce cas peut également se subdiviser, d'une façon très nette, suivant que le terrain en contact est à peu près inerte, comme un grès, un schiste, une roche cristalline, ou, au contraire, calcaire, c'est-à-dire susceptible de fournir de l'acide carbonique et de produire, par conséquent, des carbonates métalliques. Accessoirement et dans la zone tout à fait superficielle, il peut intervenir, en outre, du chlore, du brome, de l'iode ou des matières organiques réductrices.

La présence d'un milieu calcaire introduit, dans l'évolution, des termes intermédiaires et facilite les réactions, d'autant plus que les calcaires très fissurés activent généralement l'infiltration des eaux. Le résultat final, si le phénomène avait eu le temps de s'accomplir entièrement, pourrait, il est vrai, souvent se retrouver le même que sans son intervention ; mais, comme le facteur temps a, dans toute cette catégorie d'altérations, une influence prépondérante et sur laquelle j'ai déjà plusieurs fois insisté, les réactions, généralement incomplètes, se traduisent, en terrains calcaires, par des formes minéralogiques différentes de celles qu'on retrouve en terrains inattaqués et nous allons avoir à établir une distinction fondamentale suivant la nature du milieu encaissant.

Dans tous les cas, d'ailleurs, si les réactions ont pu se poursuivre jusqu'à leur terme et s'il n'est survenu aucune action réductrice étrangère, ou aucune influence calorifique, la marche suivie par cette métallurgie naturelle est, en principe, de séparer les métaux d'après la solubilité de leurs sulfates ou de leurs carbonates, d'éliminer les

---

1. Voir : *Contribution à l'étude des gites métallifères* (Annales des Mines, 1897) : *Variations des filons en profondeur* (Revue générale des Sciences, 30 avril 1900) ; *Géologie pratique*, 1901, p. 62 ; *Les Richesses minérales de l'Afrique* 1903 (chapitres sur l'Algérie) ; *Gites minéraux et métallifères*, 1913 (t. I, p. 178 à 206).

métaux, dont les sels peroxydés sont solubles et de laisser, comme résidu, pour les autres, la combinaison la plus stable, ayant développé le plus de calories en naissant, telle que le sesquioxyde de fer, le bioxyde de manganèse, le carbonate de zinc, etc.

Supposons, d'abord, un milieu inerte et un mélange sulfuré complexe en profondeur; l'altération portera, avant tout, sur les sulfures de fer et de cuivre, qui se dissoudront à l'état de sulfates; mais le premier se reprécipitera bientôt en sesquioxyde, tandis que le second disparaîtra et, finalement, l'on trouvera, sur les affleurements, ces grandes masses d'oxyde de fer, ces « chapeaux de fer » des anciens mineurs, où les métaux à sulfates solubles, tels que le cuivre, font défaut, tandis que les métaux à sulfates insolubles, comme le plomb, subsistent à peu près inaltérés.

C'est là, par définition même, la zone d'oxydation; mais, plus bas, vient la zone de cémentation, où l'on observe parfois, dans ces mêmes gisements complexes, pour le cuivre, l'argent et l'or, des enrichissements tout à fait caractéristiques. La zone, située au-dessous du chapeau de fer, est alors, comme je vais le dire bientôt, celle de la richesse maxima pour ces trois métaux.

Quand le même mélange sulfuré se trouve encaissé en terrain calcaire, le fer, le zinc, le plomb, le cuivre peuvent passer par la forme carbonatée, mais avec cette différence que le carbonate de fer tend lui-même à donner du sesquioxyde et que le carbonate de plomb se produit assez difficilement, tandis que les carbonates de zinc et de cuivre représentent des types stables, pouvant se maintenir aux affleurements. La zone d'oxydation sera alors caractérisée par de l'oxyde de fer ou par de la calamine rouge, c'est-à-dire chargée d'oxyde de fer; puis la zone de cémentation par du carbonate de fer et de la calamine blanche. Après quoi, l'on retrouvera en profondeur les trois sulfures caractéristiques, blende, pyrite, galène, avec appauvrissement relatif de la teneur en or, en argent et en cuivre : métaux ordinairement concentrés, comme je l'ai dit plus haut, dans la zone de cémentation.

Les deux cas très généraux, que je viens d'indiquer, rencontrent, dans la nature, d'innombrables applications. J'ai montré, par exemple [1], que la plupart des gîtes algériens, entre lesquels on avait établi autrefois une foule de distinctions, se ramènent à ce même assemblage de sulfures complexes, tout à l'heure signalé, où interviennent parfois, en dehors des métaux précédemment cités, le mercure et l'antimoine. Naturellement, la proportion de chacun d'eux varie suivant les cas;

1. *Les Richesses minérales de l'Afrique*, 1903.

mais les règles restent les mêmes et l'on peut établir, en principe, que, dans la zone haute de tels filons métallifères, le sesquioxyde de fer superficiel provient, soit de pyrite, soit de sidérose : cette dernière, en milieu calcaire, ayant elle-même bien des chances pour résulter de pyrites et que la calamine et la cérusite sont toujours des produits d'altération de blende ou de galène, de même que la malachite provient de sulfure de cuivre, l'oxyde d'antimoine de la stibine, etc.

Il va sans dire, la remarque ayant déjà été faite à maintes reprises, que ces réactions peuvent être plus ou moins complètes suivant les cas. On trouvera, par exemple, cette anomalie d'un gîte pyriteux subsistant, à peine altéré, en milieu calcaire, s'il y a très peu de temps que l'érosion l'a mis à jour, ou, au contraire, d'une calamine se continuant dans les profondeurs les plus grandes d'une mine sans passage à la blende, si l'altération a été là très prolongée, par exemple s'il s'agit d'un débris d'une chaîne ancienne enfoncé plus tard en profondeur.

Dans toutes ces réactions, la proportion relative des divers métaux se trouve modifiée sensiblement par l'altération superficielle et souvent dans un sens favorable aux besoins industriels, parce que les métaux enrichis sont les moins solubles, les moins altérables, qui sont, en même temps, on le sait, les plus denses et les plus recherchés. Les lois, que je cherche à établir ici, ont donc une importance pratique capitale, puisqu'elles permettent de prévoir la disparition en profondeur de l'or libre, de l'argent natif et des minéraux d'argent proprement dits, des cuivres gris, des calamines, des cérusites, comme des pyrolusites.

Il est indispensable, pour me faire comprendre, d'envisager spécialement quelques-uns des principaux métaux.

L'*or* peut être associé en profondeur à des sulfures, séléniures, tellurures, arséniures ou antimoniures; le plus souvent, on l'y trouve avec de la pyrite, du mispickel, ou de la chalcopyrite. Dès lors, dans la zone d'oxydation, on aura de l'hématite, parfois légèrement arsénicale, où l'or se trouvera mis en liberté.

Avec une masse composée presque exclusivement de sulfure de fer, il ne saurait y avoir de zone de cémentation proprement dite, puisque le sulfure s'altère aussitôt en sesquioxyde; néanmoins, les parties les plus basses de la zone oxydée présentent souvent un certain enrichissement en or et c'est là surtout qu'il semble y avoir eu « nourrissement », développement de cristaux d'or, qui arrivent à prendre parfois des dimensions, dont on ne retrouve plus l'équivalent dans les filons intacts : par exemple, ces sortes de végétations d'or, qui semblent suinter par toutes les fissures des quartz aurifères altérés.

A la zone d'oxydation correspondent également toutes ces « terres rouges », ces « terres à ravets », etc., où, dans la zone équatoriale, on rencontre de l'or disséminé sur de grandes étendues, à Madagascar. à la Guyane, au Vénézuela, etc. C'est le simple résultat de la décomposition sur place de roches, où pouvaient se trouver des veines où des mouches de pyrite aurifère.

J'ajoute encore que, pour l'or, cette concentration chimique première dans la zone d'altération a précédé la concentration mécanique des alluvions et a ainsi entraîné parfois, dans celles-ci, une teneur, qui peut sembler hors de proportion avec celles des gisements originels.

L'*argent* est, en profondeur, le plus souvent associé avec de la galène, parfois avec des chalcopyrites ou des blendes. L'altération des filons d'argent produit, en principe, deux zones caractéristiques.

1° A la surface, au milieu d'argiles terreuses et chargées d'oxydes de fer, on trouve les oxydes d'argent et l'argent natif — accompagnés de chlorures, bromures, iodures, etc., quand des eaux salines sont intervenues dans l'altération —. A l'oxyde de fer peuvent s'associer les oxydes de manganèse et les oxydes ou carbonates de cuivre, si ces métaux existaient en profondeur.

En même temps, il subsiste parfois de la galène inaltérée, ou, si l'on est en terrain calcaire, de la cérusite avec d'autres formes d'altération du plomb, telles que l'anglésite, la mimétèse, la pyromorphite, la wulfénite et de la calamine remplaçant la blende plus profonde. C'est la zone de suroxydation, généralement appauvrie en argent, par suite du départ d'une fraction de celui-ci, qui a pu, soit être entraînée au dehors, soit se reprécipiter plus bas.

2° Au-dessous, vient la zone des cémentations complexes, des réactions chimiques, où, par suite de la disparition du fer et d'une partie du zinc, par suite également de la contribution fournie par les parties supérieures disparues et érodées, la teneur en argent s'est élevée. Ce métal est là en sulfures et en sulfo-antimoniures (argents noirs et rouges), parfois encore un peu en argent natif. Cette zone d'enrichissement, fort importante dans la pratique, descend un peu au-dessous du niveau hydrostatique[1].

Enfin, 3° quand on a dépassé la zone modifiée, que limite à peu près le niveau hydrostatique, on entre brusquement dans la zone des sulfures complexes, où l'argent se retrouve incorporé dans les galènes et les blendes et où, par suite, les minerais se montrent, à la fois, plus pauvres et plus difficiles à traiter.

[1]. Van Hise. *Some principles controlling the deposition of ores* (Trans. Am. Inst. Min. Eng, févr. 1900).

On a eu des exemples remarquablement nets de ce passage dans des mines comme celle de Broken-Hill, en Australie, où les minerais très riches en argent de la surface étaient associés à un kaolin grenatifère, produit lui-même par l'altération d'une roche feldspathique[1], ou encore au Sarrabus, en Sardaigne. La loi atteint souvent, au Mexique et dans l'Amérique du Sud, une régularité presque théorique : au Mexique notamment, où la plupart des anciennes grandes mines à minerais riches et directement amalgamables exploitent aujourd'hui plus profondément des sulfures complexes[2].

Il est également très probable, comme je l'ai dit ailleurs, qu'il faut voir une autre application du même principe dans ces veines riches en argent, qui, sur beaucoup de champs de filons métallifères, ont été considérées autrefois comme des venues postérieures à un remplissage plombeux plus pauvre et qui sont probablement souvent le résultat d'une concentration, opérée sur ces venues anciennes par une circulation d'eaux superficielles, dans des fissures qui les ont rencontrées.

Fréquemment, ces minerais, ainsi enrichis en argent, sont associés avec du manganèse, ou avec du cobalt : deux métaux, qui tendent également à se concentrer dans les mêmes conditions, l'un par rapport au fer, l'autre par rapport au nickel, avec lesquels ils peuvent se trouver plus profondément mélangés. Souvent aussi, on a constaté, sur des affleurements, la présence de barytines argentifères, alors que j'ai déjà signalé la concentration superficielle de la baryte.

Le cas du *cuivre* est également très net.

On commence, dans la zone d'oxydation, par de l'oxyde ou des carbonates de cuivre, accompagnés parfois de cuivre natif, si des actions réductrices ont pu intervenir, soit au contact des matières organiques, soit par l'action de grains de magnétite, comme cela paraît s'être passé au Lac Supérieur. Ces minerais sont associés avec les oxydes de fer, par rapport auxquels ils sont en faible proportion, si un milieu calcaire n'intervient pas, bien que leur teintes bleues et vertes les fassent aussitôt reconnaître.

En milieu calcaire, les carbonates, azurite et malachite, se développent, accompagnant les produits de la décalcification du calcaire, c'est-à-dire des argiles rouges, dans lesquelles on peut trouver aussi de la calamine (terres calaminaires).

---

1. Dans bien des cas, on a remarqué ainsi un enrichissement en argent de filons au contact de veines kaolinisées, c'est-à-dire altérées, simplement parce que ces veines avaient servi de chemins à l'altération des minerais filoniens.

2. J'ai décrit en détail ces divers cas dans mon *Traité des gîtes métallifères* et dans mon ouvrage sur l'*Argent*.

Puis on passe à la zone de cémentation, où apparaissent les minerais de cuivre sulfo-antimoniés ou sulfo-arséniés, comme les argents noirs et les agents rouges, quand il s'agit d'un filon d'argent. Là se montrent, avec les cuivres gris, les chalcosines, les érubescites, etc. En même temps, le fer peut, si l'on est en terrain calcaire, avoir donné de la sidérose : d'où le groupement classique sidérose et cuivre gris.

Au-dessous enfin, on arrive à la zone des pyrites cuivreuses inaltérées.

Pour le *fer*, les phénomènes peuvent également s'énoncer d'une façon très théorique. La forme stable est le sesquioxyde, qui tend à se réaliser par l'altération de toutes les combinaisons originelles ou momentanées, tant qu'une action réductrice calorifique n'intervient pas. Ce sesquioxyde peut se produire directement aux dépens de la pyrite de fer en terrain inattaquable aux acides, ou par l'intermédiaire de la sidérose, si l'on est en terrain calcaire; il peut aussi provenir d'un dépôt originel de sidérose, soit filonien, soit sédimentaire; enfin il résulte parfois de la suroxydation de la magnétite, qui peut exister en profondeur, soit dans les roches cristallines, soit dans les sédiments métamorphisés. Mais il est rare que le sesquioxyde soit lui-même la forme originelle, quoique le cas se présente assurément, ne fût-ce que dans les produits de fumerolles volcaniques, ou dans les dépôts des eaux superficielles.

Depuis que j'ai appelé l'attention sur ces phénomènes, on constate des exemples de plus en plus nombreux d'oxydes passant en profondeur à des carbonates, par exemple pour les gîtes de métamorphisme en terrain calcaire, comme Bilbao, la Styrie, certaines mines pyrénéennes, etc., ou encore pour les dépôts oolithiques de sesquioxyde de fer qui ont souvent passé par la forme carbonatée[1].

On observe également, dans une zone montagneuse, comme celle des Pyrénées, où les gîtes sont pour la plupart filoniens, le passage fréquent des oxydes aux pyrites, avec ou sans passage par l'intermédiaire des carbonates, suivant que l'on est ou non en terrain calcaire. Ce n'est pas pour une autre raison que les gîtes les plus purs en soufre, formés d'oxydes de fer riches, s'y trouvent à des altitudes, qui en rendent l'extraction presque impossible; plus bas dans la montagne, on a, en bien des points, des carbonates, plus ou moins oxydés à la surface; et enfin, quand on arrive au niveau des vallées actuelles, c'est-

---

1. Voir à ce sujet, *Traité des gîtes métallifères*, t. II, p. 285 à 291, où j'ai donné une étude complète des cycles parcourus par les divers minéraux ferrugineux et de leurs remises en mouvement possibles. Dans le cas signalé ici, la sidérose elle-même a souvent passé par la chlorite avant d'arriver à l'hématite.

à-dire quand ou passe au-dessous du niveau hydrostatique, on voit, toutes les fois qu'on tente une recherche, le minerai de fer sali par du soufre et parfois par des métaux étrangers (plomb, zinc, etc.), qui sont le premier indice d'un gîte sulfuré complexe.

Des considérations industrielles font généralement que l'on s'arrête dans l'exploration d'un minerai de fer, dès qu'il devient sulfureux et que, rarement, on passe, en pratique, du carbonate à la pyrite; mais cela se produit quand le minerai complexe renferme assez de plomb, de zinc ou de cuivre pour que ces métaux soient utilisables; le fer n'étant plus qu'un produit accessoire, on descend alors souvent dans la zone, où la pyrite s'associe avec la galène, la blende ou la chalcopyrite.

S'il fallait, d'ailleurs, une preuve de cette origine métamorphique pour ces grands amas de carbonate de fer à allure filonienne et disposés à l'état de brèche dont les noyaux sont restés calcaires, il suffirait de remarquer que tous ces gisements sont dans les calcaires, tandis que tous les grands amas de sulfure de fer, recouverts eux-mêmes par un chapeau de fer oxydé, sont dans les schistes.

Cette altération des minerais de fer a eu, lorsque le minerai primitif était phosphoreux, une influence notable sur la teneur en phosphore, qui joue un si grand rôle en métallurgie[1]. Les minerais filoniens à origine sulfureuse sont très rarement phosphoreux; et les oxydes, ou carbonates, qui en proviennent, sont donc ordinairement d'une remarquable pureté en phosphore. Ces sortes de carbonates, plus ou moins peroxydés, qui ont, en outre, l'avantage de s'être trouvés épurés en soufre, ont, dès lors, formé quelques-uns des meilleurs minerais à acier Bessemer.

Au contraire, les sédiments carbonatés oolithiques ou hydroxydés sont tous plus ou moins phosphoreux : le phosphate de chaux ayant dû se concentrer et se précipiter par les mêmes réactions, qui faisaient précipiter le sel de fer; mais, ensuite, les actions d'altération superficielle ou de métamorphisme calorifique ont eu, habituellement, un effet épurant,

---

1. Cette question du phosphore dans les minerais de fer a été spécialement étudiée dans le *Traité des gîtes métallifères*, t. II, p. 293 à 301 et tableau 25.

En même temps que le phosphore d'origine quelconque se rassemble, il se produit quelque chose d'analogue pour le *vanadium*, qui joue, en quelque sorte, le rôle de dérivée seconde par rapport au phosphore, le phosphore étant la dérivée première par rapport au fer. Le vanadium des roches éruptives se concentre une première fois dans les sédiments d'érosion, puis dans leur altération superficielle, puis dans la fusion des minerais de fer, puis dans l'aciération de la fonte. La concentration s'effectue aussi sur des affleurements métallifères, où se produit du vanadate de plomb (Mexique, Chili, Joachimsthal), comme ailleurs de la pyromorphite. Enfin, le vanadium peut remplacer le phosphore dans diverses synthèses minéralogiques, réalisées par Hautefeuille.

surtout en milieu calcaire et ont pu arriver à donner des minerais relativement purs avec des minerais qui étaient d'abord phosphoreux. Ces minerais sédimentaires se sont souvent d'autant plus épurés en phosphore qu'ils sont d'un âge plus avancé.

Pour le *plomb*, j'ai dit que, les sels étant peu solubles, l'altération était d'ordinaire réduite au minimum. Cependant, en terrain calcaire, il se développe de la cérusite, qui forme souvent un sable cristallin, dans lequel peuvent apparaître des produits colorés, tenant à des traces d'arsenic, de phosphore, de molybdène, qu'auraient contenues le filon ou qu'y aurait introduites l'action des zones de terrains voisines (mimétèses, pyromorphites et wulfénites). On peut citer de nombreux cas, où la mimétèse arrive à former un minerai, sans doute parce que le gîte primitif contenait du mispickel et ces minerais sont alors volontiers aurifères, comme le sont fréquemment les mispickels eux-mêmes. Il existe également des gisements superficiels, tenant cérusite, sidérose et cinabre, qui proviennent d'une association sulfurée du plomb, du fer et du mercure. Parfois aussi le sel de plomb soluble peut, sous une action réductrice, être amené à reprécipiter de la galène (sur des boisages, des outils de fer, des ossements), en sorte que cette galène, malgré son insolubilité, semble avoir été transportée par remise en mouvement d'un point à l'autre.

De même pour le *zinc*, nous avons vu que le gîte superficiel était un gîte calaminaire, très peu développé en milieu inerte, très important en terrain calcaire. La calamine commence, d'habitude, par être rouge et mélangée de terres calaminaires, puis peut devenir blanche et enfin se transformer en blende; mais ces passages se font avec toute l'irrégularité que comporte la circulation des eaux en terrains fissurés et, souvent même, une circulation par rivières souterraines, ou véritables grottes.

Je ne puis continuer à passer en revue le cas de tous les métaux; il suffira d'avoir indiqué ce qui se produit pour les principaux; j'ajoute seulement encore que les effets de l'altération sont on ne peut plus manifestes pour les minerais de manganèse et de nickel.

Pour le *manganèse*, on constate toujours une disparition en profondeur; le minerai de manganèse paraît se transformer en un minerai de fer, quand on s'enfonce. Il semble n'exister de minerai riche manganésifère que dans la zone d'altération, parce que l'altération simultanée du fer et du manganèse détermine un enrichissement relatif du manganèse. Ces minerais superficiels tendent alors à donner de la pyrolusite et, souvent, une concentration connexe, que j'ai déjà signalée pour la baryte, amène la combinaison des deux substances sous cette forme si fréquente de la psilomélane.

Plus bas, dans la zone de cémentation, en terrain calcaire, on peut rencontrer des carbonates de manganèse, qui eux-mêmes disparaissent en profondeur. Puis le fer, éliminé dans les parties hautes, reprend la prédominance.

De même, pour le *nickel*, nous citerons les altérations des péridotites nickelifères, source première de tous les gîtes de nickel de la Nouvelle-Calédonie, qui ont pris, par concentration secondaire, la forme de silicates enrichis : en même temps que le manganèse et le cobalt, concentrés à la fois, donnaient ces boules d'oxydes noirs, auxquels les mineurs donnent le nom de truffes. Il y a, en effet, concentration du cobalt par rapport au nickel, comme du manganèse par rapport au fer, de la magnésie par rapport à la chaux, de la potasse par rapport à la soude.

d) *Mouvements de terrains provoqués par les altérations.* — Je me contente de signaler les mouvements de terrains, qui résultent des altérations superficielles. On conçoit aisément que la dissolution de bancs de sel gemme ou de sulfate de chaux, la décalcification de terrains calcaires doivent provoquer des affaissements des strates superposées. De même l'hydratation de certaines couches, comme les anhydrites, qui constituent une forme très fréquente du sulfate de chaux en profondeur, détermine un foisonnement et un gonflement. C'est une cause d'erreur, contre laquelle le géologue, qui étudie la tectonique d'une région, doit se tenir en garde.

C) Érosion. *Importance du phénomène. Sa généralité. Ses agents. Son évaluation. Ses conséquences immédiates en pétrographie, métallogénie, etc.* — La superficie terrestre est soumise à une lente et continuelle destruction, qui se poursuit incessamment, sous nos yeux mêmes, mais que son propre effet atténue de plus en plus, jusqu'au jour où quelque mouvement dynamique nouveau, quelque changement de climat, dû à une cause astronomique ou profonde, viennent lui donner une impulsion nouvelle ; à toute heure, le travail des actions météoriques, des gelées, des pluies, du soleil, des eaux superficielles et souterraines, de la foudre et du vent, use, dégrade, modèle, adoucit et nivèle le relief. C'est là un facteur géologique très connu et très étudié ; mais peut-être cependant a-t-on une tendance à en oublier l'importance considérable, quand on s'attaque à tel ou tel point particulier de la géologie ancienne. Il est impossible, en effet, de rien comprendre à la formation d'une roche éruptive ou d'un filon métallifère, à l'allure même d'une couche plissée ou métamorphisée, si l'on ne restitue, d'abord, par la pensée, au-dessus de son affleurement actuel, les kilomètres de terrains superposés, qui pouvaient le recouvrir, quand la roche ou les minerais ont cristallisé, quand le plissement tectonique s'est opéré dans la profondeur. C'est par milliers de mètres que l'on doit compter bien souvent le travail de l'érosion et, surtout, il ne faut pas perdre de vue que cette érosion, comme les altérations dont il a été question précédemment et avec lesquelles elle a un lien intime, n'est pas un phénomène particulier à notre période géologique actuelle, mais s'est produite à toutes les époques, sur toutes les surfaces continentales et, qu'elle a, pendant toutes les phases de l'histoire géologique, détruit, au fur et à mesure, des chaînes de plissement précaires, tour à tour édifiées et nivelées, pour produire, à leur dépens, les sédiments, déjà empruntés souvent à des sédimentations antérieures et destinés à en permettre d'autres plus tard.

J'essayerai tout à l'heure de fixer, par des chiffres empruntés aux considérations géologiques, ce rôle des érosions dans quelques cas particuliers ; mais il suffit, pour en imaginer l'importance, de réfléchir à certains phénomènes naturels, qui nous sont devenus familiers par l'habitude et n'en doivent pas moins étonner l'esprit.

Le plus remarquable est la pente régulière, le *profil d'équilibre*[1], que présentent les cours d'eau, là où l'on ne surprend pas l'érosion en activité sous la forme torrentielle. Croit-on que, dès l'origine, la Terre ait été modelée de manière à permettre aux rivières de descendre continuellement par une pente de plus en plus douce jusqu'à la mer et, non seulement, à une d'entre elles, mais à toutes les eaux courantes multiples, dont le réseau couvre des pays entiers ? Nous sommes surpris, quand nous rencontrons, par hasard, dans quelque région, dont le relief a été récemment modifié par des accidents tectoniques aisés à constater, un bas-fond sans écoulement, une dépression descendant au-dessous du niveau de la mer, un lac qui vient interrompre le profil régulier d'une rivière, une cascade qui y introduit une brusque coupure ; c'est la rareté relative de tels phénomènes, qui devrait, au contraire, nous surprendre ; et, partout où ils se produisent, nous voyons aussitôt que la nature travaille activement à combler le lac, à rompre le barrage, à user le bief d'amont de la cascade pour en diminuer la hauteur.

C'est de même un spectacle singulier, quand on s'élève un peu sur le Plateau Central français, — dont, on le constate sans peine, le sol est formé, tantôt de terrains métamorphiques à peu près verticaux, tantôt de roches cristallines, — d'apercevoir partout, autour de soi, toutes ces apparences de surfaces horizontales, de constater partout ce phénomène d'un « horizon » analogue à celui de la mer, qui nous semble tout

1. Voir, à ce sujet, DE LA NOE et DE MARGERIE. *Les formes du terrain*, 1888.

naturel, par l'habitude, dans nos pays de plaines et qui n'a pu néanmoins être réalisé que par le dépôt tranquille des sédiments dans les eaux en pays non troublés par le dynamisme, ou par l'usure prolongée dans les autres [1]. Seuls, dans le Plateau Central, les accidents dus aux mouvements tertiaires ou à l'éruptivité correspondante, introduisent, autour du Sancy, du Cantal, etc., des saillies inattendues ; mais, ailleurs, l'horizontalité des collines lointaines et de tous ces dômes, qui, lorsqu'on les examine de plus près, forment une topographie si confuse, apparaît d'autant plus frappante au géologue qu'il sait avoir existé là, à l'époque carbonifère, une chaîne pareille à celle des Alpes, avec de hautes cimes et des glaciers. La constatation est aussi nette dans l'Ardenne.

Les produits du volcanisme peuvent quelquefois eux-mêmes servir de mesures et de repères au progrès de cette érosion. Il suffit, en effet, d'examiner quelque grande coulée basaltique, dont les lambeaux, aujourd'hui démantelés et séparés par de profondes coupures, s'allongent, au sommet des plateaux, sur des kilomètres de long. Bien souvent, on a la preuve que ces coulées ont commencé par se former dans le fond d'une vallée, dont elles recouvrent les alluvions. Leur couche dure, partout où elle persiste, se trouve alors avoir joué, pour la superficie de l'époque pliocène, le même rôle que les cendres de Pompéi pour les vestiges de la vie romaine ; en la recouvrant, elle l'a défendue contre l'érosion et le contraste entre le niveau de ces plateaux basaltiques et celui des vallées qui les séparent donne la mesure de l'érosion accomplie depuis que les basaltes se sont épanchés.

Les notions géologiques, à la fois les plus simples et les mieux assises, donnent, en outre, un caractère d'évidence tout particulier à cette notion de l'érosion, sur laquelle j'insiste ici. La géologie nous enseigne, comme nous le verrons bientôt, qu'il a existé des chaînes de plissement appartenant à des âges très divers et dont les saillies ont occupé, tour à tour, des zones distinctes du globe. Or, en comparant une chaîne carbonifère, comme celle qui a réuni autrefois le Plateau Espagnol, le Plateau Central, la Bohême et le Plateau Russe, avec l'aspect de nos Alpes tertiaires, en plaçant côte à côte des paysages empruntés seulement aux Pyrénées, qui sont d'âge éocène et d'autres empruntés aux Alpes Suisses, qui sont oligocènes, il semble saisir sur le vif les progrès de l'usure, comme on reconnaît aussitôt l'âge d'un homme aux flétrissures de son visage ou de son corps [2].

1. Cette usure détermine ce qu'on appelle une *pénéplaine*.
2. L'érosion est, naturellement, d'autant plus active que la chaîne est plus récente. Dans l'Himalaya, on la voit atteindre une puissance extraordinaire et c'est ainsi qu'elle y a déjà fait disparaître les indices du travail glaciaire, ainsi que les bassins lacustres, dont on aperçoit à peine des traces.

Souvent même — et j'en donnerai bientôt un exemple à propos de la chaîne hercynienne — l'histoire géologique nous permet de reconnaître avec quelle extraordinaire rapidité, relativement aux phases successives distinguées par nous dans cette histoire, une chaîne peut arriver à disparaître et, par contre-coup, nous donne l'impression des énormes longueurs de temps, estimées en années, qui peuvent, dans certains cas, correspondre à ces périodes. Il semble, en effet, quand on suit l'histoire de la chaîne hercynienne depuis son soulèvement pendant le westphalien (12) (vers le milieu du carbonifère), jusqu'à la fin de l'époque triasique (19), qu'on la voie s'effriter, s'évanouir peu à peu. Dès le stéphanien (13), les dépressions lacustres du Plateau Central ont achevé de se combler. Quand le permien (14) commence, il peut s'étendre en transgression sur de larges régions, qui sont déjà une pénéplaine ; d'autres parties, il est vrai, continuent alors à se détruire ; mais la chaîne est déjà bien entamée, puisque l'érosion y a atteint la profondeur, où ont cristallé les intrusions de microgranulite et autres porphyres, qui, de leurs débris, forment ses conglomérats, ainsi que les nombreuses incrustations métallifères sulfurées, dont l'immédiate peroxydation contribue à donner aux sédiments une teinte rouge si caractéristique. Avec le trias (17), les produits gréseux deviennent plus fins, plus argileux, c'est-à-dire que les destructions se ralentissent ; il s'y mêle de nombreux produits d'évaporation saline et, quand commence le lias (20), la chaîne, entièrement nivelée, recouverte souvent par les eaux, n'est probablement plus qu'un souvenir.

J'insisterai peu sur les agents bien connus de cette érosion pour passer bientôt à ses effets.

Le premier peut-être de ces agents est cette altération chimique, dont nous avons étudié les effets dans un paragraphe précédent. Cette action lente et continue, qui enlève peu à peu aux terrains tous leurs éléments solubles, ne les diminue pas seulement du volume correspondant à ces éléments, mais les amène surtout à un état de désagrégation, d'effritement, qui facilite ensuite singulièrement le travail des eaux courantes. Un granite aurait résisté à l'usure mécanique des ruissellements pluvieux : une fois transformé en arène friable, il a bientôt disparu ; le porphyre de nos côtes aurait opposé longtemps une digue aux vagues les plus furieuses : mais, kaolinisé auparavant par une action atmosphérique, qu'active ici la présence du chlorure de sodium pulvérisé, il est balayé en quelques marées. De même, sur nos plateaux calcaires, la corrosion profonde des circulations souterraines prépare d'abord des cavités semblables à celles d'un madrépore, un réseau de mines, dont le plafond trop usé finit un jour par s'effondrer.

En même temps, les eaux courantes dans nos montagnes, les vagues sur nos côtes, exercent plus directement leur érosion mécanique. Quand les terrains superficiels sont imbibés d'eau, l'eau, ne pouvant plus y pénétrer, coule à la surface comme sur un sol imperméable et son énergie s'emploie à supprimer devant elle tous les obstacles. De là, l'érosion des torrents ou rivières, qui se traduit par un approfondissement de leur lit, un élargissement de leur vallée, une rectification de leurs courbes [1]. L'érosion plus localisée de la mer travaille, comme nos mineurs, tantôt par un « tracage » préalable, qui, profitant de fissures, découpe la côte en damier, puis enlève les piliers isolés, tantôt par « sous-cave » en provoquant l'éboulement vertical des falaises.

A ces deux modes d'érosion essentiels, il faut ajouter encore le travail des gelées, qui font éclater et débitent la pierre par la dilatation de l'eau en se solidifiant, celui du soleil, qui agit dans le même sens et émiette les sommets, le cheminement des glaciers, qui entraînent les blocs tombés à leur surface et usent en même temps leur fond[2], la force du vent qui transporte les sables et parfois, en projetant ces sables sur les rochers, arrive à les strier, etc., etc.

Quelle est la force de ces agents divers ; quel est le travail actuel de l'érosion dans une année, on a essayé maintes fois de le calculer, avec l'intention (d'ailleurs peu fondée) d'en tirer un point de départ pour l'évaluation des périodes géologiques en années. Étant donné que les produits emportés par l'érosion arrivent tôt ou tard aux cours d'eau et que, sur ceux-ci, après avoir comblé les inégalités des profils en long ou en travers, ils finissent, pour la plus grande partie, par être entraînés à la mer, l'apport à la mer des fleuves donne évidemment une limite minima de ce que l'érosion a pu détruire.

Or, si l'on considère d'abord les seuls produits en suspension, en dehors des éléments dissous, on sait assez exactement que le Mississipi charrie par an à la mer $0^{km3},206$ de matières solides (sans compter les sels dissous), le Danube 0,034, le Pô 0,040. Sir J. Murray a trouvé, pour dix-neuf des principaux fleuves, 1,38 kilomètres cubes et une proportion des sédiments au débit de l'eau égale à 38 : 100.000. Pour un débit d'eau annuel total de 28.000 kilomètres cubes, il est arrivé à estimer l'apport annuel de toutes les rivières du globe à 10 kilomètres cubes. On a alors proposé de doubler ce chiffre pour tenir

---

1. On a étudié, à diverses reprises (GILBERT. *History of the Niagara River*. Albany 1890; WRIGHT, Amer. geol. 1902, p. 110 à 143), le taux de l'érosion du Niagara. La cascade du Fer à cheval a reculé de $1^m,80$ par an entre 1842 et 1867.

2. Ce travail des glaces joue un rôle énorme dans les régions polaires, où les débris entraînés par les glaces flottantes contribuent ensuite puissamment à la sédimentation marine. (Voir la *Nature*, 1912 : La sédimentation par les glaces flottantes.

compte des régions sans écoulement maritime[1]. On peut encore ajouter 5 kilomètres cubes de substances, non plus transportées mais dissoutes et, peut-être, 1 kilomètre cube résultant de la destruction des vagues sur les rivages. On arrive ainsi à un minimum de 26 kilomètres cubes par an. Si, d'autre part, on fait intervenir le petit relèvement, que les apports sédimentaires doivent provoquer dans le niveau de la mer, on est amené à conclure que l'altitude moyenne des continents doit perdre plus de 2,5 millimètres en dix ans, 1 mètre en quatre mille ans, c'est-à-dire que le taux de l'érosion actuelle équivaudrait à réduire toute la Terre au niveau de la mer, en 2.700.000 années. La conclusion est évidemment fausse en elle-même, puisque l'effet de l'érosion ne peut que s'atténuer peu à peu et qu'en outre l'action des forces internes doit déterminer des mouvements de l'écorce continus ou intermittents; mais elle suffit à montrer l'intensité du phénomène et à faire imaginer ce qu'il a pu être, lorsque des chaînes nouvellement plissées offraient une prise plus facile à la destruction, dans les périodes de grandes précipitations météoriques, qui ont pu suivre ces mouvements du sol.

Si nous voulons maintenant, en nous reportant à une période géologique plus ou moins ancienne, essayer de calculer le taux de l'érosion subie par une région déterminée, notre procédé consiste à rétablir, d'après ce qui subsiste des couches géologiques, le profil théorique des terrains, qui, on l'a vu, se poursuit toujours par continuité au-dessus de la superficie actuelle et à comparer ce profil, qui représente ce que serait le relief actuel si l'érosion n'avait pas eu lieu avec celui de cette superficie telle qu'elle se présente après l'érosion.

Il entre nécessairement, dans un tel raisonnement, une série d'hypothèses, puisqu'il faut d'abord imaginer, par la stratigraphie, quelle a pu être la série complète des terrains au point considéré et, ensuite, par la tectonique, quelle a été l'allure de ces terrains. En premier lieu, lorsqu'il s'agit d'une zone érodée, où un étage sédimentaire n'a laissé aucun témoin, il est toujours difficile de dire dans quelle mesure cette lacune peut tenir, soit à l'absence des dépôts pendant l'époque correspondante, soit à la disparition complète du sédiment en question par l'érosion, soit enfin à sa transformation par un métamorphisme, qui l'aurait rendu méconnaissable. La question du métamorphisme se pose, par exemple, pour tous les terrains primaires dans un pays aussi profondément attaqué que l'Afrique Australe, ou, à un degré moindre, que le Plateau Central. Ailleurs, des controverses sans nombre ont pu se produire entre les géologues pour savoir, par exemple, si la

1. Voir la discussion de ces chiffres *in* DE LAPPARENT, *loc. cit.*, page 232.

mer, qui a certainement recouvert les Vosges pendant le trias et jus-qu'au bathonien, les a réellement abandonnées ensuite. Cependant, la considération des facies littoraux, la coordination des divers faits observés permettent, de proche en proche, le degré d'approximation, qui autorise, comme nous l'avons vu, à dresser des cartes paléo-géogra-phiques. Mais il faut, en outre, dans les régions plissées, qui nous inté-ressent spécialement ici, faire entrer en ligne de compte les sinuosités plus ou moins compliquées de la tectonique[1], et celles-ci, lorsque les fossiles manquent (comme cela arrive trop souvent sur les zones dynamo-métamorphisées), sont sujettes à de grosses incertitudes, dont témoignent les contradictions des savants entre eux, ou celles d'un savant consciencieux avec lui-même. Et enfin il est à remarquer que le profil théorique complet d'une chaîne plissée a des chances pour ne s'être jamais réalisé ; l'activité de l'érosion a pu, comme le remarque M. Suess, marcher de pair avec le développement du phénomène oro-génique[2], avec le surgissement progressif de la chaîne; c'est-à-dire que l'épaisseur de sédiments enlevée est bien celle indiquée par les profils de la tectonique; mais que cette épaisseur n'a jamais existé en une saillie orographique réelle. Cette dernière observation ne change, d'ailleurs, rien à la plupart des conclusions, que nous pou-vons vouloir tirer de la considération des érosions, par exemple au calcul des mouvements verticaux effectués[3].

On peut donc superposer, par la pensée, sur le Plateau Central, sur la Bohême[4] ou la Saxe, toute l'épaisseur des terrains paléozoïques, qui n'y apparaissent plus qu'en quelques synclinaux localisés et qui ont dû être très anciennement enlevés, puisqu'il s'est déposé directe-ment sur le granite, tantôt le carbonifère, tantôt le permien ou le juras-sique; on peut, sur l'Écosse Septentrionale, imaginer une couverture de trias, de jurassique et des dépôts de crétacé moyen et supérieur, dont, comme l'a montré Judd, il reste des traces sous les coulées ter-

1. Voir plus loin la figure 40, page 429, représentant une coupe des Alpes.

2. On a fait parfois cette remarque curieuse que le tracé des cours d'eau avait précédé les plissements d'une région (SUESS, III, 414) et que l'érosion avait dû entamer l'obstacle dans la mesure où sa hauteur augmentait, comme la scie tra-verse une planche en mouvement. C'est ce qu'on appelle la théorie de l'*antécé-dence*, qu'il serait d'ailleurs dangereux de généraliser.

3. En dehors de tout plissement, on constate, au-dessus des minerais de fer du Luxembourg, la disparition d'au moins 300 mètres (15 mètres de toarcien supérieur (24), 135 m. de bajocien (25), 80 m. de bathonien (26), 30 m. de callovien (27), etc.

4. En Bohême, on a la preuve certaine de grandes dénudations : avant le carbo-nifère ; avant le permien ; avant le cénomanien (SUESS, I, 263). Dans l'Ardenne, on a admis 5.000 m. d'érosion depuis le primaire (CORNET et BRIART. *Relief du sol en Belgique après les temps paléozoïques*. Ann. Soc. Géol. de Belg,. t. IV, 1877).

tiaires. On peut ajouter, sur les roches anciennes des Alpes, une partie au moins des terrains secondaires, qui forment les zones latérales et qui n'ont pas dû ménager constamment ces roches à l'état d'îlots. On peut encore, dans une région à fortes dénivellations verticales, comme celles du Colorado ou du Grand Lac Salé, rétablir, avec une certitude plus grande, les terrains disparus, dont on retrouve aussitôt le prolongement au voisinage et l'on obtient ainsi des chiffres d'érosion, qui se comptent par kilomètres; on reconstitue de véritables Himalayas ou des Andes, là où nous n'apercevons plus qu'un grand plateau nivelé.

Cette considération trouve aussitôt son contre-coup dans toutes nos théories de pétrographie ou de métallogénie.

Ainsi nous comprenons combien les cônes de cendres et les cratères, qui caractérisent au dehors le volcanisme superficiel, sont un accident localisé et de durée éphémère. Dès que la venue éruptive est un peu ancienne, tout cet appareil a été détruit et l'on voit apparaître au jour ses parties plus profondes, où se manifestent les phénomènes intrusifs. C'est là, par exemple, que l'on observera des intrusions trachytiques [1] pénétrant en poches dans les sédiments et en soulevant des paquets, qu'elles ont déplacés en les modifiant à la base ; c'est là que les géologues américains ont trouvé leurs « laccolithes », c'est-à-dire ces sortes de gros pains convexes et lenticulaires, ces lentilles de roches cristallines recouvertes par des sédiments, dont l'érosion seule les met à jour. C'est là aussi que se développent, simultanément, les filons et dykes de roches microgrenues à deux phases de consolidations distinctes. En même temps, par une autre conséquence de l'érosion, au voisinage du centre éruptif, les coulées superficielles, qui protègent leur soubassement contre l'usure, tendent de plus en plus à occuper des plateaux, tandis que des vallées se creusent à leur pied, ou les découpent en tronçons.

Plus tard, l'érosion continuant, on arrive à ces grandes traînées éruptives profondes, que M. Suess a appelé des « cicatrices » : ces longues bandes de roches, telles que les tonalites de la région tyrolienne, les banatites du Banat, au contact desquelles le métamorphisme a si fortement altéré les calcaires et développé les minerais. Et l'on pénètre enfin, en descendant toujours, dans la zone des granites, qui, eux-mêmes, ainsi que l'a montré A. Michel Lévy, peuvent présenter des types si différents, suivant la profondeur atteinte, depuis les culots du Cotentin, ou les dykes du Beaujolais, jusqu'aux grandes

---

1. Voir la description du Puy Chopine par A. MICHEL LÉVY, celle des Monts Euganéens par M. SUESS (*loc. cit.* I, 191). Je reviendrai sur cette question, pages 568, 571 et 575.

taches irrégulières du Plateau Central : témoignage d'une érosion, que nous savons, pour toutes sortes d'autres raisons, avoir atteint là un degré particulièrement avancé.

De même, pour les gîtes métallifères, j'ai fait voir combien les incrustations de minerais filoniens manquaient absolument dans les régions volcaniques, à éruptivité actuelle et superficielle, malgré la relation intime que nous devons établir entre leur origine et les venues de roches ignées; plus bas, on trouve les types de filons éparpillés, irréguliers, disloqués, à remplissage ordinairement altéré, des zones récemment plissées; plus bas encore, les filons se régularisent et c'est, d'habitude, la zone qui donne les plus belles exploitations minières, surtout quand un métamorphisme de surface ancien a déterminé la concentration locale des métaux riches, tels que l'or, l'argent ou le cuivre. Enfin, en profondeur, les filons mêmes disparaissent et l'on n'a plus que des gîtes de ségrégation directe, des amas sulfurés de contact, en relation immédiate avec des roches basiques, dont ils dérivent ou encore ce que j'ai appelé des imprégnations diffuses.

Ce n'est là, assurément, qu'une manière approximative d'envisager les phénomènes et, quand nous parlons de profondeur, il faut entendre, en principe, les conditions diverses que cette profondeur détermine d'ordinaire, soit dans les phénomènes mécaniques, soit dans les réactions chimiques : conditions qui peuvent, plus rarement, être réalisées aussi au voisinage de la superficie. Il y a là, néanmoins, en moyenne, une notion intéressante et souvent utile à considérer. Toutes ces idées trouveront leur développement ultérieur; mais il était utile d'en montrer aussitôt le lien avec les progrès de l'érosion. Les conséquences ne sont pas moins importantes, comme nous allons le voir, en ce qui concerne les terrains sédimentaires et les concentrations minérales, que ceux-ci peuvent présenter.

D) Sédimentation. *Ses rapports avec l'érosion. Proportions relatives des divers sédiments. Richesse minérale de la mer.* — Je ne reprends pas ici la théorie générale de la sédimentation. On sait assez comment les sédiments, entraînés par les eaux, tendent à se concentrer dans tous les bassins de dépôt fluviatils, lacustres ou marins et y subissent, par l'effet des précipitations mécaniques ou chimiques et des influences organiques, des classifications par catégories, des superpositions variables, dont la stratigraphie se propose l'étude attentive. Je considérerai seulement ici la sédimentation comme la contre-partie de l'érosion et je voudrais montrer de quelle façon les conclusions obtenues pour l'un des phénomènes peuvent, à la condition de ne chercher aucune précision réelle dans les chiffres très approximatifs qui vont être donnés, nous éclairer un peu sur l'autre.

Remarquons, par exemple, que le volume des terres émergées est, en moyenne, de 100 millions de kilomètres cubes, représentant un plateau de 700 mètres de hauteur sur l'étendue totale des continents, qui occupe elle-même environ les trois dixièmes de la superficie terrestre (145 millions de kil. carrés sur 510) [1]. Imaginons, dès lors, que le soulèvement des chaînes plissées correspondant à une grande période orogénique, puis leur destruction, mettent en mouvement la moitié de ce volume, soit 50 millions de kilomètres cubes. Cela nous montre, sans aucune idée de précision impossible et, ce semble, par un chiffre maximum, l'ordre de grandeur, que peut représenter le cube de sédiments remaniés à chaque phase d'érosion principale. Sur ces matériaux ainsi classifiés, il entre, d'ailleurs, pour une bonne part, des sédiments antérieurs et on ne saurait fixer la proportion de l'apport profond sous forme de roches cristallines. Mais, à un moment quelconque, ces sédiments ont été empruntés à des roches cristallines. Si nous prenons la composition moyenne de celles-ci, qui correspond, à peu près, comme nous le verrons [2], à 43 p. 100 de silice, 37 p. 100 d'argile, 8 de calcaire, 6,50 de sesquioxyde de fer, avec 4,40 de magnésie, 2,80 de potasse et 3,60 de soude, nous arrivons à voir que les mers doivent recevoir, pour une érosion semblable, environ 4 millions de kilomètres cubes de calcaire, 1,20 de potasse et 1,80 de soude. Le carbonate de chaux est aussitôt repris par la vie organique; mais les alcalis se disséminent dans les 1.500 millions de kilomètres cubes de la mer, qui, de ce seul fait, contiendrait donc, pour une seule chaîne détruite, 0,06 p. 100 de potassium et 0,09 de sodium.

La teneur réelle de la mer atteint 1,14 pour le sodium, soit un peu plus que le décuple de nos 0,09; celle du potassium est 0,04, chiffre au contraire, plus faible; mais nous avons déjà vu que la potasse échappait, en grande partie, à la dissolution par les eaux courantes, qui atteint toute la soude. Les chiffres relatifs à la composition des mers ne sont donc pas hors de toute proportion avec l'hypothèse d'une teneur en sels empruntée à la seule érosion. En même temps, on arrive à la conclusion que 3,25 millions de kilomètres cubes d'oxyde de fer peuvent se reprécipiter. Une très faible partie de cet oxyde s'isole en gisements proprement dits; le reste demeure mélangé aux terrains

---

1. Voir sur ces questions : Supan, *Grundzüge der physischen Erdkunde* (3e éd., Leipzig, 1903), avec bibliographie détaillée.

2. Voir, plus loin, pages 652 et 654.

divers; néanmoins cela explique aussitôt l'abondance des sédiments ferrugineux.

Supposons, pour fixer les idées, qu'il puisse y avoir 2 kilomètres de sédiments en moyenne sur l'étendue des continents émergés[1]; cela impliquerait, en admettant que la superficie relative des terres et des mers ne se soit pas modifiée depuis le moment où ces sédiments ont commencé à se former, à peu près 2 kilomètres d'érosion moyenne ayant porté d'abord sur des roches ignées pour constituer ces dépôts. Il y aurait eu, en résumé, une épaisseur de roches cristallines de 2.000 mètres détruite et introduite dans la sédimentation, dont elle aurait alimenté les diverses manifestations. Comme la hauteur moyenne des continents est de 700 mètres, ce serait donc environ trois fois cette hauteur, qui aurait, au cours de l'histoire géologique, été, en diverses fois, soulevée au-dessus des mers, puis détruite. D'autre part, il y aurait eu, au total, sur une superficie de 145 millions de kilomètres carrés, avec une épaisseur de 2 kilomètres, 290 millions de kilomètres cubes remaniés. Au taux actuel de l'érosion, ou à raison de 26 kilomètres cubes par an, cela ferait 11,1 millions d'années, qui devraient assurément être considérés comme un maximum très loin d'avoir été atteint.

Nous pouvons retenir en gros cette érosion de 300 millions de kilomètres cubes. Le chiffre peut être utile à considérer pour imaginer ce que donneraient les substances disséminées en petites quantités dans les roches. Comme il est environ le cinquième du volume des mers, une substance entièrement dissoute et totalement entraînée à la mer devrait, en principe, atteindre dans la mer une teneur 5 fois moindre de celle qu'elle avait dans l'écorce cristalline. Ce sont là, pour bien des éléments chimiques, des teneurs encore appréciables et qui suffisent à faire comprendre comment on a retrouvé des traces de bien des métaux dans l'eau de mer[2].

III. — Le dynamisme en action. Déplacements actuels du niveau de la mer. Plages soulevées. Tremblements de terre.

Peu de phénomènes seraient plus intéressants à constater d'une manière indiscutable et à étudier avec précision, peu ont donné lieu

1. Ce chiffre n'est pas en contradiction avec la hauteur moyenne de 700 mètres admise plus haut pour les continents, puisque les sédiments peuvent descendre beaucoup au-dessous du niveau de la mer. D'autre part, l'épaisseur moyenne des terrains sédimentaires, dont il me paraît impossible actuellement de donner une évaluation à peu près exacte, ne doit pas, sans doute, dépasser ce chiffre de 2 kilomètres; mais elle pourrait être réduite à moitié. Voir une discussion de la question, page 651.

2. Sur les teneurs en métaux des continents et des mers, voir: L. De Launay. *L'Or dans le monde*, p. 76 à 87, et la *Conquête minérale*, p. 301.

à des observations plus anciennes et peu, néanmoins, restent plus discutés que les mouvements actuels de l'écorce terrestre, entraînant un déplacement corrélatif dans le niveau des mers.

Presque de tout temps, on a eu l'idée que la Terre pouvait ne pas être immobile, que le niveau de la mer pouvait n'être pas fixe, que les flots et les continents pouvaient, par endroits, s'être succédés tour à tour, et les observations les plus banales, les plus courantes, les faits historiques les mieux établis semblent aussitôt venir confirmer cette opinion. Là, d'anciens ports se trouvent reculés au milieu des terres ; ailleurs, on a vu s'enfoncer sous l'eau les dallages de Ravenne ou de Venise ; les colonnes du temple de Sérapis à Pouzzoles ont eu leur base entourée par la mer ; des restes de forêts apparaissent parfois au fond de nos estuaires, sous le sable de nos plages ; bien mieux, c'est quelque ville d'Ys, dont on apercevra les ruines au fond de la baie de Douarnenez et vers laquelle convergent encore des chaussées antiques, aujourd'hui coupées par le rivage ; dans les parages volcaniques, ce sont des îles, que l'on voit, en quelques jours ou en quelques semaines, surgir ou disparaître ; ou encore, dans un pays aussi peu volcanique que la Suède, ce sont des repères, placés il y a deux siècles au niveau de la Baltique, qui ont monté peu à peu ; dans le Pacifique, c'est l'observation des récifs coralliens ; un peu partout, ce sont les tremblements de terre, etc., etc... Il ne semble donc douteux à personne que la Terre remue. Là-dessus, les théories géologiques les plus modernes viennent se greffer pour voir, dans ces mouvements progressifs ou intermittents de la superficie, la préparation de grands déplacements futurs, analogues à ceux dont témoigne la tectonique : quelque chose, comme ces plis posthumes à larges ondulations, que l'on retrouve maintenant dans des terrains, supposés autrefois très régulièrement horizontaux, ceux du bassin de Paris par exemple. La cause apparaît donc entendue dès le premier examen et on pourrait croire qu'il n'y a qu'à énoncer le fait, comme admis de tous, pour en tirer les conclusions. La vérité est, cependant, que, lorsqu'on soumet l'un après l'autre à une discussion serrée tous les faits, sur lesquels repose l'opinion courante, beaucoup d'entre eux s'évanouissent, ou témoignent d'une toute autre cause. Pour la Baltique, où les mesures sont particulièrement précises, on a pu se demander si l'on n'avait pas affaire à une sorte de lac, en communication incomplète avec la mer et dont le niveau subissait l'influence des apports fluviaux ; pour les récifs coralliens, de nouvelles théories sont venues infirmer les déductions annoncées ; les phénomènes incontestables des régions volcaniques ont un caractère local, qui apparaît aussitôt ; les prétendues crevasses ou failles, résultant des tremblements de terre, sont souvent de simples glissements superficiels, des fissures dans les argiles, etc. Il a donc fallu une discussion très serrée et des observations très nombreuses pour arriver finalement à démontrer la justesse de l'opinion vulgaire, et pour établir l'exactitude, parfaitement réelle, de nombreux mouvements actuels, ayant une cause profonde.

Mais alors les discussions ont roulé sur la généralité plus ou moins grande du phénomène et sur les lois qui peuvent le régir. Autrefois, quand on a commencé les premières mesures précises, on croyait volontiers à un déplacement universel de la terre ferme par rapport aux eaux et, comme il est plus facile de constater une émersion qu'une submersion, la plupart des observateurs se prononçaient pour un relèvement progressif des continents. On était seulement en désaccord sur la cause : les uns croyaient à une dessiccation des mers et les autres à une émersion de la terre ferme. La théorie courante a été longtemps celle de Celsius et de Linné (1743), pour lesquels la terre habitable avait commencé par être une toute petite île, que les théologiens assimilaient avec le Paradis, puis s'était accrue peu à peu par le desséchement des mers.

Au début du XIXᵉ siècle, Léopold de Buch, ayant observé le déplacement des repères sur le bord de la Baltique, admettait, au contraire, le soulèvement des continents et, bien que Gœthe vit, dans cette explication, une ressource désespérée, ce fut pendant toute une phase scientifique, la thèse généralement admise [1].

Puis est venue la théorie d'Adhémar (1842), adoptée par Ch. Darwin, Geikie, etc., d'après laquelle le mouvement planétaire déterminerait, par période de 21.000 ans, un déplacement progressif de la calotte de glace d'un pôle à l'autre, entraînant ainsi une modification du centre de gravité, et, dès lors, un déplacement des océans, qui, par exemple en ce moment, où l'hémisphère Nord est supposé se refroidir, accumulerait les eaux vers le Sud.

De nombreux savants ont été séduits par cette idée de chercher un lien entre les phénomènes astronomiques, les périodes glaciaires et les anciennes transgressions ou régressions des mers au cours de l'histoire géologique : ce qui permettrait d'établir un calcul en années pour les périodes géologiques. Les uns ont admis, avec Lyell, des oscillations séculaires ; d'autres ont établi des comparaisons entre les mouvements de la Lune ou du Soleil et les déplacements de la croûte terrestre, ou ceux des fluides ignés internes, attribués à des sortes de marées. Puis on a cru

---

1. On trouvera l'historique de la question au début du tome II de l'ouvrage de M. SUESS.

avoir reconnu des mouvements de bascule : une portion d'un continent s'enfonçait, tandis qu'une autre se relevait. Ou encore, on a été séduit par l'ingéniosité de certaines coïncidences : on a comparé la Scandinavie à une pièce rigide encastrée à ses deux extrémités, qui, autrefois, était refroidie par une calotte de glace et qui, depuis la disparition de cette glace, a dû se dilater en se réchauffant, par conséquent se soulever en son centre[1]. En résumé, il faut avouer qu'au moins jusqu'à nouvel ordre, la loi de tous ces mouvements, si elle existe, nous échappe absolument et il serait assez logique de croire que cette loi n'existe pas : nous avons une sphère hétérogène, formée de compartiments inégaux, qui se contracte et se fend en se desséchant comme une boule d'argile ; nous voyons des parties qui s'affaissent, d'autres qui se soulèvent ; là des gondolements ou des gauchissements, ailleurs des tassements ; nous constatons que la surface est instable et qu'il se produit, à quelques kilomètres au-dessous de nous, des craquements, dont nous subissons le contre-coup ; cela suffit à nous prouver que les mouvements des périodes géologiques anciennes ne sont pas terminés et que l'homme n'est pas nécessairement apparu au moment où la Terre était assez consolidée pour ne plus lui causer les émotions d'un cataclysme, analogue à celui qui a soulevé les Alpes ou effondré l'Atlantique et la mer Égée. Mais là, je crois, se borne notre science et la relation possible avec des causes astronomiques, qu'il serait si intéressant d'apercevoir, reste encore à l'état d'hypothèse purement imaginaire.

Nous allons, maintenant, sans en chercher davantage la cause précise, examiner les deux sortes de manifestations que présente l'écorce terrestre : les unes lentes, continues, insensibles, qui peuvent être assimilables aux phénomènes de plissements ; les autres, soudaines et rapides, qui pourraient nous donner une idée de ce qu'ont été les effondrements.

A) Déplacements lents de l'écorce. — Les deux régions, où l'on a peut-être le mieux constaté un déplacement progressif et un soulèvement continu, sont les deux grands massifs anciens, les deux voussoirs très primitivement consolidés de la Scandinavie et du Canada : par conséquent, deux des régions qui excluent le plus absolument l'idée d'un volcanisme récent et qui sont le plus à l'abri des déplacements brusques, auxquels nous attribuerons bientôt la cause des tremblements de terre.

1. Cette hypothèse, défendue un moment par A. de Lapparent, est en contradiction avec les alternatives que présente le mouvement, notamment avec la submersion qui s'est produite après l'époque glaciaire ou encore avec la disposition des fjords.

En Scandinavie, dès 1702, le physicien Hjärne avait eu l'idée de faire entailler des repères dans les rochers de la côte ; Linné et Celsius en établirent d'autres en 1730 et, dès 1743, purent observer un mouvement ; plus tard, Nordenankar en 1792, puis Léopold de Buch en 1809, Lyell en 1834, ont fait des observations concordantes. Enfin, depuis 1850, des mesures précises ont été répétées, d'une façon suivie, sur les côtes ou sur les bords des grands lacs[1] et ont toutes démontré un déplacement dans le niveau de la Baltique. Il est vrai que, comme je l'ai déjà dit, le cas de cette mer intérieure est un peu particulier et M. Suess a pu la comparer à un simple lac, qui se vide dans la Mer du Nord. Mais cette conclusion ne saurait s'étendre aux graviers de plages avec coquilles marines, datant de l'époque glaciaire, que l'on voit, sur la côte de Norvège, monter jusqu'à 200 mètres[2], et la comparaison minutieuse avec les observations météorologiques ne permet guère non plus de la conserver. On croit donc plutôt, aujourd'hui, qu'il se produit, sur le massif ancien de la Scandinavie et de la Finlande, un mouvement lent d'émersion, qui est particulièrement rapide dans le Nord et dont la vitesse a dû être très différente suivant les époques.

Dans le voussoir canadien, c'est par l'altitude des plages soulevées à coquilles marines et par l'inclinaison progressive des côtes autour des Grands Lacs que l'on peut apprécier le mouvement du sol. Il semble bien, là aussi, que le massif ancien se relève avec une rapidité, qui s'accroît vers le Nord-Est, du côté du Labrador, où l'on a d'anciennes plages à 330 mètres ; sur le bord des Grands Lacs, des terrasses, qui ont dû être d'abord horizontales, se montrent très inclinées ; tout le Nord des Lacs semble, sous nos yeux, se relever peu à peu par rapport au Sud, où un déplacement relatif fait monter les eaux et l'on a pu supposer que la formation même de ces Lacs sur d'anciennes vallées était due à ce relèvement du massif Nord-Est, vers lequel se produisait autrefois leur écoulement, ainsi interrompu[3].

Mais si, dans ces régions, il y a aujourd'hui soulèvement, on y constate aussi des submersions antérieures, également récentes, dont la preuve la plus frappante est l'existence des fjords scandinaves, qui ont été des vallées creusées à l'air libre avant l'invasion des glaces et

1. Les mesures sur les bords des lacs ont pour but de constater un rapport possible avec l'importance des apports fluviaux (c'est-à-dire avec un changement de climat), qui se ferait sentir simultanément pour ceux-ci.

2. Le même phénomène s'observe en Écosse, dans la Terre de Grinnell, au Labrador, etc.

3. D'après M. SPENCER, le mouvement serait assez rapide pour amener, dans 3 000 ans, le tarissement du Niagara : toutes les eaux, qui l'alimentent aujourd'hui, devant s'écouler au Sud vers le golfe du Mexique (in DE LAPPARENT, p. 587).

qui sont aujourd'hui submergés. Quand on étend le champ d'observations, les preuves des mouvements consécutifs ou simultanés en sens contraire se multiplient. Ainsi, comme indices de submersion dans l'Atlantique Septentrional, les sondages ont trouvé, à 200 mètres de profondeur, un vaste banc de coquillages superficiels, qui n'auraient pu vivre sous cette épaisseur d'eau[1]. Pour nos côtes de la Manche, j'ai déjà fait allusion aux forêts et aux villes submergées; des observations précises ont confirmé, en plusieurs points, l'existence sous-marine de couches forestières avec poteries et objets archéologiques, de vallées englouties, etc. Au contraire, le Nord de la Grande-Bretagne paraît émerger et, en sens inverse, vers le Sud, on croit constater également une émersion sur les côtes de l'Aunis et de la Saintonge.

Enfin, quand on arrive dans la zone méditerranéenne, les mouvements en divers sens deviennent très nombreux, mais sont de moindre valeur théorique, parce que le volcanisme y a certainement une grande part, soit en produisant des intrusions ignées, qui soulèvent un peu les terrains comme M. Matteucci l'a constaté au Vésuve, soit en déterminant des creux, qui entraînent un affaissement.

B) Déplacements brusques du sol. Tremblements de terre. — Tandis que les mouvements lents du sol se manifestent un peu partout, dans les régions dont la stratigraphie est la plus tranquille et la consolidation la plus ancienne, les zones des tremblements de terre, et surtout celles où se trouvent les points de départ de ces vibrations, sont localisées et dessinent, à la surface du globe, des parties faibles, également marquées par les derniers plissements montagneux, ou par l'ouverture des fractures volcaniques. La cause des tremblements de terre est encore mal précisée ; cependant quelques-uns de leurs caractères sont nettement établis et permettent, dès à présent, de l'entrevoir.

En premier lieu, on a pu constater, sans aucune incertitude, que le tremblement de terre consistait dans la propagation d'une onde vibrante, qui chemine, à travers le sol, avec une vitesse plus ou moins grande, en se laissant influencer par des circonstances diverses dues au défaut d'homogénéité des terrains, et qui a pour point de départ une zone d'ébranlement, en général assez vaste et très peu profonde, au-dessous de son centre superficiel qu'on appelle son épicentre.

Des expériences de MM. Fouqué et Michel Lévy ont permis de constater les lois de cette propagation au milieu de terrains divers, en

---

1. *Geographical Journal*, XI, page 48; *in* de Lapparent (*loc. cit.*, page 590).

déterminant des explosions de dynamite souterraines et recueillant, à des distances diverses, les séries de vibrations, qui en résultent. On a pu ainsi constater le rôle énorme joué par la nature et l'élasticité plus ou moins grande des terrains traversés : par exemple, l'arrêt presque complet, déterminé par un simple filon de porphyrite micacée ayant deux ou trois mètres de large.

Ces observations sont entièrement d'accord avec celles qu'ont faites divers observateurs dans les zones sismiques.

C'est en enregistrant de la même manière le passage des ondes vibrantes en divers points pendant les tremblements de terre que l'on a pu déterminer la projection superficielle de leur centre d'ébranlement, ou l'épicentre, et la profondeur de cette zone originelle. Il est facile de voir, en effet, que les distances parcourues par l'ébranlement sont les projections des distances réellement parcourues suivant les rayons d'une sphère, ayant son centre au véritable point d'ébranlement. Plus ce centre est rapproché de la surface, plus la projection se confond avec le rayon, et plus les distances parcourues en des temps égaux à partir de l'épicentre doivent être égales ; plus le mouvement est progressif. Au contraire, si le centre d'ébranlement était au centre de la Terre, la vibration atteindrait à la fois tous les points de la surface terrestre. Dans les cas intermédiaires, le mouvement se propage de plus en plus lentement à mesure qu'on s'éloigne de l'épicentre. Et, comme il s'agit d'un mouvement assez lent, dont la vitesse par seconde peut varier, suivant les terrains, de 300 mètres (sables) à 3.000 ou 4.000 (roches cristallines), il est possible, par une construction géométrique fort simple, de déterminer la profondeur du centre d'ébranlement[1].

---

1. Pratiquement, quand un séisme se produit, chacun des appareils enregistreurs (pendule vertical, pendule horizontal, etc.), installés dans un observatoire sismographique quelconque, inscrit d'abord une phase préliminaire, avec de petites vibrations dont la période varie de un dixième de seconde à cinq secondes. Puis vient une seconde phase, avec des vibrations d'amplitude plus grande et de période plus longue. Enfin une troisième phase a de grandes ondes à périodes atteignant 30 secondes. Les deux premières phases ont été considérées comme transmettant la secousse à travers le globe et la troisième comme agissant le long de l'écorce corticale. Le premier groupe des vibrations peut parcourir le diamètre terrestre en 22 minutes, à raison de 9,6 kilomètres par seconde (ce qui implique un milieu interne deux fois plus rigide que l'acier) ; la vitesse moyenne de la deuxième phase est, pour le même diamètre, de 5 kilomètres ; enfin, la troisième phase est transmise à raison de 3 à 3,5 kilomètres. Il est facile, dès lors, de comprendre comment la différence entre les temps d'arrivée en un même point de deux de ces phases peut permettre de déterminer la distance du point d'ébranlement, d'après des courbes que les observations antérieures ont donné le moyen de tracer. D'autre part, grâce à deux pendules accouplés qui enregistrent les composantes rectangulaires du mouvement vibratoire, on obtient la direction. Ces observations, constamment répétées aujourd'hui, donnent le moyen de préciser très nettement, sinon la cause, du moins le mode d'action du phénomène.

La conclusion de toutes ces observations est très nette et très concordante ; le centre est toujours très superficiel, dans bien des cas à 7 ou 8 kilomètres à peine de profondeur et ne dépasse pas 30 kilomètres. Il s'agit d'un phénomène peu profond et très éloigné de la zone où nous pouvons supposer que la fluidité interne commence.

D'autre part, ce que nous appelons le centre n'est pas un point, mais souvent une région étendue, pouvant atteindre plusieurs kilomètres de diamètre, où, partout, le mouvement se produit à la fois.

Ainsi se trouvent exclues des hypothèses, telles que celles d'une explosion de vapeur d'eau interne. Et comme, d'autre part, il semble aujourd'hui prouvé que les séismes peuvent amener de véritables failles, des dénivellations, dont on a constaté un exemple au Japon sur 112 kilomètres de long à travers les terrains les plus divers, et d'autres en Nouvelle-Zélande sur une centaine de kilomètres [1], on arrive à la conclusion admise par MM. Heim, Suess, Dana, etc., d'après lesquels il faut voir là un phénomène de déplacement vertical, analogue à ceux que, pour les périodes anciennes, analyse notre tectonique [2].

Dans certains cas même, on s'est demandé autrefois si l'on ne pouvait pas supposer, sur les chaînes de plissement récentes telles que les Alpes et indépendamment de l'éruptivité, quelques décompressions entraînant des ruptures d'équilibre pour des couches restées en tension mécanique depuis leur plissement. Bien que cette hypothèse soit abandonnée, il pourrait y avoir, sous une autre forme, une idée à en retenir. Certains tremblements de terre des zones plissées représenteraient alors une phase du mouvement orogénique, et l'on expliquerait, par de tels mouvements du sol, ces multitudes de petites secousses, souvent presque insensibles, qu'y enregistrent les sismographes.

Une telle explication doit être cependant écartée, quand il s'agit, non plus de zones plissées, mais de zones effondrées, parcourues par des vibrations analogues et il vaut mieux se contenter de voir, en principe, dans ces vibrations, la conséquence des tassements verticaux, des effondrements, de quelque nature qu'ils soient, qui peuvent se produire sur l'écorce terrestre, et, plus généralement, des mouvements brusques, par lesquels cette écorce peut se trouver déformée.

1. Il est à noter que les plus grandes dénivellations constatées atteignent à peine quelques mètres et ne ressemblent donc en rien aux grands effondrements géologiques de 1.000 ou 2.000 mètres (Voir Suess, II, 37 et plus haut, page 239).

2. La question des tremblements de terre a donné lieu à deux volumes de M. de Montessus de Ballore : *Les tremblements de terre* (1906) ; *la Science sismologique* (1907). J'ai moi-même traité le sujet dans divers articles de la *Nature* : 28 avril 1906, *le Vésuve et San-Francisco* ; 9 et 16 janv. 1909, *la catastrophe de Messine* ; 13 mars 1909, *la prévision des tremblements de terre* ; 18 mars 1911 : *le tremblement de terre de Vierny.*

DEUXIÈME PARTIE

LES RÉSULTATS DE LA SCIENCE GÉOLOGIQUE

PRÉAMBULE

La première partie de cet ouvrage a été consacrée à examiner le but, l'histoire et les méthodes de la science géologique en général et de ses diverses branches en particulier. Au cours de cette exposition, bien des faits se sont trouvés déjà énoncés et décrits, qui constituent des résultats pour le spécialiste en géologie, mais qui, lorsqu'on envisage cette science du dehors et sans intention de la pratiquer, doivent être considérés plutôt comme des moyens de progresser davantage encore que comme des aboutissements.

Il nous reste, au contraire, à envisager, dans cette seconde partie, les résultats acquis ou entrevus, qui paraissent avoir une portée générale. Nous commencerons d'abord par ce qui concerne la structure de la Terre dans le passé ou dans le présent, c'est-à-dire par les résultats du conflit établi entre les manifestations diverses de la force et la matière. Un premier chapitre (xi) sera consacré aux *résultats de la tectonique*, ou, spécialement, à l'histoire des dislocations terrestres, qui sont le point de départ de tous les phénomènes géologiques et que représentent, sous une forme particulièrement saisissante, les chaînes montagneuses. Un second (chap. xii) aura pour but d'exposer les *résultats de la paléo-géographie :* les modifications subies au cours des temps par la structure terrestre, par la répartition des mers et des continents, par les climats, etc.

Nous envisagerons ensuite l'histoire de la matière, en étudiant les deux formes principales de cette matière, qui témoignent d'une activité interne et qui, en se détruisant, ont donné tous les sédiments : d'abord, par la *pétrographie*, (ch. xiii) les roches éruptives ; puis, par la *métallogénie*, (ch. xiv) les concentrations métallifères et minérales.

Les conclusions hypothétiques de cette double étude, en ce qui concerne non plus seulement la superficie de la Terre accessible à nos investigations directes, mais ses profondeurs, feront alors l'objet du chapitre xv sur la *distribution des éléments chimiques dans la Terre*.

Enfin, un chapitre xvi sera consacré à cette forme si spéciale, et sans doute si éphémère, de l'activité physique et chimique, qui constitue le phénomène de la vie; nous envisagerons alors l'*histoire des êtres organisés*.

Il ne nous restera plus qu'à conclure en essayant, dans un dernier chapitre (xvii), de nous représenter *le rôle de la Terre dans l'espace*, son passé, son présent et son avenir, ce que l'on peut entrevoir ou soupçonner de son évolution.

CHAPITRE XI

LES RÉSULTATS DE LA TECTONIQUE

I. INTERPRÉTATION GÉOMÉTRIQUE ET MÉCANIQUE DES DÉFORMATIONS LOCALES ET PROLONGATION DANS LES PARTIES DE L'ÉCORCE DISPARUES OU CACHÉES. — A) *Mouvements verticaux. Failles et systèmes de failles. Structure imbriquée. Horsts. Dômes de soulèvement. Cuvettes d'affaissement.* — B) *Mouvements tangentiels.* 1° *Étude des plis en coupe transversale (Renversements, Charriages).* 2° *Étude des plis en plan horizontal (Ventres et nœuds. Réseaux orthogonaux. Relaiement des plis.)* — C) *Lois générales des déformations terrestres :* 1° *Brusques effondrements et plissements progressifs. Division de l'écorce en aires stables et sillons d'affaiblissement. Dénivellation relative des voussoirs juxtaposés. Corrélation des plissements et des mouvements marins. Lois des effondrements;* 2° *Lois des plissements orogéniques. Plasticité des régions plissées. Permanence des zones plissées. Modification dans l'allure des plis avec la profondeur. Forme en éventail et sens de poussée. Ondulations en profil et en plan. Caractères des extrémités libres. Disposition amygdaloïde de la chaine.*

II. HISTOIRE DES DÉFORMATIONS SUBIES PAR UNE RÉGION DÉTERMINÉE ; INFLUENCE DES MOUVEMENTS ANCIENS SUR LES MOUVEMENTS PLUS RÉCENTS. APPLICATIONS AUX ALPES OCCIDENTALES.

III. COORDINATION GÉOGRAPHIQUE DES DÉFORMATIONS SYNCHRONIQUES. LOIS GÉNÉRALES DU DYNAMISME TERRESTRE. SUCCESSION DES SYSTÈMES MONTAGNEUX. LEURS RELATIONS RÉCIPROQUES ET LEUR CONTINUITÉ. — A) *Massifs primitifs .* — B) *Système calédonien.* — C) *Système hercynien.* — D) *Système alp-hymalayen ou tertiaire.*

Les résultats de la tectonique peuvent se classer en plusieurs groupes, que je vais examiner successivement, en commençant par ceux, qui s'appliquent davantage à des points de détail et peuvent encore être considérés comme de simples moyens d'arriver plus loin, pour finir par ceux, dont le caractère de généralité et l'intérêt scientifique sont le plus accentués.

Il ne faut pas oublier, en outre, que la tectonique apporte, aux autres sciences géologiques, à la stratigraphie, à la paléo-géographie, à la pétrographie, à la métallogénie, une contribution à peu près indispensable. Toutes les régions de la Terre, probablement sans exception, ont subi des mouvements dynamiques et c'est à ce dynamisme que se rattachent, d'abord les manifestations ignées d'origine interne, puis les érosions et les sédimentations superficielles. Il est donc impossible de comprendre aucun phénomène géologique, si on ne lui restitue sa place réelle dans la tectonique, si on ne saisit exactement sa relation avec les autres phénomènes et c'est, par suite, à vrai dire, notre tâche principale aujourd'hui que de faire sortir nos observations diverses de leur particularisme pour les rattacher à un ensemble d'observations de plus en plus étendu. Les applications de la tectonique ont été, ou seront étudiés dans les chapitres consacrés aux autres branches de la science géologique. Je les laisserai donc de côté ici pour examiner successivement les trois points suivants :

I. Interprétation géométrique et mécanique des déformations locales ;

II. Histoire des déformations subies par une région déterminée ;

III. Coordination synthétique des phénomènes tectoniques.

Dans le premier paragraphe, nous examinerons le mécanisme même des mouvements terrestres ; nous essayerons de les grouper par catégories et, d'après leur allure apparente, d'en deviner le principe. Ce sont là, sans doute, des études quelque peu techniques et qui sembleraient devoir être réservées à la pratique professionnelle. Mais il est indispensable de se familiariser avec le caractère, l'importance et la généralité de tels accidents, qui troublent notre confiance instinctive dans la stabilité terrestre ; il faut s'habituer l'esprit à ces déplacements gigantesques, qui ont tant de fois et si profondément modifié la structure de la Terre ; il faut en bien saisir l'allure, ne fût-ce que pour apprécier la rigueur et la précision des résultats, plus surprenants encore, auxquels nous arriverons ensuite. Ces mouvements présentent de plus, par eux-mêmes, un très réel intérêt mécanique et prouvent l'intervention de forces internes, dont la généralité, la constance et la grandeur se trouvent par eux nettement mises en évidence.

Dans le second paragraphe, nous pousserons un peu plus loin et, considérant une zone de dislocation déterminée, telle que la zone alpine, nous en reconstituerons l'histoire. Nous rechercherons alors les manifestations successives si diverses, dont une telle région a été le théâtre, en examinant dans quelle mesure elles ont été la conséquence les unes des autres, ou plutôt elles se sont mutuellement influencées : autrement dit, le degré de permanence que peuvent présenter ces déformations terrestres et, par conséquent, les forces dont elles dérivent.

Cette histoire, en nous montrant alors la presque continuité, ou du moins la longue durée de ces déformations, semblera d'abord rendre, dans une certaine mesure, un peu vain le travail de coordination géographique du paragraphe III, qui n'a plus qu'un objet à peu près insaisissable, s'il s'agit de surprendre, à la surface d'une mer en mouvement, près d'une côte semée d'écueils, le passage de vagues en marche, qui se suivent, se chevauchent, rebroussent et s'entre-croisent. Néanmoins, une première approximation, suffisante dans la pratique, montre l'unité tectonique de certains grands systèmes montagneux, qui, pour n'être pas rigoureusement synchroniques, n'en correspondent pas moins à un même groupe de phénomènes, à une même période de l'histoire et ne s'en distinguent pas moins les uns des autres. Une remarque, qui sera bientôt faite sur la manière dont les premières déformations ont parfois dirigé les suivantes et leur ont imprimé leur allure, ne nous sera pas inutile dans ces recherches. Nous chercherons donc à indiquer comment la Terre se divise en secteurs, en zones, dont la structure est le résultat de mouvements remontant à des périodes diverses ; comment, par suite, on peut distinguer, sur une carte de cette surface, des compartiments, dont l'histoire dynamique s'est arrêtée plus ou moins anciennement et reconnaître ainsi le déplacement progressif de ce dynamisme avec le temps : nous serons ainsi conduits à soupçonner la cause profonde, qui intervient dans tous ces grands phénomènes et à chercher le principe directeur, qui a pu, dès l'origine, donner une impulsion à tout l'ensemble des mouvements.

I. Interprétation géométrique et mécanique des déformations locales ; leur prolongation dans les parties de l'écorce disparues par érosion ou cachées en profondeur.

Dans ce paragraphe, il sera question des considérations les plus nouvellement introduites dans la science par la tectonique et de celles, qui, en modifiant les anciennes conceptions sur les déformations mécaniques superficielles de l'écorce, éclairent du même coup, davantage, sur leurs causes profondes.

Ainsi que je l'ai indiqué déjà en exposant les méthodes tectoniques au chapitre VII [1], on a commencé par se faire une idée très simple des déformations terrestres. Les travaux de mines avaient montré l'existence de fractures verticales, ou failles ; les parois de falaises montagneuses, celle de couches plissées. On a imaginé d'abord les failles comme des plans verticaux, dont l'intersection avec la surface se représentait au moyen d'une ligne droite, déterminée par deux de ses points ; les plissements, dont le rôle parut, jusqu'à une époque récente, très subordonné, furent, eux aussi, conçus comme des alternances

1. Page 231.

régulières de dômes anticlinaux et de vallées synclinales, présentant une continuité absolue tant qu'ils se manifestaient et une rectilignité parfaite, tant que l'accident restait du même âge. La direction d'un accident parut caractéristique de l'époque à laquelle il s'était formé et, s'il s'agissait d'un filon métallifère, caractéristique aussi de son remplissage.

Tel était encore à peu près l'état de la science tectonique, vers 1870 à 1880 et les cartes des Alpes, très remarquables pour l'époque, qu'a dressées Lory, montrent la persistance d'idées analogues, bien que déjà un peu modifiées par le contact plus intime des faits. On y voit la division de la chaîne en grandes zones continues et la séparation ordinaires de ces zones par des lignes de failles [1].

La tectonique moderne, qui n'a guère plus d'un tiers de siècle, s'est élevée peu à peu à des idées singulièrement plus compliquées et, attribuant aux plissements un rôle, qui, à son tour, est peut-être devenu trop exclusif, elle s'est attachée à faire de ces plissements une étude systématique, aujourd'hui très avancée.

Je ne puis entrer ici dans le détail de considérations, qui ont surtout un intérêt de métier et dont la complication extrême apparaîtra aussitôt, si l'on songe qu'il s'agit de traduire par des mots et de synthétiser par des lois, quelque chose d'analogue à l'effondrement du toit dans une carrière souterraine ou au froissement d'une pile de brochures minces écrasées sous le glissement de pesants in-folios ; je vais seulement en signaler les principes les plus généraux, que nous pourrons avoir à invoquer et ceux qui mettent le mieux en évidence les caractères et l'origine de ces déformations mécaniques, que l'on constate à peu près partout sur la Terre.

Les deux formes typiques et classiques, les aspects tout à fait élémentaires de ces déformations sont, comme je viens de le rappeler : d'un côté, les failles, où l'on croit voir l'indice d'une force verticale et, d'autre part, les plissements, où se dénote une force horizontale et tangentielle, dont nous chercherons, d'ailleurs, bientôt l'origine première dans la gravité. Plis et failles se rattachent les uns aux autres et

---

1. D'une façon générale on est surpris, quand on relit la plupart des travaux géologiques remontant à trente ou quarante ans, de voir la peine qu'on se donnait pour expliquer, par des conflits de directions rectilignes, des courbes aussi manifestes que celles des Alpes Occidentales, des Carpathes ou, en plus petit, du Harz et du Plateau Central. Il a fallu le talent de M. Suess pour faire admettre l'unité de chaînes sinueuses et, en 1888 encore, Marcel Bertrand se croyait obligé de discuter l'idée de chaînes nécessairement rectilignes, qui avait été regardée si longtemps comme un principe absolu. Néanmoins, il est juste de signaler quelques exceptions anciennes à cette remarque, surtout parmi les savants des États-Unis. H. D. et W. B. Rogers (1843), J. P. Lesley (1856), J. B. Dana (1863) avaient déjà insisté, à plusieurs reprises, sur l'allure curviligne des accidents tectoniques.

passent les uns aux autres par des transitions. Cependant il paraît bien y avoir deux modes différents de mouvements terrestres, quelle qu'en soit la cause première et la relation : 1° le déplacement relatif, dans le sens vertical, en haut ou en bas, de compartiments limités par des cassures ; déplacement, qui entraîne, à son tour, des cassures périphériques et radiales autour de dômes soulevés ou de cuvettes d'affaissement ; 2° le déplacement dans le sens horizontal, qui détermine des plissements, des charriages, des renversements, ou, par fracture de blocs plus solides et glissement relatif de ces voussoirs disjoints, des décrochements (blätter). Dans le premier ordre d'idées, nous aurons à signaler, après avoir défini plus exactement les failles individuelles, le cas des horsts ou des dômes d'exhaussement et celui des cuvettes d'affaissement : chacun de ces deux déplacements, positif ou négatif, pouvant être accompagné d'un mouvement oscillatoire ; dans le second ordre d'idées, les plissements compliqués des chaînes montagneuses. Nous considérerons le premier genre d'accidents comme caractéristique des zones de l'écorce trop massives, trop solides et compactes pour avoir pu se plier ; le second comme s'étant produit dans les zones, où les terrains stratifiés ont pu se comporter comme une masse flexible et élastique.

En principe, les cassures produites par des déplacements dans le sens vertical paraissent avoir joué un rôle essentiel en pétrographie et en métallogénie ; elles ont pu, en effet, s'ouvrir largement, quand le sens relatif du mouvement le comportait et donner ainsi passage à des épanchements volcaniques, à des roches éruptives ou à des eaux métallisantes. Au contraire, les cassures des déplacements horizontaux se sont faites, d'habitude, sous une force comprimante, qui a écrasé les terrains en contact et n'a pas permis le bâillement nécessaire pour ces déplacements de roches internes. Seuls, dans certains cas favorables, les « décrochements », qui sont de véritables failles et qui ont donné lieu souvent à un déplacement vertical en même temps qu'à un déplacement en plan horizontal, se sont trouvés métallisés.

J'ajoute enfin qu'il paraît bien y avoir corrélation entre les deux groupes de mouvements et que les plissements semblent être la conséquence de grands effondrements, tout en pouvant eux-mêmes déterminer des effondrements ou soulèvements secondaires.

A) MOUVEMENTS VERTICAUX. FAILLES ET SYSTÈMES DE FAILLES. HORSTS. DÔMES DE SOULÈVEMENT. CUVETTES D'AFFAISSEMENT. — Je viens de rappeler la conception élémentaire de la faille [1]. Son allure réelle, comme

1. Voir plus haut pages 24 et 238 et figure 2, page 23. On a vu page 239 qu'il y avait

je l'ai dit déjà [1], en diffère singulièrement. Tout d'abord, une faille n'est pas un plan, mais une surface gauche, pouvant aller jusqu'à se fermer cylindriquement et dont les horizontales et les lignes de plus grande pente présentent également des sinuosités. Le rejet d'une faille peut changer de sens sur sa longueur en passant par un point mort. Cette faille peut offrir toutes les inclinaisons, depuis la verticale jusqu'à l'horizontale et le mouvement des deux lèvres peut s'être produit dans les deux sens : soit, conformément à la gravité, par glissement naturel de la partie haute, que l'on appelle le *toit*, sur la partie basse que l'on appelle le *mur*; soit, en sens inverse, par une pression tangentielle faisant, comme un coin que l'on resserre à la base, remonter le toit (failles inverses, souvent forme limite de plissements étirés).

Une faille n'est pas un accident unique et isolé, mais fait partie d'un système. Une cassure, faille ou filon, peut être remplacée, en direction ou en inclinaison, par une autre, qui n'en est pas exactement le prolongement, mais qui fait partie du même faisceau, comme on le voit aisément en essayant d'étirer ou de tordre une substance plastique ou flexible. La faille peut se bifurquer et les deux branches peuvent se réunir. Des torsions de massifs solides ont déterminé, par endroits, des réseaux de cassures tout à fait compliqués, bien connus par les plans de certains districts filoniens [2]. Enfin la faille n'est pas nécessairement distincte du pli, mais, souvent, se présente comme sa limite.

Des systèmes de failles inverses, ou de plis étirés successifs, peuvent donner à des terrains l'aspect, que présentent les tuiles d'une même rangée dans un toit, chacune recouvrant un peu celle du dessus ; c'est l'équivalent par failles de ce que l'on a appelé la structure *imbriquée*, ordinairement réalisée par des plissements étirés : structure, où l'on peut voir l'indice d'une compression latérale tangentielle [3].

Le rôle des accidents verticaux, qui tiennent une grande place dans la théorie de M. Suess, a été très discuté par les tectoniciens spécialisés dans l'étude des Alpes et, de ce que les effondrements ne sont pas intervenus dans les zones plissées très caractéristiques, qui forment nos chaînes européennes, on a voulu conclure (beaucoup trop vite, à mon avis) que les effondrements étaient une hypothèse brutale à rayer de la science et leurs effets supposés à remplacer par ceux de plissements.

des exemples nombreux de failles dépassant 2.000 mètres. D'après LESLEY, il y en aurait même une de 6.000 mètres dans le houiller de Virginie ; mais c'est une faille inverse avec chevauchement.

1. Page 239.
2. Voir plus loin, pages 599 et suiv. les figures 42 à 49.
3. Voir, plus haut, figure 31, page 240.

Dans bien des cas, ces discussions sont un peu une question de mots et il n'y a, sans doute, pas de différence réelle entre ce que l'on appelle un massif tabulaire, ou ce que l'on regarde comme un anticlinal étendu sur 300 kilomètres de large, de même qu'en considérant des plis d'énorme amplitude avec failles limites, on peut qualifier de régions plissées toutes les régions effondrées. Cela revient à dire qu'il n'y a pas de différence de principe essentielle entre les deux phénomènes, dont l'origine première est la même (point sur lequel tout le monde, je crois, est d'accord) et qu'on peut passer de l'un à l'autre.

Sauf cette réserve, je citerai, comme types de régions à accidents verticaux, avec ou sans plissements connexes, les Montagnes Rocheuses du Colorado et les Basin Ranges, les zones faillées de l'Asie Centrale au Sud du Baïkal, le grand effondrement linéaire Érythréen, tout le pourtour de nos horsts hercyniens et certains bassins d'effondrement tertiaires (Mer Égée, etc.), qui seront étudiés ultérieurement.

Ces accidents d'effondrement, dont le rôle important dans le volcanisme sera examiné plus tard au chapitre de la pétrographie, ont été classés, par A. Michel-Lévy, en quelques types bien caractéristiques : les uns en relation avec les plissements, soit que ceux-ci accusent la symétrie en éventail et les formes sinueuses des Alpes, soit qu'ils présentent la dissymétrie apparente des Andes[1] ; les autres, indépendants de ces plissements[2]. Leur forme peut être très différente, ainsi que nous le verrons alors, mais se ramène à deux systèmes caractéristiques : les accidents linéaires et les accidents arqués ou elliptiques. Nous allons ici en examiner quelques-uns.

Pour les Montagnes Rocheuses, les derniers travaux d'Emmons tendent à faire considérer, comme de véritables plis en S parfois renversés, des accidents limites, où l'affaissement vertical avait d'abord paru jouer un rôle plus essentiel. On peut cependant conserver, dans l'ensemble, le tableau saisissant qu'en a donné M. Suess.

D'après lui, on voit, en partant des plaines du Nebraska et du Kansas, les terrains se redresser verticalement (en *hogbacks*) sur le bord d'un grand affaissement, qui marque la limite des Montagnes Rocheuses, puis redevenir horizontaux sur le haut. Et ces terrains horizontaux sont

---

1. Voir plus loin, page 439, sur la structure des Andes. Cf : STUBEL. *Ueber die Verbreitung der hauptsächlichsten Eruptionszentren und der sie kennzeichnenden Vulkanberge in Süd Amerika* (Petermanns Mitteil., 1902, p. 1 à 9, avec carte); HAUTHAL. *Die Vulkangebiete in Chile und Argentinien* (Petermanns Mitteil, 1903, p. 97 à 102, avec carte). Cette dernière carte mentionne, indépendamment des coulées, 138 centres volcaniques d'Antofagasta au cap Horn.

2. *Bull. Soc. Géol.*, 3ᵉ sér. XXVI, 1898, page 105. On trouvera, dans ce mémoire, une description résumée de ces principaux effondrements.

brusquement coupés, un peu plus loin, par des fosses, au fond desquelles on les retrouve, toujours horizontaux, 2.000 ou 3.000 mètres plus bas. Sur le bord seulement des accidents courbes, des *flexures*[1] arrivant à dessiner des S, qui limitent ces fosses, les couches s'inclinent et se bouleversent; puis, dans le fond des fosses affaissées, reparaissent des piliers plus hauts, portant à leur sommet des couches horizontales; en sorte que le tout a pu être comparé à l'aspect d'une couche de glace, effondrée au centre, dont quelques débris seraient restés au haut de pilotis. Ces pilotis sont ce que M. Suess a appelé des *horsts*. On est en présence d'un ancien plateau, qui a dû un moment se trouver à 9.000 mètres au-dessus de la mer et dont, malgré une érosion de 3.000 à 4.000 mètres, bien des parties sont encore à 4.500 mètres, à peu près à la hauteur du Mont-Blanc. Le plissement, ainsi accompagné d'effondrements, a pris un caractère très différent des plissements alpins. Puis, en abordant, plus à l'Ouest, la région des Basin Ranges (Grand Lac Salé), on trouve une véritable chaîne de plissement post-jurassique, ayant encore subi, après son plissement, un semblable effondrement, et l'on arrive enfin à la Sierra Nevada, qui a été simplement plissée à la fin de l'époque secondaire.

Vers le Sud du Colorado, en se rapprochant du grand Cañon, le caractère tabulaire devient encore plus accentué; les compartiments à couches horizontales sont limités par d'immenses failles, qui passent parfois à la forme d'accidents qu'on a appelé des plis monoclinaux; l'ensemble a, en somme, l'aspect que peut prendre une couche tombant du haut d'un plateau sur une terrasse plus basse sans se briser entièrement. De semblables affaissements sur toute la périphérie arrivent à former des dômes elliptiques, où l'archéen peut apparaître au centre, entouré de falaises concentriques (comme dans les Black Hills du Dakota).

De même, dans l'Asie Centrale, on a, à peu près parallèlement aux plis, de longues fosses d'effondrement, que l'on voit un moment descendre au-dessous du niveau de la mer à Liouktchoun, tandis qu'un peu plus au Sud, dans le Kouenlun, commence une région plissée, dont les vallées les plus basses ne s'abaissent pas au-dessous de 4.000 ou 4.500 mètres. Là encore, il faut bien se familiariser avec l'idée de dénivellations verticales ayant atteint 8 ou 9 kilomètres et se représenter que la Terre a subi bien des fois des mouvements capables de porter des poissons de la mer au sommet de montagnes aussi hautes que peut l'être le Gaurisankar.

1. Voir plus haut, page 239.

Le cas de l'axe érythréen entre la Syrie et les grands lacs africains est très différent. Il y a là, à travers une région de tables presque horizontales, ou ne présentant que des plis à très faible courbure, une fosse d'effondrement linéaire, dont la clef de voûte paraît s'être enfoncée à l'époque pléistocène et suivant laquelle les mouvements se continuent encore.

La notion des *horsts*, telle que la concevait son auteur, supposait une immobilité absolue du pilier solide, autour duquel le reste s'affaissait, en sorte que le sommet du horst constituait, pour M. Suess, un point de repère absolu des anciens niveaux marins par rapport au centre de la Terre. Pour lui, il ne pouvait y avoir déplacement de bas en haut. Il semble, cependant, que le soulèvement d'un coin par une pression tangentielle détermine un effet de ce genre et la convergence des failles verticales vers le centre de la Terre ne saurait, à elle seule, manquer d'avoir produit de semblables coins angulaires, qui peuvent, en outre, résulter de circonstances locales. Aussi, au lieu d'un mouvement absolu, est-il plus prudent de ne parler, dans le cas des horsts, que d'un mouvement relatif et nous pouvons imaginer que les horsts eux-mêmes, au lieu de rester immuables, aient subi un déplacement vertical, qui paraît même avoir été souvent oscillatoire[1].

Le cas des horsts est ainsi très analogue à celui des *dômes de soulèvement*, qui constituent un genre de déformation tout à fait distinct des plissements, bien que pouvant s'y relier.

On connaît aujourd'hui d'assez nombreux exemples de dômes, qui paraissent avoir été animés d'un mouvement oscillatoire, par suite duquel ils ont été, tantôt submergés, tantôt émergés. Tel est notamment le dôme du Weald dans le Sud-Est de l'Angleterre. Ces dômes de soulèvement font la contre-partie des *fosses d'effondrement*[2], ou, plus en grand, des *cuvettes d'affaissement* étudiées par M. Suess et, comme eux, ils sont entourés par des ceintures périphériques de fractures, qui ne sont pas nécessairement continues.

Leur zone d'enfoncement peut, d'ailleurs, ne pas être absolument la même que leur zone d'exhaussement et il peut ainsi se produire, sur le pourtour du dôme, une sorte de chenal plus ou moins profond. M. Suess s'est attaché à distinguer les effondrements produits en régions plis-

1. J'ai donné en 1895 l'étude détaillée d'un de ces horsts, en cherchant à montrer les mouvements oscillatoires qu'il avait subis et les failles périphériques, qui en ont été la conséquence. Voir : *Le massif de Saint-Saulge* (Bull. Serv. Carte Géol., n° 47).

2. Je crois que ces fosses d'effondrement ont joué, à tous égards, un rôle très important dans la formation des filons métallifères. Elles ont pu, en outre, nous conserver en profondeur des gisements tout d'abord altérés à la superficie : notion importante et nouvelle, dont j'ai déjà dit un mot, page 313 et dont il sera également question plus loin, page 625.

sées et, en quelque sorte, comme une conséquence générale de ces plissements, de ceux qui se manifestent en pays de plateaux et dont les contours sont alors tout à fait quelconques ou souvent linéaires.

Nous allons voir bientôt comment on est également ramené à cette notion de dômes et de cuvettes par l'étude des plissements et comment elle tend à se substituer, dans bien des cas, à l'idée ancienne des accidents rectilignes et continus. Notamment quand il s'agit de se représenter les déformations terrestres les plus récentes, les plus gênées par des obstacles antérieurs, on est souvent conduit à envisager de semblables cuvettes elliptiques ou circulaires, des courbes en S plus ou moins fermé, qui contrastent singulièrement avec l'ancienne idée de chaînes rectilignes, que la science géologique a eu quelque peine à abandonner.

C'est ainsi que, dans nos idées actuelles, la structure des Alpes avec leurs rameaux divergents, Apennins, Carpathes, Dinarides, présente une très curieuse forme tourbillonnaire, sur laquelle je reviendrai plus loin, et dans laquelle s'intercalent peut-être des compartiments effondrés.

B) Mouvements tangentiels. 1° *Étude des plis en coupe transversale. Renversements. Charriages.* — Suivant que l'on examine un système de plissements en coupe verticale et transversalement à sa longueur ou, au contraire, en plan horizontal aux divers points de son parcours, on est conduit à des observations différentes, qui, dans le premier cas, portent principalement sur les déformations subies par un ensemble de couches sous un même effort localisé et, dans le second, sur les conséquences produites par une modification possible de l'effort, en même temps que varient les terrains auxquels il s'applique. Les coupes transversales nous permettent d'étudier le mécanisme des plis couchés, des charriages, qui paraissent jouer un rôle si essentiel sur les zones extérieures des chaînes montagneuses ; les plans horizontaux (avec comparaison de coupes transversales successives) nous éclairent sur la discontinuité des plis, leur relaiement, leur allure en dômes ou cuvettes, etc.

Un pli complet se compose, comme nous l'avons vu précédemment[1], d'une saillie anticlinale accompagnée d'une dépression synclinale[2].

---

1. Page 240.

2. Il semble difficile de concevoir un anticlinal sans aucun synclinal accolé et réciproquement, bien 'que M. Léon Bertrand ait parlé d'aires synclinales indépendantes de tout anticlinal (Bull. Carte Géol. n° 36, p. 203). En principe, il suffit de tenter l'expérience pour voir qu'une lame élastique ne se plisse pas dans un sens, sans qu'il y ait à côté plissement inverse. L'anticlinal et le synclinal sont connexes. Et

Ce pli n'a pas, en général, son plan de symétrie vertical, mais peut, suivant une remarque antérieure, s'incliner de plus en plus et arriver à se coucher. La superposition de plusieurs plis couchés, comprenant chacun deux ou trois terrains, peut alors donner des empilements de ces deux ou trois terrains, se répétant par séries superposées les unes aux autres, tantôt dans l'ordre de la stratigraphie naturelle, tantôt dans l'ordre inverse. Ces plis couchés, qui prennent ainsi l'allure de *nappes*, parfois replissées postérieurement, peuvent s'être étendus, dans les régions montagneuses, sur des dizaines de kilomètres, probablement même, comme on l'a supposé en Suède, sur une centaine, ou, comme M. P. Termier l'a fait admettre pour les Alpes Orientales, sur une zone égale à la largeur des Alpes, des Hohe Tauern au Nord des Alpes calcaires, où, d'après lui, il n'y aurait absolument rien en place [1]. Leur racine peut de plus avoir disparu, ou être tellement écartée qu'on ne la reconnaît plus, de sorte que, par suite d'un semblable *charriage*, l'on retrouve, très loin de leur point de départ, soit à l'état de *nappes couchées*, soit à l'état d'*écailles arrachées*, des terrains exotiques sans aucun lien avec ce qui existe au-dessous.

Les exemples de tels charriages, ayant emporté des masses de terrains horizontalement à plus de 30 kilomètres, sont aujourd'hui connus dans une foule de régions, dans les Alpes, la Provence, les Pyrénées, l'Himalaya, le bassin houiller du Nord, la chaîne Scandinave, en Écosse, dans les Appalaches, etc., et l'on parle aujourd'hui couramment d'un transport opéré à 150 ou 200 kilomètres de son origine.

C'est sous cette dernière forme surtout que les phénomènes tectoniques prennent un intérêt géologique considérable.

Voici dans quels termes Marcel Bertrand, qui a été à cet égard un initiateur, définissait, dès 1898, ces manifestations extraordinaires sur un de leurs types les plus classiques ·

« Le massif de l'Ardenne est un massif charrié, qui, dans son mouvement vers le Nord, a entraîné à sa base des lambeaux de terrains renversés (*lambeaux de poussée*). Il a, de plus, entraîné, aux points où, pour une raison ou pour une autre, la pression et l'adhérence se sont trouvées augmentées, un morceau du substratum, constituant, au-dessous du lambeau de poussée, ce qu'on peut appeler une *lame de charriage*, un lambeau non renversé au-dessous des lambeaux ren-

je ne crois pas qu'on soit en droit d'attribuer, comme on l'a fait, plus de simplicité au synclinal ni plus d'importance à l'anticlinal. (Voir ZÜRCHER. *Sur les lois de formation des plissements de l'écorce terrestre*, Feuille des jeunes naturalistes, 1er sept. 1891). On considère souvent les anticlinaux comme positifs, les synclinaux comme négatifs.

1. Bul. Soc. Géol. 4e sér., III, 1903, page 744.

versés. De plus, partout où le frottement est devenu trop fort, le mouvement de charriage a *retroussé* les couches sous-jacentes ; l'entraînement de la lame de charriage a pu déterminer, en avant de ce lambeau, un bourrelet du substratum…[1] »

Il faut ajouter la présence fréquente, à la base du charriage, dans sa lame inférieure, de roches écrasées, ou mylonites.

Un tel phénomène est à la fois si grandiose et si important par ses conséquences de tous genres qu'il peut être utile de préciser par quelques autres exemples.

Les plus beaux que l'on ait d'abord étudiés sont les charriages qui bordent, en Scandinavie et en Écosse (dans le premier cas, au Sud-Est ; dans le second cas, au Nord-Ouest), une antique chaîne de plissement, intermédiaire entre le silurien et le dévonien[2], que l'on appelle la chaîne calédonienne. Leur présence actuelle sur les deux flancs de cette chaîne, que nous avons toutes raisons pour croire très profondément érodée, est de nature à nous faire penser que ces charriages ont dû se faire à une assez grande profondeur[3] et, par conséquent, sous une surcharge d'autres terrains superposés, qui a dû contribuer à leur allure. C'est la conclusion à laquelle on est conduit également en en retrouvant l'équivalent dans le bassin houiller franco-belge, sur le bord d'une autre chaîne de plissement, également ancienne (carbonifère) et érodée. C'est encore le résultat auquel amène l'examen direct du mécanisme des charriages dans les Alpes.

La planche I (à la fin du volume), montre, sur le bord Sud de la chaîne calédonienne, là où celle-ci est venue buter contre un massif antérieur,

1. *Le bassin crétacé de la France et le bassin houiller du Nord* (Ann. des Mines, juillet 1898, p. 83).

2. En Écosse, des lambeaux de ce charriage se retrouvent sous le dévonien. En Scandinavie, le mouvement a également amené l'effondrement du silurien dans des fosses d'effondrement, telles que celle de Kongsberg, où il a pu se trouver conservé.

3. On en a d'autres preuves plus directes. Ainsi l'on a constaté que les parties les plus hautes étaient souvent les plus métamorphisées par la surcharge de terrains aujourd'hui disparus. M. BERTRAND a considéré, d'une façon générale, tout le plissement d'une chaîne montagneuse comme ayant pu se produire en profondeur, sans même se manifester à la surface jusqu'au moment où l'érosion l'a mis à nu. D'après M. LUGEON, les grandes nappes de charriage, telles que celle du Chablais, auraient effectué leur mouvement, auraient peut-être même été démantelées avant le plissement définitif, avant la principale poussée tangentielle et la propagation de cette poussée tangentielle, la formation de ces plis postérieurs aurait été gênée, paralysée là où il pesait sur elle une masse étrangère résultant du charriage préalable. Bull. Carte Géol., n° 77, p. 112. Cf. MARCEL BERTRAND. Bull. Soc. Géol., 1892, 3e sér., t. XX, p. 118.) Enfin, comme nous le verrons, M. TERMIER a expliqué tout le plissement des Alpes par le passage, au-dessus des montagnes actuelles, d'une sorte de traîneau écraseur provenant de ces chaînes plus méridionales que l'on appelle les Dinarides et qui, d'après lui, aurait apporté des nappes horizontales, soumises seulement ensuite au plissement que nous apercevons.

que nous appellerons le bouclier Scandinave, une longue zone de renversement, fameuse sous le nom de *glint*, que l'on peut suivre sur plus de 10 degrés de latitude.

Sur toute cette longueur, l'archéen et le précambrien (algonkien,) ont été, d'après M. Törnebohm, charriés, de l'Ouest vers l'Est, souvent sur 100 kilomètres de large, par-dessus le silurien, dont ce charriage a parfois ridé la partie supérieure. Des ouvertures, pratiquées par l'érosion dans la nappe supérieure, permettent, en quelques endroits, comme des *fenêtres* auxquelles on les a comparées, d'apercevoir le substratum au-dessous [1].

A la pointe N.-W. de l'Ecosse, sur le prolongement du golfe nommé le Loch Erriboll, on a retrouvé, pendant 145 kilomètres de long, un semblable chevauchement, venu ici du S.-E. (en sens inverse du mouvement scandinave), qui a amené une extraordinaire superposition de lambeaux, poussés les uns par-dessus les autres suivant des failles inverses faiblement inclinées, ou *thrust planes*, en sorte qu'on a l'apparence de silurien (3) alternant à plusieurs reprises avec des gneiss archéens.

Ces phénomènes de charriage, déjà si singuliers par eux-mêmes, peuvent, dans certains cas, se trouver encore compliqués par la superposition de mouvements ultérieurs, auxquels la même région a pu se trouver soumise à des époques successives.

Ainsi, poussant très loin l'analyse des phénomènes, Marcel Bertrand a montré qu'en Provence, de semblables charriages avaient été suivis d'un plissement ultérieur, qui, agissant sur des terrains déjà renversés, les avait plissés à l'envers, en même temps que leur substratum. C'est ce que l'on a appelé les plis *intervertis* ou *retournés*. Un tel phénomène nous ramène alors, par une autre voie, à cette forme de *dômes*, entourés d'accidents périphériques, que nous avons déjà rencontrés à diverses reprises. Le plissement postérieur, appliqué à des terrains déjà charriés, les a, en effet, morcelés en dômes intermittents.

Dans les Alpes, on constate fréquemment des empilements de nappes, dont la série renversée a disparu par étirement, tandis que subsiste la série normale plusieurs fois répétée (*Schuppenstruktur*). Ces pays de nappes ont une allure essentiellement lenticulaire : l'épaisseur d'une même nappe pouvant (par exemple, au Brenner ou à l'Ortler) varier, sur une vingtaine de kilomètres de long, de quelques mètres à plus de 2.000 mètres. De telles nappes, qui se sont prêtées au transport, avec une souplesse singulière, ont pu, après leur mise en place,

---

1. Dans les Alpes, on a été conduit à admettre des *fenêtres* de 100 kilomètres, pour relier hypothétiquement un ensemble de terrains, considéré comme une nappe charriée, aux terrains en place que l'on suppose représenter son origine.

subir les plis postérieurs, généralement à faible ondulation, que nous venons de signaler.

Il arrive aussi de rencontrer, sur les chaînes plissées, des *carapaces*, ou nappes ployées en dôme, qui semblent d'abord en place et qui néanmoins reposent sur des terrains plus jeunes, parfois discernables par une *fenêtre* ouverte au milieu d'elles.

2° *Etude des plis en plan horizontal. Ventres et nœuds. Réseaux orthogonaux. Relaiement des plis*, etc[1]. — En plan horizontal, l'axe d'un pli n'est, pas plus qu'une faille, rectiligne et continu, mais sinueux et soumis à des interruptions, à des relaiements, etc., dont il est indispensable de tenir compte, si l'on veut, comme on y a souvent un intérêt capital en pratique, prévoir le passage en profondeur d'un synclinal déterminé, renfermant une substance utile, telle que la houille. Là encore une première notion trop simple se trouve aujourd'hui remplacée par des notions beaucoup plus compliquées.

Ainsi l'étude attentive, qui a été faite de plissements à faible amplitude, tels que ceux des bassins de Paris et de Londres, montre très bien comment, à un système de plis principaux, s'associe un autre système de rides plus faibles, orthogonales sur les premières : ce qui se traduit par une série de renflements ou de ventres à l'intersection des voûtes anticlinales, avec des dépressions quand l'anticlinal principal rencontre un synclinal. On a alors, sur la longueur d'un même pli, une succession de dômes.

D'après un travail fort contestable de Marcel Bertrand, la même conclusion s'appliquerait au relief actuel d'un fond de mer provenant d'une invasion récente de la mer sur un ancien continent émergé. Suivant ce géologue, un tel fond de mer porte, beaucoup moins qu'on ne le croirait, l'empreinte des inégalités quelconques antérieures à la transgression marine[2]; celle-ci a tout nivelé sur son passage, enlevé les saillies, comblé les dépressions; d'autre part, à une certaine distance des côtes, ce relief a dû, d'après le même auteur, être très peu influencé dans la suite par des apports de sédiments, ou entaillé par des courants profonds; le relief topographique actuel, avec ses mamelons et ses enfoncements, accuserait donc uniquement les accidents tectoniques postérieurs à l'arrivée de la mer, dont les inflexions des lignes topographiques permettraient de tracer les axes et les plis.

Enfin l'étude des régions montagneuses conduit à des résultats tout

1. Je reviendrai, page 377, sur des phénomènes, plus généraux, tels que la terminaison des plis en direction, dont on pourrait chercher la description ici.

2. L'observation de M. BERTRAND est, en tout cas, beaucoup trop généralisée. Elle peut être vraie dans une certaine mesure, pour des transgressions lentes sur des aires continentales. Elle devient inadmissible si l'on admet un brusque retour de la mer par effondrement.

à fait analogues et, là aussi, la notion de dômes et de cuvettes entre de plus en plus dans la tectonique.

Ces divers accidents, qui peuvent résulter d'un plissement unique agissant sur des terrains homogènes, se trouvent tout naturellement compliqués par l'influence de plissements antérieurs, auxquels se superposent les plissements nouveaux avec une direction souvent divergente et par l'hétérogénéité des matériaux, que la dernière compression tangentielle ramène alors de la profondeur.

Ainsi l'on remarque, en très grand, dans les Alpes, une structure amygdaloïde, analogue à celle des gneiss œillés, avec formation de véritables boucles allongées autour de certains grands massifs cristallins, Mont-Blanc, Pelvoux, Mercantour, etc., qui ont l'air d'avoir été introduits, au milieu du plissement régulier, comme des cailloux résistants dans une pâte flexible et plastique.

Si nous revenons au détail des phénomènes, il n'est pas rare de voir apparaître, au centre d'un synclinal, un dôme anticlinal limité, ou, au centre d'un anticlinal, une cuvette synclinale : ce qui amène nécessairement la bifurcation du premier pli en deux, avec le raccordement ultérieur de ces deux plis en un.

De tels phénomènes s'expliquent aisément, si l'on admet que la compression tangentielle, déterminant un gonflement, s'est produite au-dessous d'un obstacle résistant, et cet obstacle résistant, qui a amené cette multiplication des plis, a dû également jouer un rôle dans leur déversement latéral, dans leur intrusion suivant tous les vides qu'ils ont pu rencontrer.

On a, en une foule de cas, la preuve que les plis ont dû être relativement simples dans les parties tout à fait hautes de la chaîne (en général disparues par l'érosion) et il semble, en effet, logique de supposer que le gonflement de ces terrains, laminés par en bas et épanchés vers le haut, a dû se comporter là comme une lame mécanique flexible, sortant à la fois de deux filières fixes verticales et s'étalant bientôt, d'un côté ou de l'autre. Un peu plus bas, la complication augmente et les plis se multiplient de plus en plus, ainsi que M. Lugeon l'a constaté, par exemple, en montrant, dans les Bauges, les plissements du jurassique, très complexes au-dessous de ceux du crétacé beaucoup plus simples. Puis, lorsqu'on peut descendre au-dessous de cette zone, en somme superficielle, qui forme les saillies montagneuses, ainsi qu'on y arrive théoriquement en considérant une chaîne plus ancienne, dont l'érosion est plus avancée, on voit la simplicité reparaître et les plis s'allonger plus régulièrement avec une direction normale à celle de l'effort.

Enfin on ne doit pas considérer un pli comme ayant une individualité, qui permet de le suivre et de le reconnaître indéfiniment. Cette idée n'est pas plus exacte pour les anticlinaux, auxquels on a voulu attribuer une sorte de prééminence, que pour les synclinaux. Un plissement, fait dans les conditions difficiles, où se sont opérés les mouvements étudiés par la tectonique et, en principe, sous la pression de terrains superposés, n'a pas la régularité, qu'on atteint (d'ailleurs bien difficilement) dans les plissés d'une étoffe; il y a, sans cesse, substitution d'un pli à un autre, sans prolongation directe, relaiement, grippement local, etc.

Cela est d'autant plus vrai que toutes ces chaînes montagneuses présentent, dans leur ensemble, des sinuosités extrêmement accentuées et analogues à celles que je viens d'indiquer dans le détail. L'idée de chaînes rectilignes est absolument sortie de la science. Une chaîne est courbe et ses courbures peuvent aller jusqu'à dessiner des S et des σ, aboutissant presque à des ellipses complètes. Cette notion de cuvettes et de dômes, que nous venons d'indiquer tout à l'heure en petit, se reproduit alors en très grand et, sans doute, pour de tout autres causes; nous en aurons bientôt des exemples frappants, quand nous aborderons la chaîne alpine.

C) Lois générales des déformations terrestres. — 1°) *Brusques effondrements et plissements progressifs. Division de l'écorce en aires stables et sillons d'affaiblissement. Dénivellation relative des voussoirs juxtaposés. Corrélation des plissements et des mouvements marins.*

Quand, après avoir étudié les diverses déformations terrestres dans leur détail, on essaye de grouper les résultats obtenus pour en déduire des lois générales, on augmente nécessairement beaucoup les chances d'erreurs. En outre, les champs d'observation, auxquels ont été appliquées jusqu'ici les méthodes précises de la science moderne, sont encore restreints. Il ne faut donc pas attribuer aux principes, qui vont être énoncés dans ce paragraphe, un caractère de certitude, qu'ils ne présentent pas, ni s'étonner des divergences, que je pourrai avoir à signaler entre les opinions de savants également compétents.

Cette remarque faite, les déformations terrestres, dont je n'étudie ici que la structure et non la répartition géographique, réservée pour un paragraphe ultérieur, me semblent, tout d'abord, pouvoir se diviser en deux groupes principaux : celles, où l'écorce terrestre s'est comportée à peu près comme le ferait une matière plastique, c'est-à-dire qu'elle a subi des étirements, des laminages, des *plissements* plus ou moins complexes, presque sans se rompre et celles, au contraire, où elle paraît avoir été cassée, brisée, émiettée, comme un corps solide, par des dislocations analogues à celles que pourraient produire des *effondrements*.

La différence, qui apparaît ainsi, tient sans doute en grande partie à la nature même des zones influencées et il est évident qu'un massif de granite et de gneiss, continu et compact, n'a pas dû être éprouvé par la même force comme un paquet de sédiments, que le premier a dû se morceler de préférence alors que le second se plissait. Mais, peut-être aussi, quoique beaucoup de géologues ne l'admettent pas, la distinction est-elle attribuable au mode même d'action dynamique, notamment à l'existence problématique de vides, qui auraient existé un moment en profondeur et à la *rapidité plus ou moins grande*, avec laquelle les mouvements se sont produits ; et ce qui pourrait tendre à le faire croire, c'est qu'il existe des régions de sédiments (telles que les Montagnes Rocheuses), où les déformations se traduisent néanmoins par des déplacements relatifs de voussoirs voisins, avec dislocations comme dans le granite ou le gneiss [1].

Des mouvements, qui se sont prolongés pendant des périodes géologiques entières, sinon avec une continuité absolue, du moins avec de très nombreuses récurrences et peut-être d'une façon presque imperceptible, comme ceux qui ont lieu aujourd'hui encore, ont dû, ce me semble, ainsi qu'on le constate pour les plis posthumes du bassin de Paris, agir très progressivement, tandis qu'il a pu y avoir, ailleurs, peut-être lorsqu'il s'était produit un vide intérieur, des chutes soudaines, accompagnées de ces grandes cassures assez profondes pour donner naissance à des épanchements volcaniques.

Ce n'est pas l'amplitude des mouvements, qui est à considérer ; car le plissement de nos immenses chaînes montagneuses et l'affaissement connexe de nos grands géosynclinaux rentrent dans les cas où l'écorce paraît avoir témoigné d'une réelle plasticité ; l'effondrement de la mer Egée, dont les dimensions sont plus restreintes, semble, au contraire, s'être fait par blocs.

Ce n'est pas non plus, je crois, la disposition des accidents ; par exemple, tel dôme de soulèvement n'a entraîné que des plissements, des étirements ou des failles limites dans les terrains qui l'enveloppaient, tandis que tel horst amenait des dénivellations en échelons par failles successives dans des terrains analogues.

Mais on conçoit très bien que si, par une circonstance quelconque, un compartiment de l'écorce a été abaissé ou soulevé *brusquement*, il a dû briser ce qui l'entourait, tandis que le même mouvement *progressif* se serait traduit en étirements.

---

1. D'après M. Suess, il y aurait également lieu d'envisager les mouvements verticaux comme plus profonds que les mouvements tangentiels. La loi n'est peut-être pas aussi générale ; mais elle s'applique dans divers cas particuliers.

A cette distinction me paraît correspondre une différence dans le rôle historique des deux systèmes d'accidents : différence, qui pourrait prêter à notre observation un réel intérêt.

Nous verrons, en effet, bientôt que les mouvements lents, progressifs, dont les plissements sont le meilleur type, paraissent avoir eu une tendance très générale à se superposer approximativement les uns aux autres sur un certain nombre de zones affaiblies, géosynclinales, en reprenant parfois à peu près la même direction dans plusieurs phases successives[1]. Il semble, en quelque mesure, que le dessin des grands plissements se soit indiqué de bonne heure sur la superficie terrestre et se soit conservé, comme on peut le comprendre pour la déformation d'une matière flexible, qui tend toujours à dévier ses plis nouveaux dans la direction de ses anciens plis. Quant aux petits plis posthumes qui ont pu affecter les sédiments encore meubles des dépôts transgressifs sur une aire stabilisée, ils ont dû subir l'influence directe de leur substratum.

Au contraire, on ne voit rien de semblable pour les effondrements qui ont morcelé par compartiments indépendants ou déplacé en blocs des masses plus rigides, pouvant former tour à tour aires continentales ou fonds marins. C'est une brusque coupure, un cataclysme, qui vient soudain rompre la continuité des terrains et qui, si elle a pu être annoncée quelquefois par un synclinal, ou une cassure (filon ou faille) antérieure, si surtout elle a pu se dévier le long de ces déformations précédentes, ne paraît pourtant pas, en général, avoir été précédée de longue date par une série de mouvements analogues[2].

Sans préparation visible, un ancien continent se morcelle et se coupe en deux ou plusieurs blocs distincts, déterminant peut-être par là, le long des fractures, la création de zones faibles nouvelles, qui se transformeront en zones de plissements. On peut se demander, comme je l'ai déjà indiqué, si le rôle de ces effondrements, qui se décèle mal dans les anciens temps géologiques, ne se serait pas accentué dans

---

1. Il faudrait se garder de généraliser cette observation. Les plis tertiaires des Alpes sont obliques sur les anciens plis hercyniens.

2. On voit très bien cela dans les massifs hercyniens, affectés par les plissements alpins : par exemple, dans le Plateau Central, où les bassins d'effondrement oligocènes, bordés de grandes failles, sont dirigés Nord-Sud, tout à fait indépendamment des plis carbonifères.

D'autre part, il s'est produit là, pendant les mouvements carbonifères eux-mêmes, des cassures, ayant le caractère de failles entre deux compartiments voisins, telles que le grand sillon houiller de Saint-Éloy, qui peut localement épouser un synclinal des micaschistes, mais qui, en général, est indépendant des plis cristallophylliens. Sur cette faille s'est créé ensuite un sillon de sédimentation stéphanien, qui a pris la disposition d'un synclinal, soumis à des compressions latérales, à des enfoncements, à des plissements secondaires, etc.

les temps plus récents avec une écorce plus épaisse et moins souple.

Un autre fait général à remarquer est l'amplitude énorme, que peuvent prendre les accidents mécaniques de l'écorce. Les déplacements par failles peuvent atteindre 3 kilomètres de haut. Il est des dislocations volcaniques, ou des plissements montagneux, qui affectent presque une demi-circonférence terrestre. De telles dimensions prouvent, je crois, avec évidence, comme la persistance des accidents sur les mêmes zones, qu'aucune explication locale n'est suffisante et qu'en dépit de toutes les tendances actualistes, il faut absolument invoquer des phénomènes généraux, des changements de forme et d'état physique du noyau interne : changements bien difficiles, ou même impossibles à expliquer, si l'on n'admet pas sa fluidité (permanente ou momentanée). On peut parler de simples oscillations locales, quand il s'agit d'un massif restreint comme les Vosges ou le Plateau Central; mais il paraît improbable que ces mouvements relatifs ne correspondent pas à quelque grand mouvement absolu, quand on voit surgir une chaîne continue sur tout un côté du Pacifique, se soulever en masse tout le centre de l'Asie.

Un dernier caractère frappant est l'importance générale des mouvements tangentiels, dont les plis simples sont déjà un indice et, à plus forte raison, les plis couchés et les charriages. Tous les mouvements de ce genre paraissent avoir leur origine dans une compression violente, exercée à une certaine profondeur, et, alors, à défaut de toute autre force tangentielle qu'on puisse invoquer, on est naturellement conduit à une hypothèse dérivée de celle d'Elie de Beaumont, expliquant toutes les déformations dans leur principe par la contraction d'un noyau interne sous une écorce superficielle composée de morceaux hétérogènes, dont certains blocs solides, en s'affaissant, refouleraient latéralement des fuseaux restés ou redevenus plastiques, y produiraient des *remplis* et pourraient même provoquer localement l'exhaussement relatif de quelques voussoirs voisins découpés en coins comprimés à leur base[1].

En partant de cette idée, l'origine des déformations terrestres se ramènerait donc, d'une part, au jeu relatif de compartiments rigides, progressivement accrus par les étapes de la consolidation interne, sur lesquels se seraient opérées : dans les phases de descente, des transgressions momentanées à couches horizontales ou peu ondulées; dans les phases d'exhaussement, des régressions, et, de l'autre, au plissement violent des zones intermédiaires de plus en plus restreintes, qui auraient pris, tantôt la forme de dépressions, tantôt celle de saillies,

---

1. Voir le développement de cette idée dans un article sur *le Refroidissement de la Terre* (la Nature, 18 mai 1912).

suivant que la composante verticale de l'effort s'y manifestait dans un sens ou dans l'autre, positive ou négative.

Ce n'est pas à dire que, ni les voussoirs solides en question, ni les fuseaux de plissement et de dislocation intermédiaires, soient restés constamment les mêmes pendant la succession des périodes géologiques; il semble bien, au contraire, comme nous venons déjà de l'indiquer, qu'avec le progrès des temps, certains voussoirs, d'abord homogènes, se soient tronçonnés, tandis que certains fuseaux, d'abord instables, se consolidaient. La création d'une zone instable nouvelle a pu être provoquée par un effondrement ou par une rupture profonde ; puis les sédiments ont pu s'y accumuler et les mouvements successifs les affecter, dans la suite, sous la forme de plissements, peut-être influencés par le relèvement des isogéothermes, c'est-à-dire par le réchauffement, le ramollissement, que leur seule accumulation déterminait. De même, les déplacements des magmas ignés, les refusions de parties solidifiées, conséquence naturelle d'un affaissement ou d'un plissement, ont pu, en incrustant toutes les fissures des sédiments, en les métamorphisant et recristallisant, contribuer à souder en un bloc des zones instables. Toujours est-il que l'on constate nettement, dans l'histoire géologique, la disparition de certaines zones faibles, telles que celles où se sont produits, au début, les plissements archéens, précambriens et calédoniens, puis, d'autre part, la création de nouvelles zones affaiblies, telles que l'axe Atlantique et, enfin, la persistance de très anciennes zones faibles (telles que le sillon Méditerranéen), auxquelles s'applique spécialement le nom de *géosynclinaux*. Les trois cas peuvent se présenter et je crois que, dans le détail comme dans l'ensemble des phénomènes, ils sont tous trois à considérer, pour ne pas se laisser entraîner à des généralisations trop exclusives.

Si nous précisons dès lors ce qui concerne les mouvements verticaux de ces voussoirs solides et si nous considérons que, dans l'ensemble, leur déplacement constant, sinon continu, paraît devoir aboutir à leur descente générale vers le centre, on est amené à imaginer qu'il doit y avoir inégalité dans cette descente, difficulté pour introduire les fragments d'une sphère plus grande dans une sphère contractée de rayon plus petit : ce qui se traduit par le surélèvement relatif, ou l'abaissement relatif, de l'un ou l'autre d'entre eux; par conséquent, par un déplacement des masses d'eau à la surface de la Terre, avec invasion des zones abaissées (transgression) et retrait hors des zones relevées (régression ou émersion). Le même compartiment ayant pu, dans cette descente progressive, être, tantôt retardé, tantôt accéléré, c'est, je crois, dans ce sens que l'on peut parler d'oscillations connexes des grands mouvements marins : ces mouvements marins pouvant d'ailleurs être supposés avoir, nous le verrons[1], d'autres causes astronomiques. Avec une telle conception, on retrouve, entre tous les phénomènes géologiques, la solidarité, la coordination qu'ils ont dû accuser, et l'on rattache directement les plissements des géosynclinaux à ces affaissements des masses intermédiaires.

Le déplacement de ces grandes masses consolidées, que nous supposons, par une image grossière, reliées au moyen de bandes flexibles, doit, en effet, déterminer, tantôt une compression, tantôt une décompression de celles-ci. Si nous imaginons, comme cela semble logique, que la zone faible médiane tende naturellement à s'affaisser, à former par suite un géosynclinal, la compression latérale des deux voussoirs se rapprochant doit avoir d'abord pour effet de creuser le synclinal en le resserrant ; une décompression, s'ils viennent à s'écarter momentanément, peut, au contraire, diminuer sa profondeur en l'élargissant. Ces alternatives de compression et de décompression, (les premières plus habituelles, les secondes plus rares), paraissent dominer l'histoire géologique. Le phénomène, qui serait simple, si l'on avait affaire à une lame élastique prise entre deux mâchoires mobiles et se plissant dans l'air, tire toute sa complication du fait que les terrains en question doivent être, à la fois, arrêtés dans leur mouvement par en haut et par en bas, étant encastrés dans un ensemble de matériaux solides, et plissés, non à la superficie, mais en profondeur. En outre, ils viennent se briser, en plan horizontal, contre une série de môles antérieurement consolidés, comme des vagues sur des écueils.

C'est ainsi que l'on voit le géosynclinal, après avoir commencé par s'enfoncer, arrivé à une certaine profondeur, s'arrêter et se subdiviser en une série de plis secondaires, dont les anticlinaux s'élèvent progressivement et finissent par constituer : d'abord, plusieurs rides montagneuses parallèles ; puis une seule grande chaîne plissée, sur la place occupée primitivement par une dépression marine. Après quoi, la réaction, qui succède souvent à un effort mécanique, peut, en décomprimant les deux bords plus séparés du géosynclinal, déterminer un tassement des saillies.

Par ce simple exposé rudimentaire, il semble qu'on comprenne alors comment (ce qui est, non plus une hypothèse, mais un fait d'observation), le soulèvement d'une chaîne montagneuse débute, en principe, par le creusement du géosynclinal, dont cette chaîne doit prendre la place, se traduit lui-même par une régression marine dans ce géo-

---

1. Pages 446 et 718. Voir également plus haut, page 85.

synclinal et se termine par une transgression inverse des eaux dans le même sillon.

On croit également comprendre pourquoi la période de compression, qui se traduit par un soulèvement montagneux et une régression dans le géosynclinal correspondant, amène, en même temps, sur les continents voisins, une transgression des eaux chassées de ce synclinal, tandis qu'à la fin du plissement succède, avec un retour de la mer dans la zone géosynclinale, une émersion des continents voisins : corrélation logique, présentée par M. Haug[1] comme un fait d'expérience.

Enfin l'interprétation des plissements par la compression des deux voussoirs, entre lesquels la zone faible est enserrée, expliquerait comment, cette zone de compression maxima étant à une certaine profondeur, les plis qu'elle entraîne prennent la disposition générale d'une gerbe épanouie vers le haut, ou d'un éventail.

Néanmoins les deux voussoirs ne peuvent manquer d'exercer une action inégale ; l'un d'eux se rapproche nécessairement plus vite que l'autre et il semble assez logique d'admettre que ce soit le plus instable encore, le moins étendu, le moins consolidé par les réactions antérieures, qui ait le déplacement le plus accentué. Ce qui expliquerait peut-être le sens général de poussée vers l'« Avant-pays »[2], que M. Suess s'est attaché à montrer. Il est probable, suivant une remarque de M. Termier qui me paraît très juste, que l'Arrière-pays doit, par un tel mouvement, avoir une tendance à passer par-dessus la chaîne qui se plisse et qui elle-même s'enfonce progressivement au-dessous de lui : ce qui rendrait compte des charriages gigantesques, tous dans le même sens, de ces nappes multiples, emportées les unes par-dessus les autres, de ces *traîneaux écraseurs* venus uniformément du Sud, que, dans les théories actuelles, on est conduit à imaginer sur toute la longueur des Alpes[3].

Quand nous allons, tout à l'heure, entrer dans le détail de la structure orographique, on verra, ce me semble, que la plupart des faits constatés peuvent s'expliquer dans l'hypothèse précédente.

J'ajouterai seulement encore que, les zones affaiblies étant fortement

---

1. Haug. *Les géosynclinaux* (Bull. Soc. géol. 3ᵉ sér., XXVIII, 1900, p. 683). — Cf. de Grossouvre. *Sur les relations entre les transgressions marines et les mouvements du sol* (C. R. Ac. Sc. 5 févr. 1894).

2. On a donné aux deux compartiments ou voussoirs de l'écorce, dont le rapprochement détermine un plissement de la zone intermédiaire, les noms d'*Avant-Pays* et d'*Arrière-Pays*.

3. Je dirai bientôt que, pour M. Termier, les chaînes de plissement situées au Sud des Alpes et appelées les Dinarides (Alpes Illyriennes, Alpes Dolomitiques), auraient, *avant d'être plissées*, passé par-dessus les Alpes entières (Bull. Soc. géol., 4ᵉ sér., III, 1903, p. 7 à 27).

sinueuses, les plissements eux-mêmes le sont aussi : ce qui n'a pu manquer d'entraîner des inégalités dans les mouvements, des frictions suivant certains plans de cassure, des ouvertures béantes suivant certains autres, des torsions accompagnées de fractures et des accumulations d'accidents mécaniques, en des points où les plis changent de direction principale, où, par conséquent, se produit un rebroussement, une « Schaarung », ainsi qu'on le constate aisément dans le Plateau Central ou le Harz.

Nous pouvons maintenant, laissant ces considérations très générales, où la part d'hypothèse est trop forte pour ne pas devenir un peu inquiétante, revenir sur un terrain plus solide, en examinant les lois, déjà fort complexes, qui ont présidé à un plissement montagneux.

2°) *Lois des plissements orogéniques. Plasticité des régions plissées. Permanence des zones plissées. Succession des phénomènes dans un plissement. Modifications dans l'allure des plis avec la profondeur. Forme en éventail et sens de poussée. Ondulations en profil et en plan. Caractère des extrémités libres. Disposition amygdaloïde d'une chaîne plissée.* — J'ai indiqué, tout à l'heure, en passant, deux des lois fondamentales, qui caractérisent les plissements orogéniques. La première est la *plasticité*, que semblent avoir accusée les matériaux terrestres, cependant composés de terrains solides, en présence d'un plissement; la seconde, la *persistance des plissements* sur certaines zones affaiblies : ces deux lois demandent à être précisées.

Tout d'abord, l'écorce terrestre se déforme en se plissant à peu près comme le ferait une matière plastique : ce qui peut s'expliquer par la lenteur des mouvements, comme par la profondeur des forces mises en jeu. En raison de cette *plasticité*, la surface, d'après M. Bertrand, tend, à chaque moment, « à prendre une forme déterminée d'équilibre, correspondant à la répartition des matériaux terrestres et à la distribution des températures ». Les déplacements de matière, produits par la dénudation et par les dépôts, contribuent à changer cette forme d'équilibre et, sous une épaisseur de sédiments, l'écorce, réchauffée par le relèvement des isogéothermes[1], donc ramollie et rendue plus plastique, peut être susceptible de s'enfoncer par *isostase*, comme si elle fléchissait sous le poids, de manière que le synclinal s'accentue et que les accumulations de sédiments y deviennent de plus en plus épaisses. Cette cause vient s'ajouter au phénomène original, qui avait commencé le creusement du

---

1. L'accumulation des sédiments sur un point éloigne ce point de la superficie. Comme la température s'accroît quand on s'enfonce dans la Terre et que les surfaces d'égale température, les *isogéothermes*, sont grossièrement parallèles à cette superficie, le point en question se trouve, dès lors, porté à une température plus élevée.

synclinal et qui ne peut manquer de continuer à agir, tandis qu'un phénomène connexe crée la ride anticlinale, aussitôt en partie détruite et transformée en matériaux de sédimentation.

La seconde loi, celle de la *permanence des plissements*, semble en contradiction avec un autre grand principe, que MM. Suess et Marcel Bertrand ont mis en lumière et suivant lequel les rides montagneuses du continent européen se seraient successivement formées, en Europe, en se transportant du Nord au Sud, depuis le Nord de la Scandinavie jusqu'à notre chaîne alpine : principe, que j'essayerai bientôt de généraliser en lui donnant une forme différente. On peut cependant les concilier en remarquant, comme je l'ai fait tout à l'heure[1], que la persistance attribuée aux zones plissées n'est pas indéfinie, mais que chaque mouvement peut avoir pour suite la consolidation d'anciennes zones faibles, tandis qu'il s'en crée ailleurs de nouvelles.

Quoi qu'il en soit, il faut admettre, comme un fait expérimental, que la zone affectée par les plis alpins (Pyrénées, Alpes, Carpathes, etc.) avait déjà été, en grande partie, influencée par les plis carbonifères et, peut-être même, par des plis antérieurs, de même que, dans le bassin de Paris, des plissements se sont superposés, pendant le secondaire et le tertiaire, à d'anciens plis primaires, ou que, plus anciennement, le géosynclinal dévonien de l'Ardenne s'est superposé aux plissements antédévoniens. C'est une règle générale, que l'on retrouve également pour un certain nombre de grandes failles ou filons, dont on constate les réouvertures successives à travers de nombreuses périodes géologiques.

Dans quelle mesure s'est produite cette superposition des plis nouveaux aux plis anciens, c'est ce qu'il convient d'examiner ; car, suivant Marcel Bertrand, la loi, énoncée d'abord en 1856 par Godwin-Austen et reprise par M. Suess sous la forme des *plis posthumes*, serait d'une simplicité géométrique : il y aurait concordance *absolue*. Une telle conclusion ne me paraît pas pouvoir être admise et je ne crois pas non plus qu'on puisse interpréter les anomalies apparentes par l'intervention d'un système, orthogonal sur le premier, qui en serait le corollaire. Ce n'est pas seulement un angle droit, c'est un angle oblique quelconque, que peuvent faire les plis nouveaux avec les plis anciens, toutes les fois qu'il s'agit d'un effort violent, capable d'amener une surrection notable et ayant, par conséquent, sa direction propre. La concordance ne paraît à peu près établie que pour les mouvements de faible amplitude, attribuables à des sortes de tassements, que M. Suess a fort justement qualifiés de posthumes, dus à la continuation de mou-

1. Page 370.

vements antérieurs. Au contraire, dans les Alpes, MM. Termier, Haug, Ritter, etc. ont constaté l'obliquité en question un peu partout (Grandes Rousses, Belledonne, Beaufort, Aiguilles Rouges, Mont-Blanc). De même, les plis anciens du Plateau Central sont obliques sur ceux du Jura et ceux de la Meseta espagnole sur ceux de l'Andalousie, ou encore, dans les Asturies, les plissements anté-permiens sur les plis éocènes. Les plis de ce que nous appellerons bientôt les Faîtes primitifs [1] sont constamment indépendants de ceux des chaînes postérieures. Les Carpathes tertiaires débordent, à la fois, sur la chaîne hercynienne des Sudètes et sur le faîte primitif de la Plate-forme Russe. Partout, dans les grandes chaînes, soumises à des plissements successifs, la superposition approximative s'est faite entre des plis également sinueux, dont les sinuosités n'ont pas concordé, et l'aspect de la carte ci-jointe (Pl. III, à la fin du volume) suffit à montrer combien la disposition réelle des choses est plus compliquée que ne le voudrait cette loi trop simple.

Considérons, maintenant, d'une façon générale, la succession historique des phénomènes qui caractérisent un plissement, *l'histoire théorique d'un plissement,* avant d'en faire bientôt l'application particulière dans le cas des Alpes. Cette histoire est caractérisée, non moins par des modifications lithologiques que par des accidents stratigraphiques.

Au début, l'emplacement de la chaîne future paraît, d'après une observation de James Hall [2], être souvent marqué par un sillon peu profond et relativement étroit, dans l'axe duquel se déposent tranquillement des sédiments vaseux, qui impliquent une profondeur de plusieurs centaines de mètres, tandis que, sur les bords, on a des formations littorales, parfois coralligènes [3]. La grande épaisseur de dépôts identiques, qui s'accumulent avec continuité dans cette partie axiale (parfois plus de 1.000 mètres sans changement) laisse même supposer que ce « géosynclinal » a dû s'approfondir à peu près aussi vite qu'il tendait à se combler, ou du moins assez pour que le fond soit resté longtemps dans la même zone lithologique et zoologique. Les régions plissées sont, en effet, celles où l'on trouve les sédiments avec leur maximum d'épaisseur (13.000 mètres dans les Appalaches, 3.000 à 5.000 dans

---

1. Voir, plus loin, page 401.

2. JAMES HALL. *Natural History of New York.* Palæontology, vol. III, pages 70 à 72. Albany, 1859. Voir également J. D. DANA. *Manual of geology,* 1875, p. 748.

3. J'ai déjà signalé ce fait curieux que, nulle part, nos terrains géologiques ne présentent des formations analogues à celles des grandes profondeurs marines. Ce sont tous des dépôts de mers relativement peu profondes et, quand on trouve plusieurs kilomètres d'épaisseur, il faut admettre un enfoncement corrélatif de la sédimentation. Voir la description du synclinal Dauphinois par M. HAUG (*Les chaînes subalpines,* Bull. Serv. Carte géol., n° 21, 1891). Cf. ED. SUESS. *Die Entstchung der Alpen,* Vienne, 1875.

l'Himalaya ou les Alpes Occidentales) et à l'état de série pélagique complète, sans lacune, ni intercalation saumâtre.

Ce sillon, qui tend ainsi à s'affaisser par la base et qui constitue une zone faible de l'écorce, est ce qu'on a appelé le « géosynclinal ». A un certain moment, il semble que la descente du fond soit arrêtée par des obstacles ; le synclinal se trouve alors divisé par une première ride centrale ou « géanticlinal », puis par une série de rides, qui commencent à surgir et qui, se détruisant à mesure dans leur partie haute encore instable, font tomber des sédiments grossiers dans les synclinaux secondaires, l'un après l'autre comblés et disparus.

Pendant cette période, on constate, par les facies des dépôts, une indépendance, une individualité des divers synclinaux, qui gardent le même facies sur leur longueur, tandis que ce facies se modifie sans cesse, lorsqu'on recoupe la chaîne transversalement[1].

Cependant, le phénomène interne, dont résulte la compression tangentielle, se continuant, l'Arrière-pays commence à surplomber le géosynclinal plissé ; il s'avance sur lui d'un mouvement horizontal, en laminant ses terrains, en les écrasant, en déterminant souvent leur métamorphisme régional par retour en profondeur[2]. A cette époque, il n'y a plus sillon marin et il n'y a pas encore chaîne montagneuse : seulement peut-être une faible saillie déterminée par les charriages.

Mais, alors enfin, la phase de soulèvement commence. La compression, qui continue encore son effet sur la zone autrefois géosynclinale, fait surgir tout cet ensemble compliqué de terrains plissés, recouverts par leurs nappes de charriage. Tout cela monte peu à peu de 3 ou 4.000 mètres, avec une disposition d'abord tabulaire que l'érosion a vite fait de transformer en crêtes et en vallées. Progressivement on voit ainsi reparaître, à mesure que cette érosion avance, des parties qui étaient de plus en plus profondes dans cet empilement : les nappes supérieures, d'abord masquées par leur traîneau écraseur (et quelquefois elles-mêmes complètement détruites sur certaines chaînes tertiaires) ; puis, au-dessous, les plis multipliés des zones hautes et, latéralement, les racines plissées de ces charriages,

1. Travaux de MM. BARROIS en Bretagne, OEHLERT dans la Mayenne, HAUG dans les Préalpes.

2. Cette question du métamorphisme est un des points délicats de la théorie actuelle. Par exemple, dans la chaîne des Alpes, le géosynclinal principal, où les terrains ont pris le facies dit des schistes lustrés, a subi un métamorphisme extrême, tandis que le géosynclinal du lias Dauphinois n'a subi aucun métamorphisme. La zone métamorphique des Alpes, dite des schistes lustrés, à la base de laquelle M. FRANCHI a trouvé, en 1898, des fossiles du trias supérieur, englobe une série de terrains allant probablement jusqu'à l'éocène. Comme son métamorphisme a dû se produire à une certaine profondeur et n'a par suite probablement pas atteint les terrains les plus superficiels qui venaient de se déposer au moment où il a eu lieu,

le pays des plis contrastant avec les nappes des hauts sommets.

Afin de reconstituer l'histoire des plis et de saisir le mécanisme de leur formation, M. Suess s'est attaché à rechercher ce que devenaient leurs *extrémités libres* et la terminaison des chaînes dans leur longueur : au bout du Jura, dans les Lägern ; pour le faisceau de la Save, dans les Karawanken ; en Asie, dans le Kouenlun ou en Birmanie.

Il semble, en effet, que, lorsqu'on arrive ainsi au point où les mâchoires de l'étau se desserrent, on doive retrouver ce qui s'est produit au début de la compression latérale, par suite de laquelle ont surgi les chaînes orographiques, alors que ces mêmes mâchoires commençaient seulement à se serrer. A première vue, il est bien probable que les plis n'ont pas dû commencer partout en même temps ; quelques-uns ont dû apparaître d'abord, là où la compression était la plus forte ; puis il s'en est développé une série d'autres à côté. De même, quand on part de l'extrémité d'une chaîne plissée, on trouve d'abord un seul pli anticlinal, comme si les anticlinaux libres avaient eu une tendance à se développer les premiers, puis une série de plus en plus complexe d'anticlinaux et de synclinaux, aboutissant, dans les zones de compression maxima, aux renversements latéraux en gerbe et aux charriages.

Comme cette première remarque l'aura déjà mis en évidence, un tel mouvement de plissement ne saurait être égal et uniforme, ni dans sa direction, ni dans sa coupe transversale, ni dans son plan. Il ne peut manquer d'être influencé par les obstacles, que rencontre sa propagation horizontale, sous la forme de massifs plus anciennement consolidés, contre lesquels il vient se briser ou se tordre, en les disloquant eux-mêmes ; il l'est également par les noyaux solides des plissements antérieurs, qu'il ramène de la profondeur et qui jouent, au milieu de lui, le rôle de cailloux dans une pâte plastique, en déviant les plis autour d'eux et produisant cette structure amygdaloïde, analogue à celle d'un gneiss œillé, que Marcel Bertrand a mise en évidence dans les Alpes. Tous ces obstacles divers entraînent une complication de formes structurales, qui fera tout à l'heure l'objet principal de notre étude, quand nous examinerons plus en détail les diverses chaînes orographiques terrestres et quelques-uns des travaux les plus intéressants en tectonique ont précisément pour but, la déviation des plis étant constatée, de retrouver l'obstacle, l'écueil plus ou moins visible qui en ont été l'origine.

on peut le supposer à peu près contemporain du soulèvement alpin à l'époque oligocène. Il reste, dès lors, à expliquer pourquoi le houiller et le secondaire non métamorphiques, accompagnés de trias métamorphique, subsistent dans une zone voisine, côte à côte avec les mêmes terrains métamorphisés.

1. Suess, III, 407, 451 ; Zürcher (Feuille des jeunes naturalistes, 1er septembre 1891).

Enfin des causes quelconques font que la crête d'un pli (ou l'axe d'un faisceau de plis en coupe longitudinale) n'est pas horizontale, mais onduleuse ; il y a des renflements et des dépressions (qui, d'après M. Marcel Bertrand, s'aligneraient suivant un second système de rides orthogonales sur les premières)[1] et ces dénivellations, ces « aires d'ennoyage » de la crête des plissements, en même temps qu'elles déterminent des variations dans la nature des affleurements, par exemple des réapparitions de cristallophyllien dans le secondaire[2], créent nécessairement des inégalités dans l'érosion, qui préparent à leur tour des dénivellations topographiques : peut-être même, quand le phénomène se produit en grand, des passages pour les invasions marines.

Un phénomène connexe, qu'il est impossible de négliger, détermine en même temps l'ascension des roches éruptives : soit que celles-ci proviennent de zones restées fluides ; soit qu'il y ait eu, par la compression et la chaleur résultant du déplacement des isogéothermes, refusion de roches solides. Il est assez logique de penser que la descente du géosynclinal a pu être provoquée par le déplacement de masses fluides au-dessous de lui et, dès lors, accompagnée par leur refoulement vers la surface dans toutes les cassures déterminées par le mouvement même. Nous aurons, aux chapitres de la pétrographie et de la métallogénie, à examiner quelles zones des terrains et quelles phases des plissements se sont prêtées de préférence à ces éruptions, ainsi qu'aux émanations métallifères, par lesquelles elles semblent avoir été accompagnées.

Je n'ai parlé, jusqu'ici, que des plissements proprement dits ; cependant, en indiquant les ondulations du profil longitudinal, j'ai déjà fait voir comment un anticlinal pouvait se transformer en une série de dômes en chapelet, ou un faisceau de plis en aires de surélévation et aires d'ennoyage. Il semble souvent y avoir une localisation de l'effort, qui accentue cette disposition en dômes anticlinaux, pouvant apparaître au milieu d'un synclinal et en diviser les plis, de même qu'ailleurs se produisent, sur un anticlinal, des cuvettes d'affaissement.

Quand il existe de semblables dômes ou cuvettes, on les voit généralement soumis à des déplacements relatifs par rapport au milieu environnant, qui se traduisent en oscillations et peuvent s'accompagner de failles périphériques. Ce sont des phénomènes, sur lesquels je n'ai plus à insister ici, puisqu'il en a déjà été question précédemment[3].

---

1. Voir G. Dollfus. *Ondulations des couches tertiaires dans le bassin de Paris* (Bull. Serv. Carte géol., n° 14). — M. Bertrand. *Sur la déformation de l'écorce terrestre* (C. R. Ac. Sc. 22 févr. 1892). — Haug. *Géosynclinaux*, (Bull. Soc. géol., 3e sér., XXVIII, 1900, p. 667.)

2. Termier. *Massif du Pelvoux.* (Bull. Soc. géol. 3e sér. XXIV, 1897).

3. Voir pages 359 et suiv.

Enfin il reste à signaler la période de tassement, qui, dans certaines théories, est supposée devoir suivre la période de plissement. Ce serait, d'après M. Suess, la phase des grands effondrements ; il semble alors, suivant lui, que la pression se relâche par endroits, que les voussoirs, serrés à outrance, se décompriment, que des fractures, d'abord fermées, deviennent béantes, que des morceaux, cessant d'être coincés, s'enfoncent brusquement. Dans ces fissures ouvertes, la montée des roches éruptives prendrait, d'après la même hypothèse, un caractère d'intensité spéciale, surtout sur les points de torsion, particulièrement aptes à se disloquer. A ce moment, on a admis qu'il se produisait parfois, sur toute la longueur de la chaîne plissée, un réenfoncement partiel du géosynclinal primitif, ayant pour effet d'y ramener les eaux. Je reviendrai, tout à l'heure, sur ce point, qui reste discutable et qui est, en effet, très contesté, à propos des plissements alpins.

Quoi qu'il en soit, il y a là, comme nous le verrons dans le chapitre de la paléo-géographie, une phase où s'accumulent, dans ce géosynclinal : d'abord des matériaux détritiques grossiers, des conglomérats et des grès rouges; puis des formations lagunaires ou désertiques, avec gypse, sel, produits bitumineux, etc…

En même temps, dans la longueur de la chaîne, les tronçons, peut-être déjà marqués par une surélévation ou un abaissement local dans l'axe des plis, s'individualisent ; il surgit des horsts ou massifs surélevés, séparés par des dépressions, telles que le détroit du Poitou entre la Bretagne et le Plateau Central.

Après quoi, l'érosion commence à détruire la chaîne, dont subsistent seulement, au bout d'un temps un peu long, quelques tronçons effondrés et préservés, par leur encastrement dans un plateau solide, contre les érosions ultérieures.

II. Histoire des déformations subies par une région déterminée ; influence des mouvements anciens sur les mouvements plus récents. — Application aux Alpes Occidentales.

Les considérations générales, exposées dans le paragraphe précédent, résultent des études de détail entreprises par les géologues de tous les pays. Elles demandent, pour être bien comprises, à être précisées dans un cas particulier. C'est ce que nous allons faire en considérant l'histoire géologique des Alpes Occidentales.

Cette histoire nous montrera l'existence d'une zone faible, comprimée latéralement, qui, à diverses époques, s'est plissée entre des butoirs solides et s'est contournée ou écrasée autour de semblables butoirs,

intercalés dans son parcours; nous laisserons ici de côté l'origine et le
mécanisme de ces phénomènes, qui doivent être examinés dans le
paragraphe III et nous nous contenterons de raconter la succession
des faits, telle que la stratigraphie et la tectonique ont permis de la
déterminer, en remontant le plus loin possible dans le passé. Nous
n'envisagerons pas non plus l'extension géologique des Alpes,
auxquelles, avec un peu d'exagération, on pourrait dire que se rattachent de près ou de loin les principales saillies montagneuses accidentées du globe[1], et il ne sera question ici que des Alpes Occidentales, sauf à parler incidemment des Alpes Orientales, qui, tout au
moins dans les mouvements tertiaires, ont subi des phénomènes de
nature analogue.

La chaîne alpine nous apparaît, aujourd'hui, sous la forme d'une
haute et massive saillie, qui atteint près de 5.000 mètres au-dessus de
la mer; il semble, à première vue, que ce soit un élément fondamental,
particulièrement ancien et stable, de l'ossature terrestre. Les plus
simples études géologiques montrent cependant qu'il n'en est rien,
puisque l'on trouve, jusqu'aux sommets des Alpes, des sédiments formés
dans les eaux de la mer et puisque, parmi ces sédiments, il en est de
tout à fait récents; on a là une preuve incontestable que la mer passait,
récemment encore, sur une grande partie de l'emplacement aujourd'hui
occupé par les Alpes. Loin d'être un élément ancien de la structure
terrestre, les Alpes, considérées comme saillie montagneuse, en sont
un élément très jeune et c'est leur jeunesse, qui leur laisse cet aspect
déchiqueté, ces escarpements, ces hérissements de pointes, chers aux
ascensionnistes. Si elles étaient un peu plus vieilles, l'érosion leur
aurait donné l'aspect plus arrondi, plus émoussé, des Pyrénées; si elles
étaient plus vieilles encore, elles seraient réduites à un grand plateau
comme la Bretagne. Les Alpes ne sont pas non plus un élément stable
et particulièrement solide de l'écorce, mais, au contraire, une zone
faible. C'est parce que cette zone était faible qu'elle s'est prêtée, de
longue date, à toute une série de déformations mécaniques, qu'elle
s'est accidentée et plissée, tandis que les compartiments plus solides
restaient immuables au voisinage et subissaient, sans autre déformation que des ruptures, les actions de compression internes. Nous
allons voir que cette faiblesse a existé de très bonne heure, que la

1. On distingue aujourd'hui avec soin des Alpes, ce que l'on appelle les Dinarides, auxquelles on peut rattacher l'Apennin et la Sicile. Nous verrons ultérieurement (p. 427) combien le rôle des Dinarides paraît avoir été différent de celui
des Alpes.

2. La séparation des deux parties des Alpes était autrefois placée suivant une
ligne brisée allant de Coire à Méran et au Lac de Garde (voir page 430).

direction future des Alpes a été esquissée très primitivement dans la structure terrestre ; mais ce trait caractéristique a pu être, tour à tour, marqué en creux aussi bien qu'en relief ; une série de plissements successifs ont déterminé là, tantôt des saillies orographiques et tantôt des sillons marins géosynclinaux, jusqu'au dernier grand mouvement, qui, en faisant pénétrer les magmas éruptifs dans les profondeurs de sa base, et en exerçant ses effets métamorphiques sur des sédiments rendus cristallins, a pu avoir pour résultat de lui assurer la stabilité, de transformer à son tour cette zone en « horst », en « Avant-pays ».

Dans l'histoire des Alpes, ce dernier mouvement a exercé une influence tellement prépondérante à nos yeux ; il a tellement masqué, éliminé, déformé, détruit les accidents antérieurs qu'on est tenté de le voir seul, comme, dans la vie d'un peuple bouleversé par une violente révolution, l'histoire a pu sembler commencer à cette révolution. Essayer de reconstituer la série exacte et l'allure des événements plus anciens paraît une entreprise vaine et à peu près impossible. Nous croyons cependant utile de grouper quelques observations à cet égard, sauf à tenir grand compte de toutes les causes d'erreurs auxquelles nous nous heurterons : métamorphisme ayant confondu sous une même apparence les terrains les plus divers ; dynamisme ayant remis en concordance apparente des terrains, d'abord discordants, mais confondus plus tard dans un même laminage ; déplacement horizontal ayant pu transporter à 100 ou 200 kilomètres de leur origine des sédiments, sur lesquels nous serions tenté de nous fier pour reconstituer la paléogéographie du point considéré.

Jusqu'au carbonifère, on sait fort peu de chose de l'histoire des Alpes [1]. Il n'existe aucun sédiment d'âge antérieur nettement déterminé. Pourtant, de part et d'autre d'une zone axiale jalonnée par les schistes lustrés, on trouve le carbonifère non métamorphique superposé en discordance à des schistes cristallins. On a remarqué que les poudingues de cet étage carbonifère ne renfermaient aucun galet paléozoïque,

---

1. On a rattaché autrefois au précambrien (1) certains schistes du versant oriental des Aiguilles Rouges ou de l'Ouest du Mont-Blanc, ainsi que les schistes de Casanna liés au verrucano, les schistes talqueux du Saint-Gothard, etc. Dans les idées modernes. l'âge de tous ces terrains, de même que celui des gneiss et micaschistes alpins, se trouve remis en question.

On s'est également appuyé sur l'existence d'un galet gothlandien (1), trouvé dans le trias au Sud des Vosges, pour supposer que la mer silurienne (2 à 4) avait dû laisser autrefois des dépôts non loin de là. Nous verrons que, pour trouver du silurien authentique, il faut aller dans les Alpes Orientales, où l'ordovicien (3), le dévonien (5 à 10), le dinantien (11) sont fossilifères.

Les noms de terrains et d'étages, donnés ici, peuvent être retrouvés sur le tableau de la page 222 bis, où ils sont affectés du même numéro d'ordre, que je reproduis ici entre parenthèses.

bien qu'ils ne fussent pas assez modifiés pour avoir rendu de tels galets méconnaissables, s'ils existaient; il y entre toutefois des fragments empruntés aux roches d'aspect archéen : roches, dont la recristallisation, pour les fragments en question, était, par suite, un fait accompli au moment où les poudingues se sont formés.

Ce carbonifère alpin est presque toujours du stéphanien (13), quelquefois pourtant du westphalien (12) dans la zone axiale du Briançonnais. Il est formé de grès, schistes et conglomérats (poudingue de Vallorcine), avec un peu de houille maigre anthraciteuse, et ne présente nulle part de dépôts marins. Dans la zone externe, comme nous venons de le dire, il est nettement discordant sur les terrains métamorphiques sous-jacents. Dans la zone axiale, où il est plus épais et fortement métamorphisé, on admet sa concordance avec les terrains antérieurs et postérieurs, généralement déterminés par simple hypothèse.

Le milieu du carbonifère (12) semble donc avoir été marqué par un changement considérable dans la presque totalité des Alpes, sauf peut-être dans cette zone axiale qui aurait constitué alors une aire de sédimentation continue dont nous ignorons totalement la largeur réelle. A ce moment, qui correspond à ce que nous appellerons plus tard l'ère des mouvements hercyniens, on a vu, dans les Alpes comme dans le Plateau Central, des sédiments lacustres se déposer sur des terrains à faciès cristallin, soit après une longue période d'émersion, soit simplement à la suite d'un plissement qui aurait fait cristalliser tout le substratum[1]. On peut donc, suivant toute vraisemblance, comprendre les Alpes dans la zone des plis hercyniens, d'autant plus que, dans les Alpes Orientales où la série est plus complète, le stéphanien (13) vient en discordance, tantôt sur le cristallophyllien, tantôt sur le dinantien, avec lacune du westphalien. Si l'on excepte toujours la zone axiale qui se présente avec un caractère exceptionnel, auquel son métamorphisme intense peut contribuer, le reste de la chaîne aurait, à l'époque carbonifère, participé aux plissements du Plateau Central, des Vosges, de la Forêt-Noire et pris avec eux le même aspect montagneux.

A l'époque du permien (14 à 16), il semble encore y avoir, dans la zone externe des Alpes, des phénomènes d'émersion, de discordance et de dépôts continentaux analogues à ceux qui marquent la même phase sur les tronçons hercyniens. On trouve, par endroits, des grès schisteux rouges et verts rappelant un faciès auquel, en Toscane, on

---

1. On trouvera plus loin, page 413, la description et l'histoire de cette saillie, dite hercynienne, qui, formée avant les plissements principaux des Alpes, a constitué ce qu'on appelle leur *Avant-Pays*. Ce sont des notions sur lesquelles je me trouve forcé d'anticiper.

a donné le nom de Verrucano, et qui redevient très net, avec des conglomérats plus grossiers, vers l'Est, dans les Alpes Glaronnaises. Plus souvent, le permien manque entre le carbonifère et le trias. Dans la zone axiale, le permien n'est nulle part déterminé paléontologiquement. Sur le versant italien, du côté du Val Trompia et surtout vers le Sud-Est, dans le Tyrol, le permien moyen (saxonien, 15) reparaît fossilifère, dans le dernier cas, avec intercalation de coulées porphyriques, et le Thuringien (16), qui lui succède, apporte des dépôts marins.

Toujours comme dans la chaîne hercynienne du Plateau Central, le trias (17) marque une étape très nette dans la sédimentation. Aux petites transgressions localisées du permien succède une transgression plus vaste, qui accuse un régime nouveau. Dans la zone externe, du côté français ou suisse, les dépôts de cette période sont minces et rudimentaires. Discordant sur son substratum, le trias débute par des grès, quartzites et conglomérats, continue par des calcaires ou dolomies, s'achève par des argilolithes rouges et verts, avec cargneules et gypse. Plus loin, vers l'intérieur de la chaîne, l'épaisseur des formations marines augmente. Le trias paraît avoir existé partout.

La mer triasique encore instable occupe donc une zone géosynclinale nouvelle sur l'emplacement, d'abord nivelé, puis déprimé, des Alpes, où commencent, vers la fin de cette période, à se déposer, pour se continuer longtemps plus tard, sans doute jusqu'à l'éocène, les vases destinées à devenir les schistes lustrés.

Enfin, vers l'Est, dans les Alpes calcaires orientales, le trias à vastes dépôts marins plus profonds, avec faunes de céphalopodes, prend le type des Dinarides ou type subalpin[1]. La saillie orographique, qui avait dû exister pendant le carbonifère supérieur (13), assez haute pour que les sédiments houillers pussent s'accumuler sur des centaines de mètres dans ses dépressions, a ainsi rapidement disparu, sauf dans quelques îles (par exemple du Pelvoux à la Durance), et nous allons, pendant toute la période secondaire, voir la mer couvrir la plus grande partie de cette région alpestre, qui, pour nous, est si éminemment caractéristique d'une zone montagneuse.

Si nous envisageons, en effet, la période liasique (20 à 24), nous voyons ses dépôts couvrir à peu près toute l'étendue actuelle des Alpes, en affectant des faciès qui se modifient rapidement dans le sens

1. Les Alpes calcaires septentrionales (Salzkammergut) sont considérées comme un paquet de nappes empilées provenant du Sud; tandis qu'au Sud, en Lombardie et dans les Dolomites du Tyrol, le type dinarique est en place.

transversal à la chaîne, tandis qu'ils se poursuivent par longues zones suivant sa direction. Même si l'on tient compte des réductions évidentes dans la largeur et des déplacements horizontaux qu'ont dû produire les mouvements ultérieurs, ce fait capital nous paraît impliquer l'existence à ce moment de deux profonds sillons à faciès bathyal, l'un dans le Dauphiné, l'autre dans le Piémont, avec des formations coralligènes et des terres émergées dans l'intervalle sur le Briançonnais et des mers moins profondes à l'Ouest ou au Sud.

Traversons la chaîne de l'Ouest à l'Est en allant de Barcelonnette à Gap et à Briançon. Nous avons d'abord des types néritiques : un sinémurien à gryphées arquées, des marnes à ammonites pyriteuses, des calcaires marneux, etc. Vers l'Est, les lamellibranches disparaissent; on ne rencontre plus guère que des bélemnites, ou, très localement, des ammonites; les calcaires deviennent de plus en plus compacts. Ou, dans le Nord du Dauphiné et en Savoie, on trouve, à leur place, des masses de schistes presque sans fossiles, atteignant un millier de mètres. C'est l'indice d'un sillon marin, profond peut-être de 700 à 1.000 mètres, qui a dû s'enfoncer progressivement à mesure qu'il se comblait. Continuons, à l'Est, vers le Briançonnais; visiblement, les fonds de mer se relèvent. On observe des récifs de coraux, des dépôts néritiques à gryphées, des îles émergées, etc... Après quoi, si l'on dépasse cette ligne de hauts-fonds pour passer en Piémont, la mer du lias s'approfondit de nouveau : on entre dans une autre zone géosynclinale, où se sont déposées, depuis la fin du trias, d'énormes quantités de vases, devenues pour nous les schistes lustrés[1].

La considération de ces schistes lustrés est aujourd'hui un élément de premier ordre dans l'étude des Alpes. On connaît leur zone à l'Est de la Corse. On la suit, sans aucune discontinuité, de Gênes au Rhin[2]. Au delà du Prättigau, où elle disparaît sous un paquet de nappes, on la voit encore reparaître dans deux immenses fenêtres : celle de la Basse-Engadine, longue de 55 kilomètres, et, 60 kilomètres plus loin, celle des Hohe Tauern, longue de 160 kilomètres. Une telle extension, portant sur des dépôts continus à faciès uniformes appartenant à une très longue période géologique et concordant entre eux, montre qu'il y a eu là un trait bien constant dans la tectonique alpine.

1. Il a dû rester, à l'époque liasique, notamment dans le Briançonnais, quelques îles émergées, où l'on observe la superposition directe du jurassique supérieur au trias. Voir, dans EMILE HAUG, *Traité de géologie*, des cartes des faciès, p. 973, 1188, 1250, 1469, et, p. 1126, une coupe schématique des géo-synclinaux et géanticlinaux alpins à l'époque jurassique.

2. M. FRANCHI y a trouvé des brachiopodes et des bélemnites liasiques. Il s'y intercale de nombreuses lentilles de roches vertes (pietre verdi).

C'est sur l'emplacement de ces schistes lustrés que l'on place aujourd'hui la *zone axiale* des Alpes, le véritable géo-synclinal destiné à donner naissance à la chaîne qui, plus tard, s'est déversée à partir de là dans le sens de l'Avant-pays septentrional: zone également remarquable par l'intensité de son métamorphisme.

La série jurassique montre ainsi la zone alpestre occupée par une mer allongée et inégalement profonde, dont la faune accuse des communications avec la Méditerranée et avec la Souabe. On entrevoit, pendant la durée de cette période, des approfondissements progressifs des synclinaux, et, sans doute, des surrections des anticlinaux. Il semble que le dessin futur de la chaîne commence à se dessiner peu à peu dans les profondeurs sous-marines : mais un dessin inversé.

Pendant la période crétacée, on peut laisser de côté le synclinal Piémontais, dont la sédimentation paraît continuer uniformément; mais, dans les Alpes françaises et suisses, des changements successifs se produisent, qui marquent, de ce côté, des déplacements orogéniques de l'écorce affectant une allure un peu différente. Au début du crétacé, les dessins que l'on peut essayer de tracer pour les facies n'accusent plus, du moins dans le Sud, les zones parallèles à la chaîne alpine qui frappaient pendant le jurassique. Ils tendraient plutôt à marquer la relation de la Provence avec les Pyrénées.

C'est, au Nord-Est, de Die à Grenoble, Chambéry et Annecy, le facies urgonien du barrémien (33) avec ses calcaires zoogènes à Réquiénies. Puis viennent, vers le Sud, avec une direction Est-Ouest, ce qu'on appelle la fosse Vocontienne, allant de Privas à Gap, Sisteron, Digne et Castellane, fosse à facies vaseux de profondeurs bathyales, la zone néritique d'Apt, enfin la zone à type urgonien de Provence.

Les facies littoraux se marquent par quelques dépôts phosphatés dans l'albien de la Drôme, de la Provence, de la Perte du Rhône.

A l'époque cénomanienne (36), cette disposition Est-Ouest s'accuse de plus en plus dans le Sud par l'émersion d'un seuil, qui va de Draguignan à Nîmes en couvrant la Basse-Durance. Au Nord de ce seuil, une bande parallèle de dépôts néritiques prépare à la fosse bathyale de la Drôme, qui garde à peu près son emplacement précédent en s'étendant davantage vers le Nord. Mais, dès le turonien (37), le dessin alpin redevient plus net. Il semble que l'on voie la mâchoire du Plateau Central et des Vosges se rapprocher de l'Arrière-pays lombard et surgir, refoulant devant elle la mer dont la zone littorale émerge dans l'Ardèche, tandis que la zone bathyale se concentre dans les Basses-Alpes, les Hautes-Alpes et le synclinal dauphinois.

Ce mouvement s'accentue encore pendant le supracrétacé. Sur le bord Ouest du géosynclinal dauphinois, depuis le Dévoluy jusqu'au massif de Morcles, la série marine est interrompue dès le début du turonien (37). La preuve qu'il y a bien émersion est donnée par des conglomérats torrentiels antérieurs au maestrichtien, trouvés au Vercors. Mais, du côté des Alpes orientales, la lacune, qui se place plus bas pendant l'aptien et l'albien (34, 35), cesse, au contraire, au turonien (37) pour faire place à une transgression marine (couches de Gosau). Il y a donc alors, dans la zone alpine, une série de mouvements qui, malgré leur origine commune, produisent des effets contraires, et qui laissent les diverses parties de cette chaîne jusqu'à un certain point indépendantes.

Après le sénonien (39), les véritables mouvements alpins commencent. Des déplacements antérieurs au lutétien (44) sont manifestes dans toute l'étendue des Alpes. Partout, sauf dans les Alpes Dinariques, on observe, à la base de la série tertiaire, une lacune qui se reproduit dans les Carpathes, les Balkans, etc.

Puis, avec le lutétien supérieur (44), on voit émerger la première des rides successives qui ont constitué l'ensemble de nos chaînes alpines. Cette ride, la plus voisine de la précédente chaîne de plissement (qui était la chaîne hercynienne du Plateau Central et des Vosges), affecte les Pyrénées[1] et la Basse Provence. Dans les Pyrénées, les dépôts marins à nummulites du lutétien inférieur sont remplacés par des dépôts lacustres, puis par des nappes de cailloutis ou de conglomérats (poudingues de Palassou au Nord, du Montserrat au Sud), manifestant l'activité des érosions torrentielles sur une chaîne montagneuse[2]. Bientôt ces poudingues sont à leur tour plissés et redressés par la continuation du mouvement, qui s'arrête là seulement avant le néogène. Au même moment que les Pyrénées, la Basse Provence se soulève.

Dans les Alpes, la surrection est un peu plus récente. La période où émergent les Pyrénées voit la mer nummulique occupant un long géo-synclinal sur le versant externe des Alpes occidentales, depuis Nice jusqu'à Vienne, et débordant progressivement de cette zone axiale dans le sens de l'Ouest, du lutétien (44) au priabonien (46) et au tongrien (47). Les sédiments de cette époque, presque toujours détritiques, atteignent, dans la zone axiale, une épaisseur considérable et y prennent, après le lutétien, le faciès du flysch : schistes et grès schisteux micacés, calcarifères ou à débris de plantes, dans lesquels on reconnaît parfois (flysch calcaire) une boue à globigérines. C'est à l'époque

1. Je rappelle qu'au sens géologique les Pyrénées, comme les Maures et les Carpathes, se rattachent directement à la chaîne alpine.

2. Le turonien (37) des Basses-Pyrénées renferme déjà un conglomérat à blocs d'ophite roulés passant à une sorte de flysch schisto-gréseux, qui implique un premier démantèlement.

aquitanienne que doivent commencer à se manifester au jour des phénomènes tectoniques, dont la réalisation profonde a pu se produire dès l'éocène, peut-être même dès le supracrétacé.

La base du burdigalien (49) présente, de tous les côtés, des conglomérats transgressifs dont les éléments sont empruntés à la chaîne nouvelle : par exemple, les conglomérats ophiolithiques de Turin, qui contiennent des galets de schistes lustrés. Cela suppose qu'antérieurement au burdigalien cette série des schistes lustrés ait déjà subi d'abord le charriage auquel elle doit son métamorphisme, puis le mouvement d'ascension qui l'a rendue accessible aux érosions.

Les produits de la destruction sont nombreux à ce moment. Des entraînements torrentiels d'âge helvétien (50) forment, sur le bord des Alpes, les conglomérats de la nagelfluh. Des sédimentations plus prolongées, où une intrusion marine helvétienne (50) s'intercale au milieu de dépôts d'eau douce, constituent également un des éléments alpins, les mollasses gréseuses ou sableuses de Suisse[1].

Après le dépôt de la mollasse, qui marque déjà des eaux peu profondes, le tortonien (51), puis le sarmatien (52) accentuent le caractère littoral, lacustre ou lagunaire. Les géo-synclinaux du sarmatien se remplissent de dépôts gypseux, comme peuvent le faire aujourd'hui, sous un climat désertique, les dépressions des pays récemment soulevés dans l'Asie Centrale ou l'Ouest américain. A l'époque pontienne (53), il y a recrudescence de la destruction torrentielle : conglomérats du Piémont, nagelfluh de Suisse, cailloutis du bassin de Digne.

Enfin, un dernier écho des déplacements orogéniques se continue jusque dans le pliocène (54), renversant par exemple le calcaire pontien (53) des Basses-Alpes, et le résultat final de toute cette histoire est une chaîne montagneuse qui, d'après la forme des plis et leur prolongement rationnel en section verticale, a dû atteindre au moins 2.000 ou 4.000 mètres au-dessus des sommets actuels et qui, dans bien des cas, a porté, à plus de 3.000 mètres au-dessus de la mer, des sédiments déposés peu auparavant dans la mer elle-même[2].

Il nous reste à voir comment cette chaîne s'est érodée et tassée; mais, auparavant, il faut indiquer sa structure et son extension.

La forme générale des Alpes accuse, en plan, dans la zone à laquelle

---

1. Vers l'Est, en Autriche, l'helvétien est représenté par les marnes bleues très puissantes du flysch, dépôt de mer relativement profonde.

2. Dans les coupes très nettes de M. TERMIER (Bul. Soc. géol., 4ᵉ série, t. III, p. 711, 1903) on voit les Alpes soumises à un grand rebroussement parti du Sud ou du Sud-Est sous l'action des Dinarides, auxquelles ce géologue rattache, outre les Alpes Dolomitiques et les Alpes du Bergamasque, l'Apennin Toscan, et qu'il suppose avoir passé par-dessus toutes les Alpes comme un gigantesque traîneau écraseur.

nous nous sommes restreints, une courbe à angle droit très accentuée, qui, de la direction N.-S., l'amène à la direction E.-W. Si on continuait à la suivre plus loin vers l'Est ou l'Ouest, comme nous le ferons dans un autre paragraphe, on la verrait prendre une série d'autres inflexions analogues. Ces courbes sont, comme je l'ai dit déjà, attribuables à la disposition des butoirs solides antérieurement consolidés, entre lesquels étaient forcés de se concentrer les plissements. Or, à l'Ouest, le massif ancien était Nord-Sud[1] ; il devait comprendre, avec le Plateau Central, la chaîne des Maures, la Corse occidentale et la Sardaigne (Tyrrhénide), puis, après un intervalle, plus loin, la Meseta Espagnole ; au Nord, il était Est-Ouest, réunissant les Vosges, la Forêt-Noire, la Bohême et les Monts Métalliques de Hongrie ; à l'Est, l'expansion des plis était également gênée par deux grands massifs, dont l'un, constituant la Plate-forme Russe, était à peu près borné par le cours de la Vistule et du Dniester, dont l'autre occupait, autour des monts Rhodope, la plus grande partie de la Turquie d'Europe. Au Sud enfin, le Massif Africain formait une masse inébranlable. C'est dans les intervalles de ces voussoirs solides que la chaîne alpine s'est comprimée et tordue, s'introduisant, s'infiltrant dans les interstices, et s'accumulant sur les parois courbes des murailles qui lui étaient opposées.

La structure de la chaîne en section transversale résulte tout naturellement de ces infiltrations, ou de ces torsions. Ainsi une chaîne introduite dans une fissure rectiligne entre deux voussoirs parallèles, comme les Pyrénées, aura des chances pour être à peu près symétrique ; une chaîne appliquant sa convexité contre une ligne de voussoirs anciens, comme les Alpes Occidentales, ou comme les Carpathes, aura pu subir, en sens inverse, vers l'intérieur de la courbe, une poussée au vide, peut-être accompagnée plus tard, comme nous allons le voir, d'effondrements.

Enfin la structure alpine met en évidence le rôle de quelques noyaux cristallins solides et anciens, introduits au milieu des plis, qu'ils ont fait dévier en plus petit, comme les grands horsts l'ont fait en plus grand : massifs du Mercantour, du Pelvoux, du Mont-Blanc, etc.

Mais l'histoire de la chaîne n'est pas terminée avec la formation de ses plis profonds ; il a fallu que les affaissements et les érosions accentuassent la saillie orographique et en missent les parties internes au jour. Cette érosion, si peu avancée relativement qu'elle soit dans les Alpes, n'en a pas moins déjà exercé son action pendant de longues périodes, où elle a pu détruire les sédiments sur 2 000 ou 3 000 mètres de

---

1. Voir planche III, à la fin du volume.

hauteur. C'est ainsi que, dès l'époque burdigalienne (49), ont dû apparaître au jour des massifs carbonifères ou permiens, recristallisés en profondeur par le métamorphisme et dont l'aspect rappelle tout à fait celui des
gneiss et micaschistes les plus authentiquement archéens, bien que certains d'entre eux passent, par des transitions insensibles, à des terrains
encore fossilifères. Il ne faudrait pas un progrès bien considérable de cette
érosion pour faire disparaître, dans toute la chaîne centrale, les terrains
secondaires ou tertiaires qui y subsistent, et nous laisser un plateau
de gneiss et schistes cristallins arasés, dans lequel quelques sillons
pourraient conserver des lambeaux allongés de terrains plissés, ainsi
que cela se manifeste dans le Plateau Central.

Cette érosion a dû certainement être facilitée par la dénivellation et
l'affaissement des régions voisines. Un mouvement, comme celui qui a
soulevé les Alpes, ne s'est pas, en effet, produit sans amener des dislocations connexes sur toute sa périphérie et des tassements sur son
parcours même. C'est la question discutée, qu'il nous reste à examiner,
en même temps que nous suivrons l'extension des mouvements alpins
au delà des Alpes proprement dites, vers la vallée du Rhône ou le Jura,
puis vers le Plateau Central ou les Vosges.

En partant de l'axe des Alpes, nous voyons les plis s'écarter comme
des vagues, parallèlement à la courbure externe, dans la direction du
Nord-Ouest, de l'Ouest et du Sud-Ouest.

Vers le Nord-Ouest, nous avons les plis réguliers du Jura, précédés
par les renversements et les charriages du Chablais et des Préalpes
Romandes ; vers l'Ouest, nous arrivons, par les chaînes subalpines, à
la vallée du Rhône ; vers le Sud, aux charriages de la Provence.

Puis vient, à l'Ouest et au Nord, la zone extérieure des horsts anciens,
où les déformations mécaniques se sont produites différemment, sous la
forme de grands effondrements rectilignes, alors que les plissements
et charriages alpins atteignaient leur maximum d'intensité.

Ces effondrements, qui semblent, en principe, dans l'histoire géologique, caractériser surtout une période récente, où le continent Européen était devenu trop massif pour continuer à se plisser, ont pris,
depuis le début du soulèvement alpin, une telle intensité que la
disposition actuelle de nos régions européennes leur est due en très
grande partie. On pourra s'en faire une idée sur la planche III.

Si on les classe, comme nous allons le faire, à peu près par ordre
d'ancienneté, on remarquera que les plus anciens semblent localisés
dans les horsts hercyniens, tandis que, plus tard, les dislocations
gagnent la chaîne elle-même, ou s'étendent au loin et envahissent
notamment peu à peu tout l'emplacement de la Méditerranée, où

l'on croit apercevoir une succession d'affaissements, dans le sens de l'Ouest à l'Est, du détroit de Gibraltar à la mer Égée.

Dès l'oligocène (47), peut-être même dès la fin de l'éocène (46), on voit les anciens horsts hercyniens se fracturer. A l'intérieur du Plateau Central, des dépressions N. S. se forment suivant les hautes vallées de la Loire, de l'Allier et du Cher. Ces affaissements se sont continués là pendant une longue période, puisque l'aquitanien (48) de la Limagne a subi des dénivellations de plus de 1 000 mètres. En même temps, le Morvan était disloqué par toute une série de failles. Entre les Vosges et la Forêt-Noire, autrefois réunies, l'effondrement de la vallée du Rhin (47) amène une dénivellation de 2 500 à 2 800 mètres. En Bohême, des bassins de sédimentation se creusent également (vindobonien, 50 à 52).

La phase de l'helvétien (50), au début du miocène, est marquée par les affaissements, qui limitent les Alpes Orientales à l'Est, dans le bassin de Vienne, à Graz, etc., ou au Nord, en Souabe et Franconie.

De tous côtés, en Europe, la mer s'avance alors dans les dépressions nouvelles, en même temps qu'elle est refoulée ailleurs hors des anciens synclinaux transformés en saillies orogéniques.

Puis le début du pliocène (54) a vu s'écrouler la cordillère Bétique sur le détroit de Gibraltar[1] et, probablement, la Tyrrhénide.

Les effondrements de l'Adriatique, qui ont laissé l'éocène du mont Gargano à 1.000 mètres d'altitude, ont dû commencer avec l'oligocène (47) et s'accentuer avec le pliocène (54).

Enfin d'autres effondrements sont probablement pléistocènes (57 à 59) : dans le Nord, l'ouverture de la mer du Nord entre l'Écosse et la Scandinavie ; dans le Sud, la formation de la mer Égée entre la Grèce et l'Asie Mineure et la grande fente du Jourdain et de la mer Rouge.

Peut-être même l'homme a-t-il vu l'effondrement définitif du dernier tronçon de l'Atlantique, sur la côte du Portugal.

Simultanément, le pliocène marin de la Calabre, au Sud de l'Italie, (Aspromonte) se trouvait porté (tout en restant horizontal) à 1.000 mètres d'altitude sur son support archéen.

On assiste donc, pendant une période tout à fait récente, qui peut n'être pas encore terminée, à une série de dénivellations, par suite desquelles les voussoirs voisins de l'écorce sont, dans la zone alpine, déplacés relativement de 1.000, 2.000 ou 3.000 mètres dans le sens de la verticale. Pendant ces cataclysmes, les mouvements déterminés par la gravité doivent être surtout des chutes ; ailleurs cependant, il doit y avoir surélévation des coins pressés à leur base ; il est difficile, en

1. Il s'est produit alors des fonds de 1.500 et 2.000 mètres entre Malaga et Oran.

effet, d'expliquer autrement la présence du pliocène supérieur à
1.000 mètres d'altitude, alors que, dans tant d'autres régions, les mêmes
dépôts sont restés presque au voisinage de la mer. Mais, en moyenne,
il est évident que ce qui a dominé ce sont les tassements, les affaissements, notamment à l'intérieur des grandes courbures alpines, dans la
Lombardie et l'Adriatique, ou la Hongrie et le bassin de Vienne. La saillie
relative des Alpes peut donc être due, pour une part, à l'affaissement des
régions contiguës, en même temps qu'au soulèvement de la zone montagneuse, et les progrès de l'érosion torrentielle ou glaciaire ont accompagné ce mouvement d'une destruction toujours continuée sous nos yeux.

On voit donc, en résumé, comment la place d'une chaîne montagneuse
actuelle s'est trouvée anciennement préparée, tout en passant par des
phases successives, qui ont pu aussi bien consister dans le creusement
de sillons marins que dans le soulèvement de saillies orographiques le
long de ces sillons ou dans leur axe même. Dans une dernière phase,
le plissement est précédé par le creusement d'un géosynclinal; puis il
s'effectue, sans doute en profondeur, dans la zone déjà antérieurement
plissée, mais sans superposer exactement ses plis aux plis anciens; et
la chaîne prend alors une existence géologique, avant d'apparaître
géographiquement, orographiquement. Une période suivante amène
ensuite le tassement des zones limitrophes, accentue la saillie et la met
au jour par suite de l'érosion; la chaîne acquiert un relief géographique.
C'est la phase actuelle. Mais on peut prévoir que l'érosion, se continuant,
aura maintenant pour effet d'atténuer peu à peu ce relief géographique,
qui disparaîtra après avoir été tout à fait momentané et la chaîne n'aura
plus finalement de nouveau qu'une existence géologique, c'est-à-dire
qu'aucun accident du relief ne la signalera et que le géologue seul en
retrouvera l'empreinte dans la tectonique d'un plateau ou d'une plaine,
comme l'archéologue reconstitue, par le plan de ruines enfouies, l'aspect
d'une ville détruite. Le relief orographique des Alpes ou de l'Himalaya,
qui aurait pu paraître d'abord un des traits les plus fondamentaux, les
plus anciens, les plus permanents de l'écorce terrestre, n'en est, au
contraire, qu'un des accidents les plus éphémères.

III. — **Coordination géographique des déformations synchroniques. Lois générales du dynamisme terrestre. Succession
des systèmes montagneux. Massifs primitifs. Systèmes
de montagnes calédonien, hercynien et tertiaire. Leurs relations réciproques et leur continuité.**

Jusqu'ici, nous avons demandé à la tectonique de nous faire comprendre le mécanisme des mouvements dynamiques subis par l'écorce terrestre ; ce mécanisme, indispensable à connaître pour raisonner en connaissance de cause sur les phénomènes de stratigraphie, pétrographie, métallogénie, etc., dans lesquels cette dynamique a joué un rôle essentiel, nous amène, d'autre part, à pousser plus avant dans la tectonique même, et nous sommes ainsi conduits, avec une rigueur qui laisse peu de place à la contestation des hypothèses proposées, jusqu'à des résultats généraux, touchant à la structure intime de la Terre.

Ce sont ces résultats qu'il nous reste à exposer sous la forme géographique, en montrant le lien, qui rattache entre elles les diverses parties de l'écorce terrestre et l'unité de ce vaste ensemble, déformé pendant tout le cours de l'histoire géologique par une série de mouvements, dont on peut, dès à présent, apercevoir le lien.

Cette description structurale de la surface terrestre, dont je vais tenter une ébauche encore bien grossière, est, à vrai dire, le fondement essentiel de toute géologie ; car les phénomènes de toute nature, que nous pourrons avoir à étudier, et, notamment, bientôt, dans le chapitre relatif à la paléo-géographie, les déplacements des mers à la surface, les sédimentations, ou encore les cristallisations de roches éruptives et de métaux, ne sont que la conséquence des mouvements plus profonds et plus généraux, par suite desquels ont surgi tour à tour les chaînes montagneuses et se sont effondrés les abîmes des océans. Nous avons ici le nœud, qui permet de rattacher tous ces faits épars en un seul faisceau. Aussi serai-je amené à entrer dans plus de détails, et parfois dans des détails d'une forme plus technique, que pour les autres chapitres de cet ouvrage, d'autant plus que la forme de cet exposé et les conclusions, auxquelles nous aboutirons, sont, en partie, nouvelles. Il peut dès lors être utile d'indiquer d'abord ces résultats généraux d'une manière tout à fait synthétique, pour revenir ensuite sur le détail de la description et sur la démonstration des hypothèses proposées.

Voici, en quelques mots, comment j'envisage la répartition géographique des phénomènes tectoniques terrestres, en la rattachant à une notion d'âge plus ou moins ancien et d'érosion plus ou moins avancée.

Lois générales du dynamisme terrestre. — J'ai déjà dit comment l'on pouvait interpréter la dynamique terrestre : tendance à l'effondrement vertical et tendance connexe au refoulement tangentiel, ou au plissement, se manifestant avec une intensité particulière pendant certaines périodes, sur certaines zones ; production, à chaque période de plissement, de nouveaux voussoirs solides, incapables ensuite de se plisser, et alors refoulement des plis postérieurs entre les principales masses

de ces voussoirs consolidés, avec écrasement et torsion sur les voussoirs secondaires, jouant le rôle d'écueils. Dans tout effort de plissement, il y a, des deux côtés de la chaîne plissée, deux mâchoires
solides, qui cherchent à se refermer : un Avant-Pays et un Arrière-
Pays, dont le rôle peut être comparé à celui du mur et du toit dans
une faille ; le mouvement relatif se traduit par un déplacement horizontal de l'Arrière-Pays, qui tend parfois à passer par-dessus la zone
intermédiaire, où les plissements se produisent et qui couche et charrie
alors ceux-ci dans le sens de l'Avant-Pays. En même temps, les
obstacles antérieurs jouent leur rôle en plan horizontal et, toutes les fois
que la chaîne se contourne, on reconnaît la présence d'un écueil, qui
l'a déviée.

Ce qui complique l'apparence des phénomènes, ce sont les nombreux
effondrements, en partie tertiaires, par l'effet desquels certains voussoirs
solides ont disparu totalement, ou en partie, et beaucoup d'autres se
sont eux-mêmes disloqués. Mais la loi n'en est pas moins générale et
le premier soin du tectonicien doit être de rechercher ces massifs solides, ces môles ou ces écueils, dont la présence lui est révélée par les
perturbations de ses plissements. Cela a lieu en petit comme en grand ;
les noyaux gneissiques, ramenés de la profondeur dans la chaîne
alpine, où ils ont provoqué la structure amygdaloïde signalée plus
haut, ont joué un rôle comparable à celui des horsts hercyniens, introduits dans les plissements alpins et, plus encore dans le détail, on
retrouve des phénomènes semblables pour toute roche dure, intercalée
au milieu de marnes ou de schistes soumis à un froissement.

On voit donc que, si l'apparence produite est, comme on l'a dit souvent depuis M. Suess, celle de vagues cheminant dans un sens déterminé du large vers l'Avant-Pays, le phénomène réel est un peu différent ;
l'Arrière-Pays a un rôle presque identique à celui de l'Avant-Pays, sauf
qu'il se déplace sans doute horizontalement plus vite et surplombe, ce qui
explique comment, le long d'une même chaîne plissée, on voit le massif,
qualifié Avant-Pays, passer d'un côté à l'autre, le sens apparent des mouvements se retourner ; par exemple, en Europe les plis tertiaires se
propager du Sud au Nord, tandis que, sur la même chaîne, à partir du
Caucase, en Asie, ils se propagent du Nord au Sud.

Quant à l'origine probable de cet ensemble de phénomènes, elle a
déjà été indiquée plus haut. Tout se passe comme si la sphère terrestre s'était progressivement contractée : comme si l'enveloppe superficielle avait cherché à se rapprocher du centre en pénétrant, par conséquent, dans des sphères de plus en plus petites et, comme si, dans ce
mouvement, certaines masses solides étaient descendues tout d'un bloc,

ou du moins s'étaient seulement découpées, décrochées en voussoirs à la façon de masses solides, tandis que les parties intermédiaires auraient subi des compressions, des flexions, des sinuosités, des plissements, ainsi qu'une substance plastique. Chacun de ces mouvements de descente, ayant d'ailleurs été accompagné par des pénétrations de roches fondues dans les sédiments superficiels, a dû provoquer la consolidation de fragments nouveaux, qui, alors, dans les accidents ultérieurs, se sont comportés à leur tour comme des noyaux solides et les zones élastiques de l'écorce se sont de plus en plus localisées. Cette localisation progressive des plissements, qui me paraît essentielle à envisager, a nécessairement dû amener une complication de plus en plus grande dans l'allure des plis, obligés de s'intercaler entre des mâchoires de plus en plus resserrées : peut-être un déplacement de plus en plus prononcé dans le sens vertical, compensant la réduction de l'espace disponible dans le sens horizontal; peut-être aussi l'éclatement des voussoirs solides, eux-mêmes amenés à se diviser en segments indépendants et à prendre, les uns par rapport aux autres, un mouvement relatif, qui a fait sortir certains d'entre eux en forme de coins pour réduire leur surface totale.

Voici, dès lors, comment se traduisent pratiquement ces grands phénomènes, dont la démonstration théorique par les observations de détails, dans la suite de ce chapitre, servira de confirmation à notre hypothèse et prouvera, du même coup, l'origine profonde, la généralité des mouvements tectoniques, si divers dans leurs effets.

Je viens de dire que, l'une après l'autre, des zones successives de l'écorce s'étaient consolidées et avaient ensuite joué le rôle de masses solides, se déplaçant par blocs en haut ou en bas, dans un sens positif ou négatif, mais sans plus jamais se plisser dorénavant. Ce qui caractérise donc, pour une zone quelconque, cette phase de consolidation, c'est que tous les terrains antérieurs apparaissent, dans un tel bloc, plissés et contournés, tous les sédiments postérieurs horizontaux. Il pourrait, il est vrai, se présenter des cas, où ces terrains ne seraient restés horizontaux que parce qu'il n'auraient pas encore eu l'occasion de se plisser; mais les plissements sont un phénomène si général à la surface de la Terre que cette explication n'est pas admissible, lorsque les terrains, demeurés horizontaux, remontent à une époque déjà ancienne.

On peut alors distinguer aisément, à la surface de la Terre, plusieurs zones, signalées sur la Planche I par des couleurs diverses, où cette consolidation s'est faite à des époques distinctes et, dès que l'on attaque cette étude, on s'aperçoit aussitôt que certaines phases de consolidation (correspondant à des périodes de plissement) ont présenté un caractère de généralité extrêmement remarquable, tout en ayant pu, dans le détail, varier d'un point à l'autre et tout en s'étant prolongées, en un même point, pendant un temps plus ou moins long.

Ce sont la phase *précambrienne*[1], la phase antérieure au dévonien (ou *calédonienne*), la phase carbonifère (ou *hercynienne*), la phase tertiaire (ou *alp-himalayenne*) : phases principales, entre lesquelles il serait facile d'en intercaler beaucoup d'autres, qui les relient.

Nous aurons, dès lors, une première zone, où, partout, les terrains archéens antérieurs au précambrien, et le précambrien même (1), d'abord plissés, puis arasés par l'érosion, formeront une plate-forme solide, sur laquelle tous les sédiments successifs, qu'auront amenés des transgressions marines, seront restés horizontaux, qu'ils soient d'ailleurs cambriens, carbonifères, crétacés ou tertiaires, tout en ayant pu subir les uns par rapport aux autres des mouvements relatifs de bas en haut. Cette première zone, la plus anciennement consolidée que nous soyons en état de reconnaître, avait dû, antérieurement à l'apparition de la vie, qui nous permet seule d'établir des dates et des coupures dans cette histoire à partir du précambrien, subir elle-même une série de mouvements antérieurs. Il est manifeste que ses tronçons, tels que nous arrivons à les reconstituer en faisant abstraction des accidents postérieurs, sont déjà le résultat de nombreux plissements, qui se sont influencés réciproquement, comme ceux dont nous reconstituerons plus tard l'histoire[2]. Par suite de ces plissements, dont on retrouve l'empreinte locale sans pouvoir grouper, d'une région à l'autre, de semblables observations, les plates-formes précambriennes doivent déjà être formées d'une série de zones, successivement ajoutées les unes aux autres. Mais, en laissant de côté ces débuts qui nous sont ignorés, nous trouvons, dès la fin de l'époque précambrienne, certains voussoirs fixés à jamais, solidifiés, massifs, qui pourront bien subir des déplacements verticaux, monter ou descendre, émerger ou disparaître sous la mer, mais qui le feront toujours par blocs, sans plus jamais se prêter à des plissements. Ces massifs primordiaux ont, par suite, joué un rôle tout à fait essentiel dans toute

---

1. Cette phase avait été appelée, par Marcel Bertrand, *huronienne*; mais le mot huronien désigne des terrains d'âge antérieur. Suess (III, 532) nomme Altaïdes la plupart des chaînes hercyniennes, parfois qualifiées aussi d'armoricaines, varisciques ou varisques. Mais ce dernier auteur, en cherchant à déterminer les grandes lignes de la structure terrestre, a volontairement confondu souvent les domaines des chaînes de plissement successives qui, pour lui, en Asie par exemple, ne font qu'un (III, 532), tandis que le but essentiel de notre étude a été de les localiser.

2. Il ne paraît pas y avoir une seule région, où les terrains antérieurs au précambrien n'aient été plissés et recristallisés ; ce qui donne à penser que l'absence d'organismes dans ces terrains antérieurs est purement accidentelle.

la tectonique ultérieure ; ce sont eux qui ont imprimé leur direction à tous les plissements ; ce sont eux qui ont formé les mâchoires des étaux, entre lesquelles se sont ultérieurement comprimées et plissées des zones intermédiaires plus faibles, plus élastiques (peut-être rendues plus souples par un premier effondrement, suivi d'une sédimentation active, qui y avait relevé les isogéothermes et avait rapproché les roches de la fluidité).

Ces massifs, comme nous allons le voir dans un instant, ont formé, dans l'hémisphère Nord, deux couronnes principales autour de l'axe terrestre, l'une voisine du pôle, l'autre voisine de l'équateur, avec une traînée de massifs plus petits intermédiaires. Cette disposition ancienne, qui semble mettre en évidence la permanence approximative (souvent contestée) de l'axe terrestre, a déterminé le sens général des plissements. Ceux-ci, en Europe centrale, se trouvant comprimés entre la Scandinavie et l'Afrique, ont bientôt pris une direction Est-Ouest (avec branchements septentrionaux méridiens) et se sont, l'un après l'autre, écrasés du Sud au Nord contre la zone polaire, qu'ils ont successivement agrandie et consolidée : en sorte que la bande plissée a dû, peu à peu, se transporter en se localisant vers le Sud, où la place paraît, à la fin, près de lui manquer.

Après cette première zone précambrienne, nous passerons à une seconde, qui malheureusement est encore mal connue, celle où la consolidation ne s'est faite qu'après le silurien (2 à 4), de telle sorte que nous y trouvons les terrains jusqu'au silurien plissés, et recouverts, après arasement, par du dévonien (5 à 10) horizontal. C'est la chaîne dite *calédonienne*, parce qu'elle a été étudiée d'abord en Écosse (Calédonie) et qui paraît aussi très développée en Afrique.

Puis vient la zone tout particulièrement importante, où les mouvements se sont produits pendant le carbonifère et le permien (11 à 16), la zone *hercynienne*, où, non seulement les terrains antérieurs au carbonifère, mais les divers niveaux du carbonifère eux-mêmes peuvent présenter des plissements et des discordances entre eux, tandis que les terrains postérieurs, lorsque la mer les a ramenés après nivellement sur des parties déprimées de cette chaîne, sont demeurés dans l'ensemble horizontaux. C'est la zone de l'Europe Centrale, que l'on appelle aussi armoricaine-varisque.

Enfin arrive la dernière zone *tertiaire*, ou *alp-himalayenne*[1], où les terrains tertiaires eux-mêmes peuvent apparaître plissés et où souvent les mouvements peuvent se continuer aujourd'hui même encore : zone,

---

1. Nous comprendrons dans cette zone toute la série des plissements commencés à la fin du crétacé. Parfois, notamment en Asie, il arrive de trouver des cas intermédiaires, où le crétacé horizontal recouvre du jurassique plissé. — Le nom d'*alp-himalayenne* a été proposé par G. F. BECKER (8th Ann. Rep. U. S. Geol. Survey, 1886-1887, p. 966).

où les tremblements de terre ont, par suite, leur maximum d'intensité. C'est la zone comprenant toutes les principales montagnes actuelles du globe (Alpes, Caucase, Himalaya, etc.) : autrement dit, qu'on ne l'oublie pas, les saillies les plus jeunes, produites par les mouvements les plus récents et que l'inévitable érosion n'a pas encore eu le temps de détruire.

On voit donc, par cet exposé, que, suivant une remarque précédente, il ne suffit pas de considérer les mouvements de l'écorce terrestre comme s'étant propagés peu à peu, à la façon de vagues successives, d'abord le long du faîte primitif, puis vers la chaîne calédonienne, vers la chaîne hercynienne, et enfin vers la chaîne alpine, en sorte que chacune de ces chaînes représenterait une zone, où l'écorce serait restée stable jusqu'à une certaine période, puis le serait redevenue après s'être plissée et n'aurait eu ainsi qu'une part à peu près équivalente et momentanée dans les plissements ; mais il y a lieu, je crois, au contraire, d'insister sur la *localisation progressive de ces plissements*, qui ont dû être d'abord très généraux et embrasser toutes les zones précédentes, puis se restreindre peu à peu à une seule.

Cela n'empêche pas, du reste, que la zone de plissement maximum n'ait dû se déplacer avec le temps : ce plissement maximum semblant toujours s'être produit le long des butoirs antérieurement solidifiés, des « Avant-Pays », qui tendaient à être submergés, comme les vagues sont plus hautes le long du rivage qu'au large ; mais ces vagues ont dû toujours se dresser, quoique plus faiblement, même au large et cela explique comment, de plus en plus, on retrouve, dans les chaînes récentes, telles que la chaîne alpine, des preuves de plissements antérieurs, par exemple de plissements hercyniens, de même que certaines parties moins solides de la chaîne antérieure ont continué à subir des mouvements, souvent superposés aux premiers, que l'on a pu appeler des plis posthumes.

On voit également comment cette conception diffère, au moins dans la forme, de celle qui est généralement admise, par l'intervention également active dans les plissements, non pas d'un seul butoir solide, d'un Avant-Pays, contre lequel les ondulations se sont écrasées, mais de deux butoirs formant mâchoires d'étau, un Avant-Pays et un Arrière-Pays, entre lesquels les sédiments flexibles et élastiques ont été refoulés, l'un de ces butoirs tendant seulement à dominer l'autre. Cette façon d'envisager les choses retire un peu de sa valeur à la notion de sens du mouvement, sur laquelle on a beaucoup insisté : le mouvement étant, pour nous, une compression dans les deux sens ; et le caractère profond de cette compression, qui a pu amener à la surface, plus ou moins inégalement, des épanouissements en gerbe, à la fois vers les deux butoirs[1], fait qu'il est parfois difficile, d'après le sens des renversements, de déterminer le sens des mouvements.

Cependant l'aspect seul de notre carte des plissements (Pl. I) accuse bien le rôle différent de la zone polaire arctique, qui forme le *horst universel*[2], de plus en plus étendu, peut être de plus en plus déprimé vers le centre par un aplatissement croissant du sphéroïde, et de la zone équatoriale, qui peu à peu se rapproche du pôle, par la contraction de la sphère, à mesure que les périodes géologiques se succèdent. Les couleurs employées mettent en évidence la localisation progressive des plissements vers le Sud, en se rapprochant de la série des môles équatoriaux et, en sens inverse, autour du pôle Nord, la consolidation progressive de zones de plus en plus méridionales, qui viennent s'ajouter aux premières zones polaires pour accroître cette sorte de faîte solidifié.

Le phénomène est compliqué par les remous, de plus en plus prononcés, qui, à mesure que la zone relative aux plissements s'est resserrée, ont amené ceux-ci à se recourber de plus en plus sur eux-mêmes, à se tordre en véritables tourbillons, à s'insinuer dans les fissures vides des voussoirs précédents et ont produit, par suite, des mouvements de détail dans les sens les plus variables. On voit, en même temps, des chaînes récentes déborder sur des chaînes antérieures avec une direction de plissement totalement différente de la leur. Enfin le tout a été troublé par les effondrements, qui semblent être intervenus, avec une intensité de plus en plus grande, à mesure que les plissements plus localisés suffisaient moins à contrebalancer la contraction terrestre. Néanmoins, dans l'ensemble, tout paraît s'être passé, dans l'hémisphère Nord, comme si la zone des massifs polaires avait progressivement accru son domaine et refoulé la zone plissable intermédiaire vers la zone des massifs équatoriaux. Ainsi se sont produites anciennement, par une conséquence directe, ces mers intérieures en forme de longs sillons, dirigés suivant des parallèles, que nous aurons à étudier en paléo-géographie[3] et dont la Téthys mésozoïque d'Asie, la Méditerranée d'Europe, sont les

---

1. L' « éventail » du Mont Blanc entre Chamonix et Courmayeur est un cas très accidentel de ce genre. On conçoit que l'allure des plis doit être influencée par la hauteur et la vitesse relatives des deux mâchoires en mouvement. Si celles-ci pouvaient se déplacer horizontalement, l'une vers l'autre, avec la même vitesse et en restant au même niveau, la zone intermédiaire comprimée surgirait entre elles et se déverserait des deux parts symétriquement. En fait, l'Arrière-pays semble d'ordinaire surplomber l'Avant-pays et s'avancer avec charriage par-dessus lui (comme dans une faille inverse).

2. Voir le sens du mot *horst*, page 359.

3. Voir pl. IV, p. 487. Nous signalerons, p. 401, des sillons Nord-Sud dans la région arctique, où les plissements Nord-Sud semblent avoir anciennement dominé (directions archéennes, chaînes calédoniennes, Oural hercynien, etc.).

représentants les plus caractéristiques, tandis que, dans la même région, les mers à axe Nord-Sud, comme l'Océan Atlantique, la mer Égée, la mer Rouge, la mer des Indes, sont le résultat, généralement récent, d'effondrements verticaux.

Enfin on remarquera que, dans notre interprétation des faits, la différence établie entre les diverses parties de l'écorce devient surtout une différence de structure physique, de compacité, de solidité : les sédiments, encore flexibles et plastiques, s'étant déformés par plissements, tandis que les roches cristallines, ou les sédiments recristallisés par injection métamorphisme, se déformaient par fractures et par effondrements. Comme la base des sédiments est nécessairement partout constituée de roches cristallisées, cette déformation par fractures devrait dominer dans la profondeur et l'on pourrait supposer que de semblables déplacements relatifs de voussoirs ont existé partout à la base des zones plissées, si l'on n'était en droit de faire intervenir une refusion, ou du moins un ramollissement, de ces parties cristallisées profondes, au-dessous des grandes accumulations de sédiments destinées à subir des plissements. On sait, en effet, et j'ai déjà rappelé plus haut[1], que l'apport de sédiments sur un fond a pour conséquence certaine de le réchauffer, d'y « relever les isogéothermes », puisque ce fond s'éloigne de plus en plus de la surface à température uniforme pour prendre part de plus en plus à la chaleur interne. Un voussoir de l'écorce, déprimé par un effondrement et ayant donc formé la base d'une cuvette, où s'accumulaient les débris empruntés aux saillies voisines, a pu ainsi se réchauffer peu à peu assez pour se ramollir et fléchir : d'où l'approfondissement de la cuvette ; d'où la superposition de sédiments plus épais ; d'où un réchauffement nouveau. Ainsi ce qui n'était au début qu'un compartiment effondré a pu se transformer en un bassin de plissement, rempli de terrains sédimentaires, susceptibles, sous un effort de compression nouveau, de prendre l'allure plissée, de saillir en chaîne montagneuse. On arrive par là à la conception de ce que nous avons appelé des « géosynclinaux », c'est-à-dire des zones faibles et affaissées de l'écorce, des dépressions remplies de sédiments particulièrement épais, jouant ensuite le rôle de membranes élastiques entre les pièces rigides des butoirs et prédestinées, dès lors, à manifester l'effort maximum des plissements. Ces zones géosynclinales, dans notre façon de concevoir les phénomènes, se seraient progressivement réduites en largeur ; mais leur partie la mieux caractérisée aurait toujours été au pied des butoirs formant falaises

1. Page 373.

et aurait ainsi préparé les chaînes de plissement montagneuses, qui les ont contournées. Ces notions vont se préciser par la description méthodique des diverses zones, auxquelles je viens de faire allusion.

La Planche I, qui servira d'illustration à cette description, a pour but de synthétiser tout un faisceau d'observations géologiques, que rendent malheureusement incomplètes, soit les lacunes de nos explorations, soit l'impossibilité même de les entreprendre : sous les glaces polaires (où se trouve le nœud de si nombreux problèmes), sous les sables désertiques ou sous les océans. Il ne faut donc y voir qu'un schéma théorique et provisoire.

J'y ai fait ressortir, en accusant par le système de projection géographique leur disposition en ondes concentriques autour du pôle Nord, trois principales zones tectoniques inégalement anciennes[1] :

1º Les grands faîtes primitifs, dont le rôle a été si capital comme butoirs solides de tous les mouvements ultérieurs : le massif canadien ; le Groënland ; le massif Finno-scandinave ; le massif Sibérien ; les môles problématiques de la Chine Orientale ou du Pacifique ; le môle Hindou ; l'amorce des môles Africain et Brésilien.

2º Quelques tronçons mal reliés de la zone calédonienne, où se sont fait sentir les plissements de la fin du silurien : tronçons qu'il y aura lieu d'étendre un jour aux dépens de certaines parties attribuées aux faîtes primitifs, où le silurien plissé n'a pas encore été reconnu.

3º La zone affectée par les plissements hercyniens carbonifères ;

4º La zone affectée par les plissements tertiaires.

Pour l'observateur vulgaire, ces trois ou quatre différentes zones tectoniques se présentent dans des conditions singulièrement différentes : les premières, comme de vastes plaines ou des plateaux ; la dernière, comme une série de hautes traînées montagneuses. D'un côté, les paysages tabulaires des régions boréales, de l'Afrique Centrale, etc. ; de l'autre, les aspects plissés et déchiquetés, beaucoup plus accidentels en réalité, quoique notre petite Europe, où ils sont la règle, nous ait familiarisés avec eux. Mais, au-dessus des plateaux ou des plaines abrasées, le tectonicien reconstruit, par la pensée, les milliers de mètres que l'érosion a supprimés ; il revoit un peu partout ces chaînes de plissement détruites jusqu'à la racine, telles qu'elles

---

1. J'ai indiqué, pour chaque zone de plissement, son mouvement le plus récent Plus les travaux se multiplieront, plus on sera amené à considérer de phases intermédiaires et déjà il m'a fallu parfois englober, dans les phases hercyniennes ou tertiaires, des plissements, soit post-permiens, soit post-jurassiques.

ont été au moment de leur apparition et, à ce qui est pour lui la vieil-
lesse fatiguée de la Scandinavie ou de l'Écosse, de la Sibérie, du
Canada ou de la Bohême, il substitue aisément l'image de leur jeunesse géologique. C'est ainsi qu'il arrive à faire abstraction de l'érosion, qui seule rend les chaînes de plissement plus ou moins arrondies,
émoussées ou aplanies, suivant que, ces chaînes étant plus ou moins
anciennes, elle a eu plus ou moins de temps pour agir, et les Himalayas ou les Caucases se redressent pour lui, dans les régions polaires,
tels qu'ils ont dû exister aux époques primitives du globe.

Nous allons bientôt étudier quelques-uns de ces éléments tectoniques. Voyons encore auparavant quelle est leur répartition géographique dans les diverses grandes divisions du globe.

La *zone arctique* est particulièrement bien mise en évidence sur
notre planche I et nous venons déjà de la signaler comme le horst
universel. Dans l'ensemble, c'est, nous l'avons dit, un massif très
ancien, où domine le régime tabulaire et qui constitue une sorte de
base perpendiculaire à l'axe terrestre. Mais, suivant une loi générale
déjà énoncée, les éclatements accompagnés de dénivellations verticales y abondent, comme dans tous les horsts. Il y a là des régions
fortement faillées, avec de grandes cassures méridiennes, accompagnées de fosses d'effondrement profondes et de manifestations volcaniques. Par endroits, on y retrouve des sillons plissés à direction
plus ou moins Nord-Sud, dont la détermination précise est un des
nombreux problèmes intéressants que posent ces régions polaires :
sillons calédoniens sur les deux bords du Groënland ou au Spitzberg,
sillons hercyniens de la Novaïa Zemlia et de l'Oural ; indices de plis
tertiaires au Nord-Ouest du Spitzberg ou dans la Terre de Grant, etc.

L'*Europe* ne doit être considérée que comme un cas très particulier, tout spécialement compliqué et inachevé de l'Eurasie. C'est
cette complication topographique et cet inachèvement qui ont déterminé les sinuosités des côtes, les pénétrations profondes de la mer, la
multiplicité des fleuves, le caractère moins grandiose, plus restreint,
plus disséminé, plus abordable aux premiers efforts humains, par
lesquels les progrès de la civilisation ont été si puissamment
influencés. Notre mer intérieure, la Méditerranée, qui n'est pas un
fossé mais un lien entre des parties intimement unies l'une à l'autre
bien que rattachées à des continents distincts, est le dernier indice
subsistant, sans doute provisoire, d'un état de choses qui, plus à l'Est,
a disparu en Asie depuis les temps tertiaires et dont la disparition a
soudé l'Asie en une seule masse.

Dans la formation du continent européen, la partie ancienne est le massif finno-scandinave, auquel s'applique à l'Ouest la chaîne calédonienne des Grampians et de la Norvège. En pendant, de l'autre côté de la Méditerranée, nous trouverons le massif archéen d'Afrique et la chaîne calédonienne du Sahara. C'est dans l'intervalle que se sont accumulés les plis hercyniens, dont la zone d'extension va du Cornwall à la Meseta marocaine, de la Bohême au Tidikelt Saharien. Cette zone hercynienne, qui ici se trouve prendre une direction Est-Ouest, devient Nord-Sud plus à l'Est dans l'Oural, où elle est pincée entre le môle scandinave et le môle sibérien. Enfin, les derniers efforts de plissement tertiaires se sont localisés dans la partie centrale de la traînée hercynienne, des deux côtés de la Méditerranée, en contournant de leurs sinuosités des îlots archéens, et quelques effondrements, propres à cette zone méditerranéenne ou aux parties contiguës des massifs hercyniens, ont complété le modelé européen.

Vers l'Est, si nous passons en *Asie*, nous retrouvons au Nord un môle archéen à ceinture calédonienne, sur lequel s'est appliquée la grande zone hercynienne de l'Altaï, dont un rameau, insinué entre la Sibérie et la Finlande, forme l'Oural et le Timan.

A ce môle sibérien correspondent au Sud le môle hindou et le môle sinien (ce dernier probablement prolongé aussi, sous les bassins carbonifères du Chansi, par une zone calédonienne). Entre eux, les chaînes hercyniennes de l'Indochine s'intercalent, comme nous venons de le voir pour l'Oural. Mais ici les efforts de plissement tertiaires ont eu une zone d'extension tellement vaste qu'ils ne semblent pas avoir ménagé, au Sud de l'Himalaya ou en Arabie, une zone hercynienne correspondante à celle de l'Afrique. La compression, qui s'est exercée sur eux, a fait également disparaître toute trace d'une ancienne Méditerranée. Elle a, enfin, déterminé des dislocations disjonctives avec surélévations colossales de certains voussoirs internes et affaissement relatif de coulisses intermédiaires, qui ont amené l'allure en marches d'escalier de l'Asie Centrale. Là subsistent évidemment des tronçons calédoniens et hercyniens, seulement dénivelés verticalement sans plissement, dont la disposition réelle nous est encore inconnue et que nous indiquons très hypothétiquement dans le Nan-chan et le Tsingling-chan.

Tandis que les mouvements tertiaires dominent ainsi en Asie, ils sont à peu près absents de l'*Afrique*, si on laisse de côté la zone du Maroc à la Tunisie qui se rattache intimement aux conditions européennes. L'Afrique est, en grande partie, un plateau tabulaire, à relativement rares dislocations récentes. De là viennent sa structure compacte, sa difficile pénétration et son uniformité. Cependant il existe, dans cette masse, des régions plissées relativement anciennes, dont l'extension est peu à peu révélée par les progrès des explorations. Ce sont, d'abord, de très vastes zones calédoniennes où le dévonien supérieur passe horizontalement sur du silurien plissé, comme autour du môle sibérien : le Sahara, le Dharfour, etc., au Nord, et, à l'autre bout de l'Afrique, les régions à dévonien inférieur plissé de la colonie du Cap. D'autres plissements plus récents d'âge hercynien ont affecté le dévonien supérieur ou même la base du carbonifère : d'un côté, dans la Meseta marocaine et le Tibesti ; de l'autre, vers le Zambèze.

Les deux *Amériques* sont constituées par deux massifs archéens à ceinture hercynienne qui, vers l'Ouest, ont refoulé contre le continent Pacifique la chaîne tertiaire des Montagnes Rocheuses et des Andes. Dans la « Méditerranée » intermédiaire du golfe du Mexique et de la mer des Caraïbes, des rameaux de cette chaîne tertiaire se sont insinués en serpentant, comme ils l'ont fait dans la Méditerranée européenne.

L'*Océan Pacifique* actuel représente, suivant toutes vraisemblances, un ensemble très complexe, qui se trouve masqué pour nous par une période de vaste transgression analogue à celles qui, en Eurasie, ont à peu près tout couvert dans la seconde partie du dévonien ou au début du supracrétacé. Seules, les chaînes plissées nous sont révélées par leurs sommets insulaires dans le Japon, les Indes Orientales, etc. ; mais les massifs tabulaires, dont le refoulement contre l'Asie ou contre les deux Amériques a produit ces plissements, nous sont dissimulés par les eaux.

Enfin, au Sud, le continent montagneux de l'*Antarctide*, pour lequel il faut attendre des informations qui donneront la clef de bien des problèmes géologiques, offre peut-être quelque chose d'analogue à l'Amérique du Sud : d'un côté, une chaîne montagneuse plissée reliant les Andes à la Nouvelle-Zélande ; de l'autre, un massif plus ancien dans les deux directions de l'Afrique du Sud et de l'Australie.

Sans insister sur ces données très générales, nous pouvons maintenant envisager, dans leur ordre de consolidation, quelques-unes des zones tectoniques qui viennent d'être signalées.

A. MASSIFS PRIMITIFS. — A l'origine, nous voyons, autour du pôle Nord, les quatre grands massifs précambriens disposés presque symétriquement, avec une allure en pétales de fleurs, qui a dû s'accentuer très notablement par les effondrements tertiaires à direction méridienne si caractérisée, mais dont quelques traits, à peu près Nord-

Sud, sont pourtant plus anciens que le tertiaire, comme les plis calédoniens entre l'Amérique et le Groënland, ou à l'Ouest de la Scandinavie, et le pli hercynien de l'Oural.

L'ensemble de ces massifs polaires affecte une certaine disposition
d'ensemble, déjà signalée plus haut, en triangle sphérique, que les
ondes concentriques hercynienne et tertiaire, venues postérieurement,
accusent encore mieux.

D'un côté, une des bases est parallèle au littoral Pacifique, vers
lequel les ondulations paraissent, de tous côtés et de tous temps, s'être
propagées librement, soit en Asie, soit en Amérique, entraînant ce
parallélisme des rides montagneuses et des côtes, qui est la caractéristique fondamentale du type Pacifique. Les deux autres côtés, plus
compliqués, sont : l'un, parallèle à la longueur de l'Asie et perpendiculaire à l'Oural; le dernier, perpendiculaire à l'axe de l'Atlantique.

Les quatre tronçons qui constituent ce horst universel des régions
arctiques sont séparés les uns des autres par des fosses d'effondrement (à axe méridien parfois plissé), ayant pu être déjà indiquées
anciennement : celle à l'Ouest de la Norvège, au moins à l'époque
silurienne; celle de l'Oural, à l'époque carbonifère; celle entre le
Groënland et l'Amérique, peut-être également dès le silurien; les
autres seulement à l'époque tertiaire. Ces quatre massifs de terrains
archéens plissés et cristallisés offrent des plates-formes solides, qui
ont pu être recouvertes par la mer, comme le sont encore certaines de
leurs zones plus basses, mais qui n'ont plus subi de plissement depuis
les périodes tout à fait primitives de l'histoire géologique : en sorte
que les sédiments, déposés à une époque quelconque sur eux par les
transgressions marines, y sont restés horizontaux et y ont subi, à l'état
de tables horizontales, les érosions, par l'effet desquelles ils se sont
démantelés et ont souvent disparu[1]. Cette disposition des terrains en
strates horizontales est un trait caractéristique de la plupart des
paysages polaires, que nous retrouverons également sur les autres
massifs primitifs ou calédoniens.

Le principal de ces massifs est le *Bouclier Canadien*, qui occupe la
plus grande partie de la Puissance du Canada, autour de la cuvette en
pente douce formée par la baie d'Hudson.

1. Par exemple, les terrains de la plus grande partie du Spitzberg présentent,
depuis le dévonien, cette horizontalité si caractéristique. Mais, outre les plissements calédoniens qui y sont parfois visibles sous ce manteau, on observe même, à
l'Ouest de cette île, quelques plis post-jurassiques. Vers le Sud, à l'Ile aux Ours, on
trouve, en discordance sur le silurien, divers termes du dévonien au trias marin
avec transgressions séparatives.

Ce massif disparait, au Sud, sous les terrains paléozoïques horizontaux, le long d'un arc convexe, que jalonnent, d'une façon très remarquable, les dépressions orographiques linéaires du Saint-Laurent, des Grands Lacs, des lacs Winnipeg, Athabasca, des Esclaves et du Mackenzie. De même, au Nord, du Mackenzie à la Terre de Grant, les terrains primaires, par zones parallèles au rivage arctique, s'inclinent faiblement vers le pôle. Mais, plus à l'Est, on observe, dans la Terre de Grant, sur le Greely Fjord, du trias plissé qui forme sa limite. Enfin, au Nord-Est, le plateau se termine par une chaîne gneissique montagneuse, dépassant 2.000 mètres, qu'on suit, le long du Labrador, à l'Ouest du détroit de Davis et du détroit de Smith, vers la terre de Grinnell, et à l'Est de laquelle un effondrement, jalonné par des roches éruptives tertiaires, le sépare du Groënland[1].

Dans toute cette région, les caractères sont les mêmes : terrains archéens plissés, puis très anciennement arasés en un bouclier légèrement convexe et, par-dessus, tables horizontales de terrains très variés, laissés par d'inégales transgressions marines, et commençant : souvent au silurien supérieur (3) dans la région Nord et Nord-Est, autour de la baie d'Hudson, dans la terre de Baffin et à l'embouchure du Saint-Laurent ; au cambrien (1), du côté Sud, vers le Lac Supérieur ; enfin au dévonien pétrolifère (7, 8), dans tout l'Ouest, depuis le lac Winnipeg jusqu'à l'embouchure du Mackenzie.

Par suite de l'érosion, ces terrains, disparus sur le centre plus saillant du massif, mais conservés sur sa périphérie plus basse, semblent lui former une sorte d'auréole vers le Sud ; ils s'enfoncent progressivement en pente douce sous des terrains de plus en plus récents, qui masquent à la surface le prolongement du bouclier, mais qui en laissent soupçonner la présence profonde par la régularité de leur stratification, sur laquelle les plissements ne sont pas venus agir[2].

Le *Groënland* est limité, à l'Est et à l'Ouest, par des effondrements tertiaires, que jalonnent des roches éruptives récentes, basaltes, etc. Lui-même constitue un plateau d'archéen, avec une mince bordure de silurien plissé au Nord-Est, vers l'Hudson Land, et un recouvrement de terrains horizontaux allant du dévonien au tertiaire.

1. Les fractures souvent récentes, de direction à peu près méridienne, semblent, nous l'avons dit, s'accumuler dans la zone polaire : plateau du Spitzberg, bords du Groënland, terres de Grant et de Grinnell, îles Parry, etc., et de nombreux phénomènes volcaniques les accompagnent. On sait que l'expédition de Nansen a trouvé des fosses de plus de 3.000 mètres.

2. On a figuré sur la carte, par des hachures de même couleur rose, le prolongement probable du plateau sous un manteau de recouvrement sédimentaire non plissé.

Puis vient, en Suède et Finlande, le *Bouclier Scandinave ou Baltique*, au centre duquel la mer Baltique forme le pendant de la baie d'Hudson au centre du Bouclier Canadien, et qu'entoure, de même, à l'Est et au Sud, une traînée continue de golfes et de lacs (mer Blanche, lac Onega, lac Ladoga, golfe de Finlande), située exactement sur la ligne incurvée, où le bouclier archéen disparaît sous une auréole paléozoïque, le long de ce qu'on appelle le *glint*[1].

Ici aussi, des terrains archéens, plissés et érodés avant le silurien (2 à 4), sont recouverts de terrains paléozoïques horizontaux (depuis le cambrien (2) au Sud du golfe de Finlande, jusqu'au dévonien pétrolifère (10) à l'Est) : terrains qui, tant par l'inégalité des trangressions que par les effets de l'érosion, subsistent seulement sur sa périphérie, au delà du glint, ou dans certaines fosses d'effondrement longitudinales, comme le bassin silurien de Kristiania[2]. Vers le Sud et le Sud-Ouest, ce manteau, à peu près horizontal et non plissé, s'en va très loin jusqu'à l'Ukraine et à la Podolie[3], constituant la Plate-forme Russe, sur laquelle sont venus déborder directement, du Sud au Nord, les plis tertiaires des Carpathes. On retrouve, sur les bords du Dniester, le silurien et le dévonien presque horizontaux, terminés par le grès rouge dévonien, et leur limite apparaît brusquement marquée par le champ d'affaissement du Prut, ou la vallée de la San, près de Sandomir.

Vers le Nord-Ouest, ce plateau s'est trouvé également débordé à une époque beaucoup plus ancienne ; il est recouvert là par les charriages, venant d'une grande chaîne, plissée à l'époque calédonienne, qui reliait alors la Norvège à l'Ecosse ; cette chaîne, à son tour, se termine à la chaîne montagneuse gneissique des Lofoten et des Hébrides, que l'on peut assimiler à celle du Labrador, et l'on arrive enfin, vers l'Ouest, à l'effondrement Atlantique, avec son axe volcanique si bien dessiné par les éruptions actuelles de l'Islande et de Jan Mayen, par les volcans plus anciens du Groënland, de l'Irlande, des Hébrides, etc.

Quand on s'éloigne vers l'Est du Bouclier Baltique, on trouve, après les terrains transgressifs à peu près horizontaux, qui représentent l'ancienne mer russe paléozoïque, une chaîne plissée hercynienne de

---

1. M. Suess a désigné, d'une façon générale, sous ce nom de *glint*, qui indique une *falaise* dans les Provinces Baltiques, les lignes d'escarpements formées de couches horizontales, quand ces falaises sont produites, non par une fracture, mais par une dénudation (II, 96). C'est ainsi que le Bouclier Scandinave est compris, à l'Est et à l'Ouest, entre deux lignes de glint et que le bord Sud du Bouclier Canadien en forme une autre.

2. La traînée cambrienne et silurienne des îles d'Oland, Gotland et du golfe de Finlande porte peut-être l'empreinte d'un mouvement calédonien.

3. Voir la planche III à la fin du volume.

direction méridienne (Oural et monts Timan), sur laquelle je reviendrai bientôt et, après avoir franchi les plaines de la Sibérie occidentale, couvertes par les transgressions tertiaires, on arrive au quatrième de nos grands massifs précambriens, celui de la Sibérie.

La structure du *Massif Sibérien* commence aujourd'hui à apparaître avec quelque clarté et j'ai pu y distinguer ailleurs plusieurs zones concentriques formant : la plate-forme primitive de la Léna et de l'Aldan ; puis la ceinture calédonienne de l'Iénisséi et de l'Olekma, avec ses imprégnations aurifères diffusées par le métamorphisme régional ; les chaînes hercyniennes qui se rattachent à l'Altaï ; enfin, au Sud, les plis tertiaires [1].

Au Nord d'abord, on trouve, entre l'Iénisséi et la Léna, depuis l'Océan Glacial jusqu'au lac Baïkal, un immense plateau, qu'il me semble naturel d'assimiler à nos précédents boucliers, malgré la différence d'aspect introduite par la persistance du manteau paléozoïque : plateau à soubassement archéen plissé peu visible, recouvert par des tables horizontales de cambrien (2), de silurien salifère (4), et d'un peu de dévonien (5) ou de carbonifère lacustres.

Ce plateau paraît avoir été exactement l'homologue de l'Hindoustan, de l'autre côté de cette grande mer intérieure mésozoïque, que l'on a appelée la Téthys (Himalaya, Tonkin, etc.). On y retrouve, pardessus le plateau paléozoïque, abandonné par la mer depuis le silurien, des lambeaux également horizontaux de terrains à lignites assimilables aux formations lacustres du Gondwana hindou (permien au jurassique [2]) et d'immenses coulées de laves basiques (avec restes de cratères, etc.) ayant pu commencer avec ces dépôts du Gondwana, pour se continuer jusqu'au crétacé, ou même au tertiaire [3]. Ces éruptions, très développées entre l'Iénissei et la Léna, se prolongent jusqu'à l'embouchure de ces deux fleuves, et même sans doute jusqu'à la terre de François-Joseph, où leurs équivalents paraissent dater du jurassique.

La périphérie de ce massif est formée par une zone où le silurien apparaît plissé : zone qui ne constitue pas, à proprement parler, de

1. Voir les planches I et II, à la fin du volume. Pour tout ce qui concerne la Sibérie et plus généralement l'Asie, je demande la permission de renvoyer à mon ouvrage sur *la Géologie et les Richesses minérales de l'Asie* (Paris, Béranger, 816 p., et 10 pl.), dont la pl. I donne une carte d'ensemble des plissements asiatiques et la pl. II (en couleurs) une carte tectonique et métallogénique de la Sibérie. On y trouvera, p. 202 à 254, la géologie de l'Asie Russe.

2. Ces mêmes terrains occupent de vastes étendues en Chine, Mongolie, Sibérie, etc. et prouvent l'existence très ancienne d'un grand continent Sino-Sibérien, analogue à celui du Gondwana hindou.

3. Ces laves ont souvent transformé en graphite les lignites de l'âge du Gondwana, notamment sur le bas lénisséi.

chaîne montagneuse, mais que l'on peut suivre, le long de l'Iénisséi, à l'Est de ce fleuve, puis de Krasnoïarsk à Irkoutsk et, à l'Est, le long du Baïkal, sur le Vitim, dans le plateau de la Patom, etc.

Ces plis semblent, d'une façon générale, avoir subi un mouvement partant du Sud et être venus s'appliquer sur le massif primitif, comme si ce massif en forme de coin s'était resserré sous la pression des chaînes montagneuses plus méridionales à mouvements postérieurs. A mesure que nous descendons vers le Sud, nous les voyons influencer des terrains de plus en plus récents : d'abord du dévonien, puis du carbonifère, du permien, enfin du jurassique même quand on arrive à Blagovietchensk sur l'Amour, ou dans le district de l'Amgoun[1]. Nous retrouvons donc, en Asie Centrale, la même localisation progressive des plis qui domine la tectonique européenne. Il paraît y avoir eu là une série de vagues, dont les plus méridionales sont aussi les plus récentes, celles de l'Himalaya : vagues résultant d'une compression générale entre les deux masses primitives de la Sibérie et de l'Inde avec refoulement et charriage par-dessus l'Avant-pays septentrional. Ces vagues, très resserrées dans l'axe méridien, où ces deux masses se rapprochent l'une de l'autre, semblent, au contraire, avoir pu s'élargir et s'étaler plus librement, vers l'Est, jusqu'à l'Océan Pacifique. Les superpositions de plis posthumes, que nous connaissons déjà en Europe, ont dû atteindre, dans cette Asie Centrale encore si mal connue, un caractère de généralité, qui a contribué à faire envisager le mouvement comme continu et indécomposable en chaînes de plissements successives.

Dans l'Asie Centrale, les manifestations dynamiques de la phase tertiaire, qui dominent, ont déterminé finalement de formidables déplacements verticaux, séparés par de grandes lignes de cassure grossièrement parallèles au sens des plis : des surélévations de horsts aboutissant à constituer les hauts plateaux du Tibet, avec des effondrements intermédiaires, comme celui qui a enfoncé le Lioukt-choun à 102 mètres au-dessous de la mer. Des manifestations éruptives très développées sont, comme toujours, en rapport avec les effondrements déterminés par de tels accidents de fracture.

Nos connaissances sur le *Massif Sinien* sont très incomplètes, non seulement parce que le pays est encore mal connu, mais aussi parce que les terrains de recouvrement empêchent d'y voir, sur de vastes étendues, l'allure du substratum[2]. On peut cependant reconnaître,

---

1. On peut suivre cette étude sur la carte tectonique de la Sibérie (pl. III de mon ouvrage sur l'Asie), où j'ai noté l'âge de ces accidents divers.

2. Voir dans l'*Asie*, la pl. V, carte d'ensemble des bassins charbonneux d'âge

dans l'Est, des tronçons archéens recouverts de cambrien horizontal, en Corée, dans l'Outai-chan, dans le Chan-toung et sur la côte en face de Formose. Des lambeaux calédoniens apparaissent dans le Fou-kien et le Tché-kiang. Sur le prolongement occidental du massif archéen, il est possible que cette zone calédonienne occupe une vaste extension vers l'Ouest dans une partie des bassins carbonifères du Chan-si et du bassin rouge jurassique du Sé-tchouan [1]. Car, dans tout l'Est de la Chine, il y a interruption de la sédimentation entre l'ordovicien et le carbonifère supérieur. Le carbonifère du Chan-si forme de vastes tables horizontales, disloquées par des failles ou des flexures, sur un substratum en partie gneissique et les bassins charbonneux de l'Ouest du Chan-toung présentent, dans des conditions analogues, du stéphanien (13) sur du cambrien horizontal (2) recouvrant un socle archéen plissé. Les terrains rouges du Sé-tchouan, faiblement influencés par les mouvements tertiaires, n'ont subi que des ondulations de large amplitude et, si une partie d'entre eux déborde sur les plis hercyniens, d'autres doivent être directement superposés à des plissements calédoniens ou même archéens.

Autour de ce massif, disons aussitôt que l'on connaît, dans le Liao-toung [2], une chaîne hercynienne, une première fois plissée après le sinien (2,3). Les bassins charbonneux du Pe-tchi-li et de la Mandchourie accusent également des plis hercyniens ayant affecté le carbonifère. On retrouve les mouvements hercyniens dans ce que Richthofen a appelé « le gril de Pékin » au Nord et à l'Ouest de l'Ordos, dans l'Ala-chan, où les grès supra-houillers eux-mêmes ont été influencés, dans le Loung-chan, les monts Richthofen, le Tsing-ling-chan, le Lopan-chan (à l'Ouest du bassin carbonifère du Chen-si) où l'ouralien (13) a été plissé. De ce côté, il est encore actuellement impossible de délimiter les zones restées stables depuis le permien, et celles sur lesquelles les mouvements tertiaires se sont fait sentir. Néanmoins l'influence dominante paraît avoir été hercynienne.

L'Inde péninsulaire forme également un faîte primitif, auquel s'est adossé l'Himalaya tertiaire [3]. En principe, des terrains archéens, plissés avant le précambrien (1) et constituant, par exemple, les monts Ara-valli, y supportent du paléozoïque horizontal (série de Vindhya). Par-

carbonifère et des lignes directrices de la tectonique en Chine, et la pl. VIII, carte géologique (en couleurs) de la Chine et de l'Indo-Chine.

1. Voir *Asie*, p. 374 et 384 à 388 pour le Chan-si et le Chan-toung, p. 332 pour le Sé-tchouan.

2. *Ibid*, p. 764 pour le Liao-toung ; p. 368 à 380 sur l'histoire stratigraphique de la Chine, avec carte des mers paléozoïques en Chine, p. 371.

3. *Asie*, p. 303 à 318.

dessus, viennent les couches lacustres, également horizontales, de
Gondwana, qui équivalent à la série de l'Angara en Sibérie ou au Karoo
de l'Afrique (13 à 20). Des mouvements très localisés, d'âge probablement hercynien, se sont traduits par les plissements de la série de
Vindhya dans les Ghates (près de Madras), ou par la discordance entre
le Gondwana inférieur (permo-carbonifère) et le Gondwana supérieur
(allant jusqu'au jurassique).

La structure de l'*Afrique*, déjà indiquée en deux mots, nous est
encore fort mal connue. Cependant certains traits commencent à ressortir des travaux qui se multiplient de jour en jour dans toutes les
directions. Le premier fait que ceux-ci ont mis en évidence est l'existence, dans toute la partie centrale et méridionale, d'un immense soubassement de terrains cristallins et prédévoniens, formant faîte primitif, avec recouvrement de terrains restés horizontaux.

Vers le Nord-Ouest, ce faîte est séparé de la chaîne hercynienne (Meseta
Marocaine et Tidikelt) par une vaste zone calédonienne à silurien plissé
qui comprend l'Ahnet au Sud d'In-Salah, le coude du Niger près de
Tombouctou, le Haggar, le Tassili des Azdjer, le Tibesti, le Dharfour
et le Plateau des Niam-Niam.

Au Nord-Est, ce faîte primitif africain embrasse (malgré les énormes
dislocations récentes qui ont affecté ces régions) l'Abyssinie, le pays
des Somalis, l'Égypte, le Sinaï, où les terrains sédimentaires, que l'on
retrouve au-dessus de l'archéen plissé (par suite des transgressions
carbonifère et crétacée) sont toujours restés horizontaux et ont
échappé, dès lors, aux plissements hercyniens ou tertiaires. Il englobe
également toute la Nubie et le Sahara Oriental, où le même caractère
d'horizontalité se retrouve partout et surprend le géologue, habitué
aux plissements ordinaires de nos régions européennes.

De même vers le Sud, soit que le silurien plissé n'existe pas, soit
qu'on n'ait pas su encore le reconnaître, de très vastes régions se présentent à nous avec l'apparence des massifs précambriens. En Afrique
Australe encore, la série plissée, dans la partie supérieure de laquelle
sont englobés les fameux conglomérats aurifères du Witwatersrand, a
pu être parfois comparée à la série précambrienne (1) du Lac Supérieur.
Elle est, en tout cas, antérieure au dévonien de Waterberg et discordante avec lui.

Par-dessus ces massifs huroniens ou calédoniens se sont déposés,
comme dans les autres massifs primitifs déjà examinés, des terrains,
en grande partie lacustres, présentant partout la même concordance
avec la même horizontalité. Souvent cette transgression commence

au dévonien (9), comme dans le Tassili des Azdjer ou dans le bas bassin du Congo (Niari, etc.).

En Égypte, au Sinaï et en Palestine, sur les terrains cristallins reposent en discordance ce qu'on a appelé les grès du désert (westphaliens 12 et permiens 14), par-dessus lesquels sont venus, après une longue émersion continentale, des grès crétacés de Nubie offrant une extension beaucoup plus grande. Ailleurs, en Afrique Australe, quand on ne voit pas trace de la transgression dévonienne, on trouve directement, sur le socle primitif, les épaisses formations du Karoo, assimilables à celles du Gondwana hindou, qui commencent par les conglomérats glaciaires de Dwyka, probablement carbonifères (13), et les couches d'Ecca, permiennes (14).

Enfin l'*Amérique du Sud* présente également, avec une parfaite netteté, dans le Brésil et la Guyane, un grand faîte primitif, recouvert, comme tous ceux que nous venons d'examiner, d'abord par des terrains paléozoïques horizontaux, puis par des dépôts lacustres mésozoïques avec charbon, également horizontaux, analogues à ceux du Karoo, du Gondwana et de l'Angara, enfin par des transgressions crétacées et tertiaires (ces dernières localisées dans deux bassins principaux de l'Amazone et du Paraguay).

A l'Ouest, ce massif Sud-Américain est remarquablement enveloppé par trois chaînes de plissement concentriques, de plus en plus récentes : la première, la plus orientale, que l'on peut envisager comme calédonienne, où le silurien (4), discordant sur le gneiss et plissé, a été recouvert directement de rhétien (20) ou de supra-jurassique pétrolifères (29) ; la seconde, assimilable à notre chaîne hercynienne ; enfin, la troisième, tertiaire, se recourbant elle aussi d'une façon très caractéristique autour du noyau primitif, pour raccorder au Nord la chaîne des Andes, par la cordillère de Colombie, la cordillère Caraïbe et la Trinidad, avec les Antilles et pour suivre, au Sud, l'inflexion si marquée de la côte occidentale vers le Cap Horn.

B) Tronçons calédoniens (post-siluriens). — On constate, dans bien des régions et, par exemple, en France, dans la Bretagne, le Plateau Central ou les Alpes, la trace de mouvements intermédiaires entre le silurien (4) et le dévonien (5), qu'a suivis, dans d'autres régions, une très générale transgression dévonienne. Mais, dans l'Europe centrale ou méridionale, ces plissements se sont trouvés masqués par des mouvements postérieurs. Il faut, pour les étudier, se rapprocher des faîtes primitifs septentrionaux, le long desquels ils ont pu former des rides, soustraites dans la suite aux plissements et devenues, en quelque sorte, partie intégrante des massifs primitifs. qu'elles ont agrandis en s'y accolant.

Parmi les régions où ce phénomène se produit, l'une des principales est l'Ecosse, l'antique Calédonie, ce qui a fait appeler cette série de plissements *calédoniens* ; on en retrouve la suite en Norvège et la continuité tectonique des deux pays montre avec évidence que la mer du Nord est un accident postérieur, sur la place future duquel la chaîne montagneuse post-silurienne a passé.

J'ai déjà signalé [1] les remarquables renversements, que présente cette chaîne : soit en Norvège, vers le Sud-Est; soit en Écosse, vers le Nord-Ouest. L'une des mâchoires de l'étau, dans lequel se sont faits cette compression et ce plissement, nous est connue : c'est, au Sud-Est, le massif Scandinave, étudié plus haut. Dans l'autre sens, nous trouvons aujourd'hui l'Océan Atlantique du Nord, jusqu'au lointain continent du Groënland ; il est bien vraisemblable que ce continent du Groënland, dont les bords, jalonnés de roches éruptives tertiaires, montrent le fractionnement récent, devait se prolonger, à l'époque silurienne, beaucoup plus près de l'Écosse, au delà même de l'Islande et que la couronne de massifs primitifs polaires, aujourd'hui séparée par de larges coupures, devait être plus continue [2]. C'est une des nombreuses raisons, qui mènent à imaginer un ancien continent Atlantique, dont nous verrons d'ailleurs, en paléogéographie, que l'effondrement à hauteur de l'Écosse a dû se faire à une époque récente.

Le tronçon calédonien, que nous sommes ainsi conduits à tracer, de l'Irlande au cap Nord et au Spitzberg, se présente avec une direction presque méridienne, fréquente pour ces tronçons calédoniens de la zone boréale et que nous retrouverons aussi pour l'Oural, dans une chaîne hercynienne, tandis que les chaînes tertiaires de l'Eurasie sont plus généralement Est-Ouest.

Tel est encore le cas pour le tronçon analogue, qui forme, au Nord-Est des États-Unis, les Montagnes Vertes et qui arrive presque à l'embouchure du Saint-Laurent [3]. Plus au Nord, du Saint-Laurent à la terre de Grinnel, les côtes Est du continent américain (Labrador, Presqu'île de Cumberland, Terre de Baffin), sont bordées par une chaîne montagneuse de gneiss plissé, assimilable aux curieuses cimes des Lofoten

1. Page 362.

2. Nous signalerons bientôt, dans le Nord du Groënland, sur les deux côtes Est et Ouest, deux tronçons calédoniens.

3. Le silurien inférieur et moyen (2, 3) y est plissé avec failles et renversements, tandis que le silurien supérieur (4) est discordant avec les étages inférieurs. En Écosse, le vieux grès rouge dévonien (5) est presque horizontal au pied des monts Grampians, où le silurien (4) est bouleversé.

sur le bord de la zone calédonienne en Norvège : chaîne qui pourrait aussi jalonner parallèlement l'ancienne continuation effondrée de la chaîne calédonienne vers le pôle Nord[1].

Du côté Est, cette chaîne gneissique est bordée par un effondrement tertiaire.

Nous retrouvons des plis calédoniens à l'Est du Groënland vers l'Hudson's Land, où la côte marque une fracture à épanchements basaltiques.

Enfin, quand il a été question des môles primitifs sibérien, chinois et africain, nous avons signalé d'importantes zones calédoniennes sur l'Iénisséi, la Léna, dans le Sahara, etc. Le raccordement de ces tronçons disjoints reste encore problématique.

C) Chaine hercynienne (carbonifère).—La chaîne hercynienne d'Europe, que l'on a appelée aussi armoricaine et varisque, est une chaîne alpestre antérieure aux Alpes et plus septentrionale, qui, à l'époque carbonifère [du dinantien (11) au permien (16) et, particulièrement, pendant le stéphanien (13)], s'est dressée de Séville à Clermont-Ferrand, Rennes, Nancy, Prague, Breslau, Odessa, etc., puis, suivant l'Oural, jusqu'à l'Océan Glacial. Dans les autres parties du monde, on retrouve la trace très nette de mouvements contemporains, que j'essayerai de raccorder avec ceux d'Europe et que nous appellerons, par extension, du même nom.

Quand on étudie cette chaîne, on porte, d'habitude, une attention particulière sur ses parties septentrionales, où les mouvements d'âge tertiaire, en relation avec le plissement des Alpes, ne se sont fait sentir que par des cassures et des effondrements locaux : la Meseta Espagnole, la Bretagne ou Massif Armoricain, le Plateau Central, les Vosges, la Forêt-Noire, la Bohême, etc. Il semble même parfois, dans les descriptions, que la chaîne se soit réduite à ces « môles », à cet Avant-Pays des Alpes, contre lequel les vagues alpines seraient venues plus tard se briser en le disloquant et que limite, par suite, au Sud, une zone effondrée particulièrement caractéristique (vallée du Guadalquivir, bassin du Rhône, Plateau Bavarois, plaine de Moravie, etc.). Quand on arrive dans ce qui est aujourd'hui la chaîne alpine, on ne parle plus qu'incidemment des plis hercyniens, dont le rôle, est, en effet, subordonné à celui des grands mouvements plus récents et, si l'on ne regarde pas les choses d'un peu près, il semble presque que cette zone alpine ait été épargnée par les accidents pré-

---

1. On connaît, sur le Smith Sund, entre le Groënland et la Terre de Grinnell, du silurien plissé, indice possible d'une traînée calédonienne ; mais, près de là, le secondaire lui-même est influencé dans la Terre de Grant.

cédents. Cela peut être vrai pour une partie méridionale de cette zone, comme nous le verrons en l'étudiant bientôt et je crois, en effet, que les chaînes de plissement successives ont pu avoir un rayon d'action différent les unes des autres, de telle sorte que, tout en se superposant dans une partie médiane, elles peuvent dominer, à l'exclusion presque absolue l'une de l'autre, dans les parties extrêmes. Mais tel n'est pas précisément le cas dans la région où les plis alpins sont le plus intenses et j'insisterai tout à l'heure sur les plissements hercyniens, que cette zone alpine avait antérieurement subis. Ces plis, en créant des directions faibles ou résistantes, ont eu une influence évidente sur les accidents postérieurs, comme une feuille de papier plissée une première fois tend à reprendre les premiers plis, si on la comprime ensuite, même dans une direction différente. Néanmoins nombreux sont les cas où l'on voit les plis tertiaires venir buter contre les plis hercyniens avec une direction toute différente ou même passer par-dessus eux (Maroc, Meseta espagnole, Carpathes sur les Sudètes, etc.).

Si nous prenons d'abord la description de la chaîne hercynienne à partir du Sud-Ouest, nous trouvons, en commençant, l'Espagne, que ses plissements ont couverte tout entière (voir la planche III, à la fin du volume).

L'*Espagne* est aujourd'hui divisée en deux parties bien distinctes par une coupure N.-E.— S.-W., que suit la vallée du Guadalquivir. A l'Ouest, c'est le plateau hercynien de la Meseta, resté à peu près intact depuis les mouvements carbonifères, sauf quelques effondrements locaux d'âge tertiaire. Là on trouve les terrains primaires disposés par rides sinueuses, que la carte ci-jointe met en évidence et dont quelques-unes ont reçu des dépôts stéphaniens (13) ultérieurement replissés. A l'Est, vient la Cordillère Bétique, replissée à l'époque tertiaire, où les plis hercyniens ont disparu sous ces nouveaux plis alpins, si ce n'est dans la zone littorale de Malaga à Almeria qui a son pendant marocain (archéen et silurien) de Ceuta à Melilla. Et, entre les deux, se trouve un très ancien détroit, postérieur cependant au carbonifère, peut-être un des effondrements consécutifs du mouvement hercynien, qui, d'Alicante à Cadix par Jaen, a fait communiquer longtemps la Méditerranée avec ce qu'il existait de mer dans l'Atlantique, avant l'ouverture pliocène (54) du détroit de Gibraltar.

Par un phénomène dont j'ai déjà signalé la généralité, cette ligne de faille, si manifestement oblique sur les plis anciens, s'est transformée elle-même ensuite en une direction de plis tertiaires.

Du côté Nord-Ouest, l'écrasement des plis de la Meseta hercynienne contre un butoir solide, aujourd'hui disparu dans l'effondrement Atlantique, paraît manifeste. Ces plis, dirigés en moyenne N.-W.-S.-E., se recourbent, d'abord vers le Nord, puis vers le Nord-Est et, dans les Asturies, on les voit envelopper curieusement, de leurs courbes concentriques, le terrain houiller productif, encadré par des terrains de plus en plus anciens, qui se sont retournés par-dessus lui. Ces terrains apparaissent aujourd'hui à l'état de cuvettes emboîtées, dont les plus extérieures, qui chevauchent les autres comme des écailles imbriquées, sont aussi les plus anciennes[1]. L'analogie de cette courbe avec celle qui s'est produite plus tard sur le même point, à l'époque tertiaire, pourrait laisser présumer que son prolongement vers le Nord a été analogue et que le carbonifère productif des Asturies est le prolongement incurvé de celui de l'Aveyron, prolongement lui-même de celui de la Basse-Loire[2].

Quand on franchit la dépression du Guadalquivir pour aborder la Cordillère Bétique, on entre dans une région, replissée une seconde fois pendant le tertiaire, et qui tient, de ces derniers plis tertiaires, sa structure caractéristique.

Dans cette région de l'Andalousie, il est évidemment trop simple d'imaginer, comme on l'a fait, un seul grand anticlinal primaire, dont la Cordillère Bétique tertiaire serait le flanc Nord et le Rif marocain le flanc Sud ; mais il y a eu, sans doute, plusieurs plis, dont les synclinaux ont peut-être déjà préparé la future dépression méditerranéenne et dont un anticlinal a pu relier la Sierra Nevada avec les Baléares.

On trouve, par exemple, depuis les environs de Grenade jusqu'à Minorque, la trace d'une même formation métallifère littorale, appartenant au permo-trias, que nous avons pu suivre ailleurs à travers toute l'Europe par la Provence, la Hesse, le Mansfeld, la Silésie jusqu'à l'Oural[3]. Vers le Sud-Est, la bande de terrains cristallins, qui reparaît sur la côte d'Algérie et qui accuse certains liens apparents avec le système sardo-corse, pourrait, à la rigueur, représenter aussi un alignement hercynien, dont le mode de réapparition et l'âge même de

1. Suivant M. Termier, il y aurait, dans les Asturies, charriage de nappes. Au Sud-Est des Asturies, le raccordement de la Meseta proprement dite avec la Sierra de Guadarrama et la Sierra de la Virgen ou la Serrania de Cuenca est hypothétique ; le tronçon de la Sierra de Guadarrama, notamment, paraît découpé par des failles. Cependant les terrains primaires indiquent bien l'inflexion figurée sur la carte.

Le grand mouvement hercynien, en Espagne comme en France, s'est produit entre le dinantien (11) et le stéphanien (13) (houiller productif) ; après quoi, ce dernier a lui-même été plissé.

2. La courbe qui va d'Almeria à Gibraltar, Ceuta et Melilla est analogue.

3. Ces minerais de la chaîne hercynienne, qui est l'une des grandes zones métallisées dans le monde, méritent une description approfondie et spéciale. (Voir Traité des Gîtes métallifères, Béranger, 1913, t. II, p. 760 à 788.

métamorphisme (peut-être tertiaire) demeurent très problématiques.

Qu'il y ait eu ou non, sur l'emplacement actuel de la Méditerranée occidentale, un tronçon hercynien disparu (voir pl. I), on peut, en tout cas, retrouver le pendant de la Meseta espagnole dans la Meseta marocaine et dans ses prolongements probables vers le Tidikelt, avec des directions qui, au lieu d'incliner dans le sens Est-Ouest, se rapprochent du sens Nord-Sud comme en Galice ou comme dans l'Oural [1].

Les *Pyrénées*, prolongées, à travers le golfe du Lion aux effondrements récents, par la Provence, ont peut-être formé, à la fin de la période hercynienne, un anticlinal secondaire, apparu sur l'axe du grand synclinal, ou, du moins, sur la place de la zone déprimée, qui a dû séparer le Plateau Central de la Meseta. C'est cette ride axiale, qu'une compression plus forte dans le sens N.-S. aurait fait surgir ensuite pendant l'éocène (44). Les principaux plissements hercyniens des Pyrénées semblent s'être produits au même moment que dans le Plateau Central, après le dinantien (11). Ils ont fait émerger une ride continentale là où la mer existait depuis de longues périodes géologiques. Comme dans le Plateau Central, ils se sont répétés avant le permien (13). Le mouvement des *Maures* et de l'*Esterel*, marqué par des éruptions porphyriques, qu'accompagnent des filons métallifères, semblerait, lui, permien. Tout au moins, les roches éruptives y sont-elles plus récentes que dans la grande masse de la chaîne hercynienne (porphyres permiens (14) et non plus dinantiens (11).

Si nous continuons à suivre cette zone méridionale en laissant au Nord les principaux tronçons hercyniens, dans les *Alpes*, le même phénomène se retrouve, mais souvent masqué à tel point par une remise en concordance résultant des plissements tertiaires qu'il en devient discutable. On retrouve néanmoins de nombreuses traces de plissements antérieurs au trias ayant affecté les terrains carbonifères.

Peut-être là où le substratum métamorphisé paraît avoir été ramené au jour, comme dans le Pelvoux et le Mont-Blanc, a-t-on d'anciens faisceaux de plis hercyniens, localement surélevés et replissés pendant le tertiaire.

Je viens de suivre là, pour plus de continuité, une ride que l'on peut considérer comme extérieure, et peut-être aussi postérieure, à la chaîne hercynienne. Le faisceau le mieux caractérisé de cette chaîne passe, au contraire, plus à l'Ouest, par le *Plateau Central*, où, grâce à la présence de terrains carbonifères appartenant à divers niveaux et aux plisse-

---

1. Ainsi que les plis calédoniens, les plis hercyniens ont souvent cette tendance à des directions méridiennes, à travers lesquelles les plis tertiaires sont passés en les disloquant et les refoulant.

ments qu'ils ont subis, on peut en suivre assez aisément les ondulations. Celles-ci sont marquées d'abord par les traînées de dinantien (11), où dominent les cinérites éruptives, représentant sans doute des dépôts de lacs peu profonds ; elles le sont aussi par les alignements de lacs plus récents, dans lesquels s'est déposé le stéphanien charbonneux (13), plissé à son tour avant le permien par un mouvement hercynien posthume. On verra, plus tard, au chapitre de la paléo-géographie, comment ces dépressions paraissent s'être creusées, du Sud au Nord, par ondes successives. Les mouvements du Plateau Central, accompagnés d'éruptions volcaniques, se sont prolongés depuis le commencement du dinantien (11) jusqu'au trias (17).

Vers l'Ouest, le *Massif Armoricain* est la suite naturelle du Plateau Central, que prolongent ses plis et, à ce massif, il faut presque certainement raccorder le Cornwall, le Devon et le Sud-Est de l'Irlande : l'ouverture de la Manche Occidentale, qui a séparé cette province anglaise de la France, ne s'étant faite qu'après le crétacé.

En Bretagne, d'après M. Barrois, le ridement principal (déjà esquissé à l'époque cambrienne) s'est produit au même moment que celui du Plateau Central, pendant le westphalien. Il en est résulté une série de rides N.-W.-S.-E., que l'on retrouve également dans le Cornwall et que vient couper transversalement, comme une cassure d'effondrement, devenue rivage au début du Bathonien (26), la limite Ouest du bassin de Paris, prolongée par celle du bassin de Londres.

Vers l'Est, les plis du Plateau Central se prolongent par ceux des Vosges et de la Forêt-Noire ; ceux du Massif Armoricain vont sans doute, à travers le bassin de Paris, rejoindre le Hundsrück ; ceux du Cornwall paraissent aboutir à l'Ardenne, à l'Eifel et au Sauerland.

La limite Nord de ces plis hercyniens est marquée par un long géosynclinal qui, du Pays de Galles à la Russie, est suivi par une très importante traînée de dépôts charbonneux d'âge westphalien (12).

Tout le *Massif dévonien Rhénan* est disposé en plis renversés vers le Nord et finissant par recouvrir, au Nord, une partie de ce sillon houiller[1]. A la traversée du Rhin, ces plis, dirigés N.-E., subissent, dans le Nord, un décrochement vers le Nord suivant le sens de la vallée et vont se raccorder avec ceux de la Westphalie. Plus au Sud, le Rhin représente une vallée d'écroulement tertiaire, qui paraît avoir amené une dénivellation de 2.500 mètres. Après quoi, les plissements hercy-

---

1. Ces mouvements de la région rhénane sont de la fin du carbonifère et leurs plis ont été là recouverts par 1.200 a 1.500 mètres de dépôts horizontaux, allant du permien (14) au jurassique supérieur (27). On connaît, dans le Plateau Central, des renversements analogues.

niens reprennent, de la Westphalie au Nord jusqu'au Jura allemand au
Sud, toujours avec la même direction N.-E., qu'ils gardent depuis le
Morvan ou le bassin de Saint-Étienne, mais pour disparaître bientôt
sous un manteau de terrains plus récents.

Il se produit là une interruption correspondant au grand champ
d'effondrement tertiaire de la Franconie et de la Souabe, qui paraît
s'être affaissé vers son centre et, plus au Nord également, à la traversée
de la Hesse ; puis on retrouve les plissements hercyniens dans le Harz
et le Thüringerwald.

Les plis du *Harz* ont toujours la même direction N.-E. et sont souvent
renversés au Nord-Ouest contre le granite du Brocken ; mais ils ont, en
outre, subi, sous une action de torsion prolongée jusqu'au tertiaire[1],
des cassures en étoilement, qui, métallisées, ont formé les faisceaux
de filons de Saint-Andreasberg, Clausthal, etc. Les plus anciens
de ces filons ont pu contribuer, par leur destruction, à fournir les
couches cuprifères permiennes du Mansfeld, qui bordent le Harz au
Sud-Est.

Au Sud du Harz, le *Thüringerwald* et le *Frankenwald* présentent, nettement, la même direction de plis hercyniens N.-E., quoiqu'ils aient été,
comme lui, découpés par des fractures transversales d'âge tertiaire en
un massif perpendiculaire à cette direction. Une grande faille d'effondrement tertiaire longe le bord Sud-Ouest de ces massifs, des environs
d'Eisenach à Meiningen et Ratisbonne[2], où elle rejoint une seconde
faille, dirigée suivant les bords du Danube. Une autre limite les mêmes
horsts au Nord, du côté de Gotha.

Puis vient le massif hercynien de la *Saxe* et de la *Bohême,* au Nord
duquel les plis ont éprouvé une torsion de la direction N.-E. à la direction N.-W. : torsion analogue à celle du Plateau Central, mais en sens
inverse et accompagnée de même, sur sa convexité, par l'ouverture de
très nombreux champs de filons métallifères (Freiberg, Annaberg, Joachimsthal, etc.) Tout ce massif de Bohême et de Saxe a, comme les
massifs précédents, subi, au moins dans sa partie Nord et Nord-Est, un
grand plissement, suivi de dénudation, au milieu du carbonifère, avant le
stéphanien (13)[3] ; puis, en général, le stéphanien s'est plissé à son tour
et une seconde dénudation a eu lieu avant le rothliegende (15), qui a

1. Là, comme en beaucoup de points des horsts hercyniens, des dislocations tertiaires se sont superposées aux mouvements carbonifères (Voir *Gîtes métallifères,*
t. III, p. 105 à 112).

2. Elle est suivie par du rothliegende (15) redressé, qui se retrouve aussi sur
l'autre bord, du côté de l'Odenwald.

3. Peut-être y subsiste-t-il, dans le Sud, un noyau primitif, non replissé par les mouvements hercyniens (Voir FRANZ SUESS, 1903, *Bau und Bild der böhmischen Masse*).

recouvert transgressivement une grande partie des massifs anciens. Après quoi, ont eu lieu encore des cassures tertiaires.

En arrivant à la vallée de l'Elbe, qui marque le passage d'une importante fracture tertiaire suivant le pied Ouest du Riesen-Gebirge, les plis hercyniens se recourbent à angle droit dans la direction N.-W.-S.-E. et viennent se rattacher ainsi aux *monts Sudètes* pour aller disparaître, d'une façon très régulière, au Sud-Est, sous les Carpathes.

Il existe là une zone particulièrement compliquée, où le plateau primitif, constitué par la Plate-forme Russe, s'est trouvé si rapproché des plis tertiaires, que ceux-ci, débordant par-dessus toute la chaîne hercynienne, sont venus buter directement contre lui.

C'est ainsi qu'en partant du Nord-Est nous trouvons, en Russie, jusqu'à une ligne marquée par les vallées du San et du Prut, les terrains siluriens et dévoniens horizontaux de la Plate-forme Russe. Puis vient, au Sud, le champ d'affaissement du Prut et, au Nord-Ouest, le petit massif plissé de Sandomir, où se manifestent des plis alpins, venus par-dessus des plis hercyniens. Après quoi, l'on trouve, entre Cracovie et Brünn, le carbonifère westphalien (12) de Silésie, englobé dans des plissements en forme de courbe concave vers le Sud, qui font apparaître des terrains de plus en plus anciens de l'Est vers l'Ouest et le tout bute contre une nouvelle faille, qui limite le massif Bohémien au Nord de Brünn.

Par suite de cette disposition, qui met particulièrement en relief le défaut de concordance entre les plis hercyniens et les plis tertiaires, les premiers passent, presque à angle droit, sous les seconds et on perd un moment la trace d'une chaîne hercynienne proprement dite, pour entrer dans une zone plus méridionale, où les mouvements carbonifères ont été recouverts par des plis tertiaires.

Tel était déjà le cas dans toute la chaîne des Alpes, notamment dans les Alpes Carniques, où le caractère hercynien est particulièrement bien accusé ; telle est aussi l'allure dans les deux rameaux tertiaires, entre lesquels s'introduisent les Alpes Carniques : d'un côté, les Alpes calcaires d'Autriche, que prolongent les Monts Métalliques de Hongrie, les Carpathes, puis, avec une double inflexion en S, les Alpes de Transylvanie et les Balkans ; de l'autre, les Dinarides.

On s'explique aisément l'extraordinaire torsion des Carpathes et des Balkans par le rapprochement exceptionnel de deux faîtes primitifs, la Plate-forme Russe et le massif du Rhodope[1]. L'inflexion des Dinarides, plus tard suivie par celle plus occidentale des Apennins, qui s'y rattachent sans doute, est également motivée par l'existence

---

1. Les îles de la mer Égée au Nord de Santorin, marquées, par une erreur d'impression, en roches volcaniques sur la pl. III, sont formées de cristallophyllien.

de ce même massif du Rhodope et d'un continent probable, la Tyrrhénide, dont la Corse, la Sardaigne et la Calabre représentent aujourd'hui les tronçons, disjoints par l'effondrement tyrrhénien [1].

Entre le 25e et le 30e degré de longitude, en approchant de la mer Noire, les plis hercyniens reprennent, avec plus ou moins de sinuosités, leur direction Est-Ouest. On en connaît un tronçon Nord-Ouest-Sud-Est dans la Dobroudja Roumaine.

Au Nord, on retrouve, dans le *bassin houiller du Donetz*, appliqué contre le faîte primitif, le prolongement possible à grande distance des bassins du Pays de Galles, de la Belgique, de la Westphalie et de la Silésie. La chaîne hercynienne reparaît là pendant 400 kilomètres, avec les trois étages carbonifères marins fortement plissés dans la zone centrale (tandis qu'ils sont à peine ondulés dans la Russie plus septentrionale) ; puis elle se perd de nouveau sous un manteau de sédiments tertiaires dans la vallée de la Volga et se recourbe très probablement autour du plateau primitif de la Russie, pour aller rejoindre l'Oural, entre le plateau Russe et le plateau Sibérien.

Plus au Sud, l'*Asie Mineure* paraît présenter, dans des conditions encore mal démêlées, des tronçons hercyniens ou archéens encadrés entre les deux plis des chaînes pontiques et des chaînes ciliciques et formant un plateau tabulaire dont on a pu chercher le prolongement dans celui de l'Iran. L'Arménie est un horst hercynien, avec plis posthumes triasiques [2]. Dans le Taurus Cilicien et l'Anti-Taurus, on a également une chaîne hercynienne, où le dévonien plissé contient les beaux gîtes métallifères de Bulgar Maden.

L'*Oural*, que prolonge la Novaïa Zemlia (Nouvelle-Zemble), représente un plissement hercynien, dont la direction méridienne, répétition possible d'un ancien plissement précambrien, s'explique par l'intercalation entre les môles Scandinave et Sibérien. Il y a là une zone faible, très anciennement marquée, de l'écorce, suivant laquelle se sont faites, à des époques très diverses, des transgressions marines, tantôt sur le versant Ouest de la montagne actuelle (dévonien, carbonifère, permien), tantôt sur le versant Est, par le Sud (détroit de Tourgaï) à l'époque tertiaire, ou par le Nord (transgression arctique). A l'Est, on peut dire que les plissements de l'Oural n'ont pas de limite

1. On a quelques raisons de rattacher la Corse et la Sardaigne au système hercynien. Le cambrien et le silurien y apparaissent, en effet, plissés et recouverts par une transgression de grès triasiques. La continuité de la zone des schistes lustrés relie la Corse aux Alpes Occidentales, où, comme nous l'avons vu, les plis tertiaires se sont superposés à d'anciens plis hercyniens. Après quoi, se sont produits des effondrements tertiaires. Sur la Sardaigne et son rôle dans la tectonique de la Méditerranée occidentale, voir un travail de TORNQUIST (Acad. de Berlin, 1903).

2. *Asie*, chapitre XVI, p. 283 à 301.

connue; ils disparaissent progressivement sous les terrains plats de la Sibérie occidentale[1]. Au Sud, ils se raccordent en s'incurvant avec les plis de la steppe Kirghise et de l'Altaï[2].

Plus loin, en *Asie*, nous connaissons une vaste zone de plissements carbonifères dans l'Altaï Russe, le Saïan, le Kinghan, et ces massifs hercyniens rappellent trait pour trait, par leur métallogénie comme par leur tectonique, ceux que nous venons de mentionner en Europe[3].

En se rapprochant de la côte pacifique, ce système de plissements, si rectiligne dans la région étranglée entre le massif sibérien et l'Hindoustan, semble s'épanouir en gerbe en rencontrant un certain nombre de môles primitifs, allongés parallèlement à cette côte, du golfe de Petchili au Cambodge. Un premier faisceau se coude à angle droit contre le môle Sinien, précédé par la Plate-forme déprimée de l'Ordos et tourne au Nord vers le Khin-gan. Un autre, qui prolonge le Kouen-lun par les monts Marco-Polo et le Tsing-ling-chan, se poursuit, avec une rectilignité remarquable, du Pamir au Houan. Le faisceau du Thibet, du Sétchouan et du Yunnan, qui comprend également du carbonifère inférieur et du silurien plissés, se coude, au contraire, vers le Sud entre le Yang-tsé-kiang, le Mékong, le Salouen et l'Iraouaddy, pour aller rejoindre le Tonkin, l'Annam, le Siam et la Birmanie.

C'est contre ce coude à angle droit que l'Himalaya, s'est, à son tour, moulé pour passer de la direction Himalayenne à celle de l'arc Birman.

Dans tout le rameau des Altaïdes, qui passe par la presqu'île de Malacca, les petites îles de Banka et Billiton, Java, etc., on retrouve un caractère très normal de la chaîne hercynienne, sur lequel nous aurons à insister au chapitre de la métallogénie, la présence des gîtes stannifères; puis la chaîne hercynienne disparaît, peut-être pour se couder vers le Nord et reparaître dans le Nord de Bornéo, à l'intérieur de la courbe si nette dessinée par les plis tertiaires.

Si nous passons à l'hémisphère austral, en *Afrique du Sud*, on trouve parfois le dévonien plissé recouvert en discordance par le Karoo lacustre, qui commence au carbonifère (11). Au Sud-Est du *môle primitif hindou*, la chaîne des Ghates paraît représenter un tronçon de chaîne calédonienne ou hercynienne. En *Australie Orientale*, une longue cordillère plissée, de direction Nord-Sud, suit toute la côte Est, de la Tasmanie au détroit de Torrès. Le dévonien très plissé (10) y est recouvert par du carbonifère marin très horizontal (12); après quoi on constate, jusqu'au crétacé (32),

---

1. A l'Ouest, la chaîne du Timan, également hercynienne, est d'âge permien.
2. Voir (*Asie*, p. 224) un schéma représentant ce raccordement.
3. *Asie*, pages 220 à 244 : les chaînes hercyniennes de l'Asie Russe.

une lacune correspondante à celle de l'Afrique australe et de l'Inde, avec sédiments lacustres ou glaciaires. Ce mouvement hercynien est accompagné de granites stannifères dévoniens dans le Queensland et le New-South Wales et, probablement, de filons aurifères, en relation avec des roches éruptives paléozoïques, que le carbonifère a parfois recouverts en discordance.

Ce ne sont là que des tronçons épars, aujourd'hui séparés par les immenses étendues de mer, qui occupent la plus grande partie du monde austral[1]. C'en est assez cependant pour montrer que, comme dans l'hémisphère boréal, des plissements ont dû s'élever, sur la région occupée par ces mers, entre un môle primitif antarctique, dont les explorations polaires retrouveront peut-être la trace et les môles de la zone équatoriale, qui formaient, d'autre part, l'Arrière-pays de nos plis européens.

Quand nous aborderons la paléo-géographie, nous verrons que, par cette voie également, on est amené à supposer, jusqu'à une époque relativement récente, l'existence de grandes masses continentales, ayant relié, par une chaîne plus ou moins continue, le Brésil à l'Afrique, à l'Inde et à l'Australie.

A l'Ouest du *Brésil*, dans l'axe de la chaîne des Andes, les caractères sont analogues : sous les derniers plis tertiaires, une chaîne hercynienne a dû exister, entre le môle brésilien et un Avant-Pays disparu, qui aurait occupé le Pacifique.

Enfin, il nous reste à chercher les plissements hercyniens en *Amérique du Nord;* là aussi, on les voit contourner le Bouclier Canadien jouant le rôle de faîte primitif ; ils se courbent entre celui-ci au Nord et le môle brésilien au Sud, dans la zone, qui, devenue plus étroite avec le temps, a provoqué l'incurvation tertiaire des Antilles, si analogue à celle des Carpathes.

A l'Est du Bouclier Canadien, les plissements carbonifères sont on ne peut mieux caractérisés dans les Appalaches, où ils ont succédé aux plis calédoniens des Montagnes Vertes et même à une première chaîne cambrienne.

On les retrouve là, comme Marcel Bertrand l'a fait depuis longtemps remarquer, avec les mêmes caractères qu'en Europe. Tous les terrains primaires, jusqu'au houiller et même jusqu'au permien, y sont plissés avec une régularité, qui rappelle les plis tertiaires du Jura. « Les plis s'abaissent progressivement à l'Ouest et ne se présentent plus que sous forme de molles ondulations en arrivant à la grande

---

1. Les effondrements sont très marqués à l'Est de l'Afrique, de l'Inde et de l'Australie.

plaine du Mississipi, où l'on rencontre la même série de terrains, mais à peu près horizontale. »

Vers le Sud, on est aujourd'hui parvenu à suivre les plissements du Tennessee à l'Arkansas ou de la Géorgie à l'Alabama, au Texas, ou au territoire Indien. Ces plis, qui, dans le dernier pays, semblent permiens, encadrent de vastes zones, où tous les terrains apparaissent horizontaux, sans doute superposés normalement, comme en Russie, à la Plate-forme primitive. Un pas encore à franchir et l'on vient se raccorder par l'Ouest, à la ligne des Montagnes Rocheuses, où de grands systèmes de failles et d'effondrements tertiaires, avec plissements connexes, ont découpé un massif, qui porte antérieurement la trace de plis carbonifères[1].

Puis on remonte, le long du plateau crétacé horizontal qui occupe la zone des prairies, entre lui et la chaîne tertiaire plissée, pour aller, par l'Alaska, rejoindre la Sibérie[2].

D. Chaîne Alp-Himalayenne. — La chaîne alpine ne comprenait, dans les idées des anciens géographes, que les Alpes proprement dites. Lorsque Élie de Beaumont commença à étudier les systèmes de montagnes et à introduire, dans la science, la notion de leur âge, il y distingua deux parties, les Alpes Occidentales et les Alpes principales, dont l'âge lui parut différent. Depuis les découvertes de la tectonique moderne, le sens géologique de la chaîne alpine s'est modifié; je proposerai, en adoptant le nom Alp-Himalayenne, de lui donner encore plus d'extension qu'on ne le fait d'habitude et d'y comprendre tous les plissements d'âge tertiaire, qui, à travers l'Europe, le Nord de l'Afrique et l'Asie, ou même l'Amérique, se relient de proche en proche les uns aux autres et ne font qu'un grand ensemble à peu près synchronique : c'est-à-dire toutes les hautes saillies montagneuses récentes de l'écorce terrestre, que l'érosion n'a pas eu encore le temps de détruire, comme elle l'a fait pour les montagnes plus anciennes, ignorées du topographe et retrouvées seulement, à l'état de ruines enfouies, par le géologue. Notre chaîne Alp-Himalayenne embrassera,

---

1. D'après M. Emmons, les Montagnes Rocheuses représenteraient un vaste anticlinal, émergé à diverses époques et surtout disloqué au milieu du carbonifère par un mouvement, qui a produit, dans les Elk-mountains, de grandes masses de conglomérats. Cependant, à Leadville (Colorado), le carbonifère est resté horizontal. On a récemment signalé, dans cette région, des plis et des renversements tertiaires, qui sont encore mieux accentués, vers le Nord, dans la région canadienne.

2. D'après M. W. M. Davis (in Lapparent. *loc. cit.*, p. 1810) toute la région dont nous venons de contourner la périphérie, aurait, au début de l'époque tertiaire, après avoir été d'abord aplanie, subi un mouvement de bascule avec relèvement du bord Est et descente du bord Ouest. C'est à ce mouvement que serait due la saillie actuelle des Appalaches, contrastante avec le nivellement des plaines du Mississipi.

en Europe, la Cordillère Bétique, les Pyrénées, les Alpes et le Jura, les Carpathes, les Balkans, les Apennins, l'Atlas et le Caucase. Elle y présente, d'ailleurs, ainsi que nous avons eu l'occasion de le dire, au moins trois rides successives : 1° Les Pyrénées, les chaînes Sud-Alpines et les Carpathes ; 2° les Alpes proprement dites avec la Cordillère Bétique ; 3° les Alpes illyriennes (ou Dinarides), les Alpes du Bergamasque, l'Apennin et une partie de l'Atlas. C'est dans l'ordre géographique, en procédant de l'Ouest à l'Est, que je vais essayer de la décrire.

La simple énumération précédente est particulièrement propre à montrer la complication d'une chaîne montagneuse, telle que nous l'entendons désormais. On le voit aussitôt, elle se compose, non pas suivant les idées trop simplistes qui ont prévalu autrefois, d'éléments rectilignes continus, ayant chacun leur âge précis, ni même d'une longue traînée onduleuse avec des rameaux divergents, mais d'une série de vagues parallèles, aux inflexions sinueuses, qui, mises en marche à des époques différentes et inégalement affectées par les obstacles antérieurs sur leur parcours, se sont propagées, les unes après les autres, dans le même sens et qui, tantôt se confondent, tantôt se substituent les unes aux autres, ou même se compliquent de flots revenus en arrière, après avoir buté contre un môle solide. L'aspect de la mer au voisinage d'une côte, si quelque phénomène venait à la fixer dans une de ses positions instantanées, donnerait une image grossière d'un tel soulèvement, avec cette différence toutefois que les terrains sédimentaires, malgré leur flexibilité extraordinaire et leur souplesse dans les plissements, ont nécessairement dû subir des ruptures par plans, auxquelles un liquide ne se prête pas. Dans certains cas, les courbes des plissements contemporains sembleraient presque décrire des ellipses continues, enveloppant quelque zone effondrée : ce qui ne pourra manquer de compliquer notre exposition. Et, comme je vais essayer de le démontrer, ces vagues des plis tertiaires, qui, vers le Sud de l'hémisphère boréal, s'arrêtent parfois brusquement contre des masses archéennes ou calédoniennes, ont trouvé, en montant au Nord : d'abord, une première zone, déjà affectée par les mouvements hercyniens, qui est devenue en général la zone de leurs propres plis les plus saillants ; puis, déjà amorties par cet effort, une rangée de butoirs également hercyniens, contre lesquels leur effort est venu se briser en les disloquant. Je me suis trouvé déjà insister sur le rôle des plis hercyniens dans les zones de plis tertiaires [1] ; c'est un côté de la question, que je

_____
1. Page 413.

laisserai donc ici de côté; je ne reviendrai pas non plus sur l'influence des effondrements, dont il a été déjà parlé plus haut[1], bien que la tendance actuelle à les supprimer, pour ne voir partout que des plis à plus ou moins grande amplitude, me semble très exagérée.

La *Cordillère Bétique*, par laquelle nous commençons l'étude de ces plissements tertiaires, n'est que le prolongement direct des plis de l'Atlas, auquel elle se raccorde à travers la coupure toute récente (pliocène, 54) du détroit de Gibraltar.

Cette Cordillère Bétique est aujourd'hui nettement séparée du plateau ancien de l'Espagne, de la Meseta, par une dépression effondrée, qui longe le Guadalquivir et qu'a précédée, pendant le jurassique, le crétacé et jusqu'au tortonien (51), un très ancien détroit marin. Elle fait néanmoins partie encore, comme nous l'avons vu, des anciens plis hercyniens, et l'on peut imaginer un grand anticlinal hercynien, aujourd'hui rompu, qui aurait relié la Sierra de Ronda, la Sierra Nevada et la Sierra de Carthagène, avec les Baléares[2].

C'est sur le flanc Nord de cet anticlinal que se sont particulièrement accentués les plis tertiaires. Ceux-ci se sont propagés à travers les terrains secondaires du détroit de Jaen et sont allés s'écraser contre le massif de la Meseta, le long de la faille du Guadalquivir.

Mais, en même temps, il s'est produit, dans l'intérieur du massif ancien, quelques effondrements analogues à ceux que nous trouverons tout à l'heure au cœur du Plateau Central et de la Bohême : de petits bassins, où se sont déposés des terrains lacustres ou saumâtres.

Les *Pyrénées* forment une chaîne d'apparence assez simple et qui n'a guère en Europe d'autre équivalent que le Caucase pour la rectilignité générale de ses plis (très sinueux d'ailleurs dans le détail). Comme la Cordillère Bétique, l'axe pyrénéen était déjà esquissé à l'époque hercynienne. Un premier plissement avait dû s'y produire après le dinantien (11), avec récurrence avant le permien (13). Puis un exhaussement d'ensemble et sans plissement, commencé à la fin du lias (25), a déterminé une émersion complète de la chaîne pendant la fin du jurassique et le début du crétacé (25 à 35).

Après l'albien (34), nouveau plissement local; déplacements verticaux du cénomanien (36) au ludien (46). C'est alors que les Pyrénées ont subi leur ridement général avec chevauchements, avant les Alpes proprement dites, en même temps que la Provence, les chaînes subalpines et les Carpathes, par conséquent avec la ride la plus septen-

---

1. Page 389.

2. Voir les travaux d'HERMITE et de NOLAN. Le Nord de Minorque présente des anticlinaux de dévonien et de dinantien.

trionale et la plus occidentale des Alpes. Un mouvement intense a
encore eu lieu au début de l'oligocène, entre le sannoisien et le stampien (47) et les couches stampiennes ont elles-mêmes été plissées,
alors que commençait, sur une ride plus éloignée de l'Avant-Pays, le
soulèvement des Alpes proprement dites. Enfin, les dépôts pliocènes
moyens (55) de Perpignan ont été portés à 100 mètres d'altitude.

Tout ce mouvement est venu s'écraser au Nord contre la Montagne
Noire, dont il est séparé par la dépression de Carcassonne et, peut-être,
en même temps, au Sud, contre la Meseta, dont il est séparé par la
vallée de l'Èbre. On pourrait, sans doute, l'interpréter par une tendance
au rapprochement profond de la Meseta et du Plateau Central, gref-
fant un anticlinal secondaire sur la dépression intermédiaire.

A l'Est, les Pyrénées ont dû se prolonger autrefois, à travers le golfe
du Lion, vers la Provence. Elles sont aujourd'hui coupées, de ce côté
Est, par une ligne d'évents volcaniques, que l'on croit pouvoir suivre
assez nettement depuis le Nord du Plateau Central jusqu'au Cap de
Gate et qui marque un effondrement, dont la côte occidentale actuelle
de la Méditerranée serait le rivage.

A l'Ouest, les Pyrénées n'ont peut-être pas de prolongement tertiaire; pli secondaire greffé sur l'axe d'un synclinal hercynien, elles
s'arrêtent peut-être à la courbe complète, que dessine ce pli, ainsi
qu'on l'observe très fréquemment pour des plis de détail ; ou, ce qui
revient à peu près au même, elles se recourbent brusquement pour
dessiner une cuvette intérieure à celle des plis hercyniens. Quand on
arrive dans la région Cantabrique, les mouvements éocènes sont, en
effet, d'après M. Barrois, Nord-Sud.

La tectonique de cette chaîne est encore mal démêlée. Les uns y
voient un éventail avec renversements et chevauchements dirigés : au
Nord vers le Nord, au Sud vers le Sud. D'autres ont imaginé l'hypothèse plus compliquée de nappes superposées venues du Sud, avec
mouvements ultérieurs en sens inverse, vers le Sud, dans la chaîne
occidentale[1].

La *Provence* a bien des chances pour prolonger les Pyrénées, dont
le golfe du Lion la sépare aujourd'hui.

C'est une chaîne également plus ancienne que les Alpes, d'âge intermédiaire entre le bartonien (45) et le tongrien (47) et sur laquelle l'érosion semble s'être exercée avec une intensité qui en a singulièrement
adouci les saillies. Mais on peut se demander si, avant de subir cette

---

1. Voir, 1908, Léon Bertrand (Bull. Serv. Cart. géol., n° 18) et diverses notes
du même au Bull. Soc. Géol., et aux Comptes Rendus de l'Académie en 1911 et 1912.
Carez, *Résumé de la géologie des Pyrénées Françaises* (Mém. Soc. géol., 4° sér., t. 2).

érosion, elle n'aurait pas pris part à l'effondrement général du bassin du Rhône et ne se serait pas enfoncée tout d'une pièce : ce qui expliquerait, peut-être le caractère des plis, que l'on y rencontre, analogues à ceux des hautes régions alpestres.

La Provence est, depuis les travaux de Marcel Bertrand, un exemple classique de région à plis couchés, avec plans de poussée, étirement des couches et phénomènes de charriage.

Cette première ride éocène des Alpes se poursuit, d'après M. Haug, dans les chaînes subalpines, vers la haute Durance, entre Gap et Digne.

Au Nord-Ouest de cette ride Pyrénées-Provence, le massif ancien de la Montagne Noire jouant le rôle de butoir, des plis couchés et renversés d'origine pyrénéenne se manifestent dans les *Corbières,* où, par suite du butoir plus proche, ils se compliquent de failles.

Puis vient la chaîne des *Alpes* proprement dite, dont la structure a donné lieu, dans ces dernières années, aux travaux les plus remarquables et au mouvement d'idées le plus curieux[1]. Peu à peu, grâce aux efforts accumulés, l'ordre s'est établi dans ce qui apparaissait autrefois comme un chaos et M. Termier a pu grouper tous les faits relatifs aux Alpes dans une vaste hypothèse synthétique que nous allons prendre pour base de notre description.

Dans cette interprétation, il faut commencer par distinguer, avec grand soin, des Alpes proprement dites, leur Arrière-pays, également plissé plus tard, à l'époque tertiaire, auquel on a donné le nom de

---

1. Parmi les innombrables publications relatives aux Alpes, nous nous bornerons à citer, comme œuvres d'ensemble : 1906, P. Termier, *la Synthèse géologique des Alpes* (conférence faite à Liège), et 1911, Emile Argand, *Cartes tectoniques et coupes des Alpes occidentales et pennines* (matériaux pour la carte géologique de la Suisse, nouvelle série, livr. XXVII, pl. I à IV). J'ai donné moi-même, dans *la Métallogénie de l'Italie* (Paris, Béranger, 1903), une carte tectonique en couleurs des Alpes montrant l'application de la tectonique à la métallogénie, et l'on pourra suivre sur cette carte, malgré quelques corrections devenues nécessaires, la description suivante. Voici l'historique de ce mouvement moderne. Après les travaux de Ch. Lory, qui, en 1873, rattachait les schistes lustrés au trias, malgré leur situation stratigraphique anormale, viennent les publications d'Ed. Suess (1875, *Die Entstehung der Alpen*) et de A. Heim (1877, *Mechanismus der Gebirgsbildung*). En 1884, Marcel Bertrand appelle, pour la première fois, l'attention sur l'abondance des lambeaux de recouvrement. En 1887, étudiant la Provence, il y reconnaît des charriages. Alors commencent, dans les Alpes occidentales, les études de MM. Termier, Kilian, Haug, Ritter, Lugeon, auxquelles les percements des grands tunnels alpins, et surtout celui du Simplon, ont apporté un précieux secours, etc. En 1893, Hans Schardt reconnaît la nappe de recouvrement des Préalpes Romandes. En 1896, Marcel Bertrand et Ritter montrent, sur le bord occidental du massif du Mont Blanc, le passage d'un faisceau de plis verticaux à des nappes horizontales empilées. En 1898, Franchi découvre des fossiles du trias supérieur à la base du complexe des schistes lustrés. Enfin, en 1903, au Congrès de Vienne, l'idée de la structure en nappes empilées est développée dans toute son ampleur et appliquée par M. Termier aux Alpes orientales. Elle a été depuis généralisée jusqu'à l'excès et appliquée aux chaînes les plus diverses.

Dinarides[1]. Ainsi que nous avons déjà eu l'occasion de le dire, c'est au déplacement horizontal de ces Dinarides vers le Nord que l'on attribue aujourd'hui toute la tectonique des Alpes.

Les racines proprement dites des plissements alpins se réduisent à une zone tout à fait restreinte et en partie cachée sous la plaine lombarde, accusant d'une manière éclatante cette localisation progressive des plissements, sur laquelle j'ai appelé l'attention et que la planche I fait ressortir avec évidence suivant un méridien.

Au delà de la zone des racines, dans le sens de l'Avant-pays hercynien, les plis se sont couchés en avant, se sont empilés et ont été charriés. A peu près toute la Suisse nous apparaît ainsi comme un pays de nappes. C'est donc suivant ce sens du Sud au Nord, où se sont propagés les mouvements, qu'il conviendra d'envisager les zones successives. On peut ajouter aussitôt que, dans une certaine mesure, cet ordre géographique est l'inverse de l'ordre historique selon lequel se sont effectués les plissements. Les premières rides ont eu lieu au Nord, vers l'Avant-pays, et ont été recouvertes successivement par des rides nouvelles dont l'origine était de plus en plus lointaine et qui s'empilaient ainsi à peu près dans l'ordre de leur formation. Enfin l'Arrière-pays provisoire lui-même, à savoir les Dinarides, a subi, après son déplacement horizontal, un plissement, auquel, si l'histoire géologique se poursuivait conforme à ce qu'elle a été jusqu'ici, pourraient encore succéder, dans l'avenir, des mouvements partis de ce qui est aujourd'hui la zone des dépressions méditerranéennes.

Par les *Dinarides*, il faut probablement entendre, avec les Alpes Dinariques qui leur ont donné leur nom, tous les Apennins et la zone déprimée que recouvre aujourd'hui l'effondrement Adriatique prolongé par la plaine du Pô, ou encore tout l'espace compris entre les deux horsts plus anciens de la Tyrrhénide avec le système Corse-Sardaigne et de la Macédoine avec le massif d'Agram. Mais c'est surtout sur la zone septentrionale de ces Dinarides, où elles viennent s'appliquer en contact anormal contre les Alpes, qu'il est utile d'insister.

De ce côté, la chaîne des Alpes Dinariques se prolonge, avec ses faciès très caractéristiques, par les Karawanken, les Alpes de Raibl, les Alpes Carniques, les Alpes Dolomitiques, les Alpes du Bergamasque. Arrivée à une ligne Est-Ouest allant de Brescia à Bergame, Côme et Borgo-Sesia, cette zone dinarique disparaît sous les alluvions quaternaires de la vallée du Pô, au milieu desquelles émergent le miocène marin de Turin et Acqui, le pliocène marin d'Asti; puis on

1. Voir plus haut pages 372, 380, 383, 388.

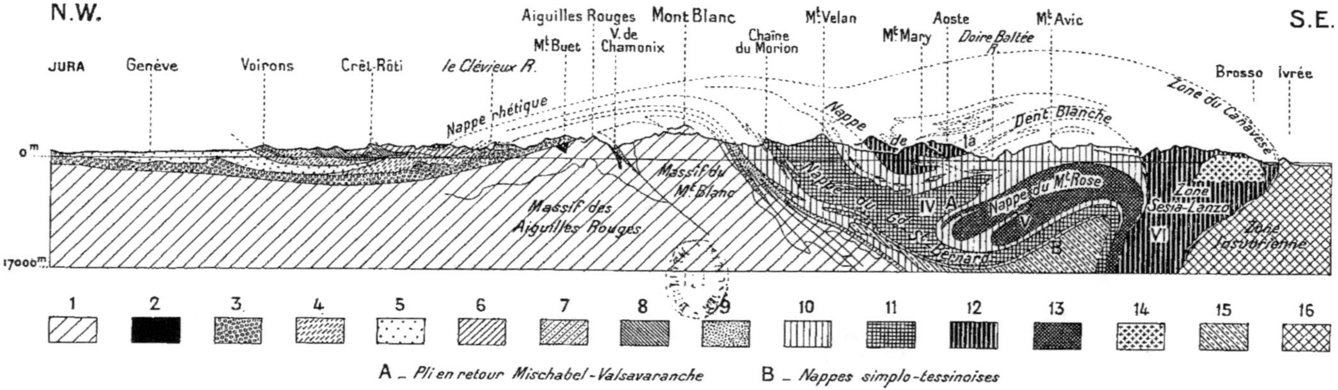

Fig. 40. — Coupe à travers les Alpes occidentales et pennines, d'après M. Argand.

A – Pli en retour Mischabel-Valsavaranche   B – Nappes simplo-tessinoises

Infrastructure : 1) Schistes cristallins et massifs granitiques; 2) Synclinaux granitiques; — *Série autochtone* : 3) Mésozoïque du Jura; 4) Nummulitique; 5) Synclinaux oligocènes du Jura et mollasse suisse. — *Nappes* : 6) Nappe de la Brèche; 7) Flysch de la nappe de la Brèche; 8) Nappe des pré-Alpes médianes; 9) Nappe du Mont Bonvin; 10) Enveloppe des plis couchés de la zone pennine; 11) Nappe du Grand-Saint-Bernard (IV); 12) Nappe de la Dent Blanche et zone Sesia-Lanzo; 13) Nappe du Mont Rose (V); 14) Culot syénitique du Val Cervo; 15) Nappes simplo-tessinoises (B); 16) Zone insubrienne.

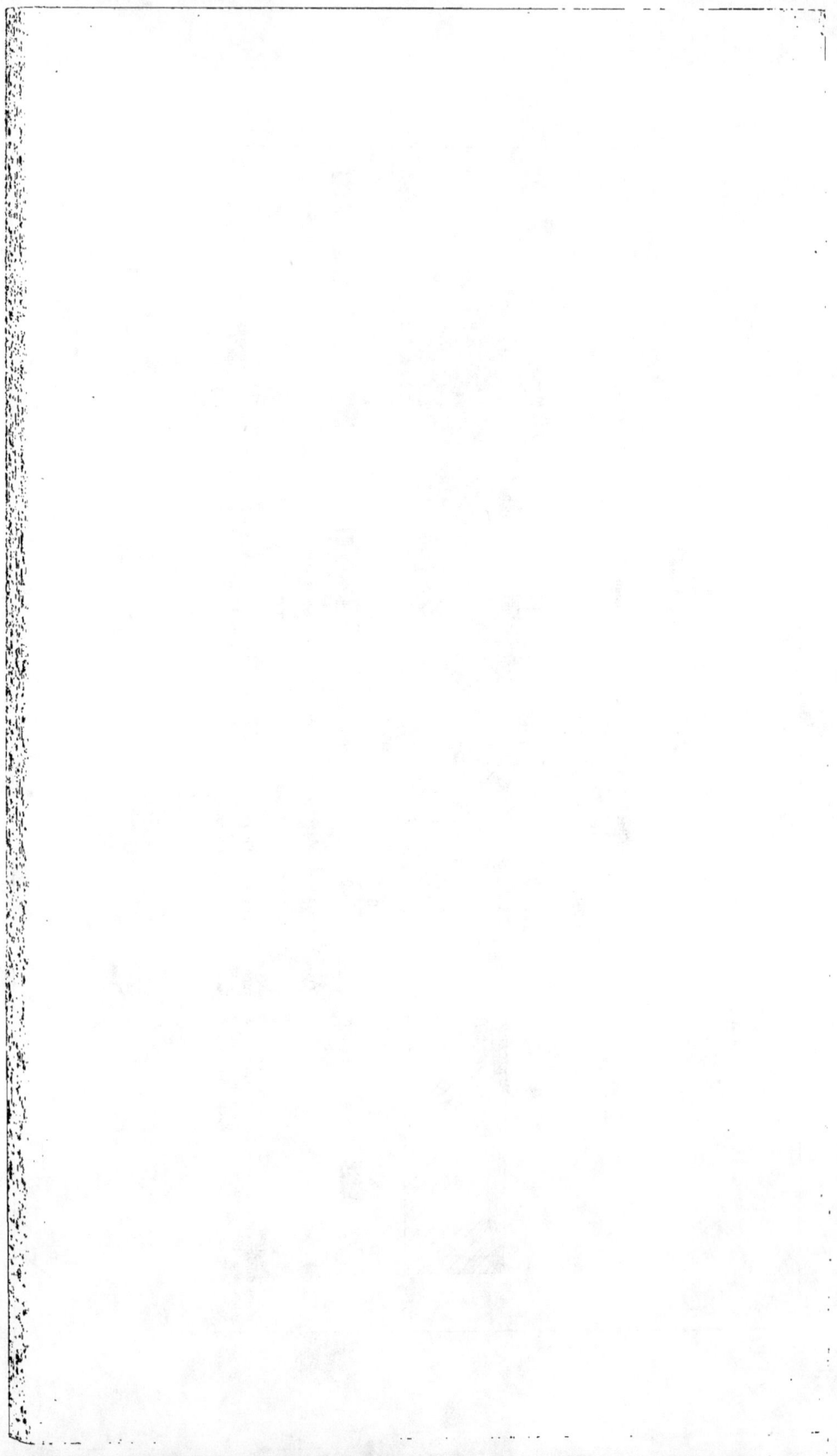

voit reparaître, dans les Alpes de Ligurie et, à leur suite, dans l'Apennin, son prolongement probable mais moins certain.

Quand on passe des Alpes dans la partie alpestre des Dinarides, qui, pour les géographes, fait encore partie des Alpes, mais qui, pour les géologues, en est totalement différente, les facies du permien et du mésozoïque changent brusquement. Brusquement aussi la tectonique devient différente. Aux plis serrés de la zone alpine succèdent des plateaux faillés à plissements rares et ce contact a lieu suivant une ligne de fracture ou de faille, suivant une surface de friction et de charriage qui reste plane sur de vastes étendues. On peut suivre cette limite, sur 400 kilomètres de long, depuis le Bacher Gebirge en Styrie par le Pusterthal jusqu'à la Valteline; après quoi, on croit pouvoir la prolonger par Locarno, Scopello et Ivrée[1].

Dans cette dernière région, dont notre figure 40 donne une coupe d'après M. Argand, on rattache aux Dinarides et l'on considère comme leur infrastructure ce que l'on appelle la zone insubrienne (16) comprenant, avec les massifs granitiques des lacs italiens et la zone dioritique d'Ivrée, tout un ensemble de schistes cristallins et le petit lambeau carbonifère de Manno, près Lugano. C'est ce système des Dinarides qui constitue le traîneau écraseur de M. Termier ayant passé par-dessus les Alpes en les forçant à se coucher, avec une translation qui dépasse 200 kilomètres dans les Alpes orientales pour se réduire à quelques kilomètres dans les Alpes franco-italiennes, au Sud de la Doire-Ripaire.

Au delà, vers le Nord et l'Ouest, commencent les Alpes proprement dites par la zone Sesia-Lanzo (12), à plis serrés verticaux, formant racines en place de nappes, dont quelques débris apparaissent couchés plus à l'Ouest. Ces nappes (VI), étant celles dont l'origine est la plus occidentale, sont, suivant la théorie précédente, les dernières venues et les plus élevées de la série. Elles sont connues, dans la Dent Blanche. On y remarque des micaschistes et gneiss grenatifères à amphibole sodique, avec noyaux d'éclogite.

Puis vient (V) la grande zone à aspect archéen des Alpes Cottiennes, Grées et Pennines, formant la nappe du Mont Rose, du Grand Paradis, des massifs d'Ambin, et Dora-Maira (13). Ses terrains cristallophylliens, rattachés au permo-houiller[2], sont enveloppés de schistes lustrés com-

1. De cette faille-limite se détache, près de Meran, la faille giudicarienne.

2. L'une des grandes difficultés dans l'interprétation tectonique des Alpes vient de ce que des terrains d'âges très divers y ont pris, par le métamorphisme de profondeur, des facies cristallophylliens analogues; ce qui rend les assimilations et les déterminations stratigraphiques très délicates et toujours hypothétiques.

mençant au trias pour aller sans doute jusqu'à l'éocène, qui sont visibles surtout à l'Ouest, et que l'on considère comme représentant les dépôts particulièrement métamorphisés du principal géosynclinal alpin.

La nappe IV est celle du Grand-Saint-Bernard, de la Vanoise, du Briançonnais, bien caractérisée par une longue zone de carbonifère, qui apparaît déjà sur les plus anciennes cartes des Alpes.

Après quoi, réapparaissent, avec le Mont Blanc, le Pelvoux, le Mercantour, des massifs archéens regardés comme un substratum ramené de la profondeur et replissé en même temps que les Alpes (1). Là se trouve une longue zone isoclinale très serrée, constamment renversée vers la France, racine possible de nappes que l'érosion aurait presque entièrement détruites[1]. Vers le Nord, le prolongement de ces massifs est caché par les nappes du Wildhorn et des Diablerets.

Enfin, à l'Ouest, les chaînes sub-alpines, formées de terrains secondaires et tertiaires, avec îlots triasiques, occupent une large bande extérieure, des Alpes Maritimes au Lac de Genève, en passant par la Montagne de Lure, le Dévoluy, le Vercors, la Grande Chartreuse et le Chablais. Près de Grenoble, à Voreppe, un pli occidental de cette zone sub-alpine se détache des autres; il suit, par l'autre bord N.-W., la dépression tertiaire des lacs suisses et du Plateau Suisse, que les Alpes bordent au Sud, et va former le Jura, en s'écrasant, au Nord, contre le môle hercynien des Vosges et de la Forêt-Noire, dont le prolongement caché donne lieu aux plateaux disloqués du Jura tabulaire (Tafel Jura).

Le système du *Jura*, qui a longtemps passé pour le type le plus parfait de plissements réguliers alternativement anticlinaux et synclinaux, a pu, dans une étude plus complète, être divisé en plus de 160 chaînons parallèles, séparés par des ruptures longitudinales et limités souvent, dans le sens de la longueur (quand ils ne s'atrophient pas simplement), par des coupures transversales, ou *cluses*. Les failles, souvent très sinueuses, parfois horizontales, y sont cependant en rapport direct avec les plissements. Vers l'Est, ces accidents de rupture disparaissent et les plis deviennent de plus en plus réguliers, de plus en plus exempts de failles. On passe ainsi au Jura plissé, ou Ketten-Jura des Allemands, qui se simplifie progressivement à mesure que l'on avance vers le Nord et qui se termine en un dernier pli près de Zurich[2].

Dans le sens Nord, où se trouvait le môle saillant des Vosges et de la Forêt-Noire, le système plissé du Jura est remplacé par un système

---

1. Voir, page 242, la coupe du Mont Joly qui correspond à ces plis couchés.

2. D'après M. Heim, le développement des plis du Jura exigerait, en moyenne, 5.000 mètres pour une largeur actuelle de 3.500 à 4.000, soit une contraction de 1/3 à 1/4.

affaissé (dont le soubassement, rattaché à ces môles, devait être trop solide pour se prêter à des plis). C'est le *Jura tabulaire*, contre lequel les plis se sont renversés (Baden, Soleure, la Lägern).

La théorie, qui vient d'être énoncée pour les Alpes Occidentales, s'applique également, d'après les travaux de M. Termier, aux *Alpes Orientales*. Il n'y a donc plus lieu de conserver la séparation entre ces deux groupes que l'on traçait autrefois du Prättigau (près de Coire) à l'Adamello et à la Giudicaria. Néanmoins, si l'origine des mouvements reste la même, leurs effets sont quelque peu différents. Tandis que la zone présumée des racines manque à peu près complètement dans les Alpes Occidentales, cachée sans doute sous la plaine piémontaise, ici on croit bien la voir au jour sur de vastes étendues. C'est, d'après M. Termier, une bande de plis verticaux ou quasi-verticaux, très serrés, que l'on suit, sur 400 kilomètres de long, depuis la Valteline jusqu'au bord de la grande plaine de la Drave. Au Sud de cette bande se développe l'Arrière-pays des Dinarides. Au Nord, les plis se couchent vers le Nord jusqu'à dépasser l'horizontale et devenir des nappes. La limite de ces plis et nappes correspond à l'axe de la voûte des Hohe Tauern. Au Nord, il n'y a plus que des nappes : d'abord les schistes lustrés du Brenner et du Gross Glockner; puis les terrains cristallophylliens de l'Engadine, de l'Ortler, de l'Œtzthal, des Niedere Tauern; plus loin encore, vers le Nord, la Schieferzone de Kleinkogel, de Kitzbühel, de Vordernberg; enfin toute la chaîne des Alpes calcaires triasiques, large de 30 kilomètres, longue de 450 kilomètres, qui vient surplomber, au Nord, sur sa bordure plus récente de flysch éocène. Ici l'extension horizontale des charriages a été énorme. « Entre la nappe la plus haute des Alpes calcaires du Nord et la plus méridionale des racines visibles, la distance, normalement aux plis, dépasse 100 kilomètres. Si l'on tient compte de la largeur des Alpes calcaires et si on étale par la pensée les nappes, là où elles sont ondulées et plissées, on arrive à cette conséquence qu'un pli des Alpes Orientales, une fois couché, a pu cheminer jusqu'à 150 ou 180 kilomètres de sa racine[1]. » C'est là également qu'on a les plus beaux exemples de fenêtres: ainsi la déchirure elliptique de la Basse Engadine, où, sur 55 kilomètres de long et 18 de large, on voit apparaître un fond de schistes lustrés mésozoïques ou néozoïques à travers deux nappes formées l'une et l'autre de gneiss et de trias. La zone centrale des Alpes Orientales, entre la chaîne calcaire du Nord et le pays des racines, a pu elle-

---

1. TERMIER, *loc. cit.*, p. 15.

même être envisagée comme une sorte d'immense fenêtre, où les nappes supérieures sont généralement déchirées et enlevées par l'érosion.

Vers l'Est, le raccordement des Alpes avec les Carpathes se fait par la petite chaîne cristalline du *Kis Karpatok*, au Nord de Pressburg. La zone de flysch, très continue, en marque la courbure de Vienne à la région du Tatra et de Cracovie, puis à l'Ouest du San, du Dniester et du Prut et, enfin, en se recourbant au Sud, par Kronstadt et le mont Persany.

On a vu, précédemment[1], comment ces *Carpathes* tertiaires avaient passé par-dessus le prolongement des monts Sudètes hercyniens et du carbonifère silésien pour aller butter directement contre le massif primitif de Russie. L'écrasement entre ce massif russe au Nord-Est, celui du Banat[2] et des Alpes de Transylvanie à l'Est, puis ceux d'Agram à l'Ouest et du Rhodope au Sud, a déterminé là une torsion en Ƨ des plus curieuses. On admet aujourd'hui, dans cette chaîne des Carpathes, toute une série de nappes de recouvrement imbriquées ayant produit notamment de grands blocs exotiques, nommés les *klippen*.

Au Sud de cette première chaîne des Carpathes, on peut encore suivre, à travers la plaine déprimée, une chaîne indépendante, qui relie le Bacher-Gebirge (sur la Drave) au lac Balaton et à Budapest.

Puis vient, entre Agram et Fünfkirchen, un massif indépendant des Alpes et primitif, contre le flanc Sud duquel sont venues butter les Dinarides proprement dites, terminées de ce côté par une zone de flysch.

Ces *Dinarides* se prolongent, à travers la Bosnie et le Monténégro, par une chaîne, où se manifestent des plissements hercyniens, qui ont influencé des traînées carbonifères et vont passer au Sud-Ouest du massif primitif du Rhodope, tandis que les Balkans passent au Nord.

La chaîne des *Balkans*[3] est la suite directe des Alpes de Transylvanie après une inflexion en C, encadrant la plaine roumaine, qui semble d'abord tout à fait analogue à la courbe du détroit de Gibraltar, ou, en sens inverse, à celle des Carpathes, mais qui s'en distingue par l'absence d'une rupture périphérique, jalonnée par une traînée éruptive, c'est-à-dire d'un effondrement, tel qu'on en trouve ordinairement dans la zone interne d'une chaîne poussée vers l'extérieur. La com-

---

1. Page 419. Voir, sur les *nappes carpathiques*, V. UHLIG (Ac. de Vienne, 1907).

2. Dans les failles de torsion de Banat, surtout dans celles des bandes externes, ont été injectées de nombreuses roches, qui obstruent ces « cicatrices », comme le fait la tonalite de l'Adamello. Ce sont généralement des diorites, avec métamorphisme de contact très caractérisé et développement de gîtes métallifères.

3. L. DE LAUNAY : 1905, *La Formation charbonneuse des Balkans* (Ann. d. mines, t. VII, p. 271 à 320); 1906, *L'Hydrologie souterraine de la Dobroujda Bulgare* (ibid., t. IX, p. 145 à 170); 1912, *L'Orogénie de la péninsule balkanique* (Rev. gén. d. Sc., 15 nov).

pression s'est faite ici, en effet, par suite de la torsion générale en Ƨ, de l'extérieur vers l'intérieur de la courbe.

Cette chaîne des Balkans témoigne, comme les chaînes européennes, d'une poussée vers le Nord[1] et, comme elles également, elle présente, de ce côté Nord, une zone à facies de flysch, qui ici embrasse le crétacé et l'éocène. Plus au Sud, elle s'est superposée à des plis hercyniens, qui apparaissent dans l'allure d'une longue traînée carbonifère. Enfin, au Sud, elle est limitée, depuis Pirot et Sophia jusqu'à la mer Noire, par un grand accident de 450 kilomètres de long, que jalonnent des traînées de roches éruptives avec des sources thermales ; puis vient la traînée du mont Vitosch près Sophia, et l'on arrive, plus au Sud, au faîte primitif du Rhodope, qui a dû jouer le rôle d'Arrière-Pays.

Les plissements de *Crimée* et, plus loin, ceux du *Caucase*, prolongent les Balkans à travers la Mer Noire avec une inflexion motivée par les horsts de la Podolie et de la Dobroudja Roumaine. Les terrains de Crimée ont subi une poussée de même sens que les Balkans, vers le Nord. Au contraire, dans le Caucase, le déversement vers le Sud domine, comme il le fait ensuite dans les chaînes asiatiques[2].

Le *Caucase*, sur l'emplacement duquel a dû exister un ancien pli hercynien, formait déjà, à l'époque jurassique, une barrière entre deux bassins de dépôt très différents. Cette saillie orographique paraît avoir été le résultat d'un plissement postérieur au lias (24) et l'on avait cru autrefois remarquer qu'il y aurait eu là deux plissements successifs en sens inverse : d'abord vers le Sud, puis après le sarmatien (52) vers le Nord[3]. Une hypothèse aussi compliquée, que l'on a proposée également ment dans le cas d'autres chaînes, semble devoir être abandonnée pour une explication plus conforme à ce qu'on observe dans l'ensemble des chaînes Alpines. Le maximum de l'éruptivité, que nous sommes habitués à trouver du côté de l'Arrière-Pays, est ici du côté Sud.

1. La coupe entière du Balkan central montre, d'après mes observations, un renversement complet des terrains, qui ont un plongement général vers le Sud, de telle sorte qu'en traversant la chaîne du Nord au Sud on trouve des terrains de plus en plus anciens, en même temps qu'on semble remonter l'ordre stratigraphique. J'ai pu constater que les mêmes conditions de dépôts lacustres ou lagunaires à accumulations végétales s'y étaient remarquablement reproduites au moins quatre fois, pendant le carbonifère, le sénonien charbonneux, le flysch supracrétacé ou éocène et l'oligocène (à lignite), entraînant des facies analogues et prouvant, dans ce cas particulier, la constance des dépressions synclinales, précédemment signalée. Voir un croquis tectonique des Balkans par Cvijic (Congr. géol. de Vienne, 1903).

2. La chaîne cimmérienne, au Sud de la Crimée, avec ses plis antérieurs au néocomien, semble représenter le flanc Nord, le premier plissé de cette chaîne.

3. Le sarmatien s'est trouvé ainsi porté à 2.330 mètres d'altitude au Schach Dagh. Voir, sur le Caucase : *Asie*, p. 256 à 264 et cartes pages 583 et 585.

Nous arrivons ainsi à l'Asie, à travers laquelle on peut suivre le même système de plis vers le Tien-chan et l'Himalaya, comme il a déjà été dit plus haut[1]; mais, avant de quitter l'Europe, il faut revenir sur un arc divergent des Alpes (ou plutôt des Dinarides), que nous avons dû laisser de côté jusqu'ici : celui qui, par les Apennins et la Sicile, va rejoindre l'Atlas et, de là, la Cordillère Bétique et les Maures, décrivant ainsi, autour de la Méditerranée Occidentale, une boucle fermée, remarquablement dessinée comme cercle d'effondrement par une traînée éruptive tertiaire, sur laquelle se trouvent encore quelques volcans en activité, Vésuve, Lipari, Etna, Pantellaria.

La chaîne des *Apennins* s'est plissée en deux fois : à la fin de l'éocène (46) avec les Pyrénées ; à la fin du miocène (52), après les Alpes, par une compression, qui a dû se produire entre un massif ensuite effondré sous l'Adriatique et un autre massif, aujourd'hui morcelé, dont la Corse, la Sardaigne et la Calabre sont les débris, avec l'île d'Elbe et la chaîne métallifère Toscane[2]. Son bord extérieur est le bord Adriatique, où se présente la bordure de flysch, que nous venons de trouver, dans la même position, le long des Alpes, des Carpathes, des Balkans et des Alpes Dinariques et où les plis se sont développés en se renversant par-dessus les champs d'affaissement de la Lombardie et de l'Adriatique. De ce côté, par un phénomène très fréquent que nous avons déjà rencontré pour le Jura, la chaîne plissée devait se transformer en une zone tabulaire, un plateau superposé à un Avant-Pays, dont l'effondrement de l'Adriatique n'a laissé subsister que quelques tronçons épars (à Ancône, au Mont Gargano, etc.); son bord intérieur, du côté Ouest, vers la mer Tyrrhénienne, est jalonné par des fractures limitant un effondrement, sur le bord duquel se sont produits, par une loi dont nous verrons ailleurs la généralité, de nombreux épanchements volcaniques.

L'Apennin, outre ses sinuosités de détail en Italie, est encore, dans son ensemble, une chaîne courbe, qui, raccordée aux Alpes ou aux Dinarides du Bergamasque, dessine un S analogue à celui des Carpathes et des Balkans, mais inverse. Il faut, en effet, en chercher le prolongement en Sicile et en Tunisie. A la pointe extrême de l'Italie, vers le détroit de Messine, apparaît le massif archéen de l'Aspromonte, qui se prolonge, au Nord de la Sicile, jusqu'à Taormina, par un massif archéen

---

1. Voir, pages 418 et 419.

2. Dans la chaîne métallifère Toscane, l'île d'Elbe et la Corse, le rhétien repose en transgression sur des terrains antésiluriens, accusant un premier mouvement hercynien, suivi d'un autre mouvement éocène. Les affleurements du permien (à l'état de micaschistes) et du carbonifère sont très réduits en Toscane.

analogue, puis, sur la côte Nord, jusqu'à Trapani, par du trias à soubassement carbonifère. Ce massif est bordé, vers le Sud, du côté de l'Etna, par une zone de flysch, qui se retrouve en Tunisie dans le promontoire de Dakhela, entre Tunis et le golfe de Hammamet, tandis que la zone archéenne, un moment effondrée, reparaît, un peu plus au Nord, sur la côte algérienne, vers Bône, pour se prolonger peut-être, sous la Méditerranée, jusqu'au détroit de Gibraltar et passer de là en Espagne[1].

La continuité tectonique de cette courbe me paraît être accusée par la ceinture intérieure de roches éruptives récentes, à laquelle j'ai déjà fait allusion. Au Sud de celle-ci vient la zone archéenne et, plus au Sud encore, la véritable chaîne alpine ou dinarique de l'Atlas.

Le massif de *l'Atlas* paraît avoir été plissé en plusieurs fois : 1° avant l'éocène (41) ; 2° entre le burdigalien (49) et l'helvétien (50) ; 3° avec moins d'intensité, après l'helvétien. Le mouvement, qui continue la courbe de l'Apennin, donne ici une chaîne, dont le bord externe est du côté Sud et s'étend, par là, vers l'ancien plateau tabulaire du Sahara, tandis que le bord interne effondré est le bord Méditerranéen. Cependant on constate, vers le Nord, des plis renversés par-dessus le bord affaissé, dans le sens de la Méditerranée, comme j'en ai déjà signalé au Nord de l'Adriatique. Cela concorde avec l'idée que les plissements montagneux présentent, bien plus souvent qu'on ne le croyait autrefois, un déversement de leurs plis à la fois sur les deux versants.

L'Atlas aurait été ainsi écrasé entre l'ancien continent tyrrhénien disparu sous la Méditerranée et le massif africain.

Nous pouvons maintenant abandonner les régions européennes pour voir rapidement comment se prolongent, à travers l'*Asie*, les mouvements contemporains des plissements alpins[2].

A partir du Caucase, j'ai déjà fait remarquer que le sens principal des mouvements paraissait transformé : ces mouvements, dans toute l'Asie, étant, en principe, dirigés vers le Sud, tandis qu'en Europe ils ont été dirigés vers le Nord et j'ai également fait remarquer le caractère très relatif de cette observation, puisque le mouvement est, en réalité, attribuable à la compression de deux voussoirs et que le sens apparent de ce mouvement doit seulement correspondre à la différence, variable suivant les points, de leurs deux vitesses.

Il n'en est pas moins vrai que, dans une grande partie de l'Asie, l'écartement des faîtes primitifs, entre lesquels s'est fait le plissement et la prédominance du massif septentrional, beaucoup plus voisin des

1. Voir E. Ficheur. *Le massif ancien du littoral de la Berbérie* (Assoc. franç. 1901, Congrès d'Ajaccio, 2ᵉ partie, p. 345.)
2. Planche II, page 405.

régions considérées, ont permis au mouvement de prendre une régularité et une ampleur, à laquelle nous ne sommes pas habitués en Europe, où le défaut d'espace a introduit, au contraire, une complication extrême[1].

On a vu, plus haut, comment ces plis asiatiques avaient semblé se propager, à partir du faîte sibérien, dans la direction du Sud et de l'Est : d'une part, jusqu'au môle primitif de l'Inde, d'autre part, jusqu'au littoral pacifique, en se déviant, à leurs extrémités, le long de quelques môles, comme dans la Chine Orientale, le Cambodge, etc.

Vers le Sud, en arrivant à l'Avant-Pays de l'Inde, les plis se sont dressés à des hauteurs anormales pour constituer l'*Himalaya*, avec tendance à se renverser au-dessus de cet Avant-Pays, et formation, à leur pied, d'une zone affaissée, où se trouve la vallée du Gange.

L'histoire de l'Himalaya paraît, dans son ensemble sinon dans ses détails, présenter quelque rapport avec celle des Alpes. Un premier mouvement hercynien y est peut-être indiqué par la transgression du permien (14) sur le carbonifère (11)[2] ; puis les dépôts marins se sont superposés en concordance du permien (14) au crétacé supérieur (40) ; un second grand mouvement, contemporain de celui des Pyrénées et de la Provence, s'est produit avant l'éocène (41) et le mouvement principal, en même temps que celui des Alpes, à la fin de l'oligocène (48), ou au début du miocène (49, 50), a amené les dépôts du miocène supérieur ou du pliocène à se déposer en discordance sur l'éocène plissé. Le plissement a, d'ailleurs, continué pendant tout le tertiaire ; car les dépôts pontiens (53) ou pliocènes (54) des Siwalik en ont été eux aussi affectés.

La poussée, dirigée du Nord au Sud contre le massif indien, que l'on croirait séparé du massif himalayen par une longue fracture[3], s'est traduite par des renversements, des charriages, des «klippen» analogues à ceux des Alpes. On retrouve, au pied Sud de l'Himalaya, comme au pied Nord des Alpes, des chaînes sub-himalayennes analogues aux chaînes subalpines, présentant ce même caractère que les terrains

---

1. Sur 22 degrés, de l'Indus à la Birmanie, l'Himalaya présente, dans l'ensemble, la même direction de refoulement. Plus haut, à la hauteur du Kouenlun et du Tsingling-chan, on peut dire que l'Asie tout entière est traversée par un même arc, qui, du Caucase ou même des Balkans à la mer de Chine, sur un quart de parallèle, n'apparaît guère troublé que dans la région un peu confuse du Pamir.

2. Cette discordance, qu'on a souvent signalée, paraît peu marquée sur les coupes de M. GRIESBACH (Mem. geol. Surv. India (1891) XXIII). Voir *Asie*, p. 309 et pl. VII.

3. D'après M. OLDHAM (Geol. mag. (3), VIII ; p. 8, 70), l'accentuation progressive de cette faille pendant le pliocène aurait, en amenant la dégradation de la lèvre soulevée, contribué à la puissance des dépôts des Siwalik.

secondaires de la grande chaîne viennent se renverser par-dessus leurs terrains tertiaires (mollasses et conglomérats).

La grande régularité de ces plis asiatiques, qui atteint son maximum vers le 35ᵉ degré de latitude à la hauteur du Kouenlun et de la chaîne de Marco-Polo, est très troublée, plus au Sud, par la rencontre d'un certain nombre de massifs anciens, contre lesquels les plis se sont déviés.

Le premier de ces massifs est celui de l'Inde. Quand on regarde la carte tectonique de l'Asie (pl. II), il semble que l'on voie les plis s'accumuler et se dresser de plus en plus contre cet obstacle, pour constituer, sur sa bordure Nord, le faîte le plus élevé du monde, tandis qu'à l'Ouest et à l'Est ils s'avancent davantage vers le Sud : d'un côté, vers le Beloutchistan ; de l'autre, vers la Birmanie, de manière qu'ils enveloppent l'Hindoustan de leurs inflexions et que le Nord de ce massif ancien est entouré par un système de plis, dessinant presque un ⊓.

L'inflexion des arcs orientaux est particulièrement intéressante ; car elle arrive à se traduire, dans tout le Sud et l'Est de la Chine, par une sorte de remous tourbillonnaire. Il existe, en effet, de ce côté, plusieurs môles primitifs et hercyniens encore mal démêlés, mais que l'on peut tout au moins soupçonner : l'un, le môle sinien, occupant la Corée, le golfe de Petchili, le Chantoung, le Chansi et la région de Pékin ; un autre vers le Kouang-toung ; un troisième, en partie hercynien, dans le Sud de l'Annam et le Cambodge[1].

Ce dernier sépare les plis de l'Annam de ceux du Siam (prolongés par la presqu'île de Malacca) et de la Birmanie. On assiste, dans les derniers promontoires Sud-Est de l'Asie, à cette fin d'une chaîne plissée, *à cette terminaison des plis*, dont il a déjà été question plus haut d'une façon générale, par une sorte d'étirement progressif, par la disparition des anticlinaux de plus en plus atténués, jusqu'à ce qu'il n'en reste plus qu'un seul.

Les derniers anticlinaux des différents plis asiatiques dans cette région, ceux de la chaîne Annamite, de la chaîne de Malacca et de la chaîne birmane, se traduisent alors par les arcs, en partie submergés, que jalonnent si curieusement, dans les Indes Hollandaises et sur toute la bordure du Pacifique, des chaînes d'îles souvent volcaniques, c'est-à-dire marquées par des fractures tout à fait récentes. De ce côté, il suffit, je crois, de regarder une carte de géographie pour voir la structure linéaire des derniers plissements tertiaires apparaître avec une netteté extraordinaire. Ce ne sont que chaînes courbes semblant dessiner des guirlandes au bout de l'Asie (pl. II) et l'on peut suivre

---

1. Voir l'*Asie*, ch. xviii et xix et pl. V et VI (cartes de la Chine et de l'Indo-Chine).

immédiatement ces arcs volcaniques, de la Birmanie, par les îles Andaman au Sud de Java, à Timor, à Céram, puis, en se retournant vers le Nord, dans Célèbes, les Moluques, les Philippines, le Japon, les Kouriles, les Aléoutiennes, etc... Ce n'est pas seulement une chaîne plissée, mais souvent trois ou quatre chaînes parallèles, qui se courbent et l'on est ainsi ramené, par des traînées continues qui enveloppent le Pacifique, jusqu'au Nord de l'Amérique et à l'Alaska.

Les plis tertiaires du *Continent Américain* sont également mis très en relief par la structure orographique. On en aperçoit aussitôt la traînée générale, qui longe toute la côte du Pacifique, dans la Sierra Nevada, puis dans les Andes et qui, ici aussi, comme sur la rive asiatique du Pacifique, est jalonnée par une longue suite de volcans.

Il semble dès lors, (quoique l'opinion inverse ait été très fréquemment soutenue), que certaines parties au moins du Pacifique, certaines zones littorales aient dû jouer le rôle d'Avant-pays, de butoirs solides pour les chaînes plissées de l'époque tertiaire, c'est-à-dire que cet Océan pourrait, contrairement aux premières apparences, et sauf des sillons côtiers anciennement marqués, représenter un grand compartiment solide et récemment affaissé de l'écorce terrestre, contre lequel seraient venus s'arrêter les derniers plis de l'Asie et de l'Amérique, refoulés d'autre part par les faîtes primitifs de la Sibérie, de l'Inde, de l'Australie, du Brésil et du Canada. La fracture d'effondrement, qui suit si souvent le côté interne des chaînes, fait ici, en effet, le tour de cette dépression marine.

Quand on s'éloigne du Pacifique dans l'intérieur du *Continent Nord-Américain*, on trouve : d'abord, les chaînes plissées des Coast Ranges et de la Sierra Nevada ; puis la zone, d'abord plissée, ensuite effondrée, des Basin Ranges ; enfin, la zone des Montagnes Rocheuses, où, dans le Sud, vers le Colorado, les effondrements tertiaires dominent sur les plissements, tandis que dans le Nord, dans le Montana et au Canada, les plissements deviennent presque exclusifs et arrivent à des chevauchements extraordinaires du cambrien (1) sur le crétacé (40) : comme si, dans le Sud, la Plate-forme primitive se trouvait presque à fleur de sol et avait imprimé leur allure aux dislocations, tandis qu'au Nord les sédiments plissables prenaient une grande épaisseur.

Immédiatement après, vient le plateau primitif canadien et l'on peut comparer ces phénomènes avec ce qui se passe si souvent en Europe, où, tantôt, les plis viennent s'écraser contre un môle solide, et tantôt il existe, entre le môle et les plis, une zone tabulaire (Jura tabulaire entre les Vosges et le Jura plissé ; plateau Adriatique entre les Alpes Dinariques et l'Apennin).

Un premier plissement, postérieur au jurassique (31) et antérieur au cénomanien (36), paraît avoir affecté, d'une façon générale, tout l'Ouest américain, quoique, dans les Montagnes Rocheuses des États-Unis, son importance soit secondaire ; on en trouve l'empreinte : dans les chaînes côtières de Californie ; dans la Sierra Nevada, où il a joué un rôle essentiel ; puis dans les Basin Ranges, qui, plus tard, n'ont guère fait que se tronçonner ; enfin, dans les Montagnes Rocheuses, où, comme je viens de le dire, il n'a fait que précéder les mouvements plus importants post-crétacés. Un second grand mouvement s'est produit vers la fin du tertiaire et a commencé une ère de dislocations, qui se prolongent peut-être encore et qui, du moins, passent pour avoir affecté le pléistocène (57) dans l'Utah et le Colorado[1].

Dans l'*Amérique du Sud*, la chaîne plissée est également le long du Pacifique, contre lequel elle semble s'être écrasée ; c'est la Sierra de la Côte et la chaîne des Andes, avec quelques plis couchés à l'Ouest ; puis on soupçonne des tronçons d'une chaîne plissée plus ancienne, sans doute hercynienne, qui partirait de la Guyane Anglaise pour aboutir au Cap Corientes au Sud du Brésil et, à l'intérieur de cette très problématique chaîne hercynienne, on arrive au massif brésilien, coupé à l'Est par l'effondrement tertiaire de l'Atlantique.

De même que dans l'Amérique du Nord, où un mouvement important s'est fait dès le début du crétacé, le mouvement principal des Andes, celui qui a amené la sortie des roches éruptives appelées les « Andésites », paraît être plus ancien que celui des Alpes, avec lequel on ne peut donc assimiler que d'une façon très relative ces plissements récents américains. Il paraît s'être produit à la fin du crétacé (40) et, peut-être même, dans le Chili, à la fin du néocomien (32).

Enfin, entre le Massif Brésilien et le Bouclier Canadien, la zone de la mer des Antilles et du golfe du Mexique, qui forme le prolongement si net de notre Méditerranée, s'est trouvée, comme elle, resserrée, dans le sens Nord-Sud, par ces deux grands massifs et il en résulte une incurvation des plis, qui se sont écrasés. La mer des Antilles a été alors enveloppée par une inflexion des plis dans le sens Est-Ouest, formant la courbe des Antilles, comme la Méditerranée Occidentale par la Cordillère Bétique et l'Atlas, tandis que le golfe du Mexique s'affaissait sous les eaux, comme les portions de massifs primitifs, d'Avant-Pays, dont la mer Égée est, en Europe, un type caractéristique.

Il est vrai que, si l'on envisage le sens apparent des mouvements,

---

1. Il n'est pourtant pas établi que les déformations des terrains pléistocènes (berges du lac Bonneville) soient du même ordre que le plissement antérieur de la même région.

certaines des assimilations précédentes peuvent sembler inexactes. Ce qui a joué le rôle d'Avant-Pays pour les chaînes à l'Ouest des deux Amériques, c'est l'hypothétique continent pacifique ; c'est contre lui, c'est dans le sens de l'Ouest que les plis se dressent jusqu'à se renverser. Et cependant c'est de ce côté, qui serait alors le côté externe de la courbe, que se trouvent les alignements volcaniques, habituellement situés du côté interne : alignements, il est vrai, placés dans une situation anormale, puisque les volcans des Andes occupent l'axe même de la chaîne et souvent des cimes très élevées, au lieu de se trouver à son pied. Mais j'ai déjà dit que ce sens du mouvement paraissait avoir une importance secondaire : les deux versants d'une chaîne ayant pu commencer par être relativement analogues l'un à l'autre, jusqu'au jour où les effondrements, les réactions latérales postérieures, de l'un ou de l'autre côté, y ont introduit l'ordinaire dissymétrie.

CHAPITRE XII

LES RÉSULTATS DE LA PALÉO-GÉOGRAPHIE
L'ÉVOLUTION PROGRESSIVE DES CONTINENTS ET DES MERS
ET SES RÉCURRENCES

Préambule.

GÉNÉRALITÉS. PRINCIPES CONTRADICTOIRES D'ÉVOLUTION ET DE RÉCURRENCE APPLIQUÉS A LA PALÉO-GÉOGRAPHIE. LEUR CONCILIATION.

J'ai dit que le but de la paléo-géographie était de reconstituer, pour les diverses périodes de l'histoire géologique, des images successives de la Terre, avec la répartition de ses continents et de ses mers, son relief orographique, ses courants marins, ses climats, sa faune, sa flore, etc., afin de comparer ces images entre elles et de découvrir, s'il se peut, les lois générales de leur évolution. Dans un chapitre antérieur[1] j'ai montré par quelle méthode et par quels procédés on a pu tendre progressivement, avec une très sérieuse précision, vers un résultat, qui paraît d'abord aussi lointain et aussi problématique. Ce travail de reconstitution forme, à vrai dire, la tâche la plus constante et la plus habituelle des géologues ; la plupart des menues conquêtes, qui réjouissent un instant leur curiosité scientifique, consistent à découvrir,

---

1. Ch. viii, page 247.

pour une région où on l'ignorait, un passage de la mer, un mouvement
du sol pendant une époque déterminée, à reconnaître, pendant cette
époque, l'existence d'une île, d'un bras de mer, d'un lac ou d'une lagune
inconnus. Ils sont les explorateurs de ces continents disparus et leur
première joie, comme celle des vrais explorateurs, est de découvrir du
nouveau, sans chercher d'abord les conséquences de leur découverte.
Ainsi s'accumulent d'innombrables matériaux, dont le dépouillement
méthodique occupe ordinairement une bonne moitié des traités de
géologie. En dehors de son but scientifique, l'intérêt pratique d'un tel
inventaire apparaît aussitôt, puisque la première question pratique
posée aux géologues est de savoir, en un point quelconque de la Terre,
quelles natures de terrains un sondage rencontrerait et sur quelles
épaisseurs. Ici, où nous cherchons à mettre en lumière les résultats
véritablement généraux de la géologie, ceux qui peuvent, coordonnés
avec les autres sciences, aider à notre connaissance des lois par
lesquelles est régi l'Univers, nous avons le devoir de simplifier considérablement une telle description et c'est pourquoi je vais tenter de
faire rentrer tout un traité de géologie dans un seul chapitre.

Dans une première partie, je m'efforcerai donc de tirer les conclusions les plus générales de la paléo-géographie, en ce qui concerne les
variations progressives de la structure terrestre, des climats, etc.,
ou ce que l'on peut appeler leur *évolution* et j'essayerai sommairement
d'en dégager les lois théoriques.

Mais, en l'état actuel de nos connaissances, un résumé aussi synthé-
tisé se trouvera nécessairement aborder de front les parties les plus
obscures de notre science géologique et, souvent, sur des points, où
j'aurai à exprimer des vues encore discutables, qui demandent au moins
un commencement de démonstration. En outre, bien qu'il n'y ait pas
là, à proprement parler, un but de la géologie, mais seulement une étape
dans sa marche, l'histoire des modifications structurales de la Terre,
envisagée pour elle-même en dehors de ses causes possibles, demeure
encore un sujet d'étude si captivant et attire une si légitime curiosité
qu'il me paraît indispensable de la raconter avec quelques détails :
ce qui me conduira à résumer les innombrables observations géologiques en un récit de ces événements primitifs, analogue à celui que nos
historiens extraient de leurs archives. Cet historique sera l'objet d'une
seconde et d'une troisième parties, où, pour mettre de l'unité dans le
récit et pour grouper rationnellement les faits épars, j'aurai surtout à
faire ressortir les continuelles *récurrences*, qui ramènent, à des époques
diverses, les mêmes successions de phénomènes à peu près dans le
même ordre.

On me permettra alors d'insister spécialement sur un côté de la question, qui touche davantage à mes recherches personnelles et pour lequel cet essai de coordination m'amènera à exposer quelques idées nouvelles ; je veux parler des résultats produits par la sédimentation littorale, la concentration désertique, ou l'altération continentale, en ce qui concerne les matières utiles : minerais de fer, phosphates, bauxites, sels, gypses, bitumes, combustibles, etc. L'étude de ces substances, que leur valeur économique signale spécialement à l'attention, est, en effet, un de nos moyens les plus sûrs (une fois les règles en question bien établies) pour retrouver, aux diverses époques, la place de certains rivages, ou pour reconstituer la carte des continents émergés. L'étude des dislocations métallisées, qui présente également des rapports avec la paléo-géographie, sera traitée plus tard au chapitre de la métallogénie. Je rappellerai, alors, à ce propos, comment la paléo-géographie constitue, avec la géologie chimique, le meilleur moyen d'expliquer les phénomènes de la métallogénie : un gîte filonien étant directement fonction de la profondeur à laquelle il s'est constitué, c'est-à-dire de la distance qui sépare la superficie actuelle, où il apparaît, de la superficie au moment où il a cristallisé (superficie elle-même déterminée par le relief dû aux phénomènes orogéniques), et un gîte sédimentaire dépendant des conditions topographiques au moment de son dépôt, du milieu continental, lacustre, lagunaire, littoral, etc., dans lequel a eu lieu, mécaniquement ou chimiquement, sa précipitation.

L'objet immédiat de la paléo-géographie, tel que je l'ai indiqué précédemment, est le tracé de cartes géographiques successives, relatives aux diverses époques : cartes physiques, sur lesquelles nous avons le projet un peu téméraire d'inscrire un jour, avec le tracé des rivages, les éléments d'une géographie physique analogue à la géographie actuelle, la distribution des climats et des êtres vivants, le sens des courants, etc. Quels que puissent être l'intérêt de ces cartes en elles-mêmes et la difficile conquête qu'elles représenteront sur l'inconnu, même si nous les possédions déjà par avance nous ne serions pas encore satisfaits de les feuilleter l'une après l'autre et nous prétendons établir, entre elles, un lien, considérer la transformation progressive, dont elles nous offriront les images, comme un phénomène accompli sous nos yeux et chercher les lois physiques, les règles générales, auxquelles obéit ce phénomène.

Quand on examine avec une telle ambition les éléments déjà reconstitués de cette histoire paléo-géographique et qu'on a présent à l'esprit tout l'ensemble des faits géologiques, dont une telle histoire représente la synthèse, on y aperçoit, tout d'abord, l'application de deux grands principes, auxquels j'ai déjà fait allusion, mais qu'il me paraît important de mettre aussitôt en évidence. C'est, d'une part, dominant tout, la coordination constante des diverses manifestations individuelles et, par suite, la récurrence des mêmes causes, reproduisant toujours les mêmes effets ; c'est, de l'autre, l'évolution progressive de la Terre, qui rend ces divers ensembles successifs de manifestations, caractéristiques chacun d'une phase déterminée.

Sans le premier principe, il n'y aurait pas de science, et surtout pas de science historique possible. Toutes nos recherches sont dominées par cette idée fondamentale qu'il ne se présente rien d'accidentel dans la nature, que les enchaînements des phénomènes sont régis par des lois et que ces lois présentent une certaine permanence.

Le second principe, plus nouvellement établi en science, du moins sous la forme où nous l'envisageons aujourd'hui, consiste à remarquer que toute chose évolue et se transforme, que rien n'est fixe, que rien ne dure, que notre Univers est à l'état de perpétuel « devenir ». Les lois physiques et mécaniques elles-mêmes, étant la traduction succincte d'un ensemble d'états muables, peuvent donc subir, à leur tour, une évolution, sans doute régie par d'autres lois plus générales encore et, dans l'ordre des phénomènes, notre affirmation d'une de ces lois doit toujours être restreinte à la période de temps, pour laquelle elle a été expérimentalement établie, parce que rien ne prouve absolument que la règle établie doive demeurer exacte pour une autre période. L'assimilation complète des phénomènes géologiques analogues reproduits à diverses époques et celle des lois qui les ont régis ne sont, dès lors, pas licites sans preuves ; mais, les modifications de ces lois semblant à leur tour, si elles existent réellement, devoir s'opérer avec une grande lenteur, eu égard aux périodes de temps très restreintes embrassées par notre esprit, nous pouvons, pour ces périodes de temps, les admettre d'abord comme une première approximation, par le moyen de laquelle nous nous approchons ensuite davantage de la vérité.

Voyons quelle est, en géologie, l'application de ces deux principes, quelle part il convient de faire à la récurrence et quelle part à l'évolution.

Le principe de *récurrence* et celui de coordination qu'il entraîne, sont absolument essentiels et, plus nous progressons, plus notre effort constant cherche à les mettre en évidence. C'est, en soi-même, un jeu assez frivole que de reconnaître, ici un progrès, là un recul de la mer, ailleurs un soulèvement montagneux ou un effondrement, une manifestation éruptive ou une venue métallifère, si l'on ne montre pas comment tous ces événements simultanés se rattachent les uns aux autres, sont la conséquence les uns des autres et sont réglés par des causes permanentes.

Prenons d'abord les mouvements de la mer. Ils se traduisent sous deux formes essentielles : les progrès et les reculs, les transgressions et les régressions [1]. Mais, s'il se produit une transgression, c'est qu'il y a déplacement ; cette eau, qui envahit ainsi un continent, vient de quelque part ; son volume total à la surface de la Terre n'a pas changé, comme je l'ai déjà fait remarquer ; ou, s'il a subi une légère modification, ce ne peut être que suivant une loi à peu près continue : par réduction absolue, en raison de la fixation dans les oxydations ; par accroissement relatif, en raison de la contraction terrestre, qui diminue les surfaces totales, sur lesquelles il peut s'étaler ; ou, peut-être, par accroissement absolu en raison des épanchements volcaniques. Donc une transgression dans une région a pour corrélatif nécessaire, ou une émersion dans un autre, ou une diminution dans les profondeurs marines ; toute régression correspond de même ailleurs à un progrès ou à un approfondissement des eaux. Cette marée a sa contre-partie, ce va-et-vient n'est qu'une bascule et nous ne devons pas nous tenir pour satisfaits, tant que nous n'avons pas trouvé cette contre-partie, mis cette bascule en évidence.

Le volume des mers restant toujours à peu près le même, la surface qu'elles occupent ne peut être modifiée sensiblement que par un changement dans le relief ou la forme du sphéroïde. Sauf la remarque précédente sur la contraction terrestre, qui peut se traduire par une augmentation progressive des étendues marines relativement aux superficies continentales et peut-être avec quelques à-coups lors des grandes dislocations, nous devons donc, à toutes les époques, retrouver à peu près la même proportion superficielle des mers et des terres, ou, si nous n'y arrivons pas, il faut donc en conclure que le profil des dépressions marines s'est notablement modifié par un affaissement ou par un relèvement.

Mais ce n'est pas tout que d'avoir ainsi constaté le déplacement des mers sur la superficie terrestre, il est infiniment probable qu'un tel déplacement a une cause, soit dans une oscillation rythmique due à une cause astronomique, soit plutôt dans la modification des formes structurales : par un soulèvement montagneux, ayant déterminé l'émersion d'un continent ; par un effondrement, ayant provoqué une invasion

1. M. Suess a proposé d'employer les expressions de *positifs* et *négatifs* pour les déplacements des lignes de rivage (*loc. cit.*, II, 31). Un tel déplacement est dit positif, quand il se produit de bas en haut, quand la mer semble monter, comme sur une échelle d'étiage ou un marégraphe ; il est négatif dans le cas contraire, quand la mer semble descendre ou le continent se soulève. Une transgression correspond à un mouvement positif, une émersion à un mouvement négatif.

marine, ou un brusque enfoncement des fonds marins[1]. La complexité de ces phénomènes de plissement, d'affaissement, de sédimentation, etc., qui s'enchevêtrent les uns dans les autres, ne laisse aux déplacements de la mer indépendants des causes astronomiques, que ce que l'on pourrait appeler une généralité régionale ; mais ils n'en doivent pas moins être liés, pour la plupart, aux grands mouvements de la croûte terrestre, que la tectonique se propose d'élucider.

Et ceux-ci, à leur tour, comme on l'a vu déjà, ne peuvent manquer d'avoir une origine profonde. Pour qu'il se dresse, à la surface de la terre, une saillie montagneuse, un « rempli » comprenant les Pyrénées, les Alpes, le Caucase et l'Himalaya ; pour que la mer Égée ou l'Atlantique s'effondrent ; pour qu'il s'ouvre une cassure allant de l'Arabie aux Grands Lacs africains, ou d'autres longeant les deux rives du Pacifique, il faut, de toute nécessité, qu'il se soit produit quelque grande modification interne, dont on n'arrive pas à concevoir l'amplitude sans l'hypothèse d'une certaine fluidité permanente ou acquise. A ces mouvements du sol se rattachent alors les déplacements profonds de roches éruptives en fusion et les cristallisations métallifères, qui en sont le corollaire. D'autre part, le soulèvement montagneux, accompagné par un changement des rivages marins, amène des érosions, des destructions de roches par les eaux, des sédimentations, des concentrations lagunaires ou littorales de certaines substances et, en remontant des phénomènes semblables les plus récents (par suite, les mieux connus) à des phénomènes de plus en plus anciens, nous arrivons à constater, dans leur ensemble, dans leur connexion, une certaine récurrence, qui, à diverses époques, a reproduit, à peu près dans le même ordre, un ensemble de faits analogues.

Nous sommes ainsi conduits à envisager toute l'histoire de la Terre comme dominée par une transformation essentielle d'ordre interne, qui consiste très probablement, ainsi que je l'ai déjà dit à diverses reprises, dans la contraction de son noyau fluide par suite du refroidissement

1. Cette opinion n'est pas admise par tout le monde et l'on a mis en avant des causes bien singulières pour expliquer les déplacements des mers : par exemple, une variation dans la vitesse de rotation de la Terre, déterminant un transport de la masse liquide, tantôt vers les pôles, tantôt vers l'équateur ; ou encore une différence dans l'intensité de l'attraction exercée par les glaces polaires, plus ou moins développées, sur la nappe océanique.

M. Suess a, comme je l'ai dit déjà page 85, attribué une grande importance aux phénomènes *eustatiques* ou généraux, qui devraient s'étendre à tous les rivages : soit un progrès général de la mer (mouvement positif), quand la mer, comblée par les sédiments, était forcée de se chercher une place nouvelle ; soit un recul général (mouvement négatif), quand un affaissement des fonds de mer y attirait une partie des eaux. Le caractère d'universalité absolue, attribué ainsi aux déplacements des mers, semble peu conforme aux observations récentes. (Voir plus loin, page 718.)

progressif résultant du rayonnement constant vers l'espace, et à faire ainsi intervenir déjà le second principe, auquel il a été fait allusion plus haut et que je développerai dans un instant, celui de l'évolution. Tantôt l'écorce terrestre semble avoir acquis une certaine stabilité, ses matériaux se sont coincés les uns dans les autres, ils forment voûte au-dessus des substances fluides internes : à la surface, il ne se produit alors que de petits tassements lents, des enfoncements progressifs de certaines zones, des soulèvements de certaines autres, continuant à suivre, par un phénomène qu'on a qualifié de posthume, la loi de direction, imprimée pendant un grand mouvement antérieur ; les sédimentations sont alors calmes et lentes, les éléments détritiques mettent, sans doute, des temps considérables à se déposer. Tantôt, au contraire, quelque ébranlement se manifeste dans cet édifice devenu peu à peu instable, quelque compartiment s'affaisse ou s'effondre, entraînant le mouvement de toutes les parties solidaires : alors c'est un changement général, opéré par étapes successives, pendant une période, qui nous apparaît d'autant plus longue qu'elle est plus nourrie de faits, que les transformations successives y sont plus nombreuses ; c'est, avant tout, le *rempli*, provoqué par la nécessité qu'éprouve alors l'écorce de s'appliquer sur une sphère plus restreinte, autrement dit la surrection d'une grande chaîne montagneuse déversée latéralement : c'est, en même temps, le réveil du volcanisme, le recul de la mer, qui va envahir, comme un brusque raz de marée, quelque autre continent ; puis la destruction de la chaîne par l'érosion, la sédimentation intensive, la mise en mouvement dans les eaux et la reprécipitation chimique ou mécanique de tous les éléments nouveaux, amenés par cette surrection au-dessus du niveau de la mer.

Il semble, à ce moment, que la nature travaille à rétablir l'ordre un instant troublé, à classer méthodiquement et par catégories ces matériaux nouveaux, qu'un cataclysme a fait surgir pêle-mêle, à adoucir les profils, à satisfaire aux lois de l'équilibre. Cela se réalise d'abord avec quelque confusion, par suite des mouvements internes, qui se continuent et viennent par saccades détruire l'ordre un instant reconquis ; puis, peu à peu, ces manifestations internes s'apaisent, les inégalités de la surface disparaissent, la saillie montagneuse se réduit à un plateau, les torrents reprennent un cours plus normal, les côtes moins accidentées sont plus stables et l'on rentre dans une nouvelle période de calme, en attendant la prochaine marée. A quel degré les traces du cataclysme précédent ont pu être effacées avant un cataclysme nouveau, nous le verrons tout à l'heure en montrant ce qu'était devenue, avant le soulèvement alpin qui date du tertiaire, la chaîne, probablement aussi haute, dressée dans une région plus septentrionale à l'époque carbonifère : on peut dire qu'il n'en restait pour ainsi dire plus de trace dès la fin du jurassique et, à plus forte raison, à la fin du crétacé.

Il y a, dans ces destructions opérées sur des chaînes montagneuses entières, dans cette remise en mouvement par les eaux d'un Himalaya, d'un Caucase et d'une Alpe, un phénomène de premier ordre, que nous ne devrons jamais perdre de vue, quand nous voudrons nous expliquer les accumulations locales de certaines substances, qui paraissent d'abord rares dans l'écorce superficielle et qu'on a été, par suite, tenté de supposer directement empruntées à une activité profonde, lorsqu'on les trouve localisées en amas. Et c'est là un des points intéressants, sur lesquels j'insisterai le plus tout à l'heure, en montrant, par exemple, pour le fer, comment, suivant les progrès de l'usure, on retrouve, après chaque soulèvement montagneux : d'abord, une dissémination en grès rouges et argiles bariolées ; puis une concentration en carbonate de fer oolithique et pyrite sédimentaire, qui se restreint ensuite et disparaît peu à peu ; ou encore, pour le gypse et le sel, comment les amas de ces substances se sont produits surtout pendant les périodes immédiatement consécutives aux plissements montagneux, alors que les eaux, marines ou lacustres, s'évaporent dans les dépressions de zones devenues désertiques, ou cherchent, sur des côtes instables et sans cesse modifiées par les mouvements du sol, un nouvel équilibre (surtout dans les zones où se produit une transgression, mais aussi dans celles qui émergent), etc., etc.

Nous constatons ainsi, comme je le disais en commençant, un principe général de récurrence, qui, dans une série de phases successives, a ramené, chaque fois, sur la Terre, des séries de phénomènes analogues. Mais — et c'est là où domine le second principe, également essentiel à envisager, celui de l'*évolution* — il ne faut pas, comme cela s'est produit parfois en géologie, exagérer le parallélisme, la symétrie entre les phases successives, leur appliquer le procédé trop mathématique des règles de trois, vouloir les assimiler de toutes façons les unes aux autres. Deux axiomes de même valeur, quoique d'apparence contradictoire, proclament : l'un, qu'il n'y a rien de nouveau sous le Soleil ; l'autre, que l'histoire ne se répète jamais. L'histoire géologique n'échappe, pas plus que l'histoire humaine, à cette restriction et il est important de ne pas oublier que la Terre a subi une transformation générale et continue, par suite de laquelle, en dehors même du côté accidentel qui intervient toujours dans une série complexe de phénomènes, l'ensemble de ces phénomènes a subi lui-même une modification progressive et théorique. A ce propos, il me suffira, dans ce préambule, de rappeler, sous une forme différente, ce qui a déjà été dit à l'occasion de la tectonique[1].

On conçoit, par exemple, dans l'hypothèse de la fluidité première, à laquelle nous sommes toujours forcés de revenir, que la Terre a dû avoir d'abord une écorce moins épaisse, sur laquelle les contractions se faisaient plus aisément, d'une façon plus continue, avec de moindres ruptures d'équilibre, c'est-à-dire que les directions des plissements devaient être plus constantes, leur propagation plus libre et plus générale ; donc *remplis* plus étendus en surface et peut-être moins saillants, grands effondrements plus rares : en résumé, relief général moins accidenté. J'ajoute que ce relief devait être soumis à des règles plus simples, puisque l'écorce, plus homogène, pouvait obéir, plus facilement et plus directement, à des lois physiques ou mécaniques, sans être partout influencée et contrariée par les différences de résistance, tenant à la complexité des phénomènes antérieurs. Si l'écorce terrestre a subi une déformation géométrique et en quelque sorte cristalline, analogue à celles dont on a souvent essayé d'y reconnaître la trace, c'est donc, ce semble, à ces époques primitives qu'elle devrait de préférence apparaître ; c'est alors qu'ont dû se déterminer les grands traits permanents de la structure, ultérieurement compliqués par des efforts, dont la direction ne pouvait plus être tout à fait la même.

Cette différence d'épaisseur dans l'écorce terrestre aux époques anciennes et aux époques récentes n'a pu, comme on serait tenté de le croire d'abord, avoir une influence directe bien sensible sur l'évolution des climats ; car ce n'est pas par l'intérieur que la surface terrestre est réchauffée, c'est par la chaleur que lui rayonnent les astres et, spécialement, le Soleil ; mais elle a pu avoir un certain contre-coup indirect sur cette transformation en influant, comme je viens de le dire, sur le relief. Il est certain, en effet, qu'un relief moins accidenté ne pouvait manquer d'entraîner un climat plus uniforme, tandis que le soulèvement d'une grande chaîne montagneuse a, non seulement sur cette chaîne même, par sa hauteur, mais à son voisinage, déterminé un refroidissement en amenant une condensation de la vapeur d'eau.

Mais une action plus importante a pu, au début, être exercée sur les climats : d'abord, par la concentration progressive du Soleil, ensuite, par les modifications permanentes ou momentanées intervenues dans la composition de l'atmosphère.

Dans le premier ordre d'idées, on voit aussitôt qu'à un certain dia-

---

1. Pages 368 et suiv. Voir également plus loin pages 452 et 717.

mètre apparent du Soleil peut, sans aucune autre intervention, correspondre une égalité absolue de climat sur la Terre; et ce diamètre apparent n'a rien que de compatible avec ce qu'on est conduit à admettre en astronomie[1].

Dans le second ordre d'idées, il est assez naturel de supposer que la Terre a dû commencer, dans sa fluidité première, par être enveloppée, comme l'est actuellement le Soleil, de vapeurs diverses, qui se sont, en grande partie, concentrées et précipitées, lorsqu'une croûte de scorie superficielle s'est formée, mais dont une portion a pu rester éparse dans l'air et empêcher, d'abord, toute espèce de vie, puis, du moins, toute vie aérienne[2]. Des phases de volcanisme intense ont pu, dans la suite, relever momentanément la teneur en acide carbonique et contribuer alors ainsi à l'uniformité des climats. Il a dû, par suite, se produire, au cours de l'histoire terrestre, des *événements*, représentant des *étapes*, qui ont eu lieu une et une seule fois, qui ne se sont pas reproduits.

Peut-être également, si l'on imaginait un déplacement notable de l'axe terrestre et des pôles (qui, sans être impossible, ne paraît cependant probable, ni en géologie, ni en astronomie) trouverait-on là l'indice d'une grande cause progressive, ayant amené une transformation continue sans retour en arrière. Il pourrait en être de même pour certaines influences astronomiques à période tellement longue qu'elles embrasseraient toute l'histoire terrestre, ou que leur action s'y serait manifestée seulement un très petit nombre de fois et dans des conditions devenues différentes.

C'est par de semblables considérations astronomiques que l'on voudrait, ainsi que je le dirai[3], essayer d'appliquer à l'histoire géologique des évaluations en années et, quoique les efforts dans ce genre, tels qu'on les a tentés jusqu'ici, me paraissent avoir peu de chances d'aboutir, il était impossible de ne pas y faire une allusion.

En résumé, nous devons trouver, à la fois, en paléo-géographie, la trace de récurrences successives et l'empreinte d'une évolution. C'est là, dans une science où il entre encore tant d'hypothèses, une grave difficulté ; car, suivant la tendance d'esprit du géologue, il peut être tenté d'accorder à l'un ou l'autre de ces deux principes, que l'on a vus tour à tour dominer les tendances scientifiques, une importance prépondérante. Tour à tour, la géologie a touché l'un ou l'autre écueil,

1. Voir pages 123 et 719.

2. Ceci ne veut pas dire qu'il faille croire à la relation souvent admise entre le développement de la végétation à l'époque carbonifère et celui des animaux aériens vers le même moment. Il existait des insectes au moins dès le dévonien et, d'autre part, la conservation particulièrement abondante de la flore carbonifère peut tenir autant à des conditions tectoniques qu'à une évolution biologique (voir, p. 465).

3. Voir page 720.

tantôt attribuant trop d'influence à l'évolution, c'est-à-dire recourant, pour expliquer les phénomènes anciens, à des causes disparues, d'autant plus commodes à invoquer dans les interprétations qu'on pouvait les imaginer à son aise ; tantôt, au contraire, tombant dans un actualisme immodéré, c'est-à-dire prétendant, malgré les démonstrations géologiques les plus formelles, que tout s'était passé toujours exactement autrefois comme aujourd'hui, que les mouvements du sol n'avaient jamais été plus accentués, ni les sédimentations plus actives. J'ai, dans les chapitres historiques du début, mis en évidence les avantages et les défauts de ces deux tendances contradictoires ; je voudrais maintenant, dans l'exposé qui va suivre, essayer de leur faire à chacune leur part équitable en les conciliant.

C'est ainsi que, malgré la tendance actualiste, à laquelle chacun à notre époque obéit plus ou moins consciemment, je m'efforcerai de laisser son rôle naturel à l'évolution. Il ne faudrait cependant pas l'exagérer ; car, en dehors de tout parti pris, on doit reconnaître que les progrès de la géologie ont bien souvent consisté à en réduire l'influence. Nombre de dissemblances apparentes, d'anomalies, d'impossibilités mêmes, sur lesquelles on avait autrefois insisté, ont trouvé peu à peu leur explication normale, soit dans les modifications dues au métamorphisme ultérieur profond ou superficiel, soit dans cette notion de profondeur originelle, d'érosion plus ou moins avancée, que j'ai, à diverses reprises, tenté de mettre en valeur. De même pour ces grands mouvements marins, qu'on croyait spontanés et généraux et dont la relativité est apparue dans la suite. De même encore pour certaines modifications des climats, pour des phénomènes, tels que les glaciers, dont on a dû reconnaître la trace dans des âges de plus en plus anciens ; pour les apparitions mêmes des divers êtres sur la Terre, qui reculent dans le passé à mesure que la science progresse et dont les discontinuités trouvent peu à peu une explication, etc., etc.

Mais, tout en assignant ainsi à l'évolution terrestre de justes limites et en émettant quelques doutes sur certains des phénomènes qu'on peut être tenté de lui attribuer, il n'en est pas moins vrai que, là où nous en reconnaissons la trace avec quelque certitude, elle présente un intérêt de tout à fait premier ordre, puisqu'elle ne nous renseigne plus seulement sur l'existence ancienne de faits semblables à ceux d'aujourd'hui, mais sur une transformation progressive de notre planète, se rattachant aux lois générales de l'astronomie et aux plus lointaines hypothèses cosmiques de cette science. C'est pourquoi notre première partie sera consacrée à rechercher les règles de cette évolution : d'abord en ce qui concerne la structure, ensuite en ce qui touche aux climats. Après quoi, lorsque nous aborderons l'historique plus détaillé, nous pourrons laisser davantage ce côté de la question pour insister sur les récurrences.

I. — Lois générales relatives à l'évolution de la structure terrestre et des climats.

A) L'ÉVOLUTION DE LA STRUCTURE TERRESTRE. SES TRAITS PERMANENTS. — Il suffit du premier coup d'œil jeté sur quelques cartes paléo-géographiques [1] pour se dépouiller de cette opinion vulgaire que les mers et les continents ont toujours, à peu de chose près, formé les mêmes grandes masses, sinon gardé les mêmes rivages. On serait plutôt porté à tomber d'abord dans l'excès inverse, et à croire que ces modifications perpétuelles des eaux se sont faites au hasard, en tous sens et sans aucune loi. Quand on compare ces cartes les unes aux autres, il semble, en effet, que l'on assiste à un véritable vagabondage des mers, venant occuper tour à tour toutes les positions possibles à la surface de la Terre et l'on pouvait, en effet, le prévoir, puisqu'il n'est peut-être pas une région de la Terre, dans laquelle on ne trouve quelque trace de sédiment marin et qui n'ait dû être couverte, à un moment quelconque, par les flots. Si, inversement, pour certaines régions marines telles que le Pacifique, divers géologues ont été conduits à imaginer la persistance de la mer, en remarquant, par exemple, dès le cambrien, l'existence d'une île allongée parallèlement à la côte entre le golfe de Californie et Vancouver, cette conclusion toute théorique peut inspirer quelque défiance, puisque le fond réel de l'Océan Pacifique nous est fort mal connu et que des preuves d'émersion pendant une période quelconque pourraient s'y rencontrer, sans que nous en sachions rien. Pour bien des causes tectoniques déjà indiquées [2], il semble même, au contraire, permis d'invoquer un continent Pacifique : ce qui montre à quel point on est peu fixé encore sur un problème aussi grave. Cette impression d'instabilité sera, je crois, assez vive tout à l'heure, quand nous raconterons ces mouvements marins et elle le serait encore plus, si l'on pouvait, dans quelque cinématographe, faire défiler ces cartes successives assez rapidement pour les fondre en une seule image mobile, reproduisant — telle qu'eût pu la voir un observateur placé dans l'espace, pour lequel nos siècles ne seraient que des fractions de seconde — l'histoire terrestre en raccourci. Mais actuellement il nous faut résister à cette première tendance et chercher s'il n'existe pas un certain

1. Voir, par exemple, les planches IV et V, pages 487 et 499.
2. Voir pages 254 et 401.

ordre profond, une stabilité générale, une loi d'ensemble au milieu de ce désordre apparent.

Cette permanence de quelques grands traits généraux, nous l'avons déjà rencontrée en étudiant les résultats de la tectonique et c'est à la tectonique, en effet, qu'il faut s'adresser, bien plus qu'à la paléo-géographie, pour la reconnaître. Car la première science nous apprend la répartition des masses anciennement solidifiées et des régions instables récemment plissées, qui est un phénomène capital, tandis que la seconde ne nous renseigne que sur la répartition, beaucoup moins intéressante, des continents et des mers. Or, cette dernière répartition, à laquelle l'habitude de consulter des cartes géographiques, où les mers présentent une teinte uniforme, nous fait attacher une importance très exagérée, n'en a, en réalité, qu'une très faible en ce qui concerne la structure terrestre. Le contour des continents n'est dans le relief qu'une ligne de niveau à peu près quelconque, qui se distingue seulement en géologie par les phénomènes de sédimentation déterminés aux abords des rivages ; quelques dizaines, quelques centaines de mètres en plus ou en moins pour la surface de la mer en changeraient notablement l'aspect sur nos cartes. Il est, par exemple, telles plates-formes marines, recouvertes d'une mince nappe d'eau, qui sont le prolongement direct des continents marins, tels continents si peu élevés au-dessus de la mer qu'un faible relèvement des eaux suffirait à les submerger tout entiers. L'abrasion, qui détruit vite les traces d'une saillie montagneuse et la réduit à une pénéplaine susceptible d'être bientôt submergée, fait ainsi disparaître, sur les cartes paléo-géographiques, un trait structural d'une importance essentielle, que retrouve seule la tectonique.

Je rappellerai, à ce propos, le cas des faîtes primitifs, qui représentent, dans la constitution du globe, un élément essentiel et permanent, sur le rôle duquel j'ai longuement insisté ailleurs [1] et qui ont pu néanmoins être, tantôt submergés, tantôt émergés, recevoir, pendant longtemps, des accumulations de sédiments horizontaux, puis revenir au jour par un faible déplacement relatif, de telle sorte que les contours des mers anciennes, tantôt les laissant de côté, tantôt empiétant sur eux ou les englobant, entraînent ainsi, dans la forme des cartes, de très notables modifications apparentes, sans grande importance générale pour l'évolution structurale de la planète. On doit donc, dans ce qui va suivre, avoir présentes à l'esprit les cartes de distribution tectonique, au moins autant que les cartes paléo-géographiques proprement dites.

En tenant compte de cette remarque, on semble bien apercevoir un

1. Page 401.

premier fait, qui serait de la plus haute valeur si l'on pouvait le démontrer plus précisément : c'est la permanence approximative de la direction axiale, se traduisant par une certaine symétrie autour de cet axe terrestre, qui aurait pu, d'ailleurs, décrire au cours de l'histoire géologique, un cône de quelques degrés, mais non, comme on a parfois voulu le supposer, passer tour à tour du pôle à l'équateur.

Ce n'est pas, malheureusement, dans les différences de climats que nous pouvons chercher une confirmation de cette observation encore hypothétique ; car, ainsi que nous le verrons tout à l'heure, l'uniformité des températures marines a pu être généralement admise à toutes les latitudes jusqu'à l'époque carbonifère. Et, d'autre part, nos cartes des premières périodes géologiques sont, pour une foule de raisons déjà indiquées, très peu précises [1]. Néanmoins, la distribution tout à fait primitive des continents et des mers semble, autant qu'on en peut juger, avoir été à peu près telle que nous la concevrions produite par la scorification superficielle d'une sphère fluide tournant autour de son axe de rotation actuel. Il paraît, en effet, logique, dans une telle hypothèse que, sur cette surface sphérique, divers anneaux, animés de vitesses tangentielles différentes, se soient individualisés, et qu'un premier relief ait été ainsi produit par des bourrelets et des creux dessinant à peu près des parallèles. Les premiers continents, dans notre idée, auraient dû être allongés dans le sens Est-Ouest, tandis que des effondrements récents leur ont donné aujourd'hui des alignements Nord-Sud si caractéristiques.

Or, dès le début (Pl. IV, p. 487), il semble que nous apercevions vaguement quelque chose de semblable. Et, sans doute, si nous traçons alors un si vaste continent brésilo-africain, c'est beaucoup parce qu'en Afrique et en Amérique du Sud, les sédiments cambriens, difficiles à reconnaître, sont resté inaperçus [2]. De même, il y aura certainement un jour de grandes réductions à opérer sur notre continent de l'Asie Russe. Mais le continent paléarctique Nord-Américain se trouve démontré par la façon dont les sous-étages successifs du cambrien l'envahissent peu à peu [3] sur son flanc Sud et l'examen des faunes rend également bien vraisemblable la présence d'une mer

1. Elles nous instruisent, pourtant sur les traits primitifs de la planète.

2. En Amérique du Sud, le cambrien n'a encore été reconnu qu'en deux points des Cordillères. En Afrique, on n'en signale qu'un affleurement à Spirocyathus très discutables dans l'Afrique Sud-Occidentale Allemande. Les régions extra-européennes où le cambrien paraît largement représenté sont : d'un côté, des zones géosynclinales à dépôts plissés de l'Amérique du Nord ou de la Chine ; de l'autre côté, des seuils continentaux recouverts transgressivement. tels que le massif Sibérien. Il ne faut pas oublier que ces seuils continentaux représentent, pour la mer, des conquêtes précaires, où sa profondeur reste faible, tandis que les conditions sont différentes dans les dépressions dues aux plissements ou aux vastes effondrements.

3. Cela ressort bien sur la série des cartes de M. WALCOTT.

intérieure ayant fait communiquer directement l'Amérique du Nord avec l'Europe, d'un sillon Est-Ouest, ayant séparé le Groënland et le Canada de l'Amérique.

Un long sillon Est-Ouest partage dès lors la Terre émergée en deux zones : l'une comprenant le Canada, avec une partie de l'Asie Russe et de la Chine ; l'autre l'Amérique du Sud, l'Afrique et l'Inde. Comme le montre notre planche IV, on croit le voir apparaître avec le cambrien (2), entre les môles septentrionaux et les môles équatoriaux, distingués au chapitre de la tectonique ; il prend mieux son allure définitive pendant l'ordovicien (3), et, par un trait de permanence qu'il faut signaler aussitôt, nous allons, avec des variations de détail, le voir persister à peu près durant toute la série géologique : ce sera la *Téthys* de l'époque triasique, puis la *Mésogée* tropicale des temps crétacés, où se perpétueront et d'où essaimeront les faunes des mers chaudes ; ce sera, plus tard, notre *Méditerranée* actuelle, séparée sur nos cartes du golfe du Mexique, qui lui fait vis-à-vis, par l'effondrement récent de l'Atlantique, et disjointe de sa continuation dans le Pacifique, par le soulèvement également récent de l'isthme de Panama. Presque à toutes les époques, nous pourrons ainsi suivre le prolongement de ce sillon Est-Ouest sur les deux tiers de la circonférence terrestre (le Pacifique seul étant excepté), depuis le golfe du Mexique jusqu'à l'Asie Mineure, puis au Nord de l'Himalaya (mer à fusulines, Téthys, etc.), enfin le long de la chaîne des îles de la Sonde jusqu'à l'Est de l'Australie[1].

Et, presque à toutes les époques également, il en résultera une différence dans l'évolution des deux masses continentales, séparées par ce sillon intérieur ; d'un côté, l'Eur-Asie, avec l'Amérique du Nord ; de l'autre, l'Amérique du Sud, avec l'Afrique et l'Inde.

Il est même intéressant de remarquer combien cette direction Est-Ouest des deux grandes masses continentales et de leur mer intérieure en Europe, ou dans les régions voisines de l'Asie, en même temps qu'elle semble impliquer la permanence approximative de l'axe terrestre, paraît montrer aussi la prédominance primitive des plissements sur les effondrements dans nos régions eurasiatiques. Nous avons vu, en effet, que, dans ces régions, les rides montagneuses, résultant de plissements successifs, ont été, pour la plupart, approximativement dirigées suivant des parallèles (de plus en plus méridionaux avec le temps),

---

1. J'ai, sur la planche IV, page 487, cherché à mettre ce fait en évidence par le rapprochement des traits qui figurent approximativement l'axe de la Mésogée aux époques cambrienne (2), ordovicienne (3), dinantienne (11) et lutétienne (44). Voir, sur la permanence de ce trait en Asie, ma géologie de l'Asie, p. 167. Ce sillon mésogéen est l'un des géosynclinaux principaux de M. Haug. (Bull. Soc. Géol. de Fr., 3e sér., XXVIII, p. 617-711, 1900).

comme l'accuse, dans l'ensemble, malgré ses sinuosités de détail, la dernière grande ride Alp-himalayenne, dont la direction générale apparaît dès les premiers âges; ce sont les « remplis » de la sphère fluide, qui doivent là prédominer. Au contraire, les cassures et les effondrements auraient plutôt une direction à peu près méridienne, si l'on en juge par celles si caractéristiques des grands Lacs africains, de la mer Egée, de l'Atlantique, de la côte pacifique Sud-américaine, ou du Japon. La plupart de ces cassures, de ces effondrements, sont récents et leur influence, qui joue un rôle si essentiel dans la structure terrestre actuelle, paraît, comme je l'ai dit plus haut, avoir eu une tendance à s'accentuer avec le temps, comme si, dans l'hypothèse précédemment indiquée, la croûte terrestre, de plus en plus épaisse, était devenue de moins en moins souple et, par suite, au lieu de pouvoir continuer à adhérer au moyen de plissements lents, s'était fracturée davantage par brusques écroulements [1].

Cette influence récente des accidents Nord-Sud s'est particulièrement traduite pour le grand sillon Ouest-Est, mésogéen ou méditerranéen, envisagé tout à l'heure. Au lieu de rester continu, on l'a vu, en effet, dans la suite des temps géologiques, se couper, par des barrières successives, sur le passage des trois principaux accidents Nord-Sud, qui divisent aujourd'hui la Terre en trois fuseaux de 120° : d'abord à Panama, avant le lutétien (44); puis à Suez; et enfin, avec des interruptions qui se combleront peut-être bientôt, dans la chaîne des îles de la Sonde. En même temps, l'effondrement Atlantique, que l'on a supposé s'être terminé seulement, dans sa partie Nord, après l'apparition de l'homme, pendant le pléistocène, a rompu l'isolement de cette mer intérieure tropicale, en la faisant communiquer avec les zones boréales ou australes, et les courants chauds, qui ont pu en résulter, tels peut-être que le Gulf-Stream, ont dû certainement avoir une influence de premier ordre sur les modifications de climats, qui se sont produites pendant la fin du tertiaire.

Un autre trait essentiel de la structure terrestre, auquel on est tenté également d'attribuer une très ancienne origine et une constante permanence, ainsi que j'ai déjà eu l'occasion de le dire précédemment, est la curieuse disposition de ce grand espace circulaire aux côtes volcaniques et contourné par des géosynclinaux récemment plissés, qu'on appelle l'Océan Pacifique. En tant que rivage, la côte Ouest des États-Unis semble s'esquisser de bonne heure et c'est une des rares portions de cette côte Ouest-américaine, où ne s'accuse pas une

1. Voir plus haut, page 368, au chapitre de la tectonique, et page 449.

ligne de rupture volcanique récente; en pendant, de l'autre côté du Pacifique, le dessin d'ensemble de la côte Sibérienne paraît également être fort ancien et, sauf quelques exceptions possibles, s'être, en général, perpétué. En outre, les chaînes de plissement tertiaires encerclent le Pacifique de la manière la plus nette, tandis qu'elles se dirigent transversalement à l'Atlantique[1], et cette disposition si frappante suffit à prouver que la couronne circulaire du Pacifique a dû constituer une ligne de démarcation structurale, le long de laquelle ces rides si accentuées et ces dislocations marquent une zone d'affaiblissement très ancienne du globe.

Il ne faut pas oublier toutefois, je l'ai déjà remarqué, que le fond du Pacifique lui-même nous est inconnu, sauf quelques produits volcaniques ramenés par les sondages, qui ne nous apprennent rien sur sa structure ancienne. Il est, d'autre part, bien difficile, à de telles distances, de vouloir tenter des raccordements à travers l'Océan, comme on le fait pour un bras de mer étroit tel que la Manche ou le détroit de Gibraltar, ou même, à la rigueur, pour l'Atlantique; et l'on peut, par suite, se demander si certains mouvements marins des époques anciennes, constatés dans nos zones continentales actuelles et sans contre-partie reconnue jusqu'ici, n'auraient pas trouvé précisément cette contre-partie dans ces vastes régions, sur l'histoire desquelles nous ne savons encore à peu près rien. Nous avons déjà fait observer qu'il y avait là probablement un cas de transgression actuelle recouvrant des zones tectoniques très diverses. Ce n'est donc pas, comme on l'a fait quelquefois, à l'Océan Pacifique lui-même que nous attribuons ici une permanence très douteuse, c'est uniquement au dessin de sa périphérie.

Non seulement on a admis l'origine ancienne de l'Océan Pacifique en tant qu'océan; mais on a quelquefois été plus loin et on a soutenu souvent que la répartition générale des mers et des continents avait été fixée, dès l'origine, sur toute la Terre. A l'appui de cette idée, on a invoqué, notamment, la terminaison ordinaire des continents en pointe vers le Sud, et la brusque limitation de ces côtes méridionales, qui exclut l'hypothèse d'une simple accumulation d'eau vers le pôle austral; en outre, les énormes profondeurs de certaines mers, contrastant avec le caractère de « plateau », qui est, en résumé, celui de tous les continents. On n'aurait eu alors, dans l'histoire géologique, sur nos zones continentales et les hauts fonds marins qui se rattachent à elle, que des déplacements marins de peu d'importance et momentanés. Toutes

1. Voir page 253.

les transformations historiques de nos cartes paléo-géographiques sur nos régions continentales ne correspondraient, avec cette hypothèse, qu'à des mouvements restreints, à de faibles déplacements dans le niveau des mers, (comme semble, jusqu'à un certain point, l'indiquer cette curieuse et importante remarque que, dans aucun de nos éléments géologiques, on ne reconnaît un véritable dépôt de grande profondeur, analogue à ceux des dépressions océaniques).

Cette idée de permanence générale, qui a été soutenue par Agassiz, Dana, Geikie, et qui se rattache, dans son principe, à la doctrine actualiste toujours renaissante sous une forme ou sous une autre, paraît bien difficilement soutenable en présence de tous les arguments qui nous pousseront bientôt à supposer des continents anciens disparus, par exemple entre l'Amérique du Nord et l'Écosse, entre le Brésil, l'Afrique et l'Inde, et à imaginer l'effondrement de vastes régions jadis émergées, aujourd'hui enfoncées à plusieurs milliers de mètres sous la mer. Pour expliquer ce contraste des reliefs marins et terrestres, sur lequel se sont appuyés les actualistes, il est beaucoup plus vraisemblable d'admettre que des portions de l'écorce, à relief encore très inégal, ont pu être brusquement enfoncées dans les Océans et, à partir de ce moment, soustraites à toute action abrasante, tandis que les parties restées continentales tendaient sans cesse à se niveler, à se transformer en plateau par l'érosion. Quant à la terminaison en pointe vers le Sud, elle paraît pouvoir s'expliquer par le mode même de déformation tectonique. J'ai indiqué ailleurs[1] comment la dislocation d'un voussoir ancien, tel que le Plateau Central, s'était faite souvent par des cassures en dents de scie, séparant des compartiments, dont le mouvement devenait alors indépendant; un tel mécanisme, appliqué en grand à l'ensemble des terres australes, suffirait à faire comprendre la disposition triangulaire des continents, séparés, nous le savons, par des effondrements récents.

D'une façon générale, si l'on cherche à systématiser ce qui est relatif aux traits permanents de l'écorce, il semble permis de dire que les zones faibles de l'écorce, caractérisées par des mouvements à une époque quelconque, avaient été le plus souvent faibles déjà aux époques antérieures : l'inverse n'étant pas vrai, en principe; c'est-à-dire que, parmi les zones faibles du début, celles où les premiers mouvements se sont fait sentir avec le plus d'intensité se sont aussi les premières consolidées. Mais, par exemple, une grande partie des mouvements alpins a porté sur des zones déjà ébranlées par

---

1. *Les dislocations du terrain primitif dans le Nord du Plateau Central.* (C. R. Ac. Sciences, 10 décembre 1888) ; voir également la figure 37, page 286.

les mouvements hercyniens et notre zone sismique actuelle, qui est sans doute celle où se produiront les accidents futurs, a été aussi, **pour** la plus grande part, ébranlée par les mouvements tertiaires.

Peut-être est-on en droit de citer aussi comme un trait relativement ancien, la ligne d'effondrement si marquée des lacs africains, dont on croit apercevoir le dessin depuis le jurassique. J'ai signalé également plus haut [1] la permanence tectonique de certaines autres lignes de dislocations. Mais, en résumé, l'on voit que, conformément à la première impression causée par les cartes paléo-géographiques, ces traits de la structure, réellement permanents, permanents depuis l'origine, si essentiels qu'ils puissent être à considérer, semblent décidément bien rares.

Nous allons maintenant, à côté de ces quelques traits primitifs si exceptionnels, en voir apparaître peu à peu un certain nombre d'autres qui donnent de plus en plus à la structure terrestre la forme que nous lui connaissons à mesure que les phases géologiques s'écoulent.

L'un des plus anciens paraît avoir été l'émersion du continent africain, quoiqu'on en ait sans doute exagéré la généralité primitive. La transgression silurienne y est déjà localisée. Les zones occupées par le dévonien (5) ou le dinantien marin (11) se réduisent à très peu de chose. Les mers secondaires, malgré d'assez vastes incursions dans le Nord à l'époque turonienne (37), épargnent à peu près toute la masse de ce continent. L'histoire de l'Inde et du Brésil est analogue : émersion depuis le silurien, etc.

De même, dès le dévonien (5), la côte Ouest de l'Amérique est indiquée en Californie, en Colombie Britannique et dans l'Alaska.

Puis, quand arrive la période carbonifère (11), les deux masses septentrionales, qui se font pendant des deux côtés de l'Atlantique, la Scandinavie avec la Finlande d'un côté, le Nord-Est des États-Unis avec la baie d'Hudson de l'autre, autrement dit les deux *boucliers* Scandinave et Canadien, émergent définitivement.

L'émersion de la Sibérie et d'une partie de la Chine, avec sa limite orientale actuelle, date également à peu près de cette époque [2].

D'une façon générale, l'on peut faire remonter à l'époque carbonifère tous les traits du relief terrestre, très affaiblis par les érosions ultérieures, que nous avons rattachés aux plissements de la chaîne hercynienne : en Europe, la disposition des grands plateaux cristallins, qui forment la Meseta espagnole, le Plateau Central, les Vosges et la Forêt-

---

1. Pages 433 et 436. Voir également pages 368, 375, 401.

2. J'ai insisté, dans *La géologie et les Richesses minérales de l'Asie*, p. 3, sur le caractère très anciennement continental qu'accusent de vastes parties de l'Asie.

Noire, la Saxe et la Bohême ; le premier plissement des Alpes, auquel s'est substitué, plus tard, le mouvement tertiaire ; celui de l'Oural ; puis, en Asie, la direction des rides Nord-himalayennes (que suivra, plus tard, à peu près l'Himalaya), avec leur prolongement direct dans la chaîne stannifère et aurifère de la presqu'île de Malacca, de Java et de l'Australie Orientale[1] ; en Afrique du Nord, les plis carbonifères du Sahara, dont la direction de détail contraste avec celle de l'Atlas tertiaire ; aux États-Unis, ceux des Appalaches. Malgré la différence d'aspect, si frappante d'abord, entre une carte carbonifère et une carte actuelle[2], la distribution de nos principales rides montagneuses (Alpes, Oural, Himalaya, Appalaches, etc.), s'y trouve déjà indiquée à une place un peu différente de celle qu'elles occupent aujourd'hui. Ce qui manque encore, et ce qui rend, pour nous, l'allure générale si distincte de celle à laquelle nous sommes accoutumés, ce sont les grands effondrements, dessinés seulement après l'époque secondaire.

Par des mouvements de ce genre, le lias (20) voit se marquer nettement la côte Est de l'Afrique, en temps que s'amorce l'Océan Indien.

Sur la carte de l'emschérien (38) on a déjà, avec des limites voisines de leurs limites actuelles, toutes les masses continentales de l'hémisphère austral, l'Amérique du Sud, l'Afrique, Madagascar, l'Inde, l'Australasie.

Enfin l'époque tertiaire (41 à 59) est celle, où s'accuse, en dernier lieu, l'ossature de toute notre Europe méridionale, qui est l'une des parties du globe les plus récemment et, l'on peut ajouter, les plus incomplètement arrivées à la stabilité. C'est la phase, où se produisent les plissements alp-himalayens et où, par un phénomène corrélatif, la Méditerranée se déplace quelque temps de la France ou de l'Autriche à l'Afrique du Nord, avant de prendre sa position actuelle. C'est également le moment, où s'ouvrent les trois grandes fractures méridiennes, à 120° l'une de l'autre, qui divisent actuellement la terre en trois fuseaux à peu près équivalents : celle de la Syrie, de la mer Rouge et des lacs Africains ; celle du rivage pacifique américain ; celle du Japon et des Philippines.

Le relief actuel est, à très peu de chose près, arrêté dans la dernière partie du tertiaire, pendant le pliocène (54). Les mers, ensuite, n'ont plus que des déplacements insignifiants : les grandes vallées elles-mêmes sont dessinées. Cependant, quand on examine la zone d'extension glaciaire boréale, on voit que le pôle du froid, situé aujourd'hui à l'Est de la Sibérie, paraît avoir été alors, à peu près symétriquement par

1. Voir page 421.
2. Voir la planche V, page 499.

rapport au pôle géométrique, du côté américain. Les variations des climats, de plus en plus accentuées et multipliées avec l'avancement des périodes géologiques, sont donc le dernier point de la géographie physique actuelle, qui s'est fixé seulement, pour une durée probablement courte, à une époque récente après l'apparition de l'homme.

Ainsi paraît s'être établie progressivement la structure de la Terre (dont les traits constitutifs sont, on le voit, plus ou moins anciens), par une longue évolution, que sont venues compliquer sans cesse des sortes de flux et reflux marins généraux, dont il n'a pas été question jusqu'ici. Ces flux et reflux, tout à fait comparables dans leurs effets, mais avec des proportions démesurées, à nos marées journalières, ont tour à tour avancé sur les continents ou reculé, aplanissant les saillies dans leur transgression, abandonnant les sédiments dans leur recul. Les périodes de haute et de basse mer, où le sens de ces mouvements a changé, sont, dans notre chronologie géologique, des dates caractéristiques, qui nous serviront bientôt à séparer les principales périodes de l'histoire, mais dont il ne faut pas, bien entendu, oublier le caractère tout à fait local. Nous verrons, par exemple, en Europe, la mer dévonienne déborder en tous sens, puis la marée reculer pendant le carbonifère. Elle est basse au début du permien, remonte pendant le trias, arrive à son apogée vers le milieu du jurassique et redescend pendant le jurassique supérieur. Le début du crétacique commence une nouvelle période de flux, qui se développe pendant l'albien, atteint son maximum pendant le cénomanien et redescend jusqu'au tertiaire.

A chacune de ces marées correspondent naturellement des changements dans la faune marine : des êtres nouveaux étant apportés par la mer montante ; des espèces disparaissant, quand la marée basse les laisse à sec sur un continent. Et, comme ces marées doivent être, en grande partie, provoquées par les mouvements de l'écorce, qui se traduisent en changements de reliefs, par suite en modifications du climat et de la flore, il en résulte, suivant une remarque antérieure[1], entre les diverses variations tectoniques et paléontologiques, entre nos deux moyens de diviser le temps, certains rapprochements approximatifs, permettant de faire concorder à peu près les périodes établies par des moyens distincts, sans qu'il faille espérer une exactitude absolue.

Ce simple exposé permet, du reste, de voir à quel point les périodes géologiques successives, fondées sur des variations à peu près équivalentes de faune ou de flore, ont dû être inégales de durée entre elles : ces variations ayant dû être très rapides au moment des mouvements

1. Voir pages 204 et 205.

du sol (comme cela est si manifeste pour la flore carbonifère, pendant
la surrection hercynienne) et très lentes, au contraire, à certaines
autres époques, où rien, dans les conditions physiques du globe, ne se
modifiait. Il en est de même, à plus forte raison, pour les épaisseurs des
sédiments, qui, dans le même temps, ont pu être énormes, lorsque les
eaux avaient une chaîne nouvelle à détruire, comme après le soulèvement alpin, ou à peu près nulles quand les continents étaient déjà
aplanis et les torrents arrivés à leur profil d'équilibre, comme pendant
la période de calme qui caractérise en Europe le crétacé.

Enfin, dans l'ordre d'idées que nous venons d'examiner ici, en ce qui
concerne les traits généraux de la paléo-géographie et leur évolution,
on a le devoir de chercher dans quelle mesure ces traits ont été prévus
et coordonnés mécaniquement dès la première heure, pour se développer dans la suite peu à peu, comme peuvent le faire ceux d'un être
vivant, par les lois de l'hérédité, dans le développement embryonnaire.

En examinant la structure actuelle de la Terre, dont le dessin offre
une sorte de symétrie si curieusement artistique, des combinaisons et
des balancements de lignes sinueuses si visibles à tous les yeux, il
était naturel de se demander si cette forme ne résultait pas de ce que
le géoïde terrestre aurait tendu sans cesse à prendre un équilibre cristallin par une déformation polyédrique ; il y aurait eu, alors, dès
l'origine, un plan géométrique arrêté pour toutes les dislocations successives, plan résultant des conditions d'équilibre primitives et dont
tous les traits auraient, à toutes les époques, obéi à ce principe permanent. A diverses reprises, on a fait des tentatives dans cette voie pour
assimiler la Terre, soit à un dodécaèdre pentagonal, soit à un tétraèdre
placé dans diverses positions. L'examen de cartes tectoniques, comme
la planche I, ou la comparaison des cartes paléo-géographiques (pl. IV et
V, p. 487 et 499), aurait dû, ce me semble, en manifestant la permanence
des traits correspondant à ces plans fondamentaux du polyèdre, nous
permettre de les reconnaître aussitôt. Examinées sans parti pris, elles
ne montrent, je crois, rien de semblable et l'on y distingue plutôt une
série de mouvements indépendants, se superposant partiellement les
uns aux autres, en étant influencés par le défaut d'homogénéité résultant des mouvements antérieurs. Le fait seul que les auteurs des divers
réseaux tétraédriques, Lowthian-Green, A. de Lapparent, Michel Lévy,
etc., tout en s'accordant sur le principe, ont attribué à leurs tétraèdres,
avec une égale conviction, des positions différentes sur la sphère, est
de nature à accentuer notre scepticisme. Nous ne retiendrons donc de
cette géométrie géologique qu'une observation intéressante. Lowthian-
Green a fait remarquer depuis longtemps qu'un tétraèdre, ayant son

sommet au pôle Sud et sa base au pôle Nord, expliquerait l'accumulation des continents en trois grandes masses boréales avec une mer au
pôle arctique et l'élévation de l'Antarctide.

Si l'on voulait absolument trouver dans l'hémisphère Nord des faces
de polyèdre, on pourrait les voir dans les massifs primitifs de notre
planche I, que séparent des arêtes méridiennes plus récemment plissées.
Vers le pôle Sud, c'est, au contraire, le dessin des arêtes saillantes que
semblent faire ressortir les chaînes montagneuses.

B) L'ÉVOLUTION DES CLIMATS. HISTOIRE DES ZONES CARACTÉRISTIQUES MAR-
QUÉES PAR LES CORAUX, LES FORMES VÉGÉTALES OU LES PHÉNOMÈNES GLACIAIRES.
— Les formes de la vie sont directement subordonnées aux conditions
climatologiques de température plus ou moins élevée, d'humidité plus
ou moins grande, d'air plus ou moins pur, etc. Aussi, constatant
pour les organismes animaux et végétaux l'évolution, qui nous a
servi à établir notre série stratigraphique, est-il intéressant de rechercher dans quelle mesure cette évolution a pu être déterminée, ou
influencée, par les variations générales ou locales des climats au cours
de l'histoire géologique. On est conduit, par ailleurs, à imaginer
que la soudaineté apparente de certaines étapes brusquement franchies dans cette évolution, tient souvent à ce qu'un phénomène nouveau a, tout à coup, apporté, en des régions où les anciens êtres
s'étaient perpétués, des espèces, qui, en un point plus favorable, avaient
évolué pendant le même temps ; il faut pouvoir se rendre compte dans
quelle mesure un changement de température, le soulèvement d'une
chaîne montagneuse ou sa disparition, l'arrivée d'un courant boréal ou
une communication nouvelle établie avec la mer des tropiques, ont pu
favoriser ces accidents. Enfin, les grands changements généraux, subis
par la température, par le régime des pluies, par les actions magnétiques, etc., à la surface de la Terre, ayant des chances pour provenir ini-
tialement d'une cause solaire, toute constatation précise à ce sujet pourra
nous servir plus tard à tenter ces évaluations en années, qui sont une
des ambitions, pour le moment les plus irréalisables, de la géologie.

Quand on cherche à apprécier la température de l'air ou des eaux à
d'anciennes époques géologiques, c'est toujours par l'examen des êtres
ayant vécu à cette époque et par leur comparaison avec des êtres
actuels que l'on opère. On fait ainsi, tout d'abord, une constatation
importante, c'est que, depuis le moment où nous trouvons des traces
de vie sur la Terre, les températures maxima n'ont jamais dû être
très supérieures à celles que nous observons, puisque des êtres analogues ont pu vivre, c'est-à-dire qu'entre le précambrien et la fin du

tertiaire où nous vivons, un refroidissement notable des zones chaudes du globe ne s'est jamais fait sentir : ce qui correspond avec cette observation importante que certaines formes vivantes se sont perpétuées sans modification à travers toute l'histoire géologique.

Cependant cela ne veut pas dire que les climats terrestres soient restés toujours les mêmes. Ils ont dû, au contraire, constamment changer, comme nous le constatons aisément pour les périodes très récentes dont la faune terrestre nous est mieux connue. Mais, quoi qu'on en ait dit, la plupart de ces changements ont dû être des manifestations locales, ayant leur contre-partie ailleurs par un déplacement des courants atmosphériques, plutôt que des phénomènes généraux[1]. Dans l'ensemble, on admet d'ordinaire que les climats auraient commencé par être uniformes d'un bout à l'autre de la Terre, sans différence sensible entre les pôles et l'équateur ; la température équatoriale actuelle aurait existé approximativement sur toute la superficie terrestre : ce que l'on a voulu expliquer par un diamètre apparent du Soleil assez grand pour que les rayons aient pu arriver partout parallèlement. Peu à peu, les diverses portions de la Terre ont pris une individualité de plus en plus grande et les changements de la faune et de la flore y sont alors devenus de plus en plus indépendants les uns des autres (ce qui contribue à rendre très difficile la synchronisation précise des niveaux tertiaires). Chaque grand plissement montagneux a, en outre, déterminé un abaissement local de la température, qui a fait sentir son influence plus ou moins loin.

Nous allons essayer de suivre cette transformation en recourant, à la fois, pour les continents, à la flore et, pour les mers, à la distribution des organismes coralliens, qui sont à la fois très caractéristiques d'un climat déterminé et très faciles à suivre dans les terrains géologiques. Nous verrons, en même temps, comment l'observation des phénomènes glaciaires aux divers âges apporte un utile enseignement.

Les *récifs coralliens* sont aujourd'hui localisés dans une zone tropicale, qui ne s'étend pas à plus de 30 degrés des deux côtés de l'équateur. Les organismes coralliens ne peuvent vivre que dans une eau tiède et pure, à une température d'au moins 20° et à une profondeur moindre de 37 mètres. En admettant, comme c'est très logique, qu'ils aient toujours exigé des limites de température à peu près semblables, on se trouve très précisément renseigné, par leur présence dans un terrain, sur les conditions où celui-ci s'est déposé.

En ce qui concerne les premiers âges, leur présence générale ne fait

1. On peut également faire intervenir la teneur variable de l'air en acide carbonique.

que confirmer l'égalité de température des eaux, à laquelle nous font croire également, comme nous allons le voir, les autres procédés d'étude. Tout d'abord, jusqu'à la fin de l'époque silurienne (4), nous n'apercevons, d'un bout à l'autre des mers, aucune différence de faune, accusant une différence de climat. Les espèces d'un même niveau, que l'on rencontre dans les zones arctiques, sont identiques à celles que l'on observe dans les zones équatoriales. Les calcaires à *Archæocyathus* du géorgien (2) sont les mêmes au Nord de l'Écosse ou au Labrador qu'au Sud de l'Espagne. Des formations coralliennes d'âge dévonien (9) se rencontrent dans le Nord de la Sibérie, à la terre de Grinnell, etc. Néanmoins il doit y avoir quelque part d'imagination dans les théories fondées sur des observations trop localisées, où l'on a admis que cette uniformité s'étendait alors à l'ensemble de la faune et à tout le relief des continents. Dès le cambrien, on peut caractériser des provinces zoologiques, déterminées par les divisions des mers. Dès le cambrien aussi, on trouve des traces de phénomènes glaciaires en Chine, dans l'Inde, en Scandinavie et, d'autre part, des rubéfactions à caractère désertique, qui deviennent très abondantes pendant le dévonien.

Quand commence le carbonifère (11), nous avons l'impression d'assister, sur la zone littorale de certains continents, à un grand développement de la flore. Cela tient en partie à ce que le carbonifère est le premier terrain pour lequel d'abondantes formations continentales ont pu échapper à la fois au métamorphisme et à l'érosion. Néanmoins l'uniformité de la flore carbonifère inférieure ou moyenne semble accuser une réelle uniformité de climat[1] dans les régions, d'ailleurs restreintes, où la houille a pu se former et se conserver, et les caractères comme l'abondance de cette flore laissent supposer que ce climat était particulièrement humide et brumeux avec une température relativement haute. Vers le même moment, nous trouvons, en bien des pays, dans l'Inde, en Australie, en Afrique Australe, peut-être dans la Ruhr ou dans la région de Douai, le long de ces mêmes chaînes sur le flanc desquelles s'est conservée la végétation houillère, des traces de glaciers[2],

---

1. Les plantes carbonifères les plus septentrionales que l'on connaisse ont été trouvées au N.-E. du Groënland entre 80° et 81° (NATHORST, 1911).

2. L'existence des glaciers carbonifères paraît aujourd'hui bien prouvée dans tout l'hémisphère austral, où l'on retrouve les mêmes conglomérats à galets striés à la base du Karoo Sud-Africain (travaux de SUTHERLAND et MOLENGRAAFF), à la base des formations du Gondwana hindou (OLDHAM) et, de même, en Australie (Voir l'exposé de cette question par PENCK : *die Eiszeiten Australiens*, 1901). En France, M. Gosselet a découvert les indices probables d'un cirque glaciaire à la surface du terrain houiller franco-belge, sous le crétacé (*Les assises crétaciques et tertiaires dans les fosses et sondages du Nord de la France*, 1904, page 114 ; voir plus haut, page 260).

donc d'un climat humide et froid. Et, dans quelques autres régions, apparaissent aussi, pour se développer abondamment à l'époque permienne, les rubéfactions caractéristiques des climats secs, désertiques.

D'autre part, des coraux carbonifères montent jusqu'à la pointe Barrow, au Nord-Ouest de l'Amérique, par 82° de latitude.

La mer des coraux dévonienne occupait, dans le Plateau Central, en Bohême, etc., la plus grande partie de ce qui devait être un peu plus tard la chaîne hercynienne. Les premiers mouvements du sol, les premiers plissements, accompagnés d'éruptions volcaniques, ont commencé à refouler ces organismes, auxquels ne convenaient plus des eaux troublées par les sédiments. Durant le dinantien (11), il n'y a plus guère de coraux dans la France Centrale (si même il y en a encore); mais ils subsistent en Belgique, dans le détroit de Dinant, en Angleterre, dans la Chaîne Pennine, ou même beaucoup plus au Nord et ce n'est donc pas le défaut de chaleur qui les a chassés. Le westphalien (12) est l'époque où la chaîne, que nous appelons hercynienne, atteint, en Europe, son apogée et prend, sans doute, des reliefs alpestres; à ce moment, il est possible qu'il ait existé des glaciers dans le Plateau Central et en Westphalie, que des moraines glaciaires se soient étendues jusque sur le bassin houiller franco-belge. En même temps, les coraux disparaissent d'Europe, où ils ne reviendront que pendant le trias[1] ou même le jurassique. Mais ils persistent plus au Nord.

Pendant la même période, une autre chaîne glaciaire s'étend du Transvaal à l'Inde et à l'Australie et, là aussi, les coraux se trouvent refoulés.

Comme je viens de le remarquer, il est permis de supposer que la persistance des glaces se sera traduite alors par un abaissement local de température, au long de ces deux grandes chaînes montagneuses, l'une boréale, l'autre australe. Cet abaissement n'a pu cependant s'étendre bien loin, puisqu'au pied même de ces chaînes se déposaient, en amas de combustibles, des plantes, nécessitant une température assez élevée et c'est une des raisons, pour lesquelles on a autrefois très vivement combattu cette hypothèse de glaciers carbonifères, aujourd'hui généralement admise, du moins dans son principe. Mais les variations si rapides de la flore pendant la période carbonifère, qui en font à ce moment(et à peu près uniquement à ce moment) un si précieux instrument stratigraphique, semblent bien

---

1. Il existe, dans le Tyrol méridional, des calcaires coralliens triasiques, auxquels il faut sans doute rattacher les dolomies du Schlern.

indiquer que les conditions climatiques se sont, pendant cette période de plissements terrestres, sans cesse modifiées avec les progrès du soulèvement, puis avec ceux de l'érosion. Il est bien probable que, si nous n'apercevons pas davantage dans les organismes la preuve d'un refroidissement local, c'est que les plantes ayant formé les combustibles étaient uniquement celles qui pouvaient pousser assez près des zones basses lagunaires et, quant à des animaux de cette période ayant pu vivre alors librement dans les parties montagneuses des continents, nous n'en connaissons aucun. En tout cas, la fusion de ces glaciers, qui a dû se produire pendant le permo-trias et qui rend cette période, à bien des égards, comparable avec ce qu'a pu être la suite du pliocène après le plissement alpin, s'est traduite, dans tout l'hémisphère austral, par un changement complet dans la flore, par l'apparition de la flore à *Glossopteris* et il est naturel de rattacher ce changement important à quelque transformation des climats.

Si nous rentrons en Europe, nous voyons, pendant le médio-jurassique (25), des archipels de coraux s'étendre, non seulement en Alsace et dans le Nord de la France, mais jusqu'aux confins du pays de Galles, par 55 degrés de latitude. La formation, que l'on nomme la grande oolithe, est un accident corallien, qui, en Argovie, Brisgau et Alsace, commence à se développer au-dessus du bajocien (25), ou, dans le Jura français, le reste de la France et l'Angleterre, pendant le bathonien (26).

En même temps, la flore des pays tempérés monte au moins jusqu'au 71e degré de latitude et il n'y a pas, d'après Heer, de différence dans cette flore, depuis le 50e jusqu'au 71e degré, entre l'Angleterre et la Sibérie. Mais les provinces zoologiques marines, déterminées par la température des mers et le sens des courants, s'accusent de plus en plus. Si les coraux atteignent le Sud de l'Angleterre, ils font défaut dans les zones polaires et, depuis le lias (24), on croit voir les ammonites se séparer en deux provinces, l'une boréale, l'autre méditerranéenne[1].

Quand commence le supra-jurassique (27), une invasion de l'Est amène, dans tout le Nord-Ouest de l'Europe, des matières vaseuses, qui arrêtent un certain temps la construction des récifs de coraux au Nord du Plateau Central, dans ce qu'on appelle, en paléontologie, la « province boréale », tandis que ces récifs se perpétuent au Sud, à partir du Poitou, dans la « province méditerranéenne ». Cela ne veut pourtant pas dire encore que la température se soit trop abaissée dans le Nord

---

1. Cette théorie de NEUMAYR a été très combattue et contestée. Mais l'existence de climats jurassiques diversifiés est prouvée notamment par l'existence de couches annuelles chez les Araucariées jurassiques de la Terre du roi Charles (d'après W. GOTHAN), tandis que ces couches manquent aujourd'hui chez les Conifères des régions tropicales.

de l'Europe pour devenir impropre à la vie des organismes coralliens. En dehors des preuves d'uniformité climatique que persiste alors à nous fournir la flore européenne, nous voyons, comme démonstration plus directe, des récifs coralliens reparaître dans les Ardennes pendant l'oxfordien (28), ou, pendant le séquanien (29), dans le Nord du Yorkshire, dans les environs de Trouville, sur le bord oriental de la Lorraine, au Nord du Morvan (du côté de Tonnerre), à Bourges, à Sancerre, etc. ; nous pouvons en conclure que le climat de l'Angleterre et de la France demeure, pendant cette période, un climat tropical.

Le Jura est riche en coraux pendant le kimeridgien (30).

L'époque crétacée (32) amène un changement plus sensible dans la distribution des organismes coralliens. Ceux-ci sont peu à peu refoulés vers les Alpes et, dans la province méditerranéenne de la France, où ils persistent jusqu'au tertiaire, une transformation assez rapide substitue aux coraux proprement dits, d'abord les chamacés, puis les rudistes, qui ne sont plus à proprement parler des organismes constructeurs et paraissent avoir vécu dans des mers moins chaudes, également jusqu'à 35 mètres de profondeur.

Un changement parallèle se produit alors dans la flore; l'infracrétacé (32) voit apparaître les premières plantes dicotylédones angiospermes, qui, pendant le supra-crétacé (36), prennent un développement considérable. Les arbres à feuillage caduc, les plantes à fleurs, que nous sommes habitués aujourd'hui à voir prédominer, refoulent alors un monde végétal à caractère plus primitif. On rencontre, avec des palmiers, des lauriers et des magnolias, des hêtres, des lierres, des châtaigniers, des platanes, des peupliers. La lumière devient donc vive et les saisons plus changeantes. La flore, comme la faune, accuse un recul de la zone à chaleur tropicale vers l'équateur. Ce recul paraît cependant peu accentué encore, même à la fin du crétacé (40), puisqu'il subsiste des palmiers en Silésie et même des figuiers au Groënland par 70° de latitude. Mais peut-être n'y a-t-il pas lieu d'attribuer un caractère trop général à de semblables observations, en somme très localisées. On sait combien un courant chaud, tel que le Gulf-Stream, peut amener, sur des côtes septentrionales, un réchauffement sensible et, d'autre part, c'est peut-être le cas de penser, sinon à un déplacement du pôle géographique (possible pourtant, surtout dans des limites de quelques degrés), du moins à un déplacement du pôle du froid, qui, on le sait, en diffère d'au moins 22 degrés. Nous verrons tout à l'heure la calotte glaciaire de la période pléistocène être également dissymétrique par rapport à notre pôle actuel.

La zone des calcaires à rudistes supra-crétacés est en relation directe avec la « mésogée » tropicale. On retrouve des organismes coralliens depuis le golfe du Mexique jusqu'aux Balkans et aux extrémités de l'Asie. Mais l'étude des provinces zoologiques montre la zone d'extension de ces provinces constamment déplacée par des changements de courants.

Puis le tertiaire amène une modification sensible dans les climats, qui deviennent alors décidément très analogues aux nôtres ; on voit, au début de cette période, les coraux disparaître pour la dernière fois de la zone méditerranéenne, où ils sont remplacés par d'autres organismes constructeurs du groupe des foraminifères, les nummulites ; la mer de coraux va se réduire aux limites, entre lesquelles nous la trouvons aujourd'hui.

En même temps que se produit, dans la température des mers, cette transformation générale, l'étude des mammifères tertiaires permet de reconnaître, sur les continents, des variations successives de climat dans un sens ou dans l'autre, dont la preuve a tout au moins disparu aux époques précédentes (peut-être en partie faute d'animaux marcheurs assez nombreux et assez indépendants du voisinage des eaux pour les déceler) [1].

Je vais m'étendre un peu sur ces *variations du climat tertiaire*, que l'on étudie aujourd'hui avec un soin particulier. Ce qui frappe en elles d'abord, c'est leur intensité. Les personnes, peu familières avec la géologie, éprouvent un singulier étonnement, à apprendre qu'il a erré en France, tout récemment encore, des lions ou des éléphants, qu'il a poussé au Spitzberg des plantes tropicales, et qu'à d'autres instants s'est étendue, sur la Suisse, l'Allemagne, la Scandinavie, etc. une calotte de glace, analogue à celle du Groënland.

Mais l'intérêt qui s'attache à cette étude difficile n'est pas seulement celui qu'une vaine curiosité trouve en de tels contrastes. On peut toujours se demander si la succession de ces périodes chaudes et froides, sèches et pluvieuses, n'arrivera pas à nous fournir le chronomètre, que les géologues voudraient découvrir dans la coïncidence avec des périodes astronomiques ; et les alternances répétées des phases glaciaires, qui, en elles-mêmes, nous laisseraient assez indifférents, méritent toute notre attention du moment que l'on peut y entrevoir l'influence d'une cause variable, dont les variations seraient calculables en années.

---

1. On verra plus loin, page 472, comment les grandes transformations successives des climats pendant le pléistocène, manifestées sur les continents par des séries de phases glaciaires et par des modifications dans la faune des mammifères, ne se traduisent pas par des changements simultanés dans la faune marine.

Ce n'est pas à dire que la question soit tranchée dans ce sens ; elle est à peine posée, et, mieux on l'étudie, plus on découvre, en dehors d'une influence périodique possible, des causes directes et locales à ces phénomènes, auxquels on a eu le tort d'attribuer souvent une généralité et un synchronisme tout hypothétiques.

Voici, avec ces réserves, comment on croit pouvoir raconter cette histoire :

Pour les régions européennes, le début de l'éocène (41) marque une période tempérée plutôt que très chaude, à peu près sans hiver, où, d'après de Saporta, la végétation reste à peu près la même du 40e au 60e degré de latitude. Puis la mer nummulitique, qui, par le Sud, touche aux tropiques, vient pénétrer dans la zone méditerranéenne, et cette influence, à laquelle peuvent s'en ajouter d'autres plus générales, détermine en Europe la plus haute température qui ait été réalisée pendant le tertiaire. Les palmiers abondent jusque dans le Nord de la France[1], les cocotiers jusqu'en Angleterre et les arbres à feuillages caducs sont relégués sur les hauteurs.

Pendant cette période éocène, une province zoologique équatoriale, où abondent d'abord les *Orthophragmina*, suit, des Antilles aux îles de la Sonde, la longueur de la Mésogée. D'autre part, des courants froids déposent, pendant le thanétien (41), les mêmes cyrènes sur la côte Est du Groënland et dans le bassin parisien à Cuise.

A la fin de l'éocène (46), dans la phase dite néo-nummulitique, un refroidissement se produit, sans doute accentué dans l'Europe méridionale par le soulèvement pyrénéen, qui commence la série des grands plissements alpins, bientôt accompagnés de glaciers sur la chaîne plissée. La mer oligocène des Alpes (47) ne contient plus les *Lithothamnium*, qui y abondaient encore à la fin de l'éocène, et qui y témoignaient d'une température élevée. Dans tout le Nord de la France, les végétaux africains et austro-indiens rétrogradent. Pendant la seconde partie de l'oligocène (48) les arbres à feuilles caduques, indice d'un climat plus froid, prennent leur essor. Pourtant les camphriers atteignent encore le 55e degré et les palmiers le 50e ; la flore est la même sur la Baltique par 54 degrés et en Serbie par 38 degrés de latitude. Les formations ligniteuses oligocènes de l'Allemagne du Nord sont constituées par une flore, qui rappelle celle de la Louisiane.

Les plantes du Spitzberg et du Groënland, rapportées par Oswald Heer à l'aquitanien (48), par G. de Saporta au nummulitique (46, 47), accusent : dans le premier pays, une température moyenne de 9° au-

---

1. De Saporta a remarqué que les palmiers, apparus en Europe pendant le crétacé, n'ont jamais atteint le cercle polaire.

dessus de zéro, dans le second, 12° (climat actuel de la Californie), avec des magnolias.

La période *miocène* (49 à 53) est celle où se produit le plissement profond de la grande chaîne alp-himalayenne, accompagné peut-être d'un commencement d'exhaussement susceptible de déterminer des condensations de vapeur d'eau[1]. Le climat de l'Europe paraît alors devenir généralement pluvieux pendant l'été, tout en restant tiède pendant l'hiver; la végétation ne subit pas ordinairement d'arrêt complet; la France ou la Suisse doivent ressembler, durant cette période, à ce que peuvent être Madère, le Japon méridional ou la Géorgie; la moyenne annuelle de la température peut être, à Œningen, sur les bords du lac de Constance, d'environ 19°; c'est surtout par les progrès des arbres à feuilles caduques, tels que les peupliers et les érables, par le recul des palmiers, que l'on peut mesurer la diminution de la température. Sur la mer d'Okhotsk, on trouve encore une flore australienne indiquant 15° en hiver. Une remarque déjà faite ne doit, d'ailleurs, pas être oubliée; nous connaissons manifestement surtout les végétaux des zones basses et peu ceux des parties montagneuses les plus élevées, qui ont eu moins de chances de se conserver.

Avec le *pliocène* (54 à 56) commencent la surrection, le morcellement, puis la destruction des chaînes alpines, plissées en profondeur pendant le miocène. C'est l'époque où des effondrements locaux modifient la Méditerranée, ouvrent le détroit de Gibraltar, séparent les Baléares de la Corse, coupent le prolongement de l'Atlas en face de l'Adriatique, etc., et font, en somme, pénétrer plus largement la mer dans toute cette zone méditerranéenne, exerçant sur le climat l'habituelle action régulatrice des eaux et maintenant, dans toute cette partie, le climat des Canaries. Mais, le long des chaînes montagneuses nouvelles, les précipitations pluvieuses, devenues très abondantes, provoquent bientôt d'énormes phénomènes torrentiels, qui ne feront que s'accentuer encore pendant le début du pléistocène (57) (conglomérats du bassin du Rhône, alluvions anciennes de la Suisse); les vallées se creusent et le relief du sol, qui s'est d'abord relevé dans une grande partie de l'Europe et de l'Amérique du Nord, tend vers son modelé définitif. Peut-être y a-t-il quelque corrélation entre ces ruissellements et les productions glaciaires, qui cependant s'étendent à de vastes régions peu influencées par les derniers changements de

---

1. Il est à noter que, contrairement à ce qu'on pourrait supposer tout d'abord, l'époque où les glaciers des Alpes apparaissent est sensiblement postérieure à celle où nous plaçons le plissement de la chaîne montagneuse. Mais nous avons vu que la surrection avait dû être postérieure à ce plissement.

relief, comme la Scandinavie, la Grande-Bretagne et l'Allemagne du Nord : la glaciation étant supposée tenir moins au froid qu'à l'humidité atmosphérique condensée sur de hautes cimes et pouvant avoir été facilitée aussi par les progrès de l'érosion, qui creusaient des bassins de réception pour les névés[1]. La période qui s'écoule depuis le Sicilien (56) et surtout depuis le Chelléen (57) jusqu'à l'âge du Renne (Magdalénien, 59) et qui a mérité d'être appelée l'époque glaciaire[2], a dû être, au moment où ces glaciers se développaient, une période de pluie, marquée, lorsque ces glaciers reculaient, par de vastes alluvionnements sur les régions non recouvertes de glaces.

Quand on arrive à cette phase *pléistocène*, dont nous faisons correspondre le début avec l'apparition de l'homme[3], les difficultés pour établir une chronologie d'un caractère réellement universel deviennent à peu près insurmontables et, quoique l'opinion contraire soit généralement admise, je crois prudent de regarder les changements de climat, de faune ou de races humaines qui vont être signalés comme ayant, jusqu'à nouvel ordre, une valeur purement régionale : les uns pouvant tenir à des oscillations verticales de certains compartiments du sol ou résultant de modifications dans le sens des courants marins et atmosphériques ; les autres, dus à des migrations, en partie

1. L'opinion est loin d'être fixée sur ce point fondamental. Parmi les spécialistes en études glaciaires, les uns invoquent un climat humide, les autres un climat sec. C'est dire combien nous sommes loin de pouvoir déterminer la cause météorologique d'un phénomène aussi mal connu et, à plus forte raison, l'origine astronomique de ces mouvements atmosphériques. En tout cas, il faut distinguer entre le froid seul et le développement glaciaire, qui peuvent être très indépendants. Au pôle du froid, en Sibérie, la chute de neige est très faible ; il n'y a pas de glaciers par 5.000 et 6.000 mètres d'altitude, sur les plateaux du Thibet. L'extension la plus grande des glaciers alpestres et pyrénéens correspond à peine, d'après M. Brückner, à une température plus basse de 3° ou 4° qu'aujourd'hui.

2. Pendant cette période, on admet, dans l'Europe occidentale, la succession de trois faunes caractérisées par *Elephas meridionalis* du sicilien (56), *Elephas antiquus* du chelléen (57) et *Elephas primigenius* (58) du würmien, bien qu'on reconnaisse aujourd'hui la coexistence locale des deux derniers et qu'ailleurs on soit amené à imaginer des types de passage entre les deux extrêmes eux-mêmes.

3. Nous laissons dans le pliocène le sicilien, que M. Haug rattache au pléistocène en raison de l'immigration en Europe des genres *Elephas*, *Equus* et *Bos*, mais dans lequel aucun reste humain authentique n'est connu. Les éolithes, que l'on trouve jusque dans le thanétien (41), sont évidemment les produits d'un phénomène naturel et, jusqu'à nouvel ordre, le plus ancien homme connu apparaît dans les dépôts à *Elephas antiquus* (57) de Mauer, près Heidelberg. Nous appelons la période suivante le pléistocène. Le nom de *quaternaire*, qui assimile le pléistocène au primaire ou au secondaire, ne saurait convenir à une période si courte qu'il n'y est apparu aucune classe, aucun ordre nouveau dans la faune, aucune famille dans la flore et qu'à peu près aucune des grandes divisions représentées alors n'a eu le temps de disparaître. Tout démontre de plus en plus la brièveté des périodes interglaciaires et le peu de temps écoulé depuis la fusion des glaces scandinaves. Le terme de *diluvium*, souvent appliqué aussi, rappelle trop le déluge biblique.

provoquées par ces modifications, en partie aussi attribuables à l'intervention humaine. Il s'est pourtant produit, dans cette phase, des événements susceptibles de nous fournir des dates historiques : les grandes époques de glaciation en Scandinavie, en Écosse ou dans les Alpes ; l'arrivée en Europe de telle ou telle faune ; surtout les affaissements de la mer Égée, depuis le sicilien, ou la fin de celui de l'Atlantique[1] ; les éruptions volcaniques, etc.... Mais ce qui nous manque, c'est le moyen d'établir une concordance entre les faits propres à une région et ceux d'une autre, sans recourir, comme on le fait trop souvent, à une pétition de principe absolument hypothétique. C'est donc seulement de l'Europe occidentale qu'il va s'agir ici[2].

La période sicilienne, qui termine le pliocène (villafranchien ou calabrien, saint-prestien, mindélien, cromérien), porte encore, en principe, l'indice d'un climat chaud, puisqu'elle comprend, avec l'*Elephas meridionalis,* des hippopotames. Il faut aller en Scanie et à Hambourg pour trouver, à ce moment, des argiles à blocaux glaciaires (scanien ou mindélien), tandis qu'en Angleterre se produisent des dépôts marins, tels que le Crag de Norwich, ou des formations d'estuaire, comme le Forestbed. Néanmoins, un brusque refroidissement se manifeste dans

1. On voit, dans l'Atlantique, les vallées de la Loire, de la Gironde, de l'Adour, du Douro, du Tage, se prolonger par des vallées submergées qui, pour les derniers fleuves, descendent aujourd'hui jusqu'à près de 3.000 mètres de profondeur.

2. Les changements pléistocènes dans la distribution des mers ont été très faibles et ne nous font connaître que des formations marines littorales, ou parfois néritiques. C'est assez cependant pour constater qu'aucune modification générale dans la faune n'a eu le temps de se produire dans cet intervalle et n'accuse, pour les mers, les transformations de climats dont nous allons voir l'empreinte sur les continents. Ce défaut de modification générale dans la faune marine nous prive à cette époque de notre seul instrument chronologique sérieux, en même temps que les séries stratigraphiques nous font à peu près défaut. C'est ainsi qu'on a été amené à établir les subdivisions du « quaternaire » sur les successions de mammifères terrestres, sur la paléontologie humaine ou sur les périodes glaciaires, en établissant d'une région à l'autre des synchronismes purement conventionnels. Rien ne prouve nettement que la chronologie glaciaire de Scandinavie concorde avec celle des Alpes ou, à plus forte raison, avec celle des Etats-Unis, et il en est de même, à plus forte raison, quand on prétend synchroniser d'un pays à l'autre des races ou des civilisations humaines, dont on voit coexister dans la même station des représentants, regardés ailleurs comme successifs. Il ne faut pas oublier, quand on rapporte des ossements humains au terrain où on les rencontre que l'habitude d'ensevelir les morts paraît avoir existé déjà chez les plus anciens hommes connus. Les mouvements des faunes de mammifères ont été, eux aussi, profondément influencés par les changements locaux de climats et, quand on sort de la région très restreinte de l'Europe occidentale, sur laquelle ont été faites la plupart des études quaternaires, on ne retrouve plus, même en Amérique du Nord, les faunes terrestres européennes, sur lesquelles on s'était accoutumé à compter. Aussi les auteurs qui prétendent établir une chronologie universelle pour cette période si étroitement dépendante de la phase actuelle et à laquelle les méthodes de l'histoire conviendraient mieux que celles de la géologie, sont-ils constamment en désaccord. On trouvera, à cet égard, un résumé remarquablement complet et mis au point dans le *Traité de géologie* de M. HAUG.

la mer du Nord, sans doute parce que le morcellement du continent Nord-Atlantique permet maintenant aux courants arctiques d'y pénétrer, et des espèces arctiques arrivent jusque dans la Méditerranée par un détroit de Gibraltar plus large qu'il ne l'est aujourd'hui.

Le pléistocène proprement dit, que l'on appelle aussi paléolithique (époque des outils de pierres éclatées ou taillées), a pu être divisé, d'après la forme des instruments de silex qui se succèdent généralement dans le même ordre, en chelléen, acheuléen, moustiérien, aurignacien, solutréen, magdalénien. Ce qu'il y a de plus typique dans l'histoire des climats pendant cette période, ce sont les alternances inégales des périodes glaciaires et des périodes tempérées, qui, sans doute, ne lui sont pas spéciales, mais que nous avons alors des moyens particuliers d'étudier. En Scandinavie et en Écosse, Geikie a déterminé six périodes glaciaires, peut-être susceptibles d'être réduites à quatre; Penck, dans les Alpes, en a reconnu trois, puis quatre. A la condition d'admettre que le maximum d'extension glaciaire s'est fait à la fois dans le Nord et dans les Alpes, on arrive à établir une correspondance plus ou moins exacte, en faveur de laquelle il existe quelques arguments paléontologiques.

Lors de ce maximum d'extension (Rissien), les glaciers, en manteau continu, couvrent à peu près le septième des continents actuels, soit 20 à 25 millions de kilomètres carrés: ils descendent, aux États-Unis, jusqu'au-dessous du 40e degré de latitude, au-dessous des Grands Lacs, et au delà de New-York; en Europe, ils atteignent le 50e, couvrant à peu près toute l'Angleterre, l'Allemagne du Nord jusqu'à l'Erzgebirge et au Harz, la Scandinavie et la Russie jusqu'à Voronej, mais épargnant sans doute la Sibérie Orientale, où se trouve aujourd'hui le pôle du froid : remarque, dont j'ai déjà indiqué plus haut l'intérêt. Donc, s'il est exact d'admettre la concordance et non l'alternance sur les deux rives de l'Atlantique Nord[1], le manteau glaciaire semble s'étaler symétriquement des deux parts.

La faune froide correspondante comprend une première fois l'*Elephas primigenius* avec l'*El. trogontherii*.

Puis les premiers hommes apparaissent, croit-on, en Europe, quand le climat devient plus favorable, après cette période de glaciation extrême (race du Neanderthal à Mauer, Krapina, la Chapelle-aux-Saints, la Ferrassie), en même temps que se développe la faune chaude à *Elephas antiquus* et *Rhinoceros Mercki*. C'est l'époque caractérisée par les outils de type chelléen (« coups de poing » taillés

---

1. Les géologues américains admettent de quatre à six périodes glaciaires.

les traces d'une évolution progressive, ayant façonné peu à peu la géographie terrestre suivant une loi permanente ; j'ai donc insisté particulièrement sur les traits durables, qui, après avoir caractérisé une époque par leur apparition et l'avoir distinguée des précédentes, se sont ensuite perpétués avec des modifications progressives. Je vais, au contraire, maintenant, insister sur des traits momentanés, destinés à s'effacer peu à peu après s'être produits, mais non sans avoir provoqué des séries de conséquences, qui, elles-mêmes se sont montrées éphémères.

On ne s'étonnera pas de me voir compter, parmi ces traits momentanés, des accidents superficiels, qui nous semblent tout à fait caractéristiques en géographie actuelle, comme l'existence des Alpes et de l'Himalaya, ou celle de l'Océan Atlantique. J'ai assez de fois déjà signalé la facilité, avec laquelle de hautes chaînes alpestres se sont dressées sur la Terre à diverses époques, puis ont disparu tout entières par l'érosion ; j'ai assez rappelé la manière, dont la plupart des mers se sont déplacées sans cesse à la surface du globe et surtout le caractère absolument récent des deux traits, que je viens de signaler, a déjà été suffisamment mis en évidence, pour qu'il soit inutile d'y revenir.

Mais, au moment de mettre à profit les séries successives de cartes paléo-géographiques, je rappelle combien, d'après une remarque précédente, les plus anciennes d'entre elles sont hypothétiques et nous renseignent mal, par suite, sur ces époques primitives du globe, que nous aurions de toutes façons un intérêt spécial à bien connaître.

Il faut également, — et je tiens à le dire aussitôt — s'attendre à une aridité forcée dans ces descriptions successives de cartes géographiques, quelque souci que j'aie pris d'éliminer le plus possible les détails locaux pour insister sur les traits d'un intérêt général et permanent.

Voici, au cours de cet exposé historique, ces résultats généraux, que je voudrais essayer de faire ressortir.

L'histoire de la Terre, envisagée tout à fait dans ses grandes lignes, comprend un certain nombre de phases troublées, caractérisées par de longs soulèvements montagneux et par de brusques effondrements, alternant avec des phases calmes, où ne se produisent plus, en apparence, que de lents déplacements des mers.

Ces phases, qui ne sont pas rigoureusement simultanées d'une région à l'autre, et dont on peut même concevoir l'alternance en passant aux antipodes, s'étendent néanmoins, en moyenne, à d'assez vastes étendues pour qu'on puisse en suivre les effets sur tout un hémisphère. A cet égard, la Terre se divise, depuis la première heure, en deux parties inégales, dont l'une, embrassant à peu près tous nos continents avec les mers intermédiaires, est celle à laquelle s'appliquera l'historique suivant, tandis que l'autre, occupée presque entière par la grande mer Pacifique, nous demeure très inconnue, sinon en ce qui concerne sa périphérie, du moins dans sa constitution intime.

Quand on étudie, dans son développement successif, un cycle complet, ainsi formé d'une phase troublée, que termine une phase calme, on voit s'y produire un certain nombre de phénomènes, en relation les uns avec les autres, qui constituent tout le détail de nos manifestations géologiques. D'un cycle au suivant, ces phénomènes présentent, dans leur groupement et leurs rapports, de grandes analogies ; il y a, dans une certaine mesure, *récurrence*, bien que cette récurrence soit loin d'aller jusqu'à l'identité et se montre notamment influencée par l'évolution progressive, dont il a été question précédemment. Cette constatation une fois faite nous permet, ayant élucidé ce qui concerne le dernier cycle tertiaire, pour lequel nos moyens d'investigation sont particulièrement nombreux et précis, de procéder par induction pour les cycles précédents, de plus en plus obscurs à mesure qu'on s'éloigne dans le passé et, guidés ainsi dans nos recherches par des hypothèses, de n'avoir plus qu'à en chercher la vérification expérimentale.

Si nous envisageons, dès lors, en ne considérant pour le moment que les plissements, un cycle particulier et si nous essayons d'en résumer, d'en synthétiser l'histoire, nous voyons que la phase troublée se caractérise d'abord par un certain nombre de mouvements, que nous avons plus particulièrement étudiés dans le chapitre consacré à la tectonique et dont les manifestations corollaires sont l'objet de la pétrographie et de la métallogénie.

En résumé, nous avons vu que le soulèvement d'une chaîne montagneuse, destinée à former un rempli saillant sur une zone faible de l'écorce, débute par un fléchissement du sol le long de cette zone faible, par l'enfoncement d'un fuseau allongé et, dans son ensemble, à peu près rectiligne, mais très sinueux ou même ramifié dans son détail, qui constitue ce que l'on appelle un *géosynclinal*. Puis une pression latérale rapproche peu à peu les deux bords du géosynclinal, qui s'enfonce en conséquence et, suivant l'axe de la cuvette ou sur ses bords, un pli saillant inverse commence à surgir en profondeur, sous un manteau plus ou moins épais de sédiments superposés. Cette ride générale, qui se complique peu à peu et qui arrivera au renversement, avec charriage de la partie renversée sur les parties sous-jacentes, cherche alors à atteindre, par saccades successives, son maximum de hauteur, tout en restant comprimée par les terrains qui la surmontent et sur lesquels l'érosion doit s'exercer de plus en plus active à mesure qu'ils tendent

sur les deux faces)[1], puis de type acheuléen. La même race subsiste encore après la dernière glaciation (dite würmienne), alors que s'établit un régime de froid humide à faune de toundras, où vivent l'*Elephas primigenius* et le *Rhinoceros tichorinus*[2], et se trouve ainsi contemporaine des négroïdes, dits de Grimaldi, qui ont habité les grottes de Menton[3]. On la trouve dans le Sud-Ouest de la France (la Ferrassie, etc.), avec des outils de type moustiérien (racloirs, etc.).

Dans une phase suivante, le climat devient sec tout en restant froid et détermine un régime de steppes ; on voit alors dominer, dans nos latitudes, des animaux, qui, lorsque la température s'est réchauffée plus tard, ont dû émigrer vers les zones plus froides du Nord ou vers les cimes glacées des montagnes : le renne (animal caractéristique de cette phase), le glouton, le chamois, la marmotte, l'auroch. Parmi les hommes qui vivent en ce moment, on connaît par son squelette une race très grande et bien proportionnée, dite de Cro-Magnon. Les outils sont : d'abord le type solutréen (pointes à cran), accompagnés alors de nombreux ossements de chevaux, puis de type magdalénien (outils en os, etc.). Les manifestations artistiques, peintures sur les parois des grottes, sculptures ou gravures sur os, deviennent nombreuses.

A peu près vers cette époque, semble-t-il une invasion marine correspondant à un affaissement du sol dépose, dans les régions baltiques et en Amérique, vers le lac Champlain, des couches à *Yoldia arctica*, que leur similitude de faune fait supposer synchroniques[4].

Enfin, la température se relevant, un climat analogue au nôtre s'établit. C'est le moment où une invasion, dont l'étude n'appartient plus au géologue mais à l'historien, amène dans l'Europe Occidentale une civilisation, sinon très supérieure à celle des hommes d'Altamira,

1. On a trouvé, par exemple, près de Pontoise ou à Chelles, des outils chelléens avec l'*Elephas antiquus*, moustiériens avec l'*Elephas primigenius*. Mais, ailleurs, aux environs de Paris, on rencontre pêle-mêle, comme on pouvait s'y attendre, des outils chelléens, moustiériens et même magdaléniens. Les formations interglaciaires de Suisse présentent des affinités paléontologiques avec le chelléen du bassin de Paris et de la vallée du Rhin.

2. C'est l'époque des moraines baltiques, en arrière desquelles se sont déposées plus tard, lors du retrait des glaces, les moraines scandinaves.

3. Les outils de pierre de Grimaldi sont moustiériens : la faune chelléenne. L'« Homme de Menton », trouvé en 1872, par E. Rivière, appartient déjà à l'âge du Renne.

4. Par la continuation de l'affaissement après le dépôt, ces couches sont aujourd'hui souvent à plus de 110 mètres au-dessous de la mer. A Kristiania, le continent est descendu ainsi 215 mètres plus bas qu'il n'est aujourd'hui. Mais cet affaissement a été suivi d'une élévation graduelle laissant des plages de hauteur décroissante. Les argiles à yoldia présentent des alternances de lits clairs et foncés dus à des variations saisonnières qui ont permis à G. de Geer des évaluations en années. Suivant lui, le glacier aurait mis 5.000 ans pour reculer du Nord-Est de la Scanie au Norrland. Dans l'Amérique du Nord également, les couches à yoldia ont été portées jusqu'à 200 mètres à l'extrémité Est du lac Ontario.

de la Madeleine, du Mas d'Azil, du moins différente : la civilisation *néolithique*, à laquelle ont succédé l'âge du bronze, puis l'âge du fer (époques de Hallstadt et de la Tène).

Si maintenant nous cherchons une explication à ces alternances de périodes glaciaires et interglaciaires, nous nous trouvons en présence de très nombreuses théories dont aucune n'est satisfaisante[1]. On a souvent parlé (James Croll, Geykie, etc.) d'une intervention astronomique directe tenant aux variations que présente l'excentricité de l'orbite terrestre. En deux mots, pour le maximum d'excentricité, la saison froide devenant plus longue en même temps que la distance au Soleil serait plus grande, la Terre se couvrirait d'un manteau de neige, que l'été, bien que plus chaud, ne réussirait pas à faire disparaître. Un hémisphère serait alors à l'état glaciaire, l'autre ayant, au contraire, un maximum de température. On a également pensé à des variations dans l'inclinaison de l'axe terrestre. Mais il semble bien qu'il s'agisse de phénomènes trop courts et de durée trop inégale pour être régis par des lois semblables. Les oscillations verticales du sol, que l'on constate directement en Scandinavie, au Canada, etc., ont pu avoir une influence; ces oscillations paraissent toutefois bien faibles dans les régions où la glaciation a été le plus intense. Nous serions plus tenté de croire à un phénomène météorologique analogue à ceux dont nous voyons constamment la reproduction atténuée, mais ayant atteint ici des proportions singulières : phénomène pouvant avoir un rapport d'origine avec les courants électromagnétiques développés par les taches solaires[2].

II. — Histoire de la géographie terrestre et de la sédimentation.

LES DÉPLACEMENTS DES MERS ET DES MONTAGNES. — RÉCURRENCES CONSTANTES DES MÊMES SÉRIES DE PHÉNOMÈNES ENCHAÎNÉS LES UNS AUX AUTRES. — APPLI-CATION SPÉCIALE AUX CONCENTRATIONS LITTORALES, LAGUNAIRES, OU CONTINEN-TALES DE SUBSTANCES UTILES.

Dans la première partie de ce chapitre, je me suis efforcé de retrouver

1. On s'est demandé à diverses reprises si les variations de climat ne se seraient pas reproduites dans la période historique qui commence pour nous avec le néolithique. Une enquête faite au Congrès géologique de Stockholm a montré qu'il était impossible de conclure. On a cru parfois distinguer un adoucissement progressif de la température en Gaule et en Germanie, un assèchement en Afrique et en Asie Mineure. Les mieux constatés de ces phénomènes s'expliquent aisément par l'influence humaine, par le déboisement, etc. (A. ANGOT, *Météorologie*, 1889, p. 410.)

2. Peut-être enfin faut-il retenir l'idée de SVANTE ARRHÉNIUS, pour lequel la teneur en acide carbonique de l'air, modifiée par des périodes de volcanisme intense, serait le facteur principal.

à se soulever. En même temps, des roches éruptives montent dans les vides creusés au-dessous d'elle ou sur ses bords et de ces roches émanent des fumerolles métallifères, qui incrustent ses dislocations, ou les cassures que son mouvement occasionne dans les régions avoisinantes.

C'est là, dans ce cas des plissements, la première phase troublée, qui se traduit donc finalement par l'émersion d'une chaîne continentale sur une zone où pouvait exister antérieurement une mer et par la démolition progressive de ses parties les plus instables, que les eaux torrentielles remanient aussitôt et sédimentent grossièrement, dans des bassins qui s'approfondissent par le fléchissement de leur cuvette, en même temps qu'ils se remplissent par le haut. On a, en résumé, pour caractériser cette première phase, des accumulations de produits grossiers, conglomérats et grès mal roulés, auxquels se mêlent des projections de cendres volcaniques et des épanchements de laves. De nombreux lacs s'établissent dans les aspérités de la chaîne encore inégale et peuvent recevoir, comme je le dirai tout à l'heure plus en détail, des accumulations de végétaux, formant de premières couches de combustibles. Un peu de fer et de phosphore, emprunté aux roches détruites, commence aussi à se reprécipiter, avec ou sans intervention des organismes, à l'état de carbonate, silicate ou pyrite de fer et de phosphate de chaux en nodules.

Par une corrélation, par une bascule nécessaires, un tel mouvement, qui fait ainsi reculer la mer sur une région soulevée, doit être accompagné d'un flux transgressif dans une autre, bien que cette catégorie de mouvements marins en relation avec les plissements montagneux soit loin de présenter l'importance exclusive qu'on lui a parfois attribuée. Cette sorte de marée, qui recule ici, doit avancer là et il se produit, quelque part, plus ou moins loin, dans une zone qui peut en elle-même paraître calme, quelque chose comme un « raz de marée », une vaste « lame de fond », dont localement on ne soupçonne pas d'abord la cause, faisant déborder un océan sur les régions où son accès est le plus facile, parce qu'elles ont été antérieurement le plus aplanies.

Après quoi, la chaîne montagneuse, arrivée à la saillie extrême, se détruit avec une rapidité croissante ; la nature travaille, en quelque sorte, à rétablir l'équilibre détruit, à remettre de l'ordre, à reclasser méthodiquement tous les matériaux, qui ont été soulevés en l'air, ou charriés pêle-mêle. Et elle le fait, grâce à l'action intense de ses eaux courantes, de ses eaux agissant par la force de leur congélation, de ses eaux chargées de principes chimiques, par la gravité, par les alternatives de chaleur et de froid, par le vent, etc..., ainsi que nous le voyons aujourd'hui dans la fin d'une telle phase calme : c'est-à-dire que l'érosion commence, — avec une intensité, dont on ne se rend pas, en général, un compte assez exact — à aplanir, à niveler les aspérités, les rugosités de la chaîne précédente.

Cette érosion opère, pour ainsi dire, par coups de rabot successifs, enlevant d'abord d'énormes copeaux, puis, à mesure que l'aplanissement se réalise, produisant des entailles de plus en plus faibles et mettant ainsi à nu peu à peu des parties, qui se trouvaient d'abord plus profondes, qui traduisent, donc, par leurs caractères, cette profondeur originelle.

Pendant cette période, la destruction, d'abord commencée par grandes masses et souvent accompagnée de phénomènes glaciaires qui la facilitaient, produit, au début, des conglomérats et grès grossiers, analogues à ceux de la phase précédente, et accompagnés des mêmes dépôts de végétaux, avec carbonate de fer et phosphate : produits détritiques, que l'on distingue bientôt, quand l'érosion est assez avancée, par le mélange de plus en plus abondant de fragments éruptifs, empruntés aux filons rocheux, aux intrusions volcaniques, qui se trouvent atteintes par le progrès de la destruction.

A ces débris de roches s'ajoutent également les produits de la démolition des filons métallifères connexes et, spécialement, des pyrites de fer, qui forment toujours la plus grande partie de ces filons. Par la mise en mouvement de ces pyrites dans les eaux, par la dissolution des 7 à 8 p. 100 de fer, que contiennent à elles seules les roches mécaniquement pulvérisées et chimiquement attaquées, il se trouve entrer en dissolution de grandes quantités de fer ; et ce fer, dans ces eaux torrentueuses, au milieu de ces sédiments grossiers, déposés le plus souvent presque à l'air libre, soumis à des phases d'assèchement désertique, se précipite, pour une grande part, à l'état de peroxyde (d'abord peut-être hydraté, puis déshydraté lentement par métasomatose). Il en résulte, essentiellement, des grès rouges, des conglomérats rouges à fragments de roches ignées, ou, dans les parties échappées au contact de l'air, des graviers pyriteux.

Le fer n'est pas alors le seul métal mis en liberté et, quand la partie attaquée de la chaîne contenait, par exemple, des filons de plomb ou de cuivre, on peut retrouver ces métaux dans les matériaux sédimentés : le plomb, peu soluble, précipité mécaniquement de suite ; le cuivre, en général dissous, reprécipité chimiquement plus tard dans des lagunes de concentration et d'évaporation.

En même temps que ce mouvement de destruction violente s'opère, le sol, dans la région de la chaîne montagneuse, est encore loin d'avoir retrouvé sa stabilité ; toute action en mécanique dépasse habituelle-

ment son objet et est suivie d'une réaction ; il se produit donc des tassements partiels de la chaîne trop soulevée ; surtout, des craquements se
font sur son bord ; des morceaux de l'écorce s'effondrent soudain ; des
bas-fonds nouveaux peuvent s'ouvrir à l'accumulation des eaux lacustres ou marines ; ailleurs, les plissements se continuent en agissant sur
les premiers sédiments qui viennent de se former. Et quelques dernières
manifestations volcaniques (comme nous pouvons en voir aujourd'hui
même), mêlent encore leurs produits à ceux de la sédimentation.

Mais, peu à peu, le calme se rétablit, et, le long de la saillie érodée,
en arrière surtout, soit par suite des tassements, soit par l'effet
des plissements mêmes, qui forcent les cours d'eau, dont le profil est
encore mal établi, à traverser des reliefs topographiques en dent de
scie, il se crée des dépressions profondes, formant des lacs allongés
dans le sens des vallées. Alors, suivant le climat et l'abondance des
pluies, ces lacs peuvent élever assez leur niveau pour trouver un
écoulement vers la mer, ou rester sans écoulement et commencer à
s'évaporer. Au premier régime correspond une sédimentation lacustre
ou fluviatile, dans laquelle s'accumulent parfois des végétaux destinés à former la houille ; le second détermine l'existence de lacs salés,
de chotts, dans lesquels les matières salines se déposent suivant un
ordre de précipitation constant, avec des interruptions et des retours
en arrière provoqués par les crues qui ramènent momentanément un
excès d'eau douce[1]. Dans la plupart des cas, nous voyons les couches
de houille venir les premières, puis les couches salines : comme si,
après la surrection de la chaîne, il y avait eu d'abord une période
de grandes précipitations pluvieuses, coïncidant peut-être avec une
phase glaciaire, puis une réduction de ces pluies et l'établissement
d'un climat chaud, désertique. Cependant, l'inverse peut se produire
et une lagune désertique a pu retrouver un écoulement.

Dans cette phase, la concentration des eaux saumâtres donne,
d'abord, du gypse, puis du sel marin, puis, si elle est poussée assez
loin, des sels alcalins. Ces sels divers se mêlent avec les argiles et les
vases, sédiments ordinaires d'une eau qui se dépose tranquillement. En

---

1. RICHTHOFEN et SUESS (loc. cit., III, 411) ont qualifié les régions à dépôts salins
de centrales, celles à dépôts houillers de vériphériques. Dire que la houille est
venue après le sel, c'est dire qu'une région, d'abord sans écoulement, en a
trouvé un plus tard ; si c'est l'inverse, une zone librement ouverte s'est ensuite
fermée et évaporée. En principe, un tel isolement est l'effet d'un plissement récent,
comme on le constate dans l'Asie centrale, les Andes, la Californie ; au contraire,
dans les régions anciennes, le réseau hydrographique a eu le temps de se développer et les débouchés de s'ouvrir, mais alors les accidents de terrain qui déterminent les lacs ont généralement disparu comme ceux qui produisent les cascades.
Il n'y a pas toutefois, comme nous le verrons note 1, p. 482, incompatibilité
absolue entre le développement de la végétation et le régime saumâtre ou lagunaire.

outre, si la destruction des filons métallifères avait mis en dissolution dans les eaux des sulfates métalliques, ces métaux (cuivre, fer, accessoirement nickel, cobalt, zinc, etc...) peuvent se reprécipiter, par réduction, à l'état de sulfures, surtout si des matières organiques, concentrées en même temps, ont chargé les eaux de réducteurs hydrocarburés, donnant lieu de leur côté à des schistes bitumineux.

Un tel état de choses se prolonge plus ou moins longtemps ; les produits métalliques disparaissent d'abord dans les sédiments, sauf à revenir momentanément si quelque phénomène de destruction plus intense met en mouvement des matériaux nouveaux ; puis la mer progresse calmement sur le sol, qui s'aplanit et s'affaisse ; une période de transgression commence et s'étend à mesure que la chaîne se réduit, d'abord à quelques tronçons, puis à des plateaux, puis à une pénéplaine, disparaissant à un degré qu'on s'imagine mal, mais que figure néanmoins le contraste entre le Plateau Central, chaîne alpestre carbonifère et nos Alpes actuelles. On entre ensuite dans la véritable période de calme ; sur de vastes régions marines, où les eaux n'apportent plus de sédiments détritiques, les organismes coralliens, profitant du climat tropical, qui a dominé en Europe presque jusqu'au tertiaire, commencent à construire leurs récifs de tous côtés. Au lieu des grès et des conglomérats, au lieu des argiles schisteuses avec gypse et sel, on voit maintenant dominer les calcaires. Toute la chaux, empruntée aux roches de la chaîne détruite (roches qui en contenaient, en moyenne, 3,5 p. 100), était entrée en dissolution ; les organismes vivants la fixent dans les eaux et la reprécipitent.

Ces organismes fixent, en même temps, le phosphore, que la même destruction avait également fait entrer en dissolution. Les roches contiennent, en moyenne, près de 1 p. 100 de phosphore ; on voit donc quelle quantité de cette substance, rare en apparence, peut résulter du remaniement mécanique et chimique de toute une chaîne alpestre. Pendant la transgression, les organismes phosphatés s'accumulent le long du rivage, sur certains points, où il se produit, sans doute, de plus, une précipitation chimique directe du phosphore entré en dissolution, auquel un premier noyau organique ou phosphaté sert de centre de concentration. Peut-être ces réactions s'effectuent-elles surtout sur certaines plages basses, où les organismes s'accumulent et, en partie, par l'intervention de l'acide carbonique. En tout cas, un phénomène presque connexe concentre souvent, en même temps, du fer, à l'état, soit de pyrite, soit de carbonate substitué à du calcaire : fer provenant plus ou moins directement de la destruction des roches et de la dissolution de leurs éléments. Ce fer commence même par domi-

ner, puis s'élimine peu à peu, à mesure que la période de calme
s'avance, les matériaux nouveaux manquant pour en fournir et l'on n'a
plus à la fin que des dépôts phosphatés.

Une telle période de calme, où dominent les calcaires, mais où peuvent se produire également, dans les zones côtières, des dépôts
d'argiles, de vases, de marnes, ou même de sables et de grès, est donc
caractérisée, sur ses rivages, par des dépôts séparés ou connexes de
carbonate de fer oolithique et de phosphate de chaux, sur lesquels une
métasomatose postérieure pourra exercer son action, en concentrant
davantage le phosphate et transformant le carbonate de fer en hématite.

En même temps, pendant une telle période, que nous pouvons très
bien nous imaginer d'après la nôtre, l'érosion mécanique et chimique
se poursuit sur les surfaces continentales, exerçant une action chimique générale, dont j'ai parlé plus haut, quand nous avons étudié,
dans un chapitre spécial, la « géologie en action »[1]. Alors les roches,
exposées à l'air, s'altèrent progressivement, en perdant peu à peu leurs
éléments solubles : d'abord les alcalis, puis la chaux et faisant passer
les autres à leur forme la plus stable, ou, d'après la thermochimie,
celle qui a exigé le moins de chaleur pour se former. En sorte que le
résidu local de ces réactions est, avant tout, une argile chargée de
sesquioxyde de fer, tandis que, sur certains points spéciaux, on peut
avoir, soit une argile très pure, un kaolin dans les roches feldspathiques, soit, par intervention de l'acide carbonique, des cristallisations
de calcite, exceptionnellement peut-être, dans les régions chaudes, de
l'alumine isolée en bauxite, etc., etc....

Une telle période continentale s'accompagne d'un phénomène important, dont je n'ai dit qu'un mot jusqu'ici, parce qu'il n'est pas, à vrai
dire, caractéristique d'une période déterminée, mais qui prend néanmoins une intensité spéciale pendant certaines périodes : c'est l'accumulation des végétaux dans des lacs ou lagunes, où les apportent les
cours d'eau, et la formation de combustibles qui en résulte.

Pour que les combustibles puissent se produire, il faut que les lacs
et estuaires soient abondants. On rencontre donc de préférence des
dépôts charbonneux aux périodes que nous pouvons concevoir comme
ayant facilité un régime lacustre : donc, nous l'avons vu, aux moments où
le sol demeurait accidenté, où le profil des cours d'eau était encore
très irrégulier, où les dépressions locales de ce profil n'avaient pas
encore été comblées par les sédiments et où, au contraire, de telles

---

1. Chapitre x, page 308.

dépressions étaient susceptibles de s'approfondir à mesure qu'elles se remplissaient, en offrant un asile à des matériaux nouveaux : en sorte que les accumulations de végétaux formant des combustibles semblent surtout caractéristiques de la fin du soulèvement ou du premier tassement consécutif. Peut-être à ce moment est-il intervenu, en outre, d'autres phénomènes, qui ont pu aider au développement de la végétation. Cette période n'a pu manquer, en effet, d'être caractérisée par un changement complet du régime climatique. Cette grande saillie nouvelle, en condensant la vapeur d'eau éparse dans l'air, a dû développer le régime des pluies et modifier la température. Il a pu se faire également que le volcanisme, connexe du soulèvement, en répandant de grandes quantités d'acide carbonique dans l'air, ait également favorisé le développement des végétaux, qui vivent de ce carbone. Toujours est-il que c'est pendant la période finale du mouvement que se déposent surtout les combustibles. Un peu plus tard, de semblables matériaux hydro-carburés sont encore apportés dans les eaux ; mais le parcours de ces eaux est beaucoup plus long et, avant qu'ils ne soient arrivés à leur aboutissement, ces végétaux, macérés, oxydés, ont dû se brûler, pour une grande part, en acide carbonique. On trouve cependant encore quelques combustibles dans ces époques suivantes, avec les premières argiles à gypse et à sel ; mais ce qui domine alors comme produits hydrocarburées, ce sont surtout des éléments d'une autre nature, à origine, ce semble, plutôt animale que végétale. L'époque des lagunes gypseuses est aussi celle des schistes bitumineux, des pétroles, des gaz combustibles. Enfin, quand la période de calme est bien établie, de semblables produits n'ont presque aucune chance pour se déposer en haute mer [1], ni même sur des côtes bien fixées, terminaison naturelle de longues pentes douces, sur lesquelles ne s'écoulent plus que des eaux tranquilles. Les combustibles sont rares dans ces périodes de stabilité, ou ne se déposent plus que dans quelques lacs restreints, pouvant subsister dans ce qu'il reste encore de saillies montagneuses.

La période calme, à laquelle nous sommes ainsi arrivés, peut se prolonger plus ou moins longtemps. Il est probable qu'elle dure, en réalité, un temps beaucoup plus considérable que nous ne le croyons, parce que son histoire, n'étant plus mouvementée par une série de cataclysmes, se déroule paisiblement, sans que nous ayons le moyen

1. Il arrive pourtant par exception aujourd'hui même que des végétaux terrestres soient entraînés par des courants et tombent dans des fonds de 2.000 mètres (golfe du Mexique). Dans les dépôts géologiques, on trouve fréquemment de tels végétaux avec des fossiles saumâtres.

d'y établir des divisions. Les sédiments mêmes s'y accumulent très lentement, puisqu'il n'y a plus de grande saillie à détruire, de matériaux abondants à transporter par les eaux et à reclasser. Pendant ce temps, l'érosion se continue toujours là où il reste des portions de chaîne montagneuse n'ayant pas atteint leur profil d'équilibre ; mais elle est de moins en moins active : les eaux, qui ont moins de pente, ayant aussi moins d'activité. Cependant les derniers débris de la chaîne s'effacent à un degré extraordinaire ; « les ruines mêmes périssent », suivant le mot classique. Et alors, si, pendant cette phase si calme dans la région considérée, il se produit, en quelque autre point du monde, un grand mouvement analogue à celui que nous venons de considérer, lançant quelque énorme vague à travers les océans, cette vague trouve, sur le continent nivelé, un champ tout prêt pour s'étendre ; elle s'élargit, elle monte peu à peu, à mesure que surgit là-bas quelque ride nouvelle. Ou, si, au contraire, un brusque effondrement attire ailleurs les eaux de la mer, des parties de continent, jusque-là submergées, se découvrent. Ce sont là, en dehors des oscillations verticales directes, deux des causes à invoquer pour expliquer ces vastes transgressions et régressions, qui nous surprennent d'abord par leur généralité apparente dans tout notre continent, mais auxquelles correspond peut-être (en dehors de toute explication astronomique très conjecturale) un mouvement inverse dans une autre région quelconque.

La période calme étant d'ailleurs suffisamment avancée, un nouveau plissement du sol se prépare, dans une région un peu différente de celle où s'était produit le premier, et une série analogue de phénomènes se répète, approximativement dans le même ordre. C'est un nouveau cycle qui recommence.

Ainsi, par exemple, l'histoire, que je viens de raconter, peut s'appliquer à ce que nous avons appelé la chaîne hercynienne, c'est-à-dire à ce grand plissement d'époque carbonifère, que l'on peut suivre dans les Appalaches, aux États-Unis, dans toute l'Europe Centrale (Espagne, Plateau Central, Vosges et Forêt-Noire, Bohême, plateau Russe), dans l'Oural, puis dans la steppe Kirghise, dans l'Altaï, en Transbaïkalie, dans la région située au Nord de l'Inde, dans l'Indo-Chine, la presqu'île de Malacca, les îles de la Sonde, en Australie Occidentale et enfin, en rebroussant vers l'Ouest, dans l'Afrique Australe.

A travers toute l'Europe Occidentale, on y trouve, à quelques différences près : d'abord les grès et conglomérats grossiers, avec cendres et laves volcaniques (dinantien, 11) ; les produits lacustres avec combustibles (westphalien et stéphanien, 12 et 13), les grès et conglomérats rouges [1] (saxonien, 15), les schistes bitumineux avec gypses et sulfures métallifères (thuringien, 16), les argiles avec gypses, sel et commencement de retour des calcaires (trias, 17 à 19), les calcaires avec produits littoraux d'oolithes ferrugineuses phosphatées (jurassique, 20 à 31), les calcaires plus crayeux, avec peu de fer et couches phosphatées (crétacé, 32 à 40); après quoi, la période tertiaire commence, avec le soulèvement des Pyrénées, puis des Alpes, un mouvement de plissement analogue.

Si, maintenant, nous nous rappelons ce qui a été dit plus haut [2] sur le déplacement de telles rides montagneuses, avec les conséquences que nous venons d'énumérer, à travers un continent comme l'Europe, nous voyons qu'en moyenne les diverses rides successives semblent avoir été de plus en plus méridionales : la ride antérieure, qui se trouvait au Nord, ayant joué, par rapport à cette sorte de vague nouvelle, le rôle d'un butoir consolidé, d'un Avant-Pays, contre lequel elle venait se briser, tandis que, plus au Sud, la place de la ride future était marquée par une mer; en sorte qu'une dissymétrie de plus en plus grande s'établissait entre les deux flancs de ces saillies plissées : l'un au Nord, terminé par de brusques dislocations le long de l'Avant-Pays, avec craquements et effondrements connexes dans cet Avant-Pays même; l'autre, au Sud, se traduisant par des affaissements plus généraux, avec sorties plus abondantes de roches volcaniques.

C'est ainsi que, pendant la durée des temps géologiques, pour lesquels la présence d'organismes vivants et leur évolution peut nous permettre d'établir une chronologie, depuis le précambrien [3] jusqu'à l'époque actuelle, nous allons voir bientôt, conformément à ce qui a été expliqué au chapitre de la tectonique, les plissements européens cheminer peu à peu, du Nord de l'Écosse à la Suisse, et franchir ainsi 12 degrés en latitude : la ride future, qui viendra, un jour plus ou moins prochain, interrompre notre calme actuel, ayant des chances pour se produire au Sud de la dernière surgie, qui est la chaîne alpine, à peu près sur la place actuelle de la dépression méditerranéenne.

Afin de faire concorder autant que possible les résultats exposés dans ce chapitre avec ceux de la tectonique, j'étudierai successivement les quatre grandes rides principales, dont il a déjà été maintes fois question : la chaîne précambrienne dans les Highlands, au Nord de

1. Les dépôts actuels du désert de Gobi ne sont pas sans analogie avec les formations du rothliegende (15), dont la couleur est annoncée par leur nom.

2. Pages 391 à 401.

3. Voir, plus loin page 485, ce qui concerne les traces de vie reconnues dans le précambrien.

l'Écosse; la chaîne calédonienne dans les Grampians d'Écosse ; la chaîne hercynienne dans le Plateau Central; enfin la chaîne tertiaire dans les Alpes.

III. — Description de la Terre pendant les diverses périodes géologiques[1].

A) ÈRE DES MOUVEMENTS PRIMITIFS, PRÉCAMBRIENS ET CALÉDONIENS. *Archéen et Algonkien* (1). — C'est à la période, dite *précambrienne*, ou *algonkienne*[2], que l'on peut faire commencer la stratigraphie précise et fondée sur l'évolution des organismes. Toute trace de vie antérieure échappe à nos recherches; par conséquent tout essai d'équivalence stratigraphique, portant sur des terrains plus anciens, reste forcément conventionnel et hypothétique. Du précambrien lui-même, nous ne connaissons, à coup sûr, sous ce nom, qu'une très faible fraction, celle où des circonstances particulièrement favorables se sont trouvées préserver de la destruction quelques restes organisés[3]; partout ailleurs, les terrains, qui représentent en réalité l'époque précambrienne, nous apparaissent, comme les étages antérieurs auxquels on réserve le nom d'archéens, masqués et rendus méconnaissables par les effets du métamorphisme, sous la forme de gneiss, micaschistes, etc. ; il faut donc apporter une extrême prudence dans l'appréciation de ce qu'a pu être, pendant une période aussi mal connue, la répartition des continents et des mers, et l'idée même d'une géographie précambrienne pourra paraître singulièrement prématurée. On doit cependant déjà à Dana un essai de ce genre pour l'Amérique du Nord, où apparaît, entre deux mers, une zone continentale, courbée à peu près suivant la traînée des lacs et, pour les autres pays, l'étude des plissements rattachés à cette période peut aider à préciser cette géographie primitive.

1. En dehors des traités de géologie classique, on trouve une bonne description des diverses périodes géologiques dans ERNST KOKEN, *Die Vorwelt und ihre Entwickelungsgeschichte*, Leipzig, 1893.

2. Pour raconter cette histoire des mers, il est nécessaire d'employer les noms géologiques des terrains; je rappelle qu'on en trouvera le sens et l'ordre de succession dans le tableau de la page 222 *bis*, dont les numéros d'ordre sont ici reproduits entre parenthèses. On désigne souvent les terrains antérieurs au cambrien sous le nom de série azoïque, ou agnostozoïque. On peut également y distinguer : 1° un *archéen*, ou *cristallophyllien*, dans lequel on a séparé aux Etats-Unis un faciès granitoïde (*laurentien*) et un autre schisteux (*keewatin*), et 2° un *algonkien*, qui est notre *précambrien*. Celui-ci, dans la région des Grands Lacs Américains, commence par le *huronien* et se termine par le *keweenawien*. On lui a parfois appliqué aussi le nom de *taconique*.

3. On trouvera, page 200 et, plus loin, page 670, l'histoire sommaire des êtres organisés.

Dans les régions septentrionales, nous avons déjà vu[1] comment, avant même cette époque précambrienne, puis surtout vers la fin de cette période, une grande chaîne plissée avait dû s'étendre depuis le Lac Supérieur aux États-Unis, jusqu'aux Highlands d'Écosse, à la Dalécarlie suédoise et à la région du lac Onéga, en Finlande[2]. Dans toutes ces régions, la mer précambrienne est venue recouvrir du gneiss plissé, tandis que ce gneiss, plus au Sud, était resté horizontal ; les sédiments précambriens y prennent, en outre, un caractère détritique de grès grossiers et conglomérats, qui n'existe pas plus au Sud et qui accuse la proximité d'un rivage vers le Nord (conglomérats cuprifères du Lac supérieur, *sparagmite* de Scandinavie, conglomérat *Karélien* de Finlande, etc.) Mais le premier mouvement du sol, sur lequel nous ayons des notions d'âge réellement précises, est celui qui, dans les mêmes régions septentrionales, a séparé le précambrien (1) du cambrien (2) et qui constitue ce qu'on appelle souvent la chaîne huronienne (bien que son âge principal soit postérieur au huronien).

Cambrien (2). — A partir du cambrien, il est permis de songer à reconstituer une géographie. On voit alors apparaître, sur la carte, un grand sillon, désigné sur notre planche IV, p. 487, sous le nom de Mer Intérieure : sillon marin, dont l'intérêt théorique est, comme je l'ai déjà dit plus haut, considérable ; car, à toutes les époques de la géologie, nous le retrouverons, avec le même point de départ approximatif en Amérique vers le golfe du Mexique et des branchements variables en Europe, séparant l'une de l'autre deux masses continentales particulièrement stables et particulièrement anciennes : la masse paléarctique et la masse brésilo-africaine, où, jusqu'à nouvel ordre, paraissent faire défaut les sédiments cambriens.

Cette période *cambrienne* est caractérisée par la « faune primordiale » du géologue Barrande.

Les sédiments affectent, dès lors, avec netteté, là où ils n'ont pas été altérés par un métamorphisme postérieur (en Russie, par exemple), des caractères analogues à ceux des périodes plus récentes ; ce sont les mêmes alternances de grès, schistes et calcaires, empruntées à la destruction de semblables roches cristallines par des mers identiques.

On a cependant cru remarquer qu'en principe les dépôts littoraux jouaient, à cette époque, un rôle plus important et offraient une exten-

1. Pages 402 à 411.

2. La principale discordance est entre le keweenawien (sommet du précambrien) (1) et le cambrien (2) ; mais on en observe une autre précédemment, dans la région des Grands-Lacs, avant le huronien (1).

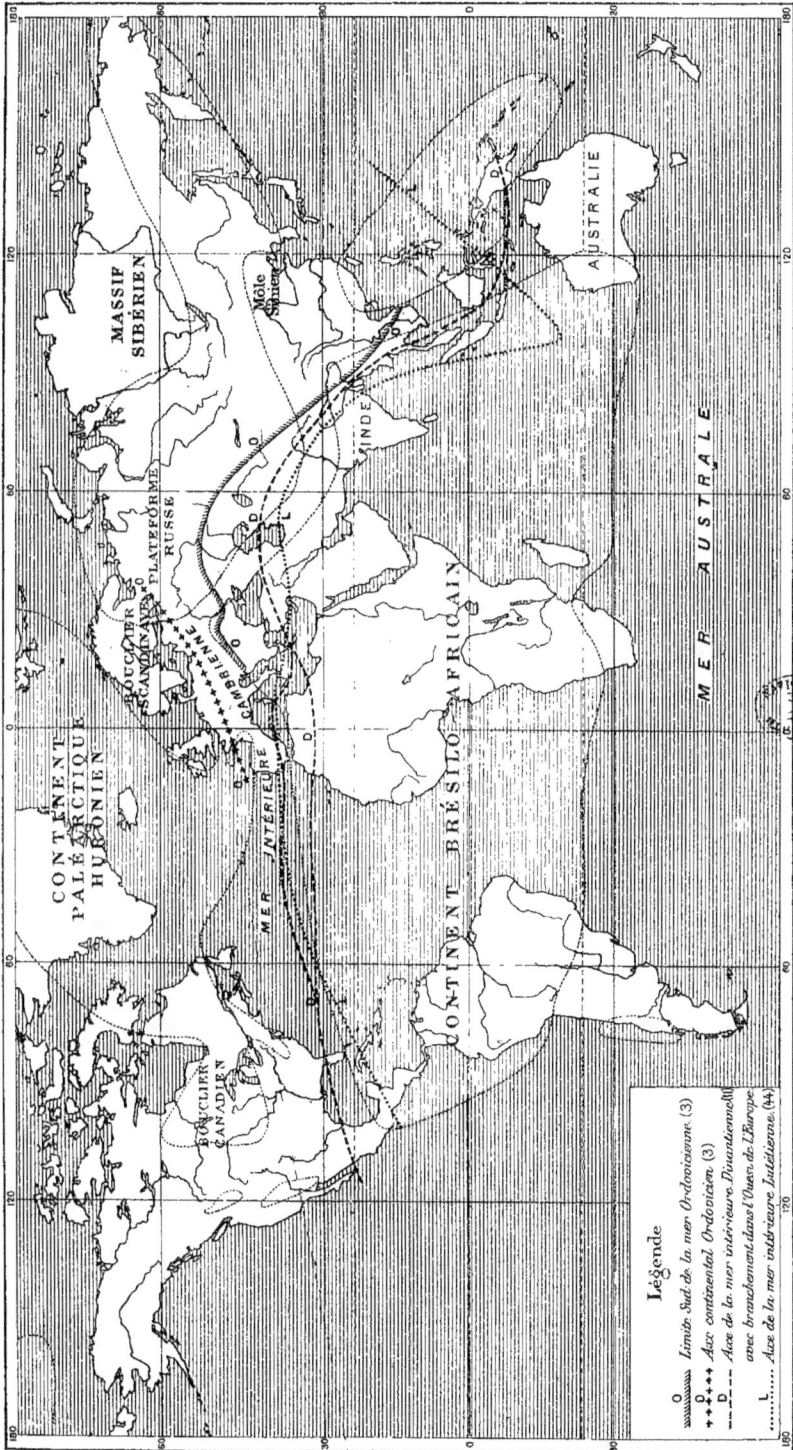

MASSIF SIBÉRIEN

CONTINENT PALÉARCTIQUE HURONIEN

BOUCLIER CANADIEN

BOUCLIER SCANDINAVE

PLATEFORME RUSSE

Môle Sibérien

CAMBRIENNE

MER INTÉRIEURE

INDE

CONTINENT BRÉSILO-AFRICAIN

MER AUSTRALE

AUSTRALIE

Légende

O ——— Limite Sud de la mer Ordovicienne. (3)

+ + + + Axe continental Ordovicien. (3)

D — — — Axe de la mer intérieure Deuonienne(1)
avec branchement dans l'Ouest de l'Europe

L .... Axe de la mer intérieure Jutétienne. (4)

Gravé par L.Simon, 22, rue Nicole, Paris.

LIBRAIRIE ARMAND COLIN, Paris.

Imp. Monrocq, Paris.

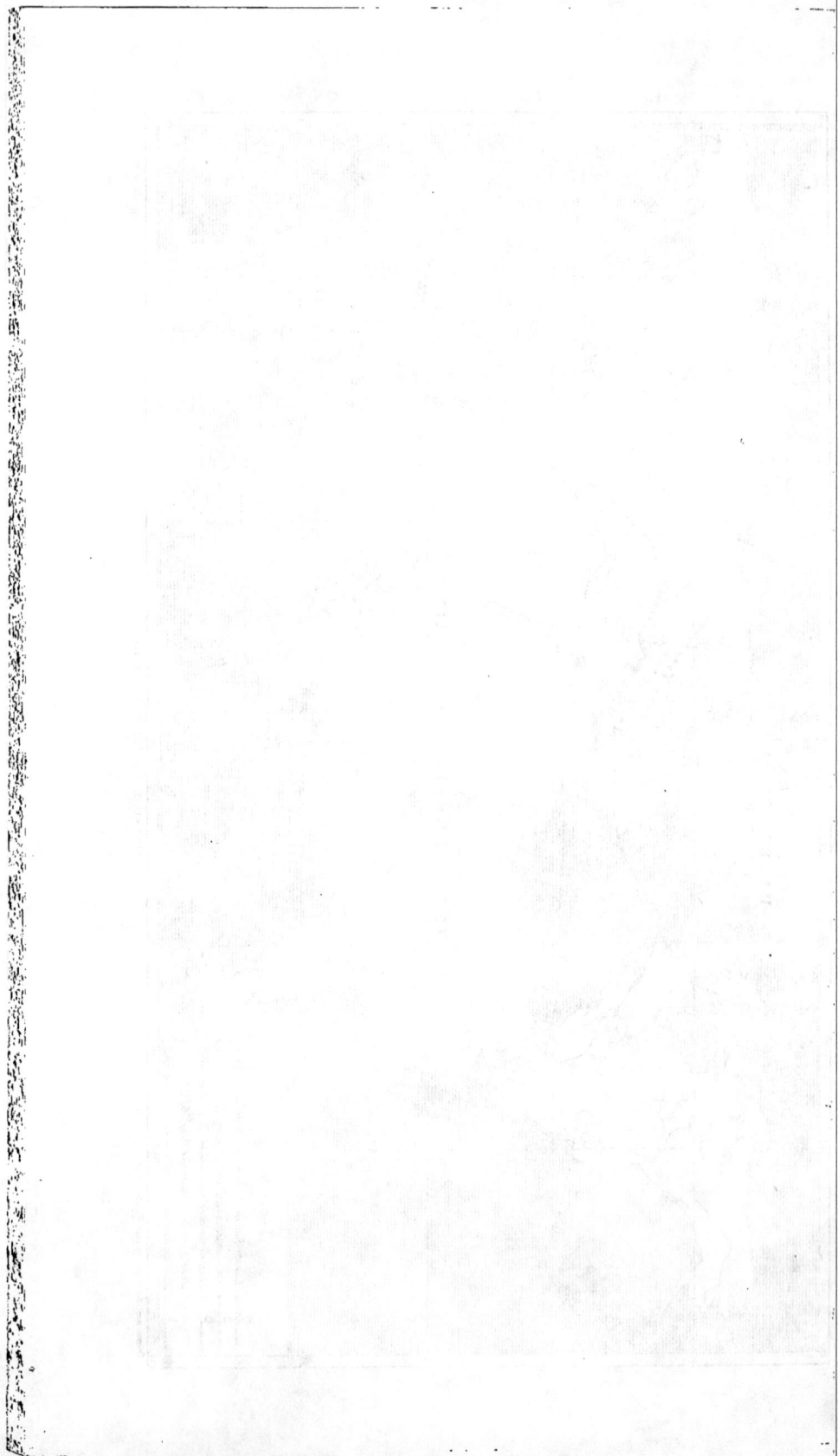

sion plus grande qu'ils ne l'ont fait dans la suite : on y a observé, avec une fréquence spéciale, les rides dues au clapotis des vagues et l'on a cru pouvoir en conclure que les côtes siluriennes[1] étaient mal fixées, bordées par des mers peu profondes, dont les empiétements sur les terres surbaissées étaient constants, donc que le relief du sol était alors peu accentué[2].

Cette idée peut à la rigueur se défendre, si l'on admet, comme j'en ai montré plus haut la vraisemblance, une évolution progressive de la structure terrestre. Il semble, en effet, rationnel que, sur une écorce terrestre moins anciennement constituée, les mouvements, produits par la contraction nécessairement plus faible du noyau interne, aient dû être alors moins intenses, et aient produit un relief moins prononcé, que les plissements mêmes, n'étant pas influencés et troublés par tous les accidents antérieurs, aient dû affecter une allure plus régulière ; enfin que le rôle des effondrements ait dû être moins considérable. Cette dernière influence surtout, qui, aux époques les plus récentes de l'histoire terrestre, s'est traduite par de véritables cataclysmes, paraît, comme je l'ai remarqué, avoir dû aller en croissant à mesure que cette histoire s'avançait. On est donc naturellement amené à supposer que les rivages de l'époque primordiale ont pu être moins sinueux, les chaînes moins hautes et les dépressions moins profondes[3].

Cependant il ne faut pas oublier que, suivant une remarque antérieure, les terrains cambriens, par suite de leur ancienneté même, nous sont connus dans des conditions très imparfaites et sans doute aussi très incomplètement[4]. C'est ainsi que la proportion apparente des calcaires a dû y subir une réduction très notable : le premier effet du métamorphisme étant d'éliminer la chaux, soit pour laisser seulement son résidu argileux, soit pour lui substituer de la silice. Bien des formations, qui auraient présenté des caractères de mers relativement profondes, peuvent donc nous échapper.

En outre, les observations, auxquelles je viens de faire allusion, sur l'aspect littoral des dépôts, ont toutes été faites dans la mer étroite et longue, à laquelle j'ai donné plus haut le nom de mer intérieure : mer généralement située au Sud de la chaîne primitivement plissée, bien

---

1. Le cambrien (2) forme aujourd'hui la plus ancienne division du silurien (2 à 5).

2. DE LAPPARENT, *loc. cit.*, page 772.

3. On ne saurait chercher une vérification de cette idée dans notre planche IV, p. 487, qui n'est qu'une ébauche infiniment grossière et où la part d'hypothèse reste énorme. Nous ne donnons cette tentative qu'à titre de première indication.

4. Plus que tous autres, ils ont dû être transformés par le métamorphisme ultérieur et déplacés par les charriages.

que passant par-dessus elle en Écosse et en Scandinavie. Ce type littoral ne s'accuserait peut-être plus autant, si on pouvait observer les
dépôts de mers plus vastes et il se trouve peut-être simplement que
nous étudions le cambrien dans les conditions, qui, pour une époque
plus récente, correspondent aux lagunes permiennes, le long de la
chaîne hercynienne.

De toutes façons, il ne faut pas oublier l'observation générale [1], qui
conduit à envisager, sur cette carte comme sur toutes les autres semblables, la superficie attribuée aux mers comme un minimum très insuffisant, par suite de l'impossibilité où l'on est de marquer une mer là
où des sédiments marins n'apparaissent pas. Ce défaut est particulièrement grave pour les cartes les plus anciennes ; car, plus nous remon-
tons dans le passé, plus nous avons de chances pour que les sédiments
de l'époque considérée aient disparu : ce qui nous amène à admettre
un continent là où pouvait en réalité exister une mer.

Dans le même ordre d'idées relatif à l'évolution terrestre, j'ai dit
aussi que le climat devait être, alors, plus égal qu'il n'est devenu dans
la suite, quoiqu'il existât des glaciers en Australie et en Chine.

La faune primordiale cambrienne est, on le sait, particulièrement
composée de ces crustacés qu'on nomme trilobites et de lingules [2]
(brachiopodes), auxquels viennent, pendant l'ordovicien (3), s'adjoindre les hydrozoaires, dits graptolithes [3], et les poissons ganoïdes; puis
les céphalopodes du gothlandien (4). On a fait remarquer qu'une même
faune de trilobites se retrouve sous le 43e et sous le 65e parallèle.

La zone la mieux connue de la géographie cambrienne est celle de
la mer que j'ai appelée tout à l'heure intérieure et qui couvrait alors la
Scandinavie, l'Allemagne, la Grande-Bretagne, la France, la Corse et
la Sardaigne, l'Espagne, tout le Sud des États-Unis, l'Est de la Sibérie,
le Japon et le Nord de la Chine.

Il est très probable que cette mer rattachait la Méditerranée occidentale et l'Espagne au golfe du Mexique par un sillon Est-Ouest traversant l'Atlantique. C'est le sillon persistant, que j'ai déjà signalé et
qui, aujourd'hui encore, est une des zones sismiques les mieux caractérisées du globe, l'une des régions faibles, où les mouvements intérieurs se manifestent le mieux, et où des plissements peuvent encore
se produire. On est en droit de considérer cette première mer intérieure du cambrien, comme le point de départ de notre mer Méditerranée ; ainsi que le montre un croquis ci-joint, cette mer intérieure a,

1. Voir, plus haut, page 252.
2. Voir figure 9, page 195.
3. Figures 13 et 14, page 201.

dans sa partie européenne, progressivement incliné vers le Sud pendant le cours des âges, tout en gardant à peu près le même point de départ américain.

Au Nord de cette mer se trouvait le continent paléarctique, qui est assez nettement constaté aux États-Unis, au Nord du lac Huron : continent représentant déjà l'ensemble de terres émergées, qui caractérise encore le pourtour de notre pôle boréal. Une pointe Sud de ce continent devait dessiner dès lors les Appalaches ; vers l'Ouest, une autre île très allongée esquissait également la chaîne côtière du Pacifique entre le golfe de Californie et Vancouver.

C'était la transformation d'un continent huronien, que nous avons aperçu avant le cambrien ; la mer précambrienne, qui avait recouvert précédemment la région des Grands-Lacs américains et l'Est de la Finlande, les a abandonnés.

Par contre, des rides secondaires se forment à ce moment plus au Sud, et amènent l'émersion d'un autre continent, qui, pendant l'ordovicien (3), va traverser l'Europe Centrale.

Au Sud de la mer intérieure, les géologues imaginent enfin d'ordinaire un vaste continent, reliant l'Afrique au Brésil et peut-être même au Nord de l'Australie : continent qui, lui aussi, paraît s'être perpétué ensuite pendant de longues périodes géologiques. C'est une hypothèse évidemment très problématique ; car rien ne prouve que le cambrien marin n'existe pas quelque part en Afrique et au Brésil. D'autre part, nous ne savons rien de ce qui se présente en profondeur dans toute la partie Sud du Pacifique, au sujet duquel nous avons déjà dit quels problèmes fondamentaux se posaient ; et peut-être l'Amérique du Sud a-t-elle commencé par se relier vers l'Ouest à l'Australie, comme elle se reliait vers l'Est à l'Afrique. Néanmoins, aux dimensions près, l'existence de ces grandes terres australes à l'époque cambrienne est très vraisemblable.

Enfin, au Sud, nous avons représenté une mer Australe, qui serait déjà le prélude de la mer encore existante sur toute la périphérie du pôle Sud. La preuve de cette mer a été constatée en Australie et en Nouvelle-Zélande ; on en a retrouvé la trace dans la République Argentine et dans le Saltrange Indou ; il faut bien reconnaître que tout le reste des contours est conventionnel.

Ordovicien (3). — Après le cambrien, pendant l'ordovicien (3), les grandes masses continentales gardent à peu près la même allure. Le changement le plus sensible s'effectue dans le Nord de l'Europe. La mer, dont notre planche IV figure la limite Sud, envahit presque toute la Russie en respectant deux îles en Finlande et dans l'Oural ; des îles s'esquissent également dans la France Centrale et l'Allemagne, simulant ainsi les tronçons d'un continent, dont l'axe aurait été suivant la ligne OO, du golfe de Gascogne à la mer Blanche.

Le long de ces côtes nouvelles, nous rencontrons, pour la première fois, un phénomène, qui va jouer un rôle important dans toute cette histoire et sur lequel j'insisterai bientôt en raison de son intérêt théorique et pratique. La destruction des roches cristallines par les eaux et la reprécipitation chimique du fer entré en dissolution déterminent finalement des minerais de fer, que l'on peut suivre dans les Asturies, le Maine-et-Loire, le Calvados, le Pays de Galles, le Dunderlandsal norvégien, la Bohême, la Sardaigne, l'Est des États-Unis, etc.[1].

CHAINE CALÉDONIENNE. *Gothlandien* (4). — L'époque gothlandienne (4) voit se produire en Europe, au Sud de la précédente chaîne primitive, un autre grand plissement, dit *calédonien*, qui bute, au Nord, contre l'Avant-Pays formé par la chaîne précédente.

C'est la seconde de ces rides montagneuses que nous rencontrions et nous avons vu précédemment qu'elle est située, en moyenne, au Sud des faîtes primitifs qui représentent la précédente, de même que les chaînes suivantes, dites hercyrienne et alpine, seront de plus en plus méridionales en Europe.

Cette chaîne plissée, d'âge gothlandien (4), à laquelle on a donné le nom de chaîne calédonienne, existe en Scandinavie, où des lambeaux horizontaux de poudingues dévoniens (5) recouvrent le silurien (2,3) et les gneiss plissés. Elle se prolonge dans les Grampians d'Écosse, où un plissement, qui date de la fin du silurien (4), a renversé le gneiss sur le silurien. Enfin on la retrouve aux États-Unis dans les montagnes Vertes, qui prolongent au Nord les Appalaches et où le Gothlandien (4), resté horizontal, recouvre les autres terrains siluriens (2,3) plissés avant son dépôt. Cette époque gothlandienne paraît, dans cette région Est des États-Unis[2], avoir vu se produire un premier mouvement des Appalaches, coupant la communication entre la mer intérieure des États-Unis et l'Atlantique.

Il est à noter qu'à cette époque Gothlandienne commencent déjà

1. Je renvoie, pour tout ce qui concerne les minerais de fer, à mes *Gîtes minéraux et métallifères*, où j'ai discuté (tome II, p. 410 à 420) l'origine des sédiments ferrugineux et l'intervention, dans leur allure actuelle, des substitutions ultérieures.

2. DE LAPPARENT, d'après STUART WELLER, *loc. cit.*, p. 821. — Voir encore BAILEY WILLIS, *Palæozoic Appalachia* (Maryland geol. Surv., t. IV, 1902, p. 57). Ce travail montre que le grand mouvement des Appalaches a été carbonifère.

à apparaître, en Amérique du Nord, les caractères ordinaires des dépôts littoraux, que nous allons retrouver pendant toute cette histoire aux époques des grands plissements successifs : gypses et sels du groupe de Salina et d'Onondaga, minerais de fer oolithiques du groupe de Clinton, allant de l'État de New-York au lac Michigan.

Dévonien (5 à 10). — Avec la période dévonienne (5 à 10), qui succède au silurien, nous acquérons, pour la détermination des zones continentales, des notions précises, qui nous faisaient défaut jusqu'ici ; car nous trouvons, pour la première fois, des végétaux terrestres, des multitudes de poissons d'eau douce et des insectes ailés. Peut-être, comme on le verra dans un autre chapitre[1], est-ce l'indication que la vie, jusque-là localisée dans les mers, commence à émerger sur les continents ; peut-être encore l'absence d'organismes terrestres dans les terrains antérieurs est-elle due simplement à la connaissance imparfaite, que nous en avons ; peut-être enfin, comme l'a supposé A. de Lapparent, est-ce la preuve que les surfaces continentales sont mieux établies, comme sembleraient aussi l'indiquer de plus grandes différences dans la faune de dépôts synchroniques, provenant des séparations de bassins plus nettes.

Parmi les changements les plus caractéristiques de la mer, qui se sont produits pendant le *coblentzien* (6), on peut noter, dans les deux hémisphères, les progrès des Océans vers l'équateur. La mer Australe envahit une grande partie du Brésil et le Sud de la colonie du Cap ; la mer intérieure s'étend sur le Maroc, l'Algérie et le Sahara, laissant, au contraire, décidément émergées la Scandinavie, la Finlande et presque toute la Russie.

Pendant l'*Eifélien* (7), au contraire, nous voyons, dans le Nord-Est de l'Europe, la mer revenir en arrière, reconquérant la Russie, le Nord de la Scandinavie, l'Allemagne du Nord. Elle couvre, à ce moment, la presque totalité de l'Europe, la Sibérie, la Chine, l'Amérique du Nord, sauf l'Est du Canada, et la plus grande part de l'Amérique du Sud ; de nos continents actuels il ne reste guère d'émergés que la Scandinavie, l'Afrique Centrale, l'Inde, l'Ouest de l'Australie et l'Est de la Chine.

Pendant le *Frasnien* (9), nous avons, pour la première fois, l'occasion de suivre, très nettement, au Sud du continent paléarctique, une zone lagunaire désertique, avec ses accumulations ordinaires de substances utiles.

On observe alors, à l'Est de la mer Blanche, vers les monts Timan,

1. Page 671.

du côté de la Petchora, au milieu de ces terrains littoraux, des gypses sels, pétroles abondants et bitumes [1].

De l'autre côté de la même masse continentale, formée de ces deux « boucliers » Baltique et Canadien, auxquels l'Atlantique sert d'axe de symétrie sans les désunir encore, les mêmes caractères littoraux ramènent, dans les Appalaches, des dépôts analogues avec une importance exceptionnelle.

Dans les Appalaches, l'étage frasnien (9) affecte, comme aux monts Timan, une allure transgressive en bancs minces, où existent ici des nodules phosphatés [2] et, immédiatement au-dessus, commencent les niveaux pétrolifères pennsylvaniens, qui correspondent peut-être à des accumulations d'organismes dans ces mêmes lagunes. Cette zone à hydrocarbures, qui se répète ainsi de la mer Blanche à la Pennsylvanie, se poursuit encore plus loin jusque dans l'Athabasca (entre la baie d'Hudson et la Colombie Britannique).

La transgression marine, qui, dans toutes ces régions, a amené également les grès rouges dévoniens à venir se déposer horizontalement par-dessus l'archéen plissé, a donc présenté une instabilité et des caractères de lagunes saumâtres, favorables à la production de bitumes, phosphates, sels, etc. Il faut noter, dès à présent, que ces caractères, en rapport ici avec la période, consécutive aux plissements calédoniens, où nous pouvons supposer que ces plissements ont dû être détruits par l'érosion, se retrouveront identiques après les plissements hercyniens et alpins, pendant le permo-trias ou la fin du tertiaire. Dans tous ces cas, nous verrons, de même, comme je l'ai indiqué dès le début, qu'après un grand plissement, la période d'instabilité, de tassement et d'érosion suivante est marquée par des sédiments grossiers et rubéfiés, par des dépôts de lagunes vaseuses avec produits bitumineux, sel, gypse, etc.

B) ÈRE DES MOUVEMENTS HERCYNIENS. — Après cette série de périodes, malheureusement assez mal connues, qui forment les temps primaires jusqu'à la fin du dévonien, nous entrons, avec le carboniférien, dans une phase, pour laquelle les renseignements deviennent beaucoup plus précis et présentent, en outre, pour les régions les plus avancées en civilisation de la Terre, l'Europe Centrale et l'Amérique du Nord, un intérêt prépondérant. Jusqu'ici, en effet, il y avait deux raisons, pour lesquelles les événements géologiques étaient difficiles à étudier : la

1. Voir : L. DE LAUNAY. *Une région pétrolifère sur la Mer Blanche.* La Nature, 10 mai 1902.

2. En France, nous avons de même, dans les Pyrénées, des nodules phosphatés dévoniens accompagnés d'hydrocarbures.

première, c'était leur ancienneté, qui en a fait disparaître beaucoup de vestiges : mais c'était aussi le caractère très septentrional des régions, où ils se sont manifestés ; il faudrait avoir des cartes géologiques très complètes des zones polaires (cartes, que nous n'aurons probablement jamais), pour reconstituer l'histoire des plus anciens mouvements de l'écorce terrestre. Avec le carbonifère commencent, au contraire, des plissements, qui ont affecté les États-Unis, l'Europe, l'Asie Centrale et l'Indo-Chine, l'Australie, le Maroc, le Sahara, et qui se sont passés, par suite, dans des régions beaucoup plus abordables à nos investigations. Ces mouvements, auxquels on a donné le nom d'hercyniens, portent sur trois périodes géologiques successives, le carboniférien, le permien et le trias, pendant lesquelles ils déroulent leurs diverses phases et séparent donc nettement, en ce qui concerne notre étude actuelle, ce groupe de périodes, des périodes suivantes, jurassique et crétacique, pendant lesquelles s'établit, dans les mêmes régions, un calme complet, avant le réveil de la période tertiaire. Il y a donc là, entre ces trois premières périodes, une unité, qui nous fera les relier les unes aux autres, bien que diverses autres considérations — et, notamment, les données paléontologiques — aient conduit à établir une coupure essentielle entre le permien et le trias. L'ensemble, allant du carbonifère à la fin du crétacé, constitue un cycle, qui n'a peut-être pas été réellement plus long que celui du silurien et du dévonien, mais où l'on a introduit des divisions beaucoup plus nombreuses, surtout parce qu'il est beaucoup mieux connu.

En deux mots, et sans entrer dans les détails qui trouveront bientôt leur place, nous allons voir, pendant tout le carboniférien, se soulever, peu à peu, en Europe, une chaîne montagneuse, amenant la disparition de la mer ; puis la destruction de la chaîne se produit, pendant le permien ; la mer est « basse » et la marée suivante se prépare ; cette marée monte pendant le trias et atteint son apogée avec le milieu du jurassique, pour reculer ensuite de nouveau. Enfin elle remonte, une dernière fois, en Europe et dans l'Amérique du Nord, pendant la première moitié du crétacé pour redescendre à la fin de la seconde. Ces derniers va-et-vient de la mer, exécutés durant une période qui est en Europe absolument calme, sont probablement attribuables à de lentes oscillations verticales du sol dans les régions mêmes où nous les observons, à moins qu'ils ne marquent le contre-coup d'un soulèvement inconnu opéré dans une autre partie du monde ou qu'ils ne procèdent, comme on l'a parfois imaginé, de quelque cause astronomique.

Carboniférien (11 à 13). — La période carboniférienne[1] a été ainsi

1. Voir la planche V. page 499.

nommée autrefois en raison des grands dépôts houillers qui la caractérisent et qui lui ont semblé, tout d'abord, presque exclusivement réservés. A cet égard, les idées se sont bien modifiées et nous savons aujour-
d'hui qu'il existe des combustibles minéraux dans tous les terrains géologiques, au moins depuis le dévonien ; les accumulations de plantes,
qui les ont constitués, ne sont plus pour nous l'indice d'un âge déterminé, mais la preuve de certaines conditions climatiques et topographiques, ayant produit le développement d'une végétation abondante
au voisinage de lacs ou de lagunes marins, dans lesquels les débris de
cette végétation étaient charriés par des cours d'eau, s'accumulaient et
se transformaient par une fermentation à l'abri de l'air. Néanmoins il
reste parfaitement exact que ces conditions, propices à la formation
des combustibles, se sont trouvées réalisées, à un degré tout à fait
particulier, pendant la période carbonifère, le long de quelques grandes
rides montagneuses, qui se sont plissées à ce moment dans l'Europe,
l'Amérique du Nord, etc., et auxquelles on a donné le nom d'hercyniennes. Il s'est produit là, à cette époque, une accumulation très particulière de végétaux houillers, qui paraît accuser l'existence d'un
climat humide, assez uniformément réparti dans toutes les régions où
s'est formée la houille. La répétition de faibles mouvements successifs
et les alternances possibles de périodes plus ou moins pluvieuses
expliquent les séries complexes et maintes fois répétées de grès, schiste
et houille, constatées dans tant de bassins carbonifères, ainsi que les
mélanges locaux de couches marines, lagunaires et saumâtres, les
discordances et les transgressions de détail. On s'est demandé si cette
abondante végétation n'avait pas contribué à épurer l'air en acide carbonique et à favoriser la vie aérienne. Il est plus probable, comme
nous l'avons dit, que cette épuration avait eu lieu longtemps avant.

Les diverses particularités géologiques, qui se produisent alors,
peuvent être rattachées au soulèvement progressif et au plissement
des rides hercyniennes. En insistant spécialement sur les formations
européennes, qui nous sont mieux connues à tous égards, nous allons
voir comment, pendant la durée même de cette seule période, les conditions nécessaires à la formation des grands dépôts houillers s'y sont
successivement déplacées du Nord au Sud : depuis l'Écosse, où ces
dépôts sont dinantiens (11) jusqu'au bassin franco-belge, où ils sont
westphaliens (12), et à la région du Plateau Central, où ils sont stéphaniens (13). Si l'on attribuait un rôle prépondérant aux conditions climatiques, il faudrait donc en conclure que ces conditions se sont égale-

1. Page 465.

ment déplacées ; mais il est beaucoup plus vraisemblable qu'il y a
relation avec le progrès des ridements montagneux et avec le déplacement du niveau de la mer.

Quand nous essayons de nous représenter l'aspect de la Terre, au moment où commence le carbonifération, nous voyons qu'elle devait être alors
divisée en trois grandes masses continentales par trois mers principales :
le sillon Est-Ouest, correspondant à la Mer Intérieure, dont j'ai déjà
indiqué l'existence aux époques précédentes et deux océans de direction Nord-Sud, l'un sur la Russie, la Novaïa Żemlia et le Spitzberg,
l'autre sur l'Océan Pacifique et l'Ouest des États-Unis. Un de ces continents reliait ensemble l'Amérique du Sud, l'Afrique, l'Inde et le Nord
de l'Australie ; un second, la Scandinavie, le Groënland et le Canada ; un
troisième, plus problématique, occupait sans doute une partie de la
Sibérie et de la Chine.

Entre les deux premiers s'allongeait, depuis le golfe du Mexique
jusqu'à la Caspienne et très probablement jusqu'aux Indes hollandaises,
un grand sillon intérieur Est-Ouest, qui, ayant gagné de plus en plus en
largeur pendant le dévonien, s'étalait, à la fin de cette période, sur
toute l'Europe (à l'exception de la Scandinavie) et le Nord de l'Afrique,
en entourant une longue île Est-Ouest, formée par l'Italie, la péninsule
Balkanique et le Sud de la Russie.

Quand la période carbonifération commence avec le *dinantien* (11),
on voit se produire, dans la plus grande partie de notre Europe Centrale, dans l'Est de la Russie, dans l'Est des États-Unis, un relèvement
du sol et un recul de la mer, qui sont destinés à s'accentuer pendant
le reste du carbonifère et doivent être considérés comme le début
des mouvements hercyniens. A ce moment, de tous les côtés, dans
l'Europe Centrale, l'Oural, les Appalaches, il surgit des îles nombreuses,
séparées par des bras de mer peu profonds, qui tendent à se transformer
en lagunes. C'est le pays de Galles avec la Hollande et c'est la Normandie avec l'Ardenne, limitant des deux côtés un détroit, où se formeront bientôt les grands bassins houillers du South Wales, de
Bristol, du Pas-de-Calais, de la Belgique, de la Ruhr, etc. Puis c'est
le Morvan ; le Sud du Plateau Central, se reliant avec les Vosges ; la
Franconie et la Bohême ; plus loin, le Sud de la Russie avec le Caucase ;
l'Oural ; la péninsule Balkanique ; l'Italie.

En même temps que des montagnes surgissent par rides successives,
entre lesquelles des dépressions se creusent et s'accentuent progressivement, des fractures de directions diverses s'ouvrent sur toute leur
longueur, donnant passage à des phénomènes volcaniques. Pendant
la majeure partie de la période carbonifère, le volcanisme a dû être

très intense dans tout ce que nous appelons la chaîne hercynienne : par exemple, dans le Plateau Central, le Morvan, les Vosges, etc., où, bien que l'appareil extérieur des volcans ait été détruit, on en retrouve les manifestations intrusives ou à peu près superficielles, très marquées sous la forme de microgranites, d'orthophyres, d'andésites et de projections cinéritiques. Sur tout le bord Sud de ce détroit méridional, qui prend la France en écharpe, les pluies de cendres et les blocs lancés par les volcans retombent pêle-mêle dans des eaux peu profondes et s'y confondent avec des produits sédimentaires si grossiers, si peu roulés, si mal préparés, qu'on serait tenté d'y voir une moraine gla- ciaire. La végétation, qui pousse sur le bord de ces lagunes, lacs, ou marais, y mêle, de place en place, des paquets irréguliers de charbon (Creuse, Basse Loire, etc.).

A cette même époque, plus au Nord, sur l'emplacement futur du bassin franco-belge et sur celui des bassins de Cardiff, Newcastle, etc., une calme et tiède mer de coraux s'étend, à l'abri de tout apport détri- tique, qui empêcherait ces organismes de vivre. Ainsi se construisent les calcaires de Dinant sur Meuse, qui ont donné leur nom au dinantien et ceux de la chaîne Pennine, les « calcaires de montagne ». Pour que les sédiments fassent à ce point défaut dans les eaux, il faut que les continents de ce côté aient été déjà bien arasés antérieurement, comme peuvent l'être aujourd'hui certaines îles du Pacifique, et que les fleuves, arrivés à leur profil d'équilibre, y débouchent sans violence. Cette mer de coraux, nous l'avions déjà vue s'établir et gagner peu à peu dans le détroit franco-belge pendant tout le dévonien ; mais ses pro- grès mêmes impliquaient alors un mouvement, qui y mêlait des sédi- ments, tandis qu'aujourd'hui ces sédiments ont disparu. La mer, est en quelque sorte, étale et va commencer son recul, qui, prolongé pendant tout le carbonifère, aboutira à une émersion complète de l'Europe.

L'ensemble de l'Europe devait alors quelque peu ressembler à ce que peut être, aujourd'hui, la chaîne volcanique des Indes Hollandaises, des Philippines et du Japon, avec ses multitudes d'îles dessinant des chaînes sous-marines, sa végétation intense dans le climat humide et chaud des tropiques, ses constructions de coraux, ses volcans et, par endroits, ses hautes cimes, où, dans le Nord, peuvent cristalliser les névés. Néanmoins, la chaîne étant alors à peu près Est-Ouest, tandis que celle à laquelle je viens de la comparer est, à partir de l'archipel malais, environ Nord-Sud, cette seule considération, indépendam- ment des théories générales sur l'uniformité des climats à l'époque carbonifère, implique, à ce moment, plus d'homogénéité dans les con- ditions climatiques que nous n'en pouvons rencontrer aujourd'hui.

A ces caractères généraux de la période carbonifère, nous sommes en mesure d'ajouter quelques notions précises ; car, en bien des endroits, la place exacte des rivages se décèle par les produits organiques, ou les dépôts ferrugineux, qui s'y sont accumulés.

C'est ainsi qu'en partant du Nord, nous trouvons d'abord la région des bassins houillers d'Écosse, où, dès le début du dinantien, la proximité de la côte s'accuse par les couches de schistes bitumineux (employées à la fabrication de l'huile minérale). Un peu plus tard, s'accumulent, de ce même côté, les grandes couches de houille de Lothian, Dalkeith, etc., avec lesquelles s'associe, par la concentration chimique du fer emprunté aux roches détruites, un carbonate de fer charbonneux, appelé la couche noire, ou « blackband ».

Plus au Sud et sur le rivage Nord d'un bras de mer, qui doit prolonger le détroit franco-belge, vers Bristol, il se dépose, en même temps, un peu de charbon anthraciteux, qui a donné son nom de *culm* à toute la période. Et, dans la France Centrale, je viens de dire combien les caractères continentaux ou lagunaires dominaient sur les caractères franchement marins. De ce côté, les coraux, qui avaient existé pendant le dévonien, ont à peu près, sinon complètement, disparu.

Quand on va vers l'Est, du côté de la Silésie, où quatre bras de mer convergent, les conditions géographiques se modifient. Là, d'après M. Stur, l'étage dinantien ne renfermerait pas moins de 14.000 mètres de sédiments détritiques : ce qui laisse supposer l'affaissement progressif d'un de ces sillons que l'on a appelés les géosynclinaux, en même temps que s'élevait, au voisinage, une chaîne de montagnes, aussitôt démantelée et érodée par les eaux.

Enfin, du côté de Moscou, la proximité d'une côte amène encore l'accumulation de végétaux formant un peu de houille ; mais, au delà, vers l'Est, c'est, sur toute la Russie, la pleine mer largement ouverte, jusqu'à l'Altaï, où reparaît un dépôt charbonneux.

Dans toute l'Europe, je ne crois pas que, sur aucune de ces côtes si nombreuses du dinantien, on puisse citer une seule lagune saumâtre en voie d'évaporation avec dépôts de gypse et de sel.

C'est là un caractère assez général de toute la période carbonifère, que nous trouvons dès le début et qui forme un contraste frappant avec ce que nous observerons tout à l'heure pendant le permien et le trias, où ces dépôts pullulent au contraire, le long des côtes. Je ne vois guère, à citer, comme groupe salifère dinantien, que celui du Michigan.

Peut-être y a-t-il là, dans les régions montagneuses ou littorales, où l'on a eu surtout l'occasion d'étudier le carbonifère en Europe ou dans l'Est des États-Unis, une influence du climat humide peu favorable aux

phénomènes d'évaporation lagunaire, qui demandent de la sécheresse ;
peut-être aussi faut-il faire entrer en ligne de compte plus directement
ces grands mouvements du sol, ces dislocations violentes, ces surrections de chaînes montagneuses qui se sont produites en tant de régions
pendant le carbonifère et qui auraient alors, dans les zones de l'écorce
terrestre où on les constate, déterminé des reliefs continentaux sans
pénéplaines.

Au moment du *westphalien* (12), (Pl. V, page 499) la transformation de
l'Europe en continent montagneux s'accentue singulièrement ; des Alpes
hercyniennes surgissent sur toute la longueur de l'Europe Centrale : de
hautes cimes, qui, sans doute, comme nous l'avons vu, quoique la question ait été discutée, portent des glaciers [1]. Toute la longueur de cette
chaîne carbonifère, à savoir l'Espagne, le Plateau Central, la Bretagne, les Vosges, la Forêt-Noire, la Saxe, la zone alpine, le Plateau
Russe, émerge en une puissante saillie jalonnée de volcans ; dans toute
cette étendue, les dépôts marins s'interrompent donc ; les sédiments
du dinantien se plissent et se disloquent ; sur les chaînes trop hautes
et trop abruptes, on n'a même pas encore de lacs, comme on en verra
bientôt pendant le stéphanien, ou, du moins, leurs dépôts précaires ont
disparu pour nous dans une érosion immédiate.

La mer intérieure est alors rejetée plus au Sud et à l'Est, des Asturies
au Piémont et à la Carinthie. Mais, en même temps, le climat, ou du
moins le caractère des eaux doivent se modifier : car les organismes
coralliens de l'époque dinantienne disparaissent ; au Nord de la chaîne
hercynienne, les bras de mer se resserrent, se localisent en lagunes
à communication intermittente avec la mer ; et sans doute, sur
les bords de ces lagunes, les conditions sont particulièrement
favorables au développement intense de la végétation, ainsi qu'au
charriage immédiat de ses produits vers les eaux ; car les amas
de combustibles se forment, de l'Angleterre au Donetz, avec des
épaisseurs extraordinaires, représentant, en bien des points, plus
de 100 mètres de charbon. Dans ces mêmes bassins, les eaux,
qui apportent, avec les plantes, les matériaux détruits des côtes

---

1. Voir pages 465 et 466. Il paraît aujourd'hui bien certain qu'il a existé, sur l'emplacement des Alpes futures, une première chaîne montagneuse, destinée à disparaître presque complètement par les érosions avant la chaîne tertiaire. On y trouve,
en effet, du carbonifère à éléments volumineux témoignant d'actions torrentielles
puissantes et souvent en discordance sur les schistes cristallins. Ce carbonifère,
comme dans le Plateau Central, a été plissé avant le permien. Au Pelvoux, on
observe, d'après M. TERMIER, des plis tertiaires superposés à des plis antétriasiques
et tantôt concordants avec eux, tantôt les croisant à 90 degrés (B. S. G. F., 3°
t. XXIV). Dans les Alpes Carniques, M. FRECH a constaté, outre le plissement westphalien, un autre plissement permien.

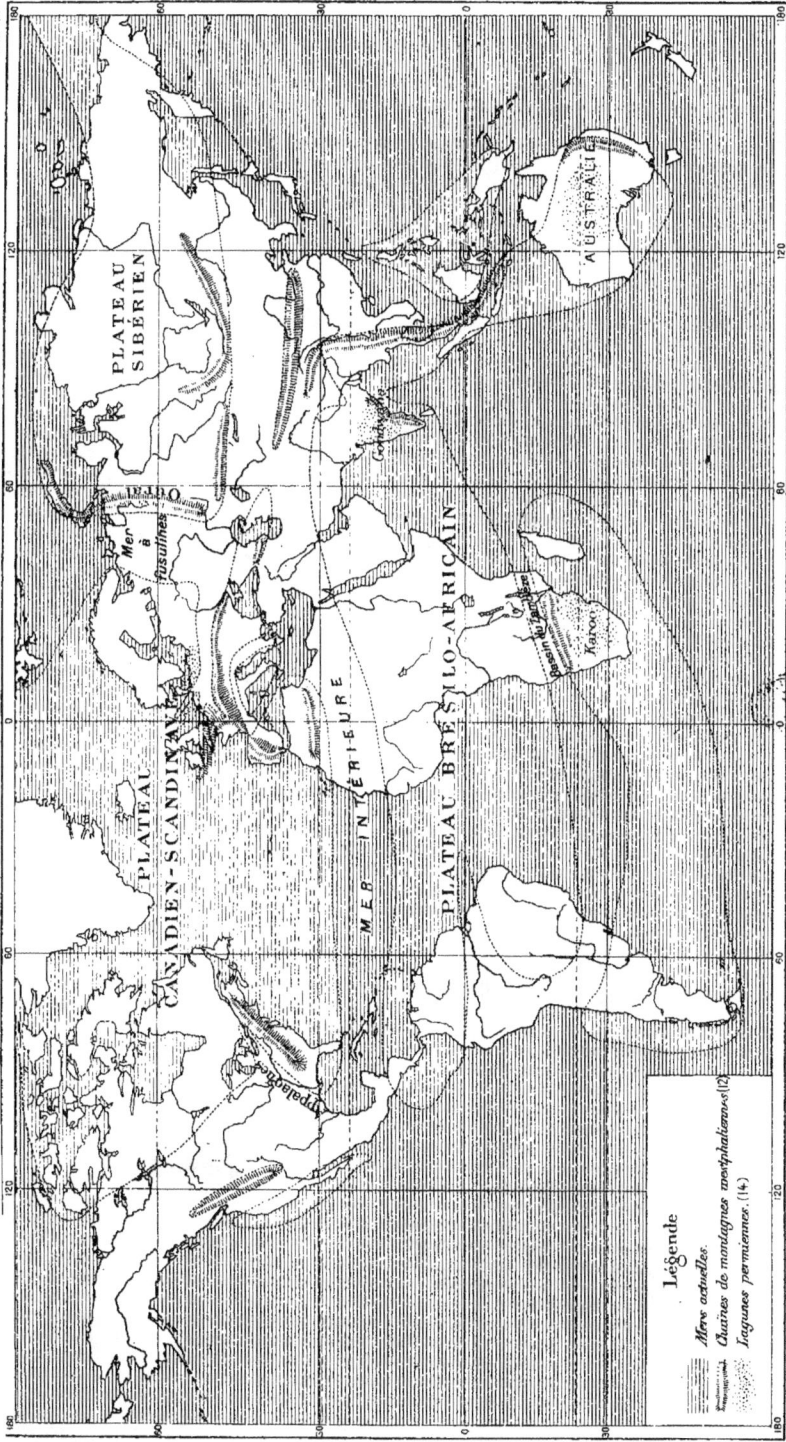

Pl. V.

PLATEAU SIBÉRIEN

AUSTRALIE

PLATEAU CANADIEN-SCANDINAVE

PLATEAU BRÉSILO-AFRICAIN

MER INTÉRIEURE

Mer à Fusulines

Maroc

Légende

Mers actuelles.

Chaînes de montagnes westphaliennes. (12)

Lagunes permiennes. (14)

Gravé par A.Simon, 14, rue Nicole, Paris.

LIBRAIRIE ARMAND COLIN, Paris.

Imp. Monrocq, Paris.

voisines, entraînent le fer et le phosphore des roches à l'état de dissolution et ces éléments se reprécipitent, par le dégagement de l'acide
carbonique en excès ou l'intervention des organismes, sous la forme
de silicate et carbonate de fer et de phosphate de chaux.

L'étude des bassins houillers met aussitôt en évidence ces zones
lagunaires restreintes, où la bouillie végétale, entraînée par des cours
d'eau puissants, venait s'accumuler, avec les fougères arrachées, les
troncs flottés et les sédiments, accroissant progressivement, comme
dans les deltas des grands fleuves, le domaine continental.

Ce sont d'abord, au Nord, les derniers dépôts houillers de l'Écosse,
avec ces minerais de fer qu'on appelle les *Slaty bands*.

Puis viennent, avec de légères différences d'âge, la série des bassins houillers anglais, où, de temps à autre, des retours de la mer intercalent des couches à *Productus* au milieu des grès et des schistes :
Whitehaven, Newcastle, Lancashire, York, Stafford, Cardiff, etc. Dans
beaucoup de ces bassins, à couches minces et très régulières, par
conséquent déposées sous l'influence régulatrice de la mer, le fer carbonaté, dit *Blackband*, accompagne la houille (Sheffield, etc.)

La même lagune étroite et sinueuse, sur le bord de laquelle se forment les charbons de Cardiff, voit simultanément se déposer ceux de
Douvres, accompagnés par des minerais de fer dans le Bas-Boulon-
nais ; puis ceux de notre grand bassin franco-belge ; ceux d'Eschweiler ;
ceux du bassin de la Ruhr en Westphalie, qui représentent, à Essen,
111 mètres de charbon en 145 couches d'une régularité extrême et
qu'accompagnent également des minerais de fer charbonneux, dits
Kohleneisenstein.

Plus loin, la trace de cette longue fosse, où le charbon s'est partout
déposé dans des conditions si propices, disparaît un peu, quoique la
houille de Zwickau en Saxe et celle de Kladno en Bohême en marquent
la trace ; mais, quand on arrive dans la Haute-Silésie et la Moravie, on
retrouve une accumulation de houille, qui atteint 154 mètres en
104 couches, avec des intercalations marines, montrant que, là aussi,
les eaux de la mer, par une voie ou par l'autre, pénétraient au moins
momentanément dans ce goulet.

Et l'on parvient enfin, toujours sur le même alignement, qui représente un des traits géologiques et paléo-géographiques les plus frappants de l'Europe, au bassin du Donetz, le grand bassin houiller de
la Russie. Là, cette lagune débouche dans la mer libre, qui, pendant
tout le carbonifère, a couvert l'Est de la Russie.

Un sillon aussi caractéristique que celui-là, traversant toute l'Europe en écharpe sur 3.400 kilomètres de long, c'est-à-dire sur la lon-

gueur de la Méditerranée, accuse évidemment une ligne de dislocation notable dans l'écorce. Pour Marcel Bertrand, c'est le bord septentrional de la chaîne hercynienne, qui, à ce moment même, se soulevait plus au Sud ; c'est l'équivalent de la zone du flysch alpin : une bande affaiblie, qui s'enfonce peu à peu à mesure que cette chaîne surgit et se trouve ainsi susceptible de recevoir tous les matériaux divers, arrachés par les eaux courantes à cette arête orographique encore instable et aussitôt démantelée. En même temps, sur la longueur de cette chaîne, les volcans continuent à épancher leurs roches et, sur des lignes de vallées, des lacs intérieurs restreints, mais dont le niveau paraît réglé par celui de la mer, reçoivent de petits amas de charbon isolés, tels que celui de la Sarre, où les dépôts concordants vont du westphalien au permien, celui de la Vendée et les charbons des Alpes Cottiennes ou de la Styrie (transformés plus tard, par le métamorphisme, en graphite).

Nous reviendrons tout à l'heure sur la fin de cette histoire carbonifère en Europe ; mais il faut auparavant dire quelques mots de ce qui se passe dans d'autres régions.

Au Sud-Est, le continent des Balkans, qui commençait à émerger dès le dinantien, s'est étendu en se reliant à celui de la mer Noire et du Caucase ; sur son rivage Sud se déposent les grands amas charbonneux d'Héraclée.

Au Nord, la mer de Russie, dont le rivage se poursuit depuis le Donetz jusqu'au Spitzberg, donne lieu, sur ce rivage du Spitzberg, à des dépôts de gypse ; une chaîne montagneuse se dresse le long de l'Oural, commençant le grand plateau sibérien. Puis, sur l'autre bord du continent asiatique, se déposent une grande partie des charbons chinois.

Enfin, aux États-Unis, des accumulations de végétaux se font également sur des côtes à l'Ouest des Appalaches, dans l'Illinois, l'Arkansas, le Kansas ; une chaîne, homologue de la chaîne hercynienne et qui la prolonge peut-être, au Nord de notre Mer Intérieure, au Sud de notre grand sillon houiller, surgit dans les Appalaches.

Quand arrive la période *stéphanienne* (13) après le westphalien, le mouvement du sol est loin d'être terminé, même au Nord de la chaîne plissée (où il ne faudrait pas conclure de ce que le stéphanien et le permien sont concordants avec le westphalien dans le bassin de Sarrebrück, qu'il n'y ait eu aucun mouvement dans l'intervalle), à plus forte raison dans la chaîne hercynienne proprement dite, où, pendant tout le stéphanien et encore après son achèvement, les rides ont dû se superposer les unes aux autres. Il suffit, pour reconnaître l'ampleur de ces mouvements, de constater les formidables compressions, auxquelles les bassins du Plateau Central ont été soumis après leur dépôt, de voir les mouvements de charriage, qui ont culbuté les terrains les uns sur les autres dans le bassin franco-belge. Cette époque stéphanienne est peut-être celle où les saillies de la chaîne hercynienne ont été les plus hautes, où certaines d'entre elles se sont chargées de glaciers : glaciers bien étendus, puisque l'on croit maintenant en retrouver la trace jusque dans le Nord de la France.

Cette haute chaîne montagneuse, où brûlent encore quelques volcans, domine assez loin vers le Sud la mer intérieure, qui, s'étendant des Asturies au Piémont et à la Carinthie, va rejoindre la grande mer russe. Sur toute sa longueur, en même temps que travaillent les érosions, des ruptures d'équilibre se produisent ; des compartiments trop soulevés s'affaissent; des compressions latérales, qui sembleraient venir du Sud, resserrent les sillons synclinaux, où des barrages forment des lacs, et les approfondissent peu à peu en permettant aux sédiments de s'y accumuler; pendant toute la période stéphanienne, un déplacement probable du niveau marin amène un changement dans le profil d'équilibre des cours d'eau et dans le niveau relatif de leurs lacs étagés, où se dépose la houille. En France, des Alpes à la Normandie, les dépôts stéphaniens analogues forment une série de zones étagées de plus en plus récentes. C'est le phénomène, que M. Suess a décrit en Bohême comme une « transgression d'eau douce » non suivie par la mer et que Marcel Bertrand a cru également retrouver dans le Plateau Central[1], en l'expliquant par le progrès d'une ride montagneuse, qui aurait formé barrage avant l'embouchure de ces cours d'eau dans la mer du Sud et qui, grandissant, aurait amené ainsi un rehaussement général du plan d'eau.

De là résulterait l'ordre de succession, que la paléontologie végétale établit dans nos bassins stéphaniens français :

1° Sur une première ride occidentale, le carbonifère des Alpes peut-être encore westphalien (La Mure, Briançon, etc.);

2° Rive-de-Gier (Saint-Étienne), dont le sillon se prolonge vers le Jura à travers la vallée du Rhône;

3° Carmaux, Graissessac, Prades, Épinac, prolongé par Ronchamp;

4° Épinac, Blanzy, Fins, Saint-Éloy, Brassac, Langeac, Decazeville, se prolongeant par Saint-Laurs en Vendée;

5° Decize et Ahun;

6° Sincey, Commentry, Champagnac (dont les caractères sont déjà

---

1. Bull. Soc. Géol. de Fr., t. XVI, 1887-88, pages 517 à 528.

presque permiens) et, beaucoup plus au Nord, Littry en Normandie.

Avec ces houilles se rencontrent souvent des rognons de carbonate de fer et de phosphate de chaux.

Au Sud des Pyrénées, les houilles des Asturies, de Puertollano et d'Alemtejo sont également stéphaniennes.

En même temps, l'Europe, à l'exception de la Russie, de la Méditerranée orientale et de quelques bras de mer, entre la Carinthie et le bassin de la Garonne, entre la Sicile et les Asturies, arrive à être presque tout entière émergée; le régime est devenu continental; les lagunes ont disparu pour la plupart; la communication des lacs avec la mer est plus lointaine; au Nord de la chaîne hercynienne précédemment définie, il n'y a plus qu'un grand plateau ondulé, où ne se forment pas de sédiments; à peine si quelques petits dépôts isolés, comme celui de Littry en Normandie, représentent, de ce côté, le stéphanien dans sa dernière phase déjà presque permienne, où la mer revient de l'Est jusqu'au Plateau Central.

Quand nous quittons l'Europe, nous voyons, en cette même période stéphanienne, les dépôts charbonneux du Mississipi et de l'Illinois, les « upper coal measures », se déposer sur le flanc Ouest de cette chaîne des Appalaches, que nous avons indiquée tout à l'heure comme le prolongement de la chaîne hercynienne.

Ailleurs, dans le monde austral, c'est l'époque où se déposent les houilles de Tété au Zambèze, sur le bord Sud d'un continent ancien, que nous pouvons assimiler à nos Avant-Pays calédonien et archéen d'Europe et peut-être au Nord d'une chaîne montagneuse plissée, sur laquelle se seraient étendus les glaciers, qui ont produit, peu après, les conglomérats de Dwyka à la base du Karoo. Il y aurait donc là une lagune allongée, comparable à celle que nous venons de suivre en Europe.

Cette lagune africaine, je croirais volontiers en retrouver la suite en Australie, où les houilles de Newcastle se retrouvent dans des conditions analogues, sur le bord d'une chaîne hypothétique, dont les plissements, peut-être accompagnés de filons d'or, s'accusent par la discordance du carbonifère supérieur sur les terrains plus anciens (New South Wales) et sont de même suivis par des conglomérats glaciaires.

Peut-être faut-il également voir la trace d'une chaîne hercynienne dans toute cette traînée stannifère du même âge, qui semble relier le Nord de l'Australie avec les îles de la Sonde et la presqu'île de Malacca par un alignement très rectiligne : la chaîne hercynienne étant, dans le monde entier, en relation remarquablement constante avec les gîtes d'étain. On irait ainsi rejoindre, par les gîtes stannifères du Yunnan, le Sud de la Chine, où se forment, en même temps, des dépôts charbonneux également stéphaniens et, peut-être, d'autre part, la région située au Nord de l'Inde; car, dans la vallée de l'Indus, les conglomérats glaciaires du carbonifère et, plus au Sud, ceux de la base du Gondwana sembleraient prouver aussi une chaîne de plissement carbonifère, suivie, dans le désert de Gobi, par la transgression thibétaine, en sorte qu'il resterait seulement un saut à franchir pour aller nous raccorder avec la zone connue des plissements russes appartenant au carbonifère.

Cependant, dans l'Amérique du Sud, une transgression marine, qui forme peut-être la contre-partie de notre émersion européenne, étend peu à peu les dépôts stéphaniens dans la direction de l'Afrique.

La période *permienne* (14 à 16) est, dans l'Europe Centrale, la suite directe du carbonifère et son achèvement, bien qu'elle marque aussi le début d'un mouvement de bascule, qui, jusqu'au jurassique, va peu à peu ramener la mer. Les plissements du sol, qui se ralentissent alors dans la partie centrale de la chaîne, y déterminent encore des déplacements, par lesquels s'accuse la discordance de stratification fréquente de l'autunien (14) sur le stéphanien (13), du rothliegende saxonien (15) sur l'autunien, parfois même du trias sur le permien : plissements, qui vont jusqu'à renverser le gneiss par-dessus le houiller stéphanien dans le bassin de Saint-Éloy, à Rive-de-Gier, à Brassac, à Langeac, etc. [1] (comme est renversé le dévonien sur le bord Sud du bassin houiller franco-belge).

Les volcans, qui semblent disparaître successivement dans le Plateau Central, sont encore, pour quelque temps, en activité dans le Morvan ou, plus au Sud, dans l'Esterel, avant de s'éteindre là aussi pendant le grand silence triasique et jurassique. La destruction de la chaîne hercynienne par les érosions s'accentue; les saillies s'aplanissent et leurs produits remaniés viennent s'accumuler dans les lagunes de la mer, qui, après avoir reculé pendant tout le carbonifère, commence à revenir lentement, comme une marée montante encore lointaine, dont les premières vagues remplissent les rigoles sinueuses de la plage. Un mouvement de transgression commence en Europe, pour se prolonger pendant tout le trias et aboutir à l'invasion des mers jurassiques. Ce mouvement de transgression, qui s'accomplit peut-être par saccades, par vagues successives, semble lancer en avant des flots, qui vont s'enfermer et s'évaporer dans une série de précaires lagunes littorales,

---

1. Ces mouvements ont pu être accentués pendant le tertiaire.

sur toute la bordure Nord de la chaîne hercynienne, reliée maintenant sans doute par des pentes douces aux plateaux septentrionaux, représentants abrasés de plus anciens continents. Des bras de mer peu profonds s'allongent, à travers l'Europe, comme des tentacules; des dépressions isolées sur quelque pénéplaine et sans écoulement s'assèchent. Alors se forment, sur toute la longueur de cette chaîne, depuis l'Oural jusqu'en Espagne, des dépôts d'évaporation analogues, des schistes bitumineux, des gypses et des sels, dont l'âge varie seulement un peu, comme nous allons le voir, suivant que le phénomène, en partie local, dont ils procèdent, s'est réalisé plus ou moins tôt au point considéré.

Quand on cherche à suivre ces mouvements des eaux, on reconnaît que, pendant la période autunienne (14), la mer du Sud lance des rameaux sur l'Allemagne, la France et l'Écosse; mais la mer de Russie ne progresse pas encore vers l'Ouest. Au contraire, pendant le thuringien (16), la communication s'établit par une immense lagune de l'Oural jusqu'à l'Écosse; enfin, tout à l'heure, nous verrons, pendant le werfénien (17), une large zone maritime N.-W.-S.-E. prendre toute l'Europe en écharpe de l'Angleterre à l'Asie Mineure et, quand nous arriverons au jurassique, à l'exception du massif russo-scandinave, toute l'Europe ne sera plus qu'une mer, sur laquelle émergeront de loin en loin quelques îles.

Pendant que se fait cette transgression dans notre hémisphère boréal, l'inévitable bascule amène l'émersion plus complète du continent austral, où la flore à Glossopteris succède brusquement à la montée d'une chaîne montagneuse, analogue à celle dont nous venons de suivre les progrès en Europe.

Avec un régime aussi instable, les conditions de la vie marine semblent défectueuses dans ces lagunes éphémères de l'Europe Centrale; on a du moins cru remarquer que les mollusques d'Europe étaient alors d'une taille particulièrement petite, et l'on en a donné cette explication.

Entrons maintenant un peu plus dans le détail et reprenons, l'une après l'autre, les diverses subdivisions de la période permienne, mais en séparant complètement l'histoire du monde boréal et celle du monde austral, qui sont, en effet, à ce moment comme pendant presque toute l'histoire géologique, absolument indépendantes l'une de l'autre.

Commençons par l'hémisphère boréal et, spécialement, par l'Europe.

Pendant la première période permienne, l'*autunien* (14), le carbonifère semble encore presque se continuer en s'achevant, dans les régions de l'Europe Centrale, où la coupure apparaît certainement moins forte entre le permien et le carbonifère qu'entre les étages successifs de ce dernier. On voit, alors, sur toute une longue zone à tendance lagunaire, qui s'étend de la Silésie au Bourbonnais, se déposer, dans des conditions semblables, des matières organiques, mêlées à des vases, qui donneront des schistes bitumineux, parfois encore accompagnés de véritables houilles. C'est ce qui se produit en Silésie, en Saxe, dans l'Autunois, le Bourbonnais (Buxière), ou même, à l'autre bout de l'Asie, ce qui a lieu également et à la fois en Chine.

En même temps se précipitent parfois, dans ces estuaires (bassin de Sarrebrück), des fers carbonatés, analogues à ceux du terrain carbonifère et marquant de même une dissolution du fer emprunté aux roches ou aux terrains antérieurs, qui produit de plus la concentration fréquente de pyrite, ou même de pyrite cuprifère, sur les matières organiques (végétaux, poissons, etc...). Il commence aussi à se former des bancs calcaires, dont quelques-uns peut-être, ultérieurement métamorphisés, nous apparaissent maintenant sous la forme de bancs siliceux.

La période du *saxonien* (15), qui porte en Allemagne le nom de Rothliegende, semble marquer un maximum de dénudation sur toute la longueur de la chaîne hercynienne; les torrents ravinent les pentes; les rochers se démantèlent, et des sédiments grossiers, grès et conglomérats, où abondent les débris de microgranulite, se déposent, s'accumulent en désordre. L'épaisseur considérable de ces terrains prouve que des affaissements du sol se produisent encore et, sans doute, sont corrélatifs avec ces incursions violentes des eaux. La sédimentation, qui s'opère sous une faible profondeur d'eau, avec des phases d'émersion sous un climat désertique, est accompagnée d'une peroxydation du fer, emprunté aux roches détruites, et tous ces sédiments en tirent une teinte rouge caractéristique.

On dirait même que cette érosion, assez avancée pour avoir atteint les intrusions de microgranulite, sans doute relativement profondes, a atteint également la zone de cristallisation des filons métallifères, formés peu auparavant dans la période de volcanisme plus intense; car les débris charriés et remaniés de ces filons, leurs métaux remis en dissolution commencent à se précipiter pêle-mêle avec ces grès, sous forme de sédiments cuprifères, ou plus rarement plombeux, en Russie, dans le gouvernement de Perm, en Saxe, dans les Alpes Maritimes et l'Esterel, sur divers points de l'Espagne, etc. Néanmoins, pendant cette période, les dépôts de produits métallifères ont un caractère presque exclusivement détritique et de préparation mécanique; les précipitations chimiques des métaux en dissolution sont localisées dans la période suivante, qui est une période d'évaporation lagunaire.

Pendant cette dernière période permienne, le *thuringien* (16) ou *zechstein*, la destruction des continents se ralentit ; de grandes mers intérieures à la façon du lac d'Aral, ou des lagunes côtières s'établissent et, dans ces bassins, dont l'écoulement vers la mer est impossible ou précaire, les produits en dissolution s'évaporent. Le zechstein ne renferme plus guère, en Europe, de grès et de poudingues, mais surtout des schistes, avec des bitumes, des gypses, des sels marins, parfois des produits salins plus difficiles à évaporer sans élévation de température anormale, comme les chlorures potassiques et magnésiens, les borates, etc...

C'est le moment où la communication de la Russie Orientale avec l'Allemagne et l'Angleterre Centrale s'établit par une longue lagune.

Autour de Perm se déposent du gypse, du sel, des grès à bois carbonisé chargé de minerais de cuivre ; en Bohême et dans la Hesse, des grès cuprifères analogues ; à Stassfurt en Anhalt, des sels de tous genres sur 600 ou 700 mètres d'épaisseur ; dans l'Allemagne du Nord, des couches de sel ; dans le Mansfeld, des schistes bitumineux avec cuivre, argent, plomb, nickel, cobalt, etc... ; en Angleterre même (Lancashire, Cheshire) des marnes gypsifères, recouvrant un niveau représenté plus au Nord par un calcaire fortement magnésien, que l'on suppose avoir été déjà déposé dans des eaux concentrées.

Quand nous passons dans l'Amérique du Nord, les mêmes conditions lagunaires du zechstein se reproduisent, avec dépôts de gypses semblables, dans le Texas et le Kansas. Et, dans l'Asie Centrale, une transgression permienne est également marquée par de pareils produits d'évaporation.

Trias. — Le *Trias* commence alors et, dans l'histoire générale de la Terre, ce passage du permien au trias, au moment duquel apparaît une faune toute nouvelle, marque une coupure importante, puisque c'est là qu'on établit aujourd'hui la limite entre les temps primaires et les temps secondaires ; mais, si l'on se borne à envisager l'histoire de la chaîne hercynienne, le trias apparaît la suite naturelle du permien, comme celui-ci l'était du carbonifère, tout en accusant une submersion de plus en plus marquée de l'Europe. L'analogie est d'autant plus complète que, par suite de ce mouvement d'immersion, qui, peu à peu ramène l'Océan de l'Est vers l'Ouest, les mers, appartenant à des périodes successives, viennent, dans des conditions semblables, déborder sur des continents paléozoïques de plus en plus occidentaux :

en sorte qu'il y a bien plus d'analogie entre des dépôts d'âges de plus en plus récents, choisis en divers points de l'Est à l'Ouest, qu'entre des dépôts du même âge, mais différents par la longitude. Là où la mer triasique déborde, ses progrès commencent, en effet, comme ceux de toutes les transgressions marines, par amener des dépôts de grès ou de conglomérats; il y a même, à cet égard, pendant le werfénien (17), un retour de violence, qui rappelle le rothliegende saxonien (15) et, comme ces formations sont généralement sans fossiles, on est même souvent embarrassé pour dire si elles appartiennent au permien, au trias, ou dans certains cas, à l'infralias. La destruction des roches ferrugineuses et leur reprécipitation, au contact plus ou moins immédiat de l'air, continuent à donner des terrains rouges, violacés ou bariolés.

Ainsi, pendant le *werfénien* (17), la mer ne respecte plus guère dans l'Europe Centrale qu'une grande île N.-E-S.-W., reliant les Alpes et la Bohême. Au Sud de cette île, c'est la mer ouverte par l'Adriatique sur cette Méditerranée triasique, la *Téthys*, qui s'étend alors en Asie par-dessus l'Himalaya et du Salt Range Indou au Tonkin; mais, au Nord et à l'Ouest, c'est, comme pendant le Saxonien, le régime des côtes instables et des lagunes avec dépôt habituel de grès bigarrés où la précipitation des sulfures métalliques est provoquée par des débris organisés. On rattache à cette phase le sel du Salzkammergut.

Pendant le *muschelkalk* (*virglorien* (18), qui forme, après le « grès bigarré » correspondant au rothliegende, l'équivalent du zechstein, l'évaporation des lagunes produit, sur tout le bord Nord et Ouest de l'île précédente, en Thuringe, en Franconie, dans le Wurtemberg, en Lorraine, le dépôt de grandes formations salifères à couches de gypse et de sel, au milieu desquelles viennent parfois s'intercaler, par un changement de régime ou de courant, de petites couches de houille préludant au Kohlenkeuper de Lorraine, ou à la Lettenkohle de Franconie.

Le long des Alpes, dans le Valais, dans les Alpes Suisses, en Tarentaise, en Maurienne, dans les Alpes Maritimes, ce sont également les gypses, les sels, les calcaires magnésiens (dont l'altération à l'air par dissolution partielle donnera des cargneules). En Lombardie, sur le versant Sud des Alpes Orientales, on a des schistes bitumineux.

Dans le pays des Dolomies et le Tyrol méridional, cette période est marquée par des éruptions volcaniques, correspondant à des appareils ignés profonds, qui apparaissent à Predazzo et au Monzoni [1].

1. Les roches volcaniques d'âge triasique abondent dans la Cordillère des Andes, le Mexique, la Colombie Britannique et l'Alaska. Dans le trias de la Colombie Britannique, on constate, sur d'immenses surfaces, des accumulations de produits volcaniques atteignant 4 000 m. d'épaisseur.

Si l'on passe l'Océan Atlantique, qui, je le rappelle, jusqu'aux époques tertiaires, n'existe pas à l'état de mer, ou n'établit aucune démarcation importante, on retrouve des formations analogues dans l'Amérique du Nord : le gypse et la lettenkohle des Appalaches, les grès cupri-fères de New-Jersey et du Connecticut, les assises gypso-salines des Montagnes Rocheuses.

Enfin, pendant le *Keuper juvavien* (19), des conditions de dépôts tout à fait semblables s'établissent dans des régions un peu différentes.

C'est le moment où le keuper gypseux, avec marnes bariolées, s'étend sur la plus grande partie de l'Allemagne, Prusse, Thuringe, Hesse, etc., souvent avec grands amas de sel, où des masses de gypse et de sel se déposent en Lorraine, où des amas de sel se forment en Angleterre, dans le Cheshire, le Shropshire et à Worcester, où, dans le Jura (à Salins), dans la Nièvre (à Decize), dans le Bourbonnais, dans les Alpes Occidentales, dans la Provence, se déposent des gypses et souvent du sel, avec marnes bariolées et calcaires magnésiens.

Enfin une grande lagune gypseuse paraît s'être établie (peut-être dès le muschelkalk) sur la longueur des Pyrénées, le bassin de l'Èbre (Cardona)[1] et les Alpes Maritimes, une autre en Algérie et dans le Sahara et, dans ces régions, se déposent également, de tous côtés, les argiles gypseuses, que ramèneront plus tard au jour, par innombrables lambeaux, les plissements, sur lesquels ce trias s'associe à des ophites.

Mais ce régime lagunaire, qui prédomine ainsi dans la plus grande partie de l'Europe et l'Afrique du Nord, ainsi que dans l'Amérique du Nord, pendant le permien et le trias, ne doit pas nous faire croire, comme on le pensait autrefois, à l'universalité d'un tel phénomène, qui n'aurait aucune raison d'être. C'est simplement un cas local, dont l'im-portance se trouve extraordinairement exagérée pour nous, parce qu'il s'étend sur toutes les régions où s'est constituée la géologie. Mais, à ce même moment, il suffit, comme on pouvait le prévoir, d'aller un peu plus à l'Est et au Sud-Est, pour retrouver la mer libre et même la mer de Coraux, dans laquelle s'édifient les récifs calcaires.

Pendant le tyrolien (18), ces calcaires se construisent dans le Tyrol, formant les curieuses dolomies du Schlern, que leurs aspects pitto-resques ont rendues célèbres ; pendant le juvavien (19), ils existent dans les Alpes et c'est probablement à ce moment que se produisent les beaux marbres de Carrare, faisant suite géographiquement aux dépôts argileux de la chaîne alpine elle-même, qui se sont prolongés dans les périodes suivantes et que leur métamorphisme a transformés en schistes lustrés.

1. L'âge de ce bassin est parfois rapporté à l'éocène. (Voir *Gîtes métallif.*, II, 132).

Jusqu'à présent, dans l'exposé de cette histoire permo-triasique, nous nous sommes volontairement cantonnés dans la région de l'hémisphère boréal, où se sont fait sentir les plissements hercyniens. Il faut maintenant nous étendre un peu plus et voir ce qui se passait, à ce même moment, en d'autres parties du monde.

L'histoire du Continent Austral, qui comprend le Brésil, le Sud de l'Afrique, l'Hindoustan et l'Ouest de l'Australie, est, d'une façon générale, encore très mal et sans doute très inexactement connue en ce qui concerne la période primaire.

Le trait le plus caractéristique de cette histoire est, en effet, l'émersion généralement fort ancienne de ces continents, qui, depuis la fin des temps carbonifères, les a laissés en grande partie émergés, ou seulement couverts par de vastes, peu profondes et tranquilles lagunes. Il en résulte que le manteau protecteur de terrains secondaires et tertiaires, grâce auquel, dans nos régions, les terrains primaires ont pu souvent échapper à l'érosion, ayant fait défaut, ces terrains ont été particulièrement détruits et, de plus, l'absence de grands plissements ultérieurs n'a pas permis la remontée vers la superficie de ces terrains, là où ils avaient été recouverts par les dépôts lagunaires ou lacustres du Gondwana ou du Karoo. Pour cette double raison, nous sommes fort peu renseignés sur les terrains primaires du monde austral, qui, d'autre part, là même où ils affleurent, sont dépourvus de fossiles à un degré extraordinaire : sans doute par l'effet du métamorphisme, auquel ils ont été soumis en profondeur. On a donc l'habitude de considérer le silurien, le dévonien et le carbonifère, comme manquant, presque partout dans l'Inde, l'Afrique Centrale ou le Nord-Est de l'Amérique du Sud, sauf deux incursions du dévonien et du westphalien dans l'Amérique du Sud ; d'où ce résultat paradoxal que ces régions apparaissent, sur les cartes, marquées en continents d'un bout à l'autre de l'histoire géologique [1].

Cette conclusion, qu'il est encore impossible d'attaquer sur un point précis, est, dans son ensemble, évidemment inexacte et il est bien probable qu'il faudrait ajouter, sur plusieurs de nos cartes paléo-géographiques primaires, quelques sillons marins plus ou moins vastes et plus ou moins sinueux traversant l'Afrique et l'Inde, comme on en suppose un dans l'Afrique du Sud, à l'époque westphalienne.

Pendant cette période westphalienne, on sait qu'il s'est déposé, à

---

1. Voir les cartes paléo-géographiques dressées par A. DE LAPPARENT. Il suffit de regarder les cartes du Thuringien, du Tyrolien, du Charmouthien, entre autres, pour voir que l'étendue des continents doit y être exagérée.

Tété, sur le Zambèze, un bassin houiller analogue à ceux de l'Europe Centrale, et il en existe un autre, qui prend en écharpe l'Amérique du Sud.

Il y avait donc, dans ces deux régions, une lagune côtière, une chaîne montagneuse et l'idée assez logique, bien que très aventureuse encore, est, dès lors, que cette chaîne montagneuse, dont on retrouve également la trace probable dans le Nord de l'Inde et en Australie, a pu former, à travers le monde austral, une ou plusieurs grandes rides à peu près symétriques et contemporaines de la chaîne hercynienne, ayant limité également ces traînées de bassins carbonifères et, plus tard, les lagunes du Gondwana et du Karoo.

Sur quelques points de cette chaîne hypothétique, des phénomènes glaciaires sont manifestes et c'est une des raisons les plus convaincantes de son existence même. Puis un changement de climat se produit ; la flore à Glossopteris se développe et, pendant toute la durée permo-triasique, une longue sédimentation (qu'on a peut-être tort de considérer comme exclusivement lacustre) dépose, sur de vastes étendues, dans l'Afrique et dans l'Inde, des sédiments détritiques de grès et de schistes, avec intercalations de couches charbonneuses très régulières. Il y a, à cet égard, unité absolue entre le Brésil, l'Afrique, l'Inde et l'Australie ; les houilles de Rio-Grande do Sul au Brésil, celles du Transvaal, du Natal et du Nyassa, les charbons saxoniens de l'Inde avec minerais de fer, ceux de Bornéo, de Newcastle en Australie, de la Tasmanie, sont à peu près contemporains ; d'où cette conclusion bien vraisemblable qu'il existait une relation entre ces pays, qu'ils formaient (avec plus ou moins de coupures et d'îles), un grand continent, de direction Est-Ouest, aujourd'hui morcelé (depuis le jurassique) par de vastes effondrements (Atlantique, Océan Indien), où la direction Nord-Sud prédomine.

Arrivé ainsi à cette fin de l'époque permo-triasique et des temps primaires, il est une réflexion générale à faire, avant de passer à la période jurassique, qui va présenter des caractères tout différents.

Pendant toute cette période carbonifère et permo-triasique, où nous venons de voir quelle importance ont prise en Europe les dépôts littoraux et les accumulations lagunaires pour la plupart des matières organiques ou minérales, qui peuvent se former sur des côtes et dans des bassins fermés, houille, schistes bitumineux, gypse, sels et même produits métallifères, c'est un fait curieux à remarquer que le rôle très restreint de certains autres dépôts propres aux seuils continentaux, tels que le phosphate de chaux ou les sels de fer, dont nous verrons, au contraire, l'importance devenir considérable pendant le jurassique et, surtout, pendant le crétacé. Ce n'est pas que ces substances fassent défaut ; et nous en avons tout à l'heure rencontré d'assez nombreux exemples (carbonates de fer et phosphates du carbonifère, nodules phosphatés associés aux marnes gypseuses dans le Sud-Est de la France, etc.) ; mais ce n'est rien à côté de ce que nous rencontrerons pendant la première phase liasique du jurassique, puis pendant la première phase du crétacé et pendant la première phase du tertiaire, c'est-à-dire aux trois grandes phases transgressives, qui ont ramené des mers plus étendues et plus calmes sur la France ; il y a donc là un fait d'ordre général, que j'ai signalé dès le début, et qui tient évidemment aux conditions d'ensemble de la tectonique et de la sédimentation.

C) Période jurassique. — Je viens, contrairement à l'usage prévalent en géologie, de raconter l'histoire du trias à la suite des temps primaires, tandis que, d'habitude, on la rattache plutôt au secondaire. Le trias est, en réalité, une période de transition presque à tous égards. Comme flore, les cycadées et les conifères y remplacent les fougères ; comme faune, le monde reptilien pullule et des oiseaux encore reptiles apparaissent ; comme caractères sédimentaires, les formations détritiques d'argile et de gypse à teintes bariolées, c'est-à-dire à sels de fer en grandes parties peroxydés et, par suite, précipités presque superficiellement, se mêlent aux dépôts plus profonds de calcaires blancs, qui, dans la période jurassique, vont dominer, laissant le fer, associé à la chaux et à l'argile par son origine première, se précipiter isolément, et se substituer aux calcaires à l'état oolithique.

Pendant la première période liasique (20 à 24) du jurassique, certains caractères triasiques persistent encore ; la mer est en transgression dans l'Europe ; elle avance progressivement, peut-être par saccades et ce progrès est encore accompagné, au début, d'importantes formations détritiques, tandis que la mer de coraux envahit doucement l'Europe, qui, à la fin du lias, arrive à n'être plus qu'un chapelet d'îles. Peu à peu les mouvements du sol se ralentissent, disparaissent presque dans nos régions ; les sédiments se déposent à peu près horizontalement les uns sur les autres. A peine s'il se produit lentement un grand mouvement d'enfoncement des cuvettes marines, en vertu duquel les dépôts peuvent s'accumuler sur les épaisseurs que nous leur voyons ; et, greffées sur ce mouvement général, quelques rides « posthumes », qui se superposent plus ou moins exactement aux grands plis de la période antérieure. Quelques légers déplacements locaux font tour à tour avancer ou reculer la mer.

Il est impossible d'imaginer un contraste plus complet que celui présenté par l'Europe à la fin du lias et au milieu du carbonifère. Dans la période ancienne, ces hautes chaînes montagneuses avec leurs glaciers et leurs volcans, ce sol instable en déplacement constant, ces mers étroites et sinueuses aux eaux troubles et chargées de débris; dans la période plus récente, ce vaste archipel de coraux, ces eaux pures, aux faunes abondantes, que des courants permanents font communiquer librement d'un océan à l'autre, ces îles basses et, en résumé, cette écorce terrestre, qui, si elle n'est pas réellement stable, en donne du moins l'impression par la lenteur de ses mouvements. Pour détruire entièrement la chaîne alpestre du stéphanien, pour la réduire à l'état de plateau et de pénéplaine, il a fallu la période de temps, qui s'est écoulée du westphalien (12) à l'hettangien (21), ou au sinémurien (22). Si nous comparons avec les progrès actuels de l'usure, que nous pouvons constater sur des chaînes tertiaires, en rapprochant, par exemple, les uns des autres les aspects des Pyrénées éocènes et ceux des Alpes oligocènes, nous pouvons nous représenter approximativement, sinon en années, du moins en équivalences de périodes géologiques, le temps qui a pu s'écouler entre la surrection et la destruction de la chaîne.

Ces phénomènes, qui se produisent ainsi en Europe pendant le lias et qui peuvent se traduire en deux mots par une transgression marine, ont-ils leur contre-partie dans le reste du monde[1]? Ce recul, qui ne peut manquer de se produire ailleurs, où se passe-t-il? Sans doute, dans une des régions, encore inconnues, que nous aurions dû marquer en mer sur nos cartes antérieures et dont l'omission les rend si bizarrement surchargées de continents; mais il est impossible de dire encore exactement laquelle. D'autre part, le rôle des accidents Nord-Sud s'accentue dans le relief terrestre. La côte américaine du Pacifique datait déjà du trias; la période liasique (23) voit s'ouvrir le Canal du Mozambique. Pendant le médio-jurassique et le supra-jurassique, on peut dire que la Méditerranée couvre à peu près toute l'Europe Centrale, tandis qu'à l'Est de l'Afrique, un vaste Océan, qui couvre l'Arabie, prolonge cette Méditerranée vers l'Océan Indien.

L'apparition de la fosse Atlantique s'ajoutant à cette fosse de l'Océan Indien, l'effondrement d'une première Atlantide dans l'hémisphère Sud, sera le grand événement, qui séparera le jurassique du crétacé.

Nous avons donc, à partir du lias, un dessin de continents Nord-Sud se substituant dans l'ensemble aux continents Est-Ouest qui parais-

---

1. La transgression suppose, ou un relèvement dans le niveau général des mers, sans doute produit par l'émersion ailleurs d'un continent, ou un affaissement vertical de la région recouverte.

sent avoir prédominé dans la période primaire; mais une sorte de compromis s'établit entre ces directions par la déviation de tous ces continents vers l'Est dans l'hémisphère Austral; c'est quelque chose d'analogue à ce qui existe aujourd'hui encore, bien qu'à un degré beaucoup moindre, dans le dessin de nos continents. Par suite de ce changement, une modification notable ne peut manquer de s'établir dans le régime des courants. Ceux-ci, qui pouvaient être autrefois dirigés suivant des parallèles, doivent maintenant s'établir suivant des méridiens; la différence des climats, qui tend à s'accentuer, donne à cette remarque plus d'importance encore; car ces courants méridiens amènent des mélanges de faunes plus dissemblables, évoluées dans des milieux plus ou moins chauds; ils introduisent, par exemple, dans la Méditerranée tropicale, dans la Mésogée, des éléments de faunes arctiques.

Revenons maintenant sur quelques points de détail.

Le *rhétien* (20) présente, en ce qui concerne les dépôts littoraux, un caractère intermédiaire, qui vaut peut-être la peine d'être remarqué. Nous sommes alors en pleine phase transgressive; la mer avance sur l'Europe, mais en y respectant encore de nombreuses îles. A ce moment, nous avons encore, de divers côtés, des dépôts organiques carburés, analogues à ceux du carbonifère; il y a des schistes bitumineux dans les Alpes, des combustibles en Bavière (Bayreuth). En dehors de l'Europe, c'est l'âge de très nombreux bassins charbonneux dans l'Inde, le Tonkin, le Setchouan Chinois, le Transvaal, le Chili et, au Nord, dans le Spitzberg, où la flore est encore celle des pays chauds. Mais, en même temps, on semble avoir un commencement de dépôts phosphatés sous la forme très spéciale des bone-beds, ou lits d'ossements, qui s'accumulent sur une foule de points, en Bavière, en Lorraine, en Franche-Comté, en Grande Bretagne, etc.; on voit, par exemple, dans les Mendip Hills, des fissures du sol se remplir d'une extraordinaire quantité de dents de reptiles. Que tous ces phosphates des os entrent maintenant en dissolution et se reprécipitent sur certains centres d'attraction organiques et nous aurons les dépôts phosphatés, si abondants en Europe pendant la fin du lias et le médio-jurassique.

Avec l'*hettangien* (21), les caractères jurassiques s'accusent de plus en plus: la transgression est très avancée; la mer s'établit sur toute l'Europe; les sédiments mécaniques cèdent peu à peu la place aux sédiments chimiques ou organisés, ayant passé par l'état de dissolution avant de se reprécipiter. C'est ainsi que les calcaires tendent à prédominer dans nos terrains et que le fer et le phosphore s'y concentrent à l'état d'oolithes ferrugineuses ou de noyaux phosphatés.

Si la précipitation du fer n'est pas directe et comporte souvent une substitution à des oolithes calcaires, elle est du moins à peu près immédiate. Presque plus d'amas végétaux, puisque les rivages s'éloignent[1], et plus de gypse ni de sel, puisque les eaux ne se concentrent plus, ne s'évaporent plus dans les bassins fermés.

L'*hettangien* voit se former les minerais de fer de Saône-et-Loire (Mazenay et Changes); ceux de la Côte-d'Or (Thostes et Beauregard); le *sinémurien*, les oolithes ferrugineuses de Harzbourg au Nord du Harz, les nodules phosphatés de l'Auxois, près de Semur, de la Haute-Marne, de Meurthe-et-Moselle, des Ardennes, de la Haute-Saône, du Cher, de l'Indre, etc., les coprolithes de Lyme Regis.

Au *charmouthien* (23) appartiennent les minerais du Yorkshire (Cleveland).

De même, pendant le *toarcien* (24), se forment, sur le seuil continental, les terrains oolithiques et phosphatés, bientôt devenus ferrugineux, de Meurthe-et-Moselle, du Luxembourg et d'Alsace-Lorraine, ceux de la Haute-Saône (Jussey) et de la Haute-Marne (Nogent), en même temps que les nodules phosphatés de l'Indre, ou, dans un autre ordre d'idées, les jayets du Yorkshire, les schistes bitumineux du Banat, etc.

La période *médio-jurassique* (25-26) accuse, de plus en plus, en Europe, la prédominance des dépôts calcaires, souvent oolithiques ou coralliens. Sous un climat encore très uniformément tempéré, la mer des coraux s'étend jusqu'au centre de l'Angleterre; une flore, presque tropicale quoique n'indiquant nulle part un climat très chaud, existe en Sibérie par 71 degrés, à Andö dans les Lofoten, au Spitzberg. Dans les zones littorales des massifs anciens, qui s'entourent de récifs coralliens, les minerais de fer oolithiques (que nous trouvons aujourd'hui transformés en hématite) restent abondants pendant le *bajocien* (25); les phosphates s'y déposent aussi, quoique généralement trop disséminés pour prendre une valeur industrielle.

Ainsi toute une ceinture d'oolithes ferrugineuses entoure le bassin de Paris: dans la Lorraine, le Jura, la Nièvre (Vandenesse, Iseney); en Poitou (Montreuil-Bellay); dans la vallée de la Sarthe; à Bayeux, où l'oolithe est souvent riche en phosphate de chaux; puis, dans le détroit poitevin, vers Saint-Maixent et Niort; dans l'Aveyron, l'Ardèche, la Provence (Brignoles); à l'étranger, en Wurtemberg, Haute-Silésie, Westphalie (Osnabrük). A Balin, près de Cracovie, une oolithe ferrugineuse est au sommet du *bathonien* (26). Des oolithes ferrugineuses représentent aussi le médio-jurassique dans le Caucase.

1. Quelques marnes bitumineuses dans le golfe du Luxembourg, quelques veines charbonneuses sur la côte de Sutherland.

Les phosphates, en dehors du Calvados, où je viens de les signaler, sont également fréquents, notamment dans l'Anjou, le Détroit Poitevin, l'Ardèche. Enfin, le dépôt de végétaux apportés par quelque cours d'eau, a formé, dans le bathonien, des lits charbonneux près d'Alençon, près de Millau (stipites), du jayet à Scarborough et à Skye, en Grande-Bretagne[1].

En résumé, tous ces dépôts littoraux suivent le bord Est de l'île armoricaine, les bords Nord et Sud-Est d'une autre île formée par le Plateau Central et d'une île qui dessine les Vosges.

Le *supra-jurassique* (27 à 31) accuse, dans l'Europe Centrale, le recul des organismes coralliens, refoulés par des sédiments vaseux, avant de marquer le recul de la mer elle-même, qui, au néocomien, finira par abandonner complètement tout l'Ouest de la France, jusqu'à la ligne de la Seine et du Rhône.

Une grande coupure s'établit alors, en ce qui concerne la faune, entre la province maritime boréale, d'où les coraux ont maintenant à jamais disparu et la province méditerranéenne, où ils persistent, mais en se rapprochant peu à peu de l'équateur. Il est impossible de ne pas voir là la preuve d'une différence de climat, qui s'établit, de plus en plus nette, à partir de ce moment, entre les régions boréales et les régions tropicales : changement accompagné, comme tous ceux du même genre, par une transformation de la flore ; les premiers angiospermes sont de la fin du jurassique ; les premières plantes à feuillage caduc leur succéderont dès le début du crétacé.

Au *callovien* (27), la province boréale, qui est nettement individualisée et qui a eu rarement plus d'étendue, pénètre vers le Sud jusque dans le bassin anglo-parisien. Entre elle et les mers méditerranéennes, il existe une barrière discontinue, formée par une longue ligne de côtes, allant, avec quelques interruptions[2], de Londres au Caucase. Cette barrière est importante à noter ; car, à partir de ce moment, elle ne disparaîtra plus, jusqu'à la grande transgression qui, particulièrement accentuée pendant le cénomanien, aboutira au changement complet d'aspect que présentent les continents à l'époque tertiaire.

Par suite de cette avancée des mers boréales et des courants froids qui en résultent, on voit disparaître dans le Nord-Ouest de l'Europe les formations zoogènes et les sédiments vaseux se substituent généralement aux calcaires qui dominaient un peu plus tôt, ramenant avec eux l'abondance des grandes gryphées.

1. Dans l'Inde, c'est l'âge des combustibles du Gondwana supérieur.

2. Un détroit transversal à cette zone côtière a relié longtemps la Silésie à la Bavière (27 à 31), un autre moins constant l'embouchure du Danube à la mer Caspienne.

Pendant cette période, des phosphates se forment en Franche-Comté (près de Dôle), dans le Cher et la Nièvre, en Franconie.

Avec l'*oxfordien* (28), les constructions coralliennes, un moment interrompues, recommencent dans le bassin anglo-parisien. L'ensemble des calcaires coralliens des Ardennes correspondant à cet étage atteint 130 mètres d'épaisseur. Sur la Meuse, les récifs de Saint-Mihiel sont formés d'un calcaire à polypiers, qui passe latéralement au calcaire à entroques des belles pierres d'Euville et de Lérouville. Des lacunes fréquentes dans la série sédimentaire marquent de très faibles oscillations du sol. Des phosphates continuent à se déposer sur le bord Nord du Plateau Central (Cher et Doubs).

Pendant le *séquanien* (29), les récifs de coraux s'élèvent encore en divers points de notre pays sur le bord des massifs émergés, mais n'y ont souvent qu'une existence momentanée : à l'Ouest de la Lorraine, à l'Est du Morvan, à Bourges et à Sancerre.

Le *Kimeridgien* (30) marque, dans le Nord de la France, après le réchauffement de l'oxfordien et du séquanien, un retour des courants boréaux amenant des céphalopodes caractéristiques. Par suite de ce changement, les formations coralligènes y disparaissent définitivement. En même temps, des sédiments argileux y remplacent les dépôts calcaires. A ce moment, il n'émerge guère encore de la France que la Bretagne, le Massif Central prolongé jusqu'aux Pyrénées et l'Ardenne.

Le *portlandien* (31) commence, dans le bassin de Paris, à préparer le crétacé ; tandis que, dans la région méditerranéenne, où il affecte un caractère pélagique spécial, dit *tithonique*, il semble plutôt prolonger l'oxfordien.

En Angleterre, dans le Dorsetshire, c'est le moment, où se manifeste l'émersion de la zone du *purbeck* (avec dépôts de végétaux et amas gypseux), qui gagne progressivement par le Sud. Le mouvement alors commencé se continue, avec des reculs momentanés, jusqu'à l'infra-crétacé et relie ainsi, par l'analogie des phénomènes, les dépôts portlandiens du *purbeck* aux dépôts néocomiens du *weald*.

L'émersion se caractérise, en même temps, dans le Boulonnais, où elle se traduit par des cordons de galets avec nodules phosphatés. Au même moment, dans de profondes fentes du houiller, s'accumulent les ossements fameux des Iguanodons, avec des tortues terrestres et des poissons d'eau douce. Comme à l'époque liasique, nous voyons donc le retour des dépôts phosphatés, qui va être si caractéristique pendant l'infra-crétacé, accompagner une période d'émersion et se préparer par des amas d'ossements, qui sont, dans leur genre, de véritables bone-beds.

Le Détroit Poitevin se ferme et le bassin de l'Aquitaine, séparé du bassin de Paris, se transforme en lagunes d'évaporation avec gypse et sel.

A l'étranger, une émersion analogue produit aussi des dépôts de gypse et de sel, parfois avec bitume ou restes végétaux.

Par exemple, le portlandien du Hanovre contient des couches bitumineuses ; sur le flanc Est du Deister, on a du gypse et du sel avec des faciès rappelant le Keuper et des produits bitumineux ; la zone, qu'on appelle là le wealdien, renferme de véritables couches de houille.

Mais la Méditerranée corallienne subsiste et, à ce moment du portlandien, les Alpes forment un archipel avec bordures de récifs coralliens.

Ainsi l'émersion, qui marque la fin du jurassique, ramène, par endroits, quelques-uns des dépôts de gypse, de sel et de bitume, que nous sommes habitués à trouver sur nos rivages, avec un peu de phosphates. Peut-être, dans des régions extra-européennes, où s'est produit le mouvement inverse de la régression européenne infra-jurassique, — par exemple dans la zone boréale, où la mer s'étend au même moment, — retrouvera-t-on également, pour cette période, quelques-uns de ces produits d'évaporation salins ; néanmoins dans son ensemble, la période jurassique paraît représenter une phase d'accalmie terrestre, où les continents et les mers restent plus stables : en sorte qu'il a dû s'y former infiniment moins de ces lagunes précaires, où l'évaporation concentre du gypse et du sel. Je rappelle que, pendant tout le jurassique, nous avons eu à peine à citer quelques cas semblables en Europe, dans le bathonien de Kiew, le callovien gypseux de la Woëvre, surtout dans le portlandien du Purbeck anglais, du Hanovre ou du bassin de l'Aquitaine.

D) Période crétacée (32 à 40). — Le commencement du *crétacé* marque, à bien des égards, un changement notable dans l'aspect de la Terre et le début d'une ère nouvelle, qui se rapproche déjà de l'ère actuelle. Dans le monde végétal, c'est l'apparition des dicotylédones, des plantes à feuilles caduques, marquant l'existence de saisons analogues aux nôtres ; dans la faune, c'est le développement des mammifères, auxquels ces plantes fourniront une nourriture appropriée.

En même temps, dans la paléo-géographie, bien des traits importants de nos continents actuels sont fixés, comme nous allons le voir et, lorsqu'on regarde une carte de l'époque albienne (35), on y trouve déjà les grandes masses de l'Amérique du Nord, de l'Amérique du Sud, de l'Afrique et de l'Eurasie formant des continents distincts, en même temps que la mer intérieure, dont nous avons suivi l'histoire, présente, à peu près sur son emplacement actuel, un sillon, qui rejoint le golfe du Mexique avec l'Europe méridionale, la zone aralo-caspienne et les Indes hollandaises. Ce n'est pas à dire qu'il n'y ait encore bien des traits divergents, sur lesquels nous aurons à insister ; néanmoins, quoique la facilité de multiplier les subdivisions, à partir de ce moment, avec des faunes bien connues et à évolution rapide, ait conduit à établir presque autant d'étages géologiques pour les terrains qui nous restent à étudier, que pour ceux déjà passés en revue, on peut dire que le crétacé et le tertiaire doivent représenter une période relativement courte dans l'histoire de la Terre.

Le début de cette période *crétacée* (32 à 40) correspond à un moment, où la mer a délaissé l'Europe centrale et occidentale pour se reporter dans les régions boréales. L'Angleterre d'un côté, de l'autre la Belgique et le Hanovre, séparés par une étroite lagune Nord-Sud, qui se prolonge à travers le bassin de la Seine, forment des continents, où de grands fleuves accumulent leurs deltas. Une vaste mer intérieure, qui sera la Méditerranée future, passe sur le Sud de l'Espagne, couvre l'Italie, la Suisse et les Alpes, puis, par le bassin de Vienne, va rejoindre la mer Noire. Une autre mer occupe le Nord-Est de la Russie, à l'Ouest de l'Oural.

Jusqu'à la fin de l'aptien (34), les caractères généraux resteront à peu près les mêmes dans leurs grandes lignes; puis commencera, dans la zone dont notre Méditerranée actuelle occupe l'axe, une vaste transgression, qui, à l'époque cénomanienne (36), étendra la mer de la craie sur la majeure partie de l'Europe, à l'exception de la Scandinavie et de quelques îles, submergera le Nord de l'Afrique, etc., avec large débouché direct dans l'Océan Indien et qui, en même temps, couvrira tout le Sud des États-Unis.

Les formations de minerais de fer deviennent beaucoup plus rares, en Europe, pendant la période crétacée que pendant le jurassique. Il ne faut pas, je crois, en chercher d'autre raison que les progrès croissants de l'érosion, de l'usure sur des continents, dont le dernier soulèvement remonte à la période hercynienne et qui, depuis ce moment, ont fourni, par la destruction de leurs roches et la dissolution des éléments qu'elles contenaient, à peu près tout leur fer disponible. Le remaniement, d'abord violent et immédiat, de ces débris, avait au début donné les conglomérats et grès rouges permiens, aussitôt peroxydés, puis les argiles bariolées du trias, déjà plus finement stratifiées, en présence d'une moindre quantité d'oxygène (qui se traduit par les sels verts de protoxyde mêlés aux sels rouges ou violacés de sesquioxyde). Après quoi, le dépôt, plus lent et décidément à l'abri de l'air (quoique encore littoral) a donné les carbonates de fer oolithiques du jurassique. Maintenant le fer fait à peu près défaut, et, pour la même raison, les éléments détritiques manquent également. C'est pourquoi, pendant tout le supra-crétacé, les organismes, accumulés avec une lenteur extrême dans des eaux très calmes et très pures, fournissent presque exclusivement des produits sédimentaires crayeux. Cette lenteur même, dont on a la preuve par les conditions de dépôts de certains coquillages, sur lesquels des générations de parasites ont pu se développer avant qu'ils fussent recouverts par les sédiments, a sans doute été favorable à la concentration progressive du phosphate des eaux par les organismes et a permis la formation des dépôts phosphatés, qui, contrairement aux dépôts de fer, exigent le plus souvent un passage préalable par l'activité organique.

Cependant ces réflexions ne s'appliquent pas exactement à la période *infra-crétacée*, qui, étant une période d'émersion avec commencements de retours marins, se traduit, en quelques points, par la destruction de dernières rides continentales encore subsistantes et, par conséquent, par la formation de quelques minerais de fer. C'est ainsi que l'on peut citer les carbonates oolithiques néocomiens (32) du Doubs (Métabief) et du pays de Bray, les carbonates barrémiens (33) de Grandpré dans les Ardennes et de Wassy dans la Haute-Marne (ces derniers présentant un mélange de dépôts lacustres et de dépôts marins) ; à l'étranger, les minerais aptiens (34) de Wight, de Salzgitter en Hanovre, etc. [1].

En même temps, les dépôts phosphatés commencent dès le néocomien (32) pour atteindre leur apogée, du moins à l'état de concentrations noduleuses, pendant l'albien (35).

On en trouve déjà quelques indices dans le *néocomien* (32) de l'Aube (Fouchères), dans celui du Portugal (Monte Reale), d'Angleterre (Sussex), de Russie Orientale.

Quand on examine une carte de la France à cette époque (32), on voit que tout l'Ouest est émergé jusqu'à la Seine et au Rhône. A l'Est de cette ligne est la mer subalpine du bassin du Rhône, probablement reliée, vers le Nord, avec un régime de lagunes, prolongeant celui du purbeck, qui caractérise ce qu'on appelle le wealdien, en Angleterre et dans l'Allemagne du Nord.

Pendant l'*aptien* (33) la forme générale des mers reste en France à

1. En dehors de l'Europe, il existe des charbons néocomiens dans le Queensland Australien et sur le flanc Est des Montagnes Rocheuses (Kootanie), des minerais de fer du même âge dans le Maryland.

peu près la même que pendant le néocomien, mais avec un caractère marin plus accentué dans toute la région Nord.

Dans les zones émergées du Bas Languedoc, à Villeveyrac (Hérault), dans les petites Pyrénées de l'Ariège, l'altération latéritique des calcaires ou des roches et la reprécipitation de leurs éléments après dissolution chimique donnent, pendant l'aptien et l'albien, un produit continental, que nous n'avons guère eu l'occasion de signaler jusqu'ici, bien qu'il apparaisse, dans le supra-jurassique pyrénéen, à l'état de poches dans le calcaire et qu'il joue un certain rôle dans le midi de la France jusqu'au danien (40) : la bauxite, ou alumine hydratée.

La période de l'*albien* (35) est caractérisée, dans tout le Nord de la France (Boulonnais, etc.) et le Sud de l'Angleterre, par une incursion de la mer, revenant occuper la place des lagunes du purbeckien et du wealdien, ou s'étendre transgressivement sur le continent.

Dans beaucoup de points, cette période est caractérisée par des alternances de sédiments détritiques sableux (les « sables verts ») et d'argiles plus fines (gault) et, dans l'un comme dans l'autre de ces deux terrains transgressifs, on trouve fréquemment, le long des rivages, des dépôts de nodules phosphatés.

On commence, au milieu des grès verts aptiens (33), par les nodules phosphatés de Sandy, dans le Bedforshire ; puis viennent les argiles à phosphates de Boulogne et de Folkestone entre l'aptien et l'albien, les nodules des sables verts albiens dans la Meuse et les Ardennes, ceux des argiles du même âge dans l'Argonne (Talmats).

L'albien (34) est également phosphaté à Ceton (Orne) ; puis, du côté du Jura, à la perte du Rhône, dans le Nord du Dauphiné, dans la Drôme (Saint-Paul-Trois-Châteaux), dans l'Ardèche, en Provence, en Algérie [1].

En Russie, l'albien est phosphaté, sur de vastes étendues, à Tambof, à Sparsk, etc.

Le commencement de la période *supra-crétacée* (*cénomanien*) (36) marque un grand progrès de la transgression marine, qui s'annonçait depuis l'albien (34) et qui va atteindre son apogée pendant le sénonien (39). Cette trangression, si caractérisée dans la plus grande partie de l'Europe et des États-Unis, a pour contre-partie une émersion boréale (Scandinavie, Russie, Sibérie et Chine). Puis cette marée redescendra, pendant la fin du supra-crétacé, comme pendant la fin du jurassique.

Conformément à une remarque déjà faite pour la transgression jurassique et encore plus exacte à mesure que le temps s'avance, les conti-

---

1. En Espagne, il s'est déposé, à cette même époque, du charbon à Utrillas (Téruel) et il existe des minerais de fer du même âge en Silésie et en Serbie.

nents de l'époque crétacée, usés par l'érosion depuis la phase hercynienne sans aucun grand mouvement nouveau, devaient être, au moment
de cette transgression cénomanienne, très aplanis et l'invasion marine
s'y est faite, en général, très doucement, d'ordinaire sans déposer de
matériaux détritiques, avec des profondeurs qui ne dépassaient pas
300 mètres, accumulant, dans bien des cas, seulement, sous la forme
de craie, des quantités de débris organiques [1].

Un fait pratiquement intéressant est la présence, dans certaines de
ces vases crayeuses, de matières organiques phosphatées, qui se sont
concentrées sur des points de prédilection, soit pendant le dépôt
même de la craie, soit pendant les métamorphismes, qu'elle a subis
postérieurement.

C'est ainsi que la craie cénomanienne débute parfois (Normandie,
Sainte-Menehould, etc.) par une marne à petits nodules phosphatés ; de
même la craie turonienne (37) est presque toujours un peu phosphatée,
quoique avec une teneur très faible ; la craie sénonienne (aturien, 39)
l'est, au contraire, très fortement dans la Picardie, l'Artois, le Hainaut ;
et une altération superficielle de certaines parties de ces craies pendant l'émersion tertiaire y a concentré, dans quelques poches, des quantités remarquables de phosphates à haute teneur.

Dans toute la zone méditerranéenne, du golfe du Mexique à l'Asie, en
passant par le Sud de la France, une sorte de mer corallienne s'étend
à la même époque, sous la forme de mer à rudistes, attestant une
température moins élevée que les coraux proprement dits.

Au Sud, vers la lisière méridionale de l'Atlas, la mer cénomanienne
arrive à son rivage, où se déposent d'importants amas de gypse.

Ailleurs le régime côtier s'accuse de plus, en quelques points, par la
concentration d'une substance relativement rare et que nous n'avons
pas encore eu à mentionner : la strontiane, peut-être originellement
empruntée aux plagioclases des roches, qui en contiennent souvent
des proportions notables. On trouve cette strontiane dans l'emschérien du Colorado (38), dans l'aturien (39) de la Westphalie, dans
l'éocène des environs de Paris, puis dans l'oligocène à lignites de
l'Allemagne du Nord, et il s'en est également déposé de grandes quantités avec les gypses solfifères miocènes de Sicile.

Enfin les dépôts charbonneux, caractéristiques de zones continentales, sont assez abondants pendant la fin de cette période crétacée :

---

1. Ce n'est pas à dire, bien entendu, que les sédiments détritiques sableux fassent
défaut à cette époque ; il suffit de se rappeler les grès du Maine et de la Provence,
le « Quadersandstein » de Saxe et de Bohème, le « Dakota Sandstone » de l'Amérique du Nord, etc.; mais leur rôle est, dans nos régions, relativement subordonné.

à Vancouver, pendant l'emschérien (38) et à peu près à la même époque, dans les Balkans ; en Provence, à Fuveau (aturien, 39) ; en Silésie et dans les Alpes-Orientales, pendant le campanien (39) ; en Hongrie (Bakony) et dans les Montagnes Rocheuses (Laramie), pendant le danien (40).

E) Ère des mouvements tertiaires. — Le passage du crétacé au tertiaire marque, dans nos régions européennes, la fin de la période tranquille, qui avait succédé aux plissements hercyniens et le commencement de nouveaux mouvements du sol, destinés à atteindre leur apogée dans la chaîne alpine. Ces mouvements, extrêmement récents eu égard aux immenses durées géologiques antérieures, ont caractérisé la période, aussitôt suivie par l'apparition de l'homme ; il est permis de penser que nous sommes aujourd'hui dans la phase calme suivante, où semble s'opérer peu à peu la destruction de la chaîne plissée et peut-être encore très près de son début, puisque nos cours d'eau sont loin d'avoir atteint partout leur profil d'équilibre et puisque nos régions montagneuses à plis tertiaires gardent, presque partout, des saillies très accidentées. Ainsi que j'aurai l'occasion de le dire plus loin, nous pouvons nous considérer comme vivant en pleine période tertiaire.

Quand on examine ces diverses chaînes d'âge tertiaire, qui forment toutes les hautes saillies du globe et dont j'ai déjà indiqué la disposition dans le chapitre relatif à la tectonique, on y aperçoit, d'une façon très manifeste, les progrès inégaux de l'usure, tenant, soit à ce que telle chaîne est un peu plus ancienne, soit à ce que l'érosion s'y est faite moins activement. On peut, par exemple, signaler comme particulièrement avancées dans l'érosion les régions de l'Ouest Américain, qui forment aujourd'hui les hauts plateaux du Colorado [1], la chaîne Californienne, dont le plissement a pu commencer au crétacé et le Mexique, ou encore les chaînes de la Nouvelle-Zélande (d'âge probablement secondaire) et c'est peut-être une des raisons, pour lesquelles les filons métallifères, que nous considérerons plus tard comme ayant toujours cristallisé à une certaine profondeur, apparaissent, dans ces pays, aussi abondamment. De même, les Pyrénées et les Carpathes post-éocènes sont beaucoup plus usées que les Alpes post-oligocènes et aussi plus métallisées aux niveaux visibles. Les Alpes mêmes semblent plus attaquées que l'Himalaya, où l'érosion actuelle trouve dès lors à s'exercer avec plus d'intensité ; mais ce retard tient probable-

1. Il ne faut pas confondre les régions, dont l'érosion est avancée, parce qu'elle s'est produite anciennement et est à peu près terminée aujourd'hui, avec celles dont l'érosion est maintenant la plus active.

ment à une autre raison, et on a supposé qu'il pouvait être dû à ce que, dans l'Himalaya, les glaciers n'auraient pas exercé au même degré leur action destructive. Conformément à la remarque précédente, on peut noter combien les Alpes et l'Himalaya, peu érodés, semblent pauvres en filons métallifères tertiaires.

Étant donnée l'individualité de plus en plus grande, que prennent les régions géographiques, à mesure que l'on avance dans l'histoire et, par suite, le manque de généralité, qui, lorsqu'on arrive au tertiaire, enlève beaucoup de leur intérêt à la multitude des observations locales [1], je me bornerai a raconter ici les mouvements tertiaires dans nos régions européennes ou même françaises, en insistant surtout sur les caractères, semblables à ceux de la période hercynienne, qui expliquent ceux-ci en les répétant et les précisant.

La fin du crétacé supérieur et le commencement du tertiaire sont, en France, des périodes de recul de la mer, qui tend peu à peu à se concentrer entre ses rivages actuels, pour refaire une incursion nouvelle vers l'époque stampienne (47). Les mouvements marins de l'époque tertiaire, si considérables qu'ils puissent être, nous apparaissent néanmoins de peu d'amplitude à côté de ceux des périodes précédentes; les masses continentales occupent, en effet, déjà, dès le début, d'une façon stable, les zones du globe où nous les trouvons aujourd'hui et des déplacements, qui peuvent paraître tout d'abord énormes, comme celui de la Méditerranée descendant depuis la Suisse ou le bassin de Vienne jusqu'à sa place actuelle et même l'enfoncement des derniers continents de l'Atlantique Nord, ne sont rien à côté de ceux qui, précédemment, ont séparé le Brésil de l'Afrique et l'Afrique de l'Inde.

On peut remarquer que les dépôts de cette période tertiaire, ayant été, bien moins que les précédents, détruits par les érosions ou transformés par le métamorphisme, nous font connaître particulièrement bien des faciès lacustres ou même tout à fait continentaux, aux dépôts toujours peu épais et par suite généralement disparus, à moins de circonstances spéciales, dans les étapes antérieures. Il est notamment toute une catégorie de phénomènes très intéressants, tels que les décompositions à l'air, les formations d'argiles à silex, les transformations des matières organiques en phosphates, ou même en nitrates,

---

1. Quand on arrive au tertiaire, la distinction paléontologique des étages, ne pouvant plus s'appuyer sur l'évolution des Ammonites et des Bélemnites, devient très incertaine. Nos subdivisions stratigraphiques correspondant à des périodes très courtes, les espèces sont rarement cantonnées dans un étage. Si l'on ajoute l'importance prise par les caractères locaux et par les faciès continentaux lacustres ou lagunaires, on s'expliquera que les noms et les limites des étages varient d'auteur à auteur et, pour le même auteur, d'année à année.

que nous allons voir se passer en quelque sorte sous nos yeux.

Ce n'est pas d'ailleurs que le métamorphisme soit absent dans ces dépôts tertiaires ; mais il est souvent incomplet ; ce qui nous permet, en observant côte à côte ses divers stades, de reconnaître la disposition primitive et de rattacher l'une à l'autre des formations, qui apparaissaient, au premier abord, disparates. Ainsi l'on a pu étudier, entre autres, les progrès de la silicification sur des bancs calcaires, la disparition des gypses et sels aux affleurements, la transformation des calcaires dissous en un résidu argileux, etc., et toutes les apparences illusoires d'un mouvement profond, qui peuvent résulter de l'augmentation ou de la diminution de volume des terrains superficiels dans ces transformations ; ce sont des points que j'ai déjà touchés, quand nous avons étudié la « géologie en action ».

La seconde partie du tertiaire (oligocène, miocène et pliocène, 47 à 56), par le seul fait qu'un grand soulèvement nouveau vient de dresser des roches montagneuses, sur lesquelles commence à porter une érosion nouvelle, redevient une période de formations ferrugineuses.

Il s'y ajoute les altérations superficielles des plateaux continentaux, dont les produits tertiaires ont souvent pu subsister jusqu'à nous et, dans certains cas, la destruction immédiate de filons pyriteux, en connexion avec les déplacements internes de matières ignées, qui fournit aux eaux des masses de fer à reprécipiter sédimentairement. Pour toutes ces raisons, l'abondance des dépôts ferrugineux a fait appeler parfois le début de l'oligocène, consécutif du soulèvement pyrénéen, un « âge sidérolithique » dans le midi de la France et en Espagne. En même temps que se forment des minerais de fer, les matières phosphatées (phosphorites) s'accumulent dans les crevasses des plateaux calcaires sous l'influence du même régime continental.

L'évaporation lagunaire des eaux, toujours connexe d'un grand plissement, amène de plus d'importantes récurrences gypso-salines et le développement du régime lacustre, des lignites.

Dans l'ordre d'idées de la métallogénie, sur lequel nous aurons à revenir, on peut encore remarquer qu'un volcanisme intense, dont les épanchements rocheux intrusifs nous ont été souvent conservés, a déterminé la cristallisation profonde de très nombreux filons métallifères. Ces filons ne renferment guère de métaux tout à fait profonds comme l'étain, mais ils présentent en abondance le groupe des métaux sulfurés (plomb, zinc, cuivre, fer, argent, etc.).

Éocène (41 à 46). Le début de l'*éocène* (41, 42) marque, par endroits, ainsi dans le bassin de Paris, un léger progrès de la mer, qui avait commencé à se retirer fortement à la fin du crétacé ; mais c'est un progrès très momentané. Bientôt le prélude des mouvements alpins se fait sentir sous la forme de rides et de longs sillons marins, entre les Pyrénées et l'Atlas d'un côté, entre les Carpathes et le désert libyque de l'autre, amenant en Europe l'introduction de mers tropicales, qui viennent réchauffer sensiblement le climat de la France et de l'Angleterre, le rendre analogue à celui de la mer des Indes.

Nous commençons avec le *thanétien* (41), ou *landénien*, que caractérisent, dans le Nord de la France, des cailloux roulés ou des sables marins glauconieux, puis, dans la vallée de la Marne, les sables blancs de Rilly, auxquels se substituent, plus au Sud, des dépôts d'eau douce, tels que le travertin à végétaux de Sézanne. Puis la mer fait place à une phase fluvio-marine (sparnacienne), pendant laquelle un large estuaire prépare la vallée de la Tamise.

Du *sparnacien* (42) à l'oligocène (47) la mer avance et recule dans le bassin de Paris, souvent occupé par une lagune saumâtre, avec débouché probable dans la Manche. On a : d'abord, des dépôts ligniteux, parfois accompagnés de gypse (sparnacien), avec vastes dépôts de galets et de sables vers le Gatinais ; puis des dépôts marins, les sables nummulitiques *yprésiens* (43) du Soissonnais, les calcaires grossiers *lutétiens* (44) de Paris, les sables *bartoniens* (45) de Beauchamps, d'Auvers et de Mortefontaine, auxquels correspondent ailleurs quelques gypses ; enfin la grande masse du gypse parisien, formant l'ancien ludien (passé aujourd'hui dans l'oligocène).

En même temps, il se dépose à Neaufles, dans le Vexin normand, un véritable lit d'ossements, un bone-bed sparnacien, analogue à ceux du rhétien, qui peut fournir la clef de certains gisements phosphatés.

Ailleurs, dans l'Algérie et la Tunisie, une transgression, qui gagne progressivement jusqu'à l'oligocène, dépose : d'abord les craies phosphatées yprésiennes (43) de Tébessa et du Kalaat-es-Senam, puis celles de Gafsa, qui appartiennent à l'éocène moyen (45).

Avec la fin du lutétien commence le premier mouvement connexe des plis alpins, qui se soit fait sentir en France. Une importante formation détritique, avec blocs dépassant parfois un mètre, le poudingue de Palassou, se prolonge pendant le bartonien et marque le début d'une émersion, qui se produit sur la longue lagune géosynclinale, établie au pied de la chaîne future des Pyrénées à l'époque thanétienne (41)[1].

1. Dans la zone prépyrénéenne, les Alpes Orientales et les Carpathes, il s'était déjà produit des mouvements importants avant le cénomanien (36) et peut-être, d'après Uhlig, les charriages des Carpathes seraient-ils de cette époque ; mais les mouvements se sont accentués à la fin de l'éocène. Ils ont eu un contre-coup jusque dans le pliocène : le pontien (53) de Roumanie a pris part aux derniers charriages.

Quand finit l'éocène, la chaîne pyrénéenne est émergée ; le bras de mer, qui existait auparavant sur le flanc Nord, du golfe de Gascogne à la Méditerranée, a perdu sa communication avec celle-ci et se réduit, dans le bassin de la Garonne, à une large lagune saumâtre, peu à peu ramenée (jusqu'au pliocène) vers la côte actuelle de l'Océan. C'est la phase ordinaire de concentration lagunaire, qui suit d'habitude le soulèvement d'une chaîne et qui, pour la chaîne hercynienne, caractérisait le permo-trias.

La période *oligocène* (47, 48) marque alors, entre le soulèvement principal des Pyrénées et celui des Alpes, une période de calme relatif, où des tassements locaux, parfois très accentués, amènent néanmoins en France l'introduction des eaux marines ou saumâtres dans un certain nombre de sillons, creusés à peu près parallèlement à la chaîne alpine, dans les vallées du Cher, de la Loire, de l'Allier. La mer persiste dans les synclinaux des Alpes et de l'Himalaya. Le régime nummulitique s'achève.

C'est le moment où la lagune parisienne, qui n'atteignait pas Orléans, s'avance brusquement jusqu'au fond des vallées de l'Allier ou de la Loire, au point qu'on peut se demander si elle ne rejoint pas le Rhône ou la Garonne ; c'est également la période où la vallée du Rhin s'ouvre entre les Vosges et la Forêt-Noire [1].

Nous sommes alors, en ce qui concerne la France, dans une période, qui, pour la région pyrénéenne, correspond à une phase de démantèlement et d'érosion déjà assez avancés et, qui pour la région alpine, précède, au contraire, le soulèvement proprement dit. Il en résulte, dans le massif du Plateau Central, sur l'Avant-Pays hercynien, que les dislocations alpines commencent à ébranler, un conflit et un mélange de ces deux phénomènes, qui y introduisent d'assez sérieuses complications. C'est là, pour le dire en passant, un indice des longues périodes, sur lesquelles ont pu s'étaler également de semblables plissements anciens, qui ne nous semblent presque instantanés et simples que parce que nous les connaissons mal.

Dans tout le Sud-Ouest de la France et jusqu'au Nord du Plateau Central, il faut peut-être rattacher au démantèlement pyrénéen les réactions à caratère continental, qui se produisent à cette époque sur de très vastes espaces, en érodant, en perforant les plateaux calcaires, et concentrant par endroits des phosphorites et, ailleurs, des minerais de fer.

---

1. On trouve du trias à 750 mètres d'altitude à Ribeauvillé et à plus de 1 000 mètres de profondeur sous le Rhin.

Je serais porté à croire que le creusement intérieur des grottes et avens dans les plateaux des Causses a pu commencer dès lors, en remarquant ses rapports avec les poches à phosphorites et les poches à minerais de fer en grains, qui, elles, sont parfaitement datées, ainsi qu'avec les limonites manganésifères, laissées comme un résidu de dissolution calcaire sur ces mêmes plateaux.

Les phosphorites du Quercy représentent très probablement le produit d'une concentration, opérée du bartonien (45) au stampien (47) : soit, directement, sur des matières organiques ; soit plutôt sur un sédiment phosphaté antérieur [1].

On peut supposer que les minerais de fer en grains du Berry ont de même pour origine une concentration d'éléments ferrugineux, opérée dans le fond d'une lagune oligocène, qui a dû suivre la vallée du Cher.

De tous côtés, pendant cette période oligocène, dans le Jura, la Franche-Comté, la Lorraine, l'Alsace, le Berry, en Espagne, etc..., il se produit à la fois des dépôts semblables, représentant, pour la concentration du fer, l'équivalent continental de ces dépôts oolithiques, qui, pendant le lias et le bajocien, ont marqué une phase si caractéristique dans la destruction du continent hercynien.

En même temps, pendant l'oligocène, le mouvement alpin proprement dit commence par l'enfoncement d'un grand géosynclinal, qui, de la Corse orientale au lac de Genève et au bassin de Vienne, suit, en en marquant déjà la forme générale, la courbe extérieure des Alpes. C'est là que se déposent aussitôt, par le démantèlement immédiat de premières rides naissantes, des sédiments assez particuliers de grès, d'argiles ou parfois de poudingues, très riches en algues, auxquels on a donné le nom de *flysch*, et que Marcel Bertrand a autrefois assimilés aux dépôts de la lagune carbonifère sub-hercynienne [1].

En Suisse, les dépôts oligocènes prennent bientôt la forme d'une mollasse, avec conglomérat de nagelfluh, rongeant des îles instables et se mêlant de gypse (Lausanne, etc.), ou parfois de lignites.

Plus loin, sur la longueur des Alpes futures, les dépôts charbonneux sont abondants, à Hœring en Tyrol, à Trifail et Sagor en Styrie et Carniole, dans la vallée de la Zsily en Transylvanie, à Pernik et sur divers points des Balkans en Bulgarie [2], marquant bien l'analogie de

---

1. Voir *Gîtes minéraux et métallifères*, t. 1, p. 704 à 708.

2. Ce *flysch*, que l'on retrouve avec un faciès constant des Alpes Occidentales aux Carpathes, aux Balkans et à la mer Egée, varie d'âge suivant les points ; et, dans la région Carpathique ou Balkanique, son dépôt commence au crétacé, tandis que, dans les Alpes Occidentales, il est oligocène. C'est un faciès et non un étage.

3 Dans les Balkans, les formations oligocènes à lignite sont nettement postérieures au flysch crétacé-éocène.

cette période avec le dinantien, qui a préludé aux plis carbonifères.

Ce rapprochement est également mis en évidence par le commencement de manifestations volcaniques (déjà esquissées, sur certains points, à la fin de l'éocène), qui répandent, dans les lagunes ouvertes au milieu de l'Avant-Pays, au bord desquelles elles font surtout éruption, des pluies de cendres basaltiques, de pépérites.

Dans tous ces petits bassins, lacs ou lagunes, qui se multiplient à ce moment sur toute la superficie de l'Europe, on a parfois, en même temps que ces produits volcaniques, un peu de gypse (Aquitaine, Limagne), plus souvent des lignites.

C'est, en effet, la période des lignites tongriens du Gard, des lignites sannoisiens près de Marseille, des lignites de Cologne, Bonn, etc... et des couches à ambre sannoisiennes du Samland sur la Baltique, des lignites de Ligurie et du Vicentin, de ceux des Alpes (déjà cités plus haut)[1].

Le *miocène* (49 à 53) ne fait qu'accentuer ce mouvement, commencé pendant l'oligocène, qui doit aboutir à l'érection de la chaîne alpine proprement dite.

D'abord, quand cette période commence, on voit les lacs aquitaniens du Plateau Central s'assécher; la France émerge définitivement presque tout entière, quoiqu'il y ait encore un bras de mer sur la basse vallée de la Loire et un autre sur toute la vallée du Rhône. Le dessin général de nos cours d'eau commence même à s'esquisser; le soulèvement des Alpes, avec les dislocations et les dénivellations, qui l'accompagnent du côté de l'Avant-Pays, était, en effet, le dernier trait attendu pour compléter la figure géographique de notre France et il ne restera plus maintenant qu'à y faire quelques retouches de détail.

Nous devons alors abandonner la France trop restreinte pour suivre ce grand mouvement de plissement à travers l'Europe Occidentale; on pourrait même le poursuivre beaucoup plus loin, car, par une série de courbes figurées sur les planches I et III, il se rattache, nous le savons, au Caucase et de là à l'Himalaya, où l'on voit, à ce moment, des lambeaux de terrain éocène nummulitique soulevés à 6.000 mètres d'altitude.

Presque dès le début du miocène, dès le *burdigalien* (49), le flysch, à sédiments assez fins d'ordinaire, qui se déposait le long des Alpes, est remplacé par des sables mollassiques et des poudingues à gros éléments, ou *nagelfluh*, dont le Righi présente des types classiques. C'est là peut-être l'indice d'un soulèvement, aussitôt suivi par la destruction

---

1. Sur le versant Pacifique des États-Unis, en Californie, il se forme, au même moment, du bitume et de l'asphalte.

de saillies instables. Les charriages peuvent être également mis en cause. En même temps, la mer burdigalienne avance dans les Alpes Occidentales jusqu'à la Drôme. Elle passe sur la Suisse entre la Chaux-de-Fonds et le lac de Thoune, recouvrant transgressivement divers étages crétacés perforés de lithophages[1].

La mer oligocène avait eu déjà une étendue considérable. Sauf quelques îlots, dont le principal rattachait la France avec l'Espagne et la Bohême et dont un autre allait de la Pologne à Constantinople, elle avait couvert une très grande partie de l'Europe, toute l'Italie, la Dalmatie, la Grèce, la Russie Méridionale et s'était étendue de Madère à la Perse en baignant, par le Sud, les grands horsts européens, restes de la chaîne hercynienne. La mer burdigalienne (49), arrivant jusqu'aux environs de Vienne, caractérise la fin de ce que M. Suess a appelé le premier étage méditerranéen (Eo-méditerranéen).

Mais bientôt, sur toute la longueur de la chaîne soulevée, se produisent des phénomènes analogues à ceux qui, le long de la chaîne hercynienne, ont caractérisé le permo-trias, avec ses schistes bitumineux, ses gypses et ses sels. Il y a émersion et, sans doute, établissement d'un climat désertique. C'est le *Schlier* helvétien qui commence le méso-méditerranéen ou vindobonien (50 et 51).

Nous assistons alors, dans l'Est de la Bavière, en Autriche, en Italie, en Valachie, en Lycie, jusqu'en Perse sans doute, à la fin, à la disparition, à l'évaporation de cette première Méditerranée. Sur toute cette région, le long des Carpathes, sur le bord extérieur des Apennins, etc..., se dépose, à ce moment, une argile toujours semblable, d'un gris bleu, un peu micacée, peu plastique, une mollasse marine, contenant de nombreuses lentilles de sel et même, en certains points comme à Kalusz, des sels alcalins prouvant une évaporation déjà très avancée. Les grandes masses salines de Wieliczka en Galicie, de Bochnia, Torda. Maros Ujar en Transylvanie : celles de la Roumanie; celles de la Perse[2], de l'Arménie et du Saltrange hindou appartiennent à cette phase du Schlier. Des imprégnations hydrocarburées, pétrole et ozokérite, qui avaient dû commencer précédemment, semblent aussi se concentrer dans les terrains de ce que l'on a appelé le *Salzthongruppe* (les argiles salifères) sur la longueur des Carpathes, en Galicie, Roumanie, etc.

Après quoi, sur la partie supérieure de ce Schlier saturé de gypse et de sel, apparaissent, en Basse-Autriche, des plantes terrestres, indice

---

1. Des lignites burdigaliens existent en Mecklembourg, Brandebourg et Poméranie.

2. Voir : sur les dépôts salins de cette période, *Gîtes minéraux et métallifères*, t. II, p. 136 à 147; sur les dépôts hydrocarburés, *Ibid*, t. I, p. 548 à 560. J'ai montré, dans cet ouvrage, p. 555, qu'il était probablement inexact de rattacher, comme on l'a fait, au Schlier tous les pétroles des Carpathes.

d'un continent émergé, jusqu'au moment où une nouvelle incursion marine, caractéristique de ce qu'on a appelé la phase caspienne, envahira les régions de la Roumanie et de la Basse-Autriche en partant de la Caspienne et de la mer Noire, pour s'évaporer à son tour dans une phase de recul, qui s'achève, sous nos yeux mêmes, pour la zone aralo-caspienne.

Cette curieuse période du *Schlier*, qui joue un si grand rôle en Europe pour la concentration des substances salines ou hydrocarburées dans les lagunes, correspond aux premiers mouvements alpins, dont elle représente évidemment le contre-coup ; mais ceux-ci se sont certainement prolongés longtemps après. C'est ainsi qu'à la fin du Schlier, l'extrémité orientale du noyau cristallin des Alpes s'écroule et les eaux marines réenvahissent le bassin de Vienne. En Suisse, la fin de l'helvétien (50) marque le retrait de la mer et le soulèvement principal des Alpes. Après le tortonien (51), la chaîne achève de prendre son relief.

Puis les derniers étages miocènes (52, 53) voient se produire un assèchement singulier de toute l'Europe. Avant le soulèvement alpin, pendant le lutétien par exemple (44) ou l'oligocène (47), la mer était à peu près partout dans l'Europe Méridionale; maintenant, elle n'est pour ainsi dire plus nulle part; de la Méditerranée, il reste seulement, à l'époque sarmatienne (52), deux grandes lagunes saumâtres en voie de disparition : l'une, reliant l'Andalousie à la pointe Ouest de la Sardaigne ; l'autre, couvrant une partie de l'Italie et de la Sicile et se dirigeant vers l'Égypte. Une autre immense lagune relie le bassin de Vienne à la Caspienne. Mais la mer Égée est à sec et, par la Corse et la Sardaigne, on peut sans doute passer de France en Afrique.

C'est alors que se produisent, tout naturellement, une série de dépôts gypseux dans toute cette région méditerranéenne. Le pontien surtout (53), qui prélude déjà directement au pliocène, renferme des gypses en Andalousie, dans la Toscane, le Livournais, la Calabre, la Sicile, (où il constitue la formation *sulfogypseuse*, associée aux couches à congéries). Dans ces mêmes terrains, les hydrocarbures sont fréquents et il en résulte, en Sicile comme en Calabre, une réduction des sulfates, ayant donné lieu à de beaux gisements de soufre natif, curieusement accompagnés par une substance, que nous avons déjà rencontrée dans ces produits d'évaporation : la strontiane[1].

Cependant des phénomènes comparables se passent dans l'Ouest Américain. En Californie, la mollasse miocène rappelle la mollasse suisse et certains bancs de grès et de conglomérats y sont saturés de bitume, comme le schlier des Carpathes.

---

1. C'est pendant cette période pontienne que se sont entassés, en Attique, les curieux mammifères de Pikermi.

Quand le *pliocène* (54 à 56) commence, il se produit, dans la géographie méditerranéenne, un changement, dont les conséquences pour la faune marine sont considérables. Nous entrons, désormais, nettement dans la phase de démolition des saillies alpines, dans la période où s'accentuent les effondrements, déjà commencés pendant le miocène et ce sont de tels effondrements, de telles démolitions, qui vont caractériser surtout le pliocène ou le début du pléistocène.

Tout d'abord le premier événement, qui se produit et qui sert à dater le début de la période, est l'écroulement de la barrière élevée pendant le tortonien (51) en travers du détroit de Gibraltar, sur le raccordement des plis bétiques avec ceux du Maroc et de l'Algérie. Cette barrière s'écroulant, la mer de l'Atlantique pénètre de nouveau dans la Méditerranée, y apportant une faune plus froide, mais rendant, par contre, le climat de l'Europe méridionale plus solidaire du climat africain. Un autre effondrement, qui prélude à celui de la mer Égée, fait disparaître l'extrémité Est de l'Atlas et avancer la mer jusqu'à l'île de Kos [1].

Cette époque pliocène est caractérisée par de grandes condensations d'humidité sur les hautes cimes de la nouvelle chaîne alpine. Comme sur le Plateau Central, ou le bassin franco-belge, pendant le stéphanien, les glaciers reparaissent bientôt [2], couvrant une partie des Alpes, envahissant l'Auvergne. Un ruissellement intense érode rapidement les saillies, creuse les vallées et remanie des quantités énormes de sédiments. On voit alors, sans quitter la France, des alluvions fluviatiles qui couvrent, sur 30 ou 40 kilomètres de large, tout l'intervalle compris entre l'Allier et la Loire, en déposant partout les mêmes galets de quartz, accompagnés par les mêmes sables. De grandes nappes de cailloutis se déposent au pied du Vivarais, dans la Bresse, etc. Dans d'autres régions, telles que la Californie ou l'Australie Orientale, la destruction des filons aurifères accumule alors l'or des placers dans de larges chenaux, très différents par leur position de nos vallées actuelles et que recouvrent parfois des épanchements basaltiques. Surtout pendant le *sicilien* (56), qui forme la transition au pléistocène, puis au début du pléistocène lui-même, ce régime s'accentue et il est impossible de parcourir une partie quelconque de la France sans être frappé par l'étendue et le développement des anciennes vallées dont beaucoup sont aujourd'hui asséchées, et d'autres réduites à un filet d'eau.

1. Voir L. DE LAUNAY, *Études géologiques sur la mer Égée* (Annales des mines, 1er avril 1898.)

2. Voir plus haut, pages 471 à 474, sur ces questions glaciaires.

Pendant le pliocène, les mouvements de plissement et d'oscillation verticale se continuent encore avec force dans bien des régions du globe. En Roumanie, nous avons vu que le pontien (53) avait pris part aux derniers charriages. Dans la zone Subhimalayenne, les couches de Siwalik, qui montent jusque dans le sicilien (56), ont été fortement plissées et redressées, etc.

Enfin deux grands affaissements se produisent, un peu avant le moment où apparaît l'homme, l'un dans l'Atlantique Nord dont le dernier débris continental est désormais submergé, l'autre dans la mer Egée. Celui de l'Atlantique est tel qu'il a enfoncé à 3000 mètres les prolongements submergés des vallées du Douro et du Tage. Quant à l'Égéide, presque entièrement émergée du pontien au sicilien sauf un golfe étroit pénétrant vers l'Attique, elle a été envahie peu à peu par la mer du Sud au Nord depuis le sicilien, dont on trouve les dépôts marins, notamment à Rhodes, jusqu'à 300 mètres d'altitude [1], à Kos jusqu'à 180 mètres. Ailleurs, en divers points, sur les côtes de la Grèce continentale, des traces de lithodomes, semblant appartenir au sicilien, montent également à plus de 300 mètres. A la fin de la période, la mer, continuant à gagner vers le Nord, a fini par envahir la Mer Noire en suivant la dépression des Dardanelles, qui formait auparavant une vallée fluviatile, et y a apporté une faune méditerranéenne en détruisant la faune saumâtre de l'ancien bassin Aralo-Caspien.

Nous avons déjà parlé des variations de climat de la période *pléistocène* (57 à 59) [2]. Même dans cette phase si récente, quelques déplacements des rivages et des mers se sont encore produits ; il y a eu, comme on l'a vu [3], des plages soulevées ou affaissées par des mouvements locaux, sans que ces déplacements aient présenté nulle part le caractère général auquel on a cru parfois [4]. En même temps, les phénomènes ordinaires de l'altération continentale et de l'évaporation désertique ont concentré superficiellement des métaux précieux, des phosphates, des nitrates, des dépôts de gypse, sel gemme, chlorures, carbonates, sulfates et borates divers.

1. Il paraît y avoir eu affaissement, non effondrement entre des failles.

2. Page 472.

3. Pages 341 à 346. Nous venons, par exemple, de signaler le soulèvement marqué des couches siciliennes dans l'Égéide. Autour de l'ancienne mer Aralo-Caspienne, on observe des dépôts de plage inclinés à des hauteurs parfois considérables et très différenciées. Près de Palerme, des grottes creusées par les vagues se trouvent entre 80 et 100 mètres. Néanmoins, le niveau général de la Méditerranée Orientale semble, d'après Cayeux, être resté le même depuis les temps historiques.

4. C'est une conclusion que nous étendrions volontiers à un passé beaucoup plus reculé. Nous croyons que la plupart des déplacements constatés dans les mers ont dû tenir à une modification locale plus ou moins étendue des continents.

CHAPITRE XIII

LES RÉSULTATS DE LA PÉTROGRAPHIE

I. Détermination et classification des roches éruptives. — *Classification fondée sur la composition minéralogique et sur la structure. Discussion des autres systèmes. Tableau de classification. Formules représentatives des roches. Théories chimiques. Roches acides, neutres ou basiques. Diagrammes de M. Michel Lévy.*

II. Origine, mode de formation, age et relations tectoniques des roches éruptives.

A) Origine des roches éruptives. *Identité du volcanisme actuel et de l'éruptivité ancienne. Différences apparentes, introduites par la profondeur d'érosion. Magma fondamental universel ou magmas localisés. Poches fluides limitées. Familles de roches consanguines. Combinaison des deux scories feldspathique et ferro-magnésienne. Théories de la refusion locale et des infiltrations marines.*

B) Formation des roches éruptives. *Facteurs essentiels à considérer : 1º Profondeur de cristallisation ; rôle de la pression et des minéralisateurs ; liquation par densité entre les roches grenues et basiques. 2º Liquation, différenciation et ségrégation par densité ou par contact de parois froides; principe de Soret; ordre de succession des coulées. 3º Diverses actions de contact; refusion ou métamorphisme des parois; enclaves, etc. 4º Conditions de refroidissement ; influence sur la composition minéralogique et sur la structure.*

C) Age des roches éruptives. *Séries locales de roches successives. Généralisations abandonnées. Evolution universelle ou récurrences. Complication introduite par les idées modernes dans les anciennes notions d'âge,*

D) Relations de la pétrographie avec la tectonique. *Fractures d'effondrement à volcanisme superficiel. Zones de plissements à roches de profondeur. Divers types d'effondrements volcaniques (ovales, arcs imbriqués, tables morcelées, axes linéaires).*

Dans un chapitre antérieur, nous avons vu quel but poursuit la pétrographie et dans quelle mesure l'étude du volcanisme actuel, l'examen des gisements éruptifs, l'analyse microscopique ou chimique des roches et les méthodes de synthèse peuvent permettre de l'atteindre. Les résultats obtenus, qu'il nous reste à étudier, comportent deux parties bien distinctes : d'abord, une classification générale de toutes les roches éruptives et une détermination de leurs principes constituants, ainsi que de leur structure intime ; puis des lois générales, relatives au mode de formation des diverses roches éruptives, à leur origine, à leur mode de cristallisation, simplement igné ou avec intervention de principes volatils, dans une zone plus ou moins profonde, à leur évolution possible avec le temps ou à leurs récurrences, à leurs relations avec les mouvements dynamiques de l'écorce, etc., etc. La première partie, d'un caractère plus technique, est celle qui occupe spécialement l'attention des pétrographes, et sur laquelle ont porté, depuis vingt ans, quelques-uns de leurs plus beaux et de leurs plus fructueux travaux ; car, là comme en stratigraphie ou en paléontologie, on ne saurait généraliser, si on n'a d'abord appris à déterminer et à classer. Le seul rapprochement pétrographique des magmas éruptifs marque leurs rapports originels entre eux, leur différenciation progressive à partir d'une même lentille ignée ou leur origine indépendante, etc. Néanmoins, le cadre de cet ouvrage ne comporte, sur ce côté de la question, qu'un résumé très sommaire ; j'insisterai, au contraire, sur les conclusions, malheureusement encore souvent problématiques, qui permettent de rattacher toutes nos roches ignées, comme nos gîtes métallifères, à une opération de métallurgie interne plus ou moins continue et d'imaginer les forces et les réactions mises en jeu dans cette métallurgie.

I. — Détermination et classification des roches éruptives [1].

Il est relativement facile de déterminer et de classer un élément simple, tel qu'un minéral ; la composition chimique, les propriétés physiques, la forme des cristaux suffisent à caractériser chacun d'eux d'une manière précise et sans qu'il puisse y avoir ni discussion, ni ambiguïté. La difficulté est, au contraire, très grande, quand il s'agit d'un agrégat complexe, tel qu'une roche éruptive, où l'on peut supposer, en principe, que l'on rencontrera des combinaisons de minéraux et des agencements divers de ces minéraux en nombre presque infini, ou, si l'on approfondit davantage encore sa constitution, des mélanges très variables des divers éléments chimiques. Il s'agit alors, avant tout, de pouvoir déterminer exactement la composition élémentaire de la roche, c'est-à-dire la nature et la proportion de chacun des minéraux, qui la forment et leur mode d'agencement intime. Cette partie du problème, qui pouvait sembler presque insoluble autrefois avant l'emploi des procédés microscopiques, est aujourd'hui résolue couramment par la combinaison de l'examen microscopique, de l'analyse chimique et des autres procédés indiqués au chapitre v. Je supposerai donc ici que ces

---

1. Il est impossible de faire comprendre les principes de la pétrographie sans employer des noms de roches et de minéraux. Je rappelle qu'on trouvera le sens de ces noms dans le petit Dictionnaire géologique annexé à ma *Géologie Pratique*.

détcrminations aient été faites et il ne s'agit plus, pour nous, que d'établir une classification méthodique, suffisamment générale pour que toutes les roches y trouvent place, suffisamment détaillée pour que le nom appliqué à une roche en indique aussitôt la composition et la structure, et remplissant, en outre, les conditions générales d'une bonne classification, qui doit rapprocher ce qui est semblable, séparer ce qui est différent.

On n'est malheureusement pas encore tombé d'accord, entre pétrographes de diverses écoles, pour l'unification de la nomenclature et de la classification[1]. De vieux noms vulgaires, autrefois mal définis et qu'on aurait peut-être dû écarter résolûment, sont pris, suivant les auteurs, dans des acceptions différentes ; les géologues de certains pays étrangers se donnent, par contre, le plaisir facile de créer indéfiniment des noms nouveaux, qui ne sont guère connus que par eux, pour représenter des cas un peu particuliers de types déjà classiques et le principe même, qui doit servir de base à la classification, reste soumis à des discussions sans nombre. Rien que dans ces dernières années, on en a indiqué au moins cinq ou six totalement différents, sans compter les nombreuses variétés dans chaque groupe.

Ainsi les uns prennent, comme entrée de classification, le gisement de la roche considérée et, spécialement, sa profondeur originelle ; d'autres font, tout au moins, intervenir son âge. Un second groupe de savants, très nombreux en Amérique et en Norvège, attache une importance prépondérante à l'analyse chimique et l'envisage comme pouvant suffire à elle seule. Un dernier, qui comprend du moins l'unanimité des pétrographes français, considère que la nomenclature usuelle doit être basée sur la composition minéralogique et sur la structure, quitte à compléter ces notions par des schémas représentatifs de la constitution chimique ; mais, alors, les discussions commencent sur l'importance plus ou moins grande qu'il faut attribuer à tel ou tel élément, etc.

L'actualité de la question m'a forcé à indiquer cette controverse. Il semble qu'une classification, se proposant avant tout d'être pratique, doive écarter toute considération plus ou moins hypothétique sur la profondeur et sur l'âge ; et la discussion ne paraît guère pouvoir exister

---

1. M. LŒWINSON-LESSING a publié, dans le compte rendu du Congrès géologique de 1900, un lexique pétrographique en 300 pages, donnant l'identification des termes pétrographiques usités par les géologues des divers pays. Ce lexique, quoique excellent, se trouve déjà presque démodé et ne suffit pas pour comprendre aucun des mémoires récemment publiés par les pétrographes américains. On trouvera, dans le même ouvrage, pages 213 à 254, un résumé des discussions de ce Congrès, relatives à la nomenclature des roches, qui met surtout en évidence l'impossibilité actuelle de s'entendre entre pétrographes.

CLASSIFICATION GÉNÉRALE DES ROCHES CRISTALLINES

			STRUCTURE grenue = G	STRUCTURE microgrenue = Mg	STRUCTURE microlithique = μ	STRUCTURE ophitique = O
I. Roches à feldspaths.	1° Roches à feldspaths sans feldspathides.	A. Roches à feldspaths alcalins et quartz . . .	G = *Granites* . .	Mg = *Microgranites*	μ = *Rhyolithes.*	
		B. Roches à seuls feldspaths alcalins	G = *Syénites.* . . .	Mg = *Microsyénites.*	μ = *Trachytes.*	
		C. Roches à orthose et plagioclase . . .	G = *Monzonites* . .	Mg = *Microsyénites* . .		
		D. Roches à seuls feldspaths calco-sodiques . . .	G = *Gabbros.* . . .	Mg = *Microgabbros* . .	μ = *Dacites, andésites, porphyrites, basaltes.*	O = *Dolérites.* (anciennes diabases).
	2° Roches à feldspaths et feldspathides . .	A. Roches à seuls feldspaths alcalins	G = *Syénites néphéliniques, leucitiques ou sodalitiques.*	Mg = *Microsyénites néphéliniques leucitiques ou sodalitiques.*	μ = *Phonolithes.*	
		B. Roches à orthose et plagioclase	G = *Monzonites néphéliniques, ou essexites.*			
		C. Roches à seuls feldspaths calco-sodiques et feldspathides. . . .	G = *Gabbros néphéliniques.*	Mg = *Microgabbros néphéliniques.*	μ = *Téphrites*(à néphé-lineycl.*Leucotéphrites.*	
II. Roches sans feldspaths.	1° Roches sans feldspaths, mais à feldspathides ou verre alcalin.	A. A néphéline. . . .	G = *Ijolites.* . .	. . . . .	μ = *Néphélinites.*	
		B. A leucite	G = *Missourites.* . .	. . . . .	μ = *Leucitites.*	
		C. A mélilite	. . . . .	. . . . .	μ = *Mélilites.*	
		D. A verre sodique. . .	. . . . .	. . . . .	μ = *Augitites* (avec ou sans olivine).	
III. Roches sans éléments blancs.	. . . .		G = *Péridotites. Pyroxénolithes. Hornblendites.*	. . . . .	. . . . .	O = *Picrites.*

qu'entre les définitions basées sur l'analyse chimique et celles fondées sur l'examen minéralogique. La dernière méthode a évidemment pour défaut de ne pas faire entrer en ligne de compte la proportion des éléments constituants et, dans certains cas exceptionnels, de classer, dans deux groupes distincts, des roches, qu'une refusion peut faire passer de l'une à l'autre : par exemple, la biotite et le microcline passant à la leucite et à l'olivine (expérience Fouqué et Michel Lévy), ou le mica blanc transformé en leucite en présence des carbonates alcalins, etc., etc. Aussi y a-t-il lieu de faire entrer, autant que possible, en ligne de compte, non seulement la nature, mais aussi la proportion des minéraux constituants[1]. Néanmoins la classification minéralogique a ce grand avantage qu'en y joignant une analyse chimique de l'ensemble, on peut en déduire à volonté la composition minéralogique élémentaire. La classification seulement chimique, au contraire, outre qu'elle est très souvent insuffisante pour faire reconnaître les minéraux constituants, laisse absolument de côté un des points essentiels de la pétrographie : c'est la structure; c'est même le groupement des éléments chimiques en tel ou tel minéral, qui implique le mode de refroidissement et peut, par conséquent, renseigner, dans une certaine mesure, sur le mode de formation, presque aussi intéressant pour nous que la composition chimique. Enfin toute altération secondaire, agissant sur une roche, risquera de la faire passer d'un groupe dans l'autre.

La classification française, que j'adopterai et que résume un petit tableau ci-joint[2], sans méconnaître en aucune façon l'importance des analyses chimiques, mais en les réservant pour des études théoriques ultérieures, classe donc les roches, d'après leurs minéraux constituants, et, tout spécialement, d'après leurs éléments blancs, feldspaths ou feldspathides[3], quand ils existent, en : I. *Roches à feldspaths;* II. *Roches sans feldspaths* et III. *Roches sans éléments blancs,* subdivisées elles-mêmes d'après la nature des feldspaths ou feldspathides et les répartit ensuite entre quatre groupes, caractérisés par leur structure. Les structures principales, ainsi distinguées, sont :

1º *La structure grenue,* dont le granite est le meilleur représentant, où les éléments, distincts à l'œil nu les uns des autres, forment

---

1. C'est ce que j'ai essayé de faire par une méthode personnelle, pour les roches de la Creuse. (Bull. Serv. Carte Géol., nº 83, 1er avril 1902).

2. Page 536.

3. On a l'habitude en pétrographie de distinguer les minéraux des roches en deux groupes essentiels : les *éléments blancs ou alcalins,* tels que les feldspaths, les feldspathides (définis plus loin, page 539, note 1), *le quartz et le mica blanc; les éléments colorés ou ferro-magnésiens* , tels que le mica noir, le pyroxène, l'amphibole, le péridot, etc.

un agrégat cristallin homogène, cristallisé en une fois, ou du moins sans discontinuité notable ;

2° La *structure microgrenue*, à éléments entièrement grenus comme dans le premier cas, mais avec une discontinuité dans la cristallisation, qui se traduit par l'existence de deux groupes de cristaux : les uns de grande dimension, les autres de dimension beaucoup plus restreinte ;

3° La *structure microlithique* (basaltes, laves andésitiques, etc.), où les deux temps de consolidation sont particulièrement tranchés : le premier s'accusant par de grands cristaux ou *phénocristaux* ; le second, par de petits cristaux, beaucoup plus fins, aplatis ou allongés (*microlithes*), souvent alignés par traînées et constituant la pâte, qui peut admettre, en outre, un résidu vitreux ;

4° La *structure intersertale ou ophitique*, plus exceptionnelle, qui, à l'œil nu, ne se distingue guère de la structure grenue que par une trame plus serrée, mais qui se définit très bien au microscope par la cristallisation presque simultanée, dans le même temps de consolidation, de deux minéraux, dont l'un forme des cristaux isolés, que moulent et englobent les grandes plages de l'autre.

Dans une certaine mesure, ces structures correspondent à des profondeurs de cristallisation diverses : la structure grenue, du moins pour les roches acides[1], à une cristallisation en profondeur ou sous pression ; les structures ophitiques et microgrenues à une cristallisation filonienne ou intrusive ; la structure microlithique à des roches susceptibles d'épanchement. La classification française a donc incidemment cet avantage de rappeler cette notion de profondeur, à laquelle M. Rosenbusch attache une importance essentielle et qui serait, en effet, du plus grand intérêt à envisager, si l'on devait savoir toujours exactement la profondeur originelle des roches considérées, et, surtout, si l'on ne trouvait pas les mêmes types de roches en massifs de profondeur et en filons, ou en filons et en épanchements.

Tout en adoptant le principe de faire intervenir, à la fois, la composition et la structure, on aurait donc pu, si l'on avait voulu mettre en évidence les conditions de refroidissement et la profondeur de formation, établir les divisions principales d'après la structure. On a préféré, pour répondre aux considérations chimiques, faire l'inverse : commencer par les minéraux constituants et finir par la structure.

---

1. Quand il s'agit de roches basiques, on peut, à l'air libre, réaliser la structure ophitique par un refroidissement un peu lent et même, après un recuit ménagé de quelques jours, arriver à la structure grenue des gabbros. Même pour les roches acides, les observations de M. Lacroix à la Réunion ont montré que la relation de la structure avec la profondeur est seulement approximative.

Le tableau, que je reproduis, est, à son tour, susceptible de subdivisions. Tel que je l'ai donné, il laisse, en effet, de côté la considération des éléments ferro-magnésiens ou colorés, toutes les fois que les éléments blancs existent et il en résulte que la presque totalité des roches habituelles les plus fréquentes se trouvent entassées dans la seule première catégorie de roches à feldspaths, ou même spécialement dans sa première partie (roches à feldspaths sans feldspathides[1]). Il faut alors subdiviser chacun des grands types considérés, d'après les éléments colorés qu'il renferme (mica, amphibole, pyroxène, olivine). C'est ce que je vais faire, à titre d'exemple, pour la première famille, qui renferme les types les plus courants et les plus vulgairement connus.

Ainsi, la *famille des granites* (A) est définie : Roches holocristallines grenues, à feldspath alcalin dominant ; avec quartz ; à mica noir, amphibole, pyroxène, diallage. Elle comprendra : les *granites* proprement dits, ou granites à mica noir (orthose, oligoclase, quartz, mica noir et mica blanc) ; puis les *granites à amphibole*, ou à *pyroxène*, dans lesquels soit l'amphibole, soit le pyroxène, remplacent le mica noir, etc. Quand le quartz disparaît, on a les *syénites* (B), ou granites sans quartz, à orthose dominant, pouvant être également à mica noir, à amphibole ou à pyroxène. Granites et syénites auraient pu être réunis dans une même famille.

Quand, au lieu d'un feldspath alcalin, on a un feldspath plus basique (ou plagioclase), on trouve la *famille des gabbros* (C), généralement sans quartz, qui pourra comprendre : comme types grenus, les *kersantites* (mica noir et plagioclase), les *diorites* (amphibole et plagioclase), les *diabases* (pyroxène et plagioclase), les *gabbros* (diallage et plagioclase), les *norites* (hypersthène et plagioclase).

A chacun de ces types grenus correspondent un type ophitique et un type microlithique, où l'on retrouve les mêmes minéraux cristallisés avec une structure différente.

Par exemple, les granites, en devenant microgrenus, seront des *microgranites* (englobant les anciennes *microgranulites* ou *porphyres quartzifères*) ; en devenant microlithiques, la même famille passera aux

---

1. On appelle *feldspathides* des minéraux formés de silicates d'alumine alcalins, qui jouent un rôle analogue à celui des feldspaths sans en avoir la composition : leucite ou amphigène, néphéline, haüyne, sodalite, etc. ; ces deux derniers, avec intervention d'acide sulfurique pour le premier, de chlore pour le second. On les a considérés autrefois comme caractéristiques des roches tertiaires, tandis que les feldspaths appartenaient aux roches anciennes. Les synthèses de MM. Fouqué et Michel Lévy, puis les travaux de M. Iddings, ont montré la transformation facile des lamprophyres (porphyrites micacées, etc.), qui sont des roches à feldspath en des roches à leucite, c'est-à-dire à feldspathide (Voir Bull. Carte Géol., nº 45. Michel Lévy et Lacroix, *leucotéphrite à pyroxène*).

rhyolithes, qui comprennent les anciens *porphyres pétrosiliceux*. De même, aux syénites microlithiques se rattacheront les roches, que nous nommions jadis des *orthophyres* et aux gabbros microlithiques nos *porphyrites*, *labradorites*, *mélaphyres.* Il y a des gabbros, microgabbros et gabbros microlithiques, qui sont andésitiques, labradoriques ou anorthiques, suivant que le plagioclase dominant est de l'andésine, du labrador, ou de l'anorthite.

Quand on s'est mis d'accord sur l'adoption d'une classification minéralogique, les difficultés et les controverses se reproduisent surtout pour les roches microlithiques. Celles-ci, en effet, comprennent, par définition même, deux temps de consolidation distincts[1], où se sont produits des minéraux différents et, par exemple pour les feldspaths, des minéraux, qui, en général, sont d'un type plus fusible ou plus acide dans les microlithes de la pâte que dans les phénocristaux englobés par celle-ci. Est-ce alors aux microlithes ou aux phénocristaux qu'il faut s'en rapporter? Les pétrographes français ont adopté le premier principe, les Allemands le second. J'ai déjà dit[2] pourquoi ces derniers me paraissent avoir tort. Les phénocristaux, qui ne représentent jamais qu'une portion infime de la roche[3], sont des éléments venant de la profondeur, formés dans des conditions différentes de celles où la roche s'est réellement solidifiée : éléments adventifs, parfois étrangers, et, par suite, pouvant devenir d'une véritable banalité.

Afin de résumer en un symbole cette méthode de classification, A. Michel Lévy[4] a proposé de représenter les roches par des formules analogues à celles qui ont introduit une telle simplification en chimie . formules qui, malheureusement, doivent, en pétrographie, comme on va en juger, résumer une quantité de connaissances très considérable.

Un granite à mica blanc, ou granulite, s'écrira, par exemple :

$$\Gamma\alpha,\ \Gamma\beta,\ \Gamma\gamma - \overline{(\mathrm{F}_{\,b\,a\,8})\ (\mathrm{M})\ \underline{(ta_1 a'_1 a_3 qm)}}$$

Dans cette expression, la lettre Γ signifie la structure grenue et les lettres α, β, γ les divers sous-groupes de structure, que peut présenter cette structure grenue : granitique, ou à quartz sans forme propre moulant les autres éléments ; granulitique, ou à quartz raccourcis; pegmatoïde, ou à quartz cristallisé avec l'orthose.

La seconde partie de la formule donne la composition minéralogique :

1. Voir page 170 ce qu'on entend par temps de consolidation.
2. Voir page 177 .
3. J'ai donné des chiffres précis à ce sujet dans un mémoire sur les *Roches carbonifères de la Creuse*. (Bull. Serv. Carte Géol., n° 83, avril 1902).
4. *Structure et classification des roches éruptives*, 1889, p. 37.

($F_{s \land s}$), minéraux ferrugineux accessoires, apatite, zircon, sphène, allanite ; (M), mica noir ; (t) feldspaths alcalino-terreux ; (a_1, a'_1, a_3), divers types de feldspaths alcalins (orthose, microcline, albite) ; (qm), quartz et mica blanc.

Les éléments sont rangés, de gauche à droite, dans leur ordre de consolidation ; le trait au-dessus indique le premier temps de consolidation ; le trait au-dessous, le second temps.

Je n'insiste pas sur cette classification, dont les indications précédentes auront permis de reconnaître le principe. On remarquera, comme je l'ai annoncé dès le début, qu'elle ne fait intervenir, comme principes directeurs, ni le gisement, ni l'âge, ni l'analyse chimique, ni même le degré d'acidité.

J'ai déjà indiqué pourquoi la considération du gisement était défectueuse.

La notion d'âge, que l'on a souvent appliquée autrefois, est plus fâcheuse encore et doit être totalement abandonnée en pétrographie pour une foule de raisons : d'abord, parce qu'elle suppose une détermination préalable, toujours hypothétique, de l'âge en question et qu'elle ne comporte donc pas la rigueur absolue, que nous exigeons d'une classification ; ensuite, et surtout, parce que l'hypothèse la plus vraisemblable aujourd'hui relativement à l'âge des roches est, comme nous le verrons bientôt, qu'il a pu se former, à toutes les époques, ou du moins dans une série de périodes diverses, des roches identiques. Par conséquent, distinguer, comme on le faisait jadis, un basalte tertiaire d'un mélaphyre ancien, une lave moderne d'une andésite tertiaire et d'une porphyrite carbonifère ou silurienne, une rhyolithe d'un porphyre pétrosiliceux, uniquement parce qu'on les sait ou les croit d'âges différents, est une erreur du même genre et plus grave encore que celle, qui a fait autrefois donner au même fossile quatre ou cinq noms, quand on le rencontrait dans quatre ou cinq terrains différents. C'est masquer, sous des divergences de dénomination, l'unité réelle du phénomène.

A défaut de la classification chimique, à laquelle il paraît préférable, comme je l'ai dit, de renoncer dans la pratique[1], il faut, du moins, toutes les fois que l'on veut raisonner sur l'origine d'une roche et sur les relations réciproques de diverses roches, tirer, de son analyse chimique, une représentation conventionnelle, qui mette en évidence certains rap-

---

1. Par des considérations chimiques, on a proposé parfois de faire une dérogation au principe de la classification minéralogique en rassemblant, sous le nom très usité de *Lamprophyres*, l'ensemble des roches de toutes structures, caractérisées par une grande abondance d'éléments ferro-magnésiens (biotite, hornblende, etc.), associés à des feldspaths ou feldspathides, telles que les kersantites, trachytes, andésites, porphyrites, etc.

ports caractéristiques de ses éléments chimiques entre eux. Toute roche éruptive est, à un certain degré, une scorie métallurgique, plus ou moins brassée en profondeur par des produits volatils et refroidie avec une rapidité plus ou moins grande. C'est l'étude de ces scories, que nous entreprenons, afin de reconstituer les opérations de métallurgie profonde et les lits de fusion, dont elles résultent.

Autrefois on se bornait, dans cet ordre d'idées, à des considérations assez simples et il semblait suffisant de distinguer les roches en trois grandes catégories, d'après leur teneur en silice : *Roches acides*, quand la silice dépasse ce qui convient aux feldspaths les plus acides et est amenée à s'individualiser (plus de 65 p. 100) ; *basiques*, quand cette teneur en silice est celle des silicates les plus basiques (moins de 55 p. 100) ; *neutres* dans le cas intermédiaire.

Cette considération garde toujours une grande importance ; mais on est devenu singulièrement plus difficile dans ces derniers temps, en ce qui concerne la composition chimique des roches et les pétrographes américains ont même prétendu pousser la précision jusqu'à une rigueur illusoire, bien difficilement compatible, soit avec les variations locales d'une même roche, soit avec les erreurs inévitables de l'analyse elle-même [1]. Des résultats remarquables, qu'il est impossible, même dans cet aperçu sommaire, de passer sous silence, ont été obtenus : en 1892, par M. Iddings ; puis, en 1897, par A. Michel Lévy.

On doit à ces deux savants l'emploi de diagrammes représentatifs, qui mettent aussitôt en évidence les traits chimiques les plus caractéristiques d'une roche et qui ont montré la généralité de certains d'entre eux (courbes d'Iddings, triangles de Michel Lévy).

Le procédé de A. Michel Lévy, entré aujourd'hui dans la pratique courante, consiste à figurer l'analyse quantitative d'une roche par deux diagrammes triangulaires, dont la forme représente : pour l'un, ce qu'il a appelé la *scorie ferro-magnésienne*, c'est-à-dire la proportion relative des éléments colorés de fer, de magnésie, et de chaux (ou d'alumine)

---

1. Le retour à ces théories chimiques, qui avaient déjà occupé autrefois Élie de Beaumont, Daubrée, Fouqué et Michel Lévy, s'est fait d'abord surtout sous l'influence de MM. Iddings en Amérique ; Brögger en Norvège ; Geikie et Teall en Angleterre ; Rosenbusch, Lang et Becke en Allemagne. Depuis 1897, A. Michel Lévy est entré résolument dans cette voie et a publié, à ce sujet, une série de mémoires capitaux, qui ont fait prendre à la question une ampleur toute nouvelle. Voir, surtout : 1897 *Classification des magmas des roches éruptives* (Bull. Soc. géol., 3e sér., t. XXV). 1898, *Sur un nouveau mode de coordination des diagrammes représentant les magmas des roches éruptives* (Bull. Soc. Géol., 3e sér., t. XXVI). 1903, *Contribution à l'étude des magmas chimiques dans les principales séries volcaniques françaises* (Bull. Carte géol., nos 92 et 96). Le mémoire de 1897 contient un résumé des travaux antérieurs. MM. Cross, Iddings, Pirsson et Washington ont fait paraître, en 1903, un essai de classification quantitative, exclusivement basé sur l'analyse chimique.

en excès non feldspathisée ; pour l'autre, les *éléments blancs*, ou éléments de fumerolles, potasse, soude et chaux feldspathisée [1]. La silice est inscrite à côté des deux triangles juxtaposés. On considère, comme alumine libre, l'alumine en excès, après avoir saturé les protoxydes de potasse, soude et chaux en proportion atomique 1 : 1. Les croquis ci-joints (fig. 41) montrent, pour quatre types de roches, granite, diabase,

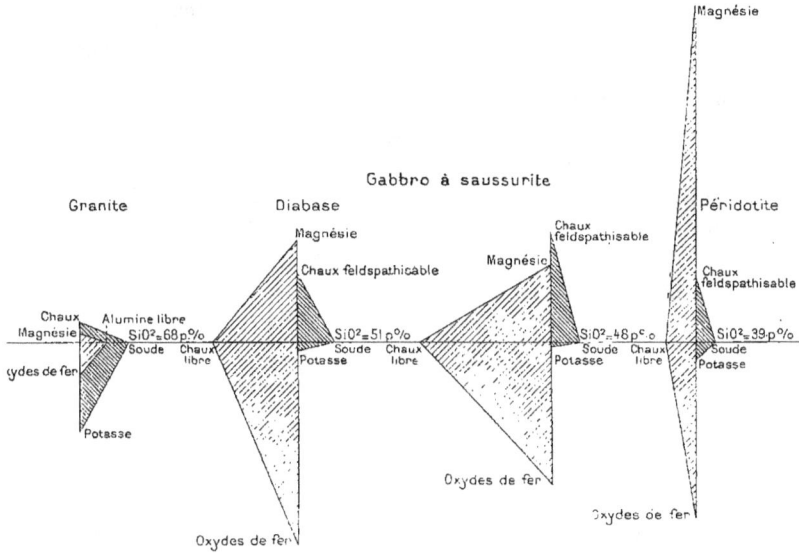

Fig. 41. — Diagrammes représentatifs de diverses roches d'après A. Michel Lévy.

gabbro à saussurite et péridotite (picrite) combien les diagrammes représentatifs diffèrent et à quel point ils font ressortir la proportion relative des éléments principaux.

Par cette méthode, on met très simplement en évidence tous les caractères essentiels de la roche : d'abord, ses deux parties constituantes, la scorie ferro-magnésienne et les éléments de fumerolles (ou éléments alcalins), dont le mélange l'a produite ; puis les rapports des éléments caractéristiques du magma, tels que celui de la potasse à la soude, auquel on tend à attacher de plus en plus d'importance ; la proportion de silice et, enfin, l'excès ou le défaut d'alumine, qui peuvent se manifester après formation des feldspaths, dont cette alumine est

1. Ni l'un ni l'autre de ces deux magmas ne saurait être l'objet d'une définition précise. Ils sont susceptibles de grandes variations : surtout le magma alcalin, dans lequel la silice peut varier de 51 à 100 p. 100. Le magma ferro-magnésien joue le rôle d'une simple scorie ignée, tandis que le magma alcalin paraît susceptible d'être entraîné par les dissolvants et minéralisateurs, comme une solution liquide.

l'élément essentiel : soit qu'après avoir feldspathisé toutes les bases (y compris la chaux entière), il reste encore de l'alumine ; soit que l'alumine ne suffise même pas à feldspathiser la soude, passée à l'état de métasilicates.

Cela revient, comme l'ont fait plus tard les pétrographes américains, à envisager quelques rapports fondamentaux, dont les principaux sont : d'abord, les deux rapports caractéristiques de l'acidité ou de la couleur $\dfrac{\text{éléments blancs}}{\text{éléments ferromagnésiens}}$ et $\dfrac{\text{feldspaths}}{\text{quartz}}$, ou $\dfrac{\text{feldspaths}}{\text{feldspathides}}$; puis les rapports caractéristiques du magma $\dfrac{\text{potasse} + \text{soude}}{\text{chaux feldspathisable}}$ et $\dfrac{\text{potasse}}{\text{soude}}$, dont le premier équivaut à définir le plagioclase.

Ces rapports établis caractérisent un magma (quelle qu'en soit d'ailleurs l'origine), dont la cristallisation dans telle ou telle condition peut ensuite donner telle ou telle structure et tel ou tel groupement minéralogique. Dans une certaine mesure, ils présentent donc une valeur plus générale que la définition minéralogique, puisque, suivant les cas, le mélange des mêmes éléments chimiques peut cristalliser en donnant des groupes de minéraux divers ; mais, pour cette raison même, étant trop généraux, ils sont moins caractéristiques de la roche considérée, qui est un cas particulier, un cas spécial de ce magma et qui demande à être définie, indépendamment du magma dont elle provient.

L'étude chimique des roches éruptives, facilitée par l'emploi de ces diagrammes, a permis à A. Michel Lévy d'énoncer un certain nombre de lois générales, qui peuvent aider à retrouver l'origine de ces roches :

1° La proportion de magnésie est éminemment caractéristique de la quantité de magma ferro-magnésien, entrant dans la composition définitive de la roche, c'est-à-dire de la basicité. La magnésie tend régulièrement vers 0, quand la silice augmente, c'est-à-dire quand l'acidité s'accroît.

2° Quand on considère une famille de roches homogène, tout se passe comme si, à un magma ferro-magnésien, venait s'ajouter, par apports successifs, une quantité, d'abord rapidement croissante, d'alcalis, d'alumine et de silice ; puis, une fois atteinte la saturation de la potasse, de la soude et de l'alumine, la silice croît et semble remplacer le magma ferro-magnésien.

II. — Origine, mode de formation, âge et relations tectoniques des roches éruptives.

A) ORIGINE DES ROCHES ÉRUPTIVES. — *Identité du volcanisme actuel et de l'éruptivité ancienne. Différences apparentes introduites par la profondeur d'érosion. Magma fondamental universel ou magmas localisés. Poches fluides limitées. Familles de roches consanguines. Combinaison des deux scories feldspathique et ferro-magnésienne. Théories de la refusion locale et des infiltrations marines.* — Dans tout ce qui va suivre, j'admettrai implicitement un premier point, qui me paraît résulter avec netteté de toutes les études géologiques : c'est l'identité probable entre le volcanisme actuel et les manifestations éruptives, qui ont pu avoir lieu à des époques diverses [1]. Ces manifestations, en dehors d'une évolution possible, sur laquelle je reviendrai, ont dû, à tous les moments, affecter des caractères analogues et ne nous semblent aujourd'hui si différentes que parce que l'inégal niveau atteint par les érosions, sur des zones éruptives plus ou moins anciennes, en a mis à jour des sections horizontales plus ou moins profondes, ou cristallisées dans des conditions que réalise d'ordinaire une profondeur inégale. Les problèmes, qui vont se poser pour les roches éruptives anciennes, sont donc les mêmes que ceux qui se posent pour le volcanisme actuel et nous nous croyons le droit d'en chercher simultanément la solution.

La première question, que nous devons résoudre relativement à toutes les roches éruptives, est celle de leur origine. Après quoi, nous aurons à examiner leurs relations réciproques et les rapports de leur venue au jour avec les dislocations du sol [2].

Les roches éruptives en ignition ont subi autrefois, ou subissent encore, là où elles se manifestent, un mouvement d'ascension incontestable ; elles viennent d'en bas, mais de quelle profondeur, on l'ignore. Faut-il imaginer que, sous les cheminées éruptives, il existe une communication directe de la superficie avec des parties centrales encore fluides de notre planète ? Ou la manifestation éruptive se borne-

1. Un point essentiel à considérer dans les phénomènes volcaniques, tels que nous les apercevons, est leur caractère très superficiel. Tout, dans le volcanisme extérieur, est déterminé par le voisinage de la surface, explosions, paroxysmes violents, projection de cendres, combustion de gaz, accumulation de cendres et de débris en forme de cônes et de cratères, coulées de lave superficielles par fusion purement ignée. Nous devinons aisément qu'à peu de distance de la surface les caractères se modifieraient totalement, puisqu'au lieu d'une expansion violente à l'air libre on doit avoir une fusion tranquille sous pression ; au lieu de gaz oxydés, des gaz réducteurs ; au lieu de fusion purement ignée, des fusions aqueuses ; au lieu de fumerolles dégagées, des fumerolles emprisonnées dans la roche et agissant sur sa cristallisation ; au lieu de coulées à l'air libre, des intrusions profondes. C'est seulement par accident que nous pouvons retrouver, dans des volcans actuels, des traces de ces phénomènes relativement profonds.

2. La géologie expérimentale me paraît très impuissante à donner une notion de quelque valeur sur les phénomènes éruptifs. Tout au plus peut-elle apporter une confirmation à une théorie déjà appuyée de nombreuses observations. Il convient cependant de rappeler ici les travaux de DAUBRÉE. En 1892, M. E. REYER a fait quelques expériences (*Vulkanische und Massen Eruptionen*, Leipzig, Engelmann), dont M. KILIAN a rendu compte dans la Rev. gén. des Sciences du 15 juillet 1893.

t-elle à une refusion, presque superficielle, d'éléments antérieurement consolidés ? Entre ces deux extrêmes, toutes les théories possibles ont été proposées : notamment celle (dite quelquefois, par extension, des laccolithes[1]), qui attribue les séries éruptives à l'évacuation de poches fluides limitées et relativement profondes, pouvant d'ailleurs avoir une origine quelconque ; la question est délicate et reste toujours très controversée.

Si nous voulons nous faire une idée un peu nette du phénomène, nous sommes néanmoins forcés d'aborder, dès le début, ce premier point, qui est peut-être le plus obscur de tous ceux, auxquels nous nous attaquerons. Après quoi, à mesure que nous quitterons ces généralités pour nous rapprocher des faits directement observables, nous pourrons donner aux problèmes posés des solutions de plus en plus nettes et de moins en moins discutables.

Le grand problème de l'origine à attribuer aux roches éruptives peut être envisagé de deux façons distinctes, par la chimie ou par la tectonique (en comprenant, dans cette dernière, l'étude du volcanisme actuel). Les considérations tectoniques s'étant trouvées déjà indiquées pour la plupart, c'est surtout sur le côté chimique que je vais ici insister.

Les analyses chimiques me semblent, d'abord, mettre en évidence le caractère de banalité, qui rend toutes les roches éruptives très voisines, en somme, les unes des autres et qui nous force, pour les distinguer, à porter notre attention sur des particularités de détail. Cette banalité correspond bien avec le fait que toutes ces roches se sont formées, selon toutes vraisemblances, dans une zone très limitée de la sphère terrestre : une zone, qui n'atteint peut-être pas la 200e partie de son rayon et par des opérations de métallurgie analogues, où un très petit nombre d'éléments, toujours semblables, se sont trouvés en jeu. Elle est encore accentuée par la similitude avec les terrains sédimentaires, qui, produits aux dépens des roches cristallines, après des remaniements plus ou moins accentués, contiennent nécessairement, eux aussi, les mêmes principes : en sorte que tous les terrains, sur lesquels portent nos observations géologiques, ont, sauf quelques points exceptionnels de concentration métallifère, à peu près la même composition moyenne, qui pourra être déterminée dans un chapitre ultérieur[2]. Toute l'écorce terrestre est, presque uniformément, un silico-aluminate de quelques

---

1. A l'origine, GILBERT (1877) avait désigné par le mot de *L'accolithes* des masses d'intrusion lenticulaires. Plus tard, on a souvent employé, à tort, le même nom pour toutes les masses ignées profondes.

2. Voir, plus loin, page 649.

bases simples, alcalis, chaux, magnésie et oxydes de fer; elle est tout entière constituée par les sept ou huit mêmes éléments, qui, pour fixer les idées, peuvent se résumer en un mélange à proportions variables de deux minéraux caractéristiques, un feldspath et un péridot. C'est ce que A. Michel Lévy a exprimé, comme on l'a vu plus haut, en disant que les roches étaient toutes produites par la combinaison des deux groupes suivants : d'une part, une scorie feldspathique acide, composée de silice, alumine, alcalis (potasse et soude) et chaux; de l'autre, une scorie ferro-magnésienne basique, où la silice, qui est l'élément acide de toute cette métallurgie, s'est emparée d'un excès de chaux, de magnésie et d'oxydes de fer.

Cette division est si nette que A. Michel Lévy en a fait, ainsi que je l'ai déjà dit, la base de ses diagrammes et de sa théorie pétrographique et que les auteurs étrangers l'ont admise, pour la plupart, sous une forme ou sous une autre. Toutes les roches nous apparaissent ainsi comme formées par le mélange, en proportion variable, de ces deux magmas, qui s'éliminent réciproquement, c'est-à-dire que, quand la silice augmente, entraînant d'abord l'alumine et les alcalis, les bases, dont la magnésie est la plus caractéristique, diminuent et, finalement, l'on arrive : d'un côté, à de la silice pure; de l'autre, à un mélange de magnétite avec des silicates de magnésie.

Si l'on considère en outre les éléments accessoires des roches, dont la proportion ne dépasse guère au total 2 p. 100, ceux-ci vont, tout naturellement, se rattacher aux deux groupes précédents et ne font que confirmer et accentuer la division précédente. Ce sont : d'une part, les éléments de fumerolles, ou minéralisateurs, auxquels nous devons attribuer un rôle particulièrement actif dans les scories acides, chlore, soufre, phosphore, bore et carbone, et quelques métaux du groupe du calcium (tels que le baryum ou le strontium, venant remplacer parfois celui-ci); de l'autre, les métaux de ségrégation basique, qui vont se classer avec la scorie ferro-magnésienne : titane, manganèse, nickel, cobalt, chrome, vanadium, terres rares.

En dehors de ces éléments, la somme de tous les autres, que l'on trouve exclusivement sur certains points de concentration, recherchés par l'industrie minière et auxquels nous attribuerons bientôt une origine plus profonde, n'intervient pas, dans son ensemble, pour 1 : 100.000^e et ne joue aucun rôle dans la minéralisation; on peut donc les négliger en pétrographie proprement dite et l'on voit qu'en résumé les roches paraissent toutes formées par la réaction réciproque des deux mélanges, l'un acide, l'autre basique, indiqués un peu plus haut, avec intervention active des minéralisateurs, chlore, soufre, phosphore,

hore, qui se combinent particulièrement à la scorie acide et l'aident à dissoudre la scorie basique.

Quand nous essayerons, dans un autre chapitre, de pousser plus loin cette analyse et de reconstituer l'ordre de superposition primitive des éléments chimiques dans la Terre encore fluide, nous verrons que les ségrégations basiques métallifères et les gîtes filoniens laissent soupçonner l'existence de zones plus profondes, où domineraient, avec quelques-uns des métaux déjà rencontrés à l'état de traces dans la scorie ferro-magnésienne, tous les autres métaux denses proprement dits. Mais, dans la zone relativement superficielle, qui est celle des silicates ou de l'universelle scorie éruptive, les magmas ignés quelconques semblent produits par le brassage, en proportions variables, des deux termes, l'un un peu plus acide, l'autre un peu plus basique, qui ont pu, tout d'abord, exister à des niveaux différents en profondeur et que des mouvements tectoniques, en même temps qu'ils amenaient le déplacement des métalloïdes propres à faciliter leur cristallisation, auront mis en contact l'un avec l'autre.

Arrivé là, on peut se demander, comme nous l'avons vu en commençant, si la production de ces magmas éruptifs, ou du moins leur arrivée dans les zones hautes de l'écorce, est un fait qui se poursuit sans cesse, ou si les éruptions ne font que vider des poches fluides limitées et, en quelque sorte, oubliées dans l'écorce solide. Autrement dit, dans la première explication, faut-il admettre que les cratères volcaniques représentent des évents directement ouverts jusqu'à une zone fluide interne générale? Ou, plutôt, devons-nous les supposer en relation avec un certain nombre de zones fluides très étendues, qui, à toute époque géologique, auraient persisté ou se seraient reformées suivant quelques lignes de dislocation terrestre, telles que les géosynclinaux plissés, et se seraient déplacées avec elles à la surface de la Terre?

C'est la théorie qui a été adoptée, sous sa forme la plus générale, par M. Suess et A. de Lapparent : c'est, avec d'importantes variantes et restrictions, celle qui, malgré son aspect un peu hypothétique, me paraît, en somme, la plus vraisemblable [1].

Les principaux arguments en sa faveur sont, d'abord, la netteté extrême des alignements volcaniques, si évidente sur une simple carte géographique, la multiplicité des évents volcaniques en activité simul-

---

1. A. DE LAPPARENT a fait remarquer qu'avec une superficie terrestre de 510 millions de kilomètres carrés et une zone fluide interne générale, une simple compression de 1 millimètre pourrait faire sortir, par 510 orifices volcaniques, des coulées éruptives, ayant chacune un volume d'un kilomètre cube. Nous verrons plus loin, page 553, le rôle possible des refusions.

tanée et l'impossibilité d'imaginer, pour chacun d'eux, une petite nappe fluide restreinte, qui l'alimenterait seul, puis les analogies de magmas éruptifs entre tous les volcans de certains alignements gigantesques, comme les Andes ou l'axe Érythréen, les coïncidences fréquentes entre les éruptions de divers volcans, la connexion des manifestations sismiques avec les mêmes zones faibles, etc.

Il existe, cependant, des objections sérieuses à une hypothèse aussi simplement formulée et la première, qui est tirée de la composition des magmas, me paraît nécessiter, dans bien des cas, notamment pour une des régions qui nous sont le plus familières, pour toute la zone plissée méditerranéenne, comprenant la France, l'Italie, la Hongrie, la Grèce, etc., quelques complications supplémentaires. On observe, en effet, sur certaines lignes de fracture en forme d'ovales elliptiques ou d'arcs imbriqués, que nous apprendrons bientôt à distinguer, une différence singulière entre les magmas des volcans les plus voisins. L'exemple le plus classique est celui du Vésuve potassique, à côté de l'Etna calcique et de Pantellaria sodique [1]. Dans toutes les roches provenant de ces trois volcans, on voit se poursuivre cette différence [2]. La rapport de la potasse à la soude, qui est de 7 à 3 pour le premier volcan, est de 1 à 5 pour le second, de 3 à 7 pour le troisième. La même difficulté se retrouve partout dans l'histoire géologique. En considérant même un ensemble aussi homogène et aussi visiblement uniforme que l'Auvergne, A. Michel Lévy a reconnu, pour les divers centres éruptifs, une individualité magmatique, qui est manifeste. Dans le groupe du Cantal, le rapport de la potasse à la soude est 0,4; il est 0,6 dans la chaîne des Puys, 0,8 dans l'étoilement central du Mont-Dore, et 0,9 dans l'étoilement périphérique. La potasse est donc là toujours en quantité inférieure à la soude; mais sa proportion relative varie du simple au double, pour des centres aussi rapprochés.

Souvent le cas est plus délicat encore. On connaît, en effet, et l'on a particulièrement étudié, depuis quelques années, de nombreux exemples de *familles éruptives* régionales, caractérisées par la prédominance

1. Les laves du Vésuve sont caractérisées par la leucite. Au contraire, à l'Etna, les alcalis sont rares et le labrador est le feldspath dominant.

2. A. DE LAPPARENT répond à cette objection que ces volcans peuvent se trouver en communication avec des zones plus ou moins profondes du noyau fluide interne. Cette remarque aurait toute sa valeur s'il s'agissait uniquement d'expliquer une acidité plus ou moins grande, qui, en effet, peut trouver une interprétation directe dans le phénomène volcanique, puisque, dans la même cheminée éruptive, par exemple à Ténériffe, on peut, dit-on, passer de 47 p. 100 de silice à la base à 59 p. 100 au sommet. Il y a une simple liquation par ordre de densité; mais on ne voit pas pourquoi une semblable liquation ferait dominer: d'un côté, la potasse; de l'autre, la soude et surtout le ferait d'une façon permanente.

constante, ici de la potasse, là de la soude, pour toute une longue série
d'éruptions, et presque indépendamment de la teneur en silice, c'est-à-
dire en passant des plus acides aux plus basiques. Sans doute, il ne
faut pas exagérer cette règle, comme on l'a fait parfois, et s'imaginer
que, partout où il y a roches éruptives, on doive retrouver ce qu'on a
appelé une « province pétrographique » (Judd), une « consanguinité »
(Iddings), un « air de famille » (Brögger). Les exceptions à cette loi, que
l'on a voulu trop généraliser, sont peut-être encore plus nombreuses
que les confirmations. Il suffit, cependant, que le fait existe et soit même
assez fréquent pour que le caractère localisé du phénomène éruptif correspondant me paraisse en ressortir. C'est ainsi que toutes les roches
de la région de Kristiania, étudiées par M. Brögger, sont remarquablement riches en soude; M. Lacroix vient de décrire une famille de
roches de Madagascar également sodiques (néphéline)[1]; les auteurs
américains ont signalé bien des cas semblables[2]; ailleurs, la caractéristique d'une série atteint même le groupement minéralogique (cependant bien plus sujet à variations); on a ici des séries à microcline, là
des séries à anorthose, etc.

Pour tous les cas de ce genre, la théorie un peu trop générale d'une
série d'évents ouverts sur un même magma profond à des niveaux différents me paraît insuffisante.

Comment, d'autre part, expliquer un tel phénomène, si toutes les
roches de tous les pays étaient, comme d'autres géologues l'ont supposé, le résultat direct d'un même processus de différenciation tranquille[3], de ségrégation, de liquation en vase clos, appliqué à un même
et unique magma fondamental et arrivé seulement, suivant les centres
éruptifs ou suivant les époques, à des stades plus ou moins avancés?
Il faudrait donc, ainsi que A. Michel Lévy l'a très nettement fait ressortir[4], que la différenciation eût commencé, dans son premier stade,
en localisant les diverses portions de ce magma igné sous chacun des

1. Les roches étudiées par M. Lacroix (Archives du Muséum, 1903) proviennent
d'Ampasindava. Ce sont des intrusions post-liasiques de roches néphéliniques,
intermédiaires entre les syénites et les gabbros néphéliniques.

2. Il suffit de rappeler les séries d'Electric Peak, de Sepulchre Mountain, de l'Ab-
saroka et de Crandall étudiées par M. Iddings, et celles du Castle Mountain District
(Montana) décrites par MM. Pirsson et Weed.

3. La *différenciation* d'un magma igné homogène enfermé dans un vase clos est
l'opération métallurgique, par laquelle les divers éléments de ce magma peuvent,
sous diverses actions physiques, telles que le refroidissement des parois, la densité, etc., et par l'effet des affinités chimiques, se grouper en un certain nombre de
types pétrographiques divers ou hétérogènes, qui occupent finalement, après solidification, des positions différentes dans le vase. La *ségrégation* est la concentration
de certains éléments chimiques par un phénomène analogue.

4. *Loc. cit.*, 1897, page 337.

évents volcaniques, par ne faire varier que le rapport potasse à soude, pour faire ensuite varier tout le reste (et spécialement la silice), en ne laissant constant que lui, pendant les éruptions proprement dites. A moins d'imaginer la simple refusion de roches ou terrains antérieurs, ayant déjà eu, en chaque point, cette homogénéité de composition — ce qui, comme je le dirai bientôt, semble peu vraisemblable et ce qui ne ferait, du reste, que reculer la difficulté dans le temps —, il semble nécessaire d'admettre que, dans tous les cas où se produit cette consanguinité, il y a évacuation progressive d'une même poche *limitée*, présentant déjà, dans l'ensemble, un certain rapport caractéristique de la potasse à la soude : poche (ou réservoir profond), à laquelle il nous sera bientôt loisible d'appliquer des réactions et différenciations plus ou moins compliquées.

Je suis, d'ailleurs, tout disposé à admettre, comme je l'ai dit au début, que, dans le principe, toutes ces poches proviennent d'une même zone fluide interne[1], avec laquelle, plus ou moins anciennement, elles se sont trouvées mises en communication, par suite d'un mouvement de l'écorce, et j'imaginerais alors volontiers que, dans cette zone fluide plus éloignée de la superficie terrestre, on aurait, comme dans un alliage en fusion liquaté, une superposition d'éléments chimiques divers, légers à la surface, denses en profondeur, entre lesquels s'établiraient, à la faveur des mouvements tectoniques, et surtout par le tourbillonnement des métalloïdes qui en résulterait, des mélanges hétérogènes, plus chargés, ici de tel métal, là de tel autre, qui ensuite donneraient naissance à telle ou telle famille de roches, pouvant être soumise plus tard à une véritable différenciation. Les deux stades existeraient alors, mais avec emprunt à une zone générale hétérogène dans le premier et seulement différenciation d'une poche limitée, à peu près homogène, dans le second.

Cette conclusion me paraît surtout bien difficile à éviter, si l'on envisage, à côté des éléments ordinaires des roches, que leur banalité même permet de retrouver où l'on veut, les éléments métalliques plus exceptionnels.

Lorsqu'on rencontre, sur un seul point, comme Almaden, en deux ou trois cents mètres de long, la moitié ou le tiers de tout le mercure qui existe dans le monde ; lorsque le même phénomène se reproduit sur quelques points d'élection pour tous les autres métaux, il est impos-

---

1. A. MICHEL LÉVY a fait remarquer (*loc. cit.*, 1897, p. 337) que la sortie des roches parfaitement identiques, du cambrien (1) au pléistocène (58), impliquait une source de magma profonde, absolument soustraite à toute différenciation. Ailleurs (*Granite de Flamanville*, p. 20), il a montré qu'une profondeur de 35 kilomètres suffirait pour rendre les granites pâteux.

sible de ne pas admettre qu'il s'est produit, en dessous de ces points, un afflux spécial de ces substances, — si l'on veut, une bouffée métallique, analogue à celles dont l'enveloppe solaire semble sans cesse le théâtre, — afflux qui se serait trouvé exceptionnellement amener vers le jour une substance d'origine plus profonde et, par conséquent, en communication plus rare avec la superficie. Toute autre hypothèse, où l'on fait provenir cette accumulation métallique d'une concentration exercée sur des roches antérieures, se heurte à des impossibilités numériques, ou suppose déjà, dans une portion localisée de ces roches, l'accumulation même, qu'il s'agit d'expliquer.

Nous concevons donc finalement, dans la Terre, un milieu fluide interne, qui n'enveloppe pas nécessairement toute la sphère, mais peut être localisé sur les zones faibles ; et un départ opéré, avec mouvement et brassage par les gaz, en une série de stades plus ou moins nombreux : chacun d'eux pouvant être accompagné de l'isolement d'une portion du magma et, par suite, d'une différenciation nouvelle, exercée sur celui-ci.

A l'appui de cette idée viendrait cette observation que les roches paraissent, en principe, d'autant plus différenciées qu'elles se sont cristallisées plus près de la superficie. Les granites anciens, qui doivent être des roches profondes, sont aussi homogènes comme composition moyenne, quand on les rapproche les uns des autres, qu'ils le sont, dans leur pâte même, comme structure minéralogique. La différenciation est déjà bien plus accentuée dans les granites tertiaires, qui ont des chances pour être plus superficiels, ou dans les granites à mica blanc, qui ont pu former une enveloppe périphérique profonde aux granites proprement dits. Enfin, c'est dans les roches d'épanchement que l'on trouve des types où l'un des deux alcalis, potasse et soude, est le plus près de dominer exclusivement.

Il ne faut pas exagérer la rigueur de cette loi, plus que celle de toutes les autres en pétrographie ; les anomalies existent ; mais l'ensemble des phénomènes paraît bien être celui-là.

Cependant, avant d'aborder un côté différent de la question, nous devons, étant donnée l'obscurité même du sujet, envisager, parmi les autres solutions proposées, celles qui se présentent avec un réel caractère de vraisemblance et qui s'appuient sur des observations précises[1].

La première théorie est celle qui fait consister tout le volcanisme,

---

1. Il a déjà été question de cette discussion, chap. v, page 158, à l'occasion des fumerolles. Je laisse de côté quelques hypothèses baroques, telles que le fameux volcan de LÉMERY, adopté par WERNER pour expliquer le volcanisme par une combustion de pyrites.

toute l'éruptivité ancienne dans la simple refusion d'éléments déjà solidifiés. On a fait remarquer que la seule accumulation des sédiments sur quelques kilomètres d'épaisseur, au fond d'un géosynclinal, devait élever la température à la base et ramollir les roches, au point de provoquer l'affaissement du synclinal, qui accentuerait, à son tour, la sédimentation. Si l'on fait intervenir, en outre, la chaleur dégagée par le dynamisme (charriages, etc.), on peut admettre qu'il existe là des causes de chaleur suffisantes pour produire la fusion des roches et, par une simple pression hydrostatique exercée au-dessous des zones affaissées, amener la remontée de ces roches fondues dans les fractures voisines. On a souvent proposé une telle explication pour la formation des grands magmas granitiques. Pour les roches d'intrusion plus superficielle et d'épanchement on peut, en outre, faire intervenir les brusques déplacements verticaux en observant à quel point les épanchements volcaniques ont une tendance à se localiser près des fractures résultant de ces effondrements.

Cette théorie de la refusion a trouvé, en dernier lieu, une certaine confirmation dans les belles expériences de M. Armand Gautier, montrant qu'il suffit de refondre un granite pour obtenir, du même coup, la vapeur d'eau caractéristique du volcanisme et tous les éléments gazeux, qui l'accompagnent sous la forme de fumerolles.

J'ai déjà fait remarquer plus haut, que tous les éléments chimiques, mis en jeu dans l'éruptivité, sont des éléments banals, qu'on retrouve dans toutes les roches, dans tous les sédiments, et même dans les eaux; il est donc parfaitement admissible qu'une simple refusion de granites, ou de roches diverses solidifiées, puisse donner des produits analogues à ceux de l'éruptivité ancienne ou moderne et, par suite, jouer un rôle dans le phénomène ; mais ce ne sont pas les éléments banals qu'il faut considérer, ce sont les éléments rares et une telle théorie n'explique, ni les accumulations de mercure, d'antimoine, de plomb, etc., reliées aux roches éruptives, ni les grands amas sulfureux, ni les ségrégations de magnétites titanifères, associées aux gabbros de Norvège, ni même ces éruptions à teneur de 8 ou 10 p. 100 en soude ou en potasse dans une région où la teneur en alcalis des terrains est normale [1].

---

1. Il semble également bien difficile que l'eau contenue dans les roches cristallines suffise à produire les deux millions de mètres cubes d'eau rejetés par l'Etna pendant cent jours en 1865, ou les quantités constantes qu'exhale le Stromboli. Une théorie inverse a été soutenue par A. BRUN (*Rech. sur l'exhalaison volcanique*, Genève, 1911), pour lequel le volcanisme même serait anhydre et emprunterait son eau, dans une étape dernière, à la superficie.

Je ferai les mêmes objections à une autre théorie très séduisante, qui, pouvant se combiner avec la précédente, attribue le rôle essentiel, et peut-être exclusif dans le volcanisme à des infiltrations d'eaux superficielles et spécialement d'eaux marines. Il suffit d'imaginer, dans une zone disloquée, où les magmas internes ont été réchauffés et ramollis par un des phénomènes précédemment indiqués, ou encore dans laquelle ces magmas forment une poche restée fluide, la pénétration de la mer par des fractures, pour expliquer les explosions de vapeur d'eau[1], les ouvertures de cheminées éruptives, les montées de roches fondues, les projections de cendres, etc. : en un mot, tout l'appareil extérieur du volcanisme. Les sels de l'eau de mer sont ceux-là mêmes, que l'on retrouve dans les fumerolles ; ils peuvent leur fournir le chlore, le soufre et le carbone (ce dernier corps, il est vrai, en bien faible quantité), et l'on peut même imaginer que l'eau de mer apporte les alcalis jusqu'à une scorie fondue, qui serait surtout ferro-magnésienne. Une telle théorie a le grand avantage d'expliquer la permanence de volcans, qui, pendant des siècles, restent en éruption et continuent à dégager des torrents d'eau, difficilement empruntables à une réserve interne limitée ; elle peut aussi aider à comprendre les paroxysmes et les accalmies, si les fractures, où l'eau peut s'introduire, s'obstruent et se rouvrent ; enfin elle est bien d'accord avec la localisation habituelle des volcans sur les rivages : localisation, que nous avons attribuée surtout à ce que ces rivages sont des lignes de fracture, mais qui n'en doit pas moins faciliter cette introduction d'eau. On peut donc être tenté d'attribuer à ces introductions d'eaux marines un certain rôle dans le volcanisme ; mais il semble, en dernière analyse, comme A. de Lapparent l'a montré par une discussion approfondie, qu'elles n'en constituent nullement la cause, ni le phénomène principal[2].

B) FORMATION DES ROCHES ÉRUPTIVES. *Facteurs essentiels à considérer :* 1° *Profondeur de cristallisation, rôle de la pression et des minéralisateurs ; liquation par densité entre les roches grenues acides et basiques.* 2° *Liquation, différenciation et ségrégation par densité ou par contact de parois froides. Principe de Soret. Ordre prétendu de succession des coulées.* 3° *Diverses actions de contact. Refusion ou*

1. On a cependant remarqué que les volcans des îles Sandwich, si remarquablement marins, avaient de faibles dégagements de vapeur d'eau et peu de paroxysmes et que, plusieurs fois, les laves du Kilauea avaient eu une issue directe dans la mer sans amener aucune explosion.

2. M. ED. SUESS est également d'avis que les eaux thermales, auxquelles sont dus les filons métallifères, « viennent, pour la première fois, au jour ». c'est-à-dire ont une origine interne.

métamorphisme des parois. Enclaves, etc. 4° Conditions de refroidissement. Influence sur la composition minéralogique et sur la structure.

Quelle que soit l'origine première des magmas ignés éruptifs — origine, que nous laisserons maintenant tout à fait de côté, — il est certain que ces magmas ignés existent en profondeur et que, dans les zones éruptives, ils subissent des déplacements vers la superficie, accompagnés de liquations, de différenciations et de brassages intérieurs, de telle sorte qu'il se produit une série de roches éruptives, affectant des conditions de gisement différentes, des compositions chimiques distinctes, une acidité plus ou moins grande, etc., et que ces variétés de roches arrivent, par suite, en y ajoutant les diverses compositions originelles du magma, à former toute notre série pétrographique. Ce sont les relations du mode de gisement et, notamment, de la profondeur de cristallisation, avec le type de la roche éruptive que nous avons maintenant à examiner.

Lorsqu'on rapproche les unes des autres les diverses observations faites sur le gisement des roches éruptives, on reconnaît bientôt l'intervention d'un certain nombre de facteurs, qui vont être envisagés tour à tour dans les paragraphes suivants.

1° *Profondeur de cristallisation ; rôle de la pression et des minéralisateurs ; liquation par densité entre les roches grenues acides et basiques.* — La profondeur de cristallisation a eu certainement une très grande influence, tout au moins sur la structure de la roche, par la pression qui en est résultée et l'action plus active de l'eau ou des métalloïdes. Malgré toutes les anomalies et les transitions, qui empêchent d'établir des lois rigoureusement générales, il n'en est pas moins reconnu que les roches d'épanchement, produites aujourd'hui par nos volcans sous la forme de coulées laviques, appartiennent à un nombre de types assez restreints, pour la plupart microlithiques, quelquefois peut-être microgrenus, contenant très exceptionnellement du quartz cristallisé[1] et qu'il ne se forme guère, dans ces conditions, de roches grenues. Au contraire, toutes les fois que nous observons un dôme granitique ancien, nous arrivons à la notion très nette que ce granite n'est jamais monté à l'état igné jusqu'à la superficie[2], qu'il a été recouvert d'abord par un épais manteau de sédiments, sous la pression desquels il a pu cristalliser et

---

[1]. M. Lacroix a pu récemment observer la formation presque superficielle de quartz cristallisé dans une lave andésitique (Comptes rendus, 28 mars 1904.)

[2]. Le fait que les granites sont des roches de profondeur a été depuis longtemps signalé par A. Michel Lévy (*Roches éruptives cambriennes du Beaujolais*, Bul. Soc. géol., 1883, p. 275, 277, etc.). Il ne faut pas lui attribuer une généralité absolue et cette profondeur a pu être assez faible.

que l'érosion seule, en faisant disparaître ces sédiments, a amené son affleurement actuel.

Les expériences de synthèse confirment cette observation première ; en agissant par voie purement ignée, sans intervention de véhicules aqueux et de minéralisateurs, on s'est trouvé impuissant à reproduire le granite, tandis qu'on a pu reproduire toute une série de roches, telles que les basaltes, andésites, ophites, etc., épanchées au jour sous la simple pression de l'air [1].

Le seul examen d'une roche granitique vient accentuer cette impression. C'est, pour les personnes peu familières avec la géologie, un étonnement que l'homogénéité de ces énormes masses granitiques, où, partout, on retrouve les trois mêmes minéraux, mica noir, feldspath et quartz, cristallisés dans les mêmes conditions, en mêmes proportions, presque avec la même taille. Bien que cette homogénéité soit sujette à se troubler, quand on approche des bords du massif ou des enclaves schisteuses, pour produire, soit une augmentation des éléments, soit une diminution du grain, elle n'en est pas moins réelle, et elle paraît impliquer une cristallisation tranquille, en vase clos, d'un magma très homogène ; les inclusions que renferme le quartz, la façon dont ce quartz moule le feldspath et le mica sont également des indices et, en définitive, il n'y a guère de discussion possible sur ce fait que le type granite est toujours une forme de profondeur, cristallisée, comme nous le verrons, en présence de l'eau et des minéralisateurs [2] et le type basalte une forme d'épanchement, à fusion purement ignée, c'est-à-dire qu'il existe un lien entre la structure et la profondeur originelle.

La discussion commence, lorsqu'on passe aux types intermédiaires microgrenus, que l'on a voulu classer uniformément dans un même groupe filonien, et surtout lorsqu'on veut exagérer l'observation précédente pour la faire intervenir seule.

La vérité est que les filons éruptifs, pour lesquels on a essayé de créer un type intermédiaire entre les granites de profondeur et les roches microlithiques d'épanchement, peuvent présenter toutes les structures ; il existe des granites filoniens au contact des granites en masses et de terrains schisteux ; les aplites, qui forment des filons très prolongés, sont d'un type nettement grenu et l'on trouve déjà des roches microlithiques sous la forme de dykes intrusifs. De même, le type microgrenu, dont on a cru pouvoir faire la caractéristique des filons, semble se prolonger dans les épanchements. Et ces anomalies appa-

1. Voir plus haut, pages 175 et suiv.

2. A. MICHEL LÉVY a parlé nettement de la *genèse hydrothermique* du granite (Bull. Carte géol., n° 36, p. 20).

rentes sont bien aisément explicables, même si l'on attribue une influence essentielle à la profondeur originelle : autrement dit, à la pression, sous laquelle s'est opérée la cristallisation ; car un filon n'est que le remplissage d'une fracture, ayant pu exister à toute profondeur et on ne saurait établir aucun rapprochement entre les fissures, qu'ont pu présenter les voûtes profondes, sous lesquelles cristallisaient tranquillement les dômes granitiques et les dislocations d'un cône de cendres volcaniques, dans lesquelles les laves se frayent un chemin vers l'air libre [1].

D'autre part, les conditions de pression, qui ne sont habituellement réalisées qu'en profondeur, peuvent se trouver parfois reproduites au voisinage immédiat de la superficie, ainsi que le montre une observation de M. Lacroix, rappelée plus haut, sur la formation actuelle d'andésites quartzifères à la Martinique [2].

La notion de profondeur et de pression paraît, dans bien des cas, impliquer une intervention plus marquée des éléments gazeux minéralisateurs (vapeur d'eau probablement très active, chlorures, sulfures, etc.), qui, nécessairement, doivent pouvoir être plus abondants et exercer des réactions plus intenses lorsqu'ils sont maintenus, dans le magma igné, par un couvercle imperméable de roches très épais, que lorsque le voisinage de la superficie leur permet de se dégager aussitôt.

Il semble, en général, que cette vapeur d'eau et ces minéralisateurs aient eu une tendance à partir vers la périphérie de ces magmas profonds, que nous nous imaginons volontiers cristallisés sous des sortes de cloches et c'est ainsi que les grandes masses granitiques proprement dites paraissent présenter parfois une auréole de granites à mica blanc, encore grenus, mais à deux temps de consolidation plus distincts ; ces granites à mica blanc, ou les granites eux-mêmes, peuvent, à leur tour, passer progressivement, soit à ce qu'on a appelé en Saxe les « Stockscheider », c'est-à-dire une zone à éléments géants [3], soit à des pegmatites, que l'on peut supposer formées sous la pression de carbonates alcalins, dans une véritable réaction aqueuse [4] et qui

---

1. On ne peut, comme on a voulu le faire, établir un lien direct entre le grain plus ou moins fin de la roche et le voisinage des salbandes, c'est-à-dire le refroidissement plus ou moins rapide. Bien d'autres causes, et notamment les principes volatils, sont intervenues. Fouqué a montré autrefois à Santorin, et j'ai moi-même essayé de faire voir par une étude détaillée sur un champ de filons carbonifères dans la Creuse, que le même filon pouvait, dans des conditions identiques en apparence, présenter des variétés très diverses.

2. Voir plus haut pages 179 et 555.

3. A. Michel Lévy a, depuis longtemps, fait connaître les carrières de l'Ozette près Limoges, où un granite à mica noir devient pegmatoïde, sur 50 centimètres d'épaisseur, au contact des gneiss, avec développement d'orthose en énormes cristaux.

4. Les carbonates alcalins n'ont pu intervenir dans la cristallisation des granulites

arrivent, en effet, par transitions insensibles, à des filons de quartz, donc à des filons hydrothermaux proprement dits, où la pression des carbonates alcalins, ou simplement de l'acide carbonique liquide, a bien des chances pour être intervenue.

En même temps qu'il a pu se produire ainsi, par l'intervention des vapeurs aqueuses, une séparation entre des types acides de plus en plus voisins des simples produits hydrothermaux, il semble également, s'être réalisé en profondeur une liquation générale, probablement facilitée par les mêmes principes mobiles, qui a amené une séparation entre les magmas ferro-magnésiens et basiques à fusion presque exclusivement ignée, pauvres en éléments gazeux, et les magmas acides ou légers, avec minéralisateurs, entraînés vers les parties supérieures des bassins fondus.

C'est un premier cas des phénomènes de différenciation, sur lesquels je vais insister.

2° *Différenciation par densité ou par contact de parois froides. Principe de Soret. Ordre prétendu des coulées.* — Après l'intervention directe de la pression liée à la profondeur, on doit attribuer un rôle important aux *liquations, différenciations, ségrégations*[1], qui ont pu se produire dans un magma tranquille et qui se traduisent notamment par une différence dans l'acidité. Là encore il n'y a pas lieu d'exagérer, ainsi qu'on l'a fait parfois, et d'envisager cette influence comme exclusive; le phénomène pétrographique est, en réalité, très complexe et toutes les influences, que nous passons en revue, doivent être tenues en ligne de compte, non pas une seule; mais ce n'est pas une raison pour nier inversement une réaction, qui paraît être incontestable.

La démonstration directe d'une telle liquation pourrait être considérée comme établie avec évidence s'il était permis d'attribuer une confiance absolue aux observations, d'après lesquelles, dans un volcan actuellement en activité, les laves partant du haut de la cheminée éruptive présentent souvent une différence de composition notable avec celles partant du bas[2]. Si une telle loi était bien exacte, on aurait là, dans le sens vertical, une liquation, analogue à celle que l'on a tant de mal à éviter en coulant des lingots d'alliage argentifère pour les monnaies.

mêmes, puisque, d'après une expérience de M. Ch. Friedel. ils auraient transformé son mica blanc en népheline. On peut imaginer qu'ils se sont seulement produits dans une atmosphère plus oxydante, plus près de la superficie, par oxydation d'hydrocarbures profonds.

1. Voir page 550, note 3, l'explication de ces mots.

2. *In* de Lapparent. *Loc. cit.*, page 398. Il faudrait être sûr que les laves ainsi mises en parallèle appartiennent à une même coulée.

Au Vésuve, on considère généralement, en effet, que la lave du sommet est plus alcaline et plus légère ; celle du bas, plus ferrugineuse et plus lourde. A Ténériffe, la densité passe, dit-on, du haut en bas, de 2,35 à 3,15, en même temps que la teneur en silice baisse de 59 p. 100 à 47 p. 100.

Le phénomène de liquation, que nous croyons saisir là sur le fait, comme une simple conséquence de la densité amenant un alliage inhomogène à se séparer par zones avant de cristalliser, a été également invoqué, comme ayant dû se produire par l'influence des parois réfrigérantes, entre lesquelles un magma éruptif a pu être contenu. C'est ce qu'on appelle le « principe de Soret », ou du vase clos, appliqué pour la première fois par Teall, puis devenu, avec Brögger, etc., le fondement de toute une pétrographie. M. Brögger a cru remarquer que le refroidissement des parois d'un bain liquide devait amener, sur la périphérie, une concentration des bases ; il a constaté, sur certains massifs de Norvège, un phénomène semblable et, sans remarquer peut-être assez qu'il s'agissait là de magmas basiques très profonds et peu chargés de minéralisateurs, dont l'érosion très ancienne du massif Scandinave a amené, dans cette région, l'apparition au jour, il a voulu généraliser la règle [1]. Pour lui, il a toujours dû y avoir semblable concentration en vase clos des magmas, de telle sorte que les parties basiques sont venues à la périphérie et ont été amenées à s'épancher les premières, les venues acides n'ayant pu venir qu'ensuite ; une série éruptive serait alors marquée, pour lui, par une acidité nécessairement croissante [2].

On remarquera que, par la seule théorie, on arrive à une conclusion tout à fait opposée en envisageant, au lieu de l'action des parois, la liquation par densité, qui a dû amener en haut et faire sortir les premières les roches acides plus légères et plus chargées de principes volatils, tandis que les roches basiques constituaient les fonds de creuset. Le scepticisme, qui peut résulter d'une telle contradiction, me paraît accentué par l'étude de nombreuses coulées éruptives, où je ne crois pas

---

1. Fouqué a observé, par contre (*Santorin*, 1879, p. 303) que certains dykes filoniens avaient des salbandes vitreuses plus acides que le centre. D'autre part, comme l'ont fait remarquer Fouqué en 1878 et Geikie en 1894, il existe des dykes à filets étirés et comme fluidaux, plus ou moins chargés de produits ferrugineux (voir Michel Lévy, *Sur la classification des magmas*, 1897. p. 327). J'ai moi-même, en étudiant le groupe de filons de la Villetelle (Creuse) (*Roches éruptives de la Creuse* 1902, p. 90), montré que la teneur en silice pouvait y varier de 64 à 76 p. 100 et qu'il y existait des dykes de porphyre pétrosiliceux à structure fluidale. Enfin, même pour des laccolithes, comme celui qui forme le porphyre bleu de l'Esterel, A. Michel Lévy n'a trouvé aucune différence chimique appréciable entre les salbandes et le cœur de la masse. Voir une discussion de la question dans Duparc (*Second mémoire sur l'Oural du Nord*, page 540) avec une théorie de la différenciation.

2. Près de Kristiania, les éruptions finissent pourtant par une coulée très basique.

qu'il soit possible d'établir aucun ordre général et constant, soit de basicité, soit d'acidité croissante.

C'est ainsi qu'en Auvergne, A. Michel Lévy a mis en évidence plusieurs récurrences de roches acides dans la série du Mont-Dore. La série commence, contrairement à une théorie de M. Iddings, qui sera exposée plus loin, par les termes les plus différenciés. Ailleurs on a, dans un grand nombre de cas, observé une basicité constamment croissante [1]. J'ai moi-même constaté le cas en étudiant autrefois la série de Métélin (mer Egée). A. Michel Lévy en a signalé divers exemples. Au Yellowstone, M. Iddings a reconnu, d'abord, des andésites acides, puis basiques, puis des rhyolithes, enfin des basaltes : c'est-à-dire qu'on termine par une roche basique après des alternances. En Californie, on a, d'après M. Diller, des andésites à hornblende, puis à hypersthène, des rhyolithes, des dacites, enfin des basaltes, qui marquent également le terme des éruptions. En résumé, la loi de ces phénomènes n'apparaît pas encore. M. Iddings avait cru pouvoir admettre que le magma de composition moyenne devait sortir le premier et en grande abondance, puis, simultanément, des magmas de plus en plus différenciés, les uns acides, les autres basiques, jusqu'aux rhyolithes et lamprophyres, qui constituent le maximum de différenciation possible. Mais, au Mont-Dore, c'est juste l'inverse. Il est bien probable qu'il y aurait des cas très nombreux à distinguer : en premier lieu, ceux où la cassure volcanique s'ouvre directement sur le magma profond et, au contraire, ceux où l'ascension a lieu, en plusieurs temps, avec différenciation intermédiaire dans les poches profondes ; puis les réouvertures possibles de fractures fermées, les remplissages nouveaux de lentilles vidées, marquant une récurrence dans la série : tous phénomènes internes, qui nous échappent et qui pourraient bien nous échapper toujours.

3° *Diverses actions de contact. Refusion ou métamorphisme des parois. Enclaves, etc.* — On vient de voir que l'influence refroidissante des parois ne pouvait être considérée comme ayant, d'une façon générale, produit la concentration des bases à la périphérie ; j'ai dit également plus haut qu'on ne pouvait établir une relation constante entre les variations du grain à distance ou à proximité des salbandes. Quand il y a eu simple action de contact, le grain a pu devenir plus serré, le refroidissement ayant été plus brusque ; mais, dès que ce contact a pu amener une concentration de vapeur d'eau ou de principes volatils, pour les roches

---

1. Dans la série permo-carbonifère de la France centrale, A. Michel Lévy a montré l'alternance de montées acides et basiques, avec tendance à l'exagération dans les deux sens et terminaison très basique par des mélaphyres (Bull. Carte géol., n° 45, 1895). Voir les recherches de M. Lacroix à la Réunion (Rev. Scientifique, 1912).

plus profondes, l'effet se retourne et l'on a, sur les bords, un accroissement de la cristallinité. Ce n'est pas à dire cependant (et cette simple remarque suffit à l'indiquer) que les parois n'ont pas dû avoir leur influence ; mais cette influence n'a pas été la seule et a été certainement complexe.

Il faut ajouter — et c'est le point, sur lequel je veux insister maintenant — qu'on raisonne très inexactement, quand on imagine les roches cristallisant en vase clos, entre des parois inertes. Sans aller jusqu'à l'exagération probable de ceux qui voient, dans le volcanisme, une simple refusion, je crois que cette refusion des parois a dû fortement intervenir, que l'absorption, l'assimilation plus ou moins complète des éléments chimiques empruntés aux terrains encaissants a dû jouer un rôle et qu'il y a là un phénomène de plus à envisager [1].

Là encore, on est forcé de distinguer. Ainsi, quand on considère des roches éruptives épanchées au jour, l'action de contact a dû être très faible. Ces laves sont, il est vrai, à des températures, qui peuvent atteindre 1.000°, et qui souvent restent au-dessus de 800° à deux ou trois kilomètres de leur émergence ; elles sont donc très chaudes ; mais la chaleur seule est toujours, comme le montrent les expériences chimiques, un agent de transformation assez peu efficace et, surtout, il est frappant de voir à quel point cette action calorifique est localisée. On cite souvent des épanchements de lave impuissants à faire disparaître des couches de neige, des laves entourant des arbres sans les détruire, des laves apportant au jour une provision de cristaux déjà formés sans les refondre. M. Lacroix, auquel on doit une série d'études très approfondies sur les *enclaves* des roches éruptives, c'est-à-dire sur les débris de roches étrangères, qu'elles ont englobés et transformés, dans des conditions analogues à celles qui peuvent se produire sur leurs contacts en profondeur, a, dans diverses circonstances, précisé les lois de ces phénomènes [2]. Il résulte de tous ses travaux que les roches basiques d'épanchement, telles que les basaltes, agissant uniquement par leur température, produisent seulement des refusions plus ou moins complètes. Avec les roches acides trachytoïdes, les modifications sont tout autrement profondes, grâce à l'intervention des minéralisateurs : les schistes sont feldspathisés, les calcaires transformés en cornéennes pyroxéniques. Néanmoins, toutes les fois

---

1. Il a déjà été question de ce métamorphisme chimique, page 302.

2. Dans le même ordre d'idées, il a étudié, parmi les produits de l'incendie de Saint-Pierre à la Martinique, des pierres de taille en lave andésitique, qui avaient été assez refondues pour couler, sans que leurs phénocristaux fussent attaqués. Dans certaines parties de ces laves, le verre bulleux avait recristallisé et l'on avait finalement l'apparence d'une roche à enclaves hétérogènes.

que le phénomène prend l'allure d'un épanchement, cette action des minéralisateurs reste forcément très restreinte; la pression, elle non plus, n'intervient pas et le métamorphisme chimique, exercé sur les parois, se réduit à fort peu de chose.

Les conclusions sont inverses, dès que l'on envisage une roche de profondeur, où les minéralisateurs ont dû être nécessairement plus abondants.

Déjà, au contact des intrusions de lherzolithes pyrénéennes avec les calcaires liasiques, on voit des transformations, qui s'étendent parfois à 500 mètres, développant : dipyre, feldspaths, micas, pyroxène, tourmaline, rutile, sphène, etc., c'est-à-dire accusant un apport d'alcalis, qui peut atteindre 9 p. 100. Les péridotites de l'île d'Elbe ont amené de même la cristallisation du grenat et du pyroxène. Les ophites produisent des réactions analogues, quoique moins intenses, montrant également une action hydrothermale ou par fumerolles, à température peu élevée, mais néanmoins assez sensible pour avoir fait disparaître la matière colorante organique sur quelques centaines de mètres[1].

Ces phénomènes s'accentuent, quand il s'agit d'un granite ou d'une granulite. De belles observations de A. Michel Lévy, à l'origine discutées et aujourd'hui tellement confirmées par l'expérience qu'on tend parfois à en exagérer les conséquences, ont montré l'intensité du métamorphisme exercé en profondeur sur la périphérie des dômes granitiques et la façon dont ce métamorphisme, qui peut s'étendre à des kilomètres de distance, se traduit différemment à des distances plus ou moins grandes[2].

D'abord, on observe une refusion des terrains encaissants, qui peut, dans certains cas, modifier la composition du granite, par exemple le rendre amphibolique, le transformer en diorite, norite ou péridotite, s'il y a eu absorption de calcaires ou de dolomies, qui, dans d'autres cas, charge le granite d'enclaves schisteuses, au point de lui donner l'aspect

---

1. On peut, je crois, envisager, dans le même sens, les observations, auxquelles conduisent les contacts de certaines porphyrites carbonifères, ou de basaltes tertiaires, avec des couches de houille, qu'ils ont traversées : il s'est produit un peu de coke, mais seulement sur quelques centimètres d'épaisseur.

2. On trouvera le résumé synthétique des idées de A. Michel Lévy sur cette importante question dans son mémoire sur le granite de Flamanville (Bull. Carte géol., n° 36, 1893). Les principaux travaux de M. Lacroix sur la question des enclaves ou du métamorphisme de contact sont : Les Enclaves des Roches volcaniques (1 vol. de 710 pages, Mâcon, 1893). Les Phénomènes de contact de la Lherzolithe (Bull. Carte géol., n° 42, 1895). Le Granite des Pyrénées et ses phénomènes de contact (Bull. Carte géol., n° 64 et 71, 1899, 1900). De même, A. Michel Lévy a cru remarquer qu'en contraste avec l'étoilement du Mont-Dore, où les alcalis demeurent par parties égales à l'exclusion de la chaux, les cratères de la chaîne des Puys, qui ont pour soubassement des lambeaux de précambrien, leur doivent souvent, par emprunt chimique, une richesse plus grande en chaux (C. R. Ac. Sc., 1er mai 1899).

d'une véritable brèche, ou, par l'exagération de ces éléments schisteux, détermine un excès de mica noir [1].

Puis vient une intrusion du granite dans les terrains encaissants, prenant, ici, l'aspect de véritables filons, ou stockwerks [2], là, celui d'injections feldspathisantes aboutissant à des pseudo-gneiss, ou développant ailleurs, au contact de calcaires, de la magnétite avec du grenat [3].

Enfin, à plus grande distance, on trouve une simple cristallisation des éléments sédimentaires, accusant peut-être une intervention de minéralisateurs volatils, tels que des chlorures alcalins, de telle sorte qu'on a des schistes micacés, micaschistes, etc. [4]

J'ai moi-même, dans le Plateau Central, accumulé quantité d'observations, en partie inédites, sur cette pénétration réciproque du granite ou du granite à mica blanc et de ses parois schisteuses, sur les mélanges hétérogènes de roches ultra-feldspathiques [5] et d'enclaves schisteuses mal digérées qui en résultent parfois, sur les productions de minéraux, tels que le grenat ou la cordiérite, au contact de ces schistes, avec disparition du mica blanc, quand ces minéraux apparaissent à sa place, sur le développement des roches à amphibole, etc.

Il est donc incontestable que, lorsqu'il y a roche acide, lorsqu'il intervient des minéralisateurs sous pression et une fusion aqueuse, la paroi du soi-disant vase clos est attaquée et refondue [6]. Peut-être en est-il

1. ALBERT MICHEL LÉVY, dans sa thèse sur *Les terrains primaires du Morvan et de la Loire* (1908), a étudié la production de roches amphiboliques par endomorphose de calcaires frasniens (9).

2. On a nié autrefois la possibilité de filons granitiques. Ils sont nécessairement plus rares que les filons de roches microlithiques ou même microgrenues, parce qu'ils n'ont pu se produire qu'à une profondeur plus grande et ont dû, par suite, être moins souvent mis à jour. Mais on en connaît de nombreux exemples.

3. (A. LACROIX, Bull. Carte géol., n° 71, page 10.) Le rôle des fumerolles dans tous ces phénomènes de contact extérieur (exomorphe) est bien mis en évidence par la localisation du métamorphisme, qui, autour des granites des Pyrénées, peut occuper une largeur très variable. Voir plus haut page 304.

4. Le métamorphisme produit dépend absolument de la nature des strates influencées. Très intense sur les schistes ou les calcaires, il est très faible sur les grès. M. BARROIS a signalé, en Bretagne, des régions entières de schistes transformés en gneiss, au milieu desquelles on peut encore suivre d'anciens bancs de quartzite.

5. Voir, notamment, mon mémoire sur la vallée du Cher dans la région de Montluçon (Bull. Carte géol., n° 30). Cette exagération des feldspaths dans les phénomènes de salbande est un phénomène très fréquent. Voir, à ce sujet, MICHEL LÉVY, *Structure des roches éruptives*, 1889, page 7; BARROIS, *Granite de Rostrenen*, 1884.

6. A. MICHEL LÉVY a fait remarquer (Bull. Carte géol., n° 92 p. 32) à quel point les derniers travaux mettaient en évidence la digestion *endomorphe* de certaines salbandes par les granites et la feldspathisation *exomorphe* des salbandes par les fumerolles alcalines, souvent assez loin des contacts granitiques. Dans son mémoire sur le porphyre bleu de l'Esterel (Bull. Carte géol., n° 57, 1897), il a étudié une sorte de laccolithe intrusif à composition de diorite acide, et à structure nettement porphyrique, avec phénomènes métamorphiques au contact.

autrement pour les magmas basiques de profondeur, qui sont précisément ceux où se sont produites les différenciations caractéristiques, aboutissant parfois à de véritables gîtes métallifères, sur lesquelles les géologues de Scandinavie ou du Canada se sont trouvés amenés à porter une attention particulière, parce qu'elles sont, en effet, un type essentiel des zones profondes, qu'ils ont pu de préférence étudier.

Avec ces magmas basiques, qui semblent être des fonds de creuset liquatés, restés au-dessous des scories plus légères et plus acides à composition granitique, les phénomènes changent d'allure. Tout d'abord, le rôle des minéralisateurs est moins actif et surtout ces minéralisateurs sont différents ; il ne paraît guère y avoir de chlorures : principes plus volatils, partis sans doute avec les scories plus hautes. Ce qui paraît être resté, c'est de la vapeur d'eau, avec des sulfures. Sous cette influence, la paroi encaissante joue davantage le rôle d'un vase inerte. Il semble alors que l'on ait, dans des vides produits par le ridement de l'écorce, cristallisation tranquille de la scorie ferro-magnésienne, avec départ à la périphérie des sulfures de fer, cuivre, nickel, etc., cristallisés eux-mêmes dans les vides qu'ils ont pu rencontrer (grands amas, stockwerks, injection de schistes feuillets par feuillets), peut-être aussi départ des apatites, et concentration, dans une zone plus centrale, d'autres éléments, tels que le fer chromé ou la titano-magnétite. C'est là que nous avons réellement différenciation, réellement ségrégation tranquille des minerais métallifères, dans les conditions que j'ai autrefois étudiées en détail pour ces minerais[1], et sur lesquelles je reviendrai plus loin[2].

4° Conditions de refroidissement. Influence sur la composition minéralogique et sur la structure. — Enfin une influence, à laquelle j'ai déjà fait diverses allusions, mais qui mérite d'être signalée séparément, est celle des conditions de refroidissement, des divers stades subis par la diminution de température et, dès lors, par la cristallisation.

Cette influence, évidemment très faible pour les roches de profondeur, tend à s'accentuer de plus en plus à mesure que l'on se rapproche des roches d'épanchement et domine finalement dans celles-ci, comme ont contribué à le montrer les synthèses réalisées par MM. Fouqué et Michel Lévy. Ces expériences ont également prouvé que, quand il s'agissait de roches basiques, une simple variation dans les conditions de refroidissement pouvait réaliser toutes les structures, depuis le gabbro grenu jusqu'à l'ophite, ou au mélaphyre.

1. *Contribution à l'étude des gîtes métallifères* (Ann. des min., 1900).
2. Page 587.

Quand on est en profondeur et sous pression, il semble que le magma homogène doive faire prise, dans des conditions uniformes, presque en une fois, par la formation de certains éléments cristallins, autour desquels se consolide le reste de la pâte. Le fait que, dans le granite, le quartz moule les autres minéraux, montre que cette cristallisation a dû s'opérer là dans une liqueur siliceuse, qui a fini par se solidifier en masse.

D'autre part, quand on constate, dans les roches intrusives, émanées de ce magma fondamental, la présence de grands cristaux, souvent recuits, refondus, corrodés, on arrive à l'idée que ces phéno-cristaux ont dû être, d'abord produits en profondeur, puis entraînés par le reste de la pâte fluide[1], comme cette provision de cristaux anciens, que nos laves paraissent toujours apporter vers la superficie. Après quoi, le reste de la pâte, cristallisé encore sous pression, mais dans des fissures plus étroites, a formé, tout autour, une pâte microgrenue.

Au contraire, si l'épanchement s'est fait au jour, on rentre dans les conditions de la fusion purement ignée : production de pâte microlithique, ou de verre, suivant la température ; cristallisation réalisée sous la forme de tel ou tel groupement minéralogique (microcline et mica, ou péridot et néphéline) ; dès lors, grande variété de facies et, par suite, hétérogénéité suivant les circonstances locales.

En résumé, cet exposé montre combien le phénomène de la cristallisation d'une roche est complexe, puisqu'il y a lieu d'y faire intervenir, outre la composition chimique initiale, la pression, l'abondance des gaz, le voisinage ou l'éloignement des parois, la concentration basique par action refroidissante ou la liquation dans le sens vertical par densité, l'absorption et la digestion plus ou moins avancée des parois du vase, les conditions de cristallisation, etc. Nous sommes très loin de la simple différenciation tranquille, opérée en vase clos sur un magma fondamental unique, qui constituait une explication si simple et si générale ; là encore, comme dans bien des phénomènes naturels, l'observation plus attentive conduit à remplacer la simplicité par la complexité, en attendant que nous revenions un jour à une autre simplicité plus exacte.

C) AGE DES ROCHES ÉRUPTIVES. *Séries locales de roches successives. Généralisations abandonnées. Évolution universelle ou récurrences. Complications introduites, par les idées modernes, dans les anciennes notions d'âge.* — Jusqu'ici, on remarquera que j'ai entièrement laissé de côté la notion d'âge relative aux roches éruptives, bien que, dans

---

1. Voir page 177.

un chapitre antérieur, nous ayons appris comment cet âge pouvait être déterminé[1]. J'ai même, lorsqu'il s'est agi de classification[2], insisté sur la nécessité de ne faire, en aucune façon, intervenir l'âge présumé d'une roche dans le choix du nom qu'on lui donne. L'âge des roches éruptives paraît, en effet, n'avoir qu'une valeur locale et il ne semble pas, comme nous allons le dire, qu'on puisse, si on envisage les choses d'un point de vue théorique, constater une évolution, en vertu de laquelle un type de roches serait strictement et uniquement d'un âge déterminé. Cette conclusion, à laquelle nous arriverons également pour les gîtes métallifères, n'étant pas celle qui était admise jusqu'à ces temps derniers, il est nécessaire d'exposer les idées, qui ont eu cours autrefois et qui, chacune à leur heure, sans être rigoureusement exactes, ont néanmoins marqué une étape du progrès.

Un grand pas a été franchi par la science géologique le jour où l'on s'est aperçu que les diverses roches éruptives avaient, comme les montagnes mêmes dont on les a vite rapprochées, un âge déterminé et n'appartenaient pas toutes, ainsi qu'on l'avait cru auparavant, à la constitution primitive et fondamentale du globe. On s'est alors attaché à déterminer l'âge des différentes venues éruptives dans une région, de même qu'on recherchait les successions de remplissages métallifères et, dans les deux cas, on s'est laissé influencer par la notion préconçue de généralité, d'universalité, qui, pendant toute la première moitié du XIXe siècle, a dominé la géologie. Les travaux vraiment sérieux, relatifs aux roches éruptives, n'ayant pu commencer que le jour où la pratique microscopique a mis en état de les bien définir, on ne peut guère faire remonter avant 1870 les études portant sur l'ensemble d'une série pétrographique régionale et s'efforçant de déterminer l'âge absolu et l'ordre de succession relatif de ses diverses venues.

Les premiers résultats importants, dans cette branche de la science[3], ont été obtenus par A. Michel Lévy, qui, de 1874 à 1882[4], a classé les séries éruptives du Morvan et du Beaujolais dans l'ordre suivant : granites, granulites, microgranulites, porphyrites, etc.

---

1. Pages 161 et 534. On remarquera que, par suite de la méthode adoptée, le progrès des recherches amène nécessairement à rajeunir les roches, comme à vieillir les espèces paléontologiques et à augmenter sur les cartes l'étendue des mers.

2. GRÜNER avait déjà établi un ordre de succession : granites, microgranites, porphyres pétrosiliceux. Voir, sur ce sujet, M. BERTRAND (Bull. Soc. Géol., 3e sér. 1888, XVI, 573); LE VERRIER (Bull. Soc. Géol., 1888, XVI, 493).

3. MICHEL LÉVY, *Structure microscopique des roches acides anciennes* (Bull. Soc. Géol. 3e sér., t. III, p. 227, 1874 et Ann. des Mines, XIII, p. 342, 1875). *Variolites de la Durance* (Bull. Soc. Géol., 3e sér., t. V, p. 232, 1877). *Roches éruptives du Mâconnais* (Bull. Soc. Géol., 3e sér., t. XI, p. 273, 1882). Pour MICHEL LÉVY, le granite du Morvan était cambrien. Son fils a montré qu'il métamorphisait le dinantien inférieur (tournaisien) et fournissait des galets au viséen.

Bien que l'auteur lui-même eût indiqué, dès 1875, la possibilité de récurrences analogues à diverses époques, on n'en a pas moins, en général, attribué un caractère presque absolu à ces notions d'âge, déterminées dans une région locale et cru, pendant quelque temps, que les granites, microgranulites, etc... de tous les pays devaient être du même âge. Cette idée était d'autant plus vraisemblable que la plupart des régions pétrographiques étudiées alors en détail se trouvaient, en France, en Allemagne, en Autriche, le long de la même chaîne de plissement hercynienne, où les manifestations éruptives, amenées par les plissements, paraissent avoir été à peu près contemporaines.

Tout au plus, en abordant la zone méditerranéenne, influencée par les mouvements alpins, avait-on, par exemple en Italie, reconnu l'indice de roches éruptives analogues et plus récentes : ce qui avait conduit à imaginer une grande récurrence des phénomènes primaires, reproduits, avec des différences sur lesquelles on insistait soigneusement, à l'époque tertiaire.

Le développement des études pétrographiques dans toutes les régions du globe, notamment dans des pays, comme l'Écosse, la Norvège, le Nord des États-Unis, où les plissements se sont produits beaucoup plus anciennement, a bientôt mis en évidence l'existence de séries éruptives, analogues à celles de l'Europe Centrale, produites là bien antérieurement : en Écosse, pendant le silurien et le carbonifère ; au Lac Supérieur, vers le précambrien, et montré qu'il fallait décidément abandonner l'idée d'un âge déterminé, s'appliquant à chaque type de roches.

Vers ce moment, c'est-à-dire vers 1885, la grande œuvre de synthèse entreprise par M. Suess, en vulgarisant les résultats obtenus par les géologues du monde entier et les reliant les uns aux autres par l'hypothèse grandiose de zones plissées pouvant se suivre à travers les continents, a fourni, pour interpréter les phénomènes pétrographiques, la loi théorique, qui manquait encore. Il est apparu que chaque période de plissement avait entraîné les mêmes récurrences de roches éruptives et, par exemple en Europe, que l'on pouvait, du Nord au Sud, trouver le même porphyre, d'abord précambrien au Nord, puis silurien, puis carbonifère, puis tertiaire au Sud.

Depuis lors, cette idée, déjà complexe, dont j'ai été obligé de montrer la genèse par ce court historique, s'est compliquée encore.

Tout d'abord, nous savons maintenant qu'un plissement est loin de s'être produit subitement et simultanément sur toute sa longueur, mais qu'il a eu lieu pendant de longues périodes, avec des retards d'un point à l'autre, analogues à ceux que subit la marée entre deux ports. Dans cette œuvre de longue durée, toutes les conditions propres à la montée de roches éruptives ont pu se répéter à plusieurs reprises et se réaliser à des moments différents dans les diverses parties d'une même chaîne. Si l'on change de continent, l'observation devient encore plus frappante ; les mouvements d'Amérique ou d'Australie, même quand nous savons les relier aux nôtres, ont pu se produire longtemps après ou avant, alors que nos régions étaient tranquilles. La même roche peut, par suite de cette observation seule, avoir cristallisé, à divers points du monde, presque à tous les âges.

D'autre part, il nous semble, aujourd'hui, comme je l'ai montré précédemment[1], que, dans une série éruptive allant du granite aux basaltes, il ne faut nullement voir, comme on était tenté de le croire autrefois trop simplement, une série de phénomènes réellement successifs, ainsi que peuvent l'être des coulées volcaniques débordant tour à tour d'un même cratère, mais des phénomènes, qui diffèrent au moins autant par leur position dans l'espace, par la profondeur et les conditions diverses de gisement où ils se réalisent, que par leur succession réelle. Ainsi il ne nous paraît nullement improbable que, dans le moment même où une lave microlithique s'épanche au sommet du Vésuve, il puisse cristalliser plus bas, aujourd'hui même, des microgranulites[2] et des granites, qui, si nous les rencontrions dans une coupe géologique, nous paraîtraient, selon toute vraisemblance, plus anciens, parce qu'étant restés plus profondément, ils ont atteint des terrains sédimentaires moins élevés dans la série. Avec de telles idées théoriques, la notion d'âge absolu pour une roche quelconque s'effrite et disparaît presque ; la notion d'âge relatif entre deux roches d'une même série demande elle-même à être restreinte à des roches d'épanchement, qui, seules, ont un âge réellement bien déterminé et c'est pour celles-ci seulement que l'on peut, en toute rigueur, parler d'une succession.

Mais, si la notion d'âge nous paraît aujourd'hui n'avoir plus la même valeur générale en pétrographie, elle n'en garde pas moins toute sa valeur locale, comme moyen précis de rattacher les manifestations pétrographiques aux mouvements tectoniques. C'est dans cet ordre d'idées qu'il y a lieu de chercher et c'est ce côté de la question, que nous allons bientôt examiner.

J'ajoute, d'ailleurs, que l'impossibilité théorique d'établir une relation

---

1. Page 162.

2. Ce n'est pas seulement plus bas, c'est parfois au même point qu'une légère variation dans les conditions de cristallisation, par exemple la formation d'une croûte, sous laquelle la vapeur d'eau se met momentanément en pression, peut entraîner des différences notables de structure ou même de composition.

directe et précise entre le type d'une roche et son âge se trouve très atténuée dans la pratique. En moyenne, le seul examen d'une roche provenant d'une zone un peu limitée, comme l'Europe Centrale, permettra de dire avec de grandes chances d'exactitude dans quelle période elle a cristallisé. Cela me paraît tenir surtout à ce que le degré d'érosion d'une zone plissée est lui-même en relation habituelle avec l'âge du plissement : par suite, avec la période, où ont pu s'y produire les roches éruptives. Les catégories de roches éruptives, que l'on doit le plus habituellement rencontrer dans une zone géographique, se trouvent donc déterminées, à la fois par l'âge des plissements subis et par la profondeur d'érosion atteinte. C'est une sorte de tableau à triple entrée, où deux des coordonnées, par exemple le type de la roche et la profondeur normale d'érosion, permettent, sauf exceptions, de déterminer la troisième, qui est l'âge. Nous retrouverons quelque chose d'analogue pour les gîtes métallifères. En principe, il est très rare de trouver des granites tertiaires et rare également de rencontrer des coulées basaltiques cambriennes, quoique les deux cas puissent se présenter : les premiers n'ont pas, en général, été encore mis à jour; les secondes ont, depuis longtemps, disparu. Plus on recule dans le temps, plus aux types d'épanchement superficiel on voit, en moyenne, se substituer les types de profondeur et les exceptions avertissent, d'ordinaire, qu'on a affaire à un compartiment de l'écorce, placé dans une condition anormale : relevé et, par suite, trop érodé, si le granite tertiaire a pu y apparaître ; effondré, et par suite, protégé contre l'érosion, si les épanchements anciens y ont été sauvés.

Sans vouloir donner trop de précision à cette idée, on peut bien dire que, dans l'Europe Centrale, les types d'épanchement microlithiques sont, avant tout, caractéristiques d'un âge alpin (tertiaire), ou, accessoirement, de l'époque hercynienne ; les types microgrenus et ophitiques d'un âge hercynien (carbonifère et permien), ou, accessoirement, d'un âge tertiaire ; les types granitiques d'un âge huronien ou calédonien (précambrien ou silurien), ou, accessoirement, hercynien[1].

1. Je n'oublie naturellement pas les très nombreuses exceptions, sur lesquelles je viens précisément d'insister ; j'indique seulement un caractère prédominant. On connaît, par exemple, des granites dinantiens dans le Morvan, la Bretagne, etc., de véritables volcans du même âge avec coulées et appareils volcaniques en Ecosse, de grandes éruptions de rhyolithes et de basaltes permiennes en Saxe, en Thuringe, dans les Vosges, l'Esterel, le Tyrol, etc. Souvent on constate directement, conformément à notre observation précédente, combien une série à types pétrographiques très variables est resserrée dans le temps : ainsi, pendant le dinantien du Morvan, où l'on va du granite au microgranite et à la porphyrite. Par suite des éruptions réitérées, les séries locales peuvent même sembler inversées. Si l'on avait le moyen de déterminer mieux l'âge absolu de ces roches, on constaterait sans doute que leurs types divers ont pu se réaliser à la fois dans la même région.

De même, les types de gîtes métallifères, et la nature même des métaux qui s'y rencontrent, présenteront une relation habituelle avec la profondeur d'érosion. Chaque région, par le fait seul qu'elle se trouve dans des conditions de plissement plus ou moins ancien, d'érosion plus ou moins avancée, offre un certain nombre de types pétrographiques, associés avec des types de gîtes métallifères, qui lui sont propres et qui, dans une certaine mesure, à la condition de ne pas oublier toutes les restrictions précédentes, la caractérisent.

Cette facilité de reconnaître, par exemple, à son aspect, ou même à son analyse, une andésite carbonifère d'une andésite tertiaire se trouve très souvent accrue par un métamorphisme superficiel, plus avancé pour la première, et résultant d'une plus longue exposition aux agents atmosphériques, ainsi qu'il a été vu au chapitre de la géologie en action.

Parfois aussi, quand il s'agit de roches de profondeur à types granitiques, une chaîne récente et peu érodée ne nous en montre que les faciès les plus élevés, non les plus profonds, et l'on a encore là un indice, qui avertit le pétrographe de leur âge probable.

Quant à l'ordre de succession théorique, que l'on a cru parfois apercevoir dans la série des coulées d'un même massif, j'ai déjà montré plus haut[1] combien les observations précises venaient peu le confirmer.

D) RELATIONS DE LA PÉTROGRAPHIE AVEC LA TECTONIQUE. *Fractures d'effondrement à volcanisme superficiel. Zones de plissements à roches de profondeur. Divers types d'effondrements volcaniques (ovales, arcs imbriqués, tables morcelées, axes linéaires).* — Toutes les manifestations pétrographiques nous apparaissent comme résultant de mouvements dynamiques, par suite desquels les parties fluides internes se sont trouvées poussées et injectées dans les vides plus ou moins grands de l'écorce, pour y cristalliser en profondeur, ou arriver à s'épancher au jour. On a beaucoup discuté jadis pour savoir si les roches éruptives exerçaient une poussée, soulevaient les roches devant elles ; c'est l'ancienne théorie des « cratères de soulèvement », exposée plus haut[2] et désormais abandonnée. Avec les idées que nous nous faisons sur les roches éruptives, un tel soulèvement est très improbable ; car les roches d'épanchement, matières liquides ou visqueuses à simple fusion ignée et sans pression gazeuse, paraissent incapables de le réaliser et les roches de profondeur à minéralisateurs abondants, qui doivent exercer une pression intense sur les roches superposées, le font, selon

1. Page 560.
2. Voir page 154.

toutes vraisemblances, au-dessous d'une telle épaisseur de terrains qu'elles sont probablement incapables de les déplacer. Cependant, il n'est pas impossible que, localement, une intumescence se produise, comme il se creuse des soufflures dans un canon de fusil et c'est peut-être dans ce sens que l'on peut interpréter certaines observations récentes faites sur les laccolithes anciens des États-Unis, ou même sur les laves actuelles du Vésuve. Mais, dans l'immense majorité des cas, il n'en est pas moins vrai que les déplacements des roches éruptives ont dû suivre les mouvements de terrains et en être la conséquence ; ils ne les ont pas précédés. Les roches ignées doivent se comporter comme un liquide soumis à une pression hydrostatique dans un vase, qui se déforme ; elles se déplacent en raison de cette pression, à mesure que se produisent les déformations du vase.

C'est probablement ainsi qu'il faut interpréter les intrusions de grandes masses granitiques dans les dômes de terrains plissés. Ces granites n'ont pas dû, à proprement parler, venir remplir une vaste cloche, formée au-dessus d'eux et dont on s'expliquerait mal l'existence[1] ; ils ont dû suivre, au fur et à mesure, par une action connexe, le déplacement des terrains, qui se soulevaient, en remplissant aussitôt les vides qui tendaient à s'y former et s'assimilant les terrains voisins.

Par suite, bien que les magmas de profondeur aient naturellement trouvé, dans les saillies des anticlinaux, un accès plus facile et s'y rencontrent de préférence, ils ont pu aussi, là où il y avait décollement des strates dans un synclinal, y pénétrer par intrusion ; dans cet ordre d'idées aussi, il est impossible, avec un phénomène tellement complexe, de poser une loi unique rigoureuse et absolue[2].

La remarque précédente montre la relation générale, qui paraît lier les venues éruptives aux mouvements du sol. Quand on veut préciser cette relation et chercher quels types de dislocations sont propices aux déplacements des magmas ignés, on peut prendre, comme point de

---

1. Cette hypothèse, qui est celle de M. Suess, a été combattue par A. Michel Lévy (*Granite de Flamanville* ; Bull. Carte géol., n° 36, 1893, p. 35). Suivant lui, l'ascension du magma granitique se fait en profitant d'une sorte de fusion, d'assimilation, de corrosion des strates encaissantes et, « si l'on supposait l'érosion suffisamment profonde, on arriverait au niveau où les magmas granitiques ont dû fondre tous les voussoirs de l'écorce terrestre ».

2. Le granite de Flamanville, qui paraît correspondre à une zone supérieure d'intrusion granitique, est un bon exemple de granite dans un synclinal. Dans le mémoire relatif à ce gisement, A. Michel Lévy a soutenu que le Cotentin, avec ses *culots* granitiques, la Bretagne et le Beaujolais avec leurs *ellipses*, le Lyonnais avec ses *dykes*, le Plateau Central avec ses *massifs*, représentaient des types de plus en plus profonds de granites (*loc. cit.*, p. 34). Plus profondément encore, tous ces dômes devraient se réunir en une masse granitique unique. Dans certains gîtes stannifères de Saxe (Weiss Andreas, etc.), on a recoupé en profondeur des *culots* granitiques, qui n'affleuraient pas au jour.

départ, l'étude du volcanisme actuel, puis, avec les premières notions résultant de cette étude, essayer de coordonner les observations tectoniques sur les roches anciennes.

J'ai déjà dit, à diverses reprises, que le volcanisme actuel paraissait être la forme tout à fait superficielle de manifestations éruptives, analogues à celles qui se sont produites dans tous les temps de la géologie, mais qui nous semblent différentes, dans les séries géologiques, parce que nous les examinons, en général, sur une section horizontale d'autant plus profonde qu'elles sont plus anciennes [1]. Dès lors, les observations sur les volcans actuels étant particulièrement simples à faire et leurs résultats particulièrement assurés, c'est par eux qu'il est naturel de commencer.

La répartition géographique des volcans actuels obéit à une loi très nette et de la plus grande évidence. Tous ces volcans si nombreux s'alignent suivant des arcs de courbe très allongés, qui se raccordent les uns aux autres et dessinent des traînées sinueuses sur la surface de la sphère terrestre. Ils jalonnent, manifestement, des lignes d'affaiblissement, de rupture ou d'éclatement, correspondant peut-être en profondeur à des plans de dislocation verticaux, discontinus à la surface [2], sur lesquels leurs cheminées peuvent marquer des points d'étoilement, des intersections de cassures secondaires avec la fracture principale. Le phénomène se poursuit en petit et, dans un volcan déterminé, on retrouve, de même, le plan de rupture principal, les cassures secondaires, avec les cratères adventifs, qui accompagnent souvent le cratère principal.

De telles dislocations, par lesquelles les roches fluides de la profondeur montent à la surface, signalent à première vue, des lignes d'affaiblissement importantes et profondes de l'écorce et cette importance, cette profondeur, apparaissent d'autant mieux que l'on peut voir certains de ces accidents jalonner, presque d'un bout à l'autre, les côtes du Pacifique, aller de la Syrie aux grands lacs africains (axe érythréen), suivre l'axe de l'Atlantique, ou, en plus petit, contourner la Méditerranée Occidentale.

---

1. Il ne faut pas, bien entendu, exagérer la portée de cette observation. Nous pouvons, dans les séries les plus anciennes, rencontrer accidentellement des manifestations très superficielles, quand celles-ci se sont trouvées comprises dans un compartiment effondré de l'écorce et mises par là à l'abri de l'érosion.

2. J'ai déjà fait remarquer, page 155, note 1, qu'il ne fallait pas chercher, sur les alignements volcaniques, un plan de faille, une dénivellation verticale apparente et caractérisée à la surface entre deux voussoirs contigus. La dénivellation, l'effondrement se trouvent, d'ordinaire, à une certaine distance et les évents volcaniques donneraient plutôt l'idée de boulons, qu'une explosion connexe de cet effondrement aurait fait sauter.

Quand on examine quelles sont les zones géologiques ainsi entourées par des traînées de volcans, on voit que ce sont, le plus souvent, des zones récemment effondrées, et que l'axe volcanique accompagne, à faible distance, un plan de fracture, suivant lequel s'est produite une dénivellation considérable entre un compartiment de l'écorce plissé et surélevé et un autre disparu en s'affaissant sous la mer. On peut alors supposer, avec M. Suess, que c'est la pression même du compartiment affaissé, qui a déterminé l'ascension des roches éruptives par les cassures ou les évents circulaires ouverts le long de son bord : avec quelle force, on le conçoit, en remarquant que certains cratères volcaniques, sur la périphérie du Pacifique, atteignent 6.000 mètres d'altitude.

Les divers types, que peuvent présenter ces lignes volcaniques, ont été classés par A. Michel Lévy en quelques systèmes simples, dont il a cherché la relation avec les diverses catégories de magmas [1].

Ce sont :

1° Les *effondrements des zones plissées*, qui peuvent se ramener à quatre systèmes principaux :

a) *Effondrements en ovales méditerranéens* (Méditerranée Occidentale, divisée en deux ellipses par la Corse et la Sardaigne, mer Égée, Hongrie, mer des Antilles, etc.);

b) *Effondrements en tables étoilées* (du type Colorado) ;

c) *Effondrements en arcs imbriqués*, sur le bord Ouest de l'Océan Pacifique (Japon, Philippines, etc.) ;

d) *Effondrements en alignements prolongés*, sur le bord Est de l'Océan Pacifique (chaîne des Andes[2]) ;

2° Les *effondrements linéaires* Nord-Sud, indépendants des zones de plissement, dont les deux principaux forment : l'un, l'axe de l'Atlantique ; l'autre, l'axe Érythréen de la Syrie aux Grands Lacs.

Ces divers types ont déjà été étudiés au chapitre de la tectonique. Ils représentent en somme, les diverses formes, que peuvent prendre de grandes dislocations terrestres : soit dans les zones plissées à éventail plus ou moins complexe, tels que les Alpes (*a*, *b*); soit dans les chaînes

---

1. *Sur la coordination et la répartition des fractures et des effondrements de l'écorce terrestre* (Bull. Soc. géol., 3ᵉ série, t. XXVI, p. 105, 1898). On trouvera, dans ce mémoire, une histoire succincte des principales séries éruptives.

2. L'axe volcanique des Andes semble, si on réduit les choses à un schéma théorique, présenter cette particularité d'une cassure éruptive, antérieure aux plissements qui lui sont parallèles, masquée par ceux-ci et se traduisant, néanmoins, au milieu d'eux, probablement sur des fractures transversales, par une longue série d'évents volcaniques. Le détail des faits est nécessairement beaucoup plus compliqué, comme le montrent les résumés, avec cartes, de STÜBEL et HAUTHAL, dans les Petermann's Mitteilungen (1902 et 1903) et les coupes de BURCKHARDT.

dissymétriques à pieds droits déversés vers le vide et à clef partiellement effondrée, telles que les Andes (c, d); soit transversalement à ces plissements (2°).

A. Michel Lévy a montré que les magmas étaient extrêmement différents d'un point à l'autre dans les effondrements en ovales, dans les arcs imbriqués du Japon et dans l'axe Atlantique. Il y a, au contraire, grande continuité, grande homogénéité de magmas dans les effondrements en tables étoilées du Colorado, sur la longueur des Andes ou dans l'axe Érythréen.

Si l'on remarque que l'axe Atlantique est extraordinairement discontinu et se compose, en somme, de quelques points disséminés, dont la relation nous est masquée par la mer, on est conduit à admettre qu'il peut exister en profondeur deux types essentiels de zones volcaniques : I les énormes dislocations linéaires, formant, dans tout leur ensemble, une seule unité et communiquant, dans des conditions analogues, avec les réservoirs ignés souterrains (Colorado, Andes, axe Érythréen), et, II, la multiplicité des fosses elliptiques ou arquées, occupant, dans leur groupement, une bande continue, mais par elles-mêmes discontinues, à communications indépendantes avec des bains déjà différenciés et donnant, par suite, des magmas très variables.

La loi, ainsi établie pour les volcans en activité, ou pour les volcans récemment éteints, qui s'y rattachent directement, peut être étendue sans peine aux éruptions tertiaires, dont les manifestations extérieures sont encore assez bien conservées, pour qu'on soit en mesure d'établir leur lien avec les mouvements du sol contemporains et quelques-uns des exemples cités plus haut appartiennent à ces éruptions tertiaires.

Ce n'est pas, en principe, dans la chaîne plissée elle-même, que les roches éruptives se montrent; la zone plissée est, en principe, une zone tangentiellement comprimée et, par suite, peu propre à ces déplacements de fluides profonds; d'ailleurs, si des roches éruptives étaient montées en profondeur dans les Alpes, l'érosion trop peu avancée ne nous permettrait pas de les voir encore[1]. Les roches éruptives, que nous voyons dans les Alpes, sont des roches de la série carbonifère et triasique, ou même plus anciennes. Mais, sur toute la longueur de la chaîne, à son voisinage, les éruptions tertiaires apparaissent, soit sous la forme

---

1. On peut cependant concevoir que des roches cristallisées en profondeur sur le flanc d'une chaîne plissée, ou produites par le dynamisme même d'un charriage, aient été ramenées au jour (Voir plus loin, page 586, les observations de M. GLASSER en Nouvelle-Calédonie).

des ovales méditerranéens ou hongrois, soit sous la forme des effondrements linéaires dans l'Avant-Pays. C'est, par exemple, le long des effondrements de la Limagne ou de la vallée de la Loire, dans tout ce triangle éruptif formé par le Sillon Houiller et la Faille du Forez, dont le mouvement récent est si évident; c'est le long de l'effondrement de la vallée du Rhin, etc.,[1] et l'on retrouve, pour ces effondrements linéaires, en ce qui concerne les magmas, quelque chose de la remarque précédente. Tandis que la composition change, à chaque pas, autour de l'ovale méditerranéen (potasse au Vésuve, soude à Pantellaria, chaux à l'Etna), les effondrements linéaires ou tabulaires de l'Avant-Pays restent beaucoup plus homogènes. Malgré des différences de détail qui ont été signalées[2], le Mont-Dore, le Cantal et la chaîne des Puys offrent un ensemble de même nature; la traînée des basaltes à feldspathides allemands constitue un groupe homogène très étendu.

En passant à la chaîne hercynienne, les phénomènes sont un peu moins nets, parce que les conditions géographiques et tectoniques de l'époque nous sont moins bien connues; mais toutes les observations concordent et nous arrivons ainsi à nous représenter l'ensemble de ces manifestations éruptives sous une forme assez simple, qui est la suivante.

Aux diverses époques de l'histoire géologique, nous savons qu'il s'est produit une série de plissements, dont la zone d'extension paraît s'être déplacée et surtout réduite avec le progrès des âges. En même temps, des effondrements connexes paraissent avoir eu une tendance à s'accentuer, au contraire, de plus en plus et à compenser, dans une certaine mesure, la souplesse moins grande, que l'écorce terrestre apportait à se plisser. Ces divers déplacements des terrains ont provoqué des mouvements corrélatifs dans les roches fluides, qui pouvaient occuper, à leur base, une plus ou moins large extension. Ces roches se sont élevées, d'abord, à la base des zones plissées et, en y cristallisant sous pression en profondeur, ont produit de grandes masses grenues à structure granitique, dont la basicité dépend à la fois de la profondeur et des sédiments absorbés. D'autres roches, émanées des mêmes magmas, mais plus différenciées, se sont élevées, au-dessus de ces dômes, dans une série de fractures plus voisines de la superficie et, en y cristallisant sous une certaine pression en présence de minéralisateurs subsistants, ont produit des roches microgrenues à temps de consolidation plus distincts (par suite de leurs déplacements mêmes)

1. Il est à noter que l'effondrement du Rhône, entre les Alpes et l'Avant-Pays hercynien, n'est pas volcanique.
2. Voir page 549.

sous les diverses formes de dykes, de filons, de nappes intrusives, etc. Enfin, plus rarement, et par une série d'évents plus localisés, des roches encore plus différenciées ont pu arriver jusqu'à la surface et s'y épancher, en réalisant tout l'ensemble de phénomènes, qui caractérisent le volcanisme, avec prédominance des types microlithiques ou vitreux à fusion ignée proprement dite et presque sans intervention de la vapeur d'eau ou des minéralisateurs, déjà dégagés auparavant. Ces manifestations exceptionnelles, arrivant jusqu'au jour, ont été surtout en rapport avec les effondrements, qui ouvraient de profondes cassures verticales, ou des séries de fosses elliptiques déjà plus différenciées, tandis que les types plus profonds ont pu se réaliser dans toutes les catégories de plissements

CHAPITRE XIV

LES RÉSULTATS DE LA MÉTALLOGÉNIE ET DE LA GÉOLOGIE CHIMIQUE

I. — Principes généraux.

La métallogénie a été définie précédemment la science des gîtes métallifères, ou, plus généralement, la science, qui étudie les concentrations des éléments chimiques, réalisées sur certains points d'élection par la métallurgie naturelle. Les problèmes théoriques, que cette branche de la géologie nous permet d'aborder, sont parmi les plus importants de tous; car, plus encore que la pétrographie, la métallogénie nous permet d'entrevoir le mystérieux travail, qui a peu à peu constitué les parties profondes de notre planète et présidé au groupement actuel de la matière : travail, dont la stratigraphie, ou même la tectonique, appliquées à des sédiments, qui sont déjà, par principe, des produits de remaniement secondaires, ne peuvent jamais atteindre que des formes très superficielles.

Il ne saurait être ici question d'écrire un traité de métallogénie[1] et le cadre de cet ouvrage nous amène à laisser de côté toutes les considérations de pure technique sur la forme ou la minéralisation des gisements, sur la distribution spéciale à tel ou tel métal, etc., qui jouent un si grand rôle dans la pratique des mines, pour envisager uniquement la genèse des minerais, l'opération mécanique, métallurgique ou chimique, dans laquelle ils ont pris naissance. Les conclusions d'ensemble, qui résultent de cette étude pour la distribution des éléments chimiques dans la Terre, seront l'objet d'un chapitre suivant. Je rappelle, d'ailleurs, qu'un grand nombre de questions intéressant les gîtes métallifères — et, notamment, tout ce qui concerne leur altération superficielle — se sont déjà trouvées traitées antérieurement.

A) Origine des métaux. — Le premier point à résoudre, en ce qui concerne les minerais métalliques, est de déterminer leur origine première : je n'ai pas besoin de dire que c'est le plus obscur et le plus sujet à controverse; nous aborderons ultérieurement un terrain plus solide; mais il est impossible de ne pas traiter, tout d'abord, ce problème préjudiciel.

L'on a fait bien des tentatives ingénieuses pour expliquer la formation des gîtes métallifères par de simples opérations de surface et sans intervention d'aucune cause profonde. C'est le cas, en particulier, des « eaux descendantes » de Werner, des « sécrétions latérales » de Sandberger, ou des sécrétions hydrothermales avec eaux ascendantes, imaginées récemment en Amérique. Mais, plus on envisage l'ensemble de la métallogénie et plus on reconnaît, ce me semble, l'insuffisance des réactions secondaires et superficielles pour faire comprendre l'origine première des grandes concentrations métallifères; plus la nécessité d'une métallurgie ignée profonde, comme principe de ces phénomènes, apparaît clairement. Il est impossible d'échapper à cette constatation que, sur quelques points privilégiés du globe — et, parfois, sur un très petit nombre de points, quand il s'agit d'un métal à

---

1. Ayant, depuis la première édition de cet ouvrage, condensé mes travaux de métallogénie dans un important ouvrage sur les *Gîtes minéraux et métallifères*, (3 vol., Béranger, 1912), je demanderai la permission d'y renvoyer, d'une façon générale, pour la mise au point définitive des idées laissées dans ce chapitre sous leur forme primitive. Voir également mes publications antérieures : *Traité des gîtes métallifères* (1892) et *Formation des gîtes métallifères* (1re édition, 1892, 2e édition, 1905). *Contribution à l'étude des gîtes métallifères* (1897). *Variations des gîtes métallifères en profondeur* (Rev. gén. des sciences, 30 avril 1900). *Les Richesses minérales de l'Afrique* (1903). *La métallogénie de l'Italie et des régions avoisinantes* (1906). *La géologie et les Richesses minérales de l'Asie* (1911).

poids atomique particulièrement dense —, il a été réalisé des concentrations métallifères, dont le volume est sans aucun rapport possible avec la teneur habituelle et normale des roches; et le contraste est d'autant plus saisissant que cette teneur est elle-même plus approximativement constante, comme nous le verrons, dans la moyenne de toutes les roches et terrains du globe. Il est impossible également de ne pas reconnaître une relation d'ensemble entre les formations métallifères non remaniées, les roches éruptives et les immenses dislocations, que nous avons vues se suivre à travers des continents entiers. Si l'on réfléchit à toutes les raisons, énumérées dans d'autres chapitres[1], qui font admettre, pour la Terre, une densité interne plus élevée que celle de la superficie et, par suite, une localisation des métaux denses dans les zones profondes, il apparaît infiniment probable que ces points d'élection, où nous trouvons des gîtes métallifères (ségrégations ou filons), sont ceux où une cause quelconque, à une époque plus ou moins ancienne de l'histoire géologique, a déterminé une relation anormale entre ces zones profondes et l'écorce plus superficielle.

On peut, après cela, si on le veut, imaginer que la concentration a eu lieu en plusieurs stades et, par exemple, d'abord, dans une roche éruptive, qui aurait été ensuite refondue ou remaniée. Ces complications possibles n'empêchent pas que, comme point de départ à toutes les opérations secondaires, il se soit passé, dans les endroits où nous trouvons rassemblés, par centaines de mille tonnes, par millions de tonnes, du mercure, du cuivre, du plomb, etc., quelque chose de singulier et que ce quelque chose ait dû venir, tout d'abord, de la profondeur.

Remarquons, à ce propos, que, lorsque nous parlons ainsi de zones profondes, il ne s'agit nullement, comme on affecte parfois de le croire dans les théories adverses, de faire venir ces métaux directement du centre de la Terre. La croûte scoriacée, qui forme la partie abordable de l'écorce terrestre, a bien des chances pour être fort peu épaisse; il est très probable que la zone réductrice plus profonde, dans laquelle l'oxydation, dont elle résulte, n'a pu s'effectuer, est assez voisine de l'atmosphère, bien que, dans aucun cas, les mouvements tectoniques n'aient fait apparaître au jour les magmas profonds inoxydés, dont nous croyons seulement reconnaître l'équivalent dans les météorites. L'accroissement rapide de la température, quand on s'enfonce, laisserait supposer qu'à une centaine de kilomètres, au plus, de la superficie, par conséquent avant d'avoir parcouru la soixantième

1. Page 95.

partie du rayon, les roches granitiques elles-mêmes pourraient être
amenées à la fluidité[1]. Mais le volcanisme suffit à prouver que cette
zone fluide, si elle existe d'une façon continue, n'a pas la forme d'une
sphère concentrique à la superficie extérieure; elle doit être inégale;
par endroits même, elle semble monter jusqu'au jour. Il est très possible que l'éruptivité profonde, par laquelle ont été constituées nos
roches cristallines en rapport avec les gîtes métallifères, ait pris ses
matériaux dans les parties supérieures de cette zone fluide. Il suffit
alors qu'un brassage tourbillonnaire, un remous, dont on doit attribuer
la cause aux mouvements tectoniques, mais dont les métalloïdes volatils ont été très probablement les agents actifs, aient déterminé des
déplacements dans ce bain fondu, comme nous voyons qu'il s'en passe
incessamment dans l'enveloppe solaire, pour que des métaux profonds
se soient trouvés localement amenés dans la scorie superficielle, ou
emportés de là par les fumerolles.

B) Relation entre les gîtes métallifères et les roches éruptives.
Composition variable du magma initial. — Le point de départ de toute
notre théorie est qu'il y a relation d'origine entre les gîtes métallifères
et les roches éruptives, que ces cristallisations de minerais ou de
silicates, malgré toutes les différences si évidentes entre leurs termes
extrêmes, ont un point de départ commun.

Cela ne veut pas dire, bien entendu, que les gîtes métallifères se
soient tous (ni même pour la plupart) formés dans l'opération de métallurgie ignée, à laquelle il est logique d'attribuer la majorité de nos
roches : en rapprochant ainsi les roches des minerais, je laisse entièrement de côté, pour le moment, le processus de la cristallisation. Cela ne
signifie même pas que tous les gîtes métallifères aient dû procéder,
directement et en un seul temps, des roches éruptives; le contraire
est manifeste et il est parfaitement certain que toute substance, une
fois amenée dans les parties supérieures de la lithosphère, a pu y
être soumise à des remises en mouvement, à des remaniements,
voire à des refusions multiples; les altérations secondaires et les sédimentations sont les exemples les plus manifestes de ces phénomènes,
qui, surtout pour les corps les plus fréquents et les plus banalement
disséminés, ont pu affecter encore bien d'autres formes. Il s'agit uniquement ici de l'*opération initiale*, qui a fait monter, jusqu'à une
zone de l'écorce aujourd'hui mise à nu, une substance, dont l'origine
première, je viens de le dire, paraît avoir été profonde.

Or cette opération a dû être essentiellement une réaction de voie

1. Voir pages 99 à 104. Cf. page 571, note 1.

ignée, accomplie en profondeur et sous pression, en présence de la vapeur d'eau et des métalloïdes, chlore, soufre, phosphore, bore, arsenic, carbone, etc., dont les reproductions synthétiques ont montré les facultés minéralisatrices.

La scorification, qui s'est produite alors et dans laquelle la vapeur d'eau a dû jouer un rôle essentiel, a été certainement accompagnée de différenciations, de ségrégations, qui, ainsi que nous l'avons vu au chapitre de la pétrographie, ont pu être facilitées ou influencées par des circonstances diverses : simple liquation en vase clos par ordre de densité, action réfrigérante des parois, brassage des éléments minéralisateurs, introduction et infiltration dans des vides plus ou moins grands de l'écorce terrestre, etc.

Toutes ces opérations, en rapport visible avec les mouvements tectoniques et qui, sans eux, n'auraient probablement pas commencé, ni surtout fait monter des roches fondues et des minerais jusqu'à une zone assez haute pour qu'ils nous y devinssent accessibles un jour, ont finalement déterminé les séparations et produit les divers types de roches à composition ou à structure variable, qu'étudie la pétrographie, avec les gîtes métallifères comme manifestation connexe.

Je crois, comme il a été dit précédemment[1], que le bain de fusion profond, par lequel ont été alimentés ces produits rocheux ou métallifères relativement superficiels, était loin d'avoir partout la même composition. Cela apparaît déjà par ces familles pétrographiques, dont la teneur en alcalis varie si manifestement d'une région à l'autre ; mais cela est encore bien plus clair pour les gîtes métallifères, si absolument différents suivant les points, malgré les rapports qui unissent un type de gîtes à un type donné de roches. Nous n'avons pas le moyen de chercher à quelle profondeur se trouvait le bain de fusion initial, d'où proviennent les roches et minerais d'une région déterminée ; et nous ne savons pas ce qui a pu déterminer la composition spéciale de celui-ci (bien que l'hypothèse la plus simple soit évidemment celle d'une bouffée amenant, à la faveur des fumerolles, des métaux empruntés à une couche plus ou moins profonde) ; mais, en disant que les manifestations internes d'une région ont été alimentées par un bain métallique, dont la composition variait d'un point à l'autre et a pu souvent varier d'un instant à l'autre du temps, nous rentrons dans le domaine des faits d'observation, ou d'interprétation tout à fait directe et vérifiable.

En résumé, nous nous trouvons donc en présence d'une opération métallurgique, effectuée sous pression et avec le concours de principes

1. Pages 549 et suiv.

volatils, où l'eau devait dominer, sur une scorie silicatée, renfermant, à côté de ses éléments à peu près constants, des proportions très variables de certains métaux exceptionnels. Les produits de cette opération métallurgique sont les roches cristallines et les minerais.

C) Réactions de voie ignée et réactions de voie aqueuse. Distinction entre les grandes catégories de gîtes : inclusions, ségrégations, filons, etc. — Quand on a conçu la première idée des opérations métallurgiques, qui viennent d'être supposées, on a été bientôt amené à reconnaître, dans leurs produits les plus différenciés, deux types extrêmes, qu'Élie de Beaumont définissait : les uns, fondus comme les laves d'épanchement; les autres, cristallisés dans l'eau, ou sublimés, comme les minerais ordinaires des filons concrétionnés. Il en résulte une distinction fondamentale entre le mode de formation de ces deux catégories de substances, auxquelles nous venons d'attribuer une origine commune : une coulée de basalte et un filon de galène. Mais il serait faux d'en conclure qu'il existe deux modes de cristallisation incompatibles et attribuables exclusivement : le premier, aux roches éruptives, celui de la fusion ignée ; l'autre aux minerais, celui de la dissolution hydrothermale. La vérité est, au contraire, que l'un et l'autre type sont reliés par une chaîne continue et, comme Élie de Beaumont lui-même l'avait déjà remarqué, que certains minerais peuvent s'être formés par simple fusion, comme les roches et que certaines roches peuvent avoir cristallisé dans l'eau chaude, comme nos minerais.

Les synthèses de minéraux et de roches, les études récentes sur les gîtes de ségrégation ignée ont bien mis en évidence cette continuité, qui accuse encore mieux l'unité d'origine, admise plus haut comme principe. On connaît aujourd'hui, d'une façon très nette, de grands amas métallifères, formés, par une fusion ignée, dans les mêmes conditions que les roches elles-mêmes : ce sont les gîtes, que j'ai proposés de distinguer comme inclusions et ségrégations basiques. Et, d'autre part, on sait très bien qu'il existe des roches cristallines, dont la fusion purement ignée est impuissante à réaliser la synthèse : des roches, dont le granite est le type essentiel, qui ont visiblement nécessité l'intervention d'une forte pression, dans laquelle l'eau chargée de carbonates alcalins et, sans doute, d'autres minéralisateurs, ont dû jouer un rôle très actif. De ces granites, on passe à nos granulites (granites à mica blanc), où l'action des minéralisateurs et des réactions aqueuses s'accentue encore, puis à des pegmatites, que l'on a reproduites d'un coup en liqueur alcaline sous pression et, enfin, à des quartz, qui sont des produits hydrothermaux filoniens. Du granite au quartz de filon, que peuvent accompagner tels ou tels éléments métalliques, il y a donc série continue, comme, de la péridotite ou du gabbro le plus basique, à l'amas de fer chromé, de titano-magnétite ou de pyrrhotine nickélifère, qui s'y est isolé par ségrégation. Aux deux extrémités de la série pétrographique, avec les roches les plus acides comme avec les plus basiques, avec les granites comme avec les péridotites, nous voyons s'isoler des produits métallifères et nous sommes conduits à attribuer le rôle principal, dans leur mode d'isolement, à l'abondance plus ou moins grande des métalloïdes volatils ou minéralisateurs (eau comprise) : abondance, qui est elle-même fonction de la profondeur et de la pression. Très faible parfois et, spécialement, sur les fonds de creuset basiques, où les actions de simple ségrégation ignée ont été poussées à l'extrême, cette action peut devenir ailleurs assez grande pour former les types ordinaires de filons hydrothermaux.

Dans le premier cas, la relation du minerai avec la roche est absolument intime ; le minerai fait partie intégrante de la roche ; il est un des éléments de sa constitution (inclusions) ; ou, tout au plus, il s'est concentré en certains points du magma (ségrégations[1]) et à son contact, (gîtes de départ). Dans l'autre, le métal, entraîné par les minéralisateurs à travers les circuits hydrothermaux, peut s'être écarté plus ou moins loin suivant le degré de solubilité et la précipitation plus ou moins facile de la combinaison saline, dans laquelle il était entré. Un métal, comme l'étain, dont les combinaisons chlorurées se dégagent à haute température et sont précipitées par le seul contact de la vapeur d'eau, ne peut s'éloigner beaucoup du granite, qui lui donne naissance. Tout autre est le sort des métaux, entrés dans des combinaisons sulfurées, qui se maintiennent aisément en dissolution et ne sont reprécipités que par une réaction chimique, souvent à grande distance.

En raison de ces hypothèses, réellement confirmées par tant d'observations qu'on peut les considérer comme acquises, il me semble logique, si l'on veut classer les gîtes métallifères d'après leur origine, de distinguer aussitôt deux grandes catégories (naturellement reliées par des intermédiaires) : 1° les gisements produits par une réaction de voie ignée (*inclusions et ségrégations*) et 2° ceux cristallisés par voie aqueuse (*gîtes de départ, filons concrétionnés, imprégnations, substitutions*). Tous les gîtes secondaires, dus à un remaniement, quelle qu'en soit la nature (*altérations superficielles et remises en mouvement, sédimentations mécaniques et chimiques*) forment ensuite un

---

1. Le sens général de ce mot a été donné page 550, note 3.

troisième groupe, qui se sépare tout naturellement des deux premiers.

II. — Gites d'inclusion et de ségrégation ignée[1].

MÉTAUX NATIFS OU OXYDÉS INCOMPLÈTEMENT : PLATINE, NICKEL, MAGNÉTITE
TITANIFÈRE, FER CHROMÉ, ETC.

Je crois nécessaire de conserver la distinction théorique entre les inclusions et les ségrégations, quoique la première catégorie de gîtes soit bien rarement assez importante pour être utilisable, à moins d'avoir subi un groupement secondaire superficiel, mécanique ou chimique (alluvions et sécrétion latérale), parce qu'une telle division correspond à deux stades successifs dans l'opération de concentration naturelle progressive, qui constitue toute la métallogénie. Les inclusions représentent le cas, où les minerais font partie intégrante d'une roche, au même titre que les autres minéraux quelconques; les ségrégations sont, au contraire, des cas particuliers, où s'est réalisée, pendant la fusion ignée, pour les éléments métalliques d'une roche, une concentration spéciale, qui, ailleurs, a pu se produire également pour tout autre élément minéralogique, silicate ou quartz, mais à laquelle nous n'attachons pas d'intérêt lorsqu'elle ne porte pas sur une substance utilisable.

A. *Inclusions.* — De prime abord, nous pouvions nous attendre à trouver, parmi les éléments constitutifs des roches, ou *inclusions*, un grand nombre de nos métaux. Il n'y a pas, en effet, entre les éléments banals des roches et ces métaux, une coupure naturelle, semblable à celle que nous tendons à établir en pratique d'après leur valeur industrielle et nous constatons, en effet, que les éléments homologues du fer (lui-même constant dans toutes nos roches), tels que le chrome, le nickel, le cobalt, le manganèse, peuvent, dans une certaine mesure, se substituer à celui-ci dans les minéraux oxydés ou silicatés, de même que le magnésium ou le titane. Généralement les métaux, qui subsistent ainsi dans une roche à l'état d'inclusions, sont ceux qui n'ont pas pu être entraînés par les éléments volatils : soit qu'ils aient cristallisé à l'état natif, comme le platine, comme le fer natif d'Ovifak, ou comme le nickel natif dans les péridotites de Nouvelle-Zélande; soit qu'ils aient été directement oxydés, comme la magnétite; soit encore

1. Voir une étude spéciale de cette catégorie de gîtes dans ma *Contribution à l'Étude des gîtes métallifères* (Ann. des Mines 1897) et, pour le cas spécial du titane, les *Notes sur la théorie des gîtes minéraux* (*ibid*, janv. 1903) ou, pour celui du fer, le mémoire sur les *Gisements de fer Scandinaves* (*ibid*, juillet 1903).

que leur chlorure ait été immédiatement précipité par la vapeur d'eau, ainsi que cela a dû se produire pour l'étain.

Les métaux sulfurables, tout en pouvant laisser des traces dans le magma scoriacé et surtout se concentrer à sa périphérie (pyrite, chalcopyrite, pyrrhotine nickélifère et cuprifère, etc.), ont, d'ordinaire, subi un départ plus accentué, qui est particulièrement marqué pour le plomb, le zinc, l'argent, le mercure, etc., et qui aboutit alors à la série des types filoniens.

Il peut y avoir des inclusions dans les roches acides, comme dans les roches basiques ; elles ne sont pas du même ordre ; les premières accusent ordinairement la présence de chlorures et d'oxydants en excès ; ce seront, par exemple, l'étain en cassitérite, ou le fer en oligiste ; les secondes témoignent d'une atmosphère réductrice, où les oxydes sont restés incomplets (protoxydes ou oxydes neutres) et ce sont les seules, qui passent, par un groupement plus accentué, dans une opération de métallurgie ignée, à des amas de ségrégation, tandis que les inclusions des roches acides aboutissent directement à des filons hydrothermaux.

J'insisterai surtout sur les inclusions des roches basiques, qui, plus importantes par elles-mêmes, présentent, en outre, cet intérêt d'avoir donné parfois des gîtes industriels, par une altération superficielle, constituant une véritable sécrétion latérale (fer, nickel, manganèse, etc.)

Ce sont déjà des gîtes d'inclusion que ces traces de chrome, de nickel, de cuivre, de cobalt, de bismuth, etc., reconnues par les chimistes dans les micas, les pyroxènes, les hornblendes de certaines roches. La moyenne des roches contient près de 0,01 p. 100 de chrome et 0,005 de nickel, soit 50 à 100 grammes de chacun par mètre cube. Dans les roches basiques, on a souvent, en même temps, 10 à 20 grammes de cuivre à l'état de traces sulfureuses [1]. Il faut voir là, selon nous, les résidus de l'opération métallurgique, des sortes de grenailles restées incorporées dans la scorie. On remarquera néanmoins que, pour chaque kilomètre cube de roches cristallines détruites par l'érosion à la suite d'un plissement, 10 grammes par mètre cube représentent 10.000 tonnes de métal mis en liberté : considération, qui ne saurait être négligée dans la théorie des gîtes sédimentaires.

Ce rôle des inclusions est encore bien plus marqué pour la magné-

---

1. D'après des analyses de KILLING et de SANDBERGER, un mètre cube de gneiss pris dans la Forêt-Noire aurait contenu, en moyenne, 100 à 200 grammes de cuivre avec une proportion appréciable de plomb, argent, etc. : ces chiffres sont, d'après des travaux plus récents, tout à fait inexacts. (Voir plus loin pages 649 à 665).

tite : élément presque constant dans la constitution des roches basiques et souvent en quantités assez fortes pour que des métallurgies primitives l'en aient extrait par un triage, surtout après une première préparation mécanique naturelle dans des sables d'alluvions.

Avec la magnétite s'associe parfois, mais surtout après concentration par ségrégation ou départ, de la chalcopyrite.

Un exemple très typique de ces inclusions en roches basiques est fourni par la Nouvelle-Calédonie, où les minerais de nickel, avec cobalt, chrome et manganèse, sont englobés dans des péridotites serpentinisées, que l'on considère ordinairement comme tertiaires[1] et constituent, sous leur forme primitive, avant l'altération de surface où ils se sont concentrés, un véritable gîte d'inclusion, tandis que le gîte industriel représente le type même des sécrétions latérales secondaires.

Ces péridotites, composées de péridot et d'un pyroxène orthorhombique exempt de chaux (enstatite ou bronzite), renferment, d'une façon constante, du nickel et du cobalt, englobés dans ces minéraux (proportion moyenne des deux oxydes : 1 kilogramme à la tonne), avec du fer chromé en grains (1 à 2 kilogrammes à la tonne) et du pyroxène. La roche fraîche contient 49 p. 100 de magnésie, que l'altération superficielle fait tomber à 39 p. 100. Localement, il existe des concentrations d'olivine avec fer chromé et sans pyroxène (dunites). Le mode de gisement de ces péridotites semble accuser une superposition sur les sédiments érodés, qui comprennent le crétacé (peut-être par un charriage).

Ce sont de telles roches, qui, par un métamorphisme tout superficiel, où a disparu une grande partie de la magnésie[2], ont donné les gisements de nickel, cobalt, chrome, etc., exploités dans cette colonie, où l'on trouve un hydrosilicate de nickel et de magnésie, dans lequel le nickel et la magnésie peuvent s'échanger, en toutes proportions, jusqu'à atteindre 48,6 p. 100 d'oxyde de nickel, puis des rognons à 10 p. 100 d'oxyde de cobalt avec manganèse et des grains isolés de fer chromé.

C'est également dans de véritables gîtes d'inclusion que l'on trouve le platine. Dans les péridotites de l'Oural, qui forment son grand gisement industriel, ce métal précieux est tellement disséminé que, pour le rendre utilisable, il a fallu sa longue préparation mécanique dans les

---

1. Voir GLASSER, *Richesses minérales de la Nouvelle-Calédonie* (Ann. des Mines 1903, p. 299).

2. Cette disparition de la magnésie est identique à celle de la chaux dans la décalcification ; elle fournit des « argiles rouges » presque exemptes de magnésie, avec reprécipitations locales de giobertite (carbonate de magnésie).

alluvions et c'est seulement dans ces toutes dernières années qu'on est arrivé à trouver en place une petite veine de péridotite, tenant 23 grammes de métal à la tonne[1].

Les inclusions des roches acides, sur lesquelles je n'insiste pas, peuvent comprendre l'oligiste, développé si abondamment dans les laves, ou quelquefois au contact des granites, puis l'étain et l'or. Il existe, dans les granites à mica blanc, au contact desquels se sont formés les filons d'étain, des zones, généralement à grands cristaux, entièrement pénétrées de cassitérite et finissant par accuser une teneur en étain de plusieurs kilogrammes à la tonne (Saxe, Black Hills du Dakota, etc.) Il arrive de même de rencontrer de l'or dispersé dans certaines roches trachytiques, qui, dans leurs fentes de retrait, renferment alors des réseaux de veinules aurifères, parfois associées à du tellure ou à de la fluorine et montrant bien ainsi l'abondance des minéralisateurs. Je rappelle également que M. Lacroix a trouvé de l'or en cristaux dans tous les éléments d'un gneiss de Madagascar, où il paraît avoir été introduit avec les éléments du métamorphisme[2]. Mais, ainsi que je l'ai déjà remarqué, si les inclusions peuvent se présenter dans toutes les catégories de roches, leur groupement en ségrégations ignées ne se rencontre que dans les roches basiques : ce qui est, d'ailleurs, tout naturel avec notre théorie pétrographique, où nous avons attribué à la vapeur d'eau et aux minéralisateurs un rôle particulièrement actif dans la cristallisation de ces roches acides : rôle, qui n'a pu manquer de se traduire par des départs hydrothermaux, c'est-à-dire par le terme opposé à celui des ségrégations.

B. *Gîtes de ségrégation ignée*. — En moyenne, les gîtes de ségrégation ignée paraissent constituer de préférence un type de profondeur, ou plutôt un type, dont la profondeur originelle a facilité la production, sans qu'il faille attacher le moins du monde à cette notion un caractère exclusif. Nous avons déjà vu, à propos de la pétrographie[3], que les types grenus des roches basiques, au contraire de ce qui se passe pour les roches acides, avaient pu exister jusque dans les nappes d'épanchement, probablement parce qu'ils ne nécessitent pas la même intervention d'une pression, réalisée par les éléments volatils. Toutes les fois qu'un magma basique s'est différencié tranquillement en vase clos, il a pu s'y former des minerais de ségrégation et nous rencontrerons ainsi des fers chromés, des spinelles chromifères,

1. Voir : L. DE LAUNAY, article *Platine* dans la Grande Encyclopédie.
2. C. R., 21 janvier 1901. cf. *Les Richesses minérales de l'Afrique*, page 364.
3. Page 538, note 1.

ou des péridots nickélifères dans des péridotites très récentes. Néanmoins les conditions propres à la formation de ces roches basiques et de leurs minerais, en particulier l'atmosphère réductrice, où ils ont dû cristalliser pour la plupart et qui se traduit par la présence d'oxydes incomplets, ont dû se rencontrer plus généralement dans les milieux profonds que dans les minerais superficiels. Cela paraît surtout exact pour les magnétites, ordinairement titanifères, dont il sera question bientôt; on les a trouvées, pour la plupart, jusqu'ici, sur les plus anciens massifs de consolidation du globe, sur ces voussoirs primitifs, dont nous avons envisagé le rôle important en tectonique. Les amas du même genre sont rares le long de la chaîne hercynienne ou sur les rameaux de la chaîne alpine, où ont été d'abord étudiés les gîtes métallifères; aussi les avait-on considérés comme un type exceptionnel, jusqu'au jour où les géologues norvégiens et, en particulier, M. Vogt, ont montré qu'ils dominaient en Scandinavie. En même temps, on retrouvait des facies semblables au Canada; puis les géologues américains en ont reconnu la présence dans le Nord-Est des États-Unis (monts Adirondacks), le jour où ils ne se sont plus spécialisés dans les gîtes récents de l'Ouest Américain. Enfin l'on signale déjà, dans l'Afrique Centrale, le Brésil ou la Sibérie, des types analogues, qui se multiplieront certainement le jour, où ces pays d'ancienne consolidation seront mieux connus.

Mais, bien plus encore que par cette profondeur originelle, les gîtes de ségrégation basique sont caractérisés par la prédominance très typique d'un certain nombre de métaux : fer, nickel, cobalt, chrome, manganèse, titane et vanadium, quoiqu'on y retrouve également à l'occasion (et, surtout, quand on s'écarte vers la périphérie des massifs, par un commencement de départ hydrothermal) la plupart des métaux filoniens (si ce n'est peut-être les plus volatils ou les plus acidifiables, tels que le mercure ou l'étain) en combinaisons sulfurées. L'association si typique de ces métaux est un fait qu'il faut retenir; car nous aurons à nous en servir, quand nous rechercherons la loi de distribution des éléments chimiques dans la Terre.

La ségrégation, dont il s'agit ici, est, parmi toutes les opérations chimiques et métallurgiques, auxquelles ont été soumis les éléments chimiques dans l'écorce terrestre, celle qui paraît reproduire le plus exactement les conditions de notre métallurgie ordinaire, de ses fusions tour à tour réductrices ou oxydantes dans des fours ou dans des creusets. C'est presque une réaction de voie ignée, mais avec brassage possible par la vapeur d'eau et intervention locale de minéralisateurs tels que le soufre et le carbone, qui ont eu pour résultat de prêter aux éléments de la mobilité et de faciliter leur concentration, leur localisation[1].

M. Vogt a très bien montré, pour les minerais norvégiens, quelles avaient été les lois de cette ségrégation et comment elle avait eu pour résultat final de localiser, dans des conditions tout à fait différentes, les principaux minerais de ségrégation basique ou de départ immédiat : tantôt, au cœur des massifs, comme les oxydes de fer, titane ou chrome; tantôt, à la périphérie, comme les sulfures de fer nickélifères ou cuprifères, ces derniers le plus souvent autour des gabbros à enstatite moins ferrugineux.

Les premiers gisements sont à vrai dire les seuls, auxquels s'applique strictement l'idée d'une ségrégation, telle qu'elle a été généralement comprise, c'est-à-dire avec rôle très subordonné des minéralisateurs. Dans les seconds, que j'ai proposé d'en séparer sous le nom de gîtes de départ et qui feront l'objet d'un paragraphe suivant, on surprend aussitôt, sur le fait, l'action d'un minéralisateur énergique, le soufre, et, bien que les autres métalloïdes, chlore, fluor, bore, etc., n'apparaissent pas en principe (sauf dans les apatites, associées avec les hypérites à olivine), il est visible qu'il y a eu un commencement de départ, facilité par une mobilité déjà en partie hydrothermale. Les éléments sulfurés, qui se concentrent à la périphérie, vont bientôt s'écarter un peu plus et nous aurons des gîtes de contact; puis, un peu plus encore et nous trouverons des imprégnations, éparpillées dans les terrains schisteux. Nous sommes conduits, par des transitions insensibles, au cas de véritables filons hydrothermaux. Dans le cœur des massifs, au contraire, c'est une sorte de liquation, avec vapeur d'eau, qui a dû isoler les oxydes.

Le processus de cette opération métallurgique peut être assez bien suivi, en laissant, tout d'abord, de côté l'intervention des sulfures et se bornant aux combinaisons oxydées. Quand on étudie en détail, comme l'a fait M. Vogt à Andopen, dans les Lofoten, la différenciation d'un magma basique, complexe au début, où les silicates basiques ont commencé par être dissous dans les silicates alcalins, on croit apercevoir la tendance à la séparation de deux roches, qui, finalement, vont aboutir : d'une part, au péridot, c'est-à-dire à un silicate magnésien; de l'autre, à des roches d'anorthose ou de labrador, c'est-à-dire à un silicate alumino-calcaire. Avant d'en arriver à ces péridotites et à ces

1. M. Vogt, qui avait d'abord contesté ce rôle des éléments volatils, admet aujourd'hui l'influence essentielle de l'eau profonde, d'après une théorie d'Arrhénius, qui a montré l'eau à haute température devenant un acide énergique et expulsant la silice des combinaisons pour s'associer aux bases, puis, à plus basse température, expulsée à son tour des hydrates et remise en liberté.

anorthosites, on a : d'une part, des gabbros à olivine[1] ; de l'autre, des gabbros à diallage ou enstatite. Il subsiste, par conséquent : d'un côté, du plagioclase avec l'olivine ; de l'autre, un pyroxène lamellaire ou rhombique avec le plagioclase.

Il est intéressant de noter que les ségrégations métallifères se font très différemment dans les deux cas : avec l'excès de péridot, du côté de la magnésie, partent le chrome, le platine, le nickel et le cobalt ; avec le gabbro à diallage, enstatite ou hypersthène (pouvant contenir de l'olivine accessoire), le titane[2]. Le fer, élément banal, va d'un côté comme de l'autre. Quand la magnésie a complètement disparu du côté gabbro, on arrive, dans les roches exclusivement formées de labrador ou d'anorthose, à des minerais remarquablement titanifères, à des ilménites contenant 40 p. 100 d'acide titanique.

Maintenant, quelle est l'origine de ces concentrations ? On ne saurait naturellement le dire et la composition initiale du bain de fusion n'a pu manquer d'intervenir pour rendre telle ou telle roche basique plus ou moins riche en nickel ou en chrome, comme pour rendre, ailleurs, telle ou telle roche acide plus ou moins potassique ou sodique. Mais il est certain qu'ensuite le mode de cristallisation et de très légères variations dans la composition chimique ont entraîné, par contre-coup, la concentration d'un métal ou d'un autre : le titane, le nickel ou le chrome, auxquels nous sommes tentés d'attribuer un rôle spécial, s'étant comportés, à cet égard, comme les autres éléments quelconques dans la roche. On remarque, par exemple, que, lorsqu'un gabbro renferme un peu d'olivine, il s'y forme de la titano-magnétite, et, sans olivine, de l'ilménite.

Ces minerais titanifères sont à compter parmi les cas les plus typiques de ségrégations basiques et M. Vogt a montré que, lorsque les analyses étaient bien faites, on reconnaissait le titane en proportions très sensibles dans toutes les ségrégations de magnétite. Quand on suit le progrès de leur concentration par une série d'analyses, on voit : 1° la silice tomber à 20, tandis que les oxydes de fer et de titane montent à 50 ; puis, 2° la silice tomber à 8, tandis que les oxydes atteignent 80 ; enfin, 3° la silice disparaître. En même temps que la silice, l'alumine décroît, mais moins vite, de manière qu'à la fin, il peut s'isoler exceptionnellement des spi-

---

1. Je rappelle que l'olivine est une forme du péridot.

2. Le phosphore, sous forme d'apatite, se concentre, en même temps, dans les hypérites à olivine, avec rutile, fer titané et oligiste. Il est accompagné d'un peu de chlore ou de fluor dans les apatites. Cependant les minéralisateurs les plus volatils, tels que le chlore, le fluor, le bore, dont nous allons voir tout à l'heure le rôle devenir si important avec les minerais dérivés de roches acides, font ici à peu près totalement défaut.

nelles ou des magnéto-corundites. La magnésie, qui s'accroît d'abord,
part ensuite du côté du péridot.

Quand on prend une roche moyenne, le titane est ordinairement au
fer dans le rapport de 1 à 15 ; il atteint 1 à 10 dans le gabbro et peut
dépasser 1 à 5 dans les minerais de fer titané. Le vanadium se concentre en même temps et sur les mêmes points, mais en restant dans
la proportion de 1 à 100 par rapport au titane.

M. Vogt a fait remarquer que les très nombreuses ségrégations de
magnétite titanifère connues se trouvaient, à peu près toutes, dans ces
conditions, au milieu de gabbros (avec ou sans olivine), également purs
en phosphore en même temps qu'assez pauvres en manganèse. Dans
un très petit nombre de cas, le fer et le titane se sont concentrés avec
un autre type de roches, également caractéristiques des milieux profonds, les syénites néphéliniques à forte teneur en soude, où l'on
trouve, en même temps, la série des terres rares et le graphite.

Les ségrégations de fer chromé sont, dans les péridotites plus ou
moins serpentinisées [1], qui peuvent passer à des dunites (olivine et fer
chromé), en Nouvelle-Zélande, Nouvelle-Calédonie, etc., un cas également très fréquent et qui s'observe dans les pays les plus divers.
C'est la forme normale, sous laquelle on extrait le chrome industriellement et ces gisements industriels présentent toutes les formes depuis
la répartition du chromite dans toute la roche, à titre d'élément constituant, jusqu'à sa localisation en masses tout à fait pures et parfois
très volumineuses.

La concentration du nickel s'est également réalisée dans une foule
de cas : soit à l'état de combinaisons nickélifères avec le péridot et
l'enstatite, où le nickel joue un rôle analogue à celui du fer et de la
magnésie ; gîtes d'inclusion, qui restent sans valeur jusqu'à ce qu'une
altération superficielle isole le nickel en silicates ; soit à l'état de sulfures, tels que les pyrrhotines nickélifères, localisés sur la périphérie des
massifs. Dans les deux cas, le cobalt accompagne le nickel ; dans le
premier, on trouve, en outre, du chrome concentré au cœur des
massifs ; dans le second, du cuivre, parti à sa périphérie.

J'ai déjà dit quelques mots, précédemment, sur le premier type de
gisements oxydés ; le second type, représenté par des pyrrhotines
nickélifères, parfois aussi cuprifères, présente un grand intérêt théorique, comme manifestation déjà en partie hydrothermale sous une
forme profonde et en relation directe de contact avec les roches basi-

---

1. Il peut se présenter, accidentellement, du spinelle chromifère dans des norites
(gabbro à enstatite), par exemple à Ekersund. Voir *Gîtes Minéraux et Métallifères*,
t. II, p. 256 à 258, et fig. 182, la géologie du fer chromé.

ques. Nous pouvons y voir une sorte de transition entre les inclusions, ou ségrégations de métaux oxydés ou natifs, étudiées plus haut, et les filons sulfurés, dont il sera question plus loin. C'est, plus précisément, ce que nous allons appeler des « gîtes de départ » et décrire, dans le paragraphe suivant, sous ce nom.

III. — Gîtes sulfurés de départ immédiat ou de contact [1].

PYRRHOTINES NICKÉLIFÈRES ET CUPRIFÈRES, PYRITES ET CHALCOPYRITES
AURIFÈRES, ETC.

On connaît, en Scandinavie et au Canada, un très grand nombre d'amas ou d'imprégnations sulfurés à la périphérie immédiate de certaines roches basiques, à teneur en silice inférieure à 56 p. 100 et sans quartz libre, où le plagioclase peut s'associer avec du pyroxène et de l'olivine (diabases à olivine), avec du diallage (gabbros) et surtout avec de l'enstatite (norites). Les métaux prédominants sont là, en outre du fer, le nickel et le cuivre ; mais on peut en trouver d'autres et il est très possible que beaucoup d'imprégnations sulfurées scandinaves, où l'on rencontre du zinc, du plomb, de l'argent, etc., se rattachent, avec un départ plus accentué, à ce genre de gisements. De même, à Varallo, en Piémont, la pyrrhotine nickélifère accompagne une norite.

Dans le cas spécial des pyrrhotines nickélifères, M. Vogt a remarqué que l'abondance des sulfures est à peu près proportionnelle à la dimension du massif de gabbro, au contact duquel on les trouve et qu'il existe, entre les trois métaux, nickel, cobalt et cuivre, une certaine proportionnalité.

Ces concentrations de pyrrhotines nickélifères ou cuprifères se distinguent aussitôt des types filoniens proprement dits par la netteté de leurs relations avec la roche dont elles dérivent, non moins que par leur forme en amas. On trouve, dans cette roche même, les sulfures disséminés à l'état d'éléments constituants et, d'habitude, englobant les autres minéraux, comme fait le quartz dans un granite : ce qui paraît marquer, en principe, une fusibilité, ou, si l'on veut, une solubilité plus grande. En même temps, ces sulfures ont pu s'écarter davantage du cœur du massif et, entraînés par les métalloïdes volatils, se concentrer à la périphérie.

La forme ordinaire en amas de tels gisements sulfureux (pyrites, pyrites cuprifères, pyrrhotines, etc.), si analogue à celle des magmas

---

1. Il est inutile de dire qu'il ne faut pas confondre, avec ces contacts originels, les contacts accidentels provenant d'une simple dislocation.

rocheux intrusifs, semblerait indiquer qu'ils se sont produits, dans les mêmes conditions que la roche même, à une certaine profondeur et en remplissant au fur et à mesure ces vides, que les plissements tectoniques ouvraient devant eux. Il n'y a pas eu concrétionnement, dépôt successif, mais prise en masse, comme cela a dû se produire pour les roches grenues ; tout au plus, une certaine liquation a-t-elle pu entraîner une différence, suivant les zones considérées, dans la proportion de tel ou tel métal.

Et, ces conditions n'ayant guère pu se réaliser que dans des terrains présentant assez de souplesse pour donner naissance à des dômes un peu volumineux sans cassure latérale, c'est à peu près exclusivement dans des schistes que l'on rencontre ce genre d'amas sulfureux. En même temps, les dissolutions sulfureuses ont pénétré au voisinage dans tous les interstices de ces schistes et, au lieu d'un grand amas, on a souvent (Röraas en Norvège, etc.) une zone schisteuse, imprégnée de sulfures dans tous les sens.

On est ainsi amené au cas des *Fahlbandes*, qui constituent, dans de très nombreux pays, et souvent, elles aussi, au voisinage immédiat des roches basiques, des zones de dislocation schisteuses, imprégnées de sulfures métallifères, où dominent le fer et le cuivre (entraînant parfois la présence de l'or), puis le nickel et le cobalt, tandis que les métaux ordinaires des filons concrétionnés, plomb, zinc, etc., jouent un rôle beaucoup plus subordonné. Ce genre de gisements est, par exemple, très abondant le long de la chaîne alpine, où il paraît surtout localisé dans une zone de plissement plus ou moins ancienne, sur laquelle se sont produites les réactions qui caractérisent un métamorphisme régional de profondeur.

Ailleurs, et notamment dans les Apennins ou l'Oural, la localisation des gîtes cuprifères à la périphérie de roches basiques, telles que les labradorites (Gabbro rosso) du Monte Catini[1] ou les diorites de Medjno-roudiansk, a été depuis longtemps signalée. D'après M. B. Lotti, les serpentines de Toscane procèdent de péridotites, gabbros à olivine et diabases à olivine, qui ont fait intrusion dans l'éocène ; les sulfures de fer et cuivre, avec traces de galène et blende, sont surtout dans les gabbros, en inclusions ou à leur contact, en amas. Les altérations secondaires ont joué là un grand rôle.

Ces observations conduisent alors à se demander s'il ne faut pas

---

1. Ces gîtes métallifères de Toscane, que j'ai pu étudier sur place, sont intéressants à bien des égards, par le rôle des contacts quelconques entre terrains divers sur la circulation et la concentration des eaux métallisantes, par l'imprégnation de strates à distance, enfin par les formes diverses de l'altération superficielle.

chercher une origine analogue pour tant de grands amas sulfurés, souvent cuprifères, qu'on trouve, sans relation directe avec des roches basiques, mais parfois au contact direct de microgranulites, accompagnées de diabases — les amas cuprifères de la province d'Huelva, par exemple — : gîtes, qui seraient alors analogues à des amas de roches ignées, formant de grandes boules intrusives dans les terrains schisteux.

Et, de proche en proche, on arriverait même, tout en préférant d'autres explications, à ne pas envisager comme impossible un *départ* analogue, bien que plus lointain, pour une foule de gisements sulfurés, qui affectent, dans les terrains les plus divers, l'allure d'imprégnations, sans qu'on soit bien fixé sur leur relation d'âge avec la strate imprégnée et sans que le rôle des roches éruptives ait été mis en évidence : soit dans des poudingues (or du Witwatersrand, cuivre du Lac Supérieur) ; soit au contact de calcaires et de microgranulites (plomb argentifère et aurifère de Leadville, au Colorado, et de Bulgar Dagh dans le Taurus) ; soit au contact ou près du contact de calcaires et de schistes (Laurion en Grèce, Malfidano en Sardaigne) ; soit même en plein calcaire (Silésie).

Un autre départ, également lointain, mais bien moins discutable semble avoir donné les filons, où l'incrustation, d'origine analogue, a porté sur des dislocations plus localisées et nous sommes ainsi conduits, par une série continue, ainsi que nous l'avions prévu dès le début, depuis les types où la métallurgie ignée s'accuse le plus, jusqu'à ceux qui ne semblent plus ressortir que d'une métallurgie hydrothermale.

IV. — Gîtes d'incrustation, d'imprégnation, ou de substitution hydrothermales.

La théorie précédemment exposée nous a fait envisager, comme en relation originelle avec les roches éruptives, les gîtes même les plus éloignés de celles-ci et où leur action apparaît le moins. Pour nous, toutes les concentrations métallifères primitives, qui ont été réalisées dans l'écorce terrestre — c'est-à-dire toutes celles qui ne résultent pas d'une altération postérieure, d'une remise en mouvement, généralement bornée au voisinage de la superficie — ont pour origine première les fumerolles dégagées en profondeur par les roches éruptives : fumerolles, entraînées avec la vapeur d'eau, dissoutes dans sa condensation, ou introduites, à l'état de solution, dans le circuit d'autres eaux souterraines et finalement reprécipitées par des réactions diverses : sursaturation, décompression, refroidissement, dégagement de gaz, action chimique de substances quelconques.

Ainsi que je l'ai dit déjà, ce genre de gisements hydrothermaux ne me paraît avoir pu se réaliser que sur une zone limitée en profondeur, dans les deux sens, par en haut et par en bas et, dès lors, on doit s'attendre en principe à les voir disparaître lorsqu'on s'enfonce, bien que la profondeur extrêmement faible de nos exploitations (un kilomètre et demi au maximum) ne permette pas, en général, à cette constatation de se faire. D'un côté, la concrétion filonienne a dû nécessiter ordinairement certaines conditions de pression et une abondance de principes volatils, qui, sauf pour quelques métaux exceptionnels, paraît bien difficilement réalisable par grandes masses, à la superficie même ; nous ne voyons donc les dépôts métallifères que lorsqu'ils ont été mis à nu par l'érosion. D'autre part, le type filonien, qui implique des dislocations ouvertes très étendues, semble incompatible avec la grande profondeur, où ces fractures verticales elles-mêmes ne doivent plus se manifester que dans les cas spéciaux de zones effondrées ; il semble alors que l'on doive passer en s'enfonçant à des types de contact ou de ségrégation, qui impliquent un départ beaucoup moins accentué et une cristallisation des éléments métalliques dans des conditions très analogues à celles où ont cristallisé les roches éruptives elles-mêmes, en dômes, amandes fermées, masses intrusives, stockwerks, etc.

Étant donné le rôle actif des minéralisateurs, ou tout au moins de la vapeur d'eau dans les phénomènes métallifères que nous étudions maintenant, nous devons nous attendre à voir ceux-ci se manifester particulièrement avec les roches acides, où, d'autre part, nous avons reconnu, en pétrographie, un rôle actif de ces éléments volatils et fumerolles. Tandis que les gîtes de ségrégation ignée semblaient concentrés dans les roches basiques, les gîtes d'incrustation hydrothermale, pour lesquels interviennent les minéralisateurs les plus actifs, comme le chlore, paraissent provenir des roches acides. Comme cas intermédiaire, les sulfures se trouvent déjà, ainsi que nous l'avons vu, dans les magmas basiques, ou à leur contact ; ils se poursuivent avec les venues acides : et, enfin, on peut admettre que les carbures d'hydrogène, dont l'intervention, à l'état d'acide carbonique ou de carbonates alcalins, s'accuse parfois dans la production des minerais, ont pu se dégager de roches basiques, même après leur consolidation ou leur refroidissement et jusqu'à la superficie.

Nous sommes ainsi amenés à introduire, dans notre classification, pour ce qui concerne cette catégorie de gîtes, la considération des minéralisateurs intervenus, qui se traduit par des différences dans le mode de dépôt des métaux : différences, dont les synthèses minéralogiques rendent compte. Nous ne trouverons pas, dans les mêmes conditions, l'oxyde d'étain, qui a dû cristalliser par une réaction à haute température de la vapeur d'eau sur le chlorure d'étain, ou le sulfure de mercure, qui a pu être précipité d'un sulfure double alcalin par un réducteur superficiel, ou encore la calcite et la barytine, probablement dissoutes par un excès d'acide carbonique et reprécipitées, dans les conditions les plus simples, par son dégagement. Le premier type de minerais ne se rencontre qu'au voisinage immédiat de la roche éruptive, où, en même temps, la cristallisation, étant facile, aura pu s'opérer dans de larges fissures quelconques, pêle-mêle avec celle des éléments qui constituent la roche elle-même, tels que le quartz, le feldspath ou le mica blanc. Le sulfure de mercure, au contraire, aura pu s'écarter très loin dans des sources chaudes et, très soluble, n'aura été amené à se précipiter que dans des vides très fins, très étroits, comme les pores d'un quartzite, les joints d'un schiste, les fissures minces d'un calcaire, en présence d'hydrocarbures réducteurs ; avec un semblable métal, il y aura toujours lieu de penser à une remise en mouvement postérieure, presque impossible pour l'étain. Enfin, le dépôt du carbonate de chaux est un phénomène banal, qui se réalise tous les jours sous nos yeux, à la surface même.

Ces considérations montrent déjà toute la complexité des circonstances, profondes ou extérieures, qui ont pu intervenir pour les gîtes de dépôt hydrothermal et qui en rendent les types si variés en apparence, bien que procédant d'une même origine. Nous allons voir s'accentuer le rôle de diverses influences, qui, peu importantes avec les gîtes de ségrégation, avaient commencé à se manifester dans les gîtes de départ : ainsi la disposition très variable des vides remplis et incrustés ; l'apport chimique sous forme de gangues, provenant des roches et des terrains traversés ; l'influence précipitante ou réductrice de certains éléments contenus dans ces roches, etc. D'où la nécessité, en ce qui concerne les filons, de subdiviser notre sujet, pour considérer : A, la disposition du vide rempli par l'incrustation ; B, la nature du remplissage, et la réaction possible de la roche encaissante sur la précipitation.

A) Disposition du vide rempli. *Fissures de retrait, fractures tectoniques, zones imprégnées, avec ou sans substitution.* — La disposition du vide rempli introduit, dans les catégories de gîtes métallifères hydrothermaux, des différences aussi importantes en pratique qu'en théorie.

Conformément à la théorie adoptée, nous avons à envisager une dissolution chaude de principes salins et métallifères, qui, émanée en profondeur et sous pression de roches éruptives, tend à s'introduire dans les vides divers de la Terre pour y cristalliser. Ces vides pourront être d'une nature quelconque, absolument comme ceux où s'insinuerait aujourd'hui une eau souterraine, depuis les grandes failles, qui se poursuivent sur des centaines de kilomètres, jusqu'aux fissurations les plus restreintes et les plus localisées et les cas les plus divers se trouvent, en effet, représentés.

Nous avons déjà vu, avec les *gîtes de départ ou les amas sulfurés*, de grandes poches profondes, remplies par une intrusion sulfurée, au voisinage immédiat d'une roche éruptive, dont cette intrusion dérive. Nous étudierons bientôt les *fissures de retrait* d'une roche cristalline et les dislocations multiples d'une zone éruptive; puis les *filons* proprement dits, c'est-à-dire les cassures à peu près verticales et en relation avec les mouvements tectoniques, ou les *champs de filons*, dans lesquels de très nombreuses cassures semblables sont réunies [1]. Ailleurs, il est naturel d'imaginer la possibilité de nappes artésiennes, analogues à celles qui alimentent d'eau chargée en carbonates alcalins telle ou telle station thermale, c'est-à-dire de dissolutions circulant dans une strate poreuse ou fissurée : sable, poudingue, calcaire, etc., ou dans un de ces plans de contact si favorables à la pénétration des eaux souterraines [2], entre un calcaire et un schiste, un calcaire et une roche éruptive, etc.; on peut donc supposer la production de véritables *imprégnations* métallifères, de filons-couches, souvent difficiles à distinguer des strates sédimentaires. Enfin, il a dû arriver parfois que la liqueur métallisante, au lieu de trouver le vide tout fait, l'ait créé devant elle par une attaque dissolvante acide, généralement avec reprécipitation immédiate, c'est-à-dire qu'il se soit produit une *substitution*. Nous allons passer rapidement en revue ces cas principaux, en n'envisageant, d'abord, que le côté, en quelque sorte mécanique, de la question ; après quoi, nous examinerons, dans un autre paragraphe, la nature du remplissage.

Parmi les fissures incrustées de minerais, il en est un premier groupe, qui constitue, pour ainsi dire, des gîtes de sécrétion hydrothermale : ce sont les *fissures de retrait* des roches éruptives. On cite, dans cet ordre d'idées, quelques gisements aurifères, constitués par le remplissage de nombreuses fissures transversales, parallèles entre elles et limitées aux deux bords de dykes éruptifs, qui les comprennent : par exemple, les quartz aurifères de Berezowsk dans un granite à grain fin et ceux de la

1. Le cas des grottes qui renferment parfois des dépôts métallifères, me paraît restreint aux altérations et remises en mouvement superficielles : la formation des grottes elles-mêmes étant, en principe, un phénomène limité au niveau hydrostatique, ou à son voisinage immédiat.

2. On ne saurait trop insister sur le rôle physique des contacts dans les dépôts filoniens.

mine Waverley, province de Victoria, en Australie, dans une diorite, les quartz cuprifères avec or, molybdénite et bismuth telluré de Näsmarken en Telemark (Norvège)[1] dans un granite, etc. Ailleurs, comme à Zinnwald, en Saxe, un dôme de granite stannifère s'est fissuré par zones concentriques, avec incrustations de quartz, wolfram, cassitérite, etc.; ou encore, on a des fentes radiales, comme cela paraît être le cas pour certains gîtes aurifères de Transylvanie[2].

De tels gisements, on le conçoit, n'ont pu se produire que par un départ direct et une reprécipitation immédiate d'éléments métallifères, empruntés à la roche encaissante. Aussi les observe-t-on surtout pour l'or et l'étain, associés aux roches acides. Il faut noter que, souvent, les fissures s'étendent, un peu à droite et à gauche, aux terrains encaissants, comme si ceux-ci avaient été entraînés par adhérence. Dans bien des cas, il y a lieu de penser, pour le remplissage, à une sécrétion tout à fait secondaire, beaucoup plus récente que la consolidation de la roche fissurée.

Ailleurs, la relation avec une roche éruptive s'observe encore ; mais les fissures minéralisées forment un réseau d'émiettement complexe et souvent peu profond dans les terrains traversés par les filons de cette roche. Tel paraît être le cas pour les curieux gisements de Cripple Creek au Colorado, où des quantités de veines aurifères, contenant des tellurures d'or avec de la fluorine, recoupent des terrains divers, très souvent au contact de basaltes néphéliniques[3]. On observe, dans ces gisements, une imprégnation latérale, dont j'aurai bientôt à reparler.

Mais la plupart des beaux *filons* classiques, et notamment la plupart de ceux, que l'on exploite dans nos anciens districts métallifères de la chaîne hercynienne, où paraît avoir été atteinte une profondeur d'érosion moyenne, présentent, avec beaucoup plus de netteté, les caractères de dislocations tectoniques et offrent alors un lien direct avec l'ensemble des mouvements tectoniques de la région. Ces filons de fracture apparaissent dans des conditions tout à fait semblables à celles des cassures, où circulent encore nos sources thermales, et souvent l'on voit des sources thermales suivre aujourd'hui même quelques-uns de ces anciens filons métallifères. Beaucoup d'entre eux ont joué le rôle de failles, avant, pendant ou après leur remplissage, ce dernier paraissant parfois s'être très longtemps prolongé, et il en résulte, dans

1. Voir *Gîtes minéraux et métallifères*, t. I, 116; t. II, 712.
2. *Ibid.*, t. III, 689, et *fig.* 547, p. 690.
3. Voir *Gîtes minéraux et métallifères*, t. III, 682 à 688. Il y a là, à Anna Lee (Portland), une sorte de tube cylindrique de 4 à 9 mètres de diamètre et profond de 300 mètres, à fragments de basalte cimentés par du tellurure aurifère.

le remplissage des filons, la présence fréquente de brèches, qui peuvent contenir, non seulement des fragments des épontes, mais aussi des débris des premiers minerais.

Ce genre de *fractures tectoniques* peut présenter à peu près tous les types, dont il a été question dans un chapitre précédent [1], depuis les grandes cassures limites des effondrements, jusqu'aux multitudes de fissures superficielles, connexes des plissements. On peut néanmoins prévoir, et l'on constate, en effet, que les zones reconnues précédemment les plus propices à la montée des roches éruptives sont, en même temps, celles qui ont eu le plus de chances d'être métallisées. Ainsi l'on trouve rarement des filons métallifères dans l'axe même des plissements (à moins qu'ils ne remontent à une période antérieure, comme cela paraît se produire dans quelques gîtes des Alpes), tandis qu'ils deviennent nombreux, quand on atteint les Avant-Pays, où le contre-coup des plissements a pu déterminer des fractures verticales. Ils se multiplient également sur le bord de ces ellipses d'effondrement,

Fig. 42. — Plan des filons de Przibram (Bohême).
Échelle au 1 : 90 000.

qui interrompent la continuité des zones plissées : par exemple, autour de la plaine hongroise, de la Méditerranée occidentale ou de la mer Tyrrhénienne, et, en beaucoup plus grand, sur les côtes américaine ou japonaise du Pacifique. La périphérie des horsts, qui ont été soumis à des mouvements alternatifs en haut et en bas, est souvent suivie par de nombreuses fractures cristallisées, ainsi que le pourtour des grandes amandes cristallines intercalées dans les schistes. Enfin des conditions particulièrement favorables paraissent avoir été réalisées, là où de vastes plateaux tabulaires se sont trouvés divisés en compartiments juxtaposés, qui ont pu subir des déplacements relatifs de plusieurs

1. Ch. xi, pages 355 et suiv.

kilomètres dans le sens vertical, comme au Colorado et au Mexique.
Les fractures métallisées sont quelquefois simples et continues ; on

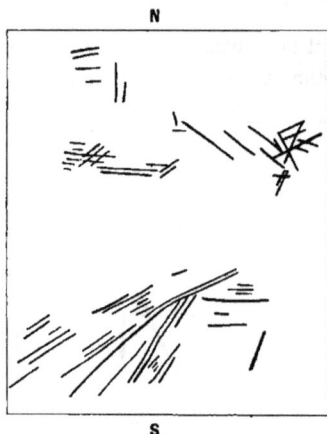

connaît d'assez nombreux exemples de filons poursuivis sur plus de
100 kilomètres de long et le Motherlode de Californie en est un cas fameux à cause de sa richesse, mais le Plateau Central, ou la Bohême, présentent des décrochements simplement quartzeux, dont les dimensions sont comparables [1].

D'autres filons-failles célèbres, comme celui du Comstock en Nevada, n'ont que 3 ou 4 kilomètres de long, mais une largeur considérable, qui atteint plusieurs centaines de mètres dans leur partie centrale.

Dans d'autres cas, on voit se multiplier les filons parallèles ; ou bien, un effort mécanique, qu'il est naturel d'assimiler à une torsion, a produit, dans une région limitée, un champ de cassures, où les accidents

Fig. 43. — Plan général des filons de Linarès et La Carolina (Espagne). Échelle au 1 : 570 000.

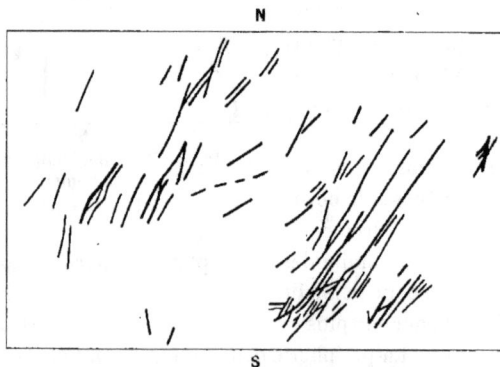

Fig. 44. — Plan général des filons de Schemnitz (Hongrie). Échelle au 1 : 176 000.

de ce genre se comptent par centaines. La série de figures ci-jointes 42 à 49, relatives à des champs de filons classiques à minerais sulfurés complexes (plomb argentifère dominant) a pour but d'en montrer divers types ; il ne faut pas oublier, en l'examinant, ce que présente de par-

1. J'en ai décrit un dans la Creuse (C. R., 23 déc. 1901).

N

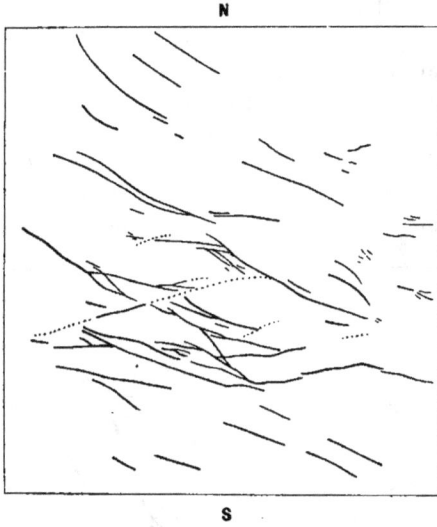

S

Fig. 45. — Plan général des filons de l'Ober Harz, autour de Clausthal au 1 : 333 000.
(Les lignes pointillées représentent les failles ou ruschels.)

ticulier la localisation, sur quelques kilomètres de rayon, de tout cet

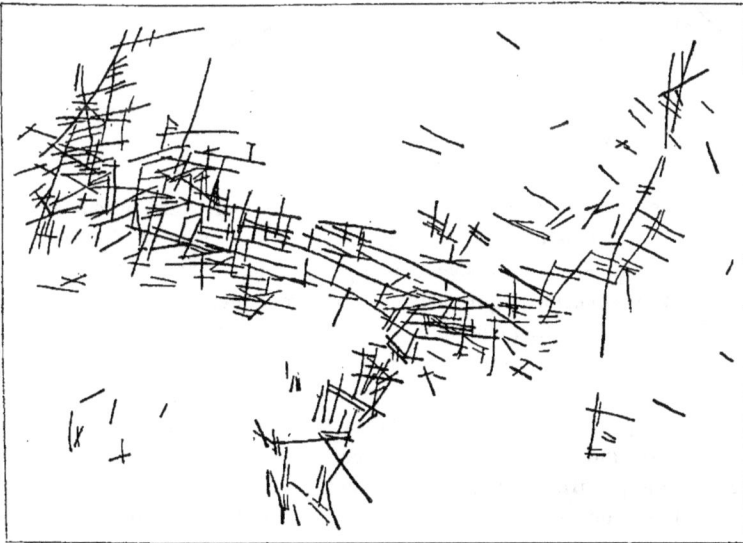

Fig. 46. — Plan d'ensemble des filons de Freiberg (Saxe).
Échelle de 1 : 145 000.

effort dynamique, qui s'interrompt souvent complètement un peu plus loin. Tantôt, on a l'impression de roches soumises à une extension dans une direction bien déterminée comme à Przibram (fig. 42); ou bien les faisceaux de cassures s'incurvent, avec production de petites cassures transversales, comme à Linarès (fig. 43). A Schemnitz et dans le Harz, on a un faisceau de cassures affectant une désertion générale dans l'ensemble, mais avec des déviations, incurvations, bifurcations locales en tous sens (fig. 44 et 45). A Freiberg comme à Vialas, c'est presque la figure classique de la glace tordue de Daubrée, avec fais-

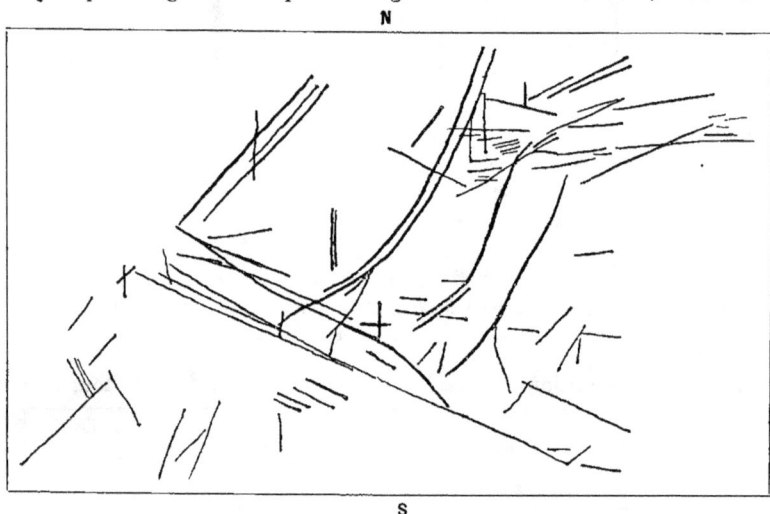

Fig. 47. — Plan général des filons de Vialas (Lozère).
Échelle au 1 : 18 000.

ceaux en dents de scie (fig. 46 et 47)[1]; à Annaberg, c'est, autour d'un centre d'éclatement, un système radial en toile d'araignée (fig. 48); à Joachimsthal, c'est un réseau à peu près orthogonal (fig. 49).

Les *imprégnations*, qui peuvent s'accompagner de substitutions, sont un fait très fréquent dans les gîtes métallifères : dans ce cas, le remplissage, au lieu d'être limité à une fracture, se dissémine à droite et à gauche et constitue une large zone métallisée, au milieu de laquelle il peut même arriver que la fracture directrice soit à peu près stérile, lorsque les conditions propices à la précipitation des minerais ne s'y sont pas trouvées réalisées.

De telles imprégnations commencent par le type des stockwerks, qui présentent un entrelacs extrêmement serré de veines minérales, englobant des parties stériles. Quand la roche encaissante s'y est prêtée,

1. Voir plus haut fig. 3, p. 52, et fig. 37, p. 286.

soit par sa porosité, soit même par son attaquabilité, les minerais s'y sont parfois introduits dans toute la masse, englobant les premiers éléments cristallins, comme une pâte de seconde consolidation entoure les phéno-cristaux, ou même se substituant à eux par pseudomorphose. J'ai, par exemple, cité plus haut le cas de Cripple Creek[1]. Les filons de Schemnitz, en Hongrie, présentent, de même, de larges zones fissurées, imprégnées de minerais sulfurés divers, souvent argentifères. Bien des filons d'or et d'étain offrent des cas semblables, où il serait parfois difficile de savoir si les minerais ont fait, dès le début, partie intégrante de la roche à l'état d'inclusions, ou s'ils y ont été introduits après coup.

Quelquefois, la zone imprégnée constitue à elle seule tout le filon. L'exemple le plus typique, que l'on puisse citer, est peut-être celui d'Almaden, où le cinabre imprègne des bancs verticaux de quartzite, sans qu'il y ait nulle part filon proprement dit.

Fig. 48. — Plan des filons d'Annaberg (Saxe).
Échelle au 1 : 60 000.

Il est probable que la porosité du quartzite a déterminé la précipitation du sel mercuriel, en même temps que la grande solubilité de celui-ci permettait son introduction dans ses pores.

En un très grand nombre de régions, où il existe, de divers côtés, des sulfures de zinc, plomb, fer, etc..., dans certains bancs calcaires, qui ont mérité le nom de calcaires métallifères et, presque uniquement, dans ces calcaires, on doit admettre qu'il y a eu imprégnation par porosité, (peut-être avec substitution). C'est l'origine première de nombreux amas, où l'altération superficielle a finalement produit des calamines ou des hématites.

Enfin, j'ai déjà fait allusion précédemment[2] à la possibilité d'expliquer,

1. Voir W. LINDGREN. *Metasomatic Processes in Fissure-Veins* (Trans. Am. Inst. Min. Eng. 1900).
2. Page 594.

par une imprégnation postérieure dans des strates poreuses ou fissurées, certains gisements énigmatiques, tels que celui du Witwatersrand
au Transvaal, pour lequel on peut également penser à une origine
sédimentaire, suivie d'une recristallisation par métamorphisme[1].

Substitution. — La substitution est un phénomène, qui joue un très
grand rôle dans les réactions d'altération superficielle, à l'occasion

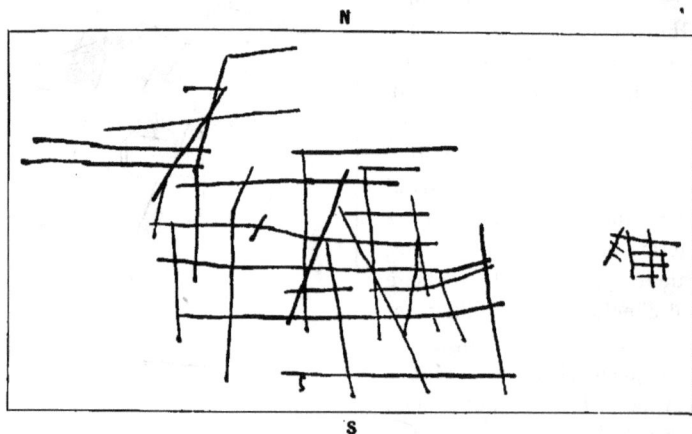

Fig. 49. — Plan des filons de Joachimsthal (Bohême).
Échelle de 1 : 50 000.

desquelles je l'ai déjà étudiée en détail pour les gîtes de plomb,
zinc, etc[2]. Elle a dû se produire aussi en profondeur, dès la formation
même de certains gisements et accompagner, à ce moment, divers
phénomènes d'imprégnation.

Nous savons, par exemple, combien la fusion ignée des roches éruptives et leur dégagement de fumerolles ont entraîné de métamorphismes
de contact. Il s'est même réalisé, dans ces conditions, des concentrations métallifères de fer, cuivre, zinc, etc., accompagnées de minéraux
de métamorphisme (grenat, pyroxène, etc.), dont le Banat présente le
spécimen le plus classique[3]. Ailleurs, dans les gîtes stannifères, qui
sont, comme on l'a vu déjà, des gîtes à minéralisateurs actifs
et chloro-fluorés, il n'est pas rare de voir la cassitérite venir se substituer
au feldspath, qui tend, presque toujours, finalement à disparaître.

1. Voir *Les Richesses minérales de l'Afrique*, page 72.
2. Voir pages 309 à 331.
3. Voir pages 303 et 432.

Dans le métamorphisme de contact, il est naturel d'attribuer un rôle important à l'eau chargée d'alcalis et de sels en dissolution. Même sans aucune intervention de roche ignée, des eaux chaudes sous pression avec fluorures, chlorures, borates, ou simplement sulfures dissous, n'ont pu manquer d'exercer parfois un métamorphisme direct sur les roches encaissantes, qui, à leur tour, par la nature de leurs éléments chimiques agissant comme réactifs, ont pu contribuer plus ou moins énergiquement à la précipitation. Il ne faudrait pas croire, cependant, que ces réactions, très étudiées dans les derniers temps par les Américains sous le nom de « métasomatisme », constituent un fait général. Dans bien des gisements, les épontes du filon sont, au contraire, restées à peu près intactes [1], ainsi que leurs débris englobés dans la fracture et c'est naturellement surtout le cas dans les filons concrétionnés, où un premier enduit incrustant, déposé d'abord sur les parois, a dû ensuite leur servir de protecteur. On est conduit à penser que la substitution a dû spécialement s'effectuer avec des fumerolles très chaudes et très actives, circulant, non pas dans quelques grandes cassures bien définies, mais dans un réseau de fissuration compliqué.

B) Nature du remplissage. 1° *Origine des minerais et des gangues.* 2° *Rôle des minéralisateurs.* 3° *Classification des métaux par types de gisement. Associations minérales.* 4° *Influence de la roche encaissante.* — La nature du remplissage filonien dépend des principes métallifères fournis par le phénomène interne aux circulations hydrothermales, des agents dissolvants renfermés dans ces eaux et, enfin, des circonstances, qui ont pu amener la précipitation.

1° *Origine des éléments précipités (minerais et gangues).* — En ce qui concerne les éléments dissous, j'ai déjà dit comment les principaux d'entre eux me paraissent avoir une origine profonde, c'est-à-dire être montés, pour la première fois, jusqu'à la superficie, dans le phéno-

---

1. Cette observation n'est qu'approximative. Il y a toujours, en effet, le long des filons, une certaine altération, préparée par les mouvements mécaniques qui ont produit la fracture, déterminée ensuite par le contact des solutions thermales métallisantes et surtout accentuée plus récemment par le circuit des eaux à origine superficielle.
Certaines « altérations de contact », qui ont été étudiées par M. Lindgren et dont on trouvera un résumé dans mes *Gîtes minéraux*, tome I, p. 148, peuvent rentrer dans ce dernier cas : développement de séricite ou de kaolin, départ de silice, etc. Mais il n'en est pas de même pour d'autres phénomènes parfois décrits simultanément avec ceux-là et qui semblent reliés à la formation métallifère elle-même, tels que les apports de tourmaline ou de topaze le long des gîtes stannifères, les silicifications fréquentes et surtout les introductions de minerais, et l'on doit, en outre, admettre, comme nous le verrons, que le lessivage des parois par l'eau thermale filonienne a contribué, dès l'origine, à la formation des gangues, avec appauvrissement correspondant sur les parois.

mène filonien, qui a amené leur dépôt. Il est inutile de revenir sur ce point. Mais toutes les substances, qu'on trouve cristallisées dans un filon, n'ont pas cette origine profonde; quelques-unes d'entre elles sont le simple résultat d'une remise en mouvement et il est parfois difficile de distinguer, dans la pratique, quelle origine doit être attribuable à tel ou tel minéral.

Qu'il y ait dans les filons, en dehors des éléments profonds, d'autres éléments empruntés aux parois, dissous et reprécipités, c'est ce que l'observation montre de toutes façons.

En premier lieu, l'analyse des sources thermales fait voir aussitôt que ces eaux chaudes, assimilables à tant d'égards aux anciennes circulations filoniennes, mais d'ordinaire sans apport interne, ont dissous, dans leurs trajets souterrains, un certain nombre de substances, parmi lesquelles dominent les corps les plus solubles et les plus abondamment répandus dans la nature (alcalis, chaux, magnésie, fer, silice, etc.), dont il est souvent facile de retrouver l'origine au voisinage; les incrustations, qui se manifestent dans les fissures hydrothermales, en les obstruant peu à peu, font voir également comment ces éléments dissous peuvent se reprécipiter par croûtes concrétionnées, tout en laissant longtemps un passage à l'eau ascendante sous pression.

On constate, d'autre part, dans bien des filons qui traversent des terrains divers, un changement de la minéralisation avec la nature des terrains au contact : par exemple, une gangue de quartz, là où ils sont siliceux et de la calcite, là où ils sont calcaires.

Enfin l'observation des épontes filoniennes montre parfois directement, comme je l'ai rappelé plus haut, une altération, qui ne peut pas nous étonner et qui indique immédiatement la source principale de ces éléments dissous.

On réserve, en général, le nom de *gangues* à ces produits pierreux et stériles, qui accompagnent les minerais dans leurs filons et qui peuvent ainsi avoir une origine toute différente de la leur (quartz, calcite, dolomie, barytine, etc.).

Mais il serait tout à fait inexact d'établir, entre les gangues et les minerais, une démarcation théorique, qui ne serait point fondée et de poser en principe que les unes viennent de la surface et les autres de la profondeur.

Tout au contraire, il est des cas, où l'origine des gangues les plus caractérisées a bien des chances pour être profonde et je citerai, en premier lieu, le quartz, qui est la gangue par excellence. J'ai déjà dit comment certains grands filons quartzeux semblaient le terme extrême, l'aboutissement de magmas granitiques, par l'intermédiaire de granites à mica blanc et de pegmatites. Ici la silice doit avoir, dans ces filons, la même origine que dans la roche éruptive elle-même. Les filons stannifères, en particulier, paraissent bien rentrer dans ce cas et il semble que la cassitérite vienne s'y associer au quartz et au mica blanc, comme peut le faire ailleurs le feldspath, auquel elle se substitue. On arrive donc, dans ce cas particulier de la silice, à concevoir que toutes les réactions, par lesquelles la silice entre en dissolution, sont à retenir comme explication possible de sa présence à l'état cristallisé dans les filons et on sait qu'il en est de très nombreuses, depuis la seule réaction de l'eau chaude sous pression sur un silicate jusqu'à l'influence superficielle plus lente de l'eau chargée d'acide carbonique[1]. C'est assurément la raison pour laquelle la silice est, dans les filons hydrothermaux, l'élément le plus répandu et le plus banal.

Un problème analogue se pose pour des corps plus rares, tels que la barytine et la fluorine. Nous savons parfaitement que ces deux minéraux se forment par des réactions superficielles. La barytine, malgré son insolubilité, peut venir cristalliser sur des fossiles ou dans des eaux thermales actuelles; le fluor s'introduit constamment dans les os, qu'il transforme peu à peu, comme l'a montré M. Carnot, en apatite, et ailleurs il produit directement de la fluorine par pseudomorphose[2]. Dès lors, la mise en mouvement de grandes masses de terrains érodés dans des plateaux anciens comme le Plateau Central ou la Bohême, a pu suffire, par la dissolution des feldspaths barytiques et des éléments chlorurés ou fluorés des roches, pour amener le dépôt de barytine et de fluorine dans des fissures de la superficie, comme elle a produit des dépôts de bioxyde de manganèse, ou des concentrations de manganèse barytique (psilomelane) dans des résidus argileux. On expliquerait ainsi la disparition fréquente de la barytine quand on s'enfonce dans les filons. Mais une telle explication est, surtout pour la fluorine, impossible à admettre dans certains cas. On a des exemples de fluorures abondants, associés à des venues profondes; il en est qui semblent directement émanés de roches éruptives, comme les fluorines avec tellurures d'or de Cripple Creek, au Colorado, etc. On ne peut donc contester qu'il y ait eu souvent apport fluoré venant des roches éruptives en fusion, et c'est un point sur lequel nous allons insister en parlant des minéralisateurs. La chaux seule, associée à ce fluor dans la fluorine, pourrait alors avoir été empruntée aux roches.

1. Il faut penser aux silicifications de fossiles, aux productions de plaques de silex dans les diaclases de la craie, aux cristaux de quartz sur des stries glaciaires.

2. Il s'est produit de véritables stalactites de fluorine avec galène à Blue John, en Derbyshire. (E.-A. Martel, *Irlande et Cavernes anglaises*, 1897, page 303.)

2° *Minéralisateurs*. — La dissolution des éléments métalliques dans les eaux thermales filoniennes a été facilitée par l'intervention de certains réactifs chimiques, dont les minéraux filoniens gardent parfois l'empreinte visible sous la forme d'inclusions microscopiques et dont les procédés de synthèse font également ressortir l'intervention.

Ces réactifs n'ont pas eu besoin d'être bien compliqués ni bien énergiques. Ainsi l'eau chaude sous pression est déjà, à elle seule, un agent puissant, surtout lorsqu'elle contient, comme cela a dû se produire à peu près toujours dans les manifestations éruptives ou filoniennes, un peu de carbonates alcalins. Par cette seule influence, on peut dissoudre la silice, qui existe dans les roches éruptives à l'état de silicate et la reprécipiter sous la forme isolée, qui est caractéristique des filons ou des terrains sédimentaires. Cette réaction si simple paraît être puissamment intervenue dans la cristallisation des roches éruptives et dans le métamorphisme profond, ou même superficiel, des terrains. Les synthèses de Sénarmont, Daubrée, Friedel, etc., en ont démontré la puissance, et nous pouvons considérer l'eau chaude comme le minéralisateur par excellence.

Mais d'autres réactifs ont eu également un rôle et la seule étude des fumerolles volcaniques actuelles[1] suffit aussitôt à nous montrer l'action de quelques métalloïdes, dont la trace se retrouve aisément dans les gîtes métallifères, comme en pétrographie : le chlore, le fluor, le bore, le phosphore, l'arsenic, l'antimoine, le soufre, le sélénium, le tellure, le carbone, etc. : métalloïdes, qui semblent, avec la température décroissante des fumerolles, avoir dominé dans l'ordre suivant : 1° groupe du chlore ; 2° groupe du soufre ; 3° carbone.

Le rôle du *chlore* et du *fluor* est bien visible. Nombre de minéraux cristallisés contiennent encore des inclusions de chlorure de sodium, qui sont une des formes simples, sous lesquelles peut se manifester cette activité du chlore (quartz, topaze, etc.). Ailleurs c'est le minéral même, qui renferme, dans sa composition : tantôt du chlore dominant, comme les apatites norvégiennes; tantôt du fluor plus abondant, comme les apatites du Canada. Et, dans ce cas, on saisit sur le vif l'intervention des agents chlorurants dans la minéralisation ; car la production d'apatite filonienne a été accompagnée par l'introduction de chlorures sodique et calcique dans les plagioclases des gabbros voisins, avec transformation en wernérite[2]. Le fluor entre aussi dans

1. Voir plus haut, page 157.
2. Voir *Minerais de fer scandinaves* (Ann. des mines, août 1903, page 129 du tirage à part).

la composition de la tourmaline, que je citerai bientôt comme borate. Ailleurs, il s'est produit de véritables fluorures, tels que la fluorine, la cryolithe, la topaze, etc.[1].

On a remarqué (et j'ai déjà indiqué plus haut) comment l'intervention des fluorures est probable, même dans des minéraux où le fluor n'apparaît plus, par exemple dans la cassitérite, reproduite par Daubrée au moyen de son intervention et l'on arrive ainsi à la conception classique de tout un groupe minéral, qui aurait été formé par des actions de ce genre : groupe dans la cristallisation duquel le chlore et le fluor auraient joué le rôle de minéralisateurs. C'est ce groupe si caractéristique, que je décrirai bientôt sous le nom de famille de l'étain et c'est aussi bien souvent le cas de l'or qui, dans nombre de filons associés à des roches acides, paraît tout à fait assimilable à l'étain, accompagné des mêmes quartz et souvent même, comme à Cripple Creek, au Colorado, des mêmes minéraux fluorés.

En même temps que les chloro-fluorures et dans le même groupe très actif, qui caractérise des fumerolles très chaudes en relation avec des roches acides et qui disparaît dès qu'on s'éloigne des centres éruptifs, il y a lieu aussi de citer le *bore*, dont il subsiste des traces dans quelques minéraux silicatés du même groupe, comme la tourmaline, l'axinite, la danburite, et qui ailleurs a été utilisé pour leur synthèse. Le bore est aussi un de ces éléments, que l'on retrouve, après un cycle complet, dans l'eau de la mer ou dans ses produits d'évaporation. Je crois néanmoins, comme pour le chlore et peut-être plus encore, que c'est une explication insuffisante de supposer tout le bore du volcanisme, des roches ou des filons, emprunté à la mer et qu'une grande partie des fumerolles, où se dégage abondamment ce métalloïde, proviennent d'une réserve profonde, c'est-à-dire qu'elles arrivent pour la première fois au jour.

Je serais également disposé à faire entrer dans le même groupe le *phosphore*, dont j'ai essayé de mettre en évidence le rôle minéralisateur[2] et dont je viens, à l'instant, de rappeler les rapprochements avec le chlore ou le fluor dans la cristallisation des apatites. Il me suffit de signaler la présence fréquente de phosphates (apatite,

---

1. J'ai déjà dit comment les réactions chlorurantes ou fluorantes n'appartiennent nullement, comme un monopole, aux manifestations profondes, mais ont été, au contraire, très souvent reproduites superficiellement. A ce dernier ordre de phénomènes se rattachent évidemment les chlorures, bromures, iodures d'argent développés sur des affleurements de filons. De même, la plupart des autres minéralisateurs ont eu, en outre de leur rôle profond, une action superficielle (phosphates des affleurements plombeux, etc.).

2. C. R. Ac. Sc., 1er févr. 1904.

amblygonite, wawellite, montebrasite, wagnérite) dans les gîtes stannifères, ainsi qu'avec l'uranium, le zirconium et les terres rares (xeno-
time, monazite, etc...)[1].

Le groupe de l'*arsenic*, de l'*antimoine*, du *soufre*, du *sélénium* et du
tellure correspond déjà à une minéralisation moins active; son
influence devient dominante dans les fumerolles moins chaudes et, par
suite, la présence de ces métalloïdes dans un gisement, ou leur intervention probable d'après les synthèses, n'implique plus de même l'acidité
du magma. En fait, on trouve tous ces éléments rassemblés dans les
mêmes fractures filoniennes, et souvent avec des combinaisons réciproques, telles que les sulfures d'arsenic ou d'antimoine (réalgar, orpiment[2], stibine), les sulfo-antimoniures ou sulfo-arséniures de cuivre et
d'argent (cuivre gris, argent noir et argent rouge), les sulfo-antimoniures
de plomb (boulangérite et bournonite), les sulfo-séléniures de bismuth, etc.; ils font, tous ensemble, partie des mêmes remplissages
complexes, dont on a de beaux exemples sur les rameaux secondaires
des Alpes, dans les Apennins, les Alpes illyriennes, l'Atlas, la Sierra
Nevada, etc., avec association de toute une série de métaux, qui caractérisent essentiellement les filons concrétionnés du groupe sulfuré
(plomb, zinc, fer, cuivre, argent, mercure, etc.[3] Cependant, l'arsenic et
l'antimoine, peut-être aussi le tellure, semblent parfois se distinguer
du groupe soufre-sélénium, pour se rapprocher davantage des agents
actifs précédemment étudiés.

Ainsi le mispickel, qui est la forme sous laquelle l'arsenic constitue
un véritable minerai (sulfo-arséniure de fer), est un élément normal du
groupe stannifère; la stibine (sulfure d'antimoine), tout en pouvant
intervenir dans les filons sulfurés complexes, s'isole le plus souvent,
pour former, avec association de quartz et de mispickel, des filons, tout
à fait analogues à ceux d'étain et, comme eux, en relation extrêmement
intime avec des roches acides du type granulitique ou microgranulitique. On la retrouve, comme le mispickel lui-même, associée avec
l'or dans un genre de gisements, où l'or est à rapprocher de l'étain. Enfin
le tellurure d'or se rencontre surtout dans les régions éruptives récentes,

1. Il ne faut pas confondre ces phosphates de cristallisation profonde avec les
phosphates de production superficielle (pyromorphite, lébéthénite, hopéite) concentrés sur les parties hautes de filons métallifères qui paraissent avoir emprunté
leur phosphore aux terrains encaissants. Le vanadium se concentre en même
temps (*Gîtes métallifères*, t. I, p. 643).

2. Le réalgar et l'orpiment sont des produits actuels de sources thermales dans
les régions volcaniques.

3. Les associations de l'antimoine jouent, dans les minerais, un rôle important,
souvent dissimulé par les dénominations minéralogiques, où le nom de l'antimoine
n'apparaît pas. Il suffit de signaler les stibines avec cinabre et cuivre gris, ou les
groupements : antimoine-cuivre-argent; antimoine-argent; antimoine-plomb, etc.

comme la Hongrie ou le Colorado, et souvent en association avec des minéraux dérivés des roches acides, comme la fluorine.

Le *soufre* (généralement accompagné, en petites proportions, par le *sélénium*) est un élément beaucoup plus banal, qui peut se trouver aussi bien et presque aussi abondamment avec les roches basiques qu'avec les roches acides.

Il apparaît déjà, à l'occasion, avec le groupe fluoré, en amenant la cristallisation de quelques sulfures (chalcopyrite, etc...) dans les filons d'étain, de même que les fumerolles chaudes chlorurées des volcans actuels sont accompagnées de sulfures, en général masqués par leur prépondérance. Et, d'autre part, j'ai déjà dit[1] l'importance que prennent les ségrégations sulfurées de pyrrhotine, pyrite ou chalcopyrite sur la périphérie des roches basiques, dont elles dérivent directement.

Le soufre a été l'élément essentiel des grandes cristallisations hydrothermales qui constituent les filons concrétionnés, bien que l'on y retrouve encore parfois de la fluorine, comme on observait déjà du soufre avec le groupe stannifère. C'est par la combinaison avec le soufre que les métaux les plus abondants, les plus vulgaires et les plus utilisés en pratique ont dû être dissous et apportés dans les filons à l'état, soit de sulfures doubles alcalins, soit de sulfures solubles dans un excès d'hydrogène sulfuré sous pression, soit peut-être de chlorures, que le sulfure aurait reprécipité, soit, quand il s'agit d'altérations superficielles, à l'état de sulfates, réduits plus tard par un agent carburé.

Enfin le *carbone* me paraît, contrairement à une théorie souvent exprimée, avoir joué un rôle important dans la métallurgie interne[2]. J'ai soutenu, à diverses reprises, cette idée qu'il y avait pétition de principe à admettre l'intervention nécessaire de l'activité organique pour expliquer la présence du carbone dans une roche et à prétendre que tout le carbone rencontré en géologie avait nécessairement dû passer par la forme de la vie. Je crois, au contraire, que certains bains métalliques internes doivent présenter des carbures, être de véritables fontes et que ce carbone joue un rôle dans la dissociation profonde de l'eau : dissociation, par suite de laquelle il se combine, d'abord, avec l'hydrogène, tandis que l'oxygène scorifie les métaux; après quoi, ce carbure d'hydrogène doit se dégager dans les manifestations internes, en donnant rapidement, dès que l'air peut intervenir, de l'acide carbonique et des carbonates alcalins.

1. Page 592.

2. Ce rôle, que j'attribue ici au carbone, a déjà été indiqué, en partie, dans une note aux Comptes Rendus de l'Académie des Sciences (11 févr., 1903).

Il suffit d'ailleurs, comme l'a fait M. A. Gautier, d'analyser une roche éruptive quelconque pour constater que, même en profondeur et sans carbonatation superficielle de la chaux, cette roche contient toujours un résidu de carbone; la refusion profonde d'une roche ne peut donc manquer, à elle seule, de produire des carbures. Dans le volcanisme, dès qu'on peut recueillir des fumerolles non brûlées, par exemple sous la mer, on retrouve ces carbures, masqués d'habitude par leur combustion.

Il me paraît donc très logique d'admettre que ces carbures d'hydrogène ont dû jouer, dans la précipitation des sulfures, un rôle important, qui semble parfois manifeste pour le mercure; et je suis également porté à penser que l'acide carbonique liquide sous pression, ainsi que les carbonates alcalins dans l'eau à haute température, ont influé sur un très grand nombre de cristallisations filoniennes. Peut-être même est-ce à eux qu'il faut attribuer l'aspect spécial de certains grands filons de quartz, où l'on croirait voir une prise en masse, comme dans une sursaturation.

3° *Formation des minerais. Classification des métaux par types de gisements. Associations minérales.* — Ce que je viens de dire sur le rôle des minéralisateurs, joint à ce qui a été expliqué plus haut sur les opérations de la métallurgie ignée, explique comment, à chaque métal, correspondent un ou plusieurs types de gisements, en rapport avec ses propriétés chimiques et comment, d'après les propriétés chimiques d'un minerai, on peut prévoir ses types de gisements.

J'ai résumé autrefois [1] ces relations dans un tableau, qui montre bien le groupement naturel des métaux dans leurs gisements et qui pourra nous servir plus tard pour aboutir à des conclusions générales :

A. Métaux pratiquement réfractaires à toute combinaison et insolubles. — Gîtes d'inclusion à l'état natif en roches basiques (*platine, palladium, iridium, or,* etc.).

B. Métaux n'ayant pas d'affinité pour les minéralisateurs et donnant, avec l'oxygène, des oxydes neutres ou acides. — Gîtes d'inclusion et de ségrégation, à l'état oxydé en roches basiques (*fer en magnétite* [2], *chrome, nickel, cobalt, manganèse, titane, vanadium* [3]).

C. Métaux ne se combinant qu'avec le chlore, le fluor, etc... (c'est-à-dire avec des minéralisateurs énergiques et cessant de se dégager

---

1. *Formation des gîtes métallifères,* 1re édit., 1892, pages 24 et 137.

2. Le fer, en raison de sa banalité, se retrouve dans toutes les catégories de gisements. Il a été placé ici dans le groupe où il domine.

3. Voir plus haut, pages 591 et 610, sur les concentrations du vanadium.

quand la roche descend au-dessous de 500°). — Gîtes d'inclusion à l'état natif ou oxydé, et gîtes filoniens divers, localisés au voisinage immédiat d'une roche éruptive acide (*étain, bismuth, tungstène, zirconium, uranium, or,* etc.).

D. Métaux formant des sulfures doubles ou des persulfures solubles à chaud et sous pression, mais facilement reprécipités (forcés probablement de se déposer au-dessous de 150 à 200°, et peut-être même seulement au-dessous de 100°, dans le cas du mercure). — Gîtes sulfurés de départ hydrothermal, avec association possible d'arsenic ou d'antimoine; ségrégations sulfurées; filons; imprégnations; substitutions, etc... (*cuivre, plomb, zinc, fer, cobalt, argent, mercure,* etc...).

E. Métaux faiblement solubles même à la température ordinaire, à l'état de combinaisons oxydées basiques. — Gangues filoniennes (*calcium, strontium, magnésium, baryum,* etc...).

F. Métaux formant des sels presque tous solubles à froid. — Gîtes sédimentaires d'évaporation (*potassium, sodium,* etc...)[1].

Ce tableau met bien en évidence le petit nombre de réactions, qui interviennent dans la classification des métaux en métallurgie naturelle et, par conséquent, présente des différences sensibles avec la classification adoptée en chimie, où l'on a à tenir compte de bien plus nombreuses propriétés.

Suivant l'ordre que nous avons déjà adopté dans l'exposition, il commence par les groupes des inclusions et des ségrégations basiques (A et B), sur lesquels nous n'avons plus à revenir, et se continue par les catégories de métaux, qui ont cristallisé avec intervention plus ou moins accentuée de départs hydrothermaux de plus en plus refroidis, en commençant par ceux qui ont nécessité l'intervention des chlorures à haute température (C), pour continuer par le groupe sulfuré (D) et se terminer par ceux, auxquels l'acide carbonique (ou, en profondeur, l'acide silicique) ont suffi (E, F).

J'ai précédemment indiqué[2], d'après les observations faites actuellement sur les fumerolles, les températures approximatives, auxquelles ont dû cesser de se dégager les diverses vapeurs métalliques, en les supposant d'abord renfermées dans un même bain de fusion : les chlorures au-dessus de 500°; les sulfures jusqu'à 100°; les carbures jusqu'à la température ordinaire. Ainsi qu'on l'observe dans ces fumerolles, on

1. Les métaux des deux derniers groupes E et F sont, en raison de la facilité avec laquelle ils forment des bases en s'oxydant, les éléments essentiels de la scorie silicatée, à laquelle nous assimilons toutes nos roches éruptives. Ils forment donc, eux aussi, des gîtes d'inclusions, mais à l'état de silicates.

2. Page 157.

peut imaginer qu'après les chlorures et les sulfures, les carbures d'hydrogène ont dû prendre de plus en plus d'importance, à mesure que la température s'abaissait et c'est peut-être une des raisons, pour lesquelles, dans les gîtes de mercure, qui semblent avoir exigé la température la plus faible, leur empreinte est particulièrement manifeste[1].

Si nous parcourons les métaux signalés dans ce tableau en laissant de côté les groupes A et B déjà décrits, on voit aussitôt, combien l'*étain* (groupe C) se distingue de la plupart des autres métaux. Son rôle, dans les gisements, est à comparer avec celui du silicium, qui forme également une combinaison acide ; comme lui, il existe en oxyde à toutes profondeurs, tandis que les oxydes des métaux sulfurables sont un produit d'altération superficielle. On peut également rapprocher de l'étain le titane, le zirconium, le bismuth, l'uranium et l'or, dont les conditions de gisement sont souvent analogues. L'étain a dû partir de la roche mère en fumerolles chlorurées très chaudes et aussitôt reprécipitées par la seule intervention de la vapeur d'eau. On le trouve presque exclusivement au voisinage des roches acides, associé avec une série de minéraux, qui comprend surtout le quartz, le mispickel, le wolfram, l'apatite, l'amblygonite, la wawellite, puis, plus rarement, la cryolithe, la fluorine, l'émeraude, les minerais de bismuth, de cuivre et d'or.

Le *cuivre*, que je mentionne ici en passant, se présente à l'état de sulfure, à côté de l'étain, précipité de son côté en oxyde après avoir été, sans doute, dissous en chlorure ou fluorure ; il peut même être accompagné d'un peu de blende et de galène et l'on voit bien que, même dans ces premières fumerolles chaudes, des sulfures métalliques devaient se dégager, mais n'étaient probablement pas, en général, reprécipités.

Puis vient le groupe très homogène des *métaux sulfurables* (D), qui peuvent coexister ensemble dans le même filon concrétionné, quoique, bien entendu, les uns ou les autres dominent suivant les cas.

La plupart des métaux que l'on trouve ainsi à l'état de sulfures dans les filons concrétionnés, le fer, le plomb, le cuivre, le cobalt, l'argent, le mercure, ont des sulfures insolubles dans l'eau et peu ou pas solubles dans les sulfures alcalins à la température ordinaire. Pour le mercure seul, la solubilité dans le sulfure de sodium est nette et a pu contribuer à la persistance de ce métal jusque dans nos sources thermales actuelles, ainsi qu'à sa cristallisation, souvent localisée au voisinage de la superficie, sauf quand il y a eu introduction dans des vides extrêmement étroits. Mais, en y regardant de plus près, on voit

---

1. Le cinabre est constamment accompagné d'hydrocarbures. Mais il arrive également que ceux-ci aient une origine simplement superficielle.

bientôt que les sulfures de fer, de nickel et de cuivre sont également un peu solubles, même à froid, dans une dissolution concentrée de sulfures alcalins. Les sulfures de zinc et de plomb deviennent solubles dans l'hydrogène sulfuré dès qu'on chauffe à 150 ou 200°[1]. On peut donc imaginer, à haute température et sous pression, des solutions instables de ces sulfures métalliques, qui se seraient aisément reprécipitées par un simple abaissement de température ou par un dégagement d'hydrogène sulfuré. Il est possible aussi qu'il y ait eu action précipitante exercée sur des chlorures métalliques par un mélange de sulfures alcalins ou d'hydrogène sulfuré, comme dans les expériences synthétiques de Durocher. Enfin certains sulfures cristallisés, tels que la bismuthine et la stibine, ont été reproduits par Sénarmont en faisant agir de l'eau à 250 ou 300°, avec un peu de carbonates alcalins, sur le sulfure amorphe. Les réactions à invoquer ne manquent donc pas. Au contraire, la réduction des sulfates, qui est un moyen simple pour obtenir ces sulfures dans les remises en mouvement superficielles, n'a pas dû intervenir dans les formations primitives[2].

Ce groupe des minerais sulfurés comprend à peu près tous les métaux usuels et les associations minérales, sur lesquelles je vais revenir. Il se distingue aussitôt, et dès cette première approximation, du groupe stannifère précédemment étudié, par le caractère des vides remplis, qui deviennent de plus en plus voisins de la superficie, de plus en plus éloignés de la roche mère et, en même temps, de plus en plus variés dans leur allure. C'est avec eux que l'on trouve tous ces types, dont il a été question précédemment, où on semble reconnaître nos circulations d'eaux souterraines actuelles, avec leurs infiltrations possibles dans toutes les fissures et dans tous les pores et qui n'ont dû s'en distinguer que par un peu plus de chaleur et de pression.

Mais il est permis de dépasser cette première approximation ; on peut préciser davantage et il est alors curieux de reconnaître, jusque dans le détail des filons concrétionnés, distingués tout à l'heure en deux groupes principaux, stannifère et plombifère, cette chaîne continue et cette relation entre la nature du métal et le type du gisement, qui donnent tant de vraisemblance à la théorie précédemment exposée.

Ainsi, quand on ne s'éloigne pas des roches acides, quand on reste dans

1. De Sénarmont a fait cristalliser la blende en chauffant à 200° du sulfure de zinc dans de l'hydrogène sulfuré.

2. J'ai rappelé, plus haut, page 330, la facilité, avec laquelle les sulfures métalliques pouvaient être remis en mouvement dans les altérations superficielles. On a, dans une mine d'Espagne, à San Quintin (Manche), en pénétrant dans des travaux romains, trouvé, d'après M. Ledoux (observation inédite), des outils de fer, recouverts d'une couche de 5 à 6 millimètres de galène cristallisée.

leur zone de contact immédiate, on ne trouve guère, comme je l'ai dit, que les métaux déjà rencontrés dans leurs inclusions ou leurs fissures de retrait : l'*étain* et l'*or*, avec les métaux secondaires également associés aux granites à mica blanc, bismuth, molybdène, tungstène, seulement accompagnés par les minéraux qui font partie intégrante de ces granites à mica blanc, comme l'apatite ou les autres phosphates (d'alumine, lithine, etc...), la topaze, l'émeraude, la tourmaline, les micas lithinifères, etc. ; les sulfures apparaissent à peine. Ces sulfures se développent, au contraire, et prennent un rôle important, même dans les gîtes stannifères, quand, s'éloignant de la roche mère, on aborde les grands filons continus et concrétionnés, analogues à ceux des gîtes sulfurés plombifères. De tels filons, qui sont si rares pour l'étain et qui, par leur continuité anormale, ont fait la fortune du Cornwall, renferment alors, avec la cassitérite, des métaux sulfurés, où dominent le cuivre (chalcopyrite) et le fer (mispickel).

L'apparition du *cuivre* dans un filon stannifère, qui s'est également retrouvée en Bolivie, accuse le caractère spécial de ce métal, qui, en principe, ne s'est jamais beaucoup éloigné des roches mères et constitue, le plus souvent, des gîtes de départ immédiat. Mais, tandis que l'étain s'est volatilisé en chlorure, le cuivre a pu se volatiliser, ou tout au moins se cristalliser en sulfure ; il n'est donc pas, comme l'étain, strictement localisé près des roches très acides, c'est-à-dire très chargées de principes volatils à haute température ; il a pu s'écarter davantage, puisqu'il avait besoin de moins de chaleur pour rester en dissolution. Le cuivre apparaît, aussi bien avec les roches basiques qu'avec les roches acides ; il forme, près des premières, des ségrégations sulfurées de pyrite cuivreuse, chalcopyrite, pyrrhotine cuprifère, des associations de chalcopyrite avec magnétite, etc. ; il se montre à côté des secondes, soit à l'état de chalcopyrite associée avec l'étain, soit à l'état de chalcopyrite aurifère, par conséquent uni aux deux métaux principaux de ces roches acides. En somme, le cuivre, que l'on rattache d'ordinaire au groupe plombifère[1] et qui, en effet, à l'occasion, forme, comme la galène, de beaux filons concrétionnés à gangue quartzeuse, paraît peu susceptible de s'écarter à très grande distance et son rôle dans les filons du type plombifère devient relativement subordonné. C'est, à bien des égards, un métal intermédiaire. Au contraire, dans les gîtes stanno-cuprifères, le plomb et le zinc sulfurés font

---

1. L'association cuivre et plomb est fréquente, non seulement dans les filons très complexes où le cuivre intervient avec beaucoup d'autres métaux, mais même dans des cas où le plomb domine presque exclusivement (Linarès en Espagne, Derbyshire, Altaï, la Caunette dans l'Aude). On ne trouve guère le cuivre avec le zinc seul.

à peu près complètement défaut, ainsi que l'argent et le mercure[1].

Comme gangue proprement dite, dans tous les gisements du type stannifère que nous avons examinés jusqu'ici, on ne trouve que le quartz, ou rarement la fluorine avec les minéraux des granulites, c'est-à-dire des substances ayant nécessité, soit l'action du chlore et du fluor, soit l'eau très chaude et sous pression ; la calcite et les autres carbonates, plus aisément solubles, ainsi que la barytine, font défaut.

Quand nous abordons, au contraire, les gîtes de *plomb*, où nous supposons un départ plus accentué, des fumerolles moins chaudes, et moins de chloro-fluorures, il semble que, ce type supérieur de minéralisateurs chlorurés disparaissant, le type inférieur apparaisse et que les carbonates commencent à jouer un rôle. Les filons sulfurés du type plombifère peuvent encore être quartzeux, ou accompagnés de fluorine ; mais beaucoup d'entre eux auront aussi une gangue de calcite, dolomie, sidérose, barytine, etc.

Enfin celui des métaux proprement dits, qui, d'après la nature de ses gisements et d'après sa présence actuelle dans les sources thermales, semble avoir pu rester le plus aisément en solution à basse température, est le *mercure*, dont nous savons, en effet, le sulfure particulièrement soluble dans le sulfure de sodium et j'ai déjà fait remarquer que sa précipitation paraissait avoir été souvent provoquée, ou facilitée, par un dégagement connexe de carbures d'hydrogène (à origine profonde ou superficielle).

En résumé, il semble que l'ordre de précipitation des métaux soit un peu comparable à l'ordre des cristallisations pétrographiques dans un bain de fusion, où les minéraux les moins fusibles cristallisent les premiers. On voit, d'abord, se déposer, avant que les fumerolles chlorurées aient cessé, les métaux, qui ont besoin de chlorures pour rester en solution ; puis, peu à peu, ceux qui restent en dissolution sulfurée le plus malaisément et à plus haute température, et enfin il ne reste plus, dans les eaux thermales actuelles, au-dessous de 100°, que les métaux à oxydes solubles dans l'acide carbonique, comme la chaux, la magnésie, le fer, ou les alcalis et, exceptionnellement, un métal à sulfure très soluble, le mercure.

Ce que je viens de dire a suffi pour mettre en évidence, par la seule division des métaux en groupes principaux, les associations qu'ils peuvent présenter dans leurs gisements. Cette question des associations

---

1. Il est assez curieux que, dans le Cornwall, le cuivre ait parfois disparu en profondeur. S'il fallait voir là une loi théorique, elle serait tout à fait conforme à notre théorie, puisque l'étain a dû se précipiter à plus haute température, donc plus en profondeur que le cuivre (Voir *Gîtes minéraux et métallifères*, t. I, p. 165).

est très intéressante, puisqu'elle met particulièrement sur la voie des réactions intervenues. Mais il serait hors de propos d'entrer ici dans des détails plus techniques, qui trouveront mieux leur place dans un autre ouvrage.

4° *Influence des roches encaissantes.* — Il me reste seulement, pour terminer cette question des remplissages, à indiquer l'influence possible de la roche encaissante sur le dépôt des minerais : influence qui a été souvent purement mécanique, mais qui a pu aussi, par double réaction, entraîner certaines associations accidentelles.

Les conditions précises, qui ont amené le dépôt des minerais dans leurs filons, sont très mal connues et il ne saurait en être autrement, puisque nous ignorons le plus souvent les circonstances les plus importantes du phénomène : la profondeur et la distance du magma éruptif; la température et la pression résultantes; la nature des éléments volatils, ou même des principes dissous, que l'eau thermale a pu conserver après la précipitation et qui ont influé sur celle-ci, etc. Dans certains cas, nous soupçonnons cependant une réaction directe de la roche encaissante, et il est nombre de mines à filons traversant des terrains divers, où, pour une cause ou pour une autre, tous les mineurs savent très bien reconnaître, par la pratique, certaines couches, qu'ils appellent enrichissantes ou appauvrissantes. Je vais revenir tout à l'heure sur l'influence originelle, qui a pu se manifester dès le dépôt primitif du minerai et qui a pu être alors, tantôt mécanique, ou physique, et tantôt chimique; mais il faut auparavant remarquer la nécessité particulière de distinguer, dans ce cas, le phénomène de dépôt primitif et l'altération secondaire. Pour cette dernière, en effet, l'influence du terrain encaissant est tout à fait prépondérante et je l'ai assez mise en évidence précédemment[1] pour n'avoir pas à y revenir; la distinction entre un terrain encaissant calcaire et un autre schisteux ou cristallin joue un rôle de premier ordre et souvent le rôle des calcaires se trouve mis en évidence par la présence simultanée des deux sels produits dans la double réaction secondaire : sulfate de chaux et carbonate de zinc, par exemple, là où une dissolution de sulfate de zinc avait rencontré du carbonate de chaux.

Ailleurs des circonstances diverses, ayant facilité ou localisé la circulation des eaux superficielles, ont eu une influence incontestable : par exemple, le contact de couches imperméables et de terrains perméables ou fissurés, les intersections de plusieurs cassures filoniennes ayant subi des réouvertures, etc., et il est souvent très difficile, dans un

1. Pages 323 à 331.

tel cas, de reconstituer, en présence d'un gisement profondément altéré, ce qui revient à cette altération et ce que les mêmes circonstances, agissant sur la circulation filonienne primitive des eaux thermales métallisantes, ont pu, dès l'origine, produire d'analogue.

Pour faire comprendre cette difficulté d'interprétations, je remarquerai, par exemple, que la plupart des observations recueillies sur l'influence enrichissante de telle ou telle roche, de tel ou tel terrain, portent sur des gisements à minéraux d'argent riches et directement amalgamables, tels que l'argent natif, le sulfure d'argent, les agents noirs et rouges, etc., c'est-à-dire des gîtes à minéraux, que nous avons toute raison de croire produits par une altération superficielle plus ou moins récente[1] et qui, en profondeur, doivent passer à des sulfures complexes, pour lesquels, le plus souvent, on n'a pas eu l'occasion de poursuivre la vérification des mêmes faits.

Cette observation, qui s'applique à de nombreux gisements du Mexique, de l'Ouest américain, de la Hongrie, etc., se présente, avec une netteté spéciale, pour le riche gisement argentifère de Chañarcillo au Chili, où un filon d'argent traverse alternativement des calcaires et des mélaphyres, en s'étendant jusqu'à 10 mètres de distance et s'enrichissant dans les premiers (surtout à leur contact avec les mélaphyres) et s'appauvrissant, au contraire, jusqu'à disparaître, dans ces derniers[2]. Il est à remarquer que ce phénomène s'observe là jusqu'à 120 mètres de profondeur, dans une zone visiblement altérée, où dominent les minerais d'argent libres, produits par les réactions de surface, tandis qu'en profondeur avec les minerais sulfurés, on constate un appauvrissement général. D'autre part, il est très logique que, dès le moment de la fissuration ou du dépôt métallifère, les mélaphyres compacts aient eu une influence physique fâcheuse, que l'on retrouve ailleurs pour des roches semblables, par exemple pour les « toadstones », ou couches de diabases interstratifiées dans les gîtes du Derbyshire. Je ne prétends donc nullement que l'influence de la métasomatose récente soit la seule en jeu, mais il était nécessaire d'insister sur la complexité du phénomène.

Ailleurs encore, il faut prendre garde de trop généraliser un résultat local. Ainsi, dans le district de Linarès en Espagne, deux filons voisins, qui traversent à la fois le granite et les schistes, s'appauvrissent : l'un, en passant dans le granite ; l'autre, en passant dans les schistes.

1. Pour répondre à une objection, qui viendrait aussitôt à l'esprit, je rappelle ce que j'ai dit, page 313, sur l'altération superficielle ancienne, dont témoignent, avec tant d'intensité, certains gîtes métallifères des chaînes de plissement anciennes, soit dans les chaînes hercyniennes, soit surtout dans des régions à mouvements plus anciens encore.

2. Voir *Gîtes métallifères*, t. III, 372.

Ces réserves faites, si nous revenons aux influences primitives, qui ont pu se manifester dès l'ouverture et le remplissage du filon, on voit aussitôt qu'elles ont pu être de deux natures différentes.

Il y a, d'abord, l'influence mécanique, que je rappelle pour mémoire. On conçoit aisément qu'un même effort de fracture, rencontrant des terrains divers, ait dû les disloquer d'une façon différente, suivant qu'ils étaient plus ou moins souples, plus ou moins compacts, plus ou moins friables et que la direction de leurs joints naturels était plus ou moins oblique sur le plan de cassure. On a reconnu qu'il y avait avantage à ce que la roche encaissante fût assez dure pour former des parois nettes et ne pas obstruer la fracture de ses débris, sans être trop dure et résister alors à la dislocation : autrement dit les terrains de compacité moyenne se prêtent davantage à l'ouverture de grands filons. Mais, contrairement à une opinion répandue autrefois, ce côté de la question est assez secondaire, ou du moins d'une valeur locale et l'on peut rencontrer des filons très riches dans les terrains les plus variés, comme je le signalais tout à l'heure dans le cas de Linarès.

Une autre influence, que j'ai mentionnée à propos des altérations, joue un rôle enrichissant très net : c'est le contact des roches imperméables ou l'intersection des filons croiseurs, zones mieux ouvertes où, plus ou moins anciennement, a dû se produire un drainage, une circulation active des eaux. On pourrait citer de très nombreux exemples de gîtes développés entre un porphyre et un calcaire (Leadville, Bulgar Dagh, etc.), ou entre un calcaire et un schiste (Laurion), ou le long de filons éruptifs, au Laurion également. La plupart des gîtes sulfurés de Toscane se trouvent ainsi sur une faille de contact.

C'est peut-être une simple influence de ce genre, qui se manifeste dans le cas souvent cité de Freiberg, où, d'après H. Müller, les filons sont riches dans le gneiss et s'appauvrissent dans le micaschiste, mais en subissant une concentration remarquable au-dessous du micaschiste, qui est très peu fissuré [1].

Ailleurs l'influence a pu être réellement chimique, ou, si l'on veut, électrique. Ce genre de phénomènes a joué un grand rôle, soit dans les anciennes théories, où l'on faisait volontiers intervenir des actions galvaniques [2] pour expliquer la métallisation, soit dans les théories

1. Voir *Gîtes minéraux et métallifères*, t. I, p. 113 à 115. On a voulu également attribuer un rôle problématique au mica noir des gneiss, à cause de sa teneur en fer oxydulé (SCHEERER) ; mais cette théorie n'est plus soutenable en changeant de région.

2. Il est évident que les minerais métalliques et leurs solutions thermales ont dû produire des courants électriques, puisqu'il s'en manifeste toutes les fois qu'on a un contact hétérogène; Fox et HENWOOD autrefois, plus récemment BARUS ont insisté sur ce genre de considérations. Le contact de deux cristaux de pyrite peut, à lui

modernes des Américains, où l'on attribue une part essentielle à la substitution chimique, au « métasomatisme ». Il est évident, en effet, que, là où il y a substitution réelle, celle-ci dépend du terrain préexistant, auquel le minéral peut se substituer. Ainsi que je l'ai dit plus haut[1], tout en faisant une place à ce genre de phénomènes dans le dépôt primitif, je crois cependant qu'on ne doit pas l'exagérer et que ces substitutions se sont surtout étendues lors des remises en mouvement secondaires, avec des solutions renouvelées en circuit constant et pouvant entraîner, au fur et à mesure, les sels secondaires produits par la réaction ; en profondeur, le phénomène me paraît avoir été, bien plus souvent, celui de la tache d'huile, c'est-à-dire celui de l'imprégnation.

Dans d'autres cas, certains éléments du terrain encaissant paraissent avoir agi comme réactifs précipitants. C'est ce qui a dû se produire pour les hydrocarbures de schistes bitumineux, qu'on appelle des « Indicators » à Ballarat, en Australie, parce que les filons s'y enrichissent en or. C'est peut-être aussi le cas des « fahlbandes » pyriteuses, ou zones de broyage sulfurées, à l'intersection desquelles s'enrichissent tant de filons[2] (Kongsberg en Norvège, Dobsina en Hongrie, Schladming en Styrie, val d'Anniviers dans le Valais), mais avec possibilité à retenir que des « sécrétions latérales », ou des remises en mouvement secondaires, aient joué là un grand rôle.

V. — Age des gites métallifères[3]. Types régionaux. Relations avec la tectonique générale.

La métallogénie a passé, en ce qui concerne les notions d'âge, par les mêmes phases que la pétrographie. On a commencé par confondre toutes les roches et les minerais dans une même formation primitive ; puis, lorsqu'on a découvert que leur âge pouvait varier, on a attribué à chacun d'eux une époque strictement déterminée ; un peu plus tard, on a constaté une, puis deux récurrences de métaux semblables et l'on est enfin arrivé à la théorie actuelle, que j'ai déjà eu l'occasion d'exposer plusieurs fois, d'après laquelle chaque période de plissements ou

---

seul, développer un courant électrique ; un même cristal peut présenter deux parties chargées d'électricité de signe contraire ; à plus forte raison, le contact de deux minéraux différents. Il serait intéressant d'étudier en détail, dans cet ordre d'idées, et en ce qui concerne la radioactivité, les associations minérales filoniennes.

1. Page 604.

2. C'est l'un des cas, où l'on a supposé l'action d'un courant électrique.

3. Il ne s'agit ici, bien entendu, que des gites, où le dépôt des minerais s'est fait originellement par une opération de métallurgie interne et non des gites dus à un remaniement quelconque, qui seront étudiés plus loin.

d'effondrements a ramené, en pétrographie et en métallogénie, des
phénomènes analogues (avec une évolution possible, mais bien peu
marquée) : les différences apparentes résultant surtout des conditions
diverses, où les minerais et les roches nous apparaissent, par suite
d'une érosion plus ou moins avancée.

Nous croyons donc aujourd'hui qu'il n'y a pas un âge déterminé pour
l'étain, l'or, le plomb ou le mercure, pas plus qu'il n'y a un âge pour
le granite, la rhyolithe ou le basalte. Mais cela n'empêche pas qu'en
pratique les chances soient faibles de trouver un granite pliocène ou un
basalte cambrien et, dans le même ordre d'idées, on rencontrera peu
d'étain tertiaire et peu de mercure primaire : pour la même raison,
parce que l'étain est resté en relation intime avec les magmas acides
de la profondeur et n'a donc pu être mis à jour que par une érosion
avancée, tandis que le mercure, très soluble, arrive aujourd'hui même
jusqu'à la surface, dans nos sources thermales sous pression des
régions volcaniques. C'est dans cet ordre d'idées que nous allons pouvoir donner quelques notions générales sur l'âge des divers minerais
et rappeler leurs relations, déjà signalées, avec la tectonique générale.

On a déjà vu, dans un paragraphe précédent[1], comment, en s'éloignant
de la roche éruptive en fusion, on pouvait trouver l'ordre de succession
suivant : étain, cuivre, plomb, mercure. Ainsi que cela se passe pour
les roches, dont les types épanchés sont (ou paraissent) plus jeunes que
les types profonds, cet ordre de succession se retrouve (ou semble se
retrouver), lorsqu'on envisage les émanations métallifères d'une
phase de dislocation déterminée. Les métaux ont pu, dans l'ordre
où je viens de les énumérer, se prolonger plus ou moins longtemps, se produire plus ou moins tard pendant le dépôt des terrains
successifs, ou, ce qui réalise une apparence semblable, ils ont pu, se
dégageant simultanément, monter plus ou moins haut, atteindre des
terrains déjà formés et superposés de plus en plus élevés dans la série.

Je ne crois pas qu'il faille attribuer à cette loi une rigueur absolue et,
en tous cas, les déterminations d'âge sont presque toujours si insuffisantes pour les filons métallifères que la vérification en serait difficile ;
il suffira donc de dire que, dans les districts où la série est un peu
complète comme le Cornwall, la Saxe ou diverses parties de l'Espagne,
on semble apercevoir, en s'éloignant des granites et remontant la
série des terrains sédimentaires, quelque chose d'analogue.

En tous cas, chacune des grandes périodes de plissement, qui se sont
succédées à la surface du globe, a ramené, comme je le disais plus

1. Page 614.

haut, des venues métallifères comparables, et l'on trouve, par exemple, de grandes venues cuprifères précambriennes au Lac Supérieur, puis hercyniennes dans toute l'Europe Centrale, enfin tertiaires dans l'Ouest ou le Sud Américain [1]. Mais ici interviennent les notions de profondeur originelle et d'érosion plus ou moins avancée, sur lesquelles j'ai insisté précédemment.

J'ai dit alors, notamment, comment il me semblait que la forme des grands filons réguliers et concrétionnés des champs filoniens à nombreuses fractures métallisées devait occuper une zone limitée dans l'écorce terrestre [2]; de même, les départs oxydés stannifères au contact des roches acides, ou les départs sulfurés à la périphérie des roches basiques, et les intrusions sulfureuses dans les schistes voisins ; ou encore les ségrégations d'oxydes et métaux natifs dans l'intérieur des mêmes roches, ont nécessité des conditions de température et de pression particulières, qui, en moyenne, impliquent une zone de profondeur déterminée dans une même période de plissement.

C'est probablement une des raisons, pour lesquelles, dans un continent peu étendu et dont l'histoire géologique est bien connue comme l'Europe, on voit les types de gisements et la nature même des métaux qu'ils renferment se modifier, quand on se déplace dans le sens perpendiculaire aux plis (en Europe, du Nord au Sud), en rencontrant ainsi des chaînes de plissement de plus en plus récentes [3].

Parmi les cas les plus typiques, je citerai celui de l'étain, d'autant mieux déterminé sans doute que c'est un métal peu banal et ayant nécessité des conditions de gisement très particulières, très localisées. L'étain ne se rencontre guère abondamment dans le monde que le long d'une seule grande chaîne de plissement, la chaîne hercynienne et, accessoirement, en quelques points de la chaîne tertiaire.

Par exemple, en Europe, on suit les gîtes stannifères dans l'Ouest et le Nord-Ouest de l'Espagne, dans le Plateau Central français, en Bretagne, en Cornwall, en Saxe. On les retrouve en Asie, comme je l'ai signalé en passant dans un autre chapitre, le long de plissements à peu près contemporains, dans toute cette traînée qui aboutit à Malacca et passe de là à Bornéo ; les conditions sont analogues dans l'Est de l'Australie et, enfin, au Swaziland dans le Transvaal. Quelques-uns de ces

1. Les idées exposées ici complètent en les modifiant les notions données sur le même sujet en 1893, dans la 1re édition de ma *Formation des gîtes métallifères*, pages 138 à 155. Elles ont été complétées dans les *Gîtes métallifères*, t. I, p. 247 à 248.

2. Pages 339 et 595.

3. Un premier développement de ces considérations a été donné dans la Revue générale des Sciences du 30 avril 1900 sous le titre : *Variations des filons métallifères en profondeur*.

gisements, comme ceux d'Australie et du Transvaal, peuvent, il est vrai,
être calédoniens ; mais ils ne doivent pas remonter beaucoup plus haut.
Quant à l'étain tertiaire, il n'est guère représenté, jusqu'à nouvel ordre,
qu'en Bolivie et, accessoirement, en Toscane.

A l'autre extrémité de la série métallifère, le mercure est particulièrement abondant dans la phase tertiaire. Il suffit de citer tous les gisements de Californie, du Mexique ou des Andes, puis, en Europe, les
très nombreux points où ce métal a été signalé, dans les Apennins, les
Alpes Illyriennes, la Sierra Nevada et, de l'autre côté de la Méditerranée, en Algérie, en Tunisie. Le gisement d'Idria, en Carniole,
est très probablement d'âge tertiaire, comme les dislocations qu'il
accompagne. Celui d'Almaden, dans la Meseta espagnole, pourrait être
hercynien ; mais son âge exact n'est pas déterminé.

Les deux métaux, que je viens de prendre comme exemples, ne se
rencontrent en général, ni l'un ni l'autre, dans ces grands voussoirs
primitifs, les plus anciennement constitués de tous, dont nous avons
vu le rôle en tectonique, ni en Norvège, ni au Canada, ni en Sibérie,
ni dans l'Afrique Centrale, ni au Brésil. Dans tous ces anciens pays
abondent, au contraire, les imprégnations sulfureuses au milieu des
schistes, que nous avons considérées comme s'étant produites par
intrusions en profondeur. Ces sulfures, où la pyrite de fer domine de
beaucoup, renferment, en même temps, du cuivre, du nickel et de l'or.

Enfin l'Ouest Américain et le Mexique, dont les mouvements ont commencé à la fin du crétacé et se continuent toujours, présentent, avec
une abondance extraordinaire, les remplissages sulfurés complexes de
toutes formes, où dominent le plomb argentifère, le zinc avec le fer sulfuré, qui, surtout lorsqu'il est arsénical, peut entraîner la présence de
l'or et, plus localement, le cuivre. Ce sont des gisements analogues
que l'on retrouve, sur l'autre côte du Pacifique, au Japon, où les dislocations, également tertiaires, se poursuivent encore. Et, en Europe,
c'est, avec une richesse moindre, le type, que l'on voit dominer dans
toute la zone méditerranéenne, la plus récemment disloquée et plissée,
où se trouvent tant de grands centres industriels du zinc et du plomb :
la côte Sud-Est de l'Espagne, la Sardaigne, la province de Constantine
et la Tunisie, le Laurion en Attique ; c'est également le type qui se
reproduit sur la chaîne européenne la plus analogue aux chaînes
Ouest-Américaines, dans les Carpathes.

En résumé, ces brèves indications suffisent à montrer que la répartition des gîtes métallifères dans le monde obéit à des lois, régies par
l'ensemble de la tectonique et qu'il existe des causes générales, pour
lesquelles tel ou tel pays renferme de préférence tel ou tel métal, tel ou

tel type de gisements [1]. Je viens de signaler une des raisons qui me semblent être le plus fortement marquées, à savoir la profondeur originelle et le degré d'érosion [2]. Je ne prétends nullement que ce soit la seule et que les « types régionaux » des gîtes métallifères, dont je viens de rappeler quelques cas, n'aient pas d'autre raison d'être. Il est très probable, au contraire, qu'il a dû se passer, là également, quelque chose d'analogue au phénomène, qui a constitué les « provinces pétrographiques », c'est-à-dire que, pour une cause profonde et inaccessible à nos observations, tel ou tel métal se sera trouvé amené, en plus ou moins grande abondance, dans le magma igné interne, dont procèdent les métaux de nos gisements, comme cela a pu avoir lieu en pétrographie pour les alcalis, ou toute autre substance occasionnelle.

VI. — Gîtes d'altération et de remaniement. Produits de métasomatose. Sédiments métallifères, mécaniques et chimiques.

Si cet ouvrage était un traité de métallogénie, il y aurait ici à développer, après les lois qui ont procédé à la répartition des métaux dans leurs gîtes primitifs, l'étude des phénomènes secondaires, chimiques ou mécaniques, par lesquels ces gisements ont été postérieurement remaniés, déplacés ou concentrés. Nous aurions donc, d'abord, à examiner en détail ces altérations superficielles, qui ont modifié les gisements presque sur place, en produisant des concentrations locales, dues à des réactions de cémentation ou de substitution ; puis il faudrait passer aux transports à distance, dont la cause première est une érosion, qui a dû attaquer de préférence les parties déjà les plus altérées et parfois les plus enrichies par la métasomatose précédente ; et, à ce propos, il y aurait lieu d'envisager les divers modes de précipitation, qui ont pu assembler les métaux ainsi transportés : soit par une simple préparation mécanique ; soit, après dissolution, par une réaction chimique, que les organismes ont pu parfois faciliter.

1. On s'imagine, volontiers, en dehors de toute observation scientifique, que les minerais doivent se trouver surtout à côté des volcans et dans les hautes montagnes. C'est, sous une forme grossière et tout à fait inexacte quand on la présente ainsi, la notion devenue instinctive de la relation entre les gîtes métallifères, les roches éruptives et les dislocations du sol. Mais j'ai suffisamment dit que, ni les appareils extérieurs des volcans, ni les parties hautes des chaînes plissées, n'étaient propres à la concentration des métaux.

2. Je rappelle en passant que la tectonique nous montre : tantôt des régions métallifères autrefois profondes, puis relevées par un plissement, comme cela paraît se produire pour l'ancienne chaîne hercynienne des Alpes, introduite dans les plis tertiaires ; tantôt des compartiments effondrés, après avoir été superficiels, comme le synclinal silurien de Christiania, ou la région du Lac Supérieur.

Mais, dans un livre, où nous cherchons à élucider les causes premières des transformations géologiques et leur évolution possible avec le temps, ces concentrations secondaires, si intéressantes qu'elles soient pour la théorie des minerais, si importante que me semble leur valeur pratique, ne doivent être néanmoins considérées que comme un cas particulier dans les phénomènes très généraux de l'altération continentale, de l'érosion et de la sédimentation. Je les ai étudiées à ce propos, en insistant alors sur leur rôle capital dans toute la géologie. Il me suffira donc de renvoyer à des chapitres antérieurs[1] et de marquer ici leur place sans y revenir.

1. Voir pages 308 à 331 pour l'altération superficielle, pages 339 à 341 et 474 à 485 pour la sédimentation.

CHAPITRE XV

LA DISTRIBUTION DES ÉLÉMENTS CHIMIQUES DANS LA TERRE [1]

I. Relations entre le rôle géologique des éléments chimiques, leur place originelle dans la terre encore fluide et leur poids atomique.

II. Proportion des divers éléments dans les parties superficielles de la terre.

Toute notre chimie inorganique est nécessairement fondée sur l'étude des éléments, que nous offre l'écorce terrestre, avec les mers et l'atmosphère situées au-dessus d'elle. A peine pouvons-nous y ajouter, par l'analyse spectrale, quelques notions sur la constitution des astres et soupçonner vaguement qu'en dehors des éléments, ou états chimiques, terrestres retrouvés dans ces astres, il en existe d'autres, dont les raies seules se montrent à nous dans leur spectre lumineux, mais dont les propriétés nous échappent.

Cela revient à dire que nous connaissons seulement la matière dans les conditions, probablement très spéciales, où elle se trouve à la périphérie d'un astre solidifié comme la Terre, ou, jusqu'à un certain point, dans l'enveloppe incandescente d'un astre igné comme le Soleil, et quoique, par des expériences de laboratoire, nous nous efforçions de varier ces conditions en augmentant et diminuant les pressions, en accroissant ou réduisant les températures, en faisant intervenir les énergies diverses dont nous disposons, il est évident, cependant, que nous nous mouvons dans un cercle très restreint et que nous demeurons très ignorants relativement aux formes que cette matière peut prendre dans la partie centrale d'un Soleil, ou même aux vagues confins qui la séparent de l'éther. Nous constatons seulement de plus en plus que toutes les antiques barrières, autrefois établies entre les aspects variés de l'énergie, ou les états physiques et chimiques de la matière, tombent l'une après l'autre, en même temps qu'apparaît le caractère provisoire et approximatif des lois les mieux établies ; nous apprenons à

1. Cette théorie a été publiée d'abord dans la Revue générale des Sciences du 30 avril 1904. On en trouvera une forme ultérieure dans les *Gîtes métallifères*, t. I, p. 12 à 26.

spéculer sur des états critiques, où un corps n'est plus ni liquide, ni
solide, ni gazeux, sur des passages de la matière à un éther universel,
sur des éléments qui semblent même transformer spontanément leur
énergie potentielle en énergie diffuse. Je laisserai de côté ici ces questions, qui touchent au grand problème de la transmutation, pour me
borner à considérer les divers éléments chimiques, conformément à
leurs définitions ordinaires, dans le milieu même où la chimie les
cherche et les découvre, c'est-à-dire dans les associations minérales
qui constituent l'écorce terrestre, envisagée en géologie comme superficielle ; nous nous proposerons ainsi de voir, en utilisant les résultats
acquis par la métallogénie et remontant autant que possible à l'origine
des phénomènes par lesquels s'est constituée la Terre, quelle place
chacun de ces éléments a dû occuper de préférence dans notre planète
encore fluide, quel ordre primitif les a classés dans telle ou telle zone
plus ou moins profonde, enfin quelle part ils y ont prise, dans quelle
proportion ils y sont intervenus ; peut-être ainsi arriverons-nous à quelques conséquences générales sur la grande opération de métallurgie
cosmique, dont résulte la Terre et pourrons-nous apporter un concours
géologique aux recherches les plus actuelles de la chimie.

Cette étude, qui forme le complément théorique et hypothétique du
chapitre précédent sur la métallogénie, a pour but d'en interpréter et
d'en grouper les conclusions sous une forme synthétique [1], de manière
à montrer ce que la géologie peut enseigner indirectement sur la constitution de la matière.

Dans une première partie de ce chapitre, nous essayerons donc de
déterminer, par la géologie et, spécialement, par la métallogénie, quel
est, en moyenne, l'ordre de superposition général des éléments chimiques dans la Terre, ou plutôt, en nous reportant à l'hypothèse extrêmement probable de la fluidité originelle, quelle pouvait être la répartition de ces éléments dans notre planète encore incandescente et

---

1. Il n'échappera pas à ceux qui ont présent à l'esprit le mémoire fondamental
d'ÉLIE DE BEAUMONT *sur les émanations volcaniques et métallifères* que ce maître
avait déjà (suivant lui-même l'exemple donné par DE LA BÈCHE dans ses recherches
de géologie théorique), proposé un groupement des éléments chimiques d'après leur
gisement et montré (Bull. Soc. Géol., 2e sér. t. IV, p. 78) le rôle d'une coupellation
virtuelle (influencée par son dispositif électro-chimique) dans la localisation frappante de la scorie légère silicatée à la surface et des métaux denses en profondeur.
Sous cette forme, l'idée est devenue classique en géologie : mais ÉLIE DE BEAUMONT
a insisté, à diverses reprises (*ibid.*, p. 275, etc.), sur le caractère de « chaos primitif » que devait présenter la Terre au moment de sa solidification et sur le caractère
ultérieur des séparations : c'est en quoi la thèse exposée ici se sépare entièrement
de la sienne. Il suffit, d'ailleurs, d'un coup d'œil sur les groupements d'éléments chimiques, qui ont été proposés à diverses reprises, pour voir la nouveauté de celui
qui va être développé.

directement soumise aux principes de la mécanique, avant que les accidents et dislocations géologiques y aient introduit la complexité et l'apparente confusion actuelle. Nous verrons ensuite combien cette répartition, empiriquement établie, concorde, dans son ensemble, d'une façon remarquable, avec le simple classement de ces mêmes éléments par ordre de poids atomiques et nous pourrons en conclure cette loi nouvelle, parfaitement conforme avec nos idées mécaniques, que, *dans la Terre incandescente, avant sa solidification, les éléments chimiques se sont écartés du centre en raison inverse de leur poids atomique, comme si les atomes dissociés et libres de toute combinaison chimique à de très hautes températures, avaient été uniquement et individuellement soumis à l'attraction universelle et à la force centrifuge*[1].

Une semblable loi, outre qu'elle est de nature à introduire une grande simplicité dans un ordre de phénomènes extrêmement complexes, apporte, par sa vérification même, une preuve de plus en faveur de la fluidité originelle, invoquée par la théorie de Laplace; en même temps, elle peut mettre sur la voie de bien des relations minéralogiques et chimiques entre les éléments. Il faut, d'ailleurs, ajouter que, malgré la concordance générale et bien frappante des faits avec un énoncé aussi théorique, plus d'une anomalie, plus d'une difficulté se présentent encore : ce qui ne saurait étonner dans un problème aussi difficile et où il entre, nécessairement, autant de spéculation sur des régions inabordables : soit que notre métallogénie ne place pas certains éléments à leur vraie place; soit que leur poids atomique, ordinairement admis, demande à être multiplié ou divisé par un coefficient simple, en raison de polymérisations, ou même de combinaisons, qui nous échappent; soit encore que la loi en question doive être rectifiée par l'intervention d'autres principes inconnus. J'aurai soin d'insister particulièrement sur ces difficultés.

Dans une seconde partie, nous examinerons ensuite quelle est, d'une façon absolue, la proportion (et non plus seulement la place) de ces divers éléments dans la superficie terrestre. Cette proportion ne paraît, elle, au contraire, jusqu'à nouvel ordre, obéir à aucune loi : ce qui est très explicable si la Terre s'est formée, comme on peut, je crois, le supposer, par le concours accidentel d'atomes dispersés dans l'espace et déjà chimiquement constitués avant leur rencontre.

---

1. Dans la forme incandescente, que présente l'atmosphère solaire, il semble, en effet, ne pas y avoir de composés chimiques. Plus on fournit de chaleur à un composé chimique, plus il tend d'ordinaire à se dissocier, de même qu'inversement, d'après M. BERTHELOT, la stabilité d'un composé est en rapport avec la quantité de chaleur qu'il a dégagée en se constituant.

I. — Relations entre le rôle géologique des éléments chimiques, leur place originelle dans la Terre encore fluide, et leur poids atomique.

L'écorce terrestre se présente à nous avec une structure très compliquée, où se manifeste, en dehors de la disposition primitive que nous voudrions reconstituer, l'empreinte de tous les phénomènes géologiques successifs, qui l'ont profondément modifiée et altérée depuis sa solidification. Ces phénomènes comportent, en très grand nombre, des déplacements relatifs dans le sens vertical : sédimentations, plissements de terrains, effondrements de voussoirs, montées de roches éruptives et d'eaux métallifères filoniennes. Pour le but que nous nous proposons, il faut, autant que possible, faire abstraction de ces phénomènes, qui sont cependant les plus apparents, les plus manifestes à nos yeux, et nous replacer par la pensée dans les conditions où pouvait se trouver la Terre avant toute sédimentation, ou même, un peu plus tôt, avant la consolidation de sa croûte superficielle et la condensation des vapeurs disséminées au-dessus de celle-ci. Il semble donc, au premier abord, que dans cet ordre d'idées, on ne puisse arriver à rien de sérieux et de précis, et que toute étude de ce genre doive nécessairement confiner au romanesque. Nous allons voir, cependant, qu'en analysant les faits d'un peu près et dégageant un à un les principes secondaires, par lesquels ils se relient entre eux, on peut déduire de ces principes, à leur tour, la loi générale, énoncée plus haut, avec une très suffisante approximation.

L'*atmosphère*, par laquelle nous commencerons, est composée essentiellement d'oxygène, d'azote, avec un peu d'acide carbonique et d'argon, auxquels on peut ajouter des traces de carbure d'hydrogène et, dans les parties hautes, de plus en plus d'hydrogène et d'hélium.

Si nous considérons qu'au-dessous de cette atmosphère, il existe actuellement une masse d'eau considérable, — suffisante, comme nous le verrons [1], pour couvrir toute la Terre supposée nivelée sur près de 3 kilomètres de hauteur —, on peut très rationnellement admettre qu'au moment de la solidification terrestre, cette eau, alors en vapeur, ou plutôt ses éléments dissociés se trouvaient répartis dans l'atmosphère, et, par suite, que la proportion d'hydrogène était très notablement supérieure à la proportion actuelle.

C'est, d'autre part, un des principes les plus nettement établis de la

1. Page 649, note 2.

métallogénie que la disparition profonde de l'oxygène dans les milieux profonds, que le caractère essentiellement superficiel de ce métalloïde, en entendant, bien entendu, comme superficielle une zone d'au moins 30 ou 40 kilomètres d'épaisseur, qui n'est rien, en effet, sur un rayon de 6.400.

Cette disparition, il est vrai, n'est jamais complète dans nos roches ignées, qui représentent une scorie silicatée relativement voisine de la surface, même dans les plus basiques, qui semblent les plus profondes jusqu'auxquelles nous puissions atteindre ; mais elle s'annonce déjà très manifestement dans ces magmas basiques et devient complète dans les gîtes métallifères sulfurés, qui représentent, pour nous, un apport de la profondeur (à la condition d'envisager ceux-ci là où ils ont pu échapper aux actions de surface).

De même, l'eau, qui réalise encore en profondeur une association d'oxygène et d'hydrogène, paraît devoir disparaître presque totalement, avant même qu'on arrive au bas de cette écorce silicatée. En dehors de la faible proportion qu'en retiennent habituellement les roches, et sans parler des fumerolles volcaniques qui constituent un cas spécial déjà discuté[1], les grands mouvements d'eaux souterraines sont, en général, très directement d'origine superficielle.

Nous pouvons donc, sauf à revenir plus tard sur quelques objections apparentes, considérer que l'oxygène est, dans la constitution de la Terre, un élément d'origine périphérique, et nous sommes disposés à envisager la solidification de la Terre comme ayant été très directement reliée à un phénomène d'oxydation comportant, à la fois, une combustion et une scorification, qui aurait combiné cet oxygène avec des vapeurs métalliques, venant de régions plus profondes

Antérieurement, il devait exister, dans l'enveloppe de la Terre la plus écartée du centre, des vapeurs d'oxygène, d'hydrogène, d'azote, d'argon et peut-être de carbone. On peut ajouter que l'oxygène était en quantité tout à fait surabondante, puisqu'après sa combinaison avec l'hydrogène, avec le carbone et avec tous les éléments scoriacés, que nous trouverons tout à l'heure dans l'écorce terrestre, il en est resté ce grand excès, dont se composent les trois quarts de notre atmosphère.

Ce que l'analyse spectrale nous révèle sur la constitution de la chromosphère solaire et des étoiles, semble, comme nous le verrons[2], correspondre à une zone différente de l'écorce terrestre et à des produits plus profonds déplacés par volatilisation ; cependant l'hydrogène s'y montre

1. Voir pages 157 et 603.
2. Page 656.

abondamment dans les parties les plus élevées et les plus volatiles, telles que les protubérances, de même qu'il caractérise la majeure partie des étoiles brillantes, blanches et bleues[1], et des étoiles tempo-raires. L'oxygène n'apparaît pas, d'ordinaire, dans les astres incandes-cents, ou n'y est pas reconnaissable : soit qu'il fasse réellement défaut et que la Terre représente ainsi un cas particulier, ayant précisément permis le développement de la vie ; soit, ce qui est bien plus pro-bable, que ce métalloïde se trouve, au-dessous de la chromosphère, dans la photosphère incandescente, dont émane seulement un spectre continu, que nous ne pouvons chimiquement analyser[2].

Cette comparaison avec le Soleil nous conduirait ainsi à placer l'hy-drogène originel dans une zone encore plus excentrique que l'oxygène. L'hélium, qui accompagne l'hydrogène dans le Soleil, pourrait avoir été associé avec lui sur la Terre, bien que, jusqu'ici, la géologie n'ap-porte aucune confirmation de cette induction.

Parmi les éléments secondaires de l'atmosphère, il en est un, qui pré-sente déjà un genre de difficultés, auquel nous devions nous attendre et que nous retrouverons tout à l'heure pour un autre groupe de métal-loïdes (chlore, soufre et phosphore) : c'est le carbone.

Le carbone est en très faibles quantités dans l'air : soit à l'état d'acide carbonique (0,01 p. 100) ; soit, comme l'a montré récemment M. A. Gautier, à l'état de carbure d'hydrogène. Même en ajoutant à ce carbone de l'air tout celui qui est fixé dans le monde organique et que l'on peut imaginer emprunté originellement à l'air, on reste encore dans des chiffres très faibles, puisque tous ces éléments organiques, supposés répartis uniformément sur la Terre, y constitueraient évidemment une imperceptible pellicule. D'autre part, la composition moyenne des roches cristallines accuse une teneur sensible de carbone (près de 0,2 p. 100)[3], grâce à laquelle ont pu se former, dans la destruction de ces roches et la sédimentation de leurs débris partiellement dissous, les terrains calcaires ; et, sans parler des gîtes pétrolifères, que nous suppo-sons plutôt d'origine organique, l'on constate, sous bien des formes, dans les régions volcaniques, le dégagement de carbone interne, à l'état

1. Plus une étoile est brillante et, par conséquent, chaude, plus, d'après sir Nor-man Lockyer, son spectre se simplifie et tend à se réduire à celui de l'hydrogène.

2. Rowland a reconnu, dans le Soleil, la présence de trois métalloïdes ; oxygène, carbone et silicium, dont le rôle paraît être très subordonné. Les raies de l'oxy-gène se trouvent, naturellement, introduites dans le spectre solaire par la traversée de l'atmosphère ; mais leur origine surtout tellurique paraît bien prouvée par leur disparition progressive, dans les observations faites à de hautes altitudes.

3. M. A. Gautier (C. R., 1901) a récemment contribué à mettre en évidence cette proportion de carbone dans des roches, où ce métalloïde ne paraît pas avoir été introduit par une altération superficielle récente.

notamment de carbure d'hydrogène plus ou moins brûlé en acide carbonique. On peut donc se demander — et c'est un grand sujet de discussion entre les géologues — s'il faut placer le carbone primitif dans l'atmosphère[1] et admettre alors que le monde minéral l'a puisé ensuite dans les roches profondes par l'intermédiaire ordinaire de la vie, ou si le carbone est, au contraire, un élément originellement profond, apporté par des émanations à la surface et recueilli là par les organismes. Les deux hypothèses peuvent être l'une et l'autre soutenues par d'excellents arguments et la position initiale du carbone demeure contestable. Il est certain qu'il y a eu, dès l'origine, du carbone emprisonné dans l'écorce silicatée, mais. comme il y a eu aussi de l'oxygène. D'autre part, on peut remarquer que la présence du carbone en cyanogène ou en oxyde de carbone joue un grand rôle dans la composition des comètes et que les hydrocarbures abondent dans les queues des comètes en milieu non oxydé, dans des conditions périphériques.

Au-dessous de l'atmosphère viennent les *mers*, essentiellement formées par la combinaison de l'hydrogène et de l'oxygène, mais, en outre, chimiquement enrichies par tous les principes solubles, que peut présenter l'écorce terrestre et qui, un jour ou l'autre, après un ou plusieurs circuits plus ou moins longs, finissent toujours par y être apportés à la faveur du ruissellement, comme dans un égout universel[2].

Cette composition de l'eau de mer présente donc une difficulté analogue à celle que nous venons de trouver pour le carbone : difficulté tenant à ce que les éléments dont la mer est formée se retrouvent, aux proportions près, dans les roches ignées et que les plus importants d'entre eux dominent également dans les émanations volcaniques actuelles, ou ont dû dominer dans les venues hydrothermales métallifères, attribuables à des émanations volcaniques anciennes. Le problème se pose de la façon suivante. Étant donné que les mêmes éléments, les mêmes groupes d'éléments se rencontrent ainsi dans des conditions très diverses et sont tous, en raison même de leur solubilité, susceptibles de subir des remises en mouvement nombreuses, à quelle phase de leurs cycles sont-ils, quand nous les rencontrons dans l'eau de mer ? Y ont-ils préexisté dès le début (là ou

---

1. On sait qu'à la température de l'arc électrique, le graphite devient gazeux.

2. Ainsi qu'il était facile de s'y attendre, on trouve un peu de tout dans l'eau de mer, comme l'ont montré MALAGUTTI et DUROCHER pour le plomb, le cuivre et l'argent (Ann. d. Min. (4), 17, 1850); MÜNSTER, LIVERSIDGE pour l'or (Chemical News, 1872, 1892; Journ. Proc. Royal. Soc. of New South Wales, XXIX, 1895; Eng. and min. Journ., New-York, 1898).

D'après LIVERSIDGE, il n'y aurait pas moins de 37 milliards d'or dans la mer; d'après MÜNSTER, il y en aurait 6.

dans l'atmosphère) pour aider ensuite à la constitution des matériaux solides ; ont-ils été empruntés à ces derniers; ou viennent-ils d'une zone plus profonde encore ? Afin d'arriver à une solution rationnelle, il y a lieu, ce me semble, de distinguer, tout d'abord, ces éléments de l'eau de mer en deux groupes :

1° Les métaux, qui, après le sodium, le potassium, le calcium et le magnésium dominants, comprennent à peu près toute la série chimique, jusqu'au zinc ou à l'or;

2° Les métalloïdes : chlore, soufre, iode, brome, fluor, bore, phosphore, etc.

Pour les métaux, la réponse à la question précédente ne me paraît guère douteuse. Ces métaux sont les mêmes que ceux de l'écorce, simplement classés d'après leur solubilité : d'abord le sodium, qui tend toujours à dominer dans une eau mise en contact avec des roches fedspathiques, comme on l'observe pour beaucoup de nos eaux minérales[1] ; puis le potassium; ensuite les substances alcalino-terreuses, calcium et magnésium, et, seulement à l'état de traces, les autres métaux, qui forment des sels peu solubles ou aisément reprécipités par les actions oxydantes, métaux d'ailleurs relativement très rares déjà dans l'écorce. Pour expliquer semblable coïncidence, une lixiviation de ces roches paraît beaucoup plus logique à admettre que la présence à l'état de vapeurs, dans l'atmosphère incandescente primitive, des mêmes métaux, qui un peu plus bas formaient l'écorce, bien que cette volatilisation ait pu intervenir accessoirement et contribuer, pour une part problématique, dans la composition actuelle.

La question des métalloïdes est plus obscure. Le chlore domine de beaucoup (en chlorures); puis vient le soufre (en sulfates); accessoirement on a la plupart des autres métalloïdes, dont quelques-uns, comme l'iode, le brome, le phosphore, l'azote ou le carbone, n'apparaissent guère que lorsque les organismes ont réussi à les fixer et dont d'autres, tel que le bore, ne se manifestent bien qu'après les évaporations naturelles ou artificielles, dont résultent les gîtes salins géologiques, ou les eaux mères de nos salines.

Il est remarquable que le chlore et le soufre, qui dominent dans la mer, soient également, avec le carbone et, accessoirement, le bore, les éléments caractéristiques du volcanisme; ce sont aussi des éléments tout à fait constants dans toute la série des phénomènes internes, où nous croyons reconnaître la trace de fumerolles dégagées en profondeur par les roches ignées anciennes : groupe des minéraux associés aux roches

1. Voir L. De Launay, *Traité des Eaux thermo-minérales*, page 92.

granulitiques acides, où domine l'influence du chlore, du fluor, et plus accessoirement, du bore et du phosphore; ségrégations, presque toujours sulfurées, des roches basiques; nombreux minéraux contenant des inclusions de chlorure ou d'acide carbonique; enfin filons concrétionnés métallifères, dont les uns se sont manifestement formés sous l'influence du chlore et du fluor, au moyen desquels on reproduit tous leurs minéraux, dont les autres sont encore associés au soufre, et dont les derniers ont pu se déposer en présence de l'acide carbonique liquide ou des carbonates alcalins sous pression. L'analogie des fumerolles volcaniques avec les autres phénomènes anciens, que je viens d'énumérer, rend très vraisemblable l'identité d'origine des deux phénomènes, qui est généralement admise aujourd'hui. Mais, d'autre part, la similitude entre les produits volcaniques et les produits marins vient-elle de ce que le volcanisme est alimenté en sels minéraux par des intrusions marines, ou au contraire, de ce que toutes les fumerolles, dégagées depuis l'origine par les phénomènes internes et, en partie, peut-être, avant la scorification même, par la Terre encore fluide, ont fini, tôt ou tard, après s'être combinées aux métaux terrestres, par arriver dans la mer?...

Les deux hypothèses peuvent également se soutenir par des arguments plausibles et ont toutes deux leurs partisans [1].

La première conduirait, en principe, à admettre que tous les métalloïdes en question se trouvaient, originellement, au-dessus de l'écorce terrestre dans l'atmosphère; car les traces de chlore, qui existent à l'état résiduel dans les roches (0,02 p. 100) ne peuvent avoir été l'origine des 2 p. 100 de chlore, qui existent dans l'eau de mer et qui, pour 3 kilomètres d'épaisseur d'eau, représentent donc 100 mètres de sel marin, uniformément répartis sur toute la Terre [2]. Dans la seconde, au contraire, ces corps auraient existé et existeraient encore au-dessous de la zone silicatée superficielle, au voisinage du bain métallique, par les émanations ou les liquations duquel ont été formés nos minerais.

De ces deux hypothèses également admissibles, je le répète (l'une soutenue par Daubrée et Fouqué, l'autre défendue par Élie de Beaumont et A. de Lapparent), la seconde m'a toujours paru la plus plausible et, même en supposant que l'eau des volcans vienne en tout ou partie d'infiltrations superficielles, j'ai essayé autrefois de faire voir

1. Il a déjà été parlé de ce problème, pages 158 et 532, à l'occasion du volcanisme et de la pétrographie.

2. En remarquant que les continents actuels occupent seulement les 28 centièmes de la superficie terrestre, cela conduirait à admettre, sur ces continents, l'érosion moyenne de plus de 1.000 kilomètres de roches cristallisées.

que les métalloïdes apportés au jour par le volcanisme, chlore, soufre, bore, arsenic, carbone, etc., ont, comme les métaux filoniens, des chances pour être empruntés, au moins partiellement, à une réserve profonde [1].

Quelques faits nouveaux ont été apportés récemment en faveur de cette idée, qui, ainsi que nous le verrons bientôt, concorde mieux que toute autre, avec notre loi générale : notamment, les belles expériences de M. A. Gautier [2], prouvant que tous les éléments des fumerolles volcaniques peuvent être produits par simple action calorifique exercée sur un granite, par conséquent sans aucune intrusion marine et les séries d'observations pendulaires montrant les très profondes dislocations terrestres, qu'accusent les rivages jalonnés par des volcans, par conséquent la possibilité que la position littorale de ceux-ci tienne uniquement à leur situation sur une ligne de cassure.

Au-dessous de l'atmosphère et des mers vient l'*écorce terrestre*. Dans la composition de celle-ci interviennent un certain nombre d'éléments chimiques, dont nous pourrons tout à l'heure discuter la proportion exacte dans la seconde moitié de ce chapitre, mais dont l'ordre de grandeur relative apparaît aussitôt avec une netteté parfaite. Si nous laissons de côté, comme nous devons le faire pour cette étude, les terrains sédimentaires, simple produit du remaniement de l'écorce cristalline opéré après la solidification de celle-ci, toutes les études géologiques mettent en évidence l'existence de roches plus acides à la surface, plus basiques en profondeur [3], dans la composition desquelles entrent, à peu près exclusivement, l'oxygène pour une moitié, le silicium pour plus d'un quart et l'aluminium pour un dixième, puis, secondairement, le fer, le calcium, le magnésium et les alcalis.

Plus la roche est acide et superficielle, plus y abondent l'oxygène, le silicium, l'aluminium et les alcalis, les autres éléments tendant à être éliminés, mais le magnésium persistant longtemps après le calcium et le fer. En laissant donc de côté l'oxygène (emprunté, comme je l'ai dit,

---

1. *Traité des Sources thermo-minérales;* page 15.

2. C. R. Ac. Sc., 1901, notes diverses ; — cf. L. DE LAUNAY. *Notes sur la théorie des gîtes minéraux. La géologie du graphite.* (Ann. des Mines, janvier 1903).

3. En parlant ici de superficie et de profondeur, je n'entends nullement distinguer les roches d'épanchement des magmas grenus à structure granitique, qui peuvent, les uns et les autres, présenter toute la série des mêmes termes acides et basiques ; mais je fais seulement allusion à la profondeur plus ou moins grande des seuls magmas grenus, c'est-à-dire, suivant toute vraisemblance, des magmas cristallisés en moyenne à peu près dans leur zone d'origine. Quand on est tenté de donner trop d'extension générale aux résultats de la pétrographie, il ne faut, d'ailleurs, jamais oublier quelle zone extrêmement restreinte de la Terre ils concernent : 30 ou 40 kilomètres d'épaisseur maxima sur 6.400.

à l'atmosphère périphérique, dans la grande scorification, qui a constitué la première croûte terrestre, ou dans les refusions postérieures), on voit que les métaux de cette écorce doivent être, de haut en bas : d'abord le silicium, l'aluminium, le sodium, le potassium et le magnésium ; puis le calcium et le fer. Mais ce dernier métal, en raison de son extrême diffusion dans toutes les parties de l'écorce terrestre et de sa prédominance si vraisemblable à une certaine profondeur (prouvée par les ségrégations basiques, par la densité terrestre, par les météorites, par la composition solaire, etc.), doit être très probablement considéré ici comme un produit adventif, emprunté à une zone plus profonde.

Il est évident, en effet, que, dans un phénomène tel que celui auquel nous nous attaquons, un ordre de succession théorique n'a pu être strictement réalisé et le seul examen des tourbillons accusés par la chromosphère solaire montre bien que certains éléments, dominants dans une zone profonde, ont dû se trouver représentés également, d'une façon plus accidentelle, un peu plus haut.

A cette liste d'éléments essentiels constituant la scorie silicatée, il conviendrait d'ajouter également des éléments plus rares, mais ordinairement associés aux roches acides, tels que le baryum et le strontium des feldspaths, le lithium et le glucinium, le zirconium (si fréquent en inclusions microscopiques) et, peut-être même, hypothétiquement, l'étain, qui se sépare des autres métaux pour se rapprocher du silicium ou de l'aluminium par sa combinaison avec l'oxygène, comme par son gisement en veines directement dérivées des roches acides.

Enfin les roches acides de certaines zones, probablement profondes, telles que la Norvège, le Brésil ou les États-Unis, renferment, en abondance assez notable, les métaux, autrefois considérés comme rares, du groupe du thorium, cérium, lanthane, etc.

Quand nous essayons de franchir par la pensée cette zone de la scorie silicatée, qui est, en somme, la seule directement accessible à nos recherches minières, nous sommes forcés de faire une part plus grande à l'hypothèse. Nous ne connaissons, en effet, les milieux plus profonds que par certains de leurs produits montés accidentellement dans les parties plus hautes de l'écorce à la faveur de quelque grand mouvement de dislocation, soit directement à l'état de roche basique avec ségrégations métallifères, soit, plus indirectement, à l'état filonien. Et ce qui complique les choses, c'est que les divers produits ainsi obtenus et étudiables pour nous ont été formés, à des époques géologiques très différentes, alors que l'épaisseur même de l'écorce terrestre avait pu varier, par des bains ignés, qui ne provenaient peut-être pas du tout des parties centrales et encore fluides du globe (en admettant qu'il en subsiste), mais de certaines lentilles fluides (ou fluidifiées), emprisonnées entre des roches solides et subissant une seconde ou troisième fusion.

Néanmoins il apparaît aussitôt, par toutes les observations de la métallogénie, qu'il doit exister,.au-dessous de cette écorce silicatée, au moins trois groupes d'éléments chimiques, rapprochés les uns des autres, dans chaque groupe, par leur mode de gisements, aussi bien que par la profondeur originelle attribuable à ceux-ci et différents, pour la même raison, d'un groupe à l'autre.

Ce sont : 1° les métalloïdes, chlore, soufre, etc., dits minéralisateurs ; 2° les métaux des ségrégations basiques, fer, manganèse, nickel, chrome, etc. ; 3° les métaux des filons concrétionnés, zinc, plomb, argent, etc.

On peut aller plus loin et tenter de concevoir l'ordre de superposition initiale de ces trois groupes, mais sans se dissimuler les chances d'erreur inévitables dans un tel raisonnement.

C'est, d'abord, directement au-dessous des métaux constituant la scorie silicatée, que je placerais la série des métalloïdes minéralisateurs susceptibles de donner de la mobilité aux métaux profonds : à savoir le chlore, le soufre, le phosphore, le bore, le fluor.

Il est, en effet, bien manifeste que ces minéralisateurs ont joué un rôle essentiel dans la cristallisation de toutes les roches silicatées acides étudiées tout à l'heure, auxquelles ils ont été visiblement mélangés pendant leur fusion et à la périphérie desquelles ils semblent surtout s'être concentrés par volatilisation. Ainsi que je l'ai déjà fait remarquer plus haut[1], on trouve constamment leur trace dans ce genre de roches : minéraux chlorurés ou cristallisés par l'intervention du chlore et du fluor; minerais sulfurés si souvent rassemblés autour des magmas ignés les plus profonds dans leurs ségrégations basiques et si largement représentés aussi dans les départs des roches acides; phosphates et fluophosphates cristallisés en inclusions d'apatite ou associés aux gites stannifères des roches acides (wawellite, amblygonite)[2]; minéraux boratés (tourmaline, etc.). Toutes les fusions ou refusions de ces silicates, y compris celles qui alimentent le volcanisme contemporain, ont, sans cesse, été accompagnées très abondamment de ces métalloïdes et il ne me semble pas que ce soient toujours les mêmes métalloïdes, qui aient passé d'une roche à l'autre, par simple

1. Pages 608 et suiv.
2. Voir, à ce sujet, L. De Launay, *Sur le Rôle du phosphore comme minéralisateur* (C. R. Ac. Sc., fév. 1904.)

refusion, puisque le résultat de chaque éruption volcanique est d'en répandre des torrents dans l'atmosphère. Je croirais donc volontiers à une réserve profonde de ces éléments volatils, situés d'abord au-dessous des métaux, silicium, aluminium, etc., qui forment la scorie oxydée et s'étant plus ou moins mélangés avec eux pendant le brassage tourbillonnaire, qui a dû précéder et accompagner la scorification[1].

Avec le soufre, le chlore et le phosphore, éléments dominants, il est ogique de placer leurs homologues plus rares, tels que le sélénium et le tellure pour le soufre, le fluor, ou, exceptionnellement, le brome et l'iode, pour le chlore.

Plus bas encore, je placerais le groupe naturel parfaitement déterminé, des ségrégations basiques, dont les types les plus beaux se trouvent affleurer en Scandinavie et au Canada, ou, plus généralement, dans la zone boréale, la plus anciennement consolidée du Globe et dans la zone analogue plus voisine de l'Équateur (Brésil, etc.)

Ce genre de roches, passant à des minerais proprement dits, manifeste un appauvrissement en oxygène, silicium, aluminium et alcalis, qui les dénote aussitôt comme se rattachant à une formation plus profonde que les silicates acides et légers de la surface. La géologie montre, en outre, qu'elles se présentent uniquement dans les régions de l'écorce terrestre, où l'érosion paraît avoir enlevé les terrains superficiels sur la plus grande épaisseur. C'est donc par un résultat de l'observation et non par une hypothèse que nous assignons à ces ségrégations basiques une origine profonde.

Dans un chapitre précédent[2] j'ai indiqué les associations de métaux, qui paraissent avoir coexisté en profondeur dans ces magmas basiques et qui se sont seulement un peu séparés les uns des autres entre les diverses classes de gabbros, dans le phénomène de liquation ou de ségrégation.

D'une façon absolue, ce qui caractérise cette catégorie de minerais, c'est leur oxydation, que nous ne retrouverons plus tout à l'heure dans les métaux filoniens proprement dits ; mais c'est aussi le caractère incomplet de cette oxydation, qui marque immédiatement une différence avec les silicates précédents. Il est visible que, de l'atmosphère

---

1. En pétrographie, nous avons vu, page 542, que A. Michel Lévy avait été conduit à envisager toutes les roches comme résultant d'un mélange variable entre une scorie acide, à composition feldspathique (silice, alumine, alcalis et chaux) avec intervention des minéralisateurs, et un magma basique ferro-magnésien ferrugineux, que j'envisage ici comme plus profond.

2. Page 588. Cf. Ann. des Mines. janvier 1903 : *La Géologie du Titane* et, juillet 1903 : *L'origine et les caractères des minerais de fer scandinaves.* Voir également : *Contribution à l'étude des gisements métallifères* (Ann. des Mines, 1900.)

à la scorie acide, puis aux ségrégations basiques en question, la quantité d'oxygène diminue peu à peu. Nous commençons à pénétrer réellement, au-dessous de la scorie, dans le bain métallique interne. En même temps, le rôle des minéralisateurs est beaucoup plus restreint, bien qu'il ne soit pas nul, comme je l'ai montré précédemment et se traduise, en particulier, par la présence du soufre (pyrite, pyrrhotine), par celle du phosphore (phosphure de fer, apatite). Nous ne sommes plus en présence de ces minéralisateurs abondants, dont nous observions tout à l'heure la trace constante. C'est pourquoi il me paraît naturel d'attribuer à ces métaux des ségrégations basiques, une place originellement inférieure à celle des métalloïdes.

Le métal de beaucoup prédominant ici est le fer; avec lui, viennent des métaux qui sont très directement associés au fer et que rapprochent de lui beaucoup de leurs propriétés chimiques, tels que le chrome et le manganèse. Il faut ajouter le titane et le vanadium, que la chimie ne place pas ordinairement ici, mais qui, dans ces gisements, se trouvent constamment unis au fer : l'acide titanique arrive à former 14 p. 100 de certaines magnétites de Norvège et le vanadium, à un degré moindre, suit toujours le sort du titane[1]. On peut également noter, dans les mêmes ségrégations, la présence fréquente du cuivre, associé : soit avec le nickel dans les pyrrhotines ; soit avec la magnétite, à l'état de chalcopyrite.

Les caractères des gisements de nickel et de cuivre concordent pourtant, comme je l'ai dit à propos des gîtes de contact[2], pour faire de ces métaux des intermédiaires entre ceux qui dominent dans les ségrégations basiques et ceux dont nous allons nous occuper maintenant, qui forment surtout les filons. Le cuivre se partage entre ces deux catégories de gîtes, bien que ce ne soit pas (comme le fer, par exemple), un métal assez abondant pour être un peu partout disséminé. Il semblerait donc logique d'attribuer au cuivre et au nickel une place spéciale entre les métaux de ségrégation et ceux de filons.

Nous arrivons enfin à cette catégorie de métaux, en somme extrêmement rares à la superficie, ou même dans les quelques kilomètres d'épaisseur de l'écorce silicatée que nous pouvons atteindre par nos travaux et qui nous sont connus, presque exclusivement, par leurs gîtes filoniens : métaux, dont aucun n'entre pour 1 : 1.000.000e dans la consti-

---

1. Peut-être aussi conviendrait-il de placer ici le platine à cause de sa présence par traces dans les pyrrhotines nickélifères de Sudbury, au Canada, de Klefva en Suède et dans les péridotites de l'Oural ? D'autre part, le platine présente avec l'or des communautés fréquentes de gisement, qui posent, à son sujet, un problème encore à résoudre.

2. Page 592.

tution de l'écorce terrestre et dont le total n'en constitue certainement pas 1 : 100.000ᵉ.

Ces métaux, dont nous venons de voir un premier spécimen avec le cuivre, mais qui comportent surtout, par ordre d'abondance, le plomb, le zinc, l'argent, puis le mercure, le bismuth, le tungstène, l'or, l'uranium, etc., ont, presque tous, une assez forte densité et la seule considération de la densité terrestre moyenne, si supérieure à sa densité superficielle, pousserait à admettre qu'ils doivent, dans les parties profondes de la Terre, jouer un rôle de beaucoup supérieur à celui qui leur est attribué à la superficie[1].

Il faut ajouter que les circonstances, où nous les rencontrons, on peut le dire, à l'état de traces, paraissent être très exceptionnelles et semblent avoir uniquement pour résultat de nous faire connaître, à la faveur de circonstances particulières et sous forme d'échantillons, de spécimens, des substances qui seraient beaucoup plus abondantes là où nous ne pouvons pas pénétrer.

Dans un chapitre antérieur, j'ai essayé de montrer comment la présence de ces métaux, en plus ou moins grande quantité, dans les filons concrétionnés, où on les recueille, dépendait, pour une très forte part, des propriétés de leur sulfure ou parfois de leur chlorure, par conséquent de leur affinité pour le soufre ou le chlore et de la solubilité de leur sulfure dans un sulfure alcalin, accessoirement de leur allure en présence de l'acide carbonique et comment la communauté de certaines propriétés chimiques avait déterminé leurs associations minéralogiques, qu'elle permet de prévoir[2].

---

1. Je renvoie, pour cette question, à ce qui a été dit chapitre IV, page 95. On a, il est vrai, soutenu, comme je l'ai rappelé alors, que la densité interne plus élevée pouvait simplement tenir à une condensation des éléments superficiels résultant de la pression. C'est oublier qu'au centre l'attraction de la pesanteur est réduite à zéro. En réalité, nous ne savons à peu près rien sur les états chimiques et physiques que peut prendre la matière au centre de la Terre. Pouvons-nous même affirmer que, dans ces conditions très spéciales, une portion de l'énergie interne employée à condenser les atomes n'est pas susceptible de se transformer en énergie externe calorifique ou lumineuse, que la masse de la matière ne peut pas se muer en phlogistique, comme le supposaient les alchimistes? Dans cet ordre d'idées, qui semblait abandonné depuis Lavoisier, des phénomènes, comme ceux des substances radioactives, autorisent toutes les hypothèses. Le passage de la matière à la force n'est peut-être pas un rêve. Le poids des éléments soumis à des réactions ne reste peut-être pas le même, en dehors des conditions très restreintes, auxquelles on s'était borné jusqu'ici, etc., etc. Mieux vaut donc, sans faire intervenir des considérations encore aussi problématiques, nous en tenir aux faits géologiques, qui prouvent un apport profond de certains métaux, empruntés à une zone, qui, en chiffres absolus, peut être encore très superficielle, tout en étant inférieure à celle de nos silicates. — 2. Page 612. — Cf. *Formation des gîtes métallifères*, passim. Cette cristallisation s'est faite, en milieu réducteur, à l'abri de l'oxygène atmosphérique : oxygène, qui, dans tous les filons de zinc, plomb, argent, antimoine, etc., où on le rencontre

La cristallisation de ces métaux dans leurs filons est donc, à proprement parler, déjà, — au sens du moins où nous pouvons l'entendre ici — un phénomène secondaire; ces métaux ne sont pas, dans ces filons, à leur place originelle; ils y ont été apportés de bas en haut, à la faveur d'une combinaison avec le soufre, le chlore (ou autres éléments analogues), qui leur a prêté de la mobilité; ils viennent de plus bas et, puisque nous ne les trouvons pour ainsi dire pas dans les ségrégations basiques, puisqu'ils n'ont pas été compris dans les oxydations ou dans les liquations, qui ont formé celles-ci, nous sommes conduits à supposer que l'origine première de leur montée filonienne peut être au-dessous du milieu, essentiellement ferrugineux, qui a produit ces ségrégations basiques.

Ils doivent venir de plus profondément, et cependant, quoiqu'il semble y avoir au premier abord contradiction, c'est, en moyenne, plus haut que nous les rencontrons sous la forme filonienne et que nous les exploitons, en général, pratiquement; les filons métallifères, c'est-à-dire les fentes de l'écorce, où ont cristallisé les métaux en question, me semblent, en principe, appartenir à une zone de cette écorce plus haute que les ségrégations; au niveau des ségrégations, on trouve parfois les mêmes métaux, mais pas à l'état filonien, pas en concentrations aussi localisées. C'est surtout, je crois, le caractère des vides à remplir, qui ne s'est pas prêté, dans ce niveau inférieur, à la forme filonienne; c'est peut-être aussi un peu que les ségrégations proprement dites et les filons métallifères ont, dans un mouvement général du sol, occupé deux aires horizontales différentes : l'une sur les plissements, l'autre sur les dislocations.

Dans les deux cas, il a pu y avoir communication accidentelle entre

---

a, comme je l'ai montré, été uniquement introduit par un remaniement secondaire. Elle s'est donc faite uniquement à une certaine profondeur; ainsi que je l'ai dit plus haut (pages 339 et 623), les filons métallifères, à l'origine, n'ont pas dû être cristallisés jusqu'au jour et, en effet, le volcanisme superficiel ne renferme pour ainsi dire pas trace de minerais, non plus que les eaux thermales épanchées hors des griffons, quand celles-ci ne se sont pas trouvées en contact avec d'anciens métaux. qu'elles ont dissous. D'autre part, plus on s'enfonce dans un champ de filons, plus il paraît se simplifier et se réduire à quelques grandes fractures. Peut-être, à de grandes profondeurs, le phénomène filonien se réduit-il à quelques très importants accidents, dont dériveraient plus haut tous les autres.

Je ne parle, naturellement, pas ici des gîtes métallifères attribuables à des remises en mouvement plus ou moins accentuées, qui arrivent, notamment, à former des gîtes sédimentaires; je laisse également de côté, dans cet exposé rapide, les très minimes inclusions métalliques, que peuvent contenir les roches silicatées et auxquelles on a voulu parfois attribuer la formation des filons « per descensum ». Enfin je sépare entièrement, des autres métaux proprement dits restant à étudier, l'étain, qui, dans tous les gisements connus jusqu'ici, se comporte, à la façon du silicium ou de l'aluminium, comme un métal oxydé à toutes profondeurs et, par conséquent, confiné dans cette croûte silicatée acide.

la zone des métalloïdes et celle des métaux proprement dits et, par conséquent, formation de minerais par réactions sulfurées, ou peut-être chlorurées ; mais ces métaux ne se sont pas répartis de même et le rôle des minéralisateurs a été moins actif à ce niveau inférieur des ségrégations basiques, qu'au voisinage du niveau plus élevé, où ces minéralisateurs eux-mêmes dominaient.

Comme je l'ai déjà fait remarquer dans un autre chapitre, dont je me contenterai ici de résumer les arguments[1], le phénomène métallifère filonien présente, lorsqu'on cherche à l'analyser un peu sans se contenter des phrases vagues habituelles, de singulières difficultés. Pourquoi, en tel point, sur telle fracture et à tel moment, ces bouffées de sulfure de plomb, tandis qu'un peu plus loin pouvait se produire, sur la même cassure, du sulfure de fer, et qu'un peu plus tard (comme en témoignent les filons concrétionnés) on avait, successivement, au point d'abord considéré, d'autres bouffées de sulfure de zinc, puis de sulfure de cuivre, puis encore de sulfure de plomb, etc...? On a vite fait d'invoquer les fumerolles de quelque roche éruptive. Mais ce milieu rocheux producteur de fumerolles, ce ne sont pas les roches que nous voyons à la surface ; car, si quelques-unes peuvent contenir, à l'état résiduel, des traces des métaux les plus communs et les plus disséminés, comme le cuivre, le zinc ou même le plomb, on n'a pas, par exemple, à Almaden, une roche capable de fournir les 175.000 tonnes de mercure qu'on en a déjà extraites (sans compter tout ce qui reste encore), ou, dans les gneiss de Freiberg, de quoi alimenter les 1.900 filons de plomb, argent, zinc, fer, cobalt, nickel, uranium, bismuth, cuivre, etc., qu'on y exploite depuis trois cents ans[3]. L'intensité du phénomène filonien métallifère en quelques régions de prédilection, comme le Mexique ou l'Ouest Américain, la façon dont les remplissages métallifères semblent s'y être reproduits parfois (Saxe, etc.), à une série d'époques géologiques successives très différentes, la localisation même, en de semblables régions, des métaux dominants, qui varient tellement d'un point à l'autre, d'un filon au voisin, dans les mêmes roches encaissantes, forcent absolument, malgré toutes les répugnances qu'on peut éprouver à invoquer des causes inaccessibles et mystérieuses, à admettre, pour ces bouffées métallifères, une cause profonde, infragranitique, une communication accidentelle établie, à certaines époques de grandes dislocations, entre cette cause profonde et la portion de l'écorce, qui, aujourd'hui, affleure à la superficie et qui

1. Page 531.

2. Voir, page 601, la figure 46, qui met en évidence la concentration de ces innombrables filons métallisés dans une région restreinte.

était alors enfouie sous d'autres roches, enlevées par les érosions.

Il faut qu'il ait existé, au moment où ces filons se sont remplis, un milieu métallique interne, mis en contact accidentellement avec les métalloïdes, tels que le chlore et le soufre : milieu, dans lequel les métaux n'étaient pas, en moyenne, mélangés tous ensemble, mais où l'un ou l'autre dominaient suivant les points, peut-être suivant la profondeur.

Quant à établir un ordre de superposition primitive dans ces métaux, que nous n'atteignons qu'à la suite de leur transport par un phénomène chimique indirect, c'est évidemment impossible ; cependant il est assez frappant que leur rareté soit, en dehors de la remarque faite plus haut sur le rôle de leurs affinités chimiques, parfois à peu près en raison inverse de leur densité, comme si les plus denses avaient eu moins de chances d'être minéralisés et emportés au jour, comme s'ils s'étaient trouvés d'abord plus profondément[1].

C'est donc uniquement aux calculs et aux remarques faits plus loin, dans la seconde partie de ce travail, sur la proportion relative de ces métaux, que nous pouvons recourir pour imaginer, d'une façon extrêmement problématique, cette superposition.

Il résulte de ces calculs que l'abondance relative de ces divers éléments métalliques permet de les classer en un certain nombre de groupes :

1° Plomb, zinc et cuivre (ce dernier plus rare); 2° antimoine, molybdène, cadmium, argent; 3° mercure, bismuth, tungstène, platine et or; 4° uranium et radium.

Enfin, plus bas encore dans l'écorce terrestre, nous entrons totalement dans l'inconnu et ne pouvons même soupçonner quels éléments existent. Mais il paraît vraisemblable que même nos métaux filoniens, tout en ayant une origine relativement profonde, sont très loin cependant de provenir des parties centrales, qui, depuis l'origine de la géologie, n'ont pu avoir aucune relation avec la superficie. Nous pouvons donc, en ce qui les concerne, donner libre cours à notre imagination et supposer qu'il existe là des métaux inconnus, peut-être ceux auxquels appartiennent les raies non identifiées du spectre solaire, peut-être d'autres encore, que nous ne soupçonnerons jamais[2].

---

1. Il ne s'agit là, bien entendu, que d'une remarque assez vague, à défaut d'un meilleur moyen d'appréciation; car, dans la proportion superficielle de ces métaux, doit également intervenir, comme pour les corps précédents, leur proportion profonde, que nous ignorons.

2. Les pressions intenses, que nous pouvons imaginer dans les zones profondes d'une sphère fluide (sinon dans ses parties centrales), sont évidemment propres à créer des états de la matière que nous sommes impuissants à imaginer.

En résumé, de cette étude, qui a été jusqu'ici purement géologique, ressort, avec quelque vraisemblance, l'ordre de superposition suivant pour les principaux éléments chimiques qui constituent l'écorce terrestre [1] :

1° Hydrogène, hélium. — *Atmosphère primitive et périphérique;*

2° Oxygène, azote (argon, néon)[2], carbone. — *Atmosphère;*

3° Silicium, aluminium, sodium, potassium (lithium, glucinium), magnésium, calcium (baryum, strontium). — *Écorce silicatée;*

4° Chlore, soufre, phosphore, (bore, fluor). — *Minéralisateurs;*

5° Fer, manganèse, chrome, titane, vanadium. — *Ségrégations basiques de profondeur;*

6° Nickel, cobalt, cuivre. — *Gîtes de départ immédiat et gîtes filoniens reliés aux ségrégations basiques;*

7° Zinc et plomb; argent; étain, molybdène, bismuth, tungstène et or; mercure, uranium et radium. — *Gîtes filoniens.*

Considérons maintenant une liste des éléments chimiques, classés d'après l'ordre de leurs poids atomiques et voyons si, entre la liste géologique précédente et cette liste chimique, il existe bien la relation annoncée au début de ce chapitre. Dans l'ensemble, cette relation apparaît aussitôt; car on a, par ordre de poids atomiques, la série suivante [3] :

1° Hydrogène (1), hélium (4);

2° Carbone (12), azote (14), oxygène (16);

3° Sodium (23), magnésium (24), aluminium (27), silicium (28);

4° Phosphore (31), soufre (32), chlore (35);

5° Titane (48), vanadium (51), chrome (52), manganèse (56), fer (56);

6° Nickel et cobalt (59), cuivre (64);

7° Zinc (65), molybdène (96), argent (108), étain (118), tungstène (184), or (197), mercure (200), plomb (207), bismuth (208), radium (225), uranium (239).

Mais il existe des anomalies diverses, en sorte que la comparaison à établir entre les deux listes demande une courte explication. C'est ce que nous allons faire en parcourant la série complète des éléments classés par ordre de poids atomiques.

---

1. Je n'ai pas besoin de dire que cette classification est purement géologique et non chimique. On trouvera, dans le *Traité de chimie* de MOISSAN et dans la Revue générale de chimie (21 février et 6 mars 1904), un important travail de ce savant sur la classification chimique des corps simples.

2. Je mets entre parenthèses les éléments tout à fait accessoires.

3. Les nombres, mis ici entre parenthèses, sont les poids atomiques, aux décimales près.

Le premier élément, que nous trouvons sur la liste, est l'hydrogène(1), qui vient également en tête de notre liste géologique.

Cet hydrogène, qui apparaît ainsi comme le corps à la fois le plus excentrique et le plus léger du globe terrestre, ce n'est pas, rappelons-le, celui qui, actuellement, peut se présenter en traces à l'état libre dans l'air et qui, suivant M. A. Gautier. résulterait d'une émanation terrestre constante, causée par la dissociation profonde de l'eau dans les roches; c'est celui qui a dû exister primitivement avant de s'unir à l'oxygène pour former l'eau des mers et qui alors a dû former à peu près 11 p. 100 de l'atmosphère; c'est celui des hautes zones atmosphériques; c'est aussi l'équivalent de celui que nous retrouvons, par l'analyse spectrale, dans les protubérances de la chromosphère solaire et dans l'incandescence des étoiles.

Immédiatement après l'hydrogène, vient l'hélium (4), qui a été, en effet, découvert à la périphérie du Soleil, où il accompagne constamment l'hydrogène.

Dans l'écorce terrestre, cet élément léger de la lumière solaire apparaît aujourd'hui beaucoup plus fréquent qu'on ne le croyait d'abord[1]. Il a été signalé d'abord dans un minerai d'uranium, la clévéite. Puis on l'a trouvé dans un certain nombre de minerais d'yttrium, de thorium, de zirconium, et on s'est aperçu qu'il pouvait être produit par la désintégration du radium, venant lui-même de l'uranium et du thorium. Le grisou en renferme des proportions notables. Aujourd'hui, MM. Moureu et Lepage reconnaissent sa présence en quantités anormales dans un grand nombre de sources thermales, qui semblent écouler continûment des réserves anciennes de cette substance. Sa grande légèreté ne peut manquer de le faire disparaître avec l'hydrogène, dans les parties les plus hautes et les plus ténues de l'atmosphère.

Je passe ensuite le lithium (7), au sujet duquel j'aurai quelques mots à dire tout à l'heure, et nous arrivons maintenant au deuxième groupe des éléments atmosphériques : carbone (12), azote (14), oxygène (16), néon (20), auxquels s'associent, dans la série chimique, deux métalloïdes, que, géologiquement, nous avons préféré placer plus bas, mais qui se trouvent pourtant déjà en quantités notables dans l'air ou dans la mer : bore (11), fluor (19). Inversement, le seul élément, qui nous manque, est un corps nouveau, l'argon (39,9), dont le poids atomique est presque exactement le double de celui du néon.

Puis se présente, avec une netteté toute particulière, notre troisième

1. Voir *Gîtes minéraux et métallifères*, t. I, p. 292, sur l'hélium.

groupe géologique, celui de la scorie silicatée : sodium (23), magnésium (24), aluminium (27), silicium (28).

Ici aucun élément hétérogène n'intervient dans la liste chimique ; par contre, il nous manque : à côté du sodium, les autres métaux alcalins : le potassium (39) et le lithium (7) ; à côté du magnésium, le calcium (40), le strontium (88) et le baryum (138). Mais nous pouvons être tentés de faire intervenir, à ce propos, une hypothèse, qui a déjà été formulée depuis longtemps en chimie et qui se trouverait expliquer la plupart des anomalies de notre loi : c'est celle, qui tend à considérer les métaux d'un même groupe chimique comme reliés les uns aux autres par une relation assimilable à celle de la polymérisation[1].

Il existe, entre les poids atomiques des éléments analogues, des relations numériques, des récurrences par séries, qui ont été autrefois indiquées par de Chancourtois et Mendéléeff. Ces relations sont précisément d'une rigueur spéciale pour le groupe alcalin :

$$\text{Sodium } (23,03) = \text{Lithium } (7,03) + 16 = \text{Potassium } (39,15) - 16$$

et, pour un autre groupe qui nous offrira tout à l'heure une anomalie, nous avons de même :

$$\text{Selenium } (79,1) = \text{Soufre } (32,06) + 47,04 = \text{Tellure } (127) - 47,9$$

Ces relations, qui n'ont jamais été formulées en une loi bien nette et qui perdent, il faut le reconnaître, de leur rigueur apparente, quand on détermine plus exactement les poids atomiques, semblent néanmoins suffisantes pour laisser entrevoir, entre certains corps simples, en apparence distincts, un lien intime et quand, dans notre série chimique, nous trouvons, à sa place normale, un seul élément d'un de ces groupes, généralement le principal, comme le sodium tout à l'heure et bientôt le chlore, ou le soufre, au lieu des groupes complets (sodium, potassium et lithium ; chlore et fluor ; soufre, sélénium et tellure), on peut se demander si cela ne tient pas à ce que ces deux ou trois éléments d'un même groupe sont, en réalité, les représentants diversement condensés (ou même combinés) d'un seul corps véritablement simple.

Après le groupe de la scorie silicatée vient, également bien caractéristique, notre quatrième groupe des minéralisateurs : phosphore (31), soufre (32), chlore (35). Le fluor reprendrait ici sa place normale, si l'on était autorisé à doubler son équivalent ; le bore également, si on le triplait. Mais il est inutile de faire intervenir ce genre d'hypothèses

---

1. M. BERTHELOT a fait remarquer qu'en raison de la loi de DULONG et PETIT, il ne saurait y avoir polymérisation au sens de la chimie organique ; mais la relation, suivant lui, peut être différente.

pour remarquer l'homogénéité de ce groupe ; le soufre et le chlore sont les deux éléments essentiels, grâce auxquels ont cristallisé presque tous les minerais métallifères et le phosphore, auquel on attribue moins habituellement un tel rôle, parce qu'il a donné des sels oxydés même en profondeur, intervient néanmoins d'une façon très constante dans les cristallisations des roches.

Plus loin, nous arrivons aux éléments essentiels de toutes les ségrégations basiques, à la série des métaux, qui, par une oxydation incomplète, se sont liquatés dans les roches les plus profondes. Là encore, le groupe est très remarquablement conforme à celui que nous avons obtenu directement par la géologie : titane (48), vanadium (51), chrome (52), manganèse (55), fer (56), nickel et cobalt (59), cuivre (64).

Il est à noter que nous trouvons là, bien à leur rang, même ces éléments relativement rares, le titane et le vanadium, dont la place géologique est, en effet, dans le groupe du fer. Le platine seul, si c'est bien là sa place réelle, manquerait dans cet ensemble.

Le groupe des sulfures métallifères, qui constituent les filons concrétionnés, vient ensuite avec toute la série des métaux fondamentaux, rangés, pour la plupart, dans l'ordre prévu. Le plomb (207) s'y trouve pourtant relégué par son poids atomique à une place tout à fait anormale ; mais, ici, il faut bien remarquer que, dès que nous arrivons au phénomène filonien, quelque chose de tout à fait indépendant de la densité atomique et de la répartition primitive commence à intervenir, puisque le phénomène filonien a précisément consisté dans un déplacement, dans un apport vers la périphérie de métaux, qui ont pu être empruntés à des couches très inégalement profondes par l'action des mêmes minéralisateurs et qui ne se trouvent associés dans leurs gisements que par une communauté de propriétés chimiques, jusqu'à un certain point indépendante de la densité de leurs atomes. Malgré cela, il est curieux de remarquer combien la classification empirique, établie plus haut en nous basant sur l'abondance plus ou moins grande des métaux (impliquant plus ou moins de facilités pour venir à la surface, c'est-à-dire une profondeur initiale plus ou moins grande) concorde à peu près avec l'ordre de grandeur des poids atomiques. On a, en effet, successivement : cuivre (64) et zinc (65) ; argent (108) ; étain (118) ; tungstène (184) ; bismuth (208) et or (197) ; mercure (200) ; uranium (239) et radium (225).

Il est notamment intéressant de trouver, tout au bout de la liste, comme le métal terrestre auquel nous pouvons attribuer l'origine la plus profonde, l'uranium, avec lequel sont, on le sait, associés et d'où dérivent les métaux radioactifs. On pourrait alors, avec un peu de hardiesse, se demander si ces métaux ne nous apporteraient pas un témoignage accidentel des états spéciaux que peut prendre la matière dans les parties centrales, particulièrement chaudes et comprimées, de notre planète, où l'énergie lumineuse et calorifique se serait alors associée d'une façon instable à l'énergie intra-moléculaire, pour s'en dégager peu à peu en revenant à un équilibre plus normal.

II. — Proportion relative des éléments chimiques dans les parties superficielles de la Terre.

Jusqu'ici, nous nous sommes bornés à envisager la place occupée, dans la structure primitive de la Terre, par les divers éléments chimiques, et c'est seulement en passant que nous avons parfois indiqué la proportion relative de ces corps. C'est, au contraire, cette proportion, qui va nous occuper seule maintenant. A diverses reprises, on a tenté, dans ces dernières années, d'évaluer en chiffres la composition chimique terrestre, pour déterminer ainsi quelle part y prend chacun des éléments énumérés tout à l'heure (du moins en ce qui concerne l'écorce superficielle de la Terre) et les très nombreuses analyses de roches cristallines exécutées récemment ont permis d'atteindre, dans cet ordre d'idées, une approximation de plus en plus grande. Parmi les travaux de ce genre, qui vont me servir de guides, je citerai surtout ceux de MM. Clarke et Hillebrand aux États-Unis, où des centaines d'analyses pétrographiques ont été rassemblées et commentées et celui de M. Johann Vogt en Norvège, qui est spécialement consacré aux éléments rares métalliques [1].

La zone terrestre, qui est accessible à nos investigations directes, ou pour laquelle il paraît licite de prolonger sans modification appréciable des résultats constatés ailleurs, comprend trois parties distinctes : l'atmosphère, les mers et la croûte silicatée, avec ce qu'on peut trouver accidentellement, dans cette dernière, de ségrégations basiques, ou de minerais filoniens, empruntés à des zones sans doute inférieures.

Ces trois parties interviennent respectivement dans la proportion suivante [2] :

1. W. CLARKE. *The relative abundance of the chemical elements* (Bull. of the Philosoph. Soc., Washington, t. II, 1889 ; Bull. of the U. S. geol. Survey, n° 78. p. 35 à 43, 1891 et n° 148, 1897). — VOGT : *Ueber die relative Verbreitung der Elemente*, etc. (Zeits. f. prakt. Geol., juillet 1898).

2. Voir DE LAPPARENT. *Géologie*, 4ᵉ édit., pages 57 et 60. D'après ce dernier, l'altitude moyenne des terres émergées est de 700 mètres et leur volume de cent millions de kilomètres cubes ; la profondeur moyenne des mers de 4.000 mètres et leur volume de 1.500 millions de kilomètres cubes. H. WAGNER en 1895 (*Areal und mittlere Erhebung der Landflächen*) admettait seulement 1.280 millions. Le calcul de

DIVERSES PARTIES DE L'ENVELOPPE TERRESTRE	POIDS ABSOLU en millions de milliards de tonnes.	PROPORTION relative.
Croûte terrestre, jusqu'à 16 kilomètres au-dessous du niveau de la mer (limite conventionnelle) = 6.800 millions de kilomètres cubes, à une densité moyenne de 2,7.	18.360	92, 21
Eau de mer (21.500 millions de kilomètres cubes à une densité moyenne de 1,03).	1.545	7, 76
Atmosphère.	5, 3	0, 03
	19.910, 3	100, 00

De ces trois parties, deux sont connues chimiquement avec une approximation très grande : l'eau de mer et l'atmosphère. Malgré toutes les divergences locales que l'on rencontre, la composition de l'air et des océans varie entre de faibles limites pour des conditions déterminées ; la loi de ces variations elle-même paraît bien connue, soit qu'on s'élève dans l'air, soit qu'on s'enfonce dans la mer et il est aisé d'obtenir une analyse moyenne. La question de l'écorce terrestre est, au contraire, beaucoup plus délicate et, même en se bornant à la portion directement accessible, soit par des érosions superficielles, soit par des travaux de mines profonds, on rencontre, pour établir des chiffres moyens, diverses difficultés, que nous allons, avant tout, examiner. Si l'on suppose cette analyse moyenne obtenue avec une précision complète, il faut encore remarquer qu'elle s'applique seulement à une zone très peu épaisse et comprenant, presque uniquement, les parties surélevées au-dessus du niveau de la mer. M. W. Clarke a néanmoins cru pouvoir admettre que, jusqu'à 16 kilomètres de profondeur au-dessous de la mer, les variations restaient du même ordre que dans cette partie superficielle, et qu'on demeurait par suite en droit d'appliquer la même analyse moyenne. Quand même l'hypothèse ne serait pas tout à fait exacte, son degré d'approximation doit être comparable à celui que nous pouvons espérer atteindre de toutes façons ; nous adopterons donc cette hypothèse accessoire, qui nous permettra de conserver quelques calculs antérieurs.

La difficulté, à laquelle je viens de faire allusion, pour obtenir une analyse moyenne de l'écorce terrestre, apparaît dès le premier examen et semble même, d'abord, plus grave et plus rédhibitoire qu'elle n'est en

MM. CLARKE et VOGT a été fondé sur le chiffre de 1.268. Ce volume des mers, réparti sur la superficie totale de la Terre supposée nivelée (510 millions de kilomètres carrés), correspond à une épaisseur d'eau moyenne de 2.500 à 3.000 mètres.

réalité. Il saute aux yeux que cette écorce manque absolument d'homogénéité ; elle présente, dans un ordre confus et en quantités encore très mal déterminées, même en plan horizontal sur les affleurements superficiels, à plus forte raison en section verticale, des roches et terrains appartenant aux types les plus divers, que la pétrographie s'applique encore à démêler. On peut, dès lors, se demander si l'idée même de chercher une moyenne pour un ensemble aussi complexe et aussi hétérogène n'est pas tout à fait illusoire. Quelques remarques préliminaires permettent cependant de simplifier le problème et nous conduisent à une solution, dont l'exactitude approximative est prouvée par la concordance des résultats obtenus au moyen d'analyses tout à fait différentes.

La première de ces remarques, qui pourra surprendre d'abord, est que, dans une analyse moyenne de l'écorce terrestre, surtout si on l'étend jusqu'à 16 kilomètres de profondeur, on est en droit de négliger les sédiments pour se borner aux roches cristallines et cristallophylliennes.

Cela semble en contradiction avec l'importance apparente de ces sédiments sur nos cartes géologiques, dans nos explorations, nos travaux de mines et nos tranchées. Mais on peut d'abord remarquer que cette importance est toute superficielle ; si nos cartes géologiques représentaient une section terrestre faite au niveau de la mer, en supprimant par conséquent les entassements très locaux de sédiments surélevés, qui forment nos chaînes montagneuses [1], les terrains sédimentaires n'y occuperaient plus qu'une place restreinte ; ils disparaîtraient, sans doute, complètement à 3 ou 4 kilomètres plus bas. En général, les sédiments, qui constituent, sur l'écorce cristalline, une sorte de manteau détritique laissé par le passage des mers, y sont peu épais, sauf en des points tout à fait accidentels, où quelque lambeau sédimentaire se sera trouvé pincé et emprisonné dans une dislocation profonde. Lorsque l'un d'eux prend un développement exceptionnel, une sorte de compensation entraîne souvent la diminution des autres au même point. Les zones géosynclinales favorables aux accumulations de sédiments n'occupent à la superficie qu'une étendue restreinte et, là même, la sédimentation a été fréquemment interrompue. Trois kilomètres de sédiments superposés (en dehors des zones disloquées montagneuses) constituent donc presque un maximum assez rarement atteint [2].

1. Le calcul montre que tout le relief du sol au-dessus des mers représente à peine 100 millions de kilomètres cubes, dont peut-être 50 pour les chaînes montagneuses, tandis que l'écorce terrestre, sur les 16 kilomètres d'épaisseur considérés, en comprend 6.800.

2. Le cas de Paris est certainement un des plus défavorables que l'on puisse choisir pour vérifier cette observation, puisque la série sédimentaire, régulièrement super-

Mais, quand même la part relative de ces sédiments serait beaucoup plus grande, on aurait encore le droit de les négliger, en se fondant sur leur origine, qui est exclusivemment due à la destruction et au remaniement des roches cristallines et cristallophylliennes.

Puisque les matériaux des sédiments sont les mêmes que ceux des roches et n'en diffèrent que par leur groupement, l'analyse moyenne des uns doit être la même que celle des autres ; seuls, quelques principes particulièrement solubles, tels que les alcalis, ont pu, lors des érosions qui ont détruit les roches, aller se perdre dans la mer et (sauf dans quelques gisements de concentration saline) manquent dans les sédiments. Mais tous les autres se retrouvent sous les trois formes essentielles d'argiles, sables quartzeux et calcaires.

Pour ces derniers, cependant, l'observation vulgaire semble contredire cette affirmation ; à voir les régions de la France centrale, qui nous sont surtout familières, on croirait l'abondance de la chaux dans nos sédiments beaucoup plus grande que dans nos roches. En réalité, il n'y a là qu'un accident local dans la composition des sédiments, qui, ailleurs, par compensation, seront exclusivement argileux ou sableux et, du reste, la proportion de la chaux dans les roches cristallines est beaucoup plus grande qu'on ne le supposerait à leur aspect. Ainsi que nous allons le voir tout à l'heure, la composition moyenne des roches cristallines donnerait, transformée en sédiments (avec carbonatation du silicate de calcium), 8 p. 100 de calcaire, 37 p. 100 d'argile et 43 p. 100 de silice : soit, pour 1 de calcaire, à peu près 4,5 d'argile et 5,5 de sable siliceux. Cette proportion théorique ne présente rien de contraire à ce que l'on peut observer dans les sédiments[1].

posée, y monte jusqu'au tertiaire. Il est pourtant bien probable qu'on ne percerait pas 2.000 mètres de sondage à Paris sans atteindre le soubassement primaire analogue à celui de la Bretagne, où l'on pourrait tomber directement sur le granite et, sinon, sur quelque synclinal silurien, qui lui-même n'aurait sans doute pas plus de 1.000 mètres d'épaisseur ; 3 ou 4.000 mètres de sondage conduiraient à peu près certainement au granite. En effet, la nappe aquifère des sables verts (albien, 35), qui affleure de la Nièvre aux Ardennes, a été atteinte à Grenelle à 548 mètres de profondeur, à la Butte-aux-Cailles à 571 mètres, à la Chapelle à 718 mètres. On peut admettre qu'elle se trouve environ à 530 mètres au-dessous du niveau de la mer. En comptant 800 à 1.000 mètres pour le Jurassique, on est peut-être au-dessus de la vérité ; puis il est probable qu'on arriverait directement au primaire ou au primitif.

En ajoutant toutes les épaisseurs maxima de sédiments, que l'on peut trouver en divers points, on arrive à un total de 40 à 50 kilomètres ; mais ce chiffre n'a évidemment aucun rapport avec la réalité pratique en un point déterminé.

1. D'après un calcul de M. MELLARD READE (*Chemical denudation in its relation to geological time*), qui me paraît aboutir à un résultat très exagéré, les terrains calcaires représenteraient une épaisseur moyenne de 176 mètres sur toute l'étendue de la terre. M. CLARKE a cru devoir ajouter la proportion d'acide carbonique correspondant à ce chiffre (0,44 p. 100 pour l'épaisseur de 16 kilomètres) aux 0,37 p. 100 résultant de l'analyse des roches cristallines et a obtenu ainsi une proportion de 0,81. Ce chiffre est, sans doute, trop fort ; car c'est admettre implicitement que le

Laissant donc de côté les terrains sédimentaires, il ne nous reste plus qu'à obtenir une analyse moyenne des roches cristallines. Un tel calcul, pour être rigoureux, nécessiterait : 1° la détermination de la place occupée par chaque groupe important de roches (granite, diorite, etc.), c'est-à-dire l'évaluation de sa répartition en plan et en coupe verticale ; 2° l'analyse moyenne de chacune de ces roches. Il est certain qu'en prenant, comme nous allons le faire nécessairement, des analyses toutes relatives à la superficie, on doit commettre une erreur systématique, ayant pour effet d'attribuer à l'écorce une acidité trop grande. Toutes les observations géologiques prouvent, en effet, ainsi que nous l'avons admis dans la première partie de cette étude, que la basicité de l'écorce terrestre va en s'accroissant à mesure qu'on s'y enfonce, avec disparition progressive de l'oxygène, du silicium, de l'aluminium et des alcalis, caractéristiques des roches acides, et augmentation du magnésium, du calcium, du fer, propres aux roches basiques. Cependant M. Clarke, dont le travail est soigneusement établi, s'est borné à prendre un lot d'environ 1.500 analyses de roches, choisies à peu près au hasard en ce qui concerne le choix des types et discutées seulement en tant qu'exactitude opératoire, et c'est au moyen de ces 1.500 analyses qu'il a calculé son analyse moyenne.

Ce qui tend à justifier son procédé pour les éléments un peu abondants, c'est qu'avec ces 1.500 analyses il a obtenu, en 1897, presque exactement le même résultat qu'en en prenant seulement un premier lot de 880 dans une première tentative faite en 1891, et que, lors de cette première tentative, sept ou huit groupes de 60 analyses régionales quelconques lui avaient donné des chiffres presque identiques. L'hypothèse d'une homogénéité moyenne dans la composition de la croûte terrestre paraît donc conduire à une approximation convenable, d'autant plus rationnelle qu'en résumé presque toutes les analyses comportent les sept ou huit mêmes éléments dans des proportions assez analogues ; ce sont les résultats de son calcul, que je vais reproduire, pour les éléments essentiels.

Pour les éléments rares ne dépassant pas 1 p. 100 et très variables d'un point à l'autre, la méthode, au contraire, n'est plus applicable et nous serons obligés tout à l'heure de raisonner autrement.

carbone des calcaires vient exclusivement de l'atmosphère et non, primitivement, des roches cristallines : alors que celles-ci, pour 3,5 de chaux, renferment 0,37 de carbone, ou environ 1 p. 100 d'acide carbonique correspondant à 1,20 de chaux. 176 mètres de calcaire doivent, en ce qui concerne la chaux, correspondre à 2.200 mètres de sédiments quelconques, d'après la proportion de 8 p. 100, soit, sur les zones continentales qui occupent seulement les trois dixièmes de la superficie, 7.300 mètres : chiffre que, d'après les remarques précédentes, je réduirais au tiers. Le carbone des carbonates vient en partie des roches, en partie de l'atmosphère.

D'après les calculs de M. Clarke, modifiés seulement sur deux ou trois points accessoires, on a, aux secondes décimales près, qui sont évidemment sans valeur, pour la composition moyenne des roches :

Silice	59,80
Alumine	15,40
Sesquioxyde de fer	2,70
Protoxyde de fer (correspondant à 3,80 de sesqui-oxyde)	3,40
Chaux (correspondant à 8,55 de carbonate)	4,80
Magnésie	4,40
Soude	3,60
Potasse	2,80
Eau (dont 0,40 persistant au-dessus de 110°)	1,50
Oxyde de titane	0,50
Acide phosphorique	0,20
	99,10

Ou, en éléments chimiques, par ordre d'importance :

Oxygène	47,10
Silicium	27,90
Aluminium	8,10
Fer	4,70
Calcium	3,50
Sodium	2,70
Magnésium	2,60
Potassium	2,40
Titane	0,30
Hydrogène	0,20
Chlore	0,17
Carbone	0,10
Phosphore	0,10
Manganèse	0,07
Soufre	0,06
Baryum	0,03
Fluor	0,03
Azote	0,02
Chrome	0,01
Zirconium	0,01
Nickel	0,005
Strontium	0,005
Lithium	0.005
	99,93

99,00

Un premier résultat ressort de ces chiffres, c'est que l'oxygène, comme je l'ai déjà annoncé, forme environ la moitié de l'écorce terrestre : résultat encore plus exact quand on tient compte de l'atmosphère et des mers ; plus d'un autre quart est formé par le silicium ; il reste moins d'un quart pour tous les autres corps chimiques, dont environ

8 p. 100 d'aluminium et 5 p. 100 de fer. L'écorce terrestre est donc un silicate d'alumine, de fer, de chaux, de magnésie et d'alcalis, où entrent seulement pour environ 1 p. 100 de substances étrangères[1].

En nous bornant d'abord aux éléments essentiels et considérant, non plus l'écorce solide, mais l'ensemble de la superficie, composant cette écorce, avec les mers et l'atmosphère, dans les proportions données plus haut, nous trouvons :

ÉLÉMENTS chimiques.	POIDS atomique.	ÉCORCE solide 92,20 p. 100.	MERS 7,80 p. 100.	ATMO- SPHÈRE (0,03 p. 100).	ENSEMBLE de la zone superficielle.	APPROXIMA- TION probable d'après M. Clarke.
Oxygène	16	47,10	85,80	23	50,12	± 1 20
Silicium.	28	27,90	»	»	25,72	± 1,15
Aluminium. . .	27,5	8,10	»	»	7,47	± 1/4
Fer.	56	4,70	»	»	4,33	
Calcium	40	3,50	0,65	»	3,23	
Sodium.	23	2,70	1,14	»	2,58	± 1/3
Magnésium. . .	28	2,60	0,14	»	2,41	
Potassium . . .	39	2,40	0.04	»	2,21	
		99,00	87,17	23	98,07	

Parmi les éléments accessoires, dont la proportion se trouve accrue, il faut compter surtout l'hydrogène, qui, au total, n'atteint encore que 0,90 p. 100; accessoirement, le chlore, 0,175; le carbone : 0,20 ; l'azote : 0,02.

On doit surtout remarquer la très faible proportion totale de ces quatre derniers éléments, sur lesquels, à défaut de calcul, on pourrait se faire illusion, par suite de leur abondance relative dans les mers ou l'atmosphère. Même avec la correction qu'entraîne la considération de l'eau ou de l'air, les huit éléments principaux, qui, dans la première partie du travail, ont été donnés comme formant l'écorce silicatée, entrent encore pour 98 p. 100 dans le total.

Nous examinerons tout à l'heure le rôle des éléments secondaires ;

1. On arriverait évidemment à une grande approximation en ne considérant que les roches à structure grenue, dont les autres roches éruptives représentent, dans l'ensemble, des dérivés localement modifiés. La composition des roches principales, que je donne comme comparaison, est, en moyenne :

TYPES DE ROCHES	SILICE	ALUMINE	ALCALIS	OXYDES DE FER	CHAUX	MAGNÉSIE
Granite.	72	14	9	2	1	0,50
Syénite.	65	16	11	4	2	0,50
Diorite	52	17	6	10	7	5

mais il me paraît utile d'essayer une comparaison entre cette zone terrestre superficielle et ce que nous pouvons, par l'analyse spectrale,
connaître du Soleil.

En général, on a surtout fait cette comparaison pour mettre en évidence une analogie, qui a frappé les premiers observateurs, agréablement surpris de pouvoir identifier nombre d'éléments solaires avec des
éléments terrestres. Mais le contraste réel me paraît encore plus sensible que les analogies.

Quand nous envisageons les zones successives apparentes du Soleil
en nous écartant du centre[1], nous avons, d'abord, un noyau obscur de
composition inconnue, puis une enveloppe métallique incandescente à
spectre continu, la photosphère, dont la composition ne nous est révélée que partiellement par la considération des vapeurs qui s'en dégagent au-dessus, dans une couche gazeuse plus froide, à la base de la
chromosphère et que nous reconnaissons là au moyen de leurs raies
d'absorption.

Cette enveloppe lumineuse est soumise à des mouvements tourbillonnaires, avec développement de champs magnétiques. Il est naturellement impossible de donner pour elle quoi que ce soit qui ressemble à une analyse quantitative. On peut cependant se rendre
compte que la photosphère doit être, avant tout, composée de fer, puis
de magnésium, nickel, calcium et aluminium. On y reconnaît, en
outre, la présence, en quantités sensibles, du sodium, de l'hydrogène,
de l'hélium et des traces de manganèse, cobalt, titane, chrome et
étain, avec quelques corps non identifiés jusqu'ici.

De ces éléments, les plus volatils gagnent la partie supérieure et
forment les protubérances, ou floculi, de la chromosphère. On trouve
surtout des tourbillons d'hydrogène au-dessus des facules brillantes,
puis de l'hélium, peut-être de l'argon, des nuages incandescents de
calcium flottant à plusieurs milliers de kilomètres de hauteur et quelques-uns des métaux précédents, sodium, magnésium, etc., au-dessus
des taches, avec des variations constantes, qui semblent indiquer des
changements de température ou de pouvoir absorbant et de nature
chimique.

Dans ces conditions d'ignition, on est conduit à penser que toute
cohésion doit être détruite et que la gravitation doit jouer un rôle inférieur à celui de la force répulsive qui accompagne la radiation lumineuse.

Cette composition appelle aussitôt deux remarques :

Tout d'abord, un tiers environ des raies spectrales n'a pas été

1. Voir plus. haut page 109 note 4 et page 118.

identifié ; il existe donc, dans l'enveloppe solaire, une proportion importante de métaux que nous ne connaissons pas sur la Terre.

En revanche, nous n'y trouvons pas, ou à peine, les trois éléments essentiels de l'écorce terrestre : oxygène et silicium (presque absents au spectroscope quand on élimine les raies telluriques), aluminium (très réduit). Le fer, le magnésium et le nickel, relégués généralement sur la Terre dans les ségrégations basiques profondes, sont, au contraire, prédominants sur le Soleil.

Que faut-il en conclure ? Que la composition générale du Soleil est différente de celle de la Terre ? C'est, à coup sûr, possible — bien que contraire à notre désir d'unité et de simplicité, surtout pour deux astres aussi voisins, aussi dépendants l'un de l'autre, aussi logiquement attribuables à une même nébuleuse primitive —. Mais on peut, ce me semble, remarquer également que ce que nous connaissons du Soleil, à savoir les vapeurs dégagées de son bain métallique fluide, forme, dans sa composition, une zone extrêmement restreinte, vraisemblablement très différente comme position de la zone, également très restreinte, qui nous est accessible sur la Terre. Peut-être assistons-nous, sur le Soleil, à la scorification même de la zone métallique, dont la température peut aller à 5.000° et dans laquelle, en même temps que les métaux se combineraient à l'oxygène et au silicium dans la photosphère sans y être discernables, une portion d'entre eux se volatiliserait plus haut, l'hydrogène et l'hélium formant l'enveloppe tout à fait périphérique ?

Envisageons maintenant les éléments secondaires, autres que les huit corps chimiques principaux, dont le total forme seulement, nous l'avons vu, 2 p. 100 de l'écorce terrestre et qui constituent néanmoins le point de départ de toute notre chimie.

Ces éléments, d'après M. Vogt, se répartissent, par ordre d'importance, environ de la façon suivante :

4 entre 1 et 0,1 p. 100 = Titane, hydrogène, chlore et carbone.
5 entre 0,1 et 0,02 p. 100 = Phosphore, manganèse, baryum, soufre, fluor, azote.
5 à environ 0,01 p. 100 = Chrome, nickel, zirconium, strontium, lithium.
7 entre 0,005 et 0,0001 = Étain, cobalt, argon, brome, iode, rubidium, arsenic, peut-être cérium, yttrium et lanthane.

En tout, il existe une trentaine d'éléments, entrant chacun pour plus de 1 millionième dans la composition de la Terre ; les quarante autres restent, pour la plupart, très loin au-dessous de cette proportion déjà si infime.

Quelques-uns de ces éléments, parmi ceux figurant au tableau précédent, demandent des observations spéciales, lorsque la proportion qui leur est attribuée peut étonner à première vue, et surtout il est nécessaire d'évaluer approximativement les métaux proprement dits, dont il n'a pas été question jusqu'ici. Pour ce côté de la question, le travail de M. Vogt va nous servir de base.

Si nous prenons la liste d'après l'ordre probable d'importance numérique indiqué plus haut, nous devons commencer par le *titane*. Ayant publié ailleurs une monographie géologique de ce métal[1], je n'ai qu'à en retenir ici les conclusions. J'ai montré alors combien, malgré sa réputation de rareté, il était constamment diffusé dans nos roches et dans nos terrains : son point de départ paraissant être les ségrégations basiques, où le titane accompagne le fer.

J'ai également peu de chose à ajouter à ce qui a été dit plus haut pour l'*hydrogène* et le *carbone*. L'existence de ces deux éléments dans les roches profondes a été niée et l'on a pu soutenir que, lorsqu'on les rencontrait, il y avait eu apport superficiel d'eau et d'acide carbonique. Cependant, on a beau chercher à obtenir une roche inaltérée, on n'arrive pas à la trouver exempte de ces substances[2], qui semblent, dès lors, entrer réellement dans sa composition primitive. L'action de la chaleur profonde peut alors dissocier l'eau et produire du carbure d'hydrogène avec un peu d'hydrogène libre, ainsi qu'on le constate dans le volcanisme.

Le *chlore* entre pour environ 2 p. 100 dans l'eau de mer. On estime, en outre, que sa proportion moyenne dans les roches est comprise entre 0,02 et 0,04. Le chlore des roches existe, soit en inclusions chlorurées dans les quartz, soit à l'état de minéraux chlorurés, tels que l'apatite ou les feldspaths basiques de certaines roches, ordinairement récentes, sodalite, etc.[3]. Cette proportion ne se trouve pas sensiblement augmentée par les grands gîtes de sel, qui représentent, dans certains terrains, un résidu d'évaporation marine. Le nombre de ceux-ci est si faible, en effet, qu'il me paraît difficile d'estimer leur épaisseur moyenne à plus de 1 centième de celle des terrains calcaires[4], évalués eux-mêmes au maximum à 150 mètres, soit $1^m,50$ de sel, ou, par rapport à 15 kilomètres d'épaisseur, à peine 0,004 de chlore.

Nous pouvons noter, dès à présent, que la teneur en *fluor* de l'écorce est à peu près la même que celle en chlore : le premier l'emportant dans les roches acides (apatite, tourmaline, topaze, etc.), et le second dans

---

1. Annales des Mines, janvier 1903. Voir *Gîtes métallifères*, tome I, p. 843 a 853.
2. A. GAUTIER (*C. R.* 1901).
3. Je ne parle pas des chlorures visiblement secondaires, qui se produisent, par altération, sur les affleurements des filons de plomb, d'argent, etc.
4. M. VOGT admet un dixième, ce qui ne change rien aux conclusions.

les roches basiques ; mais, dans les eaux de la mer, la quantité de fluor est presque nulle[1], en sorte que la proportion totale de cet élément se trouve très notablement rabaissée.

Le *phosphore* est, dans toutes les roches, un élément très constant sous la forme d'apatite. Il n'est guère de roche, qui tienne moins de 0,005 d'acide phosphorique et souvent la teneur est beaucoup plus forte. Dans tous les cas, son origine première paraît avoir été à l'état de phosphures de fer, manganèse ou calcium, plus rarement en association avec d'autres métaux comme le plomb ou les métaux du groupe du thorium, c'est-à-dire dans des conditions analogues à celles où se présentent le soufre et les autres minéralisateurs ; mais, tandis que l'oxydation du soufre s'est faite uniquement à la surface par altération secondaire, celle du phosphore a pu avoir lieu en profondeur dans la croûte silicatée et l'y fixer toutes les fois qu'il se trouvait assez de chaux pour saturer l'acide phosphorique produit : ce qui est, on peut le dire, le cas constant. Après quoi, dans les altérations superficielles, le phosphate de chaux a suivi la fortune du fer et du manganèse, en se dissolvant, comme eux, par l'intervention de l'acide carbonique et se reprécipitant plus loin, quand l'excès d'acide carbonique se dégageait[2]. Les analyses de roches groupées par M. Clarke donnent une teneur moyenne de 0,09 ou 0,10.

Le *manganèse* et le *baryum*, que nous trouvons ici par hasard à côté du phosphore, présentent, avec lui, dans toute la série des altérations superficielles, des associations de gisements, sur lesquelles j'ai insisté ailleurs. Notamment, la combinaison si fréquente du manganèse et du baryum en psilomélane est très remarquable. Ces trois corps offrent ce même caractère de se concentrer très notablement par l'intervention de l'eau chargée d'oxygène et d'acide carbonique. On en rencontre ainsi des gisements altérés, dont les proportions pourraient faire illusion sur leur abondance profonde. Néanmoins la plupart des analyses de roches en contiennent.

Pour le manganèse, un travail spécial de M. Vogt lui a fait trouver, comme moyenne de 232 analyses relatives à des roches acides, 0,056 de protoxyde de manganèse et, dans 141 roches basiques, 0,123. Il a admis, finalement, une moyenne de 0,075. Suivant lui, dans les roches, la proportion du manganèse au fer varie de 1 : 50° à 1 : 75°.

---

1. M. CARNOT (Ann. des Mines, 1896) a trouvé, dans l'eau de l'Atlantique, 0,00008 de fluor.

2. Dans un mémoire sur l'*origine des minerais de fer scandinaves* (Ann. des Mines, juillet 1903), j'ai montré comment paraît se faire la concentration ou l'épuration du phosphore dans les minerais de fer.

Le *baryum* est également presque constant dans les feldspaths des roches, bien que les analyses ne l'y signalent pas toujours. MM. Clarke et Hillebrand ont récemment montré, par d'innombrables analyses, la diffusion de ce corps, ainsi que celle du *strontium*. Le baryum peut aller de 0,03 à 0,04; le strontium s'approche de 0,01.

Ces deux éléments ont subi, dans les altérations superficielles, une concentration, qui en a formé de véritables gisements, à allure parfois stratifiée pour le strontium, plus souvent filonienne pour le baryum. On sait qu'ils existent très fréquemment comme gangue dans les filons métallifères. Leur origine, dans ce cas, est problématique. Souvent ils disparaissent quand on s'enfonce et doivent alors avoir été empruntés à la lixiviation superficielle des roches. Parfois ils semblent, au contraire, persister et le baryum surtout accompagne le plomb, dont le poids atomique est également très élevé, comme s'ils avaient tous deux une même origine profonde.

Le *soufre* est très abondant dans les roches à l'état de pyrite ou de pyrrhotine, surtout dans les roches basiques; il forme, en outre, quelques grands gisements pyriteux, qui n'accroissent pas beaucoup sa teneur moyenne.

J'ai déjà parlé tout à l'heure du *fluor* à propos du chlore. Quant à l'*azote*, il est inutile de rappeler son rôle dans l'atmosphère; son manque d'affinité ordinaire pour les autres éléments chimiques fait qu'il n'existe pas (ou du moins n'a pas été signalé) dans les roches.

Le *chrome* a été évalué (peut-être un peu haut) à environ 0,01 p. 100. Il ne devient abondant que dans les roches basiques, où, comme le fait le manganèse, il tend à se substituer au fer dans un grand nombre de ses minéraux. Le groupe des péridotites renferme, en moyenne, 0,20 p. 100 de chrome; mais, par contre, ce métal fait à peu près défaut dans les roches acides. Sa proportion paraît très analogue à celle du *nickel*, qui se présente dans les mêmes conditions, probablement un peu supérieure.

Le *zirconium* est, au contraire, un élément très habituel des roches relativement acides, où il entre à l'état d'inclusions microscopiques dans divers minéraux. Il s'est développé spécialement dans certaines syénites néphéliniques et augitiques. C'est, comme le titane et l'étain, avec lesquels il présente tant d'analogies, un métal de l'écorce silicatée, plutôt que des gîtes filoniens; mais, comme l'étain, il va du côté acide, tandis que le titane va du côté basique.

Le *lithium* est décelé par l'analyse spectrale dans la plupart des roches, surtout les roches acides; il y est souvent dosable. On le retrouve, avec le sodium, dans les eaux thermales, qui traversent ces roches et sa proportion, par rapport à ce dernier métal, paraît être alors, en moyenne, de 1 à 500. On peut, à ce propos, signaler, dans le même groupe des métaux alcalins, le *rubidium*, qui, dans les roches, accompagne le lithium et, dans l'eau de mer, est plus abondant que lui (1 de rubidium pour 1.000 de sodium).

Dans les éléments des roches acides (feldspaths et micas), on trouve également des traces très sensibles d'*étain* ; l'étain semble ainsi, comme je l'ai remarqué plus haut en passant, se rattacher assez directement à la scorie silicatée, au milieu de laquelle il s'isole parfois en veines ou filons plus importants. Ses affinités connues pour le titane et le zirconium font qu'il apparaît fréquemment, à l'état de traces, dans le rutile et le zircon, de même que les analogies de son oxyde avec la silice expliquent son rôle dans les roches acides.

Le *cobalt* suit très fidèlement le sort du nickel dans les roches basiques. M. Vogt a trouvé, en moyenne, 1 de cobalt pour 10 de nickel. En même temps, il existe souvent, dans les mêmes gîtes, du cuivre, en proportion deux ou trois fois moindre que le nickel.

Le *brome* et l'*iode,* qui ne prennent place ici qu'en raison de leur présence dans l'eau de mer ou dans les produits d'évaporation salins, sont, dans l'écorce terrestre, des éléments très rares. Les minéraux, où on les a signalés, sont, presque tous, des substances altérées d'affleurements. Néanmoins, leurs relations chimiques avec le chlore sont si intimes qu'il paraît logique de les classer dans le même groupe géologique.

L'*arsenic* se rattache géologiquement au groupe du soufre et forme, comme lui, avant tout, un élément des gîtes métallifères, mais existe aussi, à l'état de mispickel, dans les roches au même titre que la pyrite. Sa proportion est toujours faible.

Nous arrivons enfin au groupe des métaux presque exclusivement concentrés dans les filons et dont, comme je l'ai dit, la proportion est toujours extrêmement minime, puisqu'aucun d'eux ne forme certainement 1 millionième de l'écorce terrestre.

La production industrielle de ces divers métaux peut donner une certaine idée de leur abondance relative, bien qu'elle soit naturellement influencée par la question commerciale et que, le jour où un corps rare trouve un débouché important, comme cela est arrivé aux monazites avec l'emploi de l'éclairage à l'incandescence, on en découvre souvent des quantités de gisements ignorés.

Ainsi, un métal particulièrement recherché pour ses propriétés, comme le platine, l'argent ou le cuivre, peut sembler plus abondant qu'il n'est en réalité. Par contre, si le molybdène ou le cadmium

avaient plus d'applications, on en trouverait très probablement
davantage. Le chiffre de la production demande, jusqu'à un certain
point, à être corrigé par le prix de vente, qui devrait être en raison
inverse de la production, si la rareté géologique était le seul élément
influençant celle-ci, et qui explique, par suite, et permet de corriger
certaines anomalies.

Pour ces métaux, il peut y avoir quelque intérêt à donner le petit
tableau ci-joint, qui met en comparaison le nombre de tonnes produites
en 1908, le prix moyen de la tonne et le poids atomique, les métaux
étant classés dans l'ordre décroissant de leur production pour cette
même année.

TABLEAU DE COMPARAISON DES MÉTAUX.

MÉTAUX	NOMBRE de tonnes en 1908.	PRIX de la tonne.	POIDS atomique.
Plomb.	1 180 000	345	207
Cuivre.	775 000	2 000	64
Zinc.	676 000	630	65,5
Etain	112 000	3 600	118
Nickel.	16 000	4 000	59
Antimoine.	10 000	880	120
Argent.	5 885	90 000	108
Mercure	3 300	6 500	200
Tungstène	1 500	4 000	184
Bismuth.	700	18 000	208
Or.	653	3 444 000	197
Molybdène.	100	10 000	96
Cadmium	38	10 000	112
Sels d'uranium.	11	100 000	239
Platine	5	5 000 000	195
Bromure de radium pur	15 gr.	400 milliards.	225

Dans son ensemble, ce tableau accuse, jusqu'à un certain point,
l'augmentation prévue du prix avec la rareté, tout en montrant,
d'autre part, ainsi que nous le remarquions plus haut, combien la
question commerciale domine en cette matière la question technique.
On y trouve en tête le groupe métallogénique filonien du plomb, du
cuivre et du zinc.

Les observations faites sur la composition moyenne des roches
conduisent à accentuer l'isolement et la prédominance de ce groupe,
qui est le seul dont on trouve fréquemment des traces dans les
analyses. Le *zinc*, qui a des affinités chimiques assez fortes, paraît

intervenir quelquefois à l'état de silicate ; le *cuivre* se rencontre le plus souvent dans les pyrites, qui existent elles-mêmes incorporées en individus microscopiques dans diverses roches basiques.

Le *plomb* serait chimiquement susceptible d'entrer, comme le zinc et même mieux encore, dans la composition de la scorie silicatée ; car il forme divers silicates et, d'après des synthèses de MM. Fouqué et Michel Lévy, il peut exister des labradors ou anorthites plombeux ; en réalité, on ne le trouve à peu près jamais dans une analyse de roches, si ce n'est peut-être associé avec de l'apatite : ce qui, en dehors des introductions superficielles très probables, pourrait aider à expliquer la formation fréquente, sur les affleurements de galène, de la pyromorphite, ce chlorophosphate de plomb isomorphe avec l'apatite. En revanche, son abondance filonienne est grande, comme on le sait et comme suffit à le montrer sa très forte production annuelle. Cette abondance, tout à fait imprévue pour un corps de poids atomique aussi élevé, ne paraît guère explicable que par les propriétés chimiques du sulfure de plomb.

Dans leur ensemble, tous ces métaux sont absolument exceptionnels dans les roches, qui constituent l'écorce terrestre [1]. Un seul, le *platine*, que l'on exploite uniquement en alluvions, a été considéré d'habitude comme se rattachant aux péridotites, dans lesquelles il paraît en exister des traces et c'est pourquoi nous l'avons rattaché tout à l'heure aux ségrégations basiques. Cependant, la localisation très générale du platine alluvionnaire dans les placers aurifères, la découverte d'un certain nombre de filons aurifères contenant du platine ou de l'osmiure d'iridium pourraient provoquer quelques réserves relativement à certains gisements originels du platine.

Pour quelques métaux ordinairement associés dans leurs gisements, M. Vogt s'est efforcé de calculer leur proportion relative, afin d'en tirer des conclusions sur la façon dont ces éléments se sont concentrés dans la métallurgie naturelle. Il a trouvé ainsi qu'il pouvait y avoir, en moyenne : 1 d'argent pour 1.000 à 5.000 de cuivre ou de plomb ; 1 d'or pour 25 à 50 ou même 100 d'argent ; 1 de cadmium pour 100 à 1.000 de zinc ; 1 de cobalt pour 10 de nickel, etc.

On constate de même que, dans les mines de pyrrhotine du Canada, il entre à peu près 1 de platine pour 50.000 de nickel et 1 d'or pour 250.000 du même métal.

---

1. Fr. Sandberger avait cru reconnaître la plupart de ces métaux (cuivre, bismuth, antimoine, plomb, argent, etc.), dans les silicates des roches. W. Stelzner a montré, au contraire, qu'ils n'y existent, très exceptionnellement, qu'à l'état de traces sulfurées.

De tels chiffres ne peuvent être considérés que comme une indication approximative sur l'ordre de grandeur, qu'il faut attribuer à chaque élément.

Ils suffisent néanmoins pour que, dans l'ensemble, nous puissions ranger à peu près les éléments qui forment l'écorce terrestre, par ordre d'importance, ainsi qu'on l'a vu précédemment.

Arrivé là, on pourrait encore se demander, comme conclusion de cette seconde partie, s'il existe une loi théorique déterminant, en dehors de toute observation empirique, l'abondance de tel ou tel métal, de même que, dans la première partie, j'ai cru pouvoir en établir une pour sa place originelle dans la sphère terrestre. C'est surtout dans cet ordre d'idées que des tentatives avaient été faites antérieurement à cet essai et l'on avait été parfois séduit par certaines relations, qui paraissent exister entre la rareté d'un corps et son poids atomique, surtout lorsqu'on reste dans un même groupe chimique (rubidium et cæsium plus rares que le potassium ; sélénium et tellure que le soufre ; brome et iode que le fluor, etc.). J'ai été moi-même ici amené à invoquer une hypothèse semblable pour classer entre eux les métaux du groupe filonien. Néanmoins je crois que, dans l'ensemble, on était sur une fausse voie en cherchant, de ce côté, une loi générale et que les coïncidences rencontrées avaient, en général, d'autres causes, sur lesquelles j'ai insisté au cours de cette étude. C'est ainsi que la rareté d'un métal à fort poids atomique me paraît beaucoup moins provenir directement de son poids atomique que de sa position plus centrale dans la sphère fluide ; et, sans doute, cette position plus centrale est elle-même, en principe, fonction du poids atomique, comme on l'a vu plus haut ; mais beaucoup d'autres phénomènes sont intervenus pour modifier l'ordre primitif, notamment les affinités chimiques ou la volatilité. Et surtout il faut, ce me semble, faire entrer de plus en ligne de compte, comme donnée prépondérante, la proportion primitive des divers éléments chimiques dans la Terre. Or cette proportion pourrait bien, il est vrai, être réglée par quelque loi géométrique de cristallisation, si l'on admettait que la Terre résulte directement d'une condensation en éléments chimiques, opérée, à la faveur de forces qui nous échappent encore, sur une matière cosmique originellement identique dans toutes ses parties. Mais la conclusion est contraire si l'on suppose que la Terre a été constituée, sous sa forme individuelle, par des éléments chimiques déjà formés, par le concours d'atomes ou de parcelles matérielles plus ou moins grandes, ayant déjà pris, à ce moment, les caractères et la structure de nos éléments chimiques. Or c'est cette dernière conclusion qui me paraît résulter de notre première loi. Si les éléments se sont classés dans la sphère fluide à des distances du centre d'autant plus grandes que leurs atomes étaient plus légers, il faut, en effet, que ces atomes aient déjà existé, dès ce moment, avec le poids atomique que nous y mesurons[1] et alors la proportion première des éléments ne peut être que tout à fait accidentelle. Je n'ai pas besoin de faire remarquer l'intérêt que présenterait cette conclusion, si elle était admise, pour les tentatives de transmutation[2], qui, depuis quelques années, occupent l'esprit de tant de chimistes éminents.

1. A moins de supposer que leur constitution moléculaire n'ait été le résultat même des réactions quelconques subies dans ce classement.

2. Il semble en résulter que ni la température ni la pression ne sont susceptibles d'opérer cette transmutation. Parmi les agents connus, on pourrait seulement penser aux forces électriques, puisque les corpuscules cathodiques sont, on le sait, identiques entre eux quel que soit le métal. Dans ce sens, on est arrêté, jusqu'à nouvel ordre, par l'impossibilité d'en arracher plus d'un très petit nombre. En effet, dans la théorie courante, la charge d'électricité positive devient de plus en plus forte, à mesure qu'on soutire des parcelles électrisées négativement.

CHAPITRE XVI

L'HISTOIRE DES ÊTRES ORGANISÉS

I. Les résultats obtenus. — *A*) Animaux. *L'hypothèse du transformisme et la paléontologie.* — 1°) *Confirmations zoologiques et embryogéniques. Unité de plan. Coordination des parties et adaptation au milieu. Organes rudimentaires. Embryogénie. Provinces zoo-géographiques.* — 2°) *Objections* — *B*) Végétaux.

II. Les problèmes posés. — *A*) La vie et son origine — *B*) Les premiers êtres. *Dans quelle mesure le transformisme pourra être verifié par la paléontologie.* — *C*) Explications proposées de la reproduction, de l'hérédité, de l'évolution.

Il ne s'agit pas, on le conçoit, dans ce chapitre, d'exposer, si sommairement que ce puisse être, l'ensemble de la paléontologie. Le problème des enchaînements organiques est tellement à l'ordre du jour et passionne, pour tant de raisons, les esprits qu'il a fait l'objet de très nombreux ouvrages détaillés, où l'histoire de la vie est racontée, sous la forme même et dans l'ordre que je devrais adopter ici [1]. J'essayerai donc simplement de dégager les résultats les plus généraux des dernières études publiées.

Je séparerai, dans ce chapitre, l'histoire des animaux de celle des végétaux, suivant l'usage habituel, malgré une assimilation possible entre leurs formes élémentaires, au sujet de laquelle la paléontologie ne nous apprend rien [2].

1. Voir notamment : Ed. Cope, Mémoires divers (en anglais), sur *L'origine des genres*; *L'évolution des vertébrés*, etc., depuis 1868. — Huxley. *On the applic. of the laws of evolution...* (Proc. geol. Soc., Lond., 1880). — Zittel. *Traité de paleontologie*, (trad. fr., 4 vol., 1883-1894). — E. Perrier. *Les colonies animales et la formation des organismes*, 1881 ; *La philosophie zoologique avant Darwin*, 1884 ; *Traité de zoologie*, 1890. — M. Neumayr. *Die Stamme des Thierreichs*, 1889. — Wallace. *Le Darwinisme* (trad. fr.), 1891 — Gaudry. *Les enchaînements du monde animal* (1883 à 1895) et *Essai de paléontologie philosophique*, 1896. — Depéret. *Les transformations du monde animal*, 1907. — Zeiller. *Éléments de paléobotanique*, 1900.

2. Pour beaucoup de savants, la fusion (ou confusion) se fait par des « animaux-plantes », les Protistes de Haeckel. Voir une discussion de la question dans : Dastre. *La vie et la mort*, 1903, page 145, où l'auteur s'efforce de montrer que la vie animale est identique à la vie végétale (même système digestif, mêmes réactions chimiques, etc.). A. Dangeard a, au contraire, cherché à établir, par la nutrition, une coupure dans le règne cellulaire. Selon lui, la série végétale se greffe sur la série animale en plusieurs points, non en un seul. Quant à leur origine première, il a

I. — Les résultats obtenus.

A) Animaux. *L'hypothèse du transformisme |et la paléontologie.* — La question essentielle, qui s'impose, je crois, tout d'abord, à l'attention et dont la Science demande, avant tout, la réponse à la géologie, est la suivante :

« La paléontologie, qui a reconnu la succession des êtres organisés à travers les époques géologiques, permet-elle de la comprendre ; montre-t-elle, dans cette succession, un principe d'ordre et de continuité générale : ce que nous appelons une évolution, et non de simples changements ; confirme-t-elle ou infirme-t-elle le transformisme : autrement dit la théorie, d'après laquelle les êtres vivants seraient affiliés les uns aux autres, sans coupure réelle entre les espèces, et descendraient d'un petit nombre de souches communes (ou même d'une seule), quel que soit d'ailleurs le processus de cette succession et de cette transformation ? »

A cette question, j'ai à peine besoin de dire que, chez la plupart des savants modernes, le premier mouvement est de répondre affirmativement. L'idée de créations successives ou de brusques invasions venant on ne sait d'où renouveler la faune terrestre entièrement détruite à chaque période géologique [1], a quelque chose qui choque notre conception instinctive de l'Univers. Si nous devions, par la logique seule et indépendamment de toute zoologie, choisir entre les deux hypothèses d'un monde organique évoluant, ou d'une création sans cesse recommencée, nous n'aurions à peu près aucune hésitation à préférer l'idée d'une évolution, réservant seulement notre opinion sur l'origine

---

fait remarquer que les nitrobactéries, végétaux susceptibles de se nourrir dans un milieu exclusivement minéral, ont, contrairement à ce que ferait supposer la simple logique, un degré d'évolution supérieur à celui des Amœbiens, dont la nutrition est animale.

1. Il ne faut pas oublier que cette doctrine des « créations successives » (voir pages 192 à 194), est restée à peu près incontestée jusqu'en 1850. On discutait seulement la question de savoir à quelle cause il fallait attribuer la disparition totale des faunes à la fin de chaque période et, généralement, on considérait que le soulèvement des chaînes montagneuses avait dû être la raison d'un tel cataclysme. On admettait ainsi, entre les mouvements du sol et les variations de la faune, une relation, que l'on interprétait mal, mais qui n'en doit pas moins être réelle et qui, pour nous, tient au changement dans le sens des courants, aux communications créées ou rompues entre les mers, aux modifications de régime sédimentaire et de climats, provoquées par les plissements ou les effondrements du sol. Les derniers progrès de l'océanographie ont montré à quel point la plupart des êtres marins sont impressionnables à de très légères différences de salure ou de température des eaux. Brusques, ces changements les tuent pour la plupart. Lents, ils peuvent déterminer, dans les races plus souples, une adaptation progressive.

même de la vie et sur le nombre des espèces primitives, qui ont pu apparaître, ensemble ou successivement, pour se différencier plus tard [1]. Mais ce n'est pas une logique en l'air qui doit parler; c'est la paléontologie, appuyée sur la comparaison des restes vivants plus ou moins anciens qu'elle retrouve, et la conscience même d'une propension extra-scientifique à admettre le transformisme, par désir de la simplicité, ne peut que nous engager à la réserve dans l'appréciation des faits positifs, révélés par l'étude géologique des êtres anciens disparus.

Néanmoins, ces faits, dans leur ensemble, accusent d'abord, nous allons le voir, ce que la plupart appellent une évolution, ce que d'autres peuvent nommer la réalisative progression d'un plan initial. Beaucoup de détails sont discutables; mais l'impression générale emporte la conviction. Oui, les formes de la vie, qui ont si manifestement varié sur la terre, ont varié suivant une loi. C'est ce que nous allons préciser en examinant tour à tour les arguments favorables et les objections.

1° *Confirmations zoologiques et embryogéniques. — Unité de plan. Coordination des parties et adaptation au milieu. Organes rudimentaires. Embryogénie. Adaptation progressive au milieu. Provinces zoo-géographiques.* — Le premier fait extrêmement frappant et qui saute aux yeux, pour ainsi dire, dès qu'on jette un regard sur un traité de paléontologie stratigraphique, c'est que, dans ses grandes lignes, la succession des étapes géologiques marque, chez les êtres vivants, un perfectionnement progressif, mis en évidence par leur différenciation, leur spécialisation de plus en plus accentuées, en même temps que par la faculté de s'adapter davantage aux influences diverses du milieu, ou, dans une certaine mesure, pour les êtres les plus élevés, de s'y soustraire, de réagir [2].

Sans tomber dans la phraséologie, dite poétique, de certains auteurs

1. Cette discussion, comme toutes celles qui touchent à la métaphysique, dure depuis des milliers d'ans. J'ai déjà rappelé (p. 193) que THALÈS DE MILET, ou EMPÉDOCLE, avaient précédé, dans le Lamarckisme, DEMAILLET et LAMARCK.

2 La notion de progrès, plus intuitive que rationnelle, échappe difficilement au sentimentalisme et à l'anthropomorphisme. Vaut-il mieux courir qu'attendre, penser que végéter, être que non être?... Cependant nous n'hésitons pas, et l'histoire de la vie montre, conformément à nos préférences, les étapes successives toutes dans le même sens, allant de la monade au surhomme. Mais, sur chaque point particulier, la discussion recommence. Par exemple, la cuirasse apparaît puis disparaît à une certaine phase dans les luttes des races vivantes, comme elle l'a fait dans l'histoire des guerres humaines (Voir *La Nature*, 16 déc. 1909, p. 29). La faune actuelle nous montre, subsistant côte à côte, ayant également résisté à la destruction, les modes de défense les plus contradictoires : pullulement d'êtres mous et immobiles; évasion par assimilation au milieu, comme la faune transparente du plankton; forte cuirasse; agilité pour la fuite ou pour l'attaque, etc. De même, sur la plupart des autres points. Les trilobites, connus dès le précambrien, avaient des

et s'attacher à caractériser l'intelligence ou la cruauté d'un lamellibran-
che, on peut remarquer que les êtres primaires étaient, pour la plupart,
inertes ou captifs, ils avaient une préhension très faible, leurs sens
étaient débiles, leur substance nerveuse était rudimentaire et occupait
un volume insignifiant ; la nature actuelle offre, comme contraste, la
variété, la mobilité, l'affinement des sens et de l'esprit. D'autre part,
il est incontestable que les faunes de deux étages voisins se ressemblent, tandis que les représentants les plus importants du monde actuel
manquaient aux temps primaires, où pullulaient des classes et des ordres
aujourd'hui éteints.

Ce qui est vrai pour les animaux se retrouve, ainsi que nous le verrons
dans un autre paragraphe, pour les végétaux, qui accusent une marche ascendante semblable, depuis les simples algues ou les fougères,
jusqu'à la multiplicité de la flore aujourd'hui vivante. Et, sans doute,
on doit remarquer que toutes les découvertes paléontologiques nouvelles, ne pouvant avoir pour effet de rajeunir les espèces connues, alors
que celles-ci ont déjà été rencontrées dans un terrain plus ancien, ont
nécessairement pour résultat de les vieillir de plus en plus[1]. Mais,
jusqu'ici, ce déplacement des origines pour les principaux types
organisés s'opère, en quelque sorte, parallèlement à lui-même,
sans changer la loi de leur apparition relative et on peut bien
admettre que l'ordre de ces apparitions (sinon leur date précise) est à
présent connu, c'est-à-dire que le sens de l'évolution des êtres est
déterminé.

Or, si nous revenons rapidement sur l'histoire de la faune, déjà
résumée précédemment[2], voici, tout à fait en gros, ce que l'on
observe.

Dans l'archéen, ou cristallophyllien, absence apparente de toute
trace de vie, masquée pour nous par le métamorphisme ; puis, dans le
précambrien (1), brusque apparition d'une faune nombreuse et développée, avec mollusques, crustacés, annélides, etc..., accusant un
monde déjà très vieux, mais, ce semble, des organismes vivants exclu-

yeux munis de 15.000 lentilles, qui s'adaptaient sans doute aux conditions de leur
milieu. Presque dans toutes les espèces, la taille augmente jusqu'à un gigantéisme,
qui précède immédiatement la disparition.

1. On peut citer, parmi les découvertes plus ou moins récentes mais bien incon-
testées, celle de trilobites, encrines, patelles, gigantostracés dans le précambrien ;
celle de spongiaires du type des hexactinellidés remontant jusqu'au cambrien ;
celle d'arachnides et de poissons dans le silurien ; de reptiles, de myriapodes
dans le carbonifère ; d'ammonites dans le permo-carbonifère. D'autres faits du même
genre, qu'il est inutile de mentionner, ont été successivement annoncés avec
fracas et démentis de même.

2. Pages 200 à 204.

sivement localisés dans les eaux. Dès la base du silurien (2), presque tous les types fondamentaux du règne animal sont représentés dans la faune primordiale ; il manque cependant celui qui nous paraît le principal, les vertébrés[1], et c'est, en somme, dans le développement des vertébrés que l'évolution se marque le plus clairement. Les poissons, dont l'origine nous est inconnue, se montrent les premiers sous la forme des ganoïdes cuirassés, ou placodermes, du silurien inférieur (3), auxquels s'associent bientôt les sélaciens[2]. Au même moment, les arachnides du groupe des scorpions ont, pour la première fois, une respiration aérienne. Dans le dévonien supérieur (10), nous avons des amphibiens, des insectes, puis de premiers reptiles, qui se développent dans le carbonifère (11). Les mammifères apparaissent dans le trias, à l'état de marsupiaux déjà différenciés en deux groupes ; les reptiles volants et les oiseaux reptiliens (fig. 51) dans le jurassique supérieur[3] ; les mammifères placentaires (aussitôt très subdivisés) dans le crétacé supérieur ou l'éocène (41) ; l'homme dans le pléistocène (57)[4].

Il y a donc, avec évidence, chaîne des êtres et progrès. Les premiers animaux que nous connaissons, nous semblent localisés dans la mer (et, d'après les idées transformistes, tous les êtres actuels gardent quelque trace de cette origine première) ; la respiration aérienne

1. Comme fossiles dominants, le cambrien, 2, comprend des trilobites (fig. 11, p. 200), des brachiopodes (*Lingula*) (fig. 9, p. 195) ; puis, en moindre quantité, des échinodermes, et des spongiaires. On y voit apparaître ces hydrozoaires destinés à se développer pendant l'ordovicien (3) que l'on appelle les graptolithes (fig 13 et 14, p. 201), et dont l'empreinte affecte parfois la forme d'une petite scie, ou celle d'une spirale ; peut-être des méduses (NATHORST) et des annélides. La faune seconde (ordovicien, 3) est principalement caractérisée par l'abondance des trilobites, avec quelques céphalopodes ; puis la faune troisième (gothlandien ou bohémien, 4) par les nautilides à coquilles droites (*Orthoceras*) (fig. 12, p. 200) ou enroulées (*Gyroceras*) et les brachiopodes (*Lingula, Orthis, Spirifer*) (fig. 15, p. 201), (*Rhynchonella*) (fig. 16, p. 201), (*Strophomena*). Pendant cette période silurienne (3, 4), les céphalopodes deviennent tellement abondants que l'on en connaît déjà plus de 1.600 espèces, notamment des Orthocères géants, qui atteignent au moins 2 mètres de long. C'est également l'époque principale des graptolithes, qui disparaissent à la fin du silurien (4).

2. Une théorie préconçue d'Hæckel, souvent invoquée comme un fait et contraire aux observations réelles, voit, dans les sélaciens (squales et raies), les ancêtres communs des poissons ganoïdes, qui auraient donné naissance aux Halisauriens nageurs (Ichtyosaure et Plésiosaure) et des amphibiens (origine des Reptiles, Oiseaux et Mammifères).

3. Ici encore on a voulu soutenir *a priori* que les oiseaux, supérieurs aux mammifères placentaires par leur vol, étaient apparus après eux.

4. Certaines écoles philosophiques ont attaché une grande importance à reculer dans le passé l'apparition de l'homme, comme si sa présence dans le miocène ou le pliocène, au lieu du pléistocène, pouvait changer quoi que ce soit aux conclusions théoriques. Jusqu'ici, on n'a relevé aucune preuve réellement sérieuse de cet âge miocène (ni même pliocène), qui demeure néanmoins parfaitement possible.

n'apparaît possible qu'avec les arachnides dévoniens[1]; mais, pendant
le dévonien même, les animaux ne s'éloignent encore guère des eaux :
ce sont des batraciens, formant la transition entre les poissons et les

Fig. 50. — *Plerodactylus spectabilis*, Meyer, du portlandien (31) d'Eichstätt (Bavière).
Type de saurien ailé (ptérosaurien) jurassique, 2/3 grandeur naturelle.

reptiles, ayant encore des branchies dans le jeune âge et des poumons seulement dans l'âge adulte[2], puis des insectes et des reptiles;
la vie, à proprement parler continentale, ne se généralise qu'après le
carbonifère[3]; les premiers mammifères, comme les premiers oiseaux,
tiennent encore des reptiles; à partir du tertiaire, brusquement, la
faune des mammifères se subdivise et évolue avec rapidité; enfin, la
faune actuelle présente une variété toute particulière de formes, adaptées aux conditions de milieu les plus diverses, spécialisées dans les
voies les plus distinctes.

1. Je rappellerai, plus loin. page 680, que, d'après GEOFFROY SAINT-HILAIRE, le larynx
et l'oreille ont commencé par être des appareils branchiaux, destinés à respirer l'air
contenu dans les eaux. Dans la théorie de Quinton, la vie animale tend à maintenir
en chaque être le milieu marin originel, plus ou moins salé, plus ou moins chaud,
au milieu duquel vivaient ses ancêtres avant de s'adapter à la vie aérienne. Le
milieu propice, où serait apparue la cellule primitive, aurait contenu 8 à 9 gr. de sels
par litre, à 44°.

2. D'anciens poissons (*Dipneustes*) avaient à la fois branchies et poumons.

3. Il ne faut pas oublier que, plus un étage est ancien, moins nous en connaissons
les types continentaux détruits par l'érosion. Pour avoir une faune de mammifères
terrestres, il faut presque nécessairement rencontrer des sédiments fluviatiles ou
lacustres. Pour juger de nos ignorances à cet égard, il suffit de se rappeler qu'avant
1882 on n'avait pas encore trouvé de mammifère dans le crétacé.

Si, au lieu de l'ensemble des êtres, nous envisageons un groupe plus restreint, nous le voyons d'ordinaire grandir et se développer à tous égards jusqu'à un point culminant, auquel succède vite la destruction, avec longue survivance de quelques épaves.

L'histoire des *Trilobites* est caractéristique à cet égard (fig. 11, p. 200). Ce sont des crustacés marins nageurs que l'on trouve dès le précambrien, mais dont l'ère de prospérité correspond au silurien, où ils comptent 75 genres et plus de 900 espèces. Avant la fin du primaire ils ont complètement disparu.

De même, les *brachiopodes* comptent parmi les animaux les plus anciens (cambrien inférieur) (2) [1] ; ils atteignent leur apogée à la fin du silurien (4) ; puis le nombre des espèces diminue peu à peu ; dans le carbonifère (11 à 13), les groupes des productidés et des spiriféridés y prennent la prépondérance ; le premier disparaît dès le permien (14), le second dans le jurassique inférieur(25).Pendant le jurassique, quelques espèces, comme les térébratules et les rhynchonelles, sont extrêmement riches en individus et évoluent avec une certaine rapidité, ce qui en fait des fossiles caractéristiques ; mais le nombre des espèces se réduit encore. Enfin, à l'époque tertiaire, la décadence s'accentue et, aujourd'hui, à la place des 6.000 espèces de brachiopodes ayant existé jadis, il en subsiste seulement 140, qui, par un phénomène essentiel à signaler, appartiennent, à peu près toutes, à des formes très anciennes.

Parmi les mollusques, dans le groupe si important des *céphalopodes* (ammonites, bélemnites, etc.), on observe quelque chose de semblable ; le type le plus ancien est celui des tétrabranchiaux à système nerveux très primitif (4 branchies et 4 oreillettes), (dont, par une contradiction analogue à celle que je viens de signaler pour les brachiopodes, le nautile représente encore une survivance actuelle) ; plus tard, seulement, sont venus les dibranchiaux (2 branchies et 2 oreillettes), tels que les bélemnites[2] et, très probablement, les ammonites[3], au système nerveux formé de nombreux ganglions bien distincts, à l'œil pourvu de cristallin, tandis que celui des tétrabranchiaux n'en avait pas, etc.

Parmi les êtres plus élevés, les *poissons* apparaissent, dès l'ordovicien (3) par des placodermes à cuirasse de pièces osseuses, mais sans colonne vertébrale ossifiée ; ils deviennent très nombreux dans le silurien supérieur (4) (sélaciens cartilagineux analogues à nos requins ; ganoïdes à plaques émaillées et placodermes cuirassés). Pendant

1. Voir figure 9, page 195 ; figures 15 et 16, page 201.
2. Voir figure 21, page 203.
3. Voir figures 19 et 20, page 203.

le dévonien (5 à 10), l'ossification du crâne commence à être réalisée dans quelques familles de ganoïdes, qui forment alors le règne dominant ; celle du squelette se poursuit dans les périodes suivantes ; néanmoins, comme pour les brachiopodes, on peut remarquer la persistance actuelle de quelques types anciens : les ganoïdes semblent, aujourd'hui seulement, achever de disparaître, remplacés par les téléostéens, auxquels ils ont donné naissance.

L'évolution des *reptiles* a été très bien caractérisée. Leurs formes inférieures et primitives, adaptées à la vie aquatique, ont des affinités indiscutables avec les batraciens primitifs (stégocéphales) ; leurs formes supérieures (théromorphes) paraissent avoir donné naissance aux mammifères et aux oiseaux, dont elles permettent de comprendre la disposition cranienne. En particulier, la soudure paléontologique des reptiles aux *oiseaux* est si marquée qu'on a, depuis longtemps, proposé de les réunir dans un même sous-embranchement ; les reptiles volants (ptérosauriens) ressemblent à des oiseaux [1] (fig. 50); d'autre part, l'Iguanodon portlandien (31) est un reptile, dont les membres de derrière annoncent ceux des oiseaux ; les chéloniens (tortues) ont un bec corné, comme celui des oiseaux.

Enfin les *mammifères*, qui représentent, avec les oiseaux, le dernier type vivant apparu sur la Terre, forment un groupe très homogène dans son plan, mais à variations adaptatives très prononcées [2]. L'évolution de cette classe d'animaux s'est faite avec assez de rapidité, pour qu'ils puissent servir à dater les terrains.

Les premiers mammifères apparus sont les marsupiaux triasiques, (17), perpétués par les didelphyidés éocènes (41), très développés dans le pléistocène d'Australie (57) et, aujourd'hui encore, par un de ces phénomènes de survivance que nous avons déjà rencontrés, formant des espèces vivantes. Les mammifères proprement dits, ou placentaires, apparaissent seulement avec l'éocène (41) par cinq types, encore peu distincts à ce moment, mais destinés à se bifurquer rapidement :

α) Les *créodontes*, qui donnent, dès l'éocène, les insectivores (puis, sans doute, les cheiroptères par adaptation au vol) et les carnivores ;

β) Les *tillodontes*, disparus après l'éocène inférieur et peut-être remplacés par les rongeurs, très spécialisés dès l'éocène inférieur.

1. Leur squelette est pneumatisé comme celui des oiseaux ; le moule de leur cerveau ressemble à celui d'un oiseau ; mais le membre antérieur, très différent d'une aile, ne porte pas de plumes et ressemble à une aile de chauve-souris. Zittel les considère comme trop spécialisés pour avoir pu évoluer directement en oiseaux.

2. L'homogénéité de plan différencie les mammifères des reptiles, qui sont très polymorphes. Les oiseaux ont fort peu évolué depuis le crétacé.

γ) Les *condylarthres* et les *amblypodes*, continués par les ongulés ;

δ) Les *pachylémuriens*, perpétués par les lémuriens et les simiens [1].

Quels sont les rapports de ces divers groupes entre eux et avec les êtres vivants, c'est ce qu'on a beaucoup cherché. Arrivera-t-on jamais à reconstituer l'arbre généalogique unique, que rêvent certains? C'est fort peu probable d'après le nombre restreint des types conservés. C'est, d'autre part, ainsi que je l'ai dit déjà, peu vraisemblable par simple induction théorique. En supposant même la filiation réelle, il n'y a, en effet, aucune raison pour que les conditions nécessaires à la production d'un mammifère par un reptile se soient produites une fois seulement ; les mammifères peuvent donc offrir déjà, dans leurs ancêtres reptiliens, plusieurs souches distinctes [2], avoir eux-mêmes commencé par plusieurs types indépendants, qui ont continué à se différencier.

De fait, la plupart des paléontologues sérieux semblent avoir aujourd'hui renoncé à ces rapprochements d'origine entre animaux très différents, qui ont eu leur moment de vogue [3]. Entre les grandes espèces, les sutures nous échappent et celles que l'on a imaginées sont le plus souvent tout à fait problématiques. Ce qui frappe au contraire d'abord, dans le passé comme dans le présent, c'est la netteté avec laquelle ces grandes espèces se séparent habituellement les unes des autres.

On peut cependant restreindre ses prétentions et considérer comme un troisième argument en faveur du transformisme la filiation, ou la transition, réellement constatée parfois entre les ancêtres de deux espèces, aujourd'hui distinctes, dont, en remontant l'échelle des temps, on observe la convergence vers une souche commune.

Malgré les déboires de la phylogénie, on a obtenu des résultats intéressants, déterminé quelques séries continues de formes (*Formenreihen* de Neumayr), observé quelques variations dans le temps (*mutations* de Waagen), surtout pour des groupes inférieurs, comme les échinodermes, les brachiopodes, les gastropodes, les lamelli-

1. On sait que la différenciation s'accuse dans le système dentaire, qui, chez les premiers mammifères comme chez la plupart des reptiles, était composé de dents toutes semblables, coniques, très simples, et qui, dans les espèces suivantes, a été influencé par le régime (dents en lamelles des herbivores, etc.).

2. Les mammifères ont dû avoir deux souches déjà distinctes dès le trias.

3. Généralement toutes les découvertes importantes, qui sont venues combler quelque lacune dans la série stratigraphique des faunes, ont renversé les échafaudages construits d'avance : ainsi quand on a trouvé la faune des vertébrés crétacés de Laramie qui aurait dû fournir les ancêtres immédiats des groupes tertiaires. Les faunes de l'Inde, de la Patagonie, etc., ont causé d'égales surprises. Pour 2 300 espèces vivantes de mammifères, on n'en connaissait que 800 fossiles avant 1870. Le chiffre aujourd'hui dépasse 3 000.

branches, les céphalopodes, etc. dont on a pu réunir d'innombrables individus, recueillis dans des terrains d'âge très divers. On a montré, par exemple, dans le groupe des échinodermes, que les cystidés[1] anciens avaient pu bifurquer pour produire les astéroïdes, les échinoïdes et les crinoïdes. Le *Tiarechinus* du trias (17) forme la transition entre les blastoïdes et les échinides. On a établi des séries de formes pour certains groupes de brachiopodes (Oehlert), de paludines (Hyatt), d'ammonites (Waagen, Hyatt, Buckmann), de potamides (Boussac). La série des *Oppelia* de Waagen s'étend du bajocien (22) au bathonien supérieur (23). Celle des *Vivipara* (paludines) de Neumayr, à évolution très rapide, est localisée dans le levantin.

L'étude des ammonites dites *Phylloceras* a montré à Neumayr qu'un même genre pouvait évoluer simultanément suivant une série de rameaux parallèles à variations plus ou moins promptes.

Parmi les animaux plus compliqués, Ch. Depéret a suivi du lutétien (44) au burdigalien (49) le groupe des *Anthracothéridés* (ongulés à doigts pairs voisins des cochons). Il a également retracé les cinq rameaux parallèles des *Proboscidiens* tertiaires, dont l'origine paraît être dans le *Palæomastodon Beadnelli* du stampien (47).

Enfin l'hypothèse transformiste s'appuie encore sur toute une série de considérations très importantes, déduites de l'étude des êtres vivants, mais auxquelles la paléontologie vient donner, à la fois, une sanction et une explication.

Ces considérations sont de différents genres et, brièvement énoncées, se résument aux faits suivants, que je préciserai tout à l'heure par des exemples :

a) Suivant l'observation de Geoffroy Saint-Hilaire, tous les animaux accusent, en principe, un même plan structural et sont, malgré les énormes différences apparentes, qui les séparent, bâtis sur un même type[2].

b) Toutes les parties d'un même individu sont assez bien coordonnées pour que la connaissance d'une pièce du squelette entraîne, comme l'a montré Cuvier, la connaissance des autres, pour que la modification de cette pièce détermine des modifications connexes dans les autres parties osseuses. Cette structure, propre à l'animal, résulte

---

1. Les cystidés (de Κύστις, sac) étaient enfermés dans une boîte ovale, formée de plaques polygonales avec des trous pour la bouche, l'anus et les oviductes. Les blastoïdes (de Βλαστος, bourgeon) ont la forme d'un bouton de fleur d'oranger.

2. Cette loi, comme toutes les autres, ne doit être considérée que comme une première approximation très imparfaite. M. Perrier a insisté sur l'erreur de principe, qu'on a commise, en étudiant d'abord les vertébrés, qui sont les animaux les plus compliqués, et cherchant à leur assimiler des animaux inférieurs.

directement de son habitat et de son genre de vie; elle est, par suite, fonction du milieu, auquel l'être s'est adapté et la variation de ce milieu doit (d'après Lamarck) entraîner la variation du type.

c) L'on observe, chez de nombreux animaux, des « organes rudimentaires », qui, dans leurs conditions de vie actuelles, ne leur sont d'aucune utilité et n'offrent, en effet, aucun développement, mais qui correspondent exactement avec des organes utiles d'autres animaux fossiles, que la paléontologie conduit à envisager comme leurs ancêtres.

d) L'embryogénie met en évidence les métamorphoses très rapides de l'animal, qui, avant d'arriver à l'état adulte, passe par toute une série de formes de plus en plus perfectionnées, où l'on retrouve, suivant une remarque de Serres et d'Hæckel, l'équivalent des diverses formes anciennes, par lesquelles, en paléontologie, on suppose qu'a dû passer l'espèce, comme si l'individu, au cours de sa vie embryonnaire, reproduisait, en un intervalle très court, toute l'existence de sa lignée ancestrale. Pendant ce développement, certains des « organes rudimentaires », mentionnés plus haut, reprennent, parfois momentanément, leur rôle normal [1].

e) Soit dans l'élevage des animaux domestiques, soit en horticulture, on arrive, parfois, surtout avec des espèces dont les générations se reproduisent rapidement, à provoquer expérimentalement des transformations du type. C'est la « sélection artificielle », sur laquelle s'est tout particulièrement appuyé Darwin, en invoquant trop souvent, paraît-il, des observations inexactes [2].

f) Les faunes terrestres actuelles se divisent par provinces, qui semblent correspondre à des phases successives de l'évolution.

Revenons un peu sur ces divers points.

a) Dès 1796, Geoffroy Saint-Hilaire s'est efforcé de montrer que les êtres vivants sont formés sur un *plan unique*, essentiellement le même dans son principe, mais varié de mille manières dans sa réalisation [3] : idée développée plus tard par ses élèves, en cherchant à ramener le plan d'organisation de l'insecte à celui du vertébré. Puis, dans une série de mémoires, il a comparé, entre eux, les mêmes organes de diverses espèces, afin d'en montrer l'analogie et découvert ainsi le sens d'or-

[1]. Un fait, qui semble tout d'abord absolument probant en faveur d'une théorie, est souvent une arme à deux tranchants, dont on peut également se servir pour la combattre. Ainsi, pour AGASSIZ (*De l'espèce et des classifications*, 1862), la réapparition de types fossiles dans des formes embryonnaires prouvait simplement que ces types avaient été des formes prophétiques, prévues par l'intelligence créatrice. — Je signalerai tout à l'heure, page 681, le phénomène décrit par M. PERRIER sous le nom d' « accélération embryogénique », qui vient compliquer un peu les faits.

[2]. G. BONNIER (*Revue hebdomadaire*, juin 1911).

[3]. En même temps, GOETHE imaginait le type anatomique unique (*Allgemeines Bild*).

ganes détournés de leur utilisation première (appareils branchiaux, devenus le larynx et l'oreille). Cette théorie, poussée jusqu'à ses plus extrêmes conséquences dans les travaux embryologiques modernes, a finalement abouti à la thèse de C.-F. Wolff, d'après laquelle tout système organique commence par une membrane, qui s'infléchit en un tube. Cette unité de plan n'implique assurément pas, à elle seule, l'unité d'origine ; mais elle peut aider à l'admettre.

b) Il en est de même de l'admirable *coordination des parties*, découverte par Cuvier. D'après lui, « les parties d'un être vivant sont tellement liées entre elles qu'aucune d'elles ne peut changer sans que les autres changent aussi ».

Entre beaucoup d'autres preuves, on peut citer ce fait que, chez deux catégories d'animaux différentes, les équidés et les ruminants artiodactyles, une même modification dans la forme des molaires — d'abord à tubercules d'omnivores, puis à lamelles d'herbivores, — entraîne une même diminution dans le nombre des doigts, passant de quatre à deux. L'animal, en devenant herbivore, devient aussi plus propre à la course.

Ce principe était loin, dans l'esprit de Cuvier, d'apporter une confirmation aux idées de Geoffroy Saint-Hilaire et de Lamarck, qu'il combattait ardemment ; mais, bien que Cuvier ait toujours soutenu la thèse des créations successives contre celle de l'évolution, il n'en a pas moins apporté son concours à ce transformisme, qu'il a tant combattu.

Si, en effet, la forme d'une partie quelconque est complètement adaptée à la fonction qu'elle doit remplir pour un genre de vie déterminé ; si, comme Cuvier lui-même l'admettait, elle peut être modifiée par une variation dans ce genre de vie, il n'y a plus, pour admettre le passage d'une espèce à une autre, qu'un pas à franchir et, bien que ce pas ait toujours paru infranchissable à Cuvier, puis encore, vers 1850 ou 1860, à d'Orbigny et à Agassiz, aujourd'hui, où la notion de l'espèce s'est émiettée, le saut n'étonne plus personne. Cuvier, Lamarck et Darwin, qui croyaient être des adversaires irréconciliables, se tendent ainsi la main pour arriver à la conquête de la vérité. La notion des organes changés de fonction de Geoffroy Saint-Hilaire et celle des organes rudimentaires de Hæckel se rattachent directement au principe de la coordination des parties, qui a été affirmé d'abord par Cuvier.

Le principe d'adaptation au milieu, qui nous paraît si intimement lié à celui de la coordination des parties, a pu être vérifié pour des espèces fossiles.

Si l'on prend, par exemple, les lamellibranches, M. Douvillé a montré que la forme primitive était représentée par des animaux libres de se mouvoir dans la mer et ayant alors deux valves égales et presque symétriques (équilatérales et équivalves). Dès que l'animal se fixe par un byssus, la coquille s'allonge du côté de la région siphonale (inéquilatéralité). La station couchée sur un côté entraîne l'inégalité des valves. Si l'eau est agitée, l'action du courant tend à comprimer le byssus sur la partie antérieure de l'animal, qui s'atrophie et les deux valves deviennent de plus en plus différentes (*Mytilus*). Dans un des groupes les plus vulgairement connus, celui des *Pecten*, normalement ces animaux vivent fixés et couchés sur la valve droite, qui devient plate, tandis que la gauche devient convexe. Certaines espèces reprennent leur liberté et se déplacent au fond de la mer en fermant brusquement leurs valves : elles redeviennent alors équivalves. Elles peuvent même avoir de nouveau des valves inégales, mais en sens contraire (la valve droite étant la plus bombée), si elles vivent sur un fond vaseux (*Pecten Jacobœus*).

Parmi les lamellibranches, il est encore des espèces, qui s'enfoncent dans le sable par leur pied afin de se mettre à l'abri et y restent à demeure en gardant la communication avec l'extérieur par les deux ouvertures postérieures de leur manteau (desmodontes). Que le fond de la mer soit raviné par un courant, si l'animal a assez de force, il reprend la vie active et la forme se rapproche de la symétrie équilatérale (mactres, etc.).

En tout cela, il semble se produire un groupement des cellules organiques [1], analogue à celui des molécules supposées dans un cristal, avec tendance à réaliser un plan primitif de symétrie, mais déviation dans le sens où la tendance à l'accroissement se trouve particulièrement favorisée.

Les mollusques édifient une coquille extérieure, comme les vertébrés construisent un squelette intérieur, par une opération également inconsciente et régie par des lois analogues de moindre travail et de symétrie.

c) Les *organes rudimentaires*,. que présentent certains animaux à l'état embryonnaire, ou qu'ils peuvent même conserver à l'état adulte sans que leur utilité apparaisse aujourd'hui, fournissent un des arguments les plus forts et les plus curieux en faveur du transformisme : surtout quand ces organes, chez des animaux plus anciens, que l'on est tenté de considérer comme les ancêtres des animaux actuels, se montrent développés et utilisables.

---

1. Ces cellules sont elles-mêmes composées de molécules matérielles.

Entre les exemples les plus souvent cités, les dents des oiseaux sont particulièrement instructives. On sait assez que les oiseaux actuels n'ont pas de dents; au contraire, les premiers oiseaux jurassiques ou crétacés, si directement affiliés aux reptiles, tels que l'*Archæopteryx* (kimeridgien, 30) (fig. 51), l'*Ichthyornis* (cénomanien, 36), l'*Hesperornis* (crétacé moyen, 36), avaient des dents coniques et aiguës de reptiles [1]. Ces dents persistent chez les oiseaux du crétacé supérieur; puis elles disparaissent chez les oiseaux tertiaires. Mais on

Fig. 51. — *Archæopteryx lithographica*. Wagn. et Dames, du portlandien (31) de Solenhofen (Bavière). — 1/7 grandeur naturelle, musée de Berlin.

a cru retrouver, chez le perroquet actuel, à l'état embryonnaire, des dents, qui ne viennent jamais au jour [2]. Les os rudimentaires de l'aile des oiseaux s'expliquent également par les os plus développés de ces oiseaux anciens, qui reparaissent, un instant, dans leur forme ancienne, chez l'autruche à l'état jeune. Parmi les ancêtres reptiliens des oiseaux, l'*Archæopteryx* avait, au membre antérieur, une main prenante, composée de trois doigts isolés munis de griffes. Chez les oiseaux actuels, un des doigts n'est plus qu'un moignon, le reste de la main se réduit à trois métacarpiens soudés.

De même, certains serpents ont des pattes rudimentaires, cachées

1. Les affinités sont si grandes que l'on considère souvent l'*Archæopteryx* comme un reptile ptérosaurien (à cause de sa colonne vertébrale et de son sacrum), tandis que Dames, Zittel, etc , en font un oiseau pour ses plumes et son crâne.

2. Cette observation de Geoffroy Saint-Hilaire a été fortement contestée,

sous la peau; certains cétacés, un commencement de bassin, qui
semble aujourd'hui sans but, puisqu'il ne porte pas de membres postérieurs; certains lacertiliens ont, au sommet de la tête et sur la ligne
médiane, un œil, avec sa rétine, son cristallin, son nerf optique, mais
caché sous une écaille opaque et, par conséquent, inutilisable : c'est
le reste de l'œil pinéal, qui a existé à la même place, mais largement
ouvert, chez divers reptiles primaires et secondaires.

La patte du cheval donne lieu à une remarque analogue. En étudiant les équidés éocènes, on trouve un cubitus bien distinct et un
pied de devant, comprenant cinq doigts, dont un rudimentaire. Dans
le cheval actuel, le cubitus s'est peu à peu atrophié ; deux doigts ont
complètement disparu ; deux autres sont remplacés par deux petits
stylets qui en occupent la place, et il ne reste qu'un seul doigt caractérisé[1].

Enfin Geoffroy Saint-Hilaire avait déjà fait remarquer que le larynx
ou l'oreille des vertébrés terrestres représentent : l'un, par son appareil hyoïdien, un ancien appareil branchial; l'autre, par ses osselets, un
appareil operculaire de poissons, c'est-à-dire que tous deux ont dû
d'abord servir à soutenir une branchie, qui respirait l'air dissous dans
l'eau. Là, l'organe, en perdant son emploi, ne se serait pas atrophié
mais aurait changé de fonction.

   d) *Embryogénie.*

Dans les espèces vivantes, il arrive de voir, à l'état transitoire, des
formes qui autrefois durèrent chez l'être adulte, et qui, retrouvées à
l'état fossile, constituent ce qu'on a appelé des formes embryonnaires
persistantes[2]. Ainsi le développement d'un poisson moderne se retrouve
dans les ganoïdes écailleux primaires, dont la colonne vertébrale,
d'abord molle, a mis pour s'ossifier du silurien au jurassique. Chez
les amphibiens paléozoïques, une semblable ossification, reproduite par
l'individu actuel, ne s'est terminée qu'au trias.

S'il s'agit de suivre une semblable évolution sur un individu fossilisé, les observations ne peuvent, naturellement, se faire que dans certains cas spéciaux, particulièrement favorables : tel est celui des
ammonites, étudiées, dès 1873, à cet égard, par Wurtenberger.

On sait que la coquille de l'ammonite est formée d'un certain nombre

---

1. Cependant Ch. Depéret a fait remarquer (*loc. cit.*, p. 107) qu'il n'y avait pas,
comme l'affirmait Gaudry, filiation directe du *Palæotherium* éocène à l'*Anchitherium*
du miocène moyen, à l'*Hipparion* du miocène supérieur et au cheval. Ce ne sont
pas des ancêtres, mais des rameaux distincts et parallèles, éteints sans rejetons.

2. Si la loi d'hérédité d'Hæckel avait la précision et la généralité qu'on lui a attribuées, la « méthode ontogénique » constituerait un instrument impeccable pour
retrouver la phylogénie des espèces fossiles, puisqu'il suffirait d'étudier l'embryogénie de leurs descendants vivants. Mais les applications restent accidentelles.

de chambres, enroulées en spirale, et reliées par un siphon, que l'animal construit au fur et à mesure de son développement, en n'occupant jamais que la dernière. Il en résulte que, lorsqu'on prend une coquille d'ammonite et qu'on la brise de manière à retrouver les spires les plus rapprochées de l'ombilic (ou de l'ovisac), c'est absolument comme si on remonte les phases successives de son existence ; on voit alors que l'animal a présenté, tour à tour, des aspects extrêmement différents et, dans certains cas, ou a pu retrouver ainsi, sur une espèce adulte appartenant à un étage géologique déterminé, que l'individu de cette espèce avait commencé par présenter, étant jeune, des formes caractéristiques des adultes dans les étages antérieurs. C'est le cas, par exemple, pour le groupe des *Perisphinctes*, dont une forme récente, l'*Aspidoceras cyclotum* a eu, d'abord, des côtes plusieurs fois ramifiées, puis des tubercules sur ces ramifications, puis un second rang de tubercules internes et, enfin, une coquille lisse : caractères successifs des divers types de *Perisphinctes*, apparus dans les étages géologiques précédents.

De même, les sutures des cloisons successives, qui se dessinent à la surface des coquilles d'ammonites, sont, en général, de plus en plus compliquées à mesure que l'animal vieillit ; les premières, très simples, sont celles des premières ammonites du carbonifère supérieur et marquent le passage à des céphalopodes plus anciens, les goniatites.

On admet, d'autre part, que, plus l'animal est perfectionné, plus les formes qu'il a traversées sont nombreuses, plus, dans le développement embryogénique, il les parcourt rapidement. C'est, dans l'idée darwiniste, un résultat de la sélection naturelle, que l'on qualifie d'*accélération embryogénique* (Perrier). Par exemple, quand on prend des ariétidés de plus en plus anciens, la première cloison, correspondant au premier état embryonnaire de l'animal, reproduit elle-même une forme de plus en plus ancienne. Chez les animaux plus récents, ces formes primitives n'ont plus le temps de se former.

e) Les faits rassemblés par Darwin pour montrer les variations, qui se produisent, dans les espèces, sous l'influence d'une *sélection artificielle*, sont trop connus pour être rappelés. Il peut être plus utile de signaler ceux qui, contrairement à Darwin et surtout à ses disciples, montrent la variation de l'être par *adaptation progressive à son milieu*[1]. Certains animaux, dits Euryhalins, s'accommodent de brusques variations importantes dans la salure. L'un d'eux, un crustacé, propre à l'eau presque saturée, l'*Artemia salina*, peut, en quelques générations, à la condition d'augmenter ou de diminuer progressivement la salure,

---

1. Voir : 1892. Locard. *L'influence du milieu sur le développement des mollusques* ; Weissmann, *Essai sur l'hérédité et la sélection naturelle*.

se transformer en deux espèces différentes, l'une marine, l'autre d'eau douce. De même, la bactériologie change les microbes pathogènes en vaccins ; les botanistes obtiennent des variations de structure, etc.

Il est vrai que ces variations, rapidement obtenues, ne semblent pas toujours bien fixées et sont sujettes à régression : ce qui a fait dire, par certains naturalistes, qu'elles n'ont pu intervenir dans le transformisme. Cependant les Américains (Cope, etc.), qui ont repris, récemment, sur cette question de l'adaptation au milieu, les idées de Lamarck, ont cherché à démontrer, par exemple, que les parties constituant les membres pouvaient s'allonger peu à peu sous l'influence des chocs répétés ou de la tension : d'où les doigts des digitigrades, les tibias des plantigrades, les pattes de derrière des kangourous.

Il suffit, d'ailleurs, de comparer sa main droite à sa main gauche pour vérifier que l'exercice développe l'organe. Les animaux aveugles des cavernes offrent également un cas frappant de cette adaptation.

Dans le même ordre d'idées, on peut citer le fait si curieux de ces mers intérieures d'Afrique, comme le Tanganyika, où l'on a trouvé des mollusques d'eau douce ressemblant singulièrement à des espèces marines de Trochus, de Turbo, de Littorina. Bien que ce ne soit pas la seule explication possible de ce phénomène, on a généralement vu là une faune marine résiduelle emprisonnée dans l'intérieur d'un continent et peu à peu adaptée à une dessalure graduelle[1].

f) Les diverses faunes terrestres, qui coexistent aujourd'hui à la surface de la Terre, et souvent indépendamment des climats, ont pu être considérées commes des restes, des témoins peu modifiés des faunes géologiques successives et, divisant ces faunes actuelles par *provinces zoo-géographiques*, on a pu rechercher l'époque géologique, que représentait chacune d'elles[2]. Ainsi, du Sud au Nord, on trouverait : en Australie, une faune secondaire et même, par endroits, permo-triasique (17) ; à Madagascar, une faune oligocène (47) ; en Afrique, une faune miocène (50) ; en Amérique du Sud, une faune mio-pliocène (54) ; dans le Nord de l'Europe ou de l'Amérique, une faune du pliocène supérieur (56). Ce qu'on a voulu interpréter en supposant que les faunes successives seraient parties du pôle Nord, refoulées l'une après l'autre

---

1. GRAVIER (C. R. AC. Sc., 23 novembre 1903), sur une méduse d'eau douce du Victoria Nyanza.

2. Voir le travail de A. R. WALLACE en 1876, sur la distribution géographique des animaux, et LYDEKKER, *A geographical history of Mammals*, Cambridge, 1896. — ZITTEL (trad. franç., t. IV, p. 770) distingue trois foyers de développement des mammifères : 1° Australie et Tasmanie (avec marsupiaux) ; 2° Amérique du Sud, ou Austro-Colombie (avec édentés) ; 3° Arctogæa, comprenant l'Eurasie, l'Afrique et l'Amérique du Nord, dont la faune septentrionale est très moderne.

vers le Sud par une faune mieux adaptée aux conditions du refroidis-sement polaire.

Dans le même ordre d'idées, on avait autrefois imaginé que les races humaines avaient dû diverger du pôle pour descendre vers l'Équateur en suivant des méridiens, qui les avaient rendues de plus en plus distantes l'une de l'autre.

Ce ne sont là, je crois, que de jolies imaginations : les exemples nombreux de migrations du Sud vers le Nord venant contredire la soi-disant loi générale.

Néanmoins, l'idée que ces distinctions de faunes sont dues à la per-pétuation de types inégalement évolués est très plausible et l'on a même pu se fonder sur elle pour essayer de dater les morcellements des anciens continents dans l'hémisphère austral, en retrouvant par cette méthode à peu près les mêmes résultats que par la stratigraphie.

2° *Objections au transformisme.* — Tout en développant surtout jus-qu'ici les arguments en faveur du transformisme, je me suis trouvé déjà citer incidemment quelques-unes des objections qu'il soulève ; il faut maintenant compléter ces objections, et les discuter pour montrer ce qu'il reste d'hypothétique dans cette théorie.

La première, qui ait été faite et qui, supposée irréfutable, a contribué jadis à accréditer la théorie des créations successives, nous paraît aujourd'hui bien facile à battre en brèche ; elle consiste à mettre en relief le caractère de changement brusque et soudain, qu'affecte parfois la transformation de la faune entre deux étages géologiques super-posés.

Mais, sans recourir aux phénomènes de « saltation », c'est-à-dire de développement par à-coups, qui seront signalés plus loin[1], il suffit de remarquer qu'une telle brusquerie accuse normalement l'existence d'une lacune entre les deux étages[2] : lacune, pendant laquelle a pu, soit s'opérer sur place la transformation des espèces, soit, beaucoup plutôt, se produire un changement dans le sens des courants, dans la nature et la disposition des fonds de mer, entraînant un facies nou-veau, avec une faune différente, peut-être (comme on le constate

---

1. Je mentionnerai bientôt cette hypothèse de la *saltation* (Cope), qui, très admissible et même vraisemblable dans son principe, est vraiment un peu trop commode, dans certaines applications abusives, pour « sauter » par-dessus les difficultés.

2 Il n'est pas nécessaire, pour cela, qu'il manque, dans la série stratigra-phique, un étage ni même une zone paléontologique : coupures, tout à fait con-ventionnelles, de notre géologie.

souvent), l'arrivée d'une faune étrangère, ayant entièrement évolué ailleurs.

Ce n'est pas là une hypothèse gratuite. Il est très probable que la naissance d'une espèce nouvelle bien déterminée, a dû, par suite de circonstances multiples et, en particulier, par l'influence du milieu, se produire en un point très localisé, à partir duquel cette espèce a essaimé dans diverses directions. Ce que nous constatons, quand nous voyons apparaître cette faune dans notre terrain, c'est l'arrivée de l'essaim tout formé ; mais, à moins d'un hasard bien rare, il n'est guère probable, ainsi que je l'ai fait remarquer à diverses reprises, que nous puissions assister à la transformation même.

On a cru cependant trouver quelquefois des gisements de transition accusant la suture entre deux types anciens par un type intermédiaire et marquant par suite peut-être le point de bifurcation où aurait pris naissance un rameau nouveau.

C'est ainsi que, suivant Hyatt, les diverses souches d'ariétidés viendraient de la Côte-d'Or et de l'Allemagne du Sud. La transition des goniatites carbonifères aux ammonites triasiques se serait faite, d'après Waagen, dans la zone méditerranéenne méridionale et orientale.

Une seconde objection importante tient au caractère déjà très perfectionné et différencié de la faune précambrienne ; nous retrouverons tout à l'heure la même critique à propos des végétaux. On fait remarquer combien il est peu conforme à la série continue admise par les transformistes de voir, dès le précambrien, des trilobites qui sont des crustacés déjà compliqués[1] et de retrouver ensuite, à l'époque actuelle, des animaux ayant persisté depuis les époques les plus anciennes, tels que les lingules (fig. 9, p. 195), ou certains brachiopodes articulés (térébratules et rhynchonelles, fig. 16, p. 201[2]).

L'apparition, qui nous semble précoce, d'êtres relativement compliqués, peut, je crois, s'expliquer dans l'hypothèse, aujourd'hui presque certaine[3], où il y aurait eu, avant le précambrien, de longues périodes géologiques, déjà propres à la vie, dont les sédiments auraient, à peu

---

1. Je reviendrai plus loin, page 694, sur cette objection. On peut remarquer que les trilobites, tout en étant compliqués, sont cependant peu spécialisés.

2. Le fait est particulièrement curieux pour les térébratules et les rhynchonelles, qui ont eu, à certains moments de leur histoire, des variations incessantes, à tel point qu'on a pu les qualifier d'espèces *affolées* : l'affolement étant peut-être l'équivalent de ce que de Vries a appelé la période de mutation. J'ai reproduit (fig. 16) une rhynchonelle dévonienne, très analogue aux types les plus récents.

3. Page 306. Voir aussi plus loin, pages 694 et suiv..

près partout, subi une cristallisation, qui leur a fait prendre l'aspect archéen et, du même coup, en a éliminé les traces d'organismes. Il est très possible, comme je le dirai plus tard, que l'on trouve, un jour où l'autre, en quelque point du monde, des sédiments fossilifères antérieurs au précambrien (1), ayant échappé au métamorphisme et nous fournissant les ancêtres des premiers trilobites ou des premiers brachiopodes.

Quant à la persistance indéfinie de certaines espèces rudimentaires, assez difficile à interpréter dans la théorie darwinienne de la sélection naturelle, elle est, au contraire, très claire dans l'hypothèse de l'adaptation au milieu et de l'hérédité d'exercice. Une espèce, adaptée à certaines conditions de milieu, qui se sont prolongées, a très bien pu se perpétuer, surtout si ces conditions de milieu étaient telles que d'autres espèces plus parfaites ne venaient pas lui disputer sa nourriture. C'est ainsi que, parmi les hommes, certains coins déshérités de la Terre se trouvent momentanément délaissés à des races inférieures, qui disparaîtront seulement le jour où les races supérieures auront besoin de leurs territoires.

Une objection plus grave au transformisme de Darwin, ou même à celui de Lamark, est l'absence des transitions rêvées entre les espèces. A cet égard, ni la paléontologie ni l'océanographie n'ont tenu toutes les espérances que la science trop ambitieuse de la fin du xixe siècle avait mises en elles. Les séries d'espèces affines que l'on a essayé de tracer présentent, même dans les cas les plus favorables (Camélidés, Suidés, Crocodiliens) des trous encore nombreux. Les mammifères demeurent isolés. Le lien des Amphibiens aux reptiles reste lâche. Et, sans doute, on peut encore compter sur les découvertes à venir. Mais il est également permis de se demander si l'apparition des grandes espèces ne se serait pas faite avec une brusquerie que des théories, dont il sera question bientôt, ont essayé d'expliquer.

D'autres catégories d'objections tiennent à la complexité même du phénomène. On voit des espèces, au lieu de se développer, reculer en arrière ; des rameaux, qui avaient commencé à se bifurquer, se souder de nouveau ; des progrès dans l'affinement de tel ou tel sens être suivis d'un rebroussement : l'arbre généalogique semble parfois la tête en bas. Dans ces cas, il faut bien reconnaître qu'on a quelquefois abusé de ce genre d'explications, qui consiste à imaginer une loi nouvelle pour tout phénomène contradictoire et à prendre un terme savant, tel que la « vertu dormitive » de l'opium, pour une bonne raison.

Il semble un peu insuffisant de dire, par exemple : quand une transition manque, qu'il y a *saltation* (Cope) ; quand on observe un recul, qu'il *j a retour à la médiocrité* (Galton), *non hérédité des caractères acquis* (Weissmann), *régression*[1] ou *gératologie*[2] (Hyatt); quand les divers organes ne se modifient pas en même temps, mais indépendamment, qu'il y a *aberrance;* quand les rameaux séparés de l'arbre viennent se souder, qu'il y a *convergence.*

Cependant quelques-unes de ces explications peuvent offrir, quand on regarde ce qu'il y a sous les mots, beaucoup plus de valeur réelle qu'on ne le croirait d'abord.

Ainsi la *saltation* serait, dans l'esprit de son inventeur, un progrès brusquement réalisé à la suite d'efforts dans le même sens, longuement accumulés sans résultat pendant plusieurs générations et, pour ainsi dire, emmagasinés à l'état de potentiel. Quand on observe le développement intellectuel des jeunes enfants, on constate quelque chose de ce genre : ce n'est pas une pente douce que l'on gravit ; ce sont les marches d'un escalier; on s'élève brusquement et par bonds. Jusqu'ici, pour les végétaux aussi bien que pour les animaux, ce développement par à-coups semble bien plus probable qu'un progrès par transitions insensibles. A certains moments de l'histoire géologique, il semble se produire un brusque essor pour certaines classes d'organismes et des expériences de Hugo de Vries et de Nilsson, qui ont eu un grand retentissement[3], ont paru montrer que l'on pouvait, en botanique, observer aujourd'hui même une semblable explosion de vie à certaines phases de la vie des espèces, où elles se trouvent dans ce que l'auteur a appelé leur période de *mutation*, à la condition de découvrir, parmi les espèces vivantes, une plante qui se trouvât précisément dans cette phase appropriée : ce qui s'est produit pour « l'Onagre de Lamarck ».

Le *retour à la médiocrité*, la *non hérédité* correspondraient, de même, à ce que l'on observe dans un travail quelconque, où l'on se hâte trop d'arriver à un résultat : l'action excessive est suivie d'une sorte de fatigue, qui amène une régression. Si, comme nous le verrons tout à l'heure[1], la transmission héréditaire se fait par un protoplasma, commun à toute la lignée, qui emmagasine tous les chocs extérieurs reçus et se

1. Les tortues paraissent, d'après certains auteurs, présenter un cas de régression. Cependant la régression proprement dite est un phénomène très discutable et il faut toujours songer auparavant à la persistance de formes anciennes à côté d'autres formes plus évoluées.

2. J'indiquerai plus loin, page 701, un exemple de gératologie.

3. Déjà entrevue par Isidore Geoffroy Saint-Hilaire, la saltation avait été soutenue par Cope. On a tenté d'expliquer les « explosions » de de Vries par une blessure de l'embryon ou de l'individu jeune, par l'action sur lui d'une piqûre d'insecte ou d'un champignon parasite.

4. Page 699.

modifie en conséquence, une telle assimilation de l'espèce avec une pièce élastique n'est peut-être pas illusoire.

De même, s'il y a parfois *convergence*, ainsi qu'on a cru l'observer pour certaines espèce d'ammonites, c'est-à-dire si diverses espèces semblent aboutir au même type final, ou du moins à des types très analogues[1], cela peut tenir à ce que ces formes finales sont plutôt le résultat d'une cause générale, indépendante de l'espèce, telle qu'une influence extérieure, qu'un phénomène tenant à l'espèce même[2].

Chez deux types d'animaux aussi différents que les reptiles ichtyosaures et plésiausaures, ou les mammifères cétacés et phoques, on observe ainsi une même transformation des pattes en palettes natatoires.

Chez tous les types de gastropodes, quels que soient les organismes internes, les variations de la coquille se produisent dans les mêmes directions ; la spirale devient conique, ou se déroule en un tube redressé, ou encore passe sous le manteau pour disparaître complètement.

Il n'y a pas là un trait caractéristique de l'une ou l'autre de ces espèces, mais une cause générale, qui influe de même sur des êtres différents. Portant sur des espèces déjà voisines, une action de ce genre peut aboutir, sinon à l'identité, du moins à de bien spécieuses analogies.

B. Végétaux. — Pour les végétaux, comme pour les animaux, les premiers résultats de la paléobotanique, exposés dans leurs grandes lignes, montrent également une marche progressive à peu près régulière et ce seul fait forme déjà, à lui seul, un argument bien puissant en faveur du transformisme.

« Les végétaux inférieurs (tels que les algues marines) se montrent les premiers ; les cryptogames vasculaires occupent ensuite le premier rang ; les gymnospermes deviennent à leur tour prédominantes ; les angiospermes apparaissent les dernières et les grands groupes de dicotylédones affectent eux-mêmes un ordre en rapport avec la complication de plus en plus grande de leur appareil floral[3]. »

1. La convergence ne semble guère pouvoir aboutir à l'identité, mais seulement à une analogie plus ou moins grossière. Certains groupes d'ammonites ont un aspect extérieur analogue, mais les cloisons conservent leurs caractères distinctifs.

2. Cette observation vient à l'appui de l'adaptation au milieu et concorde également avec l'idée qu'un type donné a bien pu ne pas apparaître une seule fois, mais que les conditions nécessaires à sa production ont pu se réaliser en divers points et même à diverses époques, c'est-à-dire qu'à tous les degrés de l'arbre généalogique, depuis le premier, il a pu, à la rigueur, y avoir, non une seule souche, mais plusieurs ; d'où une complication probable, beaucoup plus grande qu'avec l'idée simpliste de l'arbre généalogique unique. On objecte cependant avec raison que la production réitérée de deux ou plusieurs êtres tout à fait identiques est peu vraisemblable : il a dû se produire plutôt des êtres analogues.

3. Zeiller. *Paléobotanique.* 1900.
Je rappelle qu'après les Thallophytes (algues, champignons) et les Muscinées

Envisagée toujours dans son ensemble, l'histoire de la flore présente trois grandes périodes successives, qui accusent ce développement.

1° La première, correspondante aux temps paléozoïques, a été appelée *l'ère des Cryptogames vasculaires*, à cause de la prédominance de ces types à partir du dévonien (5) et, malgré des découvertes récentes qui, en faisant rapporter aux gymnospermes un grand nombre de prétendues fougères paléozoïques, ont singulièrement troublé les idées admises sur ce sujet [1], le terme classique peut sans doute être conservé en raison du rôle considérable qu'ont joué en tout cas, dans la végétation de cette période, les formes arborescentes d'équisétinées et de lycopodinées.

La flore commence par quelques algues dans le silurien inférieur (3) du Canada; mais, jusqu'au dévonien, on n'a pas de plantes terrestres bien caractérisées. Le givétien (8) de Bohême (étage H de Barrande), renferme des fougères à peu près certaines et des lycopodinées. Dans les Etats-Unis et le Canada, il y a des fougères et des cycadofilicinées (ptéridospermées), des équisétinées, des lycopodinées, des cordaïtées.

(mousses), on distingue en botanique, les embranchements des CRYPTOGAMES VASCULAIRES (Fougères, Sphénophyllées, Équisétinées, Lycopodinées), des PHANÉROGAMES, des GYMNOSPERMES (Cordaïtées, Cycadinées, Cycadofilicinées ou Ptéridospermées, Salisburiées, Conifères, Gnétacées) et des ANGIOSPERMES (Monocotylédones et Dicotylédones).

Les CRYPTOGAMES VASCULAIRES sont des végétaux dépourvus de fleurs, dont le développement se fait avec alternance de générations : 1° une génération asexuée, où l'œuf produit le corps végétatif et 2° une forme sexuée résultant de la spore, qui donne naissance à un prothalle rudimentaire, apte seulement à produire rapidement les éléments sexuels. Par exemple, les fougères (1) portent, sur la face inférieure des feuilles, des sporanges, dont les spores donnent un prothalle (2) qui se développe en dehors de la plante mère. Le même prothalle porte, à la fois, les appareils mâles et femelles (anthéridies et archégones) tandis que, chez certaines lycopodinées, ou chez certaines cryptogames vasculaires, dites hétérosporées, les prothalles mâles et femelles sont distincts et issus de spores différentes, renfermées dans des sporanges séparés (micro et macro-spores et micro et macro-sporanges).

Les PHANÉROGAMES sont, au contraire, des végétaux pourvus de tiges, de feuilles, de racines, de fleurs et de graines, où l'oosphère naît sur la plante-mère et y est fécondée, sans qu'il y ait formation, en dehors de cette plante-mère, d'un prothalle libre. La disparition des anthérozoïdes sépare les cryptogames des phanérogames. Chez les GYMNOSPERMES, les ovules ne sont pas enfermés dans une cavité close; ils le sont, au contraire, chez les ANGIOSPERMES, où cette cavité est formée par les carpelles, ou bractées fertiles, qui portent ces ovules.

Parmi les arbres actuels (dicotylédones), les figuiers, les ormes, les platanes, les peupliers datent du crétacé inférieur (32) ; les saules, les hêtres, les aulnes, les bouleaux, les magnolias, les lauriers, etc., du cénomanien (36) ; on a cru retrouver l'ancêtre commun des châtaigniers et des chênes dans le crétacé supérieur (40).

1. Voir R. KIDSTON (Proc. Royal Soc. t. LXXII, p. 487; Phil. Trans. t. CXCVII, B, p. 1) ; F. G. OLIVER et D. H. SCOTT (Proc. Royal. Soc. L. LXXIII, p. 4) ; R. ZEILLER (C. R. 14 mars 1904) ; GRANDEURY (C. R. 7 mars et 4 juillet 1904). Il résulte de ces travaux que les *Cycadofilicinées* ou *Ptéridospermées* (*Nevropteris*, etc.), autrefois rapportées aux fougères, c'est-à-dire aux cryptogames vasculaires, sont, en réalité, des gymnospermes, pourvues de caractères intermédiaires entre les fougères et les cycadinées et marquant le passage entre ces deux groupes.

Les étages carbonifériens (11 à 13) accusent le grand développement de ces groupes, avec des caractères assez différents suivant les périodes, pour que l'on ait pu établir une classification des niveaux d'après la flore. Cette flore se prolonge, avec des caractères analogues, pendant le permien (14 à 16) et s'éteint vers le trias (17).

2° *L'ère des Gymnospermes*, déjà précédée par les cordaïtées et les ptéridospermées carbonifères (15), dure ensuite depuis le trias jusqu'à la fin du jurassique (31); elle est caractérisée par la prédominance des cycadophytes et des conifères; les fougères occupent encore, à côté d'elles, une place importante, mais secondaire; les lycopodinées ont presque disparu.

3° *L'ère des Angiospermes* commence avec le crétacique (32) et se prolonge encore aujourd'hui. Les angiospermes, notamment les dicotylédones, qui faisaient défaut jusqu'alors, y apparaissent et prennent rapidement le premier rang.

Cependant M. Zeiller, auquel j'emprunte les conclusions précédentes[1], montre, d'autre part, combien les espèces se montrent souvent, dès le début, avec les caractères qu'elles présentent toujours dans la suite, de même que nous avons vu des brachiopodes durer depuis le cambrien (2) jusqu'à nos jours. Par exemple, dès que l'on trouve des algues dans le silurien (12), elles offrent les traits habituels, que nous leur conraissons et se montrent bien distinctes de tous les autres types végétaux. De même, pour les characées depuis le trias (17). Parmi les cryptogames vasculaires, on rencontre, dès les premiers niveaux dévoniens (8) présentant une forme terrestre, des représentants non douteux et parfaitement distincts de leurs quatre classes principales; fougères, sphénophyllées, équisétinées, lycopodinées. Les gymnospermes débutent également par des cordaïtées, qui forment un type très perfectionné. Rien non plus ne permet de rattacher les conifères à quelque type antérieur. Enfin les monocotylédones (palmiers) et les dicotylédones (majorité des arbres actuels) apparaissent ensemble dans l'infracrétacé (32), sous forme d'échantillons clairsemés au milieu d'une flore parfaitement semblable à celle des couches sous-jacentes, où l'on n'observait aucune trace de leur existence et, aussitôt, se multiplient et se diversifient avec une rapidité remarquable.

On est donc extrêmement embarrassé pour établir une filiation dans les espèces végétales, bien que l'on ait reconnu quelques formes intermédaires, tels que le genre *Cheirostrobus* du dinantien (11) entre les

---

1. *Loc. cit.*, page 333 et 365. Voir, dans BERNARD, *Éléments de paléontologie* (chapitre sur la phylogénie des végétaux), une discussion de la même question, plus favorable aux idées transformistes.

équisétinées et les sphénophyllées ; et surtout, d'après les derniers travaux, les cycadofilicinées entre les fougères et les cycadées [1]; bien que l'on puisse également reconnaître des ressemblances extérieures très étroites entre les conifères et les lycopodinées arborescentes.

Enfin, comme l'a remarqué M. de Saporta, les genres, aujourd'hui féconds en espèces, montrent autrefois la même fécondité ; les genres restreints, la même pauvreté.

En conséquence, M. Zeiller s'est demandé si les apparitions de nouvelles espèces, au lieu de s'être produites par transformations lentes, comme on le supposait autrefois, n'auraient pas été réalisées brusquement par un phénomène analogue à celui que nous avons qualifié plus haut de « saltation », et que les expériences de M. Hugo de Vries ont contribué depuis à mettre en lumière.

II. — Les problèmes encore posés.

A) LA VIE ET SON ORIGINE. — J'ai essayé, jusqu'ici, de résumer les faits précis, que nous fournit la géologie sur l'histoire des êtres organisés ; il est facile de voir qu'ils ne répondent qu'approximativement à la question posée au début. Nous devons donc maintenant examiner les problèmes qui restent à résoudre, le secours que peuvent apporter d'autres sciences à leur solution et, guidés par ces autres sciences, la direction, dans laquelle il convient d'interroger la géologie.

La question fondamentale, à laquelle la philosophie naturelle plus encore que la science d'observation n'a pas craint de s'attaquer, est singulièrement plus obscure encore que celle du transformisme, à laquelle j'ai fait allusion au début de ce chapitre ; il ne s'agit pas seulement de savoir si le nombre des espèces était moins considérable au début qu'il ne l'est aujourd'hui, s'il a pu y avoir passage d'une espèce à l'autre, ou même transition d'un végétal à un animal : on se demande davantage ; on cherche s'il n'a pas pu y avoir passage de la matière à la vie.

Cette question se pose donc ainsi : « Qu'est-ce que la vie ? La vie forme-t-elle un simple cas particulier des propriétés physico-chimiques déjà connues ? Ou constitue-t-elle, à elle seule, une propriété spéciale et caractéristique ? Et cette propriété est-elle, comme on le croit d'habitude, uniquement transmissible par reproduction d'êtres organisés

---

1. Les cycadofilicinées sont si semblables aux fougères par leur appareil végétatif, qu'elles ont été longtemps confondues avec elles et que leur classement définitif comme gymnospermes, après la découverte de leurs appareils fructificateurs, date seulement de 1904.

préexistants ? Ou peut-il être suppléé à ceux-ci par une transformation des énergies maniées et utilisées dans le laboratoire ? »

On trouvera une discussion ingénieuse et documentée de cette question dans un ouvrage de M. Dastre[1], où l'auteur, reprenant une ancienne théorie grecque, qui, depuis deux ou trois mille ans, n'a jamais cessé de séduire les chercheurs, et l'appuyant sur des comparaisons de poète au moins autant que sur des assimilations de savant, relie par une chaîne continue la vie et la non-vie[2], qui présentent toutes deux, suivant lui, des caractères analogues (fatigue, résistance, nutrition, cicatrisation, reproduction, etc.). Cette théorie subtile, que je n'ai pas à discuter ici, montre, tout au moins, la direction, dans laquelle se portent les efforts des physiologistes modernes les plus hardis. De même que nos chimistes recommencent à chercher la transmutation des métaux, nos biologistes reprennent, sous une forme ou sous une autre, en dépit des expériences de Pasteur, la poursuite des générations spontanées[3]. L'esprit humain est tellement amoureux de simplicité qu'aucune démonstration scientifique momentanée, où semble se formuler en loi durable la complexité intime des phénomènes, ne l'empêchera jamais de poursuivre, sous cette complexité expérimentale, la simplicité, qu'il avait conçue avant toute observation et à laquelle il ne peut s'empêcher de croire.

1. DASTRE, *La vie et la mort*, 1903.

2. Cette identification a été tentée par deux voies différentes, qui, aux noms près, reviennent au même : soit en attribuant une âme à tous les êtres ; soit en la leur retirant à tous. On peut lire, dans VICTOR HUGO, d'amples développements de la première formule (*Contemplations* : Ce que dit la Bouche d'Ombre, etc.).
Je n'ai pas besoin de dire qu'une telle unification se heurte à l'opinion courante, pour laquelle il existe trois règnes distincts : animal, végétal et minéral, dont les propriétés ont été résumées par LINNÉ : « Mineralia crescunt : vegetalia crescunt et vivunt ; animalia crescunt, vivunt et sentiunt ».

3. On sait la difficulté qu'a éprouvée PASTEUR à faire admettre ses premiers travaux, qui montrèrent, même pour les êtres les plus inférieurs, l'inexactitude de la génération spontanée. Cependant, ainsi que l'ont fait remarquer les partisans actuels de cette théorie (DASTRE, *La vie et la mort*. HOUSSAY, *Nature et sciences naturelles*, etc.), la conclusion des études actuelles est simplement ce fait positif que jamais on n'a vu la vie sortir de la matière : il serait exagéré d'en déduire cette négation formelle que la vie n'a jamais pu, ne pourra jamais sortir de la matière. Quand on prétend conclure, dans un sens ou dans l'autre, sur une question de ce genre, on sort nécessairement du domaine de la Science pour entrer dans celui de la Métaphysique.
C'est pourtant, à ce qu'il semble d'abord, un premier pas dans la voie des générations spontanées que d'avoir nettement démontré, malgré le préjugé vulgaire (LOEB, HERTWIG, GIARD, DELAGE, etc.), la possibilité d'une parthénogenèse, d'un développement analogue à celui que produit la fécondation, par de simples réactifs chimiques, et, par conséquent, le caractère contingent de la sexualité (insectes, rotifères, crustacés femelles se reproduisant pendant plusieurs générations, œufs d'oursins et d'étoiles de mer fécondés par le chlorure de magnésium, par l'alcool, etc.) ; mais lorsqu'on y réfléchit, le pas franchi est bien insignifiant, puisque l'expérience nécessite et suppose toujours la perpétuité du principe vivant fécondé : *Omne vivum ex vivo*

Le fait scientifique, c'est-à-dire le fait résultant de toutes les expériences accumulées, est que, jusqu'ici, on n'a jamais vu la vie éclore dans la matière et la géologie, qui est l'histoire du passé, ne peut rien nous apprendre à cet égard, à moins qu'on ne veuille revenir aux créations successives de Cuvier en les interprétant dans ce sens nouveau ; mais il n'est pas, en effet, défendu au Dr Faust, ou à son disciple Wagner, de continuer à épier dans ses cornues l'apparition de l'Homunculus vivant. Peut-être, cependant — s'il est permis de toucher incidemment une question aussi grave — y aurait-il, en tout cas, lieu d'établir, jusqu'à nouvel ordre, une distinction entre les propriétés vitales et les autres propriétés physico-chimiques connues : cette distinction ne fût-elle qu'une différence de forme et non de principe. Quand bien même on arriverait, comme on y parviendra sans doute, à opérer la synthèse des matières albuminoïdes, qui constituent le protoplasma[1] ; quand bien même, ce qui est la frontière à passer, on féconderait ce protoplasma artificiel par quelque réactif chimique, il n'en résulterait pas, sans démonstration, l'identité entre la vie ainsi introduite dans la matière par l'intermédiaire de ce réactif, et nos autres formes d'énergie, pas plus qu'au xviiie siècle on n'aurait eu le droit de confondre, sans démonstration, l'électricité nouvelle avec les énergies (chaleur ou gravitation), que l'on connaissait auparavant[2].

En attendant, et pour nous borner aux faits constatés, aux faits expérimentaux, toutes les comparaisons poétiques entre la reproduction d'un cristal et celle d'une cellule vivante ne peuvent empêcher qu'il existe, entre ce qu'on appelle communément la matière et ce qu'on

---

1. On connaît bien les propriétés chimiques du protoplasma (A. GAUTIER, EHRLICH, etc.), dont la plus remarquable est l'absorption de l'oxygène, absorption qui paraît se produire, non en lui, mais autour de lui. L'analyse chimique de l'albumine est moins avancée et surtout la distinction chimique entre l'albumine vivante et l'albumine morte n'est pas encore absolument satisfaisante (malgré les travaux de SCHUTZENBERGER, A. GAUTIER, DUCLAUX, etc.). Néanmoins il ne saurait guère rester de doute sur la possibilité théorique de réaliser, un jour ou l'autre, la synthèse des principes albuminoïdes. Depuis les travaux de M. BERTHELOT, personne ne conteste plus que la chimie des corps organisés soit identique à la chimie minérale. Mais il ne suffit pas qu'il se passe, dans un corps vivant, certains phénomènes chimiques ou physiques incontestables pour avoir le droit d'en conclure a priori qu'il ne peut pas s'y passer autre chose et surtout que tous ces phénomènes vitaux rentrent dans ceux déjà connus en physique.

2. La force vitale est, sans doute, une expression aussi surannée que les fluides, les forces catalytiques, etc. ; mais, bien qu'elle ait changé de nom, il n'en reste pas moins une forme d'activité, d'énergie spéciale, dont les lois, toutes physiques qu'elles puissent être, n'ont pas encore été démêlées et ne peuvent se ramener aisément au petit nombre de principes reconnus à propos de phénomènes d'un ordre tout différent. Il apparaît, par exemple, quelque chose de ce genre dans les expériences de CHR. BOHR et HEIDENHAIN (in DASTRE, loc. cit., p. 28), où des échanges gazeux et liquides, opérés à travers une membrane vivante (air et sang, dans le poumon ; lymphe et sang dans le vaisseau sanguin) ne paraissent pas s'opérer comme si cette membrane était inerte.

appelle communément la vie, un hiatus, peut-être provisoire, mais actuellement impossible à nier : c'est-à-dire que l'origine de la vie à la surface de notre planète échappe à toute explication scientifique[1].

Les hypothèses, que l'on peut faire sur un tel sujet, rentrent, dès lors, dans un ordre d'idées tellement spéculatif qu'elles se rattachent à peine à la géologie ; il est, en tout cas, bien peu vraisemblable que la géologie apporte jamais un concours quelconque à la solution de cette question ; car ceux mêmes qui croient le plus fermement à la non-distinction entre la vie et la non-vie, ou à ce qu'on appelait autrefois la génération spontanée, soit dans le présent, soit dans le passé, sont conduits à imaginer de premiers êtres, formés uniquement d'un protoplasma rudimentaire, qui n'aurait dû laisser aucune trace dans les terrains géologiques et qui, pourrait, tout au plus, à la rigueur, s'être perpétué jusqu'à nous dans quelque profondeur marine. C'est donc par des méthodes tout à fait différentes de celles indiquées dans ce livre que l'on peut aborder un semblable problème : soit par l'embryogénie ; soit par l'étude détaillée de la cellule et du processus de la fécondation ; soit par la chimie (synthèse des albuminoïdes, etc.). La science très ambitieuse de la fin du XIXe siècle ne doutait pas de réussir dans ces recherches. La science plus modeste de notre temps les aborde avec quelque scepticisme, résignée d'avance à ne gravir qu'un ou deux échelons vers le but sans y atteindre.

La seule remarque d'ordre général, qu'il soit permis de faire, dès aujourd'hui, est que l'idée d'un être unique, origine première de tous les autres, a, bien qu'admise comme toute simple par beaucoup de naturalistes, quelque chose de tout à fait extraordinaire : car elle suppose qu'une seule et unique fois dans l'histoire de la Terre les conditions nécessaires à l'apparition de la vie se sont trouvées réalisées pendant la seconde nécessaire à la production d'un être; après quoi jamais plus la vie n'aurait pu animer la matière. Le phénomène ainsi présenté aurait, contrairement à la tendance déclarée de ces mêmes naturalistes, précisément les caractères, que, dans un autre ordre d'idées, on appelle miraculeux. Si la vie est un simple accident de la nature,

1. Parmi les nombreuses hypothèses à tournure scientifique, qui ont été proposées à ce sujet, j'en rappellerai deux seulement. Suivant les uns (HELMHOLTZ, LORD KELVIN), le premier germe aurait été apporté par une météorite (cosmozoaires) en échappant à l'échauffement dans l'intérieur de cette masse pierreuse. Mais, en tout cas, cela ne fait que déplacer le problème dans l'espace sans le résoudre. Pour d'autres (W. PREYER), il y aurait eu de premiers êtres (pyrozoaires) capables de vivre dans une chaleur comparable à celle du Soleil et peu à peu adaptés aux conditions actuelles de la vie terrestre. Ce genre de rêveries, si amusant qu'il puisse être pour l'imagination, nous reporte en plein Moyen Age, et la plus simple prudence commande de dire que, sur un semblable problème, nous ne savons encore absolument rien.

cet accident doit être renouvelable et a dû être renouvelé, peut-être à
des époques très différentes. Il y a, comme je le disais plus haut, non
pas un, mais plusieurs arbres généalogiques des êtres organisés.

Laissant donc de côté cette première question par trop extra-scientifique, l'origine de la vie sur la Terre, nous avons maintenant à examiner son mode de développement et de transformation, qui, tout en
demeurant extrêmement hypothétique, n'en confine pas moins davantage à la catégorie de problèmes accessibles à nos investigations.

B) LES PREMIERS ÊTRES. — *Dans quelle mesure le transformisme
pourra être vérifié par la paléontologie.* — Les premiers êtres que
nous connaissons sont marins. D'où l'idée, généralement admise, que
la vie serait d'abord apparue sur la surface lumineuse des mers. Cette
thèse a pour elle certaines vraisemblances paléontologiques; le fait
biologique que, chez tous les êtres vivants, la cellule se développe
dans un milieu salin, est en sa faveur. Mais on ne saurait y voir une
certitude, puisque les conditions de conservation des fossiles sont à
peu près uniquement réalisées dans les eaux et puisque les dépôts
lacustres, presque seuls susceptibles de nous conserver des êtres
terrestres, ont dû être entièrement détruits pour les périodes primaires [1].

Cette apparition est certainement très antérieure au précambrien.
Quand nous trouvons, dans cet étage, les êtres organisés les plus
anciens, ces êtres, comme on l'a vu, nous apparaissent déjà, dès le début,
très perfectionnés. Et, bien que nous manquions, à vrai dire, d'un critérium certain pour définir le perfectionnement des êtres, il nous semble impossible d'admettre qu'un crustacé, divisé en segments distincts
lui permettant d'enrouler sa cuirasse, muni d'yeux à facettes, etc., avec
une bouche, un appareil respiratoire et de nombreuses pattes articulées,
comme les trilobites, soit né ainsi du premier coup. Le développement
embryogénique des trilobites, qui a dû se faire par l'apparition de segments successifs comme dans les crustacés, la différenciation, plus ou
moins rapide suivant les espèces (d'après Barrande et Walcott), des
trois régions du corps (tête, thorax et pygidium) semblent accuser de
longues lignées d'ancêtres.

Malheureusement, les terrains les plus anciens présentent un aspect
si généralement cristallin que l'on a pu les considérer longtemps comme
la croûte primitive du globe, ainsi qu'on l'avait supposé auparavant
pour le granite. Or la cristallisation fait disparaître toute trace des organismes ; il semble qu'il y ait une tendance générale des éléments à

1. D'où l'idée singulière que ces âges anciens. n'auraient pas connu de continents.

reprendre leurs conditions d'équilibre normales, troublées par l'intervention des formes vivantes et l'élimination de ces formes se produit, nous l'avons déjà fait remarquer [1], dans tout métamorphisme. Puis, quand bien même on découvrirait, dans de semblables roches cristallisées, des apparences microscopiques attribuables à des êtres organisés, il faudrait une singulière circonspection pour se prononcer et pour les démêler des apparences analogues, que peut produire le simple groupement moléculaire des éléments minéraux; rien ne ressemble davantage à certains microzoaires que tels microlithes ou cristallites dans nos produits de fusion [2] et l'aventure de l'*Eozoon Canadense*, pris d'abord pour un animal, reconnu ensuite pour une formation serpentineuse, est faite pour inspirer de la prudence [3]. L'intérêt du problème est tel, néanmoins, que ces réserves ne doivent pas empêcher de fouiller les terrains cristallins eux-mêmes; mais c'est probablement ailleurs, dans des lambeaux d'archéen ayant échappé au métamorphisme, qu'il faut espérer trouver la solution.

On peut supposer, comme je l'ai dit [4], que nous confondons, sous ce même nom d'archéen, en raison de leur aspect physique, des terrains d'âge très différent. Il doit y avoir des gneiss et des micaschistes appartenant aux périodes les plus diverses et devenus tous également azoïques par leur cristallisation, qui y a produit, en même temps, des assemblages de minéraux analogues. Mais, plus le terrain est ancien, plus il a eu d'occasions d'être métamorphisé : ce qui justifie l'opinion courante que ces terrains métamorphisés appartiennent, généralement, aux premières formations du globe et ce qui concorde avec ce fait que les coupes stratigraphiques les montrent habituellement à la base des autres terrains. Une très grande partie de ces couches cristallophylliennes a donc des chances pour être réellement antérieure au précambrien, ou, si l'on renverse les termes de l'énoncé, une très grande partie des couches antérieures au précambrien a des chances pour avoir pris la structure cristallophyllienne : ce qui rend la recherche des fossiles dans ces premiers étages extrêmement difficile et d'autant plus que ces fossiles primitifs ont dû être très rudi-

1. Pages 297 et 319.

2. Voir les figures 7 et 8 pages 169 et 171.

3. Il serait facile de dresser une longue liste des erreurs commises par les plus savants sur ces apparences confuses et fragmentaires, dans lesquelles on s'efforce de reconnaître l'empreinte des anciens êtres. Récemment encore, le premier insecte silurien s'est trouvé n'être que l'envers d'un trilobite (envers très peu connu avant les travaux de WALCOTT, parce qu'on le dégage difficilement de la roche). Aux forts grossissements du microscope, on subit, avec une facilité particulière, l'illusion des *ludus naturæ*, apparus dans une brume vague.

4. Voir page 306.

mentaires, peut-être dépourvus de parties dures susceptibles de se conserver.

Mais — et c'est ici la remarque qu'il me paraît essentiel de faire — il ne résulte pas du tout de l'observation précédente que les couches antérieures au précambrien, ou algonkien (1), doivent présenter partout cette apparence archéenne cristalline. Tout porte à penser qu'avant le précambrien il a dû se passer des périodes extrêmement longues, pendant lesquelles se sont produites les premières sédimentations et manifestés les premiers essais de vie. Ces sédiments, presque partout recristallisés, ont pu échapper, quelque part, à ce métamorphisme et conserver leurs organismes. Du précambrien lui-même, on doit supposer que nous connaissons à peine, sous ce nom, de rares témoins échappés à l'altération ; la très grande majorité du précambrien, comme du cambrien, a dû aller se confondre par métamorphisme avec notre archéen et c'est pourquoi nous ne possédons de la faune précambrienne que des types si rares. Il est possible et même vraisemblable que des témoins d'une faune anté-primordiale, ou même seulement primordiale, ont dû nous échapper, qu'un jour ou l'autre ils nous livreront leur secret, et nous permettront, par exemple, de remonter d'un échelon dans l'histoire des crustacés et des brachiopodes cambriens sans approcher pour cela d'une origine qui demeurera sans doute toujours infiniment lointaine.

Cet espoir restreint est d'autant plus fondé qu'en somme l'exploration paléontologique de la Terre est relativement peu avancée, en ce qui concerne surtout des organismes difficiles à reconnaître, n'attirant pas l'attention, comme ceux de ces terrains anciens ; il faut être déjà du métier pour savoir trouver même des graptolithes siluriens ; or d'immenses régions de l'Asie, de l'Afrique, de l'Amérique ont été à peine traversées rapidement par les explorateurs. Le jour, où on les aura étudiées avec la même minutie que nos terrains d'Europe, on pourra être amené à établir, avant le précambrien, de nombreuses divisions chronologiques. Les régions, où de semblables découvertes ont le plus de chances d'être faites, sont évidemment celles, qui, depuis les temps les plus anciens, semblent avoir été consolidées, avoir formé des zones stables de l'écorce et, par suite, avoir échappé aux mouvements ultérieurs, causes du métamorphisme. Parmi ces régions stables, qui ont été plissées les premières et qui, depuis, ont moins bougé que les autres, nous sommes, dans l'état actuel de la science, portés à compter, d'abord, la couronne du pôle boréal, les territoires du Nord du Canada, par exemple. C'est déjà dans ces régions que l'on a fait, sur les terrains archéens, les études les plus approfondies ; peut-être, dans l'ordre paléontologique, nous réservent-elles encore des surprises ; peut-être calmeront-elles un peu la déception, causée jusqu'ici par la paléontologie à ceux qui comptaient sur elle pour résoudre tous les problèmes relatifs à la vie[1].

Quand on quitte cette zone primordiale et que l'on remonte l'échelle des étages géologiques, les problèmes restant à résoudre sur la connexion des êtres organisés, sur leur transformisme, sont encore assurément — et je l'ai fait remarquer — très nombreux ; leur importance théorique est pourtant loin d'être aussi grande ; les chances sont, en effet, pour que nos connaissances, à cet égard, ne dépassent jamais un certain niveau, c'est-à-dire pour qu'on résolve infiniment de questions de détail dans le genre de celles qu'on a déjà résolues, sans arriver jamais à trancher entièrement la question d'ensemble.

Cette opinion, qui pourra paraître un peu pessimiste, est fondée sur ce que les faunes nous sont déjà d'autant mieux connues qu'elles sont plus récentes : ce qui tient à ce que les individus conservés sont beaucoup plus nombreux et, en même temps, bien plus aisément reconnaissables, à mesure qu'on se rapproche de nous ; la faune tertiaire est infiniment mieux représentée dans nos musées que la faune secondaire, et la faune secondaire que la faune primaire ; l'étude de la faune la plus récente est également plus facile, l'état de préservation des types étant plus parfait. Or nous voyons bien aujourd'hui, par l'étude des terrains tertiaires, que d'innombrables anneaux de la chaîne sont probablement destinés à nous manquer toujours, que la majorité des points de suture, des espèces de passage nous fera toujours défaut ; et alors, à plus forte raison, pour les époques anciennes, quelques découvertes paléontologiques que l'on réalise chaque jour, dans tous les coins du monde.

Et nous concevons même la raison logique de cette difficulté, à laquelle nos efforts viennent se heurter. D'abord, sur le nombre des individus ayant vécu, celui dont la trace est arrivée à nous est absolument infime ; il a fallu des circonstances toutes spéciales pour que l'organisme, enfermé aussitôt dans une substance plastique ou

---

1. L'exploration des profondeurs marines a été souvent supposée de nature à nous fournir les renseignements les plus intéressants sur les premiers êtres. Les abîmes de la mer ont, en effet, paru avoir dû être un lieu de refuge pour les espèces chassées des zones littorales par la concurrence vitale, comme les extrémités des continents ou les parties déshéritées de la Terre pour les premières races humaines. A cet égard, on a cru un moment constater, de 2.000 à 3.000 mètres, une faune paléozoïque, qui, plus profondément, cédait la place à une faune adaptée plus pauvre, provenant de toutes les régions littorales (E. PERRIER). Actuellement, on admet, pour l'ensemble de la faune abyssale, cette origine littorale. Les êtres abyssaux seraient ceux qui (carnivores ou limnivores) se seraient hasardés plus ou moins anciennement dans un milieu à nourriture plus pauvre.

molle, puis soustrait aux métamorphismes, ait évité la destruction. En
outre, l'apparition des êtres nouveaux, des formes de transition, que
nous cherchons si passionnément, a dû être absolument localisée ; un
hasard extraordinaire aurait pu seul nous conserver quelques-uns
de ces points privilégiés : il n'empêcherait pas que tous les autres
nous fissent défaut. Nous pourrons donc serrer de plus près le problème
de l'évolution ; nous ne pourrons jamais le résoudre, du moins sans le
concours des sciences, qui étudient les êtres vivants : surtout l'embryogénie, qui pourrait apporter presque une solution définitive, si la loi
tout au moins prématurée d'Hæckel était aussi démontrée que logiquement séduisante ; ou encore l'expérimentation biologique, arrivant à
réaliser, sous nos yeux, certain de ces enchaînements eux-mêmes.

Dans cet ordre d'idées, jusqu'ici tout à fait hypothétique, je vais me
contenter de rappeler les principales solutions, proposées dans ces
derniers temps et popularisées par les controverses.

C) EXPLICATIONS PROPOSÉES DE LA REPRODUCTION, DE L'HÉRÉDITÉ, DE L'ÉVO-
LUTION. — Toutes les théories actuelles de l'évolution admettent également-
ment, on peut le dire, une souche commune des êtres vivants, divisée
peu à peu en innombrables rameaux à la façon d'un arbre généalogique
et c'est sur le mode de division, sur les causes de la ramification que
portent surtout les controverses[1]. Par là, le problème devient paléontologique et rentre dans notre sujet. Il faut cependant remarquer aussitôt, comme je l'ai déjà fait précédemment, que cette unité première
est une simple conception *a priori*, sans nul réel fondement scientifique
et que ne nécessite même, en dernière analyse, aucune des hypothèses proposées sur l'origine de la vie. Née sur la Terre, ou apportée
d'ailleurs, la vie a pu, dès le début, prendre plusieurs formes organiques : elle a pu naître ou être apportée plusieurs fois, avec des types
différents ; j'ai même fait remarquer, tout à l'heure, que les probabilités
théoriques étaient certainement pour cette multiplicité originelle ; le
phénomène, qu'un chimiste appellerait la synthèse de la vie, et qu'il
est inutile ici de chercher à définir davantage, a pu se réaliser par divers concours de circonstance et donner des êtres divers : au lieu d'un
seul arbre généalogique, on peut en avoir un nombre *n* indéterminé.

Mais ce qui est bien certain, ce qui ressort de toutes les études, c'est
que ce nombre originel des espèces vivantes, déjà très multiplié dès
le moment où nos observations commencent, a vite augmenté ensuite ;
c'est que la succession des êtres, incessamment reproduits, renouvelés et

---

1. Cette unité d'origine correspond à l'unité de-plan structural, mise en évidence
par GEOFFROY SAINT-HILAIRE.

remplacés, a déterminé, dans les types organiques, des modifications de plus en plus accentuées, une différenciation de plus en plus nette entre les êtres ainsi ramifiés : c'est, en un mot, que, ni les êtres aujourd'hui vivants, ni les êtres disparus et révélés par la paléontologie, ne sont identiques aux premiers êtres apparus sur la terre ; c'est enfin que, pour une cause ou une autre, il y a eu transformation, création de nouveaux types, extinction de types anciens, filiation et bifurcation, ou, plus brièvement, évolution.

Comment se sont faites : d'abord, cette transmission de la vie par une succession continue d'êtres organisés ; puis cette hérédité des propriétés transmises et, en même temps, cette lente modification de certaines d'entre elles, que nous appelons l'évolution : c'est ce qu'on a essayé bien des fois d'imaginer. C'est aussi ce qu'il convient de rappeler très brièvement pour montrer comment la biologie peut apporter, sur ce point, son concours à la science géologique.

L'une des hypothèses modernes les plus plausibles (qui reste, d'ailleurs, une simple hypothèse) est que, d'un être au suivant, le principe vital, nommé protoplasma, se transmet en se segmentant à la façon des boutures, mais en persistant toujours au centre des groupements qu'il provoque, en sorte qu'il garde l'empreinte et la déformation de tous les chocs quelconques, subis depuis l'origine première sous l'influence du milieu extérieur. L'hérédité, de même que le transformisme, seraient les effets visibles de cette modification progressive, de ces chocs extérieurs indéfiniment emmagasinés, quelque chose d'analogue à la lente cristallisation d'une pièce de fer sous d'innombrables petites secousses, à sa cémentation par la pénétration progressive de molécules carburées [1].

Cette hypothèse attribue, comme on le voit, le rôle essentiel dans le

---

1. Une théorie très ingénieuse de Weissmann, qui diffère de la précédente parce que l'auteur n'admet pas l'influence du milieu, suppose que, dans la cellule, il y aurait une certaine partie, le plasma germinatif, qui passerait inaltéré d'être en être et qui constituerait l'hérédité. Suivant M. Y. Delage, l'être vivant ne répéterait les mêmes qualités que parce qu'autour de lui seraient répétées les mêmes conditions et les mêmes actions. Pour F. Houssay, l'auto-intoxication permanente des cellules par leurs déchets morbides devient un élément caractéristique.

On a soutenu autrefois (Swammerdam vers 1670) l'emboîtement des germes, tous originellement préformés dans un germe initial ; ou encore (Buffon) la juxtaposition de microorganismes, tendant à prendre, comme les molécules d'un cristal, une forme extérieure semblable à leur forme propre ; ou, plus récemment, l'agrégation de cellules communes à tous les êtres, se groupant, dans chacun d'eux, suivant un plan déterminé par l'hérédité. Pour M. Edmond Perrier, un animal supérieur est composé d'un certain nombre d'organismes plus simples, de zoonites reproduits par bourgeonnements et groupés suivant des principes de symétrie, analogues à ceux des cristaux. Ces colonies de zoonites sont alors susceptibles de séparations ou de rap-

transformisme à l'influence du milieu ; elle est conforme aux idées de Lamarck [1] et contraire à l'école directe de Darwin (Weissmann, etc.), qui tend à isoler les vivants du milieu inanimé, en cherchant à établir que les variations, acquises ainsi par le milieu, ne sont pas héréditaires. Quelle que soit la théorie admise pour la transmission de la vie, cette importance attribuée à l'influence du milieu, (qui n'est pas solidaire du choix adopté sur ce premier point), paraît devoir être conservée. Les faits, aussi bien que la logique, semblent, en effet, prouver, de toutes les façons, qu'il y a adaptation progressive de l'être à son milieu [2] et j'ai déjà cité divers arguments en faveur de cette thèse.

Cette influence du milieu est-elle la seule ? La modification des êtres tient-elle exclusivement à ce que les conditions de vie se transforment ? Cela paraît peu vraisemblable en présence des formes très diverses, qui trouvent moyen de subsister dans des conditions de milieu très analogues. Aussi reste-t-il une place pour d'autres interventions, dont la principale, et la plus célèbre par les controverses auxquelles elle a donné lieu, est la « lutte pour la vie », déterminant la disparition des plus faibles, des moins bien armés en présence des plus forts, l'accentuation héréditaire des facultés, d'abord accidentelles, qui ont pu créer une supériorité dans cette lutte pour la vie. Mais cette « sélection naturelle » de Darwin, qui perd de plus en plus de terrain parmi les naturalistes [3], ne peut, en tout cas, être envisagée que comme un facteur bien secondaire, puisque des êtres inférieurs, comme les lingules, se sont perpétués du cambrien jusqu'à nous [4], puisque tel foraminifère actuel ne diffère pour ainsi dire pas des foraminifères les plus anciens, c'est-à-dire d'un de ces protozoaires qui semblent constituer les êtres les plus primitifs de tous, puisque tant d'autres formes redoutablement armées pour le combat ont disparu avant d'autres plus

prochements. Chacune d'elles prend une individualité en adoptant, pour ses divers membres, le principe de la division du travail physiologique, et devient ce qu'il a appelé une *colonie solidarisée.*

1. Dans la théorie de LAMARCK, qui fut beaucoup raillée lors de son apparition et qu'on appelle l'*hérédité d'exercice*, le milieu influe directement sur l'animal en amenant l'exercice fréquent de certains organes qui se développent, l'abandon de certains autres qui s'atrophient. Ces variations légères se transmettent pas l'hérédité et, si elles se reproduisent longtemps dans le même sens, elles finissent par entraîner une modification notable. La théorie de LAMARCK a été reprise, plus récemment, par HERBERT SPENCER et par l'école américaine.

2. CUVIER, si opposé à l'idée d'évolution, a, comme je l'ai fait remarquer plus haut, contribué, au contraire, à montrer cette influence du milieu. On peut remarquer que, dans la théorie de DARWIN, l'être doit s'adapter ou mourir. L'influence du milieu devient ainsi une forme de la lutte pour la vie.

3. Cf. HERBERT SPENCER. *Traité de biologie*, trad. fr., I, 540, etc.

4. Voir, page 193, les figures 9 et 10, qui montrent, côte à côte, une lingule actuelle et une lingule cambrienne.

faibles, etc., etc.[1]. Contrairement à la thèse trop simple de Darwin, les faibles ont autant de chance de survivre que les forts, parfois plus ; dans tous les cataclysmes humains, nous voyons ainsi quelques heureux favorisés par une circonstance accidentelle ; et, s'il fallait chercher une cause à la destruction des espèces, on pourrait même dire que la taille colossale des individus ou leurs engins de guerre formidables semblent souvent avoir marqué l'heure de leur fin.

La réalité semble être extrêmement complexe et nous n'avons, pour la reconstituer, que des inductions assez vagues. On peut imaginer, par exemple, quand la température des mers, en s'abaissant jusqu'aux environs de 44°, a permis le développement de la cellule, un premier monde tout végétal d'infiniment petits apparaissant vers la surface des eaux dans les émanations radioactives du soleil ; puis un bourgeonnement, un groupement par colonies ; l'apparition des premiers animaux herbivores, auxquels peu à peu les carnivores se sont joints, prenant progressivement la première place : le champ d'amour et de bataille, d'abord localisé, s'étendant aux continents, s'élevant dans les airs, descendant jusque dans les abîmes glacés des océans. Ordre d'évolution nullement démontré mais rationnel, qui a permis à A. Gaudry de tracer, sans trop heurter l'évidence des faits, un tableau doucement idyllique des premiers âges où, suivant lui, l'on ne voyait pas « un théâtre de carnage, mais des scènes majestueuses et tranquilles[2]. »

Pourquoi les espèces sont nées et pourquoi elles ont disparu, nous sommes également réduits à le supposer. S'est-il produit, sous l'influence du milieu, comme dans les paludines du pliocène danubien, des

---

1. Certains naturalistes imaginatifs ont cherché à démontrer, en invoquant une prétendue immortalité des protozoaires, que la mort aurait été d'abord inconnue chez les premiers êtres rudimentaires et serait apparue seulement avec la reproduction sexuelle, puis aurait été facilitée par la complication des organes de plus en plus exposés. La lutte pour la vie serait ainsi une apparition tardive. Il est curieux de comparer cette idée moderne (entièrement hypothétique), avec la tradition chaldéenne de la Bible, où la mort est apportée par la femme avec le péché.

2. Il a insisté sur ce fait que les animaux primitifs étaient moins armés pour la destruction. Les gastropodes herbivores ont précédé les carnivores. Les céphalopodes n'ont commencé à avoir des bras avec griffes qu'au lias. Les reptiles, qui sont carnivores, mangent fort peu : et beaucoup d'entre eux, étant vivipares (*Ichthyosaurus*, etc.). ne pouvaient pas se multiplier rapidement. Les premiers grands carnivores, les créodontes de Cope, devaient se nourrir de cadavres comme les hyènes. On pourrait, d'ailleurs, supposer, suivant A. Gaudry, que, le monde étant moins peuplé au début, la concurrence vitale y devait être moins âpre. Mais il a toujours fallu que les êtres vivants se nourrissent, et, dès qu'ils ont cessé de puiser directement dans la matière minérale, la destruction de l'être par l'être a commencé. Il y a eu des mangeurs, bientôt destinés à être mangés à leur tour, et des mangés. Quand les êtres étaient moins mobiles, le rayon, où ils puisaient cette nourriture, était seulement plus restreint. La différence, qu'établit l'instinct populaire entre un carnivore dont les victimes manifestent leurs sensations et un herbivore, ou entre deux carnivores plus ou moins gros, est surtout sentimentale.

variétés de plus en plus nombreuses, dont un groupe essaimant au loin et apparaissant là sans les transitions qui l'expliquent, aura pris l'aspect d'une *mutation*, tandis que le rameau, supposé éteint, aurait simplement émigré pour évoluer ailleurs à notre insu ? On sait combien les êtres marins sont, pour la plupart, sensibles à de très faibles variations de salure ou de température. Les mers actuelles nous montrent des changements de courants, par lesquels une faune se trouve entièrement détruite et cède la place à une autre.

Une autre hypothèse, qui a trouvé de la faveur, consisterait plutôt à assimiler les espèces et les races, dont les mille individus sont dispersés, avec ces autres colonies serrées de zoonites, que nous appelons des individus parce que leur complexité réelle nous frappe moins.

Comme dans la vie de ces individus, il y aurait alors une période où la race progresserait. Ses individus grandissent, se sélectionnent ; il naît des espèces, comme il naît des êtres. Ce bourgeonnement, cette faculté reproductive passe sans doute par une phase particulièrement favorable, celle de l' « affolement », de la « saltation ». Ainsi se constituent d'innombrables rameaux qui, chacun de leur côté, commencent à évoluer, à reproduire. Mais, pendant ce temps, soit que le milieu ambiant se modifie, soit que l'activité transmise du protoplasma originel se ralentisse avec l'auto-intoxication produite par l'âge, ou plutôt pour ces deux causes combinées, l'espèce ayant perdu sa faculté d'évoluer dans un milieu changeant, les rameaux arrivés à leur terme se flétrissent, deviennent stériles, disparaissent. Ils ont fait place à d'autres, dans lesquels ils survivent ; quelques-uns d'entre eux seulement résistent, comme ces vieillards dont on admire l'éternelle jeunesse. La mort les a oubliés...

En admettant un instant cette théorie, si nous rentrons maintenant sur le terrain des faits, il est remarquable de voir que cette disparition se produit en général, lorsque les êtres constitutifs de cette race mourante ont atteint leur maximum de taille et de spécialisation, paraissent le mieux défendus, brusquement.

Et l'on a cru remarquer, avec un peu d'imagination peut-être, que la décadence de ces vieillards semblait parfois amener une sorte de retour à l'enfance. L'un après l'autre, les céphalopodes se déroulent avant de disparaître, lituites, tétrabranchiaux siluriens, baculites dibranchiaux crétacés [1]. Tout au moins existe-t-il, chez eux, des formes séniles d'enroulement asymétrique.

---

1. C'est la théorie de la gératologie. Peu importe le mécanisme inconnu qui détermine ce déroulement : par exemple, des épines trop grosses empêchant les tours de se rejoindre.

CHAPITRE XVII

CONCLUSIONS COSMOGONIQUES. LA TERRE DANS L'ESPACE.
LE PASSÉ, LE PRÉSENT ET L'AVENIR DE LA TERRE

I. Place de la terre et des éléments chimiques terrestres dans les théories actuelles de la matière pondérable et de l'univers.

II. Consolidation de la croûte terrestre. *Condensation de la vapeur d'eau. Commencement des sédimentations. Les parties internes de la Terre.*

III. Évolution géologique de la terre. *Influences internes et externes, ou astronomiques. Déformations mécaniques. Modifications des climats, etc.*

IV. Évaluation des périodes géologiques en années.

V. L'avenir de la terre.

Nous avons, dans les chapitres précédents, passé en revue les divers problèmes, souvent bien obscurs, que la science géologique s'est posés et les solutions provisoires, qu'il semble aujourd'hui permis d'adopter pour chacun d'eux. Les questions à résoudre demeurent, je ne l'ai pas caché, très nombreuses et la géologie est une science, qui doit rendre modeste par la disproportion entre la grandeur du but à atteindre et la modicité des résultats généraux définitivement acquis et indiscutables, tout en inspirant l'ambition de contribuer soi-même à explorer un domaine, par tant de côtés encore mystérieux. Néanmoins, lorsqu'on a, comme nous venons de l'essayer, contourné successivement chacun de ces problèmes, en restant sur les frontières périlleuses qui séparent le connu de l'inconnu, on éprouve, je crois, plutôt, l'impression d'ensemble que les obscurités se dissipent, que les hypothèses se prêtent l'une à l'autre un point d'appui et que des conclusions, envisagées d'abord comme approximatives, acquièrent une vraisemblance plus grande, par la façon dont elle se coordonnent et se confirment réciproquement.

C'était, je l'ai dit en commençant, l'objet principal de ce livre de condenser et de synthétiser, dans une tentative d'explication générale, ceux des résultats géologiques, qui n'intéressent pas seulement la technique des spécialistes, mais qui peuvent, en contribuant à éclairer d'autres sciences, enrichir la *Science* elle-même, ou ce que les Anciens appelaient la Philosophie naturelle. D'où tant d'incursions au delà de ce qui forme, d'habitude, la géologie proprement dite et tant d'explications hasardeuses, dont la valeur réelle demeure subordonnée au nombre infini des observations qu'il nous reste à faire.

Ce défaut ne peut que s'accroître au point où nous sommes arrivés, au moment délicat où il s'agit de résumer, en quelques pages, toutes ces théories diverses, qui ont d'autant plus de chances pour s'écarter de la vérité poursuivie qu'on abandonne davantage les menus détails particuliers et le fond solide des observations localisées. La vérité scientifique n'apparaît pas à notre esprit autrement que très simple et nous imaginons, sans la connaître, qu'elle doit pouvoir embrasser toute la nature dans une formule unique ; mais, en l'état actuel de nos forces, on ne peut se dissimuler que toutes les lois trop rigoureuses, par lesquelles nous tentons de grouper un système complexe de phénomènes, révèlent, dès qu'on y regarde de plus près, leur inexactitude. Elles n'en forment pas moins une sorte de symbole, qui nous est utile pour mettre au jour l'état de notre connaissance et pousser plus loin. L'hypothèse est nécessaire. Le mot Savoir n'a de valeur que s'il signifie Comprendre et je ne m'excuse pas davantage d'aborder imprudemment ces problèmes fondamentaux, qui prêtent seuls un intérêt de principe à toutes nos curiosités scientifiques, alors qu'il serait tellement plus sûr et plus fructueux d'écrire simplement et minutieusement, comme le disait par plaisanterie Claude Bernard, la « monographie complète d'un Gymnote ».

Le premier de ces grands problèmes, auxquels la géologie peut, je crois, apporter sa contribution, est la constitution générale de la matière et la place occupée par notre Terre dans le système universel des tourbillons de plus en plus vastes, que la mécanique s'efforce d'envisager.

La matière, ainsi que je le rappelais antérieurement, ne nous est guère connue que sous sa forme terrestre et c'est la géologie qui en fournit les éléments à la chimie, à la physique, à la cristallographie pour les étudier ; c'est notre science, qui peut nous apprendre le rôle, la place originelle, le mode de formation de chacun d'eux ; c'est la métallogénie surtout et la pétrographie, qui, en nous découvrant les effets d'une métallurgie naturelle, auprès de laquelle celle de nos usines et de nos laboratoires, avec ses pressions restreintes et ses courants limités, semblerait presque puérile, peut nous mettre sur la voie de transmutations[1], auxquelles la chimie n'a pas cessé de rêver en se dégageant de l'alchimie.

---

1. On pourrait aller jusqu'à se demander (quoique l'idée, pour des raisons indiquées plus haut. page 665, me paraisse peu probable) si cette métallurgie naturelle n'arrive pas à *faire* des éléments chimiques, tandis que nous nous contentons de les combiner entre eux.

Dans cet ordre d'idées, les études géologiques nous conduisent à admettre, comme point de départ, l'exactitude de principes cosmogoniques analogues à ceux de Laplace. Seule, une telle théorie, à laquelle on a fait en vain, jusqu'ici, des efforts pour renoncer, explique suffisamment tout l'ensemble des faits, pour lesquels notre scepticisme préférerait sans doute imaginer des explications plus immédiates, plus abordables, plus actuelles. Chaque observation de détail trouve aisément cent autres interprétations. Au milieu des cycles continuels, que parcourt la matière terrestre, il est aisé de prendre comme origine une phase plus voisine de nous et de considérer ce qui était tout à l'heure le point de départ comme un aboutissement. Mais ces explications de détail sont impuissantes à faire comprendre les grands phénomènes, dont nous avons assez vu l'extension, la généralité et les rapports réciproques : ces plissements montagneux, ces déplacements des mers, ces invasions de roches fondues et de métaux rares dans les couches superficielles. Notre première conclusion, dont la seule nouveauté est d'oser arborer une mode plus que centenaire, sera donc que la Terre a commencé par être un globe fluide et incandescent, puis solidifié [1], dont le refroidissement progressif a déterminé la contraction et entraîné, par suite, la dislocation, avec toutes les conséquences de détail qu'étudie la géologie.

C'est en partant de ce principe, sur lequel je reviendrai bientôt, que nous pouvons nous demander quelle est la place de cet astre incandescent dans l'espace et quel rôle on doit attribuer aux divers éléments qui le constituent dans sa propre composition.

I. — La Terre dans l'espace. La place de la Terre et des éléments chimiques terrestres dans les théories actuelles de la matière pondérable et de l'Univers.

On connaît l'ingénieuse hypothèse proposée par la physique moderne pour expliquer la constitution de la matière. Après avoir été ato-

---

1. Je me contente de rappeler que la fluidité interne est prouvée par la forme même de la Terre, sa chaleur interne par toutes les mesures de température en profondeur, son rayonnement vers l'espace (qui implique son refroidissement) par le fait, à lui seul démonstratif, d'une augmentation de température quand on s'enfonce. L'idée d'un refroidissement, — qui n'a pu manquer d'être progressif, si l'on n'imagine pas un flux de chaleur apporté à un instant quelconque par un phénomène cosmique — ramène, à son tour, à la notion de fluidité primitive. Cette hypothèse n'a rien de contraire à la thermo-dynamique. Avant de se solidifier, une sphère ignée peut, il est vrai, retrouver des calories dans la pression mécanique résultant de sa contraction ; mais il arrive un moment, où la tension élastique, qui en résulte dans les parties internes, s'oppose à cette contraction et où la chaleur, nécessaire pour compenser la perte par rayonnement, ne peut plus être réalisée que par une solidification.

miste pendant un demi-siècle, la Science est, un moment, redevenue dynamiste, c'est-à-dire qu'on a fait un autre choix entre les deux figures métaphoriques, par lesquelles, depuis les premiers philosophes grecs et, sans doute, avant eux, depuis les rêveurs de l'Asie, l'esprit humain a essayé de se représenter tour à tour une entité, qu'il veut absolument rendre concrète et dont l'essence même lui échappe. — Il ne s'agit plus, bien entendu, dans de telles conceptions, de ce que nos sens peuvent atteindre directement et il est nécessaire de faire un premier effort pour pénétrer très loin par delà ces illusoires apparences, qui constituent pour nous l'Univers et ses phénomènes —. On imagine donc que, depuis l'infiniment petit jusqu'à l'infiniment grand, entre ces deux abîmes où se perdait la pensée de Pascal, la loi de groupement matériel reste la même et telle qu'elle nous est familière dans notre système solaire, formé d'un astre central, autour duquel gravitent des planètes, qui ont elles-mêmes leurs satellites. Allez en grandissant : des quantités de systèmes solaires analogues ne seront eux-mêmes que les parcelles composantes d'un monde plus vaste; allez en réduisant, vous retrouverez, dans le moindre grain de poussière, des agrégats de systèmes solaires tout entiers.

Ainsi la molécule physique ou cristalline, envisagée dans un chapitre précédent[1], est la plus petite parcelle de matière, que nous puissions espérer isoler *mécaniquement*, la plus petite qui conserve intégralement toutes les propriétés des corps plus volumineux, formés par la juxtaposition de molécules semblables. Mais cette molécule, (qui représente, tantôt un corps simple, tantôt un composé, comme le chlorure de sodium ou l'oxyde de fer), un nouveau système de forces réussit à la dissocier en atomes, précédemment groupés, imagine-t-on, suivant les sommets d'un polyèdre : c'est ce que nous appelons la *chimie;* par ce moyen, nous arrivons à la conception de la parcelle matérielle la plus petite, qui soit susceptible d'entrer en combinaison.

Puis la chimie se reconnaît, à son tour, impuissante, et déclare l'atome indécomposable aussi bien qu'insécable. Mais alors intervient l'*électricité.* Par elle, nous dissolvons l'atome en corpuscules cathodiques ionisés, où les propriétés chimiques apparaissent maintenant identiques d'un corpuscule à l'autre, quelle que soit son origine première, comme l'étaient les propriétés physiques dans les divers atomes. Nous touchons peut-être à la transmutation, quoique nous soyons bien loin de la réaliser encore. Et chaque atome nous apparaît formé par un ou plusieurs soleils centraux, électrisés positivement,

---

1. Pages 138 et 142. Nous verrons, p. 707, comment on mesure la molécule.

autour desquels gravitent et tourbillonnent des planètes d'électricité négative. On a voulu calculer la révolution d'une de ces planètes, d'un de ces corpuscules cathodiques : on a trouvé $1/10^{18}$ de seconde. Et il n'y a, évidemment, aucune raison pour s'arrêter dans cette voie. Chacun de ces astéroïdes ionisés doit être, comme nos molécules, comme notre Terre, comme la voie lactée, un assemblage hétérogène de parcelles inférieures, qui, chacune à leur tour, constituent un système solaire tout entier. C'est une échelle sans fin, dans laquelle deux degrés seulement nous sont accessibles, parce qu'ils restent en relation avec la dimension de nos organes : le système solaire et la matière pondérable ; au delà, en deçà, nous apercevons quelque chose de vague, puis nous nous perdons.

Une comparaison de lord Kelvin fait saisir ces ordres de grandeurs successifs [1]. Prenez la Terre tout entière avec ses dimensions réelles et, dans la Terre, cette multitude de poussières cristallines ou amorphes qui la composent ; réduisez cette Terre, proportionnellement, aux dimensions des ballons de verre qui nous servent en chimie : les poussières prendront à peu près la dimension que nous attribuons aux molécules chimiques, à ces premiers agrégats discernables de quelques atomes, où nous observons déjà toutes les propriétés physiques et chimiques, qui caractérisent des groupements plus volumineux et plus visibles, mais identiques dans leur essence. Si le pouvoir de nos microscopes était 100 fois plus fort, nous verrions la molécule.

De la molécule à l'atome, c'est ensuite une division par un nombre restreint 2, 3, 4... ; la position des atomes dans l'espace détermine la molécule ; on a pu les imaginer occupant les sommets d'un polyèdre. Mais, quand nous passons de l'atome au corpuscule cathodique, c'est peut-être par 1.000 qu'il faut encore diviser.

Nous concevons, dès lors, autant qu'on peut se hasarder dans ce qui devient vite de la métaphysique, une succession de tourbillons, indé-

1. Divers travaux récents, résumés en 1911 à la Société française de physique par M. JEAN PERRIN (voir la *Nature*, 2 déc. 1911) tendraient à établir l'existence réelle des molécules, en permettant d'en calculer le nombre et les dimensions. L'une de ces méthodes est fondée sur l'étude des mouvements browniens, où semblent se déceler les mouvements internes d'un fluide au repos. On sait qu'à une même température toutes les molécules de tous les fluides sont supposées avoir la même énergie cinétique moyenne. En admettant que la loi s'applique aux poussières, en admettant aussi qu'il est permis d'étendre aux émulsions les lois des gaz, déjà généralisées par Van't Hoff pour les solutions, on est conduit à penser que les grains doivent se répartir en fonction de la hauteur, comme le font les molécules de l'air sous l'influence de la pesanteur, et se raréfier de bas en haut. Or le fait a pu être observé et le calcul a donné, par cette méthode indirecte, à peu près le nombre prévu par la théorie des gaz pour l'énergie granulaire et la quantité de molécules par molécule-gramme (68.10^{22}). Une autre méthode concordante, due à LORD RAYLEIGH, est fondée sur la diffraction de la lumière solaire par les molécules de l'atmosphère qui paraît déterminer le bleu du ciel, comme lorsque la lumière blanche traverse de fines poussières.

finie dans les deux sens, dont chacun devient le centre d'un tourbillon plus vaste.

Et, de même qu'il existe, à la fois, sur un des degrés de cette échelle sans fin, jouant un rôle identique et composées d'éléments analogues, des planètes plus ou moins volumineuses depuis Jupiter jusqu'à ces poussières planétaires éparses entre lui et Mars, de même nous reconnaissons, dans notre matière, des atomes plus ou moins denses, des atomes peut-être plus ou moins volumineux. La difficulté, qui s'oppose à la transmutation chimique, semble tenir à ce que, pour transformer un atome en un autre, il faudrait remonter à leur origine commune, passer à un autre degré du cycle : comme, pour rendre Mars équivalent à Jupiter, on devrait, d'abord, dissocier les diverses planètes de notre système en leurs éléments, puis les recomposer à nouveau, triompher en un mot de l'attraction universelle, par laquelle elles existent. Quand nous agissons sur un de nos atomes chimiques, nous arrivons bien à lui arracher péniblement un ou deux corpuscules cathodiques ; mais, dans la théorie courante, le départ correspondant de charges d'électricité négative entraîne une attraction de plus en plus forte de la charge positive inaltérée sur les corpuscules restants. Nous sommes presque aussitôt arrêtés.

Si nous revenons, dès lors, au problème géologique pour déterminer la place occupée par la Terre et par la matière pondérable qui la constitue dans cette chaîne indéfinie, il semble donc, autant qu'on peut raisonner sur de telles spéculations, que la Terre ait dû être formée par l'agrégation accidentelle de systèmes atomiques, déjà constitués avant elle et ayant déjà leur individualité propre, à moins qu'on ne cherche, dans l'intensité énorme des courants électriques, dont un astre incandescent doit être le siège, la cause première, qui aurait déterminé la répartition des corpuscules ionisés en atomes divers, suivant leur position par rapport au centre de la planète[1].

Il est vrai, certains phénomènes sont de nature à nous inspirer des réserves sur le caractère permanent de notre matière chimique, même en se bornant aux conditions terrestres : nous croyons apercevoir vaguement des passages possibles de la matière à la force, sous la forme d'éléments, qui posséderaient des tensions électriques spontanées et instables. Le magnétisme de tous les corps, si développé dans quelques-uns, en était peut-être déjà un indice méconnu ; le fer oxydulé attire de lui-même certaines substances, comme l'ambre en attire

1. Voir page 629.

d'autres après frottement[1]. Aujourd'hui, ce sont les substances radioactives, dont l'origine géologique paraît spécialement profonde, qui
nous surprennent bien plus encore par leur rayonnement permanent,
par le passage progressif du radium à l'hélium, etc.[2]. Néanmoins, le
fait que, dans tous les astres, nous retrouvons les mêmes groupes
de raies caractéristiques de nos éléments chimiques, laisserait supposer que ces astres sont formés des mêmes atomes, dont la constitution apparaîtrait donc antérieure à notre système solaire[3].

Nous sommes ainsi ramenés, par des considérations d'un tout autre
genre, à la conclusion de nos études métallogéniques, indiquée à la fin
du chapitre xv, que des atomes individuels et déjà chimiquement
constitués se sont trouvés groupés par l'influence combinée de l'attraction centrale et de la force centrifuge, agissant à la manière des
électricités positive et négative, de manière à former ce qui, à nos
yeux, est une masse compacte, la Terre[4], et ce qui, pour des yeux
plus puissants, apparaîtrait, sans doute, comme une nébuleuse résoluble en des multitudes de systèmes solaires.

C'est à ce moment, c'est avec la phase nouvelle où les réactions
chimiques ont commencé à s'exercer entre les atomes et où les plus
légers d'entre eux se sont combinés en une croûte scoriacée, à la
périphérie d'une sphère fluide en rotation, que commence à proprement parler l'histoire géologique.

---

1. Les expériences de FRIEDEL, CURIE, etc., ont mis en évidence le développement
d'électricité dans les cristaux par compression ou par échauffement et ses rapports
intimes avec la structure cristalline, qui doit nous représenter la structure des molécules. Deux cristaux de pyrite, dont on chauffe le contact, manifestent des électricités de sens contraire. La science actuelle s'est familiarisée avec l'idée de déceler,
dans la constitution chimique des corps, les effets d'un dynamisme qui peut s'exté-
rioriser.

2. On sait également que SIR NORMAN LOCKYER a montré comment les spectres très
compliqués de certains métaux usuels, tels que le fer, peuvent être simplifiés par
l'emploi d'une source électrique très intense et identifiés alors avec les spectres
reconnus dans la lumière de quelques astres.

3. Dans l'hypothèse, métaphysiquement si plausible, d'une matière unique dans
son essence, on pourrait expliquer la présence des mêmes éléments chimiques sur
les divers astres de notre système solaire par un même stade atteint partout dans
la condensation. Les *superficies* des divers astres, que nous connaissons seules
un peu, ont des chances pour se présenter dans des conditions relativement
assimilables : ce qui ne veut nullement dire que, dans les *profondeurs*, avec des
pressions totalement différentes, d'autres états n'aient pas été réalisés pour chacun
d'eux.

4. Ceci ne présage rien, bien entendu, sur les rapports primitifs de la Terre *et*
du Soleil et peut s'entendre aussi bien si la Terre est, comme on le croit en général,
une parcelle détachée à un moment donné du Soleil, après Saturne et avant Mars,
ou si elle est le produit indépendant d'une conjonction d'atomes.

II. — Consolidation de la croûte terrestre. Condensation de la vapeur d'eau. Commencement de la sédimentation. Les parties internes de la Terre.

Nous venons d'imaginer, à l'origine de la formation terrestre, une sphère fluide, animée d'un mouvement de rotation autour d'un axe. Il apparaît aussitôt que, si cette sphère est homogène, elle doit prendre bientôt une forme d'équilibre stable et une distribution interne invariable, dans laquelle la place de chaque élément implique une certaine pression et une certaine densité[1]. Si, comme c'est le cas de la Terre, elle est constituée par un mélange d'éléments hétérogènes, ayant chacun une densité propre différente, le problème mécanique devient plus difficile; mais la solution n'en peut être qu'analogue et, la sphère restant fluide, ses éléments doivent également se trouver répartis d'une façon permanente, en fonction de l'attraction newtonienne, de la force centrifuge et de leur masse. Cette distribution ne peut manquer d'avoir, pour axe de symétrie général, l'axe de rotation. Le rayonnement de calories extérieur, qui se propage de même vers tous les points de la superficie maintenus à une égale température, ne change rien non plus à ces conclusions, tant que la solidification d'une pellicule superficielle ne s'est pas faite. Mais il en est tout autrement, dès que cette pellicule s'est formée; car la moindre crevasse accidentelle, la moindre plaque de scorie, qui se déplace et se superpose à une autre, le moindre tourbillon de vapeur qui en résulte, peuvent déterminer une rupture d'équilibre locale, qui, de proche en proche, aura ensuite un contre-coup indéfini.

En dehors de ces causes impossibles à apprécier, qui entraînent des irrégularités de forme et de structure, on a fait remarquer que cette enveloppe solide, une fois formée, devient fixe, tandis que la sphère liquide intérieure doit, en se refroidissant peu à peu, continuer à se contracter. Il arrive donc un moment où la sphère solide extérieure est amenée à se déformer, de manière à s'appliquer sur une sphère intérieure de rayon plus restreint. C'est cette déformation primordiale, que l'on a pu assez logiquement supposer réalisée suivant un polyèdre centré, ayant un axe de symétrie et dont les arêtes au-

---

1. M. G. Homer Lane, en assimilant le Soleil à un globe gazeux homogène perdant sa chaleur par rayonnement dans l'espace, est arrivé à cette conclusion que la densité au centre devait être 20 fois la densité moyenne, ou 31 par rapport à l'eau. Mais sa théorie nécessite que la condensation continue à se produire jusqu'au bout, suivant la loi ordinaire, en raison directe de la pression à température constante : ce qui ne doit plus être vrai au delà d'un certain degré de condensation. Les phénomènes sismiques renseignent également sur l'élasticité interne.

raient été tordues dans le sens de la rotation. J'ai déjà fait allusion[1] à ces théories, dont la vérification est rendue impossible par la complexité extrême des mouvements ultérieurs, superposés à cette première déformation et souvent dans un sens discordant. Quelques vagues coïncidences ont fait attribuer une certaine faveur à l'hypothèse tétraèdrique émise par Lowthian Green[2].

Si nous laissons de côté ces questions géométriques et si nous revenons à la distribution chimique, on peut se demander quelle a été la nature de la première croûte solidifiée à la surface de la Terre. Il est logique de supposer que cette enveloppe scoriacée a dû se constituer sous pression, ou, du moins, être soumise rapidement à une pression considérable. En admettant que toute l'eau actuelle des mers ait été un moment répartie en vapeurs dans l'atmosphère et que son poids se soit, dès lors, appliqué sur la première scorie, on arrive au chiffre de 250 atmosphères et, par conséquent, à l'idée que cette scorie a dû présenter un de ces types cristallins, que nous rapportons aujourd'hui à des formations profondes, réalisées sous pression, le type granitique par exemple.

Je n'ai pas besoin d'ajouter que tout, dans une telle opération, échappe à notre physique et à notre chimie ordinaires, parce que nous n'avons aucun droit de prolonger des lois, établies pour des températures et des pressions très faibles, jusqu'au cas totalement différent d'un astre incandescent. Nous ne pouvons même pas affirmer que la première croûte terrestre ait été, comme la croûte actuelle, formée de silicates d'alumine alcalins ou alcalino-terreux. En effet, les éléments fondamentaux de cette croûte actuelle, oxygène, silicium, aluminium, apparaissent à peine, ou pas, dans la zone extérieure du Soleil, à laquelle s'applique l'analyse spectrale. Comme il est peu vraisemblable que le Soleil ait une composition très différente de la composition terrestre, on peut se demander si ces éléments ne sont pas, dans son état d'incandescence actuel, repoussés, diffusés au delà de la zone analysable par nos spectroscopes et si la première scorification d'un tel astre ne se ferait pas, d'abord, avec les éléments qui dominent dans la chromosphère, à l'état d'un alliage ferrugineux, analogue à certains météorites métalliques. Après quoi, seulement, se produirait la combinaison extérieure de l'oxygène avec l'hydrogène ou les autres éléments, suivie d'une refusion silicatée. Je me contente d'indiquer cette objection

---

1. Pages 449 et 462.

2. Le tétraèdre est le solide qui a la plus grande surface pour le plus petit volume et la déformation d'une sphère en un tétraèdre est donc celle qui lui permet de se contracter dans le volume le plus restreint.

pour montrer à quel point l'analyse complète d'un tel problème nous est actuellement inabordable.

C'est à partir du moment, où une croûte solide a définitivement séparé de l'atmosphère les zones fluides internes de la Terre, et où, sur cette croûte solide, se sont condensées les eaux, que la méthode géologique devient applicable. Dès lors, en effet, on peut admettre que les agents essentiels de la géologie ont dû (à l'intensité près), commencer à jouer le même rôle qu'aujourd'hui : c'est-à-dire que la Terre s'est trouvée livrée au conflit d'une activité ignée interne, par suite de laquelle son enveloppe scoriacée se disloquait, se déformait, se soulevait ou s'affaissait, tandis que les eaux superficielles, facilitant le travail de la gravité, tendaient sans cesse à aplanir ce que le feu intérieur avait rendu inégal. En même temps, la chaleur, rayonnée par le Soleil et par les astres et absorbée par la vapeur d'eau éparse autour de la Terre, déterminait, sur cette écorce solide, une douceur de température favorable à la vie : une chaleur, que le foyer interne, sous son enveloppe peu conductrice, fût devenu bientôt impuissant à réaliser[1].

L'eau, qui a commencé ainsi, dès le début, à jouer un rôle prépondérant sur la surface terrestre, l'a fait en parcourant, sous l'effet de la chaleur solaire, les cycles continuels, auxquels nous assistons toujours, de la mer aux nuages, puis aux sources, aux fleuves et, de nouveau, à la mer. Dans les dépressions profondes, où s'accumulaient les océans, cette eau, qui ruisselait du haut de tous les continents, s'est peu à peu trouvée chargée de matières salines en proportion croissante, soit par la seule destruction des roches, continuellement ramenées à la superficie dans les éruptions et constamment détruites à nouveau par l'érosion, soit par un apport plus direct, à l'état de fumerolles, dont une partie peut-être existait, dès la consolidation, dans l'atmosphère et s'est précipitée avec la condensation de la vapeur d'eau. Quelle a été la part exacte de ces divers phénomènes, c'est encore une question, à laquelle il nous est impossible de répondre. Il suffira de remarquer que, dès ce moment, la mer a dû commencer à contenir en dissolution tous les métaux solubles des couches cristallines, dans un ordre, qui dépend, à la fois, de leur abondance dans les roches et de leur solubilité : d'abord, le sodium, l'élément caractéristique des roches acides; puis le magnésium, l'élément caractéristique des roches basiques; ensuite le calcium, le potassium, etc. ; et, en combinaison avec ces métaux, les métalloïdes principaux, que nous retrouvons, dans tous les phénomènes

1. D'après Lord Kelvin, dix mille ans après la formation d'une première croûte solide, le flux de chaleur, qui la traversait, ne devait déjà plus produire, à la surface, qu'un échauffement négligeable.

géologiques, jouant le rôle essentiel, aussi bien dans la masse des roches cristallines consolidées, ou dans les gîtes métallifères, que dans les fumerolles volcaniques : le chlore prédominant ; puis le soufre et le carbone ; accessoirement le bore, l'arsenic, etc. En même temps que la mer recueillait ainsi peu à peu tout ce que l'écorce terrestre renferme de soluble, les sédiments, qui se formaient au milieu d'elle, en accumulaient les parties insolubles ou chimiquement précipitées après dissolution et ainsi commençait une sélection entre les métaux, d'abord associés pêle-mêle à l'état de silicates dans la scorie et dont les mouvements internes, suivis d'érosions, ramenaient sans cesse au jour, comme un labourage profond, des zones nouvelles.

Au cours des âges géologiques, le travail des agents naturels a donc constamment travaillé : par les forces ignées ou internes, à rendre l'écorce hétérogène et, par les forces aqueuses ou externes, à rétablir l'homogénéité. La structure compliquée de la Terre, telle qu'elle se présente aux efforts de notre science, est le résultat de ce perpétuel conflit.

Pendant des périodes, qu'il est impossible de songer à évaluer en années, on a vu les magmas ignés se solidifier, les eaux les ronger, les détruire et en stratifier les éléments, les organismes leur emprunter des principes pour refaire de la matière inerte, puis des cassures disloquer ces strates, des plissements les rendre sinueuses et de nouvelles roches éruptives s'y élever, s'y infiltrer, en pénétrer les vides, arriver parfois jusqu'au jour, s'échapper à la surface en nappes, en coulées ; après quoi, de nouvelles érosions ont détruit ces saillies montagneuses, remanié ces roches éruptives, qu'elles mettaient à nu, apporté de nouveaux matériaux à la sédimentation, incessamment poursuivie par les mers, que ces mouvements de l'écorce avaient déplacées. Et cela s'est continué sans interruption, seulement avec certains paroxysmes, qui nous servent à limiter et dater nos périodes géologiques. Voilà le mélange confus, que la nature nous livre, dont elle nous offre des sortes de sections horizontales, faites par l'érosion superficielle et que nous nous efforçons de déchiffrer assez pour en reconstituer l'histoire.

Mais cette écorce hétérogène, que nous pouvons seule aborder, est-elle très épaisse ? Ces phénomènes, qui constituent d'ordinaire toute l'étude de notre géologie, se prolongent-ils à de grandes profondeurs ? ou sont-ils comme les tempêtes de l'océan, qui n'en ébranlent que la nappe superficielle ? Quand nous parlons des profondeurs de la Terre, nous pensons instinctivement à celles où il nous est donné de pénétrer à grand'peine : quelques mètres sont déjà un pas

sérieux; 2 ou 300 mètres nous étonnent; 1 ou 2 kilomètres constituent une limite, que nous nous sentons pour le moment incapables
de franchir; notre imagination même a de la peine à faire plus que
doubler ou tripler ce chiffre; et, pratiquement, c'est, en effet, la seule
portion de la Terre qui nous intéresse, puisque, suivant toute probabilité, le reste nous sera toujours inaccessible. Quand on demeure dans
des limites aussi étroites, il est à peu près certain que l'hétérogénéité
superficielle se poursuit, quoique déjà, comme je l'ai fait remarquer
dans un autre chapitre [1], des sections, que nous pouvons supposer
avoir été faites à 4 ou 5 kilomètres de la surface primitive, accusent
une régularité de phénomènes beaucoup plus grande qu'à la superficie
même. Mais plus profondément encore? Sur ce rayon, qui a 6.400 kilomètres environ, si nous franchissons les 40 ou 50 premiers kilomètres,
c'est-à-dire l'épiderme, que se passe-t-il? Nous sommes là, bien
entendu, en pleine hypothèse. Cependant, la logique semble indiquer
que tout le trouble superficiel, introduit par le contact de l'atmosphère
froide et des eaux, par les dislocations de la première enveloppe de
scories, doit être atténué en dessous de ce manteau protecteur, dans
cette zone profonde, dont la température doit être beaucoup plus régulièrement répartie et qui a des chances pour s'être disposée plus
théoriquement, en raison à la fois de la pesanteur et de la force centrifuge. Peut-être, à l'intérieur de la Terre, les éléments chimiques
demeurent-ils groupés dans un ordre théorique, que les lois de la mécanique permettraient d'envisager et qui, produit par l'attraction réciproque de ces éléments fluides en rotation, ne saurait être, jusqu'au
centre où l'attraction interne s'annule, celui de la densité. Peut-être
est-il exact, comme on l'a supposé dans certaines théories mathématiques, que la densité s'accroît, d'abord, jusqu'à un certain maximum,
par l'accumulation des métaux lourds, dont l'écorce superficielle nous
révèle seulement des traces [1], puis diminue jusqu'au centre, avec
apparition possible, dans cette zone centrale, d'états chimiques encore
inconnus [2].

Je ne veux pas entrer ici dans ces discussions mathématiques. Je
dois cependant indiquer une conséquence, que l'on a souvent tirée de
cette hypothèse générale sur la structure interne de la Terre et qui, si
elle était exacte, pourrait être de nature à nous fournir la base, toujours

---

1. Page 376.
2. Il ne faut pas oublier que les 99/100ᵉˢ de la Terre pourraient être constitués par
du platine, sans que la géologie, réduite à elle seule, en sache rien. Nous ne pouvons
seulement imaginer ce que deviendrait, dans les parties centrales de la Terre, de
l'air, atteignant deux fois la densité du platine et soumis, en même temps, à une
température de 15.000 ou 20.000 degrés.

cherchée, d'une évaluation en années pour les périodes géologiques. On conçoit, en effet, que, si l'intérieur de la Terre est encore liquide, ou, du moins, s'il existe encore, sous l'écorce solide, une zone liquide continue (sans même la supposer poursuivie jusqu'au centre), cette masse liquide peut être soumise aux attractions variables de la Lune ou du Soleil, et subir des sortes de marées périodiques, qui auraient leur contre-coup dans les paroxysmes éruptifs. Jusqu'ici, comme je le dirai bientôt, cette idée demeure à l'état de rêverie ; mais l'espoir d'arriver à reconnaître des phénomènes de ce genre, quand nous aurons d'abord établi avec une précision plus complète notre chronologie géologique et enregistré, pendant de longues périodes, des observations sur le volcanisme ou les tremblements de terre, n'est peut-être pas tout à fait illusoire et devait être mentionné.

III. — Évolution géologique de la Terre. Influences internes et externes, ou astronomiques. Déformations mécaniques. Modification des climats, etc.

Dans l'histoire si complexe des phénomènes géologiques, nous ne devons considérer et retenir ici que ceux où peut se déceler une évolution progressive, la marche par étapes, d'un équilibre anciennement réalisé, vers un ordre nouveau. Toutes ces récurrences, sur lesquelles j'ai insisté au cours de ce livre et qui constituent, en somme, le champ d'observations précis, le terrain vraiment solide de notre science, ne nous intéressent plus maintenant que comme indice des forces permanentes, auxquelles nous les avons rapportées ; mais notre attention doit, au contraire, se porter sur les transformations durables, qui ont pu résulter, pour notre globe, soit de ses modifications internes, soit de l'évolution parallèle accomplie dans le système solaire autour de lui.

Dans le premier ordre d'idées, que nous envisagerons d'abord, le changement progressif, auquel nous pouvions nous attendre, et que nous avons déjà constaté en reprenant, depuis ses débuts, l'histoire terrestre, est d'ordre purement mécanique. Le foyer permanent, que nous supposons à l'intérieur de la Terre, n'exerce, comme je l'ai déjà dit, aucune influence appréciable sur la température extérieure et il en a été probablement ainsi presque depuis le moment où la croûte s'est solidifiée. Cette croûte n'avait pas 10.000 ans d'existence qu'elle arrêtait déjà le rayonnement calorifique, comme elle le fait aujourd'hui. Mais le refroidissement progressif de ce foyer n'en demeure pas moins, pour nous, la cause essentielle des phénomènes géologiques, puisque nous lui attribuons la contraction progressive de la sphère terrestre et sa déformation [1]. Comment s'est produite cette déformation, c'est ce que j'ai dit au chapitre de la tectonique [2]. Nous avons vu alors que, dès les plus anciens temps géologiques, il avait dû apparaître, à la surface de la Terre, un certain nombre de piliers stables, de môles inébranlables, de voussoirs massifs, entre lesquels s'est localisé ensuite l'effet (au début, général) de la contraction. Ces môles, nous en avons indiqué la répartition géographique : d'abord une couronne boréale, dessinant comme des pétales de fleur autour du pôle, le Nord de l'Amérique, la Scandinavie, la Sibérie ; puis une ceinture presque équatoriale, comprenant le Brésil, l'Afrique Centrale, l'Inde, l'Australie, auxquels il faut peut-être ajouter l'hypothèse d'un continent Pacifique.

C'est entre ces môles que se sont produites les séries de plissements, dont la tectonique nous permet de reconstituer l'histoire, de plus en plus précise et de plus en plus localisée à mesure que le temps s'écoule. Chaque fois qu'il s'est réalisé ainsi un grand mouvement du sol, celui-ci s'est traduit par la saillie de rides montagneuses (ce qu'Élie de Beaumont appelait un rempli) et par des dislocations connexes, des effondrements, portant sur des morceaux de l'écorce, que l'on peut imaginer s'affaissant plus ou moins brusquement comme une voûte surbaissée. Ces plissements, surtout ces effondrements, ont eu alors un contrecoup manifeste sur le déplacement des magmas ignés, subsistant dans l'intérieur (ou peut-être, en partie, produits par le dynamisme même) ; chacun d'eux a ainsi provoqué l'intrusion de roches éruptives dans les zones superficielles, avec le métamorphisme ou la recristallisation de leurs éléments, et il en est résulté la consolidation de nouvelles zones terrestres, l'accroissement des voussoirs primitifs : par suite, le resserrement, l'étranglement des plissements montagneux, qui se sont succédés les uns aux autres, suivant des fuseaux de plus en plus restreints et aussi de plus en plus compliqués, de plus en plus sinueux. C'est ainsi que se sont produites, l'une après l'autre, les diverses chaînes montagneuses, que l'érosion a tour à tour détruites et dont la plus jeune, qui est aussi la plus saillante et la plus accidentée, comprend, des Alpes à l'Himalaya et aux Andes, presque toutes les hautes cimes actuelles du globe.

Dans un tel système de dislocations, nous avons cru apercevoir deux catégories de mouvements : les uns lents, prolongés, qui se manifestent surtout dans les sédiments plus souples et dont la forme carac-

1. La contraction terrestre semble si bien se manifester dans les plissements qu'on a voulu se servir de ceux-ci pour la mesurer, en supposant développées en plan les zones aujourd'hui plissées. Ce procédé intéressant ne peut être employé que pour une région restreinte ; sinon il impliquerait trop d'hypothèses.

2. Pages 391 à 423.

téristique est celle des plissements ; les autres brusques, comme l'écroulement d'une voûte minée, qui affectent les roches les plus dures, les masses les plus compactes et traversent tout droit les ensembles les plus hétérogènes. Entre ces deux types, il existe sans doute une relation intime et constante, qui n'est pas encore aussi bien démêlée que nous le voudrions ; mais on croit apercevoir, en outre, une évolution progressive, qui tendrait peu à peu à diminuer la part des plissements pour augmenter celle des effondrements, à mesure que s'accroît la zone occupée par les voussoirs solides non plissables et seulement susceptibles de se découper en morceaux et que se réduisent, au contraire, les zones intermédiaires, plus flexibles et susceptibles de se plisser. Il semblerait que la tendance à la contraction compense, de plus en plus, par l'effondrement d'énormes masses, la réduction des zones plissées, qui ont pu s'étendre d'abord à tout le globe. Et peut-être aussi ces plis deviennent-ils plus hauts, en même temps qu'ils se localisent. On concevrait alors les premiers mouvements tectoniques, comme ayant produit, sur toute l'étendue de la Terre, des multitudes de petites rides peu élevées, ce qui aurait contribué à amener l'instabilité des rivages et permis l'uniformité des conditions géographiques constatée dans les anciens âges, tandis que les mouvements récents ont fait surgir ces longs et étroits fuseaux plissés, dont les saillies atteignent 8 ou 10 kilomètres, avec ces vastes effondrements, dont l'Atlantique, la mer Égée, la mer Rouge, la mer des Indes, la mer de Baffin sont les types les plus caractéristiques.

J'ajoute que les derniers plissements eurasiatiques sont, en principe, dirigés suivant des parallèles, tandis que les effondrements des mêmes continents ont une direction méridienne tout à fait caractérisée. Cette partie du globe se ride dans le sens Est-Ouest et éclate dans le sens Nord-Sud [1].

De ces mouvements tectoniques profonds, auxquels toute la pétrographie et la métallogénie se relient, doivent, ce semble, aussi, en principe, résulter des déplacements dans les mers, des changements dans les courants, des modifications dans les climats, qui entraînent les variations superficielles de la paléo-géographie Les cartes paléo-géographiques, que nous nous efforçons de reconstituer, dessinent, à une époque quelconque, la ligne de niveau arbitraire [2], correspondant à la

---

1. M. Douvillé a supposé (C. R. Ac. Sc., mars 1904) que ce phénomène général pouvait être dû à un aplatissement progressif des pôles.

2. Elle est arbitraire en ce sens que, si le volume des mers était ou plus ou moins grand, les rivages dessineraient une autre ligne de niveau, très différente de la première.

surface des mers. Celle-ci dépend à chaque instant de la paléo-tec-
tonique.

On a pu, cependant, se demander très logiquement si la déformation
de la Terre était la seule cause de ces transformations marines et si la
mer elle-même ne subissait pas une déformation propre, analogue à
celles que nous fait constater chaque jour le phénomène des marées,
mais d'une intensité beaucoup plus forte, en même temps que d'une
période plus longue [1]. L'hypothèse offre un haut intérêt ; car, si l'on
constatait réellement que l'enveloppe liquide a subi, dans une région
déterminée, des exhaussements et des affaissements périodiques, sans
intervention d'une modification tectonique plus ou moins lointaine, il
en résulterait la possibilité de rattacher ces pulsations aux mouvements astronomiques, d'en déterminer la loi et d'en calculer la période.
La question est posée ; on ne peut malheureusement pas dire qu'elle
soit résolue.

De toutes façons, pour une cause ou pour une autre, la géologie nous
apprend que les mers se sont promenées sans cesse et en tous sens à
la surface du globe et l'étude détaillée d'un pays localisé nous y montre
des alternatives multiples de ces petits flux et reflux, qui, en prenant
plus d'amplitude, ont pu, à certains moments, pour lesquels nous établissons une coupure dans la série géologique, s'étendre à des continents entiers.

Ainsi s'est peu à peu constituée, par des dislocations internes, suivies
de déplacements marins, d'érosions et de sédimentations superficielles,
la structure géographique de la Terre, telle que nous la constatons.
Chaque trait de cette structure porte l'empreinte de tous les phénomènes, qui se sont succédés, depuis l'origine, au point correspondant ; on y retrouve la trace des mers qui ont passé, des organismes
qu'elles ont nourris, des émersions et des reflux qu'elles ont subis, des
montagnes qui ont succédé aux flots, du relief atteint par les cimes, ou
de la profondeur à laquelle sont descendus les océans, des plissements, des fractures, des métamorphismes, des climats, des érosions.
La géographie physique n'est ainsi que la conclusion d'une longue histoire géologique et il n'est pas de point, qui, pour le géologue, ne renferme de tout autres ruines que les sept villes superposées, retrouvées
par Schliemann à Troie.

En même temps qu'elle constate ces modifications, dont l'origine
première est surtout profonde, la géologie reconnaît, dans le passé, les

---

1. Ce mouvement propre à la mer devrait être général, ou du moins continu
dans l'espace et ne peut expliquer des dénivellations locales, sans lien réciproque.
Voir plus haut, pages 85 et 446.

traces d'une évolution toute différente et que, seules, des causes extérieures ont pu déterminer : c'est la transformation progressive des climats, qui s'accuse dès que l'on compare les anciennes périodes géologiques à la nôtre. Je ne parle pas ici, bien entendu, des préjugés
vulgaires sur « la Terre qui se refroidit », ni même de ces observations,
qui nous révèlent, à certaines époques géologiques récentes, une
végétation tropicale, ou, au contraire, d'immenses glaciers venant
s'étendre sur la France. C'est, précisément, un des résultats obtenus
par la géologie de nous montrer ces variations de climats se produisant
tour à tour dans un sens ou dans l'autre et, quelle qu'en puisse être
la cause, tectonique ou astronomique, d'en accuser le retour alter-
natif; nous sommes habitués par elle à penser que la France a pu, suivant les époques, ressembler à Bornéo ou au Groënland, comme, à
d'autres moments, elle a été recouverte par la mer, ou a présenté, de
la Bretagne aux Ardennes, une chaîne alpestre. Il n'y a rien là qui nous
étonne et ces changements en sens contraire n'accusent pas pour nous,
du moins directement, une évolution. Mais il est une transformation
bien plus marquée et qui, celle-là, n'a pas subi de retour : c'est celle,
qui a peu à peu créé, sur la Terre, les différences de climat actuelles,
moins nettes dans les premiers âges, et déterminé, aux deux pôles, la formation de calottes glaciaires, alors qu'en remontant aux temps primaires,
on semble, jusqu'à nouvel ordre, retrouver à peu près les mêmes êtres
et, par suite, des conditions de vie semblables, des zones polaires à l'équateur. Ce changement ne peut résulter, ni d'un refroidissement du Soleil,
ni d'un déplacement dans l'axe terrestre, puisque l'une ou l'autre de
ces causes impliquerait toujours des climats différents suivant les
régions. Une hypothèse dont il a été déjà question est celle de
M. Blandet, invoquant la réduction du diamètre solaire, qui, au début,
aurait été assez large pour que toutes les parties de la Terre fussent
également échauffées, la nuit étant presque partout supprimée et qui,
suivant l'hypothèse d'Helmholtz, se serait ensuite condensé progressivement, en recouvrant, par cette condensation même, une grande
partie des calories rayonnées au dehors et perdues [1].

Cette question des climats nous amène à parler d'un phénomène,
que nous avons pu laisser jusqu'ici de côté, quoiqu'il nous intéresse
avant tout autre, parce que son influence sur la structure terrestre est
insignifiante et passagère : ce phénomène, c'est la Vie. La Vie ne serait
pas apparue sur la Terre que, sauf dans les aspects extérieurs, à peu
près rien n'y aurait été changé ; elle en disparaîtra sans laisser de trace.

1. Voir p. 123 et 450. Nous avons également parlé des variations de l'acide carbonique.

Tout l'essentiel, en ce qui la concerne, nous échappe jusqu'ici : son principe et son essence. Nous savons seulement qu'elle utilise, pour se manifester, les forces ordinaires de la physique et de la chimie. Mais la géologie nous amène à cette importante constatation que les formes organiques vivantes se sont transformées au cours des âges et cette transformation est le point de départ de ses chronologies. La paléontologie reconnaît des rapports d'origine entre certains êtres, surprend les chaînons, qui unissent, dans le passé, des types aujourd'hui dissemblables et réduit ainsi les organismes des premiers temps à un nombre beaucoup plus restreint de types, presque tous plus rudimentaires. Les sciences philosophiques lui demanderaient plus encore et voudraient lui faire découvrir la souche commune de tous les êtres organisés, en surprenant, à son tour, le passage de cet être, prototype de tous les autres, au monde minéral. La science géologique ne peut encore, et ne pourra sans doute jamais, répondre à une telle exigence : elle constate, au contraire, que les plus anciens êtres découverts dans ses terrains sont, dès le début, très diversifiés et très nombreux : mais elle ajoute aussitôt qu'avant le premier terrain fossilifère, il avait dû déjà se déposer, pendant de très longues périodes, d'innombrables sédiments, confondus ensuite par le métamorphisme dans une même apparence cristalline et dépouillés par lui des germes de vie, qu'ils auraient pu contenir. Elle enseigne, de plus, que les premiers êtres ont été des êtres marins ; les conditions nécessaires à la réalisation de la vie n'ont été réunies d'abord que dans les eaux ; les êtres aériens sont des types tardifs. La géologie nous montre, dès lors, où nous devons chercher, malheureusement sans grand espoir de succès, la solution d'un problème si passionnant : plus encore peut-être que l'exploration des terrains archéens, où quelque trace de la vie primitive aurait pu échapper à la destruction, les sondages, entrepris dans les grandes profondeurs marines, pourraient nous faire découvrir un jour les représentants émigrés et perpétués de formes antérieures à notre paléontologie.

IV. — Evaluation des périodes géologiques en années.

Depuis que nous avons commencé à raconter l'histoire géologique, il a toujours été question de périodes successives et jamais d'évaluations en années, relatives à l'une quelconque de ces périodes. Ce n'est pas qu'un semblable calcul ne soit tentant et n'ait été, en effet, essayé par bien des voies ; mais c'est que, dans l'état actuel de la science, nous sommes complètement désarmés pour obtenir, à cet égard, un résultat un peu sérieux. On ne pourra, je crois, s'avancer dans cette voie, avec quelque chance de réussir, que le jour où l'on aura bien établi les lois d'ensemble concernant les changements de climat et les mouvements généraux de l'écorce terrestre ou des mers, si l'on arrivait alors à démontrer qu'il existe une relation entre l'un ou l'autre de ces phénomènes et une cause astronomique. Dans cet ordre d'idées même, où les essais de calcul sont, en tous cas, très prématurés, il est bien des manifestations géologiques essentielles, pour lesquelles on n'aperçoit pas la possibilité d'aboutir. Quand une poutre métallique se brise sous un effort trop grand, quand un câble se rompt sous un excès de traction, quand un liquide animé d'un mouvement de rotation sort du vase, quand une chaudière à vapeur usée fait explosion, quand une fonte en fusion se scorifie, on se trouve en présence de phénomènes, qui ne sont certainement pas l'effet du hasard (car le mot hasard n'est que la traduction symbolique de notre ignorance momentanée) et dont on peut même parfaitement comprendre la cause, mais dont il semble tout à fait impossible de calculer d'avance la durée. Or un très grand nombre de phénomènes géologiques sont manifestement de ce genre : ils ont dû se produire, comme l'éruption d'un volcan ou l'éboulement d'une falaise, à un moment qu'aucune théorie mécanique ne pourrait faire exactement prévoir et notre seule chance de succès, dans cet ordre d'idées, est de reconnaître, pour quelques-uns d'entre eux, l'influence périodique, soit de marées internes, soit de mouvements eustatiques propres à la mer, soit encore de phases météorologiques [1] en rapport avec les modifications du système solaire.

Tant qu'on ne sera pas arrivé à quelque chose dans cet ordre d'idées, il faut nous borner à connaître l'ordre de succession des périodes géologiques, sans chercher à en apprécier la longueur.

Cependant un tel aveu d'impuissance, qui semble tout naturel aux géologues, étonne davantage les philosophes, qui ne s'occupent de géologie qu'incidemment, et l'on a fait, à diverses reprises, des tentatives pour donner une réponse à de semblables questions.

Nous en retiendrons d'abord celles qui prennent pour point de départ le calcul du refroidissement terrestre et estiment, d'après lui, le temps

---

1. Certains gisements géologiques montrent des alternances curieuses, qui semblent témoigner de périodes successivement sèches et pluvieuses. Un des cas les plus nets est celui des veines d'anhydrite au milieu du sel, que les mineurs eux-mêmes ont appelées des *Jahrringe* (anneaux d'un an). Dans quelques bassins houillers, on voit également de très nombreuses couches à végétaux alterner avec des couches stériles. Ailleurs, ce sont des répétitions successives de bancs à fossiles d'eau douce et de bancs à fossiles marins. Les bancs de certains terrains, les lits de silex dans la craie, etc., ont souvent une épaisseur presque régulière. Il a été question, page 473, du temps écoulé pendant le recul des glaciers Scandinaves : à peine cinq mille ans.

depuis lequel des germes organiques ont pu vivre sur la Terre, puis répartissent cette durée totale des périodes géologiques entre les trois principales, en admettant que leurs durées ont été proportionnelles à l'épaisseur maxima des sédiments qui les représentent.

Le premier calcul a été fait par lord Kelvin, qui avait d'abord trouvé 100 millions d'années et qui, un peu plus tard, par de légères modifications dans les données du problème[1], est descendu à 20. La division en trois périodes, établie par Dana, conduirait, avec ce dernier chiffre, à 15 millions d'années pour les temps primaires ; 4 pour les temps secondaires ; 1,2 pour le tertiaire. Mais, pour arriver à ces chiffres, on a dû accumuler d'invraisemblables hypothèses.

Il faut d'abord, contrairement à toute géologie, assimiler la Terre à un boulet solide et homogène, qui, après avoir été porté au rouge, s'est refroidi par rayonnement ; il faut ensuite supposer que la sédimentation s'est toujours faite, en moyenne, avec la même vitesse.

A quel point cette dernière affirmation est peu plausible, on le voit aussitôt en constatant combien la rapidité de la sédimentation est aujourd'hui variable, d'un point à l'autre, en remarquant surtout combien, en un point donné, elle passe par des phases inégales.

Ces objections s'appliquent encore bien plus à ceux qui ont voulu prendre comme base la vitesse de cette sédimentation actuelle, ou qui ont admis, sans preuve, quelque relation entre les transgressions de la mer, les retours de périodes glaciaires, les reproductions de séries sédimentaires analogues et tel ou tel phénomène astronomique comme la précession des équinoxes. Peut-être cependant les phénomènes de radioactivité peuvent-ils nous apporter quelque indication. Ainsi Strutt a proposé de rechercher, dans des zircons d'âges géologiques variés, le rapport du poids d'hélium occlus au poids de substance radioactive dont celui-ci est supposé provenir. (Il y aurait 300 millions d'années depuis le trias). J. Joly a mesuré très ingénieusement les halos développés dans les micas des roches autour de leurs inclusions de zircons en les supposant dus à l'émission d'hélium et proportionnels au temps. Mais l'étude des sources thermales notamment montre la présence fréquente d'un hélium fossile dont l'origine échappe. Tout cela demeure encore très aventureux et, au lieu d'énoncer des chiffres sans valeur, il vaut mieux avouer notre ignorance[2].

---

1. 1899 (Phil. Mag., janvier) — Cf. 1875. DANA. *Manual of geology*, p. 381, 481, 585, 591. — 1878. MELLARD READE (*Géol. Mag.*, p. 147). — 1884. MAYER-EYMAR. *Classification des terrains tertiaires.* — Voir encore L. DE LAUNAY. *Traité de métallogénie*, I, 244.

2. Même pour les périodes récentes, il ne faut ajouter aucune foi aux affirmations émises sur le temps écoulé depuis l'homme chelléen ou moustiérien de France.

V. — L'Avenir de la Terre.

Que sera la Terre dans l'avenir ? Les observations, résumées dans le chapitre sur la « géologie en action », tendent à faire croire que l'histoire géologique n'est pas terminée, qu'elle n'est même pas entrée, comme nous le croirions volontiers, avec l'apparition de l'homme, dans une phase particulière de calme et de repos. La « période tertiaire », avec ses possibilités de grands mouvements internes, continue toujours, malgré la coupure que nous y avons introduite pour célébrer la naissance de l'être humain et malgré notre besoin instinctif de croire, en dépit de toutes les expériences, à la stabilité, à la perpétuité de ce qui nous entoure. Sans doute, une évolution progressive, que tout nous fait supposer, doit peu à peu refroidir la Terre par son rayonnement constant vers l'espace et, dès lors, en augmentant l'épaisseur de sa croûte scoriacée, la rendre plus résistante, plus insensible aux mouvements internes. Mais nous sommes probablement encore très loin de l'époque où ces mouvements cesseront, ou ne nous atteindront plus. L'intensité si générale du volcanisme [1], la propagation presque constante des vibrations sismiques prouvent assez que l'état de repos n'est pas encore atteint. L'activité interne poursuit son action : elle se traduit par de lents plissements ; elle prépare aussi peut-être de brusques et plus intenses effondrements.

Il est vrai, depuis que l'homme a une histoire précise, ses annales n'ont eu à enregistrer aucun événement comparable aux plissements que reconstitue la géologie : mais cette histoire n'est un peu ancienne que pour une région bien restreinte du monde méditerranéen et nous ignorons ce qui a pu se passer ailleurs, même pendant ce temps : par exemple, dans le Pacifique. Dans la seule zone géographique, pour laquelle nous possédons des récits remontant à quelques milliers d'années, l'on a vu, dans cet intervalle si court, des îles apparaître et disparaître, des côtes se déplacer. Si l'on pense au nombre de siècles qu'a pu comprendre la moindre période géologique, on concevra, dès lors, la possibilité que des mouvements semblables à ceux du passé se répètent dans l'avenir.

Ainsi, d'après la loi qui a présidé jusqu'ici au déplacement des zones plissées, on pourrait s'attendre à voir surgir une Alpe nouvelle dans la zone, de plus en plus restreinte, qui sépare encore les voussoirs primitifs

---

1. Cette intensité est probablement très inférieure à ce qu'elle a dû être à l'époque miocène ou pliocène ; mais il paraît y avoir eu, avant ce paroxysme, des phases où le calme était encore plus complet qu'aujourd'hui.

boréaux des voussoirs équatoriaux : sur l'emplacement du géosynclinal Méditerranéen ; il pourrait également se dresser quelque ride montagneuse le long de la côte Pacifique des deux Amériques ou suivant l'axe volcanique de l'Atlantique. En même temps, de nouvelles cassures méridiennes pourraient continuer des éclatements anciens : par exemple, le long des lacs africains ou dans l'Archipel.

Ces mouvements, s'ils se produisent, se répéteront-ils et combien de fois ? C'est ce qu'il est absolument impossible de dire; mais on est fondé à croire que la stabilité interne de la Terre doit augmenter progressivement par suite de son refroidissement : la contraction de la masse fluide, à laquelle nous attribuons de telles conséquences, devenant de plus en plus difficile et de plus en plus restreinte.

Or, ainsi que je l'ai fait remarquer précédemment, il ne saurait y avoir de doute sur le refroidissement progressif de la Terre : refroidissement, qui a, d'ailleurs, on le sait, peu d'importance directe pour nous, pour notre température extérieure, puisque la presque totalité de l'énergie calorifique, grâce à laquelle la vie est entretenue sur la Terre, nous vient de l'espace céleste et, notamment, du Soleil.

Une petite sphère, telle que la nôtre, plus chaude à l'intérieur qu'à la surface, et entourée d'un espace glacé indéfini, ne peut manquer de rayonner sans cesse de la chaleur vers cet espace et nous avons la preuve incontestable de ce rayonnement par l'accroissement progressif de température, que l'on constate partout, lorsqu'on s'enfonce dans l'intérieur de la Terre[1]. Le flux de chaleur entre la source chaude limitée, qui existe quelque part à l'intérieur, et l'enveloppe froide indéfinie, à travers l'écorce terrestre, se traduit par une courbe régulièrement décroissante des températures, assimilable au profil d'équilibre d'un cours d'eau. L'intérieur de la Terre perd peu à peu des calories et des degrés de température. S'il renferme encore des parties fluides, comme nous le supposons, ces parties fluides doivent tendre à se solidifier en se condensant et la rupture d'équilibre, qui ne peut manquer d'en résulter, doit entraîner les conséquences mécaniques, dont il a été question plus haut, avec une tendance moyenne croissante à la stabilité.

A côté de ces cataclysmes possibles et de ce repos futur comme terme extrême, les modifications de la structure géographique paraissent d'ordre singulièrement négligeable ; elles sont cependant plus intéressantes pour nous, parce que l'homme est certainement appelé à en voir quelques-unes, tandis qu'il ne verra peut-être pas ces grands mouvements généraux de l'écorce.

1 Voir page 99.

Tout d'abord, si nous laissons de côté les forces internes, un travail, qui se continue chaque jour sous nos yeux, tend à atténuer les irrégularités du relief, à éroder les aspérités, à combler les dépressions, à ramener les saillies des continents et les profils des cours d'eau vers des formes d'équilibre.

Les montagnes se démolissent et s'usent sans cesse ; c'est un fait, sur lequel j'ai suffisamment insisté dans le chapitre relatif aux érosions, en montrant comment l'altération chimique par les agents superficiels, jusqu'au niveau hydrostatique, prépare et régularise, sans cesse, ce travail [1].

Parmi les produits de cette démolition, les uns, simplement déplacés mécaniquement, sont employés à former des terrains de transports, sables, argiles, etc... D'autres entrent en dissolution et, s'ils y restent, arrivent à la mer, qui se trouve constituer l'égoût universel de tout ce que l'écorce terrestre peut présenter de soluble, notamment des alcalis. La teneur en sels de la mer devrait donc, pour cette raison seule, subir une augmentation progressive. S'il est vrai, comme je vais essayer bientôt de le montrer, que la quantité d'eau diminue, en outre, peu à peu, à la surface de la Terre, le phénomène doit se trouver légèrement accentué. D'autres substances dissoutes, parmi lesquelles la chaux entre en première ligne, sont constamment réintroduites, soit par une simple précipitation chimique, soit par l'intervention de la vie, dans le cercle des matières solides et subissent des cycles perpétuels.

La Terre doit donc, à part les éruptions volcaniques, qui sont en somme un accident rare, et les grands mouvements possibles, dont j'ai dit un mot plus haut, tendre vers un nivellement général, ou plutôt vers une forme d'équilibre, reliant les plateaux aux mers par des pentes douces ; les aspérités doivent disparaître ; les dépressions excessives doivent se combler ; les aspects, que l'on appelle pittoresques et dont la Suisse représente le type le plus connu, doivent être remplacés peu à peu par de grands horizons monotones.

Ce changement ne peut manquer de se traduire par une modification dans le régime météorologique, en supprimant, par exemple, l'attraction exercée sur les nuages par les hautes cimes et retirant aux sources des hautes régions une partie de leur alimentation profonde par la diminution des neiges et glaces perpétuelles [2].

D'autre part, la disparition progressive des éléments solubles dans

---

1. Page 308.

2. Le refroidissement général, dû à une modification solaire, doit, par contre, favoriser les précipitations neigeuses dans des régions plus basses et agir en sens inverse.

les terrains doit amener leur appauvrissement en quelques principes indispensables à la végétation, comme les alcalis, la chaux même et le phosphate de chaux. Accentué par la culture, qui enlève, chaque année, au sol une certaine quantité de ces éléments, passés, par l'intermédiaire des plantes, dans la chair des animaux, cet appauvrissement doit nécessiter, de plus en plus, un emprunt industriel aux accumulations géologiques de ces principes, qui revienne les disséminer sur la terre arable, sous la forme d'engrais chimiques.

Enfin, je viens de faire allusion au rôle que peut jouer, dans les modifications futures de la Terre, l'activité humaine. Ce rôle est bien insignifiant et son action bien précaire, lorsque l'homme s'efforce de contre-balancer les forces naturelles. Il peut, au contraire, prendre de l'importance, quand l'action s'exerce dans le même sens que le travail de la nature.

D'une façon générale, l'activité humaine se traduit par une dépense excessive d'énergie accumulée, qui finalement aboutit à un rayonnement, à une perte de chaleur dans l'espace.

L'homme emprunte à la Terre l'énergie, qu'elle avait tirée du Soleil pendant les longues périodes antérieures à la nôtre et la dépense prodiguement.

Ce sont les réserves de houille, ou celles d'hydrocarbures divers, qui, pour la plus grande part, doivent être des produits de la vie organisée, notamment de la végétation. De telles réserves sont destinées à s'épuiser vite ; quand elles auront disparu, on peut calculer le maximum du travail sur lequel l'homme pourra encore compter : c'est celui, qui, seul renouvelable, résulte incessamment de la chaleur et de la force rayonnées par le Soleil, ou, plus généralement, par l'Espace. Cette chaleur solaire, nous commençons à peine à en utiliser une fraction infime dans la force des cours d'eau, que l'aspiration du Soleil a commencé par remonter sur les montagnes et, qui, de là, par la gravité, regagnent la mer. Nous en employons une autre, sous une forme bien grossière, en brûlant le carbone fixé dans les végétaux. L'ingéniosité humaine trouvera, sans doute, le moyen d'en mettre à profit d'autres formes négligées.

Si nous envisageons maintenant un avenir plus lointain et des phénomènes plus généraux, il y a lieu de considérer le refroidissement solaire, qui présente une importance essentielle pour l'avenir terrestre, puisque, du Soleil, nous vient environ la moitié de la chaleur reçue par la superficie de la Terre et que, sans cette chaleur solaire, la vie s'y arrêterait aussitôt. Combien de temps peut durer encore la chaleur solaire, il est bien difficile de l'évaluer en années, faute de données

précises sur la chaleur spécifique du Soleil, c'est-à-dire sur le nombre
de calories rayonnées, correspondant à une diminution d'un degré.
Néanmoins Lord Kelvin l'a essayé et est arrivé, comme nous l'avons
vu[1], à admettre au maximum cinq ou six millions d'années.

On est, tout d'abord, surpris d'une telle conclusion. Nous trouvons si
naturel de compter sur la chaleur du Soleil qu'on ne réfléchit généralement pas à quel point la dépense prolongée d'une si énorme quantité
d'énergie est un phénomène extraordinaire et nécessairement momentané. On a remarqué pourtant, depuis longtemps, que, si le Soleil était
un bloc de houille, il n'aurait pas duré cinq siècles. La chaleur ne peut
lui être apportée qu'en quantité insignifiante par les météorites. Les
réactions chimiques, ou les frottements mécaniques, sont également des
explications illusoires de sa température. Il faut, de toute nécessité,
qu'il ait eu en lui, dès l'époque où il s'est constitué, à peu près toute
l'énergie, qu'il dépense dans l'espace, sous forme de chaleur, de
radioactivité, de lumière. La seule atténuation qu'on ait pu trouver à
une telle loi est que cette énergie a dû être, d'abord, en partie, à l'état
potentiel et non directement à l'état calorifique : le Soleil, beaucoup
plus volumineux à l'origine, étant soumis à une condensation progressive et ses éléments chimiques subissant peut-être des transformations
internes, qui dégagent de l'énergie[2]. Mais il n'existe là, en tout cas,
que des provisions très limitées, et nous avons vu précédemment
qu'il fallait, dans toutes les hypothèses, forcer les chiffres presque au
delà des vraisemblances pour arriver à compter sur quelques dizaines
de millions d'années.

Il est même probable que, depuis le début de la période historique,
ou depuis 6 à 8.000 ans, la température solaire a dû subir une diminution appréciable, qui ne dépasse pourtant pas, d'après les calculs les
plus plausibles, une fraction de degré.

C'est par ce refroidissement solaire que la Terre arrivera à la congélation. On s'imagine parfois que l'existence du foyer interne peut
retarder ce phénomène ; mais, outre que ce foyer interne doit perdre
de son côté peu à peu ses calories, son influence superficielle est, je
l'ai déjà dit, à peu près nulle.

1. Page 124, note 2.

2. Voir plus haut, pages 124, 464 et 656. Je ne fais que rappeler les discussions
nombreuses, auxquelles la conservation de l'énergie solaire a donné lieu, notamment entre Hirn et Siemens dans les Comptes Rendus de l'Académie des Sciences
en 1883. Voir, également, les travaux de Lord Kelvin, Helmholtz, etc. Pour Laplace,
le système solaire devait être éternel. — Cf. Wolf : Les hypothèses cosmogoniques;
Faye : Sur l'origine du monde; Secchi : le Soleil, etc.

Helmholtz a calculé que le Soleil, en se condensant, a dû perdre $\frac{453}{454}$ de l'énergie
transformable contenue dans la nébuleuse primitive.

Un autre phénomène à prévoir dans les hypothèses sur l'avenir de la Terre est une certaine diminution progressive dans notre réserve superficielle d'oxygène libre et d'eau[1].

Le fait général et constant en géologie c'est, en effet, l'oxydation. La réduction n'est qu'un accident, presque toujours momentané et suivi d'une réoxydation inverse, à moins que l'oxydation ne se fût trouvée dépasser sa limite de stabilité[2]. Et cela se comprend puisqu'en principe les oxydations dégagent de la chaleur, tandis que les réductions en absorbent et qu'il y a tendance générale à mettre l'énergie sous la forme calorifique.

Cette oxydation se réalise à la superficie, aux dépens, soit de l'oxygène, soit de l'eau. Elle doit également se poursuivre en profondeur; comme l'a montré M. A. Gautier, il s'y produit, sans doute, une dissociation de l'eau profonde, avec fixation de son oxygène et mise en liberté d'hydrogène; la Terre exhale, sans cesse, de l'hydrogène et probablement du carbure d'hydrogène, qui, une fois répandus dans l'atmosphère, obéissent tôt ou tard à la loi commune sous une excitation quelconque et s'oxydent, s'ils ne disparaissent vers l'espace.

Une des rares exceptions apparentes à cette loi est celle que présente la vie organique sous la forme végétale ; pendant une partie de leur existence, les plantes absorbent de l'acide carbonique pour fixer du carbone aux dépens de l'énergie solaire et sous son action directe ; mais ce carbone repasse rapidement à l'état d'acide carbonique et le phénomène ne change rien à la loi, sauf qu'il représente un des procédés, par lesquels nous arrivons à garder et utiliser un peu de l'énergie solaire, si inutilement dépensée dans l'espace.

S'il n'y avait pas prolongation de l'oxydation jusqu'à une certaine profondeur dans la Terre, on pourrait dire que les masses à oxyder superficiellement sont restreintes; il est visible, en effet, que la plupart des éléments superficiels ont déjà atteint, dans l'oxydation, leur forme d'équilibre, comme suffit à le prouver le grand excès d'oxygène, qui subsiste en face d'eux. Mais le phénomène se poursuit dans les zones situées au-dessous de la superficie, où, la géologie nous le montre, les filons métallifères, tant qu'ils ont échappé à cette action, affectent une forme réduite; il se poursuit dans l'intimité des roches, où subsistent constamment des particules de magnétite, de pyrite, de carbone, ayant échappé à la scorification générale; le volcanisme, où

---

1. Il en a déjà été question au chapitre x, page 292.

2. L'activité humaine essaye de contrebalancer cet effet en produisant des réductions, qui sont un des buts principaux de sa métallurgie : par exemple, pour le fer ; mais, là surtout, la réduction, obtenue par une dépense d'énergie sous forme de carbone, est momentanée; peu à peu, le fer repasse à l'état de sesquioxyde.

certaines parties se réchauffent et où de grandes masses d'eau viennent, pour une cause ou pour une autre, au contact des roches en ignition, précipite ces réactions. Donc, il doit y avoir appauvrissement d'oxygène dans notre atmosphère et l'on peut se demander si cette atmosphère n'est pas destinée à disparaître totalement, comme cela paraît s'être produit pour la Lune.

Néanmoins il semble bien que, dès à présent, la presque totalité des parties réduites internes échappe, sous la protection de l'écorce de plus en plus épaisse, aux oxydations superficielles ; celles-ci ne s'exerçant que sur des résidus de cette croûte et même seulement jusqu'à une faible profondeur dans l'enveloppe rocheuse, à peine quelques milliers de mètres, il n'apparaît pas, en somme, que ce phénomène soit destiné à absorber des quantités considérables d'oxygène et d'eau. Plus le temps passera, plus, l'écorce devenant stable et « colmatée » à la surface, il s'atténuera. L'atmosphère d'oxygène et de vapeur d'eau, qui existe autour de la Terre, subsistera peut-être encore longtemps, après que la Terre se sera congelée et jusqu'au jour final où elle viendra se perdre dans le Soleil.

Cette dernière probabilité, à laquelle on ne saurait manquer de faire allusion, représente, en effet, l'avenir ultime de la Terre et la terminaison de ce qu'on pourrait appeler son existence individuelle ; elle suppose, il est vrai, une variation progressive dans l'orbite ; mais il est très probable que, si nous attribuons en astronomie une stabilité momentanée aux divers éléments de notre système solaire, c'est uniquement parce que, dans la très courte durée sur laquelle ont porté jusqu'ici nos observations, leurs variations sont du même ordre que nos erreurs expérimentales.

Il suffirait, au contraire, du moindre frottement dans les orbites planétaires, pour transformer les ellipses en spires de plus en plus rapprochées. Or, bien que ce soit presque un axiome de mécanique que les corps célestes n'exercent aucun frottement sur l'éther, comme nous savons, d'autre part, que cet éther est susceptible de transmettre des vibrations lumineuses, il est probable qu'un tel frottement existe [1] et que la Terre finira par aller tomber sur le Soleil, comme les météorites tombent sur la Terre.

---

1. Lord Kelvin a essayé d'appliquer le calcul à une théorie de la matière, semblable à celle qui a été rappelée plus haut, page 705. Pour lui, les atomes sont des anneaux tourbillons engendrés dans un fluide parfait, qui remplit l'espace. La densité de l'éther (que l'on ne suppose ordinairement impondérable que pour la commodité des calculs et parce que ses frottements n'apparaissent pas encore dans la pratique de l'astronomie), a été calculée par lui en partant de la somme de chaleur rayonnante solaire reçue par une certaine étendue de la Terre.

En résumé, nous voyons, de toutes façons, notre planète tendre, comme les individus, les nations ou les races, qui vivent à sa superficie, vers ce qui, pour elle, représente la mort.

Un jour, elle sera tout entière solide et, les mouvements géologiques internes s'y arrêtant, les actions superficielles elle-mêmes s'y ralentiront ; puis l'affaiblissement de la chaleur solaire, ou la disparition de l'eau par oxydation, supprimeront ces mouvements de surface, eux aussi. En même temps, la vie aura disparu, faute de chaleur, faute d'air respirable. L'équilibre des réactions chimiques sera atteint et la Terre aura atteint le repos.

Mais ce repos doit-il être définitif? Avec un peu d'imagination, on peut concevoir que non. Je parlais tout à l'heure du cas où la Terre irait tomber sur le Soleil. Notre système solaire lui-même peut aller en heurter un autre. D'autres hypothèses, telles que celle de Svante Arrhénius, ont été émises. Nous sommes alors tentés de concevoir l'avenir d'après ce que nous croyons entrevoir dans le passé. Notre système solaire, ou notre Univers visible, ne sont, sans doute, que des termes provisoires dans une série d'intégrations successives, qui ont rassemblé, tour à tour, suivant le hasard des rencontres et des attractions dans l'espace, les corpuscules, les atomes, les molécules, toutes les sous-divisions théoriques de la matière, puis ont formé la Terre et constitué les astres, jusqu'aux plus lointains de ceux que nous apercevons. Mais il y a autre chose au delà, dans ce noir sur lequel brillent les points lumineux des étoiles ; et rien, dans un monde qui n'est pas sans bornes, ne saurait durer perpétuellement : comme la Terre ou le Soleil, l'ensemble de notre Univers visible ne peut manquer de rayonner de l'électricité lumineuse vers un Ailleurs quelconque, de dépenser sa force vive, d'aller en se condensant et s'éteignant; comme eux aussi, ce groupement de soleils lumineux, qui forme notre Tout, est exposé à la rencontre d'un autre Univers. Alors l'annulation de force vive transformée en chaleur, la condensation lumineuse d'une matière nouvelle amèneraient un recommencement. Les lois physiques, que nous avons érigées en dogmes, telles que la conservation de l'énergie, sont nécessairement fausses, quand on les applique à un monde limité, si immense qu'on le suppose : l'Éternité ne nous devient concevable que lorsque nous arrivons à envisager l'Infini.

APPENDICE

Les principes, qui vont être résumés ici en langage vulgaire, sont clas-
síques et peuvent se trouver, en cherchant un peu, dans tous les bons traités de physique. Il ne me semble pas, toutefois, qu'ils y soient jamais rassemblés sous une forme nette et brève, sans mélange de discussions
théoriques et sans intervention de calculs savants. En tout cas, ils ne peuvent s'y trouver restreints aux seules notions intéressantes pour le géologue. Peut-être cet aperçu pourra-t-il, dès lors, rendre quelques services
à ceux qui cherchent à comprendre le sens général des méthodes scientifiques, plutôt qu'à les appliquer.

I. Théorie succincte de la propagation lumineuse dans les milieux cristallins.

A) *Généralités. Lumière naturelle. Milieux isotropes et anisotropes : Surface de
l'onde. Intensité lumineuse. Couleur. Polarisation.* — La *lumière naturelle* est
considérée comme représentant l'impression produite, sur notre organe
visuel, par des vibrations elliptiques de l'éther ; l'ellipse, suivant laquelle
se produit ce mouvement vibratoire, tourne elle-même rapidement dans
un plan à peu près normal à ce qui nous paraît être le rayon lumineux, tandis que, dans un milieu homogène, son plan de vibration se
propage en ligne droite, suivant ce rayon, avec une vitesse qui, dans
l'air, est d'environ 300.000 kilomètres à la seconde (vitesse qu'il ne faut
pas confondre avec celle des vibrations moléculaires dans le plan vibratoire, à peu près normal au rayon, que nous venons de considérer).
A chaque instant, le lieu des points, qui vibrent synchroniquement sous
une même excitation première, c'est-à-dire où s'est propagée, à l'instant
considéré, une même impulsion de la source lumineuse, est une certaine
surface, dite *surface de l'onde*[1], à laquelle les plans de vibration, que nous

---

1. Cette surface de l'onde, que l'on ne doit pas assimiler avec les ellipsoïdes
d'élasticité directs ou inverses, dont il sera question plus loin, est une sphère dans
le cas des milieux *isotropes*, ou identiques dans toutes les directions (verre et cristaux cubiques). C'est une sphère et un ellipsoïde dans les cristaux à un axe de
symétrie (voir page 736); plus généralement, c'est une surface du 4ᵉ degré, dont

venons de supposer, sont tangents [1]. Pendant la durée T d'une vibration elliptique dans ce plan tangent, cette surface de l'onde se déplace, avec la vitesse V, d'une quantité VT, qui est appelée *longueur d'onde* et désignée par λ.

$$\lambda = VT \tag{1}$$

L'amplitude moyenne des **vibrations** moléculaires transversales détermine l'*intensité lumineuse*, proportionnelle à son carré. La longueur d'onde λ, d'autant plus courte que les vibrations sont plus rapides (T plus petit), caractérise la *couleur*, comme le nombre de vibrations en acoustique caractérise la hauteur du son. Les longueurs d'onde des rayons visibles pour notre œil varient environ dans la proportion de 2 à 3 (423 millionièmes de millimètres pour le violet, 620 pour le rouge). Mais ces limites sont purement physiologiques et il existe des rayons analogues, invisibles pour nous, dont les vibrations sont : ou plus rapides (rayons ultraviolets, à réactions chimiques et photographiques) ; ou plus lentes (rayons infra-rouges, à manifestations calorifiques).

La vibration transversale, qui est, en principe, elliptique, peut, comme cas particuliers, devenir circulaire lorsque les deux axes de l'ellipse sont égaux, ou rectiligne quand l'un d'eux s'annule. Ce dernier cas, qui est fréquemment utilisé dans les applications de l'optique, est réalisé au moyen de ce qu'on appelle la *polarisation*, dans des conditions diverses et, notamment, ainsi que nous le verrons, par le passage à travers certains milieux cristallins. Chaque position d'un tel milieu cristallin, qui constitue un *polariseur*, par rapport à un rayon lumineux déterminé, implique une direction correspondante de la vibration rectiligne, qui caractérise la lumière polarisée.

On peut modifier à volonté la vitesse de propagation V d'un rayon lumineux : soit en le faisant changer de milieu (réfraction) ; soit en faisant tourner sa vibration, rendue d'abord rectiligne, suivant diverses directions d'un même milieu (polarisation dans un plan variable), ainsi que nous allons le voir.

Si l'on applique, en effet, à cette vitesse une formule de mécanique, démontrée en acoustique pour les vibrations longitudinales des ondes sonores, on peut supposer qu'elle est de la forme $\sqrt{\frac{e}{d}}$, *e* étant l'élasticité du milieu suivant le sens de sa vibration (ou plutôt de l'éther compris dans le milieu) et *d* sa densité [2]. D'après une hypothèse de Fresnel, qui s'est

---

les intersections par chacun des trois plans de coordonnées sont une ellipse et un cercle.

1. C'est pourquoi ils ne sont pas exactement normaux au rayon lumineux, puisqu'en général la surface de l'onde n'est pas une sphère.

2. Étant donné que, d'après des expériences bien connues, la vibration lumineuse se produit, non dans la substance matérielle à laquelle l'élasticité *e* se rapporte, mais dans l'éther, et que sa propagation est même ralentie par l'existence d'un milieu matériel, on pourrait s'étonner que cette élasticité du milieu matériel influe aussi directement, et dans ce sens, sur la vitesse de propagation ; mais ce n'est pas le seul cas, où nous trouvons, entre l'éther englobé par les molécules matérielles et ces molécules mêmes, une connexité, que les théories de dynamique générale, exposées plus haut, page 705, permettent de concevoir : notamment dans la célèbre expé-

trouvée vérifiée par les conclusions qu'il en a déduites et que l'expérience
a confirmées, l'élasticité moléculaire e, qui influe sur la vitesse de propagation V, est celle que développe la vibration moléculaire dans le plan
transversal au rayon lumineux.

$$V = \sqrt{\frac{e}{d}} \tag{2}$$

On peut tirer de cette formule deux conséquences principales en considérant tour à tour un rayon qui change de milieu (réfraction, dispersion, etc.) et un rayon polarisé dont le plan de polarisation tourne dans un
milieu anisotrope (polarisation chromatique, etc.).

B) *Réfraction. Dispersion. Double réfraction.* — Tout d'abord, au contact de
deux milieux, l'élasticité moléculaire pouvant, dans une première approximation, être supposée la même, quel que soit celui des deux milieux
dans lequel on s'imagine placé, il se produit, pour une onde lumineuse
passant de l'un dans l'autre, un changement de vitesse (et, par conséquent, de longueur d'onde), qui est uniquement fonction de la densité
(l'élasticité e étant supposée égale à e').

$$\frac{V}{V'} = \frac{\sqrt{\dfrac{e}{d}}}{\sqrt{\dfrac{e'}{d'}}} = \frac{\sqrt{d'}}{\sqrt{d}} \tag{3}$$

Ce changement de vitesse se manifeste par le phénomène connu sous le
nom de *réfraction* et régi par le principe de Descartes sur la relation des
angles d'incidence et de réfraction (ω et ω') (fig. 53).

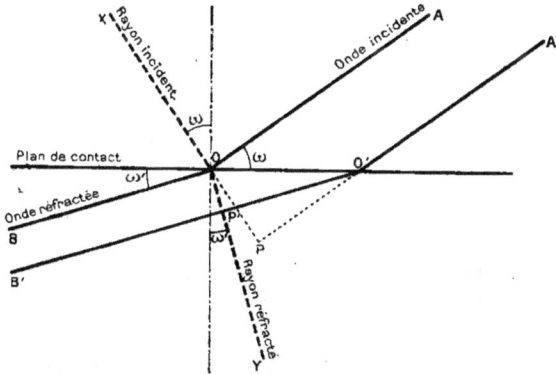

Fig. 52.

On peut, en effet, dans ce qui va suivre, substituer approximativement
à la surface de l'onde son plan tangent et même, par une approximation
de plus qui revient à supposer un moment cette surface de l'onde sphé-

rience de **Fizeau** sur l'entraînement des ondes lumineuses, où l'on est conduit à
imaginer, autour de chaque molécule, une certaine condensation d'éther.

rique, supposer cette onde plane élémentaire normale au rayon lumineux : hypothèse qui simplifie l'exposition, mais qui n'est pas nécessaire pour le raisonnement suivant. Une telle onde plane recoupe le plan de contact OO', qui sépare les milieux envisagés, suivant une droite, dont l'intersection avec le plan normal OAX mené par le rayon incident et pris pour plan du tableau, est O. Par continuité, cette droite doit se trouver également dans l'onde plane réfractée, que l'on obtient en menant par elle un plan tangent OB à la nouvelle surface de l'onde : plan qui, sera également perpendiculaire au nouveau rayon réfracté si l'on admet que la surface de l'onde soit restée sphérique.

Or, si l'on considère les espaces décrits à la fois, dans l'unité de temps, en chacun des deux milieux, par une telle onde plane élémentaire passant de AOB à A'O'B', la continuité de ces deux ondes dans le plan de contact, déjà invoquée, exige que ces espaces, représentés dans le plan normal qui contient les deux rayons incident et réfracté par OP et OP', c'est-à-dire par les projections d'une même longueur OO' sur les deux directions des rayons lumineux, soient égaux à $OO' \sin \omega$ et $OO' \sin \omega'$, en même temps que proportionnels aux deux vitesses V et V'[1]. On a donc :

$$\frac{\sin \omega}{\sin \omega'} = \frac{V}{V'} \qquad (4)$$

Le rapport $\frac{\sin \omega}{\sin \omega'}$ est lui-même, par définition, égal à $\frac{n'}{n}$, n et n' étant ce qu'on appelle les *indices de réfraction* des deux milieux, de sorte que :

$$\frac{V}{V'} = \frac{n'}{n} \qquad (5)$$

ou, approximativement [2], et sauf des exceptions dont il va être question,

$$\frac{V}{V'} = \frac{\sqrt{d'}}{\sqrt{d}} = \frac{\sin \omega}{\sin \omega'} = \frac{n'}{n} \qquad (5')$$

Pour être précis, il faut dire à quelle couleur s'applique l'indice (n_r pour le rouge ; n_v pour le violet). Les longueurs d'onde des diverses couleurs, étant en effet différentes, sont différemment influencées par le changement de milieu; de même, les vitesses V et V', qui leur sont proportionnelles d'après la formule (1) $\lambda = VT$, (où T paraît rester le même, d'après l'expérience qui montre qu'un rayon monochromatique ne change pas de couleur en changeant de milieu). Les indices n varient d'une couleur à l'autre en raison inverse de la vitesse et en sens inverse de la longueur d'onde ; ils vont en croissant du rouge au violet dans la plupart des substances[3].

Par suite, les rayons colorés, dont la superposition forme la lumière blanche dans l'air, sont, en passant de l'air dans un prisme de verre, déviés

---

1. On arrive au même résultat en cherchant le chemin le plus court pour aller de X en Y avec les vitesses successives V et V'.

2. On déduit des formules 5' la proportionnalité entre d et n^2, qui peut s'appliquer, d'après FRESNEL, à l'éther par rapport au vide théorique et qui permet, dès lors, de calculer l'entraînement des ondes lumineuses par un milieu en mouvement dans l'expérience classique de FIZEAU.

3. Il existe des exceptions, de même que la densité ne varie pas absolument toujours dans le même sens que l'indice de réfraction, comme l'admettent les formules 5.

inégalement : ce qui amène leur *dispersion* sous la forme d'un spectre lumineux, dont nous avons vu précédemment l'emploi en spectroscopie [1]. Plus la longueur d'onde est faible, plus le rayon est écarté de sa direction primitive : le violet, par conséquent, plus que le rouge.

Mais, dans ce qui précède, nous avons supposé implicitement (fig. 53) que l'onde plane OA donnait naissance à une seule onde plane réfractée OB, c'est-à-dire que, par le point O, on ne pouvait mener qu'un seul plan tangent à la surface de l'onde. Cela n'est vrai, en réalité, que dans les milieux isotropes [2]. Dans tous les autres, la surface de l'onde étant du 4e degré, on peut lui mener par le point O deux plans tangents : c'est-à-dire que l'on obtient deux expressions de la vitesse V' dans le nouveau milieu, deux directions du rayon réfracté ω', deux indices de réfraction n' (ce qui montre en passant que les formules 5 doivent être restreintes en ce qui concerne la densité). Il en résulte le phénomène, capital pour les études géologiques, connu sous le nom de *double réfraction, ou biréfringence*.

Dans le cas d'un cristal à un axe de symétrie, la surface de l'onde se composant d'une sphère et d'un ellipsoïde, une construction simple, due à Huyghens, donne la position des deux rayons réfractés, dont l'un, obtenu par la propagation de l'onde sphérique, se comporte comme dans un milieu isotrope et est dit *ordinaire*, tandis que l'autre est dit *extraordinaire*. Ces deux rayons sont *polarisés* à angle droit (expression dont le sens, déjà indiqué, va être précisé plus loin).

C) *Influence de la direction dans un milieu anisotrope. Axes optiques. Polarisation chromatique. Mesure de la biréfringence. Directions d'extinction.* — Examinons maintenant ce qui se passe quand la vibration moléculaire transversale change de direction à l'intérieur d'un milieu *anisotrope* : c'est-à-dire d'un milieu, dont les propriétés physiques varient avec la direction. Ce cas, qui est celui de presque tous les cristaux, sauf les cristaux du système cubique, est particulièrement à considérer pour l'étude de la double réfraction, que nous venons de définir.

Il importe, d'abord, de remarquer que, même dans un milieu anisotrope, — du moment que nous le supposons homogène, comme cela se produit pour un cristal, en vertu d'une loi très générale de symétrie —, nous n'aurons pas à faire intervenir la position absolue de la vibration considérée par rapport aux faces extérieures du cristal ou à tout autre repère ; sa direction seule importe, c'est-à-dire que tout reste identique, quand on la déplace parallèlement à elle-même.

J'ajoute encore que, si l'on convient de porter, sur chaque direction à partir d'un même point, une longueur proportionnelle à l'élasticité moléculaire suivant cette direction, le lieu des points ainsi obtenus doit être considéré, par une loi également générale, qui n'est que la traduction géométrique d'une hypothèse ordinaire en mécanique, comme formant un ellipsoïde, dit *ellipsoïde d'élasticité*.

Cela posé, si nous considérons, à un instant quelconque, l'un des plans tangents à la surface de l'onde, dans lequel se produit la vibration de l'éther, ce plan coupe l'ellipsoïde d'élasticité suivant une certaine ellipse

---

1. Chapitre iv, page 113.
2. Voir plus haut, page 731, note 1, le sens du mot isotrope.

et la vibration elliptique, que l'on peut imaginer assimilable à une vibration rectiligne tournant sans cesse avec une extrême rapidité dans ce plan, décrit successivement les rayons vecteurs de cette ellipse, dont la longueur représente, à chaque instant, l'élasticité développée par la vibration correspondante. Nous avons vu que l'on pouvait écrire, d'une façon générale :

$$\frac{V}{V'} = \frac{\sqrt{\dfrac{e}{d}}}{\sqrt{\dfrac{e'}{d'}}} \qquad (3)$$

ou, comme on reste dans le même milieu, c'est-à-dire comme d ne change pas :

$$\frac{V}{V'} = \frac{\sqrt{e}}{\sqrt{e'}} = \frac{n'}{n} \qquad (6)$$

en appelant n et n' les indices de réfraction suivant ces deux rayons vecteurs et se reportant aux formules (5).

A chaque direction de vibration correspond donc une vitesse de propagation différente pour le mouvement qui constitue la lumière : vitesse, que caractérisent les rayons vecteurs de l'ellipsoïde d'élasticité et que peut également caractériser un autre ellipsoïde, inverse du premier d'après les formules (6), *l'ellipsoïde des indices de réfraction* (n, n'), que l'on substitue ordinairement au premier dans la pratique.

Cet ellipsoïde est un ellipsoïde de révolution, quand le cristal possède *un axe de symétrie optique* (système quadratique ou rhomboédrique). Dans le cas plus général, il existe encore, dans l'ellipsoïde, deux plans conjugués de sections circulaires, perpendiculairement auxquels se trouvent *deux axes optiques*, jouissant de la même propriété d'être des directions de mono-réfringence, c'est-à-dire des directions suivant lesquelles le rayon incident ne se divise pas en deux rayons réfractés, (la section correspondante de la surface de l'onde étant un cercle et rentrant par suite dans le cas, envisagé d'abord, de l'onde sphérique). Le cristal est alors dit *biaxe*.

Tant qu'on opère en *lumière naturelle*, cette considération n'influe pas sur les résultats apparents ; en effet, nous avons vu que la vibration d'une telle lumière tourne constamment dans son plan ; la vitesse de propagation résultante est donc une sorte de moyenne entre toutes les vitesses correspondantes aux divers rayons vecteurs d'une même section elliptique et n'en caractérise aucun spécialement. Il en est tout autrement, quand la lumière est *polarisée* : ce qui est le cas des deux rayons dans la double réfraction ; car le fait de la polarisation consiste, ainsi qu'on l'observe en étudiant ces deux rayons, à maintenir toutes les vibrations dans un certain plan, passant par le centre de l'ellipsoïde et dit *plan de polarisation*, c'est-à-dire à détruire la composante du mouvement vibratoire perpendiculaire à ce plan. Alors, la vibration se faisant uniquement suivant une direction bien déterminée de l'ellipse, direction que l'on connaît d'après la position de l'instrument polariseur (en pratique, un prisme de spath, dit *nicol*), la vitesse de propagation, qui en résulte et l'indice de réfraction, qui y correspond, sont définis par la nature même du cristal, ou, inversement, peuvent aider à reconnaître celle-ci. En changeant le plan de polarisation, par exemple en faisant tourner un minéral par rapport à un polariseur fixe, nous changerons les conditions de mouvement pour tous les rayons composés, qui, en se superposant, constituent la lumière blanche ; nous allons voir comment on peut en déduire un des principaux moyens pratiques pour la reconnaissance des minéraux au microscope polarisant, par l'emploi du phénomène connu sous le nom de *polarisation chromatique*.

Pratiquement, la *lumière polarisée* se présente à l'œil comme de la lumière ordinaire ; elle est cependant facile à en distinguer ; en effet, puisqu'elle ne contient plus que des vibrations dans un certain plan de polarisation, si, au moyen d'un autre nicol croisé à angle droit avec le premier, nous détruisons à son tour la composante du mouvement située dans ce plan, tout le mouvement sera détruit ; on aura *extinction totale*, obscurité.

C'est dans ces conditions que l'on opère, le plus souvent, pour l'*examen microscopique des roches* en plaque mince. Entre un polariseur et un analyseur à angle droit, qui produisent l'extinction complète, on interpose la roche à étudier. La lumière, polarisée par le premier nicol, venant à traverser un minéral de la roche et passant ensuite dans l'analyseur, deux cas pourront se présenter :

1° Si le cristal est isotrope, il n'introduira aucun changement dans la marche de la lumière et l'extinction subsistera : ce qui distingue aussitôt ce genre de cristaux et permet de reconnaître, sans hésitation, par un examen microscopique rapide, leur système cristallin.

2° S'il est, au contraire, anisotrope ou biréfringent, il jouit, comme nous l'avons vu, de la propriété de décomposer tout rayon qui le traverse, en deux rayons, l'un ordinaire, l'autre extraordinaire et l'on constate que ces deux rayons sont polarisés à angle droit. La vibration rectiligne du rayon polarisé par le premier nicol, arrivant sur le cristal biréfringent, se divisera donc en deux vibrations rectangulaires, cheminant avec des vitesses différentes, qui, si l'épaisseur est suffisamment mince pour ne pas les séparer, se recomposent en lumière polarisée elliptiquement ; le second nicol, agissant alors sur ces vibrations rectangulaires, les réduira, à leur tour, à leurs composantes parallèles à un même plan et donnera de la lumière polarisée dans ce plan. Les deux composantes, ayant subi dans le cristal des influences élastiques différentes suivant leur direction, ne se trouveront pas à la même phase de leur mouvement vibratoire[1] et, celui-ci étant représenté par une sinusoïde, l'amplitude résultante sera de la forme $y + y'$, y et y' pouvant être de signe contraire. En outre, pour chacune des lumières colorées, dont la réunion constitue la lumière blanche, la résistance du cristal n'ayant pas été la même, l'amplitude $y + y'$ variera, et de même, l'intensité, qui est proportionnelle au carré de l'amplitude. Par suite, les divers rayons colorés ne se trouveront plus dans la proportion nécessaire pour reformer la lumière blanche et le cristal apparaîtra coloré ;

---

1. La différence de phase est de la forme $\varphi = \frac{e(n-n')}{\lambda}$ et, par suite, proportionnelle à $n-n'$, différence des deux indices de réfraction.

il prendra une teinte, plus ou moins élevée dans la gamme de Newton : teinte que l'on pourra modifier en le faisant tourner entre les nicols, de manière à faire tourner, par rapport à la section de l'ellipsoïde d'élasticité dans le plan de la lame mince, les traces des deux plans de polarisation. C'est le phénomène connu sous le nom de *polarisation chromatique. Un minéral, interposé entre deux polariseurs à angle droit, se montre coloré et sa couleur, caractéristique à la fois de sa nature et de son orientation, change quand on le tourne.*

La couleur ainsi obtenue pourra atteindre, dans l'échelle du spectre, un certain maximum, qui servira à mesurer la *biréfringence* du cristal, caractérisée par la différence $n - n'$ des deux indices principaux. Dans deux directions seulement, lorsque les axes de l'ellipse d'élasticité de la section (ou de l'ellipse inverse) coïncideront avec les plans principaux des nicols, ce phénomène n'aura plus lieu et le cristal paraîtra noir, comme le serait le champ du microscope, si on ne l'avait pas interposé. Ces deux directions s'appellent les *directions d'extinction* pour la section.

Ces remarques faites, nous en savons assez pour comprendre comment on reconnaît un minéral dans une lame mince d'une roche.

II. **Propriétés optiques permettant la reconnaissance des minéraux en lame mince.**

La reconnaissance des minéraux dans une roche taillée en lame mince comporte, d'abord, un examen en lumière naturelle, ou simplement polarisée, qui permet de distinguer les divers minéraux d'après leur aspect extérieur, leurs formes, leur relief, leurs inclusions, leur couleur propre, et de reconnaître, par conséquent, la place occupée dans la roche par les diverses sections appartenant à un même minéral.

On opère ensuite entre les nicols croisés, dans le cas de la polarisation chromatique, que nous venons de définir.

Le problème, que l'on se pose, consiste à déterminer les éléments optiques d'un minéral quelconque d'une façon suffisante pour être fixé sur sa nature. Cette détermination serait complète, si l'on connaissait les trois axes de l'ellipsoïde inverse d'élasticité, c'est-à-dire les *trois indices de réfraction du cristal* suivant ces trois axes. Il est rare que l'on ait besoin d'aller jusque-là. Tout d'abord, des caractères très simples permettent de reconnaître le *système cristallin*, auquel appartient le minéral. S'il est cubique, il reste, en effet, constamment éteint. Dans le cas contraire, il suffit de l'observer en lumière convergente (ce qu'on réalise en retirant l'oculaire) pour voir, d'après la forme des courbes colorées, qui apparaissent alors, s'il a un seul axe optique (systèmes quadratique ou rhomboédrique), ou deux (système orthorhombique, clinorhombique et asymétrique). Ces courbes sont, en effet, des cercles dans le premier cas, des hyperboles dans le second.

Puis, en cherchant les directions d'extinction du cristal, on obtient la direction des axes de l'ellipse, suivant laquelle l'ellipsoïde inverse d'élasticité recoupe la lame mince.

On se sert alors de la polarisation chromatique pour déterminer la *biréfringence du cristal* dans la section où cette biréfringence est maxima, c'est-à-dire la différence $n_g - n_p$ des deux axes de l'ellipse, dans le cas où cette différence est la plus grande et où l'on a donc deux axes principaux, puis pour reconnaître lequel est le plus grand de ces deux axes, enfin pour apprécier le *signe* du cristal : c'est-à-dire pour savoir lequel est le plus grand des trois axes de l'ellipsoïde. Un cristal uniaxe est dit *positif*, quand l'axe de révolution de l'ellipsoïde inverse est le plus grand, quand l'indice suivant l'axe de révolution est le plus élevé ; un cristal biaxe, quand la bissectrice aiguë de l'angle des axes est plus grande que l'obtuse. Ils sont *négatifs* dans le cas inverse.

Sans entrer dans les détails, on voit aussitôt qu'entre diverses sections d'un même minéral, qui apparaissent disséminées dans l'étendue d'une préparation microscopique, on peut reconnaître aisément celle dont la teinte est la plus élevée dans l'ordre des couleurs de Newton. On sait alors que cette section comprend le plus grand et le plus petit axe de l'ellipsoïde, c'est-à-dire est parallèle au plan des axes optiques : ce qu'il est aisé de vérifier par la forme des courbes en lumière convergente.

La teinte, que l'on peut apprécier, est alors une certaine fonction du retard $e\mathrm{X}$, introduit dans la propagation de l'onde lumineuse par la traversée du minéral, c'est-à-dire du produit de l'épaisseur e par la différence $n_g - n_p$ des deux indices. En mesurant directement l'épaisseur e de la lame, on a, d'autre part, des tableaux donnant, en millionièmes de millimètre, ou sous forme graphique, les retards $e\mathrm{X}$ correspondant à une teinte déterminée que l'on observe ; ce qui permet donc de déterminer aisément $n_g - n_p$, ou la différence caractéristique entre les deux indices principaux extrêmes du cristal considéré.

L'interposition d'une lame, introduisant des retards connus suivant une direction connue, par exemple d'un mica quart d'onde, permet de reconnaître aussitôt le signe d'un cristal biaxe en lumière convergente. On utilise également un quartz compensateur, taillé en biseau, au moyen duquel on arrive à compenser une teinte donnée et, par conséquent, à la déterminer très exactement, un autre quartz donnant la teinte, dite sensible, caractérisée par ce fait que le moindre changement la fait passer au bleu et au rouge, etc... Enfin, on peut mesurer l'*écartement des axes optiques*.

En résumé, on arrive vite à connaître, pour un minéral microscopique, si petit qu'il puisse être, son aspect extérieur, sa forme, sa couleur, son polychroïsme possible, ses macles et ses clivages, puis son système cristallin, la position et la forme de son ellipsoïde d'élasticité, l'écartement de ses axes optiques, sa biréfringence ; on peut ajouter encore la mesure des angles faits par les traces de certaines faces, dont la position a été tout d'abord optiquement déterminée. Il est bien rare que ces notions ne suffisent pas pour reconnaître le minéral en question et, dans la plupart des cas usuels, les plus facilement appréciables ou mesurables d'entre elles suffisent à le caractériser.

TABLE DES MATIÈRES

INTRODUCTION

PREMIÈRE PARTIE

LA MÉTHODE GÉOLOGIQUE ET LES ÉTAPES DE LA SCIENCE

DEUXIÈME PARTIE

LES RÉSULTATS DE LA SCIENCE GÉOLOGIQUE

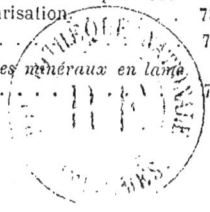

TABLE DES FIGURES

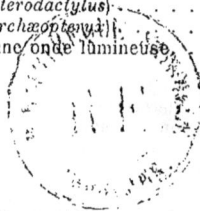

TABLE DES PLANCHES HORS TEXTE

ERRATA. — On trouvera quelques corrections à la planche II en se reportant aux planches en couleurs de l'ouvrage sur la Géologie et les Richesses minérales de l'Asie. Sur la planche III, les îles des Cyclades et l'Attique doivent être figurées en massifs primitifs et non en roches éruptives. Il y aurait lieu de mettre en évidence le massif hercynien des Maures et celui qui contourne l'extrémité ouest de la Méditerranée d'Almeria à Ceuta et Melilla.

ÉVREUX, IMPRIMERIE CH. HÉRISSEY, PAUL HÉRISSEY, SUCC^r

INDEX ALPHABÉTIQUE

Les noms géographiques sont composés en égyptiennes (**Alabama**, 423).
Les termes paléontologiques sont composés en italiques (*Acanthoceras*, 203).

Les noms d'auteurs cités sont composés en petites capitales (AGASSIZ, 90).

Tous les noms qui ne rentrent dans aucune de ces rubriques sont composés en caractères romains.

Les chiffres placés après chaque mot renvoient à la page. Les chiffres entre parenthèses, après un nom d'étage, représentent son numéro d'ordre, conforme au tableau stratigraphique de la page 222 *bis*.

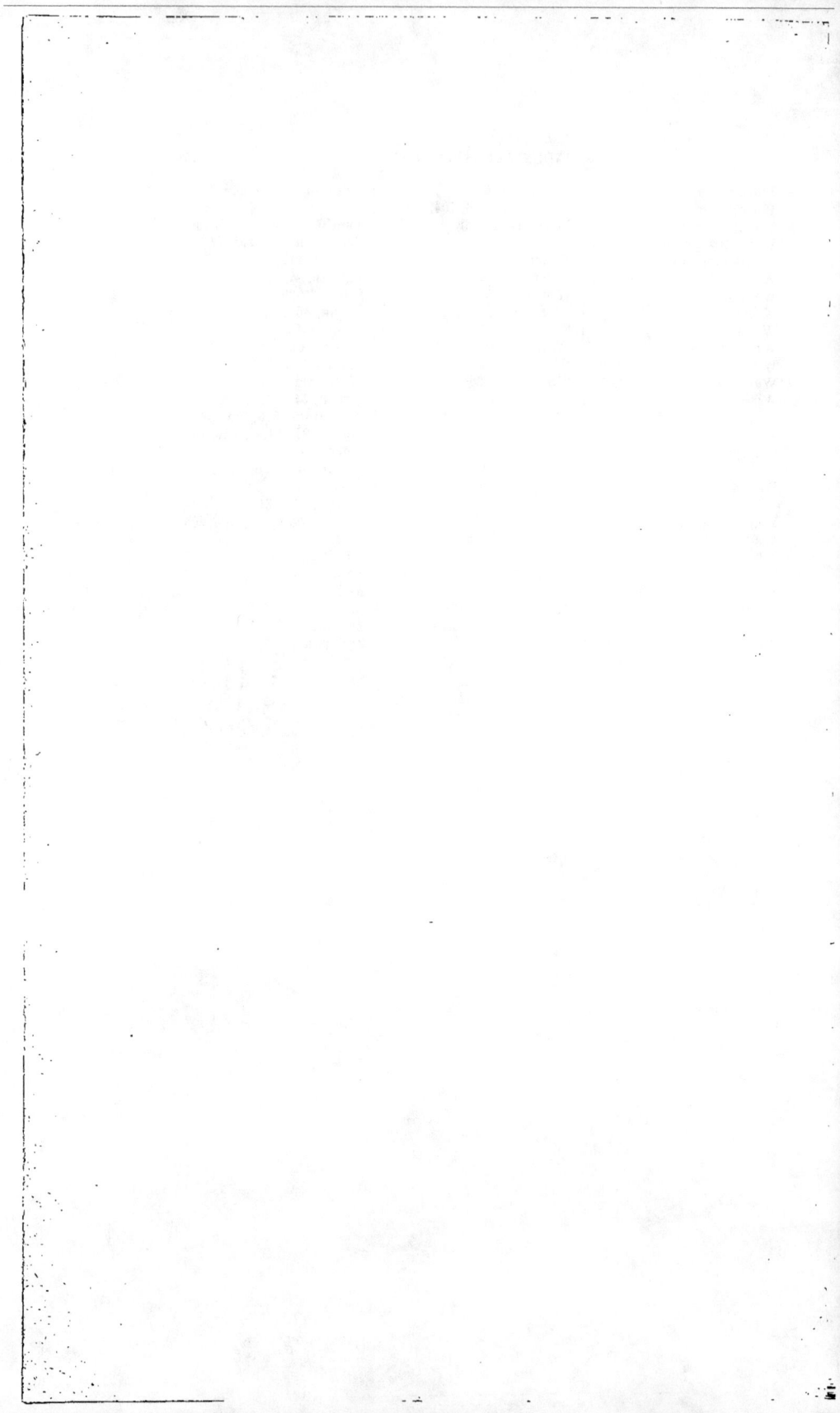

DE LAUNAY.—La Science Géologique   LIBRAIRIE ARMAND COLIN, Paris.

CARTE DES PLISSEMENTS ASIATIQUES

Légende :
_____ Lignes de plissement.
_____ Plis refoulés des zones inférieures.
▓▓▓▓ Bassins d'effondrement.
▒▒▒▒ Massifs primitifs.
+++++ Aires volcaniques.
_____ Allures de fracture carbonifères.
_____ Axe Himalayen.

Gravé par A.Simon, 14, rue Hautefeuille, Paris.　　　LIBRAIRIE ARMAND COLIN, Paris.　　　Imp. Monrocq, Paris.

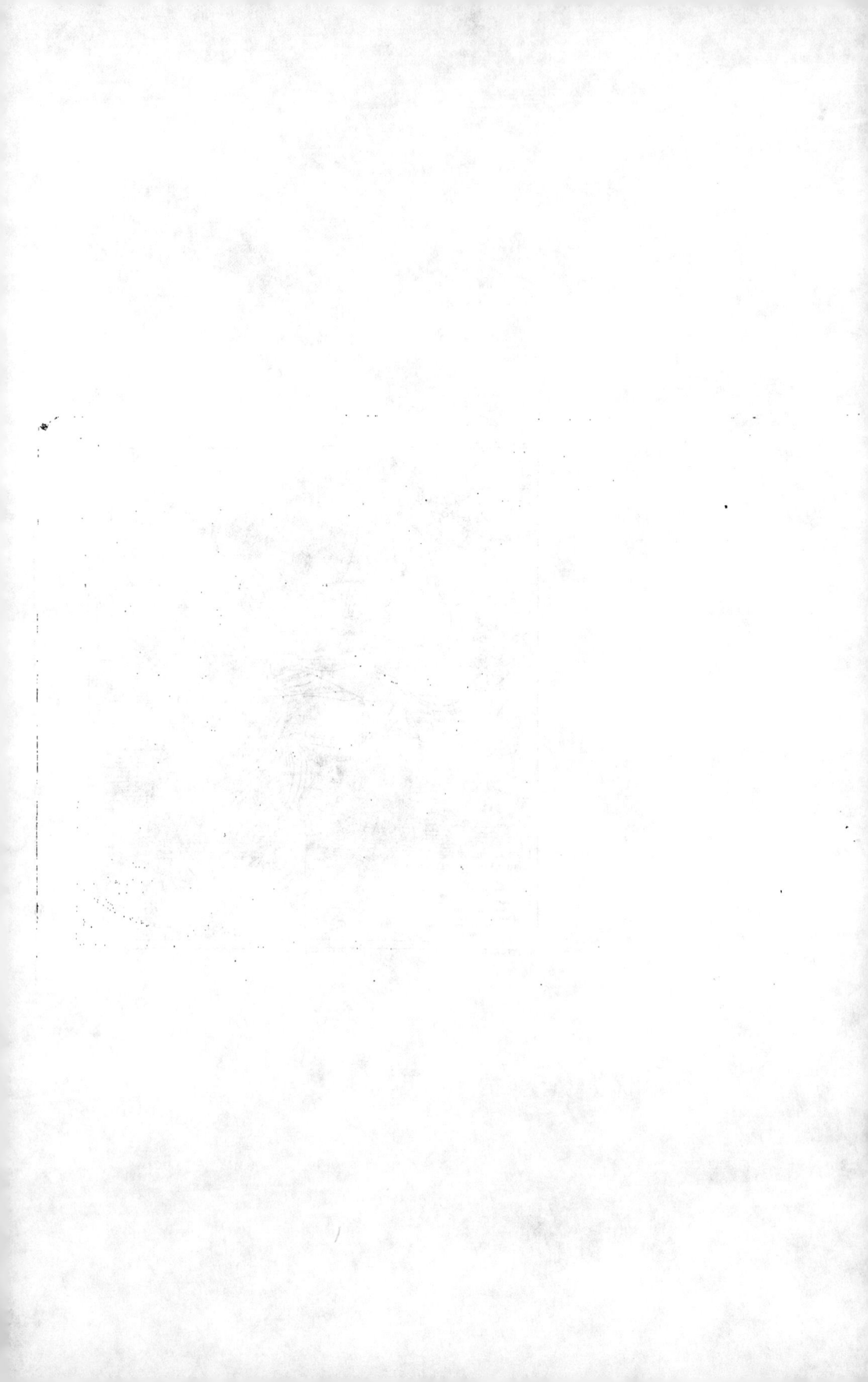

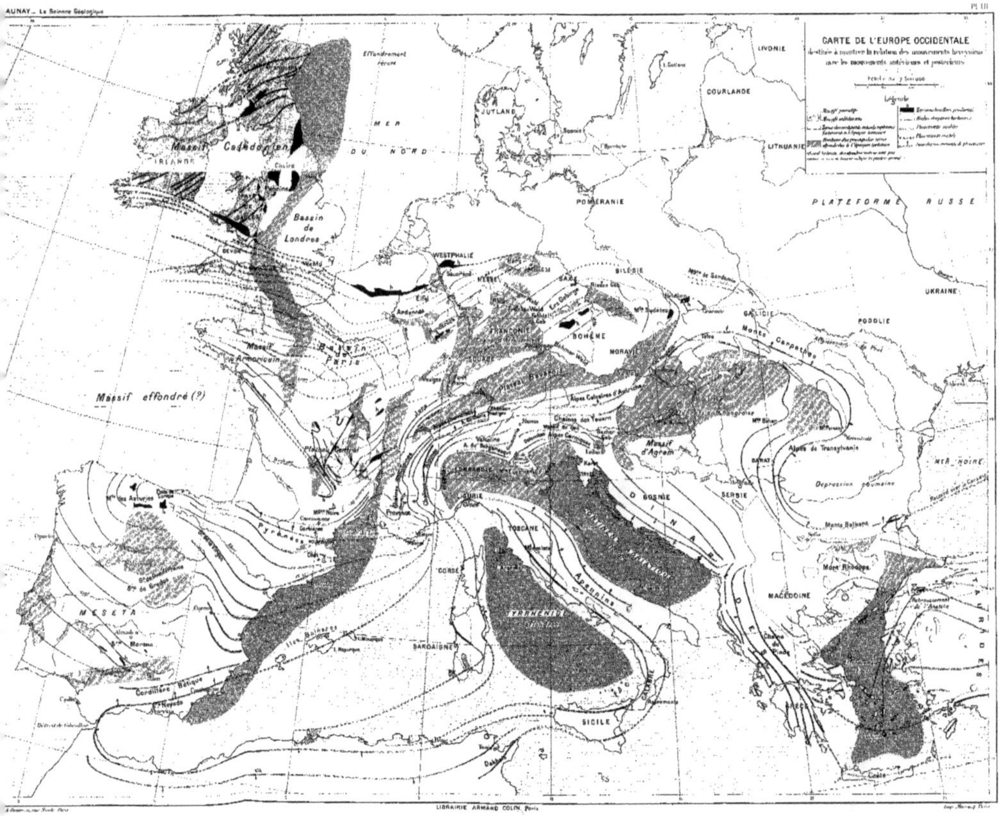
CARTE DE L'EUROPE OCCIDENTALE
destinée à montrer la relation des mouvements hercyniens
avec les mouvements antérieurs et postérieurs
Légende
Massif Calédonien
IRLANDE
Effondrement récent
MER DU NORD
JUTLAND
LIVONIE
COURLANDE
LITHUANIE
POMÉRANIE
PLATEFORME RUSSE
UKRAINE
PODOLIE
GALICIE
SILÉSIE
Bassin de Londres
DEVON
WESTPHALIE
Eifel
Ardennes
FRANCONIE
BOHÊME
MORAVIE
SAXE
Massif Armoricain
Bassin de Paris
Massif effondré (?)
Plateau Central
Mts des Asturies
Pyrénées
MESETA
Cordillère Bétique
Iles Baléares
CORSE
SARDAIGNE
TOSCANE
Apennins
TYRRHÉNIDE
SICILE
LOMBARDIE
Provence
Alpes Calcaires d'Autriche
Chaîne des Tauern
Massif d'Agram
BOSNIE
DINARIDES
SERBIE
Monts Carpathes
Alpes de Transylvanie
Dépression Roumaine
Monts Balkans
Mont Rhodope
MACÉDOINE
Chaîne du Pinde
GRÈCE
Crète
MER NOIRE
TAURIDES

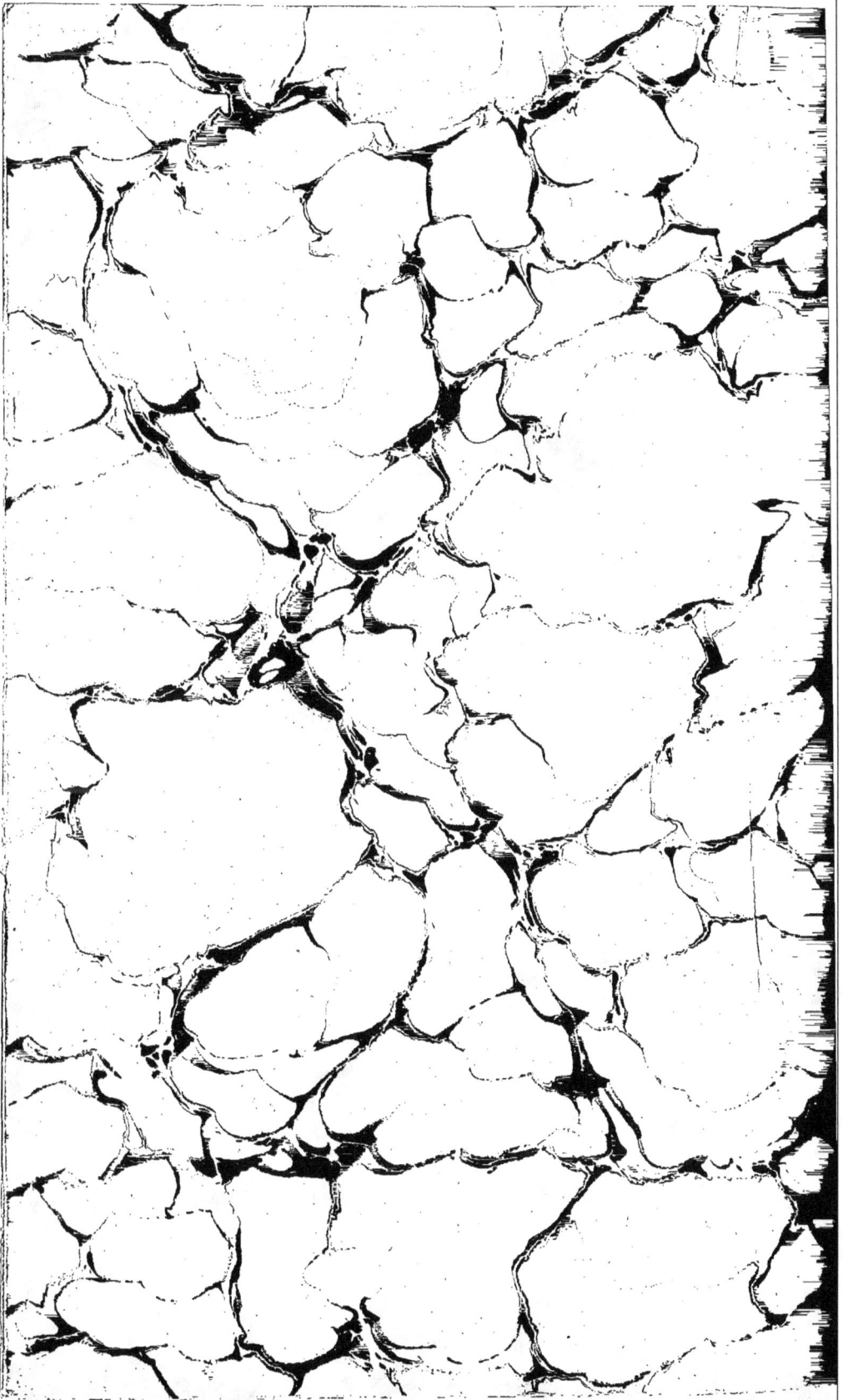

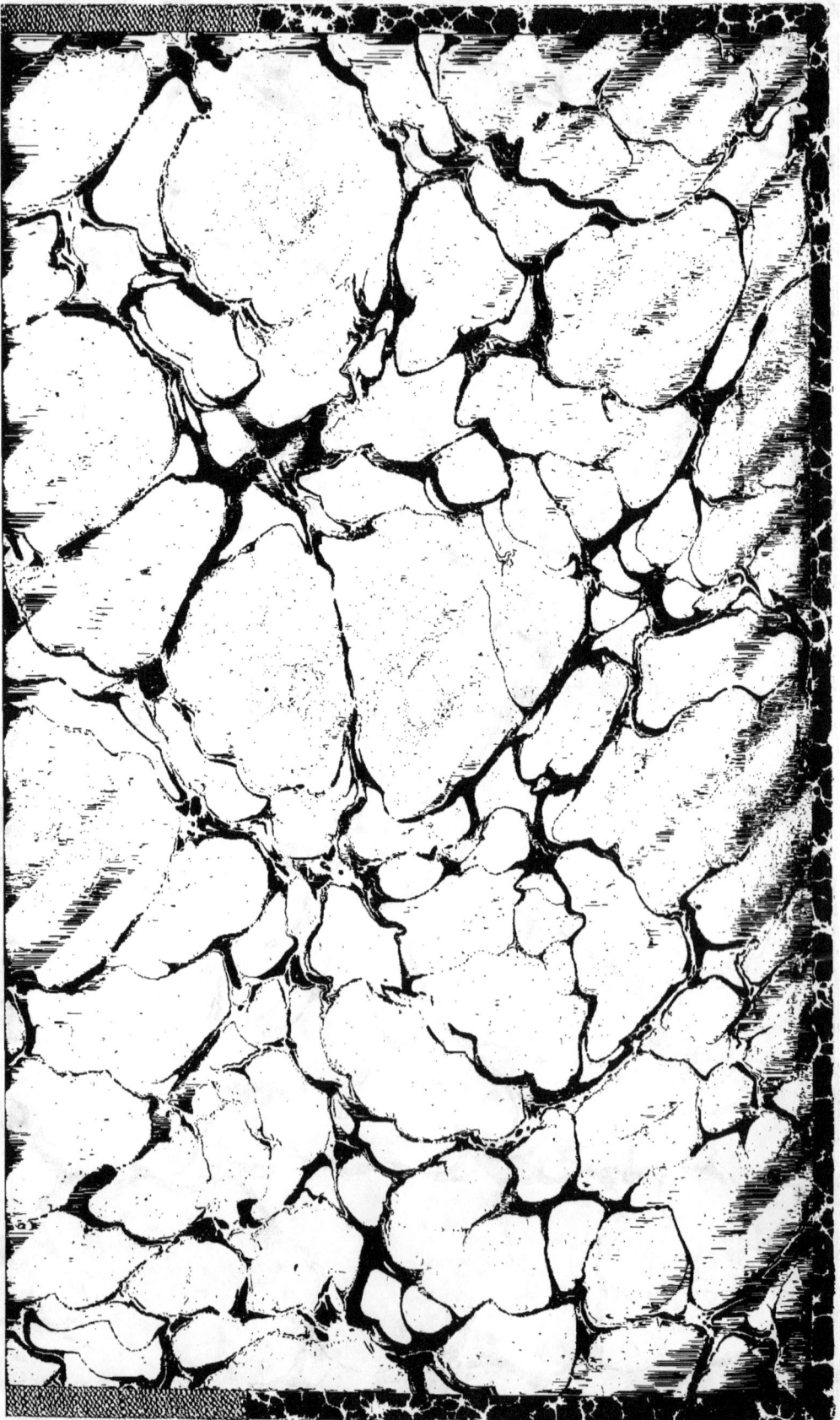